Sven Kabisch †
gewidmet

Wörterbuch der Herpetologie

Wörterbuch der Herpetologie

Von Klaus Kabisch
unter Mitarbeit von Johannes Klapperstück †

Mit 30 farbigen und 25 schwarzweißen Fotos,
120 Strichdarstellungen und 15 Tabellen

SEMPER BONIS ARTIBUS

VEB GUSTAV FISCHER VERLAG JENA · 1990

Die Autoren

Dr. sc. nat. Klaus Kabisch, Leipzig
Dozent Dr. sc. nat. Johannes Klapperstück, Halle
Kabisch, Klaus:
Wörterbuch der Herpetologie/unter Mitarb. von
Johannes Klapperstück. – 1. Aufl. – Jena:
Gustav Fischer Verl., 1990. – 478 S.: zahlr.
Ill. (z. T. farb.) u. graph. Darst., 15 Tab.

ISBN 3-334-00307-8

1. Auflage

Lizenznummer 261 700/194/90
LSV 1364
Zeichnungen: Ernst Halwaß, Nossen
Einbandgestaltung: Lothar Jähnichen, Dornburg
Lektoren: Johanna Schlüter und Hilde Naundorf
Hersteller: Erika Winkler
Printed in the German Democratic Republic
Gesamtherstellung: Druckhaus Freiheit, Halle
Bestellnummer 534 747 0

Vorwort

In den letzten beiden Jahrzehnten nahm die Herpetologie, wie viele andere Wissenschaftsgebiete, eine rasche Aufwärtsentwicklung. Der enorme Wissenszuwachs geht nicht zuletzt auch auf die vielschichtige und enge Verflechtung mit benachbarten Disziplinen zurück. Dies zeigt sich deutlich z. B. bei der Bearbeitung komplexer Forschungsvorhaben oder der Anwendung neuer Arbeitsmethoden, die heute unter anderem im Rahmen von Arten- und Biotopkartierungen sowie cyto- und chemotaxonomischen Untersuchungen weltweit üblich sind.
Besonders nachhaltig beeinflußt wurde und wird die Herpetologie durch ökologische „Wissenszufuhr“ und moderne ökologische Denkweise. Am meisten profitierte davon die bislang stark vernachlässigte Freilandforschung. Der vielerorts durch unterschiedlichste anthropogene Einflüsse verursachte Rückgang von Amphibien- und Reptilienpopulationen führte zu einem starken Engagement von Herpetologen und Naturfreunden für die Belange des Natur- und Umweltschutzes sowie zu einer Fülle praktischer Maßnahmen. Davon zeugen z. B. nationale und internationale Schutzbestimmungen, eine breite Palette von Maßnahmen zur klein- und großräumigen Biotopsicherung, in zahlreichen Ländern Europas auch Bemühungen zur sachgerechten Gestaltung von Sekundärbiotopen und darüber hinaus sogar zur Neuanlage von Feuchtgebieten bzw. Laichgewässern für Amphibien.
Beträchtlich gestiegen ist auch die Zahl derjenigen, denen die Haltung und regelmäßige Zucht von Amphibien und Reptilien zum Hobby wurde. Seit Klingelhöffer hat sich die Terraristik in allen Bereichen, von der Terrarientechnik bis hin zur Behandlung von Erkrankungen, beeindruckend fortentwickelt. Aus all diesen Gründen heraus ist die Darstellung von detaillierten, komplexen und besonders umweltrelevanten herpetologischen Problemen und Fragestellungen in den Massenmedien heute erfreulicherweise recht verbreitet.
Die Auswahl der Stichwörter trägt eingedenk dieser Gesamtentwicklung Querschnittscharakter und berücksichtigt moderne Aspekte und Tendenzen. Schwerpunkte bilden die Stichwortkomplexe Morphologie/Anatomie, Systematik sowie Feldherpetologie. Die höheren systematischen Kategorien liegen bis zu den Familien vor, außerdem sind alle Arten Europas erfaßt; hinzu kommt eine Auswahl wichtiger außereuropäischer Formen. Weiterhin werden Informationen zu den Komplexen Physiologie, Ethologie, Terraristik, Krankheiten, zu Aspekten des Natur- und Umweltschutzes und zur sachgerechten Präparation in der Natur tot aufgefundener und im Terrarium verstorbener Tiere gegeben. Betreffs Grundinformationen und Fragen zur Evolution, Biogeographie, Paläontologie, Ökologie und Genetik sei auf die entsprechenden Wörterbücher der Biologie verwiesen.
Ich danke dem VEB Gustav Fischer Verlag, vor allem Frau Schlüter, für die wohlwollende Förderung dieses Projektes und die ausgezeichnete Zusammenarbeit. Dank gebührt ferner dem Graphiker, Herrn E. Halwaß, der die Strichzeichnungen mit großer Sorgfalt gestaltete. Besonders dankbar bin ich meinem akademischen Lehrer, Herrn Doz. Dr. Klapperstück, für die Übernahme des Großteils der anatomischen Stichwörter und viele fruchtbare Diskussionen sowie allen Kollegen, die freundlicherweise Fotos zur Verfügung stellten. Für Hinweise zur weiteren Vervollkommnung sind wir allen Benutzern dieses Buches dankbar.

Klaus Kabisch

Aalmolche: → Amphiumidae.

Aasfressen: Verzehren toter tierischer Substanz. Unter **R** am bekanntesten für Krokodile, die sich oft in großer Zahl an Leichen von Großsäugern einfinden. Gleiches gilt für Warane (→ *Varanus komodoensis, V. salvator* u. a.). Nicht selten wird es auch z. B. bei Landschildkröten, manchmal bei weiteren Echsen (z. B. → *Ophisaurus apodus*, → *Heloderma suspectum, H. horridum*), vereinzelt sogar Schlangen (→ *Vipera berus* u. a.) beobachtet. Bemerkenswert ist das Verhalten von Wassermokassinschlangen, die in den USA bei der Binnenfischerei anfallende Fischabfälle verschiedenster Art verschlingen. [1]

Abgottschlange: → *Boa constrictor.*

Abgußmethode: Verfahren zur Herstellung einer in Form, äußerer Struktur und Größe originalgetreuen Kopie eines Gegenstandes. Liefert auch von **A** und **R** lebensecht wirkende Schaupräparate. Material: frischtote Tiere (es wurden auch Abgüsse von lebenden, mit leichtem Etherrausch betäubten **A** und **R** angefertigt) od. gut präpariertes Sammlungsmaterial. Negativabguß: Tier auf geeignetem Podest in gewünschte Position bringen, fixieren, kurz wässern. Als Negativmasse finden anstelle von Bienenwachs/Paraffin (1:1) heute vor allem Silikonkautschuk (eine Form ermöglicht viele Abgüsse) verschiedener Typen (m-Polymertyp u. a.) sowie auch Abgußmasse der Dentaltechnik Verwendung. Tier gleichmäßig damit übergießen (Schichtdicke etwa 0,5 cm). Form aushärten lassen, wässern, trocknen. Positivausguß mit Modelliergips od. PVC. Nach Aushärten Augenhöhlen ausbohren, Glasaugen einsetzen. Naturgetreu bemalen (wasserlösliche Deckfarben, Ölfarben usw.) und evtl. mit Lacküberzug versehen. [1]

Ablepharus kitaibelii Bibron und Bory 1833, Johannisechse: Vertreter der → Scincidae. Verbreitung: S-ČSSR über Ungarn, Balkanhalbinsel, Rumänien, Ionische, viele Ägäische Inseln, Kleinasien, Syrien, Israel bis zur Sinaihalbinsel. Bevorzugt relativ trocken-warme Biotope, z. B. trockene Wiesen, Südhänge lichter Eichenwälder, hält sich gern an besonnten Waldrändern (hier meist im Fallaub), auch unter Steinen od. im Gras auf. Höhenverbreitung bis 800 m. GL bis 12, meist 9–10 cm. Sehr schlank. Rumpf walzenförmig, glattschuppig, mit kurzen, schwach entwikkelten Extremitäten. Schlängelbewegungen unterstützen daher die Fortbewegung. Schwanz erreicht bis doppelte KRL. Augenlider verwachsen (transparente Kapsel). Tagaktiv. Gelegegröße: 2–4 Eier. [1]

Abmagerung: → Kachexie.

Abplatten des Körpers: mit Hilfe der Rippen, häufig auch unter Beteiligung der Atmungsorgane bewirkte dorsoventrale od. laterale Abflachung des Körpers bzw. eines bestimmten Körperabschnittes. Bei Echsen und Schlangen als → aposematische Reaktion, oft auch als Element des → Imponierverhaltens sehr verbreitet, außerdem bedeutsam für die → Thermoregulation (→ Sonnenbaden). Laterales A. kommt hauptsächlich bei Echsen vor. Das weitgehend für Schlangen typische dorsoventrale A. tritt besonders eindrucksvoll bei der → Hutbildung der → Kobras od. Abwehrreaktion von → *Natrix natrix* und → *N. maura* auf. [1]

Abszesse: können bei **A** und **R** überall am Körper entstehen. Dies gilt besonders für Schlangen, bei Landschildkröten treten sie z. B. vielfach in der Ohr- und Nackenregion, bei Echsen bevorzugt im Kopf-Hals-Bereich und Kloakengebiet auf. Oft sind die Prozesse durch eine bindegewebige Kapsel deutlich abgegrenzt. In der Mehrzahl subcutan liegend, von unterschiedlicher Größe. Der Abszeßinhalt ist flüssig od. von relativ fester, käsig-bröckliger Konsistenz. Seine Farbe variiert je nach Erreger. Beim Erregernachweis lassen sich unterschiedlichste Keime isolieren, z. B. solche der *Pseudomonas-*, *Aeromonas*-Gruppe, *Proteus vulgaris*, Schimmelpilze. Die A. können durch Infektion von Beiß-, Stoß-, Quetschwunden od. bei Ektoparasitenbefall entstehen. Therapie: nach Spaltung und Ausräumung entsprechend dem → Resistogramm mit antibiotischen Salben od. Sulfonamidlösungen behandeln. Evtl. zusätzliche Antibiotikagaben per os. Bei großflächigen und multiplen A. können außerdem Bäder in desinfizierenden Lösungen erfolgen. Heilerfolge werden hauptsächlich bei gut abgegrenzten A. erzielt. Häufig Verschleppung der Keime auf dem Blutweg bei A. mit flüssig-jauchigem Inhalt. [1]

Abundanz: Organismenhäufigkeit bezogen auf eine bestimmte Flächen- od. Raumeinheit. Begriff wird hauptsächlich als Individuen-A. (Individuen-, Populations-, Bevölkerungs-, Bestandsdichte) verwendet, seltener im Sinne einer Arten-A. (absolute od. relative Artendichte). Die maximale Dichte gibt Aufschluß über die Aufnahmefähigkeit eines Gebietes, die minimale Dichte über die unter den gegebenen Bedingungen zum Überleben erforderliche Populationsstärke. Unterschieden wird auch zwischen einer auf das gesamte → Areal bezogenen Rohdichte und der ökologischen od. Nutzflächendichte, die sich nur auf die für die → Population real besiedel- bzw. nutzbaren Flächen bezieht. [1]

Abwehrruf, Abwehrlaut: im Rahmen des Abwehrverhaltens ausgestoßener Ruf mit abschreckendem Signalgehalt. Bei Schwanzlurchen z. B. für *Triturus*-Arten gut untersucht, durch taktile Reize (Ergreifen vor den Hinterextremitäten usw.) auslösbar. Von vielen → Anuren unter anderem oft zur Verhinderung des → Amplexus hervorgebracht. [1]

Acanthocephala, Kratzer, Hakenwürmer: Kl der → Nemathelminthes, neuerdings auch zum eigenen St erhoben. Typisch ist der einstülpbare, hakentragende Rüssel. Mit ihm heften sich die im ad. Stadium durchweg als Darmparasiten bei Wirbeltieren lebenden A. in der Darmschleimhaut fest. Nahrungsaufnahme durch Osmose, da Darmsystem fehlt. Entwicklung indirekt, über 1–3 Zwischenwirte. Mehrere *Acanthocephalus*-Arten wurden in **A**, oft auch in **R** nachgewiesen. Häufigste Art bei **A** ist *Acanthocephalus ranae*. Als Zwischenwirte dienen vor allem Wasserinsektenlarven. In Fröschen finden sich z. B. weiterhin Larven einiger *Centrorhynchus*-Arten. Für diese sind auch Schlangen Gelegenheitswirte, Endwirte dann froschfressende Greifvögel. Bei Schildkröten (*Chelydra, Chrysemys, Graptemys, Clemmys,* Emydoidea) kommen häufig *Neoechinorhynchus*-Arten (*N. emydis* u. a.) im ad. Stadium vor. Mitunter treten bei starkem Befall blutige Darmentzündungen auf, gelegentlich durch Darmperforationen Peritonitiden. Jugendstadien sitzen z. T. sehr zahlreich bindegewebig abgekapselt der Darmwand außen vor. Therapie: orale Gaben von 35 mg/kg KM Di-n-butylzinnoxid od. von 100 mg/kg KM Citarin® wirkten erfolgreich. (Abb. 1). [1]

Acanthodactylus erythrurus (Schinz 1833), Europäischer Fransenfinger: Vertreter der → Lacertidae. Verbreitung: Großteil der Iberischen Halbinsel, NW-Afrika. In offenen Biotopen mit meist sandigen, aber auch sehr festen (steinigen, felsigen) Böden. Oft typisch für Küstenregionen. Höhenverbreitung bis 2000 m. GL bis 23, häufig 18–20 cm. Schnauze relativ spitz, Rumpf robust. Finger und Zehen mit schwachem, fransenartigem Schuppensaum. Schwanz erreicht bis doppelte KRL. Tagaktiv. Sehr lebhaft. Bei der Flucht in bestimmten Intervallen verhaltend. Als Verstekke dienen selbstgegrabene Erdhöhlen. Gelegegröße: 3–7 Eier; ab 4. Lebensjahr 2 Jahresgelege. [1]

Acanthoscelides obtectus (Say 1831), Speisebohnenkäfer: Vertreter der Samenkäfer (Bruchidae). Bis 5 mm lang. Nach M-Europa eingeschleppt. Vorübergehend hier auch als Freilandschädling aufgetreten, heute nur auf Speichern lebend. Larven bilden geeignetes Futter für kleine Froschlurche (z. B. → Dendrobatidae) und Echsen. Leicht züchtbar. Käfer leben etwa 1 Monat. Eiablage zwischen den Bohnen. Die geschlüpften Larven fressen

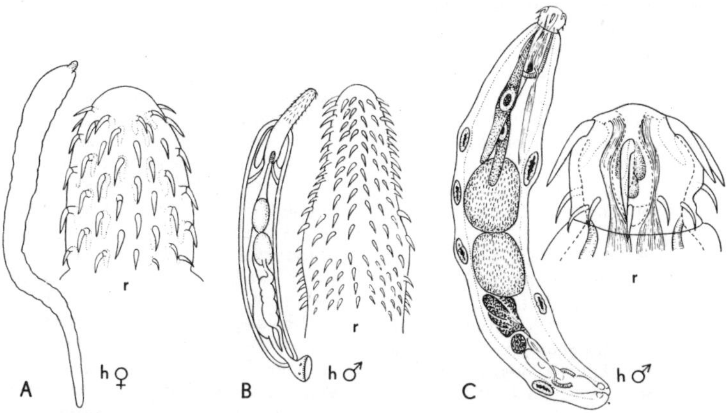

Abb. 1. Acanthocephalen aus dem Darmtrakt von Amphibien (A, B) und Reptilien (C, gelegentlich A, B). A. *Acanthocephalus ranae*; B. *Acanthocephalus anthuris*; C. *Neoechinorhynchus rutili*. *h* Habitus, *r* Rüssel (Proboscis).

sich in diese hinein und verpuppen sich auch dort. Generationszeit sehr kurz. Bei 25–27 °C und 50–60 % RLF etwa 6 Wochen. Zuchtbehälter: Einweckglas (1–2 l) od. Plastdose mit Gazedeckel. Futter: angequollene Speisebohnen. Behälter damit zur Hälfte füllen. [1]

Acari, Milben: O der Spinnentiere (Arachnida). Über 10 000 Arten. Kleinformen, meist 0,5–2 mm lang, vollgesogen z. T. größer. Adulte und Nymphenstadien gewöhnlich mit 4, Larven mit 3 Beinpaaren. Viele Parasiten. Auch bei **R** (etwa 250 Arten), Schwanz- und Froschlurchen ekto-, manchmal endoparasitisch (z. B. Entonyssidae hauptsächlich in → Trachea, Lunge von Schlangen; od. → Trombiculidae) auftretend. Bekannteste Arten sind → *Ophionyssus natricis* und *Ixodes ricinus* (Holzbock). Frischfänge bei **R** (vor allem Schildkröten, Warane) weitgehend befallen. Bevorzugte Körperstellen: Augenränder, Extremitätenansatz, Schwanzwurzel. Schädigung durch Blutentzug (bei Massenbefall z. T. tödlich), Hautdefekte (bis → Hyperkeratose, → Häutungsschwierigkeiten), Pneumonie, Übertragen pathogener Bakterien (subcutane Abszeßbildung), Viren, → Filarien, → Sporozoen (*Karyolysus* u. a.). Therapie: mechanisches Entfernen, Anwendung von Akariziden bei ektoparasitischen Formen (vgl. → *Ophionyssus natricis*). [1]

Acetabulum: Gelenkpfanne am Becken, in die der Kopf des → Femur eingepaßt ist. An der Bildung des A. sind alle Knochen des → Hüftbeines beteiligt, lediglich bei den → Crocodylia ist das → Schambein davon ausgenommen. [2]

Acheta domesticus (Linnaeus 1758), Hausgrille, Heimchen: Vertreter der Grillen (Gryllidae). 16–25 mm langer Allesfresser. ♂ zirpt laut. Sehr wärmeliebend. Lebt bevorzugt in Bäckereien, Heizungskellern, Wohnungen, im Freien auf Mülldeponien, Schutthalden. Futter für verschiedenste **A** und **R.** Zuchtbehälter: größeres → Terrarium, Plast- od. Metallgefäß mit dicht schließendem Drahtgazedeckel. Bodengrund: dünne Erd-, Sand- od. Sägemehlschicht. Versteckmöglichkeit: Baumrinde, Plaströhrchen, Eierkartons. Futter: zerkleinerte Mäusepellets, trockenes Brot, Haferflocken, Fleischreste, als Grünfutter z. B. Mohrrübenscheiben, Löwenzahn, Obst. Außerdem flache Tränke und gut zugängliche Eiablagedose (wegen der Legeröhrenlänge 8–10 cm hoch) mit feuchtem Torf-Sand-Gemisch einstellen. Bei 26–28 °C und 60–70 % RLF Schlupf nach etwa 10 Tagen. 5–6 Wochen später liegen ausgewachsene Jungtiere vor. [1]

Acrochordidae, Warzenschlangen: Fam der → Henophidia. 2 Gatt mit je 1 Art: *Acrochordus javanicus* Hornstedt 1787 (Javanische Warzenschlange), *Chersydrus granulatus* Schneider 1799 (Indische Warzenschlange). Verbreitung: Indien und Sri Lanka (Küstenbereich) bis zu den Salomonen, N-Australien. Meist im Brackwasserbereich der Flüsse, mitunter im Meer. Selten an Land. GL bis etwa 2,5 m (♂ kleiner als ♀). Kopf flach, nicht abgesetzt. Augen klein. Nasenlöcher kopfoberseits, beim Tauchen verschließbar. Rumpf plump, seitlich abgeflacht. Schwanz kurz, bei *Chersydrus* ein typischer → Greifschwanz. Körperschuppen mit höckrigem Kiel, nicht → imbrikat. Kopf- und Bauchschuppen ebenfalls klein (d. h. → Pileus und → Bauchschienen fehlen). Beckenrudimente nicht vorhanden. Nur 1 Lunge ausgebildet. Weitgehend nachtaktiv. Träge Schwimmer. Fischfresser. → Vivipar (Javanische W. 20–30, Indische W. 4–10 Junge). [1]

acrodont: → Zahnbefestigung.

Aditus laryngis, Kehlritze, Kehlkopfeingang: bei **A** spaltförmige ventrale Öffnung des Kopfdarmes, die den Weg freigibt für den Übertritt der Atemluft in den → Laryngotrachealsack (Froschlurche) bzw. die → Trachea der Schwanzlurche. Liegt bei **R** hinter der Zunge (z. B. bei Echsen) od. auf der Zungenscheide (Schlangen). [2]

Adrenalorgan: Teil der → Nebenniere, entspricht dem Nebennierenmark der Säuger. Entsteht aus stark modifizierten Neuronen. Die Zellbestandteile des A. lassen sich mit Chromsalzen anfärben und werden deshalb auch als chromaffines Gewebe bezeichnet. Das A. bildet die Hormone Adrenalin und Noradrenalin. [2]

Adriatische Mauereidechse: → *Podarcis melisellensis.*

adult: erwachsen. In dieser Phase („Reifephase") des Lebenszyklus sind die → Gonaden funktionsfähig, alle Körpermerkmale voll ausgebildet. Gegensatz → juvenil. [1]

Aerocystitis, Luftsackentzündung: wie in den Luftsäcken der Vögel können auch im großen Lungenluftsack der Schlangen, in den → Luftsäcken der Echsen (z. B. der → Chamaeleonidae) und vieler Schildkröten entzündliche Veränderungen der außerordentlich dünnen Luftsackwandung vor allem durch → bakterielle, → Virusinfektionen und → Mykosen auftreten. Bei **R** fast immer in Verbindung mit → Pneumonien festgestellt. [1]

Aeromonas-Infektion: *Aeromonas*-Arten (vor allem *A. liquefaciens, A. hydrophila, A. punctata*) zählen zu den häufigsten bakteriellen Krankheitserregern bei **A** und **R.** Sie verursachen in erster Linie → Gastro-Enteritiden, wurden vielfach bei → Stomatitis ulcerosa, → Nierenerkrankungen, oft bei → Pneumonien, → Abszessen nachgewiesen. Außerdem wird ein möglicher Zusammenhang zwischen visceraler → Gicht und A.-I. diskutiert. Die → „Red leg" der Frösche geht auf eine Infektion von *A. hydrophila* zurück. Prophylaxe: Hygiene, Bekämpfung von → Ektoparasiten (→ *Ophionyssus natricis* kann A.-Arten übertragen). Therapie: ein- bis mehrtägige Verabreichung von Breitbandantibiotika (Tetracycline u. a.) od. Sulfonamiden. Abszesse chirurgisch behandeln. [1]

Afrikanische Eierschlange: → *Dasypeltis scabra.*

After: → Anus.

Afterklauen, Aftersporne: bei den → Boidae zwei neben dem → Anale liegende Klauen, die den äußerlich sichtbaren Rest der rudimentären Hinterextremitäten darstellen. Sie sitzen beweglich auf einem als → Femur, verschiedentlich (z. B. bei *Python)* noch auf einem weiteren als → Tibia-Rest betrachteten Skeletelement. Die A. sind bei ♂♂ meist größer als bei ♀♀, es können aber auch individuelle Unterschiede auftreten. Bei *Boa* ♀♀ unter 1 m GL noch nicht feststellbar. Bedeutung: stimulierende Rolle bei der → Kopulation durch schnelle, heftige, meist rhythmische Kratzbewegungen des ♂ (häufig seitlich der → Kloake des ♀; Geräusch oft gut hörbar), außerdem zum Festhalten dienend. Die Stimulationsbewegungen enden mit Einführung des → Hemipenis. Beim Madagassischen Hundskopfschlinger *(Sanzinia madagascariensis)* wurde der Einsatz der A. auch beim → Kommentkampf (Kratzen des Rivalen) nachgewiesen! A. finden sich weiterhin bei den → Leptotyphlopidae und → Aniliidae. (Abb. 2). [1]

Aftersporne: → Afterklauen.

Aga: → *Bufo marinus.*

Ägäische Mauereidechse: → *Podarcis erhardii.*

Ägäischer Bogenfingergecko: → *Cyrtodactylus (M.) kotschyi.*

Agama caucasia (Eichwald 1831), Kaukasus-Agame: Vertreter der → Agamidae. Verbreitung: Dagestan, Transkaukasien, NO-Kleinasien, Irak, Iran, Afghanistan, Pakistan. Kommt in Gebirgsgegenden, vor allem auf trokkenen, vegetationsarmen Fels- und Geröllhängen vor. Höhenverbreitung bis 3300 m. GL bis 35 cm. Kopf flach, breit, dreieckig. Rumpf stark abgeflacht und stachelschuppig. Schwanz übertrifft etwas die KRL. Schwanzschuppen in Wirteln, stachelig. Tagaktiv. Sehr wärmeliebend. Scheu, flieht in Felsspalten. Verkeilt sich dort häufig durch Aufblähen des Rumpfes (ebenso → *Agama stellio).*

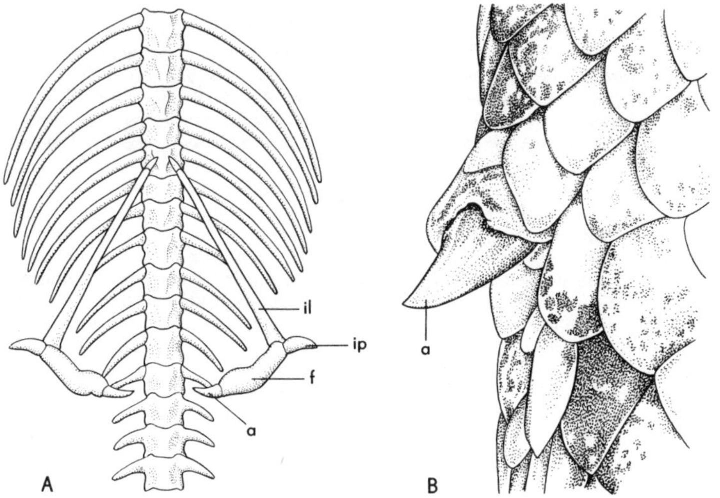

Abb. 2. Afterklauen. A. Beckengürtel und Reste der Hinterextremitäten von *Python sebae*; B. Afterklaue von *Eunectes murinus. a* Afterklaue, *f* Femur, *il* Os ilium, *ip* Ischiopubis.

Auch → Akinese beobachtet. Ausgeprägtes → Revierverhalten. Gelegegröße: 4–14 Eier; 2 Jahresgelege möglich. [1]

Agama ruderata Olivier 1804, Ruinenagame: Vertreter der → Agamidae. Verbreitung: in Europa lediglich an wenigen Stellen in S-Aserbaidshan, darüber hinaus Anatolien, N-Arabien bis Pakistan. Lebt vor allem in Steppen, Halbwüsten mit spärlicher Vegetation, Wüsten. Höhenverbreitung bis 3000 m. GL bis 25 cm. Kopf relativ hoch, Rumpf leicht dorsoventral abgeflacht. Rükkenschuppen verschiedenartig groß, Schwanzschuppen nicht in Wirteln stehend. Schwanz kann etwas über KRL erreichen. Tagaktiv, sonnenliebend. Gelegegröße: bis 14 Eier. [1]

Agama sanguinolenta (Pallas 1814), Steppenagame: Vertreter der → Agamidae. Verbreitung: in Europa nur im O-Vorkaukasusraum, weiterhin über M-Asien, S-Kasachstan, NO-Iran, N-Afghanistan bis NW-China. Besiedelt vor allem Steppen, Halbwüsten mit spärlicher Strauchvegetation (Präferenz für sandige Böden), aber auch lichte Waldbestände, grasige Wegränder, Geröllfelder. Höhenverbreitung bis 1100 m. GL bis 30 cm. Kopf und Rumpf sind nur wenig abgeplattet, stachelschuppig. Schwanzschuppen nicht in Wirteln stehend. Schwanz erreicht bis über KRL. Mit äußerem Gehörgang, da das → Trommelfell eingesenkt ist. Tagaktiv, sehr sonnenliebend. Klettert oft auf Sträucher und sogar Bäume. Gelegegröße: bis 11 Eier (in selbstgegrabenen, 3–5 cm tiefen Gruben); 2–4 Jahresgelege möglich. [1]

Agama stellio (Linnaeus 1758), Hardun: Vertreter der → Agamidae. Verbreitung: in Europa nur inselartige Vorkommen (bei Thessaloniki, auf Korfu, einige Kykladeninseln), weiterhin Kleinasien, Irak, Syrien bis Unterägypten. Vorwiegend in trockenen Biotopen anzutreffen. Besiedelt häufig Bäume, oft Felsen, → Legesteinmauern, vielerorts auch fast nur am Boden lebend. Höhenverbreitung bis 2000 m. GL bis 35, jedoch selten über 30 cm. Kopf flach, breit, gut abgesetzt. Rumpf dorsoventral abgeflacht, stachelschuppig. Schwanzschuppen in Wirteln angeordnet. Schwanz kann bis fast doppelte KRL erreichen. Tagaktiv, sehr wärmeliebend. Scheu, flieht meist blitzartig. Verkeilt sich gern in Spalten (ebenso → *Agama caucasia)*. Gutes Farbwechselvermögen. Kopfnicken und → Aufblähen als Drohreaktionen. Gelegegröße: bis 10 Eier; 2–3 Jahresgelege möglich. [1]

Agamen: → Agamidae.

Agamidae, Agamen: Fam der → Iguania. Etwa 300 Arten. Altweltliches Gegenstück zu den → Iguanidae (viele parallele Anpassungstypen). Verbreitung: SO-Europa *(Agama, Phrynocephalus),* Afrika (außer Madagaskar), Asien, Indoaustralischer Archipel, Australien. Besiedeln unterschiedlichste Biotope, Trockengebiete bis zum tropischen Regenwald. Meist kleine bis mittelgroße Arten. Bezahnung → acrodont, häufig → Heterodontie vorliegend. Vielfach stark beschuppt. Zunge kurz, fleischig. Extremitäten und Schwanz gewöhnlich lang. Oft ausgeprägtes → Imponier- und Drohverhalten. Balz-, Droh- und Warntrachten (Ausbildung von → Kehlsäcken, -falten, Helmen, Nacken-, Rücken-, Schwanzkämmen usw.) daher gut entwickelt. Überwiegend tagaktiv. Boden- und Baumbewohner, einige leben → amphibisch. Gatt Draco (→ *D. volans)* zum → Gleitflug befähigt. Häufig sehr gutes Farbwechselvermögen. Fähigkeit zur → Schwanzregeneration stark geschwunden. Meist → ovipar, wenige → ovovivipar. [1]

Aggregation: Ansammlung artgleicher Individuen od. von Individuen mehrerer Arten auf eng begrenztem Raum, die nicht auf soziale Verhaltensweisen zurückgeht. Oft durch bestimmte klimatische Bedingungen verursacht, wie A. im → Winterquartier, aber auch z. B. an günstigen Nahrungsquellen möglich. Begriff wird jedoch zur Zeit verschieden interpretiert. So können A. nach manchen Autoren auch durch → Pheromone (vor allem bei bestimmten Insekten) hervorgerufen werden. [1]

Aggression: Verhaltensform des → agonistischen Verhaltens. Umfaßt sämtliche Verhaltensweisen des Angriffs- und Drohverhaltens. Dient im innerartlichen Bereich (intraspez. A.) z. B. der gleichmäßigen Verteilung einer → Population im Lebensraum, Herausbildung einer → Rangordnung und der sexuellen Selektion. Als zwischenartliche A. (interspez. A.) unter anderem hinsichtlich des Kampfes gegen → Prädatoren bedeutsam. [1]

Agkistrodon contortrix (Linnaeus 1766), Kupferkopf: Vertreter der → Crotalidae. Verbreitung: USA (von Massachusetts bis N-Florida, westwärts bis Oklahoma, Texas), N-Mexiko. In Laubwäldern (ausgezeichnet dem Fallaub angepaßt), auf Lichtungen, Viehweiden, steinigen, bebuschten Hügeln, im Randgebiet von Sümpfen, auch in Siedlungen vordringend. GL bis etwa 1,3 m, meist 60–80 cm. Kopf deutlich abgesetzt, dreieckig, flach. Augen mittelgroß. → Lorealgruben gut sichtbar. Hauptsächlich nachtaktiv. Flieht meist. Bei Erregung Kopf schräg emporstehend, Schwanzvibrieren. Beißt mehrfach zu. Gift nur schwach wirksam. Giftmenge pro Tier etwa bis 52 mg Trockengift. Verursacht die meisten Bißfälle in den USA. Im → Winterquartier manchmal mit Klapperschlangen vergesellschaftet. Breites Beutespektrum. → Ovovivipar (bis 17 Junge). → Höchstalter in Gefangenschaft fast 22 Jahre. [1]

Agkistrodon halys (Pallas 1776), Halysschlange: von verschiedenen Autoren der Gatt *Gloydius* zugeordnet. Einziger bis Europa vorgedrungener Vertreter der → Crotalidae. Verbreitung: von Japan westwärts über weite Teile N- und M-Asiens bis zur Wolgamündung sowie von S-Sibirien (56 °n. Br.) südwärts bis S-China, Taiwan. Bevorzugt in Steppen, auch in Halbwüsten, der Taiga (am Ussuri), an Gebirgshängen, sogar auf alpinen Matten. Gebirgspopulation von *A. h. boehmei* in NO-Afghanistan siedelt z. B. in einer Höhe von 2500 m NN. Höhenverbreitung bis maximal etwa 4000 m. GL bis 80, häufig jedoch 50–60 cm. Kopf deutlich abgesetzt, dreieckig, mit großen Schildern. Schnauze meist etwas aufgeworfen. Augen klein, Pupille senkrecht. → Lorealgruben markant. Vorwiegend dämmerungs- und nachtaktiv. Bodenbewohner. → Amphigonia retardata nachgewiesen. Ovovivipar (2–12 Junge). [1]

agonistisches Verhalten: Oberbegriff für sämtliche, im Zusammenhang mit Auseinandersetzungen zwischen Individuen auftretenden Verhaltensweisen. Er integriert daher alle Verhaltensphänomene der → Aggression, aber auch das → Demut- und Fluchtverhalten. [1]

Agrionemys horsfieldii (Gray 1844), Vierzehen-Landschildkröte, Steppenschildkröte: Vertreter der → Testudinidae. Verbreitung: vom Kaspischen Meer (N- und O-Küstengebiet) über S-Kasachstan, Iran bis Afghanistan, NW-Pakistan. Typischer Bewohner von Steppen. Höhenverbreitung bis etwa 1500 m. Carapax-Länge bis 28, aber nur selten über 20 cm. Panzer breit, median abgeflacht, oval, bei juv. Tieren weitgehend rundlich. → Scharnier nicht ausgebildet. Vordere Extremitäten mit 4, hintere mit 5 Zehen. Schwanz kann → Endnagel besitzen. Oberschenkel mit einer Gruppe Höckerschuppen besetzt. Tagaktiv. Gräbt lange, in einer Wohnkammer endende Erdgänge. Diese dienen zur Übernachtung, Überwinterung und zum Überdauern von Trockenperioden. Gelegegröße: bis 12 Eier. [1]

Ägyptische Wanderheuschrecke: → *Locusta migratoria.*

A-Hypovitaminose: → Vitamin-A-Mangel.

Akinese: → Sichtotstellen.

Akkomodation: Fähigkeit des Wirbeltierauges, verschieden weit entfernte Gegenstände scharf auf der Netzhaut abzubilden, entweder durch Veränderung des Linsenabstandes von der Netzhaut od. durch Änderung der Linsenkrümmung. **A** sind mit einem Musculus protractor lentis (choroidalen Ursprungs) versehen, der bei Kontraktion die → Linse nach vorn zieht, wodurch eine Einstellung auf die Nähe erfolgt. In Ruheposition ist das Amphibienauge wie das der **R** auf die Ferne eingestellt. Außerdem verfügen **A** noch über einen Musculus tensor chorioideae (Ciliarmuskel). Die A. bei **R** erfolgt i. d. R. durch Verformung der Linse. Der → Ciliarkörper liegt dem verformbaren Ringwulst, der aus verdickten Linsenepithelzellen besteht und den Linsenäquator umgibt, an. Als Akkomodationsmuskel dient der im Ciliarkörper gelegene quergestreifte Musculus ciliaris. Sein bei der Kontraktion ausgeübter Druck wird auf den Ringwulst übertragen und verformt die Linse distal (Linsenkrümmung erhöht sich). Damit ist die Einstellung auf die Nähe erreicht. Schlangen besitzen weder Ringwulst noch Ciliarmuskel. Hier wird durch Kontraktion des Irismuskels Druck auf den Glaskörper ausgeübt. Dadurch kommt es zur Verschiebung der Linse in Richtung → Cornea. (Abb. 3). [2]

Aktionsraum, Wohn- od. Heimgebiet: gesamtes, zeitlebens von einem Tier zur Ernährung sowie Fortpflanzung genutztes Gebiet. In ihm sind evtl. bestehende → Territorien, Aufenthaltsgebiete, → Winterquartiere und Wanderwege integriert. [1]

Aktograph: Anlage zur Aktivitätsregistrierung bei Tieren. Allgemein üblich ist auch für **A** und **R** der Einsatz rückwirkungsfreier (keine Beeinflussung des Versuchstieres durch den A.) Registriergeräte und -methoden. Die Aktivitätsaufzeichnungen erfolgen z. B. über in der Versuchsbox installierte Vibrationsaufnehmer od. Infrarot-Lichtschranken. [1]

Albinismus: Pigmentlosigkeit, durch ein rezessives Gen hervorgerufen. Erblichkeit experimentell z. B. bei → *Ambystoma mexicanum* und den Nattern *Pituophis catenifer, Lampropeltis getulus, Elaphe guttata* untersucht. Weißlinge (Albinos) dieser Schlangen züchtet man z. Z. sogar aus kommerziellen Gründen. Definition des A. uneinheitlich. Totalalbinos sind völlig weiße, zeichnungslose, rotäugige Tiere. Bei **R** sehr selten, **A** etwas häufiger nachgewiesen. Partielle Albinos, d. h. Exemplare mit teilweisem Pigmentausfall (Bild 25-27); treten dagegen bei zahlreichen **A**- und **R**-Arten (z. B. → *Triturus alpestris, Elaphe vulpina, E. obsoleta, E. guttata)* relativ oft auf. Aus Japan liegt unter anderem ein Hinweis über das Massenvorkommen partiell albinotischer Exemplare von *Elaphe climacophora* vor. Unter Bezug auf Fehlen bzw. Vorhandensein der einzelnen Chromatophoren-Typen unterscheiden manche Autoren bei Schlangen 9 Typen von A. Bei Schwanzlurchen läßt sich ein Zusammenhang zwischen → Neotenie und A. feststellen. Die Lebenserwartung albinotischer Tiere ist in der Natur gewöhnlich nicht groß (zu auffällig für → Prädatoren). [1]

Algerische Zornnatter: → *Coluber algirus.*

Algerischer Sandläufer: → *Psammodromus algirus.*

algiphag, algivor: algenfressend. Viele → Kaulquappen nehmen als Filtrierer kleine Algen (z. B. Diatomeen) und tierische Einzeller auf, andere weiden den auf Blättern und Stielen submerser Wasserpflanzen, Steinen und anderen Substraten ausgebildeten Aufwuchs (besteht vor allem aus Algen) ab. [1]

Algyroides fitzingeri (Wiegmann 1834), Zwerg-Kieleidechse, Tyrrhenische Kieleidechse: Vertreter der → Lacertidae. Verbreitung: → endemisch auf Korsika, Sardinien. Lebt oft in Gewässernähe, gern an schattigen Stellen. Biotopspektrum offenbar breiter als gewöhnlich angegeben. Höhenverbreitung bis etwa 1200 m. GL bis 13 cm. Rückenschuppen rhombisch, stark gekielt, → imbrikat, etwa gleichgroß wie

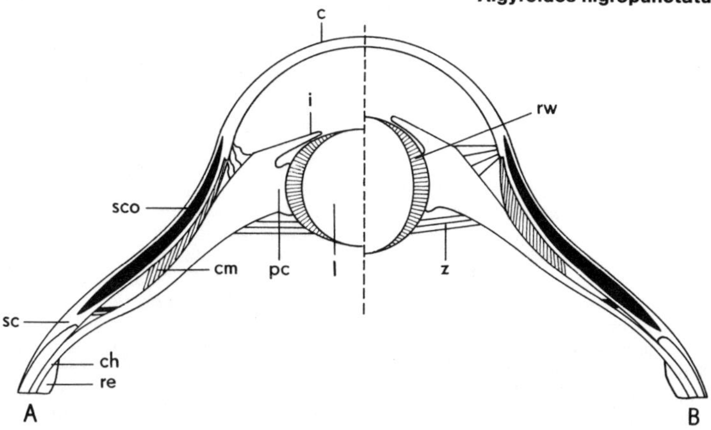

Abb. 3. Akkomodation des Reptilienauges. A. Fernakkomodation; B. Nahakkomodation. *c* Cornea, *ch* Chorioidea, *cm* Ciliarmuskel, *i* Iris, *l* Lens, *pc* Processus ciliaris, *re* Retina, *rw* Ringwulst, *sc* Sclera, *sco* Scleroticalknochen, *z* Zonulafasern.

Flankenschuppen. Schwanz kann über doppelte KRL erreichen. Tagaktiv. Klettert gut. Gelegegröße: 2–4 Eier. [1]

Algyroides marchi Valverde 1958, Spanische Kieleidechse: Vertreter der → Lacertidae. Verbreitung: → endemisch in SO-Spanien. Ausschließlich in gebirgigen Regionen (700–1500 m NN) anzutreffen. Lebt in Kiefernwäldern, bevorzugt an Stellen mit hoher Luftfeuchtigkeit (z. B. im Bereich von Bächen). GL bis 15 cm. Körper schlank, leicht abgeflacht. Rückenschuppen signifikant größer als Flankenschuppen, nur gering gekielt, mäßig → imbrikat. → Halsband glattrandig. Schwanz erreicht bis doppelte KRL. Tagaktiv. Ziemlich scheu, klettert gut. Gelegegröße: 2–4 Eier; mehrere Jahresgelege möglich. [1]

Algyroides moreoticus Bibron und Bory 1833, Ionische Kieleidechse, Peloponnesische Kieleidechse: Vertreter der → Lacertidae. Verbreitung: Peloponnes, Ionische Inseln Kephallenia, Ithaka, Zakynthos. Häufig an Nordhängen, besiedelt teils offene, teils bewachsene felsige Stellen, auch z. B. Hecken, Stein- und Gestrüpphaufen. Höhenverbreitung bis 1000 m. GL bis 15 cm. Rückenschuppen deutlich gekielt, → imbrikat, etwa gleichgroß wie Flankenschuppen. → Halsband gesägt. Schwanz kann bis über doppelte KRL erreichen. Tagaktiv. Ziemlich scheu, lebt weitgehend versteckt. Zur Biologie liegen nur wenige Angaben vor. [1]

Algyroides nigropunctatus (Duméril und Bibron 1839), Prachtkieleidechse: Vertreter der → Lacertidae. Verbreitung: Bereich der Ostküste (einschließlich zahlreicher Inseln) des Adriatischen und Ionischen Meeres (von der italienischen Prov. Udine bis zur Insel Zakynthos). Breites Biotopspektrum. Bevorzugt schattige Plätze, z. B. Hekken, altes Mauerwerk, Stein- und Abfallhaufen, nicht zu dichtes Buschwerk. Höhenverbreitung bis 1000 m. GL bis 21 cm. Sehr schlank. Schwanz erreicht fast doppelte KRL. Rückenschuppen signifikant größer als Flankenschuppen, stark gekielt, → imbrikat. Tagaktiv, mitunter noch nach Sonnenuntergang anzutreffen. Verläßt nach der Flucht wieder rasch das Versteck. Gelegegröße: 2–3 Eier. [1]

Allantois, embryonaler Harnsack: ventrale blasenförmige Ausstülpung des embryonalen Enddarms bei → Sauropsiden und Säugern. Legt sich im Laufe der Entwicklung dem → Chorion an. Funktion: Speicherung der Exkrete (im Hohlraum) und Atmungsorgan (bei Sauropsida), bedingt durch das gut entwickelte Gefäßnetz in der Allantoiswand. [1]

Allantoisplacenta: → Chorion.

Alligatoren: → Alligatoridae.

Alligatoridae, Alligatoren: Fam der → Crocodylia. 7 Arten. Verbreitung: außer → *Alligator sinensis* (SO-China) neuweltlich (hauptsächlich S-Amerika). Semiaquatil, im Süß-, gelegentlich Brackwasser. GL bis 6,3 m. Ziemlich kurzschnauzig. 4. Oberkieferzahn am stärksten ausgebildet. Der 4. Unterkieferzahn fügt sich in eine Grube im Oberkiefer ein. → Choanen median mit knöcherner Scheidewand. Unterarm und -schenkel ohne Schuppenkämme. Meist träge, wenig angriffslustig. Durchweg Pflanzenhügelnestbauer. Für → *Alligator mississippiensis* und → *Caiman crocodilus* wurden Brutpflegehandlungen wie → Nestbewachen, → Nestöffnen, → Ei-Öffnen (bislang nur für *Caiman crocodilus* belegt), → Maultransport der Jungen nachgewiesen. Mit breiter Palette sozialer Signale. [1]

Alligator mississippiensis (Daudin 1802), Mississippi-Alligator: Vertreter der → Alligatoridae. Verbreitung: SO-USA, vom sü. N-Karolina nach Süden bis S-Florida, westwärts bis M-Mexiko. Lebt in deckungsreichen → Seen, Sümpfen, Flüssen, verlandenden Nebenarmen. GL bis 6,3, meist 2,5–3 m. Schnauze hechtartig, ziemlich flach, breit. Vorwiegend dämmerungs- und nachtaktiv. Tagsüber gewöhnlich an → Sonnenplätzen schlafend. Pflanzenhügelnestbauer. Nesthügel 1–2 m breit, bis etwa 1 m hoch. Gelegegröße: 15–88 Eier. Verrottungswärme erhöht die Nesttemperatur und mindert die täglichen Temperaturschwankungen. → Nestbewachen und -verteidigen (auch Befeuchten, Lüften), → Nestöffnen, → Maultransport der Jungen durch das ♀. Jungtierbewachen und -führen noch mehrere Monate, gelegentlich Junge bis 3 Jahre in der Nähe des ♀ nachgewiesen. → Höchstalter in Gefangenschaft 64 Jahre. [1]

Alligatorschildkröten: → Chelydridae.

Alligator sinensis Fauvel 1879, China-Alligator: Vertreter der → Alligatoridae. Verbreitung: SO-China, mittlerer und unterer Jangtsekiang (Prov. Anhui, Jiangsu, Zhejinang) entlang einer Strecke von etwa 300–400 km. Dort leben derzeit etwa nur noch 500 Tiere. GL bis 2 m. Schnauze ziemlich kurz. 6 Längsreihen großer Rückenschilder im Bereich der Rumpfmitte. Scheu. Lebensweise wenig bekannt. Verbringt → Winterruhe eingegraben im Gewässerboden. Pflanzenhügelnestbauer. Gelegegröße: 9–24 Eier. Nach Brazaitis werden geschlechtsspezifische „Wohnhöhlen" angelegt. Stets leben einige ♀♀ zusammen in einer Höhle mit mehreren Kammern und Ausgängen. ♂♂ sind immer allein, ihre Kammer ist einfach gebaut, hat nur zwei Ausgänge. Erfolgreiche Nachzucht im Bronx Zoo/ New York (internationales Aufzuchtprogramm) seit 1977. [1]

allochthon: primär nicht im betreffenden Gebiet (bzw. → Biotop) bodenständig, biotopfremd. Künstlich eingebürgert (z. B. → *Rana catesbeiana* in Mexiko, auf Kuba usw.), verschleppt od. eingewandert. Gegensatz → autochthon. [1]

allometrisches Wachstum: unterschiedliche relative Wachstumsgeschwindigkeiten (Proportionsentwicklung) von Extremitäten, anderen Körperteilen od. Organen in Relation zum Wachstum des Gesamtkörpers. So ist z. B. das Extremitätenwachstum bei → *Lacerta viridis* bis zur → Geschlechtsreife isometrisch in bezug zur KRL, darauf dann signifikant negativ allometrisch. [1]

allopatrische Arten: Arten, die sich geographisch gegenseitig ausschlie-

Bild 1. *Conraua goliath*, der größte Frosch der Welt.

Rufendes ♂ von *Hyla arborea* (Bild 2) und *Bufo calamita* (Bild 3).

Bild 4. *Hyla arborea* im Amplexus in einer Fichtenhecke.

Bild 5. *Alytes cisternasii* im Amplexus.

Bild 6. Kopfamplexus bei *Epipedobates tricolor*.

Bild 7. *Phyllobates terribilis* ♂ beim Larventransport.

Bild 8. Paarung bei *Euproctus asper*.

Bild 9. Fehlpaarung von *Bufo bufo* und *Rana „esculenta"*.

Bild 10. *Rana arvalis* mit Laichballen.

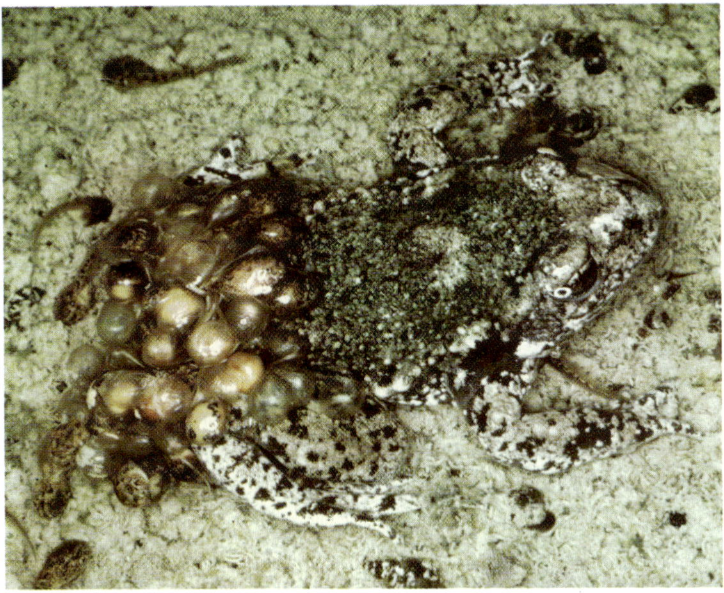

Bild 11. *Alytes obstetricans* ♂ mit Eischnüren. Die meisten Larven sind schon geschlüpft.

Bild 12. *Pipa pipa* ♀ mit fertig metamorphosierten Jungtieren in den Waben.

Bild 13. Nest von *Alligator mississippiensis.*

Bild 14. *Chamaeleo namaquensis* am Ostufer des Swakop-Flusses bei Swakopmund.

Jungtier (Bild 15) und ad. ♂ (Bild 16) von *Corallus caninus.*

Panthergecko (*Eublepharis macularius*) beim Augenlecken (Bild 17) und Verzehren der abgestreiften Haut (Bild 18).

Bild 19. Deutung umstritten: Kommentkampf oder Fehlpaarung bei *Salamandra salamandra*?

Bild 20. Turmfalk (*Falco tinnunculus*) verfüttert ein *Lacerta agilis* ♂.

Bild 21. Toter Blattfingergecko (*Phyllodactylus marmoratus*) im Netz der Schwarzen Witwe (*Latrodectus mactans hasselti*).

Bild 22. Bartagame (*Amphibolorus rangini*) mit Wirbelsäulenverkrümmungen.

Bild 23. Lorealgrube bei einer Mexikanischen Zwergklapperschlange (*Sistrurus ravus*).

Bild 24. *Emys orbicularis* während der Balz.

Bild 25. Neotener, partiell albinotischer *Triturus alpestris*.

Bild 26. Partiell albinotische Larve von *Hyla arborea*. Eine Hinterextremität fehlt durch Libellenlarvenfraß.

Bild 27. Spitzköpfige, partiell albinotische Larve von *Salamandra salamandra*.

Bild 28. *Salamandra salamandra* ohne Melaninpigmentierung.

Makifrosch (*Phyllomedusa lemur*) in Tag- (Bild 29) und Nachtfärbung (Bild 30; beginnende Umfärbung im Schnauzenbereich durch das Anstrahlen mit der Taschenlampe).

ßen. Mitunter können sie jedoch aneinanderstoßende → Areale besiedeln. Gegensatz → sympatrische Arten. [1]

Alpenkammolch: → *Triturus carnifex.*

Alpensalamander: → *Salamandra atra.*

Alphitobius diaperinus (Panzer 1797), Glänzender Getreideschimmelkäfer: Vertreter der Schwarzkäfer (Tenebrionidae). Bis 6,5 mm lang, braun od. schwarz gefärbt, Vorratsschädling. Larven weichhäutig, bis 12 mm lang, als Futter für Froschlurche, Echsen geeignet. Leicht züchtbar. Generationszeit sehr kurz, bei 27–28 °C und 30–50 Prozent RLF knapp 2 Monate. Die Käfer leben etwa 6 Monate, ein ♀ legt ungefähr 200 Eier. Zuchtbehälter: kleinere Plastdosen mit Gazedeckel, dunkel stellen. Zuchtansatz: 50–100 Käfer. Futter: z. B. Haferflocken-Hühnerlegemehl-Kleie-Gemisch (1:1:1), getrocknete Weizenkeime, → Pellets. Auf die Trockenfutterschicht etwas Wellpappe legen. Tägliches Feuchtfutter: geriebene Möhre, Apfelscheiben od. eingeweichtes Weißbrot. Eiablage an feuchten Stoffresten. Larven durch Aussieben von den Käfern trennen, in separaten Behältern aufziehen. [1]

Alsophylax pipiens (Pallas 1814), Kaspischer Geradfingergecko: Vertreter der → Gekkonidae. Verbreitung: in Europa nur im unteren Wolgaraum (zwischen den Flüssen Wolga und Ural), ostwärts bis zur Mongolei, NW-China. Bodenbewohner in steinigen Steppen, Halbwüsten. GL bis 9 cm (♀ größer als ♂). Schlank, Kopf groß, wie der Rumpf leicht abgeplattet. Zehen gerade, ohne Haftscheiben. Schwanz kann KRL etwas überschreiten. Dämmerungs- und nachtaktiv. Tagsüber versteckt unter flachen Kalksteinen, Geröll, in Bodenspalten, verlassenen Nagerbauen. Entfernt sich nicht weit vom Versteckplatz. Stimme ein vogelähnliches, metallisches Pfeifen. Gelegegröße: meist 1, selten 2 Eier; bis 5 Jahresgelege möglich. [1]

Altersbestimmung: → Wachstumsringe.

Altersdimorphismus: durch Vorhandensein besonderer Jugendmerkmale bedingte phänotypische, auch ethologische und Lautäußerungs-Unterschiede bei einer Art od. → Population. Am bekanntesten hinsichtlich der Ausbildung ausgeprägter Jugendkleider und ihrer Umbildung in Adulttrachten. Ein deutliches Jugendkleid besitzen z. B. zahlreiche Schildkröten, Echsen und Schlangen (*Geochelone pardalis, G. elegans,* → *Anguis fragilis,* → *Ophisaurus apodus,* mehrere *Lacerta*- und *Elaphe*-Arten, → *Corallus caninus* (Bilder 15, 16), *Chondropython viridis* u. a.). [1]

Altwasser, „toter Flußarm": auf natürlichem Weg od. durch wasserbauliche Maßnahmen (Flußregulierung und -begradigung) abgeschnittener Flußarm (Flußkrümmung). Bei ausreichender Wasserqualität mit meist artenreichem Organismenbestand. → Laichgewässer zahlreicher **A**-Arten. Wichtige Keimzelle zur Wiederbesiedlung des Flusses, z. B. nach Stoßbelastung mit giftigen Wasserinhaltsstoffen. [1]

Alveoli pulmonis, Lungenalveolen: respiratorisch tätige Endabschnitte des Lungenhohlraumes, in denen sich der Gasaustausch vollzieht. Sie sind von Scheidewänden umgeben, die sich durch respiratorisches Epithel vom Lungenvolumen absetzen, elastische Fasern, glatte Muskelzellen sowie Blutkapillaren enthalten. [2]

Alytes cisternasii Boscá 1879, Iberische Geburtshelferkröte: Vertreter der → Discoglossidae. Verbreitung: Portugal sü. des Tejo, W- und M-Spanien. Besiedelt das Flach- und Hügelland. Breites Biotopspektrum, z. B. strauch- und baumreiche Gebiete, extrem vegetationsarme Flächen, Olivenhaine, Viehweiden mit spärlichem Baumbestand, kleine Äcker, auch nahe menschlicher Siedlungen. Höhenverbreitung bis etwa 1200 m. KRL 4–5 cm. Extremitäten kürzer, vordere auch kräftiger als bei → *Alytes obstetricans.* Am Handteller 2 Tuberkel. Nachtaktiv. Lebensweise und Fortpflanzung wie bei *A. obstetricans.* Gelege enthält bis 120 Eier. Larven ganzjährig zu finden, oft in Bachkolken, Brunnenbecken. [1]

Alytes muletensis (Sanchiz und Adrover 1977), Balearenkröte, Balearen-Geburtshelferkröte: Vertreter der → Discoglossidae. Verbreitung: Mallorca (Balearen). Dort erst 1977 fossil (mittleres und oberes Pleistozän) entdeckt. Intensive Suche führte 1979 in einem etwa 15 km² großen Areal in der Serra de Tramuntana zu Lebendfunden von Larven und Jungtieren. Die Balearenkröten leben hier in cañonartigen, schwer zugänglichen, von Sturzbächen durchflossenen Schluchten im Karst (etwa 300–400 m NN; Jahresniederschlagsmenge 1000–2000 mm, Temperaturen im Winter nicht unter 12 °C, im Sommer maximal 22 °C). Im gleichen → Habitat lebt → *Rana perezi,* als Freßfeind kommt → *Natrix maura* in Betracht. KRL des beschriebenen ad. Exemplares 3,5 cm. Körper gedrungen. Kopf relativ groß, Pupille senkrecht, → Parotoiddrüsen nicht sichtbar. Halsregion nicht abgrenzbar, Taille vorhanden. Extremitäten lang. Am Handteller 3 Tuberkel. Haut glatt bis feingranuliert. Nachtaktiv. Fortpflanzungsbiologie gattungstypisch. Larvenmorphologie weitgehend identisch mit der von → *Alytes obstetricans* und → *A. cisternasii.* [1]

Alytes obstetricans (Laurenti 1768), Geburtshelferkröte: Vertreter der → Discoglossidae. Verbreitung: Großteil der Iberischen Halbinsel, Frankreich, Belgien, Luxemburg, W-Holland, W- und S-BRD, DDR (Harz, W-Thüringen), Schweiz, Marokko. Lebt hauptsächlich im Hügel- und Bergland. Breites Biotopspektrum, z. B. Wälder, terrassenförmige Berghänge, Gärten, Geröllhalden, Kies-, Sand-, Lehmgruben, meist in Gewässernähe. Höhenverbreitung bis 2000 m. KRL bis 5,5 cm. Krötenähnlich, gedrungener Habitus, Haut oberseits warzig. Pupille senkrecht. Am Handteller 3 Tuberkel. ♂ mit kräftigen Vorderextremitäten, ohne → Schallblasen und → Brunstschwielen. Nachtaktiv. → Paarung und Eiablage (mehrfach jährlich) an Land. ♂ betreibt → Brutpflege. Es trägt die Laichschnüre (bis 1 m lang, mit 20–100 Eiern) um die Hinterschenkel geschlungen 3–6 Wochen an Land umher (Abb. 64 F). Larven (ausgeprägt somatolytisch gefärbt) schlüpfen (Schlupfgröße 14–16 mm) sofort nach dem Absetzen der Eier in → Stand- od. langsam strömenden → Fließgewässern. Paarungsruf typisch glöckchenartig. [1]

Amblyrhynchus cristatus Bell 1825, Meerechse: Vertreter der → Iguanidae. Verbreitung: → endemisch auf den Galápagos-Inseln. Einzige zum Nahrungserwerb das Meer aufsuchende Echse. Lebt nur in der Küstenregion. Hauptnahrung Tange und Algen, die bei Ebbe von den Felsen in der Gezeitenzone, aber auch von Algenbänken im Meer (bis etwa in 3 m Tiefe) abgeweidet werden. GL bis 175 cm. ♂♂ stets größer als ♀♀, mit besonders großen, kegelförmigen, durch Knochenhöcker gestützten Schildern auf dem vorderen Schädeldach, auch 3–4fach höherem Rückenkamm. Langer Ruderschwanz. → Salzdrüse scheidet überschüssiges Salz in die Nasenhöhlen aus. ♂♂ ortstreu, mit → Revierverhalten, → Kommentkämpfen. Ein ♂ bildet mit 5–15 ♀♀ eine Herde. Gelegegröße: meist 2–3 Eier, in selbstgegrabener → Nestgrube. Oft kämpfen die ♀♀ um die im felsigen Gelände raren Eiablageplätze. [1]

Ambystoma mexicanum (Shaw 1789), Mexikanischer Querzahnmolch, Axolotl: Vertreter der → Ambystomatidae. Verbreitung: nur im Xochimilco-See (35 km² groß, vorwiegend ein System von Kanälen mit meist 1, maximal 10 m Tiefe) 20 km südöstlich von Mexico City, 2300 m NN. In der Natur immer → neotenisch. → Metamorphose in Gefangenschaft durch stufenweises Senken des Wasserspiegels od. Gaben von Thyroxin und Oxytocinen erreichbar. Im → Terrarium wurden auch Albinos gezüchtet. GL bis 29 cm. Gedrungen gebaut, Kopf breit, hinten beiderseits 3 Kiemenäste. Maul unterständig, weit gespalten. Rumpf mit Seitenfurchen und niedrigem Rückensaum. Schwanz seitlich abgeflacht mit großem Hautsaum, nicht KRL erreichend. Tag- und dämmerungsaktiv. Früher bekanntes Laboratoriumstier. Als Nahrung schon von den Azteken geschätzt. Innere → Befruchtung (♀ nimmt → Spermatophore auf). Eiablage 2mal jährlich einzeln (mitunter in Schnüren; bis 500 Eier) an Wasserpflanzen od. Steinen. [1]

Ambystomatidae, Querzahnmolche: Fam der → Caudata. Nur 2 Gatt (*Ambystoma, Rhyacosiredon*), 30 Arten. Verbreitung: N-Amerika. Adulte meist nur zur Fortpflanzungszeit im Wasser (vorwiegend in → Standgewässern, *Ambystoma subsalsum* im Brackwasser). GL 8–33 cm. Kopf gewöhnlich breit, Augen klein. Gaumenzähne stehen am Mundhöhlendach in Querreihen. Glatthäutig, gedrungener Habitus. Mit markanten → Rippenfurchen. Extremitäten kräftig (mit je 4 Fingern, 5 Zehen). Schwanz seitlich zusammengedrückt. → Amphicöle Wirbel. Lungen vorhanden, mitunter stark reduziert. Verschiedentlich → Neotenie (z. B. → *Ambystoma mexicanum*). Oft Laichwanderungen. Bei *Ambystoma opacum* → Brutpflege durch das ♀ (→ Laichwacht). [1]

Ambystoma tigrinum (Green 1825), Tiger-Querzahnmolch, Tigersalamander: Vertreter der → Ambystomatidae. Verbreitung: N-Amerika; von SW-Kanada bis M-Mexiko, fehlt an der Westküste, in den Appalachen, S-Florida und im Mississippi-Delta. Nur zur Fortpflanzungszeit im Wasser (→ stehende und langsam strömende Gewässer). Oft → Neotenie. Im Flach-, Hügel- und Bergland. Höhenverbreitung bis 3000 m. Größter rezenter Landsalamander. GL bis 33, meist 18–20 cm. Kräftiger Körperbau, glatthäutig. Kopf ohne → Parotoiddrüsen, Augen klein. Gaumenzähne in Querreihen. Schwanzquerschnitt breit-oval. → Winterruhe (und bei Trockenperioden) im Erdboden. Innere → Befruchtung. Laichabgabe (bis 1400 Eier) einzeln od. in Klumpen an Wasserpflanzen. [1]

Amerikanische Blindschlangen: → Anomalepidae.

Amnion, Schafhaut: innerste, extraembryonale Hülle (→ Embryonalhüllen) der Amniota (→ Sauropsida und Säuger). Die amnionlosen Fische und **A** werden dagegen als Anamnia bezeichnet. Das A. umschließt die Amnionhöhle, in welcher der Embryo in der Amnionflüssigkeit wie in einem „Mikrogewässer" schwimmt. Die Amnionflüssigkeit repräsentiert somit das für den Embryo der echten Landwirbeltiere erforderliche flüssige Entwicklungsmedium. An das A. schließt sich außen das → Chorion an. [1]

Amniota: → Amnion.

Amöbendysenterie, Amöbenruhr: wesentlichste durch Protozoen (Einzeller) verursachte Krankheit der **R,** besonders bei Schlangen und Echsen verbreitet. Erreger: hauptsächlich die 1934 von Rodhain entdeckte *Entamoeba invadens* (in mehreren Stämmen), seltener andere Amöben. Symptome sind neben Apathie, Auswürgen der Nahrung, → Futterverweigerung oft bluthaltiger, mit Schleimhautfetzen vermischter Kot, z. T. vermehrtes → Trinken, besonders typisch ist die meist oberhalb der → Kloake gut sicht- und tastbare Hinterleibsverdickung. Pathologische Veränderungen hauptsächlich im Dickdarm und in der Leber. Verschleppung über Blutkreislauf. Schildkröten z. T. latent befallen (klinisch gesund), bedeutsam als Dauerausscheider. Erregernachweis im Kot, auch mit → Immunofluoreszenztechnik Diagnose möglich. Therapie: bei reinem Darmbefall meist orale und kloakale Gaben von Metronidazol (Flagyl® u. a.) von 50–60 (bis 200) mg/kg KM kombiniert mit einem Tetrazyklin (25–250 mg/kg KM, gegen bakteriellen Befall) über eine Woche jeden 2. Tag, Wiederholung nach 2 Wochen. Bei Verdacht auf extraintestinalen Verlauf wird Chloroquinphosphat (Resochin®) empfohlen: 0,5–1 ml/kg KM, 2–3 mal pro Woche über 3 Wochen, danach wiederholen. [1]

Amöbenruhr: → Amöbendysenterie.

Amphibia, Lurche: Kl der Wirbeltiere (Vertebrata). Phylogenetisch von Quastenflossern (der UO Rhipidistia) abzuleiten. Ursprung vor fast 400 Mio. Jahren. Erdgeschichtlich älteste amphibienähnliche Form ist der aus dem Oberdevon Grönlands bekannte *Ichthyostega steniöi.* Ihre Blütezeit erlebten die **A** im Karbon und Perm. Die rezenten **A** umfassen knapp 4000 Arten und gliedern sich in nur 3 in ihrer Stammesgeschichte z. T. noch unklare Ordnungen: → Caudata, → Gymnophiona, → Anura. Systematische Gliederung (z. B. Familiengliederung, Bündelung der Fam) besonders bei Gymnophiona, Anura ungelöst, z. Z. stark diskutiert. Weltweit, Polargebiete und Meere ausgenommen, verbreitet. Überwiegend kleine und mittelgroße Formen. GL unter 1 cm bis 1,8 m. → Poikilotherme, meist vierfüßige (gewöhnlich 4fingrig, 5zehig; erste → Tetrapoda) mit od. ohne Schwanz versehene Wirbeltiere. → Haut nackt, weich, drüsenreich, gut durchblutet, → Epidermis nur schwach verhornt, oft regional verdickt (→ Hautderivate). Schädel abgeflacht, artikuliert über den → Atlas mit der meist in Rumpf-, Sacral-, Schwanzregion gliederbaren Wirbelsäule. Ad. Tiere verfügen auf den → zahntragenden Knochen über echte, homo- und polyphyodonte Zähne. → Sternum nicht mit Rippen verbunden, fehlt wie auch → Schulter- und → Beckengürtel den Gymnophionen. Zur → Kiemen- od. → Lungenatmung kommt → Haut- und → Mundhöhlenatmung hinzu. → Herz besitzt 2 Vorkammern und eine Kammer. → Lymphgefäßsystem gut ausgebildet, für Anuren sind große → Lymphsäcke typisch. Alle Larven und einige andere Formen weisen noch → Seitenlinienorgane auf. **A** verfügen bereits über ein → Jacobsonsches Organ. → Augenreduktionen bei → cavicolen und → wühlenden Formen. Ausbildung des Schallübertragungsapparates sehr verschiedenartig. Überwiegend → ovipar. Eier ohne → Amnion. Entwicklung meist über eine → Metamorphose (kann sich verzögern, auch entfallen; → Neotenie) von der wasserlebenden Larve zum fertigen Lurch. Bei Eiablage an Land mitunter direkte Entwicklung (ohne freies Larvenstadium). Einige Formen sind → ovovivipar, wenige → vivipar. Vielfach → Brutfürsorge, häufig → Brutpflege in mannigfaltiger, z. T. hochspezialisierter und für Wirbeltiere einmaliger Form. [1]

Amphibiengifte: permanent von speziellen → Hautdrüsen (oft zu Komplexen zusammengefaßt, vgl. → Parotoiddrüsen) sezernierte, im Hautsekret enthaltene, mitunter auch im Blut, in Eiern, Embryonen, Larven vorkommende Toxine. Eingehende Untersuchungen liegen für verschiedene Schwanzlurche (→ Salamandarin, → Tarichatoxin usw.), besonders aber Frösche (→ Atelopidtoxin, → Leptodactylin, → Batrachotoxine, → Histrionicotoxine, → Pumiliotoxine u. a.) und Kröten (→ Bufotenine, → Bufogenine, → Bufotoxine u. a.) vor. Erste wissenschaftliche Arbeiten am Salamandergift wurden z. B. in Europa bereits in der 2. Hälfte des 18. Jahrhunderts durchgeführt. Die meist milchig weißen **A**-Sekrete enthalten chemisch sehr unterschiedliche Substanzen wie biogene Amine (Catecholamine, Indolalkylamine), Peptide, Steroide und relativ verbreitet Alkaloide. Sie schützen die Haut durch ihre bakterio- und fungizide Wirkung vor Mikroorganismen-Befall und dienen als Wehrsubstanzen gegen → Prädatoren. Hinsichtlich der pharmakologischen Wirksamkeit finden sich vor allem Herz-, Muskel-, Nervengifte, Cholino- und Sympathikomimetika, gefäßverengende sowie blutdrucksenkende und -steigernde Gifte, auch Halluzinogene od. Substanzen mit lokalanästhetischer Wirkung. [1]

Amphibienhäute, Präparation: von Juszczyk (1952) zur Farberhaltung (besonders schwarzer und grüner Farbtöne) angewandtes Verfahren. Töten des Tieres ohne Narkotikum-Einsatz. Vom Rachenraum aus Durchschneiden der Wirbelsäule an der Schädelbasis. Damit Rücken- und Bauchzeichnung vollständig vorliegen, wird die Haut seitlich aufgeschnitten. Nach Entfernen der Fleischreste gründlich wässern (1–2 h), Haut auf eine Glasplatte pressen, Wasser mit Fließpapier absaugen. Beim Einreiben der Platte mit pulverisierter Ochsengalle bekommt die angepreßte Hautoberseite eine zelluloidartige Konsistenz. Trocknungsdauer je nach Größe und Dicke der Haut eine bis mehrere Stunden. Getrocknete A. lichtgeschützt lagern und vor Schadinsektenfraß schützen. [1]

Amphibienkralle: tütenförmige, krallenähnliche Hornbildung an den Finger- und/od. Zehenendgliedern einiger **A.** Einfache Hornkappe, die nicht wie bei der → Reptilienkralle Krallenplatte und -sohle unterscheiden läßt. Derartige Krallen kommen unter den Schwanzlurchen z. B. an Finger- und Zehenspitzen der Larven sowie ad. Tiere von → *Euproctus asper,* vor allem aber bei verschiedenen Vertretern der → Hynobiidae vor. So finden sie sich bei Larven beider *Onychodactylus*-Arten, meist auch den ad. Tieren zur Fortpflanzungszeit, ebenfalls bei Larven von *Ranodon* und Vertretern der *Hynobius chinensis*-Gruppe. Unter den Froschlurchen besitzt → *Trichobatrachus robustus* Krallen an der 2., 3. und 4. Zehe, am bekanntesten sind die Hornbildungen der *Xenopus*-Arten (an den inneren 3 Zehen der Hinterextremitäten) sowie anderer → Pipiden. [1]

Amphibienleder: abgezogene und gegerbte Häute verschiedener großer Frosch- und Krötenarten (→ *Rana catesbeiana* u. a.). Das dünne, sehr gut faltbare Leder wird naturfarben, meist aber eingefärbt, zu Bucheinbänden, Geldbörsen, Brief- und Damenhandtaschen sowie anderen Galanteriewaren verarbeitet. Diese Art der Vermarktung von **A** findet sich auch heute noch in manchen Ländern, letztlich genährt durch die Gedankenlosigkeit der Käufer und die stillschweigende bzw. offene Duldung staatlicher Stellen. [1]

Amphibien-Nerv-Muskelpräparat: Präparat zur Untersuchung und Demonstration elektrophysiologischer Vorgänge. Als klassisches Modell dienen der Nervus ischiadicus und sein Effektor, der Musculus gastrocnemius, von *Rana*-Arten (andere Froschlurche eignen sich gleichfalls). Nach der Präparation und Befestigung an einem Stativ wird die durch elektrische Reizung (mittels Induktionsreizgerät) ausgelöste Muskelkontraktion über einen Schreibhebel auf einem Schleuderkymographen aufgezeichnet. (Abb. 4). [1]

Amphibienschutzzaun, Amphibienzaun: zum Schutz wandernder **A** (zur Laichzeit) vor dem → Straßentod beiderseits längs des Straßenrandes zeitweise od. stationär angebrachte, 30–50 cm hohe, möglichst wartungsfreie Abschrankung. Auf den Schweizer Lehrer Fischer zurückgehende Schutzmaßnahme. Als Material kommen vor allem Plastikplanen, rostfreies Drahtgeflecht (Maschenweite etwa 3,5 cm), auch Wellpolyestermaterial, seltener Bretter und Betonmauern in Betracht. Durch den Zaun werden die Lurche im effektivsten Fall nach Art eines Trichters zu → Straßenunterführungen geleitet. Arbeitsaufwendig und nicht als Dauerlösungen geeignet sind Abschrankungen, hinter denen in bestimmten Abständen → Fanggefäße eingegraben sind, aus denen die Tiere täglich entnommen und über die Straße transportiert werden müssen. [1]

Amphibientunnel: → Straßenunterführung.

Amphibienübergang: Straßenabschnitt, über den ein Wanderweg von **A** führt. Durch die zunehmende Dichte des Verkehrsnetzes werden vielerorts die traditionellen, oft relativ schmalen Wanderrouten der Lurche (besonders von → *Bufo bufo,* → *Rana temporaria*) durchschnitten. Ohne geeignete Präventivmaßnahmen wie → Amphibienschutzzaun, → Straßenunterführungen, → Ersatzlaichteiche kommt es meist

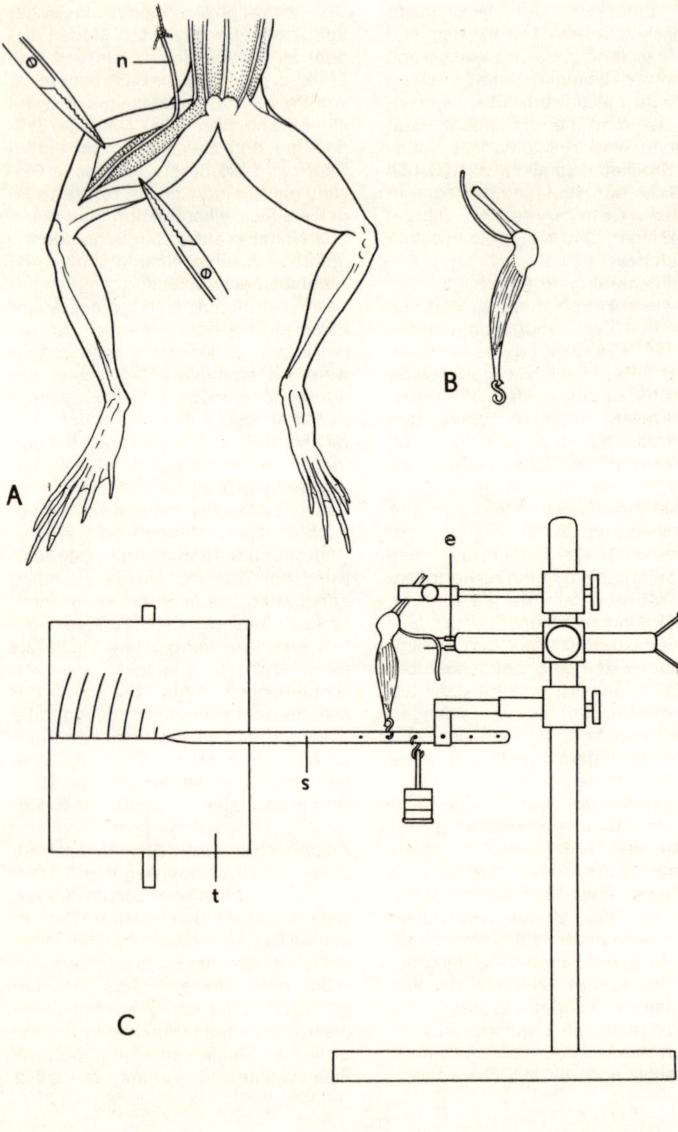
n
A
B
e
s
t
C

zum Massensterben (→ Straßentod), über mehrere Jahre hinweg nicht selten zum Erlöschen der betreffenden → Population. [1]

Amphibienwarnzeichen: dreieckiges Warnzeichen mit Froschsymbol. Zum Schutz wandernder **A** vor dem → Straßentod kurzzeitig (hauptsächlich zur Laichzeit), oft verbunden mit einer Geschwindigkeitsbeschränkung, an Straßenabschnitten angebracht, die Jahr für Jahr bei den Wanderungen überquert werden. Erstmals 1970 in der Schweiz eingesetzt. Wirkung auf den Verkehrsteilnehmer jedoch vergleichsweise noch geringer als bei Wildwechsel- und Viehaustrieb-Warnzeichen. Vielerorts unterliegen daher die betreffenden Abschnitte jetzt einer über mehrere Tage hinweg praktizierten nächtlichen Vollsperrung. Erfolgreichere Lösungswege sind dagegen → Straßenunterführungen und → Ersatzlaichteiche. [1]

Amphibienzaun: → Amphibienschutzzaun.

amphibisch, semiterrestrisch: im Wasser und an Land lebend. [1]

amphicöle Wirbel: an beiden Enden des Wirbelkörpers sanduhrförmig, d. h. tief konkav ausgehöhlte Wirbel. Typisch für die → perennibranchiaten Schwanzlurche sowie die → Gymnophiona, unter den Froschlurchen nur bei den → Leiopelmatidae anzutreffen. Auch einige **R,** z. B. ursprüngliche → Testudines, → Rhynchocephalia und zahlreiche → Gekkonidae, sind z. T. mit a. W. ausgestattet. [2]

Amphigonia retardata, Befruchtungsverzögerung: auf Kopstein (1938) zurückgehender Begriff. Die → Befruchtung erfolgt nach der letzten → Kopulation durch Spermakonservierung im → Oviduct des ♀ zeitlich stark verzögert. → Receptacula seminis zur Spermaspeicherung wurden unter den **R** bei einigen Schildkröten und zahlreichen → Squamaten entdeckt. So kann bei einer Reihe von **R**-Arten das Sperma (sicher mit einer Verlustquote) monate- und sogar jahrelang lebens- und befruchtungsfähig bleiben. Den Rekord der Spermaüberlebensdauer halten 3 Schlangenarten: *Acrochordus javanicus* (mindestens 8 Jahre), *Leptodeira annulata polysticta* (etwa 5 Jahre), *Drymarchon corais* (fast 4 ½ Jahre). Fälle von A. r. wurden für Schildkröten z. B. bei → *Chelydra serpentina, Malaclemys terrapin,* → *Chelonia mydas,* bei Echsen (*Eublepharis macularis, Phelsuma guentheri, Chamaeleo pumilis, Anolis carolinensis* u. a.), vor allem aber bei Schlangen (Vertreter der → Boidae, → Colubridae, → Viperidae, → Crotalidae) nachgewiesen. [1]

Amphisbaenia, Amphisbaenen, Doppelschleichen: Stellung im System umstritten. Innerhalb der → Squamata meist als UO klassifiziert, hauptsächlich wegen folgender Merkmale: Hirnschädel allseitig verknöchert, → Jochbögen fehlen, → Praemaxillare verbreitert, mit vergrößertem mittlerem Zahn, besondere Form und Lage der → Extracolumella, → Condylus occipitalis geteilt, Haut annelidenartig geringelt (Verhältnis Wirbel/Annulus 1:2, bei *Blanus* 1:1), allein linke Lunge funktionstüchtig. Etwa 130 Arten. Verbreitung: warme Regionen Amerikas, Afrikas (außer Wüsten), Kleinasien, Arabien, in Europa nur → *Blanus cinereus.* GL bis 70, meist 10–30 cm. Nahezu rein → subterrestrisch, hoch spezialisierte Wühler. Rumpf gestreckt, fast rund, oft mit Seiten-, gelegentlich auch Dorsalfalte. Kopf stumpf gerundet, keil- od. schaufelförmig, nicht abgesetzt. Augen rückgebildet, liegen unter der Haut. Unterkiefer kurz. Bezahnung → pleurodont

Abb. 4. Amphibien-Nerv-Muskelpräparat. A. Präparation des Nervus ischiadicus bei *Rana* (von dorsal); B. Nerv-Muskelpräparat mit einem Teil des Femur und einem in der Achillessehne des Musculus gastrocnemius befestigten Häkchen; C. Anordnung am Stativ zur elektrischen Reizung. *e* Elektroden, *n* Nervus ischiadicus, *s* Schreibhebel, *t* Trommel des Kymographen.

od. → acrodont. Keine äußere Ohröffnung vorhanden. Schwanz kurz, nicht abgesetzt, bei vielen Arten → Autotomie möglich (jedoch keine → Regeneration!). Nur Gatt *Bipes* noch mit Vorderextremitäten, sonst alle extremitätenlos. → Becken- und → Schultergürtel meist stark reduziert, z. T. völlig fehlend. → Praeanalporen vorhanden. ♂♂ mit → Hemipenes. Nahrung bevorzugt Ameisen, Termiten (vgl. → Termitophilie). Gewöhnlich → ovipar, einige → ovoviviipar. 3 Fam: → Bipedidae, → Amphisbaenidae, → Trogonophidae. Für UFam Rhineurinae wird mitunter ebenfalls Familienrang vorgeschlagen. [1]

Amphisbaenidae, Eigentliche Doppelschleichen: Fam der → Amphisbaenia. Verbreitung: Tropen der Neuen und Alten Welt, bis Kleinasien, in Europa auf der Iberischen Halbinsel. Leben hauptsächlich im tropischen Regenwald. GL bis etwa 70 cm (*Monopeltis*). Schnauze dorsoventral od. lateral abgeflacht. → Pileus mit wenigen großen Schilden. Bezahnung → pleurodont. Schwanz nicht nach ventral abgebogen. Meist → ovipar. 2 UFam: Amphisbaeninae, Rhineurinae. [1]

Amphiuma means Garden 1821, Zweizehen-Aalmolch: Vertreter der → Amphiumidae. Verbreitung: SO-Virginia bis einschließlich Florida, we. bis S-Mississippi. In → Standgewässern aller Art, auch Reisfeldern, Bächen, Flüssen. GL bis 116, meist nicht über 80 cm. Rumpf sehr langgestreckt, dick, vom Kopf kaum abgesetzt. Extremitäten winzig, mit nur zwei Zehen. Kiemenloch der ad. Tiere liegt kurz vor den Vorderextremitäten. Nachtaktiv. Tagsüber gewöhnlich verborgen am Gewässerboden, z. B. im Schlamm, zwischen Wasserpflanzen. Innere → Befruchtung. Eiablage (etwa 50 perlschnurartig verbundene Eier) an Land. Dauer der Embryonalentwicklung bis 5 Monate. → Höchstalter in Gefangenschaft 13 Jahre, 2 Monate. [1]

Amphiumidae, Aalmolche: Fam. der → Caudata. Nur 1 Gatt, 3 Arten. Verbreitung: SO-USA (atlantischer Küstenbereich von Virginia bis Louisiana, ganz Florida). In → Stand- und → Fließgewässern, selten an Land (zur Eiablage; mitunter in Regennächten). GL 30–110 cm. Körper langgestreckt, aalförmig. Kopf lang, spitz. Augen rückgebildet, lidlos, von dünner Haut bedeckt. Extremitäten winzig, schwach, arttypisch mit jeweils 1, 2 od. 3 Zehen. → Schulter- und → Beckengürtel stark reduziert. → Amphicöle Wirbel. Ad. Tiere mit inneren Kiemen (4 Kiemenbögen, Kiemenloch zwischen 3. und 4. Bogen), dazu Lungen ausgebildet. Mit größten → Erythrocyten unter den Wirbeltieren: 75 µm lang, 40 µm breit. Larven besitzen äußere Kiemen. Wehrhaft. Eiablage (bis etwa 200 Eier) in Nestmulde an Land in Gewässernähe. ♀ hält → Laichwacht (um Eiklumpen gewunden). Bekannteste Art → *Amphiuma means.* [1]

Amplexus: Umklammerung des ♀ durch das paarungsbereite ♂ bei Lurchen. In Europa außer der Gatt *Triturus* für alle Lurcharten kennzeichnend. Bei → Anuren (Bilder 4, 5) klammern die ♂♂ die ♀♀ mit den Vorderextremitäten stets vom Rücken her entweder vor den Hinterextremitäten (inguinal, A. lumbalis, Leisten- od. Lumbal-A.; primitive A.-Form), wie bei niederen Froschlurchen, od. in der Achselgegend (axillar, A. axillaris, Achsel-A.). Die gelegentliche Umklammerung im Brustbereich (früher als A. pectoralis unterschieden) geht auf die Armlänge des ♂ zurück und wird dem A. axillaris zugeordnet. In einigen Fällen kommt bei „höheren" Froschlurchen ebenfalls noch inguinaler A. (*Batrachyla, Pleurodema*-Arten, einige → Bufoniden), unter den → Dendrobatidae → Kopfamplexus vor. Intensität und Dauer des A. können von Art zu Art sowie individuell sehr variieren. Besonders intensiv klammern z. B. → *Bufo bufo,* → *Rana catesbeiana.* Extreme Amplexuszeiten wurden für *Atelopus cruciger* mit 19–20 und *Atelopus oxyrhynchus* mit 125 Tagen (!) bekannt. Mitunter klammern sogar ♀♀ kurzzeitig. Unter den A.-Abnormitäten wurden die von *Bufo bufo* ♂♂ am häufigsten beschrieben (Umklammern von Fischen, Treibholz, selbst von toten Fröschen usw.). [1]

Ampulla ductus deferentis, Samenleiterampulle: bei ♂♂ mancher **A** ausgebildet. Erweiterung des → Samenleiters kurz vor seiner Einmündung in die → Kloake. Hier werden die Spermien gespeichert und erreichen ihre endgültige Reife. [2]

Ampullen der Bogengänge: Teile des → Labyrinthorgans. U-förmige Ausbiegungen an einem Ende der → Canales semicirculares, in denen sich die → Cristae ampullares befinden. Deren Sinneszellen sind mit langen Sinneshaaren ausgestattet, die in einen Gallertpfropf, die Cupula, hineinragen. Bei Drehbewegungen übt die träge → Endolymphe in den Bogengängen Druck auf die Cupulae aus, worauf eine Abbiegung der Sinneshaare erfolgt. Auf diese Weise können Drehbewegungen registriert werden. [2]

Analblasen, Analsäcke, Darmanhangsblasen: dünnwandige, gut durchblutete, paarige Ausstülpungen der Kloakenwand, die in den Kloakenraum münden und mit Wasser (per anum) gefüllt werden. A. besitzen viele → Süßwasserschildkröten (ausgenommen z. B. die → Trionychidae, bei → *Chelydra serpentina* rudimentär). Abgesehen von Gelenkschildkröten (*Kinixys*) fehlen sie allen Land- und Seeschildkröten. Sie dienen offenbar als zusätzliche Atmungsorgane („physiologische Kiemen"), vor allem während der Überwinterung auf dem Gewässergrund. Ihr Inhalt wird oft zum Aufweichen der Erde beim Graben der → Nestgrube verwendet, außerdem häufig bei Erregung (aposematische Reaktion) ausgespritzt. In Trockengebieten kommt den A. wahrscheinlich Bedeutung als Wasserspeicher (*Kinixys*) zu. [1]

Analdrüsen, Postanaldrüsen: bei vielen Schlangen in der → Schwanzwurzel liegende, paarige, säckchenförmige, → holokrine Drüsen. Ausmündung an der Grenze von → Urodaeum und → Proctodaeum. Offenbar bedingt durch die gleichfalls im Schwanzwurzelbereich befindlichen → Hemipenes bei ♂♂ kleiner als bei ♀♀. Vielfach produzieren die A. ein unangenehm und intensiv riechendes Sekret unterschiedlicher Farbe, das bei Bedrohung durch die Analspalte ausgeschieden wird. Besonders markant ist der knoblauchartige, langanhaltende Geruch des Analdrüsensekretes von → *Natrix natrix*. Durch seitliche Schwanzschläge kann *Agkistrodon piscivorus* das Sekret nahezu einen Meter weit verspritzen. [1]

Anale: Kloaken-, Anal-, Afterschild. Bedeckt als einfaches od. geteiltes Schild die Kloakenspalte. [1]

Analfeld, Afterfeld: Umgebung des → Anus. Oft wird ein Prae- und Postanalfeld unterschieden. Das A. ist z. B. bei **R.** vielfach durch eine besondere Beschuppung, Größe und Form gekennzeichnet. [1]

Analknochen, Postanalknochen, Kloakenknochen: kleiner, gewöhnlich halbmondförmig gekrümmter Knochen unmittelbar hinter der → Kloake, rechts und links auf der Schwanzunterseite, bei den ♂♂ vieler → Gekkonidae, verschiedener → Pygopodidae, → Anguidae. [1]

Analreflex: zur Beurteilung der Narkosetiefe bei der → Narkoseüberwachung von Schildkröten herangezogen. Schließen des → Anus nach taktiler Reizung des Analringes. [1]

Anamnia: → Amnion.

Ananasgewächse: → Bromeliaceae.

anapsid: Typus des **R**-Schädels ohne → Schläfenfenster und → Jochbogen. Kompakte Schädelkapsel, charakteristisch für die fossilen Cotylosaurier und die Schildkröten, deren Schädelhinterrand eingekerbt sein kann, was jedoch kein Hinweis auf ein ehemals vorhandenes Schläfenfenster ist. [1]

Andrias davidianus (Blanchard 1871), Chinesischer Riesensalamander: Vertreter der → Cryptobranchidae. Verbreitung: China; Prov. Schensi, Schansi, nach Süden bis Kwangsi. Bereits vor etwa 2500 Jahren im chinesischen Schrifttum erwähnt. In kühlen, klaren, rasch fließenden Gewässern des Berglandes. GL bis 1,8 m. Habitus wie → *Andrias japonicus.* Jedoch Warzen auf Kopf und Kehle kleiner, weniger dicht, z. T. in Reihen, vielfach paarig angeordnet. Vorwiegend nachtaktiv. Tagsüber meist versteckt unter Steinen od. der Uferböschung. Nahrungserwerb durch → Saugschnappen. Laichabgabe in 2 perlschnurartigen Strängen (400–500 Eier). → Brutpflege durch das ♂ wie bei *A. japonicus.* [1]

Andrias japonicus (Temminck 1837), Japanischer Riesensalamander: Vertreter der → Cryptobranchidae. Verbreitung: japanische Hauptinseln Hondshu (W-Teil), Kyushu. Lebt hauptsächlich am Boden kühler, sauberer, rasch fließender Gewässer in 200–1000 m Höhe. GL bis 1,6 m. Dauerlarven mit nur teilweiser Umwandlung. Am Ende der Larvenperiode (nach 3 Jahren) Rückbildung der äußeren Kiemen, Ausbildung von Lungen. 2 innere Kiemenbögen und die Zahnanordnung bleiben bestehen. Kopf flach, breit, oberseits und an der Kehle mit großen Warzen bedeckt. Augen klein, relativ seitlich angeordnet. Rumpf sehr breit, abgeflacht, seitlich mit dickem Hautwulst. Extremitäten kurz, stämmig, mit 4 Fingern bzw. Zehen. Muskulöser, seitlich abgeflachter Ruderschwanz. Glatthäutig. Nachtaktiv. Außerordentlich träge. → Lauerjäger. Laichabgabe in 2 langen Schnüren (bis 500 Eier) in die vom ♂ gegrabene → Nestgrube. ♂ hält → Laichwacht, bewacht auch geschlüpfte Larven. → Höchstalter in Gefangenschaft etwa 70 Jahre. [1]

Anguidae, Schleichen: Fam der → Anguinomorpha. Etwa 75 Arten. Verbreitung: alt-, neuweltlich, fehlen nur in Australien. Hauptentfaltung in Amerika. In Europa → *Anguis fragilis,* → *Ophisaurus apodus.* Hauptsächlich Bodenbewohner. Baumschleichen (*Abronia*) mit gutem Klettervermögen. Höhenverbreitung bis 3000 m. Kleine bis mittelgroße Formen. GL bis 1,4 m (*Ophisaurus*). Körper langgestreckt. Kopf kaum abgesetzt. → Pileus stets ausgebildet. Augenlider beweglich. Zunge mehr od. weniger stark zweizipflig. Schuppen glatt, → imbrikat, von → Osteodermen unterlagert. Stammesgeschichtlich ältere Formen (z. B. *Gerrhonotus*) mit 4 normal ausgebildeten Extremitäten. Oft Tendenz zu deren Rückbildung bis zur Beinlosigkeit (Rudimente von → Schulter- und → Bekkengürtel vorhanden). Schwanz erreicht mindestens KRL, spitz auslaufend, fähig zur → Autotomie. → Ovipar, einige → ovovivipar. 4 UFam: Diploglossinae (Doppelzungenschl.), Gerrhonotinae (Krokodil- und Panzerschl.), Anguinae (Blindschl.), Anniellinae (Ringelschl.; oft Fam-Rang zugesprochen, mitunter zu den Anguinae gestellt). [1]

Anguimorpha, Anguinomorpha: IO der → Sauria. Nahezu weltweit verbreitet. Kleine, mittelgroße bis sehr große Formen (darunter größte rezente Echse). → Parietale unpaar. → Procöle Wirbel. Zähne sämtlich solid (basal nicht hohl). Zahnwechsel alternierend, neue Zähne entstehen hinter den alten. Zunge meist lang, unterschiedlich tief gespalten (zweizipflig). Durch Querfalte in verschieden strukturierten Vorder- und Hinterabschnitt gegliedert. Ersterer ist gewöhnlich sehr beweglich, schmaler, unelastisch und in den breiten, elastischen Basalteil retrahierbar. Oft gut entwickelte → Osteodermata vorhanden. Häufig Tendenz zur Extremitätenreduktion bis zur Beinlosigkeit. 5 Fam: → Anguidae, → Xenosauridae, → Helodermatidae, → Lanthanotidae, → Varanidae. [1]

Anguis fragilis Linnaeus 1758, Blindschleiche: Vertreter der → Anguidae. Verbreitung: nahezu ganz Europa (ausgenommen S-Spanien, Irland, N-Skandinavien, nö. UdSSR, viele Mittelmeerinseln, Krim, S-Ukraine), darüber hinaus nach Osten bis W-Sibirien, Kaukasus-Gebiet, N-Kleinasien, N-Iran, im Süden bis NW-Afrika. Bevorzugt werden vegetationsreiche, mäßig bodenfeuchte

Biotope. Häufig z. B. auf Waldlichtungen, in Parks, Gärten. Hier oft unter Steinen, Fallaub, Borke, Holzstapeln zu finden. Höhenverbreitung bis 2400 m. GL bis 52, meist 35–45 cm. Schlangenähnlich, extremitätenlos, Schwanz relativ lang, autotomiert leicht. Tag- und dämmerungsaktiv. → Ovovivipar (5–26 Junge). → Höchstalter in Gefangenschaft 46 Jahre. [1]

Angulare: → Deckknochen im caudolateralen Bereich des → Unterkiefers vieler **R.** [2]

Aniliidae, Rollschlangen: Fam der → Henophidia. 9 Arten, 3 Gatt. Verbreitung: *Anilius* nö. S-Amerika, *Cylindrophis, Anomalochilus* S- und SO-Asien. Mittelgroße Formen. GL bis 85 cm. Typische Wühlschlangen. Körper drehrund. Kopf nicht abgesetzt, klein. Schädel kompakt. Oberkiefer überragt leicht den Unterkiefer. Augen sehr klein, bei *Anilius* vom Ocularschild bedeckt. Schwanz kurz, spitz. Glattschuppig, ventral schmale Bauchschienen. Reste von Becken und Hinterextremitäten (→ Afterklauen) vorhanden. Unterkiefer noch mit → Coronoid. → Praemaxillare bei *Anilius, Anomalochilus* bezahnt. Bei Bedrohung zeigt *Cylindrophis* → Kopfmimikry. Bekannteste Art ist die Korallen-Rollschlange (*Anilius scytale*). → Ovovivipar (bis 15 Junge). [1]

Anisopus (= Phryne) fenestralis (Scopoli 1763), Fensterpfriemenmücke: Vertreter der Fenstermücken (Anisopodidae). Imagines 5–7,5 mm lang, mit fensterartiger Flügelzeichnung. Mitunter massenhaft in Kellern, sobald Kartoffeln faulen. Larven (3 mm) in den faulenden Pflanzenteilen, auch gelegentlich im Tropfkörper der Kläranlagen. Als Futter (ebenso die Puppen) für → terrestrisch lebende Molche sowie kleine Frösche geeignet. Zucht: flache Schüssel etwa 3 cm hoch mit Obstresten und Kartoffelschalen füllen, feucht halten. Bei über 15 °C kommt es zunächst zur Hefe-, dann zur Faulgärung. Erst jetzt setzen die Mücken ihre Gelege (80–100 Eier), meist am Ansatzrand, ab. Etwa 4 Wochen nach dem Schlupf sind die Larven ausgewachsen. Mit dem Löffel benötigte Ansatzmenge entnehmen, trocknen lassen. Die Larven konzentrieren sich an der noch feuchtesten Stelle. Zur Verpuppungszeit etwas Moos auf den Ansatz legen. Darin lassen sich später die Puppen leicht absammeln. [1]

Annelida, Ringelwürmer: St der Gliedertiere (Stammgruppe Articulata). Etwa 8700 Arten. In der Mehrzahl Bewohner des Meeres-, Süßwasser-, Festlandbodens. Zahlreiche Arten leben zeitweilig frei schwimmend, manche rein pelagisch, viele parasitisch. Körper wurmförmig, in eine Reihe aufeinanderfolgender, mehr oder weniger homonomer (gleichförmiger) Segmente (Metameren) gegliedert. Mit unterschiedlich geformten Borsten od. Borstenbüscheln versehen, die nur den → Hirudinea (außer *Acanthobdella*) fehlen. Für die → Terraristik sind einige Vertreter der Wenigborster (Kl Oligochaeta; → *Enchytraeus,* → *Tubifex tubifex,* → Lumbicidae) bedeutsam. Unter den Hirudinea befinden sich zahlreiche auch an **A** und **R** parasitierende Arten. [1]

Annulus: Querring bzw. Körpersegment der annelidenartig geringelten (annulierten) → Amphisbaenia (Annulata). Jeweils zwei Annuli entfallen auf einen Wirbel, nur die Gatt *Blanus* weist ein Verhältnis von 1:1 auf. Als A. wird mitunter auch der → Wachstumsring einer Hornplatte des → Schildkrötenpanzers bezeichnet. [1]

Anomalepidae, Amerikanische Blindschlangen: Fam der → Scolecophidia. Verschiedentlich auch nur als UFam der → Typhlopidae angesehen. Etwa 20 Arten. Verbreitung: M- und S-Amerika. GL bis 35 cm. Gleichen morphologisch, anatomisch sowie in der → wühlenden Lebensweise weitgehend den Typhlopidae. Im Gegensatz zu diesen trägt das → Dentale bei den Gatt *Anomalepis* und *Liotyphlops* beiderseits einen Zahn. Das → Maxillare ist durchweg gering bezahnt. Am Schädel tritt noch ein Jochbein auf. Beckenrudiment meist nicht vorhanden. [1]

Anomalien: osteologische A. sind schon von → fossilen **A** und **R** bekannt. Für rezente Formen existiert aus der Natur und Gefangenschaftshaltung eine Vielzahl von Nachweisen. Eine erste Zusammenstellung entsprechender Funde nahm Saint Hilaire (1832) vor. Als Ursachen kommen endogene (z. B. genetisch bedingte) und exogene Störungen in Betracht. Besonders bekannt sind auf Außeneinflüsse (Temperaturschwankungen u. a.) zurückgehende Schädigungen während der Embryogenese bei → oviparen **R.**-Arten (vor allem belegt für Schildkröten, Schlangen). Die Mehrzahl der beschriebenen A. geht auf Doppel- od. Mehrfachbildungen zurück (→ Doppelköpfigkeit, → Duplicitas incompleta anterior und posterior, überzählige Extremitäten besonders bei Froschlurchen – vgl. Woitkewitsch 1959 –, → Siamesische Zwillinge u. a.). Ähnlich auffällig sind Farbanomalien, z. B. → Albinismus, → Flavismus, → Melanismus. Recht häufig werden A. in der Zahl od. Anordnung von Hornschildern bei Schildkröten (meist als Schildervermehrung) und Schuppen bei Schlangen festgestellt. Breitgefächert ist die Palette der osteologischen bzw. Skeletanomalien. Sie reicht von Wirbel-, Gebißanomalien, Verformungen des → Urostyls bis hin zu teilweise monströsen → Wirbelsäulenverkrümmungen. Vielfältig sind auch die Fälle von Organanomalien, besonderes Interesse gilt unter anderem dem → Hermaphroditismus. In jüngster Zeit wurden A. unterschiedlichster Art bei einigen Schwanz- und Froschlurchen bekannt, die offensichtlich auf Entwicklungsstörungen durch Wasserschadstoffe (z. B. Fehlen eines Auges und/od. von 1–2 Extremitäten bei *Salamandra*-Larven), in einem Fall auf erhöhte radioaktive Strahlung (überzählige Extremitätenanlagen usw.) zurückgehen. [1]

antaposematisches Verhalten: → aposematisches Verhalten.

anthropogen: auf den Menschen zurückgehend, d. h. vom Menschen verursacht, beeinflußt, geprägt od. geschaffen. [1]

Antiphonieren, Gegenrufen: zwischen artgleichen Individuen im Wechsel vorgebrachte, aufeinander abgestimmte akustische Signale („Wechselgesang"). So können sich z. B. bei → *Bombina variegata* die Rufe von zwei Tieren miteinander verzahnen. An zwei Töne der ersten Unke schließt sich ein Ton des anderen Tieres an. Dabei entspricht die Summe beider Ruffrequenzen der eines Einzelrufers. [1]

Antiprädatorverhalten: gegen → Prädatoren gerichtete Verhaltensweisen, die dem Schutz des bedrohten Tieres dienen sollen. Broddie untergliedert diese z. B. für **A** in morphologische (→ Schwanzautotomie u. a.) und verhaltensorientierte Reaktionen (Einnehmen bestimmter Defensivhaltungen, → Akinese u. a.). Mitunter können diese Verhaltensweisen auf eine spezielle Freßfeindgruppe zugeschnitten sein, wie z. B. die → Stelzenstellung als Abwehrreaktion besonders gegen Schlangen. [1]

Anulus fibrosus: Bindegewebsring um die Ostien (Öffnungen) des Herzens. Die Anuli fibrosi der → Crocodylia tren-

Abb. 5. Skeletsystem. A. Skelet von *Rana „esculenta"*; B. Arciferer Schultergürtel (*Ascaphus*); C. Firmisterner Schultergürtel (*Rana*). *ca* Carpus, *cla* Clavicula, *cle* Cleithrum, *co* Coracoid, *cr* Os cruris, *ep* Epicoracoid, *es* Episternum, *et* Ethmoid, *fe* Femur, *fi* Fibulare, *fg* Fossa glenoidalis, *fp* Frontoparietale, *h* Humerus, *il* Os ilium, *is* Os ischii, *m* Maxillare, *mc* Metacarpale, *mt* Metatarsale, *n* Nasale, *oc* Occipitale laterale, *om* Omosternum, *p* Praemaxillare, *pg* Pterygoid, *ph* Phalanges, *pr* Prooticum, *pt* Processus transversi, *qu* Quadratomaxillare, *r* Radius, *s* Scapula, *sc* Suprascapula, *st* Sternum, *ta* Tarsus, *ti* Tibiale, *ty* Tympanicum, *u* Urostyl, *ul* Ulna, *v* Vertebra sacralis, *x* Xiphisternum.

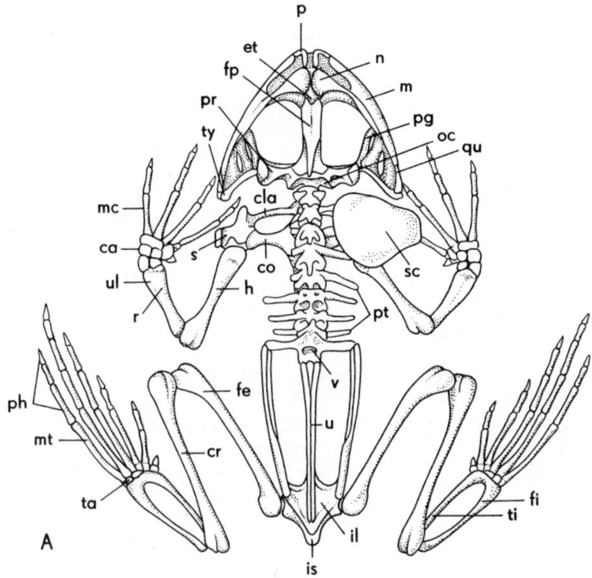
p
et
n
fp
m
pr
pg
ty
oc
qu
mc
cla
ca
s
co
sc
ul
h
r
pt
v
fe
ph
u
mt
cr
ta
fi
ti
il
is

A

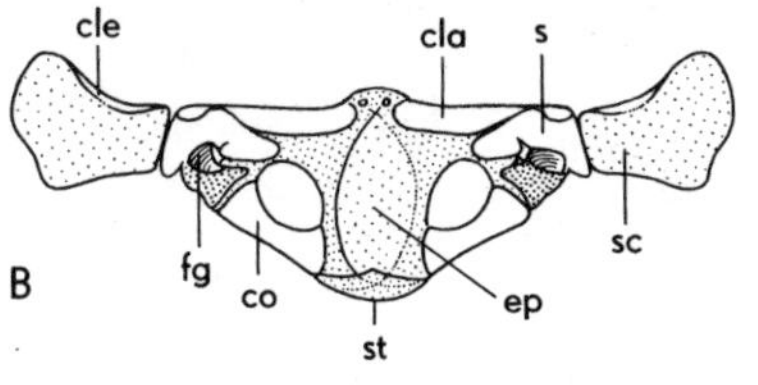
cle
cla
s
fg
co
ep
sc
st

B

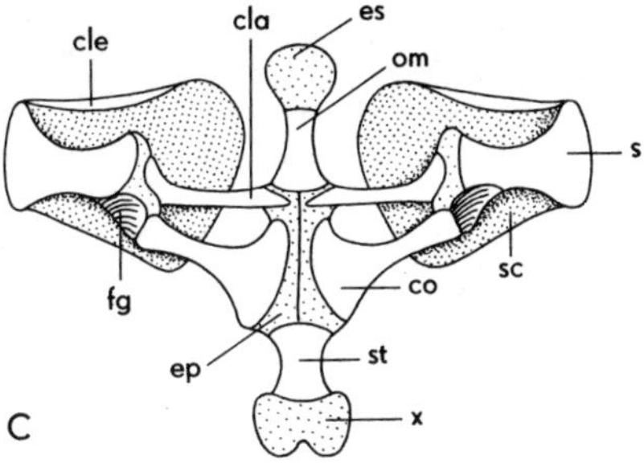
cla
es
cle
om
s
fg
sc
co
ep
st
x

C

nen im Gegensatz zu allen anderen **R,** wie bei den höheren Wirbeltieren, die Muskulatur der Herzvorhöfe und Herzkammern voneinander. [2]

Anulus tympanicus, Tympanalring: knorpliger Ring, in dem das Trommelfell (→ Membrana tympani) der Froschlurche ausgespannt ist. Trotz Rückbildung von Membrana tympani und → Cavum tympani auch bei der Gatt *Rhinoderma* noch nachweisbar. Derivat des → Quadratums. Befindet sich seitlich der Labyrinthkapsel, mit der er sekundär verkleben kann. Dem knöchernen Trommelfellring (→ Deckknochen) der Säuger nicht homolog. [1]

Anura, Froschlurche: O der → Amphibia. Etwa 3440 Arten. Weltweit (Polargebiete ausgenommen) verbreitet. Größte Mannigfaltigkeit in den Tropen. In Europa vor allem durch die Ranidae, außerdem Discoglossidae, Pelobatidae, Pelodytidae, Bufonidae, Hylidae vertreten. Überwiegend bodenbewohnend, viele → amphibisch, zahlreiche Formen → arboricol, einige rein → aquatisch. Körper gedrungen, erwachsen stets schwanzlos. Extremitäten (4fingrig, 5zehig) gut entwickelt, hintere gewöhnlich länger, kräftiger. Kopf breit, flach, meist breite Maulspalte. Augen mittelgroß bis groß, mit → Palpebrae. Erstmals liegt ein → Cavum tympani mit → Membrana tympani vor. → Laryngotrachealsack vorhanden. Meist 8 (5–9) → praesacrale (nach dem Bau → amphicöle, → opisthocöle, → procöle) Wirbel. 1 → Sacralwirbel, → postsacrale Wirbel zum → Urostyl verschmolzen. Freie Rippen nur bei Leiopelmatidae, Discoglossidae. → Schultergürtel arcifer, firmistern od. Zwischenformen ausgebildet. → Beckengürtel mit stark verlängerten, stabförmigen Darmbeinen. Haut glatt od. warzig, oft markante Drüsenleisten und → Parotoiddrüsen aufweisend. Hautsekrete z. T. stark giftig (vgl. → Amphibiengifte). Typisch sind große subcutane → Lymphsäcke. → Amplexus unterschiedlich. → Eiablage und Entwicklung der Larven (→ Kaulquappen) meist im Wasser, aber auch an Land (mitunter direkte Entwicklung) möglich. Vielfach → Brutfürsorge, viele mit z. T. hochentwickelter → Brutpflege. Von wenigen Ausnahmen abgesehen äußere → Befruchtung. Bei der → Metamorphose brechen die Hinterextremitäten zuerst durch. Systematische Gliederung lange Zeit nur auf Wirbelkonstruktion basierend, derzeit stark in der Diskussion, unterschiedlich vorgenommen. Hier werden gemäß der Klassifikation von Duellmann folgende 21 rezente Fam unterschieden: UO → Archaeobatrachia: ÜFam Discoglossoidea; → Leiopelmatidae, → Discoglossidae. ÜFam Pipoidea; → Pipidae, → Rhinophrynidae. ÜFam Pelobatoidea; → Pelobatidae, → Pelodytidae. UO → Neobatrachia: ÜFam Bufonoidea; → Myobatrachidae, → Heleophrynidae, → Leptodactylidae, → Bufonidae, → Brachycephalidae, → Rhinodermatidae, → Dendrobatidae, → Pseudidae, → Hylidae, → Centrolenidae. ÜFam Microhyloidea; → Microhylidae. ÜFam Ranoidea; → Sooglossidae, → Ranidae, → Hyperoliidae, → Rhacophoridae. (Abb. 5). [1]

Anus, After: Enddarmausgang. Kennzeichnet die Rumpf-Schwanz-Grenze. Bei Ausbildung einer → Kloake als Kloaken-, sonst Darmafter bezeichnet. Verlauf der Anal- bzw. Kloakenspalte bei Echsen und Schlangen quer zur Körperachse (plagiotrem), bei Krokodilen (Abb. 25 B) und Schildkröten steht sie längs zur Körperachse (cyclotrem). [1]

Aorta descendens, Aorta dorsalis: absteigende Aorta, Rückenarterie. Entsteht bei **A** und **R** durch Vereinigung des linken und rechten Aortenbogens. Von den → Aortenbögen und der A. d. entspringen die Arterien des Rumpfes, die sich in 3 verschiedene Kategorien gliedern lassen: 1. paarige dorsale Arterien zur Versorgung der Körperwandung und Gliedmaßen; 2. paarige laterale Arterien zur Versorgung der Nieren, Nebennieren, Geschlechtsorgane; 3. unpaare ventrale Eingeweidearterien zur Versorgung von Magen,

Mittel-, Blind-, Enddarm, Leber, Milz, Bauchspeicheldrüse. [2]

Aortenbögen: aus dem → Conus arteriosus od. den Herzkammern entspringende Bögen der Hauptschlagader (Aorta), aus der alle übrigen Schlagadern hevorgehen. **A** und **R** haben 2 A. (einen linken und rechten Aortenbogen), die sich zur → Aorta descendens vereinigen. Manche Schwanzlurche besitzen beiderseits 2 A., da die 3. → Kiemenbogenarterie erhalten bleibt. Entwicklungsgeschichtlich gehen die A. aus der 2. Kiemenbogenarterie hervor. [2]

Aortenstamm: → Truncus arteriosus.

Aphidina, Blattläuse: UO der Pflanzenläuse (Sternorhyncha). Etwa 3000, maximal bis 7 mm lange Arten. Leicht beschaffbares Futter für viele frisch geschlüpfte od. kleine Froschlurche (z. B. → Dendrobatidae) sowie Echsen. Zahlreiche Formen finden sich schon in Gärten, z. B. an jungen Trieben und auf der Blattunterseite von Rosen (*Macrosiphum rosae*), an Obstbäumen (*Aphidula pomi, Myzus persicae, M. cerasi* u. a.), auf Kohl (*Brevicoryne brassicae*), Rüben- (*Doralis fabae*) und Kartoffelblättern (*Macrosiphum euphorbiae*). Zur Vermeidung eines möglichen Befalls der Terrarienpflanzen nur in geringer Menge, aber dafür öfter anbieten. Evtl. Wassergefäß mit kleinen, von Blattlauskolonien besetzten Zweigen ins → Terrarium stellen. [1]

Apicale: Spitzenschild. Kleines, an das → Rostrale stoßende Schild des → Pileus der Vipern. Meist paarig (Apicalia) ausgebildet. [1]

Apicallappen der Lunge: von der Einmündung des extrapulmonalen Bronchus craniad gerichteter Lungenlappen. Der Eintritt des Bronchus erscheint deshalb ventrocaudad verschoben. Das Vorhandensein eines A. ist typisch für die Lunge der **R.** [2]

Apicomplexa: → Sporozoa.

apod, fußlos: Bezeichnung für Arten ohne Extremitäten. In der → Herpetologie Formen mit schlangenähnlichem Habitus. Unter den **A** sind die → Gymnophiona, bei **R** außer den Schlangen viele Echsen (z. B. → *Ophisaurus apodus,* → *Anguis fragilis,* alle Arten der → Anniellidae, → Amphisbaenidae, → Trogonophidae) a. Gerade bei Echsen findet man zahlreiche Beispiele, wo sich innerhalb einer Fam od. sogar Gatt morphologische Reihen fortschreitender Extremitätenrückbildung bis hin zur völligen Fußlosigkeit (vgl. → Scincidae) verfolgen lassen. [1]

apomorph: in der Systematik gebräuchliche Bezeichnung für ein abgeleitetes Merkmal. Gegensatz → plesiomorph. [1]

aposematisches Verhalten: Verhalten, das vergrämend wirkt, Distanz schafft. Hingston (1933) und Huxley (1936) unterteilen es in proaposematische (Warnen; zielt gegen Artfremde) und antaposematische Verhaltensweisen (Drohen gegen Artgenossen). Eine derart klare Trennung ist bei **A** und **R** jedoch vielfach nicht möglich. Außerdem wird a. V. oft noch in epigamischer Funktion (Paarungseinleitung) verwendet. Warn- od. Drohreaktionen ungefährlicher Arten, die somit nur einen Bluff darstellen, werden als pseudaposematisch bezeichnet. Unter **R** sind a. Verhaltensweisen sehr verbreitet und in vielfältiger Weise ausgebildet. Oft liegen aus mehreren Komponenten (Phasen) aufgebaute Reaktionsketten vor. Ein besonders bekanntes und typisches Beispiel dafür ist das pseudaposematische Verhalten von → *Natrix natrix* (vgl. → Sichtotstellen). (Abb. 6). [1]

Apothekerskink: → *Scincus scincus.*

Appetenzverhalten: spezifisches Suchen nach einer Auslösesituation, die zur Endhandlung führt. Meist aus einer ganzen Reihe (Kette) von Einzelhandlungen bestehend, wie z. B. beim Beute-A. im Rahmen des Nahrungserwerbs. Mit dem Anlaufen der Endhandlung erlischt das A. [1]

Applikationsverfahren: Medikamente werden bei **A** und **R** hauptsächlich wie folgt verabreicht: 1. oral: meist mit dem Futter, seltener per → Schlundsonde od. im Trinkwasser (→ Kropfbildung); 2.

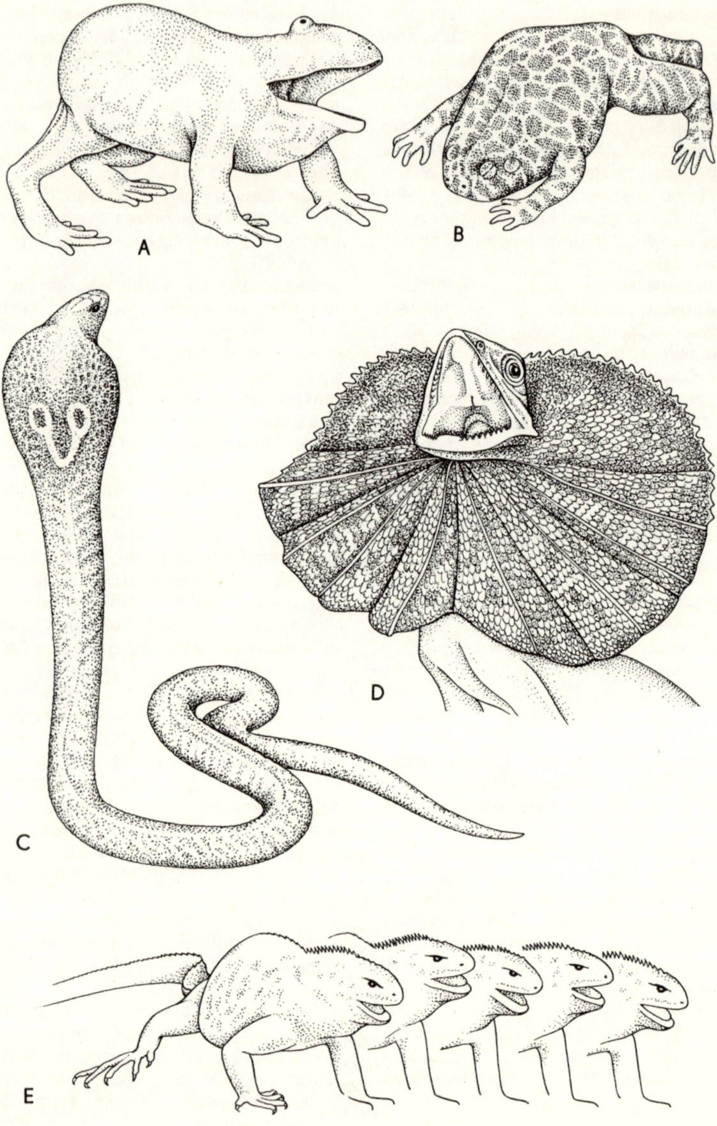
A
B
C
D
E

per Injektion subcutan (z. B. bei Froschlurchen in die → Lymphsäcke, Echsen in die Innenseite eines Hinterschenkels), auch intramuskulär, intravenös, intraperitoneal; 3. kloakal (per Klistier bei → Obstipation, → Amöbendysenterie usw.); 4. äußerlich als Bad (→ Dermatomykosen, → „Red leg", → *Oodinium*-Befall usw.), Einreibung (Hautschäden), Sprühbehandlung (gegen → Ektoparasiten), durch Bepinseln; 5. Aerosoltherapie (→ bakterielle Infektionen des Respirationstraktes). [1]

Aquarium: auf Gosse (1854) zurückgehender Begriff. Durchsichtiger, wassergefüllter Behälter (aus Glas, Kunststoff) zur Haltung, Pflege und Zucht von Wasserorganismen. In der → Terraristik zur Haltung weitgehend od. rein → aquatischer **A**-Arten als → Molch- und → Froschaquarium geläufig, gleichermaßen für viele im Wasser lebende **R** (z. B. zahlreiche → Süßwasserschildkröten, → Cheloniidae, → Dermochelydidae, → Hydrophiidae) verwendet. Herstellung (→ Vollglas-, Rahmen-, geklebte A.) und Technik (Beleuchtung, Belüftung, Filterung, Beheizung, Schaltelektronik) nicht bzw. kaum von der aquaristischen Praxis abweichend. Einrichtung je nach Tierbesatz verschieden, oft recht einfach, → Bodengrund und Bepflanzung können fehlen. Häufig ist ein Landteil integriert, schwimmend als Stamm, Korkinsel od. überleitend zum → Aqua-Terrarium als eingehängter Landteil (Holz-, Kunststoff-, Metallrahmenkonstruktion, z. T. mit Hydrotöpfen, Eiablagemulde) mit Hilfen zum Erklettern. Stets auf Sauberkeit (→ Futterreste usw.) achten. Zur Zucht dienen spezielle Zucht-A. [1]

Aqua-Terrarium: → Terrarium mit ausreichend großem Wasserteil. Im älteren Schrifttum definiert als Behälter mit großem Wasser- und kleinem Landteil, im Gegensatz zum sog. Terra-Aquarium, wo der Landteil überwiegt. Geeignet zur Haltung → amphibisch lebender Schwanz- und Froschlurche, von → Süßwasserschildkröten, Krokodilen, Wassernattern und anderen mehr od. weniger → aquatischen Schlangen. (Abb. 7). [1]

aquatisch, aquatil: im Wasser lebend. Gegensatz → terrestrisch. [1]

Arachnida, Spinnentiere: Kl der Gliederfüßer (Arthropoda). Etwa 36 000 Arten. Für **A** und **R** als Futter, Parasiten (→ Acari), in Ausnahmefällen als Freßfeinde (einige subtropische Pisauriden verzehren mitunter kleine Frösche, → Kaulquappen; *Palytes* gelegentlich Eidechsen) bedeutsam. Nach Mageninhaltsanalysen findet sich bei vielen Schwanz-, Froschlurchen, Echsen ein breites Artenspektrum von Webespinnen (*Araneae*), dazu Weberknechte (Opiliones) in der Nahrung. Außer den immer wieder über Gebühr herausgestellten Wolfsspinnen (Lycosidae) kann daher auf viele andere im Freien sowie an und in Gebäuden (ganzjährig verfügbar!) lebende Arten als Futter zurückgegriffen werden. Kleine Formen mit → Exhaustor sammeln. Wegen ihrer kannibalistischen Neigung Spinnen möglichst getrennt transportieren. [1]

arboricol: baumbewohnend. Für eine Vielzahl von **A** (z. B. einige Schwanzlurche, die meisten → Hylidae und → Rhacophoridae, viele → Leptodactylidae), Echsen (die Mehrzahl der → Chamaeleonidae, viele *Anolis*-Arten und → Gekkonidae u. a.) und Schlangen (*Ahaetulla, Dendrelaphis, Thelotornis* u. a.) zutreffend. Als Anpassungen an die a. Lebensweise finden sich unterschiedliche Haftmechanismen, z. B. Schuppenverbreiterungen der Fingerunterseite, Subdigitallamellen, → Haftscheiben, Haftborsten, weiterhin → Greifschwänze und -hände, den → Gleitflug ermöglichende Spezialbildungen, außerdem → Farbwechselvermögen, oft auch ein spezielles Fortpflanzungsverhalten. [1]

Abb. 6. Drohverhalten. A. *Lepidobatrachus asper;* B. *Leptodactylus laticeps;* C. *Naja naja;* D. *Chlamydosaurus kingii;* E. Drohnickendes *Amblyrhynchus cristatus* ♀.

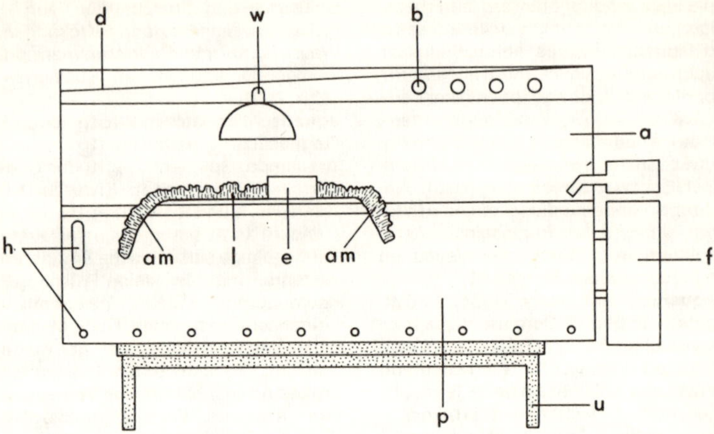

Abb. 7. Aqua-Terrarium nach Stettler. *a* Aufsatz, *am* Ausstiegsmöglichkeit aus dem Wasser, *b* Beleuchtung, *d* geneigte Deckscheibe, *e* Eiablagegefäß, *f* Filter, *h* Heizung, *l* Landteil, *p* handelsübliches Pflanzgefäß, *u* Untergestell, *w* Wärmelampe.

Archaeobatrachia: UO der → Anura. Auf Reig zurückgehender Begriff. Umfaßt urtümliche Formen. Nach Duellman Wirbel → amphicöl, → opisthocöl od. → procöl mit freien bzw. mehr od. weniger selbständigen → Intervertebralscheiben. Rippen können vorhanden sein. → Schultergürtel arcifer. → Scapula wird durch → Clavicula überlappt od. nicht. An der Hinterextremität differenziert sich der Musculus sartorius nicht vom Musculus semitendinosus. → Amplexus erfolgt inguinal. [1]

Archaeopteryx, „Urvogel": ältester fossiler Vogel. Bislang liegen 6 Funde aus dem lithographischen Schiefer (Solnhofener Plattenkalk; Oberjura) vor. Erster Fund 1860. Auf Grund eines Mosaiks von Reptilien- und Vogelmerkmalen wird A. als Zwischenglied zwischen beiden Klassen angesehen. Wesentliche reptilartige Merkmale: offenbar reptilhaftes Gehirn, bezahnter Ober- und Unterkiefer, Wirbelkörper bikonkav, lange Schwanzwirbelsäule aus freien Wirbeln, → Metacarpalia nicht verschmolzen, Finger jeweils bekrallt, → Sternum flach und klein. Vogelmerkmale: Federn, Gabelbein (Furcula), → Intertarsalgelenk und Tibiotarsus vorhanden, Großzehe nach hinten gerichtet, Knochen pneumatisiert. [1]

Arcus palmaris superficialis: oberflächlicher Hohlhandbogen, der die Arteria radialis, ulnaris, interossea vereinigt. Von ihm aus werden die Fingerarterien mit Blut versorgt. [2]

Areal: Verbreitungsgebiet (Siedlungs- und Fortpflanzungsraum) einer Art (Artareal) od. anderen systematischen Kategorie. Es kann sich über kleinere Flächen, aber auch große, sogar sehr ausgedehnte Gebiete (z. B. Klimazonen, Kontinente) erstrecken. [1]

Areole: Mittelfeld eines jeden Hornschildes vom → Carapax und → Plastron der Schildkröten, um das sich in konzentrischer Anordnung → Wachstumsstreifen anlagern. [1]

Argulidae: einzige Fam der UKl Branchiura (Fischläuse). Etwa 75 Arten. Im Süß- und Meerwasser. Bis 30 mm lange parasitische Kleinkrebse. Mit breitem, abgeflachtem Rückenschild (Carapax), Kopfgliedmaßen stark an die ektoparasitische Lebensweise angepaßt (Haftorgane, Rüssel). Temporär an Fischen, seltener → Kaulquappen, Wassermolchen, Salamandern und Fröschen Blut saugend. Bekannteste Art der Gatt *Argulus* ist die bis 8,5 mm lange Karpfenlaus, *Argulus foliaceus*. Die Lurche sterben bei starkem Befall. Parasiten am besten vorsichtig mit Pinzette entfernen. Wunden verpilzen leicht. Evtl. Kurzbad in Kaliumpermanganatlösung (1 g auf 10 l Wasser). Bei Froschzuchten in größeren Freilandbecken kann eine Bekämpfung mit dem in der Fischereiwirtschaft gebräuchlichen Masoten (bis 1 mg/l) ohne Schadwirkungen für Larven und ad. Frösche erfolgen. (Abb. 8). [1]

ken. Bei 24 °C Schlupf der 0,5 mm großen Nauplien in etwa 24 h. Weitere Zucht bis zur Geschlechtsreife am besten in großen, flachen, hell stehenden (z. B. auf dem Balkon, im Garten) Kunststoffschalen. Siepe empfiehlt zur Entwicklung von Naupliennahrung (Mikroorganismen) Füllung mit 5 cm hoher Gartenerdeschicht (frei von Dünger, → Bioziden), darüber Wasserstand von 10 cm Höhe. Futter: Algen, Hefe, Fisch-Trockenfutter, Süßwasserplankton. Entnahme: Gefäß bis auf eine belichtete Stelle abdecken. Dort Tiere absaugen, aussieben, vor Verfüttern in Leitungswasser spülen. [1]

Artenschutz: Schutz von in ihrer Existenz gefährdeten Pflanzen- und Tier-

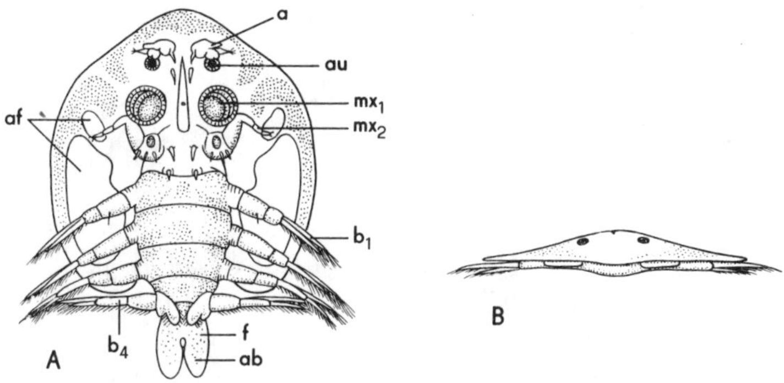

Abb. 8 *Argulus foliaceus*. A. ♀ von ventral; B. In Schwimmstellung von vorn. *a* Antenne, *ab* Abdomenplatte, *af* Atemfeld, *au* Komplexauge, b_1–b_4 Thoracopoden (Schwimmbeine), *f* Furca, mx_1 1. Maxille (Saugnapf), mx_2 2. Maxille.

Armmolche: → Sirenidae.

Artemia salina Linnaeus 1758, Salz-, Salinenkrebschen: Vertreter der Branchinectidae (Fam der → Crustacea). Bewohner salzhaltiger Binnengewässer, bis 15 mm groß, rosa bzw. rot gefärbt. Aufzuchtfutter für **A**-Larven. Zucht aus trockenen Dauereiern, in 1,5–4%iger Kochsalz-, besser Meersalzlösung (pro l 2–5 cm^3 Eier), in gut durchlüfteten Glas- od. Kunststoffbek-

arten. Basis für entsprechende gesetzliche Bestimmungen bilden vor allem das Datenmaterial biogeographischer Datenbanken (mit Angaben über Verbreitung und Bestandssituation der Arten) und die → Roten Listen. International entstanden auf Empfehlung der UN-Umweltkonferenz 1972 in Stockholm das → Washingtoner Artenschutzübereinkommen und später das Übereinkommen zum Schutz wandernder

Tierarten (→ Bonner Konvention). Wirkungsvoller A. ist nur durch konsequenten Schutz und Erhalt der Lebensräume (→ Biotopschutz) bzw. die Sicherung der Funktionsfähigkeit der → Biozönosen möglich. Zur Verbesserung des A. sind exakte Kenntnisse über die ökologischen Ansprüche der jeweiligen Art, deren Rückgangsursachen, weiterhin auch künftig mehr planerische Konsequenzen bei Landschaftseingriffen notwendig. Schutzkonzepte sollten stets eine langfristige Bestandssicherung (nicht zu kleine Flächenausweisung, Beachtung großflächiger, überregionaler Umweltveränderungen usw.) gewährleisten. Präventiv besonders bedeutsam ist unter anderem die permanente Aufklärung der Öffentlichkeit. [1]

Arteria axillaris: Achselschlagader, Fortsetzung der → Arteria subclavia. [2]

Arteria basilaris: Grundschlagader, durch Vereinigung der Arteriae cerebri posteriores entstandene Arterie. Liegt auf der Ventralseite der Schädelhöhle der **A** und **R** (vgl. → Arteria carotis interna). [2]

Arteria brachialis: Armarterie. Fortsetzung der → Arteria axillaris (vgl. → Arteria subclavia). (Abb. 9). [2]

Arteria carotis externa: äußere od. ventrale Kopfschlagader (vgl. → Caroti-

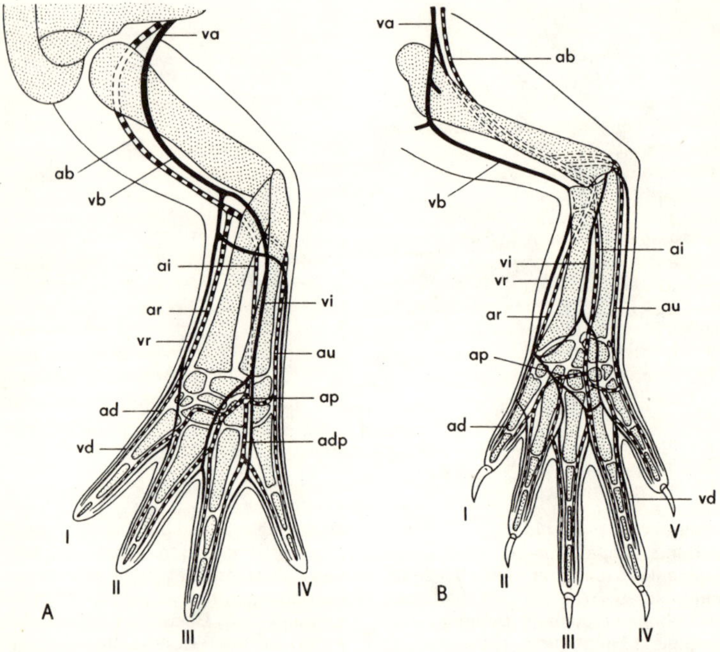

Abb. 9. Arterien und Venen der Vorderextremität. A. *Ambystoma mexicanum;* B. *Lacerta agilis. ab* A. brachialis, *ad* A. digitalis, *adp* A. digitalis palmaris communis, *ai* A. interossea, *ar* A. radialis, *ap* Arcus palmaris superficialis, *au* A. ulnaris, *va* V. axillaris, *vb* V. brachialis, *vd* V. digitalis, *vi* V. interossea, *vr* V. radialis, I-V Digiti.

den). Von der A. c. e. der **A** und **R** geht eine Arteria lingualis zur Versorgung der Zunge ab, außerdem ziehen kleinere Äste zur Kieferregion. [2]

Arteria carotis interna: innere od. dorsale Kopfschlagader (vgl. → Carotiden). Von ihr zweigt die → Arteria cerebri ab, deren hintere Äste sich bei Froschlurchen auf der Ventralseite der Schädelhöhle zur → Arteria basilaris vereinigen, die die vorderen Zweige der → Arteria vertebralis aufnimmt und sich nach caudal in die → Arteria spinalis fortsetzt. So kommt es im Kopfbereich zu einem arteriellen Kreislauf. Die A. c. i. der **R** teilt sich in 2 Äste: die → Arteria facialis mit ihren beiden Zweigen (→ Arteria mandibularis und → Arteriae orbitales) sowie in die → Arteria cerebri, aus der vordere und hintere Hirnschlagader und die → Arteria ophthalmica hervorgehen. [2]

Arteria caudalis: Schwanzarterie, Fortsetzung der → Aorta descendens. Versorgt den Schwanzabschnitt mit arteriellem Blut. Mit Rückbildung des Schwanzes (z. B. bei Froschlurchen) wird auch die A. c. reduziert. [2]

Arteria cerebri: Hirnschlagader, bei **A** und **R** mit 2 Ästen versehen, der A. c. anterior und A. c. posterior (vgl. → Arteria carotis interna). Bei **R** geht von ihr außerdem die → Arteria ophthalmica ab. [2]

Arteria coeliaca: entspringt entweder selbständig od. über einen gemeinsamen Stamm mit der → Arteria mesenterica aus der → Aorta descendens od. dem linken Aortenbogen. Zweige der A. c. versorgen Magen (Arteria gastrica), Leber (Arteria hepatica) und Bauchspeicheldrüse (Arteria pancreatica). [2]

Arteria cutanea magna: große Hautschlagader. Entspringt bei **A** aus dem Truncus pulmocutaneus, der sich in die → Arteria pulmonalis und die A. c. m. aufzweigt. Über die A. c. m. wird venöses Blut in die Kapillarbereiche der Haut transportiert, um sich dort mit Sauerstoff anzureichern und über die → Vena cutanea magna zum Herzen transportiert zu werden. [2]

Arteria facialis: Gesichtsschlagader, Zweig der → Arteria carotis interna. [2]

Arteria femoralis: Oberschenkelschlagader, Fortsetzung der Arteria iliaca externa. Bei **A** und **R** relativ kurz. Es bestehen keine Verbindungen zum Hauptgefäß der Hinterextremität, der → Arteria ischiadica. [2]

Arteria iliaca: Beckenschlagader. Entspringt aus der Aorta, die sich bei **A** und **R** in die Arteriae iliacae communes gabelt, aus denen jeweils eine A. i. interna und externa hervorgehen. Die A. i. interna setzt sich als → Arteria ischiadica, die A. i. externa als → Arteria femoralis fort. [2]

Arteria ischiadica: Hüftschlagader, Fortsetzung der Arteria iliaca interna, die sich von der Arteria iliaca communis abzweigt. Die A. i. geht in die Arteria poplitea über und stellt den Hauptarterienstamm der Hinterextremität der **A** und **R** dar. Sie setzt sich weiter als Arteria tibialis posterior und anterior sowie Arteria interossea fort. [2]

Arteria mandibularis: Kieferschlagader, Zweig der → Arteria fascialis, der aus der → Arteria carotis interna hervorgeht. [2]

Arteria mesenterica: Gekröseschlagader, unpaare ventrale Eingeweidearterie. Manche Schwanzlurche sowie die Schlangen haben sehr viele Gekröseschlagadern, die selbständig hintereinander aus der → Aorta descendens entspringen. Froschlurche besitzen dagegen nur noch 2, eine A. m. cranialis, die aus dem → Truncus coeliacomesentericus hervorgeht, und eine A. m. caudalis, die kurz vor der Gabelung der Aorta in die linke und rechte → Arteria iliaca abzweigt. Versorgungsgebiete der A. m. und ihrer Zweige sind Mitteldarm, Milz (Arteria lienalis), Blind- (Arteria caecalis) und Enddarm. [2]

Arteria occipitalis: Hinterhauptarterie. Entspringt bei *Rana* gemeinsam mit der → Arteria vertebralis dorsi aus dem → Truncus occipito-vertebralis. Sie gabelt sich in 2 Hauptäste, die Arteria orbito-nasalis und Arteria temporalis. [2]

Arteria ophthalmica: Augenschlagader, Zweig der → Arteria cerebri. [2]

Arteria pulmonalis: Lungenarterie, führt venöses Blut. Bei **A** und **R** ist eine linke und rechte A. p. vorhanden. Die Lungenarterien von *Rana* gehen aus dem Canalis pulmocutaneus des linken und rechten Aortenstammes hervor. Der Canalis pulmocutaneus teilt sich jeweils in eine A. p. und → Arteria cutanea magna. Die Lungenarterien der **R** entspringen über einen gemeinsamen → Truncus pulmonalis aus der rechten Herzkammer. Zwischen jeder A. p. und dem entsprechenden Aortenbogen kann eine Verbindung, der → Ductus Botalli, erhalten bleiben. [2]

Arteria spinalis: Rückenmarksarterie. Von der → Arteria vertebralis dorsi nach caudal ziehende Arterien zu beiden Seiten und ventral des Rückenmarks (vgl. → Arteria carotis interna). [2]

Arteria subclavia: Schlüsselbeinschlagader. Entspringt bei Froschlurchen aus dem rechten und linken Aortenbogen, von ihr leiten sich alle Arterien der Vorderextremität ab. Wird im Achselbereich zur → Arteria axillaris, die sich als → Arteria brachialis in den Oberarm fortsetzt. Im Unterarm zweigt sich diese in die Arteria radialis, ulnaris und interossea auf, die sich zum → Arcus palmaris superficialis vereinigen. Der Ursprung der A. s. ist sehr unterschiedlich. Dies gilt auch für **A,** denn bei Schwanzlurchen entspringen beide Schlüsselbeinschlagadern aus der → Aorta descendens. Bei manchen **R** (z. B. *Varanus*) gehen sie über einen gemeinsamen Stamm aus dem rechten Aortenbogen hervor. Bei Schildkröten und Krokodilen nehmen sie ihren Ursprung ebenfalls im rechten Aortenbogen, aber über einen gemeinsamen Stamm mit den → Carotiden, dem Truncus brachiocephalicus, der sich in die jeweilige A. s. und Arteria carotis communis aufgabelt. [2]

Arteria vertebralis dorsi: Wirbelschlagader, dorsale Leibeswandarterie. Bei *Rana* gehen von diesem Gefäß die segmental angeordneten Arterien der Rücken- und Bauchmuskulatur aus. Die A. v. d. entspringt aus dem → Truncus occipito-vertebralis im Bereich der → Arteria subclavia. Außerdem besteht caudal eine Verbindung zur → Aorta descendens über die Arteria lumbalis. Die cranialen Äste der A. v. d. vereinigen sich mit der → Arteria basilaris auf der Ventralseite der Schädelhöhle. [2]

Arteriae coronariae: Kranzarterien, Herzkranzgefäße. Sie dienen der Blutversorgung der Herzmuskulatur. Bei **R** sind 1 od. 2 vorhanden, die aus dem rechten Aortenbogen hervorgehen. Die meisten **A** kommen ohne A. c. aus, da die Versorgung direkt aus dem Ventrikel im allgemeinen ausreicht. Nur von den Froschlurchen ist eine Kranzarterie bekannt, die aus dem Carotidenkanal des rechten → Truncus arteriosus entspringt und der Muskulatur des stark beanspruchten → Conus arteriosus Blut zuführt. [2]

Arteriae orbitales: Augenhöhlenarterien. Abzweigungen von der → Arteria facialis, die aus der → Arteria carotis interna hervorgeht. [2]

Arteriae urogenitales: Nieren- und Genitalarterien. Bei **A** mit einem gemeinsamen Stamm beginnende, aus der → Aorta descendens entspringende paarige Lateralarterien. Sie gabeln sich links und rechts in jeweils eine Arteria renalis zur Versorgung der Niere und je nach Geschlecht in eine Arteria ovarica bzw. Arteria testicularis. Bei *Rana* kommen maximal 4–6 A. u. vor, von denen sich außerdem die Arteriae suprarenales abzweigen (zur Versorgung der Nebennieren). Bei **R** entspringen die entsprechenden Gefäße selbständig aus der Aorta. [2]

Arterien: → Blutgefäßsystem.

Arteriosklerose: häufigste Erkrankung der Arterien (Gefäßwandveränderungen durch Eiweiß-, Lipid-, Kalkablagerung usw.), im Volksmund als „Arterienverkalkung" bezeichnet. Durch verschiedene Einflüsse („Materialmüdigkeit", altersbedingte Degenerationen,

Stoffwechselstörungen u. a.) verursacht. Bislang in den herznahen Gefäßen, vor allen der Aorta, bei **A** nur selten, **R** häufiger festgestellt. Als Hinweis für eine A. kann ein erhöhter Serum-Cholesterinspiegel dienen. Dieser muß jedoch nicht zwangsläufig zur A. führen, wie Befunde an Schildkröten zeigten. Offenbar können zudem die Serum-Cholesterin-Werte bei **R** recht hohe Schwankungen aufweisen. Gelegentlich kommt es zur Ausbildung sehr starker Kalkinkrustationen, so daß die Gefäßwände starren Röhren gleichen. Solche markanten pathologischen Veränderungen treten mitunter bei Schlangen, hauptsächlich aber → *Iguana iguana* auf. [1]

Arthrogrypose: → „Streichholzbeine".

Articulare: → Ersatzknochen des → Unterkiefers, der aus dem caudalen Bereich des → Cartilago Meckeli hervorgeht und mit dem → Quadratum das → primäre Kiefergelenk bildet. Bleibt nur bei Froschlurchen und → *Dermochelys coriacea* knorplig.

Artwiner Eidechse: → *Lacerta derjugini.*

Ascaphus truei Stejneger 1899, Schwanzfrosch: Vertreter der → Leiopelmatidae. Verbreitung: NW-USA (SW-Britisch Kolumbien bis NW-Kalifornien), SW-Kanada (äußerster Bereich). Bevorzugt saubere, rasch fließende Gebirgsbäche und deren Umgebung in feuchten Wäldern. Höhenverbreitung bis 2200 m. KRL bis 5 cm. Körper flach. Haut oft leicht rauh. Zunge scheibenförmig, weitgehend festgewachsen. Hinterextremitäten mit → Spannhäuten. ♂ besitzt röhrenförmiges, schwanzähnliches, 6–8 mm langes Kopulationsorgan (Kloakenanhang). Innere → Befruchtung. → Schultergürtel arcifer. 9 → praesacrale Wirbel, → amphicöl. → Sacralwirbel hat verbreiterte Querfortsätze, ist über einen Condylus mit dem → Urostyl verbunden. Weitgehend → aquatisch. Laich wird in perlschnurartigen Strängen (20–100 unpigmentierte Eier) unter Steinen angeklebt. Larven stromlinienförmig, mit Saugmund zum Festheften an Steinen usw. Larvenzeit 2–3 Jahre. [1]

Ascaroidea, Spulwürmer: O der → Nematoda. Meist mittelgroße bis große Formen. Besonders bei Schlangen (vor allem → Boidae) verbreitet, am häufigsten wurden die Gatt *Ophidascaris, Polydelphis, Hexametra, Amplicaecum* nachgewiesen. Bei vielen Arten führt die Entwicklung über einen Zwischenwirt (Nager, Frosch). Oft treten A. (*Angusticaecum*) auch bei Landschildkröten auf. Schädigungen gehen vorwiegend auf ad. Spulwürmer zurück. Sie verursachen häufig eine schwere nekrotisierend-ulcerative → Gastroenteritis, divertikelartige Aussackungen, gelegentlich eine Blockade der Gallen- und Pankreasgänge, vereinzelt Perforationen der Darmwand und entzündliche Prozesse in den serösen Häuten, auch Darmverstopfung durch Konglomerationen, außerdem Nährstoffentzug. Vielfach kommt es sekundär zu → bakteriellen Infektionen, mitunter zur Amöbiasis. Wandernde Larven können → Pneumonie, Funktionsbeeinträchtigung der befallenen Organe (dort Abkapselung), Gefäßschädigungen (Lumenverengung, Ruptur) bewirken. Symptome meist unspezifisch. Eier im Kot nachweisbar. Therapie: z. B. Piperazin 100–150 mg/kg KM od. Fenbendazol 30–50 mg/kg KM 1 x oral. [1]

Äskulapnatter: → *Elaphe longissima.*

Aspisviper: → *Vipera aspis.*

Asseln: → Isopoda.

Ästivation: → Sommerruhe.

Astragalus: Fußwurzelknochen der **R.** Entstanden durch → Synostose mehrerer proximaler → Tarsalia (Intermedium, 1–2 Centralia, möglicherweise ist auch das Tibiale mit in den A. eingegangen), gelenkt mit dem → Calcaneus. [2]

Aszites, Wassersucht: Ansammlung seröser Flüssigkeit in der Leibeshöhle. Tritt häufig bei aquatischen Molchen auf. Beschrieben wurden ernährungsphysiologisch bedingte Exsudate im Bauchraum. Vermutlich kann A. aber auch bei Schwanzlurchen auf eine Infektion zurückgehen. Äußerlich meist durch einen aufgetriebenen Leib manifestiert. Das gleiche Symptom tritt bei Gasansammlungen im Darm auf. Hier kann man allerdings durch leichtes Drücken auf den Hinterleib die Luft rectal entweichen lassen. Tiere, soweit keine Kiemenatmung vorliegt, vorübergehend an Land halten (→ *Tradescantia*- Glas). Notfalls kann die Luft durch vorsichtiges Durchstechen der Bauchdecke (steril arbeiten, sorgfältige Wundbehandlung) entfernt werden. [1]

Atavismus: plötzliches Auftreten entwicklungsgeschichtlich bereits überholter (urtümlicher) Merkmale. Gewöhnlich kommen derartige Rückschläge sehr selten und nur bei einzelnen Exemplaren einer Art vor. So wies z. B. das → Plastron einer vor Jahren gefangenen → *Lepidochelys olivacea* Mesoplastra (zwischen Hyo- und Hypoplastron liegend) auf, die, abgesehen von den rezenten → Pelomedusidae, sonst nur fossile Schildkröten besitzen. [1]

Atelopidtoxin: aus dem Hautsekret verschiedener Formen der Gatt *Atelopus* (*Atelopus varius, A. zeteki* u. a.) isoliertes Toxin. In seiner Struktur bislang noch nicht völlig aufgeklärt. Das Sekret von *Atelopus zeteki* wirkt z. B. stark blutdrucksenkend und kardiotoxisch. Es liegt gewöhnlich in hoher Toxizität vor (auch als Zetekitoxin bezeichnet. → LD_{50} 16 µg/kg KM Maus). Bei anderen Arten ergibt sich dagegen eine neurotoxische Wirkung. Hautsekrete von *Atelopus*-Arten finden in Panama, Kostarika und Kolumbien als Pfeilgift Verwendung. [1]

Atlantische Bastardschildkröte: → *Lepidochelys kempii.*

Atlas: erster Halswirbel der → Tetrapoda, Träger des Schädels. Bei **A** stark verbreitert und mit zwei Gelenkflächen für die beiden Hinterhauptshöcker (→ Condyli occipitales) versehen. Drehbewegungen des Kopfes sind dadurch kaum möglich, lediglich Nickbewegungen. Bei **R** besteht der A. aus → Neuralbogen und → Intercentrum. Sein → Centrum verschmilzt mit dem des zweiten Halswirbels (→ Axis) zum Zahnfortsatz (→ Dens axis), abgesehen von manchen → Testudines, bei denen die Centra von A. und Axis miteinander gelenken, so daß die Bewegung auf das Atlanto-Occipitalgelenk beschränkt bleibt. Alle anderen **R** können Drehbewegungen zwischen Dens axis und A. ausführen. Bei → Crocodylia artikulieren außerdem die flügelartigen Lateralflächen des Intercentrums mit den cranioventralen Flächen des Dens axis. [2]

Atrium cordis, Herzvorkammer, Herzvorhof: der das Blut aufnehmende Abschnitt des Herzens. Bei **A** und **R** durch eine Scheidewand (→ Septum interatriale cordis) in 2 Abteilungen getrennt. In das rechte größere A. c. mündet der → Sinus venosus, in das kleinere linke A. c. treten die vereinigten Lungenvenen ein. Die → Rhynchocephalia weisen noch einen selbständigen Sinus venosus auf. Bei den übrigen **R** wird er ins rechte A. c. aufgenommen. In das rechte A. c. der **R** münden die großen Körperhohlvenen (→ Venae cavae), ins linke dagegen, wie bei den **A**, die zu einem unpaaren Stamm vereinigten Lungenvenen. [2]

Attrappe: natürlichen Vorbildern nachgestaltete, künstliche, mehr od. weniger stark abstrahierte (z. B. in Form, Größe, Farbe) Reizquelle. Mit Hilfe von Attrappenversuchen lassen sich Quantität und Qualität verschiedener Reize durch Messung der Folgereaktion des Versuchstieres feststellen. Anwendung z. B. zum Test von Sinnesleistungen, zur Analyse bestimmter Verhaltensweisen. Für Untersuchungen zum → Funktionskreis des Nahrungserwerbs von Schwanzlurchen erweisen sich z. B. bloße kreisförmige Lichta. unterschiedlicher Größe, in einem entsprechend gestalteten Versuchsbecken angeboten, zur Prüfung des Gesichtssinnes (Ermitteln des → Schlüsselreizes, Sehschärfenmessungen usw.) als völlig ausreichend. [1]

Aufblähen: markante Profil- bzw. Konturvergrößerung des gesamten Körpers od. bestimmter Körperabschnitte

(Kehle, Hals, Vorderkörper) hauptsächlich durch Aufblasen der Lunge, mitunter der → Tracheallunge, → Trachea. Eindrucksvolle Abwehrreaktion bei einer Vielzahl von Froschlurchen (z. B. → Bäumestellung) und Squamaten. Oft werden durch das A. plötzlich Warnfarben sichtbar. Vielfach ist das A. nur die Teilreaktion einer Handlungskette (besonders bei Schlangen), z. T. kommt ihm auch epigamische Funktion zu. Einige **R**-Arten (*Sauromalus ater*, → *Agama stellio* u. a.) verkeilen sich mittels A. zwischen Felsblöcken bzw. in Spalten. Unter den Echsen ist A. vor allem bei → Gekkonidae, → Agamidae und → Chamaeleonidae verbreitet. Manche Schlangen können auf diese Weise ihr Körpervolumen fast verdoppeln (*Bitis caudalis* u. a.), am bekanntesten ist das A. der Halsregion (in senkrechter Ebene) z. B. bei *Ahaetulla* und *Thelotornis*. Beim Hühnerfresser (*Spilotes pullatus*) geht das A. auf die Ausdehnung der Trachealmembran durch eine Aussparung in den Knorpelringen der Trachea zurück. [1]

Augenerkrankungen: erste Anzeichen können z. B. Rötungen im Augenbereich, geschwollene Lider (→ Palpebrae), verstärkter Tränenfluß od. Flüssigkeitsansammlung im Brillenraum sein. Schäden äußern sich vor allem durch Exophthalmie (Hervortreten der Augen), Vorwölben der → Brille, Verkleben der Lider, Hornhauttrübung und -entzündung (Keratitis), Bindehautentzündung (Konjunktivitis), vermindertes Sehvermögen, Erblindung. Besonders häufig treten Erkrankungen der Augendrüsen (→ Vitamin-A-Mangel) bei Wasserschildkröten auf. Epidemisches Vorkommen deutet auf → bakterielle Infektion (z. T. in Zusammenhang mit → Pneumonien festgestellt), → Mykosen, seltener Protozoeninfektion (Flagellaten bei Schlangen) hin. Weiterhin können Stoffwechselstörungen (Kalk- und Cholesterinablagerungen in der → Cornea), unvollständige Häutung od. Einwirkungen von Wasserschadstoffen Anlaß für Erkrankungsprozesse sein. Gelegentlich bewirken Parasiten Entzündungen und Erblindungen („Wurmstar" durch → Filarien od. Larven von → Trematoden). Therapie: Säubern der Augen (z. B. mit Borwasser), bakterielle Infektionen mit antibiotikahaltigen Salben (Aureomycin u. a.) behandeln. Vitaminsubstitution. [1]

Augenfleck: → Ocellus.

Augenkammern: → Camerae bulbi.

Augenmuskeln, extrabulbuläre: an der Wand der Orbita entspringende quergestreifte Muskeln. Sie inserieren an der → Sclera des Augapfels und bewegen diesen. Dazu gehören 4 gerade, 2 schräge Muskeln sowie der Musculus retractor bulbi, der nur den Schlangen fehlt. Zu den geraden, parallel zur optischen Achse verlaufenden Muskeln gehören der Musculus rectus superior, M. r. inferior, M. r. anterior (= medialis) sowie der M. r. posterior (= lateralis). Die 3 erstgenannten werden vom → Nervus oculomotorius, der letztgenannte vom → Nervus abducens innerviert. Sie bewirken Rotationen des Bulbus um seine dorsoventrale od. transversale Achse od. dessen Retraktion bei gleichzeitiger Kontraktion aller 4 Muskeln. Die schrägen Muskeln entspringen an der nasalen Orbitalwand, verlaufen schräg zur Augenachse und inserieren an der dorsalen bzw. ventralen Bulbuswandung. Sie ermöglichen eine Rotation um die optische Augenachse. Die Innervation des Musculus obliquus inferior erfolgt durch den Nervus oculomotorius, des M. o. superior durch den → Nervus trochlearis. Proximal von den geraden und schrägen A. verläuft der Musculus retractor bulbi. Er umgibt den → Nervus opticus mantelförmig. Bei Froschlurchen und Schildkröten ist dieser in 3 od. 4 Portionen aufgeteilt, die vom Nervus oculomotorius und Nervus abducens innerviert werden. Durch sehr kräftige Ausbildung zeichnet sich der Retraktormuskel der Froschlurche aus (z. B. bei *Rana*). Er erlangt für den Schluckakt besondere Bedeutung, da der zurückgezogene Bulbus die Mundhöhle einengt. Mit Hilfe einer an beiden Enden der sog. Nickhaut (→ Membrana nictitans) ansetzenden Sehne, die mit dem Rektraktormuskel in Verbindung steht, wird bei jeder Retraktion des Bulbus die Nickhaut über das Auge gezogen. Bei → Gymnophionen wurde der Musculus retractor bulbi infolge der Augenreduktion zum Musculus retractor tentaculi (vgl. → Tentakel). [2]

Augenreduktionen, Augenrückbildungen: bei **A** und **R** sind A. von → cavicolen und → wühlenden Formen bekannt. So liegen z. B. bei → *Proteus anguineus* die Augen unter der Haut verborgen, bei ihnen ist jedoch noch ein Rest der Linse feststellbar. Die Reduktion erfolgte bei *Typhlomolge* noch weitgehender. → Gymnophionen zeigen A. in recht unterschiedlichem Ausmaß, z. T. sind ihre Augen sogar unter Schädelknochen verborgen. Mitunter geht die Rückbildung so weit, daß selbst der → Nervus opticus fehlt. Unter den **R** finden sich graduell unterschiedliche A. bei einigen Echsen (z. B. → Dibamidae), → Amphisbaenidae sowie zahlreichen wühlenden Schlangenarten. [2]

Augentrübung bei Schlangen: Zeichen bevorstehender Häutung, der auch die → Cornea unterliegt. Die Augen nehmen durch die in den Raum zwischen alter und neuer → Brille eingedrungene lymphartige Flüssigkeit etwa 2–3 Wochen vorher eine trüb bläuliche Farbe an. Einige Tage vor Häutungsbeginn werden sie jedoch wieder klarer. [1]

äußere Kiemen: → Ectobranchiae.

Ausspritzen von Harn und Wasser: → aposematische Verhaltensweise. Viele → Süßwasserschildkröten spritzen bei Behelligung einen kräftigen Wasserstrahl aus den → Analblasen. Diese Wasserspeicher werden darüber hinaus allerdings auch zum Anfeuchten des Bodens bei der Anlage der → Nestgrube eingesetzt. Gegenüber → Prädatoren bzw. bei starker Erregung scheiden häufig Landschildkröten, Krokodile, Echsen und Schlangen den mehr od. weniger weißlich breiigen Harn, meist synchron mit Exkrementen aus. Oft entleeren ebenfalls Frösche und Kröten, mitunter auch Schwanzlurche (*Batrachoseps* u. a.) ihren Blaseninhalt auf die Hand des Fängers. [1]

Australische Suppenschildkröte: → *Chelonia depressa.*

autochthon: im betreffenden Gebiet (bzw. → Biotop) selbst entstanden, ursprünglich, bodenständig. Gegensatz → allochthon. [1]

Autopodium: distaler Abschnitt der Vorder- und Hinterextremität. Besteht aus Handwurzel- (→ Carpalia) bzw. Fußwurzelknochen (→ Tarsalia), Mittelhand- (→ Metacarpalia) bzw. Mittelfußknochen (→ Metatarsalia) und den Fingern bzw. Zehen (→ Digiti). [2]

Autostylie: von den **A** an vorliegende, feste Verbindung des → Palatoquadratums mit dem → Neurocranium. Der ehemalige Kieferstiel, das → Hyomandibulare, das der Aufhängung des Kieferbogens am Neurocranium diente, ist zum Gehörknöchelchen (→ Columella auris) geworden. [2]

Autotomie: Schutzverhalten bei vielen Wirbellosen (z. B. → Anneliden, Mollusken, Arthropoden, Echinodermaten) und Wirbeltieren. Plötzliches Abstoßen von Körperteilen an vorgebildeten Bruchstellen (Autotomiesepten) im Gefahrenfall. Die autotomierten Teile regenerieren (→ Regeneration) allgemein mehr od. weniger vollständig. Viele A und R sind zur Schwanzautotomie fähig. Dies gilt für zahlreiche Arten der → Salamandridae (→ *Chioglossa lusitanica* u. a.), → Plethodontidae (*Desmognathus-, Plethodon-, Bolitoglossa*-Arten u. a.), hauptsächlich aber für Echsen, ausgenommen die → Agamidae (Ausnahme *Uromastyx*), → Chamaeleonidae, → Helodermatidae, → Lanthanotidae, → Varanidae. Sogar bodenbewohnende Nattern der Gatt *Plicocercus* (möglicherweise auch einige andere Schlangenarten) können den Schwanz autotomieren. Der Schwanz wird durch Muskelkontraktionen im Bereich der Bruchstelle (z. B. bei →

Tabelle 1: Anteil von Individuen mit abgebrochenem und regeneriertem Schwanz in verschiedenen Populationen von *Podarcis taurica ionica*. Nach Chrondropoulos und Lykakis 1983.

Untersuchungsgebiet	♂♂ n	♂♂ abgebrochene Schwänze	♂♂ %	♀♀ n	♀♀ abgebrochene Schwänze	♀♀ %
Zakynthos	43	19	44,19	39	15	38,46
Kephallenia	45	22	48,89	35	20	57,14
Ithaka	18	5	27,78	18	6	33,33
Kerkyra	20	11	55,00	31	14	45,16
Σ Inseln	126	57	45,24	123	55	44,72
W-Peloponnes	15	6	40,00	15	7	46,37
Epirus	15	6	40,00	14	5	35,71
Σ Festland	30	12	40,00	29	12	41,38
insgesamt	156	69	44,23	152	67	44,08

Sphenodon punctatus im 8., → Lacertiden im 7. od. 9. Schwanzwirbel) abgeworfen. Letztere verläuft durch den Wirbelkörper od. zwischen den Wirbeln (Schwanzlurche). Die sich heftig bewegende Schwanzspitze lenkt → Prädatoren ab und ermöglicht so die Flucht des Tieres. [1]

Axis, Epistropheus: zweiter Halswirbel der → Tetrapoda. Bei **A** wie andere Halswirbel gebaut. Dagegen verschmilzt bei fast allen **R** (Ausnahme manche Schildkröten) sein → Centrum mit dem des → Atlas zum → Dens axis, um den der Atlas Drehbewegungen ausführt und dabei den Kopf mitnimmt. [2]

Axolotl: → *Ambystoma mexicanum*.

bakterielle Infektionen: nach Sektionsbefunden an Terrarientieren (**A** und **R**) spielen bei Infektionskrankheiten Bakteriosen eine weitaus größere Rolle als → Parasitosen. Durch die infolge unsachgemäßer Haltung verminderte Resistenz entsteht eine große Anfälligkeit gegenüber b. I. Zur Vielzahl der Keimarten gehören vor allem nur für → poikilotherme Tiere pathogene Erreger, wie → *Pseudomonas*- und → *Aeromonas*-Arten, sogar einige sonst als apathogen angesehene Bakterien (*Citrobacter, Hafnia*). Mischinfektionen verlaufen unbehandelt meist tödlich. Andererseits gelten viele isolierte Keime als Opportunisten (profitieren lediglich von der Infektion). Schlechte Hygiene erhöht die pathogene Keimzahl, fördert Infektionen. Zu den bekanntesten Infekten zählen z. B. → Pneumonien, → Gastro-Enteritiden, → Stomatitis ulcerosa, → Schnupfen, → Abszesse, die → „Pocken" der Schlangen. Wichtig sind bakterielle Untersuchungen auch hinsichtlich des Erkennens von Zooanthroponosen (vgl. → Salmonellen-Infektion). [1]

Balancer, Haftfäden, Rusconische Häkchen: larvale Haftorgane vieler → Caudata (→ *Triturus vulgaris*, → *Pleurodeles waltl* u. a.). Paarige, kolbenförmige, seitlich vom Larvenkopf abstehende Anhänge ektodermalen Ursprungs. Sie dienen zur Verankerung am Substrat (Absonderung eines klebrigen Sekretes an ihrer Spitze) und in gewisser Weise zur Lagestabilisierung, d. h., sie verhindern ein Umkippen bei Wasserbewegungen. Nach Starck sind sie wahrscheinlich den äußeren Kiemen serial homolog. Ihre Reduktion erfolgt synchron zur Ausbildung der Vorderextremitäten. [1]

Balearen-Eidechse: → *Podarcis lilfordi*.

Balearenkröte: → *Alytes muletensis*.

Bälge: die Herstellung von B. (Rund- und Flach-B.) ist eine fast ausschließlich auf Vögel und Säuger (etwa bis

Kaninchengröße) bezogene Präparationstechnik. Die für den europäischen Raum älteste Anleitung zur Herrichtung von Vogel-B. datiert aus dem Jahre 1555. Bei **R** werden B. gelegentlich von Schildkröten angefertigt. Derartige Präparate aus amerikanischen Museen weisen einen hohlen Panzer mit total aufgesägtem od. nur fensterartig geöffnetem → Plastron auf. Das Skelet (Schädel und Extremitätenknochen eingeschlossen) bleibt völlig erhalten. Zum formgerechten Ausstopfen des beim Gerben nicht vom Panzer abgetrennten Kopf-, Hals-, Schwanz-Bereiches und der Extremitäten dient Watte (auch Werg, feine Holzwolle). Alle ausgestopften Partien lassen sich bei ausreichendem Panzervolumen in den Panzer hineinschieben (platzsparende Lagerung der B.). [1]

Balkankammolch: → *Triturus karelinii.*

Balkan-Zornnatter: → *Coluber laurenti.*

Ballentrockenheit: durch zu trockene Haltung bedingter Schaden an Terrarienpflanzen. Als Folge kommt es zur Blattschlaffheit od. gar zum Blattfall (Hartlaubgewächse u. a.). Pflanzen am besten kurzzeitig mit dem Wurzelballen in temperiertes Wasser stellen, außerdem Kulturbedingungen (ausreichende Substratfeuchte schaffen) generell verbessern. [1]

Ballstellung: von zahlreichen Schlangenarten (kleineren Formen der → Boidae, wie Gatt *Calabaria, Charina, Tropidophis,* verschiedenen Nattern u. a.) bei Gefahr durch Zusammenrollen zu einem Knäuel bzw. „Ball", in dessen Mitte der Kopf verborgen ist, eingenommene Position. Besonders bekannt ist dieses → aposematische Verhalten, das den Feind plötzlich mit einer fremdartigen Körperform konfrontiert, bei → *Python regius,* der daher auch oft „Ballschlange" genannt wird. Er läßt sich in der B. widerstandslos umherrollen. [1]

Balz, Werben: Sammelbegriff für alle die → Kopulation einleitenden heterosexuellen Verhaltensweisen. Die genetisch fixierten Verhaltensmuster können durch markante optische Signalstrukturen (→ Hochzeitskleid, Kehlsackblähen u. a.), akustische, olfaktorische und taktile Reize unterstützt werden. (Abb. 10). [1]

Balzarena: ♂♂-Balzplatz, der von meist mehreren ♂♂ ausschließlich zum Anlocken der ♀♀ und zur → Kopulation aufgesucht wird. Arenabalz ist bei verschiedenen Froschlurcharten (→ *Rana temporaria* u. a.) ausgebildet. [1]

Bänderkrait: → *Bungarus fasciatus.*

Bänderskelet: Skelet, bei dessen Präparation die knorpligen Bänder und Gelenkkapseln zwischen den Knochen erhalten bleiben. Diese osteologische Präparationsart wird besonders bei kleinen Wirbeltieren praktiziert und von wenigen Ausnahmen abgesehen (ausgesprochen große Formen) durchweg auch bei **A** und **R** angewandt. Im Vergleich zur Herstellung eines → Gliederskeletes ergibt sich weniger Arbeitsaufwand, die Montage kann leicht und rasch erfolgen. Das zweckmäßigerweise in Kopf, Rumpf und Extremitäten zerlegte Skelet muß daher bei allen Arbeitsschritten (Entfleischen, Entbluten, → Mazerieren, → Entfetten, → Bleichen) so vorsichtig behandelt werden, daß die Bänder keinen Schaden erleiden. [1]

Bandmolch: → *Triturus vittatus.*

Bandwürmer: → Cestoda.

Barberfalle, Bodenfalle: auf Barber (1931) zurückgehender Bodenfallentyp. Glattwandiges, in den Erdboden eingegrabenes Gefäß aus Glas, Metall od. Plaste, dessen oberer Rand mit der Bodenoberfläche abschließt. Kann außerdem oben mit einem schmalen Vaselinestreifen versehen werden. Gegen Niederschlagswasser, Vogelfraß

Abb. 10. Balzverhalten. A. Balzablauf bei *Plethodon jordani metcalfi*; B. Verfolgungsbalz eines *Leiocephalus carinatus* ♂; C. Schwimmbalz der Schmuckschildkröten; a) *Chrysemys scripta elegans* (Untergatt *Trachemys*); b) *Chrysemys f. floridana* (Untergatt *Pseudemys*).

61

und Zuwehen durch Fallaub schützt ein auf 3 od. 4 Stäbchen stehendes Dach (z. B. aus Holz, Blech, Kunststoff; lichte Höhe etwa 5 cm). Zum Fang verschiedenster Bodeninsekten und Spinnen geeignet, die als Futter für viele **A** und **R** Verwendung finden können. Für den Lebendfang sind Plastbecher (im Boden Öffnungen zum Wasserablauf anbringen) besonders empfehlenswert. Etwas Sand und einige Blätter zum Verstecken hineinstreuen. Fallen regelmäßig (am besten täglich) kontrollieren. [1]

Basiliscus basiliscus (Linnaeus 1758), Helmbasilisk: Vertreter der → Iguanidae. Verbreitung: Kostarika, Panama, NO-Kolumbien, Ekuador. Lebt im tropischen Regenwald vor allem im Uferbereich von Flüssen, → Seen, mitunter an Lagunen. Am Gewässer häufig auf überhängenden Ästen, umgestürzten Bäumen anzutreffen. GL bis 90 cm (2/3 entfallen auf den Schwanz). Schlanker Habitus. Hinterkopf trägt schmalen, von einer Knorpelleiste gestützten Kopfhelm, dazu ein Hautkamm auf dem Rücken (von Knochenstrahlen versteift) und Anfangsteil des Schwanzes. Kopfhelm und Rückenkamm („Dorsalsegel") sind bei ♂♂ markanter. Tagaktiv. Scheu, flüchtet schnell. Schwimmt, klettert und läuft ausgezeichnet. Beim eiligen Lauf → bipede Fortbewegung. Auf diese Weise werden selbst mehrere 100 m breite Wasserflächen „überlaufen" (Zehensäume verhindern Einsinken). Gelegegröße: 7–18 Eier in selbstgegrabener → Nestgrube; 4–6 Jahresgelege. [1]

Basioccipitale: unpaarer basaler Hinterhauptsknochen (→ Ersatzknochen), der bei **R** an der Bildung des unpaaren Condylus occipitalis gemeinsam mit den → Occipitalia lateralia teilhat. Den **A** fehlt ein B. An das B. schließt sich oral (mundwärts), ebenfalls als Ersatzverknöcherung, das → Basisphenoid an. [2]

Basisphenoid: → Ersatzknochen des → Neurocraniums. Liegt vor dem Basioccipitale, fehlt bei **A**. Typisches Knochenelement der Schädelbasis von **R**, häufig mit paarigem → Processus basipterygoideus, der eine gelenkige Verbindung mit dem → Pterygoid ermöglicht. Das B. der Schildkröten und Krokodile ist rostral zum Rostrum basisphenoidale ausgezogen. [2]

Bastardierungszone, Zone eines sekundären Überganges: nach Mayr (1975) die Zone, in der sich 2 Arten od. UArten vermischen. Bei geographisch recht variablen Arten bzw. UArten häufig auftretend. [1]

Batrachotoxine: stärkste gegenwärtig bekannte proteinlose Hautgifte, die im Hautsekret von → Dendrobatiden der Gatt *Phyllobates* vorkommen. Ihre Struktur klärten Witkop und Mitarbeiter an Sekretmaterial von *Phyllobates autotaenia* auf. Nachgewiesen wurden 4 Steroidalkaloide, das Batrachotoxin, Batrachotoxinin A, Homobatrachotoxin, Pseudobatrachotoxin. Sie sind im Grundgerüst (Steran) identisch und weichen nur in einem Substituenten R voneinander ab. Physiologisch wird durch B. der Transport von Natrium-Ionen durch äußere Zellmembranen (Erhöhung der Durchlässigkeit) beeinflußt. Natrium-Ionen strömen permanent und irreversibel einseitig durch die Membranen ein, d. h., die Ionenkanäle in ihnen können sich nicht mehr schließen, das elektrische Membranpotential ist zusammengebrochen. Muskel- und Nervenzellen sind somit funktionsunfähig. Es kommt zu Herzrhythmusstörungen und zum Herzversagen. Die → LD_{50} des Batrachotoxins wurde für die Maus mit 2 µg/kg KM bestimmt. (Abb. 11). [1]

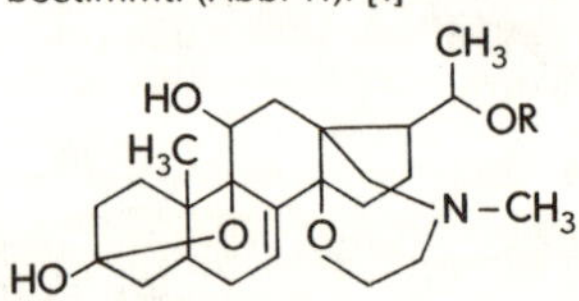

Abb. 11. Batrachotoxin.

Bauchfell: → Peritoneum.

„Bauchrippen": → Gastralia.

Bauchschienen: → Ventralia.
Bauchschilder: → Ventralia.
Bauchspeicheldrüse: → Pankreas.
Bauchstreichreflex: spezifischer Reflex für Schlangen. Vielfach zur Reflexprüfung im Rahmen der → Narkoseüberwachung herangezogen. In Rükkenlage befindliche Tiere reagieren auf Längsstreichen (vom Hals aus analwärts) über die Ventralseite mit wellenförmigen Bewegungen des gereizten ventralen Thoracoabdominalbereiches. [1]
Bäumestellung, Bäumreaktion: auf Hinsche zurückgehender Begriff. Abwehrstellung verschiedener Froschlurch-Arten (besonders von → *Bufo bufo*, → *Rana „esculenta"*). Experimentell durch taktile Reizung des vorderen Rumpfbereiches induzierbar. Das Tier bläht sich auf, krümmt die Wirbelsäule dorsal konvex und senkt die Schädelplatte durch Abknicken des Kopfes zum Boden hin ab. Rasches Abstoßen der Hinterextremitäten (bei teilweisem od. völligem Lidschluß) führt zum gegen den Feind gerichteten „Bäumstoß". Danach wird sofort wieder die Ausgangsposition eingenommen. [1]
Baumfrösche: volkstümliche Sammelbezeichnung für → arboricole Frösche. Hierzu gehören in erster Linie die meisten Arten der → Hylidae und → Rhacophoridae, die alle durch eine Reihe spezifischer Anpassungen an diese Lebensweise ausgezeichnet sind. [1]
Beckengürtel: besteht aus den paarigen Hüftbeinen (→ Ossa coxae) und dem (einer bei **A**) od. den (2 bei **R**) → Sacralwirbeln, die mit den Ossa coxae einen geschlossenen Ring bilden. Meist ist der B. der **A** (→ Gymnophiona ohne B.) und **R** im Gegensatz zum → Schultergürtel fast vollständig verknöchert und relativ fest mit der Wirbelsäule verbunden. Der B. der Schwanzlurche bleibt jedoch überwiegend knorplig und gewinnt über → Sacralrippen nur lose Anschluß an das Achsenskelet. Beide Hüftbeine treten ventral zur → Beckensymphyse zusammen. Der B. dient als Ansatzstelle für die Hinterextremitäten sowie als Ursprungsfläche für viele Bauch- und Extremitätenmuskeln. Bei → apoden Echsen ist er weitgehend bzw. fast völlig reduziert. Unter den Schlangen finden sich Rudimente des B. lediglich noch bei den → Typhlopidae, → Leptotyphlopidae, → Aniliidae und und → Boidae. So weist z. B. → *Python sebae* noch Reste von Darmbeinen und ein → Ischiopubis sowie reduzierte Oberschenkel auf, die äußerlich als → Afterklauen in Erscheinung treten. (Abb. 12). [2]
Beckensymphyse: ventrale Vereinigung der → Scham- und → Sitzbeine beider → Hüftbeine zur Scham- und Sitzbeinfuge. Diese kann wie bei den Schwanzlurchen straff ligamentös bis knorplig sein (→ Syndesmose od. → Synchondrose), wodurch eine gewisse Beweglichkeit erhalten bleibt, od. sie ist wie bei Froschlurchen und vielen **R** teilweise od. vollständig verknöchert (→ Synostose). Bei allen **R** wird die aus Scham- und Sitzbein gebildete ventrale Beckenplatte, damit auch die B., von einer meist weiten Öffnung, dem → Foramen puboischiadicum, durchbrochen. Das Foramen ist zum größten Teil durch eine bindegewebige Membran verschlossen. [2]
Befruchtung: Verschmelzen von Ei- und Samenzellkern zum Zygotenkern. Erfolgt bei **A** noch weitgehend im Wasser, aber auch an Land (vgl. → Besamung) außerhalb des Körpers als äußere B. Innere B. findet bei den meisten Schwanzlurchen (Spermaübertragung mittels → Spermatophore), den → Gymnophiona, einigen Froschlurchen (*Eleutherodactylus coqui, E. jasperi*, → *Ascaphus truei, Mertensophryne micranotis, Nectophrynoides*-Arten) und allen **R** (nach → Kopulation) statt. Die B. kann nach der letzten Kopulation zeitlich sehr verzögert erfolgen (→ Amphigonia retardata). [1]
Begattungsmale: auf Mortensen (1887) zurückgehender Begriff. Markante Bißspuren (Kieferabdrücke), die

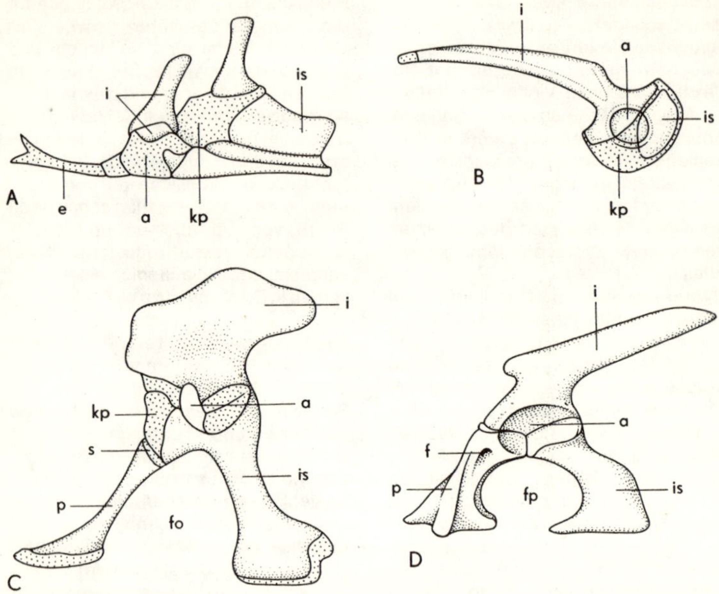

Abb. 12. Beckengürtel. A. *Ambystoma;* B. *Rana;* C. *Alligator* (juv.); D. *Varanus.* *a* Acetabulum, *e* Epipubis, *f* Foramen obturatorium, *fo* Foramen obturatum, *fp* Foramen puboischiadicum, *i* Os ilium, *is* Os ischii, *kp* knorplige Pars pubica, *p* Os pubis, *s* Syndesmose.

zur Paarungszeit an der Flanke od. in der Nacken-Halsregion bei ♀♀ der → Lacertidae (und in anderen Echsen-Fam) durch den → Paarungsbiß der ♂♂ entstehen. Sie sind auch noch am konservierten Tiermaterial nachweisbar. [1]

Beinanziehreflex: am → Rückenmarkfrosch demonstrierbarer, spinaler Reflex. Mechanisches Reizen einer Zehe des Frosches führt zum Anziehen der betreffenden Hinterextremität. Von den Rezeptoren der Zehenhaut läuft der Reflexbogen über sensible Hautnerven zum Rückenmark und von da über die motorischen Beinnerven zu den Effektoren, den Extremitätenmuskeln. Einige Zeit später sinkt die an den Rumpf angelegte Extremität wieder herunter. Bei Ausschaltung (Zerstören) des Rückenmarks tritt der B. nicht mehr auf. [1]

Beißhemmung: unterschiedlich stark graduierte Hemmung des Zubeißens. Kann z. B. durch → Demutverhalten ausgelöst od. bei ritualisierten Verhaltensweisen auftreten. [1]

Bergmolch: → *Triturus alpestris.*

Bergotter: → *Vipera xanthina.*

Besamung: erfolgt als äußere B. durch Ergießen des Spermas über die ins Wasser (→ Sirenidae, → Hynobiidae außer *Ranodon,* → Cryptobranchidae, die meisten Froschlurche) od. an Land abgelegten Eier. Bei der Mehrzahl der Schwanzlurche (nach direkter od. indirekter Spermatophorenübertragung), den → Gymnophiona (nach → Kopulation), einigen Froschlurchen (vgl. → Befruchtung; nach Kloakenkontakt od. Kopulation) wie allen **R** (nach Kopulation, bei *Sphenodon* nach Kloakenkontakt) findet die B. im → Oviduct statt. [1]

Beschädigungskampf: aggressives Kampfverhalten, das im Gegensatz zum → Kommentkampf zur Verletzung, mitunter auch der Tötung des Gegners führt. Häufig zeremoniell beginnend und dann in ernste Schädigungen übergehend. Ein derartiges Verhalten sowie unvermittelte Beißereien sind z. B. aus Natur- und Gefangenschaftsbeobachtungen von vielen Echsenarten (→ *Amblyrhynchus cristatus, Eumeces schneiderii,* → *Lacerta viridis,* → *L. agilis* u. a.) bekannt. In zu kleinen → Terrarien kann es bei solchen Aggressionshandlungen, bedingt durch die fehlende Ausweichmöglichkeit, zum Totbeißen des Rivalen kommen. [1]

Bettelverhalten: auf Weygoldt zurückgehender Begriff. Typische Verhaltensweise für Larven einiger Arten der → Dendrobatidae mit hochentwickelter → Brutpflege. Jede der separat in einer wassergefüllten Bromelienblattachsel abgesetzten Larven wird vom ♀ bis zum Ende der Larvalentwicklung in kontinuierlichen Abständen mit → Futtereiern ernährt. Sobald sich das ♀ der Blattachsel nähert, schwimmt die Larve mit schnellen, zitternden Schwanzbewegungen unregelmäßig hin und her und hebt sich mittels Schlängelbewegungen etwas aus dem Wasser empor. Dieses B. wurde erstmals bei → *Dendrobates pumilio* beobachtet. Das ♀ taucht anschließend mehrmals mit dem Kopf kurz ins Wasser und setzt sich rückwärts an den Bromelientrichter. Offenbar regt der taktile Reiz der sich dann mehrfach auf das ♀ hinaufschlängelnden und wieder herabrutschenden Larve dieses zur Ablage der Futtereier an. [1]

Beutefang: der Großteil der **A** und **R** ernährt sich räuberisch. Dabei kann der B. in Form einer aktiven Jagd (→ Varanidae), häufig nur über kurze Strecken hinweg durch „Anschleichen“ od. rasche raumgewinnende Annäherung (z. B. Sprünge bei Froschlurchen) sowie umgekehrt aus einer Lauerposition heraus erfolgen. Einige Wartejäger verfügen über ein besonderes → Köderverhalten. → Aquatische **A** ergreifen die Beute meist durch → Saugschnappen. → Terrestrische **A** betreiben B. mittels der vorgeklappten bzw. vorgestoßenen Zunge, unter den **R** ist dieses Prinzip bei den → Chamaeleonidae extrem spezialisiert. Oft wird die Beute gezielt angesprungen, häufig durch gerichtetes Vorstoßen des Kopfes gepackt. Schlangen packen und verschlingen ihre Beutetiere lebend od. tot nach → Konstriktion od. einem Giftbiß (danach kommt es meist zum Loslassen, Wiederaufspüren, Auffinden, Verschlingen der Beute). Viele Echsen können → Totschütteln, Warane als einzige → Squamaten von der Beute abbeißen bzw. sie zerreißen, wie dies auch Schildkröten (mit Einsatz der Vorderextremitäten) und Krokodile (unterstützt durch Körperbewegungen, Hinterextremitäten) vermögen. [1]

Beutefangverhalten: auf den Beuteerwerb gerichtete Kette von Beutefanghandlungen (vom → Appetenzverhalten bis zum Verschlingen) bei räuberischen Tieren. Weitgehend erblich fixiertes Verhalten. Besonders eingehend untersucht bei vielen traditionell für Forschungszwecke verwendeten Arten und bestimmten hochspezialisierten Formen (z. B. → Chamaeleonidae, → Crotalidae), methodisch oft unter Einsatz von Filmaufnahmen (zum Erfassen der Bewegungsabläufe) und Attrappenversuchen. Bei **A** daher vor allem für *Triturus-, Rana-* und *Bufo*-Arten bekannt. Nach Himstedt besteht z. B. das B. mitteleuropäischer *Triturus*-Arten aus folgenden Handlungen: Fixieren, Annähern, Nach-Richten, Geruchsprobe, Ergreifen der Beute. [1]

„Beutehypnose“: wissenschaftlich unglaubwürdige, in Europa bis ins 17. Jahrhundert zurückreichende Hypnose-Theorie, nach der die gelegentlich „starr“ vor der Schlange verharrende

Beute von dieser hypnotisiert worden sei. In Wirklichkeit liegt keine Katalepsie vor (starke sensorische Aktivität, z. B. von Nase, Ohren vorhanden). Die beobachtete Bewegungslosigkeit angesichts einer Schlange ist nach Hediger zu Recht als „Ergebnis gespannter Aufmerksamkeit" des plötzlich in eine unbekannte Umgebung versetzten Beutetieres zu werten. [1]

Beutelfrosch: → *Gastrotheca marsupiata.*

Beuteschütteln: → Totschütteln.

Beutespektrum: Palette sämtlicher, einem Räuber als Nahrung dienender Tiergruppen. Graphische Darstellung bevorzugt in Form eines Kreisdiagramms. [1]

Beutestreit-Kannibalismus: Form des Pseudokannibalismus (→ Kannibalismus). Unter Gefangenschaftsbedingungen sogar provozierbar. Keinesfalls ohne weiteres auf das Freileben übertragbar. Vor allem im Schlangen-Terrarium bei Gemeinschaftshaltung von 2 und mehreren Exemplaren der gleichen Art und fehlender (regelmäßiger) individueller Fütterung möglich. Beutestreit um dasselbe Beutetier, bei dem das stärkere Individuum die Beute zusammen mit dem darin verbissenen Konkurrenten verschlingt. Selten bei → Viperidae und → Crotalidae auftretend, die nach dem Biß die Beute gewöhnlich wieder freigeben. Häufiger bei den gleich mit dem → Schlingakt beginnenden → Elapidae und → Colubridae registriert. [1]

Biddersches Organ: nach Bidder benanntes, aus dem cranialen Abschnitt (Pars progonalis) der → Genitalleiste hervorgegangenes, rudimentäres Ovar, das bei den → Bufonidae (außer bei *Dendrophryniscus*) in beiden Geschlechtern ausgebildet ist. Es wird nach Kastration des ♂ zum voll funktionsfähigen Ovar umgewandelt. Seine funktionelle Bedeutung im rudimentären Zustand ist unklar. [1]

Biologische Schädlingsbekämpfung: Vernichtung von → Populationen schädlicher Tier- und/od. Pflanzenarten durch rein biologische, teilweise biologische Bekämpfungsmaßnahmen und biotechnische Verfahren. Neben den klassischen Methoden des Einsatzes von Räubern, Parasiten und Pflanzenfressern (heimische sowie faunenfremde Arten) zählen dazu vor allem die Verwendung von Krankheitserregern, biogenen Schädlingsbekämpfungsmitteln, genetischen Bekämpfungsverfahren, der Einsatz von Hormonen bzw. Hormonanaloga und Lockstoffen. Zu den bekanntesten Beispielen der Einbürgerung faunenfremder Nützlingsarten gehört → *Bufo marinus.* Mit Erfolg besonders zum Vertilgen von Zuckerrohrschädlingen eingeführt, z. B. auf Puerto Rico 1920, Hawaii 1932, den Philippinen 1934. Der jährliche Gesamtnutzen einer Aga wird in den USA auf 20–30 $ veranschlagt. Negativ (vgl. → Faunenfälschung) fallen allerdings das Verzehren auch von Wirbeltieren (**A**, **R**, Kleinsäuger) und ihre Giftwirkung (→ Laich, Sekret der → Parotoidrüsen u. a. → Hautdrüsen) ins Gewicht. [1]

Biomasse: Gesamtsubstanz der in einem Gebiet vorhandenen Lebewesen. Angabe als Frisch- od. Trockengewicht je Flächen- od. Volumeneinheit. [1]

Biotop: von seiner Umgebung abgrenzbarer, durch bestimmte Umweltbedingungen charakterisierter Lebensraum einer → Biozönose. [1]

Biotopschutz: Schutz bedrohter und wertvoller Lebensräume vor direkten und indirekten → anthropogenen Einwirkungen und vor Vernichtung. Für die europäischen **A** (ausgenommen → *Salamandra atra*) kommt z. B. dem Schutz ihrer spezifischen → Laichgewässer für die Arterhaltung zentrale Bedeutung zu. Wirkungsvoller B. setzt genaue, breitgefächerte Kenntnisse über die arttypischen → Biotope und möglichst rechtzeitige Bestandsaufnahme aller schützenswerten Lebensstätten (Biotopkartierung) voraus. Schutz vor Isolierung und Erhaltung der Möglichkeit von Interhabitat-Wanderungen (→ Genfluß) gehören ebenso zum B. wie vermehrte Aufmerksamkeit gegenüber den anfänglich nicht sichtbaren (jedoch populationsdynamisch und genetisch bereits wirksamen) Schädigungen durch fortschreitende Umweltbelastung (vgl. → Umweltchemikalien, → saurer Regen, ionale Belastung der Gewässer usw.). Erste unter diesen Aspekten durchgeführte Untersuchungen ließen die Forderung nach einem „ökologischen B.“ entstehen. [1]

Biotopterrarium: → Terrarium mit möglichst naturgetreuer Nachbildung eines bestimmten → Biotops bzw. Biotopausschnittes unter weitgehender Wahrung der dafür zutreffenden Umweltfaktoren. Ein historischer Begriff. Das B. ist eigentlich gezielt auf den Betrachter ausgerichtet, dem ein entsprechender Eindruck vermittelt werden soll. Wegen dieses Schauwertes kann man es gelegentlich z. B. noch auf terraristischen bzw. vivaristischen Ausstellungen antreffen. [1]

Biozide: Sammelbegriff für alle gegen Schadorganismen eingesetzten chemischen Mittel. Ihre Untergliederung erfolgt im Hinblick auf die zu bekämpfende Zielgruppe: z. B. Algizide gegen Algen, Fungizide gegen Pilze, Herbizide gegen Unkräuter (Selektivh.) od. sämtlichen Pflanzenwuchs (Totalh.), Insektizide gegen Insekten. Bei Anwendung der B. muß sorgfältig auf das sachgerechte Ausbringen und Einhalten der gesetzlichen Bestimmungen geachtet werden (Verhindern von Abschwemmung, Abdrift usw.). Ökologisch bedeutsam ist die Anreicherung der bioaktiven B. in den → Nahrungsketten. Zu den bekanntesten Beispielen zählen hier die schwer abbaubaren, gut fettlöslichen chlorierten Kohlenwasserstoffe, wie → DDT, Lindan, Toxaphen. [1]

Biozönose, Lebensgemeinschaft: auf Möbius (1877) zurückgehender Begriff. Gesamtheit der Organismen eines → Biotops. Das Verknüpfungsgefüge der Arten beruht vor allem auf Abhängigkeiten in der Ernährung. Extreme Umweltverhältnisse eines Biotops bedingen eine geringe, vielseitige Lebensbedingungen dagegen eine große Artenzahl (meist aber nur geringe Individuendichte pro Art). Die gesamte Pflanzengemeinschaft einer B. wird als Phytozönose, die ganze Tiergemeinschaft als Zoozönose bezeichnet. [1]

bipede Fortbewegungsweise: Fortbewegung mit zwei Beinen. Zahlreiche Echsen, z. B. Kragenechsen (*Chlamydosaurus kingii*; Abb. 74 C), Basilisken (→ *Basiliscus basiliscus* u. a.), Wüstenleguane (*Dipsosaurus dorsalis*) und einige Rennechsen (*Cnemidophorus*) können zur schnelleren Fortbewegung zeitweilig zweibeinig, d. h. nur mit den Hinterextremitäten, laufen. I. d. R. erfolgt dies aus einem eiligen, vierfüßigen Lauf heraus, seltener (Basilisken) unvermittelt aus dem Stand. Beim b. Lauf richten die Basilisken ihren Rumpf um etwa 45° auf, der zum Ausbalancieren dienende Schwanz wird leicht emporgehalten. Als Laufgeschwindigkeit ermittelte man bei ihnen (kurzzeitig) etwa 9–12 km/h, bei Halsbandleguanen (*Crotaphytus collaris*) sogar bis 24 km/h. Stärker b. laufende Formen können geringe anatomische Umgestaltungen zeigen, wie eine Tendenz zur Rumpfverkürzung od. Verlängerung der Hinterextremitäten (Verhältnis der GL von Vorder- und Hinterextremität bei *Crotaphytus collaris* ist 1:2). [1]

Bipedidae, Zweifuß-Doppelschleichen: Fam der → Amphisbaenia. Nur Gatt *Bipes*, 3 Arten. Verbreitung: Mexiko. GL bis etwa 20 cm. Mit gut entwikkelten, kurzen, aber kräftigen Vorderextremitäten, die Krallen tragen können. → Hyperphalangie am 1. und 2. Finger. Die Extremitäten dienen zum Graben und Klettern. Bezahnung → pleurodont. Mancherorts häufig. → Ovipar. [1]

Bißabdrücke: → Bißmarken.

Bißmarken, Bißabdrücke: Einstichstellen der Zähne von Schlangen in der Haut des gebissenen Tieres od. Menschen. Eine relativ sichere Beurteilung bzw. Deutung ist bei folgenden B. möglich: zwei große nebeneinander liegende Einstiche gehen auf die Giftzähne zurück und sprechen für den Biß einer → protero- od. → solenoglyphen Schlange. Auf eine → aglyphe Schlange weisen zwei Reihen feiner, hintereinander angeordneter Stiche hin. Ähnlich sieht der Biß einer → opisthoglyphen Schlange aus. Am hinteren Ende jeder Reihe finden sich hier aber noch 1–2 große, durch die Fangzähne verursachte Stichwunden. In der Mehrzahl der Fälle liegen jedoch keine derart „kompletten" B. vor. So kann z. B. der Biß einer Viper od. Grubenotter nur einen großen Einstich verursachen. [1]

Bitis arietans (Merrem 1820), Puffotter: Vertreter der → Viperidae. Verbreitung: gesamtes Afrika (ausgenommen zentrale Sahara, tropischer Regenwald), S-Arabien. Stellenweise sehr häufig. Hauptsächlich Bodenbewohner. Besiedelt verschiedenste Biotope, besonders Steppen, Savannen, außerdem z. B. lichte Waldungen, trockene Flußläufe, Oasen. Höhenverbreitung bis 3000 m. GL bis 1,8, meist 1 m. Rumpf kräftig, gedrungen. Kopf breit dreieckig, flach, gut abgesetzt. → Lokomotion vorwiegend durch → Raupenkriechen, selten → Schlängeln. Kann gut schwimmen und klettern. Dämmerungs- und nachtaktiv. Gewöhnlich sehr träge. Bei Erregung Aufblasen und heftiges → Zischen. Gift stark, weitgehend hämotoxisch wirksam. ♂♂ tragen → Kommentkämpfe aus. → Ovovivipar. Als Rekord im Zoo Dvůr Králové Wurf von 157 Jungen, meist 20–40 Junge. [1]

Bitis gabonica (Duméril, Bibron und Duméril 1854), Gabunviper: Vertreter der → Viperidae. Verbreitung: W-, M-, O-Afrika. Bodenbewohner in Waldgebieten und der Savanne. Höhenverbreitung bis 2300 m. Größte Art der Fam. GL bis 2, meist unter 1,6 m. Körper plump, massig. Gilt zu Recht als „dickste" Giftschlange Afrikas. Kopf gut abgesetzt, breit dreieckig, abgeflacht. *B. g. rhinoceros* mit stark ausgebildetem Schuppendorn über jedem Nasenloch. Kurzschwänzig. Schuppen durchweg kräftig gekielt. Giftzähne maximal 45–50 mm lang. Giftmenge beträchtlich, Gift stark, hämo- und neurotoxisch wirksam. Dämmerungs- und nachtaktiv. Meist beißunlustig, träge. Faucht stark bei Erregung. Teppichartiges Farbmuster wirkt somatolytisch. → Ovovivipar (meist 20–40 Junge). [1]

Blanus cinereus (Vandelli 1797), Netzwühle, Maurische Netzwühle: Vertreter der → Amphisbaenidae. Verbreitung: Iberische Halbinsel (außer im Norden), Marokko, evtl. Algerien (ältere Angaben). → Subterrestrische, → wühlende Lebensweise. Bevorzugt in lockeren, oft feuchten Böden verschiedenster geologischer Herkunft. Lebt z. B. in Korkeichen-, Kiefernwäldern, der Agrarlandschaft. Gelegentlich nachts an der Oberfläche. Funde besonders bei Erdarbeiten, beim Pflügen, Wenden von Steinen. Höhenverbreitung bis 1400 m. GL bis 30 cm. Regenwurmähnlich, extremitätenlos. Kopf klein, stumpfschnauzig, ohne Ohröffnung, Augen rückgebildet. Körper durch Querfurchen in viele ringelartige Segmente (Annuli; pro Wirbel 1 → Annulus) gegliedert. Schwanz kurz, abgestumpft, autotomiefähig. Rumpf mit Dorsal- und jederseits einer Seitenfalte. Lebensweise und Verhalten wenig bekannt. Gelegegröße: 3 Eier (im → Terrarium nachgewiesen). [1]

Blattariae, Schaben: O der Insekten (Insecta). Etwa 3000 Arten. Landbewohner mit flachem Körper, versteckter, meist lichtscheuer Lebensweise. Larven als Futter für viele Echsen, Frösche, Kröten geeignet. Im Freien leben Arten der Gatt *Ectobius* (Waldschaben) und *Hololampra* (Kleinschaben). Zucht besonders von: *Periplaneta americana, Blatta orientalis, Blatella germanica* (Amerikanische, Orientalische und Deutsche Schabe), auch von *Blaberus craniifer* (Riesenwaldschabe), *Leucophaea madeira* (Madeiraschabe). Zuchtbehälter hoch, glattwandig (→ Vollglasaquarium usw.), mit dicht schließendem Gazedeckel, unterhalb davon eine Vaseline-Barriere. Bodengrund: Sägespäne bzw. Torf-Sand-Gemisch. Versteckplätze: locker gerollte Wellpappe od. lamellenartiges Gestell aus Hartfaserplatten. Futter: → Pellets, Mischung von Haferflocken-Milchpulver (4:1), Möhren-, Obstscheiben usw. Bei 28 °C und 80–90 % RLF Generationszeit von *Periplaneta* 6 Monate. Verfüttern nur unter Kontrolle. [1]

Blattläuse: → Aphidina.

Bleichen: zum Erhalt einer einheitlichen gelblichen Knochenfarbe erforderlicher Arbeitsschritt bei der Herstellung von Skeletpräparaten. Gebräuchlichstes Bleichmittel ist Wasserstoffperoxid (H_2O_2), meist als schwach alkalisches (pH 7,5–8,0) 3%iges Bleichbad bei 30–40 °C verwendet. Nach dem B. Knochen ausreichend (warm) wässern und an der Luft trocknen. Danach kann die Skeletmontage erfolgen. [1]

Blindschlangen: → Typhlopidae.

Blindschleiche: → *Anguis fragilis.*

Blödauge: → *Typhlops vermicularis.*

Blombergkröte: → *Bufo blombergi.*

Blut, Sanguis: besteht aus Blutplasma und geformten Bestandteilen, den Blutzellen (→ Erythrocyten, → Leukocyten, → Thrombocyten). Im Blutplasma sind Eiweißkörper und anorganische Salze gelöst, daneben Nahrungsstoffe wie Aminosäuren, Traubenzucker und Fette zur Versorgung der Körperzellen, außerdem Fermente und Hormone.

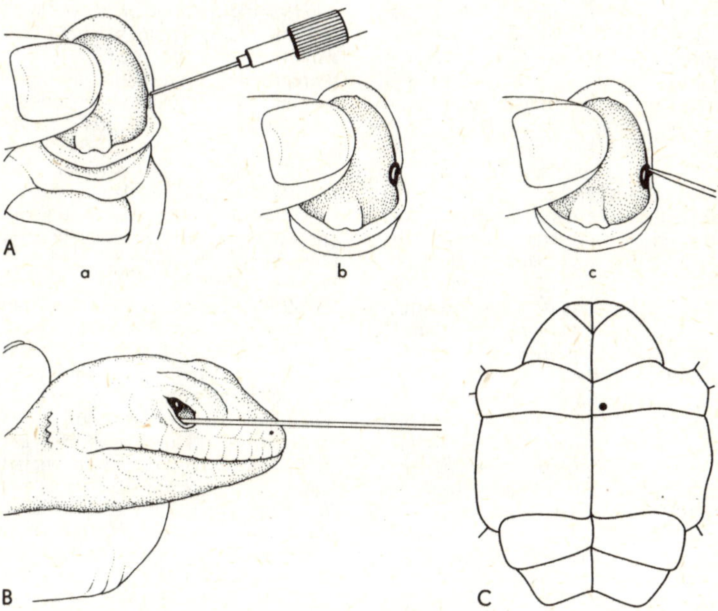

Abb. 13. Blutentnahmetechnik. A. Punktion der Vena angularis bei *Rana „esculenta"*; a) Einstich; b) Blutaustritt; c) Blutentnahme mittels einer Pipette; B. Blutentnahme aus dem Orbitalsinus eines Skinkes mittels einer heparinisierten Glaskapillare; C. Bohrloch zur Herzpunktion im Plastron von *Testudo hermanni.*

Abbauprodukte des Stoffwechsels werden zu Ausscheidungsorganen transportiert. Die Farbe des Blutes wird durch das in den Erythrocyten enthaltene Hämoglobin hervorgerufen. [2]

Blutentnahmetechnik: Die Blutentnahme kann je nach benötigter Blutmenge, der Tiergröße und -gruppe in unterschiedlicher Weise erfolgen. Sie wird besonders bei größeren Exemplaren durch deren Agilität und Stärke erschwert und daher meist unter → Narkose durchgeführt. Am verbreitetsten ist für **A** und **R** die Blutgewinnung durch Herzpunktion. Schildkröten wurden über ein im → Plastron angebrachtes Bohrloch jahrelang ohne wesentlichen Einfluß auf ihren Allgemeinzustand punktiert. Auch größere Gefäße können punktiert werden, z. B. bei Schildkröten die → Arteria carotis, Vena cervicalis, → V. femoralis, → V. jugularis, bei größeren Echsen die → V. caudalis. Mikromengen lassen sich (ohne Betäubung, täglich mehrmals) mittels einer heparinisierten Glaskapillare aus dem Orbitalsinus von Echsen (→ Agamidae, → Scincidae) od. der V. angularis im Mundwinkel von Fröschen entnehmen. Gute Ergebnisse liefert das Abschneiden der Schwanzspitze bei Schwanzlurchen und Krokodilen. Als B. kommt bei Froschlurchen auch Zehenamputation und Anschneiden eines Hautgefäßes zwischen der hinteren 4. und 5. Zehe in Betracht. (Abb. 13). [1]

Blutgefäßsystem: geschlossenes System von Blutgefäßen, in denen das → Blut zirkuliert. Als Zentrale und die Blutflüssigkeit bewegendes Organ fungiert das → Herz. Von ihm wird das Blut über ein System sich fortschreitend verzweigender und verjüngender Arterien (Schlagadern) zu den zu versorgenden Organen geführt (Arteriensystem), zum Herzen zurück führt ein System sich analog vereinigender Venen (Venensystem). Beide Systeme sind durch ein Netzwerk feinster Blutgefäße (Kapillaren) miteinander verbunden. Im Bereich dieser Kapillaren kann Blutplasma und ein Teil der weißen Blutkörperchen die Gefäßwände überwinden. So entsteht eine Interzellularflüssigkeit, die neben der Blutflüssigkeit eine wichtige Rolle beim Stofftransport spielt. Sie gelangt über blindgeschlossene Lymphkapillaren in das → Lymphgefäßsystem und durch dieses ins Venensystem. Das Arteriensystem der Kopfregion folgt in seiner ursprünglichen Anordnung den Kiemenbögen (vgl. → Kiemenbogenarterien). In der Rumpf- und Schwanzregion wird das B. von der segmentalen Gliederung der Muskulatur bestimmt, die sich jedoch weitgehend verwischt. Arterien unterscheiden sich von Venen durch ihre stärkere Muskulatur. Die großen Hauptarterien haben in ihrer Muskulatur in Anpassung an den hohen Blutdruck viel elastisches Gewebe. Venen sind dünnwandig und weitlumig, den Rückfluß des Blutes verhindern bei ihnen Venenklappen. (Abb. 14). [2]

Blutspritzen: → aposematische Verhaltensweise, die zahlreiche Insekten (die Laubheuschrecke *Eugaster guyoni* spritzt z. B. 40–50 cm weit) sowie unter den **R** Krötenechsen (*Phrynosoma*) und der Westliche Zaunleguan (*Sceloporus occidentalis*) zeigen. Krötenechsen (scheinbar nicht jedes Tier) können bei starker Belästigung und entsprechender Disposition einen dünnen Blutstrahl bis etwa 1 m weit aus ihren Augen spritzen. Das Blut stammt offenbar aus Bluträumen der → Membrana nictitans und wird durch Blutdruckerhöhung und Platzen kleinerer Nickhautgefäße herausgestoßen. Anschwellen der Lider weist auf das bevorstehende B. hin. Ähnlich reagiert *Sceloporus occidentalis.* In diesem Zusammenhang verdient die Blutabgabe bei → Boiden der Gatt *Tropidophis* Beachtung. Diese rollen sich beim Fang zusammen und lassen aus dem Maul einige Blutstropfen austreten, deren Herkunft zur Zeit noch unklar ist. Ein fast gleichartiges Verhalten wurde in wenigen Fällen beim → Sichtotstellen für → *Natrix natrix* belegt. [1]

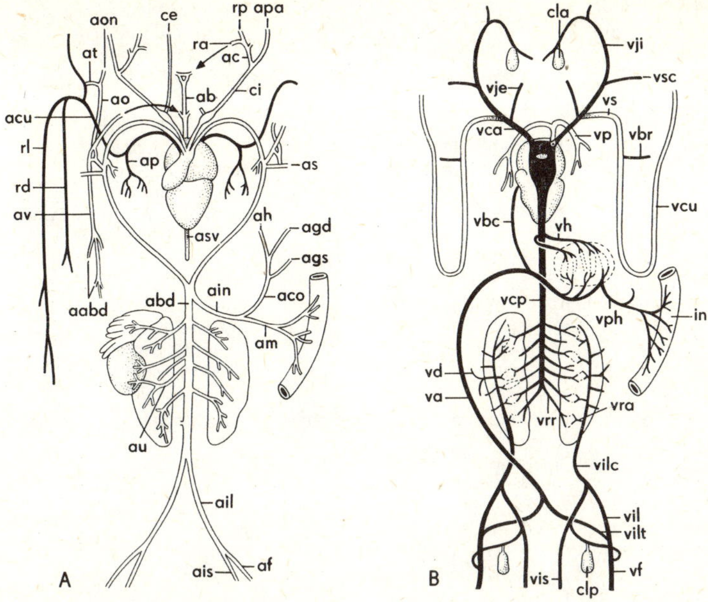

Abb. 14. Blutgefäßsystem. A. Arteriensystem von *Rana*. *aabd* Aa. abdominalis, *ab* A. basilaris, *abd* Aorta abdominalis, *ac* A. cerebralis, *aco* A. coeliaca, *acu* A. cutanea magna, *af* A. femoralis, *agd* A. gastrica dextra, *ags* A. gastrica sinistra, *ah* A. hepatica, *ail* A. iliaca communis, *ain* A. intestinalis communis, *ais* A. ischiadica, *am* A. mesenterica, *ao* A. occipitalis, *aon* A. orbitonasalis, *ap* A. pulmonalis, *apa* A. palatina, *as* A. subclavia, *asv* A. spinalis ventralis, *at* A. temporalis, *au* A. urogenitalis, *av* A. vertebralis dorsalis, *ce* Carotis externa, *ci* Carotis interna, *ra* Ramus anterior arteriae cerebralis, *rd* Ramus dorsalis arteriae cutaneae, *rl* Ramus lateralis arteriae cutaneae, *rp* Ramus posterior arteriae cerebralis.
B. Venensystem von *Rana*. *cla* Cor lymphaticum anterius, *clp* Cor lymphaticum posterius, *in* Intestinum, *va* V. abdominalis, *vbc* V. bulb. cord. posterior, *vbr* V. brachialis, *vca* V. cava anterior, *vcp* V. cava posterior, *vcu* V. cutanea, *vd* V. dorsolumbalis, *vf* V. femoralis, *vh* V. hepatica, *vil* V. iliaca, *vilc* V. iliaca communis, *vilt* V. iliaca transversalis, *vis* V. ischiadica, *vje* V. jugularis externa, *vji* V. jugularis interna, *vp* V. pulmonalis, *vph* V. portae hepatis, *vra* V. renalis advehentis, *vrr* V. renalis revehentis, *vs* V. subclavia, *vsc* V. subscapularis.

Boa constrictor Linnaeus 1758, Abgottschlange, Königsboa: bekannteste und am meisten gehaltene Art der → Boidae. Verbreitung: N-Mexiko bis Paraguay, N-Argentinien, Kleine Antillen. Lebt am Boden und → arboricol in tropischen Niederungswäldern, Gebirgswäldern (gelegentlich bis 1000 m NN), auch in gemäßigte Zonen vordringend. GL bis 5,6, meist 2–3 m. Kräftig gebaut. Kopf spitz dreieckig, Schnauze gerundet. → Labialgruben fehlen. Mit

Beckenresten und → Afterklauen. Vorwiegend dämmerungsaktiv. Nahrung vor allem Kleinsäuger, Vögel. → Ovovivipar (bis 60 Junge, meist 20–40). → Höchstalter in Gefangenschaft 40 Jahre und 2 Monate. [1]

Bodenfalle: → Barberfalle.

Bodengrund: je nach Tierart, Haltungsziel, → Terrarientyp verschieden. Bei „steriler" Haltung (Quarantäne-Terrarium) genügt z. B. Zeitungs- od. Fließpapier, eine Hart-PVC-Platte mit Tontopfscherben zum Unterschlupf, Schaumstoff od. Nylonrasen, bei der Laborhaltung von Fröschen (für Versuche, Experimente) ein über dem Wasserteil (ständiger Frischwasserzufluß) angebrachter Plasterost. Für trockene → Terrarien dient vor allem gut gewaschener, gesiebter, nicht scharfkantiger Flußsand, -kies od. ein Sand-Torf-Gemisch als B. In feuchten Terrarien erfüllen diesen Zweck z. B. eine Buchenlaub- od. Torfmoosschicht und Lauberde-Torf-Gemische. Eine Dränageschicht (aus Blähton, Styroporschnitzeln, Blumentopfscherben, Schlackestückchen usw.) verhindert Staunässe. Grabende und wühlende Formen benötigen tiefen, lockeren B. Der B. muß laufend von Exkrementen, → Futterresten sowie faulendem Pflanzenmaterial befreit, gegebenenfalls aufgelockert und periodisch erneuert werden. [1]

Bogengänge: → Canales semicirculares.

Boidae, Riesenschlangen: Fam der → Henophidia. Etwa 90 Arten. Verbreitung: hauptsächlich in Tropen, Subtropen, in Europa → *Eryx jaculus*, → *E. miliaris*. Lebensweise sehr verschieden. Neben weitgehend → arboricolen und → subterrestrischen Formen gibt es viele → amphibische, auch bodenbewohnende Arten. Hierher gehören die größten rezenten Schlangen (→ *Eunectes murinus*, → *Python reticulatus*), mittelgroße sowie kleine Arten. GL 30 cm bis 11,4 m. Mit Beckenresten, Rudimenten der Hinterextremitäten, äußerlich als → Afterklauen sichtbar. Schädelknochen gelenkig verbunden. Unterkiefer mit → Coronoid. Lungen paarig. Beutebewältigung durch → Konstriktion. Intrafamiliäre Giederung umstritten. 5 UFam: Pythoninae (Pythons), Afrika, S-Asien, Indoaustralien. Besitzen Supraorbitalia, viele mit → Labialgruben, → Praemaxillare meist bezahnt, → ovipar. Boinae (Boas), alt-, vorwiegend neuweltlich, ohne Supraorbitalia, Praemaxillare zahnlos, → ovovivipar, hierzu Gatt. *Boa, Eunectes*. Loxoceminae (Spitzkopfpythons), M-Amerika. Erycinae (Sandboas), Amerika, Asien, Afrika, Europa, weitgehend unterirdisch lebend. Bolyerinae (Bolyer-Schlangen), Round Island, ohne Becken-und Hinterextremitätenreste, → Maxillare mit zusätzlichem Gelenk. [1]

Bombesin: im Hautsekret von *Bombina*-Arten vorkommendes Toxin (ein Peptid), mit cardiotoxischer, blutdruck- und blutzuckersenkender Wirkung. [1]

Bombina bombina (Linnaeus 1761), Rotbauchunke: Vertreter der → Discoglossidae. Verbreitung: M- und O-Europa, we. bis N-Niedersachsen, S-Dänemark, im Norden bis S-Schweden, nach Süden bis N-Jugoslawien, Bulgarien, öst. bis zum Ural, N-Kaukasus, weiterhin NW-Kleinasien. Typischer → Kulturfolger. Lebt im Tiefland vor allem in sonnenexponierten, oft vegetationsreichen → Standgewässern aller Art (auch in Überschwemmungsbereichen, Wagenspuren, → Tümpeln auf Kippen, Grubengewässern usw.) sowie im flachen Uferbereich von → Fließgewässern. KRL bis 5 cm. Körper abgeflacht, plump. Oberseits Haut rauh, warzig. ♂ zur Fortpflanzungszeit mit → Brunstschwielen am Unterarm sowie der Innenseite des 1. und 2. Fingers. Innere → Schallblasen. Tag- und nachtaktiv. Abwehrreaktion → Unkenreflex. Jungtiere unternehmen größere Landwanderungen. Laichabgabe einzeln od. klumpenweise an Wasserpflanzen bzw. am Gewässerboden. Laicht mehrmals im Jahr (insgesamt bis 300 Eier). [1]

Bombina maxima (Boulenger 1905), Riesenunke: Vertreter der → Discoglossidae. Verbreitung: W-China, N-Vietnam (N-Teil der Provinz Băc Bŏ). Reine Hochgebirgsform, in Höhen von 2500–3000 m NN verbreitet. Besiedelt → Standgewässer und Bergbäche. KRL bis 8 cm. Robust, gedrungen gebaut. Extremitäten mit voll ausgebildeten → Spannhäuten. Durch große, unregelmäßig verteilte dorsale Warzen und ein hinter jedem Auge ausgebildetes markantes, längliches Drüsenpolster krötenartig wirkend. In der Schulterregion sind oft noch 2 Drüsenleisten ausgebildet. ♂ zur Brunstzeit mit → Brunstschwielen am 1.–3. Finger, an der Unterarminnenseite sowie der an den Arm angrenzenden Brustregion. → Schallblasen fehlen. Tag- und nachtaktiv. Wenig scheu, recht träge. Die Unken halten sich meist unbeweglich im Wasser (nur Augen und Nasenöffnungen außerhalb) bzw. an Land auf. Mit gattungstypischer Abwehrreaktion. Laichabgabe in Klumpen (bis etwa 100 Eier) an Wasserpflanzen, von denen sie zum Gewässerboden absinken. Laicht mehrmals im Jahr. [1]

Bombina variegata (Linnaeus 1758), Gelbbauchunke: Vertreter der → Discoglossidae. Verbreitung: M- und S-Europa (außer SW-Teil). Obwohl auch im Flachland anzutreffen, → Charakterart des Hügel- und Berglandes. Besiedelt vor allem sonnenexponierte, vegetationsarme → Standgewässer aller Art (bevorzugt flache, krautarme bis vegetationsfreie Kleingewässer, wie → wassergefüllte Wagenspuren, → Tümpel in unterschiedlichsten → anthropogenen Bereichen). Gewässerqualität oft sehr unterschiedlich. Höhenverbreitung bis 1700 m. KRL bis 5 cm. Körper abgeflacht. Haut rauh, auf dem Rücken kräftige, häufig mit spitzen Hornhöckern versehene Warzen. ♂ zur Brunstzeit mit → Brunstschwielen am Unterarm, unterseits des 1.–3. Fingers, der 2.–4. od. 2. und 3. od. nur 3. Zehe. → Schallblasen fehlen. Überwiegend tag-, auch dämmerungsaktiv. → Chorrufen und Abwehrreaktion (Abb. 114 B) wie bei → *Bombina bombina.* Bei Wasserschwund Trockenruhe an Land möglich. Laichabgabe vgl. *B. bombina.* [1]

Bonner Konvention: internationales Übereinkommen zum Schutz wandernder Tierarten. In Bonn ausgearbeitet und verabschiedet, am 1. 11. 1983 in Kraft getreten. Geschützt werden sollen vor allem seltene od. bedrohte wandernde Arten. Der Anhang I enthält Arten, die im gesamten → Areal vom Aussterben bedroht sind und sogleich nach Hinterlegung der Beitrittsurkunde Schutz erhalten. Anhang II listet Arten auf, zu deren Erhaltung es koordinierter Maßnahmen von zwei od. mehreren Staaten (durch später abzuschließende Regionalabkommen) bedarf. Gegenwärtig beschränkt sich die Wirkung der B. K. auf die im Anhang I angeführten Arten. Darunter fallen folgende **R**-Arten: → *Lepidochelys kempii,* → *Dermochelys coriacea, Podocnemis expansa,* → *Gavialis gangeticus.* [1]

„Borkengeschwulst“, „Borkenkrankheit“, „Beulenpest“: oft bei freilebenden und in Gefangenschaft gehaltenen Echsen, bemerkenswerterweise fast nur → Lacertiden (→ *Lacerta viridis,* → *L. trilineata,* → *Podarcis muralis* u. a.), auftretende borkenartige, erdbraune bis grauschwarze fibro-epitheliale Gewebswucherung (Papillom). Histologisch deutete sich bisher nur in wenigen Fällen ein infiltrierendes Wachstum in das an die → Geschwulst angrenzende Gewebe an. Die häufig sehr bizarren Papillome können über die gesamte Körperoberfläche verteilt sein, bevorzugt kommen sie am Kopf, im Schwanzbereich, oberseits an den Hinterextremitäten vor. Bereits seit etwa 1890 beschrieben. Heute gilt ihre Virusgenese (Viren der Herpes-, Reo-, Papova-Gruppe) als gesichert. Stark befallene Tiere gehen meist an Sekundärfolgen (z. T. Freßunlust u. a.) zugrunde. Therapie: operative Entfernung möglich. Häufig treten jedoch Neubildungen in anderen Bereichen auf. [1]

„Borkenkrankheit“: → „Borkengeschwulst“.

Bothrops atrox (Linnaeus 1758), Gewöhnliche Lanzenotter: Vertreter der→ Crotalidae. Verbreitung: S-Mexiko, M-Amerika bis N-Argentinien, auf Trinidad, Tobago, St. Lucia, Martinique. Bodenbewohner besonders in feuchten, aber auch trockenen Wäldern, felsigem Gelände. Oft als → Kulturfolger in Zuckerrohr-, Bananenplantagen, dringt z. T. bis in den Siedlungsbereich vor. GL bis etwa 2 m. Kopf lanzenförmig abgesetzt, länglich dreieckig. Augen klein, Pupille senkrecht. Dämmerungs- und nachtaktiv. Beißt blitzschnell zu, schnellt z. T. mehrfach nacheinander vor. Gift sehr stark wirksam. → Ovovivipar (bis 71 Junge). [1]

Brachycephalidae, Sattelkröten: Fam der→ Anura. 2 monotypische Gatt (*Brachycephalus, Psyllophryne*). Verbreitung: SO-Brasilien. Weitgehend Bodenbewohner (auch in niedrigen → Bromeliaceen) in Bergregenwäldern, selbst in der Umgebung von Rio de Janeiro nachgewiesen. KRL bis 2 cm. Pupille horizontal. → Trommelfell nicht sichtbar. → Maxillare und → Praemaxillare bezahnt. → Schultergürtel arcifer. → Procöle Wirbel. → Sacralwirbel mit verbreiterten → Diapophysen, über 2 Condylen mit dem → Urostyl verbunden. → Phalangen z. T. reduziert, nur 2 funktionsfähige Finger und 3 Zehen vorhanden. Auf dem Rücken im → Corium breite, sattelförmige Hautverknöcherung (Knochenplatte), die mit den Dornfortsätzen (→ Processus spinosi) des 2. und 7. Wirbels verwachsen ist. → Biddersches Organ fehlt. Bei Regen und trüber Witterung auch tagsüber aktiv. → Amplexus erfolgt axillar. Fortpflanzungsbiologie noch wenig bekannt (nur einige große Eier, vermutlich direkte Entwicklung). [1]

Brachycera, Fliegen: UO der → Diptera. Fühler kurz, bis maximal 8 Glieder ausgebildet. Bei primitiven Arten Mundwerkzeuge stechend-saugend, sonst leckend-saugend. Wertvolles Futter für viele Terrarientiere. Im Sommer vor allem mit der → Fliegenfalle und auf Wiesen durch Fänge mit dem → Kescher (breites Artenspektrum) zu erbeuten. Leicht züchtbar und ergiebig sind z. B. → *Drosophila melanogaster,* → *Anisopus fenestralis* und einige Arten der → Muscidae. Zu den bekanntesten Krankheitsüberträgern und Parasiten bei **A** und **R** zählen verschiedene Vertreter der Bremsen (Tabanidae) sowie → *Lucilia bufonivora, Drosophila-* und *Zygotrichia*-Arten wurden im → Terrarium verschiedentlich bei der Eiablage auf Froschlaich beobachtet. [1]

Brachygnathie: Verkürzung des Ober- und/od. Unterkiefers. Entwicklungsbedingte Anomalie. Gelegentlich bei **R,** z. B. → *Chelonia mydas,* Krokodilen, → *Iguana iguana* und *Thamnophis sirtalis* festgestellt. [1]

Bradykardie: Verringerung der Herzfrequenz. Als Kreislaufanpassung bei längerem Aufenthalt unter Wasser bei Vögeln, **R** und einigen Säugern (Wale ausgenommen) nachgewiesen. Sie wird von Gefäßverengung (Vasokonstriktion) und herabgesetzter Durchblutung der Organe (außer Gehirn, Herz) begleitet. Eingehende Untersuchungen liegen vor allem für Wasserschildkröten, aber auch Alligatoren und Seeschlangen vor. [1]

Braunfrösche: Sammelbezeichnung für die Gruppe der vorwiegend an Land lebenden, bräunlich gefärbten *Rana*-Arten. Die in M-Europa verbreiteten B. (→ *Rana temporaria,* → *R. arvalis* usw.) unterscheiden sich durch verschiedenste Kriterien von den dortigen → Grünfröschen (vgl. auch hier), z. B. durch ihren dunkelbraunen Schläfenstreifen, die mehr seitlich stehenden Augen, geringer entwickelte → Spannhäute an den Zehen, das zeitigere Ablaichen. [1]

Breitrandschildkröte: → *Testudo marginata.*

Brezel-Stellung: für *Blanus strauchi* und *Trogonophis wiegmanni* (→ Amphisbaenidae) beschriebene, jedoch seltene und bislang nur bei Gefangenschaftshaltung beobachtete Schreckstellung. Bei dieser brezelförmigen Stellung ist der Kopf meist durch die über ihm liegende Körperschlinge geschützt od. unauffällig, die Schwanzspitze bleibt dagegen sichtbar. Ob diese Abwehrreaktion gegenüber Freßfeinden zum Verlagern des Angriffes auf die Schwanzspitze führt (*Blanus* ist zur → Autotomie fähig) und z. B. Schlangen (wie → *Malpolon monspessulanus,* → *Macroprotodon cucullatus*) durch die Vergrößerung des Körpervolumens vom Verschlingen abhält, läßt sich derzeit nicht beantworten. [1]

Brille, tertiäre: während der Embryogenese durch Verwachsen der → Augenlider entstandene starre, durchsichtige, die → Cornea bedeckende Membran. Sie unterliegt der → Häutung, schützt das Auge vor mechanischen Verletzungen (besonders bei → subterrestrischen Formen) und Austrocknung. Bei einigen Fischen, allen Schlangen und vielen Echsen, z. B. den meisten → Gekkonidae, → Pygopodidae, → Xanthusiidae, → Amphisbaenidae, einigen Vertretern der → Scincidae und → Lacertidae, ausgebildet. Der „primären B." (Cyclostomata, **A**-Larven; durchsichtiges → Integument über der Cornea) und „sekundären B." (viele Fische; äußere, unbewegliche Corneaschicht) nicht homolog. [1]

Brilleneidechse: → *Podarcis perspicillata.*

Brillensalamander: → *Salamandrina terdigitata.*

Brillenschlange: → *Naja naja.*

Bromeliaceae, Ananasgewächse, Bromelien: Fam der UKl Liliidae. Über 1700 Wildarten. Verbreitung: eine Art in W-Afrika, sonst nur Amerika. Meist Rosettenstauden. Boden-, Felsbewohner, → Epiphyten. Im tropischen Regenwaldterrarium (hohe Luftfeuchtigkeit, tagsüber 22–25 °C, schattige bis halbschattige Kultur) als Epiphyten geeignet: *Vriesea-, Guzmania-, Nidularium-, Tillandsia-, Billbergia-, Aechmea*-Arten. Substrat: z. B. Torf, auch Mischung mit Buchenlaub, Sand, Sphagnum; mäßig feucht halten (sonst schnell faulend), → pH-Wert niedrig. Nur entmineralisiertes Gießwasser benutzen. Xerophytische Bodenpflanzen wie *Dyckia-* und *Hechtia*-Arten in Kakteenerde, → terrestrische *Cryptanthus*-Arten in Lauberde-Torf-Mischung kultivieren. [1]

Bronchien: Leitungsröhren für die Atemluft. Kurz vor dem Übergang in die Lungen teilt sich die → Trachea in 2 extrapulmonale (außerhalb der Lunge befindliche) Hauptbronchien. Sie münden im einfachsten Fall in einen ungeteilten Zentralhohlraum der Lunge (**A,** → *Sphenodon punctatus,* verschiedene Echsen und Schlangen). In den höherentwickelten Lungen der Schildkröten, Warane und Krokodile entstehen intrapulmonal weitere B., die die Atemluft an die Luftkammern und damit letztlich an die → Alveoli pulmonis weiterleiten. Extra- und intrapulmonale B. werden wie die Trachea durch Knorpelringe bzw. -spangen gestützt. [2]

Brückenechse: → *Sphenodon punctatus.*

Brückenechsen: → Sphenodontidae.

Brunftkleid: → Hochzeitskleid.

Brunnen: oft von **A,** hauptsächlich Schwanzlurchen besiedelt. Die B. können sich hinsichtlich ihres Alters (im Mittelmeergebiet vielfach noch römischen Ursprungs), Erhaltungszustandes, der Form und Bauart (Brunnentyp), Größe, Tiefe, Wasserführung, -temperatur, des Wasserchemismus sowie ihrer speziellen Flora und Fauna wesentlich voneinander unterscheiden. Für **A** bedeutsam sind weiterhin ihre Zugänglichkeit (z. T. Abdeckung durch Holzdeckel od. Steinplatten), das Vorhandensein von Ausstiegsmöglichkeiten (Froschlurche), auch der Nischenreichtum der Wandung. Ihre Bedeutung für die Amphibienfauna ist allerdings regional sehr verschieden. So spielen sie z. B. in M-Europa als → Laichgewässer und → Winterquartier kaum eine Rolle, obwohl früher zahlreiche Fälle von in B. überwinternden Bergmolchen (im alten Schrifttum daher oft als „Brunnensalamander" bezeichnet) beschrieben wurden. Im afrikanischen Raum od. auf der Iberischen Halbinsel stellen sie gebietsweise dagegen wichtige Refugien (mitunter die einzigen Laichgewässer) für **A** dar. Eingehende Untersuchungen von Malkmus belegen dies für Portugal, wo 13 von insgesamt 17 **A**-Arten in B. nachgewiesen wurden. [1]

Brunstschwielen, Brunftschwielen: i. d. R. dunkel gefärbte, rauhe, ein- bis mehrschichtige Hornschwielen (meist mit ausgeprägtem Hautdrüsenpolster), auch hornige Höcker bzw. Dornen (einzeln, in Reihen) der Haut, an verschiedenen Körperstellen bei ♂♂ vieler Frosch- und einiger Schwanzlurche (an Hinter- und Vorderextremitäten z. B. von → *Euproctus asper*, → *Pleurodeles waltl*, manchen *Notophthalmus*- und *Taricha*-Arten). Vor und während der Paarungszeit am markantesten (Ausbildungs-, Pigmentierungsgrad) entwickelt. Mit Erreichen der Geschlechtsreife auftretend. Die Schwielenbildung läßt bei Formen der nö. Hemisphäre gewöhnlich einen deutlichen Jahreszyklus erkennen und unterliegt dem Einfluß der Gonadenhormone. B. erleichtern das Klammern am ♀ beim → Amplexus. Sie sind besonders häufig bei Froschlurchen am 1. Finger (Daumenschwiele), aber auch an der Innenseite (mitunter Außenseite) anderer Finger, von Zehen, am Unterarm, Fuß, auf der Brust, seltener am Bauch, gelegentlich sogar am Unterkiefer (z. B. bei *Heleophryne purcelli*) ausgebildet. Mangelhafte Ernährung kann z. B. bei → *Bufo bufo* die Schwielenbildung verzögern. (Abb. 15). [1]

Brustbein: → Sternum.

Brustrippen: erreichen im Gegensatz zu → Halsrippen das → Sternum. Bilden mit diesem (soweit vorhanden) den Brustkorb. B. sind ursprünglich zweiköpfig. Ihre Zahl variiert bei **R.** → *Sphenodon punctatus* besitzt 4 echte B. (→ Costae verae), die nachfolgenden haben keine Verbindung zum Brustbein. Krokodile weisen 2 echte B., 6 od. 7 falsche B. (→ Costae spuriae) und 3 schwebende B. (→ Costae fluctuantes) auf. Echsen tragen meist 3–4 einköpfige B. Die hinter dem Brustbein gelegenen B. von *Chamaeleo* verschmelzen ventral miteinander. Bei Flugdrachen (*Draco*) sind 5–6 poststernale Rippen als Stütze für die Flughaut stark verlängert.

Brutapparat: → Inkubator.

Brutbeutel: → Bruttasche.

Brüten, echtes: nicht, wie meist angegeben, erstmals bei Vögeln auftretend, sondern bereits bei einigen Arten der Pythoninae (zur Zeit gesichert für → *Python molurus*, *P. curtus*, *Liasis amethistinus*, *Chondropython viridis*) ausgebildet. Höchste Form der → Brutpflege bei **R.** Beruht auf dem Vermögen zur physiologischen → Thermoregulation. Über das B. eines *Python molurus bivittatus* ♀ berichtete schon 1832 Lamarre-Picquot. Die exakte Erklärung dieses Phänomens geht vor allem auf Hutchison, Dowling und Vinegar (1966) an der gleichen UArt zurück. Sie stellten mit Temperaturfühlern zwischen Körper- und Raumtemperatur eine Differenz bis 7,3 °C fest, führten die Thermogenese auf die Muskelkontraktionen des ♀ zurück und wiesen eine lineare Korrelation zwischen O_2-Verbrauch und Muskelkontraktionsrate (0–35 Kontraktionen/min) nach. Analog den Warmblütern erhöhte das brütende ♀ beim Unterschreiten der „unteren kritischen Temperatur" (etwa 33 °C) den O_2-Verbrauch. [1]

Brutfürsorge: jegliche Verhaltensweisen bzw. Maßnahmen der Elterntiere (besonders des ♀), die den Nachkommen günstige Entwicklungsbedingungen gewährleisten und zeitlich mit der Eiablage od. Geburt der Jungen abschließen. Bei **A** und **R** sind hier an erster Stelle alle den → Nestbau betreffenden Handlungen einzuordnen, hinzu kommen außerdem einige Fälle von → Termitophilie. [1]

Brutgewässer: → Laichgewässer.

Brutpflege, Neomalie: Sammelbegriff für jegliche Verhaltensweisen und Maßnahmen der Elterntiere, die nach der Eiablage od. Geburt (bzw. dem Schlupf) der Jungen erfolgen und der

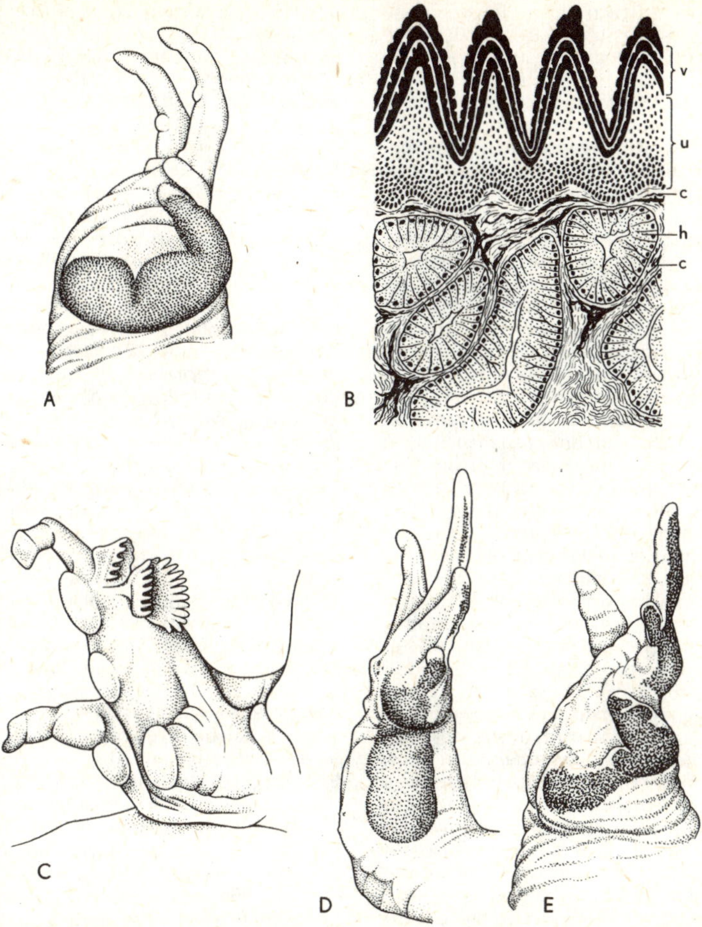

Abb. 15. Brunstschwielen. A. *Rana temporaria* ♂; B. Daumenschwiele von *Rana temporaria* im Längsschnitt; C. *Trichobatrachus robustus* ♂; D. *Bombina bombina* ♂; E. *Bufo bufo* ♂. *c* Corium, *h* Hautdrüsen, *u* unverhornte Epidermis, *v* verhornte Epidermis.

Förderung der Nachkommenschaft dienen. Bei **A** und **R** in erstaunlicher Mannigfaltigkeit, unterschiedlichster Ausprägung und Graduierung realisiert. Allein unter den diesbezüglich gut übersehbaren **R** ergibt sich eine breite Palette von Brutpflegehandlungen. Sie umfaßt in sehr differenzierter Form ausgeübtes → Nest- bzw. Gelegebewachen und -verteidigen (z. B. bei Krokodilen, → *Gekko gecko, Eumeces*-Arten, mehreren Schlangen wie *Bungarus*-Arten, → *Ophiophagus hannah* u. a.), Schlupfhilfehandlungen (→ Nestöffnen, → Eiöffnen, Entfernen der Fötalmembran), Jungentransport (→ Maultransport), Jungtierbewachen und -verteidigen (Krokodile) sowie echtes → Brüten. Während für Schwanzlurche und → Gymnophionen hauptsächlich Beispiele von Gelegebewachen (oft verbunden mit Verzehren unbefruchteter und verpilzter Eier, bei Körperkontakt mit dem Gelege auch feuchtigkeitsregulierender Funktion, z. T. sogar Verhaltensweisen zur Verbesserung des Sauerstoffregimes der Eier) und -verteidigen bekannt sind, zeigen Froschlurche eine verwirrende Fülle von Brutpflegehandlungen. Unter diesen ragen in erster Linie die Formen von → Körperbrutpflege, darunter → Rückenbrutpflege, „Maulbrutpflege" (*Rhinoderma darwinii*) sowie der im Tierreich einmalige Fall des → Magenbrütens und das hochspezialisierte, komplexe Brutpflegeverhalten verschiedener → Dendrobatiden (vgl. → *Dendrobates pumilio*) heraus. [1]

Brutsack: vorübergehend zur → Brutpflege dienende, weiträumig gedehnte → Schallblase beim ♂ von Nasenfröschen (→ *Rhinoderma darwinii, R. rufus*). In dieser Form einmalige Brutpflege bei Froschlurchen. Die an Land abgelegten Eier (20–40) sollen vom ♂ bewacht werden. Sobald die Bewegungen der Keimlinge äußerlich erkennbar sind (nach etwa 10–20 Tagen) nimmt das ♂ (meist sind es mehrere) zahlreiche Eier (5–15) mit der Zunge auf und läßt diese in seine sich mehr und mehr dehnende Schallblase gleiten. Dort schlüpfen die Larven, die bei *R. rufus* dann das Maul verlassen. Bei *R. darwinii* erfolgt auch die Verwandlung zum fertigen Frosch noch im B. [1]

Bruttasche, Brutbeutel: als Brutbehälter dienende Hauttasche bei ♀♀ einiger → Brutpflege betreibender Vertreter der → Hylidae (*Gastrotheca, Amphignathodon, Flectonotus, Nototheca*). In der B. erfolgt die Entwicklung bis zum Larvenstadium od. zu fertig metamorphosierten Fröschen. Am bekanntesten ist diese Form der „Rückenbrutpflege" bei → *Gastrotheca marsupiata* und → *Gastrotheca ovifera.* [1]

Bufo blombergi Myers und Funkhouser 1951, Blombergkröte, Kolumbianische Riesenkröte: Vertreter der → Bufonidae. Verbreitung: SW-Kolumbien. Lebt in feuchten Waldgebieten der W-Anden-Abhänge. KRL bis etwa 25 cm. Das erste am 11. 9. 1950 in der Umgebung von Nachao (Prov. Narino) auf der Fangreise von R. Blomberg zur Suche nach einer „Riesenkröte bzw. eines Riesenfrosches" gefundene Exemplar wog 1 kg und besaß eine KRL von 20,7 cm. Keineswegs zu plump wirkend. → Parotoiddrüsen sehr groß. Hautwarzen auf den Extremitäten größer als auf dem Rücken. Hauptsächlich dämmerungs- und nachtaktiv. Laichabgabe (etwa 10 000–80 000 Eier) in bis 20 m langen, 1–6 Eireihen enthaltenden Laichschnüren. [1]

Bufo bufo (Linnaeus 1758), Erdkröte: Vertreter der → Bufonidae. Verbreitung: fast ganz Europa (außer Irland, Balearen, Korsika, Sardinien, Malta, Kreta u. a. kleinere Inseln), nach Norden bis 68° n. Br. (Finnland), ostwärts bis zum Baikalsee (S-Sibirien), außerdem NW-Afrika. Enorm breite ökologische Valenz. Im Flach-, Hügel-, Bergland. Lebt z. B. in unterschiedlichsten Waldtypen, Steppen, der Tundra. Als → Kulturfolger vom Agrarland bis in die indu-

Abb. 16. Genitalapparat von *Bufo bufo*. *ai* Arteria iliaca, *ao* Aorta, *b* Biddersches Organ, *d* Ductus efferentia, *f* Fettkörper, *k* Kloake, *ks* Kloakalsphincter, *mk* Müllerscher Kanal, *mn* Mesonephros, *ot* Ostium tubae, *ov* Ovarium, *r* Rectum, *t* Testis, *u* Urnierengang, *v* Vesica urinaria. Die gestrichelte Linie markiert die Begrenzung des z. T. entfernten Ovariums.

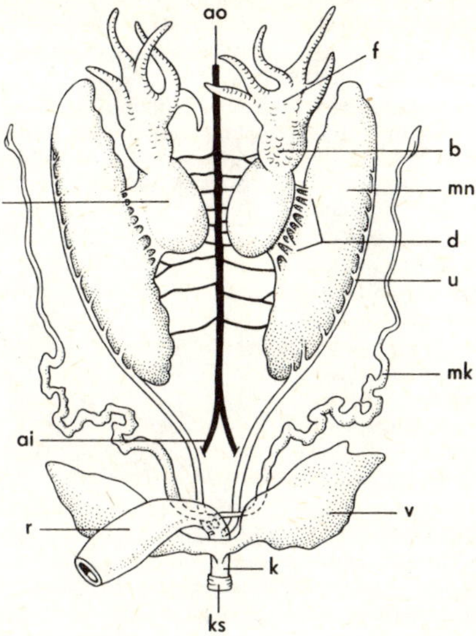
ao
f
b
t
mn
d
u
mk
♂
ai
v
r
k
ks

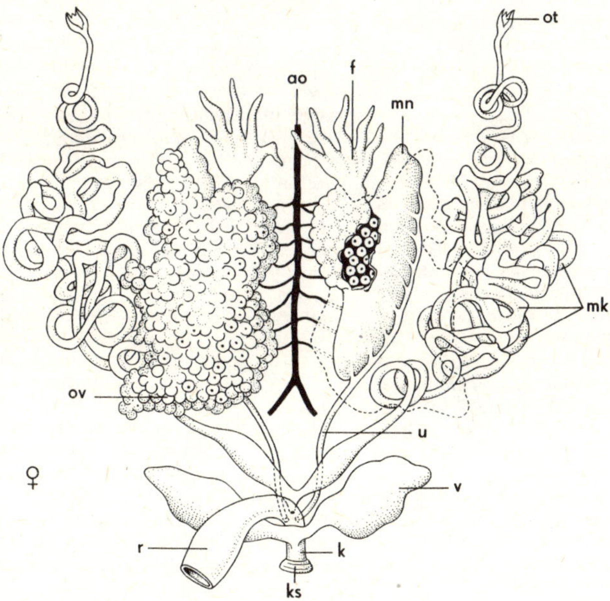
ot
ao
f
mn
mk
ov
u
♀
v
r
k
ks

striellen Ballungsgebiete (Parks, → Kleingärten, → Deponien, urbanes → Ödland, → Rieselfelder usw.) anzutreffen. Höhenverbreitung bis 3000 m. KRL in M-Europa bis 21, meist selten über 10 cm (♀ größer als ♂). Gedrungen, Kopf breit, mit großen → Parotoiddrüsen. Pupille waagerecht, → Trommelfell klein. ♂ zur Brunstzeit mit → Brunstschwielen am 1.–3. Finger. → Schallblase fehlt. Vorwiegend dämmerungs- und nachtaktiv. Bei Laichplatzwanderungen oft → Straßentod. Große Ortstreue. → Amplexus intensiv, ausdauernd. In M-Europa → Explosivlaicher. Laichabgabe in 3–5 (10) m langen Doppelschnüren (3000–7000 Eier), an Wasserpflanzen od. anderen Strukturen verankert. (Abb. 16). [1]

Bufo calamita Laurenti 1768, Kreuzkröte: Vertreter der → Bufonidae. Verbreitung: Iberische Halbinsel, Großbritannien und Irland (zerstreute Vorkommen), Belgien, Niederlande, Luxemburg, Schweiz, BRD, Dänemark, S-Schweden, DDR, ČSSR, Polen, nach Osten bis Bobruisk, Minsk. Bevorzugt sandigen, kiesigen Boden. Lebt z. B. auf → Ödland, Dünen, Abbruchhalden, Feldern, Truppenübungsplätzen, in Sand-, Kiesgruben, Restlöchern von Braunkohletagebauen, in Gewässernähe. Höhenverbreitung bis 2000 m. KRL 8–10 cm (♀ meist größer als ♂). Hinterextremitäten ziemlich kurz, dadurch schnelles Laufen („mausartig") möglich. Pupille waagerecht. ♂ zur Brunstzeit mit → Brunstschwielen am 1.–3. Finger. Meist → Chorrufen. → Schallblase groß, kehlständig. Überwiegend dämmerungs- und nachtaktiv. Kann sehr gut graben, klettern. Laichabgabe in relativ kurzen, ein- bis zweireihigen Laichschnüren (2000–10 000 Eier). [1]

Bufogenine: im Hautsekret von Kröten vorkommende Toxine, die typische Steroidderivate sind. Sie besitzen sämtlich ein einheitliches Steroid-Grundgerüst sowie einen ungesättigten Lacton-Ring (am Fünfring). Die bekannteste Verbindung innerhalb dieser Gruppe ist das erstmals von Faust (1902) untersuchte Bufotalin, dessen Struktur von K. Meyer 1949 völlig aufgeklärt wurde. B. lassen sich im Krötenblut bis zu einer Verdünnung von 1:20 000 nachweisen. Ihre cardiotoxische Wirkung gleicht jener der Digitalisinhaltsstoffe. Die → LD_{50} des Bufotalins beträgt bei der Katze 0,13 mg/kg KM. (Abb. 17). [1]

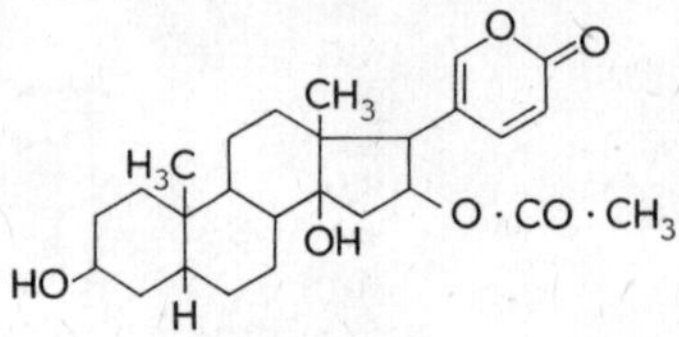

Abb. 17. Bufotalin.

Bufo marinus (Linnaeus 1758), Aga, Riesenkröte: zweitgrößter Vertreter der → Bufonidae. Verbreitung: S-Texas über M-Amerika bis Argentinien. Eingebürgert in Florida, auf Jamaika, Puerto Rico, den Philippinen, Marianen, Salomonen, in Neuguinea, Australien, Neuseeland, auf Hawaii u. a. Inseln. Breites Biotopspektrum. Lebt z. B. im Urwald, in Plantagen (erfolgreich zur → biologischen Schädlingsbekämpfung eingesetzt), Feldern, Gärten, sogar in Siedlungen, Städten. Höhenverbreitung bis etwa 1500 m. KRL bis 24 (♀♀), meist 10–16 cm. Kopf breit, trägt niedrige Knochenleisten. → Trommelfell markant. Körper massig. Hautsekret stark giftig. Mächtige, fast bis zur Rumpfmitte ziehende, annähernd dreieckige → Parotoiddrüse. Ihr Sekret kann bis 30 cm weit verspritzt werden. Vorwiegend nachtaktiv. Sehr gefräßig. ♂ mit ungewöhnlich lauter, trillernder Stimme. Laichabgabe (bis 35 000 Eier, giftig!) in Laichschnüren. Fortpflanzung ganzjährig möglich. [1]

Bufonidae, Kröten: Fam der → Anura. Etwa 340 Arten, Gatt *Bufo* am formenreichsten. Weltweit verbreitet, fehlen auf Madagaskar; auf Neuseeland, Neuguinea und in Australien → *Bufo marinus* eingebürgert. In Europa: → *Bufo bufo*, → *B. calamita*, → *B. viridis*. Breites Biotopspektrum. Besiedeln unter anderem Gebirge, Wüsten, Urwälder, eine Fülle → anthropogener Biotope (Gärten, → Deponien u. a.). Höhenverbreitung bis 5000 m (Himalaja). KRL 2–25 cm (→ *Bufo blombergi*). Gewöhnlich untersetzt gebaut. Pupille horizontal. → Maxillare und → Praemaxillare unbezahnt. → Schultergürtel arcifer od. pseudofirmistern (*Atelopus* u. a.). → Sacralwirbel meist mit verbreiterten Querfortsätzen, über 2 Condylen mit dem → Urostyl verbunden. → Procöle Wirbel. Rückenwirbelzahl mitunter vermindert. ♂♂ (außer bei *Dendrophryniscus*) mit → Bidderschem Organ. *Bufo* und andere Gatt mit warziger Haut, großen → Parotoiddrüsen. Hautsekret giftig (→ Atelopidtoxin, → Bufogenine, → Bufotenine, → Bufotoxine usw.). ♂♂ besitzen → Brunstschwielen. Weitgehend dämmerungs- und nachtaktiv. Vorwiegend Bodenbewohner. Meist sehr ortstreu, oft → Traditionslaicher. → Amplexus gewöhnlich sehr intensiv, erfolgt axillar, in wenigen Fällen inguinal. Innere → Befruchtung bei → *Ascaphus truei* (mit Kopulationsorgan), *Mertensophryne micranotis*, *Nectophrynoides*. → Ovipar (Laichschnüre), *Nectophrynoides* (→ *N. tornieri*) vivipar. [1]

Bufotalin: → Bufogenine.

Bufotenine: im Hautsekret von Kröten enthaltene Toxine, die sich vom Indolgerüst ableiten. Bufotenin, das auch in Pflanzen vorkommt (z. B. im Gelben Knollenblätterpilz, in der Cohobabohne), wurde von Wieland und Mitarbeitern 1931 aus Sekret von → *Bufo bufo* isoliert und in seiner Struktur aufgeklärt. Die B. wirken blutdrucksteigernd und gefäßverengend. Intravenöse Applikation von Bufotenin bewirkt Halluzinationen. Das im Sekret der Coloradokröte (*Bufo alvarius*) enthaltene O-Methylbufotenin gehört zu den stärksten Halluzinogenen überhaupt. (Abb. 18). [1]

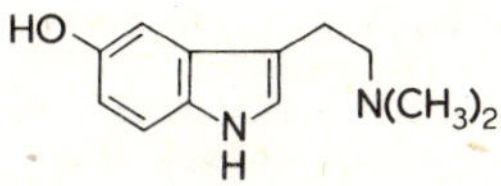

Abb. 18. Bufotenin.

Bufotoxine: im Hautsekret von Kröten enthaltene Toxine. Von Wieland und Weil (1913) als mit Suberylarginin verknüpfte → Bufogenine erkannt. Ihre pharmakologische Wirkung ähnelt der der Digitalisinhaltsstoffe. Den Platz der bei diesen Herzgiftglykosiden vorhandenen Zuckerreste nehmen hier Korksäure und Arginin ein. (Abb. 19). [1]

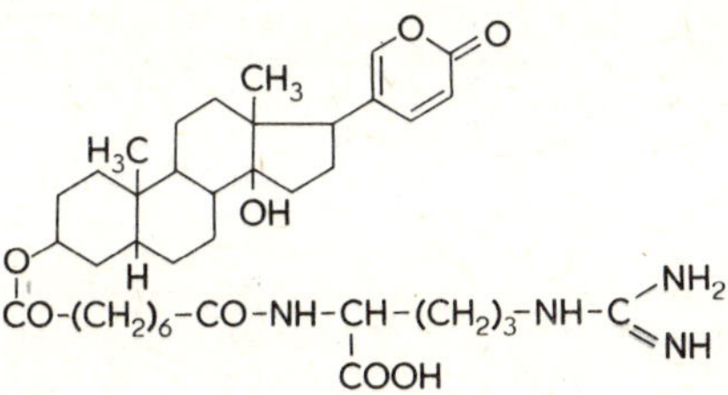

Abb. 19. Bufotoxin.

Bufo viridis Laurenti 1768, Wechselkröte: Vertreter der → Bufonidae. Verbreitung: M-, S-Europa, Balearen, Korsika, Sardinien, Kreta, nach Westen bis O-Frankreich, W-BRD, nach Norden bis S-Schweden, ostwärts bis M-Asien, im Süden über W-Asien bis N-Afrika. Besiedelt bevorzugt offene, trockene, steppenartige Biotope im Flach-, Hügel- und Bergland. Breites Biospektrum, z. B. vegetationsarme Dünenzonen, Steppengebiete, Rodungsflächen in Atlaszederwäldern, → Ödland, als → Kulturfolger Ton-, Sand-, Kiesgruben, Steinbrüche, Kippenränder, Bahndämme, Weinberge, Ruderalflächen in Siedlungen. Höhenverbreitung bis etwa 4500 m. KRL bis 14, meist unter 9 cm (♀ größer als ♂). Robust, Kopf flach, mäßig breit. → Trommelfell markant, → Parotoiddrüsen flach, nierenförmig. Pupille waagerecht. Hinterextremitäten relativ schlank, lang. ♂ zur Brunstzeit mit → Brunstschwielen am 1.–3. Finger, kehlständiger → Schallblase. Vorwiegend nachtaktiv. Sehr vagil, oft → Erstbesiedler. Laichabgabe (bis 20 000 Eier) in 2–4reihigen, 2–4 m langen Schnüren in vegetationsarmen od. -freien, flachen → Standgewässern. [1]

Bulbus cordis, Conus arteriosus: nur noch bei **A** entwickelter Herzabschnitt, der sich über ein unpaares Zwischenstück in je einen Aortenstamm (→ Truncus arteriosus) fortsetzt. Im B. c. von → *Rana „esculenta"* befinden sich 3 Taschenklappen (→ Valvulae semilunares), die den Rückstrom des Blutes verhindern. Außerdem wird der B. c. durch eine von dorsal einwachsende Spiralfalte unvollständig in ein Cavum pulmocutaneum und ein Cavum aorticum aufgegliedert. Diese setzen sich in den durch 2 horizontale Septen unterteilten Aortenstämmen jeweils in den Canalis pulmocutaneus, Canalis aorticus und Canalis carotideus fort. [2]

Bungarus fasciatus (Schneider 1801), Bänderkrait: Vertreter der → Elapidae. Verbreitung: NO-Vorderindien, Hinterindien, S-China, Indoaustralischer Archipel. Lebt in Feuchtgebieten, z. B. Sümpfen, überfluteten Reisfeldern, verkrauteten Wassergräben. Höhenverbreitung bis 1800 m. GL bis über 2, meist unter 1,6 m. Kopf kurz, kaum abgesetzt, Schnauze abgerundet. Augen klein, Pupille rund. Mit hohem Rückenfirst, Rumpf daher im Querschnitt dreieckig. Giftzähne 2–3 mm lang. Gift stark wirksam. Nachtaktiv. Tagsüber träge, beißunlustig. Versteckt bei Störungen den Kopf unter Körperschlingen. Weitere Abwehrreaktion ist ein plötzliches Herumwerfen des Körpers. Weitgehend → ophiophag. Gelegentlich → Kannibalismus. Gelegegröße: bis 12 Eier; ♀ bewacht und verteidigt diese. → Höchstalter in Gefangenschaft über 14 Jahre. [1]

Büschelmücken: → *Chaoborus.*

Buschmeister: → *Lachesis mutus.*

Cactaceae, Kakteen: Fam der Magnoliatae. Über 2000 Arten. Verbreitung: Amerika, altweltlich nur *Rhipsalis* (tropisches Afrika, Madagaskar, Sri Lanka), eingebürgert *Opuntia* (z. B. Mittelmeergebiet). Hauptsächlich in Wüsten und Halbwüsten, aber auch in Steppen, → epiphytisch im tropischen Regenwald. Nahezu ausnahmslos Stammsukkulente. Blattanlagen fast immer zu Dornen, die oft in Büscheln (Areolen) stehen, Borsten od. Haaren umgebildet. Für Wüstenterrarium geeignet: z. B. *Cereus-*, *Opuntia*-Arten. Als Epiphyten (halbschattig, auf Ampeln od. einem Epiphytenstamm) im tropischen Regenwaldterrarium verwendbar: *Rhipsalis-*, *Epiphyllum-*, *Schlumbergera*-Arten. Meist anspruchsvoll im Lichtbedarf, zur Wachstumszeit Wasserbedarf gut decken (sauberes, abgestandenes Wasser), Ruhezeit liegt gewöhnlich im Winter (günstig 6–13 °C). Als Normalerde wird empfohlen: Gemisch von verrotteter Kompost-, kalkarmer Lehmerde und grobkörnigem, neutralem Lockerungsmittel (Gesteins- Ziegelsplitt, Styroporkugeln, Perlite usw.), pH 5–6. Durch Dämpfen entseuchen. Für Epiphyten: Lauberde mit Torf, pH 5,0. [1]

Caeciliidae, Erdwühlen: Fam der → Gymnophiona. Intrafam. Gliederung umstritten (Sammelgruppe). Etwa 90 Arten. Verbreitung: tropisches S-, M-Amerika, Afrika, Seychellen, Indien. → Subterrestrisch lebende, → wühlende Formen. Viele Arten sind relativ klein, einige sehr groß. GL 10 cm bis 1,5 m (*Caecilia thompsoni*). Maul unterständig, Schwanz fehlt. Sekundärfurchen meist nicht vorhanden. Kalkschuppen können ausgebildet sein od. fehlen. Tentakelöffnung vor den Augen gelegen. → Praemaxillaria mit → Nasalia verschmolzen. Fortpflanzungsmodus nicht überall bekannt. Einige → ovipar mit direkter Entwicklung, andere → vivipar. 2 UFam: Caeciliinae, Dermophiinae (verschiedentlich als eigene Fam aufgefaßt). [1]

Caenophidia, Xenophidia, Nattern- und Vipernartige: IO der → Serpentes. Umfaßt den Hauptteil der rezenten Schlangen und zugleich die höherentwickelten Arten. Etwa 2500 Arten. Weltweit (außer Polargebiete) verbreitet. Besiedeln alle möglichen Lebensräume. Morphologisch und biologisch außerordentlich verschiedenartig. Mit sehr guter → Schädelkinetik, hochspezialisiertem Kieferapparat. → Coronoid nicht vorhanden. → Foramen opticum wird gewöhnlich vom → Frontale, → Parietale, → Parasphenoid begrenzt. Bezahnung unterschiedlich, → Homodontie bis → Heterodontie. → Praemaxillare unbezahnt. Der → Pileus weist bei der Mehrzahl der Arten große Schilder auf. Vielfach ist es jedoch in Anpassung an die Lebensweise zur Auflösung der großen Pileusschilder in kleine, undifferenzierte Schildchen gekommen. Becken- und Hinterextremitätenrudimente fehlen stets. Nur rechte Lunge und linke Arteria carotis communis erhalten. Untergliederung umstritten. 5 Fam: → Colubridae, → Elapidae, → Hydrophiidae, → Viperidae, → Crotalidae. [1]

Caiman crocodilus (Linnaeus 1758), Krokodilkaiman, Brillenkaiman: Vertreter der → Alligatoridae. Verbreitung: S-Mexiko bis Paraguay, N-Argentinien. Kommt in → Seen, Sümpfen, → Altarmen, langsamen → Fließgewässern mit Schlamm- und Sandbänken vor. GL bis 2,7, meist 1–2 m. Schnauze ziemlich lang. Knöcherne, an einen Brillensteg erinnernde Querleiste zwischen den Augen. 2–3 Querreihen Hinterhauptshöcker (Postoccipitalia), oft 2 Querreihen Nasenhöcker (Nuchalia). Stellenweise zusammen mit *Melanosuchus niger* und → *Crocodylus acutus* im gleichen Biotop. Pflanzenhügelnestbauer. Gelegegröße: 15–40 Eier (im Zentrum des Nesthügels). → Nestbewachen und -verteidigen (gelegentlich durch beide Eltern), → Nestöffnen, → Maultransport der Jungen durch das ♀. [1]

Calcaneus, Fersenbein: Fußwurzelknochen der **R**. Entspricht dem → Fibulare der proximalen Reihe der → Tarsalia, gelenkt mit dem → Astragalus. [2]

Calipee: zur Schilkrötensuppe verwendete Knorpelsubstanz des → Plastrons der → Cheloniidae. Nach dem entgegen den Bestimmungen des → Washingtoner Artenschutzübereinkommens vielerorts noch immer betriebenen Fang der Meeresschildkröten wird der zwischen den Knochenplatten befindliche Knorpel mit dem Messer herausgeschnitten, gesäubert und in der Sonne getrocknet. Eine 150 kg schwere → *Chelonia mydas* liefert etwa 3 kg getrocknetes und in dieser Form lange haltbares C. [1]

Camerae bulbi, Augenkammern: Binnenräume des Augapfels, die mit Kammerwasser (Humor aquaeus) gefüllt sind. Die vordere Augenkammer (Camera bulbi anterior) wird von der → Cornea, → Linse und → Iris begrenzt und steht mit der hinteren, wesentlich kleineren Augenkammer (Camera bulbi posterior), die zwischen Iris, Linse und → Glaskörper liegt, über die → Pupille in Verbindung. [2]

Canales semicirculares, Bogengänge: mit dem → Utriculus des → Labyrinthorgans verbundene halbkreisförmige Kanäle, die in 3 verschiedenen Ebenen des Raumes aufeinander senkrecht stehen (2 vertikal, 1 horizontal). Jeder Bogengang ist an einem Ende mit einer Ampulle versehen. Die Ampullen enthalten als Sinnesendstellen → Cristae ampullares zur Perzeption von Drehbewegungen. [2]

Canaliculi lacrimales, Tränenkanälchen: Anfangsabschnitte des → Ductus nasolacrimalis, deren Öffnungen in den Bindehautsack des Auges als → Puncta lacrimales äußerlich erkennbar sind. Gewöhnlich liegen 2 C. l. vor, so bei **A**, Brückenechsen und den meisten Echsen. Schlangen und Krokodile verfügen dagegen nur über 1 Tränenkanälchen. Bei → perennibranchiaten **A** fehlen die C. l., ebenso Augendrüsen und Augenlider. Ist mehr als 1 Tränenkanälchen vorhanden, dann befindet sich oft an der Vereinigungsstelle eine als Sacculus lacrimalis bezeichnete Anschwellung. [2]

Canalis centralis, Zentralkanal: Rest des embryonalen Hohlraumes des Neuralrohres. Durchzieht das → Rükkenmark in seiner gesamten Länge. Der C. c. setzt sich craniad in den IV. Ventrikel, den Hohlraum der → Medulla oblongata, fort und enthält wie die Hirnventrikel den → Liquor cerebrospinalis. [2]

Canthalia, Canthalschilder, Kantenschilder: bei Vipern seitlich des → Pileus zwischen → Supraoculare und → Apicale liegende Schilder. Sie bilden zusammen mit dem Apicale (bzw. Apicalia) in unterschiedlich starker Ausprägung die Schnauzenkante (Canthus rostralis). [1]

Canthaxanthin: ein Derivat aus der Reihe der Carotinoide, das 2 Ketogruppen besitzt (Diketo-ß-Carotin) und rot gefärbt ist. In der → Terraristik dient es seit langem durch Beimischung in das Jungtierfutter od. das Zuchtmedium der Futterinsekten (z. B. in das Larven-Nährmedium von → *Drosophila melanogaster*) zur intensiven Rotfärbung der Ventralseite bei Jungtieren von → *Bombina bombina* und *B. orientalis*. [1]

Capillaria Zeder 1800: Haarwürmer, Gatt der → Nematoda. Mehrere Arten leben vor allem in Echsen, Schlangen auch **A** (am häufigsten *Capillaria bufonis*). Einige mit direkter Entwicklung, bei anderen ist ein Zwischenwirt eingeschaltet. Meist Parasiten des Darmtraktes, können auf dem Blutweg andere Organe erreichen. *Capillaria colubra* wurde im → Oviduct von *Coluber constrictor* festgestellt. Nachweis koprologisch. Eier mit typisch knopfartiger Erhebung an jedem Pol. Therapie: Applikation von Anthelminthika (mitunter ohne Erfolg). Fenbendazol 30–50 mg/kg KM oral (1×), auch über 2 Wochen hinweg (täglich 1×) möglich. [1]

Capitulum costae, Caput costae, Rippenköpfchen: proximales Ende der ursprünglich zweiköpfigen Rippe. Es artikuliert mit der → Parapophyse des Wirbels od. mit einer Gelenkfläche des → Intercentrums, wie die 1. Rippe von → *Sphenodon punctatus* und von Krokodilen. [2]

Carapax: Rückenpanzer der → Testudines. Bei Landschildkröten meist hoch gewölbt, bei → aquatischen Arten mehr od. weniger flach. Gelenkschildkröten (*Kinixys*) haben ein → Scharnier im hinteren Teil des C. Anordnung der Hornschilder und der durch Hautverknöcherung entstandenen Knochenplatten vgl. Abb. 20. Mit den Neuralia sind sekundär die → Dornfortsätze der Brust- und Rumpfwirbel, mit den Costalia die Rippen verschmolzen. Bei zahlreichen Arten kommt es aber nur zu einer unvollständigen Verwachsung mit den Rippen (→ Kinosternidae, → Trionychidae, → Cheloniidae). Überwiegend finden sich glatte Hornschilder, mitunter treten → Mittelkiel und → Seitenkiele am C. auf. Statt Hornschilder bedeckt den C. der → Dermochelydi-

Abb. 20. Carapax. A. Schema der Carapax-Beschilderung (konstruierte Merkmalskombination); B. Carapax einer Schmuckschildkröte (*Chrysemys scripta*); a) Hornschilder; b) Knochenplatten. *c* Centrale (Vertebrale, Wirbelschild), *dk* Dorsalkiel (Mittelkiel), *l* Laterale (Costale, Rippenschild), *lk* Lateralkiel (Seitenkiel), *m* Marginale (Randschild), *ne* Neurale, *nu* Nuchale, *p* Pygale, *pc* Praecentrale (Nuchale, Nackenschild), *pe* Peripherale (Marginale), *pl* Pleurale (Costale), *po* Postcentralia (Supracaudalia, Schwanzschilder), *sm* Supramarginalia (obere Zwischenschilder), *sp* Suprapygalia (Epipygalia).

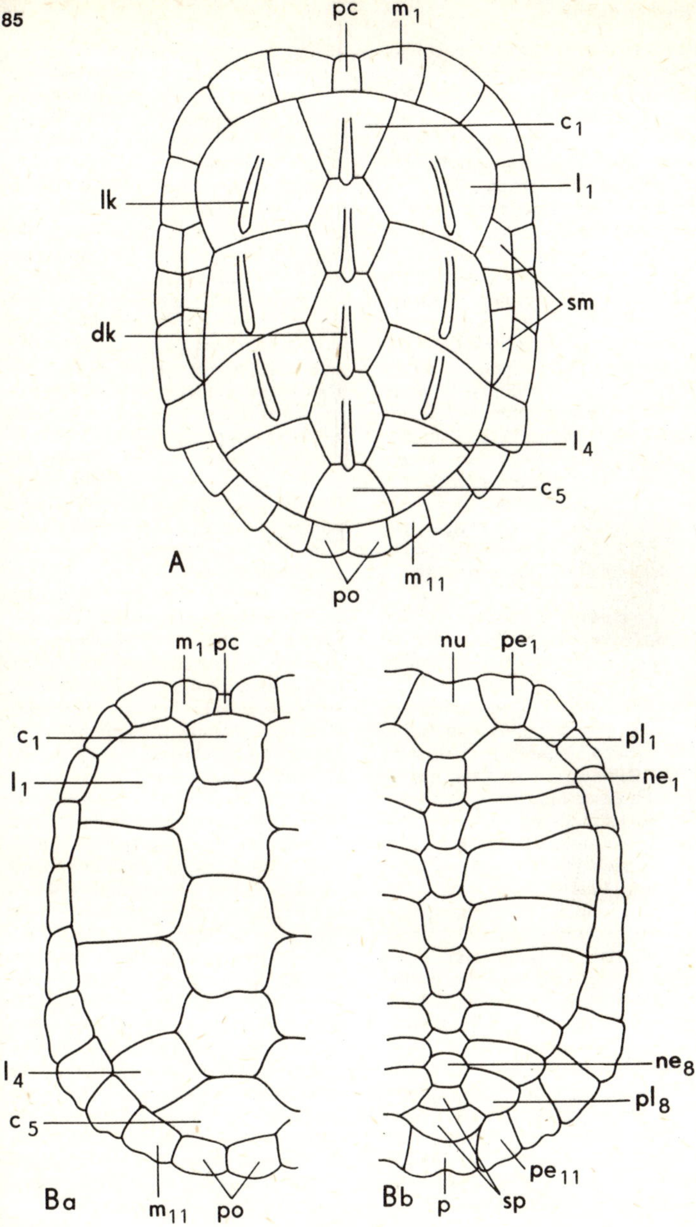
pc
m1
c1
l1
lk
sm
dk
l4
c5
A
po
m11
m1 pc
c1
l1
l4
c5
Ba
m11
po
nu
pe1
pl1
ne1
ne8
pl8
pe11
Bb
p
sp

dae, → Carettochelydidae und → Trionychidae eine derbe Haut. (Abb. 20). [1]

Carausius morosus Brunner 1906, Indische Stabschrecke: Vertreter der Stabschrecken (Lonchodidae). Etwa 3–8 cm lang. Heimat Indien. Bei uns Zucht als Laboratoriumstier. Fortpflanzung der grünen, flügellosen Schrecke → parthenogenetisch. Jungtiere (anfangs braungrün) als Zusatzfutter für → terrestrische Molche, kleine Frösche, Echsen geeignet. Zuchtbehälter: z. B. Kunststoffdose od. → Vollglasaquarium mit Gazedeckel. Schattiger Standort. Bodengrund: dünne Sandschicht od. Fließpapier. Futter: Efeu-, Brombeer-, Himbeer-, Buchen-, Lindenblätter (Zweige ins Wasser stellen), besonders gern wird → *Tradescantia* (auch eingetopft anzubieten) gefressen. Eier absammeln, in warme, feuchte Kammer (lüften!) bringen. Bei 26–28 °C und 60 % RLF Schlupf nach etwa 3–4 Monaten. Schlupfgröße etwa 1 cm. [1]

Caretta caretta (Linnaeus 1758), Unechte Karettschildkröte: Vertreter der → Cheloniidae. Verbreitung: Atlantischer, Pazifischer, Indischer Ozean, Mittelmeer einschließlich Schwarzes Meer. Im offenen Meer, häufig in Küstennähe, gelegentlich in Küstenflüssen. Geht gewöhnlich nur zur Eiablage an Land. Mitunter suchen einzelne Tiere den Strand auch zum Sonnen auf. → Carapax-Länge bis 1,1 m. Kopf ziemlich klobig. Carapax etwa herzförmig, leicht gekielt (bei Jungtieren kräftige Kiele), mit 5 Paar Costalia. ♀ legt → Nestgrube an. Gelegegröße: 58–163 Eier. Durchschnittswert von 185 Gelegen nach Kaufmann 107 Eier. 2–3 Eiablagen pro Jahr. Größter Nistplatz im Mittelmeer gegenwärtig im SO der Insel Zakynthos. [1]

Carettochelydidae, Neuguinea-Weichschildkröten: Fam der → Cryptodira. Nur 1 Art, *Carettochelys insculpta* Ramsay 1887. Verbreitung: S-Neuguinea (Fly-River einschließlich Mündungsbereich u. a. Flüsse), N-Australien. Im Süß-, Brack-, gelegentlich Meerwasser. Häufig am bzw. nahe dem Gewässerboden. Carapax-Länge bis 50 cm. Äußerlich an → Weichschildkröten erinnernd. → Carapax mit Firstkiel, von ledriger Haut bedeckt, Hornschilder fehlen. Knochenpanzer jedoch vollständig ausgebildet. Brücke vorhanden. Kopf rundlich, Nase rüsselartig ausgezogen. Extremitäten paddelförmig, nur die beiden ersten Finger tragen freie Krallen. Gutes Schwimm- und Tauchvermögen. Allesfresser. Eiablage an Land. Fortpflanzung noch weitgehend unbekannt. [1]

carnivor: fleischfressend. [1]

Carotiden, Kopfschlagadern: gehen bei **A** aus den beiden Aortenstämmen mit je einem gemeinsamen → Truncus caroticus hervor, der sich links und rechts jeweils in eine → Arteria carotis interna und → Arteria carotis externa aufgabelt. Die C. der **R** entstehen aus dem rechten Aortenbogen, entweder nacheinander od. über einen gemeinsamen Stamm (wie bei Waranen, Schlangen). Bei Schildkröten und Krokodilen haben die C. mit der linken und rechten → Arteria subclavia einen gemeinsamen Ursprung im rechten und linken Truncus brachiocephalicus. [2]

Carpalia, Handwurzelknochen: ursprünglich aus 3 proximalen Knochen (Radiale, Intermedium, Ulnare), 4 → Centralia und 5 distalen C. bestehend. Die Zahl der tatsächlich feststellbaren C. ist durch → Synostose einzelner Knochen immer geringer. Besonders variabel sind die Verhältnisse bei den **R**. Das Intermedium der Schwanz- und Froschlurche verschmilzt meist mit dem Ulnare (gelegentlich auch mit dem Radiale). Manche Schwanzlurche besitzen alle Centralia, meist aber nur 2 od. 1 Centrale. Distale C. sind i. d. R. 4 vorhanden, häufig verschmelzen Carpale 1 und 2 miteinander. Froschlurche gewöhnlich nur mit einem Centrale, meist liegt Synostose der distalen C. 4 und 5 mit einem Centrale vor. Alle distalen C. können ein Carpale commune bilden. **R** besitzen die 3 basalen Knochen, die Zahl der Centralia ist meist reduziert, am ulnaren Rand häufig ein → Pisiforme ausgebildet. Zwischen Carpale 4 und 5 besteht Synostose. Die proximale Reihe weist bei Krokodilen nur Ulnare und Radiale auf, die zu kurzen Röhrenknochen verlängert und straff mit dem Unterarm verbunden sind. Dafür besteht mit den distalen C. ein Intercarpalgelenk. [2]

Carpus: Handwurzel: proximaler Teil des → Autopodiums der Vorderextremität. Besteht aus einer Reihe proximaler und distaler → Carpalia, außerdem ursprünglich 4 → Centralia, die meisten **R** weisen dazu ein → Pisiforme auf. [2]

Cartilagines laterales: paarige Knorpelspangen des Kehlkopfskelets → neotener Schwanzlurche, deren → Aditus laryngis lediglich von 2 Längsknorpeln gestützt wird, die Derivate des letzten Kiemenbogens darstellen. Bei progressiveren Schwanzlurchen gliedert sich davon cranial 1 Paar Stellknorpel (→ Cartilagines arytaenoideae) ab, der caudale Abschnitt wird zur → Cartilago cricoidea. [2]

Cartilagines tracheales, Luftröhrenknorpel: entwickeln sich bei **A** mit der → Trachea aus den Cartilagines cricotracheales. Bei **R** häufig ringförmig gestaltet. Sie stützen die Wandung der Trachea und halten diese für die Ventilation offen. [2]

Cartilago arytaenoidea, Ary-Knorpel, Stellknorpel: aus dem cranialen Bereich der → Cartilagines laterales → neotener Schwanzlurche abgeleitete Knorpelstücke des → Larynx der **A** und **R**. An den Stellknorpeln der Froschlurche heften sich die Dilatoren (Erweiterer) der Stimmritze an, die an den hinteren Fortsätzen des Zungenbeinkörpers entspringen. Es handelt sich um Branchialmuskeln, die vom → Nervus vagus innerviert werden. [2]

Cartilago cricoidea, Ringknorpel: aus dem caudalen Bereich der → Cartilagines laterales → neotener Schwanzlurche abzuleitender Kehlkopfknorpel, der um den Kehlkopf (→ Larynx) einen Ring bildet. Gleichen Ursprung haben die Trachealknorpel (→ Cartilagines tracheales) der **A**. [2]

Cartilago Meckeli, Meckelscher Knorpel: knorpliger Grundbestandteil des Unterkiefers. Bleibt bei **A** und **R** zum großen Teil erhalten, wird jedoch von vielen → Deckknochen umhüllt. Sein rostrales Ende kann bei **A** als → Mentomandibulare verknöchern, das caudale Ende verknöchert bei **A** und **R** zum → Articulare (vgl. → primäres Kiefergelenk), lediglich bei Froschlurchen bleibt in diesem Gelenkteil die C. M. erhalten. [2]

Cartilago ypsiloides: → Epipubis.

Caudata, Urodela, Schwanzlurche: O der → Amphibia. Etwa 350 Arten. Im wesentlichen auf der nördlichen Erdhalbkugel verbreitet. In Europa vor allem durch die → Salamandridae, außerdem → Hynobiidae, → Proteidae, → Plethodontidae vertreten. Viele sind Bodenbewohner, → amphibisch, zahlreiche Arten → aquatisch, einige → arboricol, → cavernicol. GL 4–180, meist etwa 6–40 cm. Körper langgestreckt. Schwanz stets vorhanden, übertrifft oft KRL, in einigen Fällen autotomierbar. Bei → terrestrischen Formen rund bis oval, in der aquatilen Phase (vgl. → Wassertracht) od. bei ständigem Wasserleben seitlich abgeflacht (mit → Hautsaum). Kopf gewöhnlich flach und vorn abgerundet, verschiedentlich → Parotoiddrüsen ausgebildet. Augen klein, mitunter markant hervortretend, auch reduziert. Rumpf häufig mit → Rippenfurchen. Extremitäten kurz. Haut feucht, drüsenreich, z. T. Produktion starker Hautgifte (→ Samandarin, → Tarichatoxin u. a.). Skelet unterschiedlich stark verknöchert. → Amphicöle bis → opisthocöle Wirbel. → Trommelfell, → Mittelohr fehlen. Ober-, Unterkiefer, Gaumen bezahnt. An Land gewöhnlich versteckte Lebensweise. Oft kompliziertes Balzverhalten. Bei primitiven Formen äußere, sonst innere → Befruchtung (über → Spermatophore). Hauptsächlich → ovipar, auch → ovovivipar. Eiablage meist im Wasser. Larven mit äußeren Kiemen (→ Ectobranchiae), Ruderschwanz, ähneln den ad. Tieren. Vorderextremitäten brechen zuerst durch. In einigen Fällen → Brutpflege. Oft → Neotenie. Systematische Gliederung in UO: → Sirenoidea, → Cryptobranchoidea, → Salamandroidea. [1]

cavernicol: → cavicol.

cavicol, cavernicol: Höhlen bewohnend. Neben → *Proteus anguineus,* der bekanntesten c. Form unter den **A**, gibt es eine Reihe weiterer zeitlebens od. weitgehend in Höhlen und Höhlengewässern lebender Schwanzlurcharten, so vor allem *Gyrinophilus palleucus, Eurycea*-Arten (*E. tridentifera, E. troglodytes* u. a.), *Typhlotriton spelaeus, Typhlomolge rathbuni, Haideotriton wallacei, Pseudoeurycea anitae.* Von wenigen Ausnahmen abgesehen sind die c. Formen → neotenisch. [1]

Cavum tympani, Paukenhöhle, Mittelohr: auf das Spritzloch niederer Wirbeltiere zurückzuführender Hohlraum, der nach außen von der → Membrana tympani abgeschlossen wird und mit dem Rachenraum über die → Tuba auditativa in weiter Verbindung steht. Enthält die → Columella auris. Sie überträgt die Schallwellen auf den perilymphatischen Raum des Innenohres (→ Labyrinthorgan). Eine Paukenhöhle fehlt den Schwanzlurchen, → Gymnophiona, verschiedenen Froschlurchen (z. B. *Bombina, Pelobates*) sowie allen Schlangen. [2]

Centralia: inmitten von → Carpus und → Tarsus gelegene Knochenstücke. Ursprünglich sind 4 C. vorhanden. Sie verschmelzen aber i. d. R. mit anderen Knochen des Carpus bzw. Tarsus. [2]

Centrolenidae, Glasfrösche: Fam der → Anura. Nur 2 Gatt (*Centrolene, Centrolenella*), etwa 65 Arten. Verbreitung: S-Mexiko bis Bolivien, NO-Argentinien. → Arboricol über od. an Gewässern. Kleine bis mittelgroße Formen. KRL 1,5–8 cm. Laubfroschähnlich. Schnauze stumpf. Pupille horizontal. Bauchseite oft „glasartig" durchsichtig (z. B. Herz, Darm, Ovarien erkennbar). → Maxillare und → Praemaxillare bezahnt. → Schultergürtel arcifer. → Procöle Wirbel. → Sacralwirbel mit verbreiterten Querfortsätzen, über 2 Condylen mit dem → Urostyl verbunden. → Astragalus und → Calcaneus verschmolzen. Zahl der → Phalangen erhöht, Endphalangen T-förmig. ♂♂ z. T. mit 2 dornartigen Fortsätzen an der Oberarminnenseite od. Dorn am Daumen. Nachtaktiv. → Amplexus erfolgt axillar. Eier (bis 60 Stück) in kleinen Klumpen breitflächig mittels Gallerthülle an Blättern od. Felsen (*Centrolene*) über dem Wasser angeheftet. ♂ soll → Laichwacht halten. Larven fallen dann direkt ins Wasser. [1]

Centrum vertebrae, Wirbelkörper: ventraler Bestandteil eines Wirbels. Seine phylogenetische Ableitung bei **A** ist umstritten. Dagegen geht das C. v. der **R** sicher auf das → Pleurocentrum ausgestorbener Labyrinthodontier zurück. Deren → Hypocentrum ist bei den rezenten **R** völlig rückgebildet od. es liegt noch als kleines → Intercentrum ventral zwischen 2 benachbarten Centra vor. [2]

Cerastes cerastes (Linnaeus 1758), Hornviper: Vertreter der → Viperidae. Verbreitung: N-Afrika, Arabien, Israel. Lebt in vegetationsarmen Trockengebieten, bevorzugt lockeren Sandboden (Sand-, Steinwüsten, Halbwüsten, Steppen usw.). GL bis 80, meist unter 60 cm. Körper gedrungen, plump. Kopf deutlich abgesetzt, breit dreieckig. Oft mit Schuppendorn (auf Überaugenschild) über den schwach emporgewölbten Augen. Schwanz kurz, dünn. Hauptsächlich dämmerungs- und nachtaktiv. Fortbewegung durch → Seitenwinden. Rasches Eingraben mittels der beim Spreizen der Rippen bauchseits entstehenden Schuppenkante und leichter Drehbewegungen im Sand. Am Ende bleiben häufig nur die Augen unbedeckt. Gift wirkt hämotoxisch. Gelegegröße: 16–20 Eier. [1]

Ceratophrys ornata (Bell 1843), Schmuckhornfrosch: Vertreter der → Leptodactylidae. Verbreitung: Argentinien, Paraguay, Uruguay, S-Brasilien.

Bodenbewohner des Urwaldes. KRL bis 12 cm (♀ größer als ♂). Körper gedrungen, massig. Kopf ungewöhnlich groß, Maul extrem breit. Obere Augenlider dreieckig zugespitzt. Oberseite warzig. Die prachtvolle Färbung und Zeichnung wirkt somatolytisch. ♂ mit zweilappiger, kehlständiger → Schallblase. Tagaktiv. Meist eingegraben (oft sehen nur die Augen und ihre Hautzipfel hervor) auf Beute lauernd. Nahrung: vielfach gleichgroße **A**, **R**, Kleinsäuger. Sehr streitbar, können kräftig zubeißen. Eindrucksvolles Abwehrverhalten (Hochspringen, Kieferöffnen, lautes Schreien). Laichablage in → Standgewässern. Larven und Jungfrösche stark kannibalisch. [1]

Cerebellum: → Metencephalon.

Cerebrospinalflüssigkeit: → Liquor cerebrospinalis.

Cerebrum, Gehirn: zentrales Organ des → Nervensystems, charakterisiert durch die Konzentration nervöser Zentren, die Fähigkeit, zwischen Sinnesrezeption und motorischer Reaktion zu integrieren, motorische Mechanismen zu koordinieren und schließlich Assoziationen herzustellen. Die Befehlsgewalt des Gehirns über Körperfunktionen nimmt im Laufe der Höherentwicklung der Wirbeltiere immer mehr zu. Im C. bilden die Nervenzellen Gruppen, die sog. Kerne, die untereinander, zwischen verschiedenen Hirnabschnitten und mit dem → Rückenmark durch Faserstränge (die Tractus) verbunden sind. Querverbindungen liegen als Kommissuren vor. Das C. wird von Ventrikeln (Hohlräumen), die mit → Liquor cerebrospinalis gefüllt sind, durchzogen. Sie stellen die direkte Fortsetzung des → Canalis centralis dar. Als äußere Schutzhüllen dienen (wie beim Rükkenmark) die harte Hirnhaut (Dura mater) und weiche Hirnhaut (Leptomeninx). Sehr frühzeitig in der Entwicklung lassen sich 2 Abschnitte unterscheiden, Vorderhirn (Prosencephalon) und Rautenhirn (Rhombencephalon). Das Vorderhirn gliedert sich bald in Endhirn (→ Telencephalon) und Zwischenhirn (→ Diencephalon) auf. Aus dem Rautenhirn formieren sich Mittelhirn (→ Mesencephalon), Hinterhirn (→ Metencephalon = Cerebellum) und Nachhirn (→ Myelencephalon = Medulla oblongata). Im Gegensatz zu den → Spinalnerven innervieren die aus dem C. entspringenden Nerven unsegmentierte Körperbereiche. (Abb. 21). [2]

Cestoda (Cestodes), Bandwürmer: Kl der → Plathelminthes. Darmlose → Endoparasiten. Entwicklungszyklus mit 1 od. 2 Zwischenwirten. Übertragung im → Terrarium (von krassen Ausnahmen abgesehen; für Cyclophyllidea belegt) daher praktisch nicht relevant. Nachweis koprologisch. In **A** und **R** (besonders Schlangen und → carnivoren Echsen) als Larven und Adulte vorkommend. Bei **R** sind hauptsächlich Vertreter der O Proteocephalidea, Pseudophyllidea, Cyclophyllidea anzutreffen. Hohe Befallszahlen möglich. In einer → Anakonda wurden z. B. 1574 Exemplare von *Crepidobothrium gerrardii* nachgewiesen. Adulte verursachen im Dünndarm mit ihren Haftstrukturen lokale Schleimhautentzündungen und → Nekrosen (Eintrittspforten für Sekundärinfektionen), Nahrungsentzug, wirken durch Abgabe von Stoffwechselendprodukten, gelegentlich als mechanisches Hindernis schädlich. Larven in der Leibeshöhle, Muskulatur. Beim Sitz unter der Haut sowie interod. subcostal als Beulen gut erkenn- und tastbar. Therapie: bei Larven nur operatives Entfernen der tastbaren Beulen möglich. Abtreiben der Adulti mittels Niclosamid (Manosil) 150–200 mg/kg KM, 1× oral, od. Praziquantel (Droncit) 10–30 mg/kg KM (bei Pseudophyllidea 30–40 mg/kg KM), 1× oral. [1]

Chalcides bedriagai (Boscá 1880), Iberischer Walzenskink: Vertreter der → Scincidae. Verbreitung: Iberische Halbinsel (ausgenommen Pyrenäen-Gebiet, Baskenland, Kantabrien). Vorkommen vielerorts an grasigen Stellen, auch auf Sandboden mit unterschied-

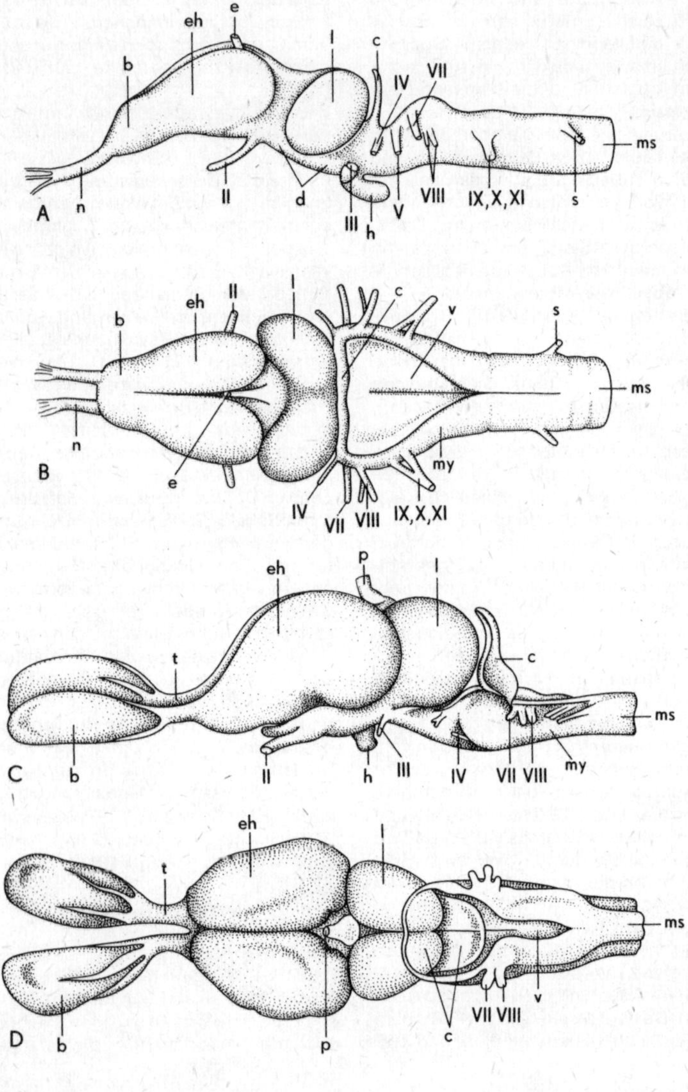
A
B
C
D
eh
e
b
n
I
II
III
IV
V
VII
VIII
IX, X, XI
c
d
h
s
ms
v
my
p
t

lich dichter Vegetation. Besiedelt z. B. lichte, reichlich Unterwuchs aufweisende Nadel- und Korkeichenwälder, Obstplantagen, die Garrigue, Grasflächen nahe → Legesteinmauern. Höhenverbreitung bis 1100 m. GL bis etwa 16 cm. Langgestreckt, Kopf klein. Rumpf gedrungen mit kurzen, → pentadactylen Extremitäten. Tagaktiv. Weitgehend versteckte Lebensweise (vor allem unter Steinen, Laub, im Sand vergraben, zwischen Wurzeln). → Vivipar, 1–4 Junge; offenbar mehrere Würfe pro Jahr. [1]

Chalcides chalcides (Linnaeus 1758), Erzschleiche: Vertreter der → Scincidae. Verbreitung: Iberische Halbinsel, S-Frankreich, Italien, Sizilien, Elba, Sardinien, Marokko, Algerien, Tunesien, NW-Libyen. Biotopanforderungen spezialisiert auf eine dichte, wiesenartige, höchstens kniehohe Vegetation. Besiedelt z. b. Kurzgrassteppen, grasige Hänge bis hinauf ins Bergland, Grasfläche entlang von Mauern, Wegen, Flußufern, gleiche Stellen im → Ödland, in lichten Kiefernwäldern, auch feuchten Niederungswiesen. Höhenverbreitung bis 2300 m. GL bis 48 cm. Schlangenähnlich. Kopf nicht abgesetzt, klein. Extremitäten nur winzig, → tridactyl. Tagaktiv. Lebt weitgehend versteckt. Enorm schnell. Flucht allein mittels Schlängelbewegungen. → Vivipar, 3–13 Junge. [1]

Chalcides ocellatus (Forskål 1775), Gefleckter Walzenskink: Vertreter der → Scincidae. Verbreitung: viele Mittelmeerinseln (Sardinien, Sizilien, Malta, Euböa, Kreta, Rhodos, Zypern und zahlreiche kleinere Inseln), italienisches Festland bei Neapel, S-Griechenland (hauptsächlich Peloponnes), N- und NO-Afrika (Marokko bis Ägypten, Sudan, Somalia), SW-Asien bis W-Pakistan. Großes Spektrum trockener, sonniger Biotope, z. B. Küstenzone, Macchia, Korkeichen- und Atlaszedernwälder, Kurzgrassteppe, Ruinenkomplexe, als → Kulturfolger in Feldern, an Straßenrändern, -dämmen, in Gärten, auf → Deponien, Schuttplätzen, geht selbst in die Städte hinein. Höhenverbreitung bis 2500 m. GL bis 30 cm. Habitus walzenförmig, Kopf wenig abgesetzt. Extremitäten kurz, → pentadactyl. Tag-, z. T. auch nachtaktiv. → Vivipar, 2–16 (20) Junge. [1]

Chamaeleo chamaeleon (Linnaeus 1758), Gewöhnliches Chamäleon: Vertreter der → Chamaeleonidae. In Europa nur die → Nominatform. Verbreitung: S-Spanien (offenbar einzige nicht auf Einschleppung zurückgehende europäische → Populationen), S-Portugal, Balearen, Sizilien, Malta, S-Peloponnes, Kreta, Zypern, Kanarische Inseln, N-Afrika, Arabische Halbinsel, Syrien, Israel, S-, W-Kleinasien, Vorderindien, Sri Lanka. Europäische Populationen oft in unterwuchsreichen Eukalyptus- und Pinienwäldern, überwiegend auf Buschwerk. In N-Afrika auch in vegetationsarmen Sanddünen als Bodenbewohner (gräbt Sandlöcher). Höhenverbreitung bis 1750 m. GL in Europa bis 30, selten über 20 cm. Körper lateral zusammengedrückt. Kopf mit Helm, kleinen Hinterhauptslappen, Kehlkamm. Tagaktiv. Untereinander aggressiv. Ausgeprägtes → Imponier- und → Revierverhalten. Gelegegröße: 6–50 Eier, in selbstgegrabener Erdgrube, → Inkubationszeit im Freien etwa 8–9 Monate. [1]

Chamaeleonidae, Chamäleons: Fam der → Iguania. Etwa 130 Arten, bekannteste Gatt *Brookesia* und *Chamaeleo*. Verbreitung: hauptsächlich Afrika und Madagaskar, außerdem SW-Asien, ei-

---

Abb. 21. Gehirn. A. *Rana „esculenta“* Lateralansicht; B. *Rana „esculenta“* Dorsalansicht; C. *Varanus* Lateralansicht; D. *Varanus* Dorsalansicht. *b* Bulbus olfactorius, *c* Cerebellum, *d* Diencephalon, *e* Epiphyse, *eh* Endhirnhemisphäre, *h* Hypophyse, *l* Lobus opticus, *ms* Medulla spinalis, *my* Myelencephalon, *n* Nervus olfactorius, *p* Parietalauge, *s* Spinalnerv, *t* Tractus olfactorius, *v* Ventriculus quartus (Rautengrube), II–XI Gehirnnerven.

nige Inseln des Indischen Ozeans. In Europa nur → *Chamaeleo chamaeleon*. Meist → arboricol, vor allem im tropischen Regenwald, in Savannen. GL 3,2 (*Brookesia minima, B. tuberculata*) bis 63 cm (*Chamaeleo oustaleti*). Körper seitlich stark komprimiert. Kopf häufig mit Fortsätzen, Anhängen (z. B. → Kämme, Hautlappen, → Schnauzenhörner). Augen groß, hervorstehend, unabhängig voneinander beweglich. Lider verwachsen, ringförmig und beschuppt. Weit vorschnellbare, oft körperlange → Schleuderzunge (→ Chamäleonzunge). Bezahnung → acrodont. → Claviculae fehlen. Extremitäten sind spezialisierte „Greifzangen", ermöglichen → Zangenklettern. Fortbewegung gewöhnlich langsam. Mit typischem → Greifschwanz. Ausgezeichnetes Farbwechselvermögen. Vielfach → Mimese, oft als Verknüpfung von Struktur- und Verhaltensmimese. Tagaktiv. Im Regelfall ortstreu. → Amphigonia retardata möglich. Meist → ovipar, auch → ovovivipar. 2 UFam: Brookesiinae, Chamaeleoninae. [1]

Chamäleons: → Chamaeleonidae.

Chamäleonzunge: besonderer Typus einer → Schleuderzunge. Kann blitzschnell in weniger als einer halben Sekunde (Dauer der reinen Protrusionsphase etwa 0,039–0,054 s) bis auf Körperlänge herausgeschleudert werden. Die C. ist ein Muskelrohr, in dessen Lumen sich ein langer Zungenbeinfortsatz (→ Os hyoides) in einer Gleitflüssigkeit bewegen kann. In dieses Muskelrohr geht der Musculus hyoglossus über, der rostral in einer Sehnenkappe endet, die den Processus entoglossus umschließt. Durch Kontraktion der Ringmuskulatur des Zungenstieles und die damit verbundene Druckübertragung auf die Gleitflüssigkeit wird die Sehnenkappe umgestülpt, die Weichteile der C. dehnen sich, und der terminale, kolbenförmige Drüsenlappen kommt zur Entfaltung. Mit Hilfe randständiger Eigenmuskulatur des Drüsenlappens, d. h. nur durch Muskeleffekt, wird die Beute ergriffen und beim Zurückziehen (Retraktionsphase dauert etwa 0,2 s) mit ins Maul befördert. [2]

Chaoborus Meigen 1803, Büschelmükken: Gatt der Chaoboridae (Fam der UO → Nematocera). Die glasklaren, durchsichtigen („weißen") Mückenlarven sind ein beliebtes Futter für → aquatische **A** und deren Larven. Zwei Paar luftgefüllte Tracheenblasen ermöglichen ihnen das waagerechte Schweben (Planktonformen). Verpuppung im Hochsommer. Die Puppen schweben senkrecht im Wasser, steigen nach etwa 4 Tagen zur Oberfläche empor, wo die Imagines (nicht blutsaugend, Blütenbesucher) schlüpfen. Verbreitet in sauberen, → stehenden Gewässern aller Art. Gute Fangergebnisse nachts. Transport der Larven mit od. ohne Wasser (Hautatmung!) möglich. Larven sind leicht haltbar, fressen Hüpferlinge und Wasserflöhe. Häufigste Art: *Chaoborus crystallinus* (= *Corethra plumicornis*). [1]

Charakterarten, Leit-, Kennarten: Arten, die nur bzw. fast ausschließlich in einem bestimmten Lebensraum od. einer bestimmten Pflanzengemeinschaft auftreten. Bei der Charakterisierung von Zoozönosen (Tiergemeinschaften) nicht einheitlich gebraucht (Wertung anhand großer Zönosebindung od. hoher → Dominanz bzw. aufgrund beider Kriterien). Dieser Begriff wird z. B. in der → Herpetologie vielfach im Sinne einer kontinuierlichen Verbreitung im betreffenden Untersuchungsgebiet (bzw. Bezugsraum) verwendet. Als Maßstab dafür dienen die von den verschiedenen → Populationen einer Art eingenommenen Jahreslebensräume einschließlich der durch Individuenaustausch zwischen diesen abgedeckten Flächeneinheiten. [1]

Checklist: taxonomische Übersicht über eine bestimmte Gruppe. Häufig unter Bezug auf ein bestimmtes Verbreitungsgebiet erstellt. Meist mit Angaben zur Verbreitung, Literaturhinweisen, oft auch einem Bestimmungsschlüssel versehen. [1]

Cheilognathopalatoschisis: Lippen-Kiefer-Gaumenspalte. Schwere angeborene Mißbildung im Gesichtsbereich. In dieser Hinsicht zu klassifizierende ein- sowie beidseitige Lippen- und Gaumenspalten wurden mehrmals bei Schlangen (→ *Eunectes murinus, Crotalus viridis*), gelegentlich auch bei Schildkröten und Eidechsen festgestellt. [1]

Chelidae, Schlangenhalsschildkröten: Fam der → Pleurodira. 31 Arten. Bekanntester Vertreter ist → *Chelus fimbriatus*. Verbreitung: S-Amerika, Australien, Neuguinea. Meist in flachen, schlammigen → Standgewässern, aber auch in langsam, gelegentlich sogar schnell fließenden Gewässern. Carapax-Länge bis 50 cm. Hals lang, erreicht bzw. übertrifft bei den Gatt *Chelodina* (Australien), *Hydromedusa* und *Chelus* (S-Amerika) die Panzerlänge. Kiefer relativ schwach. Wirbelplatten des → Carapax mitunter z. T. od. völlig reduziert (z. B. bei *Platemys*). Gewöhnlich → Lauerjäger. Blitzschnelles Zustoßen nach der Beute. Der beim Aufreißen des breiten Maules auftretende Sog reißt diese in den Schlund hinein. Australische Formen tag-, südamerikanische vorwiegend dämmerungs- und nachtaktiv. [1]

Chelonia depressa Garman 1880, Australische Suppenschildkröte: Vertreter der → Cheloniidae. Verbreitung: N- und NW-Küste Australiens. Vorwiegend in küstennahen Bereichen anzutreffen. Habitus und Lebensweise weitgehend wie → *Chelonia mydas*. Von dieser Art vor allem durch die Beschuppung der Vorderextremitäten zu unterscheiden. Sie weisen nur an ihrer Vorder- und Hinterkante je eine Längsreihe größerer Schilder auf, während bei *C. mydas* die gesamte Flossenoberseite von größeren Schildern bedeckt wird. Es existieren mehrere Nestplätze, die sie zusammen mit anderen Meeresschildkröten nutzt. Gelegegröße: über 50 Eier; bis 4 Jahresgelege möglich. [1]

Chelonia mydas (Linnaeus 1758), Suppenschildkröte: Vertreter der → Cheloniidae. Verbreitung: Atlantischer, Indischer, Pazifischer Ozean, Mittelmeer, Schwarzes Meer. Lebt überwiegend in küstennahen Bereichen mit ausgedehnten Tang- und Seegraswiesen. Carapax-Länge bis 1,4 m. → Carapax oval, mit 4 Paar Costalia. 4–5 Paar → Inframarginalia vorhanden. Bei der → Migration zu den Nestplätzen werden 200 bis 2000 km zurückgelegt. So wandern z. B. die Tiere der brasilianischen Küste bis zur Insel Ascension im S-Atlantik. Durchschnittliche Wanderungsgeschwindigkeit nach Carr 1,5 km/h (maximal 7,2 km/h). → Sonnenbaden an Land (wie am Perlen- und Hermesriff der Hawaii-Inselgruppe) ist äußerst selten. Bestandsbedrohung durch Massenfang. Verwertung von Eiern, Fleisch, Schildern zu → Schildpatt, Plastrongallerte zur Schildkrötensuppe. Gelegegröße: 70–200 Eier; bis 10 Jahresgelege möglich. [1]

Cheloniidae, Meeresschildkröten: Fam der → Cryptodira. 6 → marine Arten: → *Chelonia mydas*, → *Chelonia depressa*, → *Eretmochelys imbricata*, → *Caretta caretta*, → *Lepidochelys kempii*, → *Lepidochelys olivacea*. Verbreitung: alle wärmeren Meere, außer *Chelonia depressa* und *Lepidochelys* auch im Mittelmeer, in Nord- und Ostsee Irrgast. Carapax-Länge 60–140 cm. Morphologisch ziemlich einförmig. Kopf groß, massig. Nasenöffnungen aufwärts gerichtet, klein. Kiefer mit scharfen Hornschneiden. → Carapax flach, etwas herzförmig, mit großen Hornplatten bedeckt, aber nicht mehr völlig verknöchert (Pleuralplatten zu kurz, Rippenenden liegen frei). Auch Knochenpanzer des → Plastrons zeigt Rückbildungen (→ Fontanellen). Im Bereich der Brücke sind Zwischenschilder (→ Inframarginalia) ausgebildet. Extremitäten flossenähnlich (vordere zur Fortbewegung, hintere zum Steuern) und besitzen nur noch 1 od. 2 Krallen. → Migrationen zu den traditionellen Nestplätzen. Paarung im Wasser. Eiablage (i. d. R. nachts) in selbstgegrabener → Nestgrube am Strand. [1]

Cheloniophagie: Verzehren von

Schildkröten. Nachweise existieren für verschiedene Säuger (Wildschwein, Raubkatzen u. a.), vor allem aber zahlreiche Vogelarten. Allein in der europäischen Ornis sind etwa ein Dutzend schildkrötenfressender Arten (besonders Bart-, Mönchs-, Schmutzgeier) bekannt. Unter den **R** stellt offenbar das Stumpfkrokodil gern Weichschildkröten (→ Trionychidae) nach. Schleich gibt einen Fossilnachweis von C. für ein jungtertiäres Krokodil an. Aber auch Schlangen (z. B. → *Eunectes murinus*, → *Malpolon monspessulanus*) erbeuten gelegentlich Schildkröten. [1]

Chelonoides elephantopus (Harlan 1827), Galápagos-Riesenschildkröte: Vertreter der → Testudinidae. Verbreitung: Galápagos-Archipel. Lebt hauptsächlich in niederen Inselregionen auf trockenen Lavaböden. Von hier führen die Tiere auf ausgetretenen „Trampelpfaden" regelmäßig Fernwanderungen (oft bis 10 km weit) in das Trinkwasser und ausreichend Nahrung bietende Hochland durch. Carapax-Länge bis 1,1 m. Gewicht mitunter bis über 400 kg. → Carapax ohne Nackenschild (Nuchale), bei einigen Subspec. (*C. e. abingdoni* u. a.) sattelförmig gebogen. Dezimierung der Bestände früher durch Wal-, Robbenfänger, Seeräuber, später Siedler und verwilderte Haustiere, Buschbrände. Gelegegröße: bis 20 Eier, in 10–30 cm tiefen → Nestgruben. → Höchstalter in Gefangenschaft fast 42 Jahre, in der Natur jedoch höher einzuschätzen (100–200 Jahre). [1]

Chelonologie: Schildkrötenkunde. [1]

Chelus fimbriatus (Schneider 1783), Fransenschildkröte, Matamata: Vertreter der → Chelidae. Verbreitung: O-Peru, Venezuela, Guyana, Surinam, N- und M-Brasilien. Lebt bevorzugt im trüben, schlammigen Wasser von → Seen und langsam → fließenden Gewässern. Carapax-Länge bis 50 cm. Kopf flach, beiderseits mit dreieckigem Hautlappen, Nase rüsselförmig verlängert. Augen ungewöhnlich klein, Iris dunkel. Kinn und nahezu panzerlanger Hals mit unterschiedlich langen, zottigen Hautfransen bedeckt. → Carapax flach, höckrig, mit 3 Längskielen versehen, Rand stark gesägt. Schwanz kurz. Die somatolytische Auflösung des Körperumrisses (Abb. 105 D) komplettiert meist ein tarnender Algenrasen auf dem Panzer. Dämmerungs- und nachtaktiv. → Lauerjäger. Ködern der Beute (Fische) offenbar mittels der Hautlappen am Kopf. Fang durch blitzartiges → Saugschnappen (Zungenbeinapparat senkt dabei den Schlundboden). Kiefer besitzt nur Verschlußfunktion. Gelegegröße: bis 28 Eier. [1]

Chelydridae, Alligatorschildkröten: Fam der → Cryptodira. 2 Gatt mit nur je 1 Art. Verbreitung: Amerika. Süßwasserbewohner. Hauptsächlich in Flüssen, Sümpfen lebend. Aufenthalt vorwiegend am Gewässerboden. Kopf groß, mit kräftigen, scharfen, hakenförmigen Kiefern. → Carapax flach, breit. Die Hökker auf Kopf, Carapax (Rand gezähnt) und dem fast panzerlangen, mit einem krokodilartigen Schuppenkamm versehenen Schwanz bewirken eine gute somatolytische Tarnung. → Plastron stark reduziert, kreuzförmig. Schlechte Schwimmer. Bissig. Schnappschildkröte, *Chelydra serpentina* (Linnaeus 1758), von S-Kanada bis Ekuador verbreitet. Carapax-Länge bis 47 cm. Gewicht ad. Tiere bis 39, meist 5–20 kg. Dämmerungs- und nachtaktiv. Im Norden des Areals tagaktiv. Jagt auch an Land. Nahrung: Fische, Wasservögel, -pflanzen, **A**, Aas. Gelegegröße: bis 77, meist 20–40 Eier, in gewöhnlich selbstgegrabener → Nestgrube. Weniger aktiv ist → *Macroclemys temminckii*. [1]

Chemotaxonomie: Spezialrichtung (methodisch orientiert) der Taxonomie. Die Klassifikation der Organismen erfolgt nach chemischen Daten bzw. Gesichtspunkten. So nehmen z. B. Myers und Mitarbeiter die systematische Einteilung der Dendrobates- und Phyllobates-Arten (→ Dendrobatidae) anhand der Hautgiftkomponenten vor. Besonders bekannt sind auch die zur Klärung der natürlichen Verwandtschaftsverhältnisse bei europäischen

Lacertiden durchgeführten serumenzymologischen Untersuchungen. [1]

Chevronknochen, Sparrknochen: im Bereich der Schwanzwirbelsäule verschiedener **R** vorkommende paarige Wirbelelemente. Als reduzierte → Hypocentra aufzufassen. Sie umscheiden die Arteria ventralis und vereinigen sich endständig. An stark beanspruchten Schwanzwirbelsäulen (z. B. bei Brükkenechsen, Krokodilen) vorzüglich entwickelt. Als unpaare → Intercentra auch an Hals- und Rumpfwirbeln festzustellen, bei ursprünglichen Formen (z. B. manchen Krokodilen) außerdem als Ansatz für das → Capitulum costae dienend. [2]

China-Alligator: → *Alligator sinensis.*

Chinesischer Riesensalamander: → *Andrias davidianus.*

Chioglossa lusitanica Bocage 1864, Goldstreifensalamander: Vertreter der → Salamandridae. Verbreitung: NW-Portugal, NW-Spanien. Lebt in feuchten Waldtälern (meist Eichen-Kastanien-Wäldern) nahe Quellen und kalten Bächen unter Steinen od. niedriger Vegetation. Bevorzugt in 300-800 m Höhe anzutreffen, dringt bis etwa 1200 m NN vor. GL bis 15 cm. Schlank, glatthäutig. Rumpf mit 10–11 → Rippenfurchen. Schwanz rundlich, kann doppelte KRL erreichen und autotomiert werden (Schwanzregenerat wächst im Durchschnitt monatlich knapp 3 mm). Kopf mit deutlichen → Parotoiddrüsen, Augen groß. Extremitäten kurz, zart. ♂ zur Brunstzeit mit → Brunstschwielen an der Oberarminnenseite sowie geschwollener → Kloake. Adulti nachtaktiv, Jungtiere oft tagaktiv. Zur Fortpflanzungszeit im Wasser. Sehr flink, flieht oft ins Wasser. → Sommerruhe möglich. Offenbar nicht selten ganzjährig aktiv. Eiablage ins Wasser (in Uferhöhlen, unter Steine usw.). [1]

Chironomus Meigen 1803: Gatt der Zuckmücken (Chironomidae; Fam der UO → Nematocera). Larven durch Besitz von Hämoglobin rot gefärbt („rote Mückenlarven"), mit 4 „Blutkiemen" am 11. Segment. In selbst gebauten Gespinströhren im Schlamm (obere Schicht) der Binnengewässer lebend. Häufig in großen Massen, besonders im Einmündungsbereich der Abwässer von Brauereien, Gerbereien, Zuckerfabriken. Auf → Rieselfeldern im Faulschlamm mitunter pro m^3 2000–12 000 Larven. Ausgezeichnetes Futter für viele → aquatische **A**. Fang: Schlammprobe entnehmen (evtl. mit → Kratzkescher), aussieben (Maschenweite 1–2 mm). Ködern: alten Sack od. größere Blätter mit Steinen beschwert auf dem Gewässerboden auslegen. Die Larven setzen sich daran massenhaft fest. Aufbewahrung: in flachen Schalen mit dünnem Sandboden, wenig Wasser, bei 4 °C. Einfache Frischhaltung: Gazebeutel mit Larven in Toilettenspülkasten einhängen. Möglichst kleine Portionen anbieten, dafür öfter füttern (Larven verkriechen sich schnell). [1]

Chiropterophagie: Verzehren von Fledertieren (O Chiroptera). Den wenigen → Prädatoren für Flederhunde (UO Megachiroptera) steht eine Vielzahl für Fledermäuse (UO Microchiroptera) gegenüber. Letztere werden auch von etwa 30, hauptsächlich nearktischen und neotropischen Schlangenarten gejagt und können mitunter einen wesentlichen Anteil des Nahrungsspektrums stellen. Die meisten Nachweise entfallen auf → Boiden (*Epicrates angulifer, E. cenchria,* → *Boa constrictor* u. a.) und gut kletternde → Colubriden (vor allem *Elaphe obsoleta, E. guttata, E. climacophora*). Jagdgebiete sind Höhlen od. Grotten mit großen Fledermauskolonien sowie Baum-, Erdhöhlen und Gebäude mit kleineren Schlafgruppen. Dabei ist die Jagdtechnik je nach Quartiertyp unterschiedlich. Unter den **A** wurden Fledermäuse als Gelegenheitsnahrung bei → *Rana pipiens* festgestellt. Zum Erbeuten von Megachiropteren durch **R** liegt bislang nur ein Nachweis (*Epomophorus*) für Schlangen (→ *Python sebae*) vor. [1]

Choane, innere Nasenöffnung: offene Verbindung des Nasenganges mit der Mundhöhle. Bei **A** und den meisten **R**

weit vorn im Munddach gelegen (primäre C.). Durch Ausbildung des → sekundären Gaumens sowie die damit verbundene Abgliederung des dorsalen Teiles der ehemaligen Mundhöhle und Zuordnung zur Nasenhöhle entsteht eine weit caudad verlagerte neue Verbindung zur Mundhöhle, die sekundäre C. [2]

Chondroclasten: vielkernige knorpelzerstörende Zellen. Sie entsprechen den → Osteoclasten. Ihnen kommt besondere Bedeutung bei der Entstehung von Röhrenknochen zu. [2]

Chondrocranium: embryonaler Knorpelschädel. Differenziert sich zu einer Vielfalt von → Ersatzknochen und wird von → Deckknochen umgeben, die mit diesen neue funktionelle Einheiten bilden können und das → Neuro- und → Viscerocranium formieren. Bei manchen Seeschildkröten bleibt das C. auch bei ad. Tieren weitgehend erhalten. [2]

Chorda dorsalis, Notochord, Rückensaite: Derivat des Urdarmdaches. Grundlage des Achsenskelets der Wirbeltiere. Die Wirbel schnüren die C. d. ein und verdrängen sie schließlich mehr od. weniger vollständig. Reste können inter- und intravertebral erhalten bleiben. Bei → *Proteus anguineus* und → *Sphenodon punctatus* (beide mit → amphicölen Wirbeln) persistiert sie zeitlebens. [2]

Chorioidea, Aderhaut: Gefäßhaut des Auges, die der Leptomeninx (vgl. → Meninges) entspricht. Sie umgibt den Augenbecher zwischen → Pigmentepithel und → Sclera, ist sehr kräftig pigmentiert und von Gefäßen durchsetzt. Die C. enthält z. T. lichtreflektierende Elemente, die eine Leuchtschicht (Tapetum lucidum) bilden können. Bei Krokodilen wird diese Schicht vom Pigmentepithel beigesteuert, dessen Zellen Guaninkristalle enthalten. Man bezeichnet sie dann als Tapetum retinale. Im Bereich der → Iris löst sich die C. von der Sclera und bildet das Grundgewebe der Iris (Stroma iridis). [2]

Chorion: äußere extraembryonale Hülle der → Amniota. Durch Verwachsung mit der → Allantois od. dem → Dottersack entsteht die Allantois- bzw. Dottersackplacenta, d. h. der fetale (embryonale) Placentaanteil. Placentaähnliche Strukturen treten bei → viviparen **R** auf. Hinweise auf diese bemerkenswerte Parallele zu der Entwicklung bei Säugern erfolgten bereits Ende des 19. Jahrhunderts. Am bekanntesten ist die Ausbildung einer mit dem Epithel des → Uterus verbundenen Chorioallantois (Allantoisplacenta, Chorio-Allantois-Placenta) bei einigen Formen der → Scincidae. [1]

Chorrufen, Chorgesang, Gruppengesang: gemeinschaftliche, auf einen → Gruppeneffekt zurückgehende → Lautäußerungen artgleicher Individuen. Vor allem als akustisches Lockmittel zum Geschlechterfinden während der Fortpflanzungszeit vorgebracht. Unter den Froschlurchen bilden bei einer Reihe von Arten die ♂♂ unterschiedlich lautstarke Chöre, z. B. bei → *Bombina bombina,* → *B. variegata,* → *Alytes obstetricans,* → *Bufo calamita,* → *B. viridis.* Besonders bekannt sind die → Froschkonzerte der → Grünfrösche und *Hyla*-Arten. [1]

Chromatophoren, Farbträger: farbstofftragende Zellen ektodermaler Herkunft. Im → Integument vor allem in der oberen Schicht des → Coriums lokalisiert. Unterschieden werden folgende Typen: → Melanophoren, → Lipophoren, → Guanophoren. [1]

Chromosomen: bei allen Eukaryoten im Zellkern vorhandene, faden-, auch schleifen- od. punktförmige Bestandteile, auf denen die genetische Information (Gene) lokalisiert ist. Sie weisen daher als Hauptkomponente Desoxyribonukleinsäure (DNS) auf. Ihre für jede Art typische Zahl und Form läßt sich nach Anfärbung mit basischen Farbstoffen mikroskopisch in der mittleren Phase der Kernteilung gut erkennen. Jedes Chromosom baut sich aus 2 identischen, von einer durchsichtigen Hüllsubstanz (Matrix) umgebenen Chromatiden auf. Die Summe der C.

einer Zelle bildet den Chromosomensatz. Dieser ist bei Körperzellen i. d. R. diploid (2 n) und besteht neben homologen C. (Autosomen) aus 1 Paar häufig unterschiedlicher Geschlechtschromosomen (Gonosomen). Reife Geschlechtszellen besitzen hingegen, bedingt durch die Meiose (Reifeteilung der Keimzellen), einen haploiden Chromosomensatz (1 n). Geschlechtschromosomen sind schon bei Fischen nachweisbar, bei **A** meist morphologisch nicht abzugrenzen. Unter den **R** liegen, soweit Gonosomen überhaupt erkennbar sind, in der Mehrheit beim ♀ heterologe (heterogamische) Geschlechtschromosomen vor. **A**, **R** und Vögel weisen außer großen C. (Makrochromosomen; früher in V- und I-förmig, heute in metacentrisch/submetacentrisch und acrocentrisch unterteilt) auch kleinere, nicht näher differenzierbare, etwa punktförmige C. (Mikrochromosomen) auf. Übergänge können oft (z. B. bei Schildkröten) eine Unterscheidung erschweren. Auskunft gibt hierzu der sog. NF-Wert (nombre fondamental; bei dessen Erstellung zählen V-förmige bzw. metacentrisch/subcentrische C. doppelt). So wird z. B. der → Karyotyp von → *Natrix natrix* beschrieben mit: 2 n = 36, 16 Makro- und 20 Mikrochromosomen (10 meta-/subcentrisch + 6 acrocentrisch + 20 m), NF = 46. [1]

Ciliarkörper, Corpus ciliare: umfaßt die Iris ringförmig und ist meist durch Faltungen der Aderhaut charakterisiert (Processus ciliares), die von Pigmentepithel und einschichtiger Retina überzogen ist. Die Ciliarfortsätze können auch fehlen, wie z. B. bei Schwanzlurchen, Echsen, Schlangen. Zum C. gehören besonders die der → Akkomodation dienenden Muskeln (Musculus ciliaris) der **R**. Die → Linse ist durch Zonula-Fasern (zellfreie Ausscheidungen der in diesem Bereich einschichtigen Retina) aufgehängt. [2]

Ciliata (Ciliophora), Wimpertierchen: neuerdings als eigener St Ciliophora der Einzeller (Protozoa) aufgefaßt. Die Systematik der C. wird gegenwärtig unterschiedlich gehandhabt. Über 7000 Arten. Größte Formen bis 1 mm lang. Bewegungsorganelle sind Cilien, typisch ist weiterhin der Kerndualismus (Mikro-, Makronucleus), geschlechtliche Vermehrung durch Konjugation, vegetative durch Querteilung. Als → Erstfutter für → carnivore **A**-Larven geeignet (→ Paramecium-Kultur). Auch in dem zum gleichen Zweck gefangenen → Staubfutter enthalten. Vertreter verschiedener Gatt treten oft als Symphorionten (→ Symphorismus) bei → Kaulquappen auf. Als Parasiten kommen bei **A** und **R** nur wenige Formen vor. Gelegentlich wurden C. im Darmsystem (*Balantidium, Nyctotherus* u. a.) von **A** sowie von Landschildkröten (z. T. Colitis verursachend) beschrieben. [1]

Cisterna chyli, Cisterna lymphatica: Vereinigung der beiden → Ductus thoracici der **R** in der Lendenregion. Im Gegensatz zu den → Sacci lymphatici ist die Wandauskleidung, das Endothel, durch Bindegewebe und Muskulatur verstärkt. [2]

Cisterna perilymphatica: sackartig erweiterter Anfangsteil des → Perilymphraumes des → Labyrinthorgans im Bereich des → Sacculus. Setzt sich in den → Ductus perilymphaticus fort. [2]

CITES: → Washingtoner Artenschutzübereinkommen.

Cladocera, Wasserflöhe: UO der Blattfußkrebse (Phyllopoda). Etwa 420 fast ausschließlich im Süßwasser lebende Formen, am bekanntesten ist *Daphnia*. Große Artenfülle im Uferbereich pflanzenreicher → Standgewässer. Häufig massenhaftes Auftreten, z. B. rote „Wasserflohwolken“ (bis 20 000 Individuen pro Liter) in eutrophen Dorfteichen. Bei Fortpflanzung dieser typischen Kleinformen (durchschnittlich 1 mm lang, ♂♂ kleiner als ♀♀) Wechsel von → parthenogenetischen und bisexuellen Generationen (Heterogonie). Bedeutsam im Haushalt der Binnengewässer vor allem als Fischnahrung, auch gern z. B. von → aquatischen

Molchen und besonders Molchlarven gefressen. Fang mit feinmaschigem Wasserkescher (achtförmige Schleifen ziehen). Transport schnell durchführen, Behälter (Kannen, Plastgefäße) kühl halten, nicht zu viele Tiere einbringen (O_2-Bedarf). Fangausbeute auch in Kästen mit 5–6 perlongazebespannten Hartholzrähmchen (etwa 28×16 cm groß; 1 cm Lagerhöhe) transportierbar. Wollappen auf dem Kastenboden saugt Tropfwasser auf. [1]

Clavicula, Schlüsselbein: stabförmiger Knochen des dermalen → Schultergürtels, für viele **A** und **R** typisch. Nicht entwickelt bei den Schwanzlurchen, denen Hautverknöcherungen im Bereich des Schultergürtels völlig fehlen. Keine C. haben außerdem die → Chamaeleonidae in Anpassung an das Klammerklettern, durch das der Schultergürtel nur geringfügig belastet wird, sowie die → Crocodylia, deren Vorfahren die C. durch ihre → bipede Fortbewegungsweise einbüßten. Die damit verbundene Verkürzung der Vorderextremität wird von den quadrupeden Krokodilen durch → Digitigradie kompensiert. Weitere ursprüngliche Hautverknöcherungen am Schultergürtel sind die T-förmige → Interclavicula mancher **R** sowie Reste des → Cleithrum bei Froschlurchen. [2]

Cleithrum: dorsales Knochenelement des dermalen → Schultergürtels. Das C. ist, abgesehen von den fossilen Stegocephalia, nur noch bei einigen Froschlurchen am Vorderrand der knorpligen → Suprascapula nachweisbar. [2]

Coleoptera, Käfer: O der Insekten (Insecta). Mit etwa 350 000 Arten zugleich umfangreichste O des Tierreiches. Die häutigen Hinterflügel werden von meist stark chitinisierten Vorderflügeln (Elytren, Deckflügel) bedeckt. Mundwerkzeuge beißend-kauend. 0,3–160 mm lange Insekten mit vollkommener Verwandlung. Fang vor allem mit dem → Kescher, → Klopfschirm, → Exhaustor und → Barberfallen. Die Larvensuche lohnt sich besonders unter lockerer Borke bzw. Rinde und in morschen Baumstubben (Bockkäfer u. a.). Leicht züchtbar und als Futter am bekanntesten sind → *Tenebrio molitor*, → *Alphitobius diaperinus*, auch → *Acanthoscelides obtectus* und neuerdings → *Zophobas atractus*. [1]

Collare, Halsband: weitgehend geradlinige, bogige (gerundete) od. winklige Querfalte aus meist vergrößerten Schuppen auf der Halsunterseite vieler → Lacertidae (Abb. 95 C). Bei gerade abgestutzten, eng aneinanderstoßenden Schuppenhinterrändern, die so eine nahezu geschlossene Linie bilden, wird das C. als glatt (glatt- od. ganzrandig) bezeichnet. Den Gegensatz dazu bildet das gesägte (gekerbte od. gezähnte) C., dessen Schuppenenden mehr od. weniger stark gerundet od. winklig sind. Ein C. kann auch bei Krokodilen (Abb. 25 B) deutlich die Grenze halsunterseits zwischen Kehl- und Bauchschuppen markieren. Außerdem wird ein bei manchen Schlangen (z. B. *Diadophis*) auf der Halsoberseite ausgebildetes Farbband als C. benannt. [1]

Collembola, Springschwänze: O der Sackkiefer (Entognatha). Etwa 3500 Arten. Flügellose, 0,3–10 mm lange Insekten. Hinterleib mit 6 Segmenten und Springgabel (Furca). Im Wald-, Ackerboden, Moos, unter Rinde, Steinen, auf Wasser, Schnee usw. Oft in enormen Massen auftretend. Futter hauptsächlich für gerade verwandelte Molche und Jungfrösche (z. B. → Dendrobatidae). Fang mit → Exhaustor bzw. durch Aussieben. In Blumentöpfen zahlreich z. B. *Onychiurus armatus* (2–3 mm lang, weiß). Zucht: 1-Liter-Behälter, dünner Bodengrund aus feuchter Lehmerde, dazu etwas morsche Rinde. Glasplatte zum Abdekken. Futter: Kartoffelscheiben, feuchtes Weißbrot. Temperatur bis 28 °C möglich, RLF 90 %. Generationszeit 6–7 Wochen. [1]

Coluber algirus (Jan 1863), Algerische Zornnatter: Vertreter der Colubridae. Verbreitung: Malta (eingebürgert) und Insel Djerba, Mauretanien, W-, N-Algerien, Tunesien, N-Libyen (Küstenregion). Meist in trockenen, mit Geröll od. Steinen durchsetzten Biotopen, z. B. in Wüstenrandbereichen mit sporadischer Vegetation, Halbwüsten, → Ödland, an Geröllhängen, Wänden von Wadis, Ruinen, Straßenböschungen, im Kulturland (Oasen, Gärten usw.). Höhenverbreitung bis etwa 1300 m. GL bis 1,1 m. Körper schlank, glattschuppig. Kopf gut abgesetzt. Augen groß, Pupille rund. Tag- und dämmerungsaktiv. Sehr flink. Beim Fang bissig. Gelegegröße: bis 10 Eier. [1]

Coluber gemonensis (Laurenti 1768), Balkon-Zornnatter: korrekter wissenschaftlicher Name nach Schätti und Lanza (1988) → *Coluber laurenti* (Bedriaga 1881). [1]

Coluber hippocrepis Linnaeus 1758, Hufeisennatter: Vertreter der → Colubridae. Verbreitung: große Teile der Iberischen Halbinsel, S-Sardinien, NW-Afrika (N- und W-Marokko bis N-Tunesien), Insel Pantelleria. Bevorzugt trokkene, steinige, gebüschreiche Biotope. Besiedelt z. B. kiefernbewachsenes Dünengelände, Macchia, Garrigue, Korkeichen-Ölbaum-Kulturen mit ausreichendem Unterwuchs, Karstflächen, Ruinen, Agavenhecken, Straßenränder, dringt mitunter sogar in Siedlungen od. Städte vor. Höhenverbreitung bis 2000 m. GL bis 2, meist nicht über 1,5 m. Körper schlank, mit langem Schwanz. Schuppen lanzettlich, glatt. Kopf wenig abgesetzt, Augen groß. Tag-, z. T. auch dämmerungsaktiv. Obwohl überwiegend am Boden lebend, mit gutem Klettervermögen. Sehr schnell, bissig. Gelegegröße: bis 10 Eier. [1]

Coluber jugularis Linnaeus 1758, Pfeilnatter: Vertreter der → Colubridae. Der Subspec. *C. j. caspius* wird vereinzelt Artrang zugemessen. Verbreitung: S- und O-Balkanhalbinsel, nach Norden bis SO-, SW-Rumänien, Ungarn, SO-Jugoslawien, viele Ägäische Inseln, Süden der Europäischen UdSSR, Krim, Kaukasus, Transkaukasien, N-Iran, S-Turkmenien, Kleinasien, Syrien, Israel. Bevorzugt sonnige, trockene, mit Gebüsch bewachsene Biotope, z. B. bebuschte Schluchten, trockene und spärlich bewachsene Hügel, Steppen, auch Weinberge, Gärten. Lebt hauptsächlich im Flach- und Hügelland. Höhenverbreitung bis etwa 1800 m. Mit GL bis über 2 m längste europäische Schlange, außerhalb Europas mitunter sogar über 2,5 m. Kopf länglich, deutlich abgesetzt. Auge groß, Pupille rund. Glattschuppig, langschwänzig. Tagaktiv. Außerordentlich schnell. Beißt blitzschnell zu und schnellt sich dabei empor. Gelegegröße: 5–16 Eier. [1]

Coluber laurenti (Bedriaga 1881), Balkan-Zornnatter: Vertreter der → Colubridae. Verbreitung: Bereich der Adriaküste von NO-Italien bis zum Peloponnes, einschließlich mehrerer ostadriatischer und Ägäischer Inseln (Korfu, Keffallenia, Zakynthos, Kythera, Euböa, Kreta u. a.). Bevorzugt warme, trockene Biotope, z. B. lichte Wälder, steinige, gebüschreiche Plätze, südexponierte Trockenhänge, Weinberge. Höhenverbreitung bis etwa 1400 m. GL bis 1 m. Körper schlank, glattschuppig. Kopf abgesetzt, Pupille rund. Tagaktiv. Sehr schnell, klettert und schwimmt gut. Beißt beim Fang rasch zu. Oft → Kannibalismus. Gelegegröße: bis 15 Eier. [1]

Coluber najadum (Eichwald 1831), Schlanknatter: Vertreter der → Colubridae. Verbreitung: südliche Balkanhalbinsel (von N-Istrien bis S-Bulgarien), Ionische, einige festlandsnahe Ägäische Inseln, Kleinasien, Syrien bis Israel, Transkaukasien, Irak, NW-Iran, S-Turkmenien. Bevorzugt trockene, steinige, buschreiche Biotope, unter anderem auch an Wald- und Wegrändern, → Legesteinmauern. Höhenverbreitung bis 1800 m. GL bis 1,3, meist nicht über 1 m. Außerordentlich schlank, glattschuppig. Kopf kaum abgesetzt, Augen groß, Pupille rund. Schwanz lang. Tagaktiv. Weitgehend bodenbewohnend, klettert aber gut. Scheu, sehr schnell, bissig. Gibt bei Bedrohung Sekret aus den → Analdrüsen ab. Gelegegröße: 3–5 Eier. [1]

Coluber rubriceps Venzmer 1919, Rötliche Zornnatter: Vertreter der → Colubridae. Verbreitung: Israel, Syrien, S- und W-Kleinasien, Europäische Türkei bis zur bulgarischen Schwarzmeerküste. Bevorzugt trockenes, buschreiches Gelände. Am Schwarzen Meer bislang nur im Küstenbereich, bei ausreichender Deckung durch Gebüsch z. T. unmittelbar im Litoral angetroffen. Höhenverbreitung bis 1600 m. GL bis etwa 1 m. Körper sehr schlank, glattschuppig. Kopf klein, nur wenig abgesetzt. Pupille rund. Schwanz lang, dünn auslaufend. Tagaktiv. Flieht außerordentlich schnell. Verstecke vor allem unter Steinen. Gelegegröße: bis 6 Eier. [1]

Coluber viridiflavus Lacépède 1789, Gelbgrüne Zornnatter: Vertreter der → Colubridae. Verbreitung: NO-Spanien, Frankreich (außer N-Teil), Luxemburg, S-Schweiz, Italien, NW-Jugoslawien, Korsika, Sardinien, Elba, Malta sowie einige kleinere Adriatische und Tyrrhenische Inseln. Bevorzugt sonnige, trokkene, vegetationsreiche Biotope, z. B. felsiges, gebüschreiches Gelände, Waldränder, Macchia. Höhenverbreitung bis etwa 2000 m. GL bis fast 2, meist nicht über 1,4 m. Kopf eiförmig, deutlich abgesetzt. Augen groß, Pupille rund. Schlank, glattschuppig. Tagaktiv, sehr schnell. Vorwiegend Bodenbewohner, klettert aber auch gut. Beißt beim Fang zu. Gelegegröße: bis 15 Eier. [1]

Colubridae, Nattern: weltweit verbreitete, artenreichste Fam der → Serpentes (IO → Caenophidia) und zugleich der **R**. Stellt 2/3 der rezenten Schlangen, etwa 270 Gatt. In Europa vertreten durch Gatt *Natrix, Coronella, Eirenis, Coluber, Elaphe, Telescopus, Macroprotodon, Malpolon*. Ökologisch sehr vielseitige Gruppe. Besiedelt verschiedenartigste Lebensräume. Lebensweise → terrestrisch, → subterrestrisch, → amphibisch, weitgehend → aquatisch, → arboricol (*Chrysopelea* mit → Gleitflug). GL 20 cm bis etwa 3,6 m. Überwiegend schlanke Formen. Kopf mehr od. weniger deutlich abgesetzt. Meist mit großen, symmetrisch angeordneten Kopfschildern (typischer Colubriden-Pileus). Abweichungen treten bei einigen wühlenden Arten auf. Gewöhnlich breite → Bauchschienen, → Subcaudalia in Doppelreihe. Weitgehend langschwänzig. Mittelgroße bis große Augen. Pupille i. d. R. rund od. oval. Mit deutlicher Kinnfurche. Unterkiefer ohne → Coronoid. Zähne aglyph od. → opisthoglyph. Wenn vorhanden, Giftzähne hinten im → Maxillare. Nur rechte Lunge, linke Halsschlagader ausgebildet. Meist tagaktiv. Oft gutes Kletter- und Schwimmvermögen. Schnell, häufig leicht erregbar. Manche töten Beute durch → Konstriktion. Einige sind → Nahrungsspezialisten. Überwiegend → ovipar (auch → ovovivipar, → vivipar). Zur intrafamiliären Gliederung herrscht Uneinigkeit. 13 UFam: Xenoderminae (Höckern.), Sibynophinae (Vielzahnn.), Xenodontinae (Ungleichzähnige N.), Lycodontinae (Wolfszahnn.), Pareinae (Asiatische Schneckenn.), Dipsadinae (Amerikanische Schneckenn.), Dasypeltinae (Afrikanische Eierschlangen), Elachistodontinae (Indische Eierschlangen), Natricinae (Wassern.), Calamarinae (Zwergn.), Colubrinae (Echte N.), Homolopsinae (Wassertrugn.), Boiginae (Trugn.). [1]

Columella auris: einziges Gehörknöchelchen der **A** und → Sauropsida. Dient der Schallwellenübertragung zum Innenohr. Derivat des → Hyomandibulare der Fische. Besteht bei Sauropsiden aus 2 gelenkig miteinander verbundenen Teilen: einem knöchernen Abschnitt, dem → Stapes, dessen Fußplatte dem Vestibularfenster anliegt und einem meist knorpligen, distalen Teil, der → Extracolumella. Sie endet zum Trommelfell (→ Membrana tympani) hin i. d. R. in einem pilzförmigen Kopf. Bei Schwanzlurchen und → Gymnophiona, denen Trommelfell und Paukenhöhle (→ Cavum tympani) fehlen, wird die C. a. (hier oft als Plectrum bezeichnet) von Bindegewebe umgeben und endet einerseits am vorderen

Abschnitt des Vestibularfensters, andererseits am → Quadratum. Auch bei Schlangen ist die C. a. distal mit dem Quadratum verbunden, das die vom Substrat her aufgenommenen Vibrationen überträgt. [1]

Columna vertebralis, Wirbelsäule: funktionell stark beanspruchtes Achsenskelet, das die embryonal vorhandene → Chorda dorsalis weitgehend verdrängt. Reste können bei verschiedenen **R** intravertebral erhalten bleiben. Die C. v. ad. → Tetrapoden ist verknöchert. Schädel und C. v. gelenken bei **A** über paarige, bei **R** über einen unpaaren Hinterhauptshöcker (→ Condylus occipitalis) miteinander. Die einzelnen Wirbel (→ Vertebrae) bestehen aus dem → Centrum, den dorsal daran ansetzenden → Neuralbögen und einer Reihe von Wirbelfortsätzen. Gerichtete Bewegungen der Wirbel gegeneinander sind durch Gelenkfortsätze (→ Zygapophysen) möglich, die auch zur Stabilisierung der C. v. beitragen. Unpaare → Zapfengelenkfortsätze (mediodorsal an den Neuralbögen) sichern vorzüglich bei den Schlangen seitliche Bewegungen der C. v. ab. [2]

Conchae, Muscheln: Schleimhautwülste der Nasenhöhle, die knorplig od. knöchern unterlagert sein können. Sie dienen bei **R** zur Vergrößerung der Riechfläche. [2]

Condylus occipitalis, Hinterhauptshöcker: Bestandteil des Gelenks zwischen Schädel und Wirbelsäule. Bei **A** paarig und von den → Occipitalia lateralia gebildet. Der C. o. der **R** ist unpaarig und besteht aus Anteilen der Occipitalia lateralia und des → Basioccipitale. [2]

Conjunctiva: Bindehaut des Auges. Schleimhaut an der Innenseite der → Augenlider, die diese mit dem Augapfel verbindet. Die zwischen beiden befindliche Schleimhauttasche wird als Conjunctivalsack bezeichnet. Das Epithel der C. ist die Fortsetzung des mehrschichtigen Plattenepithels der Augenhornhaut. [2]

Conolophus subcristatus Gray 1813, Drusenkopf: Vertreter der → Iguanidae. Verbreitung: Galápagos-Archipel: Santa Cruz, Islas Plaza, Isabela, Santa Fé, Fernandina. GL bis 1,1 m. Körper gedrungen, mit kräftigem Nacken- und niedrigem Rückenkamm. Schwanz kräftig, rund. Tagaktiv. Gräbt Erdhöhlen, die gewöhnlich unter Lavablöcke od. Sträucher führen. Meidet die pralle Sonne. ♂♂ tragen → Kommentkämpfe aus. Pflanzenfresser, verzehren z. B. *Opuntia, Lantana, Waltheria,* Gräser. Verwilderte Ziegen erweisen sich als stärkste Nahrungskonkurrenten. Fortpflanzungsbiologie weitgehend unbekannt. → Ovipar. [1]

Conraua goliath (Boulenger 1906), Goliathfrosch: Vertreter der → Ranidae. Verbreitung: SW-Kamerun, Äquatorial-Guinea. Im Gebiet des tropischen Regenwaldes, etwa von Douala bis zum Rio Benita, bis 100 km landeinwärts. Lebt in Flüssen, bevorzugt an Stromschnellen, Wasserfällen, oft auf Felsen des Kataraktes. Größte rezente Froschart (Bild 1). KRL bis 40 cm. Gewicht bis 3,3 kg. Kräftig gebaut, massig wirkend. Augen sehr groß. Haut stark körnig, rauh. → Epicoracoid nur schwach verknöchert. ♂ zur Fortpflanzungszeit mit → Brunstschwiele am 1. Finger, ohne → Schallblasen. Nacht-, z. T. tagaktiv. Tagsüber häufig unter überhängender Uferböschung verborgen. Sprungvermögen nur mäßig entwickelt. Nahrung: Insekten, Krebstiere, **A**, Fische. Laichablage (über 10 000 Eier) in Klumpen an Wasserpflanzen (*Diacraea warmingi*) angeheftet, in felsigen, sauerstoffreichen Stautümpeln, Wasserlöchern. Eier 6–7 mm groß. Larven mit mehrreihigen Raspelzähnen, die auch zum Festhalten am Substrat dienen. [1]

Conus arteriosus: → Bulbus cordis.

Conus medullaris, Markkegel: Abschnitt des → Rückenmarks hinter der Lendenanschwellung, charakterisiert durch die allmähliche Verjüngung des Querschnittes. Der C. m. endet bei Wirbeltieren mit rückgebildetem Schwanzabschnitt, wie z. B. den Froschlurchen, mit einem → Filum terminale. [2]

Conus papillaris: in den Glaskörperraum des Augenbechers (im Bezirk des ehemaligen Choroidalspaltes) von **R** vordringender zapfen-, finger- od. knopfförmiger Fortsatz. Bei nachtaktiven Formen (→ Gekkota) und → Crocodylia ziemlich klein, fehlt einigen wühlenden Echsen sowie → *Sphenodon punctatus* völlig. Dem Pecten (Kamm) der Vögel homolog. Besitzt im Vergleich zu diesen eine geringere Kapillardichte, aber mehr marklose Nervenfasern. [1]

Coprodaeum: → Kloake.

Cor: → Herz.

Coracoid, Rabenschnabelbein: überholte Bezeichnung für das → Procoracoid der Froschlurche und **R**. Ein C. tritt nach neueren Untersuchungen erstmalig bei säugerähnlichen **R** auf. Bei Schwanzlurchen besteht die ventrale Knorpelplatte des → Schultergürtels aus einer lateralen Pars procoracoidalis und einer medianen Pars coracoidalis. Es kommt bei ihnen nur zu einer geringen Verknöcherung im Bereich der → Fossa glenoidalis. [2]

Corallus caninus (Linnaeus 1758), Grüner Hundskopfschlinger, Grüne Hundskopfboa: eine der schönsten Arten der → Boidae. Verbreitung: Kolumbien, Venezuela, Guayana, O-Peru, Brasilien, N-Bolivien. Lebt → arboricol im tropischen Regenwald. GL bis 3, meist unter 2 m. Kopf deutlich abgesetzt, trapezförmig („hundskopfartig"). → Labialgruben markant ausgeprägt. Lange, kräftige Vorderzähne. Elegante Körperform. Rumpf seitlich abgeflacht, Rückenmitte kantig. Mit typischem → Greifschwanz. Dämmerungs- und nachtaktiv. Klettert und schwimmt (Überschwemmungen zur Regenzeit) ausgezeichnet. In typischer Ruhestellung zusammengerollt (gut ausbalanciert) auf einem Ast, den Kopf in der Mitte zwischen den Körperschlingen (Bild 15, 16). Jungtiere zeigen diese Position vom ersten Tag an. Sehr gute Tarnfärbung. → Ovovivipar. Meist 4–6 Junge, im Terrarium wurden 10–16 Junge geboren. Mortalität bei Gefangenschaftsnachzuchten hoch. [1]

Cordia lymphatica, Lymphherzen: in das → Lymphgefäßsystem der **A** und **R** vor dem Übergang in Venen eingeschaltete, mehr od. weniger muskulöse Hohlräume, die durch Klappen gegen das Einströmen von Blut gesichert sind. → Gymnophiona besitzen bis etwa 200 (pro Segment 2) C. l. Schwanzlurche haben mindestens ein vorderes und caudales Paar, daneben eine Reihe lateraler subcutaner C. l. Froschlurche weisen dagegen nur ein vorderes (an der Innenseite der Querfortsätze des III. Wirbels) und ein caudales Paar C. l. (lateral vom Ende des → Urostyls) auf. Die vorderen C. l. der Froschlurche münden in Seitenzweige der → Vena jugularis, die caudalen in die → Vena iliaca transversa. **R** haben nur ein Paar C. l., das in die → Venae renales advehentes ausmündet. (Abb. 22). [2]

Cordylidae, Gürtelechsen, Wirtelschweife: Fam der → Scincomorpha. Etwa 60 Arten. Verbreitung: Afrika, hauptsächlich sü. des Äquators (*Cordylus* dringt bis Äthiopien vor), Madagaskar. 2 UFam: Cordylinae (Gürtelechsen) und Gerrhosaurinae (Schildechsen). Erstere leben vorwiegend in Trockengebieten, wie Steppen, Felsgelände, Savannen, Küstendünen, gelegentlich auch in Siedlungsnähe, z. T. → Kulturfolger. Schildechsen besiedeln gern grasige, bebuschte Gebiete; auf Madagaskar Waldbewohner, im Uferbereich von Urwaldflüssen (*Zonosaurus maximus*), in der Dornbuschvegetation, Dünenlandschaft, auf Geröllhalden, manche in Hausnähe und an Abfallgruben (z. B. *Zonosaurus madagascariensis*) vorkommend. Bodenbewohner. Kleine bis mittelgroße Formen. GL 10–70 cm. Dorsoventral abgeflacht, Beschuppung verschieden. Schuppen meist groß, quadratisch, von → Osteodermata unterlegt. Oft auf Schwanz (wirtelig beschuppt), mitunter Rücken, bei *Cordylus* auch auf Hinterkopf und

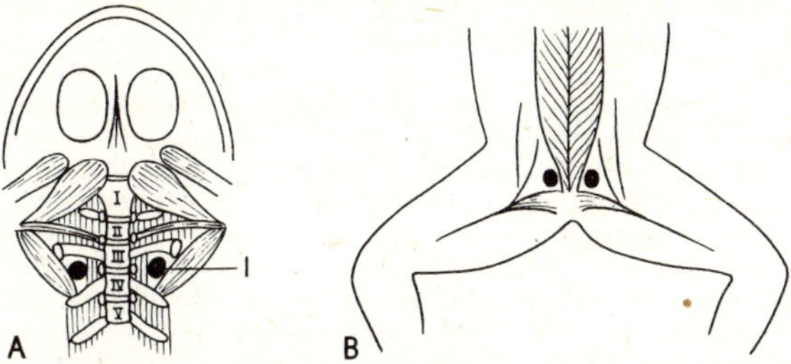

Abb. 22. Lymphherzen von *Rana*. A. Vorderes Paar von ventral freipräpariert; B. Hinteres Paar, Ansicht von dorsal. *l* Lymphherzen.

Extremitäten dornig zugespitzt. Kopf flach, vorwiegend dreieckig, großschildrig. Zunge lang, gering gespalten, mit warzigen od. schuppenartigen (geschindelten) Papillen. Zähne → pleurodont. Manche besitzen an den Flanken eine Seitenfalte. Meist → Femoralporen vorhanden. Einige Formen mit Tendenz zur Extremitätenreduktion (z. B. *Chamaesaura*). Tagaktiv. → Schwanzschlagen bei Cordylinae verbreitet. → Ovovivipar (Mehrzahl der Cordylinae) und → ovipar (Gerrhosaurinae). [1]

Cordylus giganteus Smith 1844, Riesengürtelschweif: Vertreter der → Cordylidae. Verbreitung: S-Afrika (N-Oranjefreistaat, S-Transvaal, NW-Natal). Lebt in trockenen, offenen Biotopen. Besiedelt vor allem Grasflächen, deren Böden relativ locker und grabfähig sind. Mit GL bis 40 cm größte Art der Gatt. Kopf breit-dreieckig. Körper dorsoventral abgeflacht, kräftig. Extremitäten gut ausgebildet. Stachelschuppen am Hinterkopf (markante Occipitalstacheln), Schwanz und an den Hinterextremitäten zu großen, aufwärts gebogenen Dornen umgebildet. Tagaktiv. Gräbt bis 3 m lange und fast 50 cm tief liegende Höhlen. Sie dienen als Versteck, zur Übernachtung und als Aufenthaltsort in den Wintermonaten. In ihnen kann sich der Riesengürtelschweif mittels der Stacheln fest verkeilen. Meist beherbergt die Höhle nur ein Tier, mitunter halten sich beim ♀ noch 1–2 Jungtiere auf. Einsatz des Schwanzes als Schlagwaffe. Es werden Einzelschläge, keine Schlagserien ausgeteilt. Außerordentlich sonnenliebend. Ausgeprägtes → Revierverhalten. → Ovovivipar; bis 6, meist 2 Junge. [1]

Corium, Dermis, Lederhaut: mesodermaler Herkunft. Bildet mit der über ihr liegenden → Epidermis das → Integument. Gegen die Epidermis durch eine Basalmembran (Lamina basalis; Grenzlamelle) abgegrenzt. Aufgebaut aus Bindegewebe mit kollagenen und elastischen Fasern, enthält Nerven, Blut-, Lymphgefäße, → Chromatophoren, oft glatte Muskelzellen, bei **A** besonders viele mehrzellige → Hautdrüsen (münden auf der Oberhaut aus). Dazu kann es bei **A** und vor allem **R** zur Bildung von → Osteodermata kommen. Auch am Entstehen der → Reptilienschuppe ist das C. beteiligt. Auf die Basalmembran folgt bei den **A** das lockere Stratum spongiosum (Stratum laxum; mit Drüsen und Chromatophoren) sowie das straffe Stratum compactum. Die obere lockere Schicht bezeichnet man bei **R** meist als Stratum papillosom. [1]

Cornea: Hornhaut des Auges. Distaler

und durchsichtiger Teil der → Sclera, der die vordere Augenkammer umfaßt. Sie enthält keine Blutgefäße und ist bei **A** und **R** wie bei allen Gnathostomata (Kiefermäuler) mit der darüberliegenden mehrschichtigen Epidermis verwachsen. Teil des → dioptrischen Apparates des Auges, stark lichtbrechend (Brechungsindex gleicht nahezu dem des Wassers). [2]

Coronella austriaca Laurenti 1768, Glattnatter, Schlingnatter: Vertreter der → Colubridae. Verbreitung: N-Portugal, N-Spanien, Frankreich, S-England, Norwegen bis 63° und Schweden bis 64° n. Br., M-Europa, nach Osten bis W-Kasachstan, Kaukasusgebiet, Kleinasien, N-Iran, im Süden bis Sizilien und zum Peloponnes. Breites Biotopspektrum sonniger, meist trockener, häufig halboffener Biotope, wie locker bebuschte Südhänge, Geröllflächen, Felsgelände, Steinbrüche, Grubenhalden, Macchia, Garigue, Heidegebiete, Randzonen lichter Wälder. Im Flach- und Bergland. Höhenverbreitung bis 2800 m. GL bis 80, meist nicht über 60 cm. Kopf klein, flach, kaum abgesetzt. Kleine Augen, Pupille rund. Glattschuppig. Tagaktiv. Bissig, kann Sekret der → Analdrüsen verspritzen. Tötet größere Beute durch → Konstriktion. → Ovovivipar (bis 15 Junge). [1]

Coronella girondica (Daudin 1803), Girondische Glattnatter: Vertreter der → Colubridae. Verbreitung: S-Tirol, Italien, S-Frankreich, Iberische Halbinsel, NW-Afrika. Bevorzugt trocken-warme, vielfach steinige od. geröllreiche Biotope, hauptsächlich im Flach- und Hügelland. Breites Biotopspektrum, z. B. → Legesteinmauern, Steinbrüche, Hecken, lichte, unterholzreiche Wälder, Fruchthaine, Agrarland (→ Lesesteinhaufen, Feld- und Straßenränder usw.), → Ödland, im Atlas bis dicht unter die Schneegrenze auf grasigem mit Gestein durchsetztem Gelände. Höhenverbreitung bis 2200 m. GL bis 80, meist nicht über 50 cm. Etwas schlanker als → *Coronella austriaca*, weniger bissig. Kopf klein, Augen mittelgroß. Dämmerungs- und nachtaktiv. Gelegegröße: bis 13 Eier. [1]

Coronoid: → Deckknochen des → Unterkiefers, mediodorsal (→ Testudines) od. hinter der Zahnreihe (übrige **R**), zwischen → Dentale und → Supraangulare gelegen. Das C. ist bei manchen Vertretern der → Sauria mit einem Fortsatz, dem Processus coronoideus, versehen, der zur Insertion von Teilen des Musculus adductor mandibulae (ein Kaumuskel) dient. [2]

Corpora cavernosa, Schwellkörper: 2 in der ventralen Kloakenwand der Schildkröten und Krokodile vorhandene, durch eine Samenrinne getrennte schwellbare Längsleisten. Sie bestehen aus einem schwammartigen Gewebe, das durch Blutfüllung zur Erektion des penisartigen Kopulationsorgans führt, das mit einer Glans penis (Eichel) endet. Durch das Anschwellen der C. c. schließt sich die Samenrinne vorübergehend zu einem Rohr, über das die Spermien in die → Kloake des ♀ und damit in den → Oviduct übertragen werden. [2]

Corpus ciliare: → Ciliarkörper.

Corpus vitreum: → Glaskörper.

Cortisches Organ: Hörsinnesorgan der Krokodile und höheren Wirbeltiere. Weiterentwickelte → Papilla basilaris, die bandartig ausgezogen ist und der → Lamina basilaris aufliegt. Die Sinneszellen des C. O. der Krokodile sind gleichmäßig zwischen den Stützzellen verteilt und gehen lateral allmählich in das Epithel des ebenfalls langgestreckten → Ductus cochlearis über. Medial vom Sinnesfeld des C. O. liegende Zellen scheiden die gallertige → Membrana tectoria ab, in der die Sinneshaare der Sinneszellen haften. Von der → Scala vestibuli ist der Ductus cochlearis durch die → Membrana vestibuli getrennt. Über sie werden wahrscheinlich bereits Schwingungen von der → Perilymphe der genannten Scala auf die → Endolymphe des Schneckenganges übertragen. Sie führen zu Endolymphbewegungen, die auf das C. O. einwirken. Nach bisher geltender Lehrmeinung sollen die Schwingungen von der → Scala tympani auf die Lamina basilaris übertragen werden. [2]

Costae, Rippen: ursprünglich in jedem Wirbelsegment vorhanden. Freie C. liegen nur in der Cervical- und Thoracalregion vor, in der Lumbal-, Sacral- und Caudalregion (vgl. → Wirbelsäulenregionen) sind die C. meist unbeweglich mit dem Wirbel verbunden. C. können mit dem → Processus transversus verschmelzen (Froschlurche), od. sie stellen direkt Verbindungen zum Wirbel her (→ Pleurapophysen). Rippen sind zweiköpfig (mit → Capitulum und → Tuberculum) od. durch Verschmelzen beider Anteile (z. B. bei Echsen) bzw. Rückbildung des Capitulums (Schlangen) einköpfig. Schwanzlurche besitzen (→ Cryptobranchoidea ausgenommen) kurze zweiköpfige C., die das → Sternum nicht erreichen. Froschlurche weisen, von → Leiopelmatidae und → Discoglossidae abgesehen, keine freien Rippen mehr auf. Einige **R** haben → Halsrippen, → Brustrippen führen bei vielen **R** zur Bildung eines Brustkorbes. Krokodile verfügen meist über zweiköpfige C., die der Brückenechsen sind maskiert zweiköpfig und artikulieren mit einer → Synapophyse. Bei Schildkröten verschmelzen 8 von 10 C. mit dem knöchernen Anteil des → Carapax. An den C. der **R** lassen sich 4 Anteile unterscheiden: → Vertebrocostale, → Intercostale, → Sternocostale und → Processus uncinatus. Im Hinblick auf das Erreichen des Sternums spricht man von → Costae verae, → C. spuriae, → C. fluctuantes. [2]

Costae fluctuantes, schwebende Rippen: erreichen das → Sternum weder direkt noch indirekt, d. h., sie enden frei. [2]

Costae spuriae, falsche Rippen: erreichen das → Sternum nur indirekt durch Anschluß ihrer Knorpelenden an die vorausgehenden Rippen. [2]

Costae verae, echte Rippen: erreichen das → Sternum direkt und sind mit diesem bei **R** über das knöcherne → Vertebrocostale, ein knorpliges → Intercostale und → Sternocostale verbunden. [2]

Costalfurchen: → Rippenfurchen.

Cranium, Schädel, Kopfskelet: Orientierungs- und Ernährungspol, in → Neurocranium und → Viscerocranium (Splanchnocranium) gegliedert. Beide sind knorplig vorgebildet (→ Chondrocranium) und werden durch Knochen des → Dermatocraniums (aus → Deckknochen bestehend) komplettiert. Das Chondrocranium kann insbesondere bei **A** weitgehend erhalten bleiben. Bei **R** wird es i. d. R. durch Knochen (→ Ersatzknochen) ersetzt, die z. T. mit Knochen des Dermatocraniums neue funktionelle Einheiten bilden. Neurocranium und Viscerocranium sind durch das → primäre Kiefergelenk beweglich miteinander verbunden. Ursprüngliche **A** besaßen ein geschlossenes Schädeldach (Dermatocranium) und werden deshalb als Dachschädler (Stegocephalia) zusammengefaßt. Bei rezenten Formen ist dieses Schädeldach weitgehend reduziert. Am C. der **R** treten erhebliche Umbildungen auf, bedingt durch die Erfordernisse der Kaumuskulatur (Entstehung der → Schläfenfenster). → Schädelkinetik, wenn bei **R** vorhanden, ist immer am → Processus basipterygoideus zu erkennen. (Abb. 23, 24). [2]

crenophil: bevorzugt in Quellen bzw. Quellregionen vorkommend. Vor allem für den Texas-Höhlensalamander (*Eurycea neotenes*) sowie den Porphyrsalamander (*Gyrinophilus porphyriticus*) zutreffend, die hauptsächlich in Bergquellen leben. Eine Vorliebe für Thermalquellen und deren Abflußbereich zeigen bedingt, z. B. bestimmte → Populationen von → *Mauremys caspica* in N-Griechenland. [1]

Cristae ampullares: Sinneshügel des → Labyrinthorgans der Wirbeltiere, die in die → Ampullen der Bogengänge hineinragen. Die Sinneszellen der C. a. tragen lange Sinneshaare. Diese tauchen in einen Gallertkegel (Cupula) ein. C. a. sind Rezeptororgane für den Drehsinn.

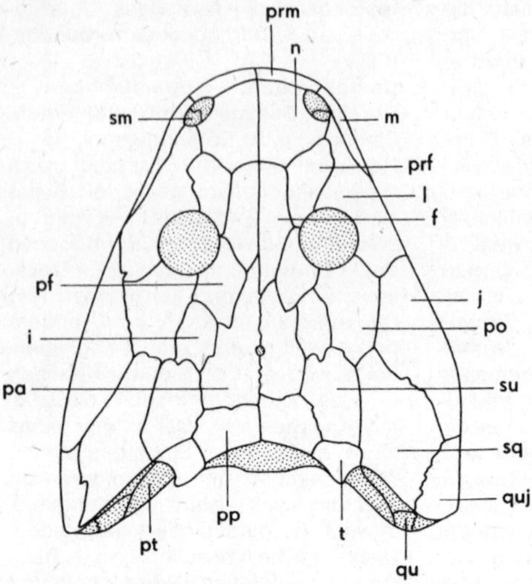

Abb. 23. Schädeldach eines Stegocephalen. *f* Frontale, *i* Intertemporale, *j* Jugale, *l* Lacrimale, *m* Maxillare, *n* Nasale, *pa* Parietale, *pf* Postfrontale, *po* Postorbitale, *pp* Postparietale, *prf* Praefrontale, *prm* Praemaxillare, *pt* Pterygoid, *qu* Quadratum, *quj* Quadratojugale, *sm* Septomaxillare, *sq* Squamosum, *su* Supratemporale, *t* Tabulare.

Bei Drehung des Kopfes kann die → Endolymphe des in der Drehrichtung liegenden Bogenganges gemäß dem Trägheitsgesetz nicht so schnell bewegt werden wie der Bogengang selbst. Die dadurch bewirkte Stauung od. der Rückstrom der Endolymphe wirkt als Druckreiz auf die Cupula und damit auf die Sinneshaare. [2]

Crocodylia, Krokodile, Panzerechsen: O der → Reptilia. 22 Arten. Verbreitung: Tropen, Suptropen. Semiaquatil, hauptsächlich Süßwasserbewohner. GL 1,1–10 m. Echsenartiger Habitus. Kopf groß, mit oft langer Schnauze. Rumpf massig. Extremitäten kurz, kräftig mit je 5 Fingern, 4 Zehen (zwischen letzteren → Spannhäute). Starker, seitlich abgeplatteter Ruderschwanz (übertrifft KRL) mit anfangs doppeltem, dann einfachem Schuppenkamm. Hautpanzer aus oberseits großen, höckrigen, verknöcherten Hornschildern, ventral Schilder gewöhnlich kleiner, seltener verknöchert. Kloakenspalt längsverlaufend. Schädel → diapsid. Zähne in Alveolen (thecodont). Mit → sekundärem, knöchernem Gaumen. → Procöle Wirbel. 8 echte Rippenpaare, dazu kurze Rippen an Hals-, Lenden-, Kreuz-, basalen Schwanzwirbeln, auch → Gastralia vorhanden. → Clavicula fehlt. Gehirn hoch entwickelt. Augen mit Ober-, Unterlid, Nickhaut,

Abb. 24. Reptilienschädel. A. *Chelonia mydas;* B. *Sphenodon punctatus;* C. *Crocodylus niloticus,* Ansicht von laterodorsal; D. *Crocodylus niloticus,* Ansicht von ventral. *a* Articulare, *an* Angulare, *d* Dentale, *e* Epipterygoid, *o* Occipitale, *pal* Palatinum, *pr* Prooticum, *sa* Surangulare, *tv* Transversum; sonst wie Abb. 23.

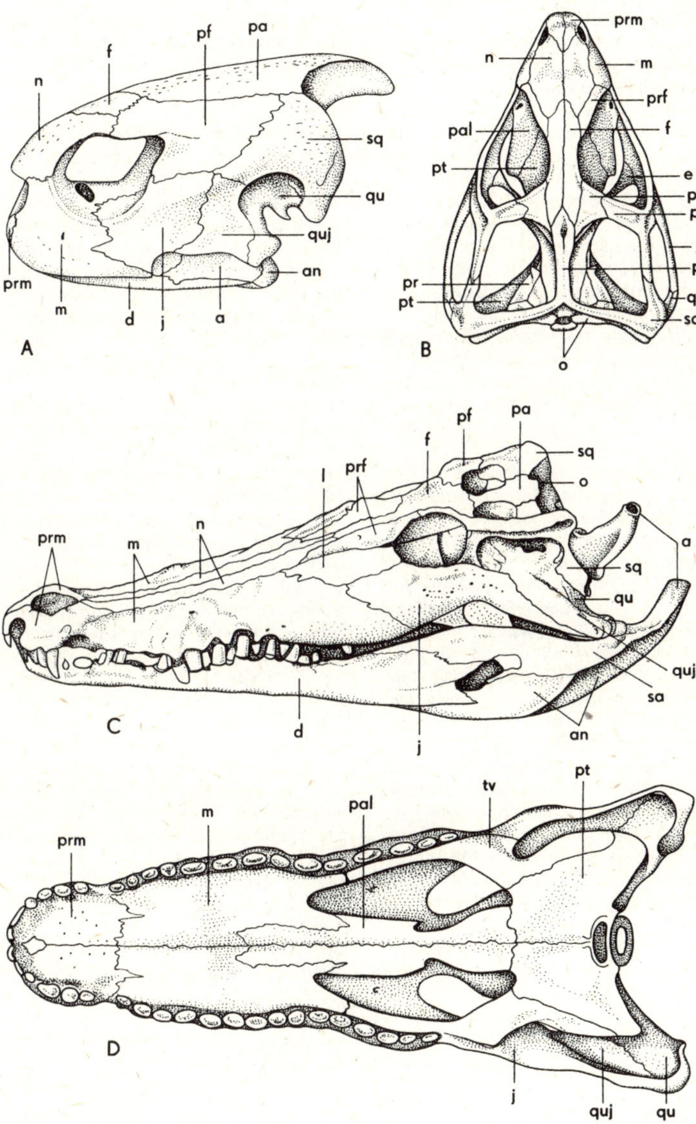

n
f
pf
pa
sq
qu
quj
an
prm
m
d
j
a
A
prm
n
m
prf
pal
f
pt
e
pf
po
j
pa
pr
pt
quj
sq
o
B
pf
pa
sq
f
o
l
prf
n
prm
m
a
sq
qu
quj
sa
an
d
j
C
tv
pt
pal
m
prm
D
j
quj
qu

Pupille senkrecht. Äußerer durch → Ohrklappe verschließbarer Gehörgang vorhanden. Nasenlöcher (auf der Schnauzenspitze) ebenfalls durch Hautklappe verschließbar. Herz vierkammrig, beide Ventrikel bis auf → Foramen Panizzae völlig getrennt. Lungen mit guter innerer Gliederung. Zwerchfell ausgebildet. Magen im vorderen Teil als Muskelmagen differenziert. Aktive Aufnahme von Gastrolithen (→ Lithophagie). → Gewöllbildung. Harnblase fehlt. → Moschusdrüsen ausgebildet. → Kopulationsorgan unpaar. Nahrungserwerb meist in der Dämmerung und nachts. Überdauern von ungünstigen Witterungsperioden in Erdhöhlen od. im Schlamm möglich. Nestbau (→ Krokodilnester). → Ovipar (2–100 Eier). Oft hoch entwickelte → Brutpflege. 3 Fam: Alligatoridae, → Crocodylidae, → Gavialidae. (Abb. 25). [1]

Crocodylidae, Echte Krokodile: Fam der → Crocodylia. Gatt *Osteolaemus* und *Tomistoma* monotypisch, *Crocodylus* 12 Arten. Verbreitung: Tropen, Subtropen, Amerika, Afrika, Madagaskar, S-, SO-Asien, Indoaustralischer Archipel, N-Australien. Semiaquatil im Süß-, Brack-, z. T. Seewasser (→ *Crocodylus porosus* u. a.). GL 1,3–10 m (*C. porosus*). Relativ langschnauzig (außer *Osteolaemus*). 4. Unterkieferzahn senkt sich im Gegensatz zu den → Alligatoridae in seitlich offene Oberkieferfurche ein, somit bei geschlossenem Maul äußerlich noch zu sehen. 5. Oberkieferzahn am kräftigsten. Unterkieferzähne beißen (alternierend) zwischen die Zähne des Oberkiefers. Mit Schuppenkamm (fehlt *Osteolaemus*) auf Rükkenseite von Unterarm und -schenkel. Nestbau als Nestgrube od. Nesthügel (vgl. → Krokodilnester). Brutpflegekategorien → Nestbewachen, → Nest- und → Ei-Öffnen, → Maultransport bei *C. niloticus* u. a. Arten nachgewiesen. [1]

Crocodylus acutus Cuvier 1807, Spitzkrokodil: Vertreter der → Crocodylidae. Verbreitung: S-Florida über M-Amerika, einige Antillen-Inseln, bis Kolumbien, Venezuela, N-Peru. Durch „Häutejagd" stark zurückgegangen, vielerorts ausgestorben. Lebt in Flüssen, Sümpfen, auch im Brack- und Meerwasser. GL bis 7,6, meist bis 3,5 m. Schnauze lang, zugespitzt. Hinterseite der Extremitäten mit markantem Schuppenkamm. Sandgruben-Nestbauer. Bedeckt → Nestgrube neben Sand bzw. Erde auch mit Laub od. anderem Pflanzenmaterial und leitet damit zum Nisthügeltyp (vgl. → Krokodilnester) über. Offenbar erfolgt kein → Nestbewachen. Gelegegröße: 17–75 Eier. [1]

Crocodylus intermedius Graves 1819, Orinoko-Krokodil: Vertreter der → Crocodylidae. Verbreitung: Orinoko-Ebene (Llanos Orientales) in Kolumbien, Venezuela. Lebt in Strömen, Flüssen, unzulänglichen Sümpfen, Überschwemmungsgebieten, Auskolkungen von Flüssen. GL bis 7,5, meist 3–3,5 m. Schnauze lang, schmal, ohne Schnauzenrelief. Mit gut ausgeprägtem → Revierverhalten. Erwachsene sind Allesfresser (mitunter → Aasfresser), Jungtiere verzehren anfangs Insekten, Schnecken, Krebstiere. Zur Trockenzeit Trockenschlaf in Höhlungen am Flußufer. Hier finden sich z. T. mehrere Tiere zusammen, gelegentlich vergesellschaftet mit Wasserschildkröten (*Podocnemis*). Sandgruben-Nestbauer. Nest liegt auf erhöhten Sandbänken, meist 20–50 cm vom Wasser entfernt. Gelegegröße: 15–70 Eier. → Nest- sowie Jungtierbewachen durch das ♀. [1]

Crocodylus niloticus Laurenti 1768, Nilkrokodil: Vertreter der → Crocodyli-

---

Abb. 25. Krokodil. A. Lateralansicht; B. Ventralansicht. *c* Collare (Halsband), *d* Dorsalia (Rückenschilder), *k* Kloakenspalte, *m* Moschusdrüsen, *n* Nuchalia (Nackenhöcker), *p* Postoccipitalia (Hinterhaupthöcker), *sk* Schuppenkamm, *sp* Schädelplatte.

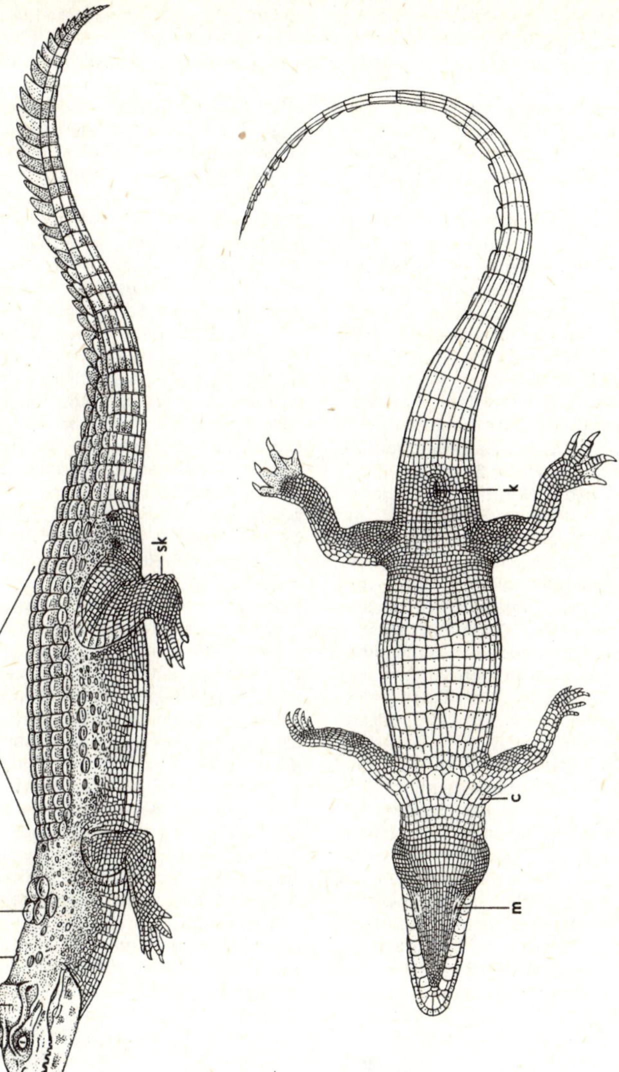
sp
h
n
r
sk
A
k
c
m
B

dae. Verbreitung: Afrika (außer S-, N-Afrika, gegenwärtig aber wieder bis Luxor, Assuan vorgedrungen), Madagaskar. Auf Mauritius, den Komoren, Seychellen, in Syrien, Israel ausgestorben. Lebt in → Seen, Flüssen, Strömen bis zum Mündungsgebiet, nicht selten im Meer. GL bis 7, meist 3–4 m. Kann → Gewölle bilden. In Trockenzeiten → Sommerruhe in Erdhöhlen. ♂ verteidigt das → Territorium. Sandgruben-Nestbauer. → Nestgrube 20–50 cm tief, bis 30 cm vom Wasser entfernt. An günstigen Nestplätzen gelegentlich Eiablage vieler ♀♀ („Nestkolonien"). Gelegegröße: 20–100 Eier. Nachgewiesen wurde → Nestbewachen (auch Befeuchten des Nestes), → Nestöffnen, → Ei-Öffnen, → Maultransport der Jungen, postnatal kurzzeitig Jungtierbewachen. [1]

Crocodylus porosus Schneider 1801, Leistenkrokodil: Vertreter der → Crocodylidae. Verbreitung: S-Indien, Sri Lanka, über Sunda-Inseln, Philippinen, Molukken, Neuguinea, Salomonen, Neue Hebriden, Fidschi-Inseln bis N-Australien. Hauptsächlich im Brack- und Meerwasser. Oft weit ins Meer vorstoßend. Verschiedentlich durch Wind- und Wasserströmungen Abdrift von einigen hundert bis über 1000 km festgestellt. Größte rezente Krokodilart. GL bis 10, meist unter 6 m. Schnauze recht lang, oft ziemlich spitz auslaufend. Schnauzenoberseite mit beiderseits vom vorderen Augenwinkel zur Nasenöffnung ziehender perlschnurartiger Knochenleiste (Praeorbitalleiste). Ausscheiden überschüssigen Salzes durch Nickhaut- und Tränendrüsen. Pflanzenhügelnestbauer. Nisthügel bis 2 m breit und fast 1 m hoch. Gelegegröße: 20–150 Eier. → Nestbewachen (auch Befeuchten) durch das ♀, Angaben zu einer echten Nestverteidigung sind widersprüchlich. [1]

Crotalidae, Grubenottern, Lochottern: Fam der Caenophidia. Etwa 130 Arten. Verbreitung: in der Mehrzahl neuweltlich, Asien, → *Agkistrodon* (*Gloydius*) *halys* bis SO-Europa vorgedrungen. Bewohner von Trockenbiotopen (Trokkenwäldern, Halbwüsten, Wüsten, Prärien u. a.), feuchten Gebieten (Regenwälder, Mangrove, Sumpfwiesen usw.), Gebirgs- und Hochgebirgsregionen, oft → Kulturfolger. *Agkistrodon himalayanus* mit für Schlangen extremer Höhenverbreitung von 4900 m NN. GL 40 cm bis 3,8 m (→ *Lachesis mutus*). Habituell weitgehend den → Viperidae gleichend. Körper meist gedrungen. Kopf abgesetzt, breit dreieckig, Pupille senkrecht. Ursprüngliche Formen (*Agkistrodon, Sisturus*) kopfoberseits noch mit großen Schildern. Bei anderen → Pileus in viele kleine Schuppen (bzw. Schilder) aufgelöst. → Giftapparat hoch entwickelt (solenoglypher Zahntyp). Gift vorwiegend hämotoxisch. Familientypisch sind die → Lorealgruben. *Crotalus* und *Sisturus* mit → Schwanzklapper. Hauptsächlich dämmerungs- und nachtaktiv. Überwiegend Bodenbewohner (auch → arboricole, → amphibische Formen vorhanden). ♂♂ tragen z. T. → Kommentkämpfe aus. → Ovipar, meist → ovovivipar. [1]

Crotalus atrox Baird und Girard 1853, Texas-Klapperschlange: Vertreter der → Crotalidae. Verbreitung: Arkansas bis S-Kalifornien, südwärts bis M-, vereinzelt S-Mexiko. Lebt bevorzugt in trokkenen, steinigen Biotopen, z. B. in Wüsten, auf felsigem Terrain, in Cañons, auch im Agrarland. Höhenverbreitung bis 1500 m. Mit GL bis 2,1 m (meist unter 1,5 m) zweitgrößte Art der Gatt nach *C. adamanteus*. Plump gebaut. Kopf deutlich abgesetzt, breit-dreieckig, flach. Augen klein. Schwanz mit → Klapper. Tag- und nachtaktiv. Leicht reizbar, angriffslustig. Rollt sich bei Erregung tellerartig zusammen, klappert permanent und lautstark. Auf sie gehen die meisten Giftbißfälle in den USA zurück. Giftzähne lang, Giftmenge beträchtlich (durchschnittlich etwa 230 mg Trockengift pro Schlange). → Amphigonia retardata nachgewiesen. Unterliegt oft dem → Straßentod. → Ovovivipar, maximal 46, meist bis 20 Junge. → Höchstalter in Gefangenschaft 24 Jahre und 4 Monate. [1]

Crowding-Effekte, Kollisionseffekte, Pferchschäden: aus einer → Population hoher Individuendichte (Crowding = Überbevölkerung) od. aus hoher Hälterungs- bzw. Besatzdichte resultierende Entwicklungsstörungen, die sich limitierend auf die Überbevölkerung auswirken. Intra- und interspezifische C. sind vor allem für → Kaulquappen verschiedener Froschlurcharten bekannt geworden. Zur Erklärung der hier auftretenden Entwicklungsstörungen (Wachstumsverringerung, Larven nehmen die typische „Spermienform" an, verzögerte → Metamorphose, Extremitäten-Mißbildungen usw.) werden zur Zeit diskutiert: 1. Die Abgabe wachstumshemmender Faktoren. Ungeklärt ist noch, ob und in welcher Weise die offenbar im Kot aller Kaulquappen regelmäßig nachweisbaren, algenähnlichen Zellen entscheidende Übermittler der C. sind. 2. Eine durch psychischen Streß bedingte verringerte Nahrungsaufnahme od. -verwertung. 3. Eine erhöhte Nahrungskonkurrenz. [1]

Crustacea, Krebse: außerordentlich vielgestaltige Kl der Gliederfüßer (Arthropoda). Etwa 35 000, hauptsächlich → marine, dazu Süßwasser- und Brackwasserformen, an Land nur eine Gruppe von → Asseln. Zahlreiche Arten sind Parasiten (für **A** bedeutsam → Argulidae). Im typischen Fall Körpergliederung in Kopf (Cephalon), Brust (Thorax), Hinterleib (Abdomen od. Pleon). Vielfach ist jedoch der Kopf mit einem, mehreren od. allen Thoraxsegmenten vereinigt, die verbleibenden Brustsegmente bilden dann das Peraeon. Meist liegt ein Chitinpanzer vor, oft mit Kalk inkrustiert. Hohe Bedeutung als Fischnährtiere, gleichsinnig vor allem für → aquatische **A** nebst Larven sowie viele **R** unentbehrlich. Vgl. → *Artemia salina*, → Cladocera, → Natantia, → Mysidacea, → Isopoda, → *Gammarus*. [1]

Cryptobranchidae, Riesensalamander: Fam der → Caudata. 3 Arten, 2 Gatt. Verbreitung: M-China, Japan (*Andrias*); O-USA (von S-New York bis N-Mississippi, N-Alabama), isolierte Vorkommen in M- und SW-Missouri und NO-Arkansas (*Cryptobranchus*). Alle → aquatisch in kühlen, sauerstoffreichen → Fließgewässern. → *Andrias davidianus* und → *A. japonicus* größte rezente Lurche. GL bis 1,8 m. *Cryptobranchus alleganiensis* bis 74, meist 30–50 cm lang. Körper plump, sehr massig. Kopf und Rumpf stark dorsoventral, der muskulöse Schwanz lateral abgeflacht. Flanken mit markantem seitlichem Hautwulst. Kopf breit, tiefe Maulspalte. Augen klein, lidlos. Am Schädel fehlen → Lacrimale und → Septomaxillare. Extremitäten kurz, kräftig. Ad. Tiere mit Lungen, → Ectobranchiae rückgebildet. Bei *Andrias* bleiben noch 2, *Cryptobranchus* 4 innere Kiemenbögen und meist 1 Paar Kiemenlöcher erhalten. Gewöhnlich nachtaktiv. Äußere → Befruchtung der paarigen Laichschnüre. ♂ betreibt → Brutpflege, baut → Nestgrube, hält → Laichwacht (mitunter Laich von mehreren ♀♀ im Nest). Oft wird hohes Lebensalter erreicht. [1]

Cryptobranchoidea: UO der → Caudata. Urtümlichste rezente Schwanzlurche. Verbreitung: östliches N-Amerika, Asien, 2 Isolate in O-Europa. Ad. Tiere ohne Kiemen. Augen lidlos. Nasalia nicht median (durch Fortsätze der → Praemaxillaria) getrennt. → Lacrimale kann fehlen. Im Unterkiefer → Angulare und → Praearticulare nicht verschmolzen. → Amphicöle Wirbel. Laichabgabe in perlschnurartigen Strängen od. Laichsäcken. Äußere → Befruchtung. Meist → Brutpflege durch das ♂. 2 Fam: → Hynobiidae, → Cryptobranchidae. [1]

Cryptodira, Halsberger: formenreichste UO der → Testudines. Etwa 175 Arten. Verbreitung: fehlen in Australien, sonst weltweit vorkommend. In der Mehrzahl auf dem Land lebend, weiterhin im Süß-, Brack- und Meerwasser anzutreffen. Einziehen des Kopfes durch S-förmiges Krümmen der Halswirbelsäule (Querfortsätze der Halswirbel nur schwach ausgebildet) in senkrechter Ebene. Mit den Vorderextremitäten können danach Kopf und Hals durch „Abschotten" der Panzeröffnung geschützt werden. → Beckengürtel nicht mit dem knöchernen → Plastron verwachsen. Verschiedentlich ist eine Reihe von → Inframarginalia vorhanden, z. T. sind diese bis auf ein Axillare und Inguinale rückgebildet. Bauchpanzer ohne Intergulare. 11 Fam: → Chelydridae, → Kinosternidae, → Staurotypidae, → Dermatemydidae, → Platysternidae, → Emydidae, → Testudinidae, → Cheloniidae, → Dermochelydidae, → Trionychidae, → Carettochelydidae. [1]

Culicidae, Stechmücken: Fam der UO → Nematocera. Einige Arten sind wichtige Krankheitsüberträger vor allem für Säuger, daneben auch für **A** und **R** (übertragen z. B. → *Trypanosoma,* → Filarien). ♀♀ meist blutsaugend, ♂♂ Blütenbesucher. Eiablage auf dem Wasser od. in dessen Nähe. Larven und Puppen immer im Wasser (unterschiedlichster Qualität), oft massenhaft z. B. in Regentonnen, Gräben, → Tümpeln. Geeignete Zusatznahrung für → aquatische **A**, mitunter schon bei günstiger Witterung ab März verfügbar. Volkstümlich als „schwarze Mückenlarven" (Larven von *Culex-, Theobaldia-, Aedes*-Arten u. a.) bezeichnet. Aufbewahrung: bei 4 °C, Gefäß gut mit Gazedeckel verschließen. [1]

Cyrtodactylus (*Tenuidactylus*) **caspius** (Eichwald 1831), Kaspischer Bogenfingergecko: Vertreter der → Gekkonidae. Verbreitung: in Europa NW-Küste des Kaspischen Meeres, nach Osten über Transkaukasien bis M-Asien, Kasachstan, im Süden bis N-Iran, NW-Afghanistan. Bevorzugt Hanglagen, Steppen, besiedelt oft Nagerbaue, auch Gebäude, mitunter auf Bäumen anzutreffen. Hauptsächlich Bewohner des Flachlandes. Höhenverbreitung bis 1650 m. GL bis 16 cm. Körper leicht dorsoventral abgeflacht. Finger und Zehen ohne Haftlamellen, Endglieder typisch winklig aufwärts gebogen. Mit kräftigen, in 12–16 Längsreihen stehenden Rückentuberkeln. Schwanz kann KRL etwas überschreiten. Im Sommer weitgehend dämmerungs- und nachtaktiv, im Frühjahr und Herbst verstärkt tagaktiv. Gutes Farbwechselvermögen. Stimme der ♂♂ ein metallisches Pfeifen. Gelegegröße: meist 2 Eier; 2 Jahresgelege möglich. Manchmal benutzen einige ♀♀ einen gemeinsamen Eiablageplatz (ebenso auch → *Cyrtodactylus* [*M.*] *russowii*). [1]

Cyrtodactylus (*Mediodactylus*) **kotschyi** (Steindacher 1870), Ägäischer Bogenfingergecko: Vertreter der → Gekkonidae. Verbreitung: SO-Italien, S- und O-Balkanhalbinsel (auch Ionische und Ägäische Inseln), S-Krim, von Anatolien bis Israel, Zypern. Hohe geographische Variabilität (24 Subspec.); gegenwärtig werden 4 Formenkreise (*kotschyi-, danilewskii-, bartoni-, oertzeni*-Gruppe) unterschieden. Lebt an trockenen, warmen Stellen, z. B. oft an Häusern (Außenwände, unter Dachziegeln, seltener im Hausinneren), → Legesteinmauern, in felsigem Gelände, gelegentlich (Israel) an Bäumen. Höhenverbreitung bis 2000 m. GL bis 13 cm. Kopf und Rumpf dorsal abgeflacht. Finger und Zehen ohne Haftlamellen, Endglieder winklig aufwärts gebogen. Schwanz erreicht bis fast 1½fache KRL. Im Sommer hauptsächlich abends aktiv, im Frühjahr und Herbst häufig auch tagaktiv. Gutes Farbwechselvermögen. Stimme der ♂♂ hauptsächlich als tickende (bis 30mal hintereinander), auch pfeifende Laute. Gelegegröße: meist 2, stets frei in Hohlräume abgelegte Eier. [1]

Cyrtodactylus (*Mediodactylus*) **russowii** (Strauch 1887), Transkaspischer Bogenfingergecko: Vertreter der → Gekkonidae. Verbreitung: in Europa lediglich ein Fundpunkt im östlichen Kaukasus-Vorland. Das → Areal reicht vom Ostufer des Kaspischen Meeres bis NW-China, im Süden bis NO- und O-Iran. Lebt bevorzugt in Wüsten, Halbwüsten. Häufig an Lehm- und Lößhängen, in Sandwüsten an Saksaulgebüsch, auch unter Geröll, mitunter an Lehmwänden von Häusern. Höhenverbreitung bis 2000 m. GL bis 11 cm, (♂ kleiner als ♀). Kopf und Rumpf nur leicht dorsoventral abgeflacht. Finger und Zehen ohne Haftlamellen, Endglieder typisch winklig aufwärts gebogen. Schwanz kann etwa KRL erreichen. Dämmerungs-, nachtaktiv, im Frühjahr und Herbst verstärkt tagaktiv. Gutes Farbwechselvermögen. → Lautäußerungen bei Erregung und zur Abwehr. Gelegegröße: 1–2 Eier; 2 Jahresgelege möglich. [1]

Cystis fellea, Gallenblase: Hohlorgan zur Speicherung der in der Leber ausgeschiedenen Galle. Diese gelangt über Gallenkapillaren und kleinere Gallengänge in den Ductus hepaticus, der nach Aufnahme des mit der Gallenblase in Verbindung stehenden Ductus cysticus als → Ductus choledochus bezeichnet wird und die Galle dem Darm zuführt. Die in der Galle enthaltenen Gallensäuren wirken emulgierend auf Fette und verbinden sich mit diesen zu wasserlöslichen Verbindungen, die vom Dünndarm resorbiert werden können. **A** und **R** sind mit einer Gallenblase ausgestattet. [2]

Cytotaxonomie: Spezialrichtung (methodisch orientiert) der Taxonomie. Zur Klassifikation der Organismen werden chromosomale Merkmale herangezogen. Weit verbreitet und bewährt ist die Karyotypanalyse (vgl. → Karyotyp). Zunehmend gewinnen auch Methoden zur Darstellung der chromosomalen Substruktur (Banden-Techniken; banding methods) an Bedeutung. Die nach entsprechender Vorbehandlung und Färbung darstellbaren Querbandenmuster dienen zum zwischenartlichen Vergleich homologer Chromosomenabschnitte und stellen somit ein wichtiges Kriterium für den Nachweis der Karyotypenevolution dar. Derartige Banden-Techniken werden bei **A** und **R** seit über einem Jahrzehnt angewandt. [1]

Darmbein: → Os ilei.

Darmprolaps: → Kloaken- und Mastdarmvorfall.

Darwin-Nasenfrosch: → *Rhinoderma darwinii.*

Dasypeltis scabra (Linnaeus 1758), Afrikanische Eierschlange: Vertreter der → Colubridae. Verbreitung: O-, S- und M-Afrika, nach Westen bis Gambia und Senegal, isoliertes Vorkommen in SW-Marokko, außerdem SW-Arabien. Lebt in unterschiedlichsten Biotopen, z. B. Halbwüsten, Savannen, trockenen Waldgebieten, Tieflandregenwäldern, Weinplantagen, baumreichen Uferregionen. Höhenverbreitung bis 3000 m. GL bis 110, meist 60–80 cm (♀ größer als ♂). Kopf klein, kaum abgesetzt, Schnauze rundlich. → Nahrungsspezialist, frißt Vogeleier (nach der Brutzeit Freßpause). Bezahnung stark reduziert. Wenige Zähne am hinteren Teil des Ober-, Unterkiefers und am Gaumen. Maul und Schlund enorm dehnbar. Verlängerte, mit Schmelzüberzug versehene → Hypapophysen mehrerer Rückenwirbel durchstoßen die Wand des → Oesophagus und ragen in sein Lumen hinein. Sie dienen auf Muskeldruck hin zum Anstechen, Ausquetschen der Eier sowie zum Zusammenfalten der später ausgewürgten Schalenreste. Dämmerungs- und nachtaktiv. Gestalts- und Verhaltensmimikry (ähnelt → *Echis carinatus, Causus rhombeatus*). Bei Erregung → Schuppenrasseln. Klettert gut. Ungefährlich. Gelegegröße: bis 20 Eier. [1]

DDT, p, p-Dichlordiphenyltrichlorethan: chlorierter Kohlenwasserstoff mit Fraß- und Kontaktgiftwirkung gegen Insekten (Insektizid). Durch seine Persistenz (Wirkungsdauer 15–20 Jahre) und Fettlöslichkeit kann es über die → Nahrungskette zur starken Akkumulation im Fettgewebe (und der Milch) kommen. Anwendungsverbot Anfang der 70er Jahre in den meisten Industrieländern. Die Wirkung auf **A** und **R** ist in Abhängigkeit von der Konzentration, Zeitdauer, Tierart usw. verschieden. Auf → Kaulquappen von → *Bufo bufo* wirkt z. B. eine Konzentration von 0,1 mg/l toxisch. Vergiftungsbild bei Kaulquappen: anfangs Hyperaktivität, nachfolgend Rücken- bzw. Seitenlage, graduelle Bewegungsabnahme,

Tod. Vergiftungssymptome bei ad. Fröschen: Trägheit, anormale Haltung, beeinträchtigte → Lokomotion (vermindertes Sprungvermögen, Extension der Hinterextremitäten, Tremor usw.), Veränderungen der Respirations-, Rufintensität und Färbung. Für Schildkröten ist z. B. eine generelle Lethargie (kein Zurückziehen von Kopf, Extremitäten) kennzeichnend. [1]

Deckknochen, Hautknochen, Bindegewebsknochen: entstehen ohne knorplige Vorstufe (→ Ersatzknochen) durch desmale → Osteogenese. Meist flächig ausgebreitet, z. B. Schädelknochen. Das Schädelwachstum ist durch die Wechselwirkung von → Osteoblasten (Zuwachs auf der Außenseite) und → Osteoclasten (Abbau auf der Innenseite) möglich. [2]

Demutverhalten: Unterwerfung signalisierende, angriffshemmend wirkende Verhaltensweise. Sie verhindert z. B. im innerartlichen Kampf ernsthafte Verletzungen od. eine Tötung. Huxley (1939) spricht diesbezüglich von katasematischen Verhaltensweisen. Eine markante Demutsgebärde der Eidechsen ist das vom subdominanten Tier gezeigte → Treteln. Bei → Kommentkämpfen von → *Amblyrhynchus cristatus* nimmt der Unterlegene eine dem Demutliegen bei Säugern ähnliche Position ein, indem er sich plötzlich flach auf den Boden legt. Kurz darauf erfolgt die Flucht. Weitere typische Beispiele sind das „Dukken" bei verschiedenen Arten der → Dendrobatidae (→ *Dendrobates pumilio* u. a.) od. das Zeigen der Kehle durch senkrechtes Kopfheben (auch Parameter des Werbe- und Paarungsverhaltens) bei → *Crocodylus niloticus.* [1]

Dendroaspis polylepis Günther 1864, Schwarze Mamba: Vertreter der → Elapidae. Verbreitung: Sudan, Äthiopien bis Republik Südafrika, in W-Afrika in Namibia, Senegal, Gambia. Typischer Savannenbewohner, auch in Trockenwäldern. Auf Buschwerk, Bäumen, sehr viel am Boden (bevorzugt in leeren Termitenhügeln). Höhenverbreitung bis fast 1500 m. Mit GL bis über 4 m größte Giftschlange Afrikas. Schlank, glattschuppig. Kopf lang, schmal. Augen groß, Pupille rund. Tagaktiv. Klettert geschickt. Sehr lebhaft und ungestüm. Erreicht Fortbewegungsgeschwindigkeit bis 32 km/h. Reißt bei Erregung drohend das Maul auf, zischt laut, → Hutbildung möglich. Beißt blitzschnell zu. Gift hoch wirksam. Bemerkenswert ortstreu. Meist scheu. ♂♂ tragen → Kommentkämpfe aus. Gelegegröße: meist 10–15 Eier. [1]

Dendrobates histrionicus Berthold 1845, Punktierter Pfeilgiftfrosch: Vertreter der → Dendrobatidae. Verbreitung: W-Kolumbien (Chocó-Region), NW-Ekuador. Im tropischen Regenwald des Tieflandes sowie in feuchten Montanregenwäldern. Am Waldboden, auch im niedrigen Bewuchs von Rodungsflächen (meist etwa 50 cm über dem Erdboden). Höhenverbreitung bis 1070 m. KRL bis 3,8 cm. Tagaktiv. ♂ mit ausgeprägtem → Revierverhalten. → Kommentkampf beim Revierverteidigen und Werben mehrerer ♂♂ um ein ♀. Kein → Amplexus. Komplexe Werbezeremonie (visuelle, akustische, taktile Signalhandlungen) vor der Eiablage. Sofort bzw. 1–3 Stunden nach der Ablage wird das Gelege (3–16 Eier, Eigröße etwa 1,5 mm) besamt. Meist 4–5 (bis 10) Fortpflanzungsgelege pro Jahr. → Brutpflege nur durch das ♀, umfaßt → Gelegebewässern, → Larventransport (jede Larve einzeln, in eine separate, wassergefüllte Bromelienblattachsel), → Larvenfüttern (bis zur → Metamorphose mit unbesamten → Futtereiern). Kein Gelegebewachen. Larvalentwicklung etwa 17 Wochen. [1]

Dendrobates pumilio Schmidt 1857, Kleiner Erdbeerfrosch: Vertreter der → Dendrobatidae. Bildet zusammen mit *D. granuliferus* und *D. speciosus* den D.-pumilio-Komplex. Verbreitung: N-Nikaragua bis W-Panama. Im Tieflandregenwald, auch in Urwaldrandbereichen, Kakaoplantagen. Auf Steinen an Bach- und Flußufern, niedrigwachsenden Pflanzen, zwischen Laub usw. Höhenverbreitung bis 900 m. KRL bis 2,4 cm.

Tagaktiv. ♂♂ mit ausgeprägtem → Revierverhalten, tragen → Kommentkämpfe aus. Lange, komplexe Werbezeremonie vor der Eiablage. Pro Gelege 3–16 Eier (Eigröße etwa 1,1 mm), meist 4–5 (bis 10) Fortpflanzungsgelege pro Jahr. → Gelegebewässern durch ♂ und ♀. Das ♀ (♂?) trägt die Larven einzeln zu wassergefüllten Bromelienblattachseln und füttert sie, stimuliert durch ein spezifisches → Bettelverhalten, mit unbesamten → Futtereiern. Larvalentwicklung etwa 15 Wochen. [1]

Dendrobatidae, Baumsteigerfrösche, Pfeilgiftfrösche: Fam der → Anura. Intrafam. Gliederung z. Z. in der Diskussion. Etwa 143 Arten, derzeit werden 7 Gatt unterschieden. Verbreitung: M-, S-Amerika. Bewohner tropischer Regenwaldgebiete. Leben in feuchten Tiefland- und Montanwäldern, oft an Gewässern, auch auf Rodungsflächen, in Plantagen, manche in offener Landschaft mit niedriger Pflanzendecke. Vorwiegend am Boden od. in bodennaher Vegetation, einige weitgehend → arboricol (besiedeln Epiphytenbiotope bis in die Baumwipfel). Höhenverbreitung bis etwa 2000 m. KRL 1–5 cm. Schlank, an Finger- und Zehenenden drüsenartige Haftscheiben. Pupille horizontal. ♂ mit unpaarer, kehlständiger → Schallblase. → Maxillare und → Praemaxillare z. T. unbezahnt. → Schultergürtel firmistern. → Procoele Wirbel. 8. → praesacraler Wirbel mit → Sacralwirbel verschmolzen, der über 2 Condylen mit dem → Urostyl verbunden ist. Hautsekret hauptsächlich von *Dendrobates*- und *Phyllobates*-Arten sehr toxisch (→ Batrachotoxine, → Histrionicotoxine, → Pumiliotoxin). Giftigste Arten: *Phyllobates aurotaenia, P. bicolor,* → *P. terribilis.* Tagaktiv. Meist ausgeprägtes Territorialverhalten (je nach Art bei ♂ od. ♀, selten beiden). Vielfach → Kommentkämpfe (♂♂, mitunter ♀♀, Junge). Ganzjährig fortpflanzungsaktiv. Komplexes Werberitual. → Amplexus fehlt, od. als → Kopfamplexus realisiert. Eiablage am Boden (Falllaub, Felsspalten), an Blättern. Gelegegröße: 2 bis über 40, meist 10–35 Eier. Oft sehr hochentwickelte → Brutpflege (Dendrobates-pumilio-Gruppe u. a.). Bei vielen Arten → Gelegebewässern und -bewachen durch das ♂, bei manchen übernimmt dies das ♀. Kein Eibewachen z. B. bei → *Dendrobates histrionicus.* → Larventransport zum Wasser auf dem Rücken des ♂, auch ♀. Manche füttern die Larven mit speziellen → Futtereiern. [1]

Dens axis, Dens epistrophei, Processus odontoideus: Zahnfortsatz des zweiten Halswirbels. Entspricht dem → Centrum des → Atlas, das mit dem des Axis verschmilzt. Gelenkt mit dem Atlasring, dadurch werden Drehbewegungen des Kopfes akzentuiert. [2]

Dentale: längster zahntragender Knochen (→ Deckknochen) des Unterkiefers der **A** und **R**. Bleibt bei Froschlurchen jedoch zahnlos (Ausnahme: *Amphignathodon guentheri*; bei ♂♂ von *Adelotus brevis* nur 2 → Scheinzähne ausgebildet). [2]

Deponie: Anlage zur umweltfreundlichen Ablagerung von gegenwärtig nicht verwertbaren Abfällen. Man unterscheidet verschiedene Typen, z. B. die Schadstoff-, Sondermüll-, Kommunalmüll-D. Als Lebensraum für einige **A**- und **R**-Arten ist vor allem letztere von Bedeutung, die meist nach der Bergmethode (bergförmige Ablagerung auf ebenem Boden), seltener der Muldenmethode entsteht (Verfüllung von Geländevertiefungen natürlichen od. → anthropogenen Ursprungs). Die Vielzahl der im D.-Körper enthaltenen Hohlräume mit ihrem spezifischen Mikroklima (Feuchtigkeit, Wärme) bietet gute Möglichkeiten zum Verstecken und Überwintern. An teilweise od. völlig renaturierten Hängen nutzt diese oft → *Bufo bufo.* Außerdem können wassergefüllte Senken in ungestörten, renaturierten Teilbereichen bzw. nach Abschluß und Begrünung der D. von *Rana*-Arten besiedelt werden. Gelegentlich kommen auch → *Lacerta agilis* und sogar → *Natrix natrix* auf D. vor. [1]

Dermatemydidae, Tabasco-Schildkröten: Fam der → Cryptodira. Nur 1 Art, Dermatemys mawi Gray 1847. Verbreitung: SO-Mexiko, Guatemala, Honduras. Lebt vor allem in größeren Flüssen. Carapax-Länge bis 50 cm. → Carapax abgeflacht, mit Längskiel, stark verknöchert. → Inframarginalia vollständig (4) vorhanden. Kurzschwänzig. Nachtaktiv. Überwiegend → aquatisch, gutes Schwimmvermögen. Pflanzenfresser. Gelegegröße: etwa bis 20 Eier. [1]

Dermatocranium: aus → Deckknochen bestehender Schädelanteil, sowohl um das → Neurocranium als auch das → Viscerocranium entwickelt. Bei den fossilen Stegocephalen kam ein bis auf Öffnungen für Nase, Auge und → Scheitelauge geschlossenes Schädeldach vor, dessen Zusammensetzung das Grundmuster für **A** und **R** darstellt. Der Vorderrand dieses Schädeldaches wird vom → Praemaxillare und → Maxillare eingenommen. Mediodorsal liegen hintereinander → Nasale, → Frontale, → Parietale und → Postparietale, circumorbital median → Prae- und → Postfrontale, lateral → Lacrimale und caudal → Postorbitale, das lateral an das → Jugale angrenzt. Am Hinterrand des Schädels befinden sich → Quadratojugale, → Squamosum und → Tabulare, zwischen diesem und dem Postfrontale ein → Supratemporale und → Intertemporale. Im Verlauf der Phylogenie werden Inter- und Supratemporale, Postparietale und Tabulare frühzeitig rückgebildet. Bei Schwanzlurchen ist das D. im Schläfenbereich und circumorbital zum größten Teil reduziert, bei Froschlurchen stehen Schläfen- und Augengrube in weiter offener Verbindung und sind dorsal frei von Deckknochen. **R** zeigen ebenfalls eine starke Reduktion und Umbildung des ursprünglich geschlossenen Schädeldaches durch das Auftreten von → Schläfenfenstern. [2]

Dermatomykosen: → Mykosen der Haut einschließlich der → Hautderivate. Weitaus häufiger als → Systemmykosen beschrieben. Bei **A** und ihren Larven oft auf Wasserschimmelpilze, vor allem der Gatt *Saprolegnia* (*S. parasitica* u. a.), zurückgehend. Sie siedeln meist in Hautwunden, bilden dichte weiße Beläge und können mitunter fortschreitend in die Muskulatur vordringen. Im Freien und → Terrarium verpilzen unbefruchtete und abgestorbene Eier sehr schnell. → Squamaten können D. in verschiedensten Körperbereichen aufweisen. Bei Schlangen meist markant durch abstehende Schuppen (besonders bauchseits) und Schuppenverfärbung angezeigt, gelegentlich kommt es zu Ulzerationen. D. zusammen mit → Hyperkeratosen finden sich häufig bei Echsen. Am bekanntesten für Schildkröten sind mykotisch bedingte Panzerveränderungen (Lösen von Hornplatten, bis zu Infektionen des Knochengewebes). Prophylaxe: hygienische Haltung (sauberes, sauerstoffreiches Wasser, einwandfreies Bodensubstrat). Therapie: bei **A** und → aquatischen **R** Bäder in Kaliumpermanganatlösung (1:100 000); Bepinseln mit Gentianaviolett-, Malachitgrünlösung u. a. Bei Squamaten wurden z. B. erfolgreich Nystatin, Neomyzin, Clotrimazol (bei Hefepilz-Infektion) angewandt. Vitaminsubstitution. [1]

Dermochelydidae, Lederschildkröten: → marine Fam der → Cryptodira. Nur 1 Art, → *Dermochelys coriacea.* Größte rezente Schildkröte. Verbreitung: in allen wärmeren Meeren. Nicht häufig. Hohe Anpassung a. das Leben in der Hochsee. Ursprünglicher Knochenpanzer extrem rückgebildet. Vom primären → Carapax nur Nackenplatte (Nuchalplatte) erhalten. Sekundär dazu Hunderte dünner, mosaikartig angeordneter Knochenplättchen (Epithecalia) ausgebildet. Knöchernes → Plastron besteht aus einem schmalen, schwanzwärts offenen Knochenring und einigen längsverlaufenden Knochenplättchenreihen. Wirbel sowie Rippen frei. Panzer von einer dicken, lederartigen Haut bedeckt. Nur Jungtiere noch mit kleinen Hornplatten ausgestattet. Kopf groß. Vorn am Oberkiefer 2 markante zahnartige Vorsprünge. Extremitäten große, breite → Flossenpaddel, denen Krallen fehlen. Hintere Extremitäten kürzer als vordere. [1]

Dermochelys coriacea (Linnaeus 1766), Lederschildkröte: einzige Art der → Dermochelydidae. Verbreitung: Mittelmeer, Atlantischer, Pazifischer, Indischer Ozean. Als Irrgast sogar in der Ostsee (Rostock) nachgewiesen. Lebt einzeln, vorwiegend in der Hochsee. Carapax-Länge bis 2,5 m. Gewicht bis 900 kg. Vorderextremitäten können Spannweite bis über 3 m aufweisen. → Carapax mit 7, → Plastron 5 Längskielen. Nahrung: Fische, Stachelhäuter, Molluken (Kalmare u. a.), Krabben, Quallen (sogar *Physalia),* z. T. Meerespflanzen. → Migration zu den Nestplätzen nur in kleinen Gruppen. Gelegegröße: 90–150 Eier; 2 Jahresgelege. Anteil der unbefruchteten Eier offenbar stets relativ hoch. [1]

Desinfektion: Entseuchung durch Abtöten von pathogenen Erregern. Prophylaktisch und nach Infektionsausbruch an Terrarientieren, Behältern, Dekorationsmaterial, Reinigungs- und Fütterungsgerät (auch Hände-D. beachten) durchzuführen. D. ist mit physikalischen (trockenes Erhitzen, UV-C-Strahlung) und chemischen Verfahren möglich. Chemische Desinfektionsmittel wirken meist durch Oxidation, Reduktion, Eiweißfällung od. hemmen Enzym- und Stoffwechselabläufe. Wichtige anorganische Desinfektionsmittel sind z. B. Kaliumpermanganat (0,01 g/l Wasser), Wasserstoffperoxid (30 g/l Wasser), zu den organischen gehören Formaldehyd (20–100 g/l Wasser), Phenol und -derivate (30–50 g/l Wasser), Peressigsäure (3–10 g/l Wasser), Farbstoffe (z. B. Acriflavin, 10 mg/l Wasser) u. a. Die Auswahl des Desinfektionsmittels erfolgt je nach Anlaß und Gegenstand. [1]

Diabetes mellitus: → Pankreasveränderungen.

Diaphyse: Schaft eines Röhrenknochens. Embryonal knorplig vorgebildet, der Knochen des Schafts entsteht enchondral und perichondral (→ Osteogenese). Die Gelenkabschnitte der D., die → Epiphysen, bleiben bei **A** und **R** auch im ad. Stadium knorplig. Eine Ausnahme bilden einige → Sauria, bei denen auch in den Epiphysen Verknöcherungszentren auftreten, noch ehe das Längenwachstum abgeschlossen ist, das durch Fugenknorpel zwischen D. und Epiphyse erhalten bleibt. [2]

Diapophyse: von der Basis des → Neuralbogens eines Wirbels abgehender Querfortsatz, der dem Ansatz des → Tuberculum der Rippe dient. Bei den meisten → Tetrapoda dem → Processus transversus gleichzusetzen. Form und Breite der Sacraldiapophysen (D. der → Sacralwirbel) dienen bei Froschlurchen als systematisches Merkmal. [2]

diapsid: Typus des **R**-Schädels mit 2 → Schläfenfenstern. Unter dem oberen Schläfenfenster vereinigen sich → Postorbitale und → Squamosum zum oberen sowie → Jugale und → Quadratojugale zum unteren Jochbogen. D. ist der Schädel der → Rhynchocephalia und Archosauria. Meist werden auch die → Sauria auf d. Vorfahren zurückgeführt, der untere Jochbogen ist reduziert. Bei den → Serpentes und einigen Sauria ist auch der obere Jochbogen rückgebildet, sicher bedingt durch die spezielle Art und Weise der Nahrungsaufnahme. [2]

Diastole: Erholungsphase des als Saug- und Druckpumpe arbeitenden Herzens. Durch Erschlaffung der Herzmuskulatur kommt es zur Erweiterung des Herzvolumens und zum Ansaugen des Blutes aus den zuführenden Venen (Hohlvenen, Lungenvene). Rhythmischer Wechsel mit der → Systole. [2]

Dibamia: IO der → Sauria. Stellung der → Dibamidae umstritten. Ihr Gehirn ist dem der → Typhlopidae vergleichbar. Daher unter anderem als Seitenzweig der Stammeslinie der → Serpentes angenommen. Meist werden die Schlangenschleichen jedoch zu den →

Scincomorpha od. → Gekkota gerechnet. [1]

Dibamidae, Schlangenschleichen: Fam der → Dibamia. Systematische Stellung umstritten, häufig den → Scincomorpha zugeordnet. Etwa 10 Arten, Gatt *Dibamus.* Neuerdings wird die Skinkengatt *Anelytropsis* (verbreitet in O-Mexiko) als familiengleich mit *Dibamus* angesehen. Verbreitung: Hinterindien, Indoaustralischer Archipel, Philippinen bis Neuguinea. → Wühlende Lebensweise im Humus tropischer Wälder. GL bis 30 cm. Körper langgestreckt, rund („wurmförmig"). Kopf stumpf gerundet. → Pileus nur mit 1–3 Schildern. → Rostrale (durch Verschmelzung oft einziges Kopfschild) fungiert als Bohrspitze. Schädel sehr massiv, → Jochbögen nicht erhalten. Zähne klein, spitz, → pleurodont, → Pterygoid nicht bezahnt. Augen rückgebildet, liegen unter einem Ocularschild. Äußere Ohröffnungen nicht vorhanden. Extremitäten fehlen. Lediglich bei ♂♂ (*Dibamus*) als Reste der Hinterextremitäten flossenförmige Anhänge ausgebildet. → Schultergürtel rudimentär bzw. völlig fehlend. → Procöle Wirbel. → Osteodermata nicht vorhanden. Schwanz kurz, → Autotomie möglich. → Ovipar. [1]

Dicamptodontidae: Fam der → Caudata. Meist als UFam (1 od. 2) den → Ambystomatidae zugeordnet. 3 Arten, 2 Gatt (*Dicamptodon, Rhyacotriton*). Verbreitung: pazifisches N-Amerika. Leben in schattigen Nadelwäldern des Flach- und Berglandes → amphibisch bis weitgehend → aquatisch vor allem im Bereich kalter → Fließgewässer. Höhenverbreitung bis etwa 1800 m. GL bei *Rhyacotriton* bis 10, *Dicamptodon* bis 35 cm. Robust gebaut, Rumpf mit 12–14 → Rippenfurchen. Extremitäten kräftig, Schwanz seitlich abgeflacht. Schädel fest, solid. → Praemaxillare paarig. → Septomaxillare und → Lacrimale vorhanden. Bei *Rhyacotriton* → Nasale und Pterygoid reduziert (auch Lungen). → Columella auris frei. → Amphicöle Wirbel. Tagsüber meist verborgen. Eiablage einzeln, mit Eistiel am Substrat festgeheftet od. frei unter Steine im Gewässer. → Metamorphose der Larven erst nach 2 bis über 4 Jahren. 2 UFam: Dicamptodontinae, Rhyacotritoninae. [1]

Dicephalus (Bicephalus), Doppelköpfigkeit: durch Entwicklungsstörung bedingte Anomalie. Mehreren Fällen von D. bei Schwanz- und Froschlurchen (→ *Salamandra salamandra, Rana sylvatica* u. a.) steht eine große Zahl bei **R** gegenüber. Die meisten Berichte betreffen Schlangen, für die über 100 Nachweise vorliegen. Sie verteilen sich auf zahlreiche Gatt und Arten (z. B. → *Elaphe longissima,* → *Natrix natrix,* → *Coronella austriaca,* → *Vipera berus*). Besonders bekannt wurden längere Zeit in Zoos bzw. → Serpentarien am Leben gehaltene zweiköpfige Schlangen, unter anderem eine derartig mißgebildete, jeweils 6 Jahre lang lebende *Lampropeltis getulus californiae* (Zoo San Diego) und eine *Pituophis melanoleucus annectens* (Zoo Los Angeles). Außerdem gibt es Mitteilungen über D. bei Echsen, Schildkröten und Alligatoren. [1]

Diencephalon, Zwischenhirn: kleiner, aber sehr bedeutender Hirnteil, da alle Erregungen in Richtung → Endhirn und umgekehrt das D. passieren müssen. So besitzt es eine wichtige Funktion als Umschalt- und Kontrollstation, deren Bedeutung mit der Höherentwicklung des Endhirns zunimmt. Durch seine dorsalen und ventralen Anhangsgebilde übt es großen Einfluß auf die hormonale Steuerung des Organismus aus. Man unterscheidet 3 Anteile (von dorsal nach ventral), den Epithalamus (bildet das Dach), Thalamus und Hypothalamus. Alle 3 umschließen den III. Ventrikel, der mit dem I. und II. Ventrikel des Endhirns über Foramina und mit dem IV. Ventrikel über den Aquaeductus Sylvii in Verbindung steht. Vom Epithalamus gehen einige dorsale Ausstülpungen aus, von denen bei **A** und **R** die → Epiphyse erhalten bleibt, deren distaler Teil sich bei Froschlurchen als

Stirnbläschen abgliedert (z. T. lichtsinnesempfindlich). Als weiteres unpaares Auge besitzen **R** ein → Parietalauge. Die seitliche Begrenzung des III. Ventrikels bildet der Thalamus. Schaltstelle für sensible Erregungen ist sein dorsaler Teil, für motorische Erregungen, die vom Endhirn caudad verlaufen, der ventrale Teil. Der Hypothalamus steht durch seine ventrale Ausstülpung, das Infundibulum, mit der → Hypophyse in Verbindung. Vor dem Hypothalamus liegt die Kreuzung der Sehnerven, das Chiasma opticum. [2]

Digiti: Finger od. Zehen. Sie bestehen aus einer unterschiedlichen Zahl (2–5) von Einzelgliedern, den → Phalanges. Ursprünglich sind 5 D. vorhanden (→ pentadactyle Extremität). Häufig finden sich Anpassungen an die Fortbewegungsweise. Besonders auffällig ist z. B. die Umgestaltung bei den → Chamaeleonidae (vgl. → Zangenklettern). [2]

Digitigradie, Zehengang: spezielle Form der Fortbewegung. Bei D. werden nur die Finger auf den Boden aufgesetzt, nicht wie ursprünglich die gesamte Hand- od. Sohlenfläche (Plantigradie). Krokodile sind bezüglich der Vorderextremität digitigrad, hinsichtlich der Hinterextremität dagegen plantigrad. [2]

Dione-Natter: → *Elaphe dione.*

Dioptrischer Apparat: Gesamtheit aller Teile des Auges, die nicht in der optischen Achse des Auges einfallende Lichtstrahlen zur Achse hin brechen. Zu diesen Strukturen gehören am Wirbeltierauge Augenhornhaut, Kammerwasser der vorderen Augenkammer, → Linse und → Glaskörper. [2]

Diptera, Zweiflügler: O der Insekten (Insecta). Etwa 90 000 Arten. 1–5 mm lange Insekten mit nur einem häutigen Flügelpaar. Hinterflügel zu 2 keulenförmigen, der Flugstabilität und z. T. der Förderung der Reaktionsfähigkeit dienenden Schwingkölbchen (Halteren) umgebildet. Mundwerkzeuge stechend- od. leckend-saugend. Mit vollkommener Verwandlung, Larven beinlos. Gegliedert in UO → Nematocera und → Brachycera. Zahlreiche Vertreter aus beiden UO stellen für viele **A** und **R** ein unentbehrliches Futter dar. Verschiedene Arten sind außerdem als Parasiten und Krankheitsüberträger bedeutsam. [1]

Discoglossidae, Scheibenzüngler: primitive Fam der → Anura. Etwa 20 Arten. Verbreitung: Europa, O-, SO-Asien. Von den 4 Gatt sind 3 in Europa vertreten durch: → *Alytes cisternasii,* → *A. muletensis,* → *A. obstetricans,* → *Bombina bombina,* → *B. variegata,* → *Discoglossus galganoi,* → *D. jeanneae,* → *D. montalentii,* → *D. pictus,* → *D. sardus.* Bewohner des Flach-, Berglandes, Hochgebirges (→ *Bombina maxima* bis über 3000 m NN). Meist halb aquatisch. KRL 4–8,5 cm (*Barbourula*). Zunge scheibenförmig, unterseits weitgehend od. völlig am Mundboden festgewachsen. Lider beweglich. Pupille vertikal-elliptisch, herzförmig od. dreieckig geformt. → Trommelfell klein, häufig undeutlich. → Maxillare und → Praemaxillare bezahnt. → Schultergürtel arcifer. Ad. Tiere mit echten Rippen. Wirbel → opisthocoel. → Sacralwirbel mit verbreiterten → Diapophysen. Am → Urostyl z. T. noch Reste von Querfortsätzen. Typische Abwehrstellung bei Unken ist die → Kahnstellung. Fortpflanzung mehrfach im Jahr. → Amplexus lumbalis. Bei *Alytes* → Brutpflege durch das ♂. → Spiraculum der Larven liegt in der Bauchmitte.

Discoglossus galganoi Capula, Nascetti, Lanza, Bullini und Crespo 1985: Vertreter der → Discoglossidae. Verbreitung: Portugal, Teile Spaniens. Findet sich an unterschiedlichsten → Stand- und → Fließgewässern, stellenweise auch im Brackwasser. Laicht selbst in kleinen, temporären Wasseransammlungen, Quellbereichen, Bewässerungsgräben, Reisfeldern usw. Höhenverbreitung bis 1800 m. KRL bis 8 cm. Gleicht habituell sehr → *Discoglossus pictus.* Jedoch biometrisch (z. B. durch flacheren Kopf und kleinere äußere Metacarpaltuberkel des ♂, kleinere mittlere Metacarpaltuberkel, am 3. Finger mit größerem Abstand zueinander, in beiden Geschlechtern, geringeren Verhältniswert zwischen Kopflänge und -breite) sowie durch genetische und biochemische Werte von *D. pictus* unterschieden. Lebensweise und Biologie wie bei *D. pictus.* [1]

Discoglossus jeanneae Busack 1986: Vertreter der → Discoglossidae. Verbreitung: S-Spanien (Prov. Cádiz). Artstatus umstritten (nach Lanza u. Mitarb. eine UArt von → *Discoglossus galganoi*). Lebensraum und Biologie wie bei → *Discoglossus pictus* und *D. galganoi.* Beiden Arten auch habituell sehr ähnlich. Die ♂♂ sind jedoch kurzschnauziger als die ♂♂ von *D. pictus* und *D. galganoi.* Außerdem weisen sie eine größere Kopflänge auf, → Tibia, → Femur und Handlänge sind kleiner im Vergleich zu *D. galganoi.* Die ♀♀ zeichnen sich gegenüber denen von *D. galganoi* durch eine kürzere Kopf- und Handlänge aus. Weiterhin wurden unterschiedliche genetische und biochemische Werte ermittelt. Anteriodorsal meist mit X-förmiger Zeichnung, auf der Oberlippe eine z. T. unterbrochene Triangelzeichnung. [1]

Discoglossus montalentii Lanza, Nascetti, Capula und Bullini 1984, Korsischer Scheibenzüngler: Vertreter der → Discoglossidae. Verbreitung: Teile von Korsika. Biotop und Lebensweise weitgehend wie bei → *Discoglossus sardus.* Diesem auch morphologisch sehr ähnlich, jedoch von ihm vor allem durch einen größeren Kopf (seine Länge entspricht ⅓ der KRL), eine stumpfere Schnauze und längere Hinterextremitäten unterschieden. Neben weiteren metrisch signifikant differenzierbaren Unterschieden werden auch beim elektrophoretischen Vergleich des Enzymmusters (der Extremitätenmuskel, Leber) unterschiedliche genetische Werte festgestellt. [1]

Discoglossus pictus Otth 1837, Gemalter Scheibenzüngler: Vertreter der → Discoglossidae. Verbreitung: Sizilien, Malta, Gozo, SW-Frankreich, Katalonien, NW-Afrika (Marokko bis Tunesien). Besiedelt unterschiedlichste Biotope, in enger Bindung an Gewässer. Lebt in bzw. an → Standgewässern und → Fließgewässern aller Art, z. B. auch in vegetationslosen Wasserbekken, → Brunnen, → Tümpeln in Ruinenkomplexen, → wassergefüllten Wagenspuren, sogar im Brackwasser. Höhenverbreitung bis 2600 m. KRL 7–8 cm. Ähnelt einem Wasserfrosch. Schnauze relativ spitz. Pupille rund od. dreieckig. → Trommelfell kaum sichtbar. Haut meist glatt (beim ♀ geringfügig rauh). ♂ ohne → Schallblasen, → Spannhäute an den Hinterextremitäten stärker ausgebildet als beim ♀. Zur Brunstzeit ♂ mit → Brunstschwielen am 1. und 2. Finger, auch an Kehle, Bauch. Tag-und nachtaktiv. Bei Gefahr Flucht in weiten Sprüngen zum Gewässer, Einwühlen in den Gewässerschlamm. Eiablage in zahlreichen Klumpen (300–1000 Eier pro ♀), die sich bald auflösen und absinken. Laicht mehrmals jährlich. [1]

Discoglossus sardus Tschudi 1837, Sardischer Scheibenzüngler: Vertreter der → Discoglossidae. Verbreitung: Korsika, Sardinien, Giglio, Monte Christo, Argentario (Toskana), Îles d'Hyères. Biotop und Lebensweise im wesentlichen wie bei → *Discoglossus pictus.* Höhenverbreitung bis etwa 1600 m. KRL 7–9 cm (♂ meist etwas größer als ♀). Robuster, mit breiterem Kopf, auch stumpfschnauziger als *D. pictus.* ♂ ohne → Schallblasen, zur Brunstzeit mit auffälligen → Brunstschwielen am 1. und. 2. Finger sowie verdicktem Unterarm. Eiablage in mehreren kleinen Klumpen, die sich zwischen Wasserpflanzen finden od. in vegetationslosen Gewässern zum Boden absinken. Laicht mehrfach jährlich ab. [1]

Disjunktion: Spaltung eines → Areals in zwei od. mehrere durch unüberschreitbare Zonen (geographisch, ökologisch od. biologisch bedingte Barrieren) getrennte Teilflächen. Deren Größe kann stark variieren. Vielfach läßt sich ein Hauptareal von kleineren Teilarealen (Exklaven) unterscheiden. [1]

Dispersion: Individuenverteilung (Verteilungsmuster) einer → Population im Lebensraum. Unterschieden werden 4 Dispersionstypen: zufällige, regel- od. gleichmäßige, ungleichmäßig gehäufte (kumulare, geklumpte, aggregative) und gleichmäßig gehäufte (insulare) D. Am häufigsten kommt die kumulare Verteilungsform vor. Eine annähernd regelmäßige D. findet sich z. B. bei territorialen Arten, Typ 1 und 4 entstehen relativ selten. Zu den die D. bedingenden Faktoren (Dispersionsfaktoren) gehören verschiedene Umweltfaktoren, die Mobilität der Art u. a. [1]

Distribution, Verbreitung: Einnahme eines bestimmten → Areals durch eine Art od. andere systematische Kategorie. [1]

Domäne: auf Bellairs zurückgehender Begriff. Dieser ermöglicht es, im Vergleich zum → Biotop od. → Territorium, kleinere Funktionseinheiten zu erfassen. Als D. gilt ein Raum, in dem sich ein Tier wenigstens einen Teil des Jahres ständig aufhält. So wird z. B. bei wandernden Tierarten zwischen einer Sommer- und Winterd. unterschieden. [1]

Dominanzaufreiten: für → Dendrobatidae typische → agonistische Verhaltensweise am Ende des → Kommentkampfes der ♂♂ sowie auch des Rangordnungskampfes von ♀♀ (bei *Dendrobates auratus, D. leucomelas* u. a.). Das dominante Tier springt auf den Rücken des Artgenossen, umklammert diesen (im Schulter- od. Beckenbereich) und drückt ihn nieder. [1]

Donaukammolch: → *Triturus dobrogicus.*

Doppelköpfigkeit: → Dicephalus.

Doppelschleichen: → Amphisbaenia.

Dornfortsatz: → Processus spinosus.

Dörrobstmotte: → *Plodia interpunctella.*

Dorsalia: Rückenschuppen bzw. -schilder (→ Pholidosis). [1]

Dorsalkiel, Mittelkiel, Wirbelkiel, Vertebralkiel: mehr od. weniger stark ausgeprägter, längs der Mitte des → Carapax entlang ziehender First bei zahlreichen Schildkrötenarten. Gebildet von den median gekielten bzw. höckerartig erhobenen Wirbelschildern (Vertebralia od. Centralia). Mitunter weisen Jungtiere einen markanteren D. als ad. Tiere auf, denen er später auch völlig fehlen kann (z. B. bei → *Caretta caretta*). [1]

„DOR-Tiere“: → Straßentod.

Dottersack: extraembryonale Hülle (vgl. → Embryonalhüllen), die den Dotter des Embryos umgibt. Mit dem Darm durch den Dottergang verbunden. Bei **A** unter Beteiligung aller Keimblätter, bei **R** lediglich vom Ento- und Mesoderm gebildet. Der D. schrumpft entsprechend der Resorption des Dottervorrates zusammen. Bei vielen **R** wird er mit dem noch vorhandenen Restdotter vor dem Schlupf in die Leibeshöhle eingezogen. Die völlige Rückbildung kann dann z. B. bei → *Natrix natrix* bis 4,5 Monate dauern. Weiterhin ist nach dem Schlüpfen ein Abbrechen des Dottersackrestes in Nabelschnurnähe möglich, häufig wird der verbliebene Dotter postnatal durch den Nabel in den Körper eingezogen. Dafür kann z. B. → *Emys orbicularis* je nach Größe des Dotterrestes einige Tage bis etwa 2 Wochen benötigen. [1]

Draco volans Linnaeus 1758, Gewöhnlicher Flugdrache: Vertreter der → Agamidae. Verbreitung: Halbinsel Malakka, Sumatera, Djawa, Kalimantan, Sulawesi, Molukken, Philippinen. Baumbewohner (1–20 m Höhe) im tropischen Regenwald, gelegentlich in Pflanzungen, Sekundärwäldern. Gewöhnlich nur zur Eiablage am Boden. GL bis 22 cm. Körper schlank. An jeder Flanke ein bogenförmiger, von 5–7 verlängerten freien Rippen gestützter Hautlappen („Flughaut“; Abb. 31 F, G), der in Ruheposition fächerartig seitlich anliegt. Ausgespannt ermöglichen sie einen Sturzflug (Winkel von 30–60°) und einen daran anschließenden → Gleitflug mit durchschnittlichen Flugweiten von 20–30 m (Höhenverlust 5–8 m). Schwanz über körperlang, dünn, dient beim Gleitflug (zusammen mit der Flughaut) zur Stabilisierung und in gewissem Umfang zur Steuerung. ♂ mit niedrigem Rückenkamm, größerem Kehlsack zwischen den seitlichen Kehllappen. Spreizen der Flughäute (schon nach dem Schlupf möglich) auch als → aposematisches Verhalten. Tagaktiv. Gelegegröße: bis 5 Eier (in der Erde vergraben). [1]

Drahthaken, Schlangenhaken: fester, vorn zu einem rechten Winkel umgebogener Drahthaken zum Hantieren mit → Giftschlangen. Bei Handhabung hastige Bewegungen vermeiden. [1]

Drohbalz: auf Mertens (1946) zurückgehender Begriff. Bei Annäherung an den Fortpflanzungspartner im Sinne sexueller Werbung gezeigtes Verhalten, das nahezu dem Drohverhalten gegenüber Artgenossen identisch sein kann. Meist vom ♂ initiiert. Unter Echsen sehr verbreitet. Nach Kästle (1964) als „ursprüngliches Paarungsvorspiel" zu deuten, das die Kontaktscheu zwischen den Partnern abbauen soll. Die D. kann in verschiedenen Verhaltensweisen ausgebildet sein. Einige Taggeckonen der Gatt *Lygodactylus* (*L. picturatus* u. a.) zeigen z. B. ein typisches Seitwärtsdrohen vor dem ♀. Beim Rollschwanzleguan (*Leiocephalus carinatus*) besteht die D. hauptsächlich aus raschen Nickbewegungen, → Schwanzrollen, hinzu kommt ein tiefes Absenken des Kopfes zum Boden hin. [1]

Drohbeißen, Scheinbeißen: markante → aposematische Verhaltensweise, die ein Zubeißen vortäuscht. In erster Linie von vielen Schlangen praktiziert, z. B. zahlreichen *Natrix*-, auch *Leptophis*-, *Pituophis*-, *Heterodon*-Arten, ebenso können es → Giftschlangen anwenden. Oft tritt D. im Rahmen einer Reaktionskette auf und wirkt bei weitem Aufreißen des Maules besonders eindrucksvoll. Weiterhin sind dazu zahlreiche Echsen und Schildkröten (z. B. rivalisierende Wasserschildkröten ♂♂) imstande. [1]

Drohfärbung: im Dienst der Drohung spontan auftretender, meist intensiver → Farbwechsel, der gewöhnlich im auffälligen Kontrast zur Ruhefärbung steht. Verbreitet bei bestimmten Echsen, z. B. zahlreichen Vertretern der → Iguanidae, → Agamidae, einigen → Gekkonidae, besonders aber bei den → Chamaeleonidae. [1]

Drohzüngeln: → Züngeln.

Drosophila melanogaster Meigen 1830, Tau-, Essig-, Fruchtfliege: Vertreter der Taufliegen (Drosophilidae). 2–2,5 mm lang, hellbraun mit roten Augen. Sucht gärende Substanzen (z. B. Obst) auf. Hier für Zuchtansatz Imagines (etwa 50) fangen. Leicht und reichlich züchtbar. Bewährtes Futter für Molche, kleinere Frösche und Echsen. Zuchtbehälter: diverse Gläser od. Plastdosen mit dichtem Gazeverschluß. Letztere können seitlich oben einen Auslaßstutzen besitzen. Auf ihn wird zur Entnahme ein Glas gesteckt, in dem sich nach Verdunkeln der Dose (in einer Dunkelbox) die positiv phototaxisch reagierenden Fliegen ansammeln. Entfällt bei Verwendung der stummelflügeligen Form („Vestigial-Form"). Larven-Nährmedium (schwach sauer, halbsteif) nach Wyniger: 100 g Bäckerhefe, 4 Eßlöffel Zucker, 200 ml Weinessig, als Bindemittel Watte einstampfen. Etwa 2 cm hoch eingießen, darauf Holzwolle bzw. Knüllpapier (zum Klettern und als Verpuppungshilfe) legen. Generationszeit bei 23–25 °C und 80–90 % RLF 13–16 Tage. Imagines leben 6–8 Wochen. [1]

Drusenkopf: → *Conolophus subcristatus.*

Ductuli efferentes, Vasa efferentia: aus den Hoden hervorgehende Kanälchen, die Spermien ableiten. Die D. e. entspringen entweder aus dem Zentralkanal des Hodens (**A**) od. gehen aus den samenbildenden Kanälchen (**R**) hervor. Sie verbinden die Hoden mit den Mesonephroskanälchen des Genitalteiles der Urniere, denen oft ein Nierenrandkanal vorgeschaltet ist. [2]

Ductus arteriosus: → Ductus Botalli.

Ductus Botalli, Ductus arteriosus: Verbindung zwischen der → Arteria pulmonalis und dem Aortenbogen. Findet sich bei Schwanzlurchen, Schildkröten, einigen Krokodilen und den Brükkenechsen. [2]

Ductus caroticus, Ductus carotideus: Verbindung zwischen Aortenbogen und Arteria carotis interna. Ein D. c. ist bei manchen Schwanzlurchen, den Brückenechsen und vielen Echsen vorhanden. [2]

Ductus choledochus, Gallengang: Ableitungsweg für die in der Leber produzierte Galle. Der D. c. mündet in den Zwölffingerdarm und wird bei Froschlurchen von großen Teilen des → Pankreas umgeben, dessen Ausführungsgänge er gleichzeitig aufnimmt. [2]

Ductus cochlearis, Schneckengang: zu einem langen Gang ausgewachsene → Lagena. Unter den **R** nur bei Krokodilen vorhanden. Der D. c. enthält die ebenfalls langgestreckte → Papilla basilaris, die nun als → Cortisches Organ bezeichnet wird. Im Widerspruch zu seinem Namen ist der D. c. der Krokodile nicht schneckenartig aufgerollt, sondern nur gering gebogen. Der knöcherne D. c. beherbergt 3 übereinanderliegende Räume: in der Mitte den häutigen D. c., darüber die → Scala vestibuli, darunter die → Scala tympani. Beide → Perilymphräume sind am Ende des Ganges miteinander verbunden. Es besteht jedoch keine Kommunikation zwischen → Peri- und → Endolymphe. [2]

Ductus Cuvieri, Vena cardinalis communis: Cuvierscher Gang, Verbindung zwischen den ursprünglich vorhandenen Venenlängsstämmen (Cardinalvenen) und dem → Sinus venosus. Bei Schwanzlurchen und primitiven Froschlurchen, die noch → Venae cardinales posteriores besitzen, bleiben die D. C. erhalten, in die außerdem die → Vena jugularis externa und interna sowie die → Vena subclavia einmünden. Durch die Rückbildung der Venae cardinales posteriores sind die D. C. bei der Mehrheit der Froschlurche sowie den → Amniota zu den Anfangsabschnitten der vorderen Hohlvenen geworden. [2]

Ductus deferens, Vas deferens, Samenleiter: entwickelt sich aus dem → primären Harnleiter, der bei vielen **A** ♂♂ noch Harn und Spermien transportiert (vgl. → Urogenitalverbindung), nach Ausbildung eines selbständigen → Ureters aber nur noch für die Ableitung der Spermien zur Verfügung steht, was für einige **A** und alle **R** zutrifft. Das Ende des D. d. kann kurz vor Erreichen der → Kloake zur → Ampulla ductus deferentis (z. B. bei *Discoglossus*) erweitert od. zur → Vesicula seminalis (bei *Alytes, Pelobates* u. a.) ausgestülpt sein. Bei **R** wird der Anfangsteil des primären Harnleiters zum stark aufgewundenen → Ductus epididymidis, die in diesen einmündenden Mesonephroskanälchen sind die Ductuli epididymidis. Im Nebenhoden gelangen die Spermien endgültig zur Reife. [2]

Ductus endolymphaticus: vom → Sacculus des → häutigen Labyrinths ausgehender Gang. Er endet in der Schädelhöhle der **A** und **R** blind als dünnwandiger Sack (Saccus endolymphaticus), der mit feinen Calciumcarbonatkristallen gefüllt ist. Ursprünglich dient der Saccus endolymphaticus und damit der D. e. dem Druckausgleich im Endolymphsystem. [2]

Ductus epididymidis, Nebenhodengang: stark aufgewundener Kanal des → Nebenhodens der **R.** In ihm erlangen die Spermien ihre endgültige Reife. Er geht aus dem Anfangsabschnitt des → primären Harnleiters hervor. [2]

Ductus nasolacrimalis, Tränengang, Tränen-Nasengang: führt den Überschuß der Augendrüsensekrete ab, der über 1 od. mehrere → Canaliculi lacrimales in den D. n. gelangt. Mündet gewöhnlich in der Nasenhöhle. Dies gilt nicht für den D. n. der Schlangen, der über den Ausführungsgang des → Jacobsonschen Organs in der → Mundhöhle ausmündet und in den die Sekrete der → Harderschen Drüse direkt entleert werden. [2]

Ductus nasopharyngeus, Nasengaumengang: durch Ausbildung des → sekundären Gaumens bei Krokodilen entstandene dorsale Abteilung der → Mundhöhle. Der D. n. steht mit dem Nasenraum über die primäre innere Nasenöffnung und mit der Mundhöhle über die → Choane in Verbindung. Die Scheidewand zwischen beiden Nasengaumengängen wird vom → Vomer beigesteuert. [2]

Ductus pancreaticus: Ausführgang der → Bauchspeicheldrüse. Mündet in den Zwölffingerdarm od. wie bei Froschlurchen in den Endabschnitt des → Ductus choledochus. [2]

Ductus perilymphaticus, Perilymphgang: Teil des akustischen Leitungssystems des → Labyrinthorgans. Der D. p. ist eine Neuerwerbung der **A** und für alle höheren Wirbeltiere charakteristisch. Er stellt die Fortsetzung der basalen Erweiterung des → Perilymphraumes dar und tritt beim Durchziehen der Ohrkapsel in engen Kontakt zu den Sinnesendstellen für das Hören (→ Papilla amphibiorum, → Papilla basilaris). Im → Foramen perilymphaticum geht er in die Schädelkapsel über und endet dort blind. [2]

Ductus thoracici, Milchbrustgänge: längsverlaufende große Lymphgefäßstämme der **R** und höheren Wirbeltiere (vgl. → Lymphgefäßsystem). [2]

Ductus utriculosaccularis: Verbindungsgang zwischen → Utriculus und → Sacculus des → Labyrinthorganes der **R** und höheren Wirbeltiere. [1]

Duldungsfreundschaften: auf Kramer (1937) zurückgehender Begriff. Demonstriert am Beispiel der Terrarienhaltung von → *Podarcis sicula* und → *P. melisellensis.* Neuzugänge werden zunächst bekämpft. Auf der Basis „persönlichen Kennenlernens" kommt es zum Aneinandergewöhnen der zwangsvergesellschafteten Terrarienbewohner. Ein bislang noch wenig untersuchtes Phänomen. [1]

Dungmücken: → Scatopsidae.

Duodenum: → Mitteldarm.

Duplicitas incompleta anterior: Doppelmißbildung eines mehr od. weniger großen Teiles des Vorderkörpers. Meist zeichnet sich der reale Grad der Doppelbildung äußerlich nicht ab. Bei **R** wurden die meisten Fälle bei Schlangen beschrieben und betreffen vor allem die Doppelköpfigkeit (→ Dicephalus). Mit Abstand folgen an zweiter Stelle Schildkröten. Zahlreiche Nachweise (darunter Doppelköpfigkeit) liegen auch für Schwanz- und Froschlurche vor. Bei **A** soll jedoch häufiger eine → Duplicitas incompleta posterior vorkommen. [1]

Duplicitas incompleta posterior: Doppelmißbildung eines mehr od. weniger großen Teiles des Hinterkörpers. Wie Röntgenaufnahmen und Sektionsbefunde zeigen, liegt entgegen dem äußeren Anschein oft ein weitreichenderer Verdopplungsgrad vor. Im Gegensatz zu **A** (Becken- und Hinterextremitäten-Verdopplungen bei Fröschen) sind Fälle von D. i. p. bei **R** wesentlich seltener als die einer → Duplicitas incompleta anterior. Vor allem bei Schlangen wurde mehrfach dazu eine Doppelköpfigkeit (→ Dicephalus) nachgewiesen. [1]

Durchfall: dünnflüssiger, meist auch farb- und geruchlich veränderter Kot, Darmperistaltik verstärkt. Kot ist oft blut- und schleimhaltig, z. B. bei → Salmonellen-Infektion und → Amöbendysenterie. Hervorgerufen vor allem durch kaltes, verdorbenes bzw. schlecht verdauliches Futter, zu kaltes Trinkwasser, ungenügende Haltungstemperaturen (wie fehlende Bodenheizung), Infektionskrankheiten, Darmparasiten. Therapie: auftretende Basenverluste durch Elektrolytlösungen ausgleichen. Applikation von Spasmolytika und Adsorbentien. Vitaminsubstitution. Nach Erregerermittlung und → Resistogramm Antibiotika od. Sulfonamide verabreichen. [1]

Ecdysis, Häutung: periodisches od. unregelmäßiges Abstoßen der Hornschicht der → Epidermis in einem Stück (z. B. bei Molchen, Kröten, Geckos, Schlangen) bzw. in Fetzen (→ Fetzenhäutung). Schildkröten und Krokodile häuten sich nur außerhalb ihrer „Panzerung" und zwar fortlaufend an den verschiedensten abgenutzten Hautstellen. Vor der H. kommt es zur Spaltbildung in einer Schicht intermediärer Zellen (Zwischen- od. Häutungszellschicht). Durch Verschleimen dieser Zellen kann sich die alte von der neuen Hornschicht lösen. Oft reißt die Althaut vor der H. an bestimmten Rißstellen bzw. „Nähten" auf. Der H. unterliegen bei Schlangen auch → Cornea (vgl. → Augentrübung bei Schlangen), → Afterklauen, in wenigen Fällen (*Drymarchon, Chrysopelea*) die Zungenspitzen (unabhängig von der Körperh.). Die erste H. erfolgt bei **R** mitunter bereits im Ei, gewöhnlich aber einige Tage bis Wochen nach dem Schlupf. Innere und verschiedene äußere Faktoren bestimmen die Häutungsfrequenz. Meist ist diese bei Jungtieren (Wachstum!) größer als bei Alttieren. Zahlreiche **A** können sich täglich häuten (*Hyla cinerea* u. a.), bei → *Sphenodon punctatus* findet dagegen nur eine H. pro Jahr statt. Vielfach wird die Althaut sofort verzehrt (→ Keratophagie), einigen **A** dient sie zur → Kokon-Bildung. (Abb. 26). [1]

Echis carinatus (Schneider 1801), Sandrasselotter, Efa: Vertreter der → Viperidae. Verbreitung: weite Teile (nö. des Äquators) W-, N-, M-, O-Afrikas, Arabien, Vorder- und M-Asien, Indien, Sri Lanka, Pakistan. In Trockengebieten mit meist niedriger Vegetation, z. B. Wüsten, Halbwüsten, Savannen, Steppen, an felsigen Berghängen. Höhenverbreitung bis etwa 2000 m. GL bis 85, meist 40–60 cm. Kräftig gebaut. Kopf breit-dreieckig, abgesetzt, Schnauze gerundet. Giftzähne lang. Augen groß. Dämmerungs- und nachtaktiv. Fortbewegung durch → Seitenwinden. Bei Erregung → Schuppenrasseln. Angriffslustig. Stößt blitzschnell, heftig und gewöhnlich weit vor. Gift äußerst stark wirksam. → Ovipar (in N-Afrika), vorwiegend aber wohl → ovovivipar (bis 15 Junge). [1]

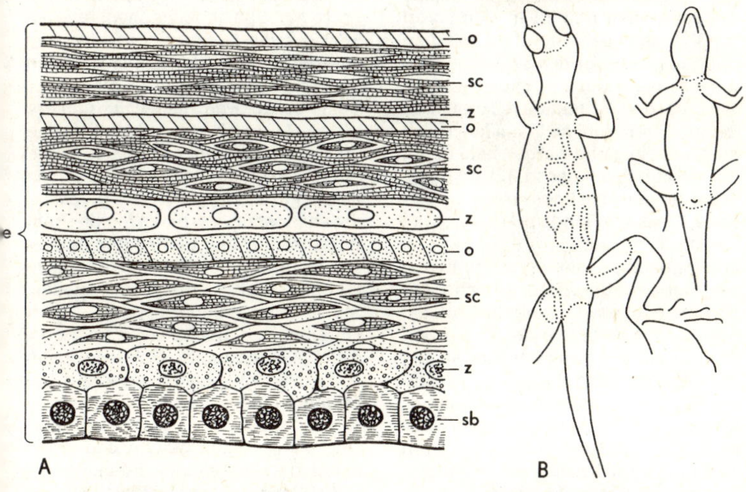

Abb. 26. Häutung. A. Epidermis eines Squamaten vor der Häutung (Querschnitt); B. Rißstellenmuster der Häutung bei *Basiliscus basiliscus* (von dorsal und ventral). *e* Epidermis, *o* Oberhäutchen, *sc* Stratum corneum, *sb* Stratum basale, *z* Zwischenschicht.

Echsen: → Sauria.
Echte Fliegen: → Muscidae.
Echte Frösche: → Ranidae.
Echte Karettschildkröte: → *Eretmochelys imbricata.*
Echte Krokodile: → Crocodylidae.
Echte Mäuse: → Muridae.
Ectobranchiae: äußere Kiemen (bis 3 Paar) der **A**-Larven und → neotener Schwanzlurche. Sehr unterschiedlich gestaltet, kamm-, feder-, blattförmig, bei Schwanzlurchlarven, die in sauerstoffarmen Gewässern leben, meist stark baumförmig verzweigt. Lebendgebärende Formen können die E. in verschiedener Weise zu Austauschorganen zwischen Keim und Elterntier umgestalten. So legen z. B. die Larven von → *Salamandra atra* ihre Federkiemen eng der Eileiterwandung an, bei verschiedenen Vertretern der → Gymnophiona (*Typhlonectes* u. a.) liegen riesige und stark vaskularisierte Kiemenlappen vor. Beide Kiemenlappen sind bei *Typhlonectes compressicaudus* etwa halb so lang wie die GL des Neugeborenen und lösen sich sofort bis 36 h nach der Geburt ab. Mit dem Übergang zur → terrestrischen Lebensweise (in der → Metamorphose) werden die E. bei den → Caudata rückgebildet. Bei → Anuren sind die E. nur kurze Zeit funktionsfähig und werden bald durch → Entobranchiae ersetzt. [2]
Ectopterygoid: → Transversum.
Edge-Effekt: → Randeffekt.
Egel: → Hirudinea.
Eiablage, Oviposition: erfolgt im Wasser (Mehrzahl der **A**) od. an Land. Auf die bevorstehende E. weist bei **R** oft ein verändertes Verhalten der ♀♀ hin. So können z. B. ♀♀ von Echsenarten, die ihr → Gelege vergraben, Grabaktivitäten (Scharren, Anlegen unvollendeter Gänge) am potentiellen Ablageort bzw. im Sinne von Sondierungsgrabungen zeigen. Die E. in Nester (vgl. → Nestbau) ist für viele **A** und **R** typisch. Eine andere Form der → Brutfürsorge praktizieren mehrere **R**-Arten durch Deposition ihrer Eier in Termitenbauten (→ Termitophilie). Besonders hochentwickelte Eiablage-Verhaltensweisen zeigen einige → Brutpflege betreibende Arten, wie → *Pipa pipa* od. → *Gastrotheca ovifera.* Darüber hinaus ist eine große Zahl spezieller Eiablageweisen bekannt (gemeinsame E. vieler ♀♀ am gleichen Ort; vgl. → Masseneiablageplatz, usw.), die sich vom einfachen Absetzen der Eier im Gewässer (vgl. → Laichergruppen) od. Verscharren im Boden deutlich abheben. Häufig vergraben Jungtiere ihr Erstgelege nur ganz flach im Substrat od. noch gar nicht. Mangel an geeigneten Ablagebedingungen kann zur → Ei-Retention (nicht identisch mit → Legenot) führen. Für Zuchterfolge im → Terrarium sind Kenntnisse zur E. und zum Eiablageverhalten (Substratpräferenz usw.) unerläßlich. [1]
Eidechsennatter: → *Malpolon monspessulanus.*
Eidechsenschlinge, Fangschlinge: bereits im Altertum verwendete man in Griechenland zum Eidechsenfang einen zur Schlinge geknüpften längeren Grashalm. Oft enthielt die Schlinge noch ein Speichelhäutchen, dessen Schillern die Neugier der Eidechsen erregte. Anstelle der später üblichen Roßhaarschlinge (aus der Mähne für kleinere, Schwanzhaare für größere Lacerten), wird heute gewöhnlich eine Schlinge aus dünner, haltbarer Dederon-Angelschnur benutzt. Sie ist an einem 1,5–2 m langen Stock befestigt, der am besten vorn einen festen Draht (etwa 20 cm lang) trägt, durch dessen Öse die Schnur läuft. Schlinge vorsichtig über den Kopf des Tieres streifen, Stock hochreißen, Lacerte sofort ergreifen (nie am Schwanz anfassen, sonst → Autotomie), Schlinge lösen und Echse im → Leinensäckchen aufbewahren. Das freie Schlingenende kann aber auch im od. am Stock entlang bis zur Hand geführt und direkt durch Ziehen betätigt werden. [1]
Eigentliche Doppelschleichen: → Amphisbaenidae.
Eileiter: → Oviduct.
Eimeriidae, Kokzidien: Fam der → Sporozoa. Interzelluläre, bevorzugt in Epi-

thelien verbreitete Parasiten. Finden sich hauptsächlich im Darm, in Gallenblase und Gallengängen, gelegentlich in Leber, Milz, Blutzellen. Entwicklungszyklus meist ohne Wirtswechsel. Bei **A** und **R** (vermehrt Infektion von Echsen) schmarotzen Vertreter verschiedener Gatt, am häufigsten der formenreichsten Gatt *Eimeria* (*E. ranarum, E. neglecta, E. agamae, E. cascabeli* u. a.), *Caryospora* und *Isospora*. Oft fehlen markante Symptome, zu denen vor allem Durchfall zählt. Bei Massenbefall sind besonders Jungtiere gefährdet. Diagnose durch Oocysten-Nachweis im Kot. Therapie: Gaben von Sulfamethoxidiazin, z. B. Bayrena 80 mg/kg KM am 1. Tag, die Hälfte der Dosis 5 weitere Tage i. m., od. Durenat 50 mg/kg KM oral, eine Woche lang. [1]

Einfrosten von Futter: vor allem als Futtervorrat für die Wintermonate, aber z. B. auch bei saisonal bedingtem Anfall einer großen Menge bestimmter Futtertiere (zur Abfischungsperiode in der Teichwirtschaft usw.) sinnvoll. Mückenlarven, → Natantia, → Mysidacea, → *Gammarus*, → Gastropoda, → Futterfische, ebenso → Gelierfutter, Pflanzenkost (Algen u. a.) müssen für die Lagerung im Tiefkühlschrank, in der Tiefkühlbox od. -truhe luftdicht in Plastbeutel verpackt werden, um ein Austrocknen zu verhindern. Nach dem Auftauen Futter aufbrauchen. [1]

Ei-Öffnen: bemerkenswerte Brutpflegehandlung (Unterstützen des → Schlüpfaktes) bei Krokodilen. Offenbar durch → Lautäußerungen des schlupfbereiten Jungen stimuliert, öffnet das ♀ das Ei vorsichtig mit dem Maul. Von Pooley detailliert für → *Crocodylus niloticus* beschrieben und durch Dokumentarfotos belegt. Auch für → *Caiman crocodilus* nachgewiesen. Bei *Crocodylus mindorensis* wurde in der Krokodilstation des Silliman University Environmental Center (Philippinen) der Transport des jeweils längs zwischen den Zahnreihen liegenden Eies zum Wasser beobachtet und fotografiert. Vermutlich kommt es hier erst unmittelbar im Wasser zum Öffnen des Eies. Durch den Sprung des ♀ ins Wasser konnte der Vorgang selbst nicht verfolgt werden. [1]

Eirenis collaris (Ménétriés 1832), Halsband-Zwergnatter: Vertreter der → Colubridae. Verbreitung: in Europa in Dagestan, anschließend von Transkaukasien, Anatolien bis Syrien, öst. bis Irak, Iran. Bevorzugt in Steppengebieten, Halbwüsten, auch an trockenen, steinigen Hängen lebend. Höhenverbreitung bis 1500 m. GL bis etwa 32 cm. Kopf klein, oval. Rumpf sehr schlank. Tagaktiv. Versteckt sich meist unter Steinen. Gelegegröße: 4–8 Eier. [1]

Eirenis modestus (Martin 1838), Kopfbinden-Zwergnatter: Vertreter der → Colubridae. Verbreitung: in Europa in der Europäischen Türkei (Umgebung von Konstantinopel), Dagestan. Außerdem umfaßt das → Areal Transkaukasien bis Iran, Kleinasien (einschließlich einiger Inseln), Syrien, Libanon, Israel. Besiedelt versteptes Terrain, Stein- und Geröllboden, auch vegetationsarme, geröllreiche Trockenhänge. Höhenverbreitung bis 2000 m. GL bis 60 cm. Kopf oval, Rumpf sehr schlank. Tagaktiv. Verkriecht sich wie die anderen Arten der Gatt gern unter Steine bzw. Geröll. Gelegegröße: bis 5 Eier. [1]

Eirenis punctatolineatus (Boettger 1892), Punktierte Zwergnatter: Vertreter der → Colubridae. Verbreitung: S-Transkaukasien, Irak, Iran, Kleinasien. Biotop und Lebensweise wie bei → *Eirenis modestus*. Höhenverbreitung bis 1500 m. GL bis etwa 41 cm. Gelegegröße: 3–8 Eier. [1]

Ei-Retention: Verzögern der Eiablage bzw. Zurückhalten der ablagebereiten Eier. Offenbar durch ungünstige Ablagebedingungen verursacht. Nicht mit → Legenot zu verwechseln. E. zeigen z. B. unter Bedingungen der Terrarienhaltung häufig Schildkröten, aber auch einige Formen der → Colubridae. Bei Angaben zur Dauer der → Tragzeit und → Inkubationszeit sollte dieses Verhalten berücksichtigt und gesondert vermerkt werden. [1]

Eischwiele, Eihöcker: zum Öffnen der Eischale dienende, schwielenartige, oberflächliche Hornbildung auf der Schnauzenspitze bei Embryonen von Schildkröten, Krokodilen, Brückenechsen sowie auf der Schnabelspitze von Vogelembryonen. Den → Eizähnen der Squamata nicht homolog. Bei Krokodilen primär in Form von zwei halbkugeligen Epithelwucherungen angelegt. Zwischen diesen bildet sich später eine dritte Papille. In der Folgezeit verschmelzen die drei Papillen zu einem einheitlichen Horngebilde. Gewöhnlich erfolgt nach dem Schlupf ein rascher Abbau. Verschiedentlich wurde auch ein 2–4wöchentlicher Abbauprozeß beschrieben. [1]

Eizahn: auf Weinland (1856) zurückgehender Begriff. Embryonales Hilfsorgan zum Öffnen der Eischale bei den → Squamata und Schnabeligeln. Echter Dentinzahn des → Praemaxillare. Der → Eischwiele nicht homolog. Paarig od. unpaar angelegt. Aus den paarigen Anlagen können sich, wie ausschließlich bei den → Gekkonidae realisiert, zwei gleichartige Eizähne entwickeln. In anderen Fällen bleibt die linke Anlage rudimentär bzw. wird gar nicht mehr ausgebildet. Der rechte Zahnkeim schiebt sich dann zur Mitte hin und stellt den definitiven Zahn. Der unpaare E. kann auch primär aus einer einzigen, medianen Anlage hervorgehen (→ *Natrix natrix*, → *Coronella austriaca* u. a.). Fioroni postuliert bei Schlangen drei Eizahn-Typen im Sinne einer Reduktionsreihe: Python-, Colubriden-, Vipera-Typ. Abbau bzw. Ausfall wenige Stunden bis mehrere Tage nach dem Schlupf. (Abb. 27). [1]

Ektoparasiten: außen am Wirt parasitierende Organismen (→ Parasitismus). Oft auch in mit der Außenwelt verbundene Körperhöhlen (z. B. Kiemenräume, Nasenhöhlen) eindringend. Im Gegensatz zu → Endoparasiten stehen sie jedoch, wenn auch in z. T. recht unterschiedlichem Grad, in unmittelbarem Kontakt zur Außenwelt. Für **A** und **R** sind vor allem blutsaugende Arthropoden (Vertreter der → Acari, Mücken, Stechfliegen u. a.) sowie → Egel von Bedeutung. Diese Arten repräsentieren meist typischen Temporärparasitismus. Sie können an allen zugänglichen Stellen des Wirtskörpers parasitieren, finden sich aber oft in Bereichen, wo sie für den Wirt nicht od. nur schwer erreichbar sind (Kiemenbereich, Milben und Zecken an Augenrändern, der → Schwanzwurzel, am Extremitätenansatz usw.). [1]

ektotherm: als e. werden Tiere bezeichnet, deren Körpertemperatur (Körperkerntemperatur) auf die Wärmestrahlung der Umgebung (äußere Wärmequellen) zurückgeht, d. h. nicht wie bei der Endothermie endogenen Regulationsmechanismen unterliegt. Beim Absinken der Umgebungstemperatur fallen somit Energieproduktion und Körperkerntemperatur ab. → Poikilotherme Tiere sind keineswegs ausnahmslos e. So können verschiedene Insekten (Bienen u. a.), dazu unter den **R** einige Riesenschlangenarten (→ Brüten, echtes) zeitweilig endotherm sein. [1]

Ektrodactylie, Oligodactylie: angeborenes Fehlen von Zehen und Fingern. Bei Froschlurchen vielfach beschrieben. E. kann an Vorder- und Hinterextremitäten, einseitig sowie auch völlig gleichartig doppelseitig auftreten. Gelegentlich kommt E. in Kombination mit → Syndactylie vor. Während z. B. bei → *Rana „esculenta"* selbst einseitige E. sehr selten ist, sind Fälle von E. bei → *Rana temporaria,* besonders an den Hinterextremitäten (sogar bis zur totalen bilateralen E.) häufiger zu beobachten. [1]

Elaphe dione (Pallas 1773), Dione-Natter: Vertreter der → Colubridae. Verbreitung: Süden der Europäischen UdSSR, östlicher Vorkaukasusraum, O-Transkaukasien, Kasachstan, M-Asien, nach Fernost bis Primorje, NO-China, Korea. Lebt vor allem in Steppen, an steinigen Hängen, auch in Oasen, Waldgebieten, auf landwirtschaftlichen Nutzflächen (→ Kulturfolger). Höhenverbreitung bis

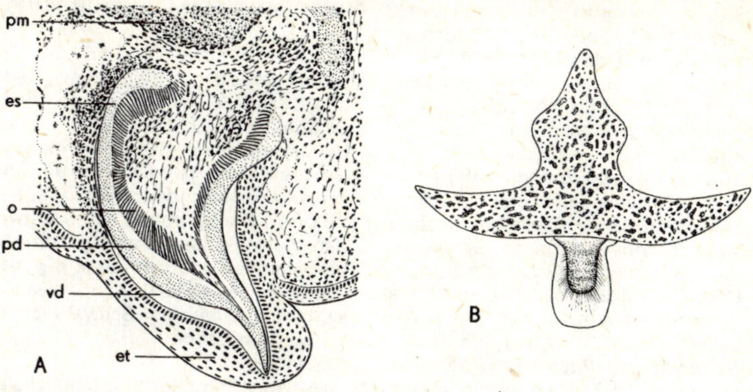

Abb. 27. Eizahn von *Natrix natrix*. A. Medianschnitt durch die Eizahnanlage (Kopflänge 8 mm); B. Praemaxillare mit Eizahn (Knochenschliff). *es* Epithelscheide, *et* Eizahntasche, *o* Odontoblasten, *pm* Praemaxillare, *vd* verkalktes Dentin, *pd* Praedentin.

1600 m. GL bis 1,4, meist nicht über 1 m. Mäßig schlank, glattschuppig. Kopf länglich, Augen mittelgroß. Bodenbewohner. Klettert selten. Tötet Beute meist durch → Konstriktion. Bei Erregung Schwanzvibrationen. Gelegegröße: 4–16 Eier. [1]

Elaphe hohenackeri (Strauch 1873), Transkaukasische Kletternatter: Vertreter der → Colubridae. Verbreitung: Dagestan, Aserbaidshan, O-Grusinien, Georgien, Armenien, NO-, S-Kleinasien, Libanon, Syrien, Israel, NW-Iran. Findet sich vor allem an sonnigen, buschreichen Berghängen, in Gebirgsschluchten, auch entlang von Bach- und Flußtälern, in Ruinen, an verfallenen → Legesteinmauern. Höhenverbreitung bis über 2500 m. GL bis 75 cm. Schlank, glattschuppig. Kopf länglich, nur wenig abgesetzt. Dämmerungsaktiv. Versteckte Lebensweise. Oft unter Steinen und Felsblöcken verborgen. Gelegegröße: 3–7 Eier. [1]

Elaphe longissima (Laurenti 1768), Äskulapnatter: Vertreter der → Colubridae. Verbreitung: in Europa von NW- und NO-Spanien über Frankreich (außer N-Teil), M-Europa, Balkanhalbinsel bis zur S-Ukraine, nach Süden bis W-Sardinien, Sizilien, zum Peloponnes, SO-Thrakien, darüber hinaus Kaukasusgebiet, S-Transkaukasien, N-Iran, NO-Kleinasien. Lebt bevorzugt in lichten, sonnigen Laubwäldern (besonders mit altem Baumbestand, felsigen und steinigen Plätzen, Kletterpflanzenbewuchs), auch alten Steinbrüchen, Weinbergen, an Ruinen, steinigen, gebüschreichen Südhängen. Häufig in Wassernähe. Höhenverbreitung bis 2000 m. GL bis 2,2, meist nicht über 1,5 m. Schlank, glattschuppig od. nur ganz schwach gekielt (letztes Körperdrittel). Kopf schmal, wenig abgesetzt. Pupille rund. Tagaktiv. Vorwiegend Bodenbewohner, klettert aber ausgezeichnet. Wärmeliebend. Tötet große Beute durch → Konstriktion. Beim Ergreifen bissig. Gelegegröße: bis 20, meist 5–8 Eier. Ablageorte sind hohle Bäume, Mist-, Laubhaufen, Mauerspalten. Verschiedentlich wurden → Masseneiablageplätze gefunden. [1]

Elaphe quatuorlineata (Lacépède 1789), Vierstreifennatter: Vertreter der → Colubridae. Verbreitung: N-, M- und

S-Italien (Sizilien eingeschlossen), Jugoslawien, Albanien, SW-Griechenland (viele Ägäische Inseln), Europäische Türkei, Bulgarien, Rumänien, südliche Europäische UdSSR, nach Osten bis W-Kasachstan, weiterhin Kaukasusraum, Transkaukasien, Kleinasien, Syrien, Iran. Breites Biotopspektrum, z. B. lichte Laubwälder, steiniges gebüschreiches Hügelland, Karstgebiete, Steppen, auch an Gewässerufern, sumpfigen od. moorigen Stellen. Höhenverbreitung bis 2500 m. GL bis 2,5, gewöhnlich nicht über 1,5 m. Kräftiger Körperbau. Kopf länglich, relativ gut abgesetzt. Pupille rund. Rückenschuppen (ad. Tiere) schwach gekielt. Tag- und dämmerungsaktiv. Umschlingt größere Beute. Klettert und schwimmt gut. Kann → Gewölle bilden. Gelegegröße: bis 16, meist 8–10 Eier. [1]

Elaphe scalaris (Schinz 1822), Treppennatter: Vertreter der → Colubridae. Verbreitung: Iberische Halbinsel, S-Frankreich (Mittelmeerküste), Îles d'Hyères, Menorca. Besiedelt trokkene, sonnige, weitgehend offene Biotope, gern z. B. Weinberge, südexponierte Geröllhänge, Steinbrüche, steinige, mit Gebüsch durchsetzte Plätze, Hecken, → Legesteinmauern, Feldränder. Höhenverbreitung bis etwa 1400 m. GL bis 1,6, meist nicht über 1,2 m. Körper kräftig, gedrungen und glattschuppig. Kopf mit leicht zugespitzter Schnauze, wenig abgesetzt. Überwiegend nachtaktiv (stärkste Nachtaktivität im Spätsommer und Herbst). Hauptsächlich bodenbewohnend, klettert jedoch gut. Sehr flink, scheu. Beim Fang oft zubeißend. Tötet große Beute durch → Konstriktion. Gelegegröße: 5–24 Eier. [1]

Elaphe situla (Linnaeus 1758), Leopardnatter: Vertreter der → Colubridae. Verbreitung: S-Italien, O-Sizilien, Malta, Balkanhalbinsel (W-, S-, SO-Teil), SO-Rumänien, einige ostadriatische und zahlreiche Ägäische Inseln (Sporaden, Kykladen u. a.), Kreta, S-Krim, N-Kaukasus, Transkaukasien, N- und W-Kleinasien. Besiedelt unterschiedlichste, jedoch stets sonnige, weitgehend trokkene Biotope, z. B. steinige und gebüschreiche Orte, Steppen, bewachsene → Lesesteinhaufen, Ruinen, Feld- und Straßenränder, Weinberge, auch an Sümpfen, Bachufern, in verwilderten Gärten, vereinzelt sogar in Häusern nachgewiesen. Hauptsächlich Bewohner des Flachlandes, vereinzelt bis 1000 m NN angetroffen. GL bis etwa 1 m. Schlank, glattschuppig. Gilt als schönste europäische Natter. Tag-, oft auch dämmerungsaktiv. Kann gewandt klettern. Vibrieren der Schwanzspitze als aposematische Reaktion. Gelegegröße: 2–6 Eier. [1]

Elapidae, Giftnattern: artenreichste Giftschlangenfamilie. Etwa 190 Arten. Verbreitung: hauptsächlich Tropen, Subtropen. Am zahlreichsten in Australien, fehlen in Europa, auf Madagaskar. Besiedeln verschiedenartigste Biotope, z. B. tropische Wälder, Savannen, Dornbuschsteppe, bis in Wüstengebiete vordringend. (*Walterinnesia*). Meist bodenbewohnend, verschiedentlich → arboricol, Wasserkobras → amphibisch. Kleine (GL 30 cm) bis sehr große Arten. → *Ophiophagus hannah* größte (GL bis 6 m) und zusammen mit → *Oxyuranus scutellanus* gefährlichste rezente Giftschlange. Meist natternähnlich. Kopf nur wenig abgesetzt, Schwanz drehrund. Giftzähne vorn im → Maxillare, längsgefurcht (proteroglyphe Formen; vgl. → Giftapparat), relativ kurz. Giftdrüse traubenförmig, z. T. mit großem Lumen. Bei ursprünglichen Formen Maxillare lang, bis 17 Zähne, bei hoch entwickelten Arten kurz, nur 1 Paar Giftzähne (übrige Ersatzzähne). Bekannteste Vertreter: → Kobras (*Naja* u. a.), Mambas (→ *Dendroaspis polylepis*), Kraits (*Bungarus*), Korallenschlangen (*Micrurus* u. a.). Gift hauptsächlich neurotoxisch wirksam. Weitgehend dämmerungs-, nachtaktiv. → Ovipar, → ovovivipar. Bei *Ophiophagus hannah* → Brutpflege. [1]

Elektroanästhesie: physikalisches Narkoseverfahren, das jedoch nur selten praktiziert wird. Die → Narkose erfolgt mittels elektrischer Durchströmung des Gehirns. Dabei können unterschiedliche Stromarten und -stärken Verwendung finden. Bei **R** liegen z. B. Erfahrungen mit → *Iguana iguana* vor. [1]

Elektrophorese: Methode zur Trennung verschiedener Teilchen unterschiedlicher Ladung und Wanderungsgeschwindigkeit im elektrischen Feld. Die Auftrennung von Proteinkomponenten, z. B. → Serumproteinen, erfolgt meist als Zonenelektrophorese auf bestimmten Trägermaterialien (Zelluloseazetat, Polyacrylamidgel u. a.), deren Eigenschaften (Siebeffekt) die Trennung weiter verbessern. Das Elektrospherogramm weist dann die unterschiedlichen Komponenten als separate Banden (Zonen) aus. [1]

Elodea Richard in Michaux 1803, Wasserpest: Gatt der Froschbißgewächse (Hydrocharitaceae). Etwa 20 Arten. Verbreitung: N- und S-Amerika, vielerorts eingebürgert, z. B. *E. canadensis* in → Stand- und auch → Fließgewässern Europas (nur als ♀ Pflanze; 1836 erstmals in Irland nachgewiesen). Submerse, frei flutende od. im → Substrat wurzelnde, schnellwachsende, robuste Pflanze. Sproßachsen gestreckt, dünn, unregelmäßig und meist reich verzweigt. Blätter linealisch, 3–5zählige Quirle bildend, an der Sproßbasis oft wechsel- bzw. gegenständig. Bekannt als physiologisches Versuchsobjekt (O_2-Produktion) und „Anfängerpflanze" in der Aquaristik. Gut einsetzbar z. B. im → Aqua-Terrarium, → Molchaquarium. *E. canadensis, E. callitrichoides, E. nuttalii* sind Kaltwasserformen (bis 18 °C), *E. minor* und *E. densa* vertragen mehr Wärme. Vermehrung durch Bruchstücke von Sprossen und Winterknospen (im Freien). [1]

embolomerer Wirbel: besteht aus 2 etwa gleich großen Anteilen, der größere stellt die ringförmig miteinander verschmolzenen → Pleurocentra dar, der kleinere entspricht den → Hypocentra. Charakteristisch für die fossilen Anthracosauria, eine O der Labyrinthodontia. Zu ihnen wird heute i. d. R. auch die Gatt *Seymouria* gestellt, die halbmondförmige Hypocentra und größenmäßig überwiegende Pleurocentra aufweist. [2]

Embryonalentwicklung, Keimentwicklung, Embryogenese: die E. läuft außer- od. innerhalb des mütterlichen Organismus ab. Sie repräsentiert den ersten großen Lebensabschnitt im Individualzyklus eines Tieres, beginnt mit der → Befruchtung und endet mit dem Schlupf bzw. der Geburt des juv. Tieres. Gewöhnlich unterscheidet man innerhalb der E. 4 Phasen, → Furchung, Keimblattbildung, Sonderung und Ausformung der Organe, innere (histologische) Organdifferenzierung. Eine extrem kurze E. von nur etwa 2 Tagen zeichnet die Gatt *Scaphiopus* aus, bei → *Salamandra atra* dauert sie dagegen 3–4 Jahre. In der experimentellen embryologischen Forschung spielen **A** seit über einem Jahrhundert eine wichtige Rolle. Zur exakten Einstufung der Entwicklungsstadien wurden → Normentafeln der wichtigsten als Versuchstiere dienenden Arten erstellt. Aus der Fülle der an **A** gewonnenen Erkenntnisse ragen die Arbeiten über das Differenzierungsgeschehen an Keimen von → *Triturus vulgaris* und die hierbei erfolgte Entdeckung der Organisatorwirkung der oberen Urmundlippe heraus. Dafür wurde H. Spemann der Nobelpreis verliehen. [1]

Embryonalhüllen: bei Wirbeltieren extraembryonal angelegte Strukturen (→ Dottersack, → Amnion, → Chorion, → Allantois) zum Schutz, zur Ernährung und Atmung des Embryos. (Abb. 28). [1]

Embryothropheier: nicht entwicklungsfähige, zugrunde gehende, der Ernährung des Embryos dienende Eier. Auf Czernak (1843) zurückgehend, wird bei → *Salamandra atra* zwischen Embryonal- und E.-Eiern unterschieden. Von den durchschnittlich 60 (Schwankungsbreite 28–104) bei der → Ovulation in jeden → Oviduct ausgestoßenen Eiern entwickelt sich pro → Ute-

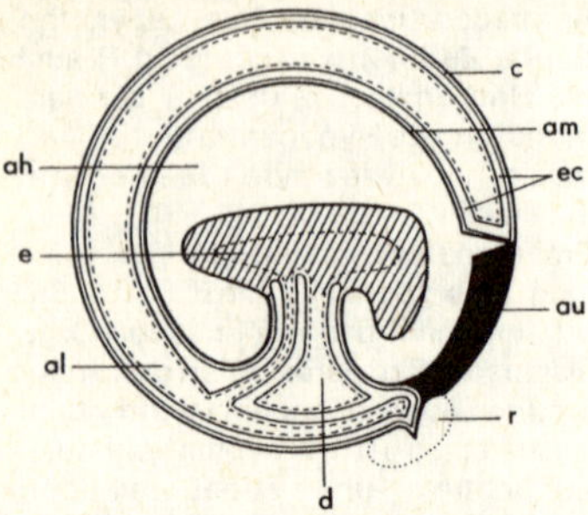

Abb. 28. Embryonalhüllen von *Chelonia*. *ah* Amnionhöhle, *al* Allantois, *am* Amnion, *au* Aufhängeband der Allantois, *c* Chorion, *d* Dottersack, *e* Embryo, *ec* extraembryonales Coelom, *r* Rest des Eiklars.

rus meist nur ein Embryonalei, selten zwei Eier. Nur diese als erste den Oviduct passierenden Eier erhalten eine dicke, kompakte Eimembran. Die übrigen (= E.) bleiben hüllenlos, mitunter erhalten einige der direkt nachfolgenden Eier noch eine dünne Gallerthülle. Sie alle zerfallen, das rahmartige Dottermaterial wird von der Larve völlig aufgefressen. [1]

Emydidae, Sumpfschildkröten: Fam der → Cryptodira. Etwa 80 Arten. Verbreitung: wärmere Gebiete der Erde außer Australien, Ozeanien, Afrika sü. der Sahara, Madagaskar. Reich entfaltet in SO-Asien, Amerika. In Europa → *Emys orbicularis*, → *Mauremys caspica*, → *M. leprosa*. Überwiegend → amphibisch lebend (im Süß-, gelegentlich auch Brackwasser; für letzteres typisch *Malaclemys terrapin*), einige weitgehend → aquatisch, verschiedene Arten fast ausschließlich → terrestrisch (z. B. *Geomyda, Terrapene*). → Plastron oft mit → Scharnieren. → Inframarginalia fehlen, z. T. Reste als Axillaria und Inguinalia erhalten. Extremitäten etwas seitlich abgeflacht. Zehen frei, mehr od. weniger stark durch → Spannhäute verbunden. Keineswegs überwiegend tierische Kost, oft mit gleich großem tierischen und pflanzlichen Nahrungsanteil. Dach-, Diademschildkröten u. a. sogar vorwiegend od. reine Pflanzenfresser. → Höchstalter in Gefangenschaft bei *Terrapene carolina* 129 Jahre. 2 UFam: Batagurinae (Altweltliche Sumpfschildkröten), Emydinae (Amerikanische Sumpfschildkröten). [1]

Emys orbicularis (Linnaeus 1758), Europäische Sumpfschildkröte: Vertreter der → Emydidae. Verbreitung: fehlt in Europa nur im Norden und einigen Gebieten M-Europas, nach Osten bis zum Aralsee, Kaukasusgebiet, Transkaukasien, Kleinasien, N-Iran, NW-Afrika. Bevorzugt Gewässer mit Deckung bietendem Wasserpflanzenbestand und schlammigem Grund. Biotopspektrum wie bei → *Mauremys caspica*. Höhenverbreitung bis 1700 m. Carapax-Länge bis 36 cm. → Carapax flach, oval. → Plastron mit → Scharnieren. Finger und Zehen weisen → Spannhäute und Krallen auf. Schwanz ziemlich lang. Tag-, auch nachtaktiv. Scheu, schwimmt und taucht geschickt. Gelegegröße: 3–16 Eier, in einer → Nestgrube abgelegt. [1]

Enchytraeus Henle 1837, Enchytraeen: Gatt der Enchytraeidae (Fam der → Annelida). Im feuchten, mitunter nassen Erdreich, z. B. in Wald-, Kompost-, Blumenerde, im Spülsaum der Küste, Bodenschlamm von Süßgewässern. Leicht züchtbar. Bewährtes Zierfischfutter: *E. albidus* (Gewöhnliche E.; weißlich, bis 5,3 cm lang, optimale Zuchttemperatur 18 °C) und *E. buchholtzi* (Grindalwürmchen; bis 1 cm lang, größeres Feuchtigkeitsbedürfnis, Zuchttemperatur 18–24 °C). Von Wolterstorff erstmals als Futter für Terrarientiere verwendet. Zusatzfutter für viele Schwanz- und Froschlurche, Echsen, auch Jungtiere einiger → aquatischer Schildkröten. *E. albidus:* Zuchtgefäß Holzkiste (50 x 25 x 25 cm) mit feinmaschigem Gazedeckel, dunkel und auf Leisten (Luftzirkulation) stellen. → Substrat: gesiebte Lauberde, gemischt mit Torf od. etwas ungeleimter Malerkreide. Stets locker und mäßig feucht halten. Zuchtansatz (1 Eßlöffel voll E.) und Futter in eine Mulde geben, diese mit kleiner Glasscheibe od. feuchtem Leinentuch abdecken. Zweimal wöchentlich füttern. Verderbende Reste entfernen! Futter: z. B. gekochter, dicker Haferflockenbrei, Gemüsereste, Quark, saure Milch, Fisch. Erste Entnahme nach 2 Monaten. Würmer vor dem Verfüttern in Wasser spülen. *E. buchholtzi:* Substrat ein Torf-Sand-Gemisch, als Futter dienen trockene Haferflocken. [1]

Enddarm: bei **A** mehr od. weniger gerade, bei Schwanzlurchen kurz (z. T. weitlumig), Froschlurchen oft länger. Ein Blinddarm ist i. d. R. hier nicht ausgebildet, gegebenenfalls nur bei Darmfüllung zu orten. Dadurch fehlt eine deutliche Abgrenzung gegen den → Mitteldarm. **R** weisen häufig einen kurzen Blinddarm auf, die Grenze zum Mitteldarm ist meist durch eine ringförmige Einschnürung od. einen Klappenapparat (Valva ileocaecalis) gegeben. Krokodile verfügen über keinen Blinddarm. Der E. der **R** hat gewöhnlich ein weiteres Lumen als der Mitteldarm, kann bei Echsen relativ lang werden und in Schlingen gelegt sein. Im E. wird im wesentlichen Wasser aus dem Darmbrei entzogen und resorbiert. Der Endabschnitt ist oft besonders gestaltet (vgl. → Kloake). [2]

endemisch: Arten bzw. Taxa, deren Vorkommen auf ein bestimmtes, relativ eng begrenztes Gebiet beschränkt ist. Alte kontinentale Inseln weisen oft einen bemerkenswerten Anteil von Endemiten auf (Madagaskar z. B. 66%). Unter den europäischen **A** und **R** sind z. B. → *Chioglossa lusitanica*, → *Rana iberica*, → *Chalcides bedriagai*, → *Lacerta schreiberi* iberische Endemiten, → *Lacerta graeca* und → *Podarcis peloponnesiaca* Endemiten des Peloponnes. [1]

Endfaden: → Schwanzfaden.

Endhirn: → Telencephalon.

Endnagel, Schwanznagel: den letzten Schwanzwirbel umhüllende, nagelförmige Hornbildung bei manchen Landschildkröten, z. B. → *Testudo hermanni, Pyxis arachnoides.* Beim ♂ oft deutlich länger, leicht gebogen, spatelförmig abgeflacht. Offenbar als Penisstütze bei der → Kopulation bedeutsam. [1]

Endolymphe: im Binnenraum des → häutigen Labyrinths vorhandene, leicht visköse Flüssigkeit. Endolymphströmungen sind wahrscheinlich der wichtigste Reizmechanismus für die Hörsinnesorgane. Über den → Ductus endolymphaticus, der vom → Sacculus abgeht, gelangt E. bis in die Schädelhöhle, in der dieser Gang blind und häufig mit einer Erweiterung zum Saccus endolymphaticus endet. [2]

Endoparasiten: innerhalb des Wirtes lebende Parasiten (→ Parasitismus). Im Vergleich zu → Ektoparasiten ist eine Verbindung zur Außenwelt nur über den Wirt möglich, zu dem auch meist ein weitaus engerer Kontakt besteht. Sie können die Körperhöhlen und alle Organe besiedeln sowie als Zellparasiten auftreten. Nach Sektionsbefunden von in Gefangenschaft gehaltenen **A** und **R** dominieren bei diesen unter den E. die → Nematoden. [1]

Engmaulfrösche: → Microhylidae.

Entfetten: bei der Herstellung von Skeletpräparaten auf die → Mazeration folgender Arbeitsschritt. Das noch verbliebene Knochenfett wird mit Hilfe organischer Lösungsmittel (Benzin, Tetrachlorkohlenstoff, Schwefelkohlenstoff, Xylol u. a.) am besten in einer Entfettungsanlage unter Dampfdruck extrahiert. Zum E. von → Bänderskeleten kleiner sowie mittelgroßer **A** und **R** kann ein Soxhlet-Extraktionsapparat (Kammerdurchmesser 15 cm) dienen. Bewährt hat sich dabei ein Benzin-Ether-Gemisch (1:1). Im einfachsten Fall reicht es, die Knochen lediglich 1–2 Wochen in das Lösungsmittel zu legen (Gefäß gut verschließen, Lösung einmal wechseln). Nach dem Trocknen erfolgt das → Bleichen der Knochen. (Abb. 29). [1]

Entobranchiae: innere Kiemen. Sie treten bei Froschlurchlarven an die Stelle

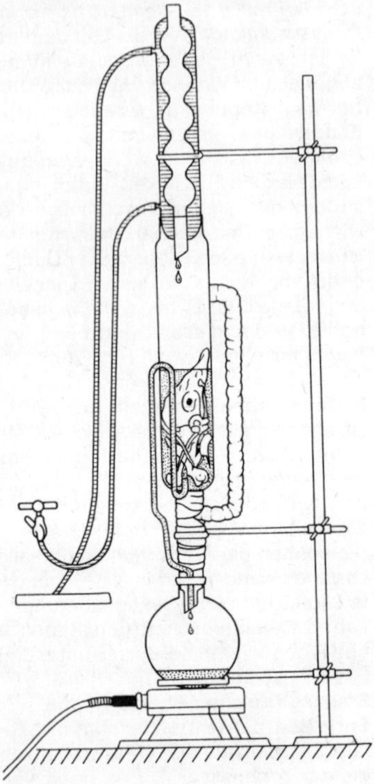

Abb. 29. Soxhlet-Extraktionsapparat zur Entfettung von Knochen.

der äußeren Kiemen (→ Ectobranchiae), die nur anfänglich funktionieren. Etwa zum Zeitpunkt des Durchbrechens der Mundöffnung erfolgt ihre Rückbildung. Eine → Opercularfalte überwächst die Kiemenspalten, so daß die Kiemenkammer mit dem → Spiraculum entsteht. Beide Kiemenkammern stehen miteinander in Verbindung. Es bilden sich dann neue, reich verästelte Kiemen, die bis zur → Metamorphose bestehen bleiben. [2]

epaxonische Rumpfmuskulatur: dorsale Rumpfmuskelmasse, die oberhalb einer straffen bindegewebigen Scheidewand, des Septum horizontale, liegt. Dieses trennt die e. R. von der → hypaxonischen Rumpfmuskulatur. Beide erstrecken sich zwischen Kopf und Schwanzansatz und werden von → Spinalnerven versorgt, die e. R. durch dorsale, die hypaxonische Rumpfmuskulatur durch ventrale Äste der Spinalnerven. Bei Landwirbeltieren ist die e. R. auf den Bereich zwischen den Dorn- und Querfortsätzen der Wirbel und den proximalen Rippenteil begrenzt. Die e. R. der **A** besteht aus einem einheitlichen, links und rechts der Dornfortsätze gelegenen Muskel, dem Musculus dorsalis trunci, der sich craniad in Faserbündel auflöst, die am Schädel inserieren. Der Musculus dorsalis trunci der **R** gliedert sich in 3 längsverlaufende Systeme auf: 1. das Transverso-Spinalis-System (medial der Dornfortsätze); 2. das Longissimus-System (seitlich von 1); 3. das Ileo-Costalis-System (auf dem dorsalen Teil der Rippen). Alle 3 sind durch bindegewebige Septen deutlich voneinander geschieden. Seitliche Rumpfbewegungen werden vom Ileo-Costalis-System vollzogen, die Systeme 1 und 2 dienen vor allem der Streckung der Wirbelsäule. Schildkröten zeigen eine starke Reduzierung der epaxonischen wie auch hypaxonischen Rumpfmuskulatur, bei Schlangen ist dagegen die e. R. hoch entwickelt. → *Sphenodon punctatus* und Krokodile besitzen darüber hinaus im Schwanzbereich einen Musculus dorsalis caudae. [2]

Ephestia (Anagasta) **kuehniella** (Zeller 1879), Mehlmotte: Vertreter der Zünsler (Pyralididae). Vfl-Spannweite 10–11 mm. Larve vor allem schädlich in Getreideprodukten, in denen sie außerdem durch ihre Gespinströhren Klumpen bildet (führt zur Verstopfung der Siebe, Rohrleitungen). In Mühlen, Bäckereien, Speichern Falter fast ganzjährig. Beliebtes Versuchstier, da anspruchslos, schnelle Vermehrung. Nahrung (Larven, Falter) für Froschlurche, kleine Echsen. Zuchtbehälter: 1-l-Einweckgläser od. Plastdosen mit Gazedeckel, dunkel stellen. Zuchtansatz etwa 10 Paare. Futter: Mehl, Haferflocken, dazu evtl. etwas Trockenhefe (5 % des Gesamtsubstrates) als Vitamin-B-Zusatz. Wyniger empfiehlt das Haydak-Medium (vgl. → *Galleria mellonella*). Bei etwa 25 °C Generationszeit rund 6 Wochen. [1]

Epicoracoid: → Schultergürtel.

Epidermis, Oberhaut: äußerste, aus dem Ektoderm entstandene Zellschicht des Tierkörpers. Bei Wirbeltieren mehrschichtig. Bildet mit dem unter ihr liegenden → Corium das → Integument. Embryonal einschichtig angelegt, bei **A** hier noch mit Cilien versehen. Gelegentlich sind diese sogar noch kurze Zeit nach dem Schlupf vorhanden. Mit dem Übergang zum Landleben tritt bei **A** (adulten Tieren) erstmals als oberste Schicht der E. eine meist dünne, aus → Keratin bestehende Hornschicht (Stratum corneum) auf. Sie unterliegt der → Häutung. Die innerste Schicht (Stratum germinativum, Keimschicht) liefert durch Zellteilungen ständig Ersatz für die verbrauchten bzw. abgestoßenen oberen Zellen. Die **R**-Haut ist dagegen stark verhornt und besitzt zudem als → Hautderivate → Hornschuppen und -platten. Zwischen dem kompakten Stratum corneum, bei vielen → Squamata mit skulpturiertem „Oberhäutchen" versehen, und dem Stratum germinativum liegt eine deutliche Zwischenschicht (Stratum intermedium). [1]

Epididymis, Nebenhoden: im ♂ Geschlecht bei **R** aus dem nur embryonal tätigen → Mesonephros hervorgehend. Über einen Nierenrandkanal treten die aus dem Hoden hervorgehenden → Ductuli efferentes mit den Mesonephroskanälchen, die nun als Ductuli epididymidis bezeichnet werden, in Verbindung. Diese münden in den → primären Harnleiter ein, dessen Anfangsabschnitt sich stark aufwindet und den → Ductus epididymidis darstellt, dessen Ende in den → Ductus deferens übergeht. [2]

epigame Merkmale: Merkmale mit Signalfunktion, zum Anlocken des Geschlechtspartners bei der → Balz. Besonders bekannt sind z. B. die bei vielen Echsen ausgebildeten auffälligen Farb- und Formmerkmale. Diese können meist durch bestimmte Bewegungen noch wirksamer präsentiert werden. [1]

Epiglottis, Kehldeckel: bei manchen Echsen und den Krokodilen vor dem → Aditus laryngis gelegene Schleimhautwulst, die von einem Fortsatz des Ringknorpels (→ Cartilago arytaenoidea) gestützt wird. Dadurch ist eine gute Trennung zwischen Luft- und Nahrungsweg gegeben. Der E. der Säuger nicht homolog. [2]

Epiphyse: → Epiphysis cerebri.

Epiphysen eines Röhrenknochens: zeitlebens knorplig bleibende Gelenkenden der → Diapophysen von **A** und **R** (einige Echsen ausgenommen). [2]

Epiphysis cerebri, Epiphyse: aus einer dorsalen Ausstülpung des → Zwischenhirns, dem Pinealorgan, hervorgegangenes Organ. Es kann innersekretorisch tätig sein durch Bildung des Hormons Melatonin, das die Pigmentierung, d. h. die Dispersion der Melaningranula in den → Melanophoren hemmt. Von der E. c. der Froschlurche ist der distale Abschnitt als Frontalorgan (Stirnbläschen) abgegliedert. Dieses liegt direkt unter der Haut und kann noch Photorezeptoren enthalten. Häufig bleibt die Haut darüber, z. B. bei → *Rana temporaria,* durchsichtig, pigmentfrei und bildet den Scheitelfleck. Der proximale Abschnitt stellt dagegen ein sekretorisch tätiges Hohlorgan dar. Ähnlich ist die E. c. der Echsen gestaltet, die der Schlangen und einiger Schildkröten weist jedoch soliden Bau (ohne Hohlraum) auf. Alligatoren besitzen keine Epiphyse. [2]

Epiphyten: Pflanzen, die gewöhnlich auf Bäumen (vor allem im Kronenbereich) siedeln, diese aber i. d. R. nur als Unterlage benutzen, um so bessere Lichtverhältnisse zu erreichen. Meist mit besonderen Anpassungen zur Beschaffung von Wasser und Nährsalzen, z. B. Luftwurzeln mit speziellem

Wasserabsorptionsgewebe, „Cisternen" (eng aneinandergrenzende Blattbasen), Mantel- od. Nischenblättern. In großer Vielfalt im tropischen Regenwald (viele → Farne, → Orchideen, → Bromelien, auch → Kakteen). Im → Terrarium am besten mittels Perlonband (nach Oeser aus Perlonstrümpfen gewonnen) am mit Korkeichenborke umkleideten → Kletterast (Epiphytenstamm) festbinden. Zum Verdecken des Bandes Bartflechte, Isländisches Moos od. Torfmoos verwenden. Anordnung am Stamm od. in der → Terrarienrückwand (Netzwand), besonders dekorativ in kleinen Artengruppen. Als Hemi-E. werden Formen bezeichnet, die mittels stammartiger Nährwurzeln („Säulenwurzeln") den Erdboden erreichen (*Ficus*-Arten u. a.). [1]

Epipterygoid, Columella cranii: vertikal verlaufender Knochenstab, der mit dem → Pterygoid und der Unterseite des Schädeldaches gelenkt, wodurch ein Ausweichen der vom Pterygoid und → Palatinum gebildeten Knochenspange (vgl. → Schädelkinetik) verhindert wird. [2]

Epipubis, Cartilago ypsiloides: unpaarer und endständig Y-artig aufgegabeltes Knorpelstück, das sich sekundär an die ventrale Beckenplatte der Schwanzlurche anschließt. Die E. entwickelt sich in der → Linea alba als selbständige Bildung und hat möglicherweise hydrostatische Funktion, da Druck auf die caudalen Abschnitte der stark verlängerten Lungen ausgeübt werden kann. Bei Froschlurchen ist lediglich am Becken von *Xenopus* Epipubisknorpel nachweisbar. [2]

Epirus-Frosch: → *Rana epeirotica.*

Episit: → Prädator.

Episternum, Omosternum: craniad gerichteter, unpaarer Brustbeinabschnitt von Froschlurchen, mit den knorpligen Epicoracoidplatten verbunden. Endet i. d. R. knorplig. [2]

Epistropheus: → Axis.

Epithelkörperchen: → Parathyreoidea.

Erbkoordination, Instinktbewegung: auf Lorenz zurückgehender Begriff. Erblich fixierter, arttypischer Bewegungsablauf. Durch einen bestimmten Reiz induziert. Der weitere Ablauf ist jedoch völlig reizunabhängig. [1]

Erdkröte: → *Bufo bufo.*

Erdwühlen: → Caeciliidae.

Eremias arguta (Pallas 1773), Steppenrenner: Vertreter der → Lacertidae. Verbreitung: NO-Rumänien, Moldawien, S-Ukraine, Krim, Vorkaukasusraum, O-Kaukasusgebiet, Transkaukasien, N-Iran, M-Asien bis zur Mongolei, NW-China. In Europa vorwiegend auf sandigen Böden, im Süden und Osten des → Areals weitgehend auf harten Substraten (Kies-, Geröllflächen, feste Lößböden u. a.) mit jeweils spärlicher Vegetation. Höhenverbreitung bis 2000 m. GL bis 21 cm. Kopf kräftig, relativ spitzschnauzig, Rumpf gedrungen. Schwanz erreicht etwa KRL. Tagaktiv. Flieht blitzschnell. Sucht Zuflucht in selbstgegrabenen, 10–40 cm langen Wohnröhren, Erdspalten, Nagerbauen, unter Sträuchern. Im lockeren Sandboden ist schnelles Eingraben möglich. Gelegegröße: bis 12 Eier; 2–3 Jahresgelege. [1]

Eremias velox (Pallas 1771), Schneller Wüstenrenner: Vertreter der → Lacertidae. Verbreitung: N-Küste des Kaspischen Meeres (zwischen Wolga und Ural), Kalmykien, Dagestan, N-Aserbaidshan, nach Osten über M-Asien bis NW-China, im Süden bis N-Iran, N-Afghanistan. Besiedelt vor allem weitgehend feste Sandböden, aber auch z. B. steinige, mit spärlichem Gras bewachsene Steppen. Höhenverbreitung bis 1700 m. GL etwa bis 25 cm. Kopf ziemlich groß, Hals im Vergleich zu → *Eremias arguta* mäßig verbreitert, Rumpf relativ kräftig. Schwanz erreicht bis nahezu doppelte KRL. Tagaktiv. Flieht rasch, z. T. mit Sprüngen bis 0,5 m Weite. Das Spektrum der Schlupfwinkel gleicht dem von *E. arguta.* Gelegegröße: 2–6 Eier; bis 3 Jahresgelege möglich. [1]

Eretmochelys imbricata (Linnaeus 1766), Echte Karettschildkröte: Vertreter der → Cheloniidae. Verbreitung: hauptsächlich in küstennahen, seichten Bereichen tropischer und subtropischer Meere. An den Küsten Europas nur Irrgast. Carapax-Länge bis etwa 90 cm. Kopf ziemlich spitz, Oberkiefer greifvogelartig gebogen. Carapaxschilder meist → imbrikat. Als → Schildpatt sehr begehrt. Gelegegröße: bis etwa 200 Eier (durchschnittlich 158 Eier); 1–2 Gelege (gelegentlich bis 4) pro Saison. [1]

Erhaltungszucht: im Rahmen des → Artenschutzes unternommene Zucht einer vom Aussterben bedrohten Art mit dem Ziel, die in der Natur gefährdeten → Populationen durch Aussetzen gezüchteter Tiere zu stabilisieren bzw. eine Wiedereinbürgerung in geeignete, ehemalige Lebensräume zu versuchen. Besondes bekannt sind z. B. entsprechende Bemühungen zur Zucht von → *Megalochelys gigantea*, → *Chelonoides elephantopus*, verschiedener Krokodilarten (→ *Alligator sinensis* u. a.) und → Riesenschlangen (vor allem *Epicrates*). [1]

Erkundungsverhalten: → Explorationsverhalten.

Ersatzfutter: das „klassische" E. bilden in der → Terraristik Fisch- und mageres Rindfleisch (auch Herzmuskel). In Streifen geschnitten od. als → Gelierfutter erhalten es vor allem Wasserschildkröten, Krokodile, viele Großechsenarten. Aber selbst → Nahrungsspezialisten wie → ophiophage *Bungarus*-Arten, → *Ophiophagus hannah*, schneckenfressende Panzertejus u. a. lassen sich auf E. umstellen. Dem Calciumdefizit wirken dabei Zugaben von → Futterkalk od. Kalk-Vitaminpräparate entgegen. Zunehmend wird gegenwärtig auf die in Büchsen für Katzen und Hunde erhältliche Fertignahrung zurückgegriffen. Sie soll fein zerkleinert sehr gut zur Aufzucht von → carnivoren → Kaulquappen geeignet sein. Auch Leber, Mischfutter aus Schabefleisch, geriebener Möhre mit Vitaminzusatz und anderes mehr gehören zum E. [1]

Ersatzknochen: entsteht durch chondrale → Osteogenese (Knorpel ist nur Platzhalter) entweder an der Oberfläche (perichondral) od. im Inneren des Knorpels (enchondral), der durch → Chondroclasten abgebaut und durch Knochen, den eingedrungene → Osteoblasten aufbauen, ersetzt wird. [2]

Ersatzlaichteich: auf den Schweizer Lehrer Fischer zurückgehende Schutzmaßnahme vor dem → Straßentod für zum → Laichgewässer anwandernde sowie von dort wieder wegziehende → Erdkröten. Ein → Amphibienschutzzaun verhindert das Überqueren der Straße. Die aus den → Fanggefäßen entnommenen Tiere (auch andere **A**) werden in einem (ebenso 2–3 möglich) an geeigneter Stelle weit vor der Straße gebauten E. eingesetzt. Plastezäune verhindern das Entkommen der hier bis zum Ablaichen verbleibenden Alttiere. Danach wird die Einzäunung bis zum Frühjahr des nächsten Jahres entfernt. Die im E. geschlüpften Kröten sind jetzt auf diesen geprägt und so vor dem Straßentod bewahrt. Gemäß der Lebenserwartung von → *Bufo bufo* muß die Straßenabschrankung (bei jährlich sinkenden Fangquoten der Alttiere) etwa 8–10 Jahre fortgeführt werden. [1]

Erstbesiedler, Pionierbesiedler: Arten, die in neue, noch unbesiedelte Räume vorstoßen. Zu ihnen zählen unter den europäischen **A** → *Bufo calamita*, → *Rana perezi*, → *R. „esculenta"* u. a. So besiedeln z. B. die durch hohe ökologische Plastizität und Migrationsfähigkeit ausgezeichneten Teichfrösche relativ schnell → Sekundärbiotope wie → Restgewässer in Braunkohletagebauen, Ton-, Kies- und Sandgruben. [1]

Erstfutter: Futter für Jungtiere in den ersten Lebenstagen bzw. frisch metamorphosierte **A.** So dienen z. B. als E. für → Dendrobatidae kleine → Collembolen und → Aphidinen, auch Junglarven von → *Galleria mellonella*. Junge Landschildkröten erhalten kleingeschnittene, zarte Salatblätter sowie besonders Bananenstückchen, Wasserschildkröten → Wasserflöhe und Larven von → Nematoceren. [1]

Erweckungsbad: auf Krefft zurückgehender Begriff. Dauerbad zur Beendigung der → Winterruhe von z. B. in einer → Überwinterungskiste gehaltenen Terrarientieren. Die Badtemperatur wird langsam und kontinuierlich (viertelstündlich etwa um 4 °C) od. periodisch erhöht. Neben dem stufenweisen Gewöhnen an die Zimmertemperatur soll es ein Aufweichen evtl. vorhandenen alten, verhärteten Kotes bewirken, zur Kotabgabe führen, die Darmtätigkeit anregen, Freßlust stimulieren und winterliche Wasserverluste ausgleichen. [1]

Erythrocyten, rote Blutkörperchen: dominierender Bestandteil der Blutzellen der Wirbeltiere. Sie binden mit Hilfe des Hämoglobins Sauerstoff. Die E. der **A** und **R** sind wie die aller Wirbeltiere, ausgenommen die Säugetiere, kernhaltig. Allerdings besitzen einige **A** (→ Plethodontidae) neben kernhaltigen auch kernlose E. Gebildet werden die E. im roten Knochenmark, in der Leber, Niere, z. T. der Milz und bei **A** periodisch (jeweils im Frühjahr) auch in den → Fettkörpern. Die größten E. kommen bei *Amphiuma* vor (78 x 46 µm). Ihre Zahl pro mm^3 ist recht verschieden, bei **A** mit etwa 36 000–700 000 pro mm^3 deutlich niedriger (Zusammenhang mit ihrer Größe) als bei höheren Wirbeltieren. **R** erreichen etwa Werte zwischen 500 000 und 2 Mill. pro mm^3. Außerdem unterliegt die E.-Zahl (ebenso die der → Leukocyten) mehr od. weniger deutlichen, physiologisch und saisonal bedingten Schwankungen (bei → *Natrix natrix* z. B. im Winter z. T. leicht absinkend). [2]

Eryx jaculus (Linnaeus 1758), Westliche Sandboa: Vertreter der → Boidae. Verbreitung: südliche Balkanhalbinsel, SO-Rumänien, Korfu, Kykladen. SO-Thrakien, Kleinasien, Vorkaukasusraum (bis N-Dagestan) über Transkaukasien bis NW-Iran, von Syrien bis N-Saudi-Arabien, N-Afrika. Bodenbewohner (→ wühlende Form) in trockenen, vegetationsarmen Biotopen mit meist lockerem Boden. Lebt z. B. in sandigen Gebieten entlang der Küste, Halbwüsten, Steppen, im → Ödland, auf mit Büschen durchsetzten grasigen Hügeln. Höhenverbreitung bis 1700 m. GL bis 80, meist nicht über 50 cm. Körper kräftig, walzenartig. Kopf nicht abgesetzt, kegelförmig. Oberkiefer überragt Unterkiefer. → Rostrale groß, kräftig. Augen klein, Pupille senkrecht. Schwanz kurz, stumpf. Kleinschuppig. Bauchschuppen einreihig, schmal. Hauptsächlich dämmerungs- und nachtaktiv. Tötet Beute durch → Konstriktion. → Ovovivipar, 6–15 Junge. [1]

Eryx miliaris (Pallas 1773), Zwerg-Sandboa: Vertreter der → Boidae. Verbreitung: O-Vorkaukasusraum bis M-Asien, Iran, Afghanistan. Bewohnt hauptsächlich Wüsten, Halbwüsten. Meist dämmerungs- und nachtaktiv. Tagsüber gewöhnlich im Sand (auch in Nagerbauen) verborgen. GL bis 90, meist 50–70 cm. Kopf nicht abgesetzt, Maul unterständig. Augen klein, aufwärts gerichtet. Kleinschuppig, kurzschwänzig. Wühlt sich schnell im Sand ein. Angriff erfolgt blitzartig. Töten der Beute durch → Konstriktion. Oft bissig. → Ovovivipar, bis 12 Junge. [1]

Erzschleiche: → *Chalcides chalcides.*

Essigfliege: → *Drosophila melanogaster.*

Ethogramm: Katalog des gesamten Verhaltensinventars (Aktionsinventars) einer Tierart. Basis jeder Verhaltensuntersuchung, unter diesem Aspekt schon von Jennings (1906) gefordert. [1]

Ethotaxonomie: Spezialrichtung der Taxonomie. Die Klassifikation der Organismen wird nach ethologischen Kriterien bzw. dem Verhaltensinventar vorgenommen. So erstellten z. B. in jüngster Zeit Zimmermann, H., und Zimmermann, E., (1988) für die → Dendrobatidae ein Etho-Taxonomie-Diagramm. Auf der Basis von 62 klar umrissenen Verhaltensparametern wurden 9 Artengruppen postuliert. Verhaltensanalysen basieren neben Protokollen,

Tabelle 2. Größe der Erythrocyten (Mittelwerte) einiger Amphibien- und Reptilienarten. Ausgewählt aus Szarski und Czopek 1966.

Art	Länge (µm)	Breite (µm)
Amphibia		
Taricha granulosa	37,5	20,5
Ambystoma maculatum	38,2	22,2
Ambystoma tigrinum	36,5	20,2
Desmognathus quadramaculatus	35,5	21,0
Eurycea bislineata	34,0	16,7
Bufo americanus	18,7	12,5
Hyla crucifer	18,7	12,5
Rana catesbeiana	25,5	16,5
Reptilia		
Sternotherus odoratus	18,3	12,5
Chelydra serpentina	22,6	12,5
Trionyx spiniferus	22,3	12,5
Chrysemys picta	18,1	11,3
Malaclemys terrapin	20,0	11,1
Clemmys guttata	18,3	12,5
Emydoidea blandingii	21,0	12,5
Terrapene carolina	19,6	12,5

Skizzen, Fotoserien zunehmend auf Film-, Videoaufnahmen und Untersuchungen der → Lautäußerungen. [1]

Etikettierung: unerläßliche Maßnahme zum wissenschaftlichen Erfassen der Objekte beim Sammeln. Ohne E. besitzt das gesammelte Exemplar keinen wissenschaftlichen Wert. Etikett (aus Pergament-, Leinenpapier) und Beschriftung (mit Tusche, notfalls Bleistift) müssen haltbar, auch in → Fixierungsflüssigkeit beständig sein. Befestigung mit Hilfe eines Anhängerfadens an einem Bein des Tieres, bei → apoden **A** und **R** kann der Bindfaden z. B. mit einer Nadel durch den Gaumenboden des Unterkiefers gezogen werden. Zu den grundsätzlichen Angaben gehören: Sammelnummer, Fundort (so exakt wie möglich; gegebenenfalls genau bekannten Bezugsort, auch Provinz od. Bezirk anführen, im Gebirge Höhenangabe), Datum (Monat in Buchstaben), Geschlecht, Alter, Maße, Gewicht, Name des Sammlers. Wünschenswert sind weitere Hinweise, z. B. über Ernährungszustand, verblassende Zeichnung, Färbung usw. (evtl. auf Blankoetikett vermerken). Originaletiketten sind wissenschaftliche Dokumente, daher nicht austauschbar, notfalls durch Beizettel ergänzbar. [1]

Eulanisierung: Behandlung zoologischer Präparate mit Eulan (Bayer AG, Leverkusen) zum Dauerschutz gegen Schadinsekten (Keratinfresser). Damit entfällt der bislang übliche, gesundheitsschädliche Einsatz von Arsenverbindungen (Arsen [III]-oxid u. a.). Für die zoologische Präparationstechnik entwickelte Lehmann (1964) die Anwendungstechnologie von Eulan U 33. Das farb- und geruchlose, flüssige, gut verdünnbare Produkt (auf 100 g Trockensubstanz 1–2 g/l Wasser) läßt sich bei 40 °C Badtemperatur gut auf das Objekt (evtl. noch 1–2 g anionisches Netzmittel zusetzen) aufziehen. Einwirkung 15–30 Minuten. Spülen in Wasser, nachfolgend (20 min) in verdünnter Essigsäure (pH 5,0), anschließend trocknen. Eine ähnliche Wirkung wird mit Woguman FN (Chemiekombinat Bitterfeld) erzielt. [1]

Eumeces schneiderii (Daudin 1802),

Tüpfelskink: Vertreter der → Scincidae. Verbreitung: SO-Dagestan über Transkaukasien, südliches M-Asien, Iran, Irak bis NW-Indien, nach Süden über Anatolien zur Sinai-Halbinsel, in N-Afrika westwärts bis Algier. Findet sich vor allem auf gestrüppreichen Lehm- und Lößflächen, auch vegetationsarmen steinigen, sandigen Böden, an steinigen Südhängen, außerdem in der Kulturlandschaft (Weinberge, Feldränder usw.). Höhenverbreitung bis 1800 m. GL bis 42 cm. Kopf kräftig gebaut, Ohröffnungen durch mehrere dreieckige Schuppen größtenteils bedeckt. Rumpf robust, walzenförmig, mit kräftigen Extremitäten versehen. Schwanz drehrund, erreicht bis anderthalbfache KRL. Körperschuppen glatt. Tagaktiv. Hohe → Fluchtdistanz. Ausgeprägtes → Revierverhalten. Gräbt flache, oft meterlange röhrenförmige Gänge. Gelegegröße: 6–20 Eier. [1]

Eunectes murinus (Linnaeus 1758), Große od. Nördliche Anakonda: Vertreter der → Boidae. Verbreitung: tropische Regenwälder öst. der Anden; Venezuela, Kolumbien, Ekuador, Peru, Guayana, Brasilien, auf Trinidad. Bevorzugt im Wasser, in langsam strömenden Flüssen mit üppiger Ufervegetation, Stillwasserzonen von Nebenarmen, Sümpfen. An Land vor allem auf überhängenden Ästen, Sandbänken. Tieflandart (bis 250 m NN). Größte rezente Schlange (neben → *Python reticulatus*). Als zur Zeit offenbar glaubwürdiges Maximalmaß gilt eine GL von 11,44 m, 1944 an einem frischtoten Exemplar gemessen. Meist beträgt die GL jedoch 4–5, nur selten bis 9 m und mehr. Kopf länglich, wenig abgesetzt. Nasenöffnungen aufwärts gerichtet, durch Hautfalten verschließbar. Stärkster Rumpfumfang aller Riesenschlangen. Glattschuppig, glänzend. Mit → Afterklauen. Hauptsächlich dämmerungs- und nachtaktiv. → Lauerjäger. Standorttreu. Frißt ans Wasser kommende Wirbeltiere, selbst Wasserschweine, junge Tapire. → Ovovivipar, 15–90 Junge. [1]

Euproctus asper (Dugès 1852), Pyrenäen-Gebirgsmolch: Vertreter der → Salamandridae. Verbreitung: N-, M-Pyrenäen. Fortpflanzung in kalten, klaren Gebirgsseen und -bächen (Staubereiche), auch kleinen Rinnsalen, → Tümpeln, Höhlen- und Grotten-Gewässern. Höhenverbreitung bis 2800 m, bevorzugt bei etwa 2000 m NN. Wasseraufenthalt im Hochgebirge bis 5 Monate. GL bis 17 cm. Körper ziemlich robust. Haut relativ rauh, mit hornigen, häufig kegel- bis dornförmigen Hautpapillen. Diese sind besonders markant im Flanken-, → Schwanzwurzelbereich und am Hinterkopf. Kopf abgeflacht, ohne → Parotoiddrüsen. ♂ mit rundem, ♀ kegelförmigem → Kloakenwulst. Zur Brunstzeit an Zehen und Fingern des ♂ → Brunstschwielen. Larven und ad. Tiere (♂ wie ♀) mit dunkel pigmentierten, kuppenartigen Verhornungen (Abb. 45 C) an den Spitzen der → Phalanges (vgl. → Amphibienkralle). Überwiegend nachtaktiv. → Sommerruhe möglich. Eiablage einzeln (30–60 Eier) an Steinen (ober- und unterseits), zwischen Kies, in Gesteinspalten im Wasser. [1]

Euproctus montanus (Savi 1838), Korsischer Gebirgsmolch: Vertreter der → Salamandridae. Verbreitung: Korsika. Im Flach-, hauptsächlich aber Hügel- und Bergland. Zur Fortpflanzungszeit in kühlen (bis 15 °C), klaren Gewässern, z. B. kleinen Seen, Stillwasserzonen von Bergbächen. Häufig im Bereich der Kastanienwälder anzutreffen. Höhenverbreitung bis etwa 2100 m. GL bis 12 cm. Kopf mit markanten → Parotoiddrüsen. Rumpf mäßig schlank. Hautpapillen schwächer entwickelt als bei *Euproctus asper*. Schwanz nur im Endbereich seitlich abgeflacht. ♂ mit Sporn am Unterschenkel (zum Festhalten des ♀ bei der → Kopulation) und kegelförmigem → Kloakenwulst (beim ♀ rundlich). Vorwiegend nachtaktiv. Meist wird eine → Sommerruhe gehalten. Eiablage einzeln an Steinen od. Felsen unter Wasser od. im Spritzwasserbereich. [1]

Euproctus platycephalus (Gravenhorst 1829), Sardinischer Gebirgsmolch: Vertreter der → Salamandridae. Verbreitung: Sardinien. Im Flach-, vor allem aber Hügel- und Bergland vorkommend. Fortpflanzung hauptsächlich in kalten Gebirgsbächen und -seen, auch Grotten-Gewässern. Höhenverbreitung bis 1800 m. GL bis 15 cm (♂ meist geringfügig größer als ♀). Kopf länglich, sehr abgeflacht, → Parotoiddrüsen wenig hervortretend. ♂ mit Sporn am Unterschenkel. → Kloakenwulst bei ♂ und ♀ etwa kegelförmig. Überwiegend nachtaktiv. Eiablage (bis etwa 70 Eier) einzeln im Wasser an Steinen. [1]

Europäische Katzennatter: → *Telescopus fallax*.

Europäische Sumpfschildkröte: → *Emys orbicularis*.

Europäischer Blattfingergecko: → *Phyllodactylus europaeus*.

Europäischer Fransenfinger: → *Acanthodactylus erythrurus*.

Europäischer Halbfingergecko: → *Hemidactylus turcicus*.

Europäischer Laubfrosch: → *Hyla arborea*.

euryapsid: Typus des **R**-Schädels, bei dem nur ein oberes → Schläfenfenster vorkommt, unter dem sich → Postorbitale und → Squamosum vereinigen. Die Begrenzung nach dorsal ist durch das → Parietale gegeben. E. waren die fossilen Protorosauria und Sauropterygia. [2]

euryphag: Tiere mit breitem Nahrungsspektrum, im Gegensatz zu → Nahrungsspezialisten. [1]

Eustachische Röhre: → Tuba auditiva.

Eutrophierung der Gewässer: fortschreitende Anreicherung der Gewässer mit Pflanzennährstoffen (besonders Phosphor, Stickstoff), die zur verstärkten Biomasseproduktion des Phytoplanktons und der höheren Wasserpflanzen führt. Die Nährstoffzufuhr erfolgt durch Abtrag von landwirtschaftlichen Nutzflächen, Abwassereinleitung, Niederschläge und über Austauschprozesse mit benachbarten → aquatischen → Ökosystemen. Besonders gravierend wirkt sich die E. auf → stehende Gewässer aus. Der enorme Anstieg der pflanzlichen Biomasse (1 kg P kann 123 kg und 1 kg N 20–30 kg Trockenbiomasse erzeugen) führt zur stärkeren Schlammablagerung und beschleunigt so die Verlandung. Beim mikrobiellen Abbau kommt es zum Sauerstoffschwund, im Rahmen von Fäulnisprozessen entsteht lebensfeindlicher Schwefelwasserstoff. [1]

Exhaustor: Saugapparat zum Fang kleiner, flinker Spinnen und Insekten, die von landbewohnenden **A** und Echsen gefressen werden. Bau: Glaszylinder (etwa 10 cm lang) beiderseits mit einem durchbohrten Stopfen versehen. Durch jede Bohrung führt ein kurzes Glasrohr. Innerhalb des Glaszylinders wird die Öffnung des einen Röhrchens mit feiner Gaze bedeckt, außen schließt man an dieses Röhrchen einen kurzen Gummischlauch an (Saug-E.). Er dient beim Ansaugen als Mundstück. Beim Blas-E. ist das mit dem Mundstück versehene Röhrchen über dem Verschlußkorken gegabelt. Das beim Blasen erzeugte Vakuum saugt die Arthropoden in den Zylinder hinein. (Abb. 30). [1]

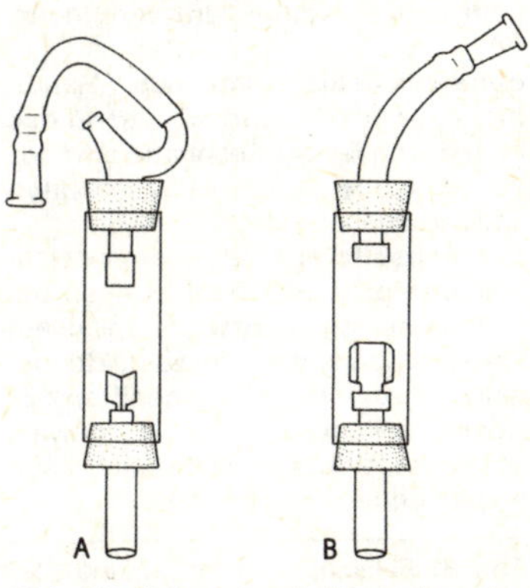

Abb. 30. Exhaustor. A. Blasexhaustor; B. Saugexhaustor.

Expansion, Ausbreitung: Ausdehnung des gegenwärtig eingenommenen → Areals durch eine Art (auch → Population) od. andere systematische Kategorie. [1]

Explorationsverhalten, Erkundungsverhalten: auf die Herstellung artspezifischer Raum-Zeit-Beziehungen ausgerichtetes Verhalten. Durch das E. verbessert sich das Anpassungsvermögen an die spezifische Umwelt. Im Sinne einer Exploration des Lebensraumes lernt das Tier die zur Orientierung wichtigen Umweltstrukturen kennen, erhält Informationen über Beuteobjekte, → Prädatoren usw. Man unterscheidet spontanes und reaktives E. Im Rahmen beider Formen tritt z. B. bei Waranen das → Züngeln und → Sichern auf. [1]

Explosivlaicher: Arten mit einer effektiv sehr kurzen Laichzeit (→ *Bufo bufo*, → *Rana temporaria* u. a.). Bei den gewöhnlich in größeren Gesellschaften ablaichenden Grasfröschen ist diese besonders kurz. Sie setzen ihre Laichballen meist in 1–3 Nächten ab. Im Vergleich zu solchen E. zieht sich z. B. die Laichzeit von → *Bufo calamita* sukzessiv über 2–4 Monate hin. [1]

Extracolumella: lateraler und häufig knorplig bleibender Teil der → Columella auris. Mit der → Membrana tympani (soweit vorhanden) verbunden. [2]

extrapulmonaler Bronchus, Hauptbronchus: der außerhalb der Lunge befindliche Teil des Respirationsweges nach Aufgabelung der → Trachea (Bifurcatio tracheae). [2]

Extremhabitate: → Habitate mit gleichbleibend extremen Bedingungen od. einem im Tages- bzw. Jahresablauf stark schwankenden Umweltfaktor od. -faktorenkomplex. Hierzu gehören z. B. Höhlen, kalte und warme Quellgewässer, auch kleine, sehr flache, sich rasch erwärmende → Tümpel. [1]

Fadenmolch: → *Triturus helveticus.*

Fadenwürmer: → Nematoda.

Fallschirmschweben, Fallschirmflug: von mehreren **A**- und **R**-Arten mit unterschiedlicher Perfektion praktiziert. Oliver (1951) definiert das F. als verlangsamtes Fallen, bei dem der Flugbahnwinkel von der senkrechten Fallinie nicht über 45° abweicht. Ohne jegliche die Fallgeschwindigkeit bremsenden speziellen Strukturen od. Organe lassen sich einige mittel- und südamerikanische → Hyliden (*Phrynohyas venulosa* u. a.), unter den Echsen *Anolis-*, *Calotes-*, *Dasia*-Arten, z. T. aus großen Höhen fallen. Der Fall wird durch Abflachen des Körpers und seitliches Spreizen der Extremitäten gemindert. Einige *Rhacophorus*-Arten (*R. reinwardtii*, *R. nigropalmatus* u. a.) verfügen mit großen → Spannhäuten und ausspannbaren → Hautsäumen an Fuß wie Unterarm über besondere, dem F. dienliche Bildungen. Ähnlich fallbremsend, mitunter schon fast → Gleitflug ermöglichend, wirken bei den Geckos *Uroplatus fimbriatus* und *Ptychozoon kuhli* „Fallschirmorgane“ in Form von Haut- und Schuppensäumen (gleichzeitig mit → Mimese-Funktion) an Kopf, Rumpf, Extremitäten und dem stark abgeflachten Schwanz. Übergänge treten auch bei den sich von Bäumen herabschnellenden Baumnattern der Gatt *Chrysopelea* und *Dendrelaphis* auf. (Abb. 31). [1]

Fang: nationale und internationale Schutzbestimmungen einhalten. Neben Geschicklichkeit und Ausdauer sind Kenntnisse zur Biologie, Ethologie (→ Fluchtdistanz, → aposematisches Verhalten usw.) der zum F. vorgesehenen Arten wichtig. Beste Jahreszeit ist in gemäßigten Klimaten das Frühjahr, günstigste Tageszeit der frühe Morgen. Viele Arten lassen sich mit der Hand fangen. Bei Froschlurchen Orientierung nach dem Ruf, abends Suche mit

Abb. 31. Fallschirmschweben und Gleitfliegen. A. *Rhacophorus reinwardtii*; B. *Ptychozoon kuhli*; C. *Uroplatus fimbriatus*; D. *Phrynohyas venulosa*; E. *Holaspis guentheri*; F. *Draco volans* im Gleitflug; G. Skelet von *Draco volans.*

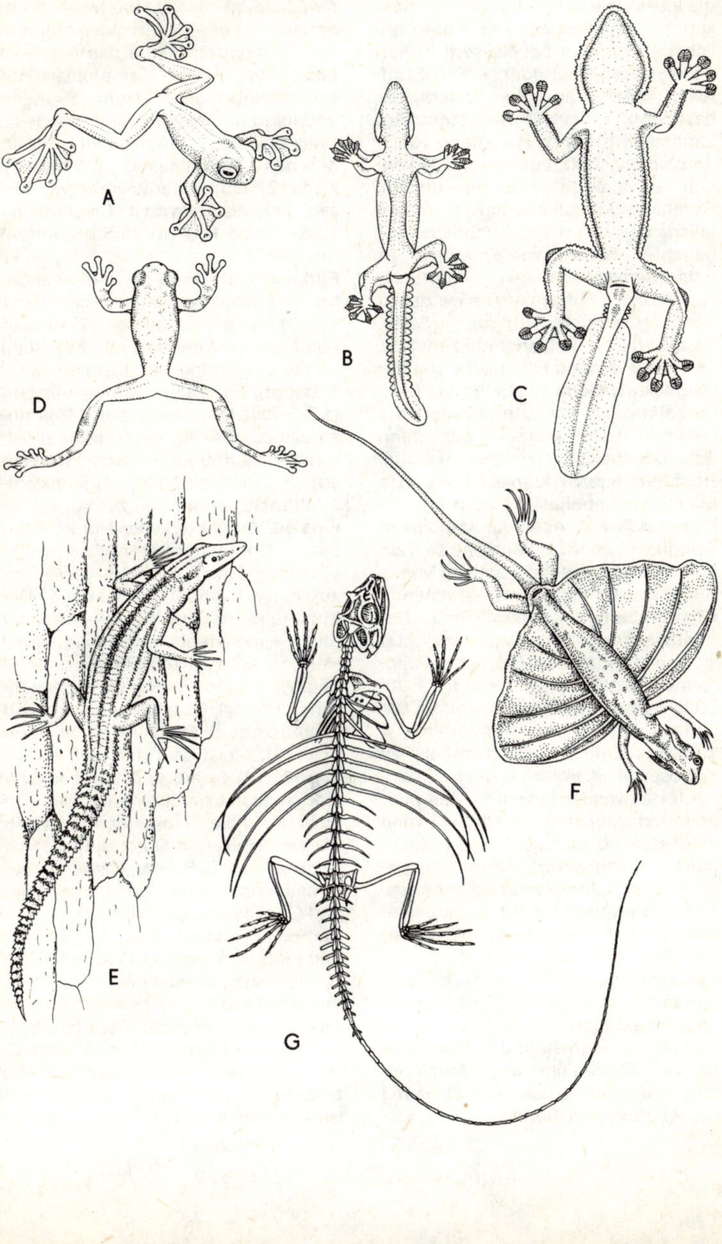
A
B
C
D
E
F
G

geeigneter Lampe betreiben. Gute F.-Orte sind oft künstliche Lichtquellen, die Insekten und damit **A** und **R** anlokken. F. → aquatischer Formen gewöhnlich mit → Kescher, bei Wasserfröschen auch mit Angel (Köder: kleine Stoffreste; Haken darf keine Widerhaken besitzen!) möglich. Als stationäre Landfallen für **A** (z. B. entlang von → Amphibienschutzzäunen) und **R** können eingegrabene Eimer dienen. Gefährdung durch ebenfalls hineingefallene Carabiden, Mäuse, Spitzmäuse beachten. Beim F. von Eidechsen (→ Eidechsenschlinge usw.) → Autotomie vermeiden. → Giftschlangen werden je nach Art vorsichtig (!) mit → Stab-, F.-Schlinge, → Schlangenhaken bzw. der Hand erbeutet. Vorsicht vor der Hautsekretwirkung bei vielen **A** (→ Dendrobatidae u. a.; vgl. → Amphibiengifte). Manche Tiere können aus ihren Schlupflöchern ausgegraben werden. Hochträchtige ♀♀, kranke od. verletzte Exemplare unbehelligt lassen. [1]

Fanggefäß, Fangeimer für Amphibien: stationäre Landfalle, hauptsächlich zur Fortpflanzungsperiode entlang von → Amphibienschutzzäunen ebenerdig eingegrabener Kunststoffeimer. Der Abstand der F. untereinander richtet sich nach Länge und Verlauf des Fangzaunes, beträgt meist 8–10 m, sollte 30 m jedoch nicht überschreiten. Die entlang des Zaunes wandernden **A** geraten in unterschiedlich großer Zahl in diese Fallen. Kontrolle der F. täglich, zur Hauptwanderzeit am besten morgens und am späten Abend. Das F. kann eine etwa 10 cm dicke Sandschicht (Versteckmöglichkeit, Verdunstungsschutz) enthalten. Gefahr des Anfressens der **A** durch gleichfalls hineingefallene Carabiden, Mäuse, Spitzmäuse beachten. [1]

Fangschlinge: → Eidechsenschlinge.

Fangschock: gewöhnlich durch unsachgemäßen Fang verursachte Störung des Verhaltens bzw. der Aktivität des Tieres. Führt über Verminderung der Stoffwechselaktivität häufig zur → Futterverweigerung. [1]

Färberfrösche: → Dendrobatidae.

Farberhaltungsgemisch: → Konservierungsflüssigkeit zur besseren Farberhaltung bei → Flüssigkeitspräparaten. Für **A** und **R** wird u. a. das Verfahren nach Papparitz (1933) empfohlen. Vorbehandlungslösung (zum Einlegen und Injizieren des Tieres): Aqua dest., Chloralhydrat, Karlsbader Salz, 40%iges Formaldehyd (20:1:1:1–2). Nach 12 h Objekt herausnehmen, wässern, in F. aus Aqua dest., Glycerol und essigsaurem Kali (10–15:5:1) überführen. [1]

Farbwechsel: Vermögen zur Veränderung der gesamten Körperfärbung bzw. der Färbung bestimmter Körperpartien. Kann der Tarnung (Farbanpassung an die Umgebung, vor allem an das → Substrat), sozialer Kommunikation (z. B. → Balz, Drohverhalten), → Thermoregulation dienen. Beim morphologischen F. (läuft über längeren Zeitraum ab; → Hochzeitskleid, Jugendkleid-Adulttracht) kommt es zur Verminderung od. Vermehrung des Pigmentes in den → Chromatophoren. Der rasche physiologische F. beruht dagegen nur auf einer Pigmentverschiebung. Die Steuerung ist nerval od. hormonal (über → melanophorenstimulierendes Hormon, Adrenalin od. Melatonin der → Epiphyse) möglich. Bei **A** hauptsächlich hormonal, Chamäleons nur nerval gesteuert, sonst sind bei **R** beide Wege realisiert. Meist wird der Reiz zum F. über das Auge ausgelöst. Bei **A** kann jedoch auch eine direkte Wirkung des Lichtes auf die Chromatophoren („primärer F.") vorliegen. Durch auffälligen F. zeichnen sich z. B. *Hyla, Cardioglossa,* Chamäleons, verschiedene Leguane und Geckos aus. (Abb. 32). [1]

Farne: → Filicatae.

Faunenfälschung: Verfälschung der Fauna eines bestimmten Gebietes durch unbewußte od. bewußte Einführung nicht heimischer Tierarten. Solche „Faunenbereicherungen" wirken sich z. T. gravierend schädlich aus, wie z. B. die Folgen der Aussetzung von Hausziegen und der Verwilderung von

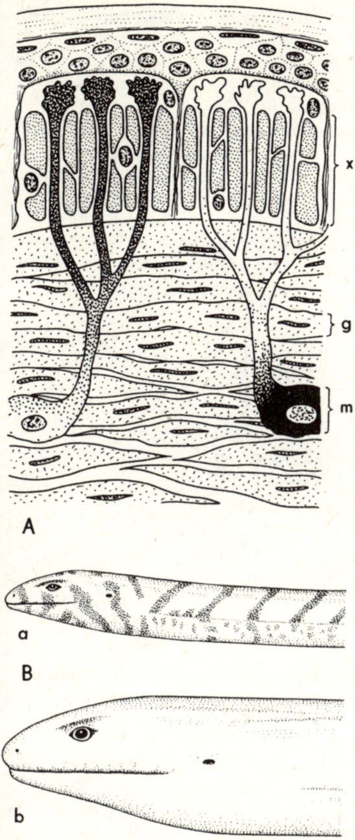

Abb. 32. Farbwechsel. A. Physiologischer Farbwechsel; chromatische Organe in der Haut von *Chamaeleo* in Dunkelstellung (links) und Hellstellung (rechts); B. Morphologischer Farbwechsel; Jugendkleid (a) und Adulttracht (b) von *Ophisaurus apodus*. *g* Guanophore, *m* Melanophore, *x* Xanthophore.

Schweinen auf dem Galápagos-Archipel für die dortige → Herpetofauna (→ *Chelonoides elephantopus* u. a.) od. die durch Einbürgerung von Ichneumons auf Martinique und Jamaica entstandenen Schäden zeigen. Herausragend unter den vielen Fällen der F. durch **A** ist die Einbürgerung von → *Bufo marinus* zur → biologischen Schädlingsbekämpfung in Zuckerrohrplantagen od. von → *Rana catesbeiana* für Speisezwecke (→ Froschschenkel) in verschiedensten Gebieten, auch von → *Xenopus laevis* in Kalifornien. Neben dem Aussetzen nicht mehr erwünschter Terrarientiere trägt auch das Entweichen vor allem aus → Freiland- und → Freiluftterrarien zur F. bei. [1]

Feldherpetologie: Feldforschung an **A** und **R.** Zu ihren Aufgaben gehören z. B. Erfassung, → Kartierung der Arten, Verfolgen der Bestandsentwicklung, vor allem vielschichtige, möglichst komplexe Untersuchungen zur Biologie und Ökologie der einzelnen Formen. Besonderes Gewicht kommt weiterhin Untersuchungen zur Leistungsfähigkeit der → Biotope und zur Klärung → anthropogener Schadfaktoren zu. Daraus ergeben sich praktische Maßnahmen zur Sicherung der Bestände, z. B. durch Erhaltung von → Laichgewässern, → Masseneiablageplätzen, Bewahren vor dem → Straßentod, Schutz des gesamten Jahreslebensraumes, bis hin zur Biotopsicherung durch Unterschutzstellung und Verhinderung einer Verinselung der Lebensräume. Eine wichtige Rolle spielen in diesem Zusammenhang die Öffentlichkeitsarbeit, der enge Kontakt mit anderen Fachdisziplinen und den für Landschaftsplanung, Natur- sowie Umweltschutz zuständigen Einrichtungen. [1]

Felseidechse: → *Lacerta saxicola.*

Felsenpython: → *Python sebae.*

Femoraldrüsen: → Femoralporen.

Femoralporen, Femoraldrüsen, Schenkelporen, -drüsen: auf der Innenseite der Oberschenkel vieler Echsen (→ Gekkonidae, → Xanthusiidae, → Agamidae, → Iguanidae, → Lacertidae u. a.) in einer Längsreihe, seltener als kleine Anhäufungen, angeordnete Poren von meist → holokrinen → Hautdrüsen. Gewöhnlich bei ♂♂ besser ausgebildet, zur Fortpflanzungsperiode besonders markant. Bei *Gekko* ♀♀ rudimentär od. völlig fehlend. Während der Brunstperiode tritt gelblich-breiiges Sekret aus. Kastration bewirkt Rückbildung der F. Ursprünglich wurde den F. eine zusätzliche Haft- bzw. Klammerfunktion während der → Kopulation zugemessen. Gegenwärtig schreibt man ihnen meist Bedeutung im Sinne einer Duftmarkierung zu. (Abb. 33). [1]

Fenestra ovalis, ovales Fenster: Öffnung zwischen → Cavum tympani und Innenohr (→ Labyrinthorgan), in die die Fußplatte der → Columella auris eingepaßt ist. [2]

Fenestra puboischiadica: große Öffnung im ventralen Beckenbereich bei vielen → Sauropsida. Zwischen → Os pubis und → Os ischium gelegen. [1]

Fenestra rotunda, rundes Fenster: durch die → Membrana tympani secundaria verschlossene Öffnung der Labyrinthkapsel, die dem Ausgleich von Druckschwankungen dient. Die F. r. grenzt bei manchen Echsen an den Schlund, die der → Gekkonidae und → Crocodylia dagegen an die → Paukenhöhle. Ovales und rundes Fenster sind bei Geckos und Krokodilen eng benachbart. [2]

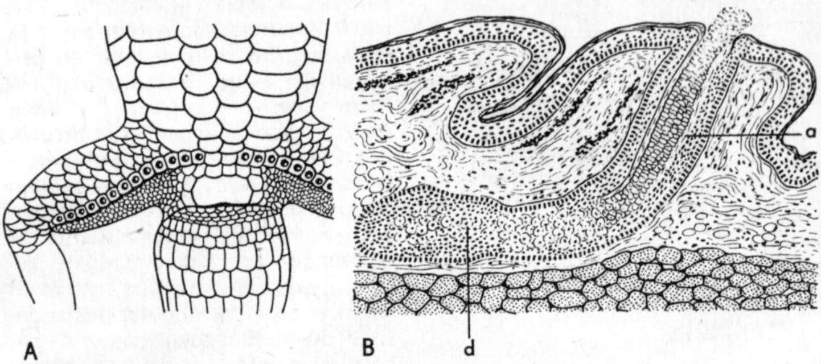

Abb. 33. Femoralporen. A. Femoralporen bei einer Eidechse (*Lacerta*); B. Femoralpore eines *Lacerta agilis* ♂ im Querschnitt. *a* Ausführgang, *d* Drüsenzellen.

Femur, Oberschenkel: einziger Knochen des → Stylopodiums der Hinterextremität. Gelenkt über den Oberschenkelkopf, der bei **A** und primitiven **R** direkt in Verlängerung der Schaftachse od. bei progressiveren Formen etwas einwärts gedreht und mehr od. weniger rechtwinklig zur Femurachse steht, mit dem → Acetabulum des → Os coxae. Das F. der Froschlurche ist stark verlängert, wie auch das sich anschließende → Zeugo- und → Autopodium (Verstärkung der Hebelwirkung für das Sprungvermögen sowie kräftige Schwimmstöße). Bei **R** ist es kräftig hantelförmig ausgebildet, proximal sind zur Insertion von Muskeln bis zu 3 Knochenhöcker (Trochanteren) vorhanden. [2]

Fensterpfriemmücke: → *Anisopus fenestralis.*

Fersenhöcker: → Metatarsaltuberkel.

Fersenprobe: Bestimmungsmerkmal bei Froschlurchen, besonders → Braunfröschen. Bei Arten mit langen Hinterextremitäten (→ *Rana dalmatina,* → *R. latastei* u. a.) überragt das → Tibiotarsalgelenk (Fersengelenk) der nach vorn an den Körper angelegten Hinterextremität erwachsener Tiere deutlich (oft beträchtlich) die Schnauzenspitze. (Abb. 34). [1]

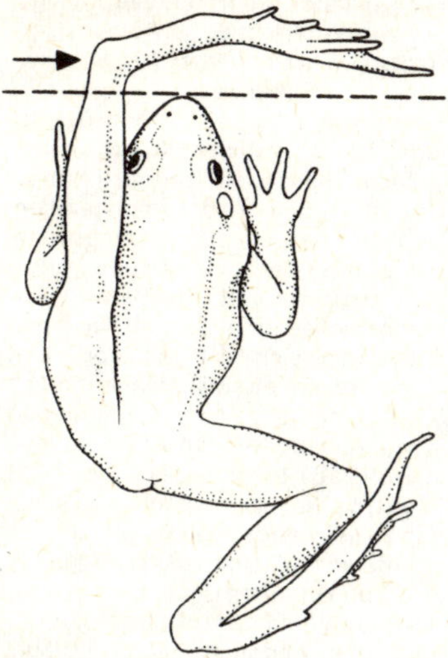

Abb. 34. Fersenprobe.

Fersensporn: spornartiger Fortsatz an den Fersen der ♂♂ einiger Chamäleon-Arten (*Chamaeleo africanus, C. dilepis* u. a.). Sekundäres Geschlechtsmerkmal (→ Geschlechtsdimorphismus). [1]

Fettkörper: in Abhängigkeit vom Fortpflanzungszyklus unterschiedlich großes Organ, das aus der Pars progonalis der → Genitalleiste hervorgeht und sich dem cranialen Ende der Geschlechtsorgane anlegt. Hauptsächlich aus Fettzellen aufgebaut. Liefert Reservestoffe, die für die Entwicklung der Geschlechtsprodukte in beiden Geschlechtern bedeutsam sind. Bei Schwanzlurchen bandartig, Froschlurchen mit fingerförmigen Fortsätzen versehen. Vor der Paarungszeit groß, meist dazu auch kräftig gelb bis orangerot gefärbt. Nach Abschluß der Fortpflanzungsperiode klein, matt gelblichweiß in der Färbung. [2]

Fettleber: spezielle Form der Leberdegeneration. Häufiger Organbefund bei Sektionen in Gefangenschaft gehaltener Schildkröten und Echsen, auch anderer **R.** Für **A** nur gelegentlich (Hungertiere, meist Frösche) nachgewiesen. Die Leber ist gewöhnlich geschwollen, braungelb od. graubräunlich verfärbt. Man unterscheidet histologisch zwischen großtropfiger (totaler F. od. Steatosis hepatis) und schwächerer kleintropfiger Verfettung des Parenchyms. Ursache für eine F. dürfte vielfach eine unsachgemäße Haltung (Überfüttern, einseitige fettreiche Ernährung, eingeschränkte Bewegungsfähigkeit) sein, in gleichem Maße sind Hungerperioden, Infektionskrankheiten und vor allem → Vergiftungen (kleintropfige F.) bedeutsam. Insektizidrückstandsanalysen belegen die Speicherung z. B. von → DDT, Lindan in stark verfetteten Lebern von Landschildkröten und Schlangen (hier Eintrag über → Nahrungskette). Im Vergleich zur sog. „physiologischen F." (Fettablagerung im Winter, „Winterleber") weist das Organ bei einer pathologisch bedingten Verfettung kein Glykogen auf. Therapie: Futterdiät (Landschildkröten), evtl. Vitaminsubstitution (B-Komplex). [1]

Fetzenhäutung: Häutung (→ Ecdysis) in unregelmäßigen Fetzen im Rahmen des normalen od. eines gestörten Häutungsablaufes. Stellt für die Mehrzahl der Echsen das normale Häutungsgeschehen dar. Mitunter auch bei Froschlurchen zu beobachten, wenn das Häutungsverhalten ausfällt (bei zu niedrigen Wassertemperaturen, Dominanz eines anderen → Funktionskreises usw.) und nur das physiologische Häutungsgeschehen abläuft („passive Häutung" nach Heusser). So geht die mitunter bei zum → Laichgewässer wandernden Erdkröten sichtbare F. auf eine Hemmung dieses Verhaltens durch den starken Fortpflanzungstrieb zurück. Schlechter Gesundheitszustand und unsachgemäße Haltungsbedingungen können bei Arten, die sich sonst in einem Stück häuten,

Ursache für eine plötzlich auftretende F. sein. [1]

Feuchtgebiete: nach dem Bulletin der → IUCN „Gebiete, die von Natur aus od. durch menschliche Einwirkung dauernd od. zeitweise unter Wasser stehen od. deren Boden mit Wasser durchtränkt ist, wobei das Wasser stehend od. fließend, Süß-, Brack- od. Salzwasser sein kann". Hierzu gehören die unterschiedlichsten Typen von → Stand- und → Fließgewässern (Sekundärgewässer eingeschlossen), auch z. B. Feuchtwiesen, Moore, → Rieselfelder. F. sind für sämtliche an Wasser gebundene **A**-Arten (→ amphibische od. → aquatile Lebensweise, Verfügbarkeit von → Laichgewässern) und zahlreiche **R**-Arten (Lebensstätte, Nahrungsraum usw.) von elementarer Bedeutung. Ihre fortschreitende Vernichtung sowie qualitative Beeinträchtigung (→ Eutrophierung, → Versauerung, Belastung mit → Bioziden und Schwermetallen usw.) sind Hauptursache für die bedrohlichen Bestandsverluste mitteleuropäischer **A.** Initiiert vom Internationalen Büro für Wasservogelforschung und der IUCN, entstand das am 2. 2. 1971 in Ramsar (Iran) verabschiedete Übereinkommen über Feuchtgebiete, insbesondere als Lebensraum für Wasser- und Watvögel, von internationaler Bedeutung („Ramsar-Konvention"). Es dient dem → Biotopschutz (Liste benannter F.) einschließlich der Förderung der Forschung und des wissenschaftlichen Austausches zur Thematik. [1]

Feuersalamander: → *Salamandra salamandra.*

Fibula, Wadenbein: Unterschenkelknochen, Teil des → Zeugopodiums der Hinterextremität (besteht aus F. und → Tibia). Bei Schwanzlurchen sind beide Unterschenkelknochen etwa gleichstark, die F. der Froschlurche verschmilzt mit der Tibia zum → Os cruris. Im Gegensatz zu den **A** ist die F. bei **R** immer der schwächere Knochen. [2]

Fibulare: in der proximalen Reihe der → Tarsalia gelegenes Knochenstück, das mit der → Fibula gelenkt. Bei **R** als → Calcaneus bezeichnet. [2]

Filament: fadenförmig ausgezogenes Schwanzende bei Larven einiger Schwanzlurche (z. B. bei → *Triturus cristatus,* → *T. marmoratus).* [1]

Filarien: → Filarioidea.

Filarioidea, Filarien: O der → Nematoda. Bei zahlreichen **A,** Krokodilen, Echsen, Schlangen (seltener Schildkröten) in Blut- und Lymphgefäßen, serösen Häuten, der Leibeshöhle sowie unter der Haut lebende Parasiten. Überträger und Zwischenwirt sind Stechmücken und Zecken. In ihnen entwickeln sich die mit dem Blut aufgenommenen Mikrofilarien (etwa 0,2–0,3 mm lang) nach 2 Häutungen zum Infektionsstadium (3. Larvenstadium). Nach Frank scheint das Wirt-Parasit-Verhältnis vielfach ausgewogen zu sein. Andererseits kann es z. B. zu unterschiedlichen Hautschäden wie Spreizen von Einzelschuppen, schweren Hautaufbrüchen od. durch Blockieren großer Abdominalgefäße (Knäuel von Larven od. ad. F.) zum Absterben der Schwanzregion, z. T. mit tödlichem Ausgang kommen. Die Todesfälle betreffen i. d. R. Wirte aus fremden Faunenbereichen, die erstmals mit F. infiziert wurden (akzidentelle Infektion). Diagnose durch Nachweis der Mikrofilarien im Blut. Therapie: bei Gaben von Diethylkarbamazin (oral, greift nur Mikrofilarien an) z. T. unbefriedigende Ergebnisse. [1]

Filicatae, Farne: Kl der Farnpflanzen (Abt. Pteridophyta). Etwa 10 000 Arten. Hauptentfaltung in den Tropen (Erdfarne, → Epiphyten), manche auch in Trockengebieten, auf sonnenexponierten Felsen, im Hochgebirge, in der Arktis, einige als Schwimmpflanzen. Meist mit gestielten, großen, reichgefiederten Wedeln (Makrophylle); Sporenbehälter (Sporangien) überwiegend auf ihrer Unterseite, mitunter an besonderen Blättern (Sporophyllen). Hauptsächlich feuchtigkeits-, humusliebend und an schattigen od. halbschattigen Standorten. Als Erdfarne im tropischen Regenwaldterrarium (in Töpfen belassen od. ausgepflanzt) kultivierbar: z. B. verschiedene *Pteris-*, *Blechnum-*, *Dryopteris-*, *Polypodium*-Arten. → Epiphyten: dekorative, imposante Formen wie *Asplenium nidus*, *Davallia-*, *Asplenium-*, *Drynaria-*, *Platycerium*-Arten. Bodenbewohner im → Terrarium der gemäßigten Zone z. B. *Dryopteris filis-mas*, *Blechnum spicant*, *Polypodium vulgare*. Dekorative Felsfarne: *Phyllitis scolopendrium*, *Asplenium ruta-muraria* u. a. Für → Aquarien, → Aqua-Terrarien bedingt geeignet (starke Vermehrung, Schattierung): *Marsilia*, *Salvinia*, *Azolla*. [1]

Filum terminale, Endfaden: fadenähnlicher Endabschnitt des → Rückenmarks, von dem keine → Spinalnerven mehr abgehen. Bei Froschlurchen erstreckt sich das F. t. ziemlich weit in das → Urostyl hinein. Es bildet mit den Spinalnervenwurzeln der letzten Spinalnerven, den sog. Pferdeschweif. [2]

Fischwühlen: → Ichthyophiidae.

Fixierungsflüssigkeit: zur Fixierung, d. h. Verhinderung postmortaler Zersetzung und Erhaltung im möglichst naturgetreuen (schrumpfungs- und quellungsfreien) Zustand, dient bei **A** und **R** meist eine 8–10%ige Formaldehydlösung (Formalin, Formol) od. Formalinalkohol (95%iger Ethylalkohol und 2%ige Formaldehydlösung, 4:6). Neben dem Einlegen in die F. sollte in sachgerechter Weise (→ Injektionsmodus zur Fixierung) F. in die Leibeshöhle, bei größeren Tieren außerdem auch z. B. in Extremitäten- und Schwanzmuskulatur injiziert werden. Bei Anwendung von → Farberhaltungsgemischen sind gewöhnlich spezielle Vorbehandlungs- bzw. Fixierungslösungen erforderlich. [1]

Flagellata: → Mastigophora.

Flavismus: Farbanomalie. Partielle od. vollständige Gelbfärbung des Farbkleides durch Hemmung in der Pigmentbildung. Bei **A** und **R** selten auftretend. Mehrere Nachweise liegen z. B. für → *Salamandra salamandra* und *Triturus*-Arten vor, ein Fall wurde unter anderem für *Desmognathus fuscus*, → *Bombina variegata*, → *Rana „esculenta"* und → *Rana temporaria* beschrieben. Wenn es bei Inselreptilien zur Aufhellung ihres Farbkleides kommt, entsteht nur ganz selten F. [1]

Fliegen: → Brachycera.

Fliegenfalle: in verschiedenartigen, meist aber nach dem Reusenprinzip funktionierenden Konstruktionen (aus Holz und Glas od. Gaze, Plaste, Blech und Gaze) vorliegend. Zum Anlocken dient Käse, Fisch, Fleisch. Der Köder befindet sich unter einem Trichter, über den die Fliegen beim Abflug in den hellen, gewöhnlich weitgehend mit feiner Gaze verkleideten Fangraum gelangen. Entnahme (täglich) über Deckel, bzw. Deckel- od. Seitenöffnung. Mitunter wird eine F. direkt am → Freiluftterrarium angebracht (Ausflugöffnung ins Terrarium hinein) und so eine „automatische" Fütterung erreicht. Fangmöglichkeit vom Frühjahr bis Spätherbst. (Abb. 35). [1]

Fliegenlarvenkrankheit: → Myiasis.

fließende Gewässer: → Fließgewässer.

Fließgewässer, fließende Gewässer: Oberflächengewässer unterschiedlicher Fließgeschwindigkeit, in denen der oberirdische Abfluß stattfindet. Sie können aus dem Innlandeisrand, aus Gletschertoren, Quellen, Grundwasseraustritten, → Seen entspringen. Die Fließgeschwindigkeit verringert sich in Abhängigkeit vom Gefälle, der Wasserführung, Gerinnebreite. In Relation dazu steht auch der Materialtransport in Form von Schweb- und Schwimmstoffen sowie Geschiebe am Grund der F. Die Ablagerung erfolgt vor allem in der Flachlandregion. Zonierung der F. in: Krenal, Rhithral, Potamal (Quell-, Bergbach-, Flußregion). Bergbäche werden meist in strömungsgeschützten Bereichen (hauptsächlich Totwasser-Arealen an der Stromsohle) besiedelt. Typische Bewohner von Gebirgsbächen bzw. schnellströmenden Flüssen sind unter den **A** z. B. einige → Hynobiidae, *Desmognathus-* und *Leurognathus*-Arten sowie die → Crypto-

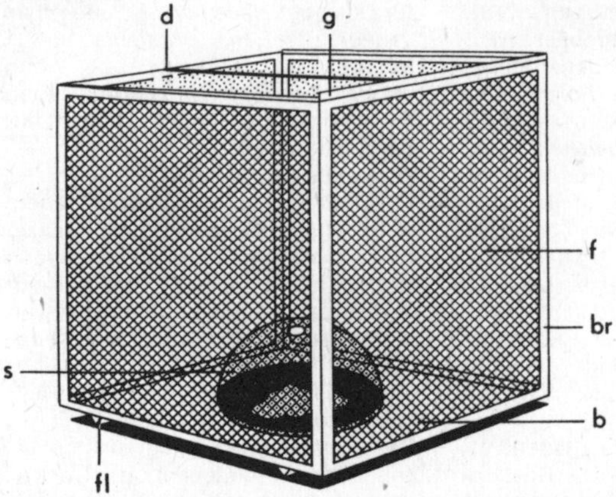

Abb. 35. Fliegenfalle nach Hemker aus Stettler. *b* Bodenblech (25 × 25 cm) mit zentralem Einflugloch (12,5 cm ⌀), *br* Blechrahmen, *d* zweiteilige Deckscheibe, *f* Fliegengaze, *fl* Fußleiste (1 cm hoch, 25 cm lang; dient zugleich als Windfang), *g* gefalzter oberer Rahmen, *s* Sieb (12,5 cm ⌀), oben median mit Ausflugloch (1,2 cm ⌀); der Köder liegt direkt unter dem Sieb.

branchidae. Nur hier laichen unter anderem → *Trichobatrachus robustus,* zahlreiche *Dendrobates-, Phyllobates-, Atelopus-*Arten (Larven mit großer ventraler Saugscheibe zum Festhaften) ab. Eine Fülle von **A** und **R** findet sich dann meist im Uferbereich (im Gelegegürtel, auf Sand- und Schlammbänken usw.) des Mittel- sowie Unterlaufes der F. [1]

Flossenfüße: → Pygopodidae.

Flossenpaddel, Paddel: in Anpassung an das Wasserleben, durch Veränderung der Gesamtform, Proportionen und Form (starke Abflachung) der Knochenelemente hochspezialisierte Extremitäten der → Cheloniidae und → Dermochelydidae. Eine äußerlich sichtbare Gliederung entsprechend dem Grundbauplan der → pentadactylen Extremität ist nicht mehr vorhanden. Die längeren, kräftigeren vorderen F. treiben das Tier durch weitgehend vertikale Schläge voran. Typisch sind die Verkürzung von Ober- und Unterarm, Verlängerung und teilweise Verbreiterung der Hand, → Hyperphalangie sowie weitgehende Versteifung der Gelenke. Ähnliche, aber nicht derartig perfektionierte paddelförmige Vorderextremitäten besitzen die → Carettochelydidae und einige → Trionychidae. [1]

Flossensaum: dünner, unterschiedlich hoher → Hautsaum am Schwanz (ober- und unterseits; Abb. 46 D), meist auch auf dem Rücken von Schwanz- und Froschlurchlarven. Er dient hinsichtlich Ausbildungsgrad, Form und Färbung als Bestimmungsmerkmal. [1]

Fluchtdistanz: bestimmter räumlicher Abstand, bei dessen Unterschreitung durch ein als Feind angesehenes Individuum Flucht erfolgt. Die Größe der F. ist artspezifisch, variiert aber auch innerartlich. Verschiedentlich haben Jungtiere eine andere F. als ad. Tiere. So weisen z. B. Alttiere von → *Bufo marinus* eine meist deutlich geringere F. auf. Bei Eidechsen läßt sich oft ein Bezug zur Körpertemperatur erkennen, d. h., noch nicht ausreichend erwärmte

Tiere sind wesentlich scheuer. Andererseits kann in Gefangenschaft das Fluchtverhalten stark abgeschwächt (vgl. → Futterzahmheit) od. ganz abgebaut werden. Interessanterweise unterscheiden sich → Braunfrösche durch ihre geringere F. deutlich von → Grünfröschen. [1]

Flurbereinigung: Beseitigung od. Verminderung von Elementen der Flur (Feldflur), die bei der gegenwärtigen bzw. künftigen landwirtschaftlichen Flächennutzung als Flurhindernisse angesehen werden. Maßnahmen zur F.: Beseitigung von Flurgehölzen, Wallhecken, Urbarmachung ökologisch wertvoller → Feuchtgebiete, Ödflächen usw. Sie tragen zur Reduzierung der biologischen Vielfalt in der Landschaft bei und führten in der Vergangenheit naturgemäß auch zur Vernichtung zahlloser **A**- und **R**-Biotope, darunter vieler Inselvorkommen (Artenverluste). [1]

Flüssigkeitspräparat, Naßpräparat: in Flüssigkeit konserviertes, für Forschungs-, Schau- od. Lehrzwecke dienendes Objekt. Angefertigt als Total-, → Situs- od. Organpräparat. Die → Fixierungs-, und → Konservierungsflüssigkeit kann je nach Zielsetzung verschieden sein. Aufbewahrung in runden und viereckigen Präparatgläsern unterschiedlicher Größe, mit eingeschliffenem Stopfen od. passender Deckelscheibe. Für wissenschaftliche Belange bestimmtes Material (Belegstücke usw.) wird einfach in gestreckter, unverkrampfter Position fixiert (vgl. → Injektionsmodus zur Fixierung) und meist in 70%igem Alkohol in Rundgläsern magaziniert. Dagegen erfolgt die Fixierung von Schausammlungsobjekten in naturgemäßer Haltung. Nach ausreichender Härtung (3–10 Tage) wird das Objekt auf eine Glas- od. Kunststoffplatte angeklebt (mittels Gelatine; betrifft Objekte geringer Größe) meist mit Hilfe von Fäden montiert. Diese Platte läßt sich z. B. durch Korkstückchen od. Klammern im Glas befestigen. Als Verschlußmasse für die Deckscheibe (Verträglichkeit mit Konservierungsflüssigkeit beachten) kann z. B. Gelatine, Silikonkautschukpaste, Picein und Schmelzklebstoff verwendet werden. Etikett im F. mit Gelatine bestreichen. [1]

Fontanellen: Knochenlücken. Besonders bekannt z. B. im Knochenpanzer der Schildkröten, wo sie sich meist während der Wachstumsperiode schließen. Bei den → Cheloniidae können F. dagegen persistieren. [1]

Foramen interventriculare, Foramen Monroi: Verbindung zwischen den Seitenventrikeln des → Telencephalon und dem III. Ventrikel (Hohlraum des → Diencephalon). [1]

Foramen magnum: → Foramen occipitale magnum.

Foramen obturatorium: Öffnung in der ventralen Beckenplatte (Abb. 12 D) bei den → Sauropsida, durch die der Nervus obturatorius hindurchtritt. [1]

Foramen obturatum: große Öffnung in der ventralen Beckenplatte bei Schildkröten und Krokodilen (Abb. 12 C). Durch Verschmelzung des → Foramen obturatorium mit dem → Foramen puboischiadicum entstanden. [1]

Foramen occipitale magnum, Foramen magnum, Großes Hinterhauptsloch: am Hinterrand des Schädels gelegene Öffnung zum Eintritt des Rückenmarks (→ Medulla spinalis) in den Schädel. Wird bei **R** von den → Occipitalia lateralia sowie dem → Basioccipitale umgeben, bei **A** lediglich von den Occipitalia lateralia. [2]

Foramen Panizzae: bei den → Crocodylia ausgebildet. Öffnung an der Basis beider → Aortenbögen, die dadurch miteinander in Verbindung stehen. Auf diese Weise erhält bei der → Systole auch der linke Aortenbogen etwas sauerstoffreiches Blut. Dies ist besonders für die Versorgung des Darmes über die Arteria coeliacomesenterica, die kurz vor der Vereinigung der beiden Aortenbögen vom linken Bogen abgeht, von Bedeutung (Darm erhält so ebenfalls etwas arterielles Blut). Beim Tauchen dient das F. P. nicht nur dem Druckausgleich (Druckanstieg im rechten Ventrikel), der rechte Aortenbogen empfängt dadurch ausreichend (allerdings etwas gemischtes) Blut für die Hirnversorgung, der Darm dagegen ausschließlich venöses Blut. [2]

Foramen parietale, Scheitelloch: zwischen den → Parietalia liegende Öffnung im Schädeldach bei Formen, die über ein gut entwickeltes → Parietalorgan verfügen. Unter den **R** daher bei → *Sphenodon punctatus* und vielen Echsen (*Anguis, Lacerta,* einigen Vertretern der → Agamidae u. a.) vorhanden. Besonders interessant ist der Nachweis eines F. p. auch bei mehreren rezenten Schildkröten. [1]

Foramen perilymphaticum: Durchtrittsstelle für den → Ductus perilymphaticus von der Labyrinthkapsel zur Schädelhöhle, in der sich der Gang häufig zu einem Sacculus perilymphaticus erweitert. [2]

Foramen puboischiadicum, Fenestra puboischiadica: Fensterbildung am → Os coxae zwischen Scham- und Sitzbein bei Brückenechsen und Echsen (Abb. 12 D). Bei den Schildkröten und Krokodilen mit dem → Foramen obturatorium des Schambeines zum → Foramen obturatum vereinigt. [2]

Forficula auricularia Linnaeus 1758, Gemeiner Ohrwurm: häufigster Vertreter der Eigentlichen Ohrwürmer (Forficulidae). 10–16 mm lang. Hinterleibsende mit 2 Zangen (Cerci), die beim ♀ weitgehend gerade und nur an der Spitze etwas nach innen gekrümmt sind. → Kulturfolger, z. B. in Gärten, Häusern, auf Balkonen (in Blumenkästen, -töpfen). Meist zahlreich in Ritzen, unter Steinen, Brettern, Rinde. Lichtscheu, Futtersuche (Allesfresser) nachts. Als Nahrung wegen des beim Anfassen abgesonderten Sekretes nur für wenig wählerische Terrarientiere verwendbar. Kann durch Anbieten geeigneter Versteckmöglichkeiten (feuchte Säcke usw.) angelockt werden. Im Sommer (nachts) auf Blüten von Dahlien, Chrysanthemen anzutreffen. Zucht: Kiste mit Lauberde (gut abdecken), etwas Rinde als Unterschlupf. Eiablage in selbstgegrabenen Höhlen. Das ♀ bewacht die Eier (20–90) und sogar eine Zeitlang die Junglarven. Schlupf bei 10–12 °C nach 5–6 Wochen. Futter geriebene Möhre, Obst, Blattläuse. [1]

Fortbewegung: → Lokomotion.

Fortpflanzungsverhalten: Sammelbegriff für alle die Fortpflanzung betreffenden Verhaltensweisen. Mitunter nur eng auf das Sexualverhalten (→ Balz, Paarbildung, → Kopulation) bezogen. Im weiteren Sinn zählt man sämtliche mit der Fortpflanzung verbundenen Verhaltensformen dazu, z. B. auch → Nestbau, → Brutfürsorge, → Brutpflege. [1]

Fossa glenoidalis, Cavitas glenoidalis: Gelenkpfanne am → Schultergürtel für den Kopf des → Humerus. In Anpassung an die unterschiedliche Fortbewegungsweise der **A** und **R** öffnet sich die F. g. nach lateroventrad (beim Spreizgang und der Schlängelbewegung der Schwanzlurche) od. mehr nach laterocaudad (beim Schreitkriechen der Echsen). [2]

fossile Art: vorzeitliche Art. Gegensatz → rezente Art. [1]

Frakturen, Knochenbrüche: bei freilebenden wie in Gefangenschaft gehaltenen **A** und **R** häufig festgestellt. Die meisten Nachweise gehen auf Durchsichten von Skeletsammlungen (vorwiegend von **R**-Material) zurück. Allein Korschelt untersuchte fast 600 **R.** Oft kommen Rippenbrüche, hauptsächlich bei Schlangen (große Rippenzahl, hier vielfach Serien-F.), auch Krokodilen und Waranen vor. Zahlreich wurden ebenfalls F. der Extremitätenknochen (bei **A** besonders an Fröschen, Kröten), seltener der Schädel, Wirbel (auch vollständige F. der Wirbelsäule), Schulter- und Beckengürtel beschrieben. Bei Schildkröten dominieren F. des Panzers (→ Panzerläsionen), vorwiegend im Bereich des → Carapax (besonders bei Rand- und Rippenplatten). Klassisches Versuchsobjekt der Bruchheilung ist die → Fibula von Eidechsen.

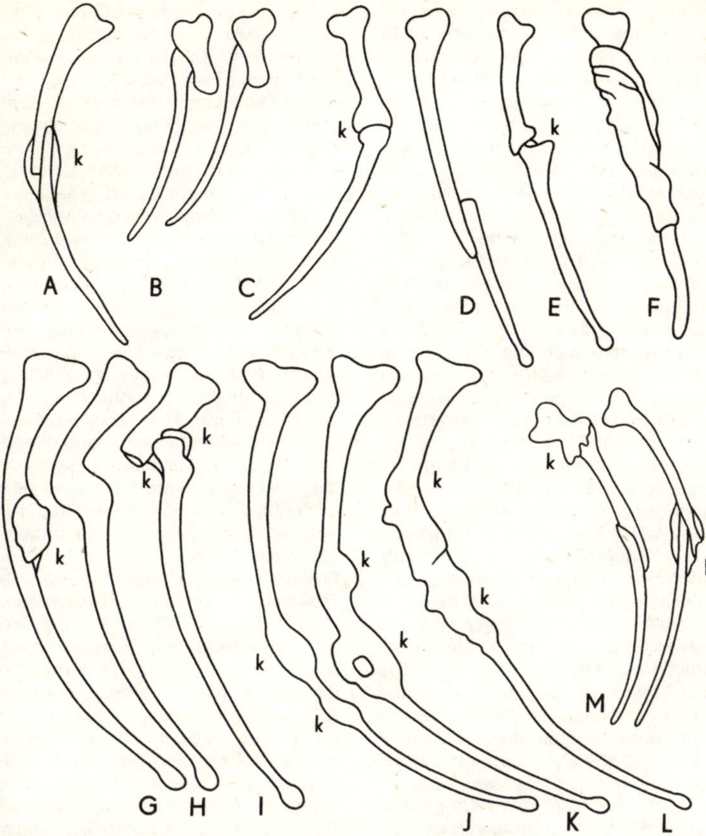

Abb. 36. Verschiedenartig verheilte Rippenbrüche von Schlangen. A. *Cylindrophis rufus*, 64. Rippe links; B. *Natrix natrix*, 161. und 162. R. rechts; C–F. *Chironius carinatus*, C = 21. R. rechts, D–F = 70., 71. und 74. R. links; G–L. *Boa constrictor*, G–I = 47.–49. R. links, J–L = 204.–206. R. links; M. *Crotalus horridus*, 10. und 11. R. rechts. *k* Kallus an der Bruchstelle.

Gewöhnlich verläuft die Knochenbruchheilung gut. Von der Bruchstelle her wird der Kallus mit Knochensubstanz überzogen und nach innen fortschreitend abgebaut. F. sind meist Folge einer Gewalteinwirkung, z. B. von Unfällen, falscher Handhabung, unsachgemäßem Fang, Bissen, Schlägen, Druckeinwirkung beim Kriechen durch enge Spalten. Außerdem können sie durch Knochenstoffwechselstörungen (Spontanfrakturen bei → Osteoporose) bedingt sein. (Abb. 36). [1]

Fransenschildkröte: → *Chelus fimbriatus.*

Freihaltung im Wohnraum: gelegentlich von erfahrenen Terrarianern praktizierte, wenig aufwendige Haltung einiger dafür geeigneter **A** und **R** (z. B. → *Bufo marinus, Litoria caerulea, Phelsuma madagascariensis,* → *Gekko gecko*) im Wohnbereich. Die Tiere benötigen einen Ruhe- bzw. → Versteckplatz, **A** auch eine stete Möglichkeit zur Deckung ihres Feuchtigkeitsbedarfes. Das vorgehaltene Futter wird meist ohne Scheu von der Pinzette od. aus der Hand abgenommen. Für die F. der Agakröte reicht bereits eine Kunststoffschale mit separatem Badeteil (dort werden auch die Exkremente abgesetzt) und sauberem Kies als Tagesversteck. Gefahr des Entkommens sowie eine mögliche Verletzung durch Besucher beachten. [1]

Freilandterrarium: im Freien angelegtes → Terrarium, das Vorteile wie Großräumigkeit, vielseitige Ausgestaltung, vereinfachte Pflanzen- und Tierpflege, volle Einwirkung der UV-Strahlung, natürliche Klimaverhältnisse, gute Möglichkeiten zur Überwinterung heimischer Arten, zur Beobachtung und Demonstration bietet. Größe, Konstruktion und Einrichtung können je nach örtlichen Gegebenheiten und Artenbesatz ganz verschieden sein. Es sollte aber generell geschützt liegen (möglichst Südlage), ganzjährig unbeschattet, vom Grundwasser unbeeinflußt, übersichtlich, seiner Umgebung angepaßt, gegen Unterwühlen und Überklettern ausreichend gesichert sein (Einfriedung 50–100 cm tief, am oberen Rand einwärts gebogener, 20 cm breiter Überhang aus Blech, Kunststoff od. Drahtglas usw.) sowie eine gute Dränage, → Versteck- und → Sonnenplätze aufweisen. Der Wasseranteil existiert meist als Wasserbecken od. allseitiger Wassergraben (Anlage nach „Inselprinzip"). Nachteile: evtl. Beeinträchtigung durch Katzen, Hunde, Raubwild, Ratten, Vögel (Absicherung durch Maschendraht). Schließlich ist eine kombinierte Innen- und Freilandhaltung möglich, d. h., das F. steht durch Laufgang mit heizbarem Zimmerterrarium in Verbindung. In jüngster Zeit entstand der Begriff des → „Zimmer-Freiland-Terrariums". (Abb. 37). [1]

Freiluftterrarium: jedes im Freien aufgestellte, d. h. der Frischluft, vollen UV-Strahlung und den natürlichen Klimaschwankungen zugängliche Zimmerterrarium wird bereits zum F. → Terrarien mit größeren Gazeflächen eignen sich dafür besonders gut. Als Standort sind, wenn Hof, Garten od. andere Freiflächen fehlen, offene Veranden und vor allem Balkone aktueller denn je. Der Behälter sollte ausreichend gegen starken Regen, Zugluft (Hochhausbalkone!) und mögliche Überhitzung durch intensive Besonnung (genügende Lüftung, → Versteckplätze) geschützt sein. Manche F. sind dauerhaft konstruierte stationäre Behälter, die jährlich im Sommer besetzt werden und oft auch Heizungsmöglichkeit (zur Aufnahme empfindlicherer Formen) aufweisen. [1]

Frenale, Loreale: Zügelschild. [1]

Frischluft: für ein optimales Terrarienklima, eine gesunde Pflanzen- und Tierhaltung unerläßliche Voraussetzung. Im einfachsten Fall wird die durch eine Öffnung im unteren Teil der → Terrarienrückwand einströmende F., unterstützt durch eine oben im Behälter angebrachte Wärmequelle, über den Entlüftungsspalt in der Dachkonstruktion wieder nach außen abgeführt. Zu- und Ausfuhröffnung sind durch Gaze abgesichert. Häufig leitet man die eintretende F. über ein erwärmtes Wasserbecken, die aufsteigende Warmluft zieht dann wie im obigen Fall die F. nach. Empfehlenswert ist, besonders bei großen Behältern, die zusätzliche Installation eines Spezialventilators (am besten über Schaltuhr programmieren). Keine verbrauchte Zimmerluft zuführen, Zugluft vermeiden. [1]

Frontale: Stirnschild; Os frontale, Stirnbein: → Deckknochen des Schädeldaches mit mediodorsaler Lage zwischen → Nasale und → Parietale. Bei Froschlurchen an der Bildung des →

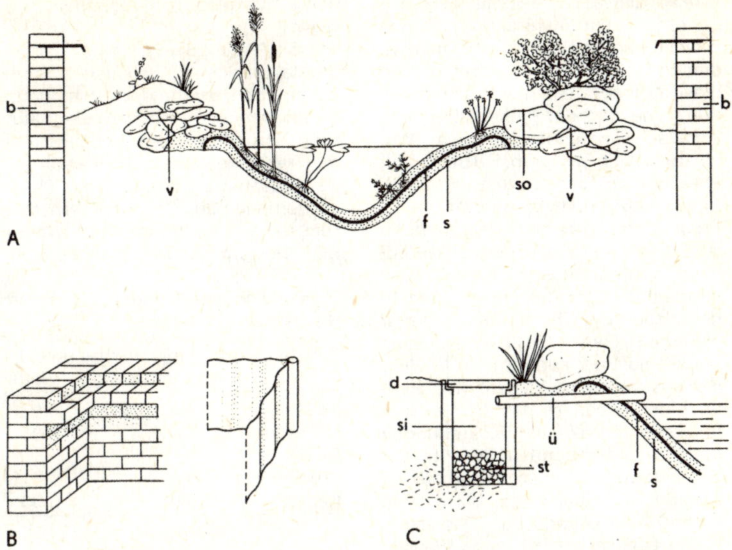

Abb. 37. Freilandterrarium. A. Profil durch ein Freilandterrarium; B. Weitere Einfriedungsmöglichkeiten; C. Überlauf. *b* Begrenzungsmauer mit verzinktem Blech als Überkletterungsschutz, *d* Deckel, *f* Folie, *s* Sand, *si* Sickergrube, *so* Sonnenplätze, *st* Steine, *ü* Überlaufrohr (auf der Teichseite mit Gaze gesichert), *v* Versteck- und Überwinterungsplätze.

Frontoparietale beteiligt. [1]

Frontonasale: → Internasale.

Frontoparietale: Stirn-Scheitel-Zwischenschild; Os frontoparietale: nur bei Froschlurchen vorkommender → Deckknochen des Schädels. Durch Vereinigung von → Frontale und → Parietale entstanden. Z. T. ist das F. unpaarig angelegt. Bei der taxonomischen Klassifikation isolierter Skeletelemente rezenter europäischer → Anuren (z. B. aus → Gewöllen) sind unter den Schädelelementen in erster Linie die Frontoparietalia zur Artdiagnose geeignet. Die Bestimmung erfolgt hier z. B. anhand des Gesamtbildes, der Form, des typischen dorsalen Reliefs, auch der ventral sichtbaren „brain figure" („Abdrücke" der Gehirnabschnitte in Form von Umrißlinien; charakteristisch für *Pelobates, Pelodytes*). [1]

Frosch: populäre Bezeichnung für Vertreter der Froschlurche mit allgemein kurzem Körper, langen Hinterextremitäten, glatter und feuchter Haut. Ohne Aussage über Verwandtschaftsbeziehungen. Vom Zoologen ausschließlich für Arten der Gatt *Rana* (lateinisch Frosch) verwendet. [1]

Froschaquarium: → Aquarium zur Haltung, Pflege und Zucht überwiegend od. rein → aquatischer Froschlurche (vor allem → Pipidae, auch → Pseudidae u. a.). Variationsbreite der Einrichtung wie beim → Molchaquarium, d. h. vom bepflanzten Becken mit traditionellem Bodengrund bis zur Gestaltung mit Steinplatten (Versteckmöglichkeit) und treibenden Wasserpflanzen od.

zum Verzicht auf jede Bepflanzung. Für *Xenopus* kann außerdem auch ein schwimmender Ast zum Festklammern dienen, in kleineren F. übernehmen diese Aufgabe häufig, wie schon von den Altmeistern der → Terraristik praktiziert, schwimmende Korkinseln. Wenigstens alle größeren F. sollten mit einer Beleuchtungs-, Filter- und Belüftungsanlage versehen sein. [1]

Froschharnblasentest: Testmethode zur Prüfung des Einflusses von Neurohypophysenhormonen auf die Wasserpermeabilität der isolierten Froschharnblase. Die Blasen dekapitierter Frösche (→ *Rana catesbeiana*, → *Rana „esculenta“*) od. auch Kröten (→ *Bufo marinus*) werden nach der Präparation an einer etwas in das Lumen eingeführten Glaskanüle festgebunden und in eine temperaturkonstante, gut durchlüftete → Frosch-Ringerlösung gehängt. Zur Füllung der Blase dient eine 10%ige Ringerlösung. Das osmotische Gefälle bewirkt einen Wasseraustritt, der sich im Gewichtsverlust (durch Wägungen nachweisbar) manifestiert. Bei Hormon-Applikation in die Badlösung erhöht sich der Wasseraustritt (die Blasenpermeabilität) in der Zeiteinheit. [1]

Froschkonzert: volkstümliche Bezeichnung für das lautstarke → Chorrufen von Froschlurchen (vor allem → Grünfrösche, lauteste Art in M-Europa ist jedoch → *Hyla arborea*). Die ♂♂ stimulieren sich gegenseitig zum Rufen, können aber auch durch Nachahmen ihrer Stimme (bzw. Tonbandwiedergabe der Rufe) dazu angeregt werden. F. zählen zu den eindruckvollsten Lautäußerungen im Tierreich. [1]

„Froschregen“: auf Aberglauben zurückgehender Begriff für das Anfang des Sommers unter günstigen Bedingungen massenhafte Auftreten frisch verwandelter (→ Metamorphose), winziger Jungtiere von → *Rana temporaria* und → *R. arvalis* an Land. Nach abergläubischer Deutung hat es die im Bereich von → Feuchtgebieten plötzlich zu Hunderten und sogar Tausenden anzutreffenden Jungfrösche „geregnet“. [1]

Frosch-Ringerlösung: eine „äquilibrierte Salzlösung“, die auf lebende Zellen und Gewebe der Froschlurche gleichermaßen wirkt wie die natürliche Körperflüssigkeit. Entsprechend den jahreszeitlichen Schwankungen der Zusammensetzung des Blutes (Änderungen des Ca- und K-Gehaltes) wird daher eine Sommer- od. Winter-Ringerlösung (vgl. Tab. 3) verwendet.

Tabelle 3. Frosch-Ringerlösung. Nach Heidermanns 1957.

Substanz	Konzentration (%)	
	Sommer	Winter
NaCl	0,6	0,6
KCl	0,005	0,01
$CaCl_2$ (trocken)	0,029	0,015
$NaHCO_3$	0,03	0,03

Froschschenkel: zum Verzehr dienende Hinterextremitäten verschiedener Froschlurche. Diesem Zweck fallen z. B. in N-Amerika → *Rana catesbeiana*, → *R. pipiens*, *R. clamitans* und *R. areolata*, auf Kuba ebenfalls der eigens dazu eingebürgerte *R. catesbeiana*, in Australien *Notaden bennettii* zum Opfer. In Europa bildeten F. (hauptsächlich von → *Rana „esculenta“*, → *R. temporaria*) schon im 17. Jahrhundert eine beliebte und weit verbreitete Fastenspeise, heute sind diese zum Leckerbissen avanciert. Wegen der in den einzelnen Ländern geltenden Artenschutzbestimmungen wird der „Bedarf“ durch große Mengen von F.-Importe (Direkteinfuhr od. über Zwischenhandel) gedeckt. So führte man z. B. in die BRD 1984 etwa 350 200 kg F., vorwiegend aus Bangladesh (Bild 55) und Indien stammend (meist von *Rana tigerina*, *R. hexadactyla*), ein. Nach der Statistik exportierten Bangladesh, Indien und Indonesien 1983 zusammen über 10 Mio. kg F., das entspricht einer Zahl von über 200 Mio. Fröschen. Für

Indien lag das Exportvolumen zu diesem Zeitraum 7fach höher als 1963. [1]

nauen Reihenfolge (hierarchischen Gliederung). [1]

Tabelle 4. Froschschenkel-Importe (kg) in die USA. Nach Niekisch 1986.

Exporteur	1981	1982	1983	1984
Indien	1 850 358	1 936 540	897 992	1 866 138
Bangladesh	955 319	999 387	1 296 643	1 366 979
Indonesien	–	–	6 119	1 281
China	27 821	117 640	–	92 932
Japan	285 384	82 524	107 101	92 215
Thailand	–	1 512	3 622	2 513
sonstige Länder	286 916	97 961	70 155	135 512

(aus Jorgenson 1985)

Frosch-Wasserbalance-Test: Testmethode zur Prüfung diuresehemmender Substanzen auf den Wasserhaushalt des Frosches. Haltung der Tiere (*Rana* ♂♂) bei konstanter Temperatur (18 °C) und Wasserhöhe (etwa 2,5 cm). Vor den stündlichen Wägungen werden die Frösche sorgfältig abgetrocknet und katheterisiert. Injektion der Test- wie auch Kontrollflüssigkeit subcutan (ins → Lymphsacksystem; am besten zur Vermeidung von Substanzverlust durch den Saccus suprafemoralis in den S. cranio dorsalis) od. intramusculär. Bei positivem Wirkungseffekt erhöht sich das Gewicht in der Zeiteinheit. Der Gipfelpunkt wird meist nach 8–12 h erreicht. [1]

Frühlaicher: im Hinblick auf die Laichzeit jahreszeitlich frühaktive, daher wenig kälteempfindliche Lurcharten, wie → *Salamandra salamandra*, → *Rana dalmatina*, → *R. temporaria*, → *Bufo bufo*. Nach Abschluß des Laichgeschehens treten F. meist in eine Ruheperiode (Latenzperiode) ein. Als Spätlaicher gelten spätaktive Formen, z. B. → *Bombina variegata*, → *Rana „esculenta"*, → *Bufo calamita*. [1]

Funktionskreis: auf Uexkuell zurückgehender Begriff. Heute in der Verhaltensforschung zur Charakterisierung eines Verhaltenskomplexes verwendet, z. B. für → Balz, Schlaf, Nahrungserwerb. Die einzelnen Verhaltenselemente unterliegen dabei einer ge-

Furchung: erste Periode der → Embryonalentwicklung. Direkt auf die → Befruchtung folgende, vielfache, hintereinander ablaufende Zellteilungen. Es entsteht eine Vielzahl von Tochterzellen (Blastomeren), die durch Plasmabrücken verbunden bleiben. Differenzierungsvorgänge erfolgen zunächst nicht. Bei den mäßig dotterreichen (mesolecithalen) Eiern der Schwanz- und Froschlurche verläuft die F. total inäqual, d. h., am dotterreicheren vegetativen Pol entstehen größere und dotterreichere Zellen (Makromeren) als am animalen Pol (Mikromeren). Am Ende der F. liegt bei diesen **A** eine mehrschichtige Blastula (Coeloblastula, Blasenkeim) vor. Demgegenüber kommt es bei den sehr dotterreichen (polylecithalen) Eiern der → Gymnophiona und **R** zur diskoidalen F. Lediglich eine kleine, der Dottermasse aufliegende plasmatische Scheibe (am animalen Pol) furcht sich und wird zur mehrschichtigen Keimscheibe. Sie umwächst dann fortschreitend den Dotter. Diese nur partielle F. wird als meroblastischer F.-Typ dem holoblastischen Typ (totale äquale und inäquale F.) gegenübergestellt. [1]

„Fußtanz": Teil des Werbezeremoniells des ♂ vom Rotrücken-Waldsalamander *(Plethodon cinereus)*. In rhythmischer Folge wird erst eine, darauf die andere Vorderextremität angehoben und wieder auf den Boden gesetzt. Nachfolgend geschieht dies in gleicher Weise mit den Hinterextremitäten. [1]

Futtereier, „Nähreier": eigens zur kontinuierlichen Larvenernährung bei einigen Arten der → Dendrobatidae (→ *Dendrobates pumilio, D. granuliferus,* → *D. histrionicus, D. lehmanni, D. speciosus* u. a.) abgelegte, unbesamte Eier. Diese außergewöhnliche Form der → Brutpflege wurde von Weygoldt (1980) zuerst für *D. pumilio* beschrieben. In Abständen von ungefähr einer Woche wird jede Larve mit 3–7 in die wassergefüllte Bromelienblattachsel abgelegten („Wassergelege" nach Graeff und Schulte) Abortiveiern ernährt. Das ♀ füttert pro Tag stets nur eine Larve. Diese saugt die in Größe und Konsistenz von den befruchteten Eiern abweichenden F. restlos aus. Zur Larvenaufzucht in Gefangenschaft hat sich die von Bechter entwickelte Fütterungsmethode mit rohen Eigelbtropfen (danach Wasserwechsel vornehmen!) sehr bewährt. [1]

Futterfische: als lebende, frisch tote od. gefrostet gelagerte Fische für → piscivore **R** (verschiedene Krokodile, Wasserschildkröten, Schlangen) benötigt. Beim Selbstfang (mit Senknetz, Reuse) sind die bestehenden Nutzungs- bzw. Pachtverhältnisse der Gewässer zu beachten. Günstiger ist eine Gewöhnung der Pfleglinge an tote Fische und damit deren problemlose Beschaffung in Fischgeschäften. Örtlich kann z. T. auf das bei der herbstlichen Karpfenabfischung meist in großen Mengen anfallende „Fischunkraut" (Moderlieschen, Karauschen u. a.) zurückgegriffen werden. Abtransport in Kannen, bei kühler Hälterung in größeren Wannen ist eine längere Lebendhaltung möglich. → Einfrosten in Plastbeuteln. Zur Fütterung junger Schlangen und Schildkröten lohnt sich mitunter eine Zucht von Guppys *(Poecilia reticulata)*. [1]

Futterkalk: wird prophylaktisch als zusätzliche Kalkgabe dem Futter beigemischt, am häufigsten durch Bepudern, auch durch Einbringen in das Futter od. Mischen mit rohem Ei, Schabefleisch u. a. Bei zahlreichen Arten (Echsen) direkt in Pulverform (oft in einer Schale) angeboten. Den klassischen F. repräsentieren fein zerkleinerte Ei- und pulverisierte Sepiaschale. Heute stehen neben reinen Kalkpräparaten (Calcipot, Kalzan u. a.) vor allem Kalk-Vitaminpräparate zur Verfügung. [1]

Futternadel: dünner Stock von etwa 50 cm Länge, an dessen Spitze ein kurzer, möglichst rostfreier Stahldraht eingelassen ist. Mit ihr wird das aufgespießte Futter dem Terrarientier vorgehalten. [1]

Futterpflanzen: für voll, teilweise und gelegentlich vegetarisch lebende Arten können verschiedene heimische Wildpflanzen genutzt werden. Sie sollten jedoch nicht vom Straßenrand stammen, frei von → Bioziden, Düngemitteln und Pilzbefall sein. Man füttere nur frische, möglichst junge Blätter (z. B. von Großen Brennesseln, Gänseblümchen, Schafgarbe, Vogelmiere, Wegerich), z. T. dazu auch Blütenknospen und Blüten (Huflattich, Löwenzahn, Weiße Taubnessel, Weg-Malve). Aus dem Garten eignen sich vor allem Salat, Markstammkohl, auch Tomaten, süßes (nicht angefaultes) Beeren- und Steinobst. Unter den Südfrüchten sind Bananen besonders begehrt. Als frisches Winter-Grünfutter können leicht Weizenkeimlinge gezogen werden. → Herbivore → Kaulquappen lassen sich mit Algen (zerrieben oder als Algenrasen am → Substrat geboten), zerkleinerten Brennesselblättern, überbrühtem Salat in Kombination mit → Trokkenfutter ernähren. [1]

Futterreste, Futterrückstände: zu reichliche Fütterung, Nichtbeachten der artgemäßen Futteransprüche, alters- und jahreszeitlich bedingter Unterschiede od. Mangel an vielseitigem Futterangebot müssen zwangsläufig zum Anfall von F. führen. Im → Aquarium und → Aqua-Terrarium kommt es durch die einsetzenden mikrobiellen Abbauprozesse rasch zur

Beeinträchtigung der Wasserqualität. Sichtbare äußere Zeichen sind Wassertrübung, -verfärbung (Algenbildung) od. eine lokale, später fortschreitende Schwärzung des → Bodengrundes (Bildung von Metallsulfiden). Gleiches gilt für Verpilzungen des Bodenmulms. Außerdem gehen auch Verstopfungen des Abflußrohres (Wasserschildkröten-Becken) oft auf F. zurück. Fäulnisbildung und Verpilzung erfolgen gleichermaßen bei F. im Landteil, besonders schnell bei hoher Luftfeuchtigkeit (→ Tradescantia-Glas, tropisches Regenwald-Terrarium usw.). Rechtzeitiger Wasserwechsel (Absaugen der Rückstände), regelmäßige Kontrolle und Säuberung der Futterplätze bzw. -schalen sind für eine hygienische Tierhaltung (→ Hygiene) unerläßliche Voraussetzung. [1]

Futtertierzuchten: eine erfolgreiche Terrarientierhaltung und -zucht bedingt die kontinuierliche Bereitstellung gesunden, abwechslungsreichen, möglichst hochwertigen Futters. Wildfutter ist zeitlich nur beschränkt verfügbar. Eigene F. sichern eine ganzjährige, auch individuelle und auf die Belange der Nachzucht zugeschnittene Bedarfsdeckung. Der Wert jedes Futtertieres hängt jedoch von seiner Ernährung ab. Möglichkeit der Anreicherung von Vitaminen nutzen. Zuchtansätze am besten vom erfahrenen Züchter besorgen. Zuchthygiene und notwendige Regenerationsphasen beachten. Hinweise zur Anlage von F. vgl.: Ringelwürmer: → *Enchytraeus,* → Lumbricidae; Krebse: → *Artemia salina,* → Isopoda; Insekten: → Collembola, → *Acheta domesticus,* → *Locusta migratoria,* → *Schistocerca peregrina,* → *Carausius morosus,* → Blattariae, → *Alphitobius diaperinus,* → *Tenebrio molitor,* → *Zophobas atractus,* → *Acanthoscelides obtectus,* → *Ephestia kuehniella,* → *Plodia interpunctella,* → *Galleria mellonella,* → *Sitotroga cerealella,* → *Anisopus fenestralis,* → Mycetophilidae, → Scatopsidae, → *Drosophila melanogaster,* → Muscidae; Wirbeltiere: → *Mesocricetus auratus,* → Muridae. [1]

Futterverweigerung, Inappetenz: zeitweiliges od. dauerndes Einstellen der Nahrungsaufnahme. Anlaß dafür können z. B. sein: Fehler od. Mängel bei der Haltung, wie unzureichende Temperatur, Feuchtigkeit, Besonnungsmöglichkeit, einseitiges Futterangebot, Überfütterung (oft bei Schlangen zu beobachten), Nichtbeachten von Nahrungsspezialisierung; weiterhin → Trächtigkeit (→ Trächtigkeitsfasten), jahreszeitlich bedingter geringerer Futterbedarf (→ Sommer- od. → Winterruhe stehen bevor), Reaktion auf erfolgtes → Umsetzen (neue Umgebung usw.), → Fangschock und Krankheit. Zeigen gesund erscheinende Tiere bei sachgerechter Haltung fortschreitende Abmagerungserscheinungen (→ Hungerfalten u. a.), dann sollte rechtzeitig eine → Zwangsfütterung erfolgen. [1]

Futterzahmheit: durch Abbau des Fluchtverhaltens (Fortfall der → Fluchtdistanz) und Lernprozesse bedingtes „Zum Futter-Kommen" bzw. Annehmen des Futters vom Pfleger. Ein Umschlagen der F. kann oft rasch durch Änderung bestimmter äußerer Faktoren herbeigeführt werden. Besonders bekannt ist z. B. in der → Terraristik der Verhaltenswandel des Pfleglings beim Wechsel vom Zimmer- ins → Freilandterrarium. [1]

Gabelschwanz: durch → Schwanzregeneration entstandener bifider (zweigeteilter, gegabelter) Schwanz. Vor allem bei Echsen zu beobachten. Besonders zahlreich sind Doppelschwanzbildungen bei → *Podarcis melisellensis* auf der dalmatischen Insel Brusnik. [1]

Gabunviper: → Bitis gabonica.

Gähnen: für die meisten mit Kiefern versehenen Wirbeltiere (Gnathostomata) typische, angeborene Verhaltensweise. Langsames, weites Öffnen des Mundes, kurzes Beibehalten dieser Position, darauf rasches Schließen der Kiefer. Im Atemablauf kommt es hierbei zum tiefen Einatmen, Atmungsstillstand und nachfolgend zum kräftigen

Ausatmen. G. tritt vor allem bei Ermüdung, am Anfang od. im Anschluß an Ruheperioden, außerdem als → Übersprungshandlung („Konfliktg."), unter Primaten auch als Drohg. auf. Spärlichen Beobachtungen bei **A** (→ *Triturus cristatus, Colostethus nubicola* u. a.) stehen eingehende, hauptsächlich auf Luttenberger zurückgehende Angaben für **R** gegenüber. Es ist bei Schildkröten, Krokodilen regelmäßig nachweisbar, fehlt unter den → Squamaten offenbar lediglich bei den → Gekkota und → Chamaeleonidae. Oft wird G. bereits beim od. unmittelbar nach dem Schlupf praktiziert. G. kann unter Lidschluß erfolgen. Mitunter treten vor, z. T. nach dem G. Schluckbewegungen (Schildkröten) auf. Die Gähnfrequenz nimmt mit dem Anstieg des CO_2-Gehaltes der Luft, auch bei Ermüdung und Hunger zu. (Abb. 38). [1]

fressen Wachs in Wespen-, Hummelnestern, Bienenstöcken („Wachs- od. Rankmaden"). Beliebtes Futter (Larven, Falter) für Froschlurche, kleine Echsen. Nicht überfüttern, da Larven höheren Fettgehalt als → „Mehlwürmer" besitzen. Zuchtbehälter: 2-l-Gläser od. Plastgefäße; Deckelöffnung mit feiner Drahtgaze (vorbeugend gegen Milben imprägniert) bespannen, dunkel stellen. Zuchtansatz: 20 Larven od. Falter. Optimaltemperatur 27–28 °C (auch Eigenwärme-Entwicklung!), RLF 60 %. Schlupf nach etwa 1, Verpuppung nach 4–5 Wochen, Puppenruhe knapp 2 Wochen. Futter: Altwaben (mit vitaminreichen Exkrementen und Exuvien beladen) od. besser Kunstfutter (Haydak-Medium): Honig-Glycerol-Gemisch (je 500 g) mit Mischung aus 100 g Trockenhefe, 200 g Magermilchpulver, 600 g Mehl verrühren. 4 cm hoch

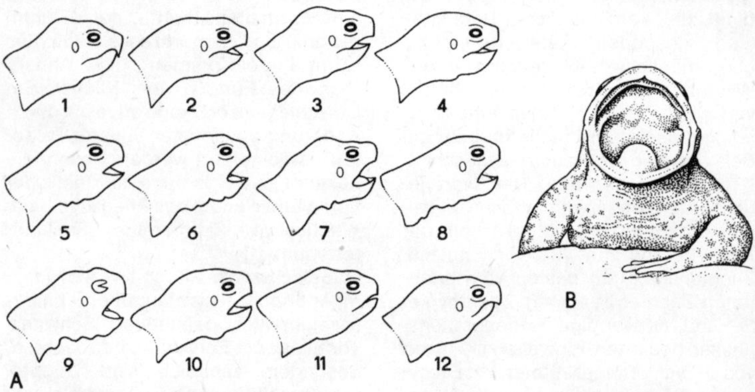

Abb. 38. Gähnen. A. Gähnablauf bei *Megalochelys gigantea*. 2–6 langsames Öffnen der Kiefer, 7–9 Maximum (dabei Anheben der Zunge, im Bild 9 Schließen der Augen), 10–12 rasches Kieferschließen, B. *Bufo calamita*, gähnend.

Galápagos-Riesenschildkröte: → Chelonoides elephantopus.
Gallenblase: → Cystis fellea.
Galleria mellonella (Linnaeus 1758), Große Wachsmotte: Vertreter der Zünsler (Pyralididae). Vfl-Spannweite 30–35 mm. Flugzeit: VI–VIII. Larven

in Behälter gießen od. zu Kugeln kneten (bei 4 °C länger haltbar). Als Verpuppungshilfe Wellpappenröhrchen (Behälter nur 50 % füllen) hineinlegen. Verpuppungsreife Larven lassen sich außerhalb des Nährmediums leicht absammeln. [1]

Gammarus Fabricius 1755: Gatt der überwiegend → marinen, aber auch im Brack- und Süßwasser verbreiteten Flohkrebse (O Amphipoda). G.-Arten der Binnengewässer sind Grundbewohner. Aufenthalt unter Steinen, zwischen Pflanzenresten usw. Oft mit sehr hoher Besiedlungsdichte. Körper seitlich zusamengedrückt. Häufigste Süßwasserart ist der Bachflohkrebs *(G. pulex)*. Bis 2,4 cm lang, meist an pflanzenreichen Stellen fließender Gewässer und Seen. Geeignetes Futter für Wasserschildkröten. Transport kann ohne Wasser nur zwischen feuchten Pflanzenteilen erfolgen (großer O_2-Bedarf). Längere Hälterung in Plastschalen bei 4 °C und regelmäßigem Wasserwechsel möglich. [1]

Garnelen: → Natantia.

Gartenteich: als wesentliches Gestaltungselement in Hausgärten und Gartenanlagen heute weit verbreitet. Der Trend zum G. hält weiter an, unter anderem bedingt durch die ständig steigende Zahl der Gartenbesitzer, besonders aber die großen Vorteile bei Verwendung einer Teichfolie (UV-stabilisiert, verrottungsfest, hitze- und frostständig). Folienteiche sind leicht und schnell anlegbar, von langer Haltbarkeit und haben so Dachpappen-, Beton- sowie gemauerte Teiche weitgehend verdrängt. In sachgerecht angelegten (nicht unter Bäumen, ausreichend groß, 50–100 cm tief, Randzonengestaltung, Ausstiegsmöglichkeit usw.), naturnahen Gartenteichen ohne Fischbesatz pflanzen sich vielerorts *Triturus*-Arten, oft z. B. auch → *Bufo bufo* und → *Rana temporaria* regelmäßig fort. Wichtig ist das Vorhandensein von Versteck- und Überwinterungsplätzen, die Wasserqualität muß stets gut sein (z. B. Teilwasserwechsel durch Wasserzufuhr per Schlauch und Abfluß über ein Überlaufrohr, Wasserfilterung und -umlauf evtl. mittels Unterwasser-Filter möglich). [1]

Gasbrand, Gasödemerkrankung: verursacht durch Gasbrandbakterien. Bekannt wurde ein G. bei → *Cerastes cerastes*. Mundschleimhaut und Hals (besonders ventral) waren gasig aufgeblasen. Die Gasbläschen knistern bei Berührung. Infektion vermutlich durch eine Verletzung der Mundschleimhaut. [1]

Gastralia, Gastralspangen, „Bauchrippen": sekundär geringfügig in die Bauchwandmuskulatur (zwischen Brustbeinende und Becken) verlagerte, als langgestreckte Knochenspangen vorliegende Hautverknöcherun-

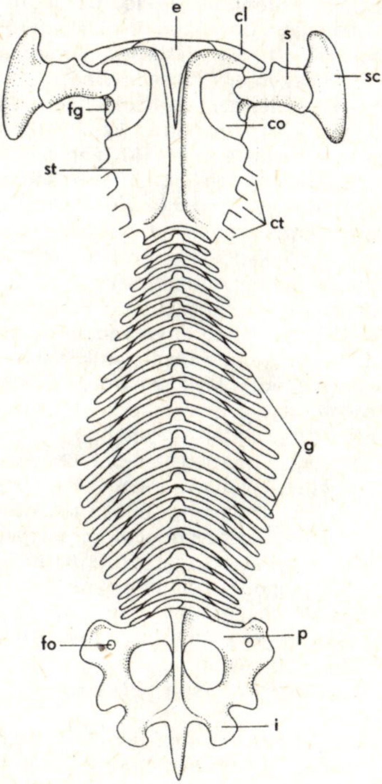

Abb. 39. Gastralia, Schulter- und Beckengürtel von *Sphenodon punctatus*. *cl* Clavicula, *co* Coracoid, *ct* Costae thoracales, *e* Episternum, *fg* Fossa glenoidalis, *fo* Foramen obturatorium, *g* Gastralia, *i* Os ischii, *p* Os pubis, *s* Scapula, *sc* Suprascapula, *st* Sternum.

gen (→ Osteodermata; Terminus „Bauchrippen" daher irreführend) bei → Crocodylia und → Sphenodontidae. Viele fossile **R** besaßen wesentlich mehr und höher entwickelte G. Auch bei → *Archaeopteryx* vorhanden. Offenbar als Reste des geschlossenen Bauchpanzers urtümlicher, fossiler → Tetrapoden anzusehen. Unter den rezenten Formen weisen → *Sphenodon punctatus* 24–26, Krokodile 8, Alligatoren 7 Paar G. (jederseits zweiteilig ausgebildet) auf. (Abb. 39). [1]

Gastro-Enteritiden, Magen-Darm-Entzündungen: bei **A** (hauptsächlich Fröschen; oft als bakteriell bedingte „Froschseuche" beschrieben) und allen **R**, besonders aber Schlangen und Echsen, vorkommend. Verlaufsform unterschiedlich. In der Mehrzahl durch → bakterielle Infektionen verursacht. Symptome: Auswürgen der Nahrung, vermehrtes → Trinken, typisch breiiger, grauer, stinkender Kot. Bei hämorrhagischem Verlauf enthält dieser Schleim und Blut. Im Endstadium → Futterverweigerung, gestörte Bewegungskoordination. Weitere Ursachen können → Parasitosen, → Mykosen od. „unspezifische" (nicht erregerbedingte) G.-E. sein, die z. B. auf → Haltungs- (Unterkühlung), Fütterungsfehler, auch → Vergiftungen zurückgehen. Therapie: sofortige Isolierung und Ursachenermittlung. Bei bakteriellen Infektionen Chloromycetin-Gaben, 50 mg/kg KM in abnehmender Dosis, über eine Woche lang. In dieser Zeit keine Nahrung anbieten. Dem Trinkwasser evtl. Breitbandantibiotikum zusetzen. Auch Applikation von Tetracyclinen möglich. [1]

Gastropoda, Schnecken: formenreichste Kl der Weichtiere (Mollusca). Über 100 000 Arten. Im Meer-, Brack-, Süßwasser und auf dem Land verbreitet. Schale sehr vielgestaltig, bei Nacktschnecken rückgebildet. Kleine Nacktschnecken werden besonders von Schwanz- und Froschlurchen, auch einigen Echsen, Schildkröten, Schlangen (z. B. *Haplopeltura boa, Pareas carinatus*) verzehrt. Beliebt sind z. B. Ackerschnecken *(Deroceras)*, weitgehend gemieden werden Wegschnecken *(Arion)*. Wenige **R**-Arten (meist Spezialisten) vertilgen Landgehäuseschnekken (z. B. *Dracaena guianensis*, → *Ophisaurus apodus, Dipsas albifrons*). Wasserschildkröten fressen gern Wasserschnecken (*Lymnaea, Planorbarius, Planorbis* u. a.), die oft massenhaft in → Standgewässern vorkommen. Nacktschnecken als Futter für Terrarientiere findet man z. B. unter Steinen, Moos, morschem Holz. Besonders lohnt die Suche an regnerischen Tagen. [1]

Gastrotheca marsupiata (Duméril und Bibron 1841), Beutelfrosch: Vertreter der → Hylidae. Verbreitung: Ekuador, Peru. Im submontanen Regenwald, auch in trockeneren Gebieten. Auf → Epiphyten, in Blattachseln von Agaven usw. KRL bis 7 cm (♀ größer als ♂). An Finger- und Zehenspitzen → Haftscheiben. Dämmerungs- und nachtaktiv. → Amplexus wie bei → *Gastrotheca ovifera*, auch die Eibeförderung verläuft fast gleichartig. *G. m.* legt jedoch bis 200, allerdings dotterärmere (kleinere) Eier ab. Sie werden unterstützt durch Schaufelbewegungen der Hinterextremitäten des ♂ in den Brutbeutel befördert und vorher besamt. Auf Grund des geringen Dottergehaltes erfolgt die → Brutpflege nur bis zum Kaulquappenstadium. Das ♀ öffnet den Beutelspalt mit Hilfe der 4. (längsten) Zehe einer od. beider Hinterextremitäten und setzt die Larven in → Phytotelmen bzw. anderen Wasseransammlungen ab. [1]

Gastrotheca ovifera (Lichtenstein und Weinland 1854), Riesenbeutelfrosch: Vertreter der → Hylidae. Verbreitung: Ekuador, Venezuela. Im montanen Nebelwald, vorwiegend am Boden od. bodennahe. Höhenverbreitung: 800–2000 m. KRL bis 10 cm (♂ wesentlich kleiner als ♀). An Finger- und Zehenspitzen → Haftscheiben. ♀ mit markanterer Schädelskulptur und Brutbeutel auf dem Rücken. Dämmerungs- und nachtaktiv. → Amplexus (bis 24 h) bedingt durch die geringere Größe des ♂ oberhalb der Vorderbeine des ♀ (Amplexus scapularis). Eiablage in den Beutel erfolgt nach dem Prinzip der schiefen Ebene. Das ♀ hebt sich auf den Hinterextremitäten aufwärts (leicht lordotisch gebogen). Die kräftig ausgestoßenen Eier (15–50) rutschen so auf der glatten Rückenhaut (Flüssigkeitsabgabe) nach vorn, werden vom Bauch des ♂ am Weitergleiten gehindert und vor Passage des Beutelschlitzes besamt. Entwicklung bis zum metamorphosierten Jungfrosch im Brutbeutel. [1]

Gaumenfalten: bei → *Sphenodon punctatus* und den → Sauria vorhandene Leisten, die von den medianen Rändern des Oberkiefers ausgehen und die primären → Choanen z. T. überdekken, ohne jedoch wie beim → sekundären Gaumen miteinander zu verschmelzen. Sie enden mit einer Schleimhautfalte. Beginn der Abgrenzung eines dorsalen Teiles der ursprünglichen Mundhöhle und damit Anfang der Bildung eines Nasenrachenganges (→ Ductus nasopharyngeus). [1]

Gaviale: → Gavialidae.

Gavialidae, Gaviale: Fam der → Crocodylia. Nur 1 Art, *Gavialis gangeticus* (Gmelin 1789). Verbreitung: hauptsächlich im Indus, Ganges, Brahmaputra, Irawadi. Nach Schätzungen zur Zeit kaum mehr als insgesamt etwa 300 Tiere vorhanden. GL bis 7 m. Schnauze extrem verlängert, schmal, an der Spitze beim ♂ ein knollenartiger Aufsatz. Gebiß → homodont, mindestens 54 Oberkiefer- und 48 Unterkieferzähne. Extremitäten relativ schwach gebaut, an ihrer Hinterseite jeweils mit Schuppenkamm. Bauchpanzer nicht verknöchert. Kräftiger Ruderschwanz mit hohem Kamm. Stark aquatische Lebensweise. Nahrung vor allem Fische, auch **A,** Schlangen, Vögel, mitunter Aas. Eiablage auf Sandbänken. Gelegegröße: 40–56 Eier. → Nestbewachen und längere postnatale Jungtierbewachung durch das ♀. [1]

Gavialis gangeticus: → Gavialidae.

Geburtshelferkröte: → *Alytes obstetricans.*

Geckos: → Gekkonidae.

gefenstertes Unterlid, Lidfenster: unterschiedlich große, durchsichtige Membran (Fenster) im unteren Augenlid, die auch bei geschlossenem (hochgezogenem) Lid das Sehen gewährleistet. Die → Augenlider sind demnach im Vergleich zur → Brille voll funktionstüchtig. Bei verschiedenen Echsenarten (→ *Podarcis perspicillata,* Gatt *Tiliqua, Mabuya, Cabrita, Eremias, Philochortus, Lanthanotus* u. a.) und den Schildkröten *Lissemys punctata, Chelodina longicollis* ausgebildet. Als Vorstufe der Brillenbildung betrachtet. Bei → *Ophisops elegans* sind die Lider bereits miteinander verwachsen, jedoch noch beweglich, so daß hier das Unterlid mit seinem großen runden Fenster, bei gleichzeitiger Dehnung des ungefensterten Oberlides, hinter dem → Suboculare verborgen werden kann. (Abb. 40). [1]

Gefleckter Furchenmolch: → *Necturus maculosus.*

Gefleckter Krötenkopf: → *Phrynocephalus guttatus.*

Gefleckter Walzenskink: → *Chalcides ocellatus.*

Gehirn: → Cerebrum.

Geierschildkröte: → *Macroclemys temminckii.*

Gekko gecko (Linnaeus 1758), Tokeh, Tokee: Vertreter der → Gekkonidae. Verbreitung: Vorder- und Hinterindien, S-China, Indoaustralischer Archipel, Philippinen. Lebt in bewaldeten Regionen an Baumstämmen, Felsen. Als typischer → Kulturfolger an Mauern, in Häusern. GL bis 40 cm. Kopf breit, Augen groß, Pupille vertikal. Zehen und Finger mit quergestellten Haftlamellen. Dämmerungs- und nachtaktiv. ♂ mit → Revierverhalten, Stimme sehr gut ausgebildet. Beißlustig. Droht mit aufgerissenem Rachen. Gelegegröße: ausnahmsweise 6–8, meist 2 Eier. Mitunter deponieren mehrere ♀♀ ihre Eier am gleichen Ort (z. B. Mauer-, Borkenspalt). [1]

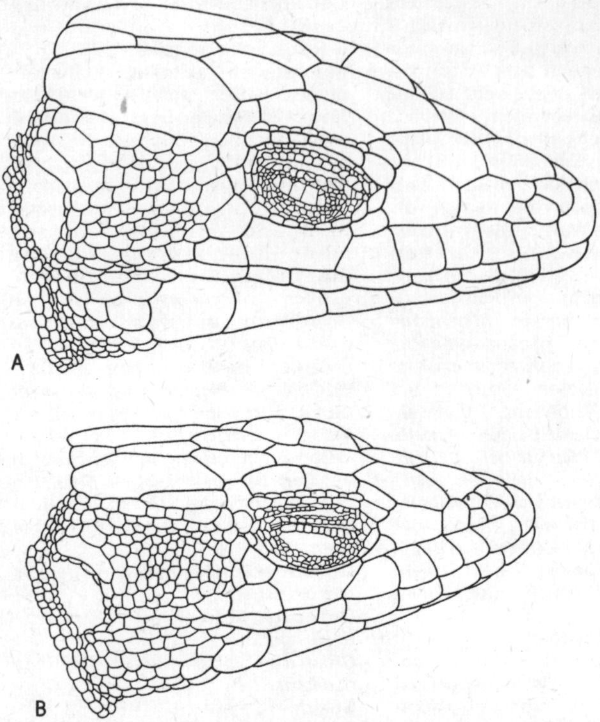

Abb. 40. Gefenstertes Unterlid. A. Unterlid von *Podarcis dugesii* mit Tendenz zur Ausbildung eines transparenten Fensters; B. Unterlid von *Podarcis perspicillata* mit markantem transparentem Fenster.

Gekkonidae, Geckos, Haftzeher: weltweit verbreitete Fam der → Gekkota. Etwa 700 Arten. Größte Artenfülle in den Tropen, Subtropen. In Europa Gatt *Alsophylax, Cyrtodactylus, Hemidactylus, Phyllodactylus, Tarentola* vertreten. Besiedeln sehr viele Lebensräume, zahlreiche ökologische Nischen. Viele halten sich in direkter Nähe des Menschen auf. In der Mehrzahl kleine Arten. GL 4 bis etwa 62 cm *(Hoplodactylus delcourti).* Nach urtümlichen anatomischen Merkmalen (Wirbelbau, Reste der → Chorda dorsalis u. a.) phylogenetisch alte Gruppe. Körper oft dorsoventral abgeflacht. Augen groß, hervortretend. Lider nur bei wenigen Arten beweglich, sonst verwachsen (Brille). Zähne → pleurodont. Zunge fleischig. Zehen und Finger häufig unterseits mit Haftlamellen. Schwanz verhältnismäßig kurz, oft verdickt od. verbreitert, mitunter Haft- und Greiforgan, autotomiefähig. Meist → Analknochen vorhanden. Gutes Hör-, Stimm-, oft auch Farbwechselvermögen. Überwiegend dämmerungs- und nachtaktiv. In wenigen Fällen → Parthenogenese nachgewiesen. Hauptsächlich → ovipar (meist 2 Eier, verkleben mit dem Substrat), wenige → ovovivipar. 4 UFam: Eublepharinae, Diplodactylinae, Sphaerodactylinae, Gekkoninae. [1]

Gekkota: IO der → Sauria. Weltweit verbreitet, vor allem in Tropen, Subtropen. In der Mehrzahl kleine Formen. → Jochbögen fehlen meist. Bezahnung → pleurodont. Augen mit Lidern, od. von → Brille (Entwicklung über → transparentes Unterlid) bedeckt. Zunge fleischig, meist kurz und höchstens ganz leicht eingebuchtet. → Amphicöle od. → procöle Wirbel. Viele mit Postanalsack jederseits der Schwanzwurzel hinter der Analspalte. 3 Fam: → Gekkonidae, → Pygopodidae, → Xanthusiidae. [1]

Gelatinefutter: → Gelierfutter.

Gelbbauchunke: → *Bombina variegata.*

Gelbgrüne Zornnatter: → *Coluber viridiflavus.*

Gelege: Summe der vom ♀ an einem bestimmten Ort abgelegten Eier. Das G. kann frei auf dem → Substrat liegen, in dieses versenkt od. mit ihm verklebt sein, in ein eigens dafür errichtetes Nest (→ Nestbau), mitunter auch in Bauten anderer Tierarten (→ Termitophilie usw.) deponiert werden. Ins Wasser abgesetzte G. bezeichnet man gewöhnlich als → Laich. Die → Gelegegröße ist meist je nach Art sowie innerartlich verschieden. Oft werden 2 bzw. mehrere G. (→ Gelegefrequenz) produziert. Viele **A** und **R** betreiben → Brutpflege. [1]

Gelegebewässern, Laichwässern: vor allem als Teil bzw. Phase der oft hochentwickelten → Brutpflege der → Dendrobatidae bekannt. Die → terrestrisch auf Blättern und anderen gewöhnlich glatten Substraten abgelegten Eier werden vom ♂ (*Phyllobates vittatus, Dendrobates auratus* u. a.) od. ♀ (→ *Dendrobates histrionicus, D. lehmanni* u. a.) bzw. beiden (→ *Dendrobates pumilio*) befeuchtet. Bei der sehr einfachen Brutpflege von → *Phyllobates terribilis* findet nur ein einmaliges, auf die Ablage folgendes (dabei offenbar auch → Besamung) Bewässern statt. Meist wird das G. aber in unterschiedlichen Intervallen bis zum Schlupf der Larven durchgeführt. Dies geschieht z. B. bei *D. histrionicus* einmal, bei *D. auratus* bis viermal täglich. Vor dem G. badet der Frosch in einer wassergefüllten Blattachsel, stellt sich dann über das Gelege und gibt aus seiner Blase Wasser ab (Uricotelie). G. kommt weiterhin bei *Eleutherodactylus caryophyllaceus* (Fam → Leptodactylidae), *Pachymedusa dacnicolor (Fam* → Hylidae) u. a. Froschlurcharten vor. [1]

Gelegefrequenz, Gelegezahl: Zahl der Eiablagen pro Jahr bzw. Fortpflanzungsperiode. Bei zahlreichen *Lacerta*-Arten sind z. B. 2 und manchen bis 3 und mehr Jahresgelege möglich. Wie z. B. Terrarienzuchten von *Anolis*-Arten belegen, können schwache → Gelegegrößen durch höhere G. ausgeglichen werden. Ein ganzjährig fortpflanzungsfähiges → *Phyllobates terribilis* ♀ vermag im → Terrarium bis über 30 Gelege zu produzieren. Eben geschlechtsreif gewordene ♀♀ dieser Art können somit insgesamt über 300 Eier im Jahr ablegen. [1]

Gelegegröße, Gelegestärke, Gelegeumfang: Eizahl pro → Gelege. Sie hängt meist von der Größe und dem Alter des ♀ ab. So legen innerhalb einer Art größere ♀♀ gewöhnlich mehr, dafür aber kleinere Eier als vergleichsweise deutlich kleinere ♀♀ ab. Weiterhin kann die G. durch die → Gelegefrequenz (geringe G. wird oft durch mehrere Eiablagen pro Jahr ausgeglichen), Jahresperiodizität, auch ökotypische Faktoren (geographische Herkunft, Einfluß der Länge der Fotoperiode bedeutsam usw.) bestimmt werden. Mitunter ist sie taxonomisch relevant (ein Artmerkmal, z. B. bei *Lacerta parva*). [1]

Gelegestärke: → Gelegegröße.

Gelegezahl: → Gelegefrequenz.

Gelierfutter, Gelatinefutter: von der Aquaristik übernommener Weg der Fütterung unter Verwendung von Gelatine (ursprünglich von kommerziellem Agar). Die Gelatine-Futterbreimischung kann von jedermann problemlos nach eigenen od. publizierten Rezepten hergestellt werden. In der → Terraristik wurde G. erstmals bei Wasserschildkröten verwendet. Im Prinzip besteht das G. in diesem Fall aus einer fein zerkleinerten Mischung der für diese Arten gebräuchlichsten Futterbestandteile (→ Crustaceen, → Mollusken, Süßwasserfisch samt Schuppen und Gräten, Obst und Gemüse), die mit Milch, Wasser und etwas Ei gut verrührt wird. Sie ist dann auf 35–40 °C zu erwärmen und portionsweise in die zwischenzeitlich hergestellte Gelatinelösung (Speisegelatine, 50–60 g/l Futter; nach Erwärmen leicht abkühlen) einzurühren. Den Futterbrei komplettiert man durch Zusatz von gemahlenen Meeresalgen (2–3 Teelöffel), Vitaminen, Mineralstoffen. Das fertige G. im Kühlschrank abkühlen lassen, danach → einfrosten. G. ist eine hochwertige, abwechslungsreiche, leicht verdauliche, in passende Portionen zerteilbare Kost, die nicht sofort verpilzt und das Wasser nicht verschmutzt. [1]

Gemalter Scheibenzüngler: → *Discoglossus pictus.*

Gemeiner Erdläufer: → *Geophilus longicornis.*

Gemeiner Ohrwurm: → *Forficula auricularia.*

Genfluß: als intraspezifischer G., der Genaustausch zwischen → Populationen einer Art durch natürliche Zuwanderung von Individuen (Individuenaustausch). Der G. wird z. B. durch Zergliederung der Landschaft (Zerschneiden von Jahreslebensräumen durch Straßenbau usw.) und Biotopvernichtung eingeschränkt bzw. unterbrochen. Durch Erhaltung od. Schaffung eines Netzes geeigneter → Biotope könnte eine bestimmte Mindestdichte an Populationen und damit der interpopulare Individuenaustausch gewährleistet werden. In diesem Rahmen sind vor allem Kenntnisse über Migrationsleistung und Ausmaß (auch Daten zum Anteil juv. und ad. Tiere u. a.) solcher Wanderungen bedeutsam. Weiterhin kann ein G. zwischen Individuen verschiedener Arten erfolgen (interspezifische Bastardierung). [1]

Genitalleiste: median von der Anlage der → Nieren liegende Falte des → Peritoneums, aus der sich die → Gonaden entwickeln. Man kann an dieser Genitalanlage 3 Abschnitte unterscheiden: 1. die Pars progonalis, die sich bei **A** zum → Fettkörper od. → Bidderschen Organ umbildet; 2. die Pars gonalis, aus der die definitiven Geschlechtsorgane hervorgehen; 3. die Pars epigonalis, bei **A** und **R** rückgebildet. [2]

Genitalniere: Pars sexualis, schmaler cranialer Abschnitt der langgestreckten Niere der ♂♂ der Schwanzlurche. Über sie wird die → Urogenitalverbindung hergestellt. Die aus dem Hoden hervorgehenden → Ductuli efferentes passieren die Niere über die Nierenkanälchen primärer → Nephrone, die an den → primären Harnleiter Anschluß gewinnen, der nun zum größten Teil als → Ductus deferens dient. Die G. besitzt jedoch außerdem sekundäre und tertiäre Nephrone, die ihre Nierenfunktion beibehalten. Diese münden wie die Nephrone des caudalen Abschnittes der Niere (Pars caudalis) über Sammelrohre in den primären Harnleiter, der nun zum Harnsamenleiter wird (z. B. bei *Necturus;* Sammelrohre sind kurz, münden hintereinander in den primären Harnleiter). Über Zwischenstufen läßt sich eine Entwicklungsreihe aufstellen. Ihre Endstufe repräsentiert *Andrias* (Sammelrohre lang, münden direkt in die → Kloake), wo der primäre Harnleiter ausschließlich als Samenleiter dient. Bei den ♂♂ der Froschlurche läßt die Niere äußerlich eine Gliederung in Pars sexualis und caudalis nicht mehr erkennen. [2]

Genpool: Gesamtheit des Genbestandes in einer bestimmten → Population. [1]

Geophagie: aktives Verzehren von Erde. Meist als Aufnahme lockerer, sandiger Erde beschrieben. Hauptsächlich bei Schildkröten nachgewiesen. Deutung unterschiedlich. Im Sinne einer angeblichen Kalkzufuhr, Digestionsfunktion (lediglich als „Reibewirkung“ od. Füllfunktion, die zum besseren Stau des Nahrungsbreies und seiner optimaleren Resorption führen soll) und der Aufrechterhaltung des Gleichgewichtes der Darmflora diskutiert. [1]

Geophilus longicornis (Leach 1814), Gemeiner Erdläufer: häufigste Art der Erdläufer (Geophilidae; Kl → Myriapoda). 20–40 mm lang, 49–57 Beinpaare, Fühler erreichen bis 1/5 der Körperlänge. Vor allem in Acker-, Wiesen-, auch Wald- und Gartenböden verbreitet. Oft versteckt z. B. unter Steinen, Laub, Rinde anzutreffen. Unter günstigen Bedingungen (ausreichende Feuchtigkeit u. a.) in beträchtlicher Zahl vorhanden. Tritt an zeitweilig überschwemmten Stellen nicht auf. Frißt vorwiegend Regenwürmer. Als Zusatzfutter für an Land lebende Schwanzlurche (*Batrachoseps*-Arten u. a.) sowie verschiedene Echsen brauchbar. [1]

Geruchsorgan, Riechorgan: paariges Sinnesorgan, bei luftatmenden Wirbeltieren in der Nasenhöhle liegend und damit in den Atemweg einbezogen. Seine Hauptaufgabe ist die Prüfung der Atem- und Umgebungsluft. Die Verbindung von Nasen- und Mundhöhle über die inneren Nasenöffnungen ermöglicht zugleich eine geruchliche Überprüfung der Nahrung in der Mundhöhle. Im Vorraum (Vestibulum) der Nasenhöhle kann außerdem eine Reinigung der Atemluft von Fremdpartikeln erfolgen. Die Nasenhöhle läßt sich in eine Pars olfactoria und Pars respiratoria gliedern. Nur der olfaktorisch tätige Teil enthält Sinnesepithel (vgl. → Riechschleimhaut). Das Vestibulum liegt direkt hinter der äußeren Nasenöffnung und weist mehrschichtiges Epithel auf. Bei **A** sind die Vestibula nur kurz, bei **R** stellen sie dagegen längere Röhren dar, in die die Glandulae nasales laterales einmünden. Von der olfaktorischen Haupthöhle der Schwanzlurche gliedert sich lateral ein sackförmiger respiratorischer Nebenraum ab. Die Nebenräume der Froschlurche bilden Blindschläuche. Direkt vor der inneren Nasenöffnung kommt es zur Aufwölbung des Bodens der Haupthöhle, zur Eminentia olfactoria. Bei **R** bildet die Pars respiratoria die direkte Verbindung zwischen Vestibulum und innerer Nasenöffnung, die Pars olfactoria ist caudolateral als Riechhöhle angelagert, deren Oberfläche i. d. R. durch eine hereinragende Nasenmuschel (vgl. → Conchae) vergrößert wird. Neben zahlreichen Nasendrüsen mündet in jede Nasenhöhle ein Tränennasengang, der das überschüssige Sekret der Augendrüsen abführt. Es dient wie das Sekret der Nasendrüsen der Anfeuchtung der Nasenschleimhaut. [2]

Gesamtlänge, Totallänge: bei Schwanzlurchen, den meisten Blindwühlen (verschiedene Formen sind schwanzlos), Krokodilen, Brückenechsen, Echsen und Schlangen die Summe von Kopf-, Rumpf- und Schwanzlänge (Schnauzen- bis Schwanzspitze). Die G. der Froschlurche wird in Kopf-Rumpf-Länge (Schnauzenspitze bis Körperende), bei Schildkröten als → Carapax-Länge (geradliniger Abstand vom Vorder- zum Hinterende des Panzers) angegeben. [1]

Geschlechterverhältnis, Sexualindex: Zahlenverhältnis zwischen den Geschlechtern einer Art innerhalb einer → Population. Bei Wirbeltieren meist ausgeglichen. Zur Fehleinschätzung des realen G. tragen nicht selten die größere Auffälligkeit sowie die Territorialität der ♂♂ bei. Echte Disproportionen treten unter **R** offensichtlich z. B. bei verschiedenen Schildkrötenarten auf, wo der ♀-Anteil mitunter weit über das Doppelte des ♂-Anteils hinausgeht. Unter den Echsen sind einige Arten bekannt (vor allem kaukasische Felseneidechsen der → *Lacerta saxicola*-Gruppe), bei denen bestimmte Populationen nur aus ♀♀ bestehen. Die Fortpflanzung erfolgt hier durch → Parthenogenese. [1]

Geschlechtsbestimmung, Geschlechtsdiagnose: für Zucht- und Arterhaltungsmaßnahmen von großer Bedeutung. Anhand geschlechtsdimorpher Merkmale (→ Geschlechtsdimorphismus) unproblematisch. Oft jedoch am lebenden Tier mangels morphologischer od. ethologischer Kriterien nicht möglich. Bei den → Squamata bewährte sich in solchen Fällen die → Sondenmethode. Da das Hemipenisepithel gleichfalls der → Häutung unterliegt, lassen sich (wie an *Gekko*-Arten belegt) häufig am kompletten Häutungsrückstand die Hautzonen der → Hemipenes nachweisen. Bei Krokodilen kann die G. zuverlässig durch manuelle Kontrolle (Herausdrücken des Penis) erfolgen. Eine bei weiterem Ausbau (Kenntnis der Einflußgrößen, Schwankungsbreiten usw.) breit anwendbare Methode beruht auf der quantitativen Testosteron-Bestimmung im Blut von **R** (♂♂ mit höheren Testosteron-Werten). Geprüft und diskutiert wird gegenwärtig die Brauchbarkeit von Östradiol-Werten und anderer serochemischer Parameter zur G. Außerdem lassen sich gegebenenfalls röntgenologische (Nachweise von Embryonalentwicklungsstadien, → Analknochen usw.) sowie in bestimmten Fällen Chromosomenuntersuchungen (Makrochromosomen-Unterschiede) zur G. heranziehen. Die Anwendung der bei Vögeln erfolgreich praktizierten endoskopischen G. erbrachte auch bei → *Trachydosaurus rugosus* (unter → Lokalanästhesie vorgenommen) sichere Ergebnisse. [1]

Geschlechtsdimorphismus, Geschlechtsunterschiede: die Verschiedenartigkeit von ♂♂ und ♀♀ einer Art bezogen auf die Geschlechtsorgane wird als primärer G., auf andere, zweitrangige Geschlechtsmerkmale als sekundärer G. bezeichnet. Letzterer kann sich in unterschiedlichen Maximalmaßen und Körperproportionen ausdrücken. So sind ad. ♀♀ der meisten Froschlurche, Schlangen, vieler Schildkröten größer als die ♂♂. Ein umgekehrtes Größenverhältnis der Geschlechter zeigen häufig Echsen und Krokodile. Weibliche Echsen und Schlangen besitzen gewöhnlich gestrecktere Rümpfe, männliche Schlangen und Schildkröten meist längere, dazu an der → Schwanzwurzel (wie auch bei Echsen) dickere Schwänze. Eine geschlechtsdimorphe Färbung ist verschiedentlich bei **A** (*Dendrobates*-, *Hyperolius*-Arten u. a.), vor allem bei Agamen und Leguanen, selten bei Schildkröten, Krokodilen, Schlangen (kommentkämpfende Vipern u. a.) ausgebildet. Oft tritt G. nur od. aber markanter zur Fortpflanzungsperiode (Hochzeitsfärbungen, Bildung von → Hautsäumen, → Brunstschwielen, geschwollene → Kloake bei ♂♂ vieler Schwanzlurche) auf. Weitere morphologische Merkmale können z. B. sein: Größe des → Trommelfells (viele Froschlurche), Vorhandensein von → Schallblasen, → Fersensporne, besondere Schmuckbildungen der ♂♂ (Helme, Sporne, Schuppenkämme usw.), stärker entwickelte → Femoralporen, Größe der → Afterklauen, geschlechtstypische Pholidosemerkmale, Form des → Plastron, Unterschiede im Skelet. Hinzu kommen Unterschiede in der Physiologie und Ethologie (→ Lautäuße-

---

Abb. 41. Geschlechtsdimorphismus. A. *Triturus vulgaris* ♂ im Hochzeitskleid und *Triturus vulgaris* ♀; B. *Xenopus* ♀, an der Kloakenmündung sind 3 lappige Fortsätze ausgebildet; C. *Mertensiella luschani* ♂ mit weichem, spornartigem Schwanzwurzelhöcker; D. Vorderextremität von *Limnodynastes peronii* mit verlängertem Finger beim ♂ und Hautsäumen an den Fingern des ♀; E. *Petropedetes newtoni* ♂; Trommelfell sehr groß, beim ad. ♂ außerdem mit vorstehendem Knopf, am Daumen ein knöcherner Dorn; F. *Langaha alluaudi* mit spitzem (♂) und breit endendem Schnauzenfortsatz (♀); G. Femoralporen bei ♂ und ♀ Lacertiden.

169

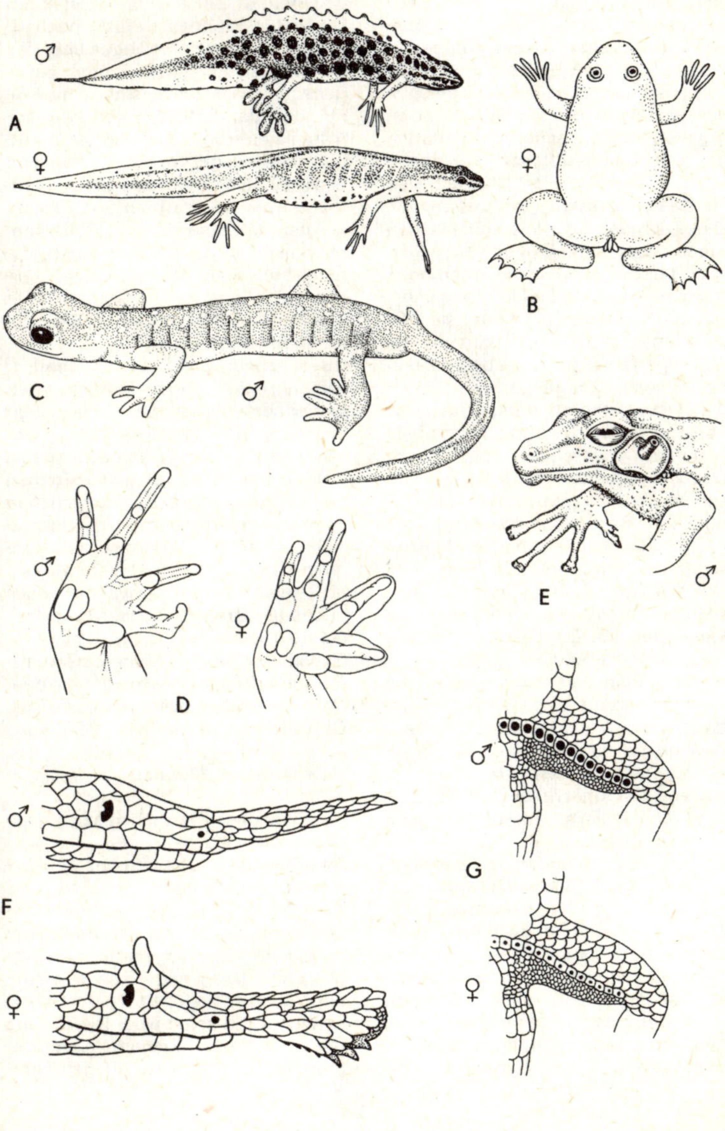

rungen usw.) beider Geschlechter. (Abb. 41). [1]

Geschmacksorgane: chemorezeptorische Sinnesorgane. Im Gegensatz zum Geruchsorgan mit sekundären Sinneszellen ausgestattet, d. h. solchen Sinneszellen, die den aufgenommenen Reiz über Endfasern von Nervenzellen, die die Sinneszellen umspinnen, weiterleiten. In den Geschmacksorganen treten lange, spindelförmige, mit Sinnesstiftchen versehene Rezeptorzellen mit Stützlamellen zu Geschmacksknospen zusammen. Diese können an unterschiedlichen Stellen der → Mundhöhle, des → Pharynx, bei Schwanzlurchen auch noch außerhalb der Mundhöhle vorkommen. Bei Froschlurchen liegen sie als Geschmacksscheiben, randförmig von bewimperten Zellen umgeben, auf den pilzförmigen Zungenpapillen. Durch die starke Verhornung der Haut ist ihr Vorkommen bei **R** auf die Mundhöhle und Zungenabschnitte beschränkt. Geschmacksknospen mit einem Geschmacksporus sind unter den **R** nur auf den Gaumenwülsten bei Krokodilen feststellbar. Bei Echsen liegen die G. z. T. auf dem Zungenrükken, z. B. an der Zungenspitze von → *Anguis fragilis* od. auf caudalen Querfalten der Zunge von manchen *Lacerta*- Arten. Ist die Zunge stark verhornt, dann befinden sich die Geschmacksknospen entweder im caudalen Munddachbereich und Rachen od. in weichhäutigen Teilen des Zungengrundes od. Mundhöhlenbodens. Die Innervierung erfolgt über die Nervi facialis, glossopharyngeus und vagus. [2]

Geschwülste, Tumoren, Neoplasmen, Neubildungen: Bei **A** und **R** zwar erheblich seltener als vergleichsweise bei Säugern, jedoch in gleicher Vielfalt anzutreffen. Neben gutartigen (benignen) G. mit verdrängendem Wachstum bilden sich ebenfalls bösartige (maligne), infiltrativ wachsende G. (z. B. Melanosarkome, Adenokarzinome, Osteochondrome). Tumoröse Veränderungen können in allen Organsystemen auftreten, meist zeichnet sich jedoch, oft nach Tiergruppe verschieden, eine Häufung in bestimmten Organen ab. Bei **A** wurden bisher am häufigsten Hautgeschwülste nachgewiesen. Viele Berichte liegen über das Nierenkarzinom (Lucké-Tumor) bei → *Rana pipiens* (Nachweisquote bis 8 %, ♂♂ besonders betroffen) vor. Unter den **R** dominieren bei allen Gruppen G. epithelialer Herkunft vor mesenchymalen G. Hinsichtlich der Lokalisation überwiegen bei Schildkröten und Echsen G. im Hautbereich (→ „Borkengeschwülste“ u. a.), bei Schlangen, die durch hohe Vielgestaltigkeit der G. herausragen, G. im Verdauungstrakt. Für Krokodile liegen gegenwärtig nur wenig Angaben vor. [1]

Gesellschaftsterrarium: zur gemeinsamen Haltung verschiedener Arten dienendes → Terrarium. Neben einer ausreichenden Behältergröße ist vor allem auf die sachgerechte Artenauswahl zu achten. So sollten nur Formen mit gleichartigen Lebensansprüchen vergesellschaftet werden, zu berücksichtigen sind z. B. Verträglichkeit, Nahrungskonkurrenz, mögliche Territorialität. Meist wird ein G. wegen seines unbestreitbaren Schauwertes eingerichtet. [1]

Gesichtsschädel: → Viscerocranium.

Gespenstfrösche: → Heleophrynidae.

Getreidemotte: → *Sitotroga cerealella.*

Gewöhnliche Lanzenotter: → *Bothrops atrox.*

Gewöhnlicher Flugdrache: → *Draco volans.*

Gewöhnlicher Plattschwanz: → *Laticauda laticauda.*

Gewöhnliches Chamäleon: → *Chamaeleo chamaeleon.*

Gewölle, Speiballen: Ballen aus unverdaulichen Nahrungsbestandteilen, der im Magen vieler Vogelarten (Greifvögel, Eulen u. a.), von Riesensalamandern, auch zahlreichen **R** geformt und danach ausgespien wird. Die Bildung des G. erfolgt z. T. innerhalb weniger Stunden, häufig erst nach Tagen. Für →

Andrias japonicus wurden unregelmäßig geformte, bis 28×8 mm große G. beschrieben. Den ersten exakten Nachweis für **R** erbrachte Hediger bei *Varanus indicus* (waldkauzähnliche Haar-G.). Es folgten Belege für andere Waranarten, einige Krokodile, Riesenschlangen (Feder-G.; → *Python molurus* u. a.), wenige Nattern (→ *Coronella austriaca* u. a.) und Eidechsen. G. von Waranen sind im Vergleich zu denen der Krokodile gewöhnlich nicht derartig fest und formkonstant. Außerdem werden bei gleichem Futterangebot weitaus weniger G. gebildet. Bei Jungkrokodilen (GL 70–90 cm, → *Crocodylus niloticus* u. a.) waren sie meist bohnenförmig gestaltet, durchschnittlich 1×1,5 cm groß. [1]

Gicht: Störung des Harnsäurestoffwechsels. Von den Nieren nicht mehr ausgeschiedene Harnsäure lagert sich in Form von Uraten (harnsaure Salze) in den Gelenken (Gelenk-G.) sowie (viscerale G.) im Nieren-, Harnsystem, auf den serösen Häuten, dem Herz, auf und in anderen Organen, gelegentlich in Gefäßwandungen, Muskeln und im Fettgewebe ab. Auf G.-Erkrankungen weist ein erhöhter Harnsäurespiegel des Blutserums hin. So zeigten Alligatoren einen Anstieg von 4 mg auf 70 mg/100 ml Serum. Bei visceraler G. kommt es mitunter zur Parese (→ Lähmungen) der Hinterextremitäten. Unter **R** scheinen Echsen, Schlangen, auch Landschildkröten häufiger betroffen zu sein. Befunde über schwere Uratablagerungen liegen vor allem für → *Iguana iguana* vor. Dabei kann das Herz von einer millimeterdicken weißlichen Uratschicht bedeckt sein (Panzerherz). Primär geht die G. auf eine Nierenstörung zurück. Diese kann durch Infektion, verschiedenste nephrotoxische Stoffe, extrem hohe Haltungstemperatur, Wassermangel, bestimmte Ernährungspraktiken u. a. Faktoren bedingt sein. Gelegentlich werden Gelenk- und viscerale G. nebeneinander nachgewiesen. Therapie: wenig erfolgreich (Verringern der Proteinkost, Vitamingaben), i. d. R. tödlicher Verlauf. [1]

Giftapparat: unter den **R** besitzen → Giftschlangen und → Helodermatidae einen G. Er besteht bei Schlangen aus Giftdrüse, Ausführungsgang und giftübertragendem Rinnen- od. Röhrenzahn, die eine funktionelle Einheit bilden. Sitz des G. ist hier der Oberkiefer, der jederseits mehrere Giftdrüsen und -zähne aufweisen kann. Erstmals durch Redi (1664) an → *Vipera aspis* untersucht. Den perfektesten G. haben → Viperidae sowie → Crotalidae. Ihr Giftzahn ist solenoglyph, d. h. ein Röhrenzahn (basal Einfluß-, vorn oberhalb der Zahnspitze Ausflußöffnung), beweglich mit dem → Maxillare verbunden und aufrichtbar. Proteroglyphe Zähne sind vorn in der maxillaren Zahnreihe stehende Rinnenzähne mit weitgehend bzw. fast völlig geschlossener Giftrinne (→ Hydrophiidae, → Elapidae). Hintere Maxillarzähne mit einer Giftrinne (opisthoglyphe Zähne) besitzen viele → Colubridae. Dagegen besteht der G. bei den Helodermatidae aus einer im Unterkiefer gelegenen, in eine Schleimhautrinne ausmündende Giftdrüse. Sämtliche Unterkiefer- und einige Oberkieferzähne besitzen vorn und gewöhnlich auch hinten eine Rinne. (Abb. 42). [1]

Giftextraktion: Giftabnahme bzw. -entnahme bei → Giftschlangen. Erfolgt in → Schlangenfarmen. Man unterscheidet die Erst- und Re-Extraktion, d. h. die erstmalige und wiederholte G. [1]

Giftgewinnung bei Giftschlangen: die G. wird in → Schlangenfarmen vorgenommen und kann auf verschiedene Weise erfolgen. Meist läßt man die hinter dem Kopf gepackte Schlange unter leichtem Massieren („Melken") der Giftdrüsen über den Rand einer Sammelschale bzw. durch eine diese überziehende Membran beißen. Das Rohgift wird zentrifugiert, das Sediment verworfen, der flüssige Anteil im Exsikkator getrocknet. Kühl und trocken aufbewahrt ist das Trockengift jahrelang

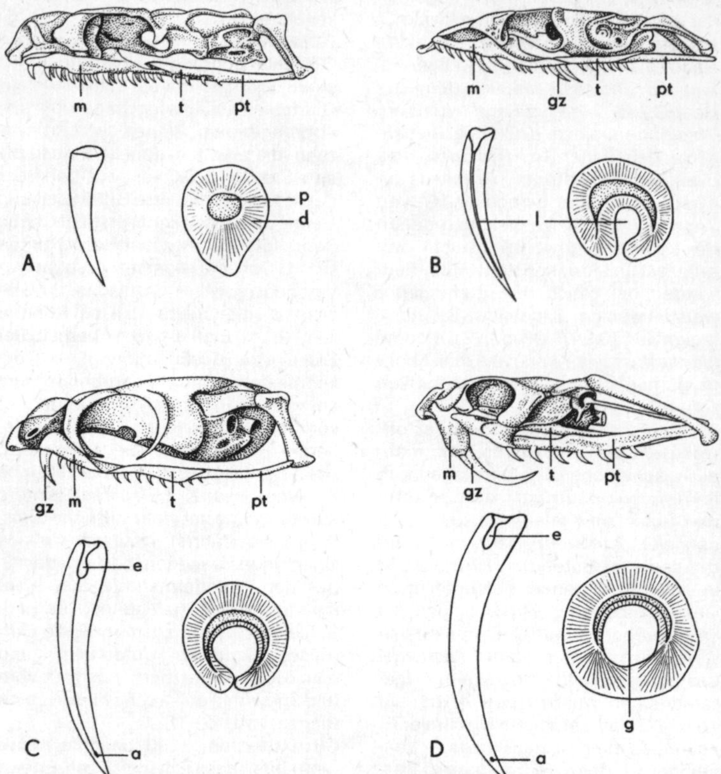

Abb. 42. Zahnformen bei Schlangen. Schädelkapsel mit Oberkiefergaumenapparat (*Elaphe quatuorlineata*, *Ahaetulla prasina*, *Laticauda semifasciata*, *Bitis arietans*), Zahn vergrößert (Gesamtansicht) und Zahnquerschnitt. A. Aglyphe Form; B. Opisthoglyphe Form; C. Proteroglyphe Form; D. Solenoglyphe Form. *a* Ausflußöffnung des Giftkanals, *d* Dentin, *e* Einflußöffnung des Giftkanals, *g* Giftkanal, *gz* Giftzahn, *l* Längsfurche (Giftrinne), *m* Maxillare, *p* Pulpahöhle, *pt* Pterygoid, *t* Transversum.

haltbar. Der Giftertrag hängt ab von Art und Größe des Tieres, der Giftdrüsengröße, vom physiologischen Zustand (Haltungsdauer usw.), Zyklus der Giftentnahme (z. B. 14tägig, monatlich), von Jahreszeit und Temperatur. Mit steigender Frequenz der Giftabnahme verringert sich die Lebensdauer der Schlange. Die durchschnittlich gewonnene Giftmenge beträgt z. B. bei → *Vipera berus* etwa 10, → *Naja naja* 220, → *Ophiophagus hannah* 420 mg/Trockensubstanz. [1]

Giftnattern: → Elapidae.

Giftschlangen: populäre Bezeichnung für alle Schlangen, deren Biß bei Mensch und Tier giftig wirkt. Streng genommen gehören dazu sämtliche Arten mit einem mehr od. weniger gut entwickelten → Giftapparat. Meist aber nur auf die → Viperidae, → Crotalidae, → Hydrophiidae, → Elapidae sowie die systematisch unterschiedlich eingeordneten Erdvipern (*Atractaspis* u. a.) bezogen. Die mit → opisthoglyphen Giftzähnen versehenen Formen der Boiginae, Homolopsinae und einige Natricinae klammert man gewöhnlich aus, obgleich bei verschiedenen Arten (*Dispholidus typus, Rhabdophis tigrinus* u. a.) tödliche Giftbisse beschrieben wurden. [1]

Giftschlangenbiß, Therapie: 1. Erste Hilfe: bei Biß in Gliedmaßen unverzüglich oberhalb der Bißstelle venös abbinden. Im Intervall von 20 min kurz Ligatur lockern, nach 2 Stunden unbedingt entfernen. Sofort Ausbluten durch parallele Schnitte (auf Sterilität, Bänder- und Sehnenverlauf achten) über den → Bißmarken fördern. Auch Absaugen z. B. mittels → Schröpfkopfmethode, wenn Lippen, Zunge, Mundschleimhaut, Zähne keine Läsionen aufweisen, mit dem Mund möglich. Bißopfer beruhigen, hinlegen, betroffene Körperpartie ruhigstellen, zur Stützung des Kreislaufes Tee bzw. Kaffee (kontraindiziert: Alkohol) verabreichen. 2. Spezifische Therapie: nach Anamnese (z. B. frühere Allergie, Serumgaben berücksichtigen) und Serumverträglichkeitsprüfung (→ Ophthalmoreaktion, Intrakutantest) Applikation von mono- bzw. polyvalentem Schlangengift-Antiserum. Applikationsart und Dosierung richten sich nach: Zustand und Alter des Gebissenen, Schlangenart, Bißlokalisation (in Arterie, Vene, Muskel usw.) u. a. Faktoren. Bei schweren Fällen werden 60–100 ml Serum (i. v.) gegeben. Neben einer Therapie der Allgemeinerscheinungen sind mitunter Infusionen und Bluttransfusionen erforderlich. Mögliche Sekundärfolgen: → Abszesse, Gasbrand, Tetanus. [1]

Giftschlangen-Terrarium: außer den für jede Art zu berücksichtigenden speziellen Lebensansprüchen erfordert die Einrichtung eines → Terrariums für → Giftschlangen noch einige unumgängliche Sicherheitsmaßnahmen: 1. Es muß absolut stabil (bruchsicher, dickes Glas, feste Rahmenkonstruktion usw.), standsicher, übersichtlich eingerichtet und verschließbar sein. 2. Aufstellung in einem separaten, gut gesicherten Raum. 3. Möglichst mit einem durch Schieber absperrbaren Schlupfkästchen versehen. Es dient als Isolierraum während jeglicher Arbeiten im Terrarium, als Ruhe-, gegebenenfalls auch Futterraum. 4. Nur Arbeits- bzw. Hilfsgerät mit langem Griff verwenden. Stets ruhig hantieren. [1]

Giftspeien: Abwehrreaktion einiger Giftschlangenarten sowie der Krustenechse → *Heloderma horridum*. Am verbreitetsten bei den sog. echten Speischlangen, *Hemachatus haemachatus*, *Naja nigricollis* und *Naja n. sputatrix* (gelegentlich auch von anderen Subspec. und *Naja*-Arten praktiziert). Sie spritzen das aus den Giftkanalmündungen (oval, nach vorn gerichtet) nahezu im spitzen Winkel zur Zahnachse in 2 feinen Strahlen austretende Gift 2–3 m weit dem Feind entgegen. Nach eingehenden Untersuchungen (Filmanalysen, Modellversuch usw.) an *Naja nigricollis* wird das Gift offenbar durch Muskeldruck (des Musculus temporalis anterior) und gewöhnlich ohne Mitwirkung eines Atemluftstromes (jedoch umstritten!) ausgestoßen. Auch eine Mischung mit Speichel (vgl. „speien") erfolgt wohl nicht. Ein provoziertes Tier „spie" 28mal hintereinander. I. d. R. werden die Augen getroffen (schnelle Giftresorption; Folge Entzündungen, z. T. Erblindung). Bei *Heloderma horridum* tritt eine giftige Schaummasse (aus Gift und Speichel) an den Kiefern auf, die nach dem Feind geblasen wird. [1]

Gigantismus, Riesenwuchs: mehrfach bei **A** (hauptsächlich bedingt durch Überproduktion von Wachstumshormonen, auch genetische u. a. Faktoren) beschrieben. Besonders bekannt ist das Auftreten von durch Störungen des Hormonsystems bzw. Verzögerung der → Metamorphose entstandenen Riesenkaulquappen (oft bei → *Pelobates fuscus,* auch → *Pelodytes punctatus,* → *Rana „esculenta"* u. a.). Sicher oft einfach auf Langlebigkeit von Individuen, deren Wachstum zeitlebens fortschreitet (Riesenexemplare unter → Boiden, Krokodilen), zurückzuführen. Vor allem als insulares Sondermerkmal geläufig. Inselreptilien neigen zum G., aber auch zum → Nanismus. Neben vielen durch stattliche Körpergröße ausgezeichneten insularen → Relikten wie → *Chelonoides elephantopus,* → *Megalochelys gigantea,* → *Conolopus subcristatus* u. a. finden sich diese Tendenzen selbst bei jungen Formen, die im Vergleich zu ihren kontinentalen Formen deutlich größere Körperdimensionen besitzen. Dies trifft z. B. für viele mediterrane Lacerten, zahlreiche Vertreter inselbewohnender → Scincidae, → Gekkonidae und weitere → Iguanidae zu. Kaum verbreitet ist insularer G. bei Schlangen. [1]

Girondische Glattnatter: → *Coronella girondica.*

Glandula intermaxillaris, Zwischenkieferdrüse: großer Drüsenkomplex im vorderen Gaumenbereich (z. T. zwischen den → Praemaxillaria) der **A** gelegen. Sondert ein schleimiges und klebriges Sekret ab. Sie hält Mundhöhle und Zunge feucht und hat Bedeutung beim Beutefang der Froschlurche (→ Klappzunge). Außerdem kommen bei **A** Schleimdrüsen im Bereich der primären → Choanen sowie Zungendrüsen (Glandulae linguales) vor. [2]

Glandula lacrimalis, Tränendrüse: Augendrüse der Landwirbeltiere, die ein wäßriges Sekret produziert. Sie kommt bei **A** nicht vor, liegt bei **R** am temporalen Augenwinkel und ist i. d. R. kleiner als die → Hardersche Drüse. Die G. l. fehlt den Schlangen. Bei → *Amblyrhynchus cristatus* dient sie der Ausscheidung überschüssigen Salzes. Die Tränendrüse der **R** mündet in den Bindehautsack des großen Unterlides. Überschüssiges Sekret wird über 1, meist 2 od. mehrere → Canaliculi lacrimales in den → Ductus nasolacrimalis abgegeben. [2]

Glandula pituitaria, Hypophyse, Hirnanhangsdrüse: innersekretorische Drüse. Besteht aus der Neuro- und Adenohypophyse. Am Ende einer ventralen Ausstülpung des → Zwischenhirns, dem Infundibulum (Trichter), liegt die Neurohypophyse (Hinterlappen). Sie ist Speicherorgan für Neurosekrete, die im Hypothalamus gebildet werden (Hormone: Mesotocin, Vasotocin). Die Adenohypophyse leitet sich von einer dorsalen Vorwölbung des embryonalen Munddaches, der Rathkeschen Tasche, ab, die in Richtung Infundibulum auswächst und sich von der Mundhöhle abschnürt. Sie stellt den Drüsenteil der G. p. und gliedert sich in Vorderlappen (Pars anterior) und Zwischenlappen (Pars intermedia), außerdem kann ein Trichterlappen (Pars tuberalis; bei → Squamata rückgebildet) vorkommen. Im Vorderlappen werden die meisten Hormone der G. p. gebildet, die, abgesehen vom Somatotropin (hat unmittelbare wachstumsfördernde Wirkung), andere Hormondrüsen stimulieren, so daß die Hypophyse eine übergeordnete Stellung einnimmt. Das adrenocorticotrope Hormon (ACTH) stimuliert die Nebennierenrinde, das thyreoidea-stimulierende Hormon (TSH) wirkt auf die → Thyreoidea ein, das gonadotrope Hormon auf die → Gonaden. Im Zwischenlappen, der bei **A** besonders groß ist, wird ein → melanophorenstimulierendes Hormon (MSH) gebildet. Es fördert die Ausbreitung der Melaningranula in den → Melanophoren (Bedeutung für den → Farbwechsel). [2]

Glandula suprarenalis, Nebenniere: inkretorisches, d. h. hormonbildendes Organ. Besteht aus 2 verschiedenen Anteilen, dem → Interrenalorgan und → Adrenalorgan. Bei den → Gymnophiona liegen beide Organsysteme noch nebeneinander, die der übrigen **A** lassen jedoch eine wechselseitige Durchflechtung erkennen. Froschlurche besitzen auf der Ventralseite ihrer Nieren je einen bandartigen Gewebsstreifen, der sich durch seine goldgelbe Farbe von der rotbraunen Niere gut unterscheiden läßt. Die G. s. grenzt unmittelbar an die Harnkanälchen, die → Venae renales revehentes werden allseitig von Zellsträngen der Nebenniere umfaßt. Bei Schwanzlurchen besteht die G. s. aus vielen verstreut auf der Ventral- und Medianseite der Niere angelagerten Knötchen und Zellsträngen, ist demnach kein kompaktes Organ. Die langgestreckten Nebennieren der **R** befinden sich medial der → Testes bzw. → Ovarien. Innerhalb der G. s. von Schlangen und Echsen sind beide Organsysteme (bei starkem Überwiegen des Interrenalorgans) voneinander getrennt. In der G. s. der Schildkröten und Krokodile ist Adrenalgewebe diffus im Interrenalgewebe verteilt. [2]

Glandula thyreoidea, Schilddrüse: innersekretorische Drüse. Bildet die Hormone Thyroxin und Trijodthyronin, die sowohl den Stoffwechsel als auch das Wachstum (einschließlich Häutungsgeschehen usw.) aktivieren. Bei **A** wird die → Metamorphose durch Schilddrüsenhormone ausgelöst. Die G. t. ist bei Schwanzlurchen unpaarig, Froschlurchen paarig angelegt. Bei Froschlurchen liegt sie z. B. an der Basis der hinteren Zungenbeinhörner. Die Schilddrüse der **R** ist z. T. zwei- od. auch mehrlappig, kann unterschiedliche Form aufweisen und befindet sich ventral der → Trachea vor der Gabelung der → Carotiden. Verschiedentlich wird sie bei Echsen paarig angelegt. [2]

Glänzender Getreideschimmelkäfer: → *Alphitobius diaperinus.*

Glasfrösche: → Centrolenidae.

Glaskörper, Corpus vitreum: zwischen → Linse und → Retina vorhandene, wasserreiche und gallertige Substanz, die von einer glasartig durchscheinenden Hülle (Membrana hyaloidea) umgeben wird. Das Brechungsvermögen des G. ist nur gering. Seine wesentliche Aufgabe besteht in der Aufrechterhaltung eines bestimmten Binnendruckes im Bulbus oculi, um besonders die Retina vor Ablösung vom Pigmentepithel zu bewahren sowie diese glatt und straff zu halten. [2]

Glatter Krallenfrosch: → *Xenopus laevis.*

Glattnatter: → *Coronella austriaca.*

Gleitflug: im Gegensatz zu den Flugechsen des Mesozoikums sind die rezenten **R** zu keinem aktiven Flug imstande. Außer den zum → Fallschirmschweben fähigen Arten finden sich jedoch auch Gleitflieger unter den **R** (Abb. 31 E–G), d. h. Formen, deren Flugwinkel gemäß Oliver (1951) über 45 ° von der Vertikalen abweicht. Dabei sind die Übergänge zwischen beiden in Anpassung an die → arboricole Lebensweise entstandenen Lokomotionsformen oft fließend und erlauben mitunter keine klare Abgrenzung. So ist unter den Baumnattern der Gatt *Chrysopelea* und *Dendrelaphis* die in Malaysia verbreitete *Chrysopelea p. paradisi* offenbar ein Gleitflieger. Fallmindernd wirkt hier die starke Abflachung des Körpers (Spreizen der Rippen, Ventralseite ist konkav eingewölbt). G. ohne besondere Gleitorgane (ebenfalls mittels Abplattung) über Entfernungen von mehr als 10 m führt die afrikanische Eidechse *Holaspis guentheri* durch. Die besten G. unternehmen Flugdrachen (*Draco;* → *D. volans*). Sie verfügen über zwei breite, durch 5–7 Paar verlängerte Rippen gestützte Hautlappen, die gewöhnlich zusammengelegt sind. Durch Ilio- und Intercostalmuskeln ausgebreitet, ermöglichen sie einen fast waagerechten G. und Flugweiten bis maximal 60 m. [1]

Gliederskelet: im Gegensatz zum → Bänderskelet geht bei der Herstellung eines G. während der → Mazeration die Verbindung der Knochen untereinander verloren. Diese Art der Skeletpräparation erscheint bei **R** nur für besonders große Formen sinnvoll. Zur

Erleichterung der hierbei sehr zeit- und arbeitsaufwendigen Skeletmontage kann z. B. eine Kennzeichnung durch Bohrmarken erfolgen, die Reihenfolge der Wirbel mit Hilfe eines durch den → Canalis centralis aller Wirbel gezogenen Nickeldrahtes erhalten werden. [1]

Gliedmaßenskelet, Skelet der paarigen Extremitäten: besteht aus 2 topographisch und funktionell verschiedenen Abschnitten, dem Zonoskelet (→ Schulter- und → Beckengürtel) und dem Skelet der freien Gliedmaße. Diese gliedert sich in das proximale → Stylopodium, das daran anschließende → Zeugopodium sowie das distale → Autopodium mit → Carpus (→ Tarsus), → Metacarpus (→ Metatarsus) und → Digiti. Die einzelnen Abschnitte sind gelenkig miteinander verbunden durch Schulter-(Hüft-), Ellenbogen-(Knie-) und Hand-(Fuß-)Gelenk. Zwischen den Elementen des Zeugopodiums sind Drehbewegungen (→ Pro- und → Supination) möglich, z. B. bei Schwanzlurchen. Das G. extremitätenloser Formen (→ Gymnophiona, → apode → Sauria, → Amphisbaenia, → Serpentes) ist völlig od. bis auf geringe Reste rückgebildet. [2]

Glochidien-Befall: die durch eine zweiklappige Schale ausgezeichnete Larve (Glochidium) verschiedener Süßwassermuscheln (*Unio, Anodonta, Margaritifera, Lampsilis* u. a.) lebt i. d. R. vorübergehend ektoparasitisch an den Kiemen od. in der Haut von Fischen. Gelegentlich werden auch **A** befallen. Neben dem Nachweis der vollständigen Larvenentwicklung von *Anodonta cygnea* bei → *Ambystoma mexicanum* sind Glochidieninfektionen bei *Necturus maculosus* und → Kaulquappen bekannt. [1]

Glogersche Regel, Färbungsregel: nach Gloger benannte ökogeographische Regel. Sie besagt, daß Individuen einer Art in feucht-warmen Klimaten eine dunklere Färbung aufweisen als in kühl-trockenen Gebieten. Nach Dementjew gehen die Farbabänderungen auf unterschiedlich starke Oxidationsstufen des Melanogens (Vorstufe des → Melanins) zurück. Diese Regel bestätigt sich z. B. beim Wanderfalken *(Falco peregrinus)*, Kleinspecht *(Dendrocopus minor)*, unter den **R** z. B. bei → *Psammodromus algirus.* [1]

Glomerula: arterielle Blutgefäßknäuel. Das Glomerulum erhält Blutzufuhr über eine kleine Arterie, die Arteriola afferens. Als ableitendes Gefäß dient die Arteriola efferens, die sich dann im Kapillarnetz der Niere verzweigt. Die G. sind Teile der Nierenkörperchen (vgl. → Nephron). [2]

Goldfröschchen: → *Mantella aurantiaca.*

Goldhamster: → *Mesocricetus auratus.*

Goldstreifensalamander: → *Chioglossa lusitanica.*

Goliathfrosch: → *Conraua goliath.*

Gonaden, Genitalorgane: entsprechend der Trennung in 2 verschiedene Geschlechter sind ♂ G., die → Testes, und ♀ G., die → Ovarien, zu unterscheiden, in denen sich die Fortpflanzungszellen (Spermien od. Samen und Eier) bilden. Mit den G. stehen bei **A** und **R** immer Ableitungswege für die Geschlechtsprodukte in Verbindung, → Oviduct im ♀, → Ductus deferens im ♂ Geschlecht. Bei → ovoviviparen od. → viviparen Formen finden die heranwachsenden Embryonen, Larven od. Jungtiere Schutz und Nahrung im Endabschnitt des Eileiters, der dann vergleichsweise als → Uterus bezeichnet wird. [2]

graben: unter den **A** und **R** gibt es eine Fülle g. Formen, die mit Hilfe der Hinter- od./und Vorderextremitäten, mitunter auch des Kopfes (z. B. Ferkelfrösche), Rumpfes, Erdgänge und -löcher anlegen od. verlassene Säugerbaue nutzen. Eine große Artenzahl bleibt tagsüber im Erdreich, verläßt es nur in der Dämmerung od. nachts. Verschiedene in Trockengebieten lebende Formen (Schaufelfüße u. a.) kommen erst bei Regen hervor, viele ziehen sich nur zeitweilig in den Boden zurück (→ Sommer-, → Winterruhe usw.), andere setzen hier → Laich bzw. Eier ab. Die meisten g. Froschlurche besitzen → Grabschaufeln. → *Pelobates fuscus* vermag z. B. vorwärts und rückwärts zu g. Erstaunlich gut g. viele Echsen, zahlreiche Schildkröten. So legen u. a. Gopherschildkröten mit ihren spatenartigen Vorderextremitäten bis 11 m lange Erdgänge (in Wohnkammer endend) an. [1]

Grabschaufel, Grabschwiele, Fersenschaufel: bei grabenden Froschlurchen (→ Pelobatidae, *Breviceps* u. a.) vergrößerter innerer Fersenhöcker (→ Metatarsaltuberkel) der Hinterextremitäten, mit scharfrandiger, heller od. dunkler Hornschaufel. Mit Hilfe der G. können sich die tagsüber in Erdlöchern versteckten Tiere schnell und tief vergraben. Die in Trockengebieten Nordamerikas verbreiteten Schaufelfüße *(Scaphiopus)* wurden z. T. in Sandböden in einer Tiefe von fast 2 m gefunden. [1]

Grabschwiele: → Grabschaufel.

Grasfrosch: → *Rana temporaria.*

Graufleckenkrankheit: Herpesvirus-Infektion, die hauptsächlich bei juv. Süßwasser- (*Trionyx* u. a.) und → Meeresschildkröten, schon 2–3 Monate nach dem Schlupf, aber auch bei anderen **R** (z. B. Leguanen, Schlangen) auftreten kann. Das typische Erscheinungsbild manifestiert sich in Form von ausgedehnten grauen Hautflecken od. von Pusteln mit → Nekrosen im Bereich der → Epidermis. Als krankheitsauslösend werden z. B. Wasserverunreinigungen und verschiedene Streßfaktoren angegeben. Erkrankte Tiere sofort isolieren. Mortalität bis etwa 20 %. Genesene Tiere sind als latente Virusträger anzusehen. Erregernachweis sehr schwierig, zudem nur in speziellen Instituten möglich. Therapie: vgl. → Virusbedingte Infektionen. [1]

Greifschwanz: in Anpassung an die → arboricole Lebensweise zum Greifen und Festhalten dienender Schwanz. Bei zahlreichen busch- und baumbewohnenden → Squamaten ausgebildet. Bekannteste Vertreter sind die → Chamaeleonidae, die ihren Schwanz uhrfederartig in vertikaler Ebene einrollen können. Dies wird durch eine spezielle Anordnung der Längsmuskeln des G., mehr vertikale Stellung der → Zygapophysen und einen an der Vorderseite jedes Schwanzwirbelkörpers oberseits längeren Gelenkpfannenrand begünstigt. Weiterhin finden sich sporadisch weniger perfekte G. bei unterschiedlichsten Gruppen, z. B. einigen Geckos, den Andenanolis, Taubagamen, Skinken (*Corucia zebrata, Macroscincus cocteaui* u. a.), Baumschleichen, beim Smaragd- und Gillen's-Zwergwaran. Unter den Schlangen besitzen einige Riesenschlangen (*Corallus, Chondropython* u. a.) und Nattern, die Buschvipern sowie mehrere Grubenottern (z. B. *Trimeresurus*- Arten) einen G. (Abb. 43). [1]

Griechische Landschildkröte: → *Testudo hermanni.*

Griechische Spitzkopfeidechse: → *Lacerta graeca.*

Griechischer Frosch: → *Rana graeca.*

Große Anakonda: → *Eunectes murinus.*

Große Wabenkröte: → *Pipa pipa.*

Große Wachsmotte: → *Galleria mellonella.*

Großer Armmolch: → *Siren lacertina.*

Großkopfschildkröten: → Platysternidae.

Grottenolm: → *Proteus anguineus.*

Grüner Hundskopfschlinger: → *Corallus caninus.*

Grüner Leguan: → *Iguana iguana.*

Grünfrösche: Sammelbezeichnung für die Gruppe der vorwiegend → aquatischen, grünlich gefärbten *Rana*-Arten. Die mitteleuropäischen G. (→ *Rana „esculenta"*, → *R. lessonae* usw.) unterscheiden sich von den im gleichen Gebiet lebenden → Braunfröschen durch markante morphologische, physiologische, ethologische und ökologische Kriterien. So fehlt ihnen z. B. gewöhnlich ein dunkler Schläfenfleck, die Augen stehen näher zusammen. ♂♂ mit äußeren → Schallblasen und daher lauteren Rufen. Die → Flucht-

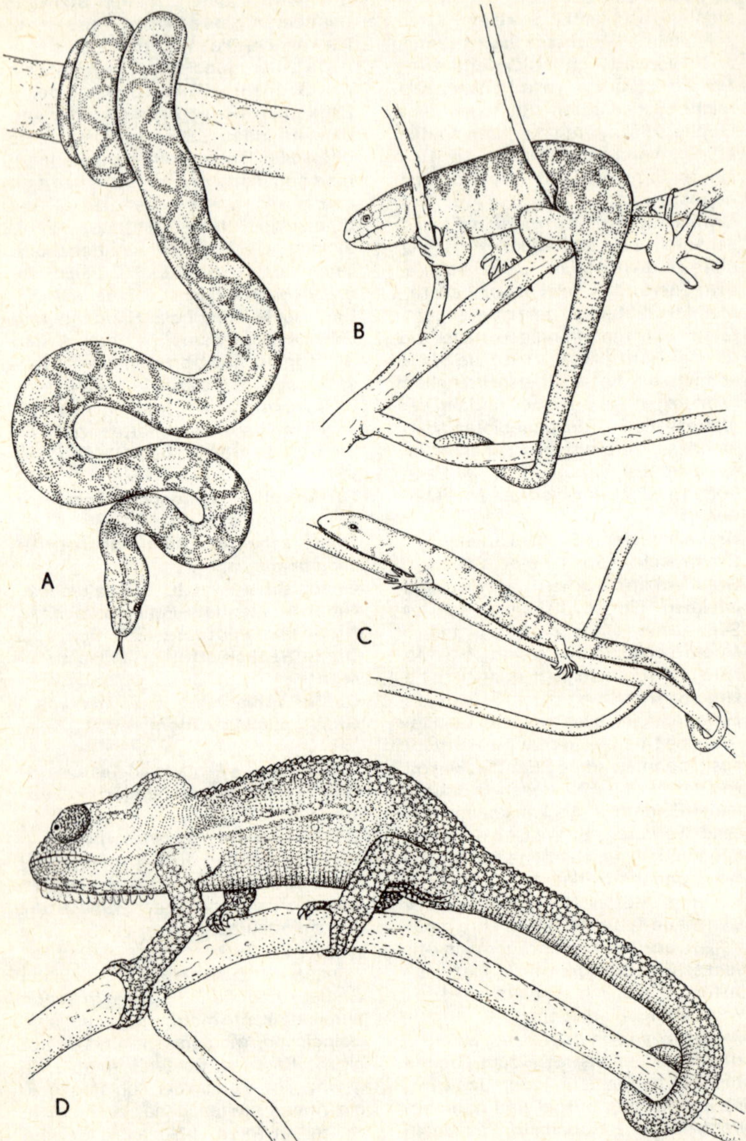
A
B
C
D

distanz ist größer, Paarungszeit beginnt später (bei höheren Wassertemperaturen). Auch serologische und biochemische Vergleiche zeigen Unterschiede. Zwischen beiden Gruppen besteht unter anderem eine ziemlich geringe Antigenverwandtschaft (etwa 50 %). [1]

Gruppeneffekt: auf den Zusammenschluß in Gruppen zurückführbarer, sozial positiver Effekt, der eine zeitliche Abstimmung und Handlungsangleichung aller Mitglieder bewirkt. Gruppenbalz od. → Chorrufen gehen z. B. auf einen G. zurück. [1]

Guanin: Purinderivat, 2-Amino-6-hydroxy-purin. Zuerst im Guano nachgewiesen. Besonders bekannt als Baustein in Nukleinsäuren (RNS, DNS), kristalline Einlagerung in → Guanophoren und im Tapetum lucidum der Aderhaut (→ Chorioidea). Durch ihre gute lichtbrechende Wirkung und Reflexion rufen die Kristalle oft einen Silberglanz (der Haut, Iris usw.) hervor und erzeugen z. B. kombiniert mit Pigmenten Glanzfarben. [1]

Guanophoren, Iridiocyten: → Chromatophoren mit Kristallen aus → Guanin od. gleichermaßen lichtreflektierenden anorganischen Salzkristallen. Sie können Silberglanz, mattweiße, weiße, bläulich-weiße Farben und irisierende Blautöne erzeugen. [1]

Gularia: Kehlschilder. [1]

Gürtelechsen: → Cordylidae.

Gymnophiona, Caecilia, Apoda, Blindwühlen: O der → Amphibia. Etwa 170 Arten. Verbreitung: Tropen M-, S-Amerikas, Afrikas, Seychellen, SO-Asien einschließlich Indoaustralischer Archipel, Philippinen. → Typhlonectidae weitgehend bis völlig → aquatisch. Alle anderen Formen (wasserlebende Larven ausgenommen) → subterrestrisch wühlend, vor allem in Waldgebieten vorkommend. Höhenverbreitung bis 2000 m. Meist kleine bis mittelgroße Formen. GL 6–152 cm (größte Art: *Caecilia thompsoni*). Regenwurmähnlich, extremitätenlos. Schwanz fehlt od. ist nur kurz und endet spitz. Glatthäutig, durch der Wirbelzahl entsprechende Primärfurchen (bis 275) sowie Sekundärfurchen meist deutlich quergeringelt. Zahlreiche Arten besitzen in der Haut kleine Kalkschuppen. Bei primitiven Formen sind diese noch regelmäßig über den ganzen Körper verteilt. Augen klein, unter der Haut od. Schädelknochen verborgen. → Mittelohr und → Trommelfell fehlen. → Stapes, wenn vorhanden, perforiert od. unperforiert. Jederseits zwischen Auge und Nasenöffnung ein beweglicher → Tentakel. Zunge am Mundhöhlenboden festgewachsen. Schädel verknöchert. Zähne rückwärts gebogen. Zahntragend sind → Maxillare, → Praemaxillare, → Vomer, → Palatinum, → Dentale, oft auch Spleniale. → Amphicöle Wirbel. Rippen zweiköpfig. → Sternum, → Schulter- und → Beckengürtel fehlen. Linke Lunge rudimentär. Gute → Haut- und → Mundhöhlenatmung. ♂ mit von der → Kloake gebildetem, unpaarem, ausstülpbarem → Kopulationsorgan (Phallodeum). Die ♀ Kloake ist an die spezifische Phallodeum-Form des ♂ angeglichen. Innere → Befruchtung. → Ovipar, → ovovivipar, → vivipar. In einigen Fällen (bei *Ichthyophis, Hypogeophis* u. a.) → Brutpflege durch das ♀. Keimling mit äußeren Kiemen, die vor dem Schlupf rückgebildet werden. Direkte Entwicklung od. mit Larvenstadium (besitzt noch 1–2 Kiemenöffnungen). Systematische Gliederung derzeit stark in der Diskussion. Meist werden 6 Fam unterschieden, nach einem neuen Klassifikationsvorschlag (von Lescure, Renous und Gasc) 2 UO, 4 IO und folgende 10 Fam: Epicriidae, Uraeotyphlidae, Rhinatrematidae, Scolecomorphidae, Geotrypetidae, Siphonopidae, Oscaeciliidae, Caeciliidae, Potamotyphlidae, Typhlonectidae. Hier gemäß Duellman und

---

Abb. 43. Greifschwänze. A. *Python reticulatus;* B. *Corucia zebrata;* C. *Sphenomorphus flavipes;* D. *Chamaeleo ventralis.*

Trueb in 6 Fam gegliedert: → Rhinatrematidae, → Ichthyophiidae, → Uraeotyphlidae, → Scolecomorphidae, → Caeciliidae, → Typhlonectidae. [1]

Gynogenese, Merospermie, Pseudogamie: Form der sog. unvollkommenen → Befruchtung. Die Eientwicklung wird durch ein Spermium angeregt, ohne daß nachfolgend eine Kernverschmelzung erfolgt (männlicher Vorkern geht zugrunde). G. wurde bei einigen Schwanzlurchen der Gatt *Ambystoma (Ambystoma jeffersonianum* u. a.) nachgewiesen. [1]

Haarfrosch: → *Trichobatrachus robustus.*

Haarhygrometer: einfaches Gerät zur Messung der relativen Luftfeuchtigkeit. Die Längenänderung eines ausgespannten, entfetteten Menschenhaares wird bei ansteigender Luftfeuchtigkeit durch einen Zeiger auf eine geeichte Skala übertragen. Für Messungen im → Terrarium im allgemeinen ausreichend. [1]

Habitat: von Linné geprägter Begriff. Jeweiliger Aufenthalts- od. Wohnort einer Art (autökologischer Begriff). [1]

Haemapophysen: dem → Intercentrum entsprechende paarige Knochenelemente auf der Ventralseite der Schwanzwirbelsäule vieler **R**, beiderseits der Arteria caudalis liegend. Sobald sie sich ventral vereinigen, entstehen echte → Chevronknochen. Bei → Amphisbaenidae bereits in der Kloakalregion feststellbar. [2]

Haemogregarinidae, Haemogregarinen: Fam der → Sporozoa. Wirtswechselnde Blutparasiten bei Wirbeltieren, in denen der Schizogoniezyklus abläuft und die danach entstehenden Gametozyten (geschlechtlich differenzierte Stadien) in den → Erythrocyten vorliegen. Als Überträger und Wirbellosen-Wirt (Übertragung durch Kot, Wirtsverzehr od. den Wirt selbst) fungieren blutsaugende Insekten (*Glossina, Culex, Phlebotomus* u. a.), Milben, Egel. In ihnen wird die Gametogonie abgeschlossen, anschließend erfolgt die Sporogonie. Nachweis der H. mikroskopisch im Blutausstrich. Artbestimmung nur durch Spezialisten und Vergleich aller Zyklusphasen möglich. Bei **R** häufig nachgewiesen. Gatt *Karyolysus* schmarotzt nur in **R,** hauptsächlich bei → Lacertidae (z. B. in → *Podarcis muralis K. lacertae*, Überträger ist *Ophionyssus saurarum*). Wirbeltier-Wirte von *Haemogregarina* sind vor allem Süßwasserschildkröten (in → *Emys orbicularis* z. B. *H. stepanowi*; Überträger sind Egel), *Hepatozoon*-Arten kommen in vielen **R,** besonders Schlangen und Echsen, vor. Klinische Symptome und Therapie bislang nicht bekannt. [1]

Haftfäden: → Balancer.

Haftscheiben: Hafteinrichtungen an den Enden der → Phalangen → arboricoler Froschlurche. Sie gewährleisten durch Adhäsion (vermutlich z. T. auch zusätzlich sekretorisch unterstützt) ein Festhaften an glatten, senkrechten, selbst überhängenden Substraten. Die kleinen bzw. großen, runden, auch hufeisenförmigen H. weisen unterseits ein verdicktes Epithel auf, unter dem meist seröse Drüsen und als Flüssigkeitskissen wirkende Lymphräume liegen. Nach Untersuchungen der Feinstruktur der H. besitzen z. B. *Hyla-* und *Rhacophorus*-Arten eine wabenartig strukturierte Adhäsionsfläche. Zwischen der vorletzten und der Endphalange kann außerdem ein Zwischenglied („Extraphalange"; gewöhnlich winkelig zur Zehen- od. Fingerachse) eingeschoben sein, durch das der Druck auf das Substrat optimiert und eine gleitende Verschiebbarkeit des letzten Phalangengliedes möglich wird. H. besitzen außer den → Hylidae (nicht alle Arten) z. B. verschiedene → Ranidae, die Gatt *Eleutherodactylus* (→ Leptodactylidae), einige *Kassina*-Arten (→ Hyperoliidae), *Rhacophorus* (→ Rhacophoridae) und *Kaloula* (→ Microhylidae). (Abb. 44). [1]

Haftwarzen: bei ♂♂ der Moschusschildkröten *(Sternotherus)* an den Hinterextremitäten zur Fortpflanzungszeit

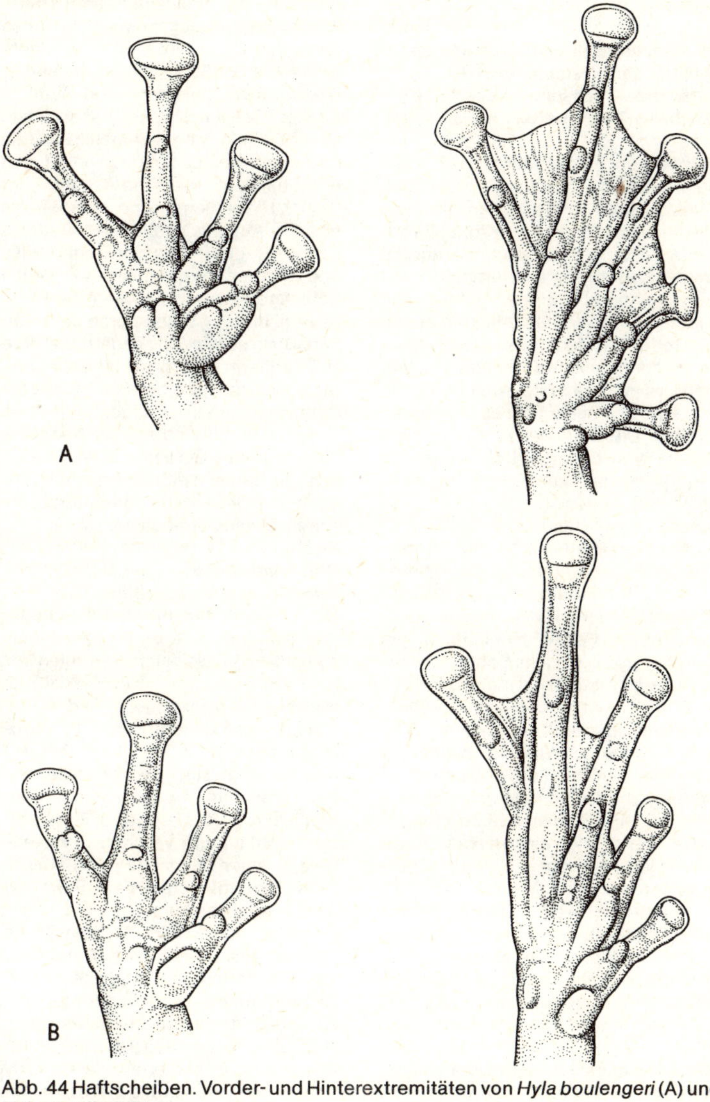

Abb. 44 Haftscheiben. Vorder- und Hinterextremitäten von *Hyla boulengeri* (A) und *Hyla staufferi* (B).

ausgebildete, paarige, warzige Schuppenfläche. Sekundäres Geschlechtsmerkmal (→ Geschlechtsdimorphismus). Sie unterstützen das Festhalten am Panzerrand des Geschlechtspartners bei der → Kopulation. [1]

Halsbandeidechsen: → Lacertidae.

Halsband-Zwergnatter: → *Eirenis collaris.*

Halsberger: → Cryptodira.

Halsrippen, Cervicalrippen: meist relativ kurze, zweiköpfige Rippen, die das → Sternum nicht erreichen. Krokodile tragen an allen 9 Halswirbeln H., nur die erste ist einköpfig und artikuliert mit dem → Intercentrum des → Atlas, alle anderen H. sind zweiköpfig und gelenken mit → Di- und → Parapophyse. → *Sphenodon punctatus* besitzt 4 H. Von ihnen ist nur die erste zweiköpfig, die letzte weist einen → Processus uncinatus auf. Die Zahl der H. bei Echsen variiert. Von 8 Halswirbeln tragen im Grundschema 3 kurze und 2 lange H. [2]

Halswender: → Pleurodira.

Haltungsfehler: Ursache für oft zum Tod führende Verletzungen, Krankheiten, auch für unbefriedigende od. ausbleibende Zuchterfolge. Hierzu gehören bereits Fehler hinsichtlich der Behältergröße, vor allem aber der Auswahl, Konstruktion und Installation von → Terrarieneinrichtung und -technik. Beispiele dafür sind: ein zu kleiner Wasser- od. Landteil, Wasserbecken ohne Ausstiegmöglichkeiten, falscher → Bodengrund (zu hart usw.), fehlende → Versteck- und Eiablageplätze, mangelhafte Verlegung elektrischer Kabel bzw. Heizelemente (→ Verbrennungen), fehlende Luftzirkulation, Zugluft, zu feuchte und kalte Haltung. Zu den wesentlichsten H. gehören weiterhin Mängel in der → Hygiene, ein Überbesatz der Behälter und besonders Fütterungsfehler (einseitige Fütterung, Mineralstoff- und Vitaminmangel u. a.). [1]

Halysschlange: → *Agkistrodon halys.*

Hardersche Drüse: Augendrüse der Landwirbeltiere, die im Gegensatz zur Tränendrüse ein etwas fettiges Sekret produziert, das vorzüglich der Feuchterhaltung der → Nickhaut dient. Daher wird die H. D. auch als Nickhautdrüse bezeichnet. Sie ist die einzige Augendrüse der → Gymnophionen (hier → Orbitaldrüse genannt) und Froschlurche. Schwanzlurche haben viele kleine Drüsen, die gleichmäßig über die Bindehaut des Unterlides verteilt sind und einzeln ausmünden, die der Froschlurche liegen und münden am nasalen Augenwinkel. Die H. D. der **R** ist i. d. R. größer als die Tränendrüse und mündet unter der Nickhaut. Auch Schlangen besitzen eine große H. D., obwohl ihre → Cornea durch die → tertiäre Brille genügend geschützt ist. Ihre H. D. entleert sich direkt in den → Ductus nasolacrimalis, der in den Ausführungsgang des → Jacobsonschen Organes und über diesen in die Mundhöhle mündet. Sie liefert so ein Sekret, das die Beute gleitfähig macht sowie auch ein Befeuchten des Jacobsonschen Organs ermöglicht. [2]

Hardun: → *Agama stellio.*

Harlekinfrösche: → Pseudidae.

Harnblase: → Vesica urinaria.

Harnsamenleiter: primärer Harnleiter, der bei vielen **A** im ♂ Geschlecht sowohl Harn als auch Spermien ableitet (vgl. → Urogenitalverbindung). [2]

Harnsteine: Konkremente in den Ausscheidungsorganen (Nieren, → Ureteren, Blase). Auch bei **A** (z. B. für → *Andrias japonicus,* → *Xenopus laevis,* → *Bufo calamita* nachgewiesen), weit häufiger bei **R** (besonders Schildkröten, Schlangen) verbreitet. Ältester Beleg einer tierischen Urolithiasis (Steinbildung) ist ein dem Erdmittelalter (Mesozoikum) zugeordneter Harnstein von 5 × 50 × 23 mm Größe, der von einem Meeresreptil stammen soll. Die Form der Harnsteine variiert. Ungehemmtes Wachstum führt i. d. R. zu kugelförmigen Konkrementen. Nach röntgenkristallographischen Untersuchungen bestehen die H. der **A** und **R** überwiegend aus Salzen der Harnsäure (Uraten). Bei Verstopfung der Harnwege kommt es zur Vergiftung und zum Tod des Tieres. Nachweis der H. röntgenologisch. In einigen Fällen *(Gopherus polyphemus, Sauromalus varius → Iguana iguana)* erfolgte eine operative Entfernung des Blasensteines. [1]

Hausgrille: → *Acheta domesticus.*

Haut: → Integument.

Hautatmung: Bei **A** weitverbreitete Form der Atmung. Ihre dünne, feuchte, blutgefäßreiche Haut erleichtert den Gasaustausch. → Hautsäume od. auch die haarähnlichen Hautanhänge der → *Trichobatrachus robustus* ♂♂ können die respiratorische Hautoberfläche vergrößern. Bei **A**-Larven kommt vor allem der mehr od. weniger großen, stark vaskularisierten Hautfläche des Ruderschwanzes respiratorische Bedeutung zu. Die Ableitung des Sauerstoffs erfolgt über Zweige der → Vena cutanea magna, die Zufuhr reduzierten Blutes über die → Arteria cutanea magna. Für zahlreiche **A**-Arten (z. B. → Plethodontidae) dient die Haut allein als Atmungsorgan. Während der Wasserüberwinterung atmen Frösche fast ausschließlich bzw. nur durch die Haut. Unter den **R** spielt die H. in einem gewissen Maß z. B. bei → Dermochelydidae, → Trionychidae und → Hydrophiidae eine Rolle. [1]

Hautderivate: Abkömmlinge des → Integuments. Bei Wirbeltieren in verschiedener Ausbildung und Funktion vorhanden. Sie können von der → Epidermis, dem → Corium od. von beiden Hautanteilen gebildet werden. Epidermale Bildungen, gewöhnlich mit einem Anteil des Coriums in Form ernährender Papillen od. Leisten, sind bei **A** die → Lippenzähne und Hornkiefer der Larven, → Amphibienkrallen u. a. regionale Oberhautverdickungen wie → Brunstschwielen, Hornwarzen, Fersenhöcker, außerdem auch die haarähnlichen Hautanhänge von → *Trichobatrachus robustus.* Zu den für **R** typischen Hornbildungen gehören vor allem → Hornschuppen → Reptilienkrallen, → Schnauzenhörner, der → Hornschnabel der Schildkröten, die → Klapper der Klapperschlangen. Reine Corium-Derivate stellen die → Osteodermata, → Gastralia und der Knochenpanzer der Schildkröten dar. (Abb. 45). [1]

Hautdrüsen: bei **A**-Larven kommen im → Integument einzellige (z. B. → Schlüpf- und → Spinndrüsen) und mehrzellige H. vor. Erwachsene **A** besitzen eine an mehrzelligen, gewöhnlich alveolären (sackförmigen) Drüsen reiche Haut. Mitunter treten auch tubuläre H. (röhrenförmige Drüsen, z. B. im Schnauzenbereich) auf. Man unterscheidet drei Typen von alveolären H., mucöse od. Schleimdrüsen (glykoproteinhaltiges Sekret), seröse od. Körnerdrüsen (Giftsekret, vgl. → Amphibiengifte) und gemischte Drüsen (mucösserös; gelegentlich bei ad. **A,** hauptsächlich bei **A**-Larven). Alle liegen mit dem sezernierenden Teil im → Corium. Die Schleimdrüsen sind meist relativ gleichmäßig über den Körper verteilt. Bei → aquatischen Formen weisen sie, im Gegensatz zu in trockenerem Milieu lebenden Arten, eine größere Dichte und kürzere Ausführungsgänge auf. Eine Ausnahme bildet mit seinem Drüsenreichtum (etwa 130 H. pro mm^2) → *Hyla arborea.* Die zudem kurzen Drüsenhälse besitzen jedoch einen speziellen, die Wasserabgabe drosselnden „Schließapparat". Das Sekret der Schleimdrüsen schützt vor Austrocknung, wirkt osmoregulatorisch, kühlt durch Verdunstungskälte, dient unter anderem der Exkretion, kann die Haftfähigkeit beim Klettern (Finger, Zehen) und → Amplexus (Finger, Brust) erhöhen. Bestimmte H. produzieren → Pheromone. Seröse H. sind oft als Drüsenwülste, -leisten, -warzen konzentriert. Bei manchen Formen enthalten Schleimdrüsen außerdem Giftsekrete. Die **R**-Haut ist demgegenüber relativ drüsenarm. Krokodile haben z. B. Rükken- und → Moschusdrüsen (letztere besitzen auch zahlreiche Schildkröten). Viele Echsen verfügen über → Femoral-, → Praeanaldrüsen, einige über Rückendrüsen *(Phrynocephalus),*

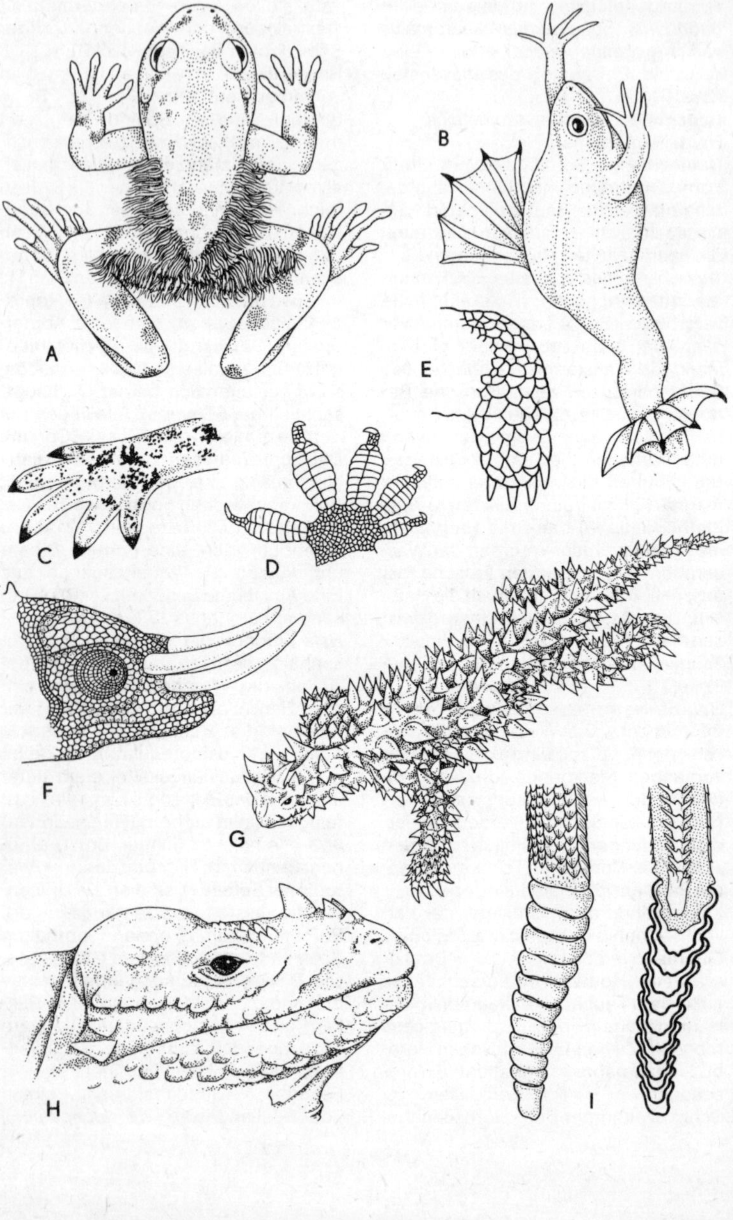
A
B
C
D
E
F
G
H
I

Abdominaldrüsen *(Tribolonotus)*, verschiedene Nattern sind mit → Nuchodorsal- und Kloakaldrüsen ausgestattet. [1]

Hauterkrankungen: bei **A** und **R** häufig vorkommend. Verursacht durch → Haltungsfehler (einschließlich ernährungsbedingter Mängel), Infektionskrankheiten (Viren, Bakterien, Pilze), Parasiten (z. B. → *Oodinium*-Befall, → Trematoden → Acari, → Argulidae), Umwelteinflüsse (Vergiftung durch Schwermetalle, → Biozide u. a. Schadstoffe, zu niedrigen → pH-Wert des Bodensubstrats od. Gewässers usw.), oft auch in Zusammenhang mit anderen Organkrankheiten auftretend. Vielfach entstehen Entzündungen der Haut nach Infektion von Biß-, Schürf-, Stoß-, Quetschwunden, Rißverletzungen, → Panzerläsionen und → Verbrennungen. Krankheitssymptome können z. B. sein: → Häutungsschwierigkeiten, pathologische Hornschildablösungen, Hautrötungen (Erythem), → Ödeme, → Abszesse, subcutane od. cutane Schwellungen, Hautknötchen, Schorf, Schimmelbelag (→ Dermatomykosen). Bekannte H. sind unter anderem die → „Red-leg"-Infektion, → Molchpest, → Pocken der Schlangen, → Graufleckenkrankheit. Therapie: abhängig von Ursache, Lokalisation, Schädigungsgrad. Bei lokaler Behandlung meist Einsatz von Sulfonamiden od. Antibiotika als Lösung, Spray, Salbe od. Puder. [1]

häutiges Labyrinth: → Labyrinthorgan.

Hautklappen des Plastron: charakteristisch für Klappen-Weichschildkröten (UFam Cyclanorbinae der → Trionychidae). Knorpelige H. am → Plastron, die zum Schutz der angezogenen Hinterextremitäten dienen. [1]

Hautsäume: dünne H., frei von Stützelementen, finden sich bei → aquatischen Schwanzlurchen längs der Rükkenmitte als niedrige Rückenleiste, → Kamm, oberer und unterer Schwanzsaum, → Zehenlappen, → Schwanzfaden, → Lippensaum. Frosch- und Schwanzlurchlarven weisen H. als → Flossensaum, gelegentlich Lippensaum und vereinzelt am Hinterrand der Extremitäten *(Onychodactylus japonicus)* auf. Bei vielen Lurcharten und auch **R** hauptsächlich in Form der → Spann- bzw. Schwimmhaut zwischen den Zehen und Fingern ausgebildet. (Abb. 46). [1]

Häutung: → Ecdysis.

Häutungsschwierigkeiten: unvollständige od. unterbliebene Häutung (→ Ecdysis). Im → Terrarium vor allem durch → Haltungsfehler, z. B. zu hohe Temperatur, unzureichende Luftfeuchtigkeit, Mangel an Strukturen zum Abstreifen der Althaut, fehlende Bewegungsfreiheit, einseitige Fütterung (Vitamin- und Mineralstoffmangel), auch schlechten Gesundheitszustand (→ Parasitosen, → Hautkrankheiten, → bakterielle Infektionen u. a.) od. hormonelle Störungen bedingt. Langzeitig mit Althaut versehene → Phalangen sterben ab! Nach Ursachenermittlung gezielte Therapie. Im einfachsten Fall hilft ein längeres, lauwarmes Bad (25–30 °C) zum Ablösen der Althaut. Behandlung mit Hydrocortison- bzw. Unguentolan-Salbe. Vitaminsubstitution (Polyvitamine). [1]

Häutungsturm: Aufeinanderfolge von mehreren Häutungen (→ Ecdysis) mit kurzen, nur wenige Tage dauernden Zwischenperioden. Hauptsächlich im Hinblick auf den Häutungszyklus bei

Abb. 45. Hautderivate. A. *Trichobatrachus robustus* ♂. Zur Paarungszeit an Flanken und Schenkeln mit haarähnlichen Epidermisauswüchsen. Krallenähnliche Hornbildungen an der 2., 3. und 4. Zehe. B. *Xenopus laevis*. Innere 3 Zehen mit krallenartigen Verhornungen. C. Kuppenartige Verhornungen an den Zehen einer Larve von *Euproctus asper*. D. Krallen bei *Hemidactylus*. E. Krallen bei *Testudo*. F. Schnauzenhörner bei *Chamaeleo jacksonii*. G. Schuppendornen bei *Moloch horridus*. H. Hornhöcker auf der Schnauzenspitze von *Cyclura cornuta*. I. Klapper von *Crotalus* (Aufsicht und Längsschnitt).

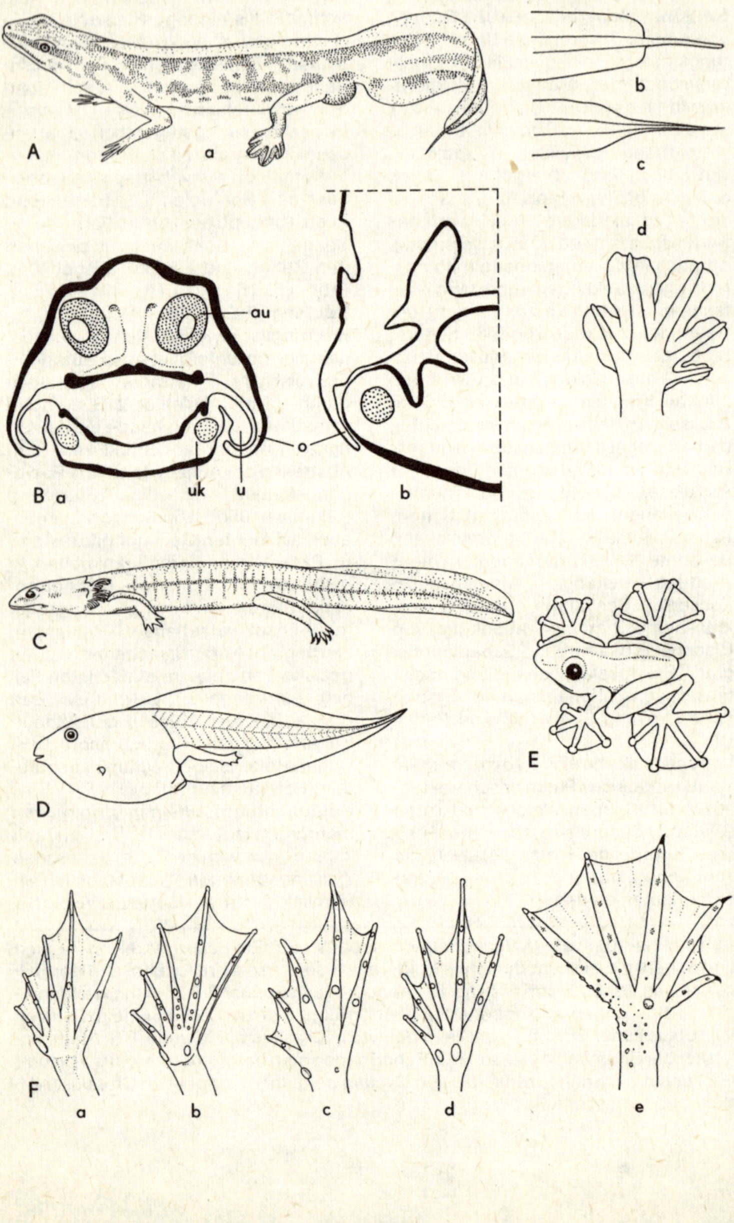
A
a
b
c
d
au
B
a
uk
u
o
b
C
D
E
F
a
b
c
d
e

Schlangen verwendeter Begriff. Eine derartige Häutungsfrequenz kann z. B. bei verschiedenen Schlangenarten im Herbst und Frühwinter durch mehrmalige, in kurzen Abständen verabreichte Vitamin-D-Gaben ausgelöst werden. Da die Tiere während dieser Häutungsintervalle kaum bzw. keine Nahrung aufnehmen, kommt es meist zu einer beträchtlichen konditionellen Schwächung. [1]

Hecheln: mit erhöhter Atemfrequenz verbundenes Verhalten zur Regulation des Wärmehaushaltes. Besonders bekannt bei → homoiothermen Tieren, die zu keiner bzw. nur geringer Schweißabgabe fähig sind. Aber auch für **A** und **R** eine Möglichkeit der physiologischen → Thermoregulation, indem die Verdunstungskälte weiter erhöht wird. Beim H. ist der Mund stets geöffnet. Warane beginnen zu h., wenn ihre Körpertemperatur 38–40 °C überschreitet. Mehrminütiges H. setzt z. B. bei *Varanus gouldii* die Kopftemperatur um 1–2 °C herab, wirkt sich jedoch kaum auf die Rumpftemperatur aus. [1]

Hedonische Drüsen: zu Beginn der Geschlechtsreife bei ♂♂ von Wassermolchen ausgebildete → Hautdrüsen. Sie sind meist in Längsreihen auf dem Rücken, an den Rumpfseiten, als runde Flecke auf den Kopfseiten od. unter dem Kinn angeordnet. Ihre Funktion ist noch weitgehend unklar. Offenbar kommt ihnen im Rahmen des Paarungsverhaltens (Sekretabgabe beim Reiben an der Haut des Partners) Bedeutung zu. [1]

Heleophrynidae, Gespenstfrösche: Fam der → Anura. Oft noch als UFam den → Leptodactylidae zugeordnet. 3 Arten, nur Gatt *Heleophryne*. Verbreitung: S-Afrika (Kap bis NO-Transvaal). Leben → amphibisch im Bereich schnellströmender → Fließgewässer. KRL bis 6,5 cm. Körper schlank, kräftig. Pupille vertikal. → Trommelfell markant. → Maxillare und → Praemaxillare bezahnt. → Schultergürtel arcifer. → Procöle Wirbel. → Sacralwirbel besitzt mäßig verbreiterte → Diapophysen, über 2 Condylen mit dem → Urostyl verbunden. → Astragalus und → Calcaneus proximal und distal verschmolzen. Endphalangen T-förmig, mit → Haftscheibe. ♂ zur Brunstzeit mit → Brunstschwielen an Fingern, Armen, z. T. am Unterkiefer. Dämmerungs- und nachtaktiv. → Amplexus erfolgt inguinal. Eiablage unter Steinen im, evtl. auch außerhalb des Wassers. Larven mit Saugmund zum Festheften an Steinen. [1]

Helmbasilisk: → *Basiliscus basiliscus*.

Helodermatidae, Krustenechsen: Fam der → Anguinomorpha. Nur 2 Arten. *Heloderma suspectum* Cope 1869, Gila-Tier, GL bis 60 cm, SW-Nevada bis NW-Mexiko. *Heloderma horridum* (Wiegmann 1829), Escorpión, GL bis 80 cm, NW- bis SW-Mexiko. Bodenbewohner in Wüsten und trockenen, felsigen, mit Buschwerk durchsetzten Gebieten. Plumper Körperbau. Kopf breit, flach. Augen und Ohröffnungen klein. Zunge stark gespalten. Rumpf gestreckt, walzenförmig. Extremitäten kurz, sehr kräftig. Schwanz dick, rund, stumpf endend. Schuppen höckrig, körnig, unterseits → Osteodermata. Einzige giftige Echsen. Paarige Giftdrü-

---

Abb. 46. Hautsäume. A. a) *Triturus helveticus* ♂ im Hochzeitskleid; b) Schwanzfaden von *Triturus helveticus* vergrößert; c) Schwanzfaden von *Triturus montandoni* vergrößert; d) Zehenlappen von *Triturus vulgaris* vergrößert. B. a) Lippensäume (noch nicht miteinander verwachsen) einer Larve von *Triturus vulgaris* (43 Tage nach dem Schlupf, Kopfquerschnitt); b) Lippensaum eines ad. *Triturus vulgaris* in Wassertracht (Querschnitt, linke Kopfhälfte, Choanenregion). C. Larve von *Onychodactylus japonicus* mit Hautsäumen am Extremitäten-Hinterrand. D. *Pelobates*-Larve mit hohem Flossensaum. E. *Rhacophorus* mit breiten Spannhäuten. F. Spannhäute von *Rana „esculenta“* (a), *R. ridibunda* (b), *R. temporaria* (c), *R. latastei* (d), *Hymenochirus boettgeri* (e). *au* Auge, *o* Oberlippensaum, *u* Unterlippensaum, *uk* Unterkiefer.

sen im Unterkiefer. Gift (beeinflußt Nervensystem, lähmt Atemzentrum) erreicht über Rinne zwischen Unterlippe und Kiefer die vorn und hinten mit einer Längsrinne versehenen Giftzähne. Auffallende Warntracht. Überwiegend nachtaktiv. Überdauern Dürreperioden in Erdhöhlen. Zehren dabei von körpereigenen Fettreserven (Schwanz dient als Fettspeicher). Gelegegröße: 3–12 Eier, offenbar mehrere Jahresgelege möglich. → Höchstalter in Gefangenschaft 25 Jahre. [1]

hemerophile Arten, Kulturfolger, Synanthrope: Arten, deren Lebensraum im Bereich menschlicher Siedlungen od. in Gebieten unmittelbarer → anthropogener Einwirkungen liegt. Hierzu zählen viele **A**- und **R**-Arten. K. sind z. B. → *Bombina variegata* (→ Deponien, in Jauchewässern), → *Bufo bufo* (Gärten, Siedlungen, Deponien), → *Bufo calamita* (Baugruben, Baustellen, vgl. → Erstbesiedler), → *Lacerta agilis* (Straßen-, Autobahnränder, Eisenbahndämme, z. T. in Städten), → Anolis und → Geckos (an od. in Gebäuden). Gegensatz → hemerophobe Arten (Kulturflüchter). [1]

hemerophobe Arten, Kulturflüchter: durch → anthropogene Einwirkungen zurückgedrängte Arten. Bedürfen meist besonderer Schutzmaßnahmen zur Erhaltung der Art, füllen die → Roten Listen. Gegensatz → hemerophile Arten (Kulturfolger). [1]

Hemibaculum: → Os penis.

Hemidactylus turcicus (Linnaeus 1758), Europäischer Halbfingergecko: Vertreter der → Gekkonidae. Verbreitung: Küstengebiete und Mehrzahl der Inseln des Mittelmeeres, Küstenländer des Roten Meeres, Vorderasien, nach Osten bis Pakistan. Durch Verschleppung bis in Gebiete N- und M-Amerikas vorgedrungen. Bewohnt z. B. spaltenreiche Mauern, Felsnischen, Höhlen, Ruinen auch trockene, steinige Plätze. GL bis 12, meist 8–10 cm. Schlank, Kopf abgesetzt. Finger und Zehen leicht verbreitert, unterseits mit Haftlamellen. Schwanz in Wirtel gegliedert. Hauptsächlich nacht-, mitunter tagaktiv. Gutes Farbwechselvermögen. Stimme relativ laut. Gelegegröße: bis 3, meist 2 Eier; 2–3 Jahresgelege möglich. Gelegentlich Eiablage von mehreren ♀♀ an einem Platz. [1]

Hemipenes: paariges, unterschiedlich langes → Kopulationsorgan (eine Hälfte = Hemipenis) der → Squamata in Form von 2 hohlen Schläuchen, die in Ruheposition dicht hinter dem Kloakenspalt in der → Schwanzwurzel liegen. Dadurch wirkt diese bei den ♂♂ verdickt und erleichtert so bei vielen Arbeiten die → Geschlechtsbestimmung. Das Ein- und Ausstülpen erfolgt vorwiegend muskulär in Zusammenspiel mit einer verringerten bzw. verstärkten Durchblutung (Stauvorrichtungen bewirken Lymph- und Blutstau usw.). In die → Kloake des ♀ wird der ihr am nächsten gelegene Hemipenis eingeführt. An dem meist in Basis, Mittelteil (Termini beider Abschnitte bei Echsen: Pedicel, Truncus) und Spitze (Apex) gegliederten Hemipenis können Falten, Warzen, Stacheln, Zacken und andere Strukturen ausgebildet sein (Basis i. d. R. ohne derartige Ornamentation), die mehr od. weniger zur Verankerung (Haltefunktion) dienen. Früher gelegentlich vorgenommene Deutungen der Ornamentation im Sinne einer Reizfunktion od. des „Schlüssel-Schloß-Prinzips“ erscheinen unzutreffend. Das Sperma gelangt über eine auf der Innenseite jedes Hemipenis verlaufende Samenrinne (Sulcus spermaticus) in die ♀ Kloake. Manche Arten besitzen ein → Os penis (Hemibaculum). Beim Schlangen-Hemipenis werden meist 3 Grundbautypen gemäß der äußeren Form des ausgestülpten Organs (einfach, zweilappig, zweigeteilt), des Samenrinnenverlaufes und der Ornamentation unterschieden. Hemipenis-Merkmale sind durch die unterschiedliche Form, Struktur, Ornamentation (auch Charakteristika des Os penis) des Kopulationsorgans für die systematisch-phylogenetische sowie intragenerische

Einteilung von Bedeutung. (Abb. 47). [1]

Henophidia, Wühl- und Riesenschlangenartige: IO der → Serpentes. Vorwiegend in tropischen und subtropischen Gebieten verbreitet. Kommen in recht unterschiedlichen Lebensräumen vor. Umfaßt ursprüngliche und abgeleitete (zahlreiche → wühlende) Formen. Überwiegend kräftiger Körperbau. Gewöhnlich glattschuppig, mit verhältnismäßig kleinem Kopf und kurzem Schwanz. Kopfbeschilderung sehr unterschiedlich. Schädelknochen nicht wie bei → Scolecophidia verwachsen, sondern durch Gelenke od. elastische Bänder beweglich verbunden. → Quadratum häufig kurz. → Foramen opticum liegt zwischen → Frontale und → Parietale. Gebiß ist → homodont. → Praemaxillare oft bezahnt. Vielfach existieren noch Beckenreste und Rudimente der Hinterextremitäten (→ Afterklauen). Z. T. stark spezialisierte Formen. 5 Fam: → Aniliidae, → Uropeltidae, → Xenopeltidae, → Acrochordidae, → Boidae. [1]

Hepar: → Leber.

herbivor: pflanzenfressend. [1]

Herbstlaichen: gelegentlich zu beobachtendes Ablaichen bei **A** der gemäßigten Zonen im Rahmen der Herbstaktivität. Ähnlich wie bei Vögeln werden die für verschiedene Lurcharten bekannten Herbstwanderungen im Sinne einer schon unter dem Fortpflanzungsinstinkt stehenden Aktivität interpretiert. Nachweise solcher „falscher Laichzeiten" liegen z. B. für *Hyla crucifer* und → *Bufo bufo* vor. [1]

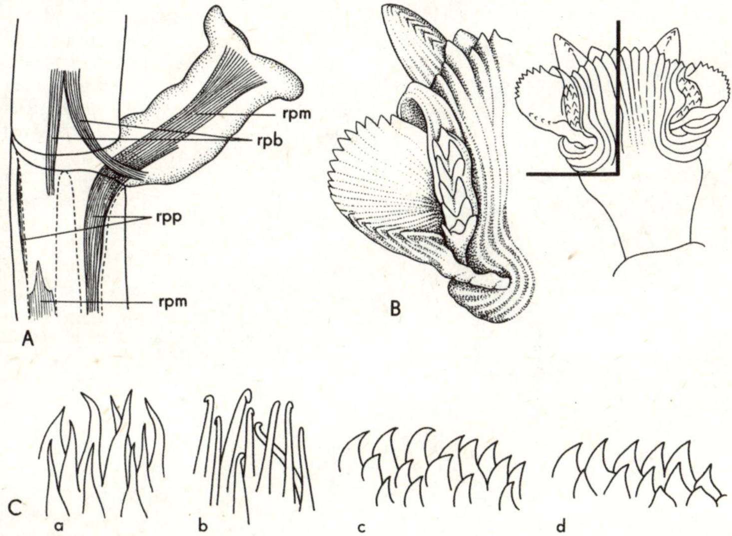

Abb. 47. Hemipenis. A. Retraktormuskeln der Hemipenes von *Natrix natrix* (rechts ausgestülpt, links eingestülpt). *rpb* Musculus retractor penis basalis, *rpm* Musculus retractor penis magnus, *rpp* Musculus retractor penis parvus. B. Ausschnitt der apicalen Ornamentation des Hemipenis von *Chamaeleo bitaeniatus*. C. Stachelepithel am Hemipenis von Lacertiden; a) *Takydromus tachydromoides*; b) *Takydromus sexlineatus*; c) *Algyroides nigropunctatus;* d) *Algyroides fitzingeri*.

Herbstpaarung: mitunter bei Arten der gemäßigten Zonen zu beobachtende 2. Paarung im Herbst. Verschiedentlich z. B. für paläarktische (*Vipera, Natrix* u. a.) und nearktische (*Thamnophis, Crotalus* u. a.) Schlangen nachgewiesen. Unter Terrarienbedingungen kam es beispielsweise bei → *Natrix natrix* einigemal nach der H. zur Eiablage. Im mediterranen Bereich vermutlich hin und wieder auch bei Landschildkröten auftretend. [1]

Hermaphroditismus, Zwittrigkeit: zweigeschlechtliche Individuen bzw. Zwitter (Hermaphroditen) sind im Tierreich vor allem bei Wirbellosen vertreten, bei Wirbeltieren stets Ausnahmefälle. Unter den **A** existieren für Schwanzlurche nur wenige Nachweise (*Triturus*-Arten, → *Salamandra salamandra, Eurycea bislineata*), häufiger wurden Zwitter bei Froschlurchen, hauptsächlich *Bufo* und *Rana*, festgestellt. So erwiesen sich z. B. von 381 untersuchten → Ochsenfröschen 13 Tiere als Zwitter. Hinsichtlich der Form und des Ausbildungsgrades des H. ergibt sich bei **A** ein recht breites Spektrum (bilateral symmetrischer H., Halbseiten-H. usw.). Demgegenüber wurden für **R** weniger Fälle bekannt. Sie betreffen weitgehend Schildkröten, bemerkenswert ist die Beschreibung eines *Varanus niloticus* mit normal entwickelten → Ovarien, → Oviducten und 2 → Kopulationsorganen (Hoden fehlten). (Abb. 48). [1]

Herpetofauna: Gesamtheit der **A** und **R** eines bestimmten Gebietes (Landschaftsgebiet, territoriale Verwaltungsstruktur wie Kreis, Bezirk, auch Staat usw.). [1]

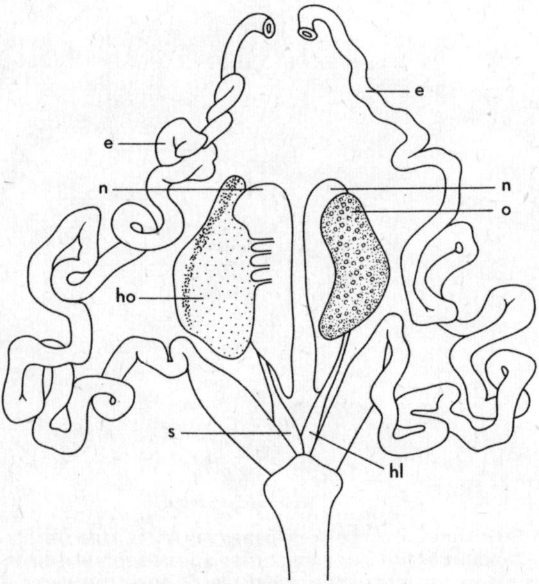

Abb. 48. Geschlechtssystem eines zwittrigen Frosches (*Rana*). *e* Eileiter, *hl* Harnleiter, *ho* Hoden, *n* Niere, *o* Ovar, *s* Samenblase.

Herpetologie: Amphibien- und Reptilienkunde. [1]

Herpetovorie: im ornithologischen (vogelkundlichen) Schrifttum verbreiteter Begriff. Verzehren von **A** und **R**. Als Freßfeinde kommen viele Vogelarten in Betracht. Besonders bedeutsam sind in diesem Zusammenhang in Europa z. B. Schlangenadler *(Circaëtus gallicus)*, Mäusebussard *(Buteo buteo)* und Weißstorch *(Ciconia ciconia)*. [1]

Herpetozönose: aus **A** und **R** bestehende Teilgemeinschaft einer → Biozönose. [1]

Herz, Cor: Hohlmuskel, Zentrale und Motor des Blutgefäßsystems, arbeitet als Druck- und Saugpumpe (vgl. → Systole, → Diastole). Ursprüngliche Bestandteile sind → Sinus venosus, → Atrium cordis, → Ventriculus cordis, → Conus arteriosus. **A** besitzen stets einen Sinus venosus und Conus arteriosus. Unter den **R** ist ein Sinus venosus nur noch bei Schildkröten und Brückenechsen abgrenzbar. Er wird sonst in die Wand des rechten Atrium aufgenommen, der Conus arteriosus seinerseits in den Ventrikel. Die Innenwand des Herzens stellt das mit einem Endothel versehene Endocard dar, die muskulöse Wandung wird als → Myocard bezeichnet (mit lockerer innerer und fester äußerer Muskellage). Bei **A** dominiert die lockere Herzmuskulatur. Die Vorkammern der → Gymnophiona und Schwanzlurche werden durch ein → Septum interatriale getrennt, das noch perforiert ist, ein solides Septum liegt erst bei Froschlurchen und **R** vor. **R** weisen auch in der Herzkammer ein Septum auf. Es teilt die Kammern jedoch nur unvollständig, lediglich Krokodile haben ein durchgehendes → Septum interventriculare (vgl. → Foramen Panizzae). Vorkammern und Kammern grenzen sich äußerlich durch einen → Sulcus coronarius gegeneinander ab. Die Blutversorgung der Herzmuskulatur erfolgt bei **A** i. d. R. vom Ventrikel her über Spalträume, die in das lockere Myocardgewebe eindringen. Nur Froschlurche besitzen eine Arteria coronaria, die aus dem Carotidenkanal des rechten → Truncus arteriosus hervorgeht. Aus der Kammer der **A** entspringt der Conus arteriosus, der

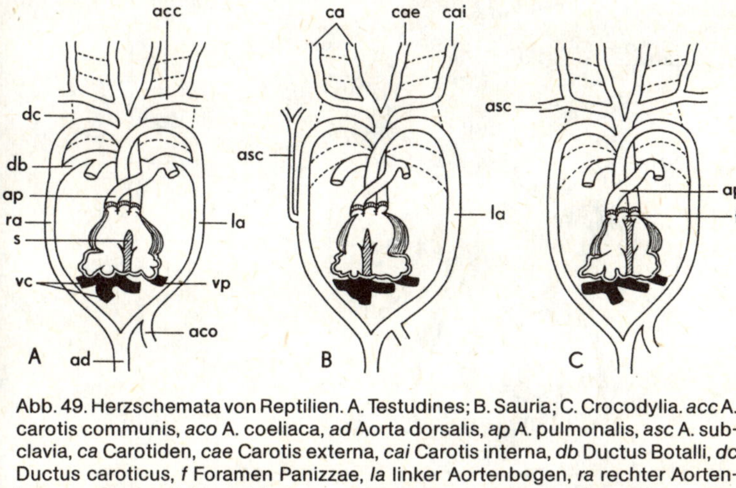

Abb. 49. Herzschemata von Reptilien. A. Testudines; B. Sauria; C. Crocodylia. *acc* A. carotis communis, *aco* A. coeliaca, *ad* Aorta dorsalis, *ap* A. pulmonalis, *asc* A. subclavia, *ca* Carotiden, *cae* Carotis externa, *cai* Carotis interna, *db* Ductus Botalli, *dc* Ductus caroticus, *f* Foramen Panizzae, *la* linker Aortenbogen, *ra* rechter Aortenbogen, *s* Septum interventriculare, *vc* Venae cavae, *vp* Vena pulmonalis.

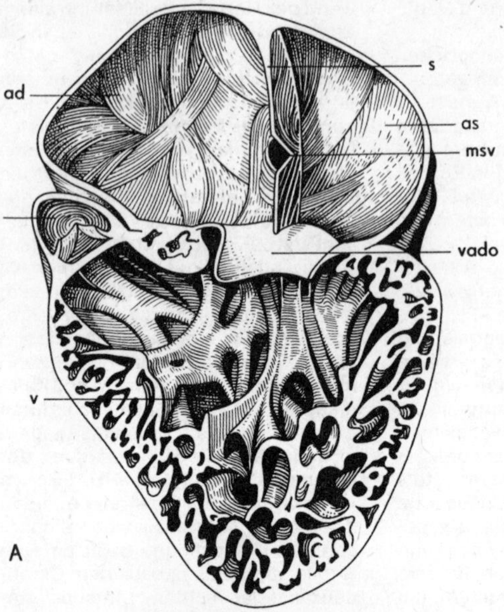

A

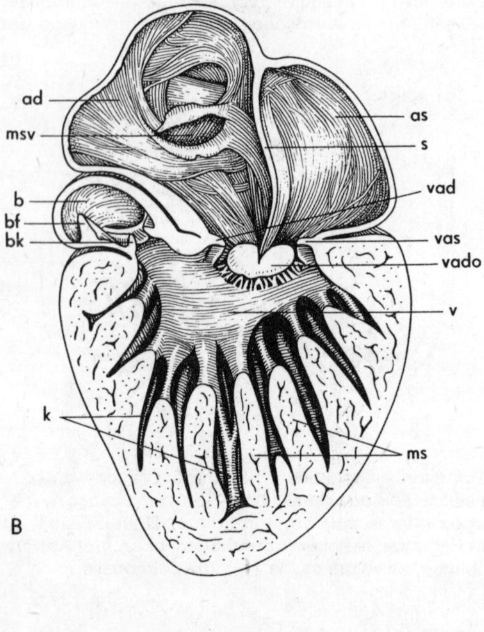

B

sich in den Truncus arteriosus fortsetzt. Jeder Truncus arteriosus gabelt sich an seinem Ende in eine Arteria pulmocutanea, den Aortenbogen und die Arteria carotis communis (= Truncus caroticus). Bei den **R** gehen aus der rechten Kammer der → Truncus pulmonalis (teilt sich in rechte und linke Lungenarterie) und der linke Aortenbogen hervor, aus der linken Kammer entspringt der rechte Aortenbogen. (Abb. 49,50). [2]

Herzkammer: → Ventriculus cordis.

Herzpunktion: → Blutentnahmetechnik.

Herzvorkammer: → Atrium cordis.

Heterodontie: Gebiß mit ungleichartiger Bezahnung. Bei den rezenten **A** und der überwiegenden Zahl der **R** sind die Zähne gleichförmig, d. h. homodont (isodont). In Anpassung an die besondere Art des Nahrungserwerbs bzw. der Nahrungsverarbeitung liegt jedoch bei verschiedenen **R** eine H. vor. So sind z. B. bei Krokodilen meist die hinteren Kieferzähne abgerundet, dazu kann ein Maxillarzahn (Fangzahn) vergrößert sein. Die Vorderzähne von → *Sphenodon punctatus* weisen eine Schneidekante auf. Formen, die hartschalige Beute verzehren, können vorn im Gebiß kegelförmige, hinten abgeflachte bzw. mit Mahlflächen versehene Zähne besitzen (→ Teiidae). Auch viele Vertreter der → Agamidae zeichnen sich durch H. aus. Am bekanntesten ist aber wohl, bedingt durch die Ausbildung der rinnen- od. röhrenförmigen Giftzähne (→ Giftapparat), das heterodonte Gebiß der → Giftschlangen. (Abb. 51). [1]

Hexamita Dujardin 1838: Gatt der → Flagellata (O Diplomonadina). Mehrere Arten dieser achtgeißeligen (darunter 2 Schleppgeißeln), sehr beweglichen Flagellaten sind als Schwächeparasiten bei **A** (besonders Fröschen und Kröten) im Darmsystem und in der Gallenblase verbreitet. Sehr häufig ist z. B. bei → *Rana temporaria* und → *R. „esculenta“ H. intestinalis* nachweisbar. Mitunter kann ein Teil ins Blut überwechseln. Eine spürbare Beeinträchtigung zeichnet sich äußerlich nicht ab. Bei **R** wurde H. (besonders *H. parva*) im Darm-, Harn- und Geschlechtssystem hauptsächlich von Schildkröten beschrieben. Die befallenen Tiere werden apathisch, magern ab, der Urin ist schleimig-gallertig. Sektionen ergaben vor allem markante pathologische Veränderungen an den Nieren (Erweiterung der Tubuli u. a.), gelegentlich Entzündungen der Gallengänge. Erregernachweis anhand von Ausstrichpräparaten. Übertragung durch Futter, Trink- und Badewasser. Therapie: bei Schildkröten waren Gaben z. B. von 40 mg/kg KM Dimetridazol (Emtryl®) od. 10 mg/kg KM Ronidazol, oral über eine Woche verabreicht, erfolgreich. [1]

Hibernaculum: → Winterquartier.

Hibernation: → Überwinterung.

Hinterhauptshöcker: → Condylus occipitalis.

Hinterhirn: → Metencephalon.

Hirnhäute: → Meninges.

Hirnnerven: im allgemeinen werden 12 H. unterschieden, obwohl dies nicht exakt den Tatsachen entspricht. So sind die beiden ersten H. (→ Nervus olfactorius und → N. opticus) keine typischen H. Auch der letzte Hirnnerv (→ Nervus hypoglossus) ist genau genommen dem → Rückenmark zuzuordnen. Er stellt einen Spinooccipitalnerv dar. Neben dem Nervus olfactorius entspringt aus dem → Endhirn noch ein weiterer Nerv, der → Nervus terminalis. Die H. führen unterschiedliche Fasern. Somatosensible Fasern leiten Erregungen von der Körperperipherie zum Hirn, viscerosensible übermitteln Erregun-

Abb. 50. Innenrelief des Herzens von A. *Salamandra;* B. *Rana. ad* Atrium dexter, *as* Atrium sinister, *b* Bulbus cordis, *bf* Bulbusfalte, *bk* Bulbusklappe, *k* Krypten, *ms* Muskelsepten der Herzkammer, *msv* Mündung des Sinus venosus, *s* Septum interatriale, *v* Ventriculus cordis, *vad* Valvula atrioventricularis dexter, *vado* Valvula atrioventricularis dorsalis, *vas* Valvula atrioventricularis sinister.

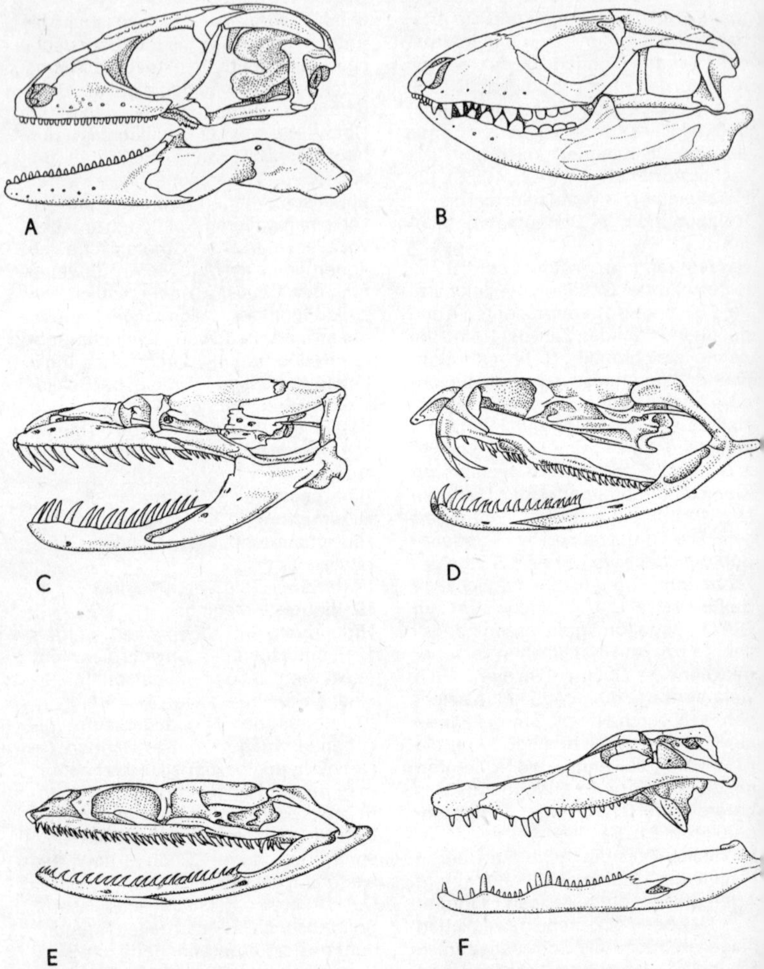

Abb. 51. Homodontie und Heterodontie bei Reptilien. Homodontes Gebiß: A. Tüpfelskink *(Eumeces schneiderii)*; C. Netzpython *(Python reticulatus)*; E. Würfelnatter *(Natrix tessellata)*. Heterodontes Gebiß: B. Bänderteju *(Tupinambis teguixin)*; D. Todesotter *(Acanthophis antarcticus)*; F. Brauen-Glattstirnkaiman *Paleosuchus palpebrosus)*.

Tabelle 5. Hirnnerven. N Nervus, m motorisch, s sensibel, g gemischt.

Nr.	Bezeichnung	Ursprung	Erregung	Hauptversorgungsgebiete
0	N. terminalis	Telencephalon	s	Nasenhöhle, z. T. Jacobsonsches Organ
I	N. olfactorius	Telencephalon	s	Riechepithel
II	N. opticus	Diencephalon	s	Netzhaut des Auges
III	N. oculomotorius	Mesencephalon	m	Augenmuskeln (Mm. medialis, M. obliquus inf.)
IV	N. trochlearis	Mesencephalon	m	Augenmuskel (M. obliquus superior)
V	N. trigeminus	Myelencephalon	g	s Gesicht, Kopf, Nasen- und Mundhöhle, Zähne m Kiefermuskulatur
VI	N. abducens	Myelencephalon	m	Augenmuskel (M. rectus lateralis)
VII	N. facialis	Myelencephalon	g	Zungenbeinbogen s Teil der Geschmacksknospen, Verbindung zum Seitenliniensystem
VIII	N. statoacusticus	Myelencephalon	s	Gleichgewichts- und Gehörorgan
IX	N. glossopharyngeus	Myelencephalon	g	Muskeln und Sinnesorgane von Zunge, Mundhöhle und Pharynx
X	N. vagus	Myelencephalon	g	Kiemenspalten, Schlund- und Kehlkopfmuskeln, Brust- und Baucheingeweide
XI	N. accessorius	Myelencephalon	m	branchiogene Schultermuskeln
XII	N. hypoglossus (Spinooccipitaln.)	Myelencephalon	m	Zungenmuskeln

gen von Sinnesendstellen der Eingeweide. Somatomotorische Fasern ziehen zu quergestreiften Muskelfasern der Körperwand und der Extremitäten, visceromotorische Fasern innervieren die glatte Muskulatur des Darmes und der Eingeweide. Die H. lassen sich wie folgt zusammenfassen: 1. Sinnesnerven, dazu gehören Nerven I, II, VIII der Zusammenstellung in der Tabelle 5 (typisch somatosensibel); 2. Augenmuskelnerven, Nerven III, IV, VI (somatomotorisch); 3. Branchialnerven, versorgten ursprünglich die Kiemenspalten, Nerven V, VII, IX, X, XI (z. T. somatosensibel, viscerosensibel od. visceromotorisch); hinzu kommt der Nerv Nummer XII (visceromotorisch). Zu den Sinnesnerven gehören der Nervus olfactorius (I), führt Neuriten vom Riechepithel; der Nervus opticus (II), mit Neuriten von der Netzhaut des Auges; der → Nervus statoacusticus (VIII), innerviert Sinnesendstellen des Labyrinths. Augenmuskelnerven sind der → Nervus oculomotorius (III), → Nervus trochlearis (IV), → Nervus abducens (VI). Zu den Branchialnerven zählen der → Nervus trigeminus (V), versorgt die Kopfregion somatosensibel und motorisch die Kiefermuskulatur; der → Nervus facialis (VII), z. T. sensibel, innerviert die Gesichtsmuskulatur; der → Nervus glossopharyngeus (IX), versorgt Zunge und Pharynx (gemischt sensibel und motorisch); der → Nervus vagus (X), innerviert Teile der Kopfregion (sensibel und motorisch) und den größten Teil der Eingeweide (visceromotorisch), Hauptbestandteil des Parasympathicus, viscerosensible Fasern verlaufen von den Eingeweiden zum Gehirn; der → Nervus accessorius (XI), vom Vagus abgegliederter Nerv, fehlt bei **A**. Der → Nervus hypoglossus (XII), innerviert die Zunge (visceromotorisch). [2]

Hirnschädel: → Neurocranium.

Hirudinea, Egel: O der → Annelida. Etwa 300 Arten. Mit Haftscheibe am Vorder- und Hinterende des Körpers. Meist im Süßwasser, außerdem in feuchten Landbiotopen und im Meer verbreitet. Überwiegend temporäre Blutsauger, die auch Blutparasiten (→ *Trypanosoma,* → Haemogregarinen) übertragen können. Von den Rüsselegeln (Rhynchobdellae) befallen einige (z. B. *Oligobdella-*, *Batrachobdella*-Arten) bevorzugt **A**, vielen *Haementeria*-Arten dienen → aquatische Schildkröten als Hauptwirt. *H. fimbriata* wurde in der Mundhöhle von → *Crocodylus niloticus* nachgewiesen. *Ozobranchus*-Arten befallen fast nur Süß- und Meerwasserschildkröten. *Ozobranchus jantseanus* bleibt auch am Wirt, wenn dieser zum Sonnen an Land kriecht. Der Egel trocknet zu einer kleinen Scheibe ein (Wasserverlust bis 80 % des Körpergewichtes), kann so 8 Tage überdauern, quillt im Wasser wieder rasch auf. Von den Kieferegeln (Gnathobdellae) saugt *Hirudo medicinalis* oft an → Kaulquappen und ad. Froschlurchen Blut. → *Salamandra atra* ist Hauptwirt für *Xerobdella lecomti* (einziger mitteleuropäischer Landegel). Sensationell ist der Nachweis von Egeln als → Endoparasiten. So wurde *Philaemon grandidieri* im dorsalen → Lymphsack und vereinzelt in der Leibeshöhle von 6 Froscharten auf Neuguinea festgestellt. Der Blutentzug führt hier offenbar nicht zum Tod. In Kanada fand man bei → *Rana catesbeiana Batrachobdella picta* ebenfalls im Rückenlymphsack. (Abb. 52). [1]

Histrionicotoxine: erstmals aus Hautsekret von → *Dendrobates histrionicus* isolierte Toxine. Alle H. enthalten in ihrem Molekül einen ungewöhnlichen Spiropiperidinring (Spiropiperidin-Alkaloide) und sind die ersten bei Tieren nachgewiesenen Verbindungen mit C-C-Dreifachbindungen (allenische Gruppierungen). Zur Klasse der H. gehören z. B. Histrionicotoxin, Iso-, Neo-, Allodihydrohistrionicotoxin. Angriffspunkte der H. sind die Ionen-Kanäle der äußeren Zellmembranen. H. verhindern das Ausströmen von Kalium-Ionen, verlängern dadurch die Muskelkontraktion sowie die Abgabe signalübertragender Stoffe bei Nervenzellen. Außerdem bewirken sie eine curareähnliche Blockade der motorischen Endplatte (Kontaktstelle motorische Nervenfaser – quergestreifte Muskelfaser) durch Unterbinden des Natrium- und Kalium-Ionen-Austausches. (Abb. 53). [1]

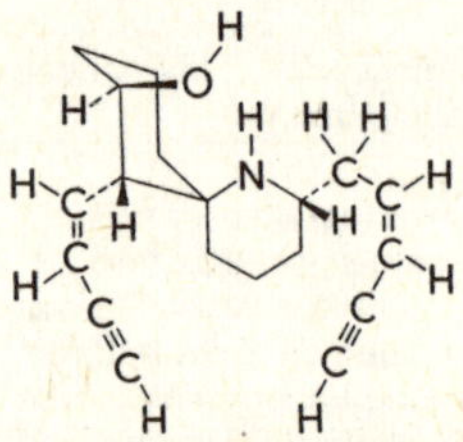

Abb. 53. Histrionicotoxin.

Hitzetod: → Wärmetod.

Höchstalter, Höchstlebensdauer: exakt belegtes, maximales Lebensalter einer Art od. UArt. Differenzierung zwischen H. in freier Natur und Gefangenschaft notwendig. Die spärlichen

Abb. 52. Egel. A. *Ozobranchus jantseanus;* B. *Piscicola geometra;* C. *Hemiclepsis marginata;* D. *Hirudo medicinalis;* E. *Hirudinaria manilensis* an *Lissemys punctata.*

197

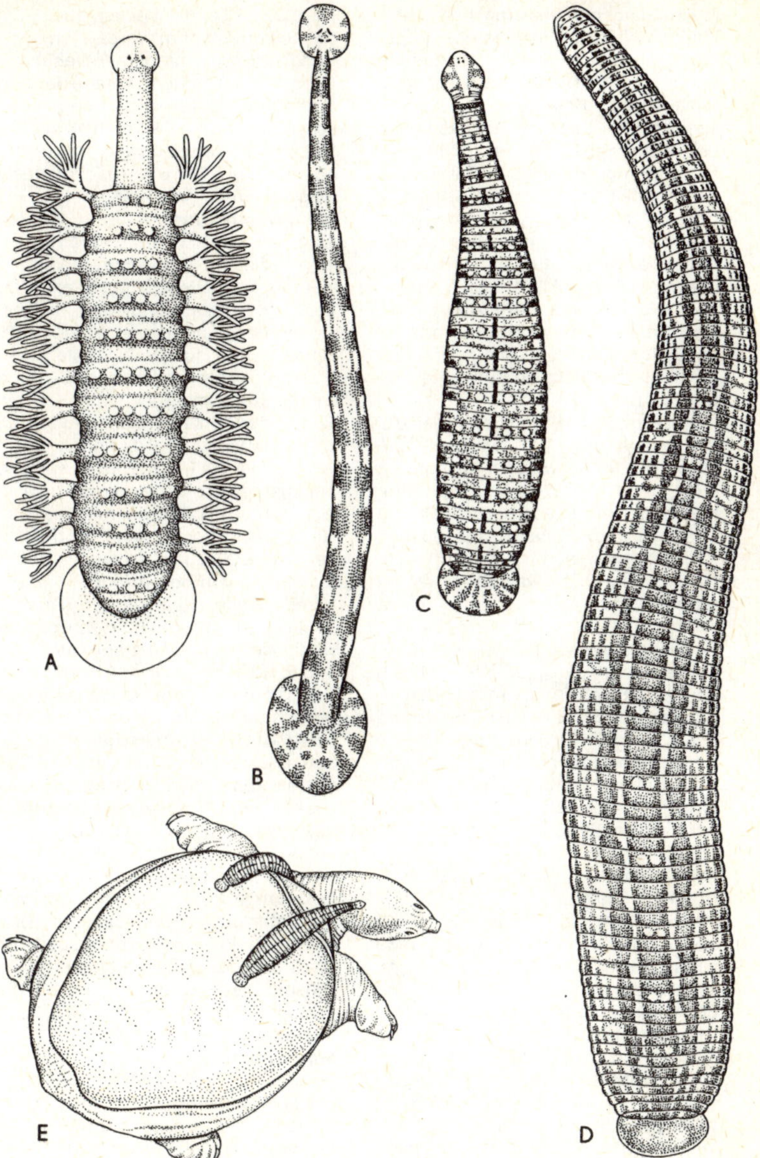

Freilandangaben basieren meist auf → Markierungen (an Einzeltieren, → Populationen), mitunter auf → Altersbestimmung anhand der Zuwachsrate bestimmter Knochen. Gefangenschaftsdaten sind nicht auf das Freileben übertragbar, da die natürlichen bestandsregulierenden Faktoren weitgehend fehlen (Lebensverlängerung erfolgt bis zur physiologischen Grenze), zum anderen neue limitierende Faktoren auftreten können. Sie gehen hauptsächlich aus „Altersrekord-Listen" von Tiergärten hervor. Nach Petzold haben z. B. Arten mit breiter ökologischer Valenz im → Terrarium offenbar die höchste Lebenserwartung. (Tab. 6). [1]

Hochzeitskleid, Brunftkleid: bei ♂♂ der europäischen Wassermolche (*Triturus,* Abb. 41 A), weniger ausgeprägt auch noch bei ♂♂ einiger anderer Molcharten zur Paarungszeit während des Wasseraufenthaltes ausgebildet. Charakterisiert durch kräftige, leuchtende Färbung (Schwanzseiten oft mit silberfarbenem Seitenband), meist unterschiedlich große, auf Rumpf, Schwanz, seltener an den Zehen (→ Zehenlappen) ausgebildete → Hautsäume, markant hervortretenden → Kloakenwulst. Der Ausbildungsgrad des H. kann zur Einschätzung der Paarungsdisposition herangezogen werden. Bei der Anwanderung zum → Laichgewässer ist das H. meist in Anfängen, mitunter schon etwas weiter entwickelt. [1]

Höckerechsen: → Xenosauridae.

Hoden: → Testes.

Hogben-Test: auf Hogben (1930) zurückgehender und von Crew 1939 nach diesem benannter Schwangerschaftsfrühnachweis, bei dem mit Schwangerenharn (starker Choriongonatropingehalt) injizierte → *Xenopus laevis* ♀♀ nach 5–8 (12) h mit Laichabgabe reagieren. Verwendet wird entweder etwas angesäuerter Morgenharn (pH 5,5) od. ein Acetonextrakt. Injektion von 1–2 cm^3 in den dorsalen Lymphsack der in kleinen Glasgefäßen (15 × 20 × 15 cm) auf einem etwa 5 cm hohen Bodenrost im Wasser (Temperatur 20–25 °C) sitzenden Krallenfrosch ♀♀. Breite Anwendung Anfang der vierziger Jahre. Heute wird anstelle biologischer Diagnoseverfahren (vgl. auch → Krötentest) der Nachweis mit immunologischen Schwangerschaftstests (Gravimuntest) durchgeführt. [1]

Höhenverbreitung, vertikale Verbreitung: aufgrund der durch die Höhenlage bedingten Vegetationsgliederung werden folgende Höhenstufen (Etagen) unterschieden: planare, kolline, submontane, montane, oreale, subalpine, alpine, subnivale, nivale Stufe. Verschiedene **A** und **R** dringen bis in die alpine Stufe, mitunter sogar an den Rand der Schneefelder vor. Den Rekord unter den **R** hält offenbar die im W-Himalaja bis in etwa 4900 m Höhe nachgewiesene *Agkistrodon himalayanus.* Über 4500 m NN kommen in den südperuanischen Anden → Populationen des Erdleguans *Liolaemus multiformis* vor. Von den **A** leben in annähernd gleicher Höhenlage im Himalaja *Scutiger alticola,* → *Bufo viridis,* nur wenig tiefer *Batrachuperus pinchonii* und *B. karlschmidti.* In den Hochanden Perus finden sich u. a. *Batrachophrynus macrostomus* und *B. brachydactylus* bei 4100 m NN. Meist sind jedoch Angaben über Extremwerte, Höhenpräferenzen, den Einfluß der H. auf den Aktivitäts- und Fortpflanzungsrhythmus usw. nur spärlich verzeichnet. [1]

holokrin: völlig (ganz) sezernierend. Im Hinblick auf die Art und Weise der Sekretabgabe (Sekretextrusion) verwendeter Begriff. Bei holokrinen Drüsen bzw. holokriner Sekretion setzt sich das Sekret aus ganzen, abgestorbenen Drüsenzellen zusammen, d. h., die gesamten Zellen werden zu Sekret. [1]

homodont: → Heterodontie.

homoiotherm, warmblütig: Tiere mit konstanter, nur in sehr engen Grenzen schwankender Körpertemperatur. Diese konstante Eigenwärme wird im Gegensatz zu → ektothermen Tieren durch eine höhere Wärmeproduktion,

Tabelle 6. Höchsthaltungsdauer (Höchstalter) einiger ausgewählter Amphibien- und Reptilienarten in Gefangenschaft

Amphibia	Jahre
Andrias japonicus (Japanischer Riesensalamander)	70
Cryptobranchus alleganiensis (Schlammteufel)	55
Amphiuma means (Zweizehen-Aalmolch)	27
Salamandra salamandra (Feuersalamander)	50
Triturus cristatus (Kammolch)	28
Ambystoma maculatum (Flecken-Querzahn-Salamander)	25
Pseudotriton ruber (Rotsalamander)	19
Bombina variegata (Gelbbauchunke)	27
Xenopus laevis (Glatter Krallenfrosch)	16
Pelobates fuscus (Knoblauchkröte)	11
Bufo americanus (Amerikanische Kröte)	15
Rana catesbeiana (Ochsenfrosch)	16
Reptilia	
Caretta caretta (Unechte Karettschildkröte)	33
Sternotherus odoratus (Gewöhnliche Moschusschildkröte)	54
Chelydra serpentina (Schnappschildkröte)	20
Asterochelys radiata (Strahlenschildkröte)	189
Megalochelys gigantea (Seychellen-Riesenschildkröte)	152
Testudo graeca (Maurische Landschildkröte)	57
Terrapene carolina (Carolina-Dosenschildkröte)	129
Sphenodon punctatus (Brückenechse)	77
Phyllodactylus europaeus (Europäischer Blattfingergecko)	21
Conolophus subcristatus (Drusenkopf)	15
Anolis carolinensis (Rotkehlanolis)	11
Cordylus cataphractus (Panzergürtelschweif)	30
Lacerta lepida (Perleidechse)	20
Egernia cunninghami (Cunninghams Dornschwanzskink)	16
Tupinambis teguixin (Bänderteju)	16
Anguis fragilis (Blindschleiche)	46
Ophisaurus apodus (Scheltopusik)	24
Heloderma suspectum (Gila-Tier)	25
Lanthanotus borneensis (Taubwaran)	6
Varanus griseus (Wüstenwaran)	17
Boa constrictor (Abgottschlange)	40
Python regius (Königspython)	28
Elaphe situla (Leopardnatter)	25
Thamnophis sirtalis (Strumpfbandnatter)	10
Naja melanoleuca (Schwarzweiße Kobra)	29
Bungarus fasciatus (Bänderkrait)	14
Laticauda laticauda (Gewöhnlicher Plattschwanz)	5
Cerastes cerastes (Hornviper)	17
Crotalus horridus (Waldklapperschlange)	28
Agkistrodon contortrix (Kupferkopf)	21
Alligator mississippiensis (Mississippi-Alligator)	64
Crocodylus niloticus (Nilkrokodil)	43
Osteolaemus tetraspis (Stumpfkrokodil)	33

stärkere thermische Isolierung (Feder- und Haarkleid mit Lufträumen, Fettpolster usw.) sowie endogene Regulationsmechanismen gewährleistet. Die h. Vögel und Säugetiere können somit unabhängig von der Umgebungstemperatur selbst die Arktis und die Antarktis besiedeln. Durchschnittstemperatur bei Vögeln 41–42 °C, höheren Säugetieren 37–39 °C. [1]

Hornback: im Handel übliche Bezeichnung für die zu Leder gegerbte Rückenhaut der Krokodile. Typisch für diese sind die starken, mit Kielen versehenen Schilde. Meist werden bei der industriellen Lederbereitung jedoch nur die Bauchhäute verarbeitet. [1]

Hornschnabel: Schildkröten besitzen anstelle von Zähnen harte, die Kiefer (mitunter auch einen Teil der Palatina) bedeckende Hornschneiden. Diese werden bei den → Trionychidae durch fleischige Lippen verdeckt. Viele Land- und Sumpfschildkröten weisen regelmäßig gezähnte, räuberisch lebende Wasserschildkröten scharfkantige und plane Kieferschneiden auf. Bei dem zum besseren Festhalten der Beute dienenden Hakenschnabel mancher Arten (bei *Platysternon megacephalum* auch zum Klettern verwandt) ist die Oberkieferschneide entsprechend der Form von → Praemaxillare und → Maxillaria hakenartig abwärts gebogen. Über ein Paar hornige, schnabelartige Kiefer verfügen auch die → Kaulquappen. [1]

Hornviper: → *Cerastes cerastes.*

Hufeisennatter: → *Coluber hippocrepis.*

Hüftbein: → Os coxae.

Hüftschlinge: bei → *Hyla arborea* vor der Basis der Hinterextremitäten nach innen zu ausgebildete Schleife des am Nasenloch entspringenden, die Flanken entlangziehenden, schwarzen und oft weißlich od. gelblich gesäumten Seiten- bzw. Flankenstreifens. [1]

Humerus, Oberarm: einziger Knochen des → Stylopodiums der Vorderextremität. Proximal mit breitem Gelenkkopf zur Artikulation mit der Gelenkgrube des → Schultergürtels, distal befinden sich Gelenkhöcker zum Ansatz von → Radius und → Ulna (Epicondylus radialis und E. ulnaris). Bei → Rhynchocephalia, vielen → Sauria und → Testudines ist der H. vor den Epicondyli von Foramina (Öffnungen) zum Durchtritt von Nerven und Gefäßen durchbrochen (Foramen ectepicondyloideum und F. entepicondyloideum). [2]

Hungerfähigkeit: ohne Nahrung müssen **A** und **R** in der Natur z. B. während der → Winterruhe, weitaus stärker aber offenbar in zahlreichen Gebieten der Tropen und Subtropen während langdauernder Trockenperioden auskommen. In dieser Zeit können Fettdepots (Fettpolster im Schwanz vieler Echsen usw.) abgebaut werden. Der Stoffwechsel ist besonders bei überwinternden Tieren extrem reduziert. Hochgradige → Nahrungsspezialisten wie → *Dasypeltis scabra* haben z. B. „Hungerstrecken“ zwischen den Vogelbrutperioden zu überdauern. Nach den bei Gefangenschaftshaltung bekannt gewordenen Fastenperioden und aus Versuchen zur H. ergeben sich erstaunliche Fasten- bzw. Hungerzeiten. Über einjähriges Fasten ist für viele Schlangenarten nachgewiesen. An der Spitze stehen Belege mit über 23 sowie 24 Monaten für *Sistrurus catenatus* und *Crotalus horridus* und von 3 Jahren für einen → *Python reticulatus.* Bei **A** überstanden 1 m tief in porösen Kalksteinblöcken deponierte → Erdkröten 18 Monate, ein Exemplar von → *Siren lacertina* fastete im Labor die Rekorddauer von 5,2 Jahren. [1]

Hungerfalten: infolge längeren Fastens und des dadurch bedingten Abbaus von Fettgewebe an den Körperseiten auftretende Falten. Gewöhnlich von weiteren Merkmalen einer → Kachexie begleitet. [1]

Hutbildung: charakteristisch für das Drohverhalten der Hutschlangen (*Naja*-Arten, Kobras i. e. S.). Sie vermögen bei emporgerichtetem Vorderkörper mittels verlängerter, beweglicher Rippen (im Bereich des 3.–30.

Halswirbels) die Halshaut zu einer flachen Scheibe, dem sog. Hut od. Teller, auseinanderzuspreizen (Abb. 6 C). Dabei wird bei den meisten UArten von → *Naja naja*, der verbreitetsten Art dieser Gatt, auf der Rückseite des Tellers (für den Gegner demnach nicht wahrnehmbar!) eine schwarzweiße, brillenförmige Zeichnung (binokulare Brille, od. aber nur ein „Monokel") sichtbar. Bereits Jungtiere, die erst halb aus dem Ei geschlüpft sind, können einen Teller bilden. Eine mehr od. weniger markante H. kommt auch bei anderen Gatt der → Elapidae (vgl. → Kobras) vor. [1]

Hüteverhalten: primär auf die ständige Bewachung der ♀♀ durch das ♂ bei einigen harembildenden Säugerarten bezogenes Verhalten. Im englischen Schrifttum neuerdings weitaus breiter gefaßt, z. B. auch auf rein räumliche Nähe od. längeren körperlichen Kontakt, wie das oft tagelange Klammern (→ Amplexus) bei ♂♂ verschiedener Froschlurcharten, angewandt. [1]

Hydrocephalus: vermehrte Liquoransammlung in den → Gehirnventrikeln (H. internus) od. außerhalb dieser (H. externus) zu Lasten der Hirnsubstanz. Bekannt wurde ein H. internus bei einer 6,2 cm langen → *Lacerta agilis*. Beide Seitenventrikel waren erweitert, verschiedene Abschnitte des → Telencephalons im Vergleich zu Kontrolltieren schwächer entwickelt. Ein weiterer Fall, allerdings ohne detaillierte Angaben, ist für *Thamnophis sirtalis* verzeichnet. [1]

Hydrokultur von Terrarienpflanzen: Kultivierung der Pflanzen mit Nährlösungen und sterilem Haltesubstrat. Die meist aus Kunststoff, Keramik od. Eternit bestehenden Pflanzgefäße besitzen einen Einsatz, der das Hydrosubstrat (z. B. Quarzkies, Blähton, Lavalit) enthält. Im Stammgefäß befindet sich die Nährlösung, in die der Wurzelballen etwa nur zur Hälfte eintauchen soll. Terrarienpflanzen in H. eignen sich vor allem für das → Aqua-Terrarium und tropische Regenwaldterrarium, sind aber auch z. B. im Wüstenterrarium (Kakteen u. a. Sukkulente) einsetzbar. Gefäße gut kaschieren. Speziell für H. konstruiert ist das → Hydro-Terrarium. Vorteile der H.: pflegeleicht, Entnahme bzw. Austausch der Pflanzen problemlos, Pflanzenbasis bleibt immer trokken, die bei feuchter Erde oft auftretende Schimmelbildung entfällt. [1]

Hydromantes flavus Stefani 1969: → Hydromantes genei.

Hydromantes genei (Temminck und Schlegel 1838), Sardischer Schleuderzungensalamander: Vertreter der → Plethodontidae. Verbreitung: O- und SW-Sardinien. Lebt gewöhnlich in kühlen Biotopen mit hoher Luftfeuchtigkeit, hauptsächlich in Höhlen, Grotten, Felsspalten, z. T. auch in deren Umgebung (oft unter Steinen) in feuchten Bergwäldern. Höhenverbreitung bis 1000 m. GL bis 15 cm. Körper etwas gedrungen, glatthäutig. Kopf deutlich abgesetzt, mit → Nasolabialfurche, → Parotoiddrüsen. Augen groß. Schwanz drehrund. Zwischen den Zehen sind → Spannhäute (unvollständig) ausgebildet. Hauptsächlich nachtaktiv. Beutefang mittels → Schleuderzunge (Abb. 72 A). Gutes Klettervermögen (auch an senkrechten Wänden). Eiablage in feuchtkühlen Felsspalten (5–14 Eier), ♀ hält → Laichwacht. Den UArten *H. g. flavus* und *H. g. imperialis* (beide in O-Sardinien verbreitet) sprechen einige Autoren neuerdings Artstatus zu. Weiterhin haben Lanza et al. 1986 für das zentrale Gebiet von O-Sardinien eine neue Art, *Hydromantes supramontis,* beschrieben und diese vor allem eingehend biochemisch im Vergleich mit den 3 anderen *Hydromates-* Arten Sardiniens klassifiziert. [1]

Hydromates imperialis Stefani 1969: → Hydromantes genei.

Hydromantes italicus Dunn 1923, Italienischer Schleuderzungensalamander: Vertreter der → Plethodontidae. Verbreitung: SO-Frankreich (Seealpen), N-, M-Italien (nach Süden bis zur Toskana). Bevorzugt kühle Orte mit hoher Luftfeuchtigkeit (vor allem Höhlen, Felsspalten). Höhenverbreitung bis etwa 1500 m. GL bis 12 cm. Körper mäßig gedrungen. Kopf gut abgesetzt. Schnauzenkanten markant ausgebildet. Zehen kurz, an den Enden leicht gerundet. Gattungstypische Merkmale und Biologie vgl. → *Hydromantes genei*. Der UArt *H. i. ambrosii* wird neuerdings von einigen Autoren Artstatus zugesprochen. [1]

Hydromantes supramontis Lanza, Nascetti und Bullini 1986: → Hydromantes genei.

Hydrophiidae, Seeschlangen: Fam der → Caenophidia. Etwa 50 Arten. Verbreitung: tropische Meere, hauptsächlich im Küstenbereich des öst. Indischen und we. Pazifischen Ozeans. Plättchen-Seeschlange *(Pelamis platurus)* ein reines Hochseetier (von Madagaskar bis Kalifornien). Mitunter im Brackwasser, Unterlauf großer Flüsse, in Inlandlagunen. Einzige Süßwasserform ist *Hydrophis semperi* (im Taal-See der Insel Zuzon). GL 0,5–2,8 m, oft etwa 1 m. Augen klein. Nasenlöcher meist kopfoberseits, verschließbar. Zunge kurz, Mundschleimhaut gut durchblutet. Beschuppung bei höher spezialisierten Arten einheitlich. Schwanz ruderartig seitlich abgeflacht. Lunge stark verlängert. Mancherorts und zu bestimmten Jahreszeiten zu Tausenden anzutreffen. Gift vor allem neurotoxisch wirksam. UFam Laticaudinae: urtümlich, noch aktiv an Land gehend (Eiablage, → Sonnenbaden). Rumpf walzenförmig. Beschuppung → imbrikat, mit → Bauchschienen (vgl. → *Laticauda laticauda*). → Ovipar. UFam Hydrophiinae: spezialisierter, an Land bewegungsunfähig. Auch der Rumpf ist seitlich abgeplattet. Bauchschienen sind rückgebildet. Lebendgebärend, 2–6 Junge (Geburtsgröße: halb so lang wie ♀). [1]

Hydro-Terrarium nach Schulte, Wasserkasten-Terrarium: → Terrarium zur **A**-Haltung mit Doppelboden, dessen Zwischenraum als durchgehender, heizbarer (mit elektrischem Aquarienheizer), gefilterter Wasserteil dient. Der obere aus Kunststoff bestehende Boden ist mit Löchern für Blumentöpfe (→ Hydrokultur; Töpfe reichen einige Zentimeter in den Zwischenboden hinein), gegebenenfalls auch flachen, einem Bachlauf ähnlichen Einsenkungen versehen und ruht auf gleichgroßen PVC-Rohrstücken. Das Wasser wird mittels eines Motorfilters umgewälzt und gereinigt. Lufterneuerung durch einen Kleinlüfter. [1]

Hygiene: entscheidende Voraussetzung für eine gesunde Haltung von Terrarientieren. Zu den regelmäßigen Wartungs- und Säuberungsarbeiten im → Terrarium gehören: rechtzeitiger Wasserwechsel (im Wasserteil, Trinkwassergefäß), Entfernen von → Futterresten, Exkrementen, Exuvien, vergilbten od. abgestorbenen Blättern, kümmernden Pflanzen, Sauberhalten der festen Futterplätze bzw. des Futternapfes sowie der anderen → Terrarieneinrichtungen. Neuzugänge unterliegen zunächst einer → Quarantäne, kranke Tiere werden sofort isoliert. In größeren Abständen sollte eine → Desinfektion des Behälters sowie der Einrichtungsgegenstände erfolgen. Abgesehen von der selbstverständlichen Säuberung der Hände nach jedem Umgang mit Tieren sind auch die zur Pflege eingesetzten Geräte stets gründlich zu reinigen bzw. zu desinfizieren. [1]

Hyla arborea (Linnaeus 1758), Europäischer Laubfrosch: Vertreter der → Hylidae. Verbreitung: W-, M-, S-Europa, nach Osten bis zum Kaspischen Meer, N-, NW-Kleinasien. Im Norden bis M-Dänemark, S-Schweden, fehlt in O-, SO-Iberien, Gebieten S-Frankreichs, auf den Balearen. Außerhalb der Fortpflanzungszeit auf Gebüsch, Bäumen (gern an Waldrändern), auch z. B. auf Schilf im Randbereich verschiedenster Gewässertypen, in Hecken, Plantagen, Parks, Gärten, Kies-, Sand-, Lehmgruben, auf buschreichen Bergwiesen. Höhenverbreitung bis 2200 m. KRL bis 5,5 cm. Ziemlich schlank, langbeinig, glatthäutig. Schnauze stark gerundet, → Trommelfell deutlich. ♂ mit kehlständiger → Schallblase. An Fingern und

Zehen → Haftscheiben, → Hüftschlinge gewöhnlich ausgebildet. Laichabgabe in Klumpen (bis etwa 1000 Eier) an sonnenexponierten, ufernahen, pflanzenreichen Gewässerstellen. Der UArt H. a. sarda wird neuerdings von Lanza Artstatus zugesprochen. [1]

Hyla meridionalis Boettger 1874, Mittelmeer-Laubfrosch: Vertreter der → Hylidae. Verbreitung: SW- und S-Teil der Iberischen Halbinsel, Balearen, S-Frankreich, NW-Italien (Ligurien), NW-Afrika, Madeira, Kanarische Inseln. Biotop und Lebensweise wie bei → *Hyla arborea*. Höhenverbreitung bis 2650 m. KRL bis 5 cm. Markante → Haftscheiben an Fingern und Zehen, langbeinig. Haut glatt. Wesentliche Unterschiede zu *H. arborea*: ohne schwarzen Flankenstreif und → Hüftschlinge, Schallblasenform, Paarungsruf sowie Laichverhalten andersartig. Laichakt: in 50–60 kurzzeitig aufeinanderfolgenden Schüben Abgabe kleiner Laichklumpen (etwa 10–30 Eier). Verankerung an Wasserpflanzen. [1]

Hylidae, Laubfrösche: weltweit verbreitete Fam der → Anura. Etwa 630 Arten. Fehlen nur auf Madagaskar, in M- und S-Afrika, einigen Gegenden Asiens. Hauptformenfülle neuweltlich, darüber hinaus finden sich nur 4 Gatt: *Cyclorana, Litoria, Nyctimystes* (Australien, z. T. Neuguinea, Molukken, Neuseeland u. a. Südseeinseln) sowie *Hyla* (insgesamt über 250 Arten); in Europa → *Hyla arborea*, → *H. meridionalis*. Breites Spektrum unterschiedlichster Lebensräume. Überwiegend → arboricol, im Boden grabend z. B. *Cyclorana*, → amphibisch *Acris*. Höhenverbreitung bis 4000 m. KRL 2–14 cm. Gewöhnlich glatthäutig. Pupille meist horizontal. → Maxillare und → Praemaxillare (außer *Allophryne*) bezahnt, bei *Amphignathodon* auch → Dentale. Schädel z. T. mit Verknöcherungen bzw. Verzierungen (*Triprion* u. a.). → Schultergürtel arcifer. → Procöle Wirbel. → Sacralwirbel hat meist verbreiterte → Diapophysen, über 2 Condylen mit dem → Urostyl verbunden. Zwischen letzter und vorletzter → Phalange meist ein Zwischenknorpel bzw. -knochen ausgebildet. Endphalangen leicht gekrümmt, gewöhnlich mit → Haftscheibe (Abb. 44). Tag-, vor allem dämmerungs- und nachtaktiv. → Amplexus erfolgt axillar. Fortpflanzungsbiologie mannigfaltig, z. B. Eiablage frei ins Wasser, Bau von → Schaum-, → Schlammnestern, Entwicklung in → Bruttaschen. 4 UFam: Pelodryadinae, Phyllomedusinae, Hemiphractinae, Hylinae. [1]

Hynobiidae, Winkelzahnmolche: ursprüngliche Fam der → Caudata. Über 30 Arten. Verbreitung: in Europa nur 2 inselartige Vorkommen von → *Salamandrella keyserlingii*, weiterhin vom Ural bis Japan, von N-Sibirien bis Turkestan, Iran, Afghanistan, China. Im Tief-, oft auch Bergland (in Gebirgsbächen, -tümpeln und deren Umgebung) bis in 4000 m Höhe. GL 8–25 cm. Habitus und Lebensweise ziemlich einheitlich. Salamanderähnlich. Erwachsene ohne Kiemen, mit Lungen (bei Gebirgsformen z. T. rückgebildet). Gaumenzähne V-förmig angeordnet. Oft Verhornungen an Zehen und Fingern (vgl. → Amphibienkralle). Mehr od. weniger → amphibisch. Überwiegend nachtaktiv. Laichabgabe (in → Stand- und → Fließgewässer) schon bei 3–5 °C Wassertemperatur in 2 Laichsäcken (am Substrat angeheftet; aufgequollen bis etwa 25 cm lang, 2–4 cm dick) mit je 7–160 Eiern. Äußere → Befruchtung. ♂ gibt Spermien über den Säcken ab (bei *Ranodon* wird → Spermatophore abgesetzt). ♂♂ einiger Arten halten → Laichwacht. Artenreichste Gatt ist *Hynobius* (18 Arten). [1]

Hyomandibulare, Kieferstiel: dorsaler Abschnitt des Zungenbeinbogens (Hyoidbogen). Dient am Fischschädel der Aufhängung des Kieferapparates. Diese Funktion wird bei der → Autostylie aufgegeben, das H. wird Gehörknöchelchen (→ Columella auris). [2]

Hypapophysen: unpaare ventrale Wirbelfortsätze. Typisch für viele Echsen, Schlangen und Krokodile. H. entspringen meist vom Hinterende eines →

Centrums, weisen vorzüglich nach caudad und vergrößern die Ansatzflächen für die → hypaxonische Muskulatur. Die H. eierfressender Schlangen, wie die mancher *Elaphe*-, aller *Dasypeltis*-Arten und von *Elachistodon westermanni*, sind im Bereich des → Oesophagus jedoch ventrad od. cranioventrad gerichtet. Passierende Eier werden durch sie eingedrückt. Nur *Elaphe* verschlingt die Eischale, die anderen Arten würgen diese wieder aus. An der Rumpfwirbelsäule der → Gymnophiona sind die H. mit cranial verlaufenden → Haemapophysen verzahnt. Dadurch kommt es zu einer Stabilisierung der Wirbelsäule. [2]

hypaxonische Rumpfmuskulatur: im Gegensatz zur → epaxonischen Rumpfmuskulatur ventral des horizontalen Myoseptums gelegen und von den ventralen Ästen der → Spinalnerven innerviert. Die h. R. der Schwanzlurche besteht aus oberflächlich und tief gelegenen schrägen sowie aus quer und gerade verlaufenden Muskeln, dem Musculus obliquus externus superficialis und profundus, dem Musculus obliquus internus, Musculus transversus und Musculus rectus abdominalis. Larven besitzen außerdem einen Musculus rectus lateralis. Froschlurche zeigen Reduktionen bestimmter Muskeln, da die h. R. nicht mehr die gleiche Rolle bei der Fortbewegung spielt wie beim Schlängeln der Schwanzlurche. Bei **R** hat sich dagegen die h. R. weiter differenziert und wird in erster Linie durch die gut ausgebildeten Rippen beeinflußt. Im Rumpfbereich bildet die h. R. die Wand der Leibeshöhle, bei Krümmungsbewegungen wirkt sie als Antagonist zur epaxonischen Rumpfmuskulatur. Zu den bereits bei den Schwanzlurchen genannten Muskeln sind die Musculi intercostales externi und interni (Zwischenrippenmuskeln) hinzugekommen, die der Bewegung der Rippen dienen und damit die Atembewegungen unterstützen. [2]

Hyperdactylie, Polydactylie: Überzahl an Fingern od. Zehen. Bei **R,** vor allem aber **A** oft nachgewiesen. Eine erste Zusammenstellung für **A** gibt Saint-Hilaire (1832). In den meisten Fällen liegt bei Molchen, Salamandern und Fröschen eine einseitige, offenbar durch äußere Einwirkungen (traumatische Modifikationen) bedingte H. vor. Außerdem sind auch Funde von **A** (besonders Frösche) mit absolut gleichartiger, doppelseitiger H. bekannt, die auf Genmutationen zurückgeführt werden. [1]

Hyperkeratose: übermäßige Verhornung der Haut. Meist deutlich abgegrenzt (zirkumskript) vorliegend. Folge verschiedenster Einwirkungen auf die Haut, z. B. bei Befall mit → Milben, Kontamination mit toxischen Substanzen, kann weiterhin im Verlauf von → Hautmykosen, → bakteriellen und → virusbedingten Infektionen auftreten. Gelegentlich auch während längerem → Vitamin-A-Mangel festgestellt. In solchen Fällen wurden bei Schildkröten erhebliche, die Nahrungsaufnahme behindernde Hornverdickungen der Kauleisten beobachtet. [1]

Hyperoliidae, Riedfrösche: Fam der → Anura. Über 200 Arten. Verbreitung: Afrika sü. der Sahara, Madagaskar, Seychellen-Archipel. Leben vor allem im Randbereich von → Stand- und → Fließgewässern, Sümpfen, in Regenwäldern, auch Feucht- und Trockensavannen und Kulturbiotopen. Im Flach-, Hügel- und Bergland anzutreffen. Höhenverbreitung bis etwa 1500 m. Ausgesprochen kleine bis mittelgroße Formen. KRL 1,5–9 cm. Vielgestaltige Arten, oft → Geschlechts-, z. T. → Altersdimorphismus. Pupille meist vertikal, auch horizontal od. rund. → Maxillare und → Praemaxillare bezahnt. → Schultergürtel firmistern. → Procöle Wirbel. → Sacralwirbel hat stabförmige → Diapophysen, ist über 2 Condylen mit dem → Urostyl verbunden. Zwischen vorletzter und letzter → Phalange ein Zwischenknorpel (Interkalarknorpel) vorhanden. Endphalangen mit → Haftscheibe. Vorwiegend dämmerungs- und nachtaktiv. ♂♂ gewöhnlich mit → Schallblase, grenzen → Territorium optisch und akustisch ab, können → Kommentkämpfe austragen. Oft → Chorrufen. → Amplexus erfolgt abgesehen von *Chrysobatrachus* axillar. Laichablage (100–150 Eier) oft auf Blättern u. a. Substraten in unterschiedlicher Höhe über dem Wasser (Larven fallen beim Schlupf ins Gewässer) od. an submersen Wasserpflanzen. Kein → Schaumnestbau. [1]

Hyperphalangie, Polyphalangie: Überzahl an → Phalangen. Zu den bekanntesten Beispielen gehört die Vergrößerung der Phalangenzahl bei fossilen Seereptilien, z. B. den Schwanenhalsechsen (Plesiosauria) und Fischechsen (Ichthyosauria). Unter den rezenten → Süßwasserschildkröten ist eine H. an den Fingern verschiedener → Trionychidae nachweisbar. Auch die als einzige Vertreter der → Amphisbaenia Extremitäten besitzenden → Bipedidae zeichnen sich durch H. aus. [1]

Hypocentrum: Teil des Wirbels fossiler Labyrinthodontia, der mit dem → Pleurocentrum den Wirbelkörper (→ Centrum vertebrae) bildet. Die Ableitung des Centrums der rezenten **A** ist umstritten (lange auf das H. zurückgeführt), möglicherweise muß dafür, wie bei den **R,** das Pleurocentrum herangezogen werden. [2]

Hypophyse: → Glandula pituitaria.

Hypothermie: älteste Methode zur Schmerzausschaltung (→ Narkose) bei **A** und **R**. Herabsetzen der Körpertemperatur durch Haltung bei 3–5 °C im Kühlschrank (Schlangen z. B. mehrere Stunden) od. im Wasserbad mit Eisstückchen (**A** meist 10–15 Minuten). Beim nachfolgenden Eingriff liegen die Tiere gewöhnlich auf einem Eisbett. Die Erholung verläuft bei Zimmertemperatur relativ rasch. Legt man Ergebnisse neurophysiologischer Untersuchungen bei Fröschen (→ Amphibien-Nerv-Muskelpräparat) zugrunde, dann kommt es erst bei etwa 0 °C zum völligen Reflexausfall. Offensichtlich wird im Temperaturbereich von 3–5 °C durch die kältebedingte, stark eingeschränkte Bewegungsfähigkeit nur eine gelungene Ausschaltung der Schmerzempfindung vorgetäuscht. [1]

Iberische Gebirgseidechse: → *Lacerta monticola.*

Iberische Geburtshelferkröte: → *Alytes cisternasii.*

Iberische Mauereidechse: → *Podarcis hispanica.*

Iberische Smaragdeidechse: → *Lacerta schreiberi.*

Iberischer Sandläufer: → *Psammodromus hispanicus.*

Iberischer Walzenskink: → *Chalcides bedriagai.*

Iberischer Wasserfrosch: → *Rana perezi.*

Ichthyophiidae, Fischwühlen: Fam der → Gymnophiona. Etwa 40 Arten. Verbreitung: Vorder-, Hinterindien, Sri Lanka, SO-Asien. Ad. leben an Land, gehen aber oft ins Wasser. Mit kurzem Schwanz, pro Segment 2–4 Sekundärfurchen. In der Haut Kalkschuppen vorhanden. Maul unterständig. → Praemaxillaria von den → Nasalia getrennt. → Septomaxillare gut ausgebildet. GL bis 50 cm. Vorwiegend nachtaktiv. Bekannteste Art ist die von Vorderindien, Sri Lanka bis zu den Sunda-Inseln verbreitete Ceylonwühle, *Ichthyophis glutinosus* (Linnaeus 1758). Ablage der dotterreichen, in einem Gallertstrang befindlichen Eier (bis 54) nahe am Wasser in einem Erdnest. Das ♀ ringelt sich um das Gelege, bewacht und verteidigt es. Larven beim Schlupf etwa 4 cm lang, mit Kiemenöffnung, Flossensaum am Schwanz, gut ausgebildeten → Seitenlinienorganen. → Tentakel treten erst am Ende der Larvenperiode auf. Bis zur → Metamorphose → aquatisch. [1]

Iguana iguana (Linnaeus 1758), Grüner Leguan: Vertreter der → Iguanidae. Verbreitung: Mexiko bis S-Brasilien, Paraguay, außerdem auf Trinidad, den Kleinen Antillen. Vorwiegend im Flachland, besonders in Baumkronen über bzw. nahe am Wasser anzutreffen. Größte

Art der Fam, GL bis 1,8–2 m (KRL 30–50 cm). Kopf groß, Schnauze gerundet. → Trommelfell markant, darunter große Tuberkel- bzw. „Malarschuppen“. Mit Kehlsack und dorsalem Stachelkamm (beide beim ♂ größer). Rumpf und Schwanz sehr kräftig, seitlich abgeflacht. Schwanz (erstes Drittel mit Kamm) dient zum Schwimmen und Verteidigen. Extremitäten kräftig, lange bekrallte Zehen. Tagaktiv. Schwimm- und Tauchvermögen gut. Flucht baumaufwärts, auch ins Wasser. Alttiere häufig nur Pflanzenfresser. Gelegegröße: bis 86 Eier (werden vergraben). [1]

Iguania: IO der → Sauria. Über 1100 Arten. Umfaßt die sich in Habitus und Lebensweise gleichenden altweltlichen → Agamidae und neuweltlichen → Iguanidae, dazu die hochspezialisierten → Chamaeleonidae. Kleine bis große Formen, ohne jede Tendenz zur Extremitätenreduktion. Häufig Ausbildung von → Kämmen, Helmen, → Kehlsäcken usw. → Parietale unpaar, → Lacrimale fehlt, → Postfrontale ebenfalls bzw. nur als kleines Knochenelement vorliegend. → Jochbögen vorhanden. Bezahnung → pleuro- od. → acrodont. Zunge dick, wenig gespalten od. als → Schleuderzunge entwickelt. → Osteodermata nicht vorhanden. Oft gutes Farbwechselvermögen. [1]

Iguanidae, Leguane: Fam der → Iguania. Etwa 670 Arten. Verbreitung: Amerika, Madagaskar, Fidschi-, Tongainseln. Große habituelle und ökologische Vielfalt. Leben z. B. im tropischen Regenwald, in lichten Trockenwäldern, Savannen, Wüsten, Steppen, an Meeresküsten, z. T. → Kulturfolger. Zahlreiche in Lebensweise und Verhalten bemerkenswerte Arten (→ Meerechsen, Höhlen-, Wasseranolis u. a.). Neuweltliches Gegenstück zu den → Agamidae. Von diesen nur schwer unterscheidbar. Viele → Konvergenzen (z. B. Krötenechse und → *Moloch horridus*). GL 10 cm bis 2 m (→ *Iguana iguana*). Kopf ziemlich groß. Zunge fleischig. Rumpf gestreckt. Schwanzlänge übertrifft meist KRL (bis maximal 4fache KRL erreichend). Oft mit markantem → Imponier- und Drohverhalten (Ausbildung von Signalorganen wie Kopfhelmen, Kehlsäcken, -falten, Rükken-, Schwanzkämmen usw.). → Procöle Wirbel. Zähne → pleurodont. → Osteodermata fehlen gewöhnlich. Tagaktiv. → Territorialverhalten verbreitet. Überwiegend → ovipar, einige Arten → ovovivipar. Intrafamiliäre Gliederung noch in der Diskussion und umstritten. Vielfach werden z. B. gegenwärtig folgende informelle Untergruppen (gekennzeichnet durch Anführungsstriche sowie die Endung „ines“) unterschieden: „Iguanines“, „Oplurines“, „Morunasaurines“, „Basiliscines“, „Anolines“ (Gatt *Anolis* mit über 200 Arten), „Sceloporines“, „Leiosaurines“, „Tropidurines“. [1]

imbrikat: dachziegelartig, geschindelt. Imbrikate Beschuppung: dachziegelartig (wie Schindeln) angeordnete, d. h. sich mit ihren Hinterrändern überdekkende Schuppen. Diese werden daher auch als Schindelschuppen bezeichnet. Typisch z. B. für die Mehrzahl der Echsen sowie die Schlangen. [1]

immatur: unreif, jugendlich. [1]

Immunfluoreszenz-Technik: hochspezifische Methode zum Nachweis von Antigenen mittels Fluoreszenzfarbstoff markierter Antikörper im Fluoreszenzmikroskop. Anwendung z. B. beim Nachweis von Amöbenbefall (→ Amöbendysenterie) durch spezifisch gegen Amöben gerichtete Antikörper. [1]

Immunität: generelle Eigenschaft, sich gegen körperfremde Substanzen (z. B. Krankheitserreger) zu schützen. Dies geschieht mittels unspezifischer (→ Resistenz) und spezifischer Abwehrmechanismen. Letztere beruhen auf der Eigenschaft, daß Antigene die Bildung von Antikörpern (humorale I.) od. sensibilisierten → Lymphocyten (zellvermittelnde I.) induzieren, die dann mit dem Antigen spezifisch reagieren können. Das Immunsystem der **A** und **R** gleicht im Prinzip dem der Säuger. Bereits → Kaulquappen zeichnen sich durch eine spezifische I. aus, die allerdings später durch die → Metamorphose im Immunmuster verändert wird. Basis der spezifischen I. ist das lymphoide System. Die Immunreaktion → poikilothermer Tiere hängt stark von der Temperatur ab und läßt ein Temperaturoptimum erkennen, das etwa mit der → Vorzugstemperatur der betreffenden Art korreliert. [1]

Imponierverhalten, Imponiergehabe: Verhaltensweisen, die darauf ausgerichtet sind, konkurrierende Artgenossen od. beim Werben den Balzpartner zu beeindrucken. Dies geschieht durch Einnahme bestimmter, die Körperfläche vergrößernder Imponierhaltungen, bei denen häufig auffällige Farbmerkmale zutage treten. Oft werden dazu morphologische Signalstrukturen präsentiert, z. T. gekoppelt mit speziellen Imponierbewegungen. Die Vergrößerung der Körperansicht kann unter anderem durch ballonartiges, bei Chamäleons hohes und scheibenförmiges Aufblähen, Darbieten der durch besondere Positionen od. Strukturen (→ Kamm u. a.) vergrößerten Breitseite (Breitseitenimponieren) sowie durch Aufrichten auf die Extremitäten erfolgen. Das imponierende → *Lacerta agilis* ♂ senkt z. B. den Kopf, spreizt die Kehlhaut (Einsatz der Zungenbeine) vor, flacht den Rumpf seitlich ab und richtet sich auf den Vorderextremitäten empor. Dabei kommt die grüne Kehl- und Flankenfärbung deutlich zur Geltung. [1]

Inappetenz: → Futterverweigerung.

Indische Stabschrecke: → *Carausius morosus.*

Indischer Ochsenfrosch: → *Kaloula pulchra.*

Inertialfressen: auf Carr zurückgehender Begriff. Methode des Fressens bzw. Bewältigens der Beute unter Ausnutzung des Trägheitsprinzips. Hauptsächlich von Tieren praktiziert, die ihre Beute nicht mittels der Vorderextremitäten ins Maul befördern können. Besonders typisch für Echsen. Die Beute (anfangs im Vorderbereich der Kiefer) verbleibt dabei nahezu in Ruhelage. Mit mehreren nacheinanderfolgenden Bissen, stets von raschem Kopfvorstoßen begleitet, greifen die Kiefer über die Beute hinweg, bis diese verschlungen ist. Die Häufigkeit des Nachschnappens geht vor allem auf die Größe, Agilität und Wehrhaftigkeit des Beutetiers zurück. [1]

Inframarginalia, untere Zwischenschilder: auf der Brücke zwischen den Schildern von → Plastron und → Carapax verlaufende Längsreihe kleiner bis größerer (komplett 4, selten 5) Schilder. Diese zusätzlichen Schilder sind kennzeichnend für die → Cheloniidae (z. B. *Caretta* jederseits mit 3, *Lepidochelys* 4 I.), sie kommen aber auch z. B. bei den → Dermatemydidae, → Chelydridae und Platysternidae vor. [1]

Inframaxillaria: Rinnenschilder. Prae-Inframaxillare: Vorderes Rinnenschild; Post-Inframaxillare: Hinteres Rinnenschild. [1]

Infusorien: früher Sammelbegriff für alle in Aufgüssen (Infusionen) aus organischen Substanzen (vgl. → Paramecium-Kultur) auftretenden, mikroskopisch kleinen Organismen. In diesem Sinn schon 1760 von Ledermüller gebraucht. Heute ausschließlich als Syn. für → Ciliata verwendet. In der → Terraristik werden I. neben Kleinkrebsen, → *Tubifex tubifex* u. a. als → Erstfutter für → carnivore **A**-Larven empfohlen. [1]

Inhalationsnarkose: → Narkose durch Einatmen gas- bzw. dampfförmiger → Narkotika, vor allem von Ether, Halothan, bei **R** außerdem noch Methoxifluran und gelegentlich Chloroform. Verabreichung bei kleinen und mittelgroßen Tieren in einer Glasglocke od. Narkosezelle, bei größeren **R** auch über einen in die → Trachea eingeführten Schlauch (Endotrachealkatheter) als Intubationsnarkose möglich. Für **R** sind im Vergleich zu Säugern höhere Konzentrationen erforderlich, daher ergeben sich auch längere Aufwachzeiten. Bonath und Zschege (1979) wandten z. B. bei der Halothan-I. für größere Echsen (*Lacerta*-Arten, → *Ophisaurus apodus* u. a.) eine Initialkonzentration von 3,5–4,5 (bis 6,5) Vol. % an und führten die Narkose mit 1,5 Vol. % fort. [1]

Injektionsmodus zur Fixierung: die Auswahl der Spritzengröße und Kanülenstärke erfolgt nach der Tiergröße. Bei kleineren Objekten genügt eine Injektion der → Fixierungsflüssigkeit (z. B. 80%iger Ethylalkohol) durch Mund od./und After. Die Kanüle sollte möglichst weit eingeführt, der Körper nicht durch zu viel Flüssigkeit aufgetrieben und die Kanüle dann langsam zurückgezogen werden. Größere **A** und **R** erhalten zusätzliche Injektionen in den Ansatz der Extremitätenmuskulatur, die Halsunterseite, Bauchmitte, Schwanzmuskulatur. Lange Eidechsenschwänze sind an mehreren Stellen zu injizieren. Schildkröten müssen vor der Injektion „entlüftet" werden, indem man ihre Extremitäten zur gleichen Zeit unter den Panzer schiebt. [1]

Injektionsnarkose: die Injektion der → Narkotika (z. B. Pentobarbital, Urethan) kann bei **A** und **R** intravenös, intraperitoneal, intramuskulär, seltener intrakardial, od. als → Spinalanästhesie erfolgen. Häufigste Applikationsart der I. ist bei **R** die intraperitoneale (bzw. intrapleuroperitoneale) und intramuskuläre Injektion. Letztere wird bei Vorhandensein genügend großer Muskelpartien an der → Schwanzwurzel (Schlangen, größere Echsen, hier → Autotomie beachten) od. der Oberschenkelmuskulatur einer Hinterextremität (Schildkröten, größere Echsen, Froschlurche) vorgenommen. Bei Vertretern der → Ranidae findet sehr oft die → Lymphsacknarkose Anwendung (Form der intravaskulären Anästhesie). [1]

Inkubationstemperatur: wichtiger, die → Inkubationszeit bestimmender exogener Faktor. Die Inkubationsdauer ist z. B. bei → *Podarcis muralis* bei 30 °C mit einem Monat zu veranschlagen, eine I. von nur 10–18 °C „verlängert" diese bis auf 165 Tage. Bei einer Reihe von **R**-Arten hat die I. Einfluß auf die Geschlechtsdetermination. Nachgewiesen bislang für Krokodile (→ *Alligator mississippiensis*), Echsen (*Eublepharis macularius*, → *Agama agama*), vor allem aber Schildkröten (→ *Chelydra serpentina*, → *Emys orbicularis*, → *Testudo graeca*, fast alle → Cheloniidae, → *Dermochelys coriacea* u. a.). Letztere entwickeln bei hohen Temperaturen (30 °C und darüber) nur ♀♀, bei niedrigeren Temperaturen (um 23–27 °C) nur ♂♂. Im Bereich von 28,7–29,7 °C („pivotal temperature") können bei *Dermochelys coriacea* beide Geschlechter entstehen. Vielfach beeinflußt die I. den Bruterfolg (Keimtod durch zu niedrige I.). Außerdem werden markante, kurzzeitige Änderungen der I. (besonders ein Absinken), z. T. experimentell belegt, für unterschiedliche → Anomalien (Schwanz-, Schilder-Anomalien usw.) bzw. Mißbildungen verantwortlich gemacht. [1]

Inkubationszeit, Nachreifezeit, Brutzeit, Zeitigungsdauer: Zeitraum von der Eiablage bis zum Schlupf der Jungen, d. h. die Dauer der extrauterinen Periode der → Embryonalentwicklung bei → oviparen Arten. Eine Aussage über den Grad der Embryonalentwicklung zum Zeitpunkt der Eiablage ist damit nicht verbunden. Zu den wichtigsten die I. bestimmenden exogenen Faktoren gehören Temperatur (→ Inkubationstemperatur) und Feuchtigkeit, zu den inneren Determinanten → Ei-Retention und Keimruhe. Die längste I. unter den **R** besitzen *Geochelone pardalis* (etwa 10 Monate) und → *Sphenodon punctatus* (13–15 Monate). [1]

Inkubator, Brutapparat: zur Zeitigung von **R**-Eiern wurden zahlreiche, oft nur wenig voneinander abweichende Konstruktionen beschrieben. Entscheidend für Inkubation und → Inkubationszeit sind Luftfeuchtigkeit (möglichst 80–100 %) und Temperatur (optimal 25–28 °C), außerdem ist für ausreichend Luftzirkulation sowie Schutz vor Tropfwasser zu sorgen. Als I. eignet sich z. B. ein normales, abgedecktes →

Tabelle 7. Inkubationszeiten

von Ringelnatter-Eiern

Unterart	Tage	Temperatur (°C)	Autor
Natrix natrix natrix	30–33	28–30	Kabisch (1978)
Natrix natrix natrix	30–33	30	Schnabel und Herschel (1955)
Natrix natrix helvetica	49	24($\bar{x}$)	Golder (1972)
Natrix natrix helvetica	51	24($\bar{x}$)	Golder (1972)
Natrix natrix persa	42	26($\bar{x}$)	Golder (1972)
Natrix natrix schweizeri	40	25,6($\bar{x}$)	Schweizer (1932)
Natrix natrix schweizeri	44–47	27($\bar{x}$)	Schweizer (1957)
Natrix natrix sspec.	31	30	Portmann (1935)
Natrix natrix sspec.	30	30	Zinkernagel (1939)

von Kobra-Eiern. Nach Petzold 1968.

Unterart	Tage	Temperatur (°C)	Ort/Autor
Naja naja atra	55–56	25–35	Tierpark Berlin 1967
Naja naja atra	81–87	22–30	Nat. Zool. Park Washington (pers. Mitt.)
Naja naja atra	77–93		
Naja naja atra	72		
Naja naja atra	66	(Südchina)	Mell (1929)
Naja naja kaouthia	58	25–33	Schweizer (1952)
Naja naja naja	56–57	26–30	Stemmler (1967)
Naja naja naja	47–54	(Mus. Karatschi)	Wall (1921)
Naja naja naja	69–84	(Indien)	Smith (1943)
Naja naja naja	69	(Ceylon)	Wall (1921)
Naja naja sputatrix	88	(Java)	Kopstein (1938)
Naja naja sspec.	65	21–27	Belle Vue Park Manchester, Jennings (1931)
Naja naja sspec.	69–76	21–35	Zoo San Diego, Perkins (1952)
Naja naja sspec.	65	27–30	Dudley Zool. Park (pers. Mitt.)
Naja naja sspec.	54–58	26–28	Lincoln Park Chicago (pers. Mitt.)

Aquarium mit flachem Wasserstand (beheizt durch Aquarienglasheizer, gekoppelt mit Temperaturregler), in dem sich der Eibehälter befindet. Im klassischen Fall (vgl. Fischer 1884) ist dies ein unglasierter Blumentopf, heute meist eine Plastschale, gefüllt mit Schaumstoff, Sand, Torfmull od. einem anderen Substrat. Der Handel bietet neuerdings exakt regelbare, weitgehend sterile (substratfrei, Eier liegen auf einem Drahtgitter) Bruteinrichtungen („Motorbrüter") an. Beim Umbetten der Eier deren ursprüngliche Lage beibehalten. Der Eientwicklungsstand kann notfalls (riskant!) mittels Durchleuchten überprüft werden. (Abb. 54). [1]

innere Kiemen: → Entobranchiae.

innere Uhr, physiologische Uhr, biologische Uhr: autonomer, rhythmisch arbeitender, endogener Steuermecha-

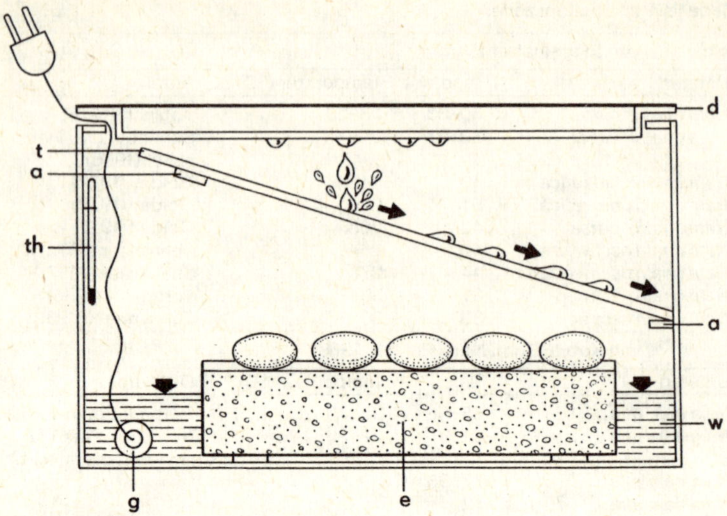

Abb. 54. Einfacher Inkubator, modifiziert nach Budde. *a* Auflage, *d* Deckel, *e* Eibehälter mit Substrat und Eiern, *g* geregelter Heizer, *t* Tropfscheibe, *th* Thermometer, *w* Wasser.

nismus bei Organismen, auf dem die Spontanrhythmen (vgl. → Tagesrhythmik) fußen. Unter Verwendung der i. U. kann z. B. der Nahrungserwerb zu bestimmten Tageszeiten durchgeführt, die Disposition zur Laichwanderung aufgebaut werden (als „Auslöser" fungieren dann vor allem Temperatur, Regen) od. die → Sonnenkompaßorientierung erfolgen. Lokalisation und Wirkmechanismus sind noch weitgehend ungeklärt. Als übergeordneter Zentralmechanismus (Hauptuhr) wird verschiedentlich das Nerven- und endocrine System (besonders anhand entsprechender Befunde bei Insekten) angenommen. [1]

inneres Ohr: → Labyrinthorgan.

Inselterrarium: allseitig von Wasser umgebene Anlage. Ein meist im Freiland realisierter → Terrarientyp, der sich nahtlos in die Umgebung integrieren läßt. Der Wassergraben sollte 150–200 cm breit sein (Sprungvermögen der Pfleglinge beachten) und kann nach außen mit einer niedrigen Umfassungsmauer abschließen. [1]

Instinkt: erblich determinierter, lernunabhängiger Mechanismus, auf dem, durch bestimmte Impulse (endogene od. exogene) induzierte, artspezifische Verhaltensnormen basieren. Instinkten liegen einfache Handlungen wie auch komplizierte Verhaltensmuster (vgl. → Brutpflege) zugrunde. [1]

Integument, Cutis, Haut: zeigt bei sämtlichen Wirbeltieren den gleichen Grundbauplan. Aufbau aus zwei Schichten: → Epidermis und → Corium. Zu ihren mannigfachen Funktionen gehören: Schutz vor Umwelteinflüssen (vor allem mechanischen, auch mikrobiellen, chemischen Einwirkungen, UV-Strahlen u. a.), Anteil an der Atmung, am Wasser- und Salzhaushalt, der Exkretion, → Thermoregulation, oft der → Lokomotion (→ Flossensaum, → Spannhaut usw.), Reizaufnahme. Die

Haut kann ihrerseits Stoffe wie → Pheromone, giftige Hautsekrete u. a. abgeben sowie über die Färbung Schutz od. Kontaktaufnahme bewirken. Rezente **A** besitzen ein drüsenreiches, meist feuchtes I., das als Atmungsorgan sehr bedeutsam ist, besonders z. B. bei → Plethodontidae (Anteil an der Gesamtatmung bei *Desmognathus fuscus* 89 %) und → Typhlonectidae. Mit dem Übergang zum Landleben wird durch zuerst schwache, bei → Amnioten dann starke Verhornung der Austrocknung des Körpers entgegengewirkt. (Abb. 55). [1]

Intentionsbewegung: Bewegung, die Bereitschaft zu einer Handlung andeutet. Sie drückt die „Stimmung" des Tieres aus (Heinroth 1911) und kann auf diese Weise Artgenossen informieren. So ist z. B. → Treteln eine I. zur Flucht und signalisiert Unterlegenheit bzw. Unterwerfung (vgl. → Demutverhalten). [1]

Intercanthalia: Zwischenkantenschilder. [1]

Intercentrum: dem stark reduzierten → Hypocentrum entsprechendes, unpaares Wirbelelement. Bei manchen **R** im Hals- und Rumpfbereich zwischen 2 Centra vorkommend, im Schwanzbereich meist paarig und dann als → Chevronknochen bezeichnet. Das I. verschmilzt häufig mit einem der benachbarten Centra, gelegentlich lagern sie sich kappenartig den → Hypapophysen auf und verschmelzen mit ihnen (z. B. bei → Varanidae). [2]

Interclavicula: meist T-förmiger Bestandteil des dermalen → Schultergürtels einiger **R**. Sie verbindet das knorplige → Sternum der Brückenechsen und Echsen mit der → Clavicula und trägt so zur Stabilität des Schultergürtels bei. Krokodile haben bei Reduktion der Claviculae eine lange und stabförmige I., die den Vorderrand des Sternums weit überragt. [2]

Intercostale: knorpliges Zwischenstück der **R**-Rippe zwischen → Vertebrocostale und → Sternocostale. Es kann verkalken. Fehlt bei vielen Echsen. [2]

Intermedium: Knochenstück der proximalen Reihe der → Carpalia bzw. → Tarsalia zwischen → Radiale und → Ulnare bzw. → Tibiale und → Fibulare gelegen. Bei **R** geht das I. der Hinterextremität in den → Astragalus ein. [2]

Internasale, Frontonasale: Zwischennasenschild. [1]

Interparietale: Zwischenscheitelschild. [1]

Interrenalorgan: Teil der → Nebenniere, entspricht der Nebennierenrinde der Säuger. Das I. entsteht aus Zellsträngen, die beim Embryo aus Leibeshöhlenepithel zwischen Nieren- und Gonadenanlage hervorgehen. Es hat somit eine völlig andere Genese als das → Adrenalorgan. Der Name geht auf die Lage des Organs bei Knorpelfischen (zwischen den caudalen Abschnitten der Nieren) zurück. Im I. kommt es zur Produktion einer Vielzahl von Hormonen, die bedeutenden Einfluß auf den Körperhaushalt haben. So üben die Mineralcorticoide regulierenden Einfluß auf den Wasserhaushalt sowie die Konzentration der in den Körperflüssigkeiten und im Zellplasma gelösten Salze aus. Die Glucocorticoide beeinflussen den Kohlenhydratstoffwechsel sowie die Funktion der → Gonaden. [1]

interspezifische Konkurrenz: zwischen Individuen verschiedener Arten ausgetragener Wettbewerb. [1]

Intertarsalgelenk, Mesotarsalgelenk: Gelenk zwischen proximalen und distalen → Tarsalia. Bereits bei Froschlurchen vorhanden. Ihre proximalen Tarsalia (→ Tibiale, → Fibulare) sind stark verlängert, im Epiphysenbereich miteinander verschmolzen und gelenken mit den distalen Tarsale 1 und 2 + 3, Tarsale 4 + 5 sind ins Fibulare eingegangen. Bei vielen **R** (einigen Schildkröten, Brückenechsen, Echsen) ist zwischen dem Os tarsale commune (vgl. → Tarsalia) und der distalen Reihe der Tarsalia (meist auf 3 od. 2 reduziert) ein I. ausgebildet. → Astragalus und → Calcaneus verschmelzen bei Krokodilen nicht miteinander und bleiben somit gelenkig verbunden. Außerdem exi-

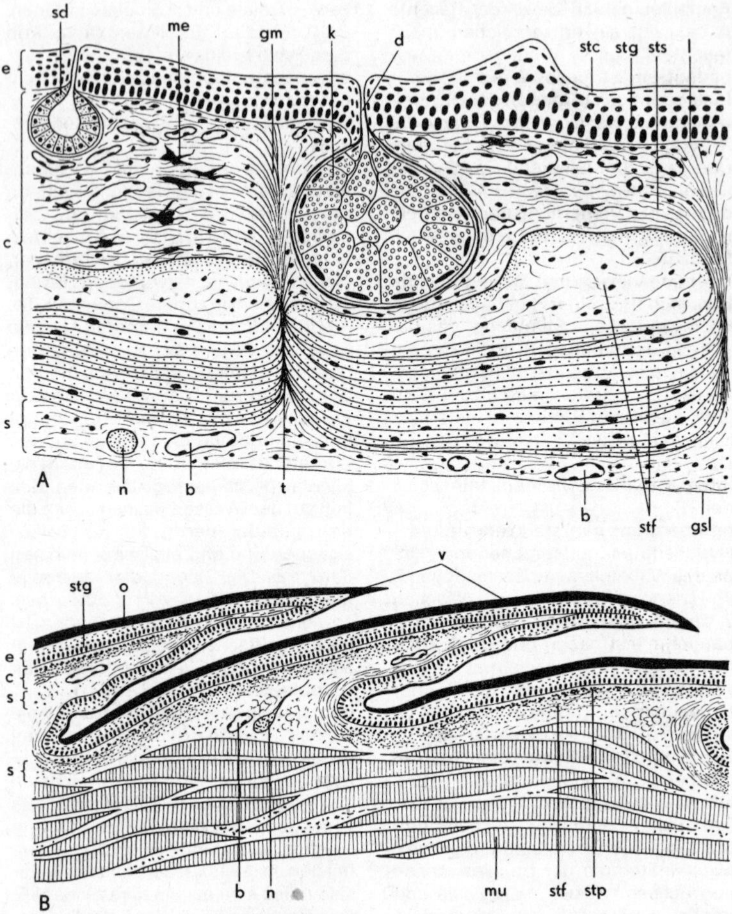

Abb. 55. Integument. A. Rückenhaut von *Rana „esculenta"*; B. Bauchhaut von *Lacerta*. *b* Blutgefäß, *c* Corium, *d* Drüsenausführgang, *e* Epidermis, *gm* glatte Muskelfasern, *gsl* Grenze zum subcutanen Lymphraum, *k* Körnerdrüse, *l* Lamina basalis, *me* Melanophore, *mu* quergestreifte Muskulatur, *n* Nerv, *o* Oberhäutchen, *s* Subcutis, *sd* Schleimdrüse, *stc* Stratum corneum, *stf* Stratum compactum, *stg* Stratum germinativum, *stp* Stratum papillosum, *sts* Stratum spongiosum, *t* Trichter, *v* Ventralia.

stiert meist ein Gelenk zwischen Astragalus und → Tibia. [2]

Intertemporale: → Deckknochen des Schädeldaches fossiler Stegocephalia. Bei rezenten **A** und **R** nicht mehr nachzuweisen. [1]

Intervertebralscheibe, Zwischenwirbelscheibe: bei verschiedenen Vertretern der → Archaeobatrachia (z. B. *Rhinophrynus,* Megophryinae) frei od. relativ selbständig ausgebildet, auch bei Krokodilen vorliegend. Eine halbmondförmige Scheibe (Meniscus) aus Faserknorpel, die als Verbindung zwischen den → procölen Wirbeln dient. Die I. geht in den Knochen des Wirbelkörpers über, ein Gelenkspalt fehlt. [2]

intraspezifische Konkurrenz: innerartlicher Wettbewerb. Ausgetragen zwischen Individuen einer Art z. B. um Nahrung, → Territorium, Sexualansprüche, → Sonnenplätze. [1]

Intumescentiae: Anschwellungen des → Rückenmarks, bedingt durch die besonders intensive Innervierung der Extremitäten. Dadurch kommt es im Bereich der Vorderextremität zur Ausbildung der Intumescentia cervicalis (Halsanschwellung) und im Bereich der Hinterextremität zur Intumescentia lumbalis (Lendenanschwellung). Extremitätenlose Formen (Schlangen u. a.) besitzen keine I. [2]

Inventarisierung: Aufnahme der Sammlungsobjekte (musealen Sachzeugen) im Inventarjournal (Eingangs- od. Akzessionskatalog). Die musealen Objekte werden entsprechend der Reihenfolge ihres Einganges mit einer fortlaufenden Inventarnummer versehen. Außerdem sind Angaben über ihre Art, Herkunft, Verwendung und Erwerbsform zu erfassen. Die I. bildet somit die notwendige Grundlage zum Bestandsnachweis einer Sammlung. [1]

Ionische Kieleidechse: → *Algyroides moreoticus.*

Iris, Regenbogenhaut: Teil des → Lateralauges. Besteht aus der Fortsetzung der → Chorioidea, die das Stroma (Grundgewebe) der I. bildet, das sich gegen die vordere Augenkammer durch ein Endothel abgrenzt. In Richtung Bulbuszentrum ist das Stroma von → Pigmentepithel unterlagert. Als Grenzschicht gegen die hintere Augenkammer dient die Pars iridis retinae, ein Abschnitt des blinden Anteils (Pars caeca) der → Retina. Das Stroma ist unterschiedlich pigmentiert und bewirkt mit dem Pigmentepithel die Augenfarbe. Die I. bildet einen geschlossenen Ring, dessen freier Rand die → Pupille umgibt, über die das Licht die → Linse und letztlich die Rezeptoren der Retina erreicht. Mit Hilfe des Musculus sphincter pupillae (mit circulär verlaufenden Muskelfasern) wird die Pupille verengt, durch den Musculus dilatator pupillae (mit radiär verlaufenden Fasern) erweitert. I. d. R. sind die Muskelfasern in der I. glatt, bei **R** jedoch überwiegend quergestreift. In der I. des Frosches werden Lichtreize z. T. direkt von den Muskelfasern, die zugleich als Lichtrezeptoren dienen, beantwortet, d. h., die Pupille wird bei Belichtung reflektorisch verengt. [2]

Ischiopubis: Teil des Beckenrudiments der → Boidae, besonders der Gatt *Python.* Diese Riesenschlangen besitzen damit verbunden ein längeres stabförmiges Darmbeinrelikt sowie einen Oberschenkelrest, an dessen Ende sich ein äußerlich sichtbarer Extremitätenrest (→ Afterklauen) befindet. [2]

Isopoda, Asseln: O der → Crustacea. Etwa 4000 Arten. Überwiegend → marin, einige im Süß- und Brackwasser, als Ausnahme unter den Crustaceen auch zahlreiche echte Landbewohner. Von den Landasseln (Oniscoidea) kommen als Futter für Salamander, → terrestrische Molche, Kröten, viele Echsen sowie Wasserschildkröten vor allem die in hoher Populationsdichte auftretende Mauerassel *(Oniscus asellus)* und Kellerassel *(Porcellio scaber)* in Betracht. Man findet sie z. B. in Kellern, Gärtnereien, unter Steinen, moderndem Holz. Zucht: unter Langtagbedingungen wenig aufwendig, gefahrlos, allgemein nur mäßig ertragreich. Glattwandiges Gefäß mit 4 cm Erdfüllung, darüber 10 cm verrottende Fallaubschicht, ein Stück Holz als Unterschlupf. Behälter bis auf einen Spalt mit Glasscheibe abdecken. Zuchtansatz: etwa 30–40 Tiere. Zusatzfutter: Kartoffel-, Mohrrübenstückchen, Haferflocken. Günstige Vermehrungsbedingungen bei 18–20 °C und 100 % RLF. Schlupf der Embryonen bei *Porcellio* nach 27, *Oniscus* etwa 49 Tagen. Häufigste Süßwassergatt ist *Asellus*, die bekannteste Art *A. aquaticus*; in pflanzenreichen → stehenden und langsam → fließenden Gewässern verbreitet. Futter für Wassermolche. [1]

Italienischer Schleuderzungensalamander: → *Hydromantes italicus.*

Italienischer Springfrosch: → *Rana latastei.*

Italienischer Wassermolch: → *Triturus italicus.*

IUCN: International Union for Conservation of Nature and Natural Resources. 1948 im Rahmen der UNESCO in Fontainebleau gegründete Organisation zum Schutz der Natur und natürlichen Ressourcen, deren Sitz in Gland (Schweiz) ist. In mehrere Sektionen gegliedert. Herpetologische Interessen vertreten 3 Arbeitsgruppen: eine Seeschildkröten-, Krokodil- sowie **A**- und **R**-Gruppe. Herausgeber des → Red Data Book. [1]

Jacobsonsches Organ, Organon vomeronasale: zusätzliches Geruchsorgan. Primär Abkömmling der Nasenhöhle. Enthält Riechepithel, wird vom → Nervus terminalis innerviert. Steht bei **A** in offener Verbindung zur Nasenhöhle. Diese ist noch bei Schildkröten und Brückenechsen (Ausmündung in die → Choanen) vorhanden, liegt bei → Squamaten aber nicht mehr vor. Deren J. O. befindet sich als rundliche Tasche im primären Gaumen und kommuniziert über einen Ausführungsgang (Stenoscher Kanal) mit der → Mundhöhle. Dieser Gang nimmt im unteren Teil den Ductus nasolacrimalis (Tränengang) auf, über den ein Sekretzufluß erfolgen kann. Am besten ist das J. O. bei Squamaten differenziert, die über eine lange, zweizipflige Zunge verfügen und mittels der Zungenspitzen die aufgenommenen Riechstoffe zum J. O. führen. Entfernen der Zungenspitzen bzw. des J. O. bewirkt einen nahezu völligen Verlust der chemischen Orientierung z. B. bei → *Natrix natrix*. Manche Echsen zeigen starke Rückbildungen des J. O., Chamäleons und Krokodilen (embryonal noch angelegt) fehlt es vollständig. Schildkröten verfügen nur über ein gering entwickeltes, hauptsächlich geschmacksrezeptorisch bedeutsames J. O. (Abb. 56). [2]

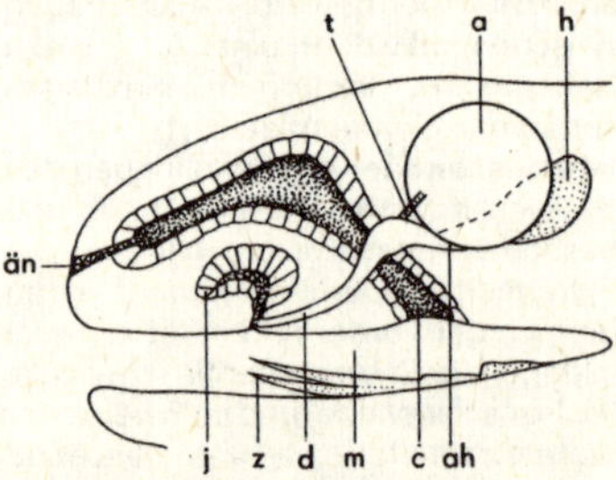

Abb. 56. Jacobsonsches Organ einer Schlange. *a* Auge, *ah* Ausführgang der Harderschen Drüse, *än* äußere Nasenöffnung (Apertura nasalis externa), *c* Choane, *d* Ductus nasolacrimalis, *h* Hardersche Drüse, *j* Jacobsonsches Organ, *m* Mundhöhle, *t* Tränenkanälchen (Canaliculus lacrimalis), *z* Zunge.

Japanischer Riesensalamander: → *Andrias japonicus.*

Jochbogen: durch das Auftreten der → Schläfenfenster im Schläfendach der **R** übrigbleibende Knochenspangen. Je nach der Zahl der Schläfenfenster sind 2 J. (oberer und unterer J.) ausgebildet, od. es ist nur 1 J. vorhanden. Die → diapsiden Rhynchocephalia und → Crocodylia haben dementsprechend einen oberen J. (aus → Postorbitale und →

Squamosum; sog. Postorbitalbogen) sowie einen unteren J. (aus → Jugale und → Quadratojugale; sog. Temporalbogen). Bei den meisten Echsen ist der untere J. reduziert, einigen Echsen sowie den Schlangen fehlt auch der obere J. Beim → synapsiden Typus kommt nur ein aus Jugale und Squamosum bestehender J. vor. [2]

Johannisechse: → *Ablepharus kitaibelii.*

Jugale: → Deckknochen des Schädeldaches. Lateral von der Augenhöhle gelegen, an der Bildung des unteren → Jochbogens der **R** beteiligt. Dieser wird (wenn vorhanden) bei den rezenten **A** vom → Quadratojugale und → Maxillare gebildet. [2]

juvenil: jugendlich. Gegensatz → adult. [1]

Kachexie, Abmagerung: bei typischer Inappetenz gekennzeichnet durch fortschreitenden Gewichtsverlust, oft rapiden Kräfteverfall, Hautfaltenbildung (→ Hungerfalten), zunehmende Apathie, Hervortreten der Knochen, tief in den Augenhöhlen liegende Augen, im Endstadium extreme Auszehrung. Mögliche Ursachen: unsachgemäße Haltung und Ernährung (falsche Temperatur, Vitamin- od. Mineralstoffmangel usw.), Parasitenbefall, Infektionskrankheiten, chronische Vergiftung. So früh wie möglich Ursachenermittlung. Bekämpfung vorhandener Erreger bzw. Mängelbeseitigung, Vitaminsubstitution. [1]

Käfer: → Coleoptera.

Kahnstellung: → Unkenreflex.

Kaimane: Vertreter der in M-, vor allem aber S-Amerika verbreiteten Kaiman-Gruppe. Hierzu gehören die Gatt *Caiman (C. crocodilus, C. latirostris), Melanosuchus (M. niger)* und *Paleosuchus (P. palpebrosus, P. trigonatus)*. Angesichts der weltweiten Gefährdung der Panzerechsen, hauptsächlich durch die Beeinträchtigung bzw. Zerstörung ihrer Lebensräume sowie das entgegen dem → Washingtoner Artenschutzübereinkommen z. T. noch immer blühende Geschäft mit der Lederindustrie, wurden relativ früh Schutzmaßnahmen eingeleitet. In der 1986er Ausgabe des → Red Data Book sind erfreulicherweise derzeit die beiden *Paleosuchus*-Arten nicht mehr verzeichnet. Dagegen weist dieses *Caiman crocodilus* mit der Gefährdungskategorie 7, *C. latirostris* und *Melanosuchus niger* sogar mit der Kategorie 2 aus. [1]

Kakteen: → Cactaceae.

Kalifornischer Gelbbauchmolch: → Taricha torosa.

Kalksäckchen: Speicherorgane für Calciumcarbonat. Den → Spinalganglien anliegende, mit Kalkkonkrementen gefüllte, terminale Auftreibungen von Verzweigungen des → Ductus endolymphaticus der Froschlurche. Dieser endet zunächst in der Schädelhöhle als sackartiges Gebilde, von dem mehrere Fortsätze ausgehen. Einer verläuft innerhalb des Wirbelkanals dorsal des Rückenmarks caudad und gabelt sich wiederum in Fortsätze, die in den K. enden. Unter den **R** sind K. von verschiedenen Echsen, vor allem den → Gekkonidae bekannt. [2]

Kallositäten, Hautschwielen: durch → Hyperkeratose verdickte Hautstellen. Sie können an verschiedensten Körperbereichen auftreten, oft auch schon vor dem Schlupf bzw. der Geburt (d. h. vor Belastung durch Druck) artspezifisch ausgebildet sein. Gattungs- und arttypisch sind z. B. die K. in der lederartigen Haut des → Plastrons der → Trionychidae. [1]

Kaloula pulchra Gray 1831, Indischer Ochsenfrosch: Vertreter der → Microhylidae. Verbreitung: S-China, Vorder-, Hinterindien, Indomalayischer Archipel. Nur zur Fortpflanzungszeit → aquatisch, vorwiegend in temporären Gewässern. Breites Biotopspektrum, z. B. an Wegrändern, in Gräben, Ruinenkomplexen, Plantagen, Gärten, selbst Dörfern, Städten anzutreffen. KRL bis 8 cm. Körper gedrungen. Kopf klein, kurz, spitzschnauzig. → Trommelfell verborgen. Finger- und Zehenspitzen verbreitert. Hinterextremitäten mit

→ Grabschaufel. ♂ besitzt kehlständige → Schallblase. Dämmerungs- und nachtaktive Bodenbewohner. Beim Rufen (sehr laut) und bei Bedrohung kugelförmiges Aufblasen. Gräbt sich schnell ein, klettert gut. Laichablage in dünner, auf der Wasseroberfläche treibender Schicht. Durch Austrocknen der → Laichgewässer oft große Laichverluste. Entwicklung zum Jungfrosch in nur 2 Wochen. Als Nahrung (→ Froschschenkel) begehrt, deshalb vielerorts eingebürgert. [1]

Kamm: zur Fortpflanzungszeit bei Molch ♂♂ in → Wassertracht auf Rükken (vom Nacken an) und Schwanz ausgebildeter niedriger od. hoher, ungezackter, wellig gekerbter od. gezackter → Hautsaum. Auch als Rükken- und Schwanzk. bezeichnet. Beide können ineinander übergehen (z. B. bei → *Triturus vulgaris*) od. durch eine Kerbe über der Schwanzwurzel voneinander getrennt sein (→ *Triturus cristatus*). Unterschiedlich aufgebaute und große Schuppenkämme sind bei **R** ausgebildet. Sie kommen bei den → Crocodylia, → Rhynchocephalia und in Form von Nacken-, Rücken-, Schwanz-, Kehl- und Bauchkämmen bei einer Fülle von Arten unter den → Sauria (besonders Leguanen, vielen Agamen, Chamäleons u. a.) vor. [1]

Kannibalismus: Verzehren von Artgenossen. Für **A** und **R** häufig beschrieben. Besonders bedroht sind → Laich (→ Laichkannibalismus) und Jungtiere. Die meisten Angaben beziehen sich allerdings auf Gefangenschaftshaltung und dürften weitgehend → Beutestreit-K. od. → Crowding-K. zuzuordnen sein. Echter K. tritt in der Natur und im → Terrarium wohl vor allem bei obligat bzw. zeitweilig → ophiophagen Formen (*Lampropeltis getulus*, → *Ophiophagus hannah*, → *Naja naja* u. a.), nicht selten bei verschiedenen Echsen (*Sceloporus*-, *Podarcis*-, *Lacerta*-Arten usw.), Krokodilen, relativ oft bei Froschlurchen (→ *Ceratophrys ornata*, *Rana*-Arten u. a.), weniger bei Schwanzlurchen und Blindwühlen auf. [1]

Kartierung: systematische botanische und zoologische Artenerhebung od. Erfassung ökologischer, umweltrelevanter und biologischer Daten in einem ausgewählten Gebiet. Bezugsräume können natürlich definierte Bereiche, kleine od. große administrative Gebietseinheiten, Staatsgebiete, mitunter länderübergreifende Räume sein. Zur Ermittlung der mittel- und langfristigen Entwicklung empfehlen sich periodische Nachk. bzw. Dauererhebungen. Erfassung und Darstellung der kartierten Daten, Objekte, Arten (z. B. Lärm-, Immissionswerte, Naßstandorte, **A** und **R**) erfolgen nach unterschiedlichen K.-Methoden. Zum großen Teil werden meist recht grobe Rasterk. (Rastereinheit als Meßtischblatt-Quadrant = MTB-Quadranten-Raster) als bloße Präsenzk. angelegt. Die Verarbeitung über EDV (Computer, Plotter) sollte bereits bei Datenaufnahme (Voraussetzung: EDV-fähige Verschlüsselung) erfolgen. Die Kartierung der **A** und **R** wird gegenwärtig in zahlreichen Staaten landesweit durchgeführt, vielfach unter Einschluß zusätzlicher Daten (→ Laichgewässer, Populationsgröße, Gefährdungsfaktoren u. a.). [1]

Karyogramm: → Karyotyp.

Karyotyp: Gesamtheit aller → Chromosomen einer Zelle. Mit Karyogramm bezeichnet man den sortierten und zu homologen Paaren angeordneten diploiden Chromosomensatz (nach fotografischer Aufnahme vergrößert und ausgeschnitten), als Idiogramm die schematische Darstellung des haploiden Satzes mit den beiden Gonosomen. Kriterien für die Karyotypisierung sind Länge und Morphologie der Chromosomen sowie die interne Verteilung von Eu- und Heterochromatin. Allgemein basieren die Angaben auf Chromosomen im Metaphasestadium. Gemäß der für jede Art konstanten Chromosomenzahl und -form ist auch der erstellte K. arttypisch. [1]

Käscher: → Kescher.

Kaspische Smaragdeidechse. → *Lacerta strigata*.

Tabelle 8. Karyotypen einiger Squamaten. Aus Bernischke und Hsu 1971–1975.

Art	2 n	Makrochromosomen meta- u. submetacentrisch	Makrochromosomen acrocentrisch	Mikrochromosomen	NF-Wert
Anolis carolinensis	36	12	–	24	48
Chalcides ocellatus	28	22	6	–	50
Eumeces schneiderii algeriensis	32	10	22	–	42
Podarcis sicula campestris	38	–	36	2	38
Tupinambis teguixin	38	10	–	28	48
Amphisbaena alba	38	14	8	16	52
Boa constrictor amarali	36	8	8	20	44
Eunectes murinus	36	8	8	20	44
Drymarchon corais corais	36	13	3	20	49
Elaphe climacophora	36	9	7	20	45
Crotalus durissus terrificus	36	11	5	20	47
Bothrops jararaca	36	11	5	20	47

Die Geschlechtschromosomen (Z, W) sind nicht gesondert ausgewiesen.

Kaspische Wasserschildkröte: → *Mauremys caspica.*

Kaspischer Bogenfingergecko: → *Cyrtodactylus (T.) caspius.*

Kaspischer Geradfingergecko: → *Alsophylax pipiens.*

Katalogisierung: auf die → Inventarisierung folgende wissenschaftliche Bearbeitung musealer Objekte und Erfassung der Ergebnisse im Katalog. Durch sie wird eine sachgerechte Arbeit für Foschungs-, Lehr- od. Schauvorhaben sowie auch zum Erhalt bzw. Schutz der Objekte möglich. Der Katalog kann nach Tierarten, bei Lehr- od. Unterrichtssammlungen z. B. nach den sich aus der Lehre ergebenden Themengebieten gegliedert sein. [1]

Kaukasische Felseidechse: → *Lacerta caucasica.*

Kaukasischer Schlammtaucher: → *Pelodytes caucasicus.*

Kaukasusotter: → *Vipera kaznakovi.*

Kaulquappen: Larven der → Anura. Körper meist rundlich od. eiförmig, Kopf nicht vom Rumpf abgehoben. Mit kräftigem, oft sehr langem Ruderschwanz, der ober- und unterseits einen → Flossensaum trägt. Anfangs 2 Paar äußere Kiemen (3. Paar rudimentär). Mit Bildung des Kiemenraumes liegen innere Kiemen und das → Spiraculum vor. Mundöffnung klein, → Mundfeld meist mit typischen → Lippenzähnen. Lippen mitunter zu Mundtrichtern (→ Trichtermundlarven) od. saugnapfartigen Hafteinrichtungen gestaltet. Augen lidlos. → Epidermis anfangs einschichtig, drüsenreich. Viele K. besitzen Haftdrüsen, deren Sekret ein Festhalten am Substrat (auch Oberflächenhäutchen des Wassers) ermöglicht. → Seitenlinienorgan vorhanden. Im Vergleich zu Schwanzlurch-Larven weitaus größere Vielfalt in der Form, außerdem bemerkenswerte individuelle Variabilität. Wesentliche Unterschiede ergeben sich oft im Verhalten, z. B. durch solitäre (→ *Pelobates fuscus*) od. soziale Lebensweise (→ *Bufo bufo*; Schwarmbildung, große Freßansammlungen usw.), unterschiedliche Flucht- und Schreckreaktion (→ Schreckstoffe usw.). Nach Orton (1953) Gliederung in 4 K.-Grundtypen (gemäß Mundfeldgestaltung, Lage des Atemloches): I. Spiraculum paarig, Hornkiefer, -zähnchen fehlen; II. Spiraculum unpaar, median, Hornkiefer, -zähnchen fehlen; III. Spiraculum unpaar, median, Hornkiefer, -zähnchen vorhanden; IV. Spiraculum linksseitig, sonst wie III. (Abb. 57). [1]

Kaulquappen-Futter, Brennessel-Pudding nach Hodler: Zubereitung: 100 g Semen urticae (od. Folia urticae pulv.) und 10 g Agar-Pulver auf 1 l Wasser, unter Rühren etwa 2 min kochen. Brei in Formen (Durchmesser 115 mm, 6 mm hoch) gießen. Nach Erkalten stürzen und mittels Blechröhrchen Tabletten (Durchmesser 14 mm, 7 mm dick) stechen. Diese sind bei 4 °C mehrere Tage haltbar. Sie quellen im Wasser auf, ohne zu zerfallen. [1]

Kaulquappen-Ödem-Virus: → Ödeme.

Kaulquappen-Räuber: Tiere, denen Anuren-Larven (→ Kaulquappen) als Nahrung dienen. Zu ihnen gehören viele Wasserinsekten (Libellenlarven, Gelbrandkäfer u. a.), verschiedene Molche, → aquatische **R**, besonders jedoch Fische (Hecht, Elritze, Sonnenbarsch u. a.) und Vögel (z. B. Reiherarten, Stockente, Teichhuhn, Lachmöwe). [1]

Kehlkopf: → Larynx.

Kehlritze: → Aditus laryngis.

Kehlsack: unterschiedlich stark ausgebildeter, dünn- od. derbhäutiger Kehlanhang bei zahlreichen Echsen, vor allem Leguanen, Agamen, Chamäleons. Bei ♂♂ (z. B. von Anolis, Sita-Agamen, Flugdrachen) oft stattlicher entwickelt. Meist auffallend gefärbt, bisweilen in verschiedenen Farbkombinationen. Optisches Signalorgan im Dienst des → Sozialverhaltens (Schaustellung vor der → Paarung, → Reviermarkierung usw.), Warnens, Drohens. Der K. wird teils aufgebläht, bei Agamen und Leguanen wahrscheinlich ausschließlich mittels des Zungenbeinapparates (→ Os hyoides) gespreizt. Das Schaustellen kann mehrfach schnell hintereinander od. über eine längere Zeit hinweg erfolgen. Als ursprünglich gelten breite, allseitig wahrnehmbare Kehlsäcke, als abgeleitet z. B. nur seitlich sichtbare Kehlanhänge. (Abb. 58). [1]

Kehlsporne, Rammsporne: spornartige Verlängerung der → Gularia des → Plastron bei den ♂♂ einiger Landschildkrötenarten (*Gopherus*-Arten, *Geochelone sulcata, Chersina angulata* u. a.). Sekundäres Geschlechtsmerkmal (→ Geschlechtsdimorphismus). Sie dienen bei den Turnierkämpfen zum Rammen und Ausheben des Gegners. [1]

Keratine: schwer lösliche, gegen Proteolasen resistente Proteine mit Linearstruktur und hohem Schwefelgehalt. Sie gehören wie die Kollagene zu den Skleroproteinen (Gerüsteiweiße), die als Gerüst- und Schutzsubstanzen fungieren. K. bilden im wesentlichen das Stratum corneum der → Epidermis, Eihäute, Schuppen, Federn, Haare u. a. tierische Hornsubstanzen. [1]

Keratophagie: Verzehren der abgestreiften Hornschicht (Stratum corneum) der → Epidermis. K. kann während und direkt nach der Häutung (→

Abb. 57. Kaulquappe. Kaulquappe von *Rana „esculenta“:* A. Aufsicht; B Lateralansicht; C. Mundfeld; D. Anatomie. E. Knorpelschädel einer Kaulquappe (Anulus tympanicus weggelassen); Trichtermundlarve von *Megophrys montana* (F) und *Phyllomedusa fimbriata* (G, H); I Kaulquappe von *Xenopus muelleri* in typischer Haltung. *a* Augen, *an* Analöffnung, *c* Columella, *ch* Ceratohyale, *d* Darm, *fl* Flossensaum, *fo* Foramen opticum, *h* Hornschnabel, *hzo* Hornzahnreihen der Oberlippe, *hzu* Hornzahnreihen der Unterlippe, *k* Kiemen, *kb* Kiemenbögen, *ma* Mandibulare (Meckelscher Knorpel), *mp* Mundrandpapillen, *mu* Mund, *nk* Nasenkapsel, *nl* Nasenlöcher, *o* Ohrkapsel, *pa* Palatopterygoidspange, *pi* Pinealorgan, *q* Quadratum, *rl* Rumpflänge, *sl* Schwanzlänge, *sp* Spiraculum, *t* Tentakel, *v* Vorderextremität.

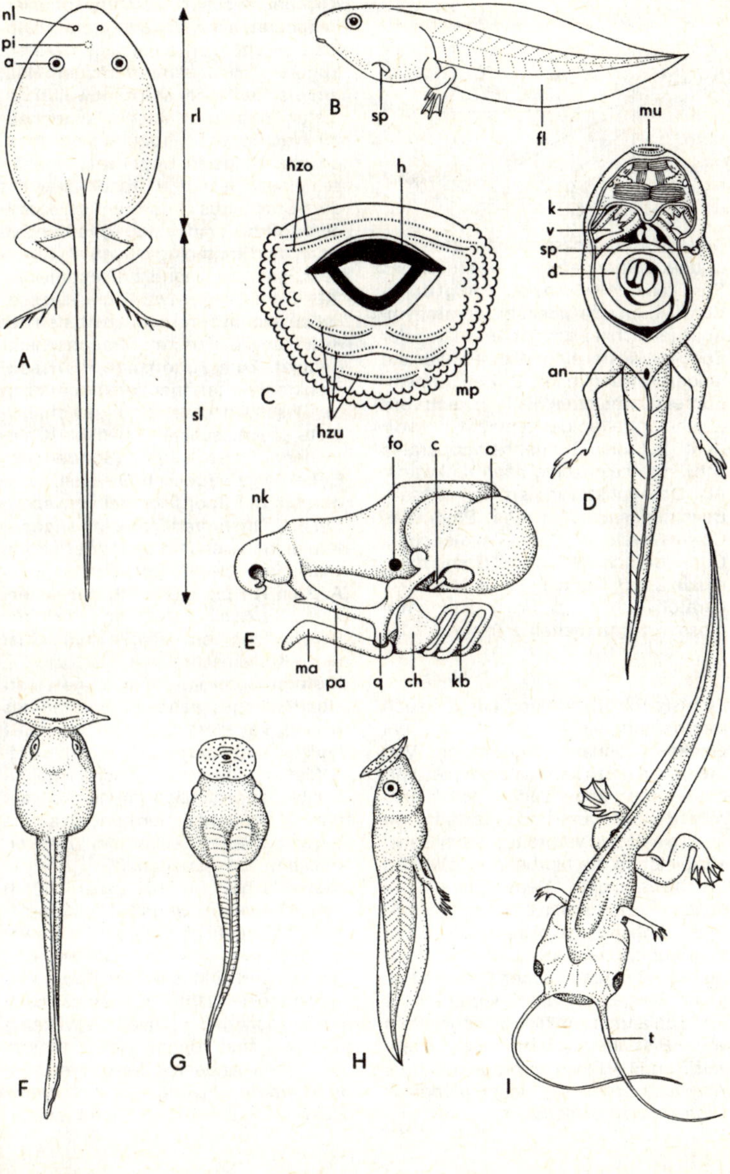
nl
pi
a
rl
sl
A
sp
B
fl
hzo
h
C
mp
hzu
mu
k
v
sp
d
an
D
fo
c
o
nk
E
ma
pa
q
ch
kb
F
G
H
t
I

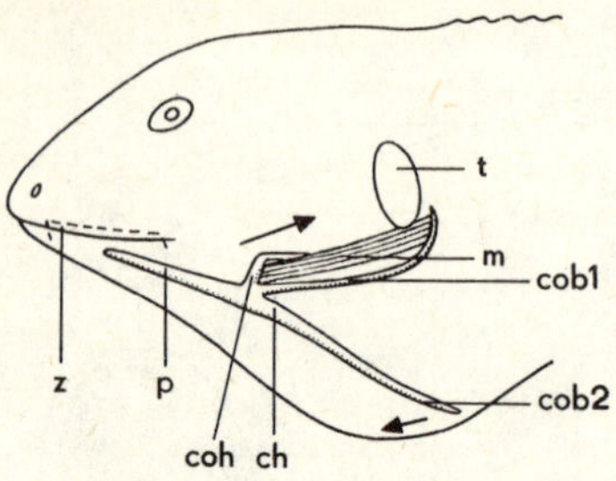

Abb. 58. Kehlsackspreizen mittels des Zungenbeinapparates bei *Anolis.* Das Spreizen des Kehlsackes erfolgt durch Kontraktion des Musculus ceratohyoideus (einschließlich der Retraktion der Zunge). Wie bei einer Wippe sinken die langen, beweglichen 2. Zungenbeinhörner (Cornu branchialia 2) nach vorn ab und entfalten die Kehlhaut, der vordere Teil des Zungenbeinapparates schwingt gleichzeitig nach rückwärts. Als Drehpunkt fungiert bei diesem Bewegungsablauf (siehe Pfeil) das Corpus hyale. *ch* Corpus hyale, *cob 1* Cornu branchiale 1, *cob 2* Cornu branchiale 2, *coh* Cornu hyale, *m* Musculus ceratohyoideus, *p* Processus entoglossus, *t* Trommelfell, *z* Zunge.

Ecdysis; Bild 18) erfolgen. Oft wird auch fremde (artgleiche) „Haut" (z. B. bei Geckos, Leguanen) gefressen. Von mehreren Arten kennt man dieses Verhalten nach gegenseitiger Häutungshilfe. Bei Schwanz- und Froschlurchen ist K. allgemein verbreitet. Nach Heusser gleichen die hierbei ausgeführten Freßbewegungen denen des typischen → Beutefangverhaltens der **A**. Unter Echsen verbreiteter als meist angegeben. Nachweise fehlen bislang nur für → Teiidae, → Lacertidae, → Varanidae. Einige Fälle von K. wurden sogar für Schlangen bekannt. Abgesehen von → *Bitis arietans* betrifft dies gegenwärtig nur Arten (*Lampropeltis*-Arten, *Ahaetulla ahaetulla, Boiga blandingi, Uromacer oxyrhynchus*) mit einer Nahrungspräferenz für Vertreter der → Squamata. [1]

Kescher, Käscher, Kätscher, Kötscher: Fanggerät mit stabilem, kreis-, halbkreisförmigem od. dreieckigem Metallbügel und meist trichterförmigem Netz (unterschiedlicher Maschenweite) od. festem, strapazierfähigem Leinenbeutel. Netz- bzw. Stoffbeutel sind direkt od. über Ringe am Bügel befestigt, der seinerseits fest bzw. abnehmbar mit dem Stock (aus Holz, Bambus, Aluminium; oft zusammenlegbar) verbunden ist. In der Entomologie auch als Streifnetz, -sack, Schlagnetz (Durchmesser 20–30 cm, Länge etwa 40 cm, kurzstielig) bezeichnet und zum Abstreifen der Kraut- sowie niederen Strauchschicht benutzt. Zum Futterfang (→ Wiesenplankton) für Terrarientiere benötigt. In der Fischwirtschaft sind gewöhnlich feste, großmaschige, dreieckige K. einfacher Konstruktion (Sonderform: Hebe-K.) gebräuchlich. Die als Landegerät in der Sportfischerei verwendeten K. (in mehreren Modellen angeboten) eignen sich (außer Sonderformen wie Tennis-, Seil-K.) gut zum Fang von **A**. Zum **R**-Fang dienen K. nur selten. Eine Spezialkonstruktion für die Beschaffung von → *Tubifex tubifex* ist der → Kratzkescher. [1]

Kieferaufsperren: langzeitiges, oft stundenlanges weites Aufsperren des Maules, vor allem für die → Crocodylia typisch. Nicht mit → Gähnen od. → Kieferklaffen identisch. Nach Hediger (1955) hauptsächlich im Hinblick auf die → Thermoregulation bedeutsam. Es bewirkt offenbar außerdem das Vertrocknen von Parasiten. [1]

Kieferklaffen: auf Heusser (1958) zurückgehender Begriff. Nicht mit → Gähnen identisch, obwohl im Bewegungsmuster ähnlich. Öffnen und Schließen des Maules nach dem Verschlingen der Nahrung (ebenfalls nach → Keratophagie, → Trinken) bei vielen **A** und **R**. Dabei können Ober- und/od. Unterkieferränder mit der Zunge abgeleckt werden. Häufig folgt eine ganze Reihe von Klaffbewegungen aufeinander. Besonders verbreitet ist K. bei Echsen und Schlangen. Letztere rükken auf diese Weise nach dem → Schlingakt die Kieferstellung wieder zurecht. [1]

Kielschwanz-Felseidechsen: → *Lacerta rudis.*

Kiemenatmung: Kiemen (Branchiae) bilden unter den → Tetrapoda nur **A** aus. Die K. ist bei ihren Larven gewöhnlich vorzüglich entwickelt, findet sich außerdem auch bei → neotenen Formen. Meist sind 3 Paar Kiemen (embryonal bis 5 Paar angelegt) vorhanden. In der → Metamorphose wird der Kiemenapparat abgebaut, selbst bei → aquatischen Arten wie *Xenopus.* Man unterscheidet zwischen → Ecto- und → Entobranchiae. (Abb. 59). [2]

Kiemenbogenarterien: niedere Wirbeltiere besitzen 4 K. Sie entspringen jeweils aus der unpaaren, vom Herz craniad verlaufenden Aorta ventralis und vereinigen sich links und rechts oberhalb der Kiemenregion zu den Aortenstämmen, die hinter der Kiemenregion zur → Aorta descendens zusammentreten. Die Kiemen der **A**-Larven werden von den K. 1–3 versorgt. Bei ad. **A** und **R** werden die 2. K. zu den definitiven → Aortenbögen. Die → Arteria pulmonalis entsteht ursprünglich aus der 4. Kiemenbogenarterie kurz vor deren Einmündung in den Aortenstamm. Diese alte Verbindung zum Aortenstamm kann als → Ductus Botalli erhalten bleiben. [2]

Kinosternidae, Schlammschildkröten:

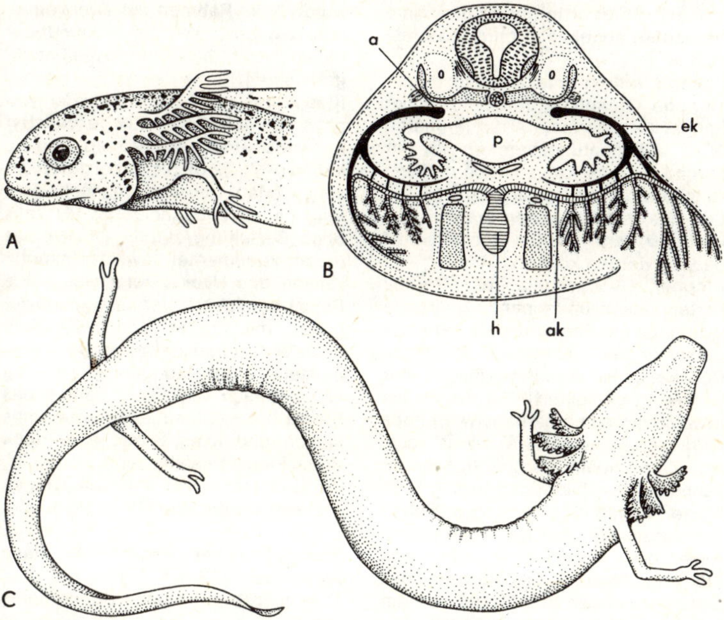

Abb. 59. Kiemen. A. Äußere Kiemen einer *Triturus*-Larve; B. Innere und äußere Kiemen einer Kaulquappe (Querschnitt); C. *Proteus anguineus.* *a* Aortenstamm, *ak* afferente Kiemenarterie, *ek* efferente Kiemenarterie, *h* Herz, *p* Pharynx.

Fam der → Cryptodira. Etwa 19 Arten, Verbreitung: S-Kanada, USA, Mexiko, M-, S-Amerika (bis Bolivien, NW-Argentinien). Bevorzugt in → Standgewässern verschiedenster Art. Hauptsächlich kleinere Formen (*Kinosternon subrubrum, K. acutum* nur 10–12 cm Panzerlänge). Carapax-Länge bis 20 cm. → Carapax flach, glatt od. mit 1–3 Längskielen. → Plastron normal ausgebildet od. mit 2 → Scharnieren *(Kinosternon)*, die beim Hochklappen des Vorder- und Hinterlappens das zurückgezogene Tier weitgehend „abschotten". → Inframarginalia können vorhanden sein. Kurzschwänzig. Bei *Sternotherus* sondern → Moschusdrüsen nach Moschus riechendes Sekret ab. Vorwiegend dämmerungs- und nachtaktiv. Weitgehend → aquatisch. Gelegegröße: 2–6 Eier, oft in modernden Pflanzenhaufen abgelegt. Mehrere Jahresgelege. [1]

Klammerreflex: reflektorisches Klammern od. Greifen bei Jungtieren vieler Säuger (→ arboricole Arten, Primaten u. a.) und paarungsbereiten ♂♂ der Lurche (→ Amplexus). Durch die Umklammerung wird gesichert, daß die Eier des festgehaltenen Frosch- und Kröten-♀ vom aufsitzenden ♂ sofort besamt werden können. [1]

Klapper, Schwanzklapper, Rassel: harte, locker übereinandergreifende Hornringe am Schwanzende der Klapperschlangen *(Crotalus, Sistrurus)*. Rasche seitliche Schwingungen der senkrecht gestellten K. erzeugen ein etwa 30 m weit hörbares schwirrendes Geräusch, das Feinde warnt (evtl. vor Zertrampeln durch Großsäuger schützt). Die K. bildet sich am sog. Endkörper (Matrix), der eigentlichen Schwanzspitze. Bei der ersten Häutung der Jungtiere häutet sich die kugelförmige Endschuppe des Schwanzes noch mit. Ab der zweiten Häutung erfolgt dies nicht mehr. Die hohlen Hornglieder bleiben immer in der Ringfurche des vorherigen Klappergliedes haften, so daß eine Serie tütenförmig ineinandergeschachtelter Hornringe entsteht (Abb. 45 I). Da die Klapperspitze häufig abbricht, sind es in der Natur meist nur 6–9 Glieder. Der Rekord von 29 Gliedern geht auf ein Terrarientier zurück. [1]

Klappern, Wasserkauen: typische Verhaltensweise innerhalb des stark ritualisierten Paarungsablaufes der → Kinosternidae, aber auch bei Vertretern der → Emydidae *(Sacalia bealei, Clemmys insculpta* u. a.) beobachtet. Als K. werden schnelle, vom ♂ und ♀ ausgeführte Unterkieferbewegungen (begleitet von starken Kehlbewegungen) bezeichnet, durch die Wasser auf Nase und Maul des Geschlechtspartners gepumpt wird. Man vermutet daher, daß das K. (neben visuellen Signalen) als olfaktorischer Auslöser für die Paarung von Bedeutung ist. Außerdem wurde K. im Rahmen des Drohverhaltens bzw. beim → Kommentkampf der ♂♂ (z. B. bei *Chinemys reevesi*) nachgewiesen. [1]

Klappzunge: an der Unterkiefersymphyse festgeheftete → Zunge mancher Schwanz- und der meisten Froschlurche (Abb. 72 B). Sie ist bei geschlossenem Maul caudad umgeschlagen. Wird mittels zungeneigener Muskeln, ohne Beziehung zum → Os hyoides (nach experimentell bewirkter Immobilisation des Hyoids zeigt sich keine Beeinträchtigung der Zungenbewegung), mit großer Geschwindigkeit nach vorn herausgeklappt. Beim Vorbeigleiten des Zungenrückens am Gaumendach wird die K. durch das Sekret der → Glandula intermaxillaris klebrig und kann somit, aber auch durch Einfalten seitlicher Zungenteile, die Beute erfassen. Zum Bewältigen größerer Beutetiere dienen die Kiefer. [2]

Kleinasiatischer Frosch: → *Rana macrocnemis.*

Kleiner Erdbeerfrosch: → *Dendrobates pumilio.*

Kleiner Teichfrosch: → *Rana lessonae.*

Kleingärten, urbane Refugien: Bestandteil des städtischen (urbanen) Grünflächensystems. Als regionale

Grünzüge dienen K., abgesehen von ihrer Erholungsfunktion, auch der Staubfilterung, Windbremsung und Verbesserung der bioklimatischen Situation. Sie heben sich durch ihren Strukturreichtum als markante Freiräume innerhalb der Bebauungszonen ab und üben große Anziehungskraft auf die Tierwelt aus. Bei geringem Einsatz von → Bioziden, erträglichem Maß an Störung, Verzicht auf intensive Nutzung und Pflege sämtlicher Bereiche entstehen artenreiche Lebensgemeinschaften, vergleichbar denen naturnaher → Biotope. Sehr förderlich für den **A**-Bestand in K. erweist sich der zunehmende Trend zur Einrichtung von → Gartenteichen diverser Konstruktion, Größe, Gestaltung. In ihnen pflanzen sich vielerorts regelmäßig vor allem → *Bufo bufo* und → *Rana temporaria* fort. Unter den **R** ist in erster Linie → *Lacerta agilis* in K. häufig verbreitet. [1]

Klepton: durch Bastardierung entstandene Form, die zu ihrer Reproduktion auf die Gameten einer anderen Form (i. d. R. eine der Elternarten) zurückgreifen muß. Nomenklatorisch durch Vorsatz der Abkürzung kl vor den Namen der Gattungs- und Artgruppe realisiert, z. B. für → *Rana „esculenta"* jetzt *Rana* kl. *esculenta.* [1]

Kletterast: → Kletterbaum.

Kletterbaum, Kletterast: wichtiger praktischer und dekorativer Einrichtungsbestandteil vieler → Terrarien (z. B. für → arboricole Frösche, Echsen, Schlangen). Bietet Möglichkeit zum Klettern, Ausruhen, Verstecken und Bepflanzen (→ Epiphyten, → Kletterpflanzen). Geeignet sind z. B. trockene, reichverzweigte, knorrige Äste vom Apfel-, Birnbaum, Weißdorn, Wacholder, von der Kiefer, Zypresse, Robinie. Sicher befestigen! Großen K. möglichst in breiten Zementsockel eingießen, außerdem Astende am Terrariendach festschrauben. Regelmäßig Exkremente, → Futterreste und faulende Pflanzenteile entfernen. [1]

klettern: → terrestrische Lokomotionsweise. Viele Schwanz-, Froschlurche, Echsen, Schlangen und auch Spaltenschildkröten sind ohne Spezialisationen zu einfachen od. guten Kletterleistungen imstande. Substratspalten bieten Fingern und Zehen Halt, Schlangen die Möglichkeit zum Einpressen der Bauchschienenkanten. **A** können mit ihrer feuchten Extremitätenunterseite und Bauchseite durch Adhäsion an glatten Substraten k. Spezielle Einrichtungen zum K.: bei **A** sind → Haftscheiben am verbreitetsten. Laubkröten *(Nectophryne)* besitzen Haftlamellen, die Mehrzahl der Makifrösche *(Phyllomedusa)* Greifhände und -füße mit längeren 1. Fingern und 1. Zehen (den anderen gegenüberstellbar), bei *Chiromantis*-Arten opponieren die beiden Innenfinger greifzangenartig gegen die äußeren. Perfekte → Zangenkletterer unter den **R** sind die → Chamaeleonidae. Viele Echsen verfügen an den Zehen über → Haftborsten, z. T. auch an der Schwanzspitze der das K. unterstützenden → Greifschwänze. Den Kletterhöhen der **R** stehen Schwanz- und Froschlurche (*Aneides lugubris* auf Bäumen in 10–20 m Höhe) nicht nach. [1]

Kletterpflanzen: Pflanzen, die selbst keine tragenden Stämme ausbilden, sich an anderen Pflanzen od. Substraten mittels Haftwurzeln (Haftkletterer), Klimmhaaren, Stacheln, Dornen, hakenartigen Seitensprossen (Spreizklimmer) od. durch Umwinden verankern und so zum Licht emporklettern. Am breitesten im tropischen Regenwald entfaltet. Ein typischer Vertreter für M-Europa ist der Efeu *(Hedera helix).* Für das tropische Regenwaldterrarium (als Hintergrundpflanzung, zur Berankung von Felsgruppen, Epiphytenstämmen) eignen sich vor allem zahlreiche Vertreter der Aronstabgewächse (Araceae) wie *Philodendron-*, *Pothos-*, *Rhaphidophora*-Arten, aber auch *Cissus discolor, C. rhombifolia* (Vitaceae), *Piper*-Arten (Piperaceae) u. a. [1]

Kloakaldrüsen: in die → Kloake von Schwanzlurch ♂♂ ausmündende Drüsen. Erstmals bei → *Triturus cristatus* beschrieben als Becken-, Kloaken-und Bauchdrüsen. Fehlen völlig den → Sirenidae. Sie liefern die Gallerte zur Bildung der → Spermatophore sowie → Pheromone, die der Stimulation der ♀♀ und → Reviermarkierung dienen. Bei *Notophthalmus viridescens* werden z. B. 4 Typen von K. unterschieden, Bekken-, Dorsal-, vordere und hintere Ventraldrüsen. [1]

Kloake: Endabschnitt des Darmes der **A** und **R** (auch anderer Wirbeltiere und einiger Wirbelloser), in den ebenfalls die Harn- und Genitalwege ausmünden. Bei manchen **R** dreigeteilt in Coprodaeum (Kotdarm), Urodaeum mit den Ausmündungen der Harnleiter sowie Proctodaeum (Afterdarm), in den bei Krokodilen die ableitenden Genitalgänge einmünden. Schildkröten zeichnen sich durch eine unvollständige Teilung der K. aus. Durch seitwärts vortretende Falten kann man eine obere Abteilung (entspricht dem Enddarm im engeren Sinn) und einen ventralen Urogenitalsinus, in den Harn- und Genitalwege einmünden, unterscheiden. Z. T. ist die K. mit Aussackungen versehen. Bei Krokodilen sind es → Moschusdrüsen, bei vielen Schildkröten → Analblasen, Schlangen → Analdrüsen, *Lacerta* besitzt eine Proctodaealdrüse (paarig). Schwanzlurch ♂♂ (→ Sirenidae ausgenommen) verfügen über → Kloakaldrüsen. Auf der Ventralseite der K. befindet sich bei **A** und vielen **R** die Harnblase (→ Vesica urinaria). (Abb. 60). [2]

Kloakenknochen: → Analknochen.

Kloakenspalte: → Anus.

Kloaken- und Mastdarmvorfall (Prolapsus cloacae, P. recti), Darmprolaps: Ausstülpung bzw. Hervortreten der → Kloake od. des Mastdarmes (Rectum). Verschiedentlich bei **A** (*Hyla*-Arten, → *Bufo blombergi* u. a.) und **R** (Schildkröten, Echsen, oft Schlangen) beobachtet. Verursacht z. B. durch starkes Pressen (bei → Legenot, → Obstipation, Massenbefall mit → Nematoden) einseitige Ernährung, evtl. auch Vitamin- und Mineralstoffmangel, → Durchfall, zu sauren → Bodengrund (z. B. Torfboden). Gelegentlich kommt es zum selbständigen Retrahieren. Gefahr der Infektion und Austrocknung. Prolabierte Darmteile säubern, desinfizieren

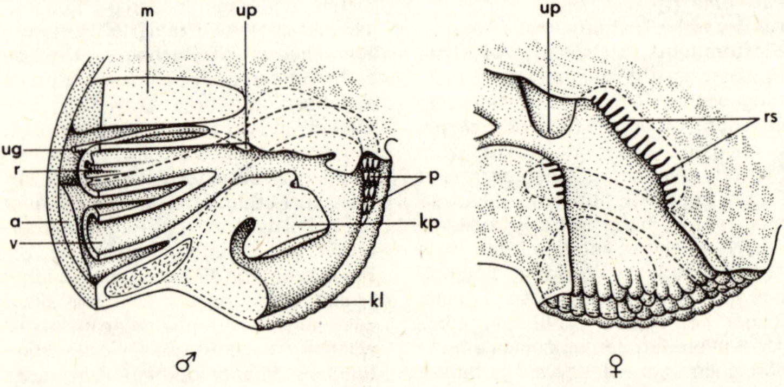

Abb. 60. Sagittalschnitt durch die Kloakenregion der Caudata. *a* Abdominaldrüsen, *kl* Kloakallippen, *kp* Kloakalpapille, *m* Mesonephros, *p* Papillen mit Öffnung der Abdominaldrüsen, *r* Rectum, *rs* Receptacula seminis, *ug* Urnierengang, *up* Urogenitalpapille, *v* Vesica urinaria.

Bild 31. Teilansicht eines Naturalienkabinetts (Kupferstich) aus Worm 1655.

Bild 32. Froschhäuschen (Glaschker-Katalog 23, Leipzig, Februar 1919).

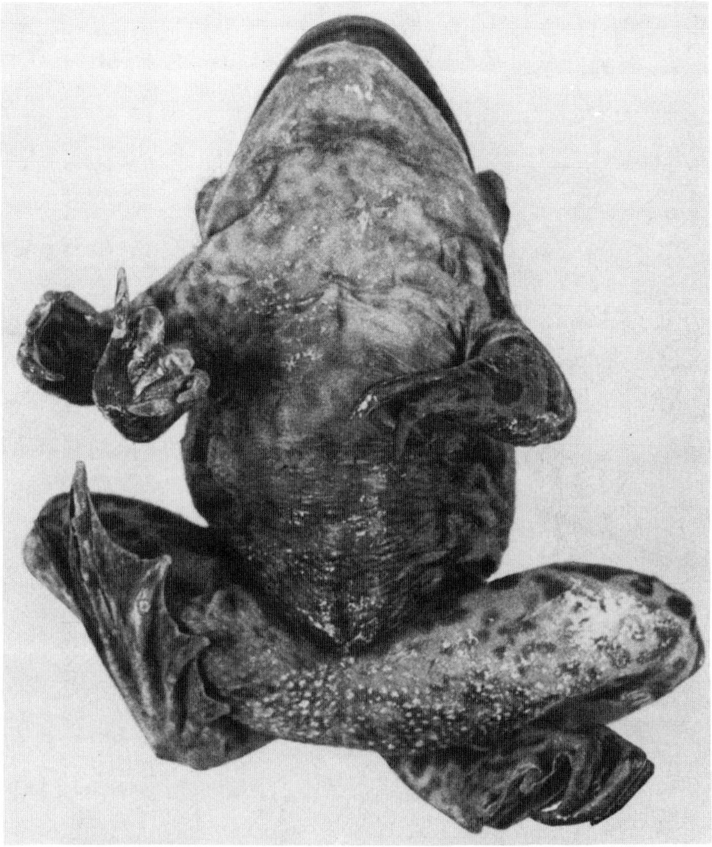

Bild 33. Fünfbeiniger Wasserfrosch (*Rana „esculenta"*).

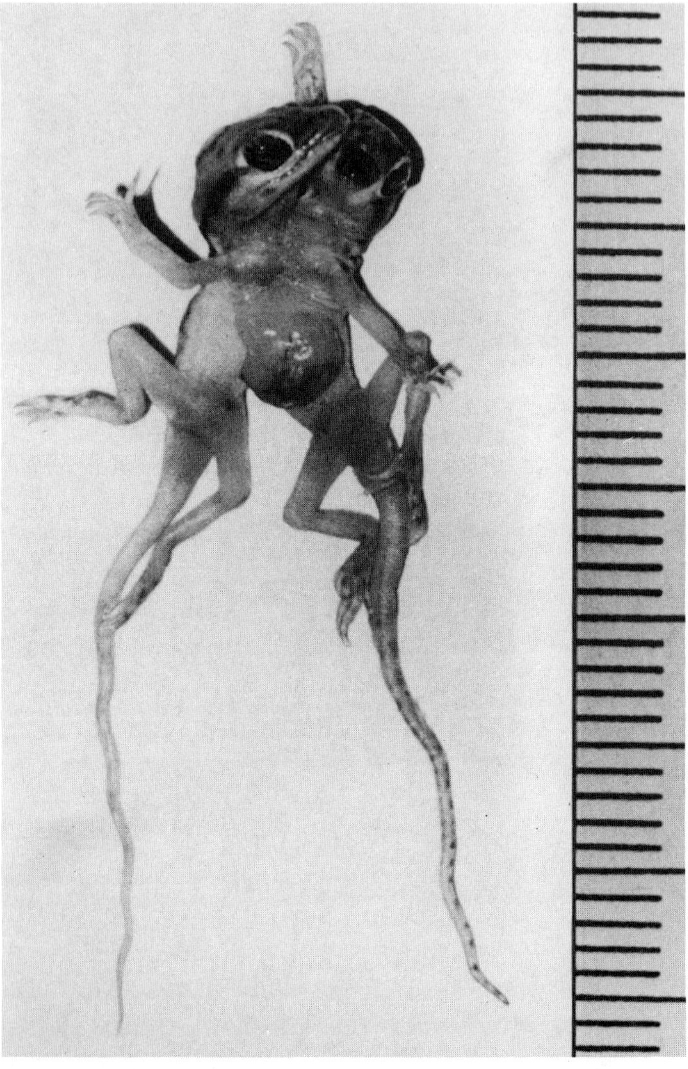

Bild 34. Siamesische Zwillinge beim Gecko *Crossobamon eversmanni*.

Paarung bei *Gallotia stehlini* (Nackenbiß; Bild 35) und *Lacerta lepida* (Flankenbiß; Bild 36).

Bild 37. Masseneiablageplatz von *Natrix natrix*. Sägemehlhaufen vor einer Sägemühle.

Bild 38. Ein Teil der freigelegten und zum Zählen vorsichtig zerteilten Gelege.

Bild 39. *Chelonia mydas* mit Sendegerät zum Verfolgen der Migration auf dem Carapax.

Bild 40. *Natrix tessellata* am Meeresufer beim Verzehren einer Meerquappe (*Gaidropsarus mediterraneus*).

Bild 41. Sichtotstellende *Natrix natrix*.

Bild 42. Passive Abwehrstellung von *Rana temporaria*.

Bild 43. Dorsalansicht der Augenkröte *Pleurodema thaul.* Die beiden latero-dorsal in der Sacralregion ausgebildeten Augenflecke treten markant hervor.

Bild 44. Junger Taucher beim Verschlingen einer ad. *Natrix natrix* verendet. Präparat aus dem Staatlichen Museum für Tierkunde Dresden.

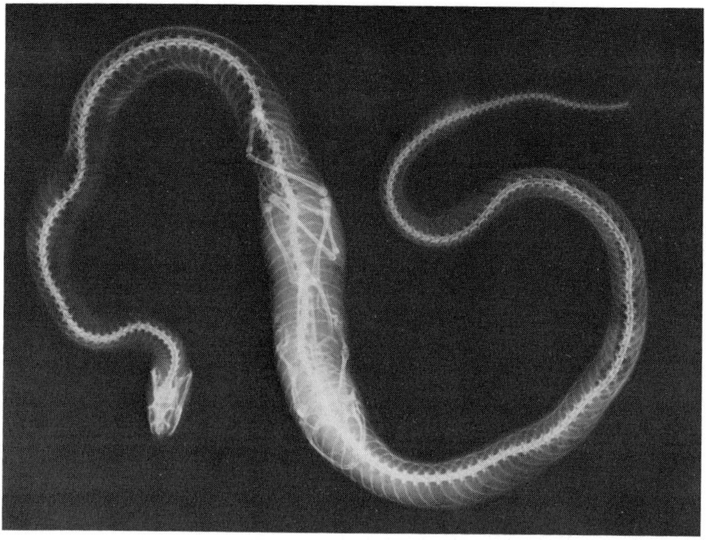

Bild 45. *Natrix natrix* mit verschlungenem Frosch; Röntgenaufnahme.

Bild 46. Natternhemd von *Natrix tessellata*.

Krokodilfarm „Criadero de cocodrilos" auf Kuba. Gehege für Krokodil-Babys (Bild 47); Rautenkrokodile (*Crocodylus rhombifer*) in einem der Krokodilteiche (Bild 48).

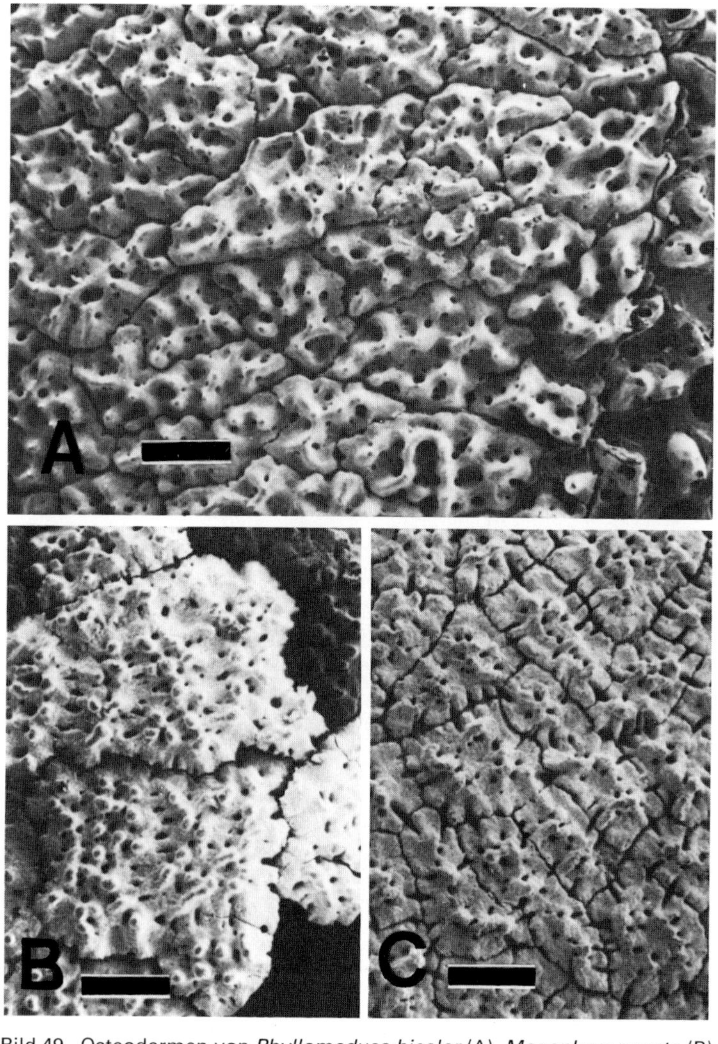

Bild 49. Osteodermen von *Phyllomedusa bicolor* (A), *Megophrys nasuta* (B), *Hylactophryne augusti* (C); rasterelektronenmikroskopische Aufnahmen. ▭ 0,5 mm.

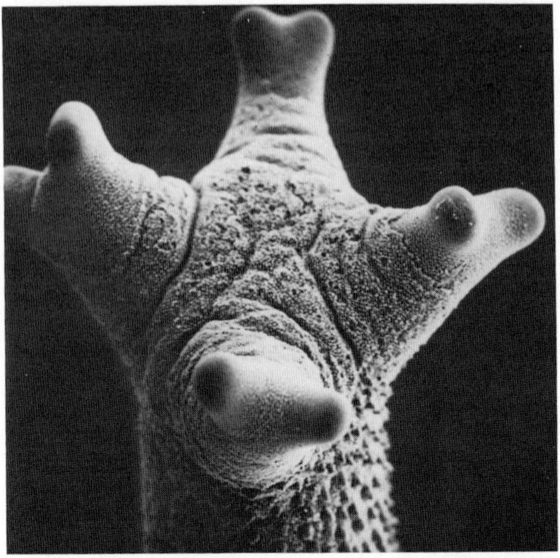

Fingerspitze eines ad. ♂ von *Pipa pipa* (Bild 50) und *Pipa carvalhoi* (Bild 51); rasterelektronenmikroskopische Aufnahmen.

Feinstruktur der Brunstschwiele eines ♂ von *Bufo bufo* (Bild 52) und *Rana arvalis* (Bild 53); rasterelektronenmikroskopische Aufnahmen.

Bild 54. Teil einer illegalen, für Hamburg bestimmten Fracht von 150000 Schlangenhäuten, beschlagnahmt auf dem Airport Calcutta.

Bild 55. Raubbau an Fröschen. Durch Verkauf von Froschschenkeln kommt die arme Landbevölkerung in Bangladesh zu etwas Geld.

und vorsichtig reponieren, notfalls unter → Lokalanästhesie durch Tabaksbeutelnaht Kloakenöffnung verkleinern. Bei Eintrocknung und fortgeschrittener → Nekrose Amputation der prolabierten Teile, nachfolgend Kloaken-und Enddarmwand vernähen. Wundränder mit Antibiotika behandeln. Ernährungspause von etwa 3 Wochen. Vitaminsubstitution. [1]

Kloakenwulst, Kloakalwulst: eine die Afteröffnung verschiedener Schwanzlurcharten umgebende wulstförmige Erhebung. Hauptsächlich zur Brunstzeit markant hervortretend. K. der ♂♂ von *Triturus* in dem Zeitraum etwa halbkugelförmig, mit Längsschlitz. Bei ♀♀ dieser Gatt mehr od. weniger stark vorspringend, mit länglich-ovalem od. stumpf kegelförmigem Schlitz. [1]

Klopfschirm: zum Erbeuten von Insektenlarven, flugunfähigen und wenig fluglustigen Insektenarten sowie von Spinnen geeignet. Im einfachsten Fall dient dazu ein alter, mit der Schirmoberseite gegen den Boden gerichteter, aufgespannter Regenschirm. Den gleichen Zweck erfüllt ein durch ein Leichtmetall- bzw. Holzkreuz an seinen 4 Ecken versteiftes, etwa 1 m^2 großes Leinentuch. Der K. wird am besten am frühen Morgen (Tiere fallen leichter ab) in der Strauchschicht od. unter niederem Astwerk von Bäumen ausgespannt. Nach kräftigem Klopfen gegen Zweige bzw. Äste können die in den Schirm gefallenen, als Futter für viele Terrarientiere verwendbaren Schmetterlingslarven, Käfer, Wanzen, Spinnen u. a. Formen abgelesen werden. [1]

Knoblauchkröte: → *Pelobates fuscus.*

Knochenbrüche: → Frakturen.

„Knochenfraß“: oft vor allem bei der Haltung von → Dendrobatiden auftretende, ansteckende Krankheit. Erste Symptome: kleine Hautlöcher, häufig im Kopfbereich (Schnauzen-, Nasen-, Augengegend), an Ellenbogen- und Kniegelenken, Schenkeln, Füßen. Rasche Ausdehnung der vielfach durch helle Ränder ausgezeichneten, stark nässenden Wunden. Fortschreitende Zerstörung der Muskulatur und letztlich der Knochensubstanz. Häufig Abfaulen der Extremitäten. Erreger bislang unbekannt (Bakterien?). Kranke Tiere sofort isolieren. Therapie: im Anfangsstadium Wundbehandlung mit einem Sulfonamid-Puder über längere Zeit (etwa 1–2 Wochen) hinweg erfolgreich. [1]

Knopfkiele: knopfartig verbreiterte Schuppenkiele in der oberen Analregion bei ♂♂ (→ Geschlechtsdimorphismus) einiger Schlangenarten (z. B. → *Natrix tessellata,* → *N. maura*). Mitunter sind auf einer Schuppe auch 2 K. ausgebildet. [1]

Kobra: kein systematischer Begriff. Sammelbezeichnung für Vertreter mehrerer Gatt der → Elapidae, wobei als „gemeinsames Charakteristikum“ das beim Drohverhalten bedeutsame, mehr od. weniger stark ausgebildete „Halsspreizen“ (→ Hutbildung) angesehen wird. Neben der bekanntesten Gatt *Naja* (Kobras i. e. S.) zählt man dazu die Gatt *Aspidelaps* (Schildkobras), *Boulengerina* (Wasserkobras) und *Pseudohaje* (Waldkobras) sowie → *Ophiophagus hannah, Paranaja multifasciata, Hemachatus haemachatus, Walterinnesia aegyptia.* [1]

Köcherfliegen: → Trichoptera.

Köderfallen-System der Geierschildkröte: bekanntestes Beispiel des → Köderverhaltens unter den **R**, im engeren Sinn dem Zungenködern zuzuordnen. Bereits nach dem Schlupf bei → *Macroclemys temminckii* ausgeprägt. Die schwerfälligen, ausgezeichnet getarnten Tiere (Körperumriß somatolytisch aufgelockert, dazu meist noch Algenbewuchs) liegen als → Lauerjäger unbeweglich mit weit geöffnetem Maul am Gewässerboden. Auf der Zungenspitze befindet sich ein roter, wurmähnlicher, gegabelter Fortsatz, der unterschiedlich intensiv nach allen Richtungen „spielt“. Dieses Köderorgan („Wurmattrappe“) lockt Fische an, die ins Maul hineinschwimmen und im Moment des Zustoßens verschluckt od. (größere Exemplare) zwischen den Kiefern zerrissen werden. Das Zuschnappen wird z. T. taktil (Berühren der Kieferränder, des Köders) ausgelöst, kann aber auch rein visuell erfolgen. (Abb. 61). [1]

Köderverhalten: Anlocken der Beute durch Zusammenspiel bestimmter Körperteile bzw. -anhänge und spezieller Verhaltensweisen. Als Zungenködern durch entsprechende Zungenbewegungen für Spitznattern *(Oxybelis)* nachgewiesen. Hierzu rechnet ebenfalls das → Köderfallen-System von → *Macroclemys temminckii.* Köderfunktion kommt auch den Hautlappen von → *Chelus fimbriatus* zu. Verschiedene **A** betreiben → Zehenangeln. Am verbreitetsten ist jedoch das von zahlreichen Schlangenarten mittels typischer Bewegungen ihres gewöhnlich auffällig gefärbten Schwanzendes praktizierte Schwanzködern. Seit langem für → Boiden der Gatt *Trachyboa, Tropidophis* bekannt, neuerdings auch für Jungtiere von → *Boa constrictor* und *Chondropython viridis* nachgewiesen (Gefangenschaftsbeobachtungen). Vor allem findet sich K. bei → Crotaliden, wobei hier z. T. art- und gattungsspezifische Verhaltensweisen auftreten können. So ködern z. B. *Sistrurus*-Arten durch horizontale, *Agkistrodon*-Arten durch vertikale Schwanzbewegungen. Außerdem kommt K. bei der Gatt *Acanthophis* und einigen *Vipera*- Arten vor. [1]

Kokonbildung: in ariden und semiariden Regionen bilden während der langanhaltenden Trockenperioden zahlreiche in den Boden eingegrabene **A**-Arten zur Verminderung der Wasserabgabe einen pergamentartigen Kokon. Dieser umgibt das Tier mehr od. weniger vollständig und kann an einigen Stellen des Körpers festhaften. Nach licht- und elektronenmikroskopischen Untersuchungen baut sich die Kokonwand aus feinen, lamellenartigen Zellschichten auf, die dem Stratum corneum der → Epidermis entsprechen. Schichtzahl, -dicke und Bildungsdauer variieren zwischen- und innerartlich z. T. sehr. Bei *Lepidobatra-*

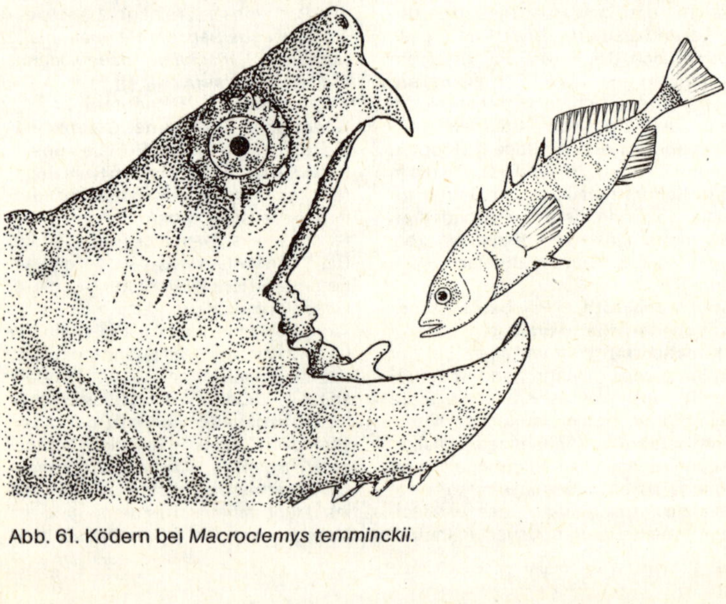

Abb. 61. Ködern bei *Macroclemys temminckii.*

chus llanensis besteht die Wand z. B. aus 40–60 Zellschichten (jede über 0,2 µm stark; Wasserverlust verringert sich um 50–70 %), die Bildung einer neuen Hornschicht erfolgt annähernd täglich. Eine K. wurde bisher bei Schwanzlurchen für *Siren intermedia,* Froschlurchen z. B. für Vertreter der → Pelobatidae *(Scaphiopus couchi),* → Leptodactylidae *(Lepidobatrachus),* → Hylidae (*Cyclorana*-Arten, *Pternohyla fodiens* u. a.), → Ranidae *(Pyxicephalus adspersus)* nachgewiesen. [1]

Kokzidien: → Eimeriidae.

Komfortverhalten: Verhaltensweisen zur Pflege des Körpers (hauptsächlich der Haut und → Hautderivate). Älteres Schrifttum bezieht hier auch Streckbewegungen und → Gähnen ein. Besonders vielfältig und eindrucksvoll ist K. bei Vögeln und Säugern. Bei **A** und **R** dient es vor allem dem Abstreifen von Fremdkörpern (Sand, Erde, Nahrungsresten u. a.), Hautfetzen während der Häutung sowie → Ektoparasiten, durch Reiben bzw. Scheuern am Substrat od. Wischbewegungen der Extremitäten. Verbreitet sind Kratzbewegungen (besonders mit den Hinterextremitäten), auch Hautpflegeleistungen mit dem Mund (Lippenlecken, Säubern der Augen/Bild 17, usw.). Einige Maki-

Abb. 62. Komfortverhalten bei *Varanus salvator.* A. Verhalten zur Abwehr von Fluginsekten; a) Wischbewegung mittels der Vorderextremität; b) Kopf-Hals-Schwenken; c) Schlagen mit Vorder- und Hinterextremität; d) Heben einer Extremität. B. Hautpflegeleistungen; a) Kopf-Hals-Reiben; b) Lippenlecken; c) Hautpflege mit dem Mund. C. Putzverhalten (Verreiben von Lipiden) bei *Phyllomedusa sauvagei.* Die Einsatzbereiche sind durch unterschiedliche Schraffur ausgewiesen.

frosch-Arten „verreiben" in einem bestimmten Putzritual von → Hautdrüsen sezernierte Lipide auf ihrem Körper (Verdunstungsschutz). *Varanus salvator* deckt nach Vogel (1979) nahezu die gesamte Körperoberfläche durch Hautpflegeleistungen ab (Reiben von Kopf, Hals, Lippenlecken, Beknabbern mit dem Mund). Hinsichtlich der Pflegeintensität ergeben sich allerdings regional starke Unterschiede. Zum K. gehört bei dieser Art auch die Abwehr von Fluginsekten, die durch Wisch- und Schlagbewegungen der Extremitäten sowie ruckartiges Bewegen des betroffenen Körperabschnittes erfolgt. (Abb. 62). [1]

Kommensalismus: ursprünglich als eine Form zwischenartlicher Beziehung verstanden, bei der der Kommensale im od. am Körper einer anderen Tierart (des Wirtes) lebt und von deren Nahrung profitiert, ohne daß der Wirt dadurch Nachteile erfährt. Heute oft weitaus breiter gefaßt, bis hin zur Gesellung ohne körperlichen Kontakt, wobei das Teilhaben des Gastes unverändert eine Schädigung des anderen Partners ausschließt. In diesem Sinn wird z. B. → *Podarcis erhardii* auf einigen Mittelmeerinseln als K. des Eleonorenfalken *(Falco eleonorae)* beschrieben. Die Eidechsen ernähren sich hier in den Sommermonaten an den Horstplätzen ohne Scheu vor den Falken von deren Nahrungsresten. [1]

Kommentkampf: im Gegensatz zum → Beschädigungskampf ein ritualisierter Kampf, bei dem 2 rivalisierende ♂♂, mitunter ♀♀ od. Jungtiere, nach einem angeborenen, artspezifischen Zeremoniell (turnierartig) miteinander kämpfen, ohne sich zu verletzen. Er kann im Rahmen des → Revierverhaltens, zur Änderung der Rangstellung innerhalb einer → Rangordnung od. ohne territorialen Bezug zum Vertreiben des Rivalen erfolgen. Berühmt ist der K. bei Vertretern der → Dendrobatidae (Abb. 63 H). Die oft aufrecht, Bauch gegen Bauch ringenden Frösche können den K. gelegentlich bis über eine Stunde austragen. Unter den **R** (Abb. 63 A–G, I) praktizieren ihn verschiedene Schildkröten, vor allem aber viele Echsen (z. B. Vertreter der → Gekkonidae, → Iguanidae, → Agamidae, → Chamaeleonidae, → Lacertidae, → Varanidae) und Schlangen (Arten der → Boidae, → Colubridae, → Elapidae, → Viperidae, → Crotalidae). → *Vipera berus* und → *Vipera aspis* richten z. B. den Vorderkörper empor, umschlingen sich gegenseitig, pressen kurzzeitig die Köpfe und oberen Rumpfabschnitte aneinander (Versuch, den Rivalen niederzudrücken) und schnellen schließlich durch gegenseitiges Abgleiten auseinander. Auseinanderpressen und Abgleitschnellen (Schwanzabschnitt bleibt meist umwunden) werden gewöhnlich mehrmals wiederholt, bis ein Tier aufgibt. Rivalisierende ♂♂ von *Sanzinia madagascariensis* umschlingen sich nur im Bereich der hinteren Körperhälfte und setzen dabei auch die → Afterklauen ein. [1]

Komodo-Waran: → *Varanus komodoensis.*

Konfliktverhalten: Verhaltensweisen, die aus der gleichzeitigen Aktivierung einander entgegengesetzter Verhaltenstendenzen erwachsen und zur Lösung der Konfliktsituation (z. B. durch → Übersprunghandlungen) führen. [1]

Königskobra: → *Ophiophagus hannah.*

Königspython: → *Python regius.*

Konservierungsflüssigkeit: die für zoologische und anatomische Objekte gebräuchlichsten K. sind 70–80%iger Ethylalkohol (Ethanol, C_2H_5OH) und eine 4%ige Formaldehydlösung (Formalin, Formol, H-CHO). Formalin wurde erstmals von Blum 1893 zur Konservierung zoologischer Objekte verwendet. Es entzieht im Vergleich zu Alkohol kein Wasser, härtet jedoch stark und ist außerdem gesundheitsschädigend. Diese → Flüssigkeitspräparate sollten frost- und lichtgeschützt (unter Lichteinwirkung Bildung von Ameisensäure; daher neutrales Formalin verwenden) stehen. Als K. wird heute meist Ethylalkohol bevorzugt. Zur besseren Farb-

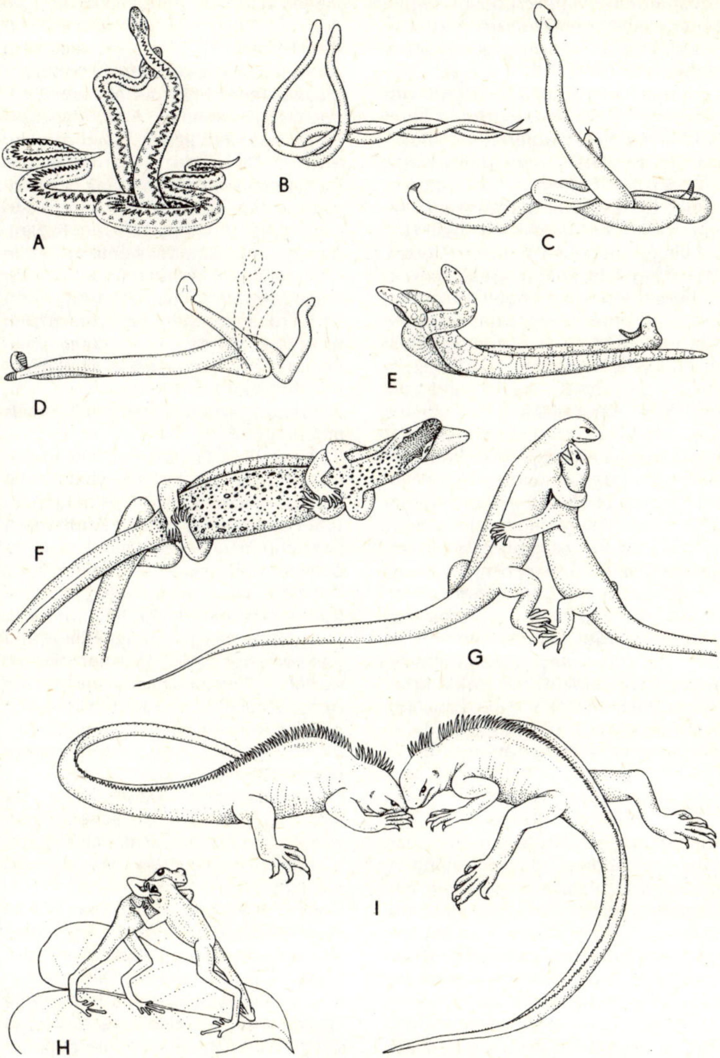

Abb. 63. Kommentkampf. A. *Vipera berus;* B. *Elaphe longissima;* C. *Crotalus viridis;* D. *Crotalus lepidus;* E. *Sistrurus miliaris;* F. *Varanus semiremex* (Catchphase); G. *Varanus bengalensis* (Clinchphase); H. *Dendrobates pumilio;* I. *Amblyrhynchus cristatus.*

erhaltung empfiehlt sich, besonders für Schau- und Lehrzwecke, die Aufbewahrung in einem für **A** und **R** geeignetem → Farberhaltungsgemisch. [1]

Konstriktion, Umschlingen: Art des Fangens und Tötens der Beute bei → Boiden und verschiedenen → Colubriden (besonders *Lampropeltis*, auch *Coronella*, *Coluber*, *Drymarchon*, *Elaphe* u. a.). Nach plötzlichem Vorschnellen ihres Vorderendes packt die Schlange das Opfer mit den Kiefern, umschlingt es spiralförmig mit einer od. mehreren Körperschlingen (gelegentlich auch unter Einsatz des Schwanzes) und zieht diese gleichzeitig fest an. Kleinere Beutetiere werden so in Sekunden getötet. Die K. führt zum Ersticken, Herzstillstand, jedoch nie zum oft zitierten „Zermalmen" der Beute. Erst nach dem Tod des Beutetieres beginnt die Lockerung der Schlingen. Nach einer Hypothese von Werner (1939), soll der fehlende Herzschlag das Loslassen des Opfers auslösen. Die Zahl der Körperschlingen hängt von der Größe der Beute sowie davon ab, ob diese günstig od. ungünstig gepackt wurde. Mitunter kommt es zum Phänomen des → Mehrfachwürgens. Herfs stellte für Boiden folgende nach Schlangengewicht (S), Beutetiergewicht (B) und Würgdauer (tw) berechnete Würgleistungs-Formel auf:

$$\text{Würgleistung WL} = \frac{B \times 100}{S \times tw}$$ [1]

Konvergenz: im Laufe der Evolution unter gleichartigen Umweltbedingungen erfolgte Parallelentwicklung von Formen, Organen od. Verhaltensmustern bei Organismen unterschiedlicher Abstammung. So ähnelt z. B. der in Wüsten und Steppen Australiens lebende → *Moloch horridus* (Fam → Agamidae) den in nordamerikanischen Wüsten verbreiteten Krötenechsen (*Phrynosoma*, Fam → Iguanidae). Ein in Körperbau, weitgehend auch in Färbung und Lebensäußerungen übereinstimmendes Gegenstück zu → *Corallus caninus* (Neuguinea) stellt *Chondropython viridis* (NO-Australien, Neuguinea) dar. [1]

Kopfamplexus: für verschiedene Arten der → Dendrobatidae (*Colostethus inguinalis*, *Epipedobates tricolor*, *E. boulengeri-espinosai* u. a.) typische Form des → Amplexus. Das ♂ erreicht etwa die Größe des ♀, sitzt auf dessen Rücken und umklammert mit den ausgestreckten Vorderextremitäten den Kopf (Bild 6). Klammern im Rumpfbereich hätte offensichtlich keine erfolgreiche → Besamung der Eier zur Folge, da durch die beachtliche KRL des ♂ das abgegebene Sperma sich nicht über, sondern hinter diese ergießen würde. Während des K. kann das ♂ Paarungslaute ausstoßen. [1]

Kopfbinden-Zwergnatter: → *Eirenis modestus.*

Kopfmimikry, Pseudokopf: → aposematische Verhaltensweise einer Reihe von Schlangen, bei der das aufgerichtete, stumpfe, i. d. R. kopfähnlich gezeichnete, oft dazu lebhaft bewegte Schwanzende einen Kopf vortäuscht. Der Kopf selbst wird dabei unter den Körperschlingen (mitunter in → Ballstellung) verborgen. Unter den → Boidae bedienen sich dieses bemerkenswerten Täuschungsmanövers die Nordamerikanische Sandboa *(Charina bottae)* und Indische Sandboa *(Eryx johni)*, weiterhin zeigen es unter anderem Walzenschlangen *(Cylindrophis)*, Bauchdrüsenottern *(Maticora)*, Korallenschlangen *(Micrurus)*. Ein Exemplar von *Cylindrophis opisthorhodus* demonstrierte dieses Verhalten etwa 90 min lang. [1]

Kopfschlagadern: → Carotiden.

Koprophagie: Kotfressen. Bei vielen Landschildkröten in Gefangenschaft sowie in der Natur zu beobachten. Gefressen werden eigene und artfremde Exkremente. So wird z. B. von den auf Mahé in Gefangenschaft gehaltenen Seychellen-Riesenschildkröten (→ *Megalochelys gigantea*) berichtet, daß sie oft ihre nicht entfernten Kotballen (z. T. bis 25 cm lang) wieder verzehren. In SO-Europa finden sich Schildkröten häufig an Abfallhaufen ein, wo sie unter anderem tierische, in Fäkaliengruben auch menschliche Exkremente fressen. Sogar bei Wasserschildkröten *(Podocnemis)* wurde K. unter Brutbäumen von Vögeln im Uferbereich nachgewiesen. Weiterhin ist K. typisch für viele → Kaulquappen. [1]

Kopulation, Begattung: Vorgang der Übertragung des Spermas in die weibliche Geschlechtsöffnung mittels eines männlichen Begattungsorganes, od. bei dessen Fehlen, durch Aneinanderpressen der Kloakenöffnungen beider Partner (bei *Salamandra, Euproctus, Amphiuma, Nectophrynoides,* → *Sphenodon punctatus*). Unter den **A** haben nur die ♂♂ der Gatt *Ascaphus* und → Gymnophiona ein Begattungsorgan (ausstülpbare, röhrenförmige Verlängerung der → Kloake). Schildkröten und Krokodile besitzen einen → Penis, Echsen und Schlangen paarige → Hemipenes. Bei der K. wird jeweils der Hemipenis in die weibliche Kloake eingeführt, der dieser am nächsten liegt. Dauer und Häufigkeit der K. sind innerartlich und von Art zu Art verschieden. (Abb. 64). [1]

Kopulationsorgan, Begattungsorgan: äußeres ♂ Geschlechtsorgan, das bei der → Kopulation in die → Kloake des ♀ eingeführt wird. Unter den **A** kommt ein K. lediglich bei den → Gymnophiona, die ihre Kloake insgesamt ausstülpen und als K. benutzen, sowie bei → *Ascaphus truei* vor. Das K. der **R** ist ebenfalls auf die Kloake zurückzuführen. Echsen, → Amphisbaenia und Schlangen besitzen paarige Begattungsorgane, die → Hemipenes. Diese können bei zahlreichen Vertretern der → Squamaten ein → Os penis aufweisen. Das K. der Schildkröten und Krokodile ist dagegen unpaar. Es entsteht aus der ventralen Kloakenwand. Dort verlaufen → Corpora cavernosa links und rechts einer offenen Samenrinne. Bei Blutfüllung führen sie zum Schluß dieser Rinne und zur Erektion des penisartigen Organs (tritt erst jetzt aus der ♂ Kloake hervor). Bei ♀♀ kann ein vergleichbares, kleineres Organ, die Clitoris, vorkommen. Nur → *Sphenodon punctatus* verfügt über kein K., die Übertragung der Spermien erfolgt durch direkten Kloakenkontakt. [2]

Körperbrutpflege: als Oberbegriff für sämtliche Formen der → Brutpflege auf od. im elterlichen Körper gebräuchlich. Bei Froschlurchen relativ verbreitet, nicht selten auch vom ♂ betrieben. Die breite Skala der K. umfaßt hier neben dem kurzzeitigen bzw. bis zum Schlupf der Larven dauernden Eitransport (an den Hinterextremitäten, auf Bauch- und Rückenseite), den → Larventransport (z. B. bei *Hylodes lineatus,* vielen Arten der → Dendrobatidae), die hochspezialisierten Formen der → Rückenbrutpflege, die „Maulbrutpflege" von → *Rhinoderma darwinii* sowie das Phänomen des → Magenbrütens bei *Rheobatrachus silus.* Den einzigen Fall von K. bei **R** bildet der durch Pooley wiederentdeckte → Maultransport bei → *Crocodylus niloticus* und einigen anderen Krokodilarten. [1]

Korsischer Gebirgsmolch: → *Euproctus montanus.*

Korsischer Scheibenzüngler: → *Discoglossus montalentii.*

Krallenausfall: → „Krallenkrankheit".

„Krallenkrankheit", Krallenausfall: Verlust der Krallen, oft zusammen mit den letzten → Phalangen. Nach längerer Gefangenschaftshaltung gelegentlich bei manchen Eidechsen (öfter z. B. bei → *Lacerta bedriagae*), Skinken und bodenbewohnenden Geckos *(Coleonyx, Eublepharis)* beschrieben. Ursache unklar (ernährungsbedingte Mangelkrankheit?).

Kraternest: → Schlammnest.

Kratzer: → Acanthocephala.

Kratzkescher: → Kescher nach Stolzenhain (1941) zum Fang von → *Tubifex tubifex.* Rechteckiges Rahmengestell (40 × 30 cm, 15 cm hoch), unterseits sowie an den Seitenflächen (innen) mit verzinktem Eisenmaschendraht (Maschenweite 3–4 cm) bespannt. Fang: zum Abkratzen der Schlammoberfläche K. mit der Öffnung nach

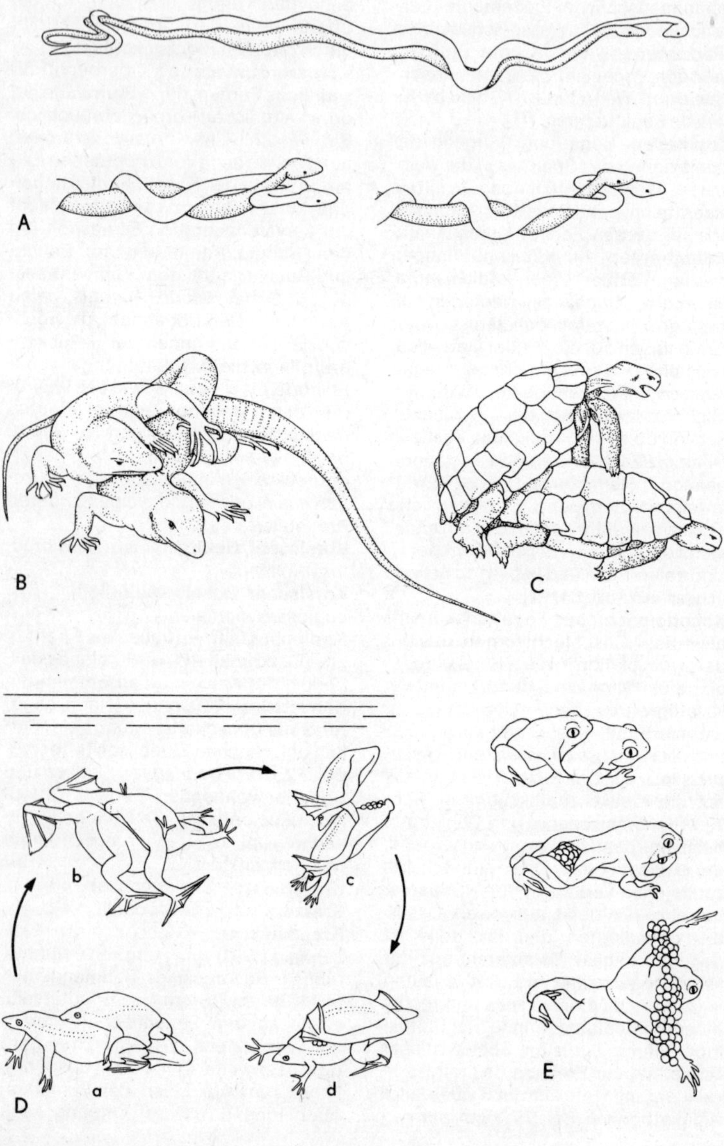
A
B
C
D
a
b
c
d
E

unten durch das Wasser ziehen. K. umdrehen, Schlamm durch die als Sieb dienende Unterseite herausspülen. Die *Tubifex* bleiben im K. zurück. [1]

„Kratzseuche“: auf Bechter zurückgehender Begriff. Befallen werden Vertreter der → Dendrobatidae, mitunter auch der → Hylidae. Typisches Symptom: Kratzen mittels der Vorder- und Hinterextremitäten im Bereich der Flanken und des Rückens. Im fortgeschrittenen Stadium wird meist keine Nahrung mehr aufgenommen. Hohe Mortalität. Inkubationszeit etwa 10–14 Tage. Erreger bislang unbekannt (Virusinfektion?). Heilungsaussichten sehr gering. Kranke Tiere sofort isolieren. Kochsalzbäder (1:100) und trokkene Haltung wenig wirksam. Antibiotika-Gaben (über Futtertiere) z. T. zunächst erfolgreich, nachfolgend meist Tod durch → Häutungs- od. Freßschwierigkeiten. [1]

Krebse: → Crustacea.

Kreuzbein: → Sacrum.

Kreuzkröte: → *Bufo calamita.*

Kreuzotter: → *Vipera berus.*

Kreuzstellung: extreme Spreizstellung der Extremitäten bei erhöhtem Streckertonus. Mitunter von Vertretern der → Ranidae als Abwehrreaktion (Erschweren des Verschlingens) gegenüber → Prädatoren eingenommene Körperhaltung. [1]

Kroatische Gebirgseidechse: → *Lacerta horvathi.*

Krokodile: → Crocodylia.

Krokodilfarm: als wirklich echte Farm eine Einrichtung, in der Krokodile regelmäßig in großer Zahl zur Fortpflanzung gebracht werden. Ein natürlicher Zuchtkreislauf liegt bei der Mehrzahl der sog. Krokodilfarmen nicht vor. Häufig sind es nur Aufzuchtanlagen illegal erbeuteter Jungkrokodile (z. B. viele der „Alligatorenfarmen“). Ziel der K. ist meist die Gewinnung der Häute, nebenbei (selten ausschließlich) auch die Arterhaltung durch Nachzucht. In dem Sinn arbeiten z. B. die beiden berühmtesten und zugleich größten Farmen, die staatliche kubanische „Criadero de cocodrilos“ und die 1950 privat von Utai Youngprapakorn gegründete thailändische Samut-Prakarn-Farm. Erstere liegt westlich von Cienfuegos am Rand der Zapatasümpfe und züchtet vor allem *Crocodylus rhombifer*, aber auch → *C. acutus.* 1985 beherbergte sie z. B. etwa 40 000 Krokodile. Die südöstlich von Bangkok, außerhalb der Stadt Samutprakarn gelegene K. weist gleichermaßen wie in Kuba Zuchtteiche mit Landteile und Brutboxen, Aufzuchtbecken für junge Panzerechsen sowie Futterteiche auf. Zur Nachzucht gelangen vor allem *Crocodylus siamensis*, → *C. porosus*, auch *Tomistoma schlegelii*, außerdem werden zahlreiche andere Arten gehalten. Man fing 1950 mit 20 Wildfängen an und hält derzeit auf einer 40 000 m^2 großen Fläche etwa 30 000 Krokodile. Beeindruckend sind die Schlupfergebnisse (Schlupfrate 40–60 %), 1963 waren es 600, 1971 über 4000, 1980 4750 Tiere. Die Jungtiersterblichkeit beträgt im 1. Lebensjahr 10–15 %, sinkt danach jedoch auf jährlich 5 % ab. Beide Farmen stehen dem Publikumsverkehr offen, in Thailand erreicht die Besucherzahl jährlich etwa 1 Million. [1]

Krokodilkaiman: → *Caiman crocodilus.*

Krokodilnester: unterschieden werden 2 Grundbautypen (Nest-Typen). 1. Nistgrubentyp: Eiablage in selbst gegrabenen, bis 60 cm tiefen Sand- bzw. Erdgruben, die nachfolgend wieder verschlossen werden. Typisch → *Gavialis gangeticus*, → *Crocodylus niloticus* und weitere *Crocodylus*-Arten. 2. Nisthügeltyp: Hügelnester aus Pflanzenmaterial (Bild 13). Mitunter kompliziert angelegt, bei → *Alligator sinensis*

Abb. 64. Paarungsverhalten. A. *Masticophis taeniatus;* B. *Lacerta jayakari;* C. *Indotestudo elongata travancorica;* D. *Pipa carlvalhoi* a) Ausruhen am Boden; b) Drehen um die Längsachse; c) Drehen um die Querachse; d) Glattstreichen der Eier durch das ♂; E. *Alytes obstetricans.*

sogar geschlechtsspezifischer Wohnhöhlenbau. Zu den „Pflanzenhügel-Nestbauern" gehören alle Vertreter der → Alligatoridae, *Tomistoma schlegelii* und 4–5 *Crocodylus*-Arten (*C. porosus* u. a.). Nach Greer sind die Hügelnester phylogenetisch vom Nistgrubentyp abzuleiten. Als möglicher „Übergangstyp" gelten mit etwas pflanzlichem Material abgedeckte Nistgruben, wie die von *C. acutus* und *C. moreletii*. *Osteolaemus* tetraspis kann beide Typen anlegen und wäre daher gegenwärtig ebenfalls hier einzuordnen. [1]

Krokodilwächter: → *Pluvianus aegyptius.*

Kropfbildung, Struma: nichtentzündliche Vergrößerung der → Thyreoidea. Zeichen einer Funktionsstörung des Organs. Jedoch nicht immer bei allen Gruppen (z. B. Schlangen) äußerlich erkennbar. Hauptursache der K. ist Jodmangel, in erster Linie durch jodarme Nahrung bedingt. Weiterhin kann zu reichliches Verfüttern von Kohl *(Brassica-Arten,* z. B. an → *Chelonoides elephantopus*) über die in ihm enthaltenen goitrogenen Substanzen (verhindern die Jodaufnahme od. hemmen die Jodisation) zur K. führen. Strumen werden bei **A** nur sehr selten, unter **R** hin und wieder bei Schildkröten und → Squamaten festgestellt. Meist liegen als Folge von Jodmangel gutartige → Tumoren vor. In einigen Gebieten mit niedrigem Jodgehalt im Trinkwasser wurde sogar ein „endemischer Kropf" für **R** nachgewiesen. Therapie: Kaliumjodid-Zusatz ins Trinkwasser (evtl. auch Badewasser), 1 ml KJ-Stammlösung/l Wasser (Stammlösung: 200 mg KJ/l Wasser). Prophylaktisch wird bei potentieller Gefährdung als Futterbeigabe ein jodhaltiges Mineral-Vitamin-Gemisch empfohlen. [1]

Kröte: populäre Bezeichnung für Vertreter der Froschlurche mit allgemein gedrungener Form, trockener und warziger Haut. Ohne Aussage über Verwandtschaftsbeziehungen. [1]

Kröten: → Bufonidae.

Krötenfliege: → *Lucilia bufonivora.*

Krötenfrösche: → Pelobatidae.

Krötenkopf: → *Phrynocephalus mystaceus.*

Krötentest: von Mainini 1947 entwickelter Schwangerschaftsfrühnachweis. ♂♂ von → *Bufo bufo* (auch ♂♂ anderer *Bufo*-Arten od. von → *Rana „esculenta"*) wird Schwangerenurin in den dorsalen Lymphsack injiziert. Bereits nach 3–4 h reagieren die ♂♂ auf das im Urin enthaltene Choriongonadotropin mit Abgabe von Spermien in die → Kloake. Statt biologischer Schwangerschaftstests (vgl. auch → Hogben-Test) werden heute immunologische Diagnoseverfahren (Gravimuntest) verwendet. [1]

Krustenechsen: → Helodermatidae.

Kulturflüchter: → hemerophobe Arten.

Kulturfolger: → hemerophile Arten.

Kunststoffverband für Reptilien: mittels Spray- od. Streichflasche auftragbare elastische, festsitzende, durchsichtige Kunststoff-Folie. Zur Behandlung von → Panzerläsionen und Weichteilverletzungen bei Wasserschildkröten wurde unter anderem das in der Humanmedizin gebräuchliche Nobecutan (Poly-2-ethoxyethylmethacrylat, mit 0,5 % Tetramethylthiuramdisulfid als Desinfiziens) verwendet. Der K. bietet mechanischen Schutz, wirkt antiseptisch und verhindert das Wachstum von Anaerobiern. Entfernung mit Ether od. Aceton. [1]

Kupferkopf: → *Agkistrodon contortrix.*

Kyphose: → Wirbelsäulenverkrümmung nach der Rückseite. Verschiedentlich für **A** (vor allem Molche) und wiederholt für **R** beschrieben. Besonders bekannt sind die häufig monströsen K. des → Carapax hauptsächlich bei → Trionychidae. Sie treten mitunter auch bei Vertretern der → Kinosternidae, → Testudinidae und → Emydidae auf. Als Entstehungsursache der Carapax-Kyphose wird ein zu starkes Austrocknen der Eier vermutet. Unter den → Squamaten kommen K. bei Schlangen recht oft vor. In zahlreichen Fällen handelt es sich um Kyphoskoliosen, d. h. neben den Verkrümmungen nach oben bestehen noch seitlich gerichtete (Skoliosen). [1]

Labialgruben, Lippengruben: kleinere, einkammrige, gut durchblutete, von Ästen des → Nervus trigeminus innervierte Sinnesgruben in Ober- und Unterlippenschildern bei zahlreichen → Boiden (*Boa, Calabaria, Charina, Eryx, Eunectes* u. a.). Sie dienen in gleicher Weise als Thermorezeptoren wie die → Lorealgruben der → Crotalidae. Temperaturdifferenzen der Strahlungswärme eines Beutetieres werden noch bis zu 0,026 °C registriert. Wie elektrophysiologische Untersuchungen ergaben, sprechen auch Formen ohne L. (*Chondrophython, Corallus* u. a. Boiden) – wenn auch wesentlich abgeschwächt – allein über den N. trigeminus noch auf Strahlungswärme an. [1]

Labium vocale, Stimmlippe: freier und schwingender Rand der → Plicae vocales. [2]

Labyrinthorgan, häutiges Labyrinth, inneres Ohr: statoakustisches Organ (Schweresinnes-, Gleichgewichts- und Hörorgan) aller Wirbeltiere. Es besteht aus einer Reihe von Säckchen und Kanälchen, die → Endolymphe enthalten: dem dorsalen → Utriculus, ventralen → Sacculus und der → Lagena. Alle 3 sind mit Sinnesflecken (→ Maculae) ausgestattet, die die Stellung des Kopfes im Raum bzw. Linearbeschleunigungen registrieren. Über Drehbewegungen informieren die vom Utriculus ausgehenden → Canales semicirculares, die mit Ampullen versehen sind, in denen als Sinnesendstellen → Cristae ampullares vorkommen. In die Lagena ragt die Sinnesendstelle für das Hören (→ Papilla basilaris) hinein. **A** besitzen außerdem an der Basis der Lagena die → Papilla amphibiorum. Am höchsten entwickelt ist die Papilla basilaris bei den Krokodilen als → Cortisches Organ. Vom Sacculus entspringt der → Ductus endolymphaticus. Er dringt bis in die Schädelhöhle vor und endet dort blind (häufig als Endolymphsack). Das L. wird von der inneren Wandung der Ohrkapsel durch den → Perilymphraum getrennt. (Abb. 65). [2]

Labyrinthversuch: zur Prüfung der Lernfähigkeit und -leistung durchgeführter Versuch. Häufig verwendete Labyrinthformen sind das T- und Y-Labyrinth. Mit dem T-Labyrinth sowie dem aus einer Kombination solcher Systeme aufgebauten „multiplen T-Labyrinth" wurden unter anderem auch zahlreiche L. an **R**, wie Schildkröten (*Clemmys insculpta* u. a.) und Schlangen (*Natrix fasciata* u. a.), vorgenommen. Dabei erwiesen sich die getesteten Schildkrötenarten den Schlangen im Lernvermögen deutlich überlegen. [1]

Lacerta agilis Linnaeus 1758, Zauneidechse: Vertreter der → Lacertidae. Verbreitung: im Westen bis W-, S-Frankreich, NO-Spanien, im Norden bis M-England, Dänemark, S-Schweden, bei Petrosawodsk (UdSSR) bis über 62 ° n. Br., ostwärts über die Krim, den Kaukasusraum, NO-Kleinasien bis zum Baikalsee, fehlt in Italien und im S-Balkan. Besiedelt meist trockene Biotope in der offenen und geschlossenen Landschaft. Breites Biotopspektrum, umfaßt z. B. Dünen, Heideflächen, Steppengebiete, Waldränder, subalpine Gebirgsmatten. Als → Kulturfolger an Weg-, Straßen-, Autobahnrändern, Teich-, Kanal-, Bahndämmen, in Städten unter anderem in → Kleingärten, Parks, Friedhöfen, auf Brachland verschiedenster Art. Höhenverbreitung bis 2400 m. GL bis 27 cm. Körper gedrungen, leicht abgeflacht, kurzbeinig. Kopf kurz, hoch, stumpfschnauzig. → Massetericum fehlt, → Halsband gezähnt. Schwanz erreicht bis über anderthalbfache KRL. Tagaktiv. Ortstreu. ♂♂ tragen → Kommentkämpfe aus. Gelegegröße: 5–17 Eier; 2 Jahresgelege möglich. [1]

Lacerta bedriagae Camerano 1885, Tyrrhenische Gebirgseidechse: Vertreter der → Lacertidae: Verbreitung: Korsika, Sardinien, einige vorgelagerte Inseln. Lebt hauptsächlich im Bergland, bis 2700 m NN, in N-Sardinien und

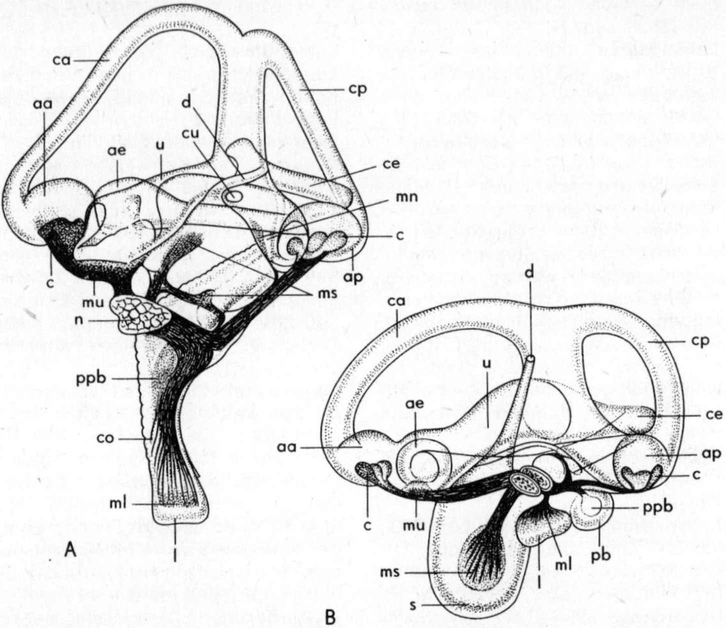

Abb. 65. Häutiges Labyrinth. A. *Alligator mississippiensis;* B. *Rana „esculenta"*. *aa* Ampulla anterior, *ae* Ampulla externa, *ap* Ampulla posterior, *c* Crista, *ca* Canalis anterior, *ce* Canalis externus, *co* Cochlea, *cp* Canalis posterior, *cu* Canalis utriculosaccularis, *d* Ductus endolymphaticus, *l* Lagena, *ml* Macula lagenae, *mn* Macula neglecta, *ms* Macula saccularis, *mu* Macula utricularis, *n* Nervus statoacusticus, *pb* Pars basilaris, *ppb* Papilla basilaris, *s* Sacculus, *u* Utriculus.

S-Korsika jedoch in der Ebene, bis zur Küste. Besiedelt verschiedenste Biotope, z. B. felsige Bereiche (Klippen, Felshänge u. a.), Geröllfelder, steinige Bachränder, → Legesteinmauern, Macchia, Wälder. GL bis 28, meist nicht über 20 cm. Körper abgeflacht, robust wirkend. Kopf lang, spitzschnauzig. Augen vorspringend, → Massetericum fehlt od. ist kaum differenziert. → Halsband glattrandig bzw. gering gezähnt. Rückenschuppen glatt. Schwanz kräftig, erreicht etwa doppelte KRL. Tagaktiv. Gewöhnlich nicht scheu. Flieht in Felsspalten, gelegentlich auf Bäume, sogar ins Wasser. Gelegegröße: 3–6 Eier; offenbar 2 Jahresgelege möglich. [1]

Lacerta caucasica Méhely 1909, Kaukasische Felseidechse: Vertreter der → Lacertidae. Verbreitung: östliches Kaukasusvorland, W-, M- und O-Kaukasus. Besiedelt vor allem steinige, felsige Gebirgshänge, Geröllflächen an Gebirgsflüssen, verschiedentlich auf mit Steinen durchsetzten Bergmatten bis in alpine Gebiete vordringend. Höhenverbreitung bis über 3000 m. GL bis 18 cm. Schlank, Rückenschuppen glatt. Kopf gestreckt, flach. → Massetericum häufig nicht ausgebildet. → Halsband gezähnt. Schwanz erreicht nicht ganz doppelte KRL. Tagaktiv. Stellenweise hohe Populationsdichte vorhanden. Gelegegröße: 2–6 Eier. [1]

Lacerta derjugini Nikolskij 1889, Artwiner Eidechse: Vertreter der → Lacertidae. Verbreitung: nordwestliches Kaukasusvorland, W- und Zentral-Kaukasus, Transkaukasien, NO-Kleinasien. Hauptsächlich Bodenbewohner, ziemlich feuchtigkeitsliebend. Gewöhnlich in waldreichen Gebieten, an Wald- und Wegrändern, auf Kahlschlägen, Lichtungen, in Farn- und Rhododendronbeständen, auch z. B. an Felswänden, auf Rasenflächen, mitunter in Ortschaften. Von der Schwarzmeerküste bis 1900 m NN. GL bis 16 cm. Körper gedrungen, relativ kurzbeinig. Kopf recht hoch, Oberseite abgeflacht. → Massetericum meist ausgebildet, stumpfschnauzig. → Halsband gezähnt. Schwanz erreicht bis anderthalbfache KRL. Tagaktiv. Nicht zu flink, wenig scheu. Gelegegröße: 2–8 Eier; offenbar 2 Jahresgelege möglich. [1]

Lacerta graeca Bedriaga 1886, Griechische Spitzkopfeidechse: Vertreter der → Lacertidae. Verbreitung: Peloponnes. Gebirgsform. Lebt auf felsigem Gelände gewöhnlich nahe am Wasser, besonders in geröllreichen Schluchten von Gebirgsbächen, auch an Wegböschungen, Mauern. Höhenverbreitung: 500–1500 m. GL bis 26 cm. Schlank, mäßig abgeflacht, langbeinig. Kopf flach, schmal, → Massetericum nicht ausgebildet. Hals ziemlich lang, mit lateralen Falten. Schwanz kann über doppelte KRL erreichen. Tagaktiv. Klettert gut. Fortbewegung relativ langsam. Beobachtungen zur Fortpflanzung im Freien fehlen bislang. Gelegegröße in Gefangenschaft: 5 Eier. [1]

Lacerta horvathi Méhely 1904, Kroatische Gebirgseidechse: Vertreter der → Lacertidae. Verbreitung: zersplittertes → Areal; NO-Italien (Julische Alpen), S-Österreich (Karnische Alpen), NW-Jugoslawien (von NO-Istrien nach Süden bis über das Velebit-Gebirge hinaus). Typische Felseidechse. Bewohnt feucht-kühle Bereiche im Gebirge etwa ab 500 bis 2000 m NN. Hauptsächlich auf felsigem, steinigem, oft bebuschtem Terrain, unter anderem auch in Steinbrüchen, lichten Wäldern, an Straßenböschungen anzutreffen. GL bis 18 cm. Schlank, mäßig abgeflacht. Kopf kurz, → Massetericum nicht immer differenziert, → Halsband glattrandig. Rückenschuppen gekielt. Schwanz erreicht bis etwa doppelte KRL. Tagaktiv. Sehr flink. Kann sich in die Erde eingraben. Fortpflanzungsbiologie wenig bekannt. Gelegegröße in Gefangenschaft: 2–4 Eier. Offenbar bis 2 Jahresgelege möglich. [1]

Lacerta lepida Daudin 1802, Perleidechse: größter europäischer Vertreter der → Lacertidae. Verbreitung: Iberische Halbinsel (außer Teile im Norden), SW-, S-Frankreich, NW-Italien. Sehr breites Biotopspektrum. Besiedelt meist relativ offene, sonnige Gebiete, z. B. Plateaus mit geringem Baumbestand, buschreiches Felsgelände, sandige Litoralflächen, Garrigue, Heiden, Bergwiesen, lichte Wälder, als → Kulturfolger unter anderem Weinberge, Fruchthaine, Gärten, → Lesesteinhaufen, Steinbrüche. Höhenverbreitung bis 2100 m. GL in Ausnahmefällen 80–90, meist unter 60 cm. Körper gedrungen, sehr kräftig, Rumpf mäßig abgeflacht. Kopf groß, in Aufsicht stumpf dreieckig, Schnauzenspitze gerundet. → Massetericum fehlt, → Halsband gezähnt. Rückenschuppen klein, gekielt. Extremitäten kräftig. Schwanz im Anfangsteil sehr kräftig, erreicht bis doppelte KRL. Tagaktiv. Klettert geschickt. Gelegegröße: bis 26 Eier, in selbstgegrabener Höhle abgelegt. [1]

Lacerta monticola Boulenger 1905, Iberische Gebirgseidechse: Vertreter der → Lacertidae. Verbreitung: Iberische Halbinsel (Zentral-Pyrenäen, Kantabrisches Gebirge, N-, O-Galizien, M-Spanien, M-Portugal). Überwiegend montane Art, nur in Galizien im Flachland (bis zur Atlantikküste) anzutreffen. Bevorzugt felsiges Terrain, Geröllflächen, mit Heidekraut und Wacholderbüschen bewachsene Berghänge, auch z. B. in geröllreichen Bachschluchten, montanen Laubwäldern, an Küstenfelsen. Höhenverbreitung bis etwa 2700 m. GL bis 21 cm. Robust, Körper mäßig abgeflacht. Kopf groß, flach → Massetericum ausgebildet. Schwanz erreicht etwas über doppelte KRL. Tagaktiv. Klettert ausgezeichnet. Aufenthalt meist in Verstecknähe. Gelegegröße: 2–9 Eier, in selbstgegrabenen Gängen abgelegt. [1]

Lacerta mosorensis Kolombatović 1886, Mosor-Eidechse: Vertreter der → Lacertidae. Verbreitung: Jugoslawien. Zersplittertes → Areal, SW-Kroatien, Herzegowina, Montenegro. Gebirgsform, lebt in Höhenlagen von 600 bis 1500 m NN. In Karstgebieten, sogar auf nahezu vegetationslosem Fels, Geröllhängen, auch in lichten, feuchteren Waldungen. Gl bis 22 cm. Körper schlank, abgeflacht. Kopf lang, stark abgeflacht, spitzschnauzig, → Massetericum ausgebildet. → Halsband glattrandig bzw. nur schwach gezähnt. Schwanz endet in feiner Spitze, erreicht etwa bis doppelte KRL. Tagaktiv. Geschickter Kletterer, kann einige Meter weit springen. Oft ziemlich zutraulich. Gelegegröße: 4–8 Eier (→ Inkubationszeit nur etwa 23 Tage); bis 4 Jahresgelege möglich. [1]

Lacerta oxycephala Duméril und Bibron 1839, Spitzkopfeidechse: Vertreter der → Lacertidae. Verbreitung: Jugoslawien, von S-Dalmatien bis S-Montenegro sowie auf zahlreichen küstennahen Inseln. Breites Biotopspektrum, bevorzugt auf felsigem, vegetationsarmem bis -freiem Terrain (Küstenfelsen, im Karst, Berghänge usw.), auch z. B. an Gemäuer aller Art, selbst in Siedlungen, verschiedentlich im Nadel- und Laubwald. Höhenverbreitung bis 1400 m. GL bis 20 cm. Schlank, Körper stark abgeflacht. Kopf niedrig, spitzschnauzig, → Massetericum meist deutlich ausgebildet. → Halsband glattrandig. Schwanz dünn, unterseits median mit markanter Doppelreihe breiter Schilder, erreicht bis doppelte KRL. Neigung zum → Melanismus. Tagaktiv. Enorm gewandt und schnell. Ausgezeichneter Kletterer. Gelegegröße: 2–4 Eier. [1]

Lacerta praticola Eversmann 1834, Wieseneidechse: Vertreter der → Lacertidae. Verbreitung: sporadisch in NO-Jugoslawien, Rumänien, Bulgarien, im NO der Europäischen Türkei, außerdem Kaukasus-Gebiet (dichter besiedelt), zentrales Transkaukasien, NW-Iran. Vorwiegend Bodenbewohner. Lebt hauptsächlich in lockeren bis ziemlich geschlossenen Laubwaldbeständen (besonders Eichenwäldern) an lichten Stellen (Wegrändern u. a.) und sogar im Bestandsinneren, weiterhin auf vegetationsreichen Geröllhängen und Wiesen (am Strand, Wald-, Bergwiesen, oft mit Gebüsch durchsetzt). Höhenverbreitung bis 1400 m, meist unter 600–800 m. GL bis 16 cm. Schlank, kurzbeinig. Kopf klein, → Massetericum ausgebildet, → Halsband gezähnt. Rückenschuppen gekielt. Schwanz erreicht bis doppelte KRL. Tagaktiv. Klettert gut, gräbt im Boden Gänge. Gelegegröße: 4–6 Eier; 2 Jahresgelege möglich. [1]

Lacerta rudis Bedriaga 1886, Kielschwanz-Felseidechse: Vertreter der → Lacertidae. Verbreitung: nördliches Kaukasusvorland (N-Ossetien bis N-Dagestan), Kaukasus, Transkaukasien, N-Kleinasien. Typischer Felsbewohner. Auf felsigem Terrain, felsigen Straßenböschungen, Geröllhängen, steinigen Stellen in feuchten Wäldern, auch an Mauerwerk. Von der Schwarzmeerküste bis 2200 m NN. GL bis 25 cm. Ziemlich robust gebaut. Hinterextremitäten recht lang. → Massetericum markant, groß. → Halsband glattrandig. Rückenschuppen gekielt. Schwanz erreicht etwa bis doppelte KRL, im vorderen Drittel oberseits mit stark gekielten Schuppen. Tagaktiv. Nicht sehr scheu. Mitunter hohe Populationsdichte vorhanden. Gelegegröße: 2–8 Eier. [1]

Lacerta saxicola Eversmann 1834, Felseidechse: Vertreter der → Lacertidae. Verbreitung: S-Krim, NW-, N-Kaukasusvorland, Kaukasus, Transkaukasien, N-, O-Kleinasien, N-Iran, N-Irak, S-Turkmenien. Bewohnt primär felsiges Terrain, vor allem Felswände, -blöcke, -geröll, felsige Weg- und Straßenböschungen, auch unter anderem Böschungs-, Haus-, Parkmauern, Brükken, an Baumstämmen. Höhenverbreitung bis über 3000 m. GL bis 23 cm. Schlank, Körper abgeflacht, flachschädelig. → Massetericum meist differenziert. → Halsband glattrandig, höchstens leicht gesägt. Schwanz erreicht bis doppelte KRL. Tagaktiv. Sehr wendig, geschickter Kletterer. Oft nicht scheu, geringe → Fluchtdistanz. Meist hohe Populationsdichte. Gelegentlich Massenansammlungen von mehreren hundert Tieren im → Winterquartier. Gelegegröße: 2–7 Eier; 2 Jahresgelege möglich. [1]

Lacerta schreiberi Bedriaga 1878, Iberische Smaragdeidechse: Vertreter der → Lacertidae. Verbreitung: kein geschlossenes → Areal (stark → disjunkt), im Nordwesten, Westen, Süden und zentralen Bergland der Iberischen Halbinsel. Lebt in Biotopen mit hoher Luftfeuchte. Vorwiegend (im Gebirge regelmäßig) → Fließgewässern folgend, z. B. an Bergbächen mit blockreichen od. felsigen Rändern, gestrüppreichem Saum, ufernahen Farnbeständen im Hochwaldbereich, auch entlang von Quellrinnsalen auf Bergwiesen, selbst an Steilhängen. Gelegentlich weiter entfernt von einem Gewässer. Höhenverbreitung bis 1800 m. GL bis 40 cm. Habituell ähnlich → *Lacerta viridis*. Robust, kräftig gebaut. Kopf mäßig groß, kräftig, → Massetericum vorhanden. Schwanz erreicht bis doppelte KRL. Tagaktiv. Flieht oft ins Wasser, taucht unter. Sonnenliebend. Gelegegröße: 13–21 Eier. [1]

Lacerta strigata Eichwald 1831, Kaspische Smaragdeidechse: Vertreter der → Lacertidae. Verbreitung: zentrales und nordöstliches Kaukasusvorland, östliches Kaukasusgebiet, Transkaukasien, NO- und O-Kleinasien, N- und M-Iran, SW-Turkmenien. Breites Biotopspektrum, lebt z. B. auf vegetationsarmen Hängen, Wiesen, in Steppengebieten, lichten Wäldern, Flußtälern, an Gewässerrändern, auch in Parks, Gärten, Feldern, Weinkulturen, an Wegrändern. Höhenverbreitung bis 2800 m. GL bis 34 cm. Kräftig, gedrungen gebaut. Schädel ziemlich hoch, → Massetericum nicht immer differenziert, → Halsband gezähnt. Rückenschuppen gekielt. Schwanz erreicht bis doppelte KRL. Tagaktiv. Recht agil. Meist nie weit vom → Versteckplatz entfernt. Flüchtet oft ins Wasser (kann untergetaucht verharren). Gelegentlich → Kannibalismus. Gelegegröße: 4–17 Eier; 2–3 Jahresgelege möglich. [1]

Lacerta trilineata Bedriaga 1886, Riesensmaragdeidechse: Vertreter der → Lacertidae. Verbreitung: O-, S-Balkanhalbinsel, im Westen entlang der Adriaküste bis Istrien, einige jugoslawische, viele griechische, kleinasiatische Inseln, NO-Kaukasusvorland, Kaukasusraum, Transkaukasien, SW-Turkmenien, Irak, N-, W-Iran, Kleinasien, Syrien, Libanon, Israel. Breites Spektrum warmer, deckungsreicher Biotope, z. B. vor allem felsige od. steinige, buschreiche Stellen im Flach- und Bergland, gestrüppreiche Straßenböschungen, Macchia, Fluß- und Bachtäler, spärlich bewachsene Dünengebiete, Ruinen. Höhenverbreitung bis 2500 m. GL bis 60 cm. Kräftig, robust gebaut. Kopf hoch, kräftig. Schwanz kann über doppelte KRL erreichen. Tagaktiv. Sehr flink, scheu. Gelegegröße: 5–30 Eier; 2 Jahresgelege möglich. [1]

Lacerta viridis (Laurenti 1768), Smaragdeidechse: Vertreter der → Lacertidae. Verbreitung: N-Spanien, Frankreich, Schweiz, Österreich, Italien, Isolate in der BRD, DDR und evtl. Polen, ČSSR (Moldau und Elbe um Prag, SO-Teil), Ungarn, Balkanhalbinsel, SW-

Ukraine, große Teile Moldawiens, Kleinasiens. Lebt meist in sonnigen, buschreichen Biotopen, häufig auf Kalk-, Sand-, Geröllboden, z. B. an steinigen, gestrüppreichen Hängen von Flußtälern, Berghängen, Wald- und Wegrändern, im Randbereich von Kiefernheiden, in Weinbergen. Höhenverbreitung bis etwa 2000 m. GL bis 45 cm. Kräftig, gedrungen gebaut. Schädel hoch, robust. Rückenschuppen gekielt. Schwanz kann dreifache KRL erreichen. Tagaktiv. Flink, klettert gern. Flieht ins Gebüsch, nicht selten auf Bäume. → Sonnenkompaßorientierung. Gelegegröße: 5–22 Eier (in selbstgegrabenem Gang abgelegt); 2 Jahresgelege möglich. [1]

Lacerta vivipara Jacquin 1787, Waldeidechse: Vertreter der → Lacertidae. Verbreitung: von NW-Spanien und Irland im Westen, bis Sachalin im Osten, südwärts bis N-Italien, S-Jugoslawien, Bulgarien, im Norden bis zum Varanger-Fjord (70 ° n. Br.) und zur Petschorabucht an der Barentssee. Somit von allen **R** am weitesten nach Norden vorgedrungen! Bodenbewohner, feuchtigkeitsliebend. Sehr breites Biotopspektrum. Bevorzugt Waldflächen im Flach-, Hügel-, Bergland (Waldränder, -wegböschungen, -lichtungen, -inneres, Kahlschläge, Aufforstungen usw.), auch Feldgehölze, Waldsteppengebiete, Sumpfwiesen, Moore, Heckenstreifen, Sanddünen, aufgelassene Steinbrüche und Kiesgruben, Tundra. Höhenverbreitung bis etwa 3000 m. GL bis 20 cm. Schlank, kurzbeinig. Kopf ziemlich abgeflacht, klein, → Massetericum nicht immer differenziert, → Halsband stark gezähnt. Rückenschuppen deutlich gekielt. Schwanz erreicht bis anderthalbfache KRL. Tagaktiv. Standorttreu. Flieht oft ins Wasser → Ovovivipar, 2–12 Junge, in einigen Fällen Oviparie (Pyrenäen, Kantabrisches Gebirge) belegt. [1]

Lacertidae, Halsbandeidechsen: altweltlich (ausgenommen Madagaskar, Australien, Indonesien) verbreitete Fam der → Scincomorpha. Etwa 180 Arten. In Europa bei weitem arten- und individuenreichste Echsen-Fam, vertreten vor allem durch die Gatt *Lacerta, Podarcis,* außerdem *Ophisops, Acanthodactylus, Eremias, Algyroides, Psammodromus.* Meist bodenbewohnend, überwiegend in offenen, besonnten Biotopen. Kleine bis mittelgroße Arten (größter Vertreter → *Lacerta lepida*). GL 10–90 cm. Kopf gut abgesetzt. Pupille rund. Mitunter → gefenstertes Unterlid od. → Brille ausgebildet. Bezahnung → pleurodont. Halsunterseite meist mit → Collare. Keine Extremitätenreduktion. Schwanz lang, wirtelig beschuppt, autotomiefähig. → Osteodermata nur im Kopfbereich ausgebildet. → Femoralporen nahezu immer vorhanden. Kopfoberseite und Bauch gewöhnlich mit → Schildern bedeckt. Dorsalschuppen klein, → imbrikat od. nebeneinander liegend. Tagaktiv, lebhaft. → Arboricol und zum → Gleitflug fähig ist *Holaspis guentheri*. → Ovovivipar *Eremias multiocellata, E. przewalskii,* → *Lacerta vivipara,* sonst → ovipar. Bei Arten des *Lacerta saxicola*-Komplexes natürliche → Parthenogenese. [1]

Lacertilia: syn. mit → Sauria. Heute kaum noch gebräuchlicher Name. [1]

Lachesis mutus (Linnaeus 1766), Buschmeister: Vertreter der → Crotalidae. Einzige Art der Gatt. Verbreitung: von Kostarika bis Peru, Bolivien, Brasilien, auch auf Trinidad. Lebt vor allem in Höhenlagen tropischer Regenwälder. Mit GL bis 3,8 m (meist unter 2 m) größte Giftschlange Amerikas. Kopf deutlich abgesetzt, breit, flach, mit kleinen Schuppen bedeckt. Augen klein, Pupille rund. Schwanz endet mit verhorntem Stachel, der durch vibrierende Bewegungen im trockenen Laub ein Rascheln hervorrufen kann. Vorwiegend dämmerungs- und nachtaktiv. Bodenbewohner. Nicht angriffslustig. Giftzähne bis 35 mm lang. Giftmenge groß (bis 400 mg Trockengift pro Tier), Gift aber verhältnismäßig schwach. Gelegegröße: 10–12 Eier. ♀ mit Brutpflegeverhalten („Bewachen" des Geleges). [1]

Lacrimale, Tränenbein: → Deckknochen des Schädeldaches, an der Umrandung der Augenhöhle beteiligt. Manche Schwanzlurche besitzen ein L., es fehlt jedoch Froschlurchen und → Gymnophiona. Von den **R** sind nur Echsen und Krokodile mit einem L. ausgestattet. [2]

Lagena: meist caudodorsale Aussakkung des Sacculus des → Labyrinthorgans. Enthält die Sinnesendstelle für das Hören, die → Papilla basilaris. Die L. der Krokodile wächst zum → Ductus cochlearis (Schneckengang) aus, der allerdings noch nicht schneckenartig aufgewunden ist. Am Ende des Ganges befindet sich als Sinnesfeld die Macula lagenae. [2]

Lähmungen: kommen aufgrund verschiedener Ursachen zustande, z. B. treten Funktionsausfall bzw. Störungen des Zentralnervensystems od. der Muskulatur durch toxische, entzündlich-infektiöse, traumatische Läsionen, neoplastische Bildungen, Einwirkungen von Parasiten, Vitaminmangel auf. Bei **A** und **R** wiederholt nachgewiesen. Beschrieben wurden mehrfach Paralysen der Extremitäten (besonders Hinterextremitäten), begleitet von typischem Extremitätenzittern. In einigen Fällen (Frösche) konnten Vitamingaben eine Besserung bewirken. Paresen (unvollständige L.) der Hinterextremitäten bei Leguanen und Waranen gingen offenbar auf viscerale → Gicht zurück. Mehrfach führten traumatische Einwirkungen (Herabfallen des Behälterdeckels u. a.) zu Querschnittsläsionen. Bei Schlangen treten oft Verwachsungen der Wirbelsäule (Bewegungseinschränkung durch Versteifung) auf. Nachweise über L. durch → Tumoren sind selten. [1]

Laich: ins Wasser abgegebene, mit einer Gallerthülle versehene Eier von Lurchen (auch Wasserinsekten, -schnecken, Fischen). Die Gallerte ist innen flüssig, außen von einer „Klebschicht" umgeben und quillt im Wasser um ein Mehrfaches des Ausgangsvolumens auf. Die Eier werden einzeln (z. B. bei *Triturus*-Arten an Wasserpflanzen; das ♀ biegt meist das Wasserpflanzenblatt um das Ei herum), aufgereiht in kurzen od. langen Schnüren (z. B. *Bufo*), in Ballen bzw. Klumpen (z. B. *Rana*) an einem Substrat verankert od. frei abgelegt. Das Vorhandensein geeigneter → Laichgewässer wird für die betreffenden **A**-Arten durch ihre an das Wasser gebundene Fortpflanzungsbiologie immer zum Minimumfaktor. (Abb. 66). [1]

Laichballenzählung: feldherpetologische Methode zur quantitativen Erfassung bestimmter Anuren-Bestände. Ermöglicht bei sachgerechter Durchführung Aussagen zur Populationsdichte, -entwicklung sowie Verbreitung (großflächige Untersuchungen z. B. anhand von Raumaufgliederungen in 1-km^2-Raster-Probeflächen) der entsprechenden Art. Vielerorts seit langem z. B. zur Bestandserfassung von → *Rana temporaria* und → *Rana dalmatina* praktiziert. Die L. ist effektiv, frei von Störungseffekten für die → Population, muß jedoch sofort nach Laichbeginn (frische Laichballen, ältere bilden gewöhnlich breitflächige, nicht mehr exakt abschätzbare Konglomerate), dazu wiederholt (Kontrollzählungen gemäß dem verschiedenartigen Ablaich-Timing) und unter Beachtung manchmal absinkender Ballen (bei fehlendem Flachwasserbereich) erfolgen. Schwierigkeiten (bzw. Fehler) können weiterhin beim Auszählen einer dicht zusammenliegenden, sehr großen Laichballenzahl auftreten. [1]

Laichergruppen: nach Art und Weise der Laich-Deposition unterscheidet man oft folgende L. 1. Freilaicher: → Laich wird in Schnüren, Ballen, Klumpen abgesetzt und schwimmt mehr od. weniger frei (häufig an einem Substrat verankert) im Oberflächenbereich od. sinkt auf den Gewässerboden ab (z. B. viele *Rana*-, *Bufo*-Arten). 2. Heftlaicher: Eier sind an Pflanzen (auch anderen Substraten) über od. im Wasser ange-

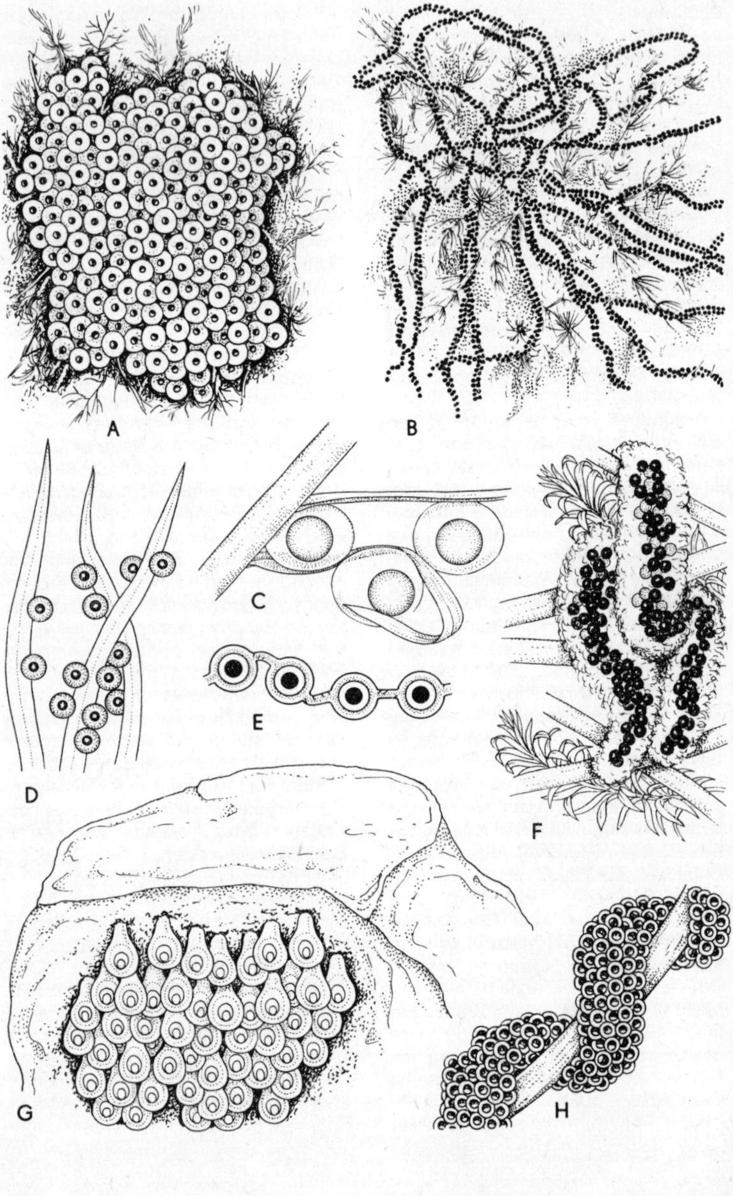
A
B
C
D
E
F
G
H

heftet (viele → arboricole Frösche, Wassermolche u. a.). 3. Transportlaicher: Arten mit → Körperbrutpflege. 4. Bodengrubenlaicher: Eiablage in selbstangelegten Erdlöchern (Ferkel-, Kurzkopffrösche u. a.). 5. Schaumnestlaicher: die Eier befinden sich in einem → Schaumnest. [1]

Laichgewässer, Brutgewässer: → Stand- und → Fließgewässer aller Typen, verschiedenster Größe, Tiefe, Wasserqualität, Bewuchssituation, Besonnung, Versteck- und Ernährungsmöglichkeiten, die **A** zum Ablaichen dienen. Die Ansprüche der **A**-Arten an das L. sind meist wenig spezifisch und weisen oft eine große Streubreite der Habitatmerkmale auf. In M-Europa kommen im Spektrum dieser Merkmale vor allem der Besonnung, dem Vorhandensein von Strukturen zum Anheften des → Laiches und von offenen Wasserflächen Bedeutung zu. Andererseits können sehr spezialisierte L.-Anforderungen bestehen, wie z. B. bei *Atelopus*-Arten od. → *Trichobatrachus robustus*, die nur in schnell fließenden, sauberen Gewässern laichen. Wenige Arten sind auf ein ganz bestimmtes L. (als Ortsbegriff gewertet) geprägt, d. h. diesem zeitlebens treu (vgl. → *Bufo bufo*). [1]

Laichhäuschen: auf Heselhaus (1984) zurückgehender Begriff. Bei der Zucht zahlreicher Vertreter der → Dendrobatidae bewährte Terrarieneinrichtung. Als L. finden mit einer Einschlupföffnung versehene Tontöpfe od. auch halbe Kokosnußschalen Verwendung. Sie stehen am zweckmäßigsten auf einer passend zugeschnittenen, glatten Glas- bzw. Plastikplatte, auf der dann abgelaicht wird. Das Gelege läßt sich anschließend leicht mit der Unterlage in ein bereits vorbereitetes kleines Aufzuchtbecken übertragen. [1]

Laichkannibalismus: Verzehren arteigenen → Laiches. So kann z. B. später bzw. verspätet abgesetzter Laich von den schon geschlüpften Larven der gleichen Art gefressen werden. Für → *Rana temporaria*, → *Bombina variegata*, → *Bufo calamita* u. a. Arten nachgewiesen. Offenbar als Mechanismus zur Dichteregulation anzusehen. [1]

Laichplatzvergesellschaftung: Vergesellschaftung einer **A**-Art mit anderen **A** am → Laichgewässer. Nach einer Analyse von 119 Laichgewässern ermittelte z. B. Klewen (1984) im nördlichen Rheinland für → *Triturus vulgaris* eine L. mit 15 **A**-Arten, darunter am häufigsten mit → *Triturus alpestris* (49,6 %), → *Rana temporaria* (37,8 %), → *Bufo bufo* (30 %) und → *Rana dalmatina* (29,4 %). [1]

Laich-Räuber: Tiere, die → Laich gelegentlich od. regelmäßig in geringer bzw. größerer Menge fressen. Unter den Insekten sind dies z. B. Larven von zahlreichen Libellen (der Libellulidae, Aeschnidae), des Gelbrandkäfers sowie Wasserskorpione, hinzu kommen auch **A** (interspezifisches Laichfressen verschiedener Anuren-Larven; → *Triturus cristatus* verzehrt Krötenlaich usw.), vor allem aber Fische (Hecht u. a.) und Vögel (Stock-, Knäkente u. a.). [1]

Laichstellung, Signalstellung: typische, im Laichverhalten der meisten Froschlurche integrierte Position, die dem Laichakt unmittelbar vorangeht und die → Besamung auslöst. Das ♀ signalisiert dem aufsitzenden ♂ gewöhnlich durch Heben des Kopfes, vor allem aber mehr od. weniger starkes lordotisches Durchkrümmen des Rückens und Ausstrecken der Hinterextremitäten die bevorstehende Laichabgabe. Daraufhin rutscht das ♂ meist weiter nach hinten und besamt den ertasteten Laich. Bei *Bufo*-Arten fangen die ♂♂ die Laichschnüre mit ihren Hinterextremitäten (Körbchenbildung) auf. Die Gatt *Bufo* und *Hyla* praktizieren das Rückenkrümmen

---

Abb. 66. Laich. A. *Rana arvalis;* B. *Bufo calamita;* C. *Triturus vulgaris;* D. *Bombina variegata;* E. *Cryptobranchus alleganiensis;* F. *Salamandrella keyserlingii;* G. *Necturus maculosus;* H. *Pelobatus fuscus.*

Tabelle 9. Laichräubern und Laichkannibalismus bei Anuren-Larven. Nach Heusser 1971.

Räuber:	Beute: Laich von			
Kaulquappen von	*Rana „esculenta“*	*Bufo calamita*	*Hyla arborea*	*Bombina variegata*
Rana temporaria	+	+	+	+
Rana ridibunda	+	+	+	+
Bufo calamita	+	0	+	+
Hyla arborea	+	+	0	+
Bombina variegata	+	+	+	0

+ Laichräubern; 0 Laichkannibalismus

besonders markant. Nach experimentellen Untersuchungen an *Hyla savignyi* unterliegt die Einnahme dieser Position nervöser Kontrolle. So gingen ♀♀ und ♂♂ dieser Art bei Reizung des Nucleus praeopticus (Kerngebiet des → Zwischenhirns) in die L. über. (Abb. 67). [1]

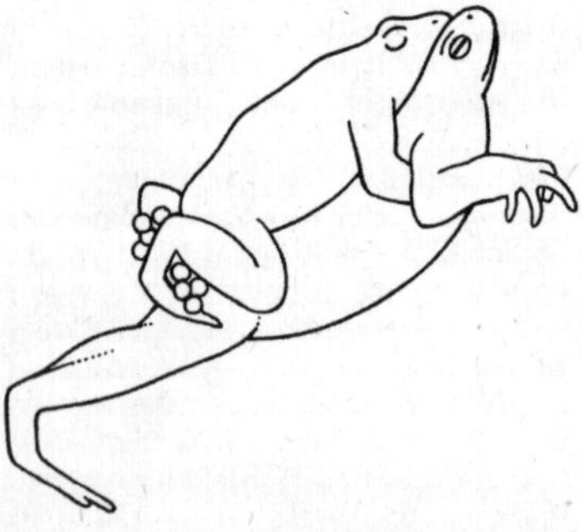

Abb. 67. Laichstellung des *Bufo bufo* ♀. Das ♂ fängt mit den Hinterextremitäten (Körbchen-Bildung) die Laichschnüre auf.

Laichwacht: Bewachen des abgesetzten → Laiches (hier meist schlechthin auf **A**-Eier, d. h. auch frei an Land abgesetzte Gelege bezogen) durch das ♀ od. ♂, mitunter beide Eltern. Zur → Brutpflege zählende Verhaltensweise. Anhand von Freiland- und Terrarienbeobachtungen für zahlreiche Vertreter verschiedener **A**-Familien nachgewiesen. L. halten z. B. die ♂♂ einiger → Hynobiidae und ♀♀ vieler → Plethodontidae (*Eurycea, Gyrinophilus, Pseudotriton* u. a.). Bei *Desmognathus fuscus* werden außer dem eigenen sogar fremde Gelege vom ♀ bewacht. Unter den Froschlurchen üben unter anderem einige → Centrolenidae, → Leptodactylidae, vor allem aber viele Formen der → Dendrobatidae L. aus. [1]

Lamellibranchiata, Muscheln: Kl der Weichtiere (Mollusca). Etwa 20 000 im Meer-, Brack- und Süßwasser verbreitete Arten. Mit zweiklappiger Schale, Kopf fehlt. Nahrhaftes Zusatzfutter für → aquatische Schildkröten. Kleinere Muschel-Arten werden mit der Schale gefressen, z. B. die in → Stand- und → Fließgewässern oft zahlreich am Substrat mit Byssusfäden verankerten Dreiecksmuscheln *(Dreissena polymorpha)*. Bei großen Formen (*Anodonta cygnea* u. a.) am besten Fleisch in Streifen schneiden. Aufbewahren (Muscheln wie Muschelfleisch) durch → Einfrosten problemlos möglich. [1]

Lamina basilaris, Basalmembran: das → Cortische Organ tragende bindegewebige Membran zwischen → Scala tympani und dem → Ductus cochlearis (Schneckengang). Sie ist von Bindegewebsfasern durchsetzt, die parallel zueinander aber schräg zur Längsachse des Schneckenganges verlaufen. [2]

Lampenbürstenchromosomen: sehr lange, lampenbürstenartig aussehende → Chromosomen, die in dieser Form im Diplotän der Meiose (Kernteilungsphase der Reifeteilung der Geschlechtszellen) bei der Keimzellenentwicklung bestimmter Wirbelloser und vieler Wirbeltiere erscheinen. Besonders gut wurden die L. in den sich entwickelnden Oocyten (Eizellen) bei Haifischen, Vögeln und **A** (hauptsächlich von Molchen, Fröschen) untersucht. Die seitlich am Chromosom entspringenden Lampenbürstenschleifen gehen aus den Chromosomen hervor (1–9 pro Chromomer) und stellen offenbar transkriptionsaktives Chromatin dar. Die L. von → *Rana temporaria* sind in der Phase ihrer größten Streckung 800–1000 µm lang, die Schleifenlänge beträgt durchschnittlich 9,5 µm. (Abb. 68). [1]

Landschaftsterrarium: → Terrarium, dessen Gestaltung auf der Basis pflanzen- und tiergeographischer sowie landschaftlicher Gesichtspunkte erfolgt. Zur sachgerechten Realisierung dieses Vorhabens wird daher eine möglichst großräumige Anlage benötigt. Man findet diesen → Terrarientyp am ehesten in speziellen Schauanlagen od. Ausstellungen. [1]

Landschildkröten: → Testudinidae.

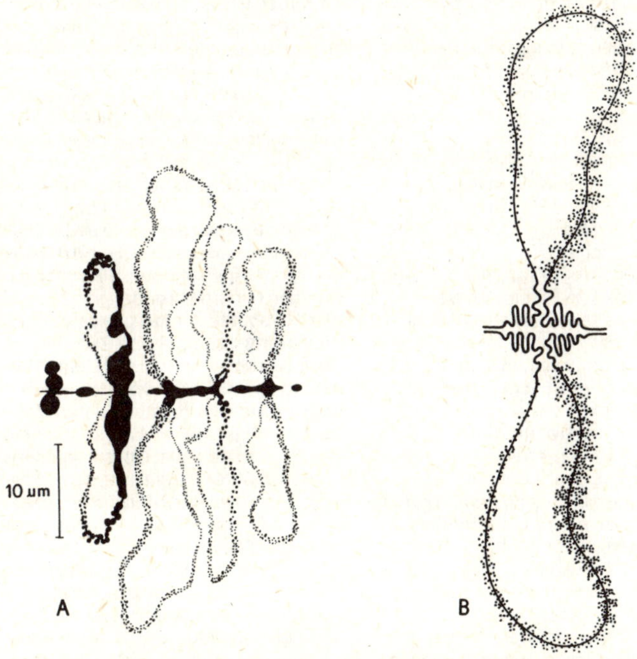

Abb. 68. Lampenbürstenchromosomen von *Notophthalmus viridescens*. A. Einzelnes Chromosomensegment zur Demonstration der morphologischen Heterogenität von Schleifen und Chromomeren (halbschematisch); B. Struktur eines Chromomers mit zugehörigen Schleifen (schematisch).

Landtracht: bei Wassermolchen (vor allem *Triturus*) während des saisonalen Landaufenthaltes ausgebildete → Tracht. Der Habitatwechsel führt jeweils zu wesentlichen Änderungen ihres Aussehens. Im 18. Jahrhundert wurden daher z. B. an Land lebende → Teichmolche sogar als eigene Art („Erd- od. Gartensalamander“, „Waldeidechse“) angesehen. Es fehlen → Hautsäume, der Schwanz ist mehr od. weniger rundlich, der → Kloakenwulst dünner. Insgesamt erscheint der Körper magerer, matt und unscheinbar gefärbt. Die in → Wassertracht glatte Haut ist jetzt rauh, feinkörnig, die Zahl der serösen → Hautdrüsen überwiegt gegenüber den Schleimdrüsen. Außerdem sind die Molche nicht derart lebhaft wie in der → aquatischen Phase und regelrecht wasserscheu (Haut ist häufig wasserabweisend, „trocken“). [1]

Lanthanotidae, Taubwarane: Fam der → Anguinomorpha. Nur 1 Art: *Lanthanotus borneensis* Steindacher 1878, Taubwaran. Verbreitung: NW-Kalimantan (Küstenbereich von Sarawak). Meist nahe menschlicher Siedlungen (in Gärten, Feldern) gefangen. GL bis 43 cm. Ähnelt äußerlich einer → Krustenechse. Gestreckter Körperbau. Kopf breit, flach, mit kleinen Schuppen bedeckt, d. h. → Pileus fehlt. Augen klein, Lider beweglich, mit → gefenstertem Unterlid. Äußere Ohröffnungen nicht vorhanden. Zähne ziemlich lang, ungefurcht, spitz, gering nach hinten gekrümmt, → pleurodont. Zunge lang, gespalten. Extremitäten kurz, ebenso der rundliche Schwanz. Zwischen den kleinen Rückenschuppen 6 Längsreihen von → Osteodermen unterlegter großer Hökkerschuppen. Nachtaktiv. → Amphibisch (gute Schwimmer), auch → subterrestrisch. → Lokomotion hauptsächlich durch Schlängelbewegungen. In Erdlöchern (Lehmboden u. a.), mitunter auch in Fischreusen gefangen. Fortpflanzung und Ernährung weitgehend unbekannt. [1]

Larve: Jugendstadium vieler Wirbelloser, zahlreicher Fische sowie der Mehrzahl der **A**, von wenigen Ausnahmen abgesehen (vgl. → Neotenie) nicht geschlechtsreif. In ihrer Morphologie, Physiologie, Lebensweise oft auch hinsichtlich des Aufenthaltsgebietes vom erwachsenen Tier deutlich unterschieden. Häufig mit bestimmten larvalen Organen ausgestattet. Diese gehen bei der Umwandlung (→ Metamorphose) zum Geschlechtstier verloren. [1]

Larventransport: Brutpflegehandlung bei Froschlurchen. Kurzzeitiger od. mehrere Tage dauernder Transport frisch geschlüpfter Larven auf dem Rücken eines Elterntieres (Bild 7), gewöhnlich mit anschließendem Absetzen in einem Gewässer. Typisch für viele Arten der → Dendrobatidae. Das Elterntier (♂, auch ♀) kann mitunter bereits vor dem Schlupf der Larven das Gelege aufsuchen und durch Körperkontakt unter bestimmten Bewegungen des Hinterleibs od. der Hinterextremitäten den Schlupfakt stimulieren bzw. fördern. Aktives Hinaufschlängeln der Larven auf den Rücken des Frosches. Dort haften sie mehr od. weniger intensiv an einem von → Hautdrüsen sezernierten Schleimfilm fest. Die Transportdauer ist je nach Art sowie innerartlich verschieden. Sie reicht von wenigen Minuten bis über eine Woche (→ *Phyllobates terribilis*; hier geringe Weiterentwicklung durch Zehren vom Dottervorrat). Transportiert wird nur eine (z. B. bei → *Dendrobates pumilio*) od. eine Vielzahl von Larven (bei *Colostethus inguinalis* z. B. bis 27), die zudem beiderseits des Rückens nebeneinander aufgereiht sein können. Das Absetzen erfolgt unter anderem in → Phytotelmen, → Tümpeln, kleinen → Fließgewässern. Längerer L. bis zur → Metamorphose ist auch von *Sooglossus seychellensis*, außerdem *Hylodes lineatus* bekannt.

Laryngotrachealsack: kompliziert gebauter → Kehlkopf der Froschlurche, die im Gegensatz zu vielen Schwanzlurchen, → Gymnophionen und **R** keine → Trachea besitzen. Eingang in den L. über die → Kehlritze, die von Stellknorpeln (→ Cartilago arytaenoidea) schalenförmig umschlossen wird. Verbindung zur Lunge über den Aditus pulmonalis. Von beiden Stellknorpeln wachsen Schleimhautfalten, die → Plicae vocales, in den L. ein und teilen diese in eine obere und untere Etage. Am inneren Rand der unteren Stimmfalte liegen elastische Knorpel, die Stimmstäbchen, der freie Rand der Stimmfalte repräsentiert die → Stimmlippe. Beide Etagen gehen in der → Stimmritze ineinander über. Durch schnell aufeinanderfolgende Expirationsstöße geraten die Stimmlippen bzw. die Stimmstäbchen in Schwingungen. Es entstehen letztlich Töne, die bei ♂♂ durch → Schallblasen verstärkt werden können. (Abb. 69). [2]

Larynx, Kehlkopf: Anfangsteil der → Trachea. Verhindert, daß Nahrungsbestandteile in Trachea und Lunge gelangen. Im Gegensatz zum relativ komplizierten L. der **A** (→ Laryngotrachealsack) ist der L. der **R** einfach gebaut. Er steht in engem Kontakt mit dem Zungenbeinkörper und liegt i. d. R. dicht hinter der Zungenbasis. Der L. wird durch Stellknorpel (→ Cartilago arytaenoidea), Ringknorpel (→ Carti-

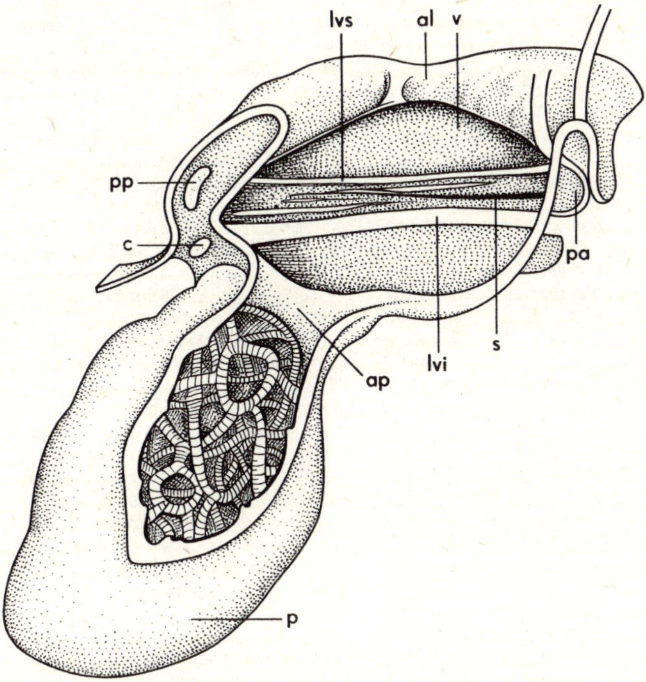

Abb. 69. Laryngotrachealsack und Lunge von *Rana*. *al* Aditus laryngis, *ap* Aditus pulmonis, *c* Cartilago cricoidea, *lvi* Labium vocale, Pars inferior, *lvs* Labium vocale, Pars superius, *p* Pulmo, *pa* Pulvinarium anterius, *pp* Pulvinarium posterius, *s* Sulcus longitudinalis, *v* Vestibulum laryngis.

lago cricoidea) sowie → Trachealknorpel gestützt. Bei **R** sind echte → Plicae vocales selten. [2]

Lateralauge, Oculus: paariges inverses Blasenauge (Sehzellen sind vom Licht abgewandt im Gegensatz zum eversen → Parietalauge) der Wirbeltiere. Seine wesentlichen Bestandteile sind im Augapfel enthalten, der mit dem → Gehirn über den → Nervus opticus verbunden ist. Der Augapfel wird durch die → Palpebrae und Augendrüsen vor Verletzungen und Austrocknung geschützt. Schutz geben außerdem knorplige od. knöcherne Bestandteile der → Sclera (vgl. auch → Scleralring) sowie die umgebenden Knochen der Orbita. Die Bewegungen des Augapfels erfolgen durch extrabulbuläre Muskeln (→ Augenmuskeln). Die Wandung des Augapfels bilden 3 Augenhäute: die äußere Augenhaut (Tunica externa) mit → Sclera und → Cornea, die mittlere Augenhaut (Tunica media) mit → Chorioidea, → Corpus ciliare und → Iris sowie die innere Augenhaut (Tunica interna) mit → Pigmentepithel und → Retina. Zwischen den Ciliarkörpern ist die → Linse an den Zonulafasern aufgehängt. Die vordere Augenkammer befindet sich zwischen Linse, Iris und Cornea. Sie ist wie die hintere Augenkammer (zwischen Iris, Linse, → Glaskörper gelegen) mit Kammerwasser gefüllt. Cornea, Kammerwasser zwischen Cornea und Linse, Linse und Glaskörper bilden den → dioptrischen Apparat des Auges. [2]

Lateralkiel, Seitenkiel, Costalkiel: seitlich am → Carapax verlaufender, mehr od. weniger deutlicher Längsfirst bei zahlreichen Schildkrötenarten. Manchmal nur bei Jungtieren vorhanden od. dort kräftiger ausgebildet. [1]

Laticauda laticauda (Linnaeus 1758), Gewöhnlicher Plattschwanz: Vertreter der → Hydrophiidae. Verbreitung: Küste Bengalens bis S-Japan, sü. bis Tasmanien, Neuseeland. Noch verhältnismäßig wenig an die → marine Lebensweise angepaßt. Auch noch zur aktiven Fortbewegung an Land fähig. GL 80 bis 140 cm. Kopf kaum abgesetzt, klein, annähernd rundlich. Nasenlöcher seitlich. Rumpf walzenförmig, von kleinen Rückenschuppen und ventral deutlich breiteren → Bauchschienen bedeckt. Schwanz relativ kurz, hoch, seitlich abgeplattet (Ruderschwanz). Dämmerungs- und auch nachtaktiv. Schwimmt ausgezeichnet. Beißt blitzschnell zu, hält Beute (Fische, besonders Aale) fest. Giftzähne kurz. Gift hoch toxisch. Beim Fang jedoch kaum bissig. Eiablage in selbstgegrabenen flachen Gruben oberhalb der Flutmarke. [1]

Laubfrösche: → Hylidae.

Laubfroschglas: die unnatürliche Haltung von → Laubfröschen in einfachen, engen Einweckgläsern zwecks Wetterprognose kam in Deutschland etwa in der 2. Hälfte des 18. Jahrhunderts in Mode. Das stereotyp etwa fingerhoch mit Wasser und einer kleinen Holzleiter (Bild 32) ausgestattete L. wurde gewöhnlich mit Papier, das einige Luftlöcher aufwies, zugebunden. Baden im Wasser galt als Anzeichen kommenden Regens, Erklettern der Leiter od. Kleben am Glas wertete man als Hinweis auf schönes Wetter. Berühmtheit erlangte in der Geschichte der Laubfroschhaltung der Bericht von G. Schuster 1688 über einen „Chirurgus namens G. S. in Breslau", der ein Exemplar 8 Jahre lang in einem zylindrischen Glas gehalten hatte. Das Tier verhungerte im 8. Winter. [1]

Lauerjäger, Lauerer: → Prädatoren, die abwarten, bis die Beute in ihre Nähe kommt. Unter **R** findet sich dieses Beuteverhalten bei vielen Schlangen und Echsen. Der gewöhnlich bewegungslos verharrende L. verfügt oft über eine gute Tarnfärbung, kann sich aber auch mitunter aktiv vor den Beutetieren verbergen. So nutzt z. B. → *Phrynocephalus mystaceus* seine Fähigkeit, durch rasche seitliche Körperbewegungen im Sand „einsinken" zu können, auch beim Beutefang aus. Vom eingegrabenen, lauernden Tier schauen nur Nasenlöcher und Augen aus dem Sand hervor. [1]

Laufmilben: → Trombiculidae.

Lautäußerungen: akustische Signale zur inner- und zwischenartlichen Kommunikation. Viele **A** und **R** sind (mittels → Lungen, → Luftsäcken, → Kehlkopf) zu L. fähig, vom einfachen → Zischen, Fauchen und anderen Lauten bis hin zu echtem Stimmvermögen (zahlreiche Froschlurche, Schildkröten, Krokodile, → Gekkonidae, → Pygopodidae, viele → Lacertidae u. a. Echsen). Ihre L. stehen vor allem im Dienst des → Revier-, → Fortpflanzungs- und → aposematischen Verhaltens (Droh- und Warnlaute). In den letzten 2 Jahrzehnten konzentrierten sich die bioakustischen Arbeiten hauptsächlich auf die stimmbegabten Froschlurche. Neben der wertneutralen Rufdifferenzierung entstand eine Klassifizierung (orientierend am Verhaltensstatus) in verschiedene Ruftypen (→ Revier-, Paarungs-, Befreiungs-, Warnruf usw.). Die Paarungsrufe (vgl. → Sonagramm) erwiesen sich als art- und unterarttypisch, d. h. als taxonomisch relevantes Merkmal. Untersuchungen an amerikanischen *Hyla*-Arten zeigten, daß die ♀♀ offenbar unter den rufenden ♂♂ eine bestimmte Auswahl treffen, wobei als Parameter (experimentell belegt) größere Rufhäufigkeit und Pulsrate bedeutsam sind. Bei Schwanzlurchen erweisen sich dagegen nur wenige Formen als stimmfähig. So kann z. B. → *Salamandra salamandra* in Schrecksituationen einen knurrenden Laut, → *Triturus vulgaris* (u. a. *Triturus*-Arten; vgl. → Abwehrruf) Quiek- od. *Aneides lugubris* Pieplaute ausstoßen. Unter den Echsen wurden bisher aus 10 Fam stimmfähige Arten bekannt. Einige Schlangenarten können außerdem durch → Schuppenrasseln, Schwanzvibrieren od. Bewegungen ihrer → Klapper (Klapperschlangen) Laute erzeugen. [1]

LD_{50}: zur Festlegung der → Toxizität im experimentellen Tierversuch üblicher Toxizitätswert. Mittlere letale Dosis, d. h. die Dosis, bei der 50 % der getesteten Tiere sterben. [1]

lebende Fossilien: auf Darwin zurückgehender Begriff. Formen, die erdgeschichtlich lange Epochen bis heute weitgehend unverändert überdauert haben. Sie zeichnen sich daher durch altertümliche anatomische Merkmale aus und nehmen unter den → rezenten Arten eine isolierte Stellung ein. Das bekannteste Beispiel für **R** ist → *Sphenodon punctatus.* [1]

Lebensgemeinschaft: → Biozönose.

Leber, Hepar: voluminöseste Anhangsdrüse des Darmsystems. Formen mit langgestrecktem Rumpf (z. B. Schwanzlurche, → apode Echsen, Schlangen) besitzen eine ungelappte L., Froschlurche und die meisten **R** eine zweilappige L. mit rechtem und linkem Lobus. Die Loben sind ihrerseits in kleinere Einheiten, die Leberläppchen (Lobuli), aufgegliedert. Der Stoffaustausch vollzieht sich über die kapillaren Endverzweigungen (Sinusoide) der → Vena portae hepatis. Die Masse der Leberzellen ist von röhrenförmigen Tunnels durchsetzt, die das Leberlabyrinth bilden. Dessen Wandungen werden von Leberplatten begrenzt. Sie sind bei Schwanzlurchen meist ein-, bei Froschlurchen und **R** zweischichtig. Die von der L. produzierte Galle sammelt sich in zwischen den Leberzellen liegenden Kapillaren, wird dann über kleinere Gänge dem Ductus hepaticus zugeleitet, der in den → Ductus choledochus mündet. Zu den zahlreichen Aufgaben der L. gehören vor allem: Speicherung der Kohlehydrate als Glykogen, Synthese arteigenen Eiweißes, Überführung von Abbauprodukten des Stickstoffs in Harnstoff (**A,** → amphibische Schildkröten) od./und Harnsäure (bei **R** gewöhnlich 80–98 % der Stickstoffausscheidung stellend), Abgabe der beim Abbau des Hämoglobins anfallenden Gallenfarbstoffe (z. B. Biliverdin, das die Galle grün färbt). Außerdem ist die L. Blutspeicher, embryonal blutbildendes Organ. [2]

Lebererkrankungen: selten liegen reine Hepatopathien vor. Als Entstehungsursachen kommen bei **R** vor allem → bakterielle Infektionen, → Mykosen, → Parasitosen (→ *Entamoeba invadens*, → Trematoda, → Cestoda, → Filarioidea, → Pentastomida u. a.), auch viscerale → Gicht, → Arteriosklerose, Hämosiderose (Eisenspeicherkrankheit), → Vergiftungen (z. B. Pestizid-Intoxikationen) und Mangelkrankheiten in Betracht. Wegen der gewöhnlich nur allgemeinen Symptome (Verdauungsstörungen, → Futterverweigerung, Apathie) werden L. vielfach nicht erkannt. Nach Sektionsbefunden ist häufig eine → Fettleber nachweisbar, oft kommt es zu Gallenstauungen, Lebernekrosen, -abszessen, → Tuberkulose, seltener zu Zirrhosen und Geschwulstbildungen. Kausale Therapie. Mehrfache Applikation von Methiovertan (Methionin-Calcium-Gemisch) möglich (i. m. 1–2 ml). [1]

Leberpfortadersystem: zwischen der zuführenden → Vena portae hepatis und den abführenden → Venae hepaticae eingeschaltetes System von Venen. Diese zweigen sich bis zu Kapillaren auf, die sich ihrerseits zu Hohlräumen (Sinuoiden) formieren, über die der Stoffaustausch zwischen Blut und Leberzellen möglich ist. Das Blut sammelt sich dann wieder in stetig an Kaliber zunehmenden Venen. Sie verlassen als Venae hepaticae (1 od. 2) die Leber und münden in die → Vena cava posterior ein. [2]

Lederhaut: → Corium.

Lederschildkröte: → *Dermochelys coriacea*.

Lederschildkröten: → Dermochelydidae.

Legenot: Unfähigkeit des ♀ zur Ablage der reifen Eier. Durch verschiedene Ursachen bedingt: z. B. Transport od. → Umsetzen bei Hochträchtigkeit, → Haltungsfehler (niedrige Temperatur, Überbesatz des → Terrariums, Calciummangel usw.), Konstitutionsschwäche, Bildung zu großer Eier, Eideformation od. -zerstörung, Eileiterentzündung und -torsion, Darminvagination, Kotverhärtung im Enddarm, Veränderungen im Kloakenbereich (Schwellung der → Analdrüse u. a.). Vielfach besonders bei Schildkröten, auch Schlangen, Chamäleons beschrieben. Zeichen akuter L. sind neben Freßunlust, Lethargie, oft ständiges Drängen, mitunter Atemnot. Eier palpieren, Diagnose notfalls röntgenologisch absichern. Therapie (ursachenabhängig): lauwarme Bäder, Erhöhen der Körpertemperatur, Massage der Eier zur → Kloake hin. Oxytocin-Injektion, 1–4 IE/kg KM, evtl. Nachdosierung. Bei Schlangen ist oft eine Punktion der weichschaligen Eier erfolgreich (Schale mit Pinzette entfernen). Wiederholt gelangen auch chirurgische Eingriffe (selbst „Schnittentbindungen" bei Schildkröten). [1]

Legesteinmauer: aus unterschiedlich großen, locker geschichteten Feldsteinen od. Steinblöcken bestehende Mauer, die oft starken natürlichen Bewuchs aufweist. Hauptsächlich im mediterranen Raum im dörflichen Bereich, z. B. als Garten-, Feldbegrenzungsmauer, auch in Weinbergen anzutreffen. Bevorzugter Aufenthaltsort vieler Eidechsen, Geckos sowie verschiedener Lurche (Kröten). Dient außerdem als Zufluchts-, mitunter Eiablageort (→ *Hemidactylus turcicus*, → *Tarentola mauritanica* u. a.). [1]

Leguane: → Iguanidae.

Leinensäckchen, Transportsäckchen, Transportbeutel: zum Transport von **R**, mitunter auch von **A** dienende Säckchen aus solidem, luftdurchlässigem Leinen. Meist etwa um das Doppelte länger als breit, mit doppelter, nach außen gekehrter Naht. Unterhalb der Sacköffnung mit einem festgenähten Band zum Zubinden. Vor Gebrauch Stoff und Nähte auf Festigkeit überprüfen. Gefangene **R** können ohne weiteres längere Zeit im L. (in bestimmten Abständen befeuchten) verbleiben. Beim Transport von mehreren Tieren in einem L. vor Hineingeben jedes Neufanges durch kräftiges Schütteln bereits erbeutete Exemplare vorher auf den Boden des Säckchens befördern. Werden → Giftschlangen transportiert,

L. nur oberhalb der Abbindung anfassen. [1]

Leiopelmatidae, Urfrösche: urtümliche Fam der → Anura. 4 Arten, 2 Gatt. Verbreitung: NW-USA, SW-Kanada *(Ascaphus)*, Neuseeland *(Leiopelma)*. Bevorzugt in höheren Lagen (*Leiopelma* bis 1000 m NN, *Ascaphus* 2200 m NN) und in Biotopen mit ausreichender Feuchtigkeit und Kühle. → *Ascaphus truei* weitgehend → aquatisch, *Leiopelma* → terrestrisch. KRL 3–5 cm. Mit 9 → praesacralen, → amphicölen Wirbeln. → Schultergürtel arcifer. Freie Rippen (meist am 2.–4., gelegentlich auch 5. und 6. Wirbel) und Reste von 2 Schwanzmuskeln vorhanden. *Leiopelma* besitzt Reste von → Gastralia. → Sacralwirbel mit gering verbreiterten → Diapophysen, gelenkige Verbindung zum → Urostyl. → Astragalus und → Calcaneus nur proximal und distal verschmolzen. → Trommelfell fehlt. ♂ ohne → Schallblasen, bei *Ascaphus* mit schwanzartigem → Kopulationsorgan. → Amplexus erfolgt inguinal. *Ascaphus* laicht perlschnurartig in → Fließgewässern ab, bei *Leiopelma* Eiablage in Klumpen (2–14 Eier) an Land unter Steinen, Holz, in verrottenden Baumstämmen. *Leiopelma* ohne freies Larvenstadium. Entwicklung direkt, d. h. in der Eihülle (Larven ohne Atemöffnung, Hornkiefer, -zähnchen, aber mit Schwanz) bis zum fast vollständig metamorphosierten Frosch. Nach dem Schlupf langsame Rückbildung des Schwanzes (Dauer bis maximal 13 Wochen) und damit Abschluß der → Metamorphose. [1]

Leisten: quer od. längs angeordnete, knöcherne, gratförmige Erhöhungen auf der Kopfoberseite verschiedener Krokodil-Arten. So weist z. B. das Leistenkrokodil (→ *Crocodylus porosus*) ein Paar lange, höckrige Längsleisten auf, der → Trivialname Brillenkaiman *(Caiman)* leitet sich von der zwischen den Augen verlaufenden brillenstegartigen Querleiste ab. [1]

Leistenkrokodil: → *Crocodylus porosus.*

Leitarten: → Charakterarten.

Lens, Linse: ektodermaler Herkunft. Embryonal bildet das Epidermisepithel (an der Kontaktstelle Augenbecher/Epidermis) eine Linsenplakode, die sich einstülpt und als Linsenbläschen abschnürt. Die L. ist gefäßfrei, glasklar und wird von einer Linsenkapsel (vom Linsenepithel abgeschieden) umhüllt. Im Inneren befindet sich der konzentrisch aufgebaute Linsenkern. Bei → aquatischen niederen Wirbeltieren (Fischen, Schwanzlurchen, sekundär z. B. auch Walen) besitzt die L. etwa Kugelform, bei Landwirbeltieren typische Linsenform. Hinter der Iris ist sie an einem Fasersystem (Zonula ciliaris) aufgehängt. Charakteristisch für die → Sauropsida und Säuger ist der Akkomodationsmodus durch Linsenverformung. (Abb. 70). [1]

Leopardfrosch: → *Rana pipiens.*

Leopardnatter: → *Elaphe situla.*

Lepidochelys kempii (Garman 1880), Atlantische Bastardschildkröte: Vertreter der → Cheloniidae. Verbreitung: Atlantischer Ozean, vorwiegend im Golf von Mexiko. An europäischen Küsten nur Jungtiere als Irrgast. Bevorzugt im küstennahen Seichtwasser anzutreffen. Carapax-Länge bis etwa 65 cm. → Carapax mit 5 Paar Rippenschildern, 4 Paar → Inframarginalia ausgebildet. Bei Jungtieren weist der Carapax deutliche Längskiele auf. Wahrscheinlich besteht für diese Art zur Zeit nur noch ein Nestplatz an der Golfküste Mexikos (Rancho Nuevo, Tamaulipas). Gelegegröße: etwa 90–130 Eier. [1]

Lepidochelys olivacea (Eschscholtz 1829), Pazifische Bastardschildkröte: Vertreter der → Cheloniidae. Verbreitung: Atlantischer, Pazifischer, Indopazifischer Ozean. Carapax-Länge selten über 80 cm. Von → *Lepidochelys kempii* durch Besitz von 6–9 Paar Rippenschildern unterschieden. Ebenfalls mit 4 Paar → Inframarginalia. Extremitäten tragen 1 od. 2 freie Krallen. Bevorzugt in der Flachsee. Nestplätze an den Stränden Mexikos, Kostarikas, Surinams und N-Australiens (Arnhemland). [1]

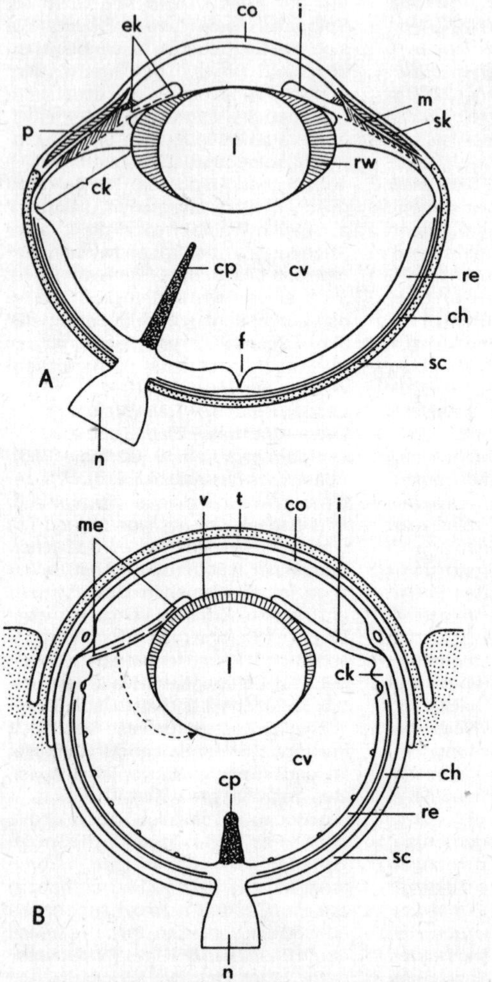

Abb. 70. Schnittschema des Auges. A. Echse; B. Schlange. *ch* Chorioidea, *ck* Ciliarkörper, *co* Cornea, *cp* Conus papillaris, *cv* Corpus vitreum, *ek* ektodermale Irismuskulatur, *f* Fovea centralis, *i* Iris, *l* Lens, *m* Musculus ciliaris, *me* mesodermale Irismuskulatur, *n* Nervus opticus, *p* Processus ciliaris, *re* Retina, *rw* Ringwulst, *sc* Sclera, *sk* Scleroticalknochen, *t* tertiäre Brille, *v* vordere Wulst.

Lepidoptera, Schmetterlinge: O der Insekten (Insecta). Etwa 150 000 Arten. In großer Artzahl für **A** und **R** verwertbar. Beim Fang Naturschutzgesetz beachten. Von Tagfaltern nur weißflügelige Weißlingsarten nicht geschützt! Nachtaktive L. bereits an zugänglicher Haus-, Straßen-, Ladenbeleuchtung beschaffbar. Lichtfang an windstillen, warmen Abenden (ab Dämmerung; Ende März bis August) mit einfacher Glüh-, Quarz-, besser Quecksilberdampflampe gegen kräftig reflektierende, weiße Fläche (Balkon-, Hauswand, Tuch) bringt auch diverse andere Insekten als Ausbeute. Zeitaufwendiges Absammeln erspart ein Lichtfangkäfig. Gute Fangergebnisse liefern weiterhin oft Streichköder (vor Dämmerungsbeginn angebracht; gärende Pflanzensäfte, Honig-Malzbier-Gemisch u. a.). Von den Larven werden unbehaarte Formen (Spanner-, die meisten Eulen-Larven u. a.) gern verzehrt. Einige Arten, besonders von Kleinschmetterlingen (→ *Galleria mellonella, Achroia grisella,* → *Ephestia kuehniella,* → *Plodia interpunctella,* → *Sitotroga cerealella* u. a.), sind relativ gut züchtbar.

Leptodactylidae, Südfrösche: artenreiche, vielgestaltige Fam der → Anura. Über 700 Arten. Verbreitung S-, M-, sü. N-Amerika, Neuguinea, Australien, S-Afrika. Besiedeln alle möglichen Biotope. Lebensweise → amphibisch bis rein → aquatisch, → terrestrisch bis → subterrestrisch. Höhenverbreitung bis 4000 m. KRL 1,2–25 cm. Pupille vertikal, meist horizontal. → Maxillare und → Praemaxillare meist bezahnt. → Schultergürtel arcifer, gelegentlich pseudofirmistern. → Procöle Wirbel. → Sacralwirbel hat schmale bis mäßig verbreiterte → Diapophysen, über 2 Condylen mit dem → Urostyl verbunden. → Astragalus und → Calcaneus bei *Geobatrachus* vollständig, sonst nur proximal und distal verschmolzen. Verschiedentlich Endphalangen T-förmig verbreitert. Eiablage in → Schaumnestern im od. am Wasser, frei an Pflanzen über Gewässern, frei im Wasser bzw. an Wasserpflanzen, am od. im Erdboden (Erdnester, z. B. *Cyclorhamphus*). Mitunter → Brutpflege (→ Nestbewachen). Entwicklung über Wasserlarven, auch ohne freie Larvenstufe (z. B. *Eleutherodactylus*; öffnen Eihülle mittels eines zahnartigen Knochenfortsatzes des → Maxillare, sog. „Eizahn"). 4 UFam: Ceratophryinae, Telmatobiinae, Hylodinae, Leptodactylinae. [1]

Leptodactylin: aus dem Hautsekret von *Leptodactylus*-Arten (vor allem von *L. pentadactylus*; Fam → Leptodactylidae) isoliertes Toxin, das sich offenbar aus m-Tyrosin bildet. Es besitzt eine die autonomen Ganglien stimulierende Wirkung und fördert die neuromuskuläre Signalübertragung. (Abb. 71). [1]

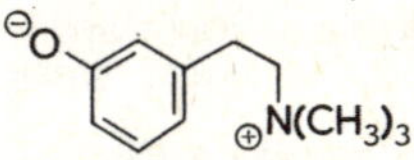

Abb. 71. Leptodactylin.

Leptospiren-Infektion: → bakterielle Infektion, hervorgerufen durch Spirochaeten (O Spirochaetales) der Gatt *Leptospira* (Noguchi 1917). Die Vertreter dieser Gatt sind die kleinsten Spirochaeten und zeichnen sich gewöhnlich durch hakenförmig gebogene Zellenden („Krückstockform") aus. L. wurden mehrfach bei **R** histologisch und serologisch bzw. in Kulturen nachgewiesen. Man fand sie z. B. bei vielen Wasserschildkröten (*Chrysemys scripta elegans* u. a.). Offenbar sind L. bei **R** aber nicht pathogen. [1]

Leptotyphlopidae, Schlankblindschlangen: Fam der → Scolecophidia. Etwa 50 Arten. Verbreitung: vor allem Afrika (fehlen nö. der Sahara und auf Madagaskar), Arabien, tropisches Amerika, SO-Asien. Im tropischen Regenwald und in trockenen Lebensräumen. GL bis 30, meist 10–20 cm. Ähneln in Gestalt und der → subterrestrischen, wühlenden Lebensweise den → Typhlopidae. Jedoch kleiner als diese. Schädel kompakt, → Maxillare fest mit der Schädelkapsel verbunden. Nur → Dentale bezahnt. Maul klein, unterständig. Augen rückgebildet, unter einem Ocularschild liegend. Mit Beckenrudiment und Femurrest (→ Afterklauen). Dämmerungsaktiv. Nahrung vorwiegend Ameisen, Termiten. Zur Lebensweise nur spärliche Angaben vorhanden. → Ovipar. [1]

Lesesteinhaufen: vor allem im Agrarraum anzutreffen. Von den Feldern aufgelesene, am Feldrand bzw. -weg aufgehäufte Steine. Oft von Ruderalpflanzen um- bzw. bewachsen. Mitunter auch in Weinbergen, Obstplantagen vorhanden. Bevorzugter Aufenthaltsort zahlreicher **R**-Arten. Die tiefer liegenden Spalten und Hohlräume werden häufig zur Überwinterung genutzt, in M-Europa z. B. in gewässernahen L. von *Triturus*-Arten, → *Bufo bufo*, → *Bombina bombina*. [1]

Leukocyten, weiße Blutkörperchen: zelluläre Bestandteile des → Blutes, der → Lymphe und Gewebsflüssigkeit. Stellen i. d. R. nicht mehr als 1 % der Blutzellen. Die L. sind im Gegensatz zu den → Erythrocyten amöboid beweglich und dadurch in der Lage, Epithelien zu überwinden (Diapedese), manche phagocytieren Fremdkörper. Man unterscheidet zwischen Agranulocyten (Zellen ohne Granulationen des Cytoplasmas), das sind → Lymphocyten mit rundem Kern und → Monocyten mit nierenförmigem Kern, und den Granulocyten (mit Granulationen des Cytoplasmas), d. h. acidophilen, basophilen und neutrophilen Granulocyten mit gelapptem Kern. [2]

Levanteotter: → *Vipera lebetina*.

Lidfenster: → gefenstertes Unterlid.

Lien, Milz: mit dem dorsalen Aufhängeband (Mesenterium) des Darmes verbunden. Wichtiges Zentrum der Blutbildung. In der Milz werden embryonal und auch später → Erythrocyten und → Lymphocyten gebildet. Sie ist Speicherorgan für Erythrocyten, andererseits erfolgt hier auch der Abbau von roten Blutkörperchen. Außerdem dient sie als Filter für im Blut befindliche Fremdkörper und spielt eine bedeutende Rolle im Immunsystem. Lymphknoten, die die gleiche Funktion haben, kommen bei **A** und **R** (von Krokodilen abgesehen) nicht vor. Die Milz der → Sirenidae und → Sphenodontidae ist langgestreckt, bei den meisten **A** und **R** zeichnet sie sich durch eine gedrungene Gestalt aus. So liegt sie als rundlich-ovales Organ bei Froschlurchen ziemlich weit in Höhe des Enddarmbeginns, gleiches trifft für die Schildkröten zu. Echsen besitzen eine bohnenförmige, kurz vor dem Magen befindliche Milz. Bei Schlangen ist sie oft mit dem → Pankreas verbunden, oval und relativ klein. [2]

Linea alba: weiße Bauchlinie. Vom Brustbeinende bis zur → Beckensymphyse verlaufende mediane Sehnenverflechtung der Hüllen des geraden Bauchmuskels (Musculus rectus abdominalis). In der L. a. entsteht als unpaarer, am Ende gegabelter Knochen die → Epipubis. [2]

Lingua, Zunge: mehr od. weniger bewegliches Organ der → Mundhöhle, vom ventralen Bereich des → Pharynx herzuleiten. Die Zungenmuskulatur wanderte erst sekundär in die L. ein (Teile der Hypobranchialmuskulatur). In der L. von **A**-Larven und → neotenen Schwanzlurchen läßt sich noch keine Muskulatur nachweisen. Ihre L. enthält jedoch bereits Geschmacksknospen. Bei Froschlurchen dient im wesentlichen der Musculus genioglossus (Ursprung an der Unterkiefersymphyse) als Vorzieher und der M. hyoglossus (entspringt am → Os hyoides) als Rückzieher. Die L. der Schwanzlurche ist meist fest mit dem Mundhöhlenboden verwachsen, manche (viele → Plethodontidae) besitzen jedoch eine → Schleuderzunge. Froschlurche weisen eine → Klappzunge auf, die → Pipidae sind zungenlos. Schildkröten und Krokodile haben fleischige, wenig bewegliche, nicht vorstreckbare Zungen, wie auch zahlreiche Echsen (z. B. → Gekkonidae, → Dibamidae, → Iguanidae, → Agamidae). Sehr beweglich, lang und tief gespalten (zweizipflig) sind dagegen die Linguae der → Teiidae, → Varanidae, → Lanthanotidae und Schlangen (vgl. → Schlangenzunge). Die → Chamaeleonidae besitzen einen besonderen Typ der → Schleuderzunge (vgl. → Chamäleonzunge). Die L. hat Tast-, Geschmacks- und Geruchsfunktion (→ Züngeln, → Jacobsonsches Organ), außerdem dient sie z. T. zum → Trinken und der Nahrungsaufnahme. (Abb. 72). [2]

Linse: → Lens.

Lipophoren: → Chromatophoren, die fett- und alkohollösliche Lipochrome od. Carotinoide enthalten. Sie werden gewöhnlich in Xanthophoren (mit gelben Pigmenten) und Erythrophoren (mit roten Pigmenten) unterteilt. [1]

Lippengruben: → Labialgruben.

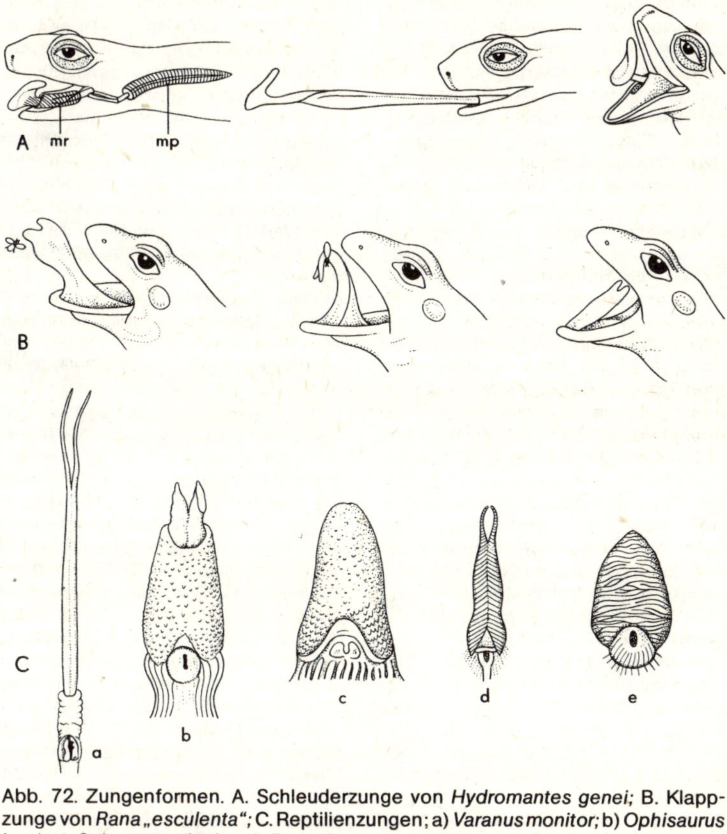

Abb. 72. Zungenformen. A. Schleuderzunge von *Hydromantes genei;* B. Klappzunge von *Rana „esculenta"*; C. Reptilienzungen; a) *Varanus monitor;* b) *Ophisaurus harti;* c) *Calotes versicolor;* d) *Tachydromus;* e) *Dibamus. mp* Musculus protractor proprius, *mr* Musculus rectus cervicis, Portio lingualis.

Lippensaum: erstmals von Matthes (1935) beschrieben, der eine erwachsene und larvale Form unterscheidet. Dünner → Hautsaum am Rand des Oberkiefers (erwachsene Form) bzw. beider Kiefer (larvale Form) bei → aquatischen Schwanzlurchen. So weisen erwachsene Wassermolche *(Triturus)* einen L. am Oberkiefer auf. Bei → *Triturus vulgaris* (Abb. 46B) ist dieser z. B. im Frühjahr 4–5 mm lang und 1–2 mm hoch. Er wird beim Übergang zum Landleben in etwa 48 Stunden abgebaut. Seine Bildung nimmt dagegen bis zu 4 Wochen in Anspruch. Die Larven besitzen die typisch larvale Form des L. Beide Säume sind vorn miteinander verzahnt, im hinteren Bereich verwachsen und verkleinern dadurch die Mundspalte. Dies ermöglicht ihnen das → Saugschnappen. [1]

Lippenzähne: auf Ober- und Unterlippe von Froschlurchlarven (→ Kaulquappen) stehende, durchgehende od. unterbrochene Querreihen kleiner, harter, meist brauner bis schwärzlicher (→ Melanin) Hornzähnchen epidermaler Herkunft. Sie dienen zusammen mit den schnabelartigen Hornkiefern (→ Hornschnabel) zum Zerkleinern bzw. Zerraspeln der Nahrung (pflanzliches und tierisches Plankton, Algenrasen usw.). Die Ersatzzähne sind tütenförmig aufeinander gesteckt schon in der Mundfeldhaut vorgebildet. Gezählt werden die Zahnreihen von außen nach innen (zur Mundöffnung hin). Bezahnung und Hornkiefer fehlen Larven, die sich als Filtrierer (Krallen-, Engmaulfrösche u. a.) ernähren. → Carnivore Larven zeigen mitunter eine starke Reduktion der L. Der Verlust kann mit einer Vergrößerung der noch vorhandenen Zähnchen einhergehen. Dazu sind oft die Hornkiefer sägeartig gestaltet (→ *Dendrobates pumilio*, → *D. histrionicus* u. a.). [1]

Lippenzahn-Formel: auf Main (1957) zurückgehender Begriff. Die Formel gibt die Zahl der bei Froschlurchlarven im → Mundfeld ausgebildeten Lippenzahnreihen an. Als Bruch geschrieben, stellt der Zähler die Zahnreihenzahl auf der Oberlippe, der Nenner die der Unterlippe dar. [1]

Liquor cerebrospinalis, Cerebrospinalflüssigkeit: im → Canalis centralis des → Rückenmarks sowie in den Hirnventrikeln vorhandene Flüssigkeit. Weist eine ähnliche Zusammensetzung wie die Interzellularflüssigkeit auf. Der L. c. wird von den gefäßreichen → Plexus chorioidei im Dach des III. und IV. Ventrikels abgeschieden. Schützt das Zentralnervensystem mitsamt den → Meninges gegenüber mechanischen Einwirkungen. [2]

Lissamphibia: UKl der → Amphibia. Neuerdings von verschiedenen Autoren wiederverwendeter Begriff Haekkels. Umfaßt die 3 rezenten O (→ Caudata, → Gymnophiona, → Anura) sowie die ausgestorbene O Proanura (nur aus der monotypischen Gatt *Triadobatrachus* bestehend) und stellt diese den beiden rein fossilen UKl Labyrinthodontia und Lepospondyli gegenüber. [1]

Lithophagie: „Steinefressen". Aktive Aufnahme von Steinen, Sandkörnchen, Kalkbröckchen. Typisch für Körnerfresser unter den Vögeln. Bei **R** für viele Schildkröten, Krokodile und zahlreiche Echsen (besonders Geckos, Anolis) nachgewiesen. Steine (Gastrolithen) waren bereits im Magen von Urkrokodilen (Teleosauridae) enthalten. Rezente Krokodile können bis 5 kg Gastrolithen aufweisen. Cott fand z. B. bei 507 von 576 untersuchten → Nilkrokodilen Magensteine. Offenbar besteht hier sogar eine bestimmte Relation zwischen Gastrolithen- und Körpergewicht. Darauf geht letztlich

Abb. 73. Lokomotion bei Amphibien. A. Laubfrosch *(Hyla arborea)* im Sprung; B. Schreitbewegungen beim Salamander *(Salamandra)*; C. Phasen des Stoßschwimmens beim Grasfrosch *(Rana temporaria)*; D. Kletternder Waldsteigerfrosch; *Leptopelis calcaratus)*; E. Knoblauchkröte *(Pelobates fuscus)* beim Eingraben.

273

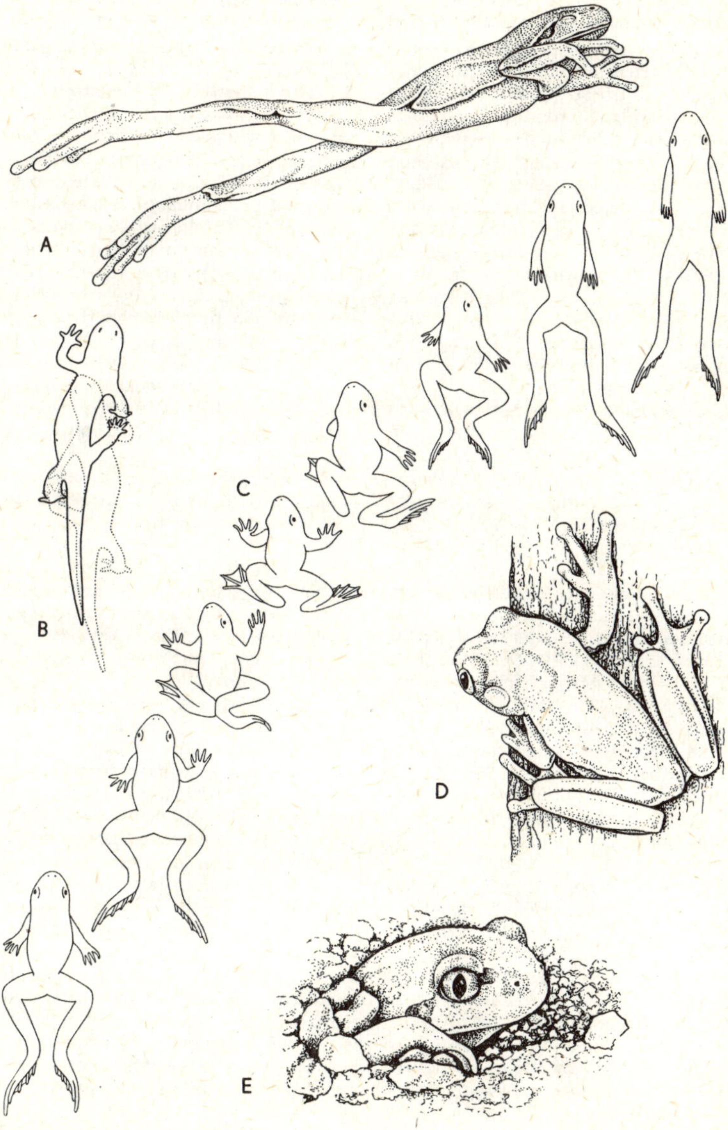

die von Brander (1925) entwickelte Hydrostatik-Hypothese (Ballast zur Taucherleichterung) zurück. Andere Autoren schließen auf eine Digestionsfunktion (besserer Nahrungsaufschluß), die ebenfalls meist für Schildkröten und Echsen (auch Füllfunktion mit resorptionsfördernder Wirkung) vertreten wird. Deutungen auf eine evtl. Rolle im Ca-Stoffwechsel beziehen sich auf gezieltes Fressen von Kalkteilchen bei einigen Gekkonen, vor allem im Hinblick auf die Eischalenbildung und periodischen Veränderungen der postcranialen endolymphatischen → Kalksäckchen (z. B. bei *Phyllodactylus*). [1]

Locusta migratoria Linnaeus 1758, Ägyptische Wanderheuschrecke: Vertreter der Feldheuschrecken (Caelifera). 40–60 mm lang. Futter für viele Froschlurche und Echsen. Zucht einfach, im Gazekäfig (Maschenweite 1,5–2 mm), evtl. mit seitlichem Schlupfarm zum Hantieren. 10–12 cm über dem Boden wird ein Zwischenboden eingezogen, in dem 6–8 mit feuchtem Sand od. einer Sand-Lauberde-Torf-Mischung gefüllte Eiablagebehälter (10 cm lang, 5 cm breit) hängen. Kletteräste einbringen, Generationszeit bei 30–35 °C und 70 % RLF etwa 5 Wochen. Futter: Gras, Weizenkeimlinge, Löwenzahn, Salat, Blätter von Obstbäumen u. a.; als Trockenfutter z. B. Weizenkleie, Mäusepellets. Behälter mit abgelegten Eipaketen (jeweils 30–100 Eier) jeden 2. Tag entnehmen, in Brutkammer bringen und durch einen neuen ersetzen. Schlupf nach knapp 2 Wochen. [1]

Lokalanästhesie: örtliche Betäubung. Lokale Schmerzausschaltung infolge reversiblen Aufhebens der Erregbarkeit und des Leitungsvermögens von Nerven od. ihrer Endorgane. Eine L. ist durch Applikation von → Lokalanästhetika sowie in begrenztem Maße bei **A** und **R** durch → Hypothermie möglich. [1]

Lokalanästhetika: Arzneimittel zur → Lokalanästhesie. Ihre Anwendung erfolgt gewöhnlich bei kleineren, örtlich begrenzten Eingriffen. Allgemein werden Oberflächenanästhetika (Wirkung auf Schleimhäute, äußere Wunden, z. B. Kokainhydrochloridlösungen), Infiltrations- (Infiltration unter die Hautoberfläche) und bei Ausschaltung der Impulsleitung von Nerven bzw. Nervenstämmen durch Umspritzen sog. Leitungsanästhetika (z. B. Procainlösungen) unterschieden. Die Mehrzahl der L. besteht aus stickstoffhaltigen, basischen Verbindungen, die in Form ihrer wasserlöslichen Salze verwendet werden. [1]

Lokomotion, Fortbewegung: selbständige Ortsveränderung freibeweglicher Organismen. Dazu rechnet nicht die passive Verdriftung durch Wind und Wasser. Bei **A** und **R** finden sich verschiedene → terrestrische L.-Formen, wie laufen, → bipede Fortbewegungsweise, kriechen, → Raupenkriechen, → Ziehharmonika-Kriechen, → schlängeln, → Seitenwinden, → springen, → graben, → wühlen, → klettern, hinzu kommen die → aquatische L. (→ schwimmen, → Stoßschwimmen, tauchen) sowie → Fallschirmschweben und der → Gleitflug. (Abb. 73, 74). [1]

Lordose: → Wirbelsäulenverkrümmung nach der Bauchseite. Beschrieben wurden z. B. mehrere offenbar auf Vitaminmangel zurückgehende Fälle von L. bei Schildkröten (*Chelydra serpentina, Chinemys reevesi* u. a.) und Ech-

Abb. 74. Lokomotion bei Reptilien. A. Kletternde Grüne Mamba *(Dendroaspis viridis)*; B. Lokomotion der Zauneidechse *(Lacerta agilis)*; C. Bipedes Laufen der Kragenechse *(Chlamydosaurus kingii)*; D. Seitenwinden einer Schlange; E. Schreitbewegung einer Landschildkröte *(Pyxis planicauda)*; F. Laufbewegung des Mississippi-Alligators *(Alligator mississippiensis)*; G. Schwimmende Echte Karettschildkröte *(Eretmochelys imbricata)*; H. Schlängelschwimmen der Meerechse *(Amblyrhynchus cristatus)*.

275

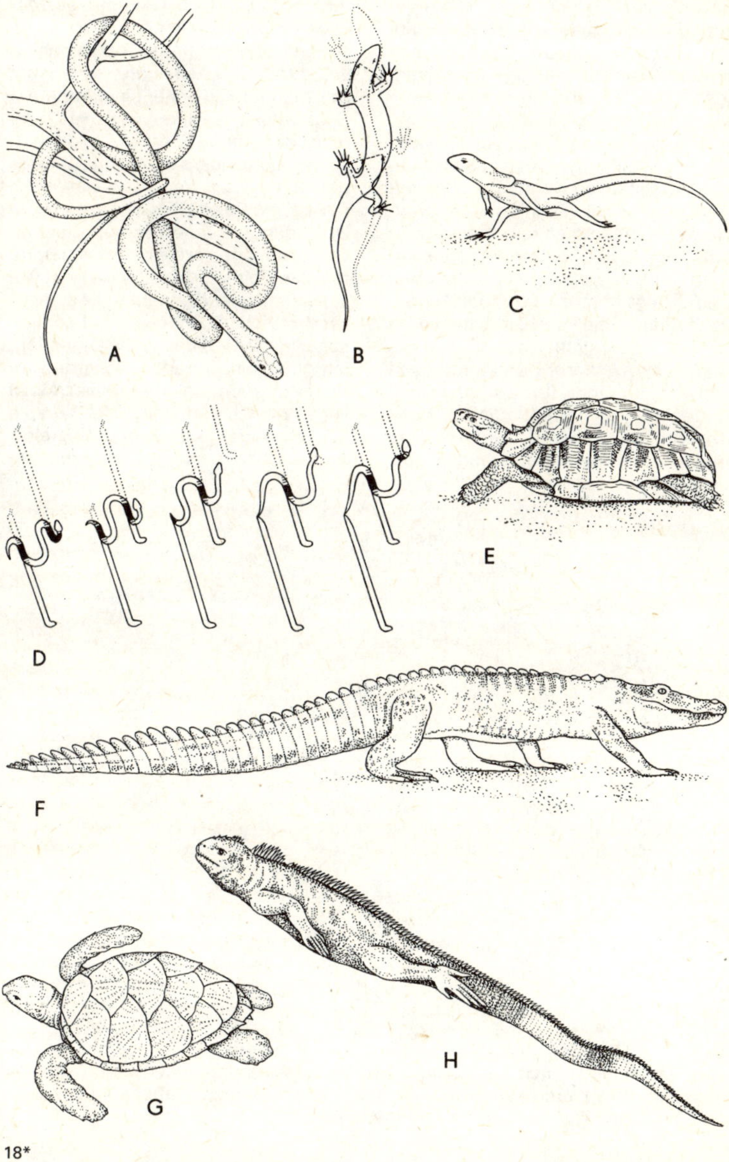

sen (besonders für *Lacerta*-Arten). [1]

Loreale: → Frenale.

Lorealgruben: grubenförmige Temperatur-Sinnesorgane bei → Crotaliden. Je ein „Grubenorgan" befindet sich beiderseits zwischen Auge und Nasenloch (Bild 23). Von diesen bis ins → Maxillare (osteologisches Merkmal) reichenden Gruben leitet sich der Fam-Name ab. Eine etwa 10 µm starke, von feinen Kapillaren versorgte und von Ästen des → Nervus trigeminus innervierte Quermembran teilt die Grube in eine innere und äußere Grubenkammer. Der Gasaustausch zwischen beiden erfolgt über eine auf der Augenseite befindliche Pore. Die L. fungieren wie die → Labialgruben der → Boidae als thermische Infrarot-Detektoren und dienen zum Orten (bis auf 30–50 cm Entfernung) der Beuteobjekte. Beim Ansprechen auf die Strahlungswärme werden Temperaturdifferenzen bis 0,003 °C erfaßt. (Abb. 75). [1]

Lucilia bufonivora Moniez 1876, Krötenfliege: Eiablage fakultativ auf der Haut (meist Körperseite od. Rücken), besonders aber in den Nasenlöchern von Froschlurchen, ganz selten auf Salamandern. In erster Linie werden → *Bufo bufo* u. a. *Bufo*-Arten (→ *B. calamita*, → *B. viridis*, *B. boreas*), gelegentlich → *Salamandra salamandra*, → *Alytes obstetricans*, → *Rana „esculenta"*, → *Rana temporaria*, → *Hyla arborea* befallen. Nach 2–3 Tagen Schlupf der Larven. Sie dringen in die Nase ein, zerstören das Epithel, durchbohren die Nasenscheidewand, mitunter die angrenzenden Schädelknochen und können sogar in das Gehirn und die Augenhöhlen gelangen. Derart parasitierte Kröten irren auch tagsüber umher. Meist verläuft der L.-Befall tödlich. Therapie nur im Anfangsstadium erfolgreich. Ablesen bzw. chirurgische Entfernung

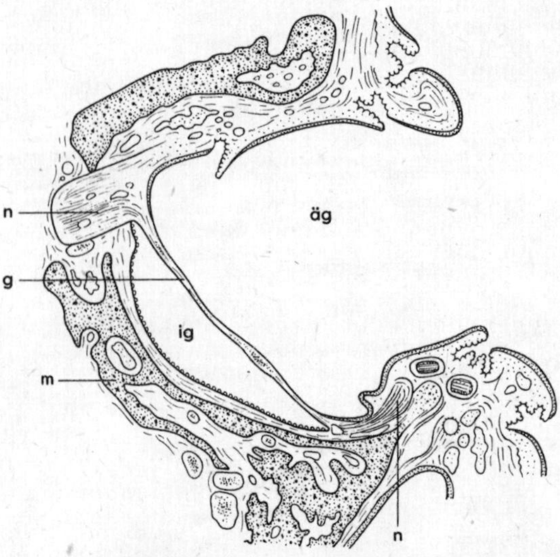

Abb. 75. Schnitt durch die Lorealgrube der Schauerklapperschlange *(Crotalus durissus)*. *äg* äußere Grubenkammer, *g* Grubenmembran, *ig* innere Grubenkammer, *m* Maxillare, *n* Ast des Nervus trigeminus.

Tabelle 10. Infektionshäufigkeit mit *Lucilia bufonivora* in verschiedenen Größenklassen einer Erdkrötenpopulation. Nach Strijbosch 1980.

Größenklasse (in mm)	< 10	11–20	21–30	31–40	41–50	51–60	61–70	71–80
Zahl gefangener Kröten	39	574	59	57	66	57	23	10
Infektions-frequenz (%)	0,0	0,0	0,0	3,5	9,1	8,8	17,4	20,0

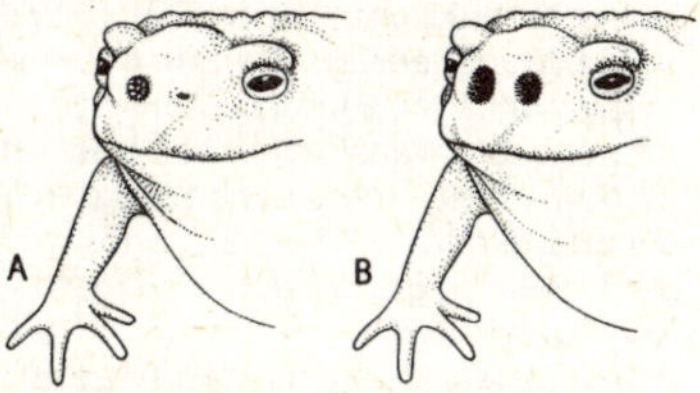

Abb. 76. Von *Lucilia bufonivora*-Larven befallene Erdkröte. A. Das rechte Nasenloch läßt den beginnenden Larvenfraß äußerlich erkennen; B. 6 h später sind beide Nasenlöcher markant erweitert.

der Larven. Wundbehandlung mit antiseptischem Puder. (Abb. 76). [1]

Lucké-Tumor: → Geschwülste.

Luftröhre: → Trachea.

Luftröhrensack: ventrale Ausstülpung der → Trachea bei Chamäleons. Bewirkt bei gleichzeitig aufgeblasenen → Luftsäcken der Lunge und Mundhöhle die Schreckstellung der Tiere. [2]

Luftsäcke, Lungensäcke: bei wenigen **A** (z. B. *Proteus*) und vielen **R** ausgebildet. Meist caudale Abschnitte (Aussakkungen bzw. Erweiterungen) der Lunge, die ihren alveolären Bau verloren haben, gefäßarm bis gefäßfrei (→ Boidae) und glattwandig sind. Unter den → Squamata am bekanntesten für Schlangen. Sie sind bei Boiden besonders groß, wo nur etwa das vordere Viertel der Lunge noch eine Kammerung und respiratorisches Epithel aufweist. L. besitzen bei den Echsen z. B. viele Skinke, zahlreiche Agamen, Chamäleons, Leguane, Warane. Beim Chamäleon ist das caudale Lungenende in typischer Weise mit fingerförmigen Fortsätzen ausgestattet. Sie ermöglichen, ähnlich wie bei anderen Arten, ein → Aufblähen im Rahmen des → Imponier- und Abwehrverhaltens. Außerdem dienen die L. der Lautäußerung (→ Zischen usw.), bei Schlangen als Luftreservoir beim → Schlingakt sowie zum Konstanthalten der Körperform, als Tauch- und Schwimmhilfe und dem Verankern bzw. Verkeilen in Spalten (vor allem bei Agamen). Die bei vielen Schildkröten (höhere Gruppen) vorhandenen ventrolateralen Aussakkungen der Lunge halten den erforderlichen Reserveraum für das Einziehen von Kopf und Extremitäten frei. [1]

Luftsackentzündung: → Aerocystitis.

Lumbalorgan: in der Lumbalregion von Augenkröten *(Pleurodema)* ausgebildeter, deutlich abgehobener, meist ovaler Hautdrüsenkomplex. Wie bei den → Parotoiddrüsen histologisch durch eine enorme Vermehrung und Vergrößerung der Körnerdrüsen charakterisiert. Sekretbildung offenbar → holokrin. In beiden Geschlechtern vorhanden, außerdem noch durch einen augenförmigen Pigmentfleck (→ Ocellus) markant hervortretend. Die Augenzeichnung dient offensichtlich als Warnsignal. So vermittelt z. B. die Bibronkröte *(Pleurodema bibroni)* in Ruhe-, weit mehr noch in Warnposition (aufgebläht, Extremitäten an den Körper gezogen) von hinten den Eindruck eines mit riesigen Augen „drohend" blickenden Tieres. Über eine Sekretabgabe analog den Parotoiddrüsen herrscht Unklarheit. [1]

Lumbricidae, Regenwürmer: Fam der → Annelida. Erdbewohner, bedeutsam für Humuserzeugung, Substratlockerung, oft mit großer Wohndichte. Wichtiges Futter (z. B. *Lumbricus-*, *Allolobophora-*, *Dendrobaena*-Arten, auch der oft in der Regenwurmkiste gehaltene *Eisenia foetida*) für viele Terrarientiere. Haltung und Zucht in großen, flachen Holzkisten od. anderen Behältern. Substrat: lockere, nicht zu nasse Gartenerde, mit Fallaub od. Komposterde gemischt, → pH-Wert schwach sauer. Futter: z. B. gekochte Haferflocken, kleingeschnittene Kartoffeln, Rüben, Obstabfälle, Salat. Erde mit feuchtem Lappen (od. Kartoffelsack, Pappe) abdecken. Behälter gut verschließen, dunkel und warm (18–24 °C) halten. Schimmelndes Futter entfernen, Staunässe verhindern. Vor Verfüttern R. evtl. zur Entleerung ihres Darminhaltes kurzzeitig in einem mit feuchtem Fließpapier ausgelegten Gefäß halten. [1]

Lunge: → Pulmo.

Lungenalveolen: → Alveoli pulmonis.

Lungenatmung: Hauptform der Luftatmung bei **A** und **R** (abgesehen von den → Plethodontidae, → *Ascaphus truei* und einigen Arten mit nur noch winzigen Lungenrudimenten). Setzt im allgemeinen das Vorhandensein freibeweglicher Rippen voraus. Durch den Mangel an Rippen haben **A** den Typus der → Schluckatmung entwickelt. Die Lungen der Schildkröten sind i. d. R. mit dem Panzer verwachsen, in den auch die Rippen (vgl. → Carapax) eingehen. Die Ein- und Ausatmung erfolgt deshalb durch spezielle, antagonistisch arbeitende Atemmuskeln (breite Muskelbänder), unterstützt durch die Eigenmuskulatur des Atmungsorgans, dazu oft durch rhythmische Bewegungen der Vorderextremitäten sowie auch des Zungenbeinapparates (Kehlbodenventilation). Bei allen **R** mit höherentwickelten Lungen (Schildkröten, Warane, Krokodile) sind Brust- und Bauchhöhle durch ein Septum (nach Art eines Zwerchfells) voneinander getrennt, ihre Lungen weitgehend mit der Brusthöhlenwandung verwachsen. Bei Waranen geht die Ventilierung der Lungen auf die Bewegungen der vorderen Rippen zurück. Die Inspiration wird bei den Krokodilen durch die Kontraktion des Musculus subperitonealis, einem Abkömmling der Bauchwandmuskulatur, forciert. [2]

Lungenentzündung: → Pneumonie.

Lungenlose Salamander: → Plethodontidae.

Lungenreduktion: teilweise od. völlige Rückbildung der → Lungen od. des respiratorischen Epithels. Aalartige, → neotene Schwanzlurche besitzen oft eine verkürzte rechte Lunge. Bei den → Gymnophiona ist die linke Lunge reduziert. Völlig lungenlos sind die → Plethodontidae, L. liegt auch z. B. bei → *Salamandrina terdigitata* (nur mit etwa 2 mm langem Rudiment) und → *Ascaphus truei* vor. Unter den R. weisen → Amphisbaenen nur die linke Lunge auf, bei Schlangen ist die linke mehr od. weniger stark verkleinert (→ Boidae), meist jedoch (in höheren Gruppen) reduziert. Nicht mehr respiratorisch tätige → Luft- bzw. Lungensäcke haben außer Schlangen auch viele andere **R** ausgebildet. [2]

Lungensäcke: → Luftsäcke.

Lykischer Salamander: → *Mertensiella luschani.*

Lymphapophysen: in der Kloakalregion → apoder **R** auftretende, endständig gegabelte Rippen, die gewöhnlich fest mit dem Wirbel verbunden sind. Sie bieten caudalen → Lymphherzen Schutz. [2]

Lymphe: meist farblose Flüssigkeit, die aus Gewebsspalten in die Lymphkapillaren diffundiert. Zeigt daher ähnliche Zusammensetzung wie diese Interzellularflüssigkeit, abgesehen von einem geringeren Eiweißgehalt ähnelt sie auch dem Blutplasma. Weist Abbauprodukte des Zellstoffwechsels auf, die über die Lymphgefäße dem Venensystem zugeführt werden und so zur Ausscheidung gelangen können. An zelligen Bestandteilen kommen besonders → Lymphocyten vor, → Erythrocyten fehlen beim gesunden Tier. Nach Aufnahme fettreicher Nahrung ist die L. im Bereich der Darmlymphgefäße, speziell auch in der → Cisterna chyli, durch die Fettresorption milchig trüb. [2]

Lymphgefäßsystem: oberflächlich und tiefer gelegenes, geschlossenes System von Lymphgefäßen unterschiedlicher Größe. Steht nirgends mit Arterien in Verbindung. Mündet an verschiedenen Stellen ins Venensystem und führt → Lymphe ins Blut zurück, bei **A** und **R** häufig unter Einschaltung von → Cordia lymphatica. Lymphgefäße gehen aus blind endenden Lymphkapillaren hervor und enthalten nur wenig od. keine glatte Muskulatur. Sie neigen, besonders bei Froschlurchen, zur Bildung von größeren Räumen (Lymphsinus und → Lymphsäcke), die nur von einem Endothel ausgekleidet sind. Die Lymphcisternen der **R** haben eine stärkere Wandung. Bei Schwanzlurchen besteht das L. aus 4 Längsstämmen (1 dorsaler, 2 laterale, 1 ventraler) sowie einem Netzwerk von Lymphkapillaren und kleineren Lymphgefäßen. An den lateralen Lymphstämmen kommen zahlreiche Lymphherzen vor. Ein größerer Lymphraum (Sinus subscapularis) sammelt die Lymphe, um sie in die Vena cardinalis anterior weiterzuleiten. Das L. der Froschlurche besteht nach der → Metamorphose nur aus Lymphsäcken und -sinus, die Lymphgefäße der Larvenperiode fehlen. Vorderes und hinteres Lymphherzenpaar nehmen die Lymphe aus den Lymphsäkken über eine Reihe von Poren auf und leiten sie vorn in die jeweilige → Vena vertebralis. Aus den caudalen Lymphherzen gelangt die Lymphe in die → Vena iliaca transversa. **R** besitzen 3 oberflächliche Längsstämme. Im tiefen L. kommen 2 längsverlaufende Stämme (→ Ductus thoracici) vor, die sich in der Lendenregion zur → Cisterna chyli vereinigen. Diese nimmt auch Lymphe aus den Darmlymphgefäßen auf. Im Bereich der Hals- und Brustregion existieren zahlreiche Lymphsinus, die in die jeweilige → Vena jugularis münden. Über die in der Beckenregion der **R** befindlichen 2 Lymphherzen gelangt die Lymphe in die → Vena renalis advehentis. [2]

Lymphherzen: → Cordia lymphatica.

Lymphocyten: zellige Bestandteile der → Lymphe und des → Blutes, die fast alle Gewebe durchdringen können. L. besitzen einen großen runden Kern, nur wenig Cytoplasma und sind zu langsamen amöboiden Bewegungen fähig. Sie repräsentieren die Zentralzelle im Rahmen des immunologischen Geschehens. Bildungsort sind der → Thymus (tymusabhängige, T-L.) u. a. lymphatische Organe (B-L.). Die B-L. differenzieren sich nach Antigenkontakt zu den antikörperproduzierenden Plasmazellen. [2]

Lymphsäcke: → Sacci lymphatici.

Lymphsacknarkose: neben dem → Narkosebad häufigste Form der → Narkose bei den → Ranidae. Die → Narkotika werden langsam und in geringer Menge (2–3 ml) in die → Lymphsäcke (meist den Rücken-, seltener Bauch- od. Oberschenkellymphsack) injiziert. [1]

Lymphsacksystem: → Sacci lymphatici.

Macroclemys temminckii (Troost 1835), Geierschildkröte: Vertreter der → Chelydridae. Verbreitung: SO-USA; Texas bis SW-Georgia, N-Florida, nö. bis SW-Indiana. Am häufigsten im Stromsystem des Mississippi vorkommend. Meist im Schlamm des Gewässergrundes verborgen. Zählt zu den größten Süßwasserschildkröten. Carapax-Länge bis 70 cm. Gewicht bis 100 kg. Großköpfig, Kiefer zum hakenförmigen, greifvogelartigen Schnabel ausgezogen. → Carapax mit 3 höckrigen Längskielen, 3 Zwischenschilder jederseits zwischen Wirbel- und Randschildern ausgebildet. Extremitäten breit, mit → Spannhäuten und kräftigen Krallen versehen. Langschwänzig. Dämmerungsaktiv. Jungtiere öfter an Land, Alttiere gewöhnlich nur zur Eiablage. → Lauerjäger. Beuteerwerb (Abb. 61) durch → Köderfallen-System. Gelegegröße: bis 52 Eier. [1]

Macroprotodon cucullatus (Geoffroy 1827), Kapuzennatter: Vertreter der → Colubridae. Verbreitung: Südwesten und Süden der Iberischen Halbinsel, Balearen, Galite und Lampedusa, N-Afrika über Ägypten bis Israel. Breites Spektrum trockener Biotope. Lebt z. B. auf bebuschtem sandigem od. steinigem Gelände, brachliegenden Feldern, → Ödland, Geröllhalden, südexponierten Hängen, in der Garrigue, Ruinenkomplexen, an Feld- und Straßenrändern, → Legesteinmauern. Hauptsächlich im Flachland anzutreffen. Höhenverbreitung bis 1800 m. GL bis 65 cm, meist nicht über 40 cm. Relativ schlank, glattschuppig. Kopf abgeflacht, wenig abgesetzt. Augen klein, Pupille senkrecht elliptisch. Ähnelt → *Coronella girondica*. Dämmerungs- und nachtaktiv. Scheu, giftig (Trugnatter). Gelegegröße: 5–7 Eier. [1]

Maculae: Sinnesflecken des → Labyrinthorgans. Die Sinneszellen der M. besitzen Sinneshaare, die mit der → Statokonienmembran in Verbindung stehen. Bei Bewegungen der → Endolymphe (durch Lageveränderungen des Kopfes) reagieren die M. auf die dadurch verursachten Verlagerungen der Kalkkristalle in dieser Membran. Die M. utriculi repräsentiert das typische statische Sinnesorgan (orientiert über Stellungsänderungen des Kopfes). Dagegen registriert die M. sacculi Linearbeschleunigungen. [2]

Madeira-Mauereidechse: → *Podarcis dugesii.*

Madenwürmer: → Oxyuroidea.

Magen, Ventriculus: Erweiterung am Ende des Vorderdarms. Dient zur Speicherung der Nahrung, zu deren mechanischer Bearbeitung durch die Muskulatur sowie zur chemischen Aufbereitung durch Magensäure und Pepsin (Vorverdauung), die von den Fundusdrüsen abgeschieden werden. Bei manchen Froschlurchen (z. B. *Rana*) findet eine intensive Pepsinproduktion bereits in den Oesophagusdrüsen statt. Im Gegensatz zum → Oesophagus ist der M. von einem einschichtigen hochprismatischen Epithel ausgekleidet. Es besteht aus mukoiden Zellen, die ständig Schleim absondern und mit der Salzsäure einen die Selbstverdauung verhindernden Film bilden. In den Pylorusdrüsen wird ebenfalls vor allem Schleim produziert. Der M. ist bei **A** und auch **R** nur undeutlich gegen die Speiseröhre abgesetzt. Am Magenausgang besteht dagegen immer ein typischer Schließmuskel (Sphincter). Bei Schwanzlurchen und → Gymnophionen ist der M. lang, spindelförmig, Froschlurchen leicht gekrümmt. Echsen haben einen längsverlaufenden M. mit engem, nach rechts gerichtetem Pförtnerabschnitt (Pylorus). Der Schlangenmagen verläuft gestreckt cranio-caudad, mehr od. weniger sackförmig und quer gelagert ist der M. der Schildkröten. Einen besonders spezialisierten M. besitzen die Krokodile. Er ist rechtwinklig nach rechts abgeknickt, verläuft dann wieder craniad, so daß Magenein- und -ausgang nebeneinanderliegen. Im Bereich des Knicks findet sich besonders verstärkte Ringmuskulatur, die an einer dorsal und ventral liegenden zentralen Sehnenscheibe ansetzt. Eine oberflächlich ausgebildete Lage längsverlaufender Muskeln fehlt. Der davor liegende Magenabschnitt ist gerade, dünnwandig, drüsenreich, der Übergang zwischen beiden Magenabschnitten fließend. Vor dem Magenausgang existiert eine muskulöse Erweiterung, das Antrum pylori (auch Nebenmagen genannt). In gewisser Weise ähnelt der Krokodilmagen dem der Vögel (allerdings ohne die dort typischen Hornschichten und den markant abgesetzten Drüsenmagen). (Abb. 77). [2]

Magenbrüten: im Tierreich einmalige Form der → Brutpflege, von Corben, Ingram und Tayler beim erst 1973 nahe Brisbane (SO-Queensland) entdeckten → Myobatrachiden *Rheobatrachus silus* Liem 1973 nachgewiesen. Die im

Habitus an *Xenopus* erinnernden Frösche (KRL bis 5,5 cm) leben → aquatisch in Bergbächen. Das ♀ verschluckt die befruchteten, sehr dotterreichen Eier und brütet sie im Magen (im erweiterten Fundusabschnitt und proximalen Teil) aus, wo auch die Larvenentwicklung abgeschlossen wird. Während dieser Zeit kommt es offensichtlich zur Unterdrückung der Salzsäure- und Pepsinproduktion des Magens, möglicherweise durch eine (od. mehrere) von Eiern, Larven und Jungen freigesetzte Substanz. Durch die heranwachsenden Larven (besitzen Ruderschwanz) dehnt sich der Magen maximal aus, die Lungen werden komprimiert und funktionslos, die Körperseiten wirken wie aufgeblasen. Die Jungfrösche (15–26) werden vom ♀ über mehrere Tage verteilt einzeln, zu zweit od. viert sekundenschnell aus dem Maul (z. T. 60 cm weit) ausgestoßen. Vielleicht verlassen sie in der Natur auch aktiv die Mutter. Das „Geburtsgewicht" betrug im Fall der 26 Jungen durchschnittlich 0,287 g. Damit gingen 39,7 % des Weibchengewichtes auf die Jungfrösche zurück. Etwa eine Woche nach der „Geburt" hat sich der Magen wieder weitgehend histologisch und physiologisch „normalisiert". [1]

Magen-Darm-Entzündungen: → Gastro-Enteritiden.

Magenfüllungsgrad, Ermittlung durch Palpation: Untersuchung des Magenfüllungsgrades am lebenden Tier durch Abtasten. Von Heusser erfolgreich an 3422 Exemplaren von → *Bufo bufo* angewandte Methode. Die Kröte wird mit der rechten Hand in Normalposition gehalten. Mit der linken Hand erfolgt dann die Palpation des Magens (links median) zwischen Daumen, Zeige- und Mittelfinger. Für quantitative Schätzungen diente Heusser ein „Magen-Index" (MI) nach folgendem Punktsystem: M 1 = Magen leer, 1 Punkt; M 2 = Magen fast leer, spindelförmig tastbar, aber mit Inhalt, 2 Punkte; M 3 = Magen halb gefüllt, bohnen- od. mandelförmig palpierbar, 3 Punkte; M 4 = Magen prallvoll, ei- od. walnußförmig, 4 Punkte. [1]

Malpolon monspessulanus (Hermann 1804), Eidechsennatter: Vertreter der → Colubridae. Verbreitung: Iberische Halbinsel, französische Mittelmeerküste, Ligurien, Trentino, O-Adriaküste, S-Balkanhalbinsel, mehrere griechische Inseln, Zypern, Kaukasusgebiet, Transkaukasien, Iran, Irak, Kleinasien, Syrien, Israel, W-Arabien, N-Afrika. Sehr großes Spektrum warmer, trockener, meist etwas Deckung bietender Biotope. Bodenbewohner z. B. im Dünenbereich, an südexponierten, spärlich bebuschten Geröllhängen, Straßenrändern, Ruinen, oft in Eichen- und Zedernwäldern, an bewachsenen Ufern von → Fließgewässern, in der Macchia, Garrigue, Opuntien- und Agavenhecken, im offenen Kulturland. Höhenverbreitung bis 2400 m. GL bis über 2 m. Schlank, Kopf kaum abgesetzt. Stirnbereich median leicht konkav. Augen groß, vom oberen Augenrand zur Nase hin deutliche Überaugenkante, Pupille rund. Schwanz spitz ausgezogen. Tagaktiv. Standorttreu. Scheu, sehr schnell, ungestüm. Giftig (Trugnatter), sehr bissig. Bei Bedrohung lautes, langes → Zischen, Abflachen des Körpers, Halsspreizen. Gelegegröße: 4–20 Eier. [1]

Malta-Eidechse: → *Podarcis filfolensis.*

Mantella aurantiaca Mocquard 1901, Goldfröschchen: Vertreter der → Ranidae. Gilt als eine der schönsten Froschlurcharten. Verbreitung: Madagaskar. Nachweise bisher nur im Raum Andasibé (= Périnet; zwischen der O-Küste und Antananarivo gelegen). Bodenbewohner des tropischen Regenwaldes. Aufenthalt zwischen Falllaub, Moospolstern, Pandanuswurzeln, niedrigem Gebüsch. Legt im Erdboden bis 40 cm tiefe Verstecke an (Aufenthaltsort für kühle Witterungsperioden). Meidet starke Sonneneinstrahlung. KRL bis 3 cm (♀ größer als ♂). Maul ziemlich spitz. → Trommelfell deutlich. Pupille horizontal. ♂ schlanker als ♀,

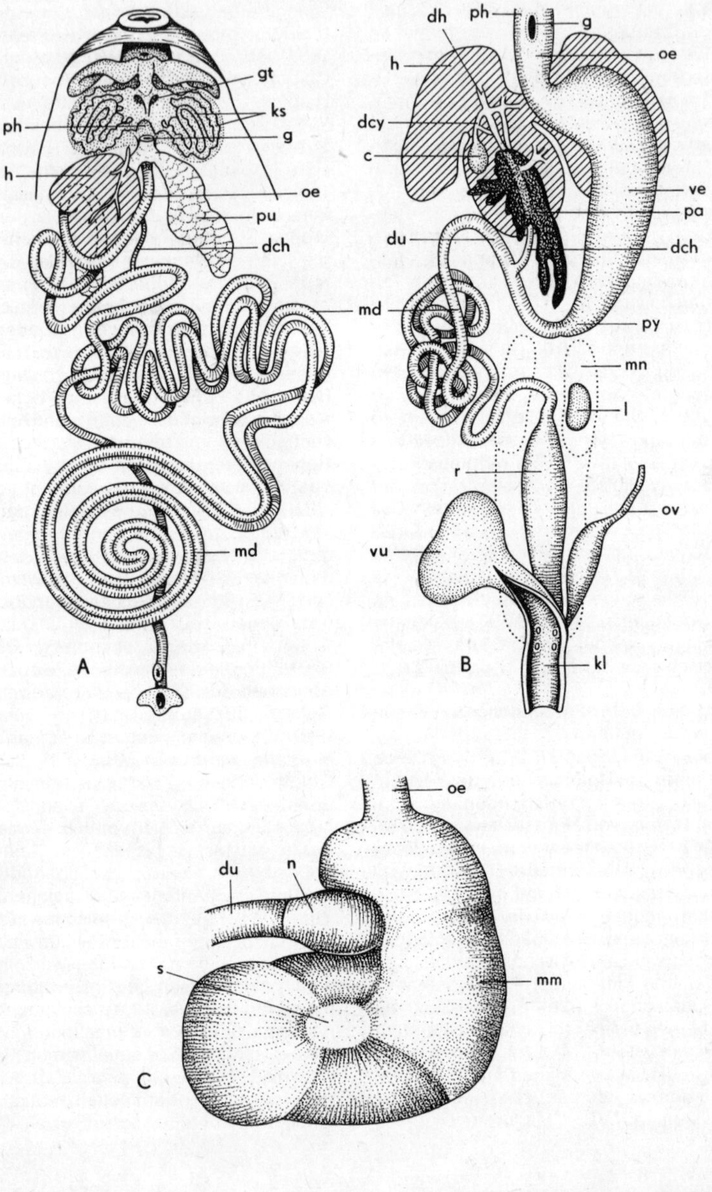
gt
ks
ph
g
h
oe
pu
dch
md
md
A
dh
ph
g
oe
h
dcy
c
ve
pa
du
dch
py
mn
l
r
ov
vu
kl
B
oe
du
n
s
mm
C

mit kehlständiger → Schallblase, Schwielen an den Schenkelinnenseiten und im Kloakenbereich. Tagaktiv. Gutes Sprungvermögen. Offenbar innere → Befruchtung. Eiablage (Ballen von 20–60 Eiern) an Land zwischen Laub in Wassernähe, auch in den Erdverstecken. Larven gelangen mittels Schlängelbewegungen od. durch Regenfälle zum Gewässer. [1]

marin: zum Meer gehörend, im Meer lebend. Typisch m. **R** sind die → Cheloniidae und → Dermochelydidae, die nur noch zur Eiablage an Land gehen. Unter den → Hydrophiidae finden sich ausschließlich m. Formen, die auch ihre Jungen im Wasser zur Welt bringen. So ist die Plättchen-Seeschlange *(Pelamis platurus)* ein reines Hochseetier und bedingt durch ihren Körperbau an Land nicht mehr fortbewegungs- und lebensfähig. Darüber hinaus hält sich eine Reihe von **R**-Arten gelegentlich od. zeitlich befristet im Meer auf (→ *Crocodylus acutus*, → *C. porosus*, → Acrochordidae u. a.). Als einzige Echsenart geht regelmäßig → *Amblyrhynchus cristatus* ins Meer (Küstenbereich), um dort Nahrung zu suchen. [1]

markhaltige Nervenfasern: bestehen aus dem Achsenzylinder (Axon, z. B. Neurit od. Dendrit), den Schwannschen Zellen, die die Nervenfaser umgeben, und der dazwischen befindlichen Myelinscheide (Markscheide). Diese ist aus einem Lipid-Proteingerüst aufgebaut, das den m. N. ein weißes, glänzendes Aussehen verleiht. M. N. treten besonders in peripheren Nerven auf, markarme dagegen in der grauen Substanz des → Rückenmarks und im vegetativen Nervensystem. [2]

Markierung, Methoden: populationsökologische wie auch andere feldherpetologische Studien erfordern eine geeignete individuelle Kennzeichnung. Diese muß dauerhaft, eindeutig, gut erkennbar, vor Ort praktikabel, der verwendete Code unkompliziert sein. Für das Tier sollen möglichst keine Schmerzen und später keinerlei Beeinträchtigungen entstehen. Probleme bereiten bei der M. vor allem → Häutung und Regenerationsvermögen. Die Wahl der Methode ist oft nach Tierart, -gruppe, z. T. auch der Zielsetzung verschieden. So kann z. B. zur rein kollektiven Kennzeichnung eine radioaktive M., amputative M. od. das Besprühen mit fluoreszierenden Pigmenten (bei **A**) genügen. Neben den anfangs hauptsächlich für **A** verwendeten Meerschweinchen-Ohrmarken, Vogelringen, Metall- bzw. Plasteplättchen, Farbtupfen gibt es heute eine Reihe weiterer mehr od. weniger brauchbarer Methoden. Dazu gehören z. B. die subcutane Injektion von Farbstoffen, die Tätowierung (*Rana, Pelobates;* nach Anritzen der Haut Einfärben mit Tusche), Autotransplantation (*Triturus*; wechselseitiger Austausch etwa 3 mm großer Bauch- und Rückenhautstückchen), Brandmarkierung (**A, R**), das Gefrierätzen (mittels eines in Trockeneis gekühlten Stempels; **A, R**), Beschneiden von Schuppen (→ Ventralia, → Subcaudalia) od. Hornschildern (Marginalia u. a.), die beim Vorliegen eines individuellen dorsalen (→ *Salamandra salamandra* u. a.) bzw. ventralen (→ *Alligator mississippiensis*, → *Natrix natrix* u. a.) Fleckenmusters sehr gute Fotodokumentation (vgl. dazu → Naßkopierverfahren), die besonders an ad. Froschlurchen (auch einigen **R**) breit praktizierte M. durch Amputation von Endphalangen (Schwanzlurche

---

Abb. 77. Verdauungssystem. Darmtrakt von *Rana:* A. Kaulquappe; B. ad. Frosch; C. Magen von *Alligator mississippiensis. c* Cystis fellea, *dch* Ductus choledochus, *dcy* Ductus cysticus, *dh* Ductus hepaticus, *du* Duodenum, *g* Glottis, *gt* Glandula thyreoidea, *h* Hepar, *kl* Kloake, *ks* Kiemenspalten, *l* Lien, *md* Mitteldarm, *mm* Muskelmagen, *mn* Mesonephros, *n* Nebenmagen, *oe* Oesophagus, *ov* Oviduct, *pa* Pankreas, *ph* Pharynx, *pu* Pulmo, *py* Pylorus, *r* Rectum, *s* Sehnenplatte, *ve* Ventriculus (Magen), *vu* Vesica urinaria.

regenerieren diese). Nicht amputiert werden dabei die für das Häutungs- und Klammerverhalten notwendigen → Phalangen. [1]

Marmormolch: → *Triturus marmoratus.*

Masseneiablageplatz: bestimmter, mikroklimatisch scheinbar besonders geeigneter Ort, der oft Jahr für Jahr vielen ♀♀ einer Art, seltener von zwei Arten, zur Eiablage dient. Bekannt sind vor allem die M. von → *Natrix natrix* in Sägemehl-, Borke- und Misthaufen, mit mehreren Hundert bis maximal 4000 Eiern (Bilder 37, 38). Angaben über M. liegen auch für *Opheodrys*-Arten und knapp ein weiteres Dutzend Schlangenarten vor. Darüber hinaus existieren zahlreiche Beispiele für die Eiablage mehrerer ♀♀ am gleichen Platz für → Gekkonidae (*Gekko japonicus, Sphaerodactylus notatus, Lepidodactylus lugubris* u. a.), außerdem für den Skink *Ablepharus boutonii.* Ein gemeinsamer M. zweier Arten wurde bei Gekkos für *Lepidodactylus lugubris* und *Hemidactylus garnotii*, bei Schlangen für *Natrix natrix* und → *Elaphe longissima* beschrieben. [1]

Massenlaichplatz: → Laichgewässer, das einer sehr großen **A**-Population zum Ablaichen dient. So sind z. B. aus dem Spessart einige M. (künstlich angelegte Wildtränken) von → *Triturus alpestris* mit 500–1000 Tieren, aus der Schweiz M. von → *Rana temporaria* mit jährlich 1500–5000 Laichballen bekannt. [1]

Massentourismus, Folgen: die Folgen des modernen M. sind vielschichtig. Vielfach kommt es zu mehr od. weniger starken Beeinträchtigungen, oft auch zur weitgehenden Zerstörung biologisch wertvoller → terrestrischer und → aquatischer → Biotope, z. B. durch Zergliederung der Lebensräume (Anlage von Straßen, Wander-, Trimmpfaden, Ruderwanderwegen usw.), Zerstörung von Uferbereichen durch Bade- und Bootsbetrieb, direkte Störungen und Nachstellungen (filmen, fotografieren, Tierfang usw.). Zu Begleiterscheinungen des Erholungswesens und M. zählen oft wirksame Schädlings-, besonders Mückenbekämpfungen (→ Biozide), mit den bekannten Auswirkungen auf die **A**- und **R**-Populationen. Erschreckend und zahlreich sind die Beispiele für den Handel mit lebenden und toten Tieren als Souvenirs. Ein großer Teil solcher „Mitbringsel" siecht im ersten Jahr dahin. Viele der später unerwünschten Terrarientiere werden ihrem Schicksal im Freien überlassen (vgl. Problem der → Faunenfälschung) od. man „entläßt" sie über die Kanalisation. [1]

Massetericum, Schläfenplatte: größeres Schild in der Schläfenregion des Eidechsen- und Schildkrötenkopfes. [1]

Mastigophora, Flagellata: ÜKL der → Sarcomastigophora. Einzellige, eine od. mehrere Geißeln tragende Lebewesen. Zur Kl. der sich ausschließlich heterotroph ernährenden Zoomastigophorea (Zooflagellaten) gehören neben den freilebenden Formen viele Parasiten. Zahlreiche Arten finden sich bei **A** und **R,** hauptsächlich im Blut und Verdauungssystem. Außer den Blutparasiten der Gatt → *Trypanosoma, Leptomonas, Leishmania* seien hier vor allem die Gatt → *Hexamita*, Vertreter der Monocercomonadidae, → Trichomonadidae und → Opalinata erwähnt. Als → Ektoparasit tritt gelegentlich → *Oodinium pillularis* bei **A** auf. [1]

Maturität, Geschlechtsreife: die M. ist mit der Bildung und Ausleitung der Geschlechtsprodukte erreicht. Dies muß nicht automatisch mit einer Aufnahme der Paarungsaktivität verbunden sein. Andererseits können Paarungsversuche bereits vor Eintritt der M. (→ Scheinpaarungen) erfolgen. [1]

Maturitätsalter: Lebensalter, in dem die Geschlechtsreife (→ Maturität) erreicht wird. Gefangenschaftsangaben vorsichtig und kritisch werten (Fehlen natürlicher Ruheperioden beachten, exakte Korrelation zur KRL bzw. GL wünschenswert, statistische Signifikanz anstreben usw.). Oft treten zwischen Freiland- und Terrariendaten starke Differenzen auf. Manche tropische Froscharten sind schon innerhalb eines Jahres geschlechtsreif. Bei → *Bombina variegata* und → *Bufo calamita* tritt die Maturität meist mit 2, bei → *Bufo, bufo* mit 3 bzw. überwiegend 4 Jahren ein. Unter den **R** können sich Rotkehl-Anolis *(Anolis carolinensis)* noch vor Ablauf eines Jahres fortpflanzen. Viele Schlangen erreichen die Geschlechtsreife mit 2–3, Dosenschildkröten *(Terrapene)* mit etwa 8–11 Jahren, → *Sphenodon punctatus* benötigt dazu mindestens 20 Jahre. [1]

Mauereidechse: → *Podarcis muralis.*

Mauergecko: → *Tarentola mauritanica.*

„Maulbrutpflege": → Rhinoderma darwinii.

Maultransport: Brutpflegehandlung bei einigen Arten der → Alligatoridae (→ *Alligator mississippiensis,* → *Caiman crocodilus*) und → Crocodylidae (→ *Crocodylus acutus, C. moreletii,* → *C. niloticus, C. mindorensis*). Durch die sensationellen Untersuchungsergebnisse von Pooley (1974) am Nilkrokodil in Freigehegen in Natal nur „wiederentdeckt", da (wie Böhme belegte) der M. bereits 1774 beschrieben wurde. Die frisch geschlüpften Jungen werden vom ♀ sorgsam ins Maul genommen, in den Kehlsack geschleudert und zum Gewässer getragen. Pooley beobachtete unter anderem, wie ein schlupfbereites Junges vom ♀ aus dem Ei durch Aufknacken mittels der Zähne befreit und anschließend im Kehlsack geborgen wurde. [1]

Mauremys caspica (Gmelin 1774, Kaspische Wasserschildkröte: Vertreter der → Emydidae. Verbreitung: S-Balkanhalbinsel, Ionische Inseln, Kykladen, Kreta, Rhodos, Zypern, Kleinasien (außer N-Teil), Syrien, Israel, S-Kaukasusraum, M- und O-Transkaukasien, N-Irak, N-Iran, SW-Turkmenien. Breites Biotopspektrum. Bewohnt → Stand- und → Fließgewässer aller Art, oft solche mit schlammigem Bodengrund und schützendem Gelegegürtel, aber auch Brackwasser, Thermalquellen, stark verunreinigte → Tümpel, → Weiher, sogar Abflußgräben kommunaler Abwässer, Jauchegruben. Höhenverbreitung bis etwa 1800 m. Carapax-Länge bis 35 cm. → Carapax flach, oval, mit deutlichem Mittelkiel. Schilder nicht od. kaum gewölbt. Achsel- und Hüftschilder vorhanden. → Plastron ohne → Scharnier. Kopf relativ schmal, Iris ohne dunklen Querstrich. Tagaktiv, wärmeliebend. Schwimmt, taucht, klettert geschickt. Entleert beim Fang meist die → Analblasen. Gelegegröße: 5–12 Eier. [1]

Mauremys leprosa (Schweigger 1812), Spanische Wasserschildkröte: Vertreter der → Emydidae. Verbreitung: Iberische Halbinsel (außer NW-Teil), S-Frankreich (O-Pyrenäen), NW-Afrika. Stellt keine besonderen Ansprüche an die Wasserqualität. Biotopspektrum sehr breit, wie bei → *Mauremys caspica.* Höhenverbreitung bis etwa 1500 m. Carapax-Länge bis 30 cm. → Carapax flach, oval, mit deutlichem Mittelkiel. Schilder meist aufgewölbt, schuppen häufig stark ab. Achsel- und Hüftschilder ausgebildet. → Plastron ohne → Scharnier. Kopf im Vergleich zu *M. caspica* massiger, mehr abgerundet. Hals hell längs gestreift. Iris mit dunklem Querstrich. Tagaktiv, wärmeliebend. Vielfach wird eine → Sommerruhe gehalten. Überwinterung am Gewässerboden. Stellenweise jedoch ganzjährig aktiv. Gelegegröße: 5–12 Eier. [1]

Maurische Landschildkröte: → *Testudo graeca.*

Maxillare, Oberkiefer: wie das → Praemaxillare vor dem → Palatoquadratum entstandener → Deckknochen. Unter den Froschlurchen unbezahnt bei den → Bufonidae, → Rhinodermatidae, der Mehrzahl der → Pipidae, → Microhylidae, manchen Vertretern der → Myobatrachidae, → Leptodactylidae, → Dendrobatidae, → Ranidae sowie *Allophryne ruthveni* (→ Hylidae). Das M. ist durch Auswachsen horizontaler Knochenlamellen am Aufbau des → sekundären Gaumens der Krokodile beteiligt. [2]

Mazeration: Auflösen bzw. Zersetzen von Gewebe auf natürlichem Wege durch Fäulnisbakterien od. mit Hilfe chemischer Verfahren. Wichtiger Arbeitsschritt bei der Herstellung von Skeletpräparaten (Entfernen von Fleisch-, Bindegewebsresten). Die Fäulnis-M. kann als Kaltwasser-, besser Warmwasser-M. praktiziert werden. Letztere dauert bei 30–40 °C nur 5–6 Tage. Knochen (in Glas- od. Steingutgefäßen) müssen stets mit Flüssigkeit bedeckt sein. Nach beendeter M. Skelet gründlich abspülen. Von den fermentativen Methoden bewährte sich für **A** und **R** die von Harris (1959) modifizierte Rowleysche Lösung: 1 g Natriumsulfid, 2 g Trypsin, 1 l physiologische Kochsalzlösung (für **A** 0,65%ig, **R** 0,75%ig). Dauer bei 60 °C etwa 30 min. Anorganische M.-Lösungen (M. ständig überwachen): am bekanntesten sind 3–5%ige Natron- und Kalilauge (M. bei 35–40 °C). Zur M. von **A** und kleineren **R**-Bänderrohskeleten eignet sich z. B. ein 3–5%iges Natriumperoxidbad (bei 50 °C). Auch Natrium- und Kaliumhypojodit-Lösungen werden empfohlen. [1]

Meckelscher Knorpel: → Cartilago Meckeli.

Medulla oblongata: → Myelencephalon.

Medulla spinalis, Rückenmark: Teil des Nervensystems, geht ohne scharfe Grenze in den caudalen Abschnitt des → Cerebrums über. Die M. s. wird vom → Canalis centralis durchzogen, nach außen wie das Cerebrum (abgesehen von den umgebenden Knochen) durch die → Meninges geschützt. Regelmäßig gehen Spinalnervenwurzeln ab, die sich zu → Spinalnerven vereinigen. Im Bereich der Extremitäten kommt es zu Anschwellungen (→ Intumescentiae). Nach der Lendenanschwellung verjüngt sich die M. s. caudad zum → Conus medullaris, der in das → Filum terminale ausläuft. Ursprünglich durchzieht das Rückenmark den gesamten Neuralkanal der Wirbelsäule bis an das Ende der Schwanzwirbelsäule. Dies trifft auch für die meisten **A** und die **R** zu. Die Austrittsstellen der Spinalnervenwurzeln aus der M. s. sowie das zugehörige Zwischenwirbelloch zum Durchtritt des Spinalnerven liegen i. d. R. etwa auf gleicher Höhe. Das gilt nicht für alle Spinalnerven der Froschlurche, deren M. s. im Wachstum gegenüber der Wirbelsäule stark zurückbleibt, wodurch die vorgenannten Stellen gegeneinander versetzt werden. Die Spinalnervenwurzeln verlaufen deshalb innerhalb des Neuralkanals neben der M. s. caudad. Der Conus endet z. B. bei *Rana* in Höhe des 6. od. 7. Wirbels, bei *Pipa* noch früher. Spinalnervenwurzeln und Endfaden bilden den sog. Pferdeschweif (Cauda equina). Auf einem Querschnittsbild läßt sich am Rückenmark die graue Substanz, die eine schmetterlingsähnliche Figur mit dorsalen und ventralen Höckern od. (körperlich gesehen) Säulen bildet, von der weißen Substanz unterscheiden. Die graue Substanz besteht aus Nervenzellen und markarmen Nervenfasern, die weiße dagegen aus markhaltigen Nervenfasern. Die Hörner der grauen Substanz bedingen die Gliederung der weißen Substanz in Längsstränge (Fasciculi), in denen bestimmte auf- und absteigende Fasern verlaufen. [2]

Meerechse: → *Amblyrhynchus cristatus.*

Meeresschildkröten: → Cheloniidae.

Megalochelys gigantea (Schweigger 1812), Seychellen-Riesenschildkröte: Vertreter der → Testudinidae. Verbreitung: Seychellen-Inseln, Insel Aldabra, angesiedelt auf Prison-Island, Sansibar, Sri Lanka. Freilebende Herden leben im Aldabra-Atoll, z. B. häufig in ziemlich offener, grasiger und parkähnlicher Landschaft, auch mitunter in schwer zugänglichem, busch- und höhlenreichem Gelände, sogar im Dünenbereich. Carapax-Länge bis 1,8 m. Im Gegensatz zu → *Chelonoides elephantopus* mit unpaarem Nackenschild (Nuchale). Tagaktiv. Zur heißen Tageszeit meist unter „Ruhebüschen". Bei

Nahrungssuche werden z. T. (vom Schlafplatz aus) über 800 m zurückgelegt. Längste belegte Wanderung um das Atoll (Randbereich) dauerte 14 Monate, die Wegstrecke betrug 25,5 km. → Fluchtdistanz 0–5 m. Gelegegröße: bis 20 Eier; Nesttiefe bis 40 cm. → Höchstalter in Gefangenschaft 152 Jahre (Tod durch Unfall). [1]

Mehlkäfer: → *Tenebrio molitor.*

Mehlmotte: → *Ephestia kuehniella.*

„Mehlwürmer“: → *Tenebrio molitor.*

Mehrfachwürgen, multiple Konstriktion: → Konstriktion von mehreren (meist 2–3) Beutetieren auf einmal. Gelegentlich in der Natur und im → Terrarium beim Beuteerwerb von → Boiden zu beobachten. So berichtet z. B. Pope von einem → *Python sebae*, der zur gleichen Zeit 3 junge Schakale mit verschiedenen Windungen seines Körpers umschlang und würgte. Vereinzelt wurde M. auch für Königsnattern *(Lampropeltis)* nachgewiesen. [1]

Melanine: im Pflanzen- und Tierreich verbreitete Pigmente. Bei Tieren sind es polymerisierte Oxidationsprodukte aromatischer Aminosäuren, hauptsächlich des Tyrosins. Bildung in → Melanophoren. Das Melanin liegt in Form von Körnchen (Granula), Stäbchen od. Blättchen vor, die dunkelbraun bis schwarz (Eumelanin) od. aber rotbraun bis gelb (Phaeomelanin) gefärbt sind. [1]

Melanismus: Schwarzfärbung durch starke Pigmentverschiebung (meist → Melanine) in der Haut. Vielfach lassen solche aberrant gefärbten Tiere genauer betrachtet noch verschwommene Zeichnungselemente erkennen. Totalmelanotische Exemplare sind bei **A** selten (in Mitteleuropa z. B. für → *Salamandra salamandra* bekannt), bei vielen **R** (→ *Lacerta vivipara*, → *Natrix natrix*, → *Vipera berus* u. a.) dagegen recht oft beschrieben worden. Besonders häufig ist die Tendenz zum M. bei Inselreptilien. Dies wird nicht nur bei mediterranen Lacerten (→ *Podarcis lilfordi*, → *P. milensis* u. a.), sondern nahezu allen **R**-Gruppen auf den verschiedensten Inseln deutlich. [1]

Melanophoren: verbreitetster Typ der → Chromatophoren. Farbzellen mit → Melanin und meist langen, verzweigten Fortsätzen (Abb. 32 A). Letztere können bis in die → Epidermis vordringen und dort Melanin an Epidermiszellen abgeben. Auf diese Weise kommt es z. B. zur Pigmenteinlagerung in das → Stratum corneum bei Schildkröten. Darüber hinaus können M. auch in den Auskleidungen der Bauchhöhle (besonders bei Fröschen, vielen Echsen) und Mundhöhle, im Bereich der Mesenterien, in Hirn- und Rückenmarkshäuten od. der äußeren bindegewebigen Hülle von Blutgefäßen auftreten. Die Untersuchungen zum Nachweis der Herkunft der M. von der Neuralleiste und zur Pigmentbildung in den von dort auswandernden Melanoblasten basieren vor allem auf **A**-Material. [1]

Melanophoren-Index, Hogben-Melanophoren-Index: einfaches System zur Bewertung der Melanin-Dispersion in einer → Melanophore. Hogben und Slome (1931) unterscheiden am Beispiel der **A**-Melanophoren folgende 5 Kategorien: punktförmige, d. h. totale Pigmentkonzentration (1), punktartig-beginnend sternförmige (2), sternförmige (3), sternförmig-beginnend netzförmige (4) und vollständig netzförmige Dispersion (5). Auf der letzten Stufe (5) ist das Melanin bis in die dendritisch verzweigten Fortsätze der Zelle ausgebreitet. [1]

melanophorenstimulierendes Hormon (MSH), Melanophorenhormon, Intermedin, Melanotropin: im Hypophysenzwischenlappen (Pars intermedia) gebildetes Hormon, das eine Dispersion der Pigmentgranula in den → Melanophoren bewirkt (vgl. → Farbwechsel). Polypeptid aus 13–22 Aminosäuren. Wie experimentell bei **A** nachgewiesen wurde, reguliert der Hypothalamus (über einen Hemmfaktor) die Ausschüttung des MSH. Über den exakten Wirkungsmechanismus in den Melanophoren besteht gegenwärtig keine endgültige Klarheit. [1]

Membrana nictitans, Nickhaut: am inneren Augenwinkel, zwischen Augapfel und Unterlid gelegenes durchsichtiges Augenlid. Die zugehörigen Muskeln (Musculus bursalis, M. pyramidalis nicticantis) werden vom → M. retractor bulbi abgeleitet. Die M. n. entsteht unabhängig vom Unterlid. Sie ist daher nicht der bei → Anuren auf der Innenseite des Unterlids vorhandenen und über Sehnen mit der → Sclera verbundenen Falte (häufig auch als M. n. bezeichnet) homolog. Diese wird beim Zurückziehen des Augapfels (z. B. während des Schluckaktes) rein passiv über das Auge geführt. Eine M. n. fehlt allen Formen, die eine → Brille ausgebildet haben. [1]

Membrana tectoria, Deckmembran: zum Hörsinnesorgan der Krokodile und höherer Wirbeltiere gehörende gallertige Membran. Sie wird von Epithelzellen abgeschieden, die median vom Sinnesfeld des → Cortischen Organs liegen. Die M. t. legt sich über die Sinneszellen, deren Sinneshaare in ihr haften. Außerdem überdeckt sie einen vom Endolymphraum abgetrennten Bereich, den Ductus spiralis. [2]

Membrana tympani, Trommelfell: dünne, dreischichtige, das → Mittelohr nach außen abschließende Membran, die zur Aufnahme von Schallschwingungen dient. Diese werden bei **A** und **R** dann auf die → Columella auris übertragen. Erstmals innerhalb der Wirbeltierreihe bei den Froschlurchen (sekundär reduziert bei *Bombina, Pelobates, Rhinoderma)* ausgebildet. Fehlt unter den **R** einigen Echsen (z. B. → wühlenden Arten → Amphisbaenia) und den Schlangen. Sie kann bei **R** durch beschuppte Haut, vorspringende Schuppen od. Schuppenkämme geschützt (*Phrynocephalus*-Arten, → Xenosauridae u. a.) oft auch gegenüber der angrenzenden Kopfhaut etwas eingesenkt sein. [1]

Membrana tympani secundaria, sekundäres Trommelfell: im → Fenestra rotunda ausgespannte elastische Membran, die im gleichen Rhythmus, aber in entgegengesetzter Richtung wie die Fußplatte des Stapes der → Columella auris mitschwingt. Die von der → Membrana tympani über das Gehörknöchelchen auf die → Perilymphe übertragenen Schwingungen können die inkompressible Perilymphe nur zum Mitschwingen veranlassen und so die Sinnesendstellen für das Hören in der → Papilla basilaris od. → Papilla amphibiorum erreichen, wenn irgendwo im Perilymphsystem ein Ausgleich geschaffen ist. Dieser ist durch die M. t. s. gegeben, die an die luftgefüllte → Paukenhöhle od. den Schlund grenzt. Bei **A** diente dafür ursprünglich ein Perilymphsack, der die Schädelhöhle erreicht. Er kann aber auch noch bei vielen **R** vorhanden sein. [2]

Membrana vestibuli: Trennwand zwischen → Scala vestibuli und Ductus cochlearis. Bestandteil des → Perilymphraumes des → Labyrinthorgans der Krokodile und höheren Wirbeltiere. [2]

Meninges, Hirn- und Rückenmarkshäute: Schutzeinrichtungen für das extrem weiche Nervengewebe. Ihre Adergeflechte spielen bei der Bildung des → Liquor cerebrospinalis eine wichtige Rolle. **A** und **R** besitzen 2 M., eine harte Hirnhaut, die Dura mater, die außen liegt und aus straffen Bindegewebe besteht, sowie eine innere weiche Hirnhaut, die Leptomeninx. [2]

Mentale: → Kinnschild. [1]

Mentomandibulare: bei einigen **A** vorhandener → Ersatzknochen des rostralen Endes der → Cartilago Meckeli des Unterkiefers. Geht i. d. R. eine → Synostose mit dem → Dentale ein. [2]

Mertensiella luschani (Steindacher 1891), Lykischer Salamander: Vertreter der → Salamandridae. Verbreitung: Inseln Karpathos, Saria, Kasos, Kastellorizon (griechisch), Kekova (türkisch), SW-Kleinasien. Lebt häufig in Gewässernähe (Bäche, Quellen), z. B. unter Steinen, Fallaub, aber auch an trockenen Plätzen, wie ausgetrockneten Gräben, buschbewachsenen Berghängen, in offenen felsigen Gebieten, der Macchia, im Kiefernwald. Die Habitate weisen stets ausreichend Versteckmöglichkeiten (Spalten im Boden u. a.) auf. Höhenverbreitung bis nahezu 1000 m. GL bis 18, vielfach 10–12 cm. Schlank, glatthäutig. Kopf flach, Augen sehr groß, vorstehend. → Parotoiddrüsen langgestreckt, markant. Rumpf mit 11–13 → Rippenfurchen. Schwanz maximal bis körperlang, im Querschnitt oval. Beim ad. ♂ über der Schwanzwurzel ein spitzer, weicher → Schwanzwurzelhöcker (Abb. 41 C; „Sporn"), zur Fortpflanzungszeit schwach ausgeprägte → Brunstschwielen am Oberarm. Dämmerungs- und nachtaktiv (bei Regen auch tagsüber im Freien). Sehr flink. Schwanz kann autotomiert werden und regeneriert. Paarung an Land. Gewöhnlich werden 2 voll entwickelte Junge geboren. [1]

Mertenssche Mimikry: von Mertens interpretierte und daher nach ihm benannte Mimikry-Form. Verschiedene ungiftige bzw. nur relativ schwach giftige Schlangenarten, sog. falsche od. unechte Korallenschlangen (Vertreter der → Colubridae; z. B. *Lampropeltis*), besitzen eine ähnliche od. gleichartige markante, farbige Querbänderung (vollständige Korallentracht: rote, gelbe bzw. weiße und schwarze Bänder) wie die giftigen Korallenottern (durchweg zu den → Elapidae gehörend; *Micrurus* u. a.). Diese Warnfärbung wird in beiden Fällen als Nachahmung einer „Korallenfärbung" von → sympatrisch vorkommenden Formen (z. B. *Erythrolamprus*) gedeutet, deren Verteidigung bei → Prädatoren einst nachhaltige, aber nicht tödliche Wirkung hinterließ, so daß künftig diese auffällige Färbung Abschreckungscharakter erhielt. [1]

Mesencephalon, Mittelhirn: vorderster Abschnitt des Rhombencephalon. Das Dach des M. (Tectum opticum) bildet die kugelförmig vorspringenden Corpora bigemina (Zweihügel) der **A** und **R**, die durch ihre Größe besonders auffällig sind. Das Tectum ist das wichtigste übergeordnete Integrations- und Steuerungszentrum, in dem bei **A** und **R** Informationen aus verschiedenen Regionen zusammenlaufen, um auf den Bewegungsapparat übertragen zu werden. Hier strahlt die Hauptmasse der Opticusfasern vom Auge her ein, daneben Fasern aus der Nasenregion und aufsteigende Fasern aus dem → Rückenmark. Efferente Fasern verlassen das Tectum in Richtung Mittelhirnbasis, → Medulla oblongata und Rükkenmark. Unterschiede in der Ausbildung des Tectum widerspiegeln den verschiedenen Entwicklungsgrad der Augen. So ist das Tectum bei → Gymnophionen klein, bei Schwanzlurchen von mittlerer Größe und besonders groß bei Froschlurchen. Im Zuge der Höherentwicklung des → Telencephalon der **R** kommt es zur Verlagerung eines Teiles der optischen Bahnen, die primär im Tectum endeten. Ein Teil zieht dann zum Thalamus des → Diencephalon. Von dort führen sekundäre Bahnen in den caudalen Bereich des Endhirns. Das M. wird vom Aquaeductus Sylvii durchzogen, der den III. und IV. Ventrikel miteinander verbindet. [2]

Mesocricetus auratus (Waterhouse 1839), Goldhamster: Vertreter der Wühler (Cricetidae). Futter vor allem für viele Schlangen, Warane, mittelgroße Eidechsen. KRL 17–18 cm, Gewicht durchschnittlich 80 g. Zucht in verschiedenen Farbvarianten (einfarbig, gescheckt). Zuchtbehälter: → Terrarium, Mindestgröße 40 × 25 × 30 cm; Einstreu und Nestmaterial wie bei → Muridae. Futter → Pellets, auch Körner, Obst, Gemüse, als tierisches Eiweiß z. B. Mehlwürmer, gekochtes Ei. Tragzeit etwa 16 Tage, 8–10 (15) Junge, bis 5 Würfe pro Jahr. Geschlechtsreife nach 5–6 Wochen. Trächtige ♀♀ separieren, nach 3 Wochen Junge vom ♀ trennen. [1]

mesolecithale Eier: → Furchung.

Mesonephros, Urniere: bleibende Niere der **A**, regional differenzierter Anteil des → Opisthonephros. Vom →

Pronephros und → Metanephros dadurch unterschieden, daß die ableitenden Mesonephroskanälchen sekundär Anschluß an den primären Harnleiter gewinnen, der nun als Urnieren- od. → Wolffscher Gang bezeichnet wird. Der segmentale Charakter des M. verwischt durch Ausbildung sekundärer und tertiärer Nierenkanälchen. Entsprechend der Körperform der betreffenden Arten besitzt der M. unterschiedliche Länge. Bei → Gymnophiona ist er bandartig, segmentiert und erstreckt sich mitunter über etwa 70 Körpersegmente. Auch Schwanzlurche haben langgestreckte Urnieren, die aus einem schmalen cranialen Abschnitt, der Rumpfniere (vgl. → Genitalniere), und einem breiteren caudalen Abschnitt, der Beckenniere, bestehen. Bei Froschlurchen hat der M. eine flache, elliptische Gestalt. [2]

Mesosternum: knorplig bleibendes Mittelstück des → Sternums der Krokodile und Echsen. Bei Krokodilen sehr schmal und langgestreckt. [2]

Messerfuß: → *Pelobates cultripes.*

Metacarpalia, Mittelhandknochen: langgestreckte, in der Handplatte gelegene Knochen der Vorderextremität. Ursprünglich 5 ausgebildet, häufig entsprechend der Zahl der → Digiti reduziert, z. B. bei den → Amphiumidae bis auf 3, 2 od. 1. [2]

Metamorphose: Gestaltwandel. Bei Tieren Periode der Umwandlung einer → Larve in Gestalt und Lebensweise zur → adulten Phase. Ein klassisches Beispiel ist die M. der Froschlurche. Äußerlich sichtbare Veränderungen sind: Wachstum zuerst der Hinter-, dann Vorderextremitäten, Rückbildung der Kiemen und des Larvenschwanzes, Umgestaltung des Mundes zum typischen Froschmund (Verlust von → Hornschnabel, Hornzähnchen), Ausbildung des → Trommelfells. Weiterhin kommt es z. B. zu wesentlichen morphologischen und physiologischen Veränderungen im Hinblick auf Haut, Sinnesorgane, Blut-, Atmungs- und Verdauungssystem. Bei Schwanzlurchen ist der Wandel dagegen äußerlich (hauptsächlich Verlust der Kiemen, des → Flossensaums) weniger auffällig. (Abb. 78). [1]

Metanephros, Nachniere: bleibende Niere der **R**, regional differenzierter Abschnitt des → Opisthonephros. Als ableitender Kanal fungiert immer der → Ureter. Blutversorgung über Lateralarterien der → Aorta descendens. In der äußeren Form bestehen große Unterschiede, z. T. ist der M. sehr langgestreckt wie bei Schlangen und schlangenähnlichen Echsen, deren Nieren durch Einkerbungen ein gelapptes Aussehen erhalten. Schlangennieren sind außerdem, wie auch die → Gonaden, gegeneinander versetzt (linke Niere liegt weiter caudal), häufig sogar verschieden groß. Bei Echsen besteht die Tendenz, daß die caudalen Abschnitte miteinander verschmelzen. Relativ kompakte Nieren mit zerklüfteter Oberfläche besitzen Schildkröten. [2]

Metatarsalia, Mittelfußknochen: langgestreckte, in der Fußplatte gelegene Knochen der Hinterextremität. Der → pentadactylen Extremität entsprechend sind primär 5 M. ausgebildet. Oft kommt es jedoch zu Reduktionen, z. B. auf 4 (Krokodile, ein hakenförmiger Rest des Metatarsale 5 bleibt erhalten), 3–1 (→ Amphiumidae) od. 2 (→ Proteidae). [2]

Metatarsaltuberkel, Mittelfußhöcker: an der Fußwurzel einiger Froschlurche entwickelte Höcker (1 od. 2). Der meist stärker ausgebildete innere, an der Daumenbasis liegende, wird als Fersenhöcker (Callus internus) bezeichnet und dient als morphognostisches Merkmal (unterschiedlich in Form, Länge, Ausbildungsgrad). Mitunter als → Grabschaufel entwickelt. [1]

Metencephalon, Hinterhirn: sein Dach differenziert sich zum Kleinhirn (Cerebellum). Es stellt ein zentrales Organ für die Koordination der Bewegungen dar, ist zugleich für die Erhaltung des Muskeltonus und Körpergleichgewichtes verantwortlich. Bei kletternden

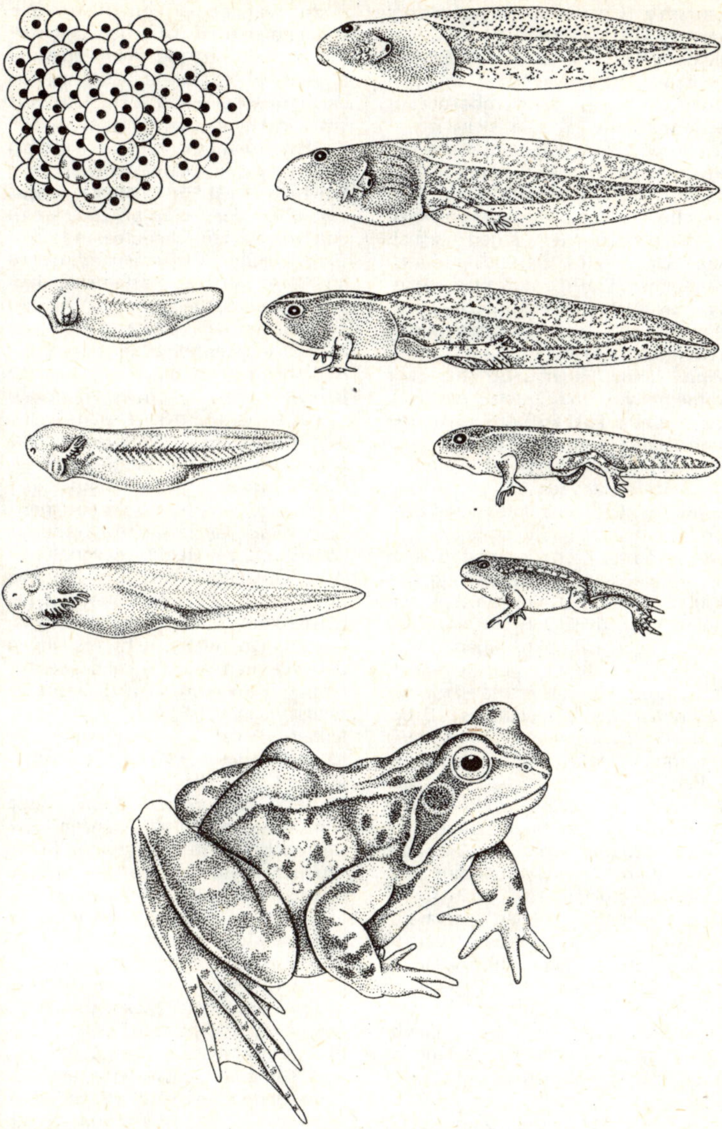

Abb. 78. Metamorphose von *Rana temporaria*.

Formen z. B. größer entwickelt als bei nahe verwandten Arten (*Hyla* im Vergleich zu *Rana* u. a.), obwohl in allen Fällen immer nur eine aufrecht stehende Querfalte vorliegt. Das Cerebellum der Schwanzlurche ist sehr klein, bei → Gymnophionen repräsentiert es nur eine winzige Lamelle, die dem Tectum des → Mittelhirns anliegt, das seinerseits bescheidene Ausmaße aufweist. Auch die meisten **R** verfügen lediglich über ein kleines Cerebellum, ausgenommen Schildkröten und Krokodile. Bei letzteren stellt es ein hohles Gewölbe mit 2 Querfurchen und 3 Loben (Lappen) dar. [2]

Microhylidae, Engmaulfrösche: sehr formenreiche und heterogene Fam der → Anura. Fast 300 Arten. Verbreitung: Hauptentfaltung SO-Asien und Indoaustralischer Archipel, weiterhin O-, S-Afrika, Madagaskar, N-, M- und S-Amerika. Große habituelle und ökologische Vielfalt, häufig hoch spezialisiert. Im od. am Erdboden lebend, auch → arboricol. Höhenverbreitung bis 4000 m. KRL 0,7–11 cm, meist jedoch kleine Arten (KRL 2–5 cm). Kopf oft klein, zugespitzt, mit engem Maul. Pupille horizontal od. rund (gelegentlich vertikal). → Maxillare und → Praemaxillare meist bezahnt (zahnlos z. B. bei *Calluella, Dyscophus*). Gaumendach mit quergestellten Hautleisten. → Schultergürtel firmistern. → Procöle Wirbel, 8. Wirbel bikonkav. → Sacralwirbel mit mehr od. weniger stark verbreiterten → Diapophysen, über 2 Condylen mit dem → Urostyl verbunden. Fortpflanzungsbiologie z. T. noch unbekannt. Eiablage an Land (Larvalentwicklung im Ei) od. im Wasser (Larven gewöhnlich ohne Hornzähne, -kiefer, → Spiraculum unpaar, median). 9 UFam: Scaphiophryninae, Dyscophinae, Cophylinae, Asterophryninae, Genyophryninae, Brevicipitinae, Melanobatrachinae, Phrynomerinae, Microhylinae. [1]

Migration, Wanderung, Zug: meist periodische, oft sehr ausgedehnte und durch hohe Individuenzahl charakterisierte Wanderung von Tieren. Am bekanntesten ist die regelmäßige M. (mit Hin- und Rückzug) bei vielen **A** und **R** in der Fortpflanzungszeit zum → Laichgewässer bzw. Eiablageplatz sowie im Herbst zum → Winterquartier. Zu den großartigsten M. im Tierreich zählen die der → Meeresschildkröten. So zieht z. B. → *Chelonia mydas* (Bild 39) in der Karibik bis 2000 km zu den Nestplätzen. Filmaufnahmen (von 1948) belegen Massenankünfte etwa 40 000 Atlantischer Bastardschildkröten (→ *Lepidochelys kempii*) an der atlantischen Golfküste Mexikos. Größere Gesellschaften bilden auch die → Hydrophiidae. Nach einem älteren Bericht soll ein Zug von *Disteira stokesi* fast 90 km lang und 3 m breit gewesen sein. Ein gleiches Phänomen sind die Wanderungen von Lurchen (z. B. *Taricha rivularis,* → *Rana temporaria,* → *Bufo bufo*; zum Winterquartier von → *Salamandra salamandra*). Weiterhin kommt es zu Nahrungsmigrationen (bei *Geochelone pardalis*), Zu- und Abzug durch Veränderungen des Lebensraumes und populationsdynamisch bedingten M. Zur Untersuchung der M. dienen hauptsächlich Orientierungs-, Markierungs- und Verfrachtungsversuche. [1]

Milben: → Acari.

Milos-Eidechse: → *Podarcis milensis.*

Milz: → Lien.

Mimese: täuschende Nachahmung von nichtbeachteten Pflanzen bzw. pflanzlichen Teilen (Phytom.), Tieren (Zoom.) sowie unbelebten Objekten (Allom.). Form der Schutzanpassung. Imitiert werden meist Form und Färbung, oft aber auch das Verhalten (gewöhnlich in enger Korrelation zur Struktur). Unter den **R** zeigen z. B. einige → arboricole Geckos (*Uroplatus fimbriatus, Ptychozoon kuhli* u. a.) infolge ihrer rindenartigen Zeichnung und Körperabflachung eine erstaunliche Rindenähnlichkeit („Rindenm."). Am bekanntesten ist wohl das „Windschaukeln" („Windm.") verschiedener blattimitierender Chamäleon-Arten

(*Rhampholeon spectrum, R. kerstenii* u. a.). Hier kommt es zur perfekten Verknüpfung von Struktur- und Verhaltensm. Ihr blattartiger Habitus (markante seitliche Abflachung, häufig blattrippenartig gezeichnet, Schwanz blattstielförmig) erzeugt in Verbindung mit dem Hin- und Herschaukeln der Tiere den Eindruck eines im Winde schaukelnden Blattes. Verblüffende Zweigimitatoren sind unter anderem die Spitznattern *(Oxybelis)*, die durch ihr oft steifes, bewegungsloses Verhalten Zweigen täuschend ähneln. [1]

Mimikry: Signalfälschung. Täuschende Nachahmung eines Lebewesens im Hinblick auf auffällig gestaltliche, farbliche, auch ethologische Signale. Diese Signale gelten nicht ausschließlich potentiellen → Prädatoren, sondern vielfach der Anlockung von Beute. Die M. ist angeboren, das entsprechende Verhalten des Signalempfängers ebenfalls, od. auf eigenen Erfahrungswerten aufgebaut. Berühmtestes herpetologisches Beispiel ist die → Mertenssche M. Eine typische Verhaltens-M. zeigen unter anderem manche Vertreter der → Pygopodidae (z. B. *Pygopus nigriceps*), die bei Bedrohung das Abwehrverhalten (S-förmiges Krümmen des Vorderkörpers, → Aufblähen, → Zischen, Vorstoßen) giftiger Ornamentschlangen *(Denisonia)* nachahmen. Die im → Amplexus (erfolgt im Gewässer) befindlichen ♂♂ der → Microhyliden-Art *Chiasmocleis ventrimaculata* spreizen bei Bedrohung ihre Hinterextremitäten weit in horizontaler Haltung vom Körper ab. Vermutlich ahmen sie die seitlich aufgestellten, spitzen und kräftigen Flossenstacheln von Welsen *(Pterygoplichthys)* nach, deren Wirkung Prädatoren meist vom Verzehren abhält. [1]

Mississippi-Alligator: → *Alligator mississippiensis.*

Mitteldarm: bei **A** und **R** gewöhnlich nur in wenige Schlingen gelegt und häufig nicht länger als das Tier selbst. Manche Echsen (*Phrynosoma* u. a.), Schildkröten und Krokodile besitzen jedoch einen sehr langen M. Extrem ist die Verlängerung bei → Kaulquappen, deren M. meist zu einer Doppelspirale aufgewunden ist, die sich nach der → Metamorphose wieder zurückbildet. Ein Zusammenhang zwischen Darmlänge und Pflanzennahrung, der bei Kaulquappen zweifellos besteht, läßt sich sonst nicht immer nachweisen. Das Mitteldarmlumen ist durch starke Faltenbildung meist eingeengt, dadurch wird jedoch die resorbierende Oberfläche wirkungsvoll vergrößert. Über Sekrete darmeigener Drüsen sowie der großen Anhangsdrüsen → Leber und → Pankreas erfolgt die chemische Endaufbereitung der Nahrung sowie die Resorption der Nährstoffe. Der Anfangsteil des Mitteldarms wird als Duodenum (Zwölffingerdarm) bezeichnet. Die sonst für Säuger übliche Gliederung des M. ist bei **A** und **R** noch nicht möglich. [2]

Mittelhirn: → Mesencephalon.

Mittelkiel: → Dorsalkiel.

Mittelmeer-Laubfrosch: → *Hyla meridionalis.*

Mittelohr: → Cavum tympani.

Molch: populäre Bezeichnung für heimische Schwanzlurche, d. h. Formen aus der Fam → Salamandridae, die regelmäßig zur Fortpflanzungszeit, mitunter auch ganzjährig im Wasser leben und während des Wasseraufenthaltes eine im Querschnitt markant elliptische Schwanzform aufweisen. Während des Landaufenthaltes ist ihre Haut rauh, relativ trocken, der Schwanz mehr od. weniger rundlich, → Hautsäume der → aquatischen Phase fehlen. [1]

Molchaquarium: → Aquarium zur Haltung, Pflege und Zucht zeitweilig, überwiegend od. rein → aquatischer Schwanzlurche, z. B. von *Triturus*-Arten im → Hochzeitskleid bzw. in → Wassertracht, von Vertretern der → Cryptobranchidae, → Sirenidae, → Proteidae, → Amphiumidae. Seine Einrichtung und technische Ausrüstung richtet sich nach der zur Haltung vorgesehenen Art. Behälter stets gut abdecken. Meist

ist die Installation eines Aquarienfilters sinnvoll. Bodengrund: kann fehlen, nur aus einigen Steinplatten, gut gewaschenem groben Kies od. Sand bestehen. Bepflanzung: keine, od. nur mit schwimmenden Arten wie *Fontinalis, Nitella,* → *Elodea, Eichhornia crassipes* u. a., bis hin zum M. mit beständiger Unterwasserflora (im Bodengrund wachsend od. in Pflanzschalen). [1]

„Molchpest“: von Wolterstorff geprägte Bezeichnung für eine durch verschiedene Symptome charakterisierte Caudaten-Krankheit. I. d. R. tödlicher Ausgang. Die Haut wird meist glanzlos und in Fetzen abgestreift. Es treten verstreut Wundstellen (Hautpusteln, Geschwüre usw.) auf, die sekundär leicht verpilzen. Oft sind die Tiere aufgedunsen, haben Atemnot und Gleichgewichtsstörungen. Gewöhnlich → Futterverweigerung. Regelmäßig wird auf den fauligen Geruch des Wasser verwiesen. Ursache noch ungeklärt. Wahrscheinlich Ursachenkomplex, wobei falsche Haltung vermutlich der wesentlichste Ausgangspunkt ist. Kranke Tiere sofort isolieren, desinfizieren und in Frischwasser halten. Heilungsaussichten gering. [1]

Moloch: → *Moloch horridus.*

Moloch horridus Gray 1841, Dornteufel, Moloch: Vertreter der → Agamidae. Verbreitung: W- und M-Australien. Lebt ausschließlich in ariden Gebieten. GL bis 21 cm. Körper dorsoventral abgeflacht, kurzschwänzig. Augen und Mund klein. Charakteristischer Besatz mit langen, symmetrisch verlaufenden Schuppendornen (Abb. 45 G) auf Körper und Schwanz. Der dornige Nackenbuckel dient als Fettspeicher und täuscht – bei Bedrohung zwischen die Vorderextremitäten gekrümmt – einen zweiten Kopf vor. Wasser (Tautropfen, gelegentlich Regenwasser) saugt die Haut wie Löschpapier auf. Feinste zwischen den Schuppen verlaufende, netzartig verbundene Kanälchen leiten das Wasser zum Mundwinkel. Durch entsprechende Lippenbewegungen fließt es in den Mund. Tagaktiv. Gelegegröße: 6–8 Eier, am Ende eines kurzen Erdganges. [1]

Monocyten: im → Blut befindliche Makrophagen (besonderer Typ von → Leukocyten). Makrophagen sind neben den Mikrophagen (Granulocyten) phagocytierende, Fremdkörper eliminierende Zellen. [1]

Monostylie: → Streptostylie.

monotypische Art: Art, die keine UA ausgebildet hat. Gegensatz → polytypische Art. [1]

Moorfrosch: → *Rana arvalis.*

Mortalität, Sterblichkeit, Sterbeziffer: der Anteil gestorbener Individuen einer → Population innerhalb einer bestimmten Zeiteinheit bzw. Periode. Ursachen dafür können endogene (Genopathien, Konstitutionsmängel u. a.) und exogene Faktoren sein (Witterung, Nahrungsmangel, Parasiten, → Prädatoren u. a.). Bemerkenswert ist z. B. oft die Zahl der in strengen Wintern umkommenden **A** und **R**. [1]

Moschusdrüsen: ein stark riechendes Sekret produzierende Drüsen am Unterkiefer und Ansatz der Extremitäten von verschiedenen Schildkrötenarten, besonders Moschusschildkröten *(Sternotherus).* M. besitzen auch die → Crocodylia, bei denen ein Paar beiderseits des Unterkiefers liegt (Abb. 25 B), ein weiteres mündet in die → Kloake (Proctodaeum-Region). [1]

Mosor-Eidechse: → *Lacerta mosorensis.*

Mücken: → Nematocera.

Munddach, primäres Munddach: bei **A** besonders vom unpaaren, median liegenden → Parasphenoid, das bei Schwanzlurchen im caudalen Bereich des M. ziemlich breit ist, von den → Vomeres und → Pterygoidea gebildet. Ein → Palatinum kommt nur bei Froschlurchen vor. Die großen Augenhöhlen sind gegen das M. kaum durch Skeletelemente abgegrenzt. Auch bei den **R** hat das Pterygoid großen Anteil am Aufbau des M. Daneben sind → Palatinum, Ectopterygoid (→ Transversum) und → Vomer beteiligt, ein Parasphenoid fehlt den **R**. Zwischen den Pterygoidea bleibt ein Munddachspalt (Interpterygoidspalt) frei. Schildkröten und Krokodile besitzen einen → sekundären Gaumen. [2]

Mundfäule: → Stomatitis ulcerosa.

Mundfeld: Gesamtheit der die Mundöffnung bei Froschlurchlarven umgebenden Strukturen (Abb. 57 C). Dazu zählen → Hornschnabel, Ober- und Unterlippe mit den → Lippenzähnen sowie die an den äußeren Lippenrändern ausgebildeten Mundrandpapillen (Tastpapillen). Zur Bestimmung der Larven dienend, z. B. anhand der Zahl, Anordnung, Form der Zahnreihen, Tastpapillen, Oberlippenform. Ermöglicht außerdem Rückschlüsse über die Ernährung der Larven (vgl. Lippenzähne). [1]

Mundhöhle, Cavum oris: von ektodermalem mehrschichtigem Epithel ausgekleidet, durch → Mundhöhlendrüsen feucht gehalten. Die Zunge (→ Lingua) engt die M. etwas ein und bildet mit dem Mundhöhlenboden die ventrale Begrenzung. Als Dach dient i. d. R. der primäre Gaumen (→ Munddach), der hauptsächlich von Knochen des → Dermatocraniums unterlagert wird. Er wird bei Schildkröten und Krokodilen durch den → sekundären Gaumen verdrängt. In die M. münden die primären → Choanen ein. Ausstülpungen der M. sind die → Schallblasen vieler Froschlurche. Caudad geht die M. in den → Pharynx über. Morphologie und/od. Strukturen des Mundhöhlendaches sowie -bodens dienen z. T. als Merkmale zur Gattungs- od. Artdiagnose bei Larven und Adulti von **A**. Auf solchen Diagnosemerkmalen fußen z. B. Bestimmungsschlüssel mitteleuropäischer → Caudata (Gestalt und Position der Gaumenzahnreihen, Zahnzahl, Ausbildung der Vomeromaxillarfalte) und → Anuren-Larven (Gattungsdetermination anhand von Mundhöhlendach- und -bodenstrukturen). [2]

Mundhöhlenatmung: besondere Form der → Hautatmung. Typisch für die meisten ad. **A**, bei → Plethodontidae neben der Hautatmung einzige Form der Atmung. Außerdem auch von einigen Echsen (z. B. *Chamaeleo*) und Wasserschildkröten (→ Rachenkiemen) praktiziert. Der Gasaustausch findet im dichten Kapillarnetz der Mundhöhlenschleimhaut statt. Über Zweige der → Vena cutanea magna wird der aufgenommene Sauerstoff dem → Ventrikel zugeführt, Kohlendioxid gelangt durch die → Arteria cutanea magna zur Mundhöhlenschleimhaut. Besondere Bedeutung erlangen Hautatmung und M. bei der Überwinterung von **A**. [2]

Mundhöhlendrüsen: abgesehen von der → Glandula intermaxillaris, die nur bei **A** auftritt, kommen in der → Mundhöhle der **R** zahlreiche Drüsen (mucöse, seröse, gemischte Drüsen) vor, die z. T. schon Fermente produzieren, wie z. B. die Giftdrüsen. An den Rändern von Ober- und Unterkiefer liegen Lippendrüsen (Labialdrüsen). Sie treten bereits bei den → Gymnophiona auf, fehlen aber Schildkröten und Krokodilen. Häufig sind Zungendrüsen (Glandulae linguales und G. sublinguales) sowie eine Gaumendrüse (Glandula palatina) entwickelt. Bei → Helodermatidae produzieren die Lippendrüsen am Unterkiefer (Glandulae labiales inferiores) Gift, im Gegensatz zu den → Giftschlangen, deren Giftdrüsen auf Zahndrüsen zurückgeführt werden, einem Sondertypus der Lippendrüsen am Oberkiefer (Glandulae labiales superiores). [2]

Muridae, Echte Mäuse: Futtertiere (Nestjunge, Alttiere) für viele Schlangen, Warane, Tejus, mittelgroße Echsen, kleinere Krokodile, verschiedene Schildkröten, große Froschlurche. Gezüchtet werden meist die bewährten, leicht beschaffbaren weißen, aber auch andersfarbigen Laborstämme der Hausmaus *(Mus musculus)* und Wanderratte *(Rattus norvegicus)*. Zuchtbehälter: Kunststoffwannen mit weitmaschigem Metalldeckel, der seitlich je eine Vertiefung für das Futter sowie die Plast-Tränkflasche aufweist. Einstreu: Hobel-, Sägespäne; 1–2mal wöchentlich erneuern. Nestmaterial:

etwas Heu, Holzwolle od. Zellstoff. Futter: → Pellets (Standard-Diät). Zuchtansatz/Geschlechterverhältnis 1:5 bei Mäusen, 1:10 bei Ratten. Mäuse: Tragzeit 18–24 Tage, 9–15 (21) Junge, bis 10 Würfe pro Jahr. Ratten: Tragzeit 21 Tage, 9–12 (23) Junge, 8–9 Würfe jährlich. [1]

Muscheln: → Lamellibranchiata.

Muscidae, Echte Fliegen: Fam der → Diptera. Etwa 4000 Arten, verschiedene als Krankheitsüberträger bedeutsam. *Glossina* überträgt z. B. → *Trypanosoma*. Bewährtes Futter für sehr viele **A** und **R**. Zucht besonders der Gemeinen od. Großen Stubenfliege (*Musca domestica*, 6–8 mm lang) und Kleinen Stubenfliege (*Fannia canicularis*, 4–5 mm lang). Zuchtbehälter: für Imagines heller Gaze- bzw. Flugkäfig, im Dach mit verschließbarem Loch zur Entnahme der Fliegen. Vorderfront am besten in Form einer verschiebbaren Glasscheibe gestalten. Am Boden befindet sich eine Tränke, Schale mit Traubenzucker, Trockenmilchpulver bzw. Kraftnährmittel (Multivitaminpräparat zusetzen); außerdem ist eine flache Schale mit Eiablagesubstrat erforderlich, z. B. Haferflockenbrei mit Hefezusatz. Substrat nach Bartholdi (verbessert durch Stettler): 100 ml Wasser, 1 Eßlöffel Zucker, 1 Kaffeelöffel Milchpulver, etwas Hefe, mit 200 g Kleie verrühren. Bei 25 °C Generationszeit von *M. domestica* 2–3 Wochen. Nach 1–3 Tagen Schlupf der Larven („Maden“), Schale separat stellen, mit Stoff abdecken, stets feucht halten. Zusatzfutter Milchpulver. Verpuppung nach reichlich 1 Woche, Puppenruhe 6–8 Tage. Puppen in den Gazekäfig überführen. [1]

Musculus retractor bulbi: → Augenmuskeln, extrabulbuläre.

Mycetophilidae (Fungivoridae), Pilzmücken: Fam der UO → Nematocera. 1–12 mm lange, schlanke Mücken, mit langen Fühlern und Beinen. Larven bevorzugt in Pilzen (Blätter-, Röhrenpilze u. a.), häufig in Pilzzuchten, auch faulendem bzw. verrottendem pflanzlichem Material (Kartoffeln, Zwiebeln usw.). Als zusätzliches Lebendfutter für kleinere **A** im Winter durch Sammeln von holzbewohnenden Pilzen (an Stubben, absterbenden od. toten Bäumen) beschaffbar, aus denen bei Zimmertemperatur die Mücken schlüpfen. Die Zucht von Trauermücken (mitunter als eigene Fam, Sciaridae, betrachtet) als Futter für Terrarientiere geht auf Oeser (1951) zurück. Zuchtgefäß: Glas- od. Kunststoffschalen. Bodengrund: feuchte Walderde. Nährsubstrat: kleine, flache Portionen Sojabrei. In diese werden die Eier abgelegt. Die Larven fressen nur randlich, leicht absammelbar. Entwicklungsdauer 3–4 Wochen. [1]

Myelencephalon, Medulla oblongata, verlängertes Mark: rostrale Fortsetzung des → Rückenmarks. Enthält nur vegetative Zentren, z. B. für die Atmung, Herz- und Kreislauftätigkeit sowie für Stoffwechselvorgänge. Sein Boden wird als Rautengrube bezeichnet. Sie stellt den ausgeweiteten IV. Ventrikel dar und wird durch ein epitheliales Dach abgedeckt, das einen → Plexus chorioideus aufweist. Dach und Plexus gehen bei der Präparation leicht verloren, so daß der Blick in die Rautengrube frei ist. Bei Schwanzlurchen befinden sich im M. die Mauthnerschen Zellen, ein Paar großer Neurone, die die rhythmischen Schlängelbewegungen beim Vorwärtsgang der Tiere kontrollieren. [2]

Myiasis, Myasis, Fliegenlarvenkrankheit: durch Dipterenlarven-Befall verursachte Erkrankung. Gewöhnlich wird eine Wund-, Haut-, Körperhöhlen- und Darm-M. unterschieden. Die M. bei **A** und **R** geht auf fakultative Erreger, hauptsächlich Vertreter der Calliphoridae und Sarcophagidae, zurück und führt oft zum Tod. Bekanntester **A**-Parasit mit deutlicher → Präferenz für → *Bufo bufo* ist → *Lucilia bufonivora*. So waren z. B. auf einer 300 ha großen Untersuchungsfläche in den Niederlanden 1972–1973 insgesamt 8 % der subad. bzw. ad. Erdkröten von dieser Art befallen. Myiasen werden außerdem durch Larven der Gatt *Batrachomyia* (Fam Chloropidae) besonders an Vertretern der → Myobatrachidae *(Heleioporus, Crinia, Pseudophryne)* verursacht. Die für **R** beschriebenen Fälle betreffen fast nur Schildkröten (*Testudo, Terrapene*; als Haut- od. Wund-M, vor allem im Schwanz- und Kloakenbereich). Therapie: Entfernen der Larven, Wundreinigung (evtl. Bäder), Behandlung mit antiseptischem Puder und Sulfonamiden. [1]

Mykosen: Pilzerkrankungen: durch parasitäre Pilzarten verursachte Erkrankungen. Bei **A** und **R** ebenfalls bedeutsam, Befallsgrad (bei **R** z. T. bis 4 % angegeben) offenbar mit steigender Tendenz. Relativ breites Erreger-Spektrum. Häufig nachgewiesen werden z. B. Arten der Gatt *Saprolegnia, Geotrichum, Candida, Mucor, Rhizopus, Aspergillus, Fusarium, Penizillium.* Bemerkenswert ist die häufige Isolation der beim Menschen stark verbreiteten Soorpilz-Arten *(Candida albicans, C. tropicalis)* sowie sogar von Chromoblastomykose-Erregern (*Phialophora-, Cladosporium-, Hormodendrum*-Arten). Anlaß für das Entstehen von M. sind vor allem → Haltungs- und Ernährungsfehler, außerdem kommt es oft sekundär zu Verpilzungen. Gewöhnlich werden M. in → Dermatomykosen und → Systemmykosen unterteilt. [1]

Myobatrachidae: Fam der → Anura. Verschiedentlich den → Leptodactylidae zugeordnet. Etwa 100 Arten. Verbreitung: Australien, Neuguinea, Tasmanien. Meist Bodenbewohner, einige mit gutem Grabvermögen (*Heleioporus, Notaden* u. a.). Besiedeln verschiedenste Biotope. Leben z. B. in Regen-, Trockenwäldern, Sümpfen, an und in → Stand- sowie → Fließgewässern, in Savannen, ariden Gebieten. Im Flachland und Gebirge (gelegentlich über die Baumgrenze hinaus) anzutreffen. KRL 2–11 cm. Pupille horizontal, manchmal elliptisch. → Maxillare und → Praemaxillare meist bezahnt (Ausnahme z. B. *Myobatrachus*). → Schultergürtel arcifer. Subad. Tiere noch mit freien → Intervertebralscheiben. → Sacralwirbel hat verbreiterte → Diapophysen, über 2 Condylen mit dem → Urostyl verbunden. → Astragalus und → Calcaneus nur proximal und distal verschmolzen. Fortpflanzungsbiologie mannigfaltig. In der Mehrzahl Eiablage ins Wasser, aber auch an Land (einige mit direkter Entwicklung), Anlage von → Schaumnestern im Gewässer und in Erdhöhlen. → Brutpflege in Form von → Laichwacht, direkte Entwicklung im Brutsack (Assa) sowie einmalig im Tierreich als → Magenbrüten bei *Rheobatrachus silus.* 2 UFam: Limnodynastinae, Myobatrachinae. [1]

Myocard: kontraktiler Mantel des Herzens, dessen Muskulatur aus quergestreiften Muskelfasern besteht, die sich durch die für sie typischen Glanzstreifen (Kittlinien; Zellgrenzen aufeinanderfolgender Herzmuskelfasern) von der Skeletmuskulatur unterscheiden. Die Kerne liegen zentral und nicht peripher wie bei Skeletmuskelfasern. [2]

Myriapoda, Tausendfüßer: Kl der Gliederfüßer (Arthropoda). Etwa 6000 Arten. Räuberisch od. als Pflanzenfresser lebende Bodentiere. Meist unter Steinen, Laub, morschem Holz, auch in Gartenerde, mitunter im Kompost zu finden. Vor allem als Futter für viele Schwanzlurche (→ *Salamandra salamandra,* → *S. atra* u. a.), aber auch Echsen geeignet. Neben verschiedenen Formen der Steinläufer (Lithobiidae), Erdläufer (Geophilidae; sehr häufig → *Geophilus longicornis*, 20–40 mm lang) werden besonders Bandfüßer (Polydesmidae; häufig *Polydesmus complanatus*, 16–28 mm lang) sowie Schnurfüßer (Iulidae) verzehrt. Nach → Mageninhaltsanalysen betrug z. B. der Anteil der M. in der Nahrung von *S. salamandra* nahe Sofia 11,32 % (50 % davon waren Schnurfüßer). [1]

Mysidacea, Schwebegarnelen: O der → Crustacea. Etwa 550 Arten. Meist 10–25, bis 50 mm lang. Garnelenartiger

Habitus. Hauptsächlich im Meer-, einige Arten im Brack- und Süßwasser verbreitet. In der Mehrzahl Filtrierer und pelagisch lebend, nur wenige zeitweilig an Tangen, Seegras, Steinen u. a. festsitzend od. im Sand eingegraben. Als Futter für → aquatische Schildkröten eignen sich besonders gut die leicht fangbaren, zur Fam Mysidae gehörenden *Neomysis integer* (bis 17 mm lang) und *Praunus flexuosus* (bis 26 mm lang). Aufenthalt vor allem im Sommer im Flachwasserbereich (gern über Seegraswiesen, an geschützten Stellen wie unter Landungsstegen, an Kaimauern usw.). Sie treten oft in Schwärmen auf, die bei *Neomysis integer* einige Meter breit und kilometerlang sein können. Fang mit dem → Kescher (Maschenweite 1–2 mm). Danach sofort → einfrosten, in Plastbeuteln bei —20 °C aufbewahren. [1]

Nachgerbung: nachträglich zur Verbesserung der vorliegenden Ledereigenschaften (Griff, Narben, Farbe) durchgeführte Gerbung. Erfolgt bei **R**-Häuten hauptsächlich mit pflanzlichen Gerbstoffen (z. B. Kastanie). Durch Zusatz synthetischer Vollgerbstoffe kann die N. weiter optimiert werden. [1]

Nachlaichzeit: Begriff wird zeitlich uneinheitlich abgegrenzt. Meist als Zeitraum vom Ende der Laichzeit bis zum Aufsuchen der → Winterquartiere angesehen. Heusser versteht z. B. darunter, auf → *Bufo bufo* bezogen, nur „die Zeit (bei ♀♀) zwischen dem letzten Laichschub und dem Erreichen der Sommerquartiere". [1]

Nachniere: → Metanephros.

Nachtechsen: → Xanthusiidae.

Nahrungsanalyse, Methoden: folgende Methoden sind bei **A** und **R** praktizierbar: 1. Freibeobachtung. Erfordert unter anderem Kenntnisse über Aktivitätsrhythmus, Jagdstimmung, gezielten Beuteerwerb an bestimmten Futterplätzen (*Bufo*-Arten lauern z. B. oft an Straßenlaternen auf zu Boden fallende Insekten, sind dort mitunter sehr ortstreu). Dabei kann durch Film, Fotos eine Dokumentation erfolgen. 2. Gewöllanalyse (betrifft nur wenige Formen). 3. Fraßrestanalyse. Meist sind nur unverdauliche Bestandteile, z. B. harte Chitinreste, vor allem von Käfern (Flügeldecken, Halsschilder u. a.), auch Schneckenschalen determinierbar. 4. Untersuchung ausgewürgter Beute (bei Schlangen). 5. Magenspülung mittels einer dünnen, an einer Injektionsspritze befestigten Schlauchsonde. Von Opatrny bei mitteleuropäischen Schwanz- und Froschlurchen erfolgreich angewandt. 6. Fütterungsversuche. Sehr sorgfältig auswerten, Gefahr der Verfälschung realer Verhältnisse beachten. 7. Mageninhaltsanalyse. Bei tot aufgefundenen (→ Straßentod, erschlagene Exemplare usw.) bzw. zur N. getöteten Tieren. Auswertung wie bei der Magenspülung durch die fortschreitende Verdauung beeinträchtigt. Damit ein möglichst vollständiges Bild der Ernährung einer Art gewonnen wird, sollten am besten alle diesbezüglich möglichen Verfahren Anwendung finden. [1]

Nahrungskette: ernährungsbedingtes, lineares bzw. kettenartiges Abhängigkeitsgefüge taxonomisch verschiedener Organismen. Den Anfang jeder Kette bilden grüne Pflanzen (Primärproduzenten), dann folgen Konsumenten, zunächst Pflanzenfresser (Primärkonsumenten), letztlich verschiedene Fleischfresser (Sekundärkonsumenten). Beispiel einer solchen Abfolge: Gras – Heuschrecke – Frosch – Schlange – Schlangenadler. Auf Grund der engen gegenseitigen Verflechtung der N. liegt ein weitverzweigtes Nahrungsnetz vor. Reich strukturierte → Biozönosen zeichnen sich durch mannigfaltige Verknüpfungen und ein enges Abhängigkeitsgefüge aus. Veränderungen an einem Glied dieses Gefüges wirken sich stets auch auf das ganze System aus. [1]

Nahrungsspezialisten: im Gegensatz zu → euryphagen Arten Tiere mit sehr engem Nahrungsspektrum (stenophage Arten). Dies gilt z. B. für Kurzkopffrösche *(Breviceps)* und Krötenechsen *(Phrynosoma)*, deren Nahrung fast nur aus Termiten und Ameisen besteht, od. für die hauptsächlich Nackt- und Gehäuseschnecken verzehrenden Schneckennattern (Dipsadinae). Extrem stenophag sind unter anderem die Algen und Tang abweidenden Meerechsen (→ *Amblyrhynchus cristatus)* des Galápagos-Archipels, auch die Afrikanischen Eierschlangen *(Dasypeltis)* mit ihren in Anpassung an die spezielle Ernährungsweise bemerkenswerten anatomischen Umgestaltungen (vgl. → *Dasypeltis scabra*). [1]

Nahrungswechsel: Umstellung auf eine andere Nahrung. Am bekanntesten im Laufe der → Ontogenese (ontogenetischer N.) zwischen → Kaulquappen und umgewandelten Froschlurchen. Infolge jahreszeitlich bedingter Veränderungen des Nahrungsangebotes häufig als ökologischer N. auftretend. [1]

Naja haje (Linnaeus 1758), Uräusschlange: Vertreter der → Elapidae. Verbreitung: N-, M-, O-Afrika, W- und S-Arabien. Bevorzugt trockene, oft gestrüppreiche Gebiete. Typische Savannen-Schlange. Mitunter auch an Feldrändern, in Oasen, Wadis. Höhenverbreitung bis fast 1500 m. GL bis 2 m. Kopf kaum abgesetzt, Pupille rund. Glattschuppig. Bei Erregung charakteristisch emporgebäumte Drohstellung, → Hutbildung. Giftzähne bis 10 mm lang. Gift stark wirksam. Kleopatras Selbstmord wird dem Biß einer *N. h.* zugeschrieben. Frühmorgens, in der Dämmerung und Nacht aktiv. Weitgehend ortstreu. Als Nahrung dienen Kleinsäuger, Vögel, **R** und **A**. Gelegegröße: 8–28 Eier. [1]

Naja naja (Linnaeus 1758), Brillenschlange: in Zeichnung und Färbung variabelster Vertreter der → Elapidae. Verbreitung: SW-Turkmenien, S-Usbekistan, SW-Tadshikistan, O-Iran, Afghanistan, Vorder-, Hinterindien, S-China, Taiwan, Philippinen bis Sunda-Inseln. Breites Biotopspektrum, z. B. im Dschungel, in Plantagen, Reisfeldern, Gärten, Parks der Städte. Höhenverbreitung bis 2500 m. GL bis 2,2 meist 1–1,5 m. Kopf wenig abgesetzt, flach. Pupille rund. Glattschuppig, Körper kräftig. Bei Erregung Emporbäumen des Vorderkörpers (oft bis ⅓ der Körperlänge), → Hutbildung. Dabei tritt die Brillenzeichnung (kann fehlen, mitunter nur monokelartig) auf dem Nakken hervor. Nicht angriffslustig. Tag- und nachtaktiv. Giftzähne bis 7 mm lang. Gift stark wirksam. Gelegegröße: bis 45, meist 9–20 Eier. Gelege wird oft anfangs od. bis zum Schlupf vom ♀ (selten ♂ und ♀) bewacht. In einem Fall legte ein Brutpaar eine Sandgrube (→ Nestgrube) an und löste sich beim Bewachen des Geleges ab. [1]

Naja nigricollis Reinhardt 1843, Speikobra, Schwarzhalskobra: Vertreter der → Elapidae. Verbreitung: Afrika sü. der Sahara. Häufigste → Kobra dieses Erdteiles. Lebt vor allem in der Savanne. Höhenverbreitung bis 2500 m. GL bis etwa 2,2 m. Kopf kurz, flach. Augen groß, Pupille rund. Glattschuppig. Bei Erregung gattungstypisches Aufbäumen, → Hutbildung. Jedoch im Vergleich zu → *Naja naja* Hut längsoval, Brillenzeichnung fehlt. Gefürchtetes → Giftspeien nur zur Verteidigung angewandt. Speit auch ohne Angriffsstellung! Tagsüber weitgehend versteckt lebend (in Termitenbauten, Erdlöchern usw.). Nahrung: Kleinsäuger, Schlangen, Echsen, **A**. Gelegegröße: bis 28 Eier, meist 10–15. [1]

Nanismus, Zwergwuchs: stark unter dem Durchschnitt liegendes Längenwachstum. Ursachen verschieden, z. B. auf eine Endokrinopathie zurückzuführen, in zahlreichen Fällen bei Schwanzlurchen (→ *Pleurodeles waltl* u. a.) durch zu frühe → Metamorphose (ungünstige Lebensbedingungen wie Austrocknen des Gewässers) bedingt, auch als Folge gestörten Knorpelwachstums *(Chrysemys picta)* beschrieben. Als insularer N. bei **A** *(Cynops pyrrhogaster* auf Iki) und vielen **R** feststellbar. So ist unter Inselschlangen die Tendenz zum N. stärker verbreitet als zum → Gigantismus. Auf Milos überschreitet z. B. → *Vipera lebetina* selten eine GL von 80 cm, Festlandstiere können dagegen bis 1,5 m lang werden. Oft treten insulare Zwerg- und Riesenformen im gleichen Inselgebiet und → Formenkreis auf. Diese bipolare Variationstendenz zeigt sich unter anderem deutlich bei → *Podarcis filfolensis*. [1]

Narkose: Allgemeinbetäubung. Aus dem englischen Sprachraum stammt die für die Allgemeinnarkose auch übliche Bezeichnung Anästhesie. Schlafähnlicher Zustand mit Ausschaltung der Schmerzempfindung, bedingt durch eine reversible, partielle Lähmung des Zentralnervensystems. Bei **A** und **R** werden nach der Applikationsart folgende N.-Formen unterschieden: → Inhalationsn., → Injektionsn., hinzu kommt die Verabreichung der → Narkotika über ein → Narkosebad (bei **A**), bei **R** mitunter oral (im Futter od. per Sonde) und kloakal (per Klistier bei kranken bzw. geschwächten Tieren). Außerdem ist eine N. auf physikalischem Wege durch → Hypothermie, ganz selten auch → Elektroanästhesie möglich. Die → Narkoseüberwachung erfolgt anhand der für **A** und **R** praktikablen Möglichkeiten. [1]

Narkosebad, Tauchbadnarkose: verbreitete Applikationsform für → Narkotika bei **A**. Einsetzen der Tiere in eine wäßrige Lösung des Narkotikums (z. B. Ethylurethan 10–20 g/l, MS 222 Sandoz® 1–2 g/l), das über Haut und Kiemen bis zum Konzentrationsausgleich zwischen Narkoselösung und Körperflüssigkeit aufgenommen wird. Der Konzentrationsausgleich erfolgt bei Kiemenatmern schneller als bei kiemenlosen Formen. Steuerung der → Narkose durch Spülen der **A** in Frischwasser od. neuerliches Eintauchen in das N. möglich. [1]

Narkoseüberwachung: regelmäßige Überwachung der Narkosetiefe im Zeitraum der → Narkose. Bei **A** und **R** nur anhand weniger allgemeiner od. tierklassenspezifischer Reflexprüfungen, verbunden mit einer Kontrolle der Atemreaktionen, möglich. Zur Abgrenzung der Narkosestadien (4 werden unterschieden) stehen bei **A** im wesentlichen nur der Schmerz- und → Umkehrreflex, gekoppelt mit einer Kontrolle der → Mundhöhlenatmung (Erfassen der Mundbodenventilation), zur Verfügung. Für die N. der **R** werden neben dem Schmerz- und Umkehrreflex unter anderem auch der → Anal-, → Bauchstreich- und Zungenrückziehreflex (Schlangen) herangezogen. Die Orientierung erfolgt dabei nach dem Grad der Reflexabschwächung (Narkosestadien dienen als Maßstab). Narkosebedingte Atmungsveränderungen sind vor allem unregelmäßig auftretende Atempausen (sehr typisch für die → Inhalationsnarkose), deren Zahl und Dauer für die Überwachung bedeutsam ist. [1]

Narkotika: Arzneimittel, die durch teilweise Lähmung des Zentralnervensystems zu einem schlafähnlichen Zustand führen und Schmerzempfindung, Abwehrreflexe reversibel ausschalten (vgl. → Narkose). Zu den klassischen N. gehören Ether und Chloroform. Ether (Ether pro narcosi) wird auch heute noch verbreitet bei der → Inhalationsnarkose verabreicht. [1]

Nasale: Nasenschild; Os nasale, Nasenbein: → Deckknochen des Schädeldaches zum Schutz der Nasenkapsel. Mit Ausnahme einiger Schildkröten bei **A** und **R** konstant vorhanden. [2]

Nasendrüsen: bereits in der Wandung der Nasenhöhle bei **A** kommen Glandulae olfactoriae (Bowmansche Drüsen) vor, die Verunreinigungen der Atemluft binden und außerdem die → Riechschleimhaut feuchthalten sollen. Weiterhin existieren Komplexe von Drüsen, die Glandulae nasales laterales (Stenosche Drüsen), die in den Nasenvorraum münden. Sie sind bei → *Amblyrhynchus cristatus* besonders groß und fungieren hier als → Salzdrüsen. [2]

Nasenfrösche: → Rhinodermatidae.

Nasenhöcker: mehr od. weniger große, halbkugelförmige Emporwölbung auf der Schnauzenspitze der → Crocodylia. Auf ihr münden oberseits, durch eine Längsfurche voneinander getrennt, die Nasenlöcher. [1]

Nasenkröten: → Rhinophrynidae.

Nasolabialfurche, Nasen-Lippen-Furche: auf jeder Kopfseite von der Nasenöffnung zum Oberlippenrand ziehende kleine, schmale Furche bei den → Plethodontidae. Sie kann oft sehr markant hervortreten und auch in einen schlanken Cirrus über die Lippe hinweg auslaufen. [1]

Naßkopierverfahren: von Glandt (1980) entwickelte Methode zur Registrierung bzw. → Markierung von → *Triturus cristatus* mittels Naßkopien des ventralen, individuell unterschiedlichen Fleckenmusters. Einfache, preisgünstige, vor allem aber dauerhafte und so für langjährige populationsökologische Untersuchungen brauchbare Kennzeichnung. Zur Fotokopie legt man den Molch bauchseits, unbetäubt auf die Glasplatte des Kopiergerätes (am besten ein Naßkopierer; längste Belichtungszeit einstellen) und hält ihn sorgfältig fest. Die Kopie wird anschließend auf eine für das Tier angelegte Karteikarte geklebt, die weitere spezielle Daten sowie Platz zum Notieren der Wiederfänge enthält. [1]

Natantia, Garnelen: Gruppe von Krebsen (→ Crustacea) mit einigen primitiven Merkmalen. UO der Decapoda (Zehnfüßige Krebse). Etwa 2000 Arten. Körper gewöhnlich seitlich zusammengedrückt. Hinterleib länger als Cephalothorax, Hinterleibsfüße (Pleopoden) als typische Schwimmfüße entwickelt. Beide Antennenpaare groß. Carapax nur schwach verkalkt, viele Formen durchsichtig. Als Futter für → aquatische Schildkröten eignen sich z. B.: *Crangon crangon* („Nordseegarnele"); durchschnittlich 5–7 cm lang. Litoralform. Tagsüber im Sand bzw. sandigen Schlick eingewühlt. Nahrungssuche nachts in Bodennähe. *Palaemon squilla* („Ostseegarnele"): durchschnittlich 6 cm lang. In Nord- und Ostsee verbreitet. Während des Sommers im Seichtwasser, bevorzugt zwischen Algen, Tangen, Seegras. Tritt oft schwarmweise auf. Fang mit dem → Kescher, anschließend → einfrosten. [1]

Natrix maura (Linnaeus 1758), Vipernatter: Vertreter der → Colubridae. Verbreitung: Iberische Halbinsel, Mallorca, Menorca, Frankreich (N-Teil ausgenommen), SW-Schweiz, NW-Italien, Sardinien und einige vorgelagerte Inseln, Iles d'Hyères, NW-Afrika (Marokko bis N-Libyen). Stark wassergebunden. An → Stand- und → Fließgewässern aller Art, z. B. Dünenlagos, Bewässerungsgräben, in Stillwasserbereichen und deckungsreichen Uferzonen von Bächen, Flüssen, Steinbruchtümpeln, Reisfeldern, Feuchtwiesen, bis in die Oasen der Sahara vorgedrungen, mitunter im Brackwasser. Höhenverbreitung bis 2250 m. GL bis 1 m, meist 50–70 cm (♀ größer als ♂). Körper gedrungen. Kopf deutlich abgesetzt, groß, Schnauze rund. Rückenschuppen stark gekielt. ♂♂ mit → Knopfkielen im Analbereich. Tagaktiv. Schwimmt und taucht sehr gut. → Aposematisches Verhalten: Abplatten von Kopf und Rumpf, → Zischen, Scheinbisse, Verspritzen des Analdrüseninhaltes. Gelegegröße: 3–32 Eier. [1]

Natrix natrix (Linnaeus 1758), Ringelnatter: Vertreter der → Colubridae. Verbreitung: fast ganz Europa, fehlt in Schottland, Irland, auf der Isle of Man und einer Reihe anderer Inseln (einige Nord- u. Ostsee-, vor allem verschiedene Mittelmeerinseln, wie Malta, Kreta usw.), im Norden bis 67 ° n. Br. (Schweden), nach Osten bis 200 km öst. des Baikal-Sees, weiterhin in Transkaukasien, N-Iran, Kleinasien, Syrien und N-Afrika (Marokko bis NW-Tunesien). Lebt bevorzugt in Wassernähe an vegetationsreichen Ufern von → Stand- und → Fließgewässern, im Bereich von Feuchtwiesen, Sümpfen, Mooren, des Auwaldes, in aufgelassenen Ton-, Sand-, Kiesgruben, Steinbrüchen, bis in Siedlungen und Ballungsgebieten (Gartenanlagen, → Deponien usw.) vordringend. Verschiedentlich im Litoral, sogar Meer, auch weit entfernt vom Wasser (Heide, Weinberge). Höhenverbreitung bis 2300 m. GL bis 2, meist nur selten über 1,2 m (♀ größer als ♂). Körper schlank bis robust. Kopf deutlich abgesetzt, Pupille rund. Rückenschuppen gekielt. Schwanz spitz ausgezogen. ♂♂ gelegentlich mit → Knopfkielen. Tagaktiv. Gutes Schwimm- und Tauchvermögen. Sonnt sich gern. Bei Bedrohung oft Reaktionskette proaposematischer Verhaltensweisen. Mitunter → Sichtotstellen als Endreaktion. Eiablageorte bevorzugt z. B. Laub-, Kompost-, Sägemehl-, Misthaufen. Dort nicht selten → Masseneiablageplätze. Gelegegröße: durchschnittlich 30 (Jungtiere 6–20) bis 105 Eier. [1]

Natrix tessellata (Laurenti 1768), Würfelnatter: Vertreter der → Colubridae. Verbreitung: M-Europa (im Norden bis zur BRD, Isolate an Mittelrhein, Mosel, Nahe, Lahn, Ahr), S-Europa, über die Balkanhalbinsel, Ungarn, Rumänien, südliche Europäische UdSSR bis M-Asien, N- und O-Afghanistan, W-Pakistan, im Süden über Transkaukasien, Kleinasien, Syrien, Israel bis Unterägypten. Viel stärker ans Wasser gebunden (→ Stand-, → Fließgewässer, auch an der Meeresküste) als → *Natrix natrix*. Höhenverbreitung bis 2800 m. GL bis 1,5 m (♀ meist größer als ♂). Mäßig schlank. Kopf länglich, bei ad. Tieren dreieckig, gut abgesetzt. Rükkenschuppen gekielt. ♂♂ mit → Knopfkielen in der Analregion. Tagaktiv. Schwimmt und taucht ausgezeichnet. Sonnt sich lange im Uferbereich. Vor Verlassen des Gewässers oft mit erhobenem Kopf → „sichernd". Verspritzt beim Ergreifen Analdrüseninhalt. Nicht bissig. Gelegegröße: bis 30 Eier. [1]

Nattern: → Colubridae.

Natternhemd, Natterhemd: die von Schlangen bei der → Häutung im allgemeinen in einem Stück, mit der Innenseite nach außen gekehrt, abgestreifte alte Hornschicht (→ Stratum corneum) der → Epidermis. Sie wird auch als Exuvie bezeichnet. Diese übertrifft die Originalgröße der Schlange bis um etwa 10 %. In der Natur weisen die zwischen Steinen (Bild 46), Geäst u. a. Substraten abgestreiften N. unverkennbar auf die Besiedlung des Gebietes durch Schlangen hin und ermöglichen außerdem (nach der → Pholidosis) die Artbestimmung. [1]

Naturalienkabinett: Kabinett mit einer Sammlung von sehenswerten Objekten aus dem Mineral-, Pflanzen- und Tierreich (Bild 31). Blütezeit der N. war das 17. und 18. Jahrhundert. Unter der oft kaum überschaubaren Fülle von Naturalien befanden sich meist viele **R** (besonders Schildkröten, Krokodile) und **A**. Als Präparationsverfahren dominierte die Konservierung in Alkohol (Katalogvermerk „in Spiritu conservante"). Zum Verschließen der → Flüssigkeitspräparate benutzt man Korken, Tierblasen, später Glasstopfen. Außerdem existierten häufig zahlreiche große Wirbeltier-Stopfpräparate, von denen Krokodil-Präparate mitunter bis heute erhalten geblieben sind. Die meisten N. wurden im Laufe der Zeit aufgelöst, einige zerstört (z. B. die reichhaltigen Kollektionen Kaiser Rudolfs II. im Schloß Neugebäu bei Wien), andere dienten als Sammlungsgrundstock bei der Gründung moderner Museen. Zu den seltenen Beispielen ihres Erhaltes im ursprünglichen Gesamtzustand zählt das um 1698 entstandene N. der Franckeschen Stiftungen in Halle (Saale). [1]

Naturschutz: zur Erhaltung, Sicherung und Pflege ausgewählter Landschaftsteile (Naturschutz-, Landschaftsschutzgebiete), von Pflanzen- und Tierarten sowie Naturdenkmalen dienende Maßnahmen. Wertvolle Kleinbiotope, z. B. Amphibienlaichgewässer, Überwinterungsbiotope, können als Flächennaturdenkmale (Größe bis 3 ha) erklärt werden. In der DDR sind die gesetzlichen Regelungen hierzu im Landeskulturgesetz verankert. Schweden verabschiedete 1909 als erstes Land in Europa ein Naturschutzgesetz. Schutzgebiete für gefährdete Pflanzen- und Tierarten existieren auf allen

Kontinenten und in fast sämtlichen Staaten der Welt. Mit einer Unterschutzstellung von 460 000 km^2 steht Afrika an erster Stelle, gefolgt von der UdSSR (120 000 km^2) und den USA (90 000 km^2). [1]

Nebenhoden: → Epididymis.

Nebenniere: → Glandula suprarenalis.

Nectophrynoides tornieri (Roux 1906), Tornier's Baumkröte: Vertreter der → Bufonidae. Verbreitung: Tansania. Lebt bodennah od. am Erdboden im Gebirgsregenwald. KRL bis 3 cm. An den Extremitäten markante Drüsen. Brustbein besitzt Schwertfortsatz. → Vivipar, wie beide anderen Arten *(N. vivipara, N. occidentalis)* der Gatt. Innere → Befruchtung (Spermaübertragung beim → Amplexus durch Kloakenkontakt). Ei- und Larvenentwicklung finden in einem durch Vereinigung der Endabschnitte beider → Oviducte entstandenem Raum (→ „Uterus") statt. Larven mit langem, stark durchblutetem Schwanz, ohne Hornzähne, -kiefer, Kiemen. Sie ernähren sich von Oviductflüssigkeit und werden nach der → Metamorphose (etwa 9 Monaten) vom ♀ in Schüben (Intervalldauer bis 10 min) ausgestoßen. Jungenzahl: bis 35.

Necturus maculosus (Rafinesque 1818), Gefleckter Furchenmolch: Vertreter der → Proteidae. Verbreitung: Kanada zwischen Winnipeg-See und St.-Lorenz-Strom, mittlerer Osten der USA, sü. bis Tennessee. Lebt in schlammigen, stark verkrauteten → Stand- und → Fließgewässern. GL bis 43, meist 20–30 cm. Zeitlebens mit buschigen äußeren Kiemen, → Neotenie. Kopf gut abgesetzt. Extremitäten schwach entwickelt, kurz, mit 4 Fingern bzw. Zehen. Schwanz erreicht nicht KRL, ober- und unterseits mit Hautsaum. Vorwiegend nachtaktiv. Eiablage (bis 60 Stück) einzeln unterseits von Wasserpflanzen, Steinen und anderen Substraten. ♀ bewacht offenbar den Laich und auch kurzzeitig die geschlüpften Larven. [1]

Nekrose: Absterben von Zellen, Zellkomplexen, Organabschnitten od. ganzen Organen in einem lebenden Organismus. Umfangreichere Nekrosen führen zu entzündlichen Prozessen. Bei Infektionen nekrotischen Gewebes kommt es zur Bildung von → Abszessen. [1]

Nemathelminthes, Rundwürmer, Schlauchwürmer: artenreicher Tierstamm mit 6 in ihrem Bau sehr verschiedenartigen Kl. Für alle typisch ist der durchgehende Darm, das nur schwach entwickelte Mesenchym sowie die Tendenz zur Zellkonstanz und Ausbildung von Syncytien (vielkernige, zellgrenzfreie Plasmabezirke). Ein Blutgefäßsystem fehlt. Für die → Herpetologie sind in erster Linie viele parasitische Arten der → Nematoda, daneben einige → Acanthocephala und wenige → Nematomorpha von Bedeutung. Rotatorien (Rädertiere) interessieren lediglich hinsichtlich ihres Anteils im → Staubfutter. [1]

Nematocera, Mücken: UO der → Diptera. Meist kleine, schlanke und langbeinige Insekten. Fühler fadenförmig, vielgliedrig (6–40 nahezu gleichartige Glieder). Viele Formen mit stechenden Mundwerkzeugen. Larven in der Mehrzahl mit voll ausgebildeter Kopfkapsel. Puppe oft stark beweglich, vor allem bei → aquatischen Arten (→ Culicidae u. a.). Verschiedene Culiciden spielen auch für **A** und **R** als Krankheitsüberträger eine Rolle. Weiterhin wurden *Phlebotomus*-Arten als Überträger von → *Trypanosoma* (z. B. bei *Hemidactylus frenatus*) und *Leishmania* (bei *Hemidactylus, Tarentola, Agama* u. a.) nachgewiesen. Als Futter sind für viele aquatische Schwanz- und Froschlurche sowie Schildkröten vor allem die Larven der Culicidae, Chironomidae (→ *Chironomus*) und Chaoboridae (→ *Chaoborus*) bedeutsam. Für Zuchten eignen sich → *Anisopus fenestralis*, einige Vertreter der → Mycetophilidae und → Scatopsidae. [1]

Nematoda (Nematodes), Fadenwürmer: Kl der → Nemathelminthes. Etwa 10 000 Arten. Unsegmentiert, im Querschnitt rund, Körper von dicker Cuticula bedeckt. Freilebend und parasitisch. Bei Terrarientieren am häufigsten vertretene Parasitengruppe. Oft leben in einem Wirtstier mehrere Arten. **A** dienen mitunter auch als Zwischenwirt (für Schlangenascariden). Vor allem im Darmtrakt (→ Ascaroidea, → Oxyuroidea u. a.), häufig in der Lunge (hauptsächlich Rhabdiasoidea), auch im Blutgefäßsystem (→ Filarioidea, Dracunculoidea) sowie in anderen Organen auftretend. Auf starken Befall gehen viele Todesfälle zurück. Abgekapselte Nematodenlarven sind nicht zu bekämpfen. [1]

Nematomorpha, Saitenwürmer: Kl der → Nemathelminthes. Etwa 230 Arten. Drehrund, außerordentlich dünn (Durchmesser 1–3 mm), saitenförmig. Geschlechtsreif im Süß- und Meerwasser. Hier oft dichte, mitunter aus Hunderten von Tieren bestehende Knäuel bildend. Larven (nur 125–145 µm lang) leben parasitär hauptsächlich in Wasser-, z. T. auch Landinsekten. Bohren sich gelegentlich mit Hilfe ihres mit 3 Stiletten besetzten Rüssels auch in → Kaulquappen ein. Stoßen im Wirt den Bohrapparat ab und wachsen zum geschlechtsreifen Tier heran. Nahrungsaufnahme osmotisch. Bekannteste Süßwasserart ist *Gordius aquaticus*. In einem Fall wurde *Gordius* spec. im Magen von → *Lacerta vivipara* nachgewiesen. [1]

Neobatrachia: UO der → Anura. Auf Reig zurückgehender Begriff. Enthält im Gegensatz zu den → Archaeobatrachia fortgeschrittenere Gruppen von Fam. Nach Duellman → procöle Wirbel ohne → Intervertebralscheiben. Rippen nicht vorhanden. → Schultergürtel arcifer od. firmistern. → Scapula wird nicht von → Clavicula überlappt. An der Hinterextremität geht der Musculus sartorius aus dem Musculus semitendinosus hervor. → Amplexus inguinal od. axillar. [1]

Neomalie: → Brutpflege.

neonatus-Phase, Schlüpflingsphase: Phase nach der Geburt bzw. dem Schlupf der Jungen. Gelegentlich bei der Klassifizierung von Altersphasen verwendeter Begriff. [1]

Neoplasmen: → Geschwülste.

neoten: → Neotenie.

Neotenie: von Kollmann (1884) unter Bezug auf **A** geprägter Begriff. Fortbestand larvaler Merkmale bzw. der Larvenform im Entwicklungsgang über das sonst dafür typische Stadium hinweg. Am bekanntesten für Schwanzlurche, bei denen neotene Merkmale in unterschiedlichem Grad auftreten können und entsprechende Nachweise in großer Fülle existieren. Im Fall des Beibehaltens larvaler Merkmale und Vorhandenseins der Geschlechtsreife (z. B. → *Proteus sanguineus,* → *Ambystoma mexicanum,* bei *Triturus* am häufigsten für → *T. alpestris* belegt) liegt totale N., bei nur teilweiser → Metamorphose dagegen partielle N. vor. Vielfach läßt sich bei neotenen Individuen (Vertretern der → Ambystomatidae, → Plethodontidae u. a.) die Metamorphose künstlich (Thyroxin-Applikation, Veränderung äußerer Bedingungen) induzieren. [1]

Nephron: Funktionseinheit der Niere. Besteht aus Nierenkörperchen und Nierenkanälchen. Das Nierenkörperchen setzt sich aus einer doppelwandigen Kammer, der Bowmanschen Kapsel, und dem in diese vorgestülpten Knäuel von Blutkapillaren, dem Glomerulum, zusammen. Letzteres ist von der inneren Kapselwand umgeben. Das Nierenkanälchen ist die Fortsetzung der äußeren Kapselwand und hat gewundene und gestreckte Abschnitte. Die ursprünglich zur Leibeshöhle vorhandene Verbindung über ein → Nephrostom wird meist aufgegeben. Die Nierenkanälchen münden in den → primären Harnleiter (bei Vor- und Urniere) od. in Sammelgänge (→ Ureter). Vom Glomerulum wird in den Kapselhohlraum Primärharn abgeschieden (durch Ultrafiltration), der abgesehen vom Eiweiß nahezu die Zusammensetzung des Blutplasmas hat. In den Nierenkanälchen erfolgt eine Rückresorption, besonders von Wasser und lebensnotwendigen Stoffen, und damit die Bereitung des definitiven Harns. Die Notwendigkeit, Wasser festzuhalten, drückt sich bei **R** durch kleine od. stark reduzierte Glomerula aus. Sie scheiden ihre stickstoffhaltigen Stoffwechselendprodukte deshalb auch in der Mehrheit (Ausnahme: Wasserschildkröten, Krokodile) zu 80–98 % als Harnsäure und nicht als Harnstoff ab. [2]

Nephrostom: offener Wimpertrichter, über den die Nierenkanälchen des → Pronephros, z. T. auch des → Mesonephros, mit der Leibeshöhle in Verbindung stehen. Bei Froschlurchen wird der Anschluß der Nephrostome an die Nierenkanälchen aufgegeben. Sie münden in die → Venae renales revehentes. Dadurch entsteht eine Verbindung zwischen Leibeshöhle und Blutgefäßsystem. Nephrostome können auch erst sekundär entstehen (z. B. bei → Gymnophiona). [2]

Nervensystem: besteht aus erregungsleitenden Strukturen, den → Neuronen, sowie aus einem Stütz-, Nähr- und Isolationsgewebe, der Neuroglia. Grundeigenschaften des Nervensystems sind Signalübertragung, Information, Koordination. Man unterscheidet zwischen Zentralnervensystem, das aus → Gehirn und → Rückenmark besteht, und dem eng damit verbundenen peripheren N, d. h. der Gesamtheit der Hirn- und Rückenmarksnerven mit all ihren Verzweigungen. Afferente (zuführende) Nerven leiten Erregungen von sensiblen Endorganen (Rezeptoren) zum Zentralnervensystem, umgekehrt werden über efferente (ableitende) Nerven Impulse zur Peripherie (z. B. zu Muskeln, Drüsen) gesandt. Das vegetative N. (Eingeweidenervensystem) reguliert und beherrscht die vegetativen Funktionen (Atmung, Verdauung, Stoffwechsel u. a.) und wird in Sympathicus und Parasympathicus gegliedert, die sich antagonistisch gegenüberstehen. (Abb. 79). [2]

Nervus abducens, Augenmuskelnerv: Hirnnerv VI der gebräuchlichen Numerierung. Er innerviert den lateralen geraden Augenmuskel, den Musculus rectus lateralis (od. posterior), der den Augapfel abduziert, d. h. vom Körper in Richtung Schläfe wegwendet (vgl. → Augenmuskeln). [1]

Nervus accessorius: Hirnnerv XI der gebräuchlichen Numerierung. Abspaltung vom → Nervus vagus. Rein motorischer Nerv, besonders zur Versorgung des Musculus trapezius (Kappenmuskel). Dieser Nerv ist bei **A** nicht ausgebildet. [2]

Nervus facialis, Gesichtsnerv: Hirnnerv VII der gebräuchlichen Numerierung. Branchialnerv. Primär dem Zungenbeinbogen zugeordnet. Sein bedeutendster Ast ist der Nervus hyomandibularis, dessen viscerosensibler Anteil sich mit dem Zungenast des → Nervus trigeminus vereinigt und Teile der Zunge sowie des Mundhöhlenbodens innerviert. Der visceromotorische Anteil des Nervus hyomandibularis versorgt Muskeln des Zungenbeinbogens, Schädels und der Gesichtspartien. Außerdem besitzt er auch parasympathische Anteile. [2]

Nervus glossopharyngeus: Hirnnerv IX der gebräuchlichen Numerierung. Branchialnerv. Es handelt sich um einen gemischten Nerv mit sensiblen und motorischen Anteilen. Ursprünglich Nerv des 1. Kiemenbogens. Er innerviert die Muskulatur des → Pharynx (motorische Komponente), außerdem einen Teil der Mund- und Zungenschleimhaut (sensible Komponente). Besitzt wie der → Nervus facialis und → Nervus vagus auch parasympathische Anteile (vgl. → Hirnnerven). [2]

Nervus hypoglossus: Hirnnerv XII der gebräuchlichen Numerierung. Ein spinooccipitaler Nerv, der aus den ventralen Wurzeln der vordersten → Spinalnerven entstanden ist, demnach eigentlich ein Rückenmarksnerv. Er innerviert die Zungenmuskulatur. [2]

Nervus oculomotorius, Augenmuskelnerv: Hirnnerv III der gebräuchlichen

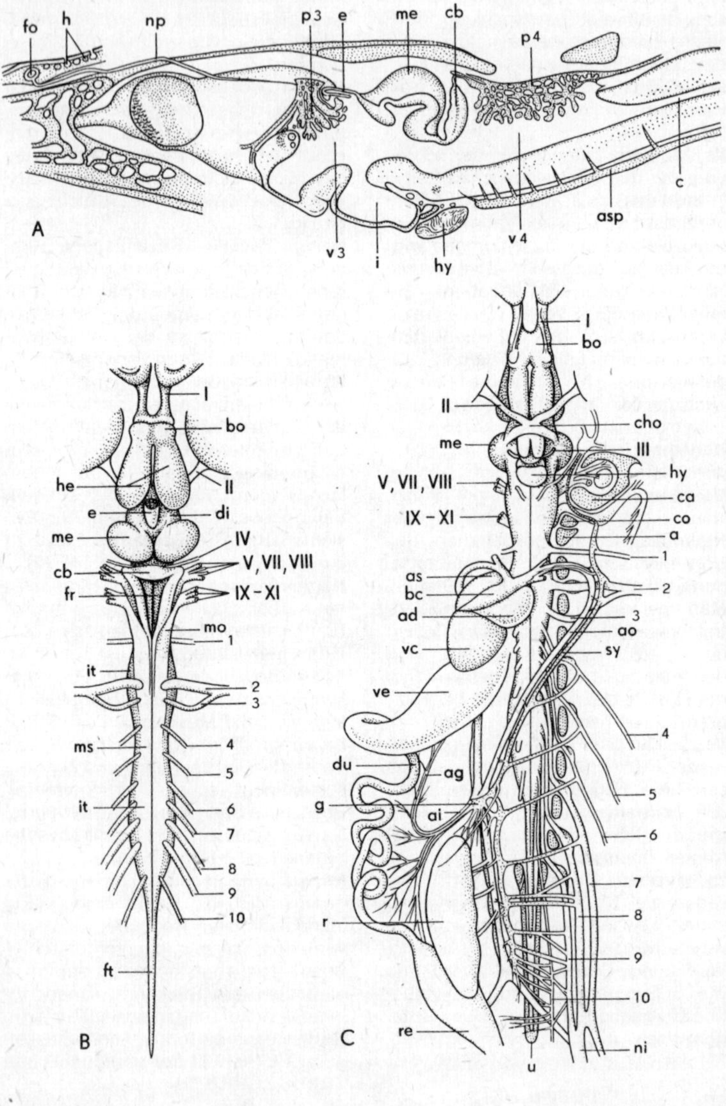
fo
h
np
p3
e
me
cb
p4
c
asp
v4
hy
i
v3
A
I
bo
he
II
e
di
me
IV
cb
V, VII, VIII
fr
IX – XI
mo
1
it
2
3
ms
4
5
it
6
7
8
9
10
ft
B
I
bo
II
cho
me
III
V, VII, VIII
hy
ca
IX – XI
co
a
1
as
bc
2
ad
3
ao
vc
sy
ve
4
du
ag
5
g
ai
6
7
8
r
9
10
re
C
u
ni

Numerierung. Er innerviert alle geraden Augenmuskeln bis auf den Musculus rectus posterior, den M. obliquus inferior, z. T. auch den M. retractor bulbi (vgl. → Augenmuskeln). [2]

Nervus olfactorius, Riechnerv: Hirnnerv I der gebräuchlichen Numerierung. Kein typischer Hirnnerv. Seine Fasern sind Fortsätze der primären Sinneszellen der Riechschleimhaut, die Nervenzellen liegen daher nicht im Gehirn, sondern peripher (vgl. → Hirnnerven). [2]

Nervus opticus, Sehnerv: Hirnnerv II der gebräuchlichen Numerierung. Kein typischer Hirnnerv, sondern ein Fasertrakt des Gehirns (vgl. → Hirnnerven). [2]

Nervus statoacusticus, Nervus octavus: Hirnnerv VIII der gebräuchlichen Numerierung. Sinnesnerv. Ursprünglich ein einheitlicher Nerv, der alle Sinnesendstellen des → Labyrinthorgans innerviert. Mit der Höherentwicklung des Gehörorgans erfolgt eine gewisse Aufteilung in eine Pars vestibularis und Pars cochlearis. [2]

Nervus terminalis: Hirnnerv ohne Nummer. Er wird häufig mit dem → Jacobsonschen Organ in Verbindung gebracht, innerviert auch Teile dieses Organs, das aber im wesentlichen von einem Zweig des → Nervus olfactorius, dem Nervus vomeronasalis, versorgt wird. Bei Krokodilen fehlt der N. t., ebenso wie das Jacobsonsche Organ. [2]

Nervus trigeminus, Drillingsnerv: Hirnnerv V der gebräuchlichen Numerierung. Besteht aus 3 Hauptästen, dem Nervus ophthalmicus profundus (innerviert die Haut der Kopfspitze), Nervus maxillaris und Nervus mandibularis. Die beiden letztgenannten werden vergleichend anatomisch zum Nervus maxillo-mandibularis zusammengefaßt. Er stellt den Branchialnerv des Kieferbogens dar, ist im wesentlichen somatosensibel, hat aber auch eine viscero-motorische Komponente. Der Nervus maxillo-mandibularis besitzt ebenfalls 3 Komponenten. Sein dorsaler Ast innerviert die Haut der Augen und Stirn, der mittlere Ast (der eigentliche Nervus maxillaris) versorgt die Haut der oberen Mundregion und die Zähne, sein ventraler Ast (der Nervus mandibularis) Haut und Zähne des Unterkiefers, auch terminale sowie laterale Zungenabschnitte, seine viscero-motorischen Äste innervieren die Schließmuskeln des Kieferbogens (vgl. → Hirnnerven). [2]

Nervus trochlearis, Augenmuskelnerv: Hirnnerv IV der gebräuchlichen Numerierung. Es ist der Rollnerv, innerviert den Musculus obliquus superior. [2]

Nervus vagus: Hirnnerv X der gebräuchlichen Numerierung. Branchialnerv, auch als der Herumschweifende benannt. Diese Bezeichnung beruht darauf, daß der N. v. sich nicht allein auf die Kopfregion beschränkt, sondern weit caudad zieht und einen

Abb. 79. Zentralnervensystem von *Rana „esculenta“* (nach einer Wandkarte von Leuckart/Chun). A. Medianschnitt durch das Gehirn; B. Dorsalansicht; C. Ventralansicht. *a* Atlas, *ad* Atrium dexter, *ag* Arteria gastrica, *ai* Arteria intestinalis communis, *ao* Aortenbogen, *as* Atrium sinister, *asp* Arteria spinalis, *bc* Bulbus cordis, *bo* Bulbus olfactorius, *c* Canalis centralis, *ca* Capsula otica, *cb* Cerebellum, *cho* Chiasma opticum, *co* Condylus occipitalis, *di* Diencephalon, *du* Duodenum, *e* Epiphyse, *fo* Frontalorgan, *fr* Fossa rhomboidea, *ft* Filum terminale, *g* Ganglion solare, *h* Hautdrüsen, *he* Hemisphären des Telencephalon, *hy* Hypophyse, *i* Infundibulum, *it* Intumescentia, *me* Mesencephalon, *mo* Medulla oblongata, *ms* Medulla spinalis, *ni* Nervus ischiadicus, *np* Nervus pinealis, *p* Plexus chorioideus, *r* Ren, *re* Rectum, *sy* Grenzstrang des Sympathicus, *u* Urostyl, *v* Hirnventrikel, *vc* Ventriculus cordis, *ve* Ventricus (Magen), I–XI Hirnnerven, I Nervus olfactorius, II N. opticus, III N. oculomotorius, IV N. trochlearis, V N. trigeminus, VI N. abducens, VII N. facialis, VIII N. statoacusticus, IX N. glossopharyngeus, X N. vagus, XI N. accessorius, 1–10 Spinalnerven.

großen Teil der Eingeweide innerviert. Ursprünglich innervierte er alle Kiemenbogenbereiche mit Ausnahme des ersten Kiemenbogens, der vom Glossopharyngeus versorgt wurde. Besonders stark ist sein Eingeweideast, der Ramus intestinalis, entfaltet. Dieser stellt zugleich einen wichtigen Teil des Parasympathicus dar und erreicht mit seinen Verzweigungen Organe wie z. B. → Herz, → Trachea, → Bronchien, → Pankreas und große Teile des Darmtraktes (vgl. → Hirnnerven). [2]

Nestbau: Bauen von schützenden Behältnissen vor allem zur Aufnahme der Eier od. Jungen an dafür geeigneten Stellen im → Habitat. Darüber hinaus können z. B. bei Waranen → Scheinnester, Vögeln und Säugern Spiel- und Schlafnester angelegt werden. Unter **A** und **R** ist N. weit verbreitet. Er reicht vom Errichten einfacher Nestmulden bis hin zu den großen Pflanzenhügelnestern der Alligatoren. Meist geht der N. auf das ♀, mitunter das ♂ od. beide Eltern zurück. Viele Arten legen → Nestgruben an. Unter den **A** finden sich außerdem → Schlamm-, → Schaumnester und Nester aus Pflanzenblättern (durch Schaum bzw. die Eigallerte verklebt). Am bekanntesten sind die aus einem Blatt geformten „Tütennester" der *Phyllomedusa*-Arten, durch deren untere Öffnung die geschlüpften Larven ins Gewässer fallen. Neben den Krokodilen (→ Krokodilnester) errichtet ein Nest aus Pflanzenstoffen auch → *Ophiophagus hannah*. Es ist „zweistökkig". Im unteren Teil befindet sich die Eikammer, darüber liegt das ♀. Es bewacht und verteidigt das → Gelege. [1]

Nestbewachen: spezifische Brutpflegehandlung bei verschiedenen → Nestbau betreibenden **A** und **R**. So bewachen z. B. die ♀♀ einiger *Paludicola*- und *Leptodactylus*-Arten ihr → Schaumnest. Bei Asiatischen Riesensalamandern *(Andrias)* und dem Gemeinen Hellblender *(Cryptobranchus alleganiensis)* bleiben die ♂♂ am Nest. Besonders bekannt ist N. durch das ♀, mitunter ♀ und ♂, als Brutpflegekategorie vieler Krokodile (z. B. bei → *Alligator mississipiensis*, → *Caiman crocodilus*, → *Gavialis gangeticus*). Schon Aristoteles und Plinius schildern es für → *Crocodylus niloticus*. Unter den Echsen verteidigen die Hood-Meerechsen (→ *Amblyrhynchus cristatus* von der Insel Hood) ihre → Nestgruben. Einer Klärung bedarf noch die Frage des „Scheinbewachens" der Eigrube bei Chamäleons. Lange belegt ist N. für → *Ophiophagus hannah*, teilweise widersprüchliche Angaben liegen für → *Naja naja* vor. [1]

Nestgrube, Nistgrube: meist vom ♀, mitunter dem ♂ und ausnahmsweise beiden Eltern angelegte, mehr od. weniger tiefe Grube od. Höhle („Legeröhre") im Boden. Eine flache Mulde im Gewässerboden bauen die ♂♂ der → Cryptobranchidae. Bodengrubenlaicher unter den Froschlurchen sind z. B. Vertreter der Gatt *Breviceps, Hemisus, Leptopelis*. Bei den **R** graben alle Schildkröten, einige Krokodile (→ Krokodilnester), die Brückenechsen, viele Echsenarten eine N., für Schlangen belegen dies allerdings nur Terrarienbeobachtungen bei → *Naja naja*, in einem Fall bei *Elaphe obsoleta quadrivittata* und → *Cerastes cerastes*. Manche Arten graben Gänge, die in einer runden bis ovalen „Eikammer" enden (*Varanus salvator, V. bengalis* u. a.). Die N. der Meeresschildkröten besteht aus einer breiten, das ♀ weitgehend verbergenden Hauptgrube (mit Vorder- und Hinterextremitäten gegraben), von deren Boden die Eikammer (nur mit den Hinterextremitäten ausgehoben) abgeht. Bei → *Chelonia mydas* dauert der Nestbau etwa 1 h, Eiablage und Wiederauffüllung der Grube beanspruchen zusammen die gleiche Zeit. Viele Schildkröten (→ Emydidae u. a.) weichen zur Erleichterung der Grabetätigkeit den Boden mit dem Inhalt ihrer → Analblasen auf. [1]

Nestöffnen: Öffnen des Nestes durch das ♀ zum Schlupfzeitpunkt der Jungen. Zur → Brutpflege zählende Verhaltensweise bei Krokodilen (→ *Alligator mississippiensis,* → *Caiman crocodilus,* → *Crocodylus acutus,* → *C. niloticus* u. a.). Wie Pooley beim Nilkrokodil beobachtete, locken die → Lautäußerungen der Jungtiere das ♀ an und veranlassen es, diese auszugraben. Experimentell ließen sich solche Handlungen durch Abspielen von Schlupflauten an künstlich angelegten Nestern auslösen. [1]

Netzpython: → *Python reticulatus.*

Netzwühle: → *Blanus cinereus.*

Neuguinea-Weichschildkröten: → Carettochelydidae.

Neuralbogen: dorsolateral vom → Centrum eines Wirbels entspringender Bogen, der das Rückenmark (→ Medulla spinalis) seitlich umgibt und schützt. Dorsal vereinigen sich beide Neuralbögen zum → Processus spinosus. [2]

Neurocranium, Hirnschädel: bildet eine Kapsel um Gehirn, Sinnesorgane (Ohr, Auge, Nase) und wird in 4 Regionen gegliedert: Hinterhauptsregion (Regio occipitalis), Ohrregion (R. otica), Augengrubenregion (R. orbitalis) und Nasenregion (R. nasalis od. ethmoidalis). Besteht aus → Ersatz- und → Deckknochen. Ursprüngliche Formen besaßen ein geschlossenes Schädeldach, das bei **A** und **R** stark reduziert wird. Die Hinterhauptsregion der **A** besteht lediglich aus den → Occipitalia lateralia, **R** weisen zusätzlich ein → Supra- und → Basioccipitale auf. In der Ohrregion verknöchert die Labyrinthkapsel als → Pro- und → Opisthoticum (**A** nur mit Prooticum). Vom Opisthoticum aus verknöchert bei **R** der kräftig laterad weisende → Processus paroticus. Vor dem Basioccipitale befindet sich das → Basisphenoid mit dem Processus basisphenoidea (nicht immer vorhanden). Fast die gesamte Ventralseite des N. der **A** wird durch das → Parasphenoid geschützt. Bei **R** ist dieses auf einen schmalen Knochenstab, den → Processus cultriformis, reduziert. Beide Augengruben sind bei **R** durch das → Septum interorbitale voneinander getrennt. Teile der Nasenregion bleiben auch im ad. Stadium knorpelig. In den Nasenraum der **R** ragen eine od. mehrere → Conchae hinein. [1]

Neuron, Neurocyt, Nervenzelle, Ganglienzelle: morphologische und funktionelle Elementareinheit des Nervengewebes. Ein N. besteht aus dem Perikaryon (kernhaltiger Abschnitt sowie unmittelbar anschließende Teile der Nervenfortsätze) und der Gesamtheit der kurzen und langen Nervenfortsätze (Dendriten und Neuriten). [2]

Nicken: rhythmische Auf- und Abbewegungen des Kopfes, die hauptsächlich als Element des → Sozialverhaltens auftreten. Unter Echsen weit verbreitet, außerdem bei einigen Nattern (*Elaphe guttata, E. obsoleta* u. a.) zu beobachten. Besonders bekannt als typische Reaktion im Rahmen des Balz- und Fortpflanzungsverhaltens der → Agamidae und → Iguanidae. Durch unterschiedliche Intensität und oft bemerkenswerte Vielgestaltigkeit ausgezeichnet. Nickbewegungen können nur als Kopfn., vielfach synchron mit liegestützartigen Bewegungen des Vorderkörpers (bei vielen Agamen, *Leiocephalus* u. a.) od. kombiniert mit anderen Bewegungen (Kehlsackspreizen, Schwanzbewegungen, Aufblähen des Körpers usw.) vorkommen. Als artspezifisches Merkmal wurde N. zuerst von Carpenter (1963) bei Fransenzehenleguanen *(Uma)* erkannt. In der Folgezeit kam es zur Beschreibung spezifischer Nickmuster und -formen für viele weitere Arten. Kopfn. kann aber auch altersbedingt und individuell innerartlich differieren. [1]

Nickhaut: → Membrana nictitans.

Niere, Ren: Harnorgan, dient der Eliminierung nicht mehr verwertbarer Stoffwechselendprodukte sowie der Aufrechterhaltung eines ausgewogenen Gleichgewichtes im Wasserhaushalt (Osmoregulation). Teile der N. stehen im Dienst der Ableitung der ♂ Geschlechtsprodukte. Während des Embryonallebens ist die N. der **A** und **R** auch blutbildendes Organ, bei

Schwanzlurchen zeitlebens. Im Laufe der Entwicklung treten 2 Nierengenerationen auf: 1. der → Pronephros und 2. der → Opisthonephros, herkömmlich als → Meso- und → Metanephros abgehandelt. Das typische Bauelement ist das → Nephron. Die Blutversorgung erfolgt einmal über Lateralarterien der → Aorta descendens, deren Verzweigungen bis in die → Glomerula reichen; zum anderen kommt es bei **A** und **R** zum Zustrom venösen Blutes über das → Nierenpfortadersystem. Dessen Kapillaren umgeben die Nierenkanälchen, haben jedoch keine direkte Beziehung zu den Glomerula. [2]

Nierenerkrankungen: bei **A** und **R** als Nephritiden wie auch Nephrosen (d. h. entzündliche und nicht entzündliche N.) häufig nachgewiesen. Verursacht durch → bakterielle Infektionen, → Endoparasiten (→ Flagellaten wie *Hexamita*, → Trematoden, → Filarioidea u. a.), degenerative Prozesse. Als Folge von Giftschlangenbissen entstehen oft Nierennekrosen. Nach Sektionsbefunden an einem repräsentativem **R**-Material wurden bei Nephrosen überwiegend Tubuliveränderungen festgestellt. Die dadurch bedingten Harnsäurestauungen lassen sich als weiße Uratablagerungen im Gewebe nachweisen, können aber auch zur Weißfärbung der ganzen Niere führen (→ Gicht). → Geschwülste wurden vor allem bei Fröschen beobachtet. So beschreibt z. B. Lucké 158 Fälle von Nieren-Adenocarcinomen bei → *Rana pipiens*. Einzelnachweise liegen auch für Schwanzlurche und **R** vor (→ *Necturus maculosus*, → *Natrix natrix*, *Terrapene carolina* u. a.). [1]

Nierenpfortadersystem: bei **A** und **R** wie auch den meisten übrigen Wirbeltieren (Säuger und viele Vögel ausgenommen) vorhandenes → Pfortadersystem. Zuführendes Gefäß ist die → Vena portae renis. Von ihr gehen die → Venae renales advehentes ab, die sich kapillar aufspalten und postkapillar zu den → Venae renales revehentes zusammentreten. Diese münden in die → Vena cava posterior, über die das Blut der rechten Herzvorkammer zugeführt wird. Ein Teil des aus den Nieren kommenden Blutes gelangt bei den Schwanzlurchen in die → Venae cardinales posteriores und von diesen über die → Ductus Cuvieri und den → Sinus venosus in die rechte Vorkammer. [2]

Nilkrokodil: → *Crocodylus niloticus*.

Nominatform, Nominat-Unterart: die „typische" UArt, d. h. die UArt, deren Name mit dem wissenschaftlichen Artnamen identisch ist. Sie enthält den Typus der betreffenden Art. [1]

Nordwestiberische Mauereidechse: → *Podarcis bocagei*.

Normentafeln: Orientierungshilfe für entwicklungsphysiologische Untersuchungen an Wirbeltieren. Zur Identifizierung der verschiedenen Entwicklungsstadien z. B. für → *Andrias japonicus*, → *Triturus vulgaris*, → *Rana temporaria*, → *Xenopus laevis*, → *Lacerta agilis* herausgegeben. [1]

Nuchodorsaldrüsen: von Nakamura (1935) bei *Rhabdophis tigrina* entdeckt. Paarweise angeordnete → holokrine → Hautdrüsen im → Corium der Nackenregion (Nuchalregion), darüber hinaus oft auch längs der gesamten Vertebralregion auftretend. N. besitzen einige Nattern der Gatt *Natrix*, *Rhabdophis*, *Macropisthodon*, *Balanophis*, die den Nacken dorsoventral abplatten können. Sie kommen bei Jungtieren, ♂♂ und ♀♀, in Ein- bzw. Vielzahl vor. So weist z. B. *Macropisthodon flaviceps* nur ein Drüsenpaar, *Natrix nigrocincta* dagegen 167 Paar N. auf. Das unter Druck durch Platzen der Zellwände (beim Abflachen des Nackens) freiwerdende Sekret wirkt schleimhautreizend und veranlaßt offenbar Freßfeinde, die mit dem Mund gepackte Schlange wieder loszulassen. Smith (1938) unterscheidet nach Bau und Anordnung der N. den *Natrix*- und *Macropisthodon*-Typ. (Abb. 80). [1]

obere Zwischenschilder: → Supramarginalia.

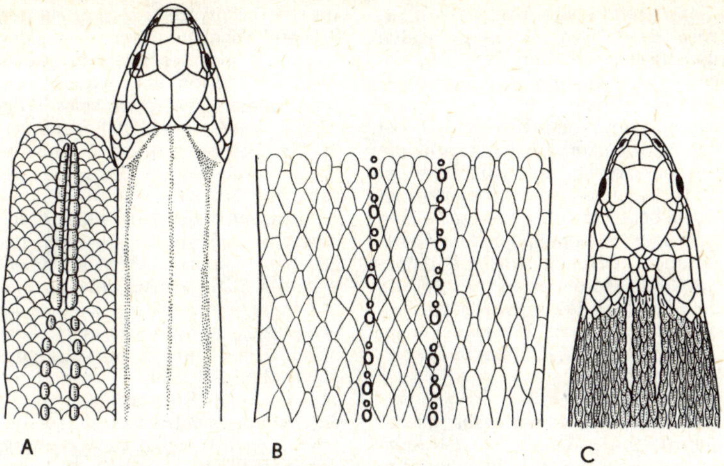

Abb. 80. Nuchodorsaldrüsen. A. Vorderkörperbereich von *Natrix nuchalis;* B. Ausschnitt aus dem hinteren Körperbereich von *Macropisthodon plumbicolor;* C. Nakkenregion von *Macropisthodon flaviceps* mit nur einem Drüsenpaar.

Oberkiefer: → Maxillare.

Obstipation, Verstopfung: erschwerte od. gänzlich gestörte Kotabgabe. Bei Terrarientieren, abgesehen von organischen Schäden, vielfach als Folge unsachgemäßer Ernährung, auch fehlender Darmentleerung vor der Überwinterung, des Verzehrs von Fremdstoffen und von Bewegungsmangel beschrieben. So können z. B. bei Landschildkröten zu reichliche Bananengaben od. grobes, faserreiches bzw. trockenes Pflanzenfutter, auch zu reichliche Sandaufnahme eine O. bewirken. Bei → Boiden und anderen Schlingern ist eine O. gelegentlich durch ein Übermaß an verschlungenen Federn möglich. Als weitere, allerdings seltene Ursache kommt ein Massenbefall mit → Spulwürmern in Betracht. Todesfälle durch O. bei **R** sind selten. Bei der Sektion finden sich häufig harte Kotballen, dazu oft Divertikelbildungen im Enddarmbereich. Therapie: im einfachsten Fall regelmäßige warme Bäder, gegebenenfalls z. B. Behandlung mit Rhizinus-, Paraffinöl und/od. Klistieren. [1]

Occipitale: Hinterhauptsschild; → Os occipitale, Hinterhauptsknochen. [1]

Occipitalia lateralia, Exoccipitalia: paarige Hinterhauptsknochen, die knorpelig vorgebildet sind. Sie bilden mit dem → Basioccipitale und → Supraoccipitale bei **R** den caudalen Abschluß des Schädels. **A** sind nur mit O. l. ausgestattet, aus denen der paarige → Condylus occipitalis hervorgeht. Bei **R** können alle Occipitalia zu einem einheitlichen Hinterhauptsknochen, dem → Os occipitale zusammentreten, in das außerdem das → Opisthoticum eingehen kann. [2]

Ocellus, Augenfleck: markantes, augenförmiges Zeichnungselement, das oft noch durch kontrastreiche Umrandung verstärkt hervortritt. Kann vereinzelt od. in Vielzahl (häufig in Längs- od. Querreihen angeordnet) an verschiedenen Körperstellen ausgebildet sein. Zu den bekanntesten Beispielen zählen Vertreter der → Lacertidae, wie → *Lacerta lepida*, → *L. schreiberi*, → *L. agilis*. Bei *L. lepida* lassen sich außerdem hinsichtlich der Verteilung der Ocelli über den Körper deutlich die Jungtiere von den ad. Tieren (→ Altersdimorphismus) unterscheiden. Unter den **A** präsentiert z. B. die Augenkröte *Pleurodema thaul* (Bild 43) ihre laterodorsal in der Sacralregion befindlichen Ocelli bei Einnahme der Warnstellung eindrucksvoll gegenüber dem Feind. Bei der zur gleichen Fam (→ Leptodactylidae) gehörenden Art *Edalorhina perezi* tritt der jederseits in der Leistengegend befindliche Augenfleck beim Strecken der Hinterextremitäten markant hervor. [1]

Ochsenfrosch: → *Rana catesbeiana*.

Ödeme: durch vermehrte Flüssigkeitsansammlung bedingte Gewebsschwellungen. Leicht eindrückbar, bei Infektion gerötet. Beschrieben wurden z. B. bei Massenaufzucht von Fröschen offenbar durch unzureichende Ernährung verursachte Ö. unter der Haut und im Subcutangewebe (Mangel- od. Hungerödeme). Die Mortalitätsrate derartig ödematöser Larven war hoch. Bei Larven von → *Rana catesbeiana* und → *R. pipiens* gilt als Erreger für große Flüssigkeitsauftreibungen in den subcutanen → Lymphsäcken das Kaulquappen-Ödem-Virus (ein Iridiovirus). Lidödeme bei Wasserschildkröten werden meist auf → Vitamin-A-Mangel zurückgeführt. Typische Stauungsödeme können sich bei allgemeiner Kreislaufinsuffizienz durch Blutstauungen in Lungen, Gehirn und anderen Organen bilden. Kaum Beachtung fanden bisher auf die Einwirkung von Giften und Chemikalien (Gefäßwandschädigungen) zurückgehende chemisch-toxische Ö. [1]

„Odeur-Methode“: → Odorisierungsmethode.

Ödland: nicht kultiviertes, ungenutztes Land. In unterschiedlicher Größe und Struktur in die Landschaft integriert, z. T. mit → Trittstein-Funktion. Lebensraum für viele **A** und **R**. Die Gesamtfläche an Ö. wurde z. B. 1984 für die DDR mit 71911 ha angegeben. Selbst urbane Ballungszentren sind mit derartigen Flächen durchsetzt. Sie finden sich traditionell besonders im Bereich von Bahnanlagen, über die im M-Europa vielerorts → *Lacerta agilis* in die Städte eingedrungen ist. Entlang und im Zwischenbereich von Eisenbahndämmen angelegte → Kleingärten bieten dieser Art und einigen **A** oft ideale Siedlungsbedingungen. Viele **A** laichen in Entwässerungsgräben der S-Bahn (mitunter → Massenlaichplätze). Auf Ö. in Neubaugebieten wird z. Z. mancherorts relativ häufig → *Bufo viridis* nachgewiesen. Zum innerstädtischen Ö. gehören z. B. auch alte Industrieflächen, Straßen-, Kanalränder, verschiedenste Ruderalstellen. [1]

Odorisierungsmethode, „Odeur-Methode“: in der terraristischen Praxis übliche Methode, ungewohntes Futter (z. B. bei plötzlichem od. jahreszeitlich bedingtem Mangel an Hauptnahrung) mit Duftstoff bekannter (gewohnter) Beute einzureiben, damit es problemlos angenommen und verzehrt wird. So wurden z. B. erfolgreich Fische mit Hilfe von Schlangenhäuten zur Fütterung von → *Ophiophagus hannah* odorisiert. Besonders bekannt ist das Einreiben von Mäusen mit Froschschleim bei der Ernährung von *Natrix*-Arten. [1]

Oesophagus, Speiseröhre: direkte Fortsetzung der Mund- und Rachenhöhle, Transportweg für die Nahrung vom → Pharynx zum → Ventriculus. Der O. der **A** ist, abgesehen von dem der langgestreckten Formen (→ Sirenidae, → Amphiumidae u. a.), relativ kurz. Bei **R** weist er dagegen durch die Ausbildung des Halses, besonders unter den → Serpentes, z. T. eine beträchtliche Länge auf. Sein Epithel ist meist bewimpert und mit vielen Becherzellen (einzellige Schleimdrüsen) versehen, wodurch die Schleimhaut feucht und schlüpfrig bleibt. Manche Froschlurche besitzen Pepsinogen produzierende O.-Drüsen, die Mehrzahl der Schildkröten zeigt eine Auskleidung mit Plattenepithel. Die Schleimhaut liegt in vielen längsverlaufenden Falten, die leicht verschieblich sind. Sehr groß ist die Dehnungsfähigkeit des O., eine für das Herunterschlingen großer Beute bzw. Nahrungsbrocken (vor allem bei Schlangen, Krokodilen) unerläßliche Notwendigkeit. [2]

Ohrklappe, Ohrsegel: ein äußeres Ohr besitzen unter den **R** nur Krokodile. Unmittelbar hinter jedem Auge liegt eine durch zwei Muskeln (Musculus depressor, M. levator) bewegliche, das → Trommelfell verschließbare Hautfalte (äußeres Ohr). Sie weist vorn im Anschluß an das Auge eine kleine Spalte auf, die über Wasser meist offen, beim Tauchen aber geschlossen ist. Offenbar reicht das Öffnen allein dieses Spaltes für den Hörvorgang im Normalfall aus. Die O. dürfte dem Schutz des Trommelfells vor mechanischen Schädigungen und zu hohem Druck beim Tauchen dienen. (Abb. 81). [1]

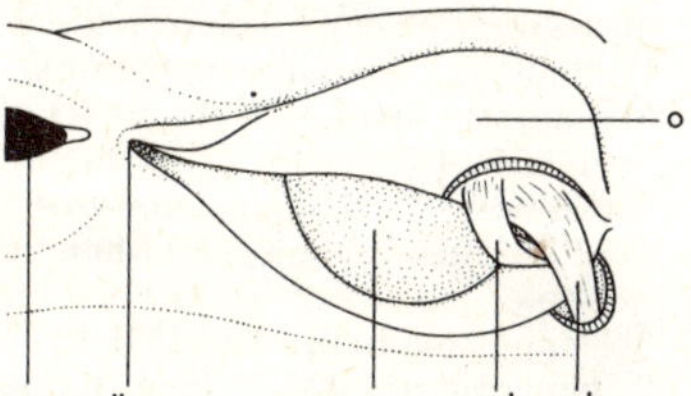

Abb. 81. Ohrklappe eines Alligators (Muskeln z. T. entfernt). *a* Auge, *äo* äußere Ohröffnung, *md* Musculus depressor, *ml* Musculus levator, *o* Ohrklappe (angehoben), *t* Trommelfell.

ökologische Ausgleichflächen, „ökologische Zellen“: Flächen, die keiner intensiven und einseitigen wirtschaftlichen Nutzung unterliegen, wie → Tümpel, → Weiher, → Teiche, aufgelassene Kies-, Sand-, Tongruben, Steinbrüche, Moore, Feldgehölze, Feldraine u. a. Sie wirken einer Verarmung der Pflanzen- und Tierbestände entgegen, bereichern das Landschaftsbild und erhöhen den Erholungswert der Landschaft. Nachhaltige ökologische Ausgleichswirkung können ö. A. aber nur ausstrahlen, wenn eine bestimmte Mindestgröße sowie ein Mindestanteil an der Gesamtfläche bei möglichst netzartigem Verbund untereinander vorliegt. Diese Flächen sind auch für den Erhalt der → Herpetofauna wichtig, regional oft sogar dafür von existentieller Bedeutung (vgl. → Laichgewässer). [1]

ökologische Potenz: Reaktionsbreite einer Art in Relation zu einem bestimmten Umweltfaktor. Bei **A** ist z. B. im Hinblick auf die Versauerung der Gewässer die ö. P. gegenüber dem → pH-Wert des → Laich- und Wohngewässers von aktueller Bedeutung. [1]

„ökologische Zellen“: → ökologische Ausgleichflächen.

Olecranon: Fortsatz am proximalen Ende der → Ulna. Durch den Anschlag des O. am → Humerus wird eine Überstreckung des Unterarms verhindert. Schon bei Schwanzlurchen vorhanden. [2]

Oligodactylie: → Ektrodactylie.

Olme: → Proteidae.

Omosternum: → Episternum.

Oodinium Chatton 1912: Gatt der → Flagellata mit einigen fischpathogenen Arten, darunter *O. pillularis* Schäperclaus 1951. Diese Form kann → Kaulquappen und → aquatische **A** befallen. Die runden bis birnenförmigen, von einer Cellulosehülle umgebenen Flagellaten (Größe 20–100 µm) heften sich mit feinen wurzelartigen Protoplasmafortsätzen in den Kiemen und der Haut des Wirtes fest. Dem parasitären Stadium folgt ein Cystenstadium. Ausgewachsene Parasiten verlassen den Wirt und kugeln sich zur Cyste ab. In ihr kommt es zu wiederholten Teilungen, nach 3–4 Tagen werden zahlreiche mit Schlepp- und Quergeißeln versehene Dinosporen (9–15 µm groß) frei. Sie suchen aktiv einen Wirt auf, sterben jedoch ohne diesen binnen 12–24 h. Starker *Oodinium*-Befall äußert sich als feiner, grauer bis gelblicher Hautbelag. Therapie: Dauerbäder mit Kupfersulfat- (2 mg/l Wasser), Acriflavin- (10 mg Trypaflavin/l Wasser) od. Aureomycinlösung (13 mg/l Wasser). [1]

oophag: eierfressend. Viele **R** verzehren gelegentlich, zahlreiche Formen auch öfter Eier. Unter den Echsen gilt letzteres z. B. für den Nördlichen Großteju *(Tupinambis nigropunctatus)*, die → Helodermatidae, → Lanthanotidae und manche → Varanidae, die Vogel- und **R**-Eier fressen. Die Afrikanischen Eierschlangen (UFam Dasypeltinae der → Colubridae) sind ausschließlich auf diese Nahrung spezialisiert (→ *Dasypeltis scabra*). In einigen Fällen wurde im → Terrarium bei Vertretern der → Boidae (z. B. *Corallus enydris, Epicrates striatus*) das Verzehren unbefruchteter Eier durch das ♀, unmittelbar nach deren Absetzen beobachtet. Eine sichere Erklärung dafür steht noch aus. [1]

Opalinata: ÜKl der → Sarcomastigophora. Stellung im System umstritten. Früher zu den → Ciliata gestellt od. als Protociliata von ihnen abgegrenzt. Über 400 Arten. Zellkörper meist abgeflacht, vorwiegend scheibenförmig, auch spindelartig od. fast rund. Mit kurzen, in Längsreihen verlaufenden Geißeln überzogen. Zweikernig Gatt *Protopalina, Zelleriella,* vielkernig *Cepedea, Opalina*. Leben als → Kommensalen hauptsächlich im Enddarm von Froschlurchen (3 Formen in Schwanzlurchen), einige in **R** (Waranen, Schlangen) und Fischen. Am bekanntesten ist die in Mitteleuropa besonders in → *Rana temporaria* und → *R. arvalis* sehr häufige Art *Opalina ranarum*. Weiteste geographische Verbreitung zeigt *Protopalina*, die auch in verschiedenartigsten Wirten vorkommt. So findet sich *P. intestinalis* in *Bombina, Pelobates* → *Rana „esculenta"* und Molchen, *P. mitotica* in → *Ambystoma tigrinum, P. nyanza* in *Varanus niloticus*. Die Infektion mit Opaliniden erfolgt bei **A** im Larvenstadium. [1]

Opercularfalte: Hautfalte, die bei → Kaulquappen in einem bestimmten Entwicklungsstadium von der Hyoidregion her nach caudal über die Kiemenregion wächst. Dadurch entsteht ein geschlossener Kiemenraum, in dem dann die inneren Kiemen (→ Entobranchiae) liegen. [1]

Operculum: Knorpelplatte, der bei Schwanzlurchen und → Gymnophionen, die weder → Trommelfell noch → Paukenhöhle besitzen, besondere Bedeutung für das Hören zukommt. Die reduzierte → Columella auris, bei diesen Formen als Plectrum bezeichnet, ist an einem Ende mit dem → Squamosum verbunden, während die verbreiterte Fußscheibe einen Teil des → ovalen Fensters abdeckt. In dessen caudalen Abschnitt paßt sich das O. ein, das mit dem Schulterblatt über einen Muskel in Verbindung steht. Auf diese Weise soll bei → terrestrischen Formen mit kräftigen Vorderextremitäten Bodenschall zum Ohr geleitet werden. [2]

Ophidia: auf Brongniart (1799) zurückgehender Begriff. Findet sich z. B. auch noch in den Termini → Ophiologie und → Ophiophagie wieder. Synonym mit → Serpentes, heute nicht mehr gebräuchlich. [1]

Ophiologie: Schlangenkunde. Im älteren herpetologischen Schrifttum verwendeter Begriff (z. B. Lenz, H. O.: Schlangenkunde. Gotha 1832). [1]

Ophiomorus punctatissimus (Bibron und Bory 1833), Schlangenskink: Vertreter der → Scincidae. Verbreitung: sporadisch in Griechenland (vor allem O-, SO-Peloponnes, auch Attika, Thessalien), auf wenigen kleinen Inseln der Ägäis, SW-Kleinasien. Lebt in trockenen, spärlich bewachsenen Biotopen. Gewöhnlich unter verstreut liegenden Steinen zu finden. Typischer Flachlandbewohner. Höhenverbreitung bis 600 m. GL bis 18 cm. Blindschleichenähnlich, extremitätenlos. Kopf nicht abgesetzt, recht klein, keilförmig. Augen klein, mit → gefenstertem Unterlid. Schwanz spitz endend. Lebensweise und Biologie weitgehend unbekannt. → Ovipar (im → Terrarium Ablage von 3 Eiern nachgewiesen). [1]

Ophionyssus natricis (Gervais 1844): als „Blutmilbe" der Schlangen weltweit verbreiteter und bekannter Vertreter der → Acari. Rötlich, bis 1 mm groß, parasitiert hauptsächlich an Schlangen, befällt auch Echsen, gelegentlich andere **R**, wechselt mitunter auf den Menschen über. Dauer des Entwicklungszyklus bei 25 °C und 80–90 % RLF nur 2–3 Wochen. Eiablage (pro ♀ bis 80 Eier) in Ritzen, Hohlräume der → Terrarieneinrichtung, auch unter Schuppen. Günstige Terrarienbedingungen führen so meist zur Massenvermehrung. Besonders kleine **R** und Jungtiere laufen Gefahr, fast blutleer gesaugt zu werden. Oft stehen die Schuppen ab und sind mit zahllosen weißlichen Pünktchen versehen (Milben-Exkrete). Der Juckreiz beunruhigt die Terrarientiere. Schlangen scheuern sich an den Einrichtungen, Eidechsen zeigen Kratzbewegungen. Es kommt zur Schwächung, Abmagerung, → Futterverweigerung, nicht selten zum Tod. Außerdem können Krankheitserreger (*Karyolysus*-Arten u. a.) übertragen werden. Therapie: z. B. Bad- od. Sprühbehandlung (besser Verdampfung) mit 0,2%iger Neguvon- od. Trichlorphon-Lösung, mit Dri-Die 67 (Ammonium-Fluorisilicatverbindung). Nach einigen Tagen Behandlung wiederholen. Auch Behälter gut desinfizieren. (Abb. 82). [1]

Ophiophagie: bevorzugtes od. obligates Verzehren von Schlangen. Bekanntestes und bereits vom Gatt-Namen ableitbares Beispiel unter den **R** ist → *Ophiophagus hannah.* Ihre Beute besteht fast nur aus Schlangen (*Ptyas mucosus,* → *Python molurus, Lycodon, Naja* u. a.), ganz selten werden auch Warane gefressen. Bei der Gefangenschaftshaltung entstehen daher Schwierigkeiten hinsichtlich der permanenten Futterbereitstellung, die sich aber durch Futterumstellung und Anwenden der → Odorisierungsmethode lösen lassen. Weitere ophiophage Arten sind unter anderem *Drymarchon corais, Lampropeltis getulus,* → *Bungarus fasciatus.* [1]

Ophiophagus hannah (Cantor 1836), Königskobra: Vertreter der → Elapidae. Einzige Art der Gatt. Verbreitung: Vorder-, Hinterindien, S-China, Malayische Halbinsel, Adamanen, Indoaustralischer Archipel, Philippinen. Fehlt auf Sri Lanka. In dichten Dschungeln, häufig in Wassernähe, auch z. T. in der offe-

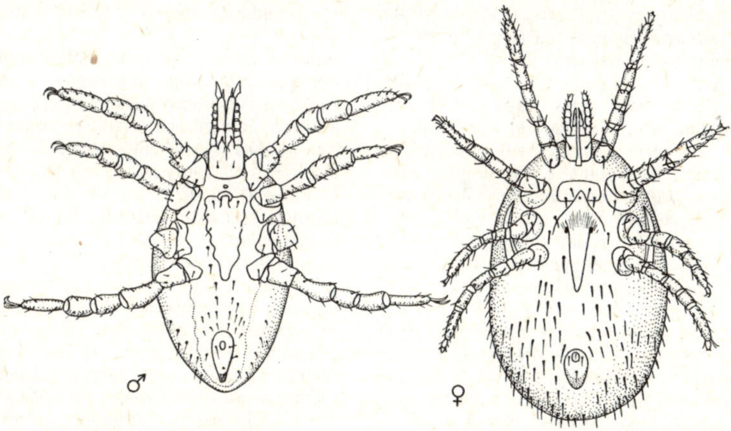

Abb. 82. *Ophionyssus natricis.*

nen Landschaft. Höhenverbreitung bis etwa 2000 m. Größte Giftschlange. GL bis 5,6, oft 3–4 m. Kopf relativ kurz, jedoch sehr breit, flach, mit auffallend großen Kopfschildern. Schnauze stumpf. Augen mittelgroß, Pupille rund. Schuppen glatt. Giftzähne bis 11 mm lang. Giftmenge beträchtlich (bis 420 mg Trockengift pro Tier). Gift hoch wirksam. Leicht reizbar. Drohstellung: Vorderkörper weit emporgerichtet (bis 1 m hoch), → Hutbildung (ohne Brillenzeichnung, nicht tellerartig), starkes → Zischen. Tag- und nachtaktiv. Weitgehend bodenbewohnend. → Nahrungsspezialist, frißt fast nur Schlangen (auch Giftschlangen wie *Naja, Bungarus,* gelegentlich → Kannibalismus). Einzige Schlange mit → Nestbau aus Pflanzenmaterial. ♀ bewacht das Gelege (20–40 Eier). [1]

Ophiotoxine: → Schlangengifte.

Ophisaurus apodus (Pallas 1775), Scheltopusik: Vertreter der → Anguidae. Verbreitung: Balkanhalbinsel (hauptsächlich mediterraner und pontischer Bereich, auch viele vorgelagerte Inseln), Krim, Kleinasien, Kaukasusgebiet, Irak, Iran, N-Afghanistan, nach Osten bis M-Asien (S-Kasachstan, Kirgisien). Bevorzugt trockenwarme, locker bewachsene Biotope. Häufig z. B. auf Hanglagen, in lichten Wäldern, an Feldrändern, → Lesesteinhaufen. Höhenverbreitung bis 2300 m. GL bis 1,4, meist etwa 1 m. Kopf kräftig, kaum abgesetzt. Schlangenähnlich, extremitätenlos (von Hinterextremitäten noch 2–3 mm lange Rudimente vorhanden), deutliche Seitenfalte jederseits längs des Rumpfes. → Autotomie des Schwanzes möglich. Tagaktiv. Flieht sehr schnell. Gelegegröße: 6–12 Eier. → Brutpflege des ♀ (Umwinden des Geleges) vereinzelt nachgewiesen. [1]

Ophisops elegans Ménétriés 1832, Schlangenauge: Vertreter der → Lacertidae. Verbreitung: NO-Griechenland, SO-Bulgarien, Europäische Türkei, N-Kaukasusvorraum, Transkaukasien, Kleinasien, nach Osten bis Pakistan, im Süden Zypern, Syrien, Libanon, Israel. Häufig in trockenen, spärlich bewachsenen, oft grasigen Biotopen, auch → Kulturfolger (Felder, Weinberge, Gärten, Parks), mitunter in lichten Wäldern. Höhenverbreitung bis 3000 m. GL bis 19 cm. Schlank, Kopf wenig abgesetzt. Augenlider verwachsen, aber noch beweglich. Mit → gefenstertem Unterlid. → Halsband fehlt. Schwanz erreicht bis doppelte KRL. Tagaktiv. Flucht oft mit Unterbrechungen (→ Sichern), gelegentlich → bipede Fortbewegungsweise. Gelegegröße: 2–6 Eier; bis 3 Jahresgelege möglich. [1]

Ophthalmoreaktion: Reaktion des als Testorgan dienenden Auges auf bestimmte klinische Untersuchungen. Früher oft als unkomplizierte, sichere Empfindlichkeitsprüfung (zur Vermeidung eines anaphylaktischen Schocks) vor der Serumapplikation nach einem → Giftschlangenbiß herangezogen. Man träufelt 2 Tropfen verdünnten (1:10) Antiserums in einen Conjunctivalsack und prüft 15 min später die Reaktion. Bei positivem Ausfall kommt es gegenüber dem unbehandelten Auge zur Rötung und Schwellung der → Conjunctiva. Heute durch den Intracutantest verdrängt. Sofortreaktion nach 10–20 min, bei positiver Reaktion urticarielle Entzündung. [1]

opisthocöle Wirbel: hauptsächlich bei den Schwanzlurchen auftretender Wirbelkörpertypus. Die Wirbel sind cranial konvex und caudal konkav. Bei Froschlurchen typisch für die → Discoglossidae, → Rhinophrynidae, → Pipidae. Manche **R** besitzen o. W. im Halsbereich (z. B. Schildkröten). [2]

opisthoglyph: → Giftapparat.

Opisthonephros, Nachniere: bleibende Niere der **A** und **R**. Als regional besonders spezialisierte Komplexe unterscheidet man am O. den → Mesonephros und → Metanephros. **A** besitzen einen Mesonephros, **R** dagegen einen typischen Metanephros, vom Mesonephros bleibt nur die Urogenitalverbindung im ♂ Geschlecht erhalten. [2]

Opisthoticum: caudaler → Ersatzknochen der Labyrinthkapsel der **R**. Häufig mit dem → Occipitale laterale verschmolzen. [2]

Orbitaldrüse, Tentakeldrüse: In der Augenhöhle (Orbita) der → Gymnophionen liegender Drüsenkörper. Entspricht der → Harderschen Drüse. Die O. mündet in den Tentakelsack und sezerniert eine mucöse Flüssigkeit. An Stelle des rückgebildeten Auges wird somit hier der → Tentakel feucht gehalten und eingefettet. [2]

Orchidaceae, Orchideen: Fam der UKl Liliidae. Über 25 000 Wildarten. Weltweit verbreitet, größte Formenfülle in Tropen, Subtropen, dort meist als → Epiphyten, eurpäische Arten ausschließlich Erdorchideen. Humusliebende Stauden mit Pilzsymbiose (Mykorrhiza) und spezialisierten Bestäubungseinrichtungen. Für das tropische Regenwaldterrarium als Epiphyten verwendbar. Bei Artwahl Wuchsgröße, Licht-, Klimaansprüche, Ruhezeit (für Blütenansatz) beachten. Formen mit ausgeprägter Ruhezeit (z. B. *Cattleya-, Epidendrum-, Miltonia-* Arten) so an der → Terrarienrückwand bzw. dem Epiphytenstamm befestigen, daß ihre Entnahme (zum Blütenansatz unter veränderten Klimaverhältnissen) möglich ist. Ohne Ruhezeit und gut kultivierbar: z. B. *Vanilla planifolia, Oncidium papilio.* Epiphytensubstrat (wasserhaltend, gut durchlüftet): Farnwurzeln *(Osmunda, Poplypodium)*, dazu etwas verrottendes Buchenlaub, Torfmoos, Torf. Nur entmineralisiertes Gießwasser benutzen. [1]

Orchideen: → Orchidaceae.

Organon vomeronasale: → Jacobsonsches Organ.

Orinoko-Krokodil: → *Crocodylus intermedius.*

Os coccygis: → Urostyl.

Os coxae, Hüftbein: paarig angelegter Teil des → Beckengürtels, beide Hüftbeine sind medioventral relativ fest miteinander verbunden (→ Beckensymphyse). Das O. c. besteht aus 3 Anteilen: dem → Os ilei (Darmbein), → Os ischii (Sitzbein) und → Os pubis (Schambein). Es bleibt bei Schwanzlurchen, abgesehen vom Sitzbein, überwiegend knorpelig, cranial schließt sich bei ihnen an die ventrale solide Beckenplatte eine → Epipubis an. Das kurze Ilium ist schwach caudad gerichtet. In Anpassung an die springende Fortbewegungsweise ist das O. c. der Froschlurche nahezu vollständig verknöchert mit stark verlängertem und craniad gerichtetem Os ilei. Das → Acetabulum liegt hier weit caudad, zum → Sacralwirbel besteht eine feste Verbindung. Einige krötenähnliche Froschlurche, die wieder zum Kriechen übergegangen sind, zeigen funktionsbedingte Abweichungen von dieser starren Verbindung, bei → Pipidae und → Pelobatidae kommt es z. B. zu längsgerichteten Gleitbewegungen zwischen Becken und den Querfortsätzen des Sacralwirbels, bei *Alytes, Bombina* und *Discoglossus* dagegen zu Rotationsbewegungen. Bei **R** wird die ventrale Beckenplatte durch eine Fensterbildung zwischen Scham- und Sitzbeinen unterbrochen. Es entsteht das → Foramen puboischiadicum, das bei manchen **R** nach Verschmelzung mit dem → Foramen obturatorium als → Foramen obturatum bezeichnet wird. [2]

Os cruris: einziger Unterschenkelknochen der Froschlurche. Durch → Synostose von → Tibia und → Fibula entstanden, innerlich noch durch 2 parallel verlaufende Markhöhlen nachweisbar. In Anpassung an die springende Fortbewegungsweise gehen auch → Radius und → Ulna der → Anura eine Synostose ein. Bei Schwanzlurchen sind die Unterarm- wie Unterschenkelknochen voneinander getrennt und gegeneinander beweglich gestaltet. [2]

Os en ceinture, Sphenethmoid, Gürtelknochen: unpaariger, ringförmiger → Ersatzknochen der Froschlurche am Übergang zwischen Orbital- und Nasenregion. Das O. e. c. umschließt die Riechnerven, die aus dem → Neurocranium in die Nasenkapsel übertreten. [2]

Os hyoides, Hyoid, Zungenbein: aus Teilen des Hyoidbogens (vgl. → Viscerocranium) und durch Neubildungen entstandener Stützapparat der Zunge. Das O. h. von → *Rana temporaria* besteht aus einer zentralen Platte, dem Corpus und 2 Hörnern, dem größeren Vorderhorn (Cornu hyale), das mit der Labyrinthkapsel verbunden ist, und den kleineren caudalen Processus thyreoidei (wahrscheinlich Neubildungen). Der Bau des O. h. ist sowohl innerhalb der **A** als auch der **R** sehr verschieden. Vom zentralen Corpus hyoideus der **R** geht cranial ein langer Fortsatz aus (Processus entoglossus = P. lingualis), der in die Zunge eintreten kann. Er ist beim Chamäleon besonders lang, bei Schlangen dagegen stark rückgebildet. Daneben sind meist ein paariges Cornu hyale sowie 2 Cornua branchialia vorhanden. Die hintersten Branchialhörner ermöglichen z. B. bei → Agamidae und → Iguanidae das Aufrichten der Halskrausen. [2]

Os ilei, Ilium, Darmbein: dorsaler Teil des → Os coxae, der den → Beckengürtel mehr od. weniger straff über → Sacralrippen od. → Pleurapophysen der → Sacralwirbel mit der Wirbelsäule verbindet. Für die Gattungs- bzw. Artdiagnose isolierter Skeletelemente rezenter europäischer → Anuren (z. B. aus → Gewöllen) sind die Ossa ilei gut geeignet. Zur Determination liegen spezielle Bestimmungsschlüssel vor. Als wesentliche Merkmale für die systematische Zuordnung gelten vor allem Ausbildungsgrad, Form und Lage des Tuber superior und der Crista dorsalis (Vexillum) sowie die Gestalt der Junctura ilioischiadica („synchondrosis ilioischiadica") am O. i. [2]

Os ischii, Ischium, Sitzbein: caudaler Teil der ventralen Platte des → Beckengürtels. Wie das → Os pubis an der Bildung der → Beckensymphyse beteiligt. Beide Knochenelemente sind bei den meisten **R** ventral durch das → Foramen puboischiadicum voneinander getrennt. [2]

Os occipitale, Hinterhauptsknochen: entsteht bei manchen **R** durch → Synostose der → Occipitalia lateralia mit dem → Basi- und → Supraoccipitale. Auch das → Opisthoticum kann daran beteiligt sein. [2]

Os penis, Baculum, Hemibaculum: Penisknochen. Stabförmige, artlich unterschiedlich gestaltete Verknöcherung im Penis vieler Säuger (z. B. bei Insektenfressern, Fledermäusen, Raubtieren). Ein Baculum wurde außerdem auch im → Hemipenis zahlreicher Echsenarten nachgewiesen. Erste Angaben dazu liegen seit dem Ende des 19. Jahrhunderts vor. Nach neueren Untersuchungen besitzen solche als Stützelement bzw. zur Versteifung dienende Hemipenis-Knochen (Hemibacula nach Böhme 1988; mitunter nur Knorpel) alle Warane, → *Lanthanotus borneensis* verfügt über knorplige Hemibacula, konvergent treten sie auch bei der Gatt *Aristelliger* (→ Gekkonidae) auf. [1]

Os pubis, Schambein: cranialer Teil der ventralen Platte des → Beckengürtels bei vielen **A** und **R**. Vom → Foramen obturatorium für den Durchtritt des Nervus obturatorius durchbrochen. Die Ossa pubis beider Seiten treten ventral zur Symphyse zusammen, an deren Bildung auch die → Sitzbeine beteiligt sind. [2]

Osteoblasten, Knochenbildungszellen: spezialisierte Zellen des embryonalen Bindegewebes (Mesenchyms), die sich reihenweise aneinanderlagern und Knochengrundsubstanz abscheiden. Durch häufige Wiederholung dieses Vorganges werden die älteren O. von der Knochengrundsubstanz umschlossen und dann als → Osteocyten bezeichnet. Die Knochengrundsubstanz ist von kollagenen und elastischen Fibrillen durchsetzt, die sich durch Kittsubstanz abgrenzen. In diese werden anorganische Substanzen wie Calciumphosphat, -carbonat, Apatit, Magnesiumcarbonat eingelagert.

Durch sie erhält der Knochen unter Beibehaltung einer gewissen Elastizität seine besondere Widerstandsfähigkeit. [2]

Osteoclasten: vielkernige knochenzerstörende Zellen (vgl. → Deckknochen). [2]

Osteocyten, Knochenzellen: im Verlauf der → Osteogenese von Knochengrundsubstanz umschlossene → Osteoblasten, die mit benachbarten O. über Plasmafortsätze in Verbindung stehen und in Knochenhöhlen liegen, von denen entsprechend der Zahl der Plasmafortsätze feine Knochenkanälchen (Canaliculi) abgehen, die im fertigen Knochen ein feines Netzwerk bilden. [2]

Osteodermata, Hautknochen, Hautverknöcherungen: vom → Corium in unterschiedlicher Form, Größe, Stärke gebildete Verknöcherungen. Ihre Entwicklung erfolgt bei **A** wahrscheinlich erst spät nach der → Metamorphose, bei **R** in der späten Embryonalperiode bzw. nach dem Schlupf. Unter **A** verbreiteter als meist angenommen (Bild 49). So liegen O. beispielsweise vorwiegend im dorsalen Körperbereich von verschiedenen Vertretern (stets nur einige der angeführten Gatt) der → Pelobatidae *(Megophrys)*, → Leptodactylidae *(Ceratophrys, Lepidobatrachus, Hylactophryne)*, → Brachycephalidae *(Brachycephalus)*, → Hylidae *(Phyllomedusa, Gastrotheca)* vor. Ruibal und Shoemaker unterscheiden bei → Anuren 2 Formen von dorsalen O., kleinere und größere/dickere Verknöcherungen. Unter den **R** stellen O. bei Schildkröten den Hauptteil des Knochenpanzers, kommen verstreut mitunter im Bereich der Extremitäten, bei → *Chelydra serpentina* in der Schwanzregion vor. Auch die → Gastralia sind O. Bei Krokodilen finden sich starke dermale Knochenpanzerungen vor allem auf Kopf, Hals, Rücken, der Schwanzoberseite. Weiterhin sind bei vielen Echsen (→ Scincidae, → Anguidae, → Lanthanotidae u. a.) die Schuppen von O. unterlagert. Kopfoberseits kommt es häufig zur Verschmelzung mit den Schädelknochen. Schlangen fehlen O. (Abb. 83). [1]

Osteogenese, Knochenbildung: kann auf zweierlei Art erfolgen. Bei desmaler O. geht der Knochen direkt aus embryonalem Bindegewebe hervor, durch das Vermögen von → Osteoblasten, Knochengrundsubstanz abzuscheiden und in diese Knochensalze einzulagern. Dadurch entstehen Knochenbälkchen, die schließlich zu größeren Komplexen zusammentreten (→ Deckknochen). Bei chondraler O. bilden sich Knochen an der Oberfläche od. im Inneren knorpliger Organe, die als Platzhalter dienen. Der Knorpel verkalkt, wird durch → Chondroclasten abgebaut und durch Knochengewebe (von Osteoblasten gebildet) ersetzt (daher → Ersatzknochen). [2]

Osteoporose: auf Knochenstoffwechselstörungen (vgl. → Rachitis) zurückgehender Schwund des Knochengewebes, verbunden mit einer Vergrößerung der Markräume und Gefäßkanäle. Vor allem bei ad. (mangelnder Ersatz abgebauter Knochensubstanz), aber auch juv. Tieren auftretend. Bei Landschildkröten z. B. als Folge falscher, einseitiger Ernährung wiederholt beschrieben. Die durch den Proteinmangel induzierte Mobilisierung der Proteinreserven des Skelets (Konsumptionsosteoporose) führt zu der bekannten Erweichung und Porosierung der Knochenplatten des Panzers (röntgenologisch gut darstellbar). Nach → Futterverweigerung bzw. → Kachexie weisen Leguane als typische Zeichen einer O. meist deutlich aufgetriebene Oberschenkelknochen auf, ihre Schädelknochen sind oft papierdünn. Therapie der verminderten → Osteogenese siehe → Rachitis. [1]

Ostium atrioventriculare: Öffnung zwischen Herzkammer (→ Ventriculus cordis) und Herzvorkammer (→ Atrium cordis). **A** besitzen nur ein O. a., das von 4 (Froschlurche) od. nur 3 (Schwanzlurche) Segelklappen (Valvulae atrioventriculares) umgeben wird, die einen

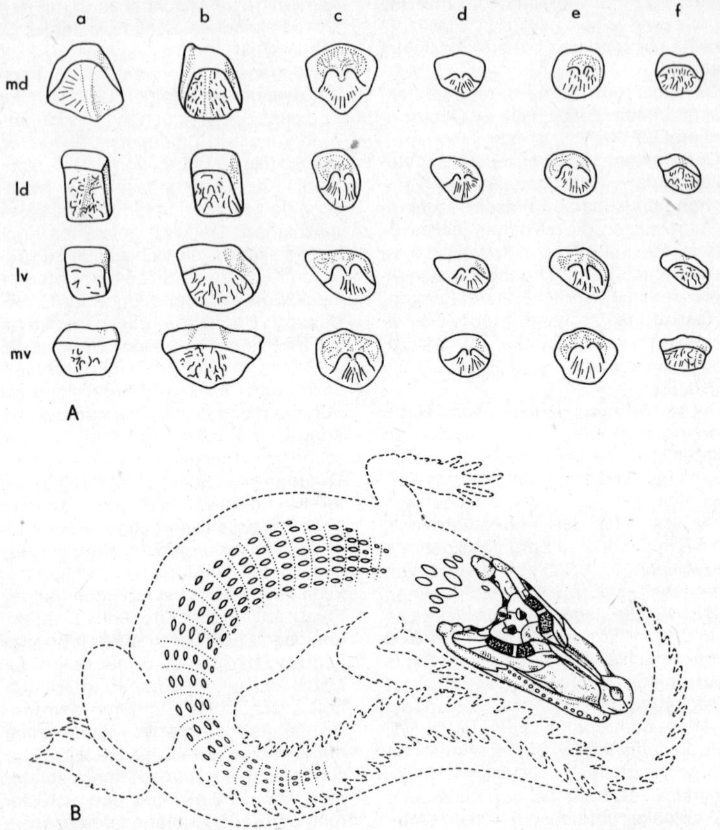

Abb. 83. Osteodermata. A. Osteodermata einiger Schleichen (Anguidae); a) *Gerrhonotus imbricatus*, b) *Ophisaurus harti*, c) *Diploglossus monotropis*, d) *Diploglossus occiduus*, e) *Ophiodes vertebralis*, f) *Anguis fragilis*. *md* mediodorsale Osteoderme, *ld* laterodorsale O., *lv* lateroventrale O., *mv* medioventrale O. B. Hautverknöcherungen (ausgezogene Linien) bei *Crocodylus porosus*.

Rückstrom des Blutes aus der Kammer in die Vorkammern verhindern sollen. Die Valvulae atrioventriculares der Froschlurche bestehen aus einer großen dorsalen und ventralen Segelklappe sowie 2 kleineren lateralen Klappen. Vom freien Rand der großen Segelklappen gehen Sehnenfäden (Chordae tendineae) aus, die sich an der Kammermuskulatur anheften. Bei größerem Druck im Ventrikel wird dadurch ein Zurückschlagen der Klappen verhindert. **R** weisen 2 getrennte atrioventriculäre Ostien auf, ihre Herzkammern sind außer denen der → Crocodylia unvollständig getrennt. [2]

Ostium tubae: offen mit der Leibeshöhle in Verbindung stehender Anfangsabschnitt der Tuba uterina (→ Oviduct). I. d. R. mit Wimpern zum Einstrudeln der vom → Ovar in die Leibeshöhle ausgestoßenen Eier versehen. [2]

ovales Fenster: → Fenestra ovale.

Ovarien, Eierstöcke: Bildungsorgane der Eier und weiblicher Geschlechtshormone. Entstehen aus dem mittleren Abschnitt der → Genitalleiste. Ihr Bindegewebsgerüst, das Stroma, ist bei **A** und **R** meist sehr locker und enthält Hohlräume, die mit → Lymphe gefüllt sind und zu großen Ovarialhöhlen zusammenfließen können (z. B. bei Schwanzlurchen, → Gymnophiona). Die O. sind z. B. bei Schwanzlurchen, Gymnophionen und Schlangen langgestreckt, bei Froschlurchen rundlich gestaltet. In Anpassung an die Längsstreckung des Körpers liegen sie bei Schlangen hintereinander (gleichermaßen auch Nieren, → Testes). [2]

Oviduct, Müllerscher Gang, Eileiter: primär Ableitungsweg für die ♀ Geschlechtsprodukte. Der O. entsteht abgesehen von dem der Schwanzlurche (Abfaltung vom → primären Harnleiter) als selbständige Bildung längs der → Genitalleiste. Er beginnt mit dem → Ostium tubae, ist vor der Geschlechtsreife noch relativ gestreckt, später mehr od. weniger stark gewunden, zur Fortpflanzungszeit außerdem bedeutend verlängert. Das caudale Ende der Müllerschen Gänge kann bereits bei **A** (→ ovovivipare, → vivipare Formen, Froschlurche) uterusartig aufgetrieben sein und wird auch → Uterus genannt. Ihre Gallerthülle erhalten die **A**-Eier von Drüsen der Tubenschleimhaut. Bei → Amnioten werden folgende Abschnitte unterschieden: Infundibulum tubae uterinae mit Ostium tubae (abdominale), die enge und lange Tuba uterina (Tube, Eileiter i. e. S.), Isthmus, Uterus, Vagina (kurzer Endteil). Die Weißeischicht sezerniert das Epithel der Tuba uterina, die Schalenhaut (Innenschicht, fehlt → Squamaten) wird im Isthmus, die äußere Schicht wie auch Kalkschale (Schildkröten, Krokodile, Geckos) im Uterus produziert. Bei den → Sauropsiden münden die Müllerschen Gänge stets getrennt in die → Kloake ein. [2]

ovipar: eierlegend. Die → Befruchtung der Eier erfolgt vor deren Ablage, wie bei den meisten Schwanzlurchen, Froschlurchen der Gatt *Ascaphus, Nectophrynoides* und **R** (innere Befruchtung), od. während bzw. nach der Ablage (äußere Befruchtung). Im Gegensatz zu → ovoviviparen Arten ist die → Embryonalentwicklung im abgelegten Ei (nach innerer Befruchtung) gewöhnlich noch wenig fortgeschritten. [1]

Oviposition: → Eiablage.

ovovivipar: „eilebendgebärend“. Bei dieser Fortpflanzungsweise erfolgt die → Embryonalentwicklung meist völlig im mütterlichen Genitaltrakt. Der Embryo wird dabei jedoch nicht über eine Placenta od. placentaähnliche Bildung ernährt. Die von einer dünnen, kalkfreien Eihülle umgebenen Jungen schlüpfen entweder während der Geburt od. kurz darauf. Zu den o. Formen gehören z. B. einige **A,** → *Lacerta vivipara,* → *Anguis fragilis,* die Boinae, → Viperidae, → Crotalidae. Oft ist der Übergang zwischen o. und → vivipar fließend. Auch kann gelegentlich eine Art in manchen Teilgebieten ihres → Areals → ovipar, in anderen o. sein. [1]

Ovulation: Ausstoßen eines befruchtungsfähigen Eies aus dem → Ovar. O. und Ablaichen können bei **A** (z. B. → *Bufo bufo*) sehr eng gekoppelt sein. Andererseits kann der → Laich (wie bei → *Rana temporaria*) auch wochenlang in den Uteri zurückgehalten werden. [1]

Oxyuranus scutellatus (Peters 1868), Taipan: Vertreter der → Elapidae. Verbreitung: NO-Australien, Melville-Inseln, O-Neuguinea. Bodenbewohner meist in trockenen Gebieten, z. B. Savannen, lichten Wäldern, auch Zukkerrohrplantagen. GL bis 4,3, oft über 2 m. Kopf gut abgesetzt, länglich.

Augen groß, Pupille rund. Vorderkörper schlank. Nach der gleichfalls in Australien vorkommenden *Parademansia microlepidota* als eine der giftigsten rezenten Landschlangen angesehen. Giftzähne bis 20 mm lang. Giftmenge etwa 120 mg Trockengift pro Tier. Beißt blitzschnell und häufig mehrfach nacheinander zu. Überwiegend tagaktiv. Scheu, sehr schnell. Offenbar nirgends häufig. Nahrung: vorwiegend Kleinsäuger, auch Vögel. Gelegegröße: bis 20 Eier. [1]

Oxyuroidea, Oxyuren, Madenwürmer: O der → Nematoda. Bei **R** parasitieren etwa 150 Arten, vorwiegend in Pflanzenfressern (Landschildkröten, → herbivoren → Iguaniden), aber auch in vielen räuberisch lebenden Echsen. Enddarmbewohner, Entwicklung direkt, in der Mehrzahl → ovipar. Oft kommt es zu Mischinfektionen. Nur bei Massenbefall gefährlich. Verursachen dann → Nekrosen in der Darmschleimhaut, exudative Peritonitis, gelegentlich → Obstipationen, z. T. mit tödlichem Ausgang. Bei tropischen Froschlurchen kann starker Befall mitunter zum → Mastdarmvorfall führen. Keine typischen Symptome zu erkennen. Diagnose durch Nachweis der asymmetrischen Eier im Kot. Therapie: Fenbendazol (Panacur®) 30–50 mg/kg KM, 1 × oral (od. mehrfach über einige Tage); Minzolum® 100–200 mg/kg KM, 2 × oral, etwa 1 Woche lang. [1]

Paarungsbiß: im Rahmen des erblich festgelegten Paarungsverhaltens bei vielen → Squamaten und Schildkröten vom ♂ am ♀ angebrachter Biß. Funktionell z. T. unterschiedlich gedeutet (vor allem als Festhaltehandlung, Stimulans zur Paarungsbereitschaft, → Übersprunghandlung). Bei Echsen werden 2 offensichtlich dem Festhalten des ♂ dienende Bißtypen, der Nacken- und Flankenbiß (Bild 35, 36), unterschieden. Diese sind innerartlich konstant. Nach Böhme und Bischoff (1976) ist der erstere als ursprünglich, letzterer als abgeleitet anzusehen. Unter den Echsen zeigen den Nackenbiß z. B. → Anguidae, viele → Gekkonidae, → Iguanidae, → Agamidae, verschiedene → Scincidae, den Flankenbiß hauptsächlich die Mehrzahl der → Lacertidae (Ausnahmen sind z. B. die Kanareneidechsen od. *Lacerta jayakari*). Auch bei mehreren Schlangenarten (→ *Coronella austriaca*, → *Elaphe longissima*, → *E. quatuorlineata*, *E. obsoleta*, → *Coluber gemonensis* u. a.), durchweg Vertreter der → Colubridae, wurde ein P. (als Nackenbiß) nachgewiesen. Im Gegensatz zu den Squamaten haben die Nackenbisse der Schildkröten ♂♂ in erster Linie die Aufgabe, bei den ♀♀ das Einziehen des Kopfes und Hervortreten der Kloakenöffnung zu bewirken. [1]

Paarungsmarsch: auf Kitzler (1941) zurückgehender Begriff. Obligates Paarungsvorspiel bei einigen Eidechsenarten (→ *Lacerta agilis*, → *L. viridis*, → *Podarcis muralis* u. a.). Das paarungswillige ♀ wird vom ♂ mit dem Maul meist am Schwanz, auch im Kreuz- od. Flankenbereich gepackt. Beide laufen dann langsam und aufeinander abgestimmt weiter. Anfangs scheint das ♂ dem weichenden ♀ zu folgen, später schiebt es das ruhig gewordene ♀ voran. Das ♀ kann jedoch auch das sich mehr od. weniger stark widersetzende ♂ hinter sich herschleppen. Oft schiebt das ♂ seinerseits von Anfang an das ♀ vor sich her. Bei erlahmendem Widerstand wird vom ♂ die Bißposition gewechselt und der Biß zur Flanke hin verlagert. Nachfolgend kommt es fast immer zur → Kopulation. Einige Autoren wenden diesen Begriff ebenfalls auf das Verhalten eines hochbrünstigen Molchpaares (→ *Triturus vulgaris*, → *Triturus cristatus* u. a.) bei der indirekten Übertragung der → Spermatophore an. Das ♀ folgt hierbei linear und eng aufgeschlossen dem ♂ (Duftmarkierung) und nimmt die abgesetzte → Spermatophore mit den Kloakenlippen auf. [1]

Palaeoherpetologie: auf Kuhn zurückgehender Begriff. Lehre von den fossilen **A** und **R**. Teilgebiet der Palaeozoologie. [1]

Palatinum: → Deckknochen des Schädels. Fehlt i. d. R. den Schwanzlurchen. Das P. der Froschlurche ist ein querverlaufendes Knochenstück, das eine Verbindung zwischen → Maxillare, Sphenethmoid (→ Os en ceinture) und → Vomer herstellt. Caudal legt sich außerdem der oral gerichtete Fortsatz des → Pterygoids an. Das P. der **R** hat Anteil an der Bildung des → Munddaches sowie des → sekundären Gaumens der Schildkröten und Krokodile. [2]

Palatoquadratum: dorsaler Anteil des ursprünglichen Kieferbogens des → Viscerocraniums. Bei **A** und **R** fest mit dem → Neurocranium verbunden. Sein caudales Ende, die Pars quadrata, verknöchert zum → Quadratum. Aus dem P. geht außerdem das → Epipterygoid hevor. Das P. wird weitgehend von → Deckknochen verdrängt, die an der Bildung des → Munddaches beteiligt sind, wie das → Palatinum und → Transversum. [2]

Palpebrae, Augenlider: vor der → Cornea liegende und diese z. T. bedekkende Hautfalten. Sie dienen zum Schutz vor mechanischen Einwirkungen sowie zum permanenten Befeuchten der Cornea mittels Augendrüsenflüssigkeit. Unter den **A** fehlen die P. den Larven, rein → aquatischen Formen, sind bei den → Gymnophiona nur schwach entwickelt. Bei Schlangen und verschiedenen Echsenarten entstand aus ihnen die tertiäre → Brille. Das Unterlid ist bei **A** und **R** gewöhnlich größer und beweglicher als das obere Lid. Einige Echsen besitzen ein → gefenstertes Unterlid. Oft gehen beide Lider unterschiedlich stark ineinander über und verkürzen so die Lidspalte (z. B. manche Formen der → Agamidae). Bei den → Chamaeleonidae sind die P. bis auf eine kleine zentrale Öffnung miteinander verwachsen. Die P. können durch Schuppen (in unterschiedlichster Weise; bei Echsen), mitunter sogar → Palpebralknochen verstärkt sein. [1]

Palpebralknochen, Supraorbitalknochen: im oberen Augenlid bei Krokodilen und einigen Echsen ausgebildeter Hautknochen (→ Osteodermata). [1]

Paludarium, Sumpfaquarium: Synthese von → Aquarium und → Terrarium. Die Gesamteinrichtung stellt einen Sumpfausschnitt dar. [1]

Pankreas, Bauchspeicheldrüse: aus einem exo- und endokrinen Anteil bestehende Anhangsdrüse des → Mitteldarmes. Liegt innerhalb der von Magen und Zwölffingerdarm gebildeten Schlinge, bei **A** und **R** meist als langgestrecktes, kompaktes Organ. In seiner Form jedoch nicht einheitlich, z. B. bei Froschlurchen mit vielen lappenartigen Fortsätzen versehen, bei → *Natrix natrix* länglich-oval (kurz). Der exokrine Anteil liefert wichtige Verdauungsfermente bzw. deren Vorstufen, die über den → Ductus pancreaticus in den Mitteldarm gelangen. Bei Froschlurchen vereinigen sich Pankreasgang und einige kleinere Ausführgänge mit dem → Ductus choledochus. Den endokrinen Anteil repräsentieren die Langerhansschen Inseln, die als Zellgruppen unregelmäßig zwischen den exokrinen Drüsenendstücken liegen. Diese sind oft bei **R** schwer abgrenzbar, bei Schlangen dagegen als ein isoliertes Organ, die Riesen-insula, markant konzentriert. Für Schlangen ist häufig eine enge Verbindung zwischen P. und Milz bekannt. Mitunter lassen sich sogar P.-Zellen in der Milz nachweisen. Im Inselgewebe der Froschlurche und **R** können A-, B-, D-Zellen abgegrenzt werden. Das gebildete Insulin (von B-Zellen produziert) senkt, Glukagon (A-Zellen) erhöht den Blutzuckerspiegel. [2]

Pankreasveränderungen: bislang relativ wenig beschrieben. Mitunter wurden in Zusammenhang mit generalisierten Infektionen besonders Nekrosebildungen festgestellt. P. als idiopathische Hyperplasie charakterisiert, traten mehrfach bei Schlangen im Zoo Philadelphia auf. Veränderungen können aber auch bei Stoffwechselerkrankungen der Tiere (z. B. als Harnsäureablagerungen bei → Gicht) und bedingt durch Parasiten (→ Haemogregarinen, → Pentastomiden, auch Nematodeneier usw.) auftreten. Diabetes mellitus wurde bei einem ♂ von *Chrysemys scripta elegans* und *Gopherus agassizi* nachgewiesen (markante Hyperglykämie, stark veränderte Serumenzymwerte usw.). Die bei letzterem vorgenommene Insulin-Therapie verlief erfolgreich. [1]

Panzerherz: → Gicht.

Panzerläsionen: Defekte unterschiedlicher Genese an → Carapax und → Plastron von Schildkröten. Häufig durch Beißereien (besonders am Carapaxrand), Schläge, Abstürze, auch falschen Transport (Wundscheuern), → Haltungsfehler (Schilderrisse bei Wasserschildkröten durch zu trockene Haltung usw.), D-Hypovitaminose verursacht. Nachfolgend kann es zu → bakteriellen Infektionen od. → Mykosen kommen. Neben den dadurch erfolgenden Schilderablösungen liegen oft bis in den Knochenpanzer reichende Entzündungsherde vor. In der Natur verheilen P. oft erstaunlich gut. Therapie: äußere, nicht entzündete Verletzungen säubern, desinfizieren, trocknen, mit → Kunststoffverband abdecken. Geschwüre spalten, ausräumen, desinfizieren, mit Salbe auf antibiotischer bzw. chemotherapeutischer Grundlage (wenn erforderlich mit einem Antibiotikum) behandeln. → Aquatische Arten bis zum Abheilen der P. an Land od. in Flachwasser (2 cm hoch, Sulfonamidzusatz von 200 mg/l) halten. [1]

Panzerrammen, Panzerstöße, Rammstöße: typisches Element der → Balz und des Turnierverhaltens („Combat"-Verhalten) bei ♂♂ der → Testudinidae. Die kräftigen, gewöhnlich laut hörbaren Rammstöße werden ruckartig und mit eingezogenem Kopf ausgeführt. Beim Werben rammen die ♂♂ vorwiegend seitlich, bei den Turnierkämpfen ebenfalls seitlich und frontal. Das sprichwörtliche Ausheben des Gegners bei diesen Kämpfen kann durch die bei einigen Arten vorhandenen → Kehlsporne wirkungsvoll unterstützt werden. [1]

Papageienschnabel: → Schnabeldeformation.

Papilla amphibiorum: in einer Aussakkung (Recessus) des → Sacculus gelegene Sinnesendstelle für das Hören, von der der → Ductus perilymphaticus nur durch eine dünne Wandung getrennt ist. Die P. a. findet sich, wie schon ihr Name zum Ausdruck bringt, nur bei **A**. Im Gegensatz zu den → Maculae und → Cristae ampullares reagiert sie auf Druckveränderungen, die von der → Perilymphe übertragen werden. [2]

Papilla basilaris: im Basalabschnitt der → Lagena gelegene Sinnesendstelle für das Hören, die bei **A** und allen höheren Wirbeltieren vorkommt. Bei den Krokodilen wächst die Lagena zum → Ductus cochlearis aus. Im gleichen Maß streckt sich auch die P. b. in die Länge und wird nun als → Cortisches Organ bezeichnet. Die P. b. reagiert auf Druckveränderungen, die über die → Perilymphe übertragen werden. [2]

Paraffinierung: Methode zur Herstellung weitgehend struktur- wie formgetreuer, feuchtigkeits- und trockenheitsbeständiger biologischer Dauerpräparate mittels Paraffindurchtränkung. Ermöglicht lebensecht wirkende Aufstellung von **A** und **R**. Im Detail sehr variabel handhabbar. Am besten nur frischtote Tiere (bzw. Organe) verwenden. In gewünschte Position bringen, → aquatische Formen evtl. entschleimen (kurz in 1%iges Essigsäurebad tauchen, wässern), fixieren z. B. in Formaldehyd (2–4%ige, dann 6–8%ige Lösung), Formaldehyd-Ethanol (1:9) od. nach Carnoy (Ethanol-Chloroform-Eisessig, 6:3:1). Nach erfolgter Härtung (2–14 Tage und mehr) Augen entfernen, Glasaugen einsetzen. Bauchhöhle öffnen, entleeren, auskaschieren (Drähte durch die Extremitäten ziehen), zunähen. Bei großen **R** kann der Rumpf völlig durch einen hohl kaschierten Gipskörper ersetzt werden. Entwässern in aufsteigender Ethanolreihe (pro Stufe 1–4 Wochen, bei Carnoy-Fixierung in

100%iges Ethanol). Überführung in Paraffin (Schmelzpunkt 52–55 °C) im Thermostat über ein Intermedium, z. B. über Xylen in Xylen-Paraffin (1:1), dann reines Paraffin (2–3mal wechseln). Nachbehandlung: kurz abtropfen lassen (bei 62 °C), im Wasserbad abkühlen, glätten (mittels Föhn), montieren, bemalen (Sudanfarben u. a.) etikettieren. [1]

Paramecium-Kultur: die Zucht der als → Erstfutter für → carnivore Larven von **A** (→ *Xenopus laevis* u. a.) verwendbaren Pantoffeltierchen (Gatt *Paramecium*, vor allem *P. caudatum*) erfolgt am einfachsten in Pflanzenaufgüssen. Schulbeispiel ist der Heuaufguß. Im Zuchtbehälter (→ Vollglasbecken, Einweckglas) wird trockenes Heu (etwa 0,5 g/l) mit Aquarien- od. Tümpelwasser angesetzt. Ein Ansatz nur mit Leitungswasser (ohne späteres Beimpfen) bleibt erfolglos, da Paramecien keine trockenresistenten Überdauerungsstadien (Cysten) ausbilden. Behälter locker abdecken, nicht zu hell stellen, günstige Temperatur 18–20 °C. Die entstehende Kahmhaut geht auf den Heubacillus *(Bacillus subtilis)* zurück, von dem sich die Paramecien ernähren. Nach 2–3 Wochen zeigen dichte weiße „Wolken" deren Massenvermehrung an. Noch bessere Resultate liefern Aufgüsse mit trockenen Schnitzeln der Kohlrübe *(Brassica napus)*. Ansatz: 1–2 Würfel (etwa 1 m^3 groß) auf 1/4 l Tümpelwasser. Nach 1–2 Wochen Massenentwicklung von Paramecien. Besonders erfolgreich sind nach Hausmann und Foissner (1986) mit Fadenbakterien der Gatt *Sphaerotilus* angesetzte Rohkulturen (50 ml Leitungswasser, dazu 2–3 zerquetschte Weizenkörner als Nährmedium für Bakterien und 1 Teelöffel *Sphaerotilus*-Rasen). Die dünnen, weißen Bakterienrasen kleiden unterhalb von Abwassereinleitungen die → Fließgewässer aus. Entnahme von Steinen in Stillwasserbereichen der Uferzone. P.-K. stets rechtzeitig in neue Kulturen überimpfen! [1]

Paraphyse: → Paraphysis cerebri.

Paraphysis cerebri, Paraphyse: meist sackartige, dünnwandige, gut vaskularisierte Ausstülpung (Evagination) des Endhirndaches. Die P. c. liegt rostral vor dem Velum transversum (Abb. 84), einer bei vielen niederen Wirbeltieren in den III. Ventrikel vorspringende Querfalte, die als Grenze zwischen dem diencephalen und telencephalen Anteil des Prosencephalondaches (vgl. → Cerebrum) gilt. Knochenfischen fehlt eine P. c., bei Selachiern, Vögeln und Säugern kommt sie nur embryonal vor. Bei ad. **A** und **R** ist sie gut entwikkelt, aus vielen blind endenden, von Blutgefäßen umgebenen Epithelröhrchen und -säckchen aufgebaut, die über einen gemeinsamen Gang mit dem Ventrikel in Verbindung stehen. Die im älteren Schrifttum verwendete Bezeichnung „Adergeflechtsknoten" geht auf die bereits makroskopisch sichtbar gute Durchblutung des Organs zurück. Über die Funktion der P. c. besteht wenig Klarheit. Offenbar wird vor allem Glykogen, das jahreszeitlich in unterschiedlicher Menge in den Ependymzellen auftritt, in den → Liquor cerebrospinalis abgegeben. [1]

Parapophyse: lateroventraler Fortsatz eines Wirbels. Stellt häufig nur eine Gelenkfläche dar, die der Artikulation mit dem Rippenköpfchen dient. Bei Schwanzlurchen ventraler Anteil des Querfortsatzes, von der → Diapophyse isoliert od. mit dieser proximal vereinigt. Meist befinden sich die P. cranial am → Centrum od. zwischen 2 Centra. Bei ursprünglichen Formen artikuliert das → Capitulum costae mit dem → Intercentrum (→ Crocodylia, → Rhynchocephalia). [2]

parapsid: Typus des **R**-Schädels nur mit oberem → Schläfenfenster, unter dem sich → Postfrontale und → Supratemporale vereinigen. Dorsal wird das Schläfenfenster vom → Parietale umschlossen. Dieser Typus findet sich nur bei den fossilen Ichthyosauria (Fischsaurier). [2]

Parasitismus: zwischen 2 Organismen bestehende Beziehungen, die durch einseitige Abhängigkeit des einen Partners (Parasit) vom anderen (Wirt), zu dessen alleinigen Lasten dieses Verhältnis geht, charakterisiert sind. Man unterscheidet z. B. zwischen gelegentlichem (fakultativem) und obligatorischem P., weiterhin zwischen Ekto- und Endoparasitismus (vgl. → Ekto- und → Endoparasiten). In der Natur liegt gewöhnlich ein ausgeglichenes Wirt-Parasit-Verhältnis vor. Durch unterschiedlichste Störfaktoren kann es bei Terrarientieren leicht aus dem Gleichgewicht geraten. [1]

Parasitosen: durch Zooparasiten bedingte Krankheiten bei Tieren und Menschen. [1]

Parasphenoid: unpaarer → Deckknochen des Schädels. Bildet die ventrale Begrenzung des → Neurocraniums. Bei Schwanzlurchen plattenförmig breit gestaltet, bedeckt nahezu die gesamte Basis des Neurocraniums und geht oral in die → Vomeres über. Das P. der Froschlurche ist dagegen lang und schmal. Bei **R** liegt nur noch ein dünner Knochenstab vor, der als → Processus cultriformis in den Interorbitalraum hineinragt. [2]

Parasternalia: knorplige, caudal vom → Sternum in der Bauchwand liegende Spangen. Bei einigen Echsen (verschiedenen Leguanen, Skinken) ausgebildet. Nicht identisch mit den → Gastralia. Meist als ventrale Sonderbildungen der Rippen betrachtet. [1]

Parathyreoidea, Epithelkörperchen, Beischilddrüse: innersekretorische Drüse, in der das Parathormon gebildet wird, das den Phosphat- und Calciumstoffwechsel steuert. Bei Froschlurchen liegen 2 Paar graurötlich bis gelbliche Epithelkörperchen unterhalb der → Vena jugularis und in unmittelbarer Nähe des mehr rötlichen Jugularkörpers, dem verbleibenden Rest der inneren Kiemen. Die Epithelkörperchen der **R** (1–5 Paare können vorliegen) befinden sich in enger Nachbarschaft des → Thymus. [2]

Parietalauge: → Parietalorgan.

Parietale: Scheitelschild; Os parietale, Scheitelbein: bei **A** und **R** stets vorhandener → Deckknochen des Schädels mit mediodorsaler Lage. [2]

Parietalorgan, Parietalauge, Scheitelauge: unpaares Medianauge, das auf eine dorsale Ausstülpung des Zwischenhirndaches, das Parapinealorgan, zurückzuführen ist. Es stellt ein ausgestülptes Blasenauge dar und liegt im → Foramen parietale. Seine proximale Wandung ist eine Retina mit Photorezeptoren. Die distale Wandung enthält kein Pigment und ist durchsichtig, die Zellen können so hoch prismatisch sein, daß der Eindruck einer Linse entsteht, wie bei → *Sphenodon punctatus* und → *Anguis fragilis*, die ein hochentwickeltes P. besitzen. Die lichtempfindlichen Sinneszellen sind dem Licht zugewandt (evers; bei Seitenaugen dagegen invers, d. h. vom Licht abgewandt). Scheitelaugen können nicht bewegt und akkomodiert werden, es fehlt jegliche Muskulatur. Über einen feinen Nerv besteht meist Verbindung zum Zwischenhirn. Verschiedene Echsen regulieren offenbar über das P. die Zeitdauer ihrer Sonnenexposition. Schlangen, Schildkröten und Krokodile verfügen über kein P. Das unpaare Frontalorgan der Froschlurche leitet sich vom Pinealorgan ab (vgl. → Epiphysis cerebri). (Abb. 84). [2]

Parotoiddrüsen, Parotoiden, Parotiden, Ohrdrüsen: großer, meist wulstförmig hervortretender Hautdrüsenkomplex hinter den Augen und über der Trommelfellregion bei zahlreichen **A**. Durch starke Vermehrung und Vergrößerung der Körner- bzw. Giftdrüsen entstanden. P.-Länge und -Breite wachsen nach Analysen an mehreren *Bufo*-Arten in beiden Geschlechtern bei diesen Formen isometrisch zur KRL (vgl. → allometrisches Wachstum). In Form und Ausbildung unterschiedlich, mitunter bis zum Rumpfbereich, beim Laubfrosch *Phyllomedusa tarsius* sogar bis zur Sacralregion ziehend. Besonders markant bei Kröten, auch →

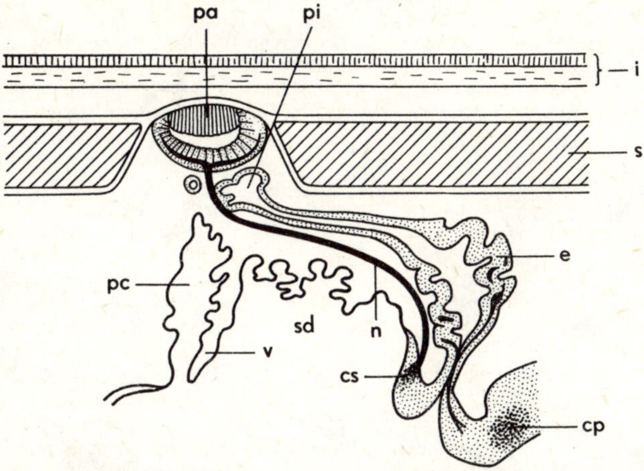

Abb. 84. Parietalauge einer Echse. *cp* Commissura posterior, *cs* Commissura superior, *e* Epiphysis cerebri, *i* Integument, *n* Nervus parietalis, *pa* Parietalauge, *pc* Paraphysis cerebri, *pi* Pinealorgan, *s* Schädeldach, *sd* Saccus dorsalis, *v* Velum transversum.

Salamandra salamandra, → *Salamandra* atra sowie einigen → Hylidae. Ihr auf Druck bzw. Reizung hin abgesondertes, milchigweißes Sekret (von → *Bufo marinus* bis etwa 30 cm weit verspritzt) wirkt stark giftig (→ Bufogenine, → Bufotoxine, → Samandarin). (Abb. 85). [1]

Parthenogenese, Jungfernzeugung: eingeschlechtliche Fortpflanzung, d. h. Entstehung von Nachkommen aus unbefruchteten Eizellen. Unter Wirbellosen verbreitet, bei Wirbeltieren bei bestimmten → Populationen der Silberkarausche und als spontane P. an Truthahneiern beobachtet. Für **A** bei Populationen von *Ambystoma*-Arten belegt. Am bekanntesten sind die Fälle von P. bei Echsen. So pflanzen sich einige Populationen von *Lacerta armeniaca, L. dahli, L. rostombekovi, L. unisexualis* (kaukasische Felseneidechsen) parthenogenetisch fort. Der Chromosomensatz solcher Echsen ist diploid ($2n = 38$) und wird ohne Durchlaufen einer Meiose (Reduktionsteilung entfällt) auf die Nachkommen übertragen. An den Arealgrenzen erfolgt mitunter eine Paarung mit ♂♂ bisexueller Felseneidechsen. Die Bastarde sind steril (triploid; $2n = 57$), i. d. R. ♀♀, höchst selten lebensfähige ♂♂. In der Folgezeit wurden Einzelfälle von P. bekannt bei: Geckos *(Hemidactylus garnotii, Lepidodactylus lugubris, Gehydra ogasawarasimae)*, Leguanen (→ *Basiliscus basiliscus*), Schmetterlingsagamen *(Leiolepis triploida, L. b. belliana)*, Chamäleons *(Brookesia spectrum boulengeri)*, Nachtechsen *(Lepidophyma flavimaculatum)* und zahlreichen Schienenechsen (*Cnemidophorus*-Arten, *Gymnophthalmus underwoodi, Leposoma percarinatum*). [1]

Patella, Kniescheibe: erstmals in der Wirbeltierreihe bei einigen Echsen (Waranen u. a.) ausgebildet. Liegt vor dem Kniegelenk in der Ansatzsehne des Unterschenkelstreckmuskels. [1]

Paukenhöhle: → Cavum tympani.

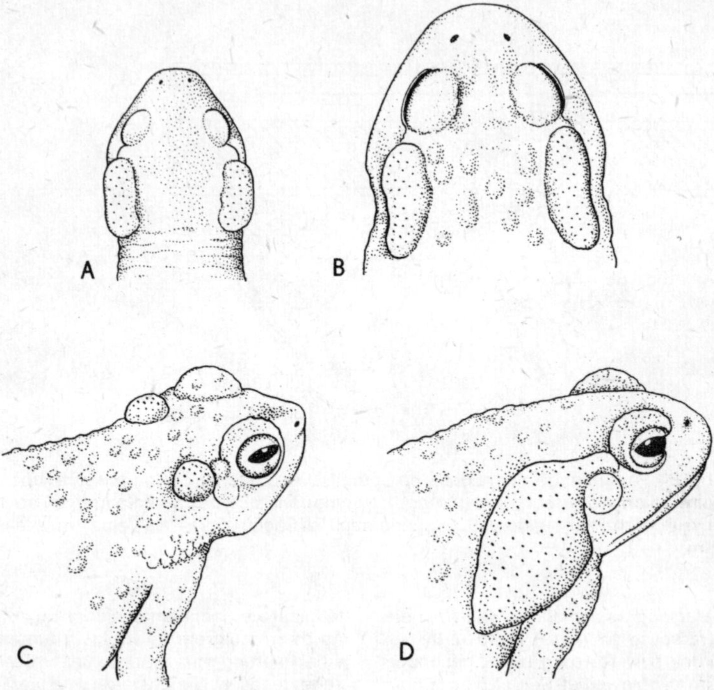

Abb. 85. Parotoiddrüsen. A. *Salamandra salamandra;* B. *Bufo bufo;* C. *Bufo punctatus;* D. *Bufo marinus.*

Pazifische Bastardschildkröte: → *Lepidochelys olivacea.*
Pellets, Preßlinge: industriemäßig hergestelltes, gepreßtes → Trockenfutter. Größe und quantitative wie qualitative Zusammensetzung der meist zylindrischen P. variieren in Anpassung an die zu fütternde Tierart bzw. -gruppe. Am verbreitetsten ist der Einsatz pelletierten Trockenmischfutters bei der industriemäßigen Fischproduktion und intensiven Teichwirtschaft. Sie enthalten einen hohen Eiweißanteil, außerdem Kohlenhydrate, Fette, Vitamine, Mineralstoffe. Das Verfüttern von P. hat inzwischen auch Eingang in die terraristische Praxis gefunden. Mit Forellen-P. gefütterte Leguane weisen z. B. eine leuchtende Färbung, ein rascheres Wachstum und einen sehr guten Knochenaufbau auf. Besonders bekannt ist die Zusatzfütterung mit P. (Kükenaufzucht-P. u. a.) bei der Aufzucht von Landschildkröten od. von → Kaulquappen (Hundefutter-P. u. a.). Breite Anwendung finden P. weiterhin bei → Futtertierzuchten (→ *Acheta domesticus,* → *Locusta migratoria,* → *Alphitobius diaperinus* u. a.). [1]
Pelobates cultripes (Cuvier 1829), Messerfuß: Vertreter der → Pelobatidae. Verbreitung: Iberische Halbinsel, SW- und S-Frankreich. Bevorzugt auf lockeren Böden anzutreffen. Kommt

z. B. häufig auf meeresnahen Dünen, auch in Fruchthainen, Korkeichenplantagen, der Garrigue, Sand- und Kiesgruben, Feldkulturen (oft in Dorfnähe), selbst auf sumpfigem Gelände vor. Höhenverbreitung bis 1400 m. KRL bis 9 cm. Plump, krötenähnlich. Kopf flach, Augen groß. Hinterextremitäten mit markanter schwarzer → Grabschaufel. Überwiegend nachtaktiv. Zur Laichzeit in → Standgewässern aller Art und langsam strömenden → Fließgewässern. Laichabgabe (bis etwa 3000 Eier) in kurzen Laichschnüren. Erwachsene Larven meist sehr groß, bis über 10 cm lang. [1]

Pelobates fuscus (Laurenti 1768), Knoblauchkröte: Vertreter der → Pelobatidae. Verbreitung: M-, O-Europa, nach Osten bis Kasachstan, im Westen bis NO-Frankreich, nordwärts bis S-Schweden, Raum Leningrad, südwärts bis N-Kaukasien, N-Balkan, N-Italien. Bevorzugt lockere, sandige, nicht zu nasse, oft vegetationsarme Böden im Flachland. Lebt z. B. in Steppen, Heiden, Dünen, als → Kulturfolger in Gärten, Parks, Kartoffel-, Spargelfeldern, im Bereich von Braunkohletagebauen. Höhenverbreitung bis fast 700 m. KRL bis 8 cm (♂ meist kleiner als ♀). Gedrungen, krötenartig. Kopf median mit markantem Scheitelhöcker (→ Frontoparietale mit Crusta petrosa). Schnauze kurz, gerundet. → Trommelfell nicht sichtbar. Hinterextremität mit → Grabschaufel. ♂ ohne → Schallblase, zur Brunstzeit mit ovaler Drüse am Oberarm. Nachtaktiv. Laicht in verschiedensten → Standgewässern (vegetationsfrei bis -reich). Laichablage in 40–110 cm langen und bis 2 cm breiten Schnüren (bis etwa 2500 Eier), gewöhnlich an Wasserpflanzen verankert. Ausgewachsene Larven gelegentlich bis 18 cm und sogar darüber lang, meist aber 6–10 cm erreichend. [1]

Pelobates syriacus Boettger 1889, Syrische Schaufelkröte: Vertreter der → Pelobatidae. Verbreitung: Großteil der Balkanhalbinsel, N-Vorkaukasusraum, O-Transkaukasien, S-Küste des Kaspischen Meeres, Kleinasien, N-Syrien, Libanon, Israel. Besiedelt hauptsächlich lockere Böden. KRL bis 8 cm. Kopf oberseits ohne mediane Wölbung. Augen hervorstehend, Pupille senkrecht. Hinterextremitäten mit großer → Grabschaufel. → Spannhäute nur schwach ausgebildet. Lungen sehr groß. ♂ zur Brunstzeit mit Drüsenbildung am Oberarm. Überwiegend nachtaktiv. Laichablage in kurzer Laichschnur, vor allem in vegetationsarmen → Standgewässern. [1]

Pelobatidae, Krötenfrösche: Fam der → Anura. Etwa 80 Arten. Verbreitung: in Europa → *Pelobates cultripes,* → *P. fuscus,* → *P. syriacus,* Asien (bis W-Indonesien und zu den Philippinen), NW-Afrika, sü. N-Amerika bis S-Mexiko. Tagsüber meist im lockeren Boden eingegraben. Höhenverbreitung bis etwa 2500 m. KRL 2–17 cm. Plumper Körperbau. Pupille senkrecht. → Trommelfell oft schlecht sichtbar od. verborgen. → Maxillare und → Praemaxillare bezahnt. → Schultergürtel arcifer. → Procöle (Pelobatinae) od. → amphicöle Wirbel (zwischen ihnen → Intervertebralscheiben; Megophryninae). → Sacralwirbel mit stark verbreiterten → Diapophysen, mit dem → Urostyl verschmolzen od. über einen Condylus verbunden. → Astragalus und → Calcaneus proximal und distal verschmolzen. Mittelfuß kann häufig eine → Grabschaufel aufweisen. Nach der Brunstzeit meist nachtaktiv. → Amplexus erfolgt inguinal. Laichabgabe in kurzen, dicken Schnüren. Larven oft groß, z. T. riesenwüchsig. 2 UFam: Megophryninae, Pelobatinae. [1]

Pelodytes caucasicus Boulenger 1896, Kaukasischer Schlammtaucher: Vertreter der → Pelodytidae. Verbreitung: W-Kaukasus, W-Transkaukasien, NO-Kleinasien (vereinzelte Vorkommen). Lebt in feuchten, schattigen Biotopen (vor allem Laubwäldern) meist in der Nähe von → Stand- und → Fließgewässern. Höhenverbreitung bis 2300 m. KRL bis etwa 5,5 cm. Lebensweise weitgehend wie → *Pelodytes* *punctatus.* Ebenfalls tagsüber gewöhnlich versteckt unter Laub od. z. B. unter am Boden liegenden Rindenstücken, Steinen, auch in Erdspalten. Laichablage in kurzen (meist 2–3), 3–10 cm langen Doppelschnüren (Gesamteizahl pro ♀ etwa 300–400 Eier), die an Wasserpflanzen u. a. Strukturen abgesetzt werden. [1]

Pelodytes punctatus (Daudin 1803), Westlicher Schlammtaucher: Vertreter der → Pelodytidae. Verbreitung: Iberische Halbinsel (außer NW-Teil), Frankreich, W-Belgien, NW-Italien (Piemont, Ligurien). Hauptsächlich im Flach- und Hügelland anzutreffen. Außerhalb der Fortpflanzungsperiode fast nur → terrestrisch, gewässernahe, in verschiedensten Biotopen, z. B. in Feldern, Weinkulturen, Plantagen, Feuchtwiesen, der Garrigue, verschiedentlich im Dünenbereich. Höhenverbreitung bis 1500 m. KRL bis 5 cm. Kopf flach, lange Hinterextremitäten. Vorwiegend nachtaktiv. Ausgeprägtes Farbwechselvermögen vorhanden. Kann gut graben, springen, auch klettern (auf Steine, Gebüsch). Als → Laichgewässer dienen langsam fließende Bäche, → Standgewässer aller Art, wie → Tümpel, Weidetränken, → wassergefüllte Wagenspuren, Brunnen. Die kurzen Laichschnüre enthalten bis 1600 Eier. Überwinternde Larven können bis fast 10 cm GL erreichen. [1]

Pelodytidae, Schlammtaucher: Fam der → Anura. Nur 2 Arten: → *Pelodytes punctatus* (SW-Europa), → *P. caucasicus* (Kaukasus, Transkaukasien, Kleinasien). Nach der Fortpflanzungszeit weitgehend an Land, meist in Gewässernähe. Höhenverbreitung bis 2300 m. KRL bis 5,5 cm. Zierlich gebaut, relativ schlank. Oberseits mit kleinen Warzen versehen. Hinterextremitäten lang, nur kurze → Spannhäute. Ohne → Grabschaufeln. Augen groß, hervortretend, Pupille senkrecht. → Parotoiddrüse schmal. → Trommelfell klein. Schädel flach, nicht skulptiert. → Schultergürtel arcifer. → Procöle Wirbel. → Sacralwirbel mit breiten → Diapophysen, über 2 Condylen mit dem → Urostyl verbunden. → Astragalus und → Calcaneus verschmolzen. ♂ besitzt innere → Schallblasen, zur Brunstzeit mit zahlreichen → Brunstschwielen (auf Brust, Ober-, Unterarm, an Zehenrändern, ersten beiden Fingern). → Amplexus erfolgt inguinal. Laichablage in kurzen, dicken Schnüren. [1]

Pelomedusenschildkröten: → Pelomedusidae.

Pelomedusidae, Pelomedusenschildkröten: Fam der → Pleurodira. 14 Arten. Verbreitung: Afrika, Madagaskar, S-Amerika. In unterschiedlichsten Gewässertypen. Vorwiegend kleine Arten, einige jedoch sehr groß. *Podocnemis expansa* (Arrauschildkröte) mit 80–100 cm Carapax-Länge. Am → Carapax fehlt immer das Nackenschild. → Plastron wie bei Urschildkröten mit 1 Paar Mesoplastralschildern. *Pelusios* weist am Plastron ein → Scharnier auf. Eine der bekanntesten Arten ist die Arrauschildkröte. Sie wandert zur Fortpflanzungszeit z. T. bis 160 km zu bestimmten Sandbänken bzw. Inseln im Flußsystem des Amazonas und Orinoko. Diese Massenansammlungen beschrieb bereits Alexander von Humboldt. Das Gelege besteht aus 60–100 Eiern. Artbestand durch Fang und Eiersammeln bedroht. [1]

Peloponnes-Eidechse: → *Podarcis peloponnesiaca.*

pentadactyl: fünffingrig bzw. -zehig. [1]

pentadactyle Extremität: fünffingrig bzw. -zehige Extremität, d. h., das → Autopodium ist mit 5 → Digiti besetzt. **A** und **R** zeigen häufig Abweichungen von diesem Grundschema. Die Vorderextremität der **A** besitzt gewöhnlich nur 4 Digiti, der 5. Finger ist rückgebildet, die Hinterextremität erweist sich etwas konservativer und besitzt meist 5 Digiti (4zehig z. B. → *Salamandrina terdigitata,* → *Salamandrella keyserlingii*). Am bekanntesten sind die Rückbildungen bei den → Proteidae, besonders aber → Amphiumidae. **R** haben im Regelfall 5 Finger, die Zahl der Zehen beträgt bei

Tabelle 11. Grundbestandteile der pentadactylen Extremität

	Vorderextremität		Hinterextremität	
		Stylopodium		
	Humerus (Oberarm)		Femur (Oberschenkel)	
		Zeugopodium		
(Unterarm)	Radius (Speiche) Ulna (Elle)		Tibia (Schienbein) Fibula (Wadenbein)	(Unterschenkel)
		Autopodium		
Carpus (Handwurzel)	proximale Reihe: Radiale, Intermedium, Ulnare, Centrale I–IV distale Reihe: Carpalia I–V		proximale Reihe: Tibiale, Intermedium, Fibulare, Centrale I–IV distale Reihe: Tarsalia I–V	Tarsus (Fußwurzel)
	Metacarpalia I–V (Mittelhandknochen)		Metatarsalia I–V (Fußwurzelknochen)	
	Digitus 1–5 (Finger) mit unterschiedlicher Zahl Phalanges (Fingerglieder)		Digitus 1–5 (Zehen) mit unterschiedlicher Zahl Phalanges (Zehenglieder)	

Echsen und Schildkröten meist 5, Krokodile sind 4zehig (Abb. 86). [2]

Pentastomida, Zungenwürmer: einige Millimeter bis etwa 15 cm (*Armillifer armillatus,* in → Boidae, → Viperidae) lange, ringelwurmähnliche, relativ seltene → Endoparasiten im Respirationssystem von Wirbeltieren. Stellung im System umstritten. Teils zwischen Annelida und Arthropoda eingereiht (eigener St), teils letzteren zugeordnet. Etwa 100 Arten. Bei **R** vor allem in Schlangen, oft auch in Echsen (Waranen u. a.) auftretend. Entwicklung selten direkt, meist über Zwischenwirte. Infektion daher gewöhnlich durch Verzehren solcher Larvenwirte. Ad. P. schädigen das Lungengewebe (Verankerung durch 2 Paar Doppelhaken), siedeln auch in den → Luftsäcken, fressen aber offenbar hauptsächlich Blut. Gelegentlich schwere Lungenwandperforation. Massenbefall bewirkt oft schwere pathologische Veränderungen, → Pneumonie mit tödlichem Ausgang. Sichere Diagnose durch Ei-Nachweis im Mundschleim. Larven von Armillifer können gelegentlich den Menschen (Fehlwirt) befallen. Therapie: unbekannt. [1]

perennibranchiat: zeitlebens über Kiemen atmend. P. sind neotene Formen (vgl. → Neotenie) wie z. B. → *Proteus anguineus,* → *Ambystoma mexicanum.* [2]

Perilymphe: im Raum zwischen häutigem und knöchernem Labyrinth vorhandene Flüssigkeit, die nur im Bereich des → Sacculus und der → Lagena der Übertragung von Schwingungen von der Fußplatte des Gehörknöchelchens zur → Papilla basilaris bzw. bei **A** auch der → Papilla amphibiorum dient. P. und → Endolymphe besitzen eine unterschiedliche Zusammensetzung und stehen nirgends direkt miteinander in Verbindung. [2]

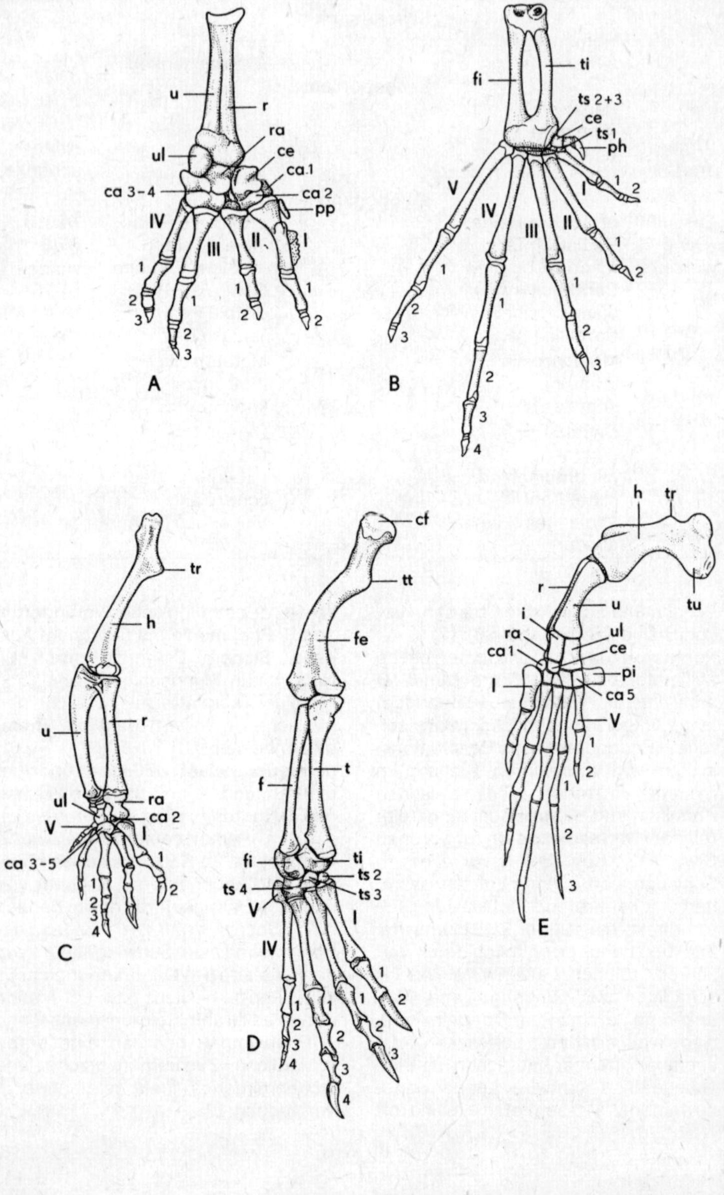
A
u
r
ra
ul
ce
ca.1
ca 3–4
ca 2
pp
IV
III
II
I
B
fi
ti
ts 2+3
ce
ts 1
ph
V
IV
III
II
I
C
tr
h
u
r
ul
ra
ca 2
V
I
ca 3–5
D
cf
tt
fe
f
t
fi
ti
ts 2
ts 4
ts 3
V
I
IV
E
h
tr
r
u
tu
i
ra
ul
ce
ca 1
pi
I
ca 5
V

Perilymphraum: Hohlraumsystem zwischen häutigem Labyrinth und innerer Wandung der Labyrinthkapsel. Im Bereich des → Utriculus und der → Canales semicirculares mit spongiösem Perilymphgewebe gefüllt, das Schutzfunktion hat, Schwingungen jedoch nicht weiterleiten kann. Enthält erst im Bereich des → Sacculus durchgängig Perilymphflüssigkeit. Er wird dadurch Teil des akustischen Leitungssystems. Der P. beginnt direkt hinter dem → Fenestra ovalis mit der → Cisterna perilymphatica. Diese setzt sich in den → Ductus perilymphaticus fort, der in Beziehung zu den Sinnesendstellen des Labyrinths für das Hören tritt. Über das → Foramen perilymphaticum kann sich der P. bei **A** und vielen **R** bis in die Schädelhöhle erstrecken und dort z. T. zu einem Perilymphsack erweitern. [2]

Peritoneum, Bauchfell: dünnes, durchscheinendes Häutchen, das die Leibeshöhle auskleidet und alle darin befindlichen Organe überzieht. Es besteht aus einer Schicht flacher Zellen (Endothel), die von Bindegewebe unterlagert sind. Eine Pigmentierung kann vorliegen, aber auch fehlen. So zeichnen sich z. B. *Chamaeleo bitaeniatus, C. hoehnelii* und *C. jacksonii* durch eine starke Peritonealpigmentierung aus, während das P. bei *C. dilepis, C. fischeri* und *C. gracilis* keine Pigmente aufweist. [2]

Perleidechse: → *Lacerta lepida.*

petricol: felsbewohnend. Weitgehend bzw. ausgesprochen p. sind z. B. verschiedene Echsen, so unter anderem → *Lacerta caucasica,* → *L. saxicola* und die als typische Felseidechse bekannte → *Lacerta rudis.* [1]

Pfeilnatter: → *Coluber jugularis.*

Pferchschäden: → Crowding-Effekte.

Pflanzenpflege: durch sachgerechte Artenauswahl, die den Verhältnissen im natürlichen → Biotop der Terrarientiere annähernd od. weitgehend entspricht, wird die P. wesentlich z. B. hinsichtlich der Steuerung von Temperatur und Luftfeuchtigkeit erleichtert. Ausreichende Wasser- und Nährstoffgaben gewährleisten das gewünschte Wachstum. Die Düngung erfolgt, von wenigen Ausnahmen abgesehen (organische Düngung bei Kannenpflanzen u. a.), über das Gieß- od. Sprühwasser. Ein Vernebeln des Düngers entfällt bei empfindlichen Tierarten. Vorteile bietet die → Hydrokultur von Bodenpflanzen, ebenso der Einsatz getopfter Pflanzen, die so leichter entnommen (Ruhezeiten usw.), umgesetzt od. gedreht werden können. Lichtmangel führt schnell zum Vergeilen bzw. Vergilben der Blätter. Abgestorbene Blätter sind ebenso wie Exkremente und Kalkreste (Wasserqualität beachten) auf den Blättern regelmäßig zu entfernen. [1]

Pflanzenspritze: zur Pflege der Terrarienpflanzen kann eine handliche Kolbenspritze od. ein über Kolbenpumpe, Akku usw. betriebener Feinzerstäuber (z. B. für das tropische Regenwaldterrarium) dienen. Nur kalkarmes, zimmerwarmes Wasser versprühen. Wasserbedarf der jeweiligen Pflanzenart bzw. -gesellschaft beachten, nicht übertreiben. Kontrolle der RLF durch → Haarhygrometer od. Thermohydrograph möglich. [1]

Pfortadersystem: in das Venensystem eingeschalteter Kapillarbereich. Kapillaren stellen sonst die letzten und feinsten Aufzweigungen der Blutgefäße dar, über die Arterien und Venen miteinander verbunden sind. Bei **A** und **R**

Abb. 86. Extremitäten. A., B. Vorder- und Hinterextremität von *Rana „esculenta“;* C., D. Vorder- und Hinterextremität von *Alligator;* E. Schwimmanpassung der Vorderextremität von *Caretta caretta. ca* Carpale, *ce* Centrale, *cf* Caput femoris, *f* Fibula, *fe* Femur, *fi* Fibulare, *h* Humerus, *i* Intermedium, *ph* Praehallux, *pi* Pisiforme, *pp* Praepollex, *r* Radius, *ra* Radiale, *t* Tibia, *ti* Tibiale, *tr* Tuberculum radiale, *ts* Tarsale, *tt* Trochanter tibiale, *tu* Tuberculum ulnare, *u* Ulna, *ul* Ulnare, I–V Metacarpalia bzw. Metatarsalia, 1–4 Phalanges der Digiti.

kommen 2 P. vor, ein → Leber- sowie → Nierenpfortadersystem. [2]

Phalanges, Fingerglieder bzw. Zehenglieder: Einzelknochen, aus denen sich die Finger bzw. Zehen (→ Digiti) zusammensetzen. Ihre Zahl kann sehr unterschiedlich sein. Die von Digitus I–V wird mit ursprünglich 2–3–4–4–3 (od. auch 2–2–3–4–3) angegeben. Eine Erhöhung der Zahl der P. bezeichnet man als → Hyperphalangie. [2]

Pharyngealkiemenatmung: → Rachenkiemen.

Pharynx, Schlund, Rachenhöhle: caudaler Abschnitt der → Mundhöhle, über den der Luftweg von der Nase zur → Trachea und der Nahrungsweg von der Mundhöhle zum → Oesophagus führt. Beide Wege kreuzen sich hier. Bei **A**-Larven und manchen ad. **A** noch als eigentlicher Kiemendarm erkennbar. Aus dessen caudalem Bereich gehen die Lungen als ventrale Ausstülpungen hervor, hier mündet die Trachea mit dem → Larynx. Verbindung zum Mittelohr besteht über die → Tuba auditativa. Ein wichtiges Derivat des Kiemendarms ist die Zunge (→ Lingua), die mehr od. weniger weit in die Mundhöhle hineinragt. [2]

Pheromon, Ektohormon, Soziohormon: in spezifischen Drüsen produzierter, nach außen abgegebener Stoff. Chemischer Botenstoff, der zur Informationsübertragung zwischen Artgenossen, seltener zwischen verschiedenen Arten dient. Dazu gehören → Schreckstoffe, Sexuallockstoffe u. a. Für **A** und squamate **R** wurden mehrfach Sex-P. beschrieben. Besonders eingehende Untersuchungen liegen z. B. zur Wirkungsweise und Artspezifität der von → Hautdrüsen sezernierten P. von Strumpfband-Nattern *(Thamnophis)* vor. [1]

Pholidosis, Beschuppung: für den Systematiker sind Zahl, Anordnung, Form und Beschaffenheit der Schuppen zur Artunterscheidung ein wichtiges Erkennungs- und Bestimmungsmerkmal. Die → Reptilienschuppen bilden Längs-, Quer- und Transversalreihen. Völlig, d. h. allseitig angewachsene Schuppen liegen stets nebeneinander, im hinteren Abschnitt mehr od. weniger freie Schuppen bedecken dagegen die nachfolgenden schindelartig (→ imbrikat). Neben Unterschieden in Größe, Form (rund, rhombisch usw.) und Dicke läßt auch die Oberfläche der Schuppen bereits makroskopisch Differenzen erkennen. So kann diese glatt, gekielt, mit Leisten versehen od. gekörnt sein. Bei Körnerschuppen treten häufig verschiedene Körner stärker hervor. Die Schuppe kann sich außerdem z. B. zu einem Kegel od. Stachel (Kegel-, Stachelschuppe) erheben. Meist ist eine Unterscheidung von → Dorsalia und → Ventralia möglich. [1]

Phrynocephalus guttatus (Gmelin 1789), Gefleckter Krötenkopf: Vertreter der → Agamidae. Verbreitung: NO- und O-Kaukasusvorraum, N-Küste des Kaspischen Meeres bis O-Kasachstan, NW-China. Besiedelt vegetationsarme Sandgebiete. Gräbt im Sand 10–30 cm lange Wohnröhren. GL bis etwa 12 cm. Kopf gut abgesetzt, breit, rund. Schnauze abgerundet. Augenlider fein beschuppt. Heterodonte Bezahnung. Rumpf dorsoventral abgeflacht. Schwanz erreicht fast bis anderthalbfache KRL. Schwanzschuppen in Wirteln angeordnet. Tagaktiv. Bei Gefahr häufig schnelles Eingraben in den Sand. Erregte Tiere zeigen das gattungstypische → Schwanzrollen. Aktive → Thermoregulation. Gelegegröße: 1–3 Eier; mehrere Jahresgelege. [1]

Phrynocephalus helioscopus (Pallas 1771), Sonnengucker: Vertreter der → Agamidae. Verbreitung: unteres Wolga-Gebiet, am Ural-Fluß, darüber hinaus O-Kaukasusvorraum, Transkaukasien, NO-, O-Türkei, N-Iran bis NW-Mongolei, NW-China. → Charakterart hartbödiger, vegetationsarmer, trockener Steppen. Bewohnt hier vor allem Bodenspalten, Nagerbaue. Höhenverbreitung bis 1000 m. GL bis 12 cm. Körper dorsoventral abgeflacht. Stumpfschnauzig, Nasenlöcher vorn über den

Lippen gelegen. Kopf gut abgesetzt. Markante Hautquerfalten in der Hals- und Nacken-Region. Schwanz erreicht etwa bis KRL. Schwanzschuppen nicht in Wirteln stehend. Bemerkenswert kryptische Färbung und Zeichnung. Tagaktiv. Typische → Lauerjäger. Aktive → Thermoregulation. Kopfnicken und → Schwanzrollen ausgeprägt. Gelegegröße: 2–7 Eier; 2–3 Jahresgelege möglich. [1]

Phrynocephalus mystaceus (Pallas 1776), Bärtiger Krötenkopf: Vertreter der → Agamidae. Verbreitung: O-Vorkaukasusraum, anschließende NW- und N-Küste des Kaspischen Meeres, darüber hinaus S-Kasachstan bis M-Asien, NO- und O-Iran, N-Afghanistan. → Charakterart lockersandiger, vegetationsarmer Biotope. Gräbt sich bevorzugt in Sandkesseln schräge, lange (zur Überwinterung bis 1,8 m lang, z. T. über 1 m tief), röhrenförmige Gänge. Größter Vertreter der Gatt. GL bis 24 cm. Körper stark dorsoventral abgeflacht. Kopf gut abgesetzt, stumpfschnauzig. In jedem Mundwinkel große, stachelrandige, rötliche Hautlappen. Beide Mundwinkellappen werden bei Erregung durch starke Blutzufuhr entfaltet. Gebiß innerhalb der Gatt am stärksten heterodont (→ Heterodontie). Schwanz kräftig, kann bis über KRL erreichen. Tagaktiv. Vorwiegend → Lauerjäger. Aktive → Thermoregulation. → Schwanzrollen stark ausgeprägt. Gelegegröße: 1–3 Eier; 2 Jahresgelege. [1]

pH-Wert, pH-Zahl: potentia hydrogenii. Der negative dekadische Logarithmus der Hydroniumionenaktivität. Kennzeichnet das saure, neutrale od. alkalische Verhalten einer wäßrigen Lösung. Bei einem pH-Wert von 7 liegt eine neutrale Lösung vor. Je kleiner der Wert, um so saurer, je höher, desto alkalischer ist die Lösung. Kenntnisse über die pH-Werttoleranz von **A**-Arten, den Einfluß der durch rezenten Protoneneintrag (→ saurer Regen) fortschreitenden Gewässerversauerung auf Zahl, Eivolumen, Laich- und Larvenentwicklung existieren nur sporadisch. Labor- und Freilanduntersuchungen an einigen mitteleuropäischen und amerikanischen Formen belegen die Schädigungs- bzw. Verlustraten dieser Entwicklungsstadien bei zu hoher Acidität der → Laichgewässer. Trotz zwischenartlich variierender Säuretoleranz rea-

Tabelle 12. Entwicklung von Moorfroschlaich in bezug zum pH-Wert des Laichgewässers. Nach Clausnitzer 1979.

pH-Wert	Säurebindungsvermögen	Laichballenzahl	Entwicklungsrate (in %)
3,6	–0,1	122	0
3,8	–0,1	16	0
3,9	–0,05	8	0
3,9	–0,05	38	0
3,9	–0,1	12	0
4,1	–0,05	8	0
4,1	–0,05	48	20
4,2	0	45	20
4,3	0	93	40
4,4	0	ca. 185	30
4,6	0,1	6	40
4,7	0,1	62	70
5,2	0,4	70	100
5,3	0,6	ca. 220	100
6,4	0,6	ca. 84	100
6,4	0,8	ca. 250	95

gieren die Eizellen generell empfindlicher als Larven und entwickeln sich i. d. R. unter 4,0 nicht mehr. Geschädigte Laichballen sind deutlich kleiner, konsistenter, die Eihüllen milchigweiß. Die Komplexität der mit dem pH-Wert und dessen Änderung verbundenen Prozesse wird z. B. allein dadurch deutlich, daß die Versauerung unter anderem auch zu einer erhöhten Mobilität von Schwermetallen (aus dem Gewässersediment; Cu, Pb, Zn usw.) und damit weiteren Schadeinwirkungen auf Laich und Larven führt. [1]

Phyllobates terribilis Myers, Daly und Malkin 1978, Schrecklicher Giftfrosch: Vertreter der → Dendrobatidae. Verbreitung: SW-Kolumbien. Bewohner der Bodenregion hügliger, tropischer Regenwälder. KRL bis 47 mm. Giftigste Froschart. Das Hautsekret (vgl. → Batrachotoxine) dient den Chocó-Indianern als Pfeilgift. Schon 2–200 µg wirken beim Menschen tödlich. Aus der Haut eines Frosches wurden 1900 µg Batrachotoxin gewonnen. Jungfrösche sind weniger toxisch (Beute für die Natter *Leimadophis epinephelus*). In Gefangenschaft verringert sich die Giftmenge etwa um die Hälfte, bei Nachzuchten im → Terrarium lassen sich Batrachotoxine und Homobatrachotoxine nicht mehr nachweisen. Seine geringe Scheu steht offenbar in Zusammenhang mit der hohen Toxizität. Tagaktiv. Kein → Geschlechtsdimorphismus. Reviere werden nicht gebildet. Fortpflanzungsaktivität ganzjährig. Kein → Amplexus. Eiablage an feuchten, lichtarmen Bodenstellen. In Gefangenschaft 30 und mehr Gelege jährlich, pro Gelege bis 23 Eier. → Brutpflege relativ einfach. Einmaliges → Gelegebewässern und → Larventransport zum Wasser durch das ♂. Verzehren arteigener Eier durch Elterntiere nicht beobachtet. [1]

Phyllodactylus europaeus (Gené 1838), Europäischer Blattfingergecko: Vertreter der → Gekkonidae. Verbreitung: Korsika, Sardinien, kleinere Inseln vor der Küste S-Frankreichs, NW-Italiens und N-Tunesiens, dazu einige Vorkommen auf dem italienischen Festland. Lebt in Felsspalten, vor allem unter Steinen, Geröll, auch Rinde, Falllaub, mitunter in Gebäuden. Höhenverbreitung bis 600 m. GL bis 8 cm. Rumpf schlank, dorsoventral abgeflacht. Extremitäten kurz. Endglieder der Finger und Zehen mit blattartig verbreiterten Haftlamellen. Schwanz erreicht ganz KRL. Überwiegend dämmerungs- und nachtaktiv. Typisches Beutefangverhalten: langsames Anschleichen, dann schnelles Packen (oft im Sprung). Gelegegröße: 2 Eier. Mitunter werden gemeinsame Eiablageplätze mehrerer ♀♀ entdeckt. [1]

physiologische Uhr: → innere Uhr.

Phytotelma: Mikrogewässer, das sich bei Landpflanzen meist durch Ansammlung von Niederschlagswasser (seltener von pflanzlichem Sekret wie in *Nepenthes*-Kannen) in Astlöchern, Blattachseln, Blütenständen, Baumhöhlen usw. bildet. Mit charakteristischer, oft sehr artenreicher Kleinfauna. Brutstätte für verschiedene Mückenarten (unter anderem Fiebermücken!). Im tropischen Regenwald leben z. B. in Bromelientrichtern häufig → Kaulquappen von Vertretern der → Dendrobatidae, auch von *Hyla*- u. a. Froschlurch-Arten.

Pigmentepithel: einschichtiges Epithel zwischen → Chorioidea und → Retina des Wirbeltierauges. Die Epithelzellen entsenden zwischen die Zapfen und Stäbchen der Netzhaut Fortsätze, in denen das Pigment wandern kann. Bei Hellstellung werden die Stäbchen umhüllt, bei Dunkelstellung zieht es sich von diesen zurück. Bezüglich der Zapfen verläuft der Vorgang genau umgekehrt. Dieser Effekt wird besonders bei **A** durch aktive Streckung und Kontraktion der Innenglieder der Photorezeptoren verstärkt. (vgl. Retina). [2]

Pileus: Gesamtheit der die Kopfoberseite bedeckenden großen, gewöhnlich symmetrisch angeordneten Schilde (vgl. → Pholidosis) bei vielen Vertretern der → Squamata. Für die systematische Zuordnung geeignetes, markantes Merkmal. Entstehung offenbar durch Verwachsen zahlreicher kleiner, nebeneinander liegender Schuppen zu großen Schilden. Der P. fehlt ursprünglichen Formen (→ *Sphenodon punctatus*, → Gekkonidae), stellt demnach kein primitives Merkmal dar. In Anpassung an die artspezifische Lebensweise ist meist bei → wühlenden Formen die Zahl der Schilde verringert (Verfestigung des Kopfes), bei → Amphisbaenen kann im Extremfall sogar nur ein großes Schild *(Monopeltis capensis gazei)* ausgebildet sein. Für die voneinander abweichenden Pilei der Echsen und Schlangen gibt es zwei Grundschemata, von Friederich (1978) als Lacertiden- und Colubriden-P. bezeichnet, da die → Lacertidae und → Colubridae diesem Schema jeweils am besten und häufigsten entsprechen. [1]

Pilzerkrankungen: → Mykosen.

Pilzmücken: → Mycetophilidae.

Pionierbesiedler: → Erstbesiedler.

Pipa pipa (Linnaeus 1758), Große Wabenkröte: Vertreter der → Pipidae. Verbreitung: Guyana, Surinam, Brasilien, Peru. Ausschließlich → aquatisch. In → Stand- und langsam strömenden → Fließgewässern unterschiedlicher Wasserqualität (hauptsächlich am Boden). KRL bis 20 cm (♀ etwas länger, kräftiger als ♂). Gewicht bis 500 g. Körper abgeflacht, nahezu viereckig. Kopf nicht abgesetzt, dreieckig, mit spitzer Schnauze. Augen klein, lidlos. Am Oberkiefer und Mundwinkel beiderseits Hautlappen. Zunge und Zähne fehlen. Vorderextremitäten schmächtig. Finger lang, an der Spitze sternförmige Tastorgane mit arttypischer Epidermisstruktur. Die ursprünglich 4teilige Fingerspitze kann sich bei ad. Tieren in 8–16 Endknospen aufteilen. Hinterextremitäten stärker, mit → Spannhäuten. ♂ erzeugt scharfe, metallisch klickende Laute durch Knochenbewegungen des Kehlkopfes. → Kloake des ♂ spitzer als die des ♀. Hauptsächlich nachtaktiv. Beuteerwerb durch → Saugschnappen. → Sichtotstellen möglich. Fortpflanzungsbiologie (→ Rückenbrutpflege) berühmt. Insgesamt werden bis etwa 250 Eier (pro „turnover" 3–5; ⌀ 6–7 mm) abgelaicht. Einige fallen auf den Gewässerboden und sterben ab. Die metamorphosierten Jungtiere verlassen die Waben der mütterlichen Rückenhaut nach 100–150 Tagen (KRL etwa 18 mm). [1]

Pipidae, Zungenlose: urtümliche Fam der → Anura. Etwa 26 Arten, 4 Gatt. Verbreitung: Afrika sü. der Sahara *(Hymenochirus, Pseudhymenochirus, Xenopus)*, tropisches S-Amerika *(Pipa)*. Überwiegend od. völlig → aquatisch in → Standgewässern und langsam strömenden → Fließgewässern. KRL 3–20 cm. Augen meist klein, Pupille rund. Lider fehlen od. sind nur schwach entwickelt *(Pseudhymenochirus, Xenopus)*. → Tubae Eustachii median verbunden. Zunge fehlt. → Schultergürtel pseudofirmistern. Freie Rippen nur im Larvenstadium vorhanden. 5–8 → praesacrale, → opisthocöle Wirbel. → Sacralwirbel besitzt verbreiterte → Diapophysen, mit dem → Urostyl verwachsen. → Seitenlinienorgan z. T. noch bei ad. Tieren ausgebildet. Meist 3 (od. 2) innere Zehen mit Hornkrallen (bei Häutung abgeworfen). *Pipa* trägt an den Fingerspitzen ursprünglich vierstrahlige Tastorgane (Endknospen können sich z. T. bei ad. Tieren weiter aufzweigen; vgl. → *Pipa pipa*); Fingerspitzenmorphologie ist arttypisch (Bilder 50, 51). Hauptsächlich dämmerungsaktiv. → Amplexus erfolgt inguinal. Kompliziertes Fortpflanzungsverhalten (Abb. 64 D). Eiablage und → Besamung werden während einer Vielzahl von Loopings (turnovers) vorgenommen, immer dann, wenn sich das Paar in „Bauchobenposition" parallel zur Wasseroberfläche (Dauer 1–2 s) befindet. Bei *Xenopus* (außer *X. tropicalis*; Ablageverhalten wie *Pipa*) Eiablage während wälzender Bewegungen (Eier kleben z. B. an Wasserpflanzen fest). Larven mit paarigem →

Spiraculum, ernähren sich → carnivor od. als Filtrierer. → *Xenopus laevis* einst bekanntes Labortier und für → Hogben-Test verwendet. [1]

Piscivorie: bevorzugtes od. obligates Verzehren von Fischen. Unter **R** z. B. typisch für → *Gavialis gangeticus*, → *Natrix tessellata* und die → Hydrophiidae. [1]

Pisiforme, Os pisiforme, Erbsenbein: erstmals bei **R** am ulnaren Rand der proximalen → Carpalia auftretender Extremitätenknochen. Bei einigen Schildkröten relativ groß ausgebildet. [2]

Pityusen-Eidechse: → *Podarcis pityusensis.*

Plastron: Bauchpanzer der → Testudines. Knochenplatten- und Hornschilder-Schema vgl. Abb. 87. Gewöhnlich wird der P. von 4 Knochenplattenpaaren gebildet: Epi-, Hyo-, Hypo-, Xiphiplastron. Median zwischen Epi- und Hyoplastron liegt der unpaare Entoplastron (fehlt den → Trionychidae). → Pelomedusidae verfügen zusätzlich über einen paarigen, randständigen Mesoplastron. Aus → Deckknochen des → Schultergürtels sind der Entoplastron (= → Interclavicula) und Epiplastron (= → Claviculae) hervorgegangen. Die anderen Knochenplatten stellen sekundäre dermale Skeletelemente dar (vermutlich Umwandlungen der → Gastralia). Verschiedene Arten besitzen am P. → Scharniere. Beschilderung aus 6 Hornschilderpaaren: Gulare, Humerale, Pectorale, Abdominale, Femorale, Anale. → Pleurodira und → Dermatemydidae zusätzlich mit unpaarem Intergulare. Verbindung zum → Carapax besteht durch die Brücke. Auf ihr liegen oft → Inframarginalia (vorderes Schild = Axillare, hinteres = Inguinale). Plastron-Reduktion zeigen z. B. → Chelydridae, → Staurotypidae, → Trionychidae, vor allem aber → Cheloniidae und → Dermochelys coriacea. Bei vielen Arten kann die Wölbung des P. zur Geschlechtsbestimmung dienen (♂♂ konkav, ♀♀ konvex). (Abb. 87). [1]

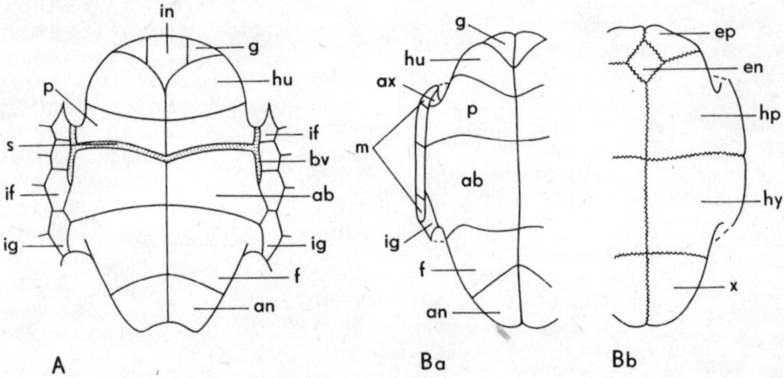

Abb. 87. Plastron. A. Schema der Plastron-Beschilderung (konstruierte Merkmalskombination); B. Plastron einer Schmuckschildkröte *(Chrysemys scripta)*; a) Hornschilder, b) Knochenplatten. *ab* Abdominale (Bauchschild), *an* Anale (Afterschild), *ax* Axillare (Achselschild), *bv* bindegewebige Verbindung zwischen Plastron und Carapax, *en* Entoplastron, *ep* Epiplastron, *f* Femorale (Schenkelschild), *g* Gulare (Kehlschild), *hp* Hyoplastron, *hu* Humerale (Armschild), *hy* Hypoplastron, *if* Inframarginalia (untere Zwischenschilder), *ig* Inguinale (Weichenschild, Hüftschild), *in* Intergulare (Zwischenkehlschild), *m* Marginalia (Randschilder des Carapax), *p* Pectorale (Brustschild), *s* Scharnier, *x* Xiphiplastron.

Plathelminthes, Plattwürmer: formenreicher Tierstamm mit etwa 12 700 Arten. Körper ist dorsoventral abgeplattet. Epidermis (einschichtig) und die unter ihr liegende Muskulatur bilden einen Hautmuskelschlauch. Sämtliche Organe liegen in einem vom Mesoderm gebildeten mesenchymatischen Bindegewebe. Blutgefäße und Atmungsorgane sind nicht vorhanden. Darmkanal ohne Enddarm und After, fehlt bei Bandwürmern völlig. Fast ausnahmslos Zwitter. Unterteilt in 3 Kl: Turbellaria (Strudelwürmer), → Trematoda, → Cestoda. Viele Vertreter der rein parasitischen Trematoden und Cestoden befallen **A** und **R**. Von den freilebenden Turbellarien finden sich einige Arten der UO Temnocephalida (z. B. *Temnocephala brevicornis*) auf Wasserschildkröten als Kommensalen (→ Kommensalismus). [1]

Plattwürmer: → Plathelminthes.

Platysternidae, Großkopfschildkröten: Fam der → Cryptodira. Nur 1 Art, *Platysternon megacephalum* Gray 1831. Verbreitung: SO-Asien. Lebt in kühlen, flachen → Fließgewässern des Hügel-, vor allem aber Berglandes. Carapax-Länge bis 20 cm. Kopf sehr groß. Scharfe, kräftige Hakenkiefer. → Carapax ziemlich flach. Auf der Brücke jederseits Reihe von 3 → Inframarginalia. Schwanz etwa panzerlang. Dämmerungs- und nachtaktiv. Unternimmt oft Wanderungen an Land. Klettert gut. Angaben zum Schwimmvermögen widersprüchlich. Bissig. Gelegegröße: offenbar meist 2 Eier. [1]

plesiomorph: in der Systematik übliche Bezeichnung für ein ursprüngliches Merkmal. Hennig (1950) sieht ein Merkmal als p. an, das innerhalb einer Verwandtschaftsgruppe weite Verbreitung hat. So gelten z. B. in der **R**-Systematik hohe Schuppenzahlen od. die vollständige Beschilderung des → Pileus als p. Gegensatz → apomorph. [1]

Plethodontidae, Lungenlose Salamander: formenreichste Fam der → Caudata. Etwa 220 Arten. Verbreitung: N-, M-, S-Amerika, in Europa → *Hydromantes genei*, → *H. italicus*. Mit breiter ökologischer Valenz. Leben z. B. in und an Gebirgsbächen, → Standgewässern, in Grotten, Erdbauten, Baumhöhlen, Bromelien, auf Bäumen. Höhenverbreitung bis 3000 m. GL 3–32 cm. Körper vielfach langgestreckt, langschwänzig. Kopf mit → Nasolabialfurche. → Lacrimale und → Pterygoide fehlen. Zunge vorn angewachsen, als gestielte Pilzzunge od. weit vorschnellbare → Schleuderzunge ausgebildet. Lungenlos (gelegentlich noch Rudimente vorhanden, z. B. bei *Desmognathus fuscus*), daher nur → Haut- und → Mundhöhlenatmung. → Amphicöle bis → opisthocöle Wirbel. Einige Arten mit schwächlichen bis äußerst dünnen, langen Extremitäten. Schwanz kann autotomiert werden. → Neotenie nicht selten (*Eurycea*-Arten u. a.; rein neotenisch *Typhlomolge, Haideotriton*). Eiablage im Wasser od. an Land, hier oft → Brutpflege durch das ♀ (selten ♂ und ♀). Entwicklung über Wasserlarven od. direkt, d. h. unabhängig vom Wasser. 2 UFam: Desmognathinae (Bachsalamanderverwandte), Plethodontinae (Waldsalamanderverwandte). [1]

Pleurapophysen: Mischtypus von Querfortsätzen der Wirbel. Sie repräsentieren ein Verschmelzungsprodukt von Rippenrudimenten mit den → Processus transversi. Typisch für Froschlurche und die Querfortsätze der **R** in der Kreuzbein- und Schwanzregion. [2]

Pleurocentrum: Teil des Wirbels fossiler Labyrinthodontia. Bildet mit dem → Hypocentrum den Wirbelkörper (→ Centrum vertebrae). Bei den rezenten **R** besteht das Centrum aus dem P., das Hypocentrum ist (wenn vorhanden) auf ein kleines → Intercentrum reduziert. [2]

Pleurodeles waltl Michahelles 1830, Spanischer Rippenmolch: Vertreter der → Salamandridae. Verbreitung: S-Teil der Iberischen Halbinsel, W- und M-Marokko. Hauptsächlich in unterschiedlichsten → Stand-, aber auch langsam strömenden → Fließgewässern. An Land vielfach unter Steinen, nicht selten in Kellern. Bewohner des Flach- und Hügellandes. Höhenverbreitung nicht über 1100 m. GL bis 30 cm, meist wesentlich kleiner. Körper kräftig, Haut rauh bzw. körnig. Kopf abgeflacht, ohne → Parotoiddrüsen. An den oberen Rumpfseiten treten markante gelbe od. rote Rippenhöcker (Rippen aufwärts gebogen) hervor. Diese dringen mitunter durch die Haut. Schwanz seitlich abgeflacht. ♂ zur Brunstzeit mit deutlichem → Kloakenwulst, → Brunstschwielen an Innenseiten von Armen und Händen, Schwanz etwas verbreitert. Tag- und nachtaktiv. Oft ganzjährig → aquatisch. Beim Austrocknen des Gewässers → Sommerruhe. In → Brunnen, Zisternen häufig → Neotenie. Eiablage (200–1000 Eier) über größeren Zeitraum hinweg, meist in Trauben an Wasserpflanzen od. anderen Strukturen im → Laichgewässer. [1]

Pleurodira, Halswender: UO der → Testudines. Etwa 45 Arten. Verbreitung: Tropen und Subtropen der südlichen Erdhalbkugel. Größte Mannigfaltigkeit in Australien. Ausschließlich Süßwasserbewohner. Kopf und Hals werden seitlich unter den Panzerrand zurückgelegt. Halswirbel mit kräftigen Querfortsätzen. Der → Beckengürtel ist fest mit dem knöchernen → Plastron verwachsen. Am Plastron tritt zwischen dem paarigen Gulare stets ein unpaares Intergulare auf. 2 Fam: → Pelomedusidae, → Chelidae. [1]

pleurodont: → Zahnbefestigung.

Plexus chorioidei: Adergeflechte. Im Dach des III. und IV. Hirnventrikels bleibt die Wandung epithelial und verbindet sich mit der gefäßführenden weichen Hirnhaut (Leptomeninx). So entstehen die P. c., die Blutkapillaren enthalten und mit zottenartigen Fortsätzen in das Ventrikellumen hineinragen. Die P. c. scheiden den → Liquor cerebrospinalis ab. Bei der Präparation reißen die P. c. meist ein, so daß man besonders im IV. Ventrikel auf den Hohlraum schauen kann, der deshalb als Rautengrube beschrieben wird. [2]

Plicae vocales, Stimmfalten: Schleimhautfalten, die in den Hohlraum des → Laryngotrachealsackes der Froschlurche vorspringen und diesen in 2 Etagen gliedern. Die P. v. entspringen an den → Cartilagines arytaenoidea und inserieren am → Cartilago cricoidea bzw. Cricotrachealknorpel. Den freien Rand der P. v. bilden die → Labia vocales. [2]

Plodia interpunctella (Hübner 1813), Dörrobstmotte: Vertreter der Fruchtzünsler (Phycitidae). Vfl-Spannweite bis 20 mm. Kosmopolit. Vorratsschädling z. B. an Trockenobst, Erdnüssen, Mandeln, Mais. Falter fast ganzjährig in Lebensmittellagern, Mühlen. Futter (Larven, Falter) für Froschlurche, kleine Echsen. Zuchtbehälter: 2-l-Glas- od. Plastgefäß mit Gazedeckel. Futter: Brei aus gemahlenem Hundekuchen vermischt mit etwas Glycerin als 10 cm dicke Bodenschicht einbringen. Auch Verwendung des Haydak-Mediums (vgl. → *Galleria mellonella*) möglich. Bei 25 °C und 60–70 % RLF Larvenentwicklung etwa 8–10 Wochen. [1]

Pluvianus aegyptius (Linnaeus 1758), Krokodilwächter: auf Sandbänken im Uferbereich afrikanischer Flüsse lebender, wachtelgroßer Vertreter der Brachschwalben (Glareolidae). Wie bereits Plinius berichtet, soll er durch seine Rufe → sonnenbadende Krokodile vor Gefahr warnen und auch von ihnen → Ektoparasiten absammeln. Als sicher gilt ein solches Verhalten für den Sporen-, Waffen-, Langsporenkiebitz *(Hoplopterus spinosus, H. armatus, Xiphidiopterus albiceps)*, Flußuferläufer *(Actitis hypoleucos)* und Wellentriel *(Burhinus vermiculatus)*. Auf ihr Flattern und lautes Schreien hin flüchten die Krokodile ins Wasser. Sporenkiebitz und Flußuferläufer lesen bei diesen Egel (→ Hirudinea) u. a. Ektoparasiten (*Glossina* usw.) im gesamten Hautbereich sowie sogar aus dem geöffneten Rachen ab. [1]

Pneumonie, Lungenentzündung: vielfach in generalisierte Infektionsprozesse bzw. Allgemeinerkrankungen des Organismus integriert. Nach Sektionsbefunden an **R** besonders häufig bei Schlangen, auch Schildkröten. Symptome: schaumartige Schleimabsonderungen aus Nase und Maul, das z. T. etwas geöffnet sein kann. Atmung erschwert, oft knisternde od. pfeifende Atemgeräusche, bis Atemnot. Wasserschildkröten mit einseitiger P. zeigen beim Schwimmen Schlagseite (entzündete, exudatgefüllte Hälfte ist schwerer), Tauchbeeinträchtigung bis -unvermögen. Ursachen für eine P. sind besonders → bakterielle Infektionen (z. B. durch → *Aeromonas*-, → *Pseudomonas*-Arten, → Salmonellen, Tuberkelbakterien, häufig jedoch polybakterielle Infektionen), auch → virusbedingte Infektionen, → Mykosen, → Endoparasiten (→ Milben, → Pentastomiden, Rhabdiasiden). Therapie: gleichmäßige Wärme (keine Zugluft), Rotlicht, Vitaminsubstitution (A, D), Reinigen und Auspinseln der Rachenhöhle, Sulfonamide (z. B. Sulfonamed 0,5 g in 200 ml Wasser gelöst, oral) od. Antibiotika. [1]

„Pocken" der Schlangen, vesikuläre Dermatitis, Blister disease: vereinzelt bis stark gehäuft auftretende, pockenartige (bis erbsengroß), mit Ödemflüssigkeit gefüllte Bläschen auf der Haut von Schlangen. Auf eine → bakterielle Infektion zurückgehend. Unbehandelt entwickeln sich Geschwüre, es kommt zu → Häutungsschwierigkeiten, oft zur → Futterverweigerung, Entkräftung. In Gefangenschaft vor allem bei aus trokkenen Biotopen stammenden Arten beobachtet, die im → Terrarium zu feucht und kalt gehalten wurden. Aber auch bei *Natrix*-Arten und mitunter im Freien vorgefunden. Therapie: Eröffnen der Bläschen, Ausräumen der Eiterherde. Desinfektion (z. B. mit Jodpräparaten), örtliche Behandlung mit Sulfonamidpuder od. Napaltan-Creme (Mafenidacetat), Vitamin-A-Gabe (100 000 IE/kg KM). Gegebenenfalls Oxytetracyclin 20–25 mg/kg KM (i. m. über 1 Woche). Tiere trocken und warm halten. [1]

Podarcis bocagei (Seoane 1884), Nordwestiberische Mauereidechse: Vertreter der → Lacertidae. Verbreitung: NW-Iberien. Bewohnt ein breites Spektrum von Biotopen, z. B. gern felsiges Gelände im Küstenbereich, nackte, felsige Stellen der Garrigue, Heiden, Pyrenäen-Eichenwälder, Agrarbereiche selbst siedlungsnah. Höhenverbreitung bis 1900 m. GL bis 18 cm. Relativ robust, Kopf oberseits leicht gewölbt. → Massetericum vorhanden. Schwanz erreicht bis doppelte KRL. Tagaktiv. Gelegegröße: bis 5 Eier. [1]

Podarcis dugesii (Milne-Edwards 1829), Madeira-Mauereidechse: Vertreter der → Lacertidae. Verbreitung: Madeira-Archipel, Selvagens-Inseln, in Europa auf den Azoren eingebürgert. Besiedelt verschiedenste Biotope, z. B. felsige, steinige und z. T. vegetationsfreie Gebiete, auch Sandböden, bis ins Litoral hinein (Spülsaum als Nahrungsquelle nutzend), als → Kulturfolger unter anderem in Weinbergen, an Mauern, bis in die Siedlungen vordringend. GL bis fast 24 cm. Robust gebaut. Kopf lang, schmal, spitzschnauzig. Unterlid mit stark vergrößerten Zentralschuppen (Tendenz zur „Fensterung"). → Halsband glattrandig. → Massetericum nicht vorhanden. Schwanz erreicht über anderthalbfache KRL. Tagaktiv. Ausgezeichneter Kletterer. Neigung zum → Melanismus (besonders Populationen der Desertas-Inseln). Gelegegröße: 2–3 Eier; 2–3 Jahresgelege möglich. [1]

Podarcis erhardii (Bedriaga 1876), Agäische Mauereidechse: Vertreter der → Lacertidae. Verbreitung: S-Balkanhalbinsel (auf dem Peloponnes nur im O-, SO-Teil), Kreta (W-, NW-Teil) und zahlreiche Inseln der Ägäis. Kommt vor allem auf steinigen Flächen mit Dekkung und Versteckmöglichkeiten bietendem Gebüsch, aber auch auf fast kahlen Inselfelsen, im vegetationsfreien Dünenbereich od. entlang buschreicher Gewässerufer vor. Höhenverbreitung bis 1600 m. GL bis

22 cm. Kopf erscheint robust, → Massetericum vorhanden. → Halsband glattrandig. Körperschuppen höchstens schwach gekielt. Schwanz erreicht bis doppelte KRL. Tagaktiv. Verschiedentlich → Kommensalismus mit Eleonorenfalken nachgewiesen. Gelegegröße: bis 4, meist 2 Eier. [1]

Podarcis filfolensis (Bedriaga 1876), Malta-Eidechse: Vertreter der → Lacertidae. Verbreitung: Malta-Archipel, Inseln Linosa und Lampione (Pelagische Inseln). Großes Spektrum im wesentlichen trockener Biotope, z. B. Felsen, steinige Hänge, Mauerwerk verschiedenster Art, mit Fels od. Geröll durchsetztes → Ödland, Agrargebiete (besonders mit → Lesesteinhaufen), Wegböschungen, Gärten. GL bis 25 cm. Schlank, mehr od. weniger stark abgeflacht. Kopf leicht stumpfschnauzig, → Massetericum gewöhnlich vorhanden. → Halsband glattrandig. Rükkenschuppen klein, höchstens gering gekielt. Schwanz erreicht bis etwa doppelte KRL. Tagaktiv. Sonnenliebend, sehr agil. Angaben zur Fortpflanzung liegen nicht vor. [1]

Podarcis gaigeae (Werner 1930), Skyros-Mauereidechse: Vertreter der → Lacertidae. Artstatus umstritten, auch als Subspec. von → *Podarcis milensis* betrachtet. Verbreitung: Skyros-Archipel sowie Insel Piperi. Bewohnt vor allem deckungsreiches, bebuschtes Gelände, jedoch auch vegetationsarme felsige Biotope. GL bis etwa 22 cm. Schlank → Massetericum markant, groß. → Halsband gezähnt. Schwanz erreicht nicht ganz KRL. Tagaktiv. Angaben zur Fortpflanzung liegen nicht vor. [1]

Podarcis hispanica (Steindacher 1870), Iberische Mauereidechse: Vertreter der → Lacertidae. Verbreitung: Iberische Halbinsel (außer im Norden), SW-Frankreich, NW-Afrika. Besiedelt unterschiedlichste Biotope, z. B. Küstenfelsen, felsige Gebirgsplateaus, vegetationsreichere Dünen, Garrigue, Heiden, unterwuchsarme Kork- und Pyrenäeneichenwälder, Rodungsflächen in Atlaszedernwäldern, Gemäuer verschiedenster Art, Felder, Gärten, Straßenränder, Siedlungsbereiche. Höhenverbreitung bis über 1800 m. GL bis 19 cm. Zierlich wirkend, Körper abgeflacht. Kopf spitzschnauzig, → Massetericum gewöhnlich schwach ausgebildet. Schwanz erreicht bis doppelte KRL. Tagaktiv. Sehr gutes Klettervermögen, flink. Gelegegröße: bis 5, meist 2 Eier, 2–3 Jahresgelege möglich. [1]

Podarcis lilfordi (Günther 1874), BaleareN-Eidechse: Vertreter der → Lacertidae. Verbreitung: Balearen. Die wenigen auf Mallorca und Menorca eingebürgerten Populationen sind wahrscheinlich erloschen. Auf den angrenzenden kleineren Inseln und Felsgruppen sehr zahlreich verbreitet. Weitgehend am Boden auf meist spärlich bewachsenem Felsgrund lebend. GL bis etwa 22 cm. Körper kräftig, gedrungen gebaut. Kopf kurz, spitzschnauzig. → Massetericum markant. Mit dicker, kräftiger → Schwanzwurzel. Schwanz erreicht etwa bis anderthalbfache KRL. Rückenschuppen klein, rundlich, ungekielt. Verbreitet Neigung zum → Melanismus, einige Populationen rein melanistisch (*P. l. nigerrima, P. l. lilfordi* u. a.). Tag-, häufig bis in die Dämmerung aktiv. Oft → Kannibalismus zu beobachten. Mitunter → Kommensalismus mit Eleonorenfalken. Gelegegröße: 2–4 Eier. [1]

Podarcis melisellensis (Braun 1877), Adriatische Mauereidechse, Karstläufer: Vertreter der → Lacertidae. Verbreitung: Bereich der Adriaküste (meist nicht sehr küstenfern) einschließlich vieler vorgelagerter Inseln vom äußersten NO-Italien bis NW-Albanien. Lebt in verschiedensten Biotopen, z. B. auf vegetationsarmen Karstflächen, spärlich bewachsenen bis kahlen Felsen, trockenem Weideland, Steinhaufen, in macchieartigem Gelände, lichten Gehölzen, an Wegrändern. Höhenverbreitung bis etwa 1300 m. GL bis 22 cm. Mäßig schlank. Kopf klein, hoch, leicht spitzschnauzig, mit großem → Massetericum. → Halsband gering gezähnelt.

Rückenschuppen klein, mehr od. weniger deutlich gekielt. Schwanz erreicht bis etwa doppelte KRL. Häufig Neigung zum → Melanismus, bei einigen Inselpopulationen auch zum Riesen- und Zwergwuchs. Tagaktiv. Mitunter → Kannibalismus. Gelegegröße: bis 5, meist 2 Eier; 4–5 Jahresgelege möglich. [1]

Podarcis milensis (Bedriaga 1881), Milos-Eidechse: Vertreter der → Lacertidae. Verbreitung: Milos-Archipel und die we. angrenzenden Inseln Antimilos, Phalkonera, Velopoula, Ananes. Findet sich besonders an → Legesteinmauern, auch oft an Böschungen, mit Gebüsch bewachsenen Hügeln, sogar in feuchterem Gelände. Höhenverbreitung bis 700 m. GL bis etwa 21 cm. Kräftiger Körperbau. Kopf klein, → Massetericum deutlich differenziert, etwa mittelgroß. → Halsband markant, leicht gezähnt. Schwanz erreicht bis doppelte KRL. Tagaktiv. Ziemlich scheu. Neigung zum → Melanismus. Gelegegröße: 1–3 Eier. [1]

Podarcis muralis (Laurenti 1768), Mauereidechse: Vertreter der → Lacertidae. Verbreitung: von N-, NO- und M-Spanien ostwärts über M-Europa, die Balkanländer bis zur W-Küste des Schwarzen Meeres, nö. bis S-England (eingebürgerte isolierte Populationen), Insel Wight, Jersey, sü. bis Kalabrien, zum Peloponnes, NW-Kleinasien, dazu auf küstennahen Inseln der französischen Atlantikküste, der Mittelmeer- und türkischen Schwarzmeerküste, eingebürgert in USA (Ohio, Cincinnati). Sehr breites Biotopspektrum. Lebt vor allem in verschiedensten trockenen Gebieten, als typischer → Kulturfolger z. B. im Agrarland, in Weinbergen, an Bahn-, Straßenböschungen, Mauern, Gebäuden in Siedlungen, Städten. Findet sich vom Litoral bis 2700 m NN. GL bis 22 cm. Schlank, meist mäßig abgeflacht. → Massetericum deutlich differenziert. → Halsband gewöhnlich glattrandig. Rückenschuppen leicht gekielt. Schwanz erreicht bis doppelte KRL. Tagaktiv. Sehr flink, guter Kletterer. Gelegegröße: 2–10 Eier in selbstgegrabenem Gang abgelegt; 2–3 (evtl. mehr) Jahresgelege möglich. [1]

Podarcis peloponnesiaca (Bibron und Bory 1833), Peloponnes-Eidechse: Vertreter der → Lacertidae. Verbreitung: Peloponnes (außer NW- und NO-Teil). Breites Biotopspektrum. Lebt z. B. oft auf felsigem Terrain, in ausgetrockneten Bachbetten, an sonnigen Trockenhängen, Straßengräben, Feldrainen, Ruinen, in lichten Nadelwäldern des Gebirges. Höhenverbreitung bis 1600 m. GL bis 25 cm. Körper kräftig, untersetzt wirkend. Kopf breit, stumpfschnauzig, wenig abgesetzt. → Halsband glattrandig. Schwanz erreicht bis doppelte KRL. Tagaktiv. Sonnenliebend, klettert gut. Sehr schnell, kann im Felsgelände von Block zu Block springen. Gelegegröße: bis 4 Eier; 2–3 Jahresgelege möglich. [1]

Podarcis perspicillata (Duméril und Bibron 1839), Brilleneidechse: Vertreter der → Lacertidae. Verbreitung: Marokko, Algerien, auf Menorca (Balearen) eingebürgert. Bevorzugt felsige, steinige Biotope, z. B. Felswände, vegetationsarme od. -freie Berghänge, Geröllflächen, auch in unterwuchsreichen Eichenwäldern des Gebirges, an Mauern, oft bis in die Siedlungen hinein anzutreffen. Im Flach-, Hügel- und Bergland vorkommend. Höhenverbreitung bis 2200 m. GL bis 17 cm. Körper ziemlich abgeflacht, schlank. Mit → gefenstertem Unterlid. → Massetericum fehlt. → Halsband ist glattrandig. Schwanz erreicht bis anderthalbfache KRL. Tagaktiv. Sehr agil, geschickter Kletterer. Gelegegröße: 2–3 Eier. [1]

Podarcis pityusensis (Boscá 1883), Pityusen-Eidechse: Vertreter der → Lacertidae. Verbreitung: Pityusen mit Hauptinseln Ibiza, Formentera und angrenzenden kleinen Inseln (einige Felsinseln sind eidechsenfrei); eingebürgert auf Mallorca und Las Isoletas. Besiedelt verschiedenste Biotope, z. B. spärlich bewachsenen Fels, → Ödland, Mauerwerk, Gebüsch, Kiefernwald. GL bis 25 cm. Meist robust gebaut, kurzköpfig mit spitzer Schnauze. Rückenschuppen länglich, leicht gekielt. Schwanz erreicht bis doppelte KRL. Oft Neigung zum → Melanismus (*P. p. maluquerorum, P. p. gorrae* u. a.). Tagaktiv. Sonnenliebend. Ein wesentlicher Teil der Nahrung besteht aus pflanzlicher Kost. Angaben zur Fortpflanzung fehlen weitgehend. Gelegegröße: bis 2 Eier. [1]

Podarcis sicula (Rafinesque-Schmaltz 1810), Ruineneidechse: Vertreter der → Lacertidae. Verbreitung: Italien, Jugoslawien (Adriaküste), isolierte Populationen in SO-Frankreich, SO-Spanien, Küste und vorgelagerte Inseln des Marmara-Meeres, Zypern, Sizilien, Sardinien, Korsika, Menorca und weitere kleine Mittelmeerinseln, Küste Libyens, Tunesiens sowie USA (Long Island, New York). Besiedelt unterschiedlichste Biotope, z. B. Felsklippen, grasige Flächen, Weideland, Macchia, Heiden, Wälder, als → Kulturfolger Felder, Parks, Straßenränder, bis in die Städte vordringend. Höhenverbreitung bis nahezu 2000 m. GL bis etwa 26 cm. Körper untersetzt, leicht abgeflacht. Kopf spitzschnauzig, → Massetericum mehr od. weniger deutlich. → Halsband meist glattrandig. Schwanz erreicht bis über doppelte KRL. Tag-, oft noch dämmerungsaktiv. Häufig Neigung zum Cyanismus, → Melanismus. Gelegegröße: 2–12 Eier; 2–5 Jahresgelege möglich. [1]

Podarcis taurica (Pallas 1814), Taurische Eidechse: Vertreter der → Lacertidae. Verbreitung: Balkanhalbinsel (außer W-Jugoslawien), nö. bis M-Ungarn, verschiedene griechische Inseln, S-, SO-Rumänien, SW-Ukraine, Krim. Besiedelt vor allem wärmere Biotope mit niedrigem Graswuchs. Lebt auch an Straßen-, Feld-, Waldrändern, in lichten Wäldern, Parks, Weinbergen, stellenweise am Meeresstrand, in spärlich bewachsenen Dünen. Im Flach-, Hügel- und Bergland anzutreffen. Höhenverbreitung bis 2370 m. GL bis 25 cm. Schlank, Kopf relativ kurz, → Massetericum vorhanden. → Halsband gezähnt. Rückenschuppen gekielt. Schwanz erreicht bis doppelte KRL. Tagaktiv. Fast nur am Boden lebend. Flieht in Erdlöcher, gelegentlich unter Steine, mitunter sogar ins Wasser. Gelegegröße: 2–10 Eier; meist 2 Jahresgelege. [1]

Podarcis tiliguerta (Gmelin 1789), Tyrrhenische Mauereidechse: Vertreter der → Lacertidae. Verbreitung: Korsika, Sardinien sowie vorgelagerte kleine Inseln. Breites Biotopspektrum, z. B. oft auf trockenem, steinigem Gelände, an Straßen-, Waldrändern, → Legesteinmauern, in der Macchia. Höhenverbreitung bis 1800 m. GL bis 25 cm. Gedrungen, Kopf kurz, breit, Schnauze relativ spitz. → Halsband gewöhnlich ganzrandig. Rückenschuppen nicht bzw. lediglich leicht gekielt. Schwanz erreicht bis doppelte KRL. Tagaktiv. Gelegegröße: 6–12 Eier. [1]

Podarcis wagleriana (Gistel 1868), Sizilianische Mauereidechse: Vertreter der → Lacertidae. Verbreitung: Sizilien (außer NO-Teil), Ägadische Inseln, Insel Vulcano (Liparische Inseln). Bodenbewohner besonders auf sonnigen, oft gebüschreichen Trockenhängen, grasigen Flächen, nicht selten auch im Agrarbereich und in Gärten. Höhenverbreitung bis 1500 m. GL bis 25 cm. Schlank, Kopf recht groß, spitzschnauzig. → Halsband glattrandig od. lediglich sehr schwach gezähnelt. Schwanz erreicht bis doppelte KRL. Tagaktiv. Wenig kletterfreudig. Gelegegröße: 4–6 Eier. [1]

poikilotherm, wechselwarm, wechselwarmblütig: als p. gelten Tiere, die ihre Körpertemperatur bei sinkender Umgebungstemperatur nicht durch Wärmeproduktion steigern können. Ihr Energieumsatz, der im Vergleich zu → homoiothermen Tieren mehrfach niedriger ist, fällt bei Erniedrigung der Umgebungstemperatur ab. Die Erhöhung der Körpertemperatur geht daher auf entsprechenden Wärmebezug aus der Umgebung zurück (→ ektotherme Tiere). Dennoch sind auch viele p. Tiere in bestimmten Grenzen zu einer → Thermoregulation fähig. Verschiedene Formen können sogar zeitweilig endotherm sein, wie z. B. einige → Boiden beim → Brüten. Durch den niedrigeren Energieumsatz ist der Nahrungsbedarf p. Tiere wesentlich geringer als der von Vögeln und Säugern. [1]

Polydactylie: → Hyperdactylie.

Polyethylenglykol(PEG)-Methode: Verfahren zur Herstellung handlicher, flexibler, dauerhafter Trockenpräparate (besonders für Schau- und Lehrzwecke), mit einer im Vergleich zur → Paraffinierung besseren Form- und Farberhaltung. Für die PEG-Methode eignen sich vor allem Fische, **A** und **R**, darüber hinaus auch anatomische Objekte. Verwendung finden nur frischtote, unversehrte Tiere. Sie werden in die gewünschte naturgetreue Stellung gebracht und z. B. in Formaldehyd-Ethanol (1:9) fixiert. Danach erfolgt die Durchtränkung mit PEG (z. B. „PEG 1500", Viskosität bei 25 °C) unter Vakuum im Vakuumthermostaten. Vorher sollte jedoch die Leibeshöhle entleert, mit einer Füllmasse (z. B. PEG, Aminoplast) auskaschiert und vernäht werden. Die Vakuumdauer hängt von der Größe des Objektes und der Leistungsfähigkeit der Anlage ab. [1]

polylecithale Eier: → Furchung.

Polymelie: Bildung überzähliger Extremitäten. Für Schwanz- und Froschlurche wurden seit etwa Mitte des 19. Jahrhunderts Naturfunde mit zusätzlichen vorderen od. hinteren Extremitäten in großer Zahl bekannt. Eine Häufung solcher Fälle ergibt sich bei → Grünfröschen, wo offenbar besonders Mehrfachbildungen der Hinterextremitäten vorkommen. Die große morphogene Potenz des Keimmaterials kommt in den Ergebnissen der kaum übersehbaren Zahl experimenteller Untersuchungen zur Erzeugung von Mehrfachbildungen zum Ausdruck. Die Mehrzahl der P.-Fälle wird auf Verletzungen der Extremitätenknospen bzw. Einwirkungen im frühen Entwicklungsstadium zurückgeführt. Als weitere Ursachen verdienen vor allem die mögliche Kontaminierung mit teratogen wirkenden Verbindungen und die Einwirkung ionisierender Strahlungen erhöhte Beachtung. So wurden z. B. 1982 bei Stuttgart in einem Steinbruchgewässer mit hoher Radioaktivität viele abnorm gestaltete Larven und fünf- bis siebenbeinige Jungtiere von → *Bufo viridis* gefunden. [1]

Polyphyodontie: Aufeinanderfolge mehrerer Zahngenerationen. Ursprünglicher Zustand im Gegensatz zu den Verhältnissen bei Säugern (Mono- und Diphyodontie). Meist schiebt bei **A** und **R** der neue Zahn den alten vor sich her (seine Spitze dringt dabei in die ausgeweitete Pulpahöhle ein), bis dieser ausfällt. Der Zahnwechsel erfolgt entsprechend der Abnutzung und findet nicht bei allen Zähnen gleichzeitig statt, sondern nur etwa bei jedem 2. od. 3. Zahn. Auf diese Weise bleibt die Funktionsfähigkeit des Gebisses erhalten. [1]

Polyspermie: → Besamung durch mehrere Spermien. Zur P. kann es z. B. beim klassischen Untersuchungsobjekt für den Befruchtungsvorgang, dem Seeigelei, nach einer Schädigung des Eies durch Temperatur od. bestimmte Chemikalien kommen. Als normale od. physiologische P. ist sie unter den Wirbeltieren bei Haien, Vögeln, aber auch verschiedenen Schwanzlurchen und **R** (Schlangen u. a.) verbreitet. Es vereinigt sich jedoch nur ein Spermakern mit dem Eizellkern. [1]

polytypische Art: Art, die in mindestens 2 UA aufgespalten ist. Gegensatz → monotypische Art. [1]

Population: Gesamtheit der in einem zusammenhängenden → Areal lebenden Individuen einer Art, unter denen ein permanenter Genaustausch erfolgt. [1]

Postfrontale: → Deckknochen des Schädeldaches der → Gymnophiona, bei **R** am Hinterrand der Augengrube gelegen. [2]

Postnasale: Hinternasenschild. [1]

Postoculare: Hinteraugenschild. [1]

Postorbitale: → Deckknochen des Schädeldaches, am Hinterrand der Augenhöhle der **R** gelegen. Gewöhnlich an der Umgrenzung der → Schläfenfenster beteiligt. [2]

Postparietale: → Deckknochen des Schädeldaches fossiler Stegocephalia. Bei säugetierähnlichen **R** werden sie unpaarig und dann als Interparietale bezeichnet. [2]

Postrostrale: Hinterschnauzenschild. [1]

postsacrale Wirbel: caudad der Sacral- od. Beckenregion bzw. der → Sacralwirbel liegende Wirbel. Bei → *Ophisaurus apodus* sind z. B. 110–124 p. W. ausgebildet. [1]

Posttemporale: Hinterschläfenschild. [1]

Prachtkieleidechse: → *Algyroides nigropunctatus.*

Prädator, Predator, Episit: Räuber, der eine andere Art tötet und diese für seine Ernährung und Entwicklung benötigt. Die Beute muß keineswegs völlig verzehrt werden, oft erfolgt eine selektive Auswahl bestimmter Körperteile. Meist sind die Räuber-Beute-Beziehungen sehr komplex und unterliegen einer ganzen Reihe von Faktoren. Ökologisch gesehen wirkt sich Prädatismus (Räubertum) auf stabile → Populationen positiv aus (Überwältigen vor allem kranker, alter Tiere usw.). [1]

Praeanalporen: vor dem Kloakenspalt stehende, oberseits vergrößerter Schuppen ausmündende → Hautdrüsen bei zahlreichen Echsen (besonders → Gekkonidae, → Amphisbaenidae, auch verschiedenen → Agamidae, → Teiidae u. a.). Im Ausbildungsgrad deutlich geschlechtsdimorph. Bei ♀♀ meist wesentlich schwächer bzw. kaum entwickelt und nicht aktiv, mitunter ganz fehlend. In Zahl und Anordnung unterschiedlich. Bei → *Cyrtodactylus* [M.]*kotschyi* differiert z. B. ihre Zahl innerhalb der Subspec. erheblich (2–9 P. bei ad. ♂♂), einigen UArten fehlen sie sogar völlig. Junge ♂♂ haben oft noch keine od. nur unvollkommen ausgebildete P. Vermutlich kommt den P. in gleicher Weise wie den → Femoralporen vor allem Bedeutung im Sinne einer geruchlichen → Reviermarkierung zu. [1]

Praearticulare, Goniale: im Gegensatz zum → Articulare (→ Ersatzknochen) ein → Deckknochen am → Unterkiefer der **A** und **R**. Manchmal synostotisch mit dem Articulare und → Supraangulare (z. B. verschiedene Schlangen) verbunden. [2]

Praefrontale: Vorderstirnschild; → Deckknochen des Schädeldaches. Am Vorderrand der Augenhöhle der Schwanzlurche und **R** gelegen. Auch bei den → Gymnophiona ausgebildet. [2]

Praehallux: vor der 1. Zehe vieler **A** gelegener, vom Centrale (→ Centralia) ausgehender Randstrahl, der aus 1–3 Knorpel- bzw. Knochenstücken bestehen kann (Abb. 86 B). Bedeutsam als Grundlage für den → Fersenhöcker. [1]

Praemaxillare, Intermaxillare, Zwischenkiefer: vor dem → Palatoquadratum entstandener, kleiner, oft zahntragender → Deckknochen. Er liegt vor dem → Maxillare. Unter den Froschlurchen z. B. unbezahnt bei den → Bufonidae, → Rhinodermatidae, der Mehrzahl der → Pipidae, → Microhylidae und zahlreichen anderen Arten. [2]

Praenasale, Nasorostrale: Vordernasenschild. [1]

Praeoculare: Vorderaugenschild. [1]

Praepollex: median vom Daumen der **A** gelegener Randstrahl, der aus 1–2 Knochenstücken besteht. Oft besonders bei ♂♂ von Froschlurchen bedeutsam als Grundlage für die Daumenschwielen (→ Brunstschwielen). [2]

praesacrale Wirbel: craniad der Sacral- od. Beckenregion bzw. der → Sacralwirbel (bei **A** ein, **R** meist zwei Sacralwirbel vorhanden) liegende Wirbel. → *Podarcis taurica* besitzt z. B. 25–29, → *Anguis fragilis* 64–68 p. W. [1]

Praesternum: vorderer plattenartiger Abschnitt des → Sternums der **R**. Häufig mit Fensterbildung. Bleibt stets knorplig, z. T. aber verkalkt. Am P. schließen lateral die → Procoracoide an. [2]

Praetemporale: Vorderschläfenschild. [1]

Präferenz: Bevorzugung bestimmter Faktoren bzw. Faktorenkomplexe der →

Umwelt, auch sozialer Verhaltensweisen durch Organismen, z. B. Biotop-, Habitat-, Substrat-, Nahrungs-, Temperatur-P. (→ Vorzugstemperatur). [1]

Prägung: auf Lorenz (1935) zurückgehender Begriff. In einer genau fixierten sensiblen Phase stattfindender, rascher, gewöhnlicher irreversibler Lernvorgang. Am bekanntesten sind Nachfolgep. (Nestflüchter) und sexuelle P., außerdem gibt es z. B. eine Nahrungs- und Ortsp. (Biotop-, Heimat-, Umgebungs-, Raump.). Letztere wurde unter **A** besonders eindrucksvoll für → *Bufo bufo* belegt. So konnte mit Hilfe von Markierungs- und Verfrachtungsversuchen sowie durch Biotopveränderungen eine i. d. R. lebenslange Laichplatztreue nachgewiesen werden. Die P. erfolgt nach Heusser offenbar während bzw. kurz nach der Laichabgabe. [1]

Predator: → Prädator.

primärer Harnleiter, Vornierengang: entsteht durch Vereinigung der blinden Enden der wenigen, segmental angelegten Pronephroskanälchen (maximal 12 bei → Gymnophiona). Jedes der Kanälchen steht über ein → Nephrostom mit der Leibeshöhle in offener Verbindung. Der p. H. wächst caudad aus und mündet in die → Kloake. Er wird beim → Opisthonephros zum Urnierengang od. → Wolffschen Gang. [2]

primäres Kiefergelenk, Quadratum-Articulare-Gelenk: bei allen Wirbeltieren mit Ausnahme der Säugetiere vorhandenes Gelenk zwischen → Quadratum und → Articulare. [2]

proaposematisches Verhalten: → aposematisches Verhalten.

Proatlas: ursprünglich zwischen Hinterhaupt und → Atlas vorhandener Wirbel. Sein → Neuralbogen bleibt bei einer Reihe von **R** als unpaares „Dachstück" über dem Neuralbogen des Atlas erhalten. Er ist bei → *Sphenodon punctatus* paarig. **A** zeigen keine Reste eines P. [2]

Processus basipterygoideus: beiderseits vom → Basisphenoid ausgehender Fortsatz, der bei Echsen mit → Schädelkinetik eine gelenkige Verbindung zu den → Pterygoiden herstellt. Sein Vorhandensein bei **R** weist auf ehemals vorkommende Schädelbewegung hin (z. B. bei → *Sphenodon punctatus*). Er fehlt Schildkröten und Krokodilen. [2]

Processus cultriformis: lanzettförmig dünner Knochenstab bei vielen **R**. Rest des langen → Parasphenoids der **A**. Er schützt das → Septum interorbitale von ventral. [2]

Processus paroticus: langer, kräftiger, nach laterad weisender Fortsatz der Hinterhauptsregion des **R**-Schädels. Er geht vom → Opisthoticum, z. T. auch vom → Occipitale laterale aus. Sein distales Ende dient sowohl dem Schädeldach als auch dem → Quadratum als Stütze. [2]

Processus spinosus, Dornfortsatz: dorsomedianer Fortsatz der vereinigten → Neuralbögen eines Wirbels. Dient als Ansatz für Muskeln und Sehnen, bei verschiedenen Echsen als Stütze des Rücken- und Schwanzkammes. [2]

Processus transversus, Querfortsatz: befindet sich an der Basis der → Neuralbögen der Wirbel. Die zweiköpfigen Rippen der Schwanzlurche setzen an der → Di- und → Parapophyse der Processus transversi an. **R** besitzen Querfortsätze im gesamten Hals- und Rumpfbereich. Im Kreuzbein- und Schwanzbereich stellen ihre Querfortsätze → Pleurapophysen dar. [2]

Processus uncinatus, Hakenfortsatz: caudodorsad gerichteter Fortsatz am → Vertebrocostale der → Brustrippen von Krokodilen und Brückenechsen. Bei → *Sphenodon punctatus* kommt ein P. u. bereits an der letzten → Halsrippe vor. [2]

procöle Wirbel: vorn konkave und hinten konvexe Wirbelkörper. Sie ermöglichen die Ausbildung einer echten Gelenkverbindung zwischen den Wirbelkörperenden, d. h., das konvexe Hinterende fügt sich in das konkave Vorderende des nächstfolgenden Wirbels ein. Entwicklung aus → amphicölen Wirbeln, indem der sich vergrößernde Intervertebralknorpel mit dem Caudalende des Wirbelkörpers verwächst und so einen Gelenkkopf bildet. Die kurzen Wirbel der Froschlurche stellen meist p. W. dar. Diese sind außerdem typisch für viele **R**, die jedoch auch → amphicöle und → opisthocöle Wirbel aufweisen. Platycöle bzw. biplane Wirbel kommen selten vor (z. B. im Rumpfbereich von Schildkröten). [2]

Procoracoid: aus vergleichend anatomischer Sicht entstandene Bezeichnung für das bislang bei Froschlurchen und **R** als → Coracoid bekannte Skeletelement des ventralen → Schultergürtels. [2]

Proctodaeum: → Kloake.

Pronation: distale Überkreuzung von → Ulna und → Radius. Dieser ist relativ selbständig und dreht sich um die Ulna, die Handfläche zeigt nach unten. In geringem Ausmaß bei Schwanzlurchen und vielen Echsen möglich. [2]

Pronephros, Vorniere: bei allen Wirbeltieren embryonal entwickelt, bleibt auf den vorderen (cranialen) Abschnitt des Körpers beschränkt. Der P. besteht aus wenigen segmental angelegten → Nephronen, die jeweils über ein → Nephrostom mit der Leibeshöhle in Verbindung stehen. Die Nierenkanälchen vereinigen sich zum Vornierengang, der in Richtung → Kloake auswächst und in diese einmündet. Die Bildung dieses → primären Harnleiters ist die Hauptleistung des im allgemeinen transitorischen P. bei **A** und **R**. Bei Amphibienlarven repräsentiert der P. das funktionierende Harnorgan, er kann auch bei neotenen Formen (→ Neotenie) noch lange erhalten bleiben. [2]

Prooticum: → Ersatzknochen der Labyrinthkapsel der **A** und **R**. Bei **R** kommt als weitere Verknöcherung das → Opisthoticum hinzu. Teile der Kapsel bleiben in Richtung Schädelhöhle häufig knorplig. [2]

Proteidae, Olme: Fam der → Caudata. 6 Arten, 2 Gatt. Verbreitung: → *Proteus anguineus* in Höhlengewässern ostadriatischer Karstgebiete; Gatt *Necturus* in oberirdischen Gewässern (→ Stand- und → Fließgewässer) des öst. N-Amerikas. GL bis 43 cm (→ *Necturus maculosus*). Rein → aquatische, → neotene Arten. Körper langgestreckt, Extremitäten klein (Necturus mit 4 Fingern und 4 Zehen). Mit äußeren Kiemen und außerdem einfach gebauten Lungen. Schädel stark knorpelig, → Maxillare, → Nasale, → Praefrontale fehlen. → Amphicöle Wirbel. Augen bei *Proteus* rückgebildet in Anpassung an die unterirdische Lebensweise. *Necturus* besitzt funktionstüchtige, aber kleine, lidlose Augen, ist weitgehend nachtaktiv. Laichablage an Steinen, Wasserpflanzen. [1]

Proterandrie, Protandrie: Reifwerden der männlichen Geschlechtsprodukte vor den weiblichen. Typisch für viele Zwitter (Verhinderung von Selbstbefruchtung). Untersuchungen zum → Maturitätsalter an verschiedensten **R** ergaben, daß z. B. bei einigen Schildkrötenarten (*Kinosternon odoratum* u. a.), offenbar auch bei → *Lacerta lepida* P. vorliegt. Gegensatz: Proterogynie. [1]

proteroglyph: → Giftapparat.

Proteus anguineus Laurenti 1768, Grottenolm: Vertreter der → Proteidae. Verbreitung: unterirdische Gewässer im Karst an der ostadriatischen Küste von Triest bis zur NW-Herzegowina. Bekanntester Fundort: Höhlensystem von Postojna. Lebt in sauerstoffreichem Wasser bei meist 5–10 °C Wassertemperatur (maximal 17 °C), bevorzugt an strömungsschwachen Stellen. GL bis 30 cm. Körper aalförmig, langgestreckt (Abb. 59 C). Kopf schlank, Schnauze spatelförmig. Augen rückgebildet. Extremitäten dünn, vordere mit 3 Fingern, hintere 2 Zehen. Zeitlebens mit verästelten, äußeren Kiemen (→ Neotenie). Schwanz seitlich abgeflacht. → Ovipar. Eier werden in mehreren Schüben bis über 3 Wochen hinweg (insgesamt 50–70 Eier) an Steinen (meist unterseits) abgesetzt. ♀ (selten auch ♂) hält → Laichwacht. [1]

Psammodromus algirus (Linnaeus 1758), Algerischer Sandläufer: Vertreter der → Lacertidae. Verbreitung: Iberische Halbinsel (außer N-Spanien), S-Frankreich (Mittelmeerbereich bis zur Rhone), NW-Afrika. Breites Biotopspektrum. Lebt z. B. in Küstendünen, Heiden, Eichen-, Eukalyptus-, Berberthuya-, Kiefernwäldern, der Macchia, Garrigue, Kurzgrassteppe, an Straßenrändern, Bahndämmen, auf Brachland. Höhenverbreitung bis 2400 m. GL bis 31 cm. Rückenschuppen groß, stark gekielt, → imbrikat. → Halsband fehlt. → Massetericum nicht differenziert. Schwanz erreicht bis dreifache KRL. Tagaktiv. Klettert sehr gut, flieht auch auf Bäume. Stimme: charakteristisches Quiken (zur Paarungszeit). Der → Paarungsbiß erfolgt in der Nackenregion. Gelegegröße: 8–11 Eier; evtl. 2 Jahresgelege. [1]

Psammodromus hispanicus Fitzinger 1826, Iberischer Sandläufer: Vertreter der → Lacertidae. Verbreitung: Iberische Halbinsel (außer N-Teil), S-Frankreich (hauptsächlich im Bereich der Mittelmeerküste). Besiedelt vor allem sonnige, trockene, häufig sandige Gebiete mit dichter, niedriger Vegetation. Findet sich z. B. in spärlich bewachsenen Küstendünen, der Garrigue, Heiden, ausgetrockneten Flußläufen, auf Weideflächen, oft im vegetationsarmen Brachland, mitunter selbst in menschlichen Siedlungen. Höhenverbreitung bis 1500 m. GL bis 15 cm. Schlank, Schuppen relativ groß, gekielt, → imbrikat. Kopf ziemlich klein, Unterlid beschuppt. → Halsband nur schwach ausgeprägt. Schwanz erreicht bis doppelte KRL. Tagaktiv. Flieht rasch, kann sich schnell eingraben. Stimmvermögen wie bei → *Psammodromus algirus*. Gelegegröße: 3–6 Eier in selbstgegrabenen Bodengängen; offenbar 2 Jahresgelege möglich. [1]

pseudaposematisches Verhalten: → aposematisches Verhalten.

Pseudidae, Harlekinfrösche: Fam der → Anura. 5 Arten, Gatt *Lysapsus, Pseudis*. Verbreitung: S-Amerika öst. der Anden (Guayana, Surinam bis NO-Argentinien). Weitgehend → aquatisch in vegetationsreichen → Standgewässern. KRL 2–7,5 cm (♀ größer als ♂). Augen groß, hervortretend. Pupille horizontal. → Trommelfell deutlich sichtbar. → Maxillare und → Praemaxillare bezahnt. → Schultergürtel arcifer. → Procöle Wirbel. → Sacralwirbel mit mäßig verbreiterten → Diapophysen, über 2 Condylen mit dem → Urostyl verbunden. → Astragalus und → Calcaneus nur proximal und distal verschmolzen. Zwischen letzter und vorletzter Phalange ein Zwischenknorpel (Interkalarknorpel) vorhanden. Daumen opponierbar. Hinterextremitäten lang, robust. Tagaktiv. Scheu. → Amplexus erfolgt axillar. Laich meist zwischen Schwimmpflanzen verankert. Larven mit Riesenwuchs, z. B. bei *Pseudis paradoxa* bis 25 cm, ad. Tiere dagegen nur bis 7,5 cm lang (als „Schrumpfumwandlung" bezeichnetes Phänomen). [1]

Pseudokopf: → Kopfmimikry.

Pseudomonas-Infektion: *Pseudomonas*-Arten (*P. aeruginosa, P. hydrophila, P. fluorescens*) werden sehr häufig als Erreger bakterieller Prozesse bei **A** und **R** nachgewiesen. Dies gilt vor allem für → Gastro-Enteritiden, → Stomatitis ulcerosa, auch → Pneumonien und → Abszesse. Prophylaxe: artgerechte Haltung, Hygiene. Therapie: meist mehrtägige Behandlung mit Breitbandantibiotika, z. B. Chloromycin, 50 mg/kg KM, täglich oral, etwa 1 Woche lang. [1]

Pseudo-Zahmheit: mangels Druck von → Prädatoren in manchen Gebieten bzw. → Biotopen bei den dort lebenden Tierarten traditionell fehlendes Fluchtverhalten. Auf dem Galápagos-Archipel z. B. für → *Amblyrhynchus cristatus* zutreffend. [1]

Pterygoid, Flügelbein: → Deckknochen des Schädels, der Anteil an der Bildung des → Munddaches und → sekundären Gaumens hat. Das P. der Froschlurche ist Y-förmig gestaltet und stützt mit seinem oral gerichteten Ast das → Maxillare. Im Gegensatz zu den **A** sind die Pterygoidea bei den **R** (z. B. Echsen) einander weitgehend genähert und lediglich durch eine schmale Interpterygoidspalte getrennt. Die P. der Schlangen sind stabförmig, sehr beweglich und nur lose durch Bänder an der Hirnkapsel befestigt. Schildkröten und Krokodile verfügen dagegen über großflächige, fest untereinander und mit der Schädelbasis verbundene Pterygoidea. [2]

Puffotter: → *Bitis arietans.*

Pulmo, Lunge: meist paariges Atemorgan der **A** und **R** (vgl. → Lungenreduktion). Unter den **A** kommt, abgesehen von ihren Larven, auch bei → neotenen Formen noch → Kiemenatmung vor, daneben spielen bei ihnen → Haut- und → Mundhöhlenatmung eine bedeutende Rolle. Die Lungen sind aus dem caudalen Abschnitt des → Pharynx als ventrale Ausstülpungen hervorgegangen. Manche **A** (z. B. *Proteus, Necturus*) haben glattwandige Lungen, i. d. R. kommt es aber schon hier zu einer Vergrößerung der respiratorischen Oberfläche durch Septen, die in den Lungenhohlraum vorspringen und zur Abgrenzung von Alveolen (→ Alveoli pulmonis) führen. Von den **R** zeigt → *Sphenodon punctatus* mit einer großen Zentralhöhe noch sehr einfache Zustände. Besonders bei Schildkröten, Krokodilen und Waranen wird die Abkammerung jedoch akzentuierter. Größere Hauptsepten unterteilen das Lungenlumen in mehrere Kammern, in denen wiederholt eine weitere Aufgliederung durch kleinere Septen stattfindet. Letztlich entsteht ein schwammähnliches Gebilde, in dem → Bronchien verschiedener Ordnung Kammern miteinander verbinden, die mit Alveolen besetzt sind. Vielfach werden → Luftsäcke ausgebildet. (Abb. 88). [2]

Pulvinarium: Kissen aus elastischem Knorpel in der vorderen und hinteren Wandung des → Laryngotrachealsakkes (P. anterius und P. posterius). Hier endet der Knorpel, der die Labia vocalia (→ Labium vocale) stützt. [2]

Pumiliotoxine: erstmals aus Hautsekret von → *Dendrobates pumilio* isolierte Toxine. Die nachgewiesenen Alkaloide Pumiliotoxin A und B sind im Vergleich zum → Batrachotoxin weitaus weniger giftig. Die → LD_{50} beträgt für die Maus 2,5 bzw. 1,5 mg/kg KM.

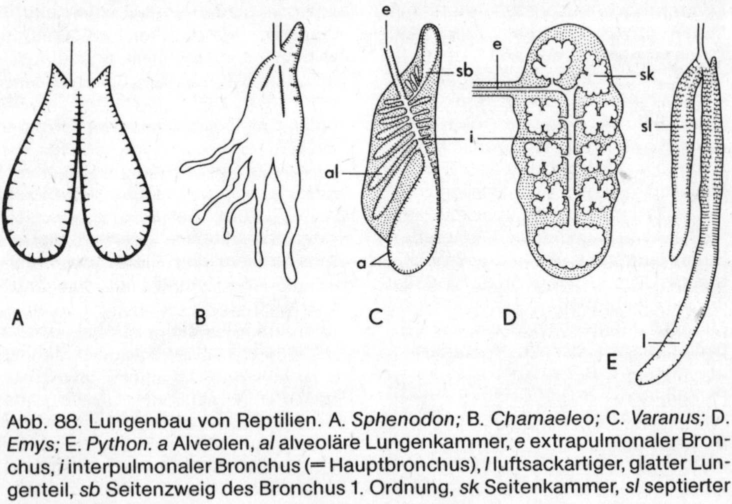

Abb. 88. Lungenbau von Reptilien. A. *Sphenodon;* B. *Chamaeleo;* C. *Varanus;* D. *Emys;* E. *Python. a* Alveolen, *al* alveoläre Lungenkammer, *e* extrapulmonaler Bronchus, *i* interpulmonaler Bronchus (= Hauptbronchus), *l* luftsackartiger, glatter Lungenteil, *sb* Seitenzweig des Bronchus 1. Ordnung, *sk* Seitenkammer, *sl* septierter Lungenteil.

Noch geringer ist die Giftwirkung von Pumiliotoxin C. Pumiliotoxin B beeinflußt den Calcium-Ionen-Transport in den Muskelzellen und bewirkt eine Kontraktionsverlängerung sowie -verstärkung. Außerdem greift es in den Calcium-Ionen-Fluß der Nervenzellen ein. (Abb. 89). [1]

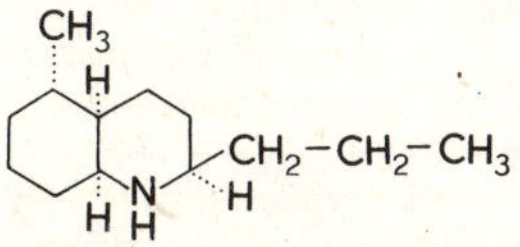

Abb. 89. Pumiliotoxin C.

Puncta lacrimalia, Tränenpunkte: Öffnungen der → Canaliculi lacrimales in den Bindehautsack des Auges. Sie sind am nasalen Augenwinkel sichtbar, außer bei Froschlurchen, deren Tränennasengang in der Mitte des unteren Lides beginnt. [2]

Punktierte Zwergnatter: → *Eirenis punctatolineatus.*

Punktierter Pfeilgiftfrosch: → *Dendrobates histrionicus.*

Pupilla, Pupille, Sehloch: zentrale Öffnung in der → Iris des Auges. Die P. der **A** und **R** kann rund, vertikal od. horizontal schlitzförmig (elliptisch; Schlitzpupille), mitunter dreieckig bis Y-förmig *(Bombina)* sein. Eine Schlitzpupille haben vor allem die meisten dämmerungs- und nachtaktiven Arten, z. B. *Alytes, Pelobates,* Krokodile, Brückenechsen, viele Geckos, manche Skinke *(Egernia striata, Scincopus fasciatus),* die Mehrzahl der Riesenschlangen und Vipern. Sie ist bei starker Helligkeit vollständiger schließbar (→ Pupillenreaktion) und schützt so die stäbchenreichere Retina dieser Formen besser. Gelegentlich besitzt die Schlitzpupille gesägte bzw. gelappte Ränder (→ *Tarentola mauritanica* u. a.), so daß bei Verengung Licht nur durch die verbleibenden kleinen Löcher einfällt. Eine horizontal schlitzförmige P. weist z. B. *Ahaetulla* auf. Runde Pupillen sind für viele Echsen- (→ Agamidae, → Iguanidae, → Lacertidae usw.) und Schlangengruppen familientypisch, auch bei allen Schildkröten vorhanden. (Abb. 90). [1]

Pupillenreaktion: Verengung bzw. Erweiterung der → Pupilla als Reaktion auf Lichteinfall, aber auch andere Sinnesreize (Schmerz, Erregung usw.). Bei Tintenfischen (Cephalopoda) und Wirbeltieren auftretend. Eine reflektorische P. erfolgt nur bei → Sauropsida und Säugern. Bedeutung: Regulation der Lichtmenge, außerdem Verbesserung der Tiefenschärfe durch Abblenden von Randstrahlen. [1]

„Putzstellungen": → Putzsymbiose.

Putzsymbiose: spezielle Form der Symbiose, bei der eine Tierart im Rahmen ihres Nahrungserwerbs als Putzer die Haut einer anderen Art von → Ektoparasiten (gelegentlich Hautfetzen, Algen u. a.) befreit. Oft ergibt sich durch das Warnverhalten des Putzers ein weiterer Vorteil für den Symbionten. Meist werden bestimmte „Putzstellungen", die zum Putzen auffordern, eingenommen. Am bekanntesten bei **R** ist die P. zwischen Vögeln (→ *Pluvianus aegyptius* u. a.) und → *Crocodylus niloticus.* Auf Galápagos existieren ähnliche P. vor allem zwischen Kleinen Grundfinken *(Geospiza fuliginoza)* und → *Amblyrhynchus cristatus,* auch → *Conolophus subcristatus,* → *Chelonoidis elephantopus.* Bei diesen Arten entfernen die Finken Zecken *(Amblyomma darwini). Chelonoidis elephantopus* wird an Nasenlöchern, Mundwinkeln und den bewegungslos ausgestreckten Extremitäten auch von der Aldabra-Ralle *(Dryolimnas cuvieri aldabranus)* geputzt. Beobachtet wurden Zahnkarpfen *(Gambusia)* beim Putzen an Zähnen sowie Zahnfleisch bei → *Crocodylus acutus* im Seichtwasser. Mitunter kommt es zur P. zwischen Schildkröten, beschrieben für *Podocnemis expansa und Platemys radiata* (Beseitigung von Hautfetzen) sowie *Kachuga tecta* und *K. dhongoka* (Entfernen von Algenfäden). [1]

Pygopodidae, Flossenfüße: Fam der →

A

B

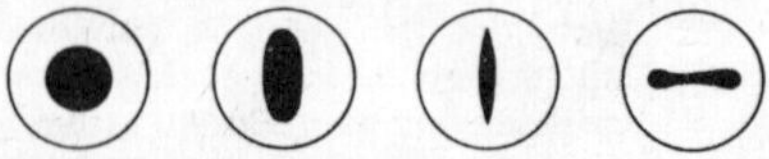

Abb. 90. Pupillenformen (schematisch). A. Froschlurche; B. Schlangen.

Gekkota. Etwa 20 Arten. Verbreitung: Australien (einschließlich mehrerer vorgelagerter Inseln), Tasmanien, Neuguinea. Besiedeln Halbwüsten, auch feuchtere Biotope bis hin zu tropischen Regenwäldern. GL 15–80 cm. Schlangenähnlich. Kopf kaum od. nicht abgesetzt. Augen klein. → Gefenstertes Unterlid mit Oberlid verwachsen. Pupille meist senkrecht. Zunge lang, fleischig, leicht gekerbt. Zähne → pleurodont. → Trommelfell entweder fehlend od. markant. Vordere Extremitäten fehlen, hintere nur als kleine (bei ♂♂ etwas stärker entwickelt), beschuppte, krallenlose, flossenartige Anhänge erhalten; für eine → Lokomotion bedeutungslos. → Procöle Wirbel. Schwanz kann bis etwa doppelte KRL erreichen; → Autotomie möglich. Häuten sich in einem Stück. Tagaktiv (z. B. *Pygopus lepidopodus*), in der Mehrzahl wohl dämmerungs- und nachtaktiv. Mehrere Formen leben → subterrestrisch (stark an → wühlende Lebensweise angepaßt). Oft → Komfortverhalten (Säubern der Kiefer, Augen) ausgeprägt. Ökologie und Fortpflanzung noch wenig bekannt. → Ovipar. 2 UFam: Pygopodinae, Lialisinae. [1]

Pyrenäen-Gebirgsmolch: → *Euproctus asper.*

Pyrenäen-Otter: → *Vipera seoanei.*

Python molurus (Linnaeus 1758), Tigerpython: Vertreter der → Boidae. Verbreitung: Vorderindien einschließlich Sri Lanka, Hinterindien, S-China, Hainan, Kalimantan, Sulawesi, Diawa, Sumbawa. Lebt vor allem im Dschungel, meist in Wassernähe, aber auch auf felsigem Gelände, in Savannen. Im Flach-, Hügelland, bevorzugt Gebirge anzutreffen. GL bis etwa 8, meist 3–5 m. Kräftiger Körperbau. Kopf länglich-oval, deutlich abgesetzt. → Labialgruben vorhanden. Dämmerungs- und nachtaktiv. Klettert und schwimmt gut. Frißt **R**, Vögel, Säuger (selbst Leoparden nachgewiesen). Gelegegröße: bis 107, meist 8–50 Eier. Echtes → Brüten des ♀. → Höchstalter in Gefangenschaft 31 Jahre und 1 Monat. [1]

Python regius (Shaw 1802), Königspython: Vertreter der → Boidae. Verbreitung: W- und M-Afrika (vom Senegal bis Sudan, sü. bis Kamerun). Bewohnt die Savanne, offene Wälder, häufig in Wassernähe. GL bis 2, meist 1,2–1,4 m. Kräftig, relativ schlank wirkend. Kopf gut abgesetzt. → Labialgruben vorhanden. Kurzschwänzig. Nimmt bei Gefahr → Ballstellung ein. Hauptsächlich dämmerungs- und nachtaktiv. Klettert gut. Kaum bissig. Nahrung vorwiegend Nager (besonders nachtaktive *Gerbillus*- Arten). Gelegegröße: 3–10 Eier. ♀ betreibt → Brutpflege (kein echtes → Brüten). → Höchstalter in Gefangenschaft 28 Jahre und 1 Monat. [1]

Python reticulatus (Schneider 1801), Netzpython, Gitterschlange: Vertreter der → Boidae. Verbreitung: ganz SO-Asien bis zu den Sunda-Inseln, Philippinen. Lebt im Dschungel, nicht selten bis in Siedlungen (Lagerschuppen, Wohnhäuser usw.) und Städte (sogar Bangkok) vordringend. GL meist 5–6 m, ein 10 m langes Exemplar wurde 1912 in N-Sulawesi geschossen. Körper kräftig, im Vergleich zu anderen Python-Arten aber schlanker. Kopf lang, deutlich abgesetzt. → Labialgruben vorhanden. Schwanz verhältnismäßig kurz. Vorwiegend dämmerungs-, nachtaktiv. Nahrung: mittelgroße Säuger, Vögel; in menschlichen Siedlungen Ratten, Hunde, Geflügel. Gelegegröße: bis 100 Eier. ♀ brütet, zur Frage der physiologischen Thermoregulation liegen widersprüchliche Befunde vor. [1]

Python sebae (Gmelin 1789), Felsenpython, Hieroglyphenschlange, Assala: Vertreter der → Boidae. Verbreitung: Afrika sü. der Sahara bis zum Kap, Insel Fernando Po. Lebt in gebirgigen Regionen (bis über 1900 m NN), hauptsächlich in der Savanne, auch auf felsigem Gelände, seltener im tropischen Regenwald, meist in Gewässernähe. Verschiedentlich bis in küstennahe Bereiche vorgedrungen (z. B. in Kenia, Gambia). GL bis 7,6, häufig bis 4 m. Körper verhältnismäßig gedrungen. Kopf deutlich abgesetzt. → Labialgruben vorhanden. Mit kräftigem → Greifschwanz. Tagaktiv, vorwiegend dämmerungs- und nachtaktiv. Schwimmt und klettert gut. Sehr schnell. Nahrung: vor allem Warmblütler, selbst große Beute (z. B. Antilopen mit Gewicht von 68 kg). Gelegegröße: bis 100, meist 30–50 Eier. ♀ brütet. Mit moderner Meßtechnik aber keine endogene Temperaturerhöhung feststellbar (d. h. kein echtes → Brüten). [1]

Quadratojugale: → Deckknochen des Schädeldaches, bildet mit dem → Maxillare den unteren → Jochbogen der Froschlurche. Ein Q. ist außerdem im Pseudojochbogen der Schwanzlurche enthalten. Abgesehen von den Schlangen ist das Q. bei allen rezenten **R** als kleines Knochenstück im caudalen Schädelbereich anzutreffen. [2]

Quadratum: → Ersatzknochen des → Palatoquadratums. Es hat Anteil am → primären Kiefergelenk. An das Q. der Froschlurche schließt sich das → Quadratojugale an, das Q. und → Maxillare miteinander verbindet (Bildung eines unteren Jochbogens). Bei Schwanzlurchen wird der Bogen nicht geschlossen. Das Q. von **R** mit → Schädelkinetik ist mit dem → Processus paroticus beweglich verbunden. [2]

Quarantäne: im ursprünglichen Sinn Absonderung erkrankter od. der Infektion verdächtiger Organismen. Wortherkunft aus dem Italienischen; Pestverdächtige erhielten Absonderungszeit von 40 Tagen (quaranta). Bei der Tierhaltung sollte außerdem jeder Neuzugang in Q. kommen. Prophylaktisch kann hier eine Vitaminsubstitution und Wurmkur erfolgen. Zur Q. dienen in der → Terraristik spezielle Q.-Terrarien. Sie müssen geräumig, übersichtlich (nur mit den nötigsten Einrichtungsgegenständen versehen), leicht zu reinigen sein und dürfen keinen tiefen → Bodengrund besitzen. Anzustreben ist Einzelhaltung bei größter → Hygiene, d. h. sofortiges Entfernen von Kot, regelmäßige → Desinfektion usw. Gründliche Gesundheitskontrolle (z. B. auf Verletzungen, → Ekto- und → Entoparasiten achten, Kotproben einsenden). **A** mit sichtbarem Wasserverlust erhalten sofort ein Zwangsbad in physiologischer Kochsalzlösung. Ständige Beobachtung der isolierten Tiere. Abwechslungsreiches Futter in nicht zu großen Portionen geben. Die Q.-Dauer von Neuzugängen beträgt, soweit keine Infektion bzw. Erkrankung vorliegt, gewöhnlich einen Monat. [1]

Querzahnmolche: → Ambystomatidae.

Rachenkiemen, Pharyngealkiemen: im Dienst des Gasaustausches stehende, mit stark durchbluteten, fädigen Zotten besetzte Rachenschleimhaut bei → Trionychidae. Die Ventilierung erfolgt über die Mundöffnung. Durch die R. wird wie bei den Kiemen der **A**-Larven und Fische O_2 aus dem Wasser aufgenommen und CO_2 ausgeschieden. So können die Schildkröten ohne Aufnahme atmosphärischer Luft über 10 Stunden unter Wasser bleiben. [1]

Rachitis: Sammelbegriff. Durch Vitamin D- und Mineralstoffmangel (Ca und/od. P bzw. Mißverhältnis von Ca:P), oft verbunden mit unzureichender Proteinzufuhr, bedingte Skeleterkrankung (ungenügende Mineralisierung des Knochengewebes). D-Vitamine bilden sich in der Haut aus Provitaminen unter UV-Bestrahlung. Sie begünstigen die Resorption von Ca^{2+} im Darm, erhöhen dessen Anteil im Blut und ermöglichen so die Ablagerung im Knochensystem. Ursache des Vitamin-D-Mangels ist bei Gefangenschaftshaltung oft die mangelhafte Einwirkung von UV-Licht und die dadurch zu geringe Photosynthese dieses Vitamins. Die Dunstglocke der Städte, Wolken und Fensterglas verringern bzw. absorbieren die natürliche UV-Strahlung. Besonders bekannt sind die auf D-Hypovitaminose od. Avitaminose zurückgehende Panzer- und Knochenerweichung bei Schildkröten (→ aquatische Formen dazu oft mit Deformation des → Carapax durch Randaufwölbung, sattelförmige Eindellung usw.), → Wirbelsäulenverkrümmungen und das für Leguane typische Bild übermäßig verdickter Oberschenkelknochen (→ Osteoporose). Therapie: im Anfangsstadium erfolgreich durch Ca- und Vitamingaben (besonders Vitamin D_3) oral (Calcipot-D, Kalzan D_3, Vigantol u. a.) od. per Injektion (Vitamin D_3 bis 60 000 IE/kg KM). Dazu Futterumstellung (dabei Ca:P wie 1,5:1), ausreichende Besonnung ermöglichen. Überdosierung an Vitamin D führt zur → Vitamin-D-Hypervitaminose. [1]

rachitome Wirbel: bestehen aus 2 keilförmig gestalteten, übereinanderliegenden Anteilen, einem größeren → Hypocentrum und dem kleineren → Pleurocentrum, wie z. B. bei *Eryops*, einem fossilen **A** (Labyrinthodontier) aus dem Perm mit einer Länge bis über 2 m. R. W. sind die Wirbel der ältesten → Tetrapoda. Aus ihnen entwickelte sich der → stereospondyle Wirbeltyp, bei dem das Hypocentrum allein den Wirbelkörper bildet. Labyrinthodontier mit solchen Wirbeln traten in der Trias auf, glichen mit ihrem mächtigen Kopfabschnitt Krokodilen und repräsentieren die größten **A**, die je gelebt haben. [2]

Radiale: in der proximalen Reihe der → Carpalia randständig gelegenes Knochenstück, das mit dem → Radius gelenkt. [2]

radiotelemetrische Untersuchungen: zur Erforschung bestimmter Lebensgewohnheiten auch bei verschiedenen **A** und **R** angewandt. Die Überwachung der Tiere erfolgt mit Hilfe winziger, leistungsfähiger, sicher am Körper befestigter Radiosender. Sie können ein bis mehrere Jahre arbeiten. Auf diese Weise wurden z. B. die → Thermoregulation von *Varanus varius* und die → Migrationen von → *Bufo bufo*, → *Crocodylus porosus* und → *Chelonia mydas* untersucht. Über Satellit verfolgte man 9 Monate lang den Weg einer Meeresschildkröte (Sender befand sich am → Carapax) vom Mündungsbereich des Mississippi bis zur Küste von Texas. [1]

Radius, Speiche: Teil des → Zeugopodiums der Vorderextremitäten. Meist säulenförmiger Schaft. Hauptstütze des Unterarmes. Der R. ist bei Vertretern mit → Pro- und → Supination der selbständigere Teil, damit sind dann Drehungen gegen die → Ulna wie z. B. bei Schwanzlurchen und vielen Echsen möglich. [2]

Rana arvalis Nilsson 1842, Moorfrosch: Vertreter der → Ranidae. Verbreitung: NO-Frankreich, Belgien, Luxemburg über M- und N-Europa (in Finnland bis 68 ° n. Br.) nach Osten über W-, M-Sibirien, N-Kasachstan zum Altai und W-Baikal-See, im Süden bis N-Rumänien, N-Jugoslawien. Bewohnt vor allem Feuchtwiesen, Wassergräben, Moore, Auwälder, Verlandungszonen des Tieflandes. KRL bis 8 cm, in M-Europa durchschnittlich 5 cm (♂ kleiner als ♀). Schlank, spitzschnauzig. Pupille waagerecht. → Trommelfell markant. Bei → Fersenprobe reicht das Fersengelenk höchstens bis zur Schnauzenspitze. Innerer Fersenhöker stark ausgebildet. ♂ zur Brunstzeit mit → Brunstschwiele am Daumen. Besitzt 2 innere → Schallblasen. Tag-, auch dämmerungs- und nachtaktiv. Laichablage in 1–2 Laichballen (1000–2000 Eier), die zu Boden sinken. [1]

Rana catesbeiana Shaw 1802, Ochsenfrosch: Vertreter der → Ranidae. Verbreitung: öst. N-Amerika, außerdem in vielen anderen USA-Staaten, auch z. B. in Mexiko, auf Jamaika, Kuba, den Bermudas, Japan, in N-Italien und der Umgebung von Rom eingebürgert, um 1900 lebte eine → Population auch in Surrey (SO-England). Bewohnt → Standgewässer aller Art, mitunter kleinere Flüsse. Bevorzugt Gewässer mit reicher Ufervegetation. Größter Frosch N-Amerikas. KRL bis 20, meist unter 15 cm (♂ etwas kleiner als ♀). Körper massig, Maul weit gespalten. Pupillen waagerecht. → Trommelfell markant, kann bis doppelte Augengröße erreichen. Eine Drüsenfalte zieht vom Augenhinterrand zum Ansatz der Vorderextremität. → Rückendrüsenleisten fehlen. ♂ mit unpaarer, kehlständiger → Schallblase. Tag- und nachtaktiv. Nebelhornartiger Ruf. Zur Fortpflanzungszeit in großen Gesellschaften. ♂♂ besitzen → Reviere, tragen → Kommentkämpfe aus. Laichablage in großen, an der Wasseroberfläche treibenden Ballen (10 000–20 000 Eier; Eidurchmesser etwa 1,5 mm). [1]

Rana dalmatina Bonaparte 1840, Springfrosch: Vertreter der → Ranidae. Verbreitung: NO-Spanien, Frankreich, M-, S-Europa, nach Osten bis zur W-Ukraine, im Norden (meist inselartig wie in M-Europa) bis N-BRD, N-DDR, Dänemark, S-Schweden. Bevorzugt lichte Laubwälder (oft in Buchenwäldern), dort besonders Waldränder, -wiesen, Schonungen, lebt auch in Wiesentälern, auf Feuchtwiesen nahe Waldungen. Mitunter weitab vom Wasser an relativ trockenen Plätzen. Höhenverbreitung bis etwa 1500 m. KRL bis 10, selten über 8 cm (♂ meist kleiner als ♀). Schlank, spitzschnauzig. → Trommelfell markant, groß, 1–2 mm neben dem Auge. Hinterextremitäten lang. Bei → Fersenprobe (ad. Tiere) überragt das Fersengelenk weit die Schnauzenspitze. ♂ zur Brunstzeit mit → Brunstschwiele am Daumen, ohne → Schallblase. Tagaktiv. Sehr agil. Springt weit und hoch. Laichablage (500–1800 Eier) in Ballen meist an Wasserpflanzen verankert. Laicht in unterschiedlichsten → Standgewässern ab. [1]

Rana epeirotica Schneider, Sofianidou und Kyriokopoulou-Sklavounou 1984, Epirus-Frosch: Vertreter der → Ranidae. Verbreitung: NW-, W-Griechenland, NW-Peloponnes, vermutlich wird aber ein weitaus größeres → Areal besiedelt. Zur Wasserfrosch-Gruppe zählende Art. Lebt → sympatrisch mit → *Rana ridibunda* und Hybriden beider Arten in vegetationsreichen Uferzonen von → Seen, Überschwemmungsgebieten von Flußdelten, Lagunen usw. KRL bis etwa 9 cm (♀ größer als ♂). Kräftig, robust gebaut. → Trommelfell groß, meist grün, Pupille waagerecht. Callus internus sehr klein, ähnelt in der Form einem ungleichseitigen Dreieck, deutlich kleiner als bei *R. ridibunda*. Weitere zur Abgrenzung von dieser Art wesentliche Indices sind z. B. : KRL/Tibia-Länge, KRL/Länge Callus internus, Länge 1. Zehe/Länge Callus internus. ♂ besitzt äußere → Schallblasen. Paarungsrufe klingen schnarrend, werden in Serien ausgestoßen. Sie bestehen im Gegensatz zu denen von *R. ridibunda* (Impulsgruppen) aus sehr kurzen, in langsamer Aufeinanderfolge abgegebenen Impulsen. Detaillierte Angaben zur Lebensweise und Fortpflanzung fehlen noch weitgehend. [1]

Rana „esculenta“ Linnaeus 1758, Wasserfrosch, Teichfrosch: Vertreter der → Ranidae. Komplexe Bastardform. Als solche zuerst von Berger (1967) erkannt. Hybridisierungsversuche belegten, daß diese primär aus Kreuzungen zwischen → *Rana ridibunda* und → *Rana lessonae* entstand. Bestandserhalt hauptsächlich durch Rückkreuzungen mit einer der Elternarten. Dieses Phänomen wird genetisch mit dem Reproduktionsmodus der Hybridogenese erklärt (steter Ausschluß des gleichen Chromosomensatzes des Hybriden). Außerdem sind in reinen „esculenta“-Populationen (überwiegend triploide Wasserfrösche) Verpaarungen untereinander möglich. Verbreitung: entspricht offenbar weitgehend der von *Rana lessonae*. Wasserfrösche zeigen große ökologische Plastizität. Besiedlung verschiedenartigster Gewässer sowie große Toleranzbreite gegenüber dem → pH-Wert der Wohngewässer, besonders auch in bezug auf den sauren Bereich. Messungen im Raum Leipzig ergaben eine deutliche → Präferenz für den alkalischen Bereich mit Maximum der Werte bei pH 7,8–8,0. KRL bis 11 cm. (♂ bis 9 cm). In den wesentlichen morphologischen, auch serologischen, cytologischen, bioakustischen u. a. Merkmalen intermediär zwischen *Rana ridibunda* und *Rana lessonae*. → Metatarsaltuberkel mittelgroß. Unterschenkel kürzer als von *ridibunda*, länger im Vergleich zu *lessonae*. Äußere → Schallblasen der ♂♂ meist wenig, mitunter auch stärker pigmentiert. → Chorrufen, Paarungsrufe schwirrend in noch hörbarer Frequenz. Tag- und nachtaktiv. Sonnenliebend. Laichablage in Klumpen (bis 4000 Eier). (Abb. 91). [1]

Rana graeca Boulenger 1891, Griechischer Frosch: Vertreter der → Ranidae. Verbreitung: Balkanhalbinsel (nach Norden bis M-Jugoslawien, S-Bulgarien), Italien (außer Po-Ebene, Sizilien). Besiedelt gewöhnlich Uferbereiche kalter → Fließgewässer, hauptsächlich im Bergland. Mitunter kommt die Art in vegetationsreichen, kühlen, engen Bachschluchten auch bis zur Meereshöhe hinab vor. Höhenverbreitung bis über 2000 m. KRL bis fast 8 cm. Ziemlich schlank. Kopf mäßig abgeflacht, Schnauze gerundet. → Trommelfell klein. Hinterextremitäten lang, kräftig. ♂ mit äußeren → Schallblasen, zur Brunstzeit mit → Brunstschwielen am Daumen. Vorwiegend tag-, auch dämmerungs- und nachtaktiv. Tagsüber häufig unter Steinen bzw. Geröll am Ufer versteckt. Flüchtet ins Wasser, oft ins Ufergestrüpp od. unter Steine. Laichabgabe (bis 2000 Eier) in kleinen Klumpen, an Steinen od. Wasserpflanzen verankert. [1]

Rana iberica Boulenger 1879, Spanischer Frosch: Vertreter der → Ranidae. Verbreitung: Portugal (außer S-Teil), NW- und M-Spanien, Pyrenäen. Wenig kälteempfindliche Art. Lebt vorwiegend entlang kalter Gebirgsbäche, sogar in unmittelbarer Nähe der Schneefelder, in Quellen, Mooren, Feuchtwiesen, auch → Brunnen. Höhenverbreitung bis 2100 m. KRL bis 7 cm. Körper ziemlich plump. Hinterextremitäten sehr lang. Schnauze abgerundet. → Trommelfell deutlich hervortretend. ♂ ohne → Schallblasen, zur Brunstzeit mit → Brunstschwielen am Daumen. Gutes Sprung- und Schwimmvermögen. Flüchtet meist ins Wasser. [1]

Rana latastei Boulenger 1879, Italienischer Springfrosch: Vertreter der → Ranidae. Verbreitung: N-, M-Italien, N-Istrien, S-Schweiz. Bevorzugt in feuchten Laubwäldern der Ebene (vor allem Eichen-Hainbuchen-Mischwald) mit reicher Krautschicht anzutreffen. Zur Fortpflanzungszeit z. B. in vegeta-

Abb. 91. Oberflächenmuskulatur von *Rana „esculenta"*. A. Ventralansicht; B. Dorsalansicht. *f* Fascia dorsalis, *i* Inscriptiones tendineae, *il* Ilium, *is* Ischium, *l* Linea alba, *m* Musculus pectoralis, *ma* M. adductor magnus, *mc* M. cruralis, *mci* M. coccygeo-iliacus, *mcr* M. coracoradialis, *mcs* M. coccygeo-sacralis, *mdm* M. depressor mandibulae, *mds* M. dorsalis scapulae, *me* M. episternalis, *mg* M. gracilis minor, *mgm* M. gracilis major, *mi* M. iliacus internus; *mie* M. iliacus externus; *mif* M. ilio-fibularis, *mld* M. latissimus dorsi, *mlo* M. longissimus dorsi, *mm* M. glutaeus maximus, *mo* M. obliquus abdominalis externus, *mp* M. pectineus, *mpl* M. plantaris longus, *mpr* M. peroneus, *mpy* M. pyriformis, *mr* M. rectus abdominis, *ms* M. submaxillaris, *msa* M. sartorius, *msc* M. scapularis, *mse* M. semimembranosus, *msu* M. subhyoideus, *mt* M. triceps, *mta* M. tibialis anticus longus, *mtp* M. tibialis posticus, *mtr* M. transversus, *mtf* M. tensor fasciae latae, *p* Processus xiphoideus, *t* Tibia.

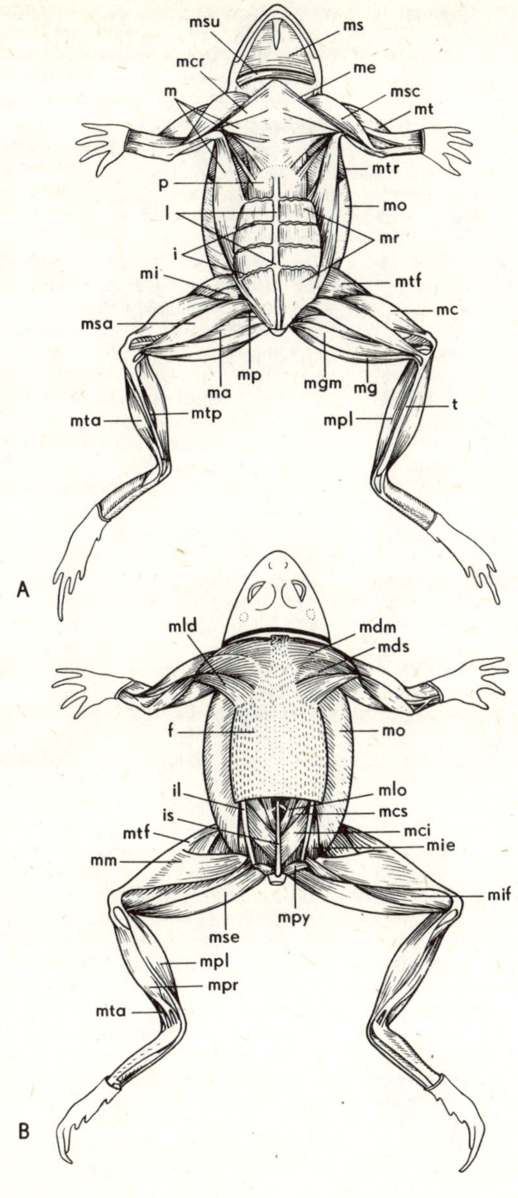
msu
ms
mcr
me
m
msc
mt
mtr
p
mo
l
mr
i
mi
mtf
mc
msa
mp
mgm
mg
ma
t
mtp
mta
mpl
A
mld
mdm
mds
f
mo
il
mlo
is
mcs
mtf
mci
mie
mm
mif
mpy
mse
mpl
mpr
mta
B

tionsreichen → Teichen, → Altarmen, → Tümpeln in Flußnähe und im Auwaldbereich, in Entwässerungsgräben auf Viehweiden, Wiesenweihern. Höhenverbreitung bis etwa 1000 m. KRL bis 7 cm. Schlank, Hinterextremitäten sehr lang. Bei → Fersenprobe überragt das Fersengelenk stets die Schnauzenspitze. → Trommelfell klein bis mittelgroß, ziemlich weit vom Auge entfernt. ♂ mit inneren → Schallblasen, zur Brunstzeit → Brunstschwiele am Daumen. Tag- und nachtaktiv. Gutes Sprungvermögen. Laichablage in kleinen Ballen, verankert an Wasserpflanzen. [1]

Rana lessonae Camerano 1882, Kleiner Teichfrosch: Vertreter der → Ranidae. Bis vor etwa 2 Jahrzehnten als artgleich mit → *Rana „esculenta"* betrachtet. Verbreitung: weitgehend wie bei *R. „esculenta";* von S-England, W-Frankreich nach Osten bis an den Ural (Kama-Gebiet), von S-Schweden südwärts bis Italien, N-Balkanhalbinsel. Besiedelt im Flachland und Mittelgebirge bevorzugt vegetationsreiche → Weiher, Sümpfe, Moorgewässer, Wiesengräben, zuweilen auch unter anderem → Teiche, → Seen, → anthropogene Sekundärbiotope (Kiesgrubengewässer usw.). Oft liegt der → pH-Wert der Wohngewässer im schwach sauren od. sauren Bereich. KRL bis 9 cm (♂ selten über 6,5 cm). Kleinwüchsig, Rumpf relativ schlank. → Metatarsaltuberkel (Callus internus) groß, halbmondartig emporgewölbt. 1. Zehe wie Unterschenkel kurz. ♂ mit äußeren, pigmentarmen → Schallblasen. Überwiegend tagaktiv. Reine *R.l.*-Populationen und Vorkommen mit → *Rana ridibunda* nicht häufig, meist in gemeinsamen Populationen mit *R. „esculenta"* anzutreffen. Gewöhnlich → Chorrufen. Überwintert an Land. Laichablage in Klumpen (bis 4000 Eier). [1]

Rana macrocnemis Boulenger 1885, Kleinasiatischer Frosch: Vertreter der → Ranidae. Verbreitung: W-Vorkaukasus, Kaukasus, Transkaukasien, O-Türkei, W-Iran. Bevorzugt Feuchtwiesen, Sumpfgelände, gewässernahe Bereiche, auch noch auf alpinen Matten anzutreffen. Höhenverbreitung bis etwa 3000 m. KRL bis 9 cm. Körper kräftig. Schnauze stumpf zugespitzt, → Trommelfell markant. → Rückendrüsenleisten gut ausgebildet. ♂ hat innere → Schallblasen, zur Brunstzeit mit → Brunstschwielen am Daumen. Tag-, bevorzugt jedoch dämmerungsaktiv. Laichablage (bis 3500 Eier) auch nachts möglich. [1]

Rana perezi Seoane 1885, Iberischer Wasserfrosch: Vertreter der → Ranidae. Verbreitung: S-Frankreich, Iberische Halbinsel, Balearen, Pityusen, Azoren und Kanarische Inseln (dort eingebürgert), NW-Afrika. Breites Biotopspektrum. Besiedelt die verschiedensten → Stand- und langsam strömenden → Fließgewässer, kommt selbst in Dünenlagos, → Tümpeln, → Brunnen, Wasserspeichern zur Feldbewässerung und Reisfeldern vor. Gehört zu den → Erstbesiedlern dauerhafter Wasseransammlungen. Höhenverbreitung bis 2300 m. KRL bis 8 cm. Mit kleinen, flachen Fersenhöckern. Unterschenkel relativ lang. ♂♂ besitzen äußere → Schallblasen, zur Brunstzeit → Brunstschwielen am Daumen. Tag-, auch nachtaktiv. Flieht ins Wasser und versteckt sich bevorzugt im Bodenschlamm. Laichablage in Klumpen. [1]

Rana pipiens Schreber 1782, Leopardfrosch: Vertreter der → Ranidae. Verbreitung: N-Amerika; öst. der Rocky Mountains von S-Kanada nach Süden bis Arizona, New Mexiko. Bewohnt Feuchtgebiete, Wiesen, Äcker und andere Kulturbiotope. Nur zur Laichzeit im Wasser. KRL bis 11, meist 5–8 cm. Schlanker Körperbau. Kopf ziemlich kurz, Maul spitz. → Trommelfell markant ausgeprägt. Mit 2–4 Hautfalten zwischen den seitlichen Hautdrüsenleisten. Bei → Fersenprobe reicht das Fersengelenk bis zur Schnauzenspitze. → Spannhäute gut entwickelt. ♂ mit äußeren → Schallblasen. Im Frühjahr → Chorrufen. Tagsüber bei trockener Witterung meist versteckt, bei Regen z. T. weit umherstreifend. Wanderungsstrecken in Regennächten können 100–160 m betragen. Flieht in weiten Sprüngen. Laichablage in Ballen. [1]

Rana ridibunda Pallas 1771, Seefrosch: Vertreter der → Ranidae. Verbreitung: M-Europa, Balkanhalbinsel, nach Osten über SW-Finnland, den W- und SW-Teil der europäischen UdSSR, Kaukasus-Raum, Kasachstan bis zum Balchasch-See, außerdem Kleinasien, Iran. Besiedelt bevorzugt (in der Ebene) sonnige, vegetationsreiche → Standgewässer, auch Gräben, Kanäle, Flußufer. Höhenverbreitung bis 2500 m. KRL bis 17 cm. Sehr kräftig, robust. Kopf breit, Schnauze zugespitzt. → Trommelfell groß, Pupille waagerecht. Hinterextremitäten lang (Unterschenkel länger als halbe KRL), → Metatarsaltuberkel meist klein, stumpf. ♂ zur Brunstzeit mit → Brunstschwiele am 1. Finger, besitzt äußere, stark pigmentierte → Schallblasen. Paarungsrufe in keckernden Serien. Tag-, auch nachtaktiv. Sonnt sich häufig am Gewässerufer. Laichablage (10 000–12 000 Eier) in Klumpen an Wasserpflanzen. [1]

Rana temporaria Linnaeus 1758, Grasfrosch: Vertreter der → Ranidae. Verbreitung: über große Teile Europas (bis zum Nordkap), auf der Iberischen und Apenninen-Halbinsel nur im N-Teil, fehlt im S-Balkan und auf der Krim; ostwärts über den Ural bis W-Sibirien. Breites Spektrum bevorzugt feuchter, dekkungsreicher Biotope im Flach- und Bergland. Besiedelt z. B. Wiesen, Wälder, Felder, Gärten, geht im Gebirge mitunter bis an die Schneegrenze. Höhenverbreitung bis 3000 m. KRL bis 10 cm. Körper gedrungen, kräftig. Schnauze gerundet, → Trommelfell deutlich, Pupille waagerecht. Bei der → Fersenprobe wird die Schnauzenspitze kaum erreicht. ♂ mit 2 inneren → Schallblasen, am Daumen zur Brunstzeit → Brunstschwielen. Hauptsächlich nachtaktiv und → terrestrisch (im Gebirge oft stärker → aquatisch). → Explosivlaicher. Laichablage (bis 4000 Eier) in großen Ballen, meist in besonnten, vegetationsreichen Flachwasserzonen von → Stand- und langsam strömenden → Fließgewässern. Nach einigen Tagen steigt der Laich zur Oberfläche auf. [1]

Randeffekt, Edge-Effekt: Bezeichnung für den Individuen- und Artenzahl steigernden Effekt, der sich beim Aufeinandertreffen unterschiedlicher → Biotope in deren Grenz- bzw. Randzonen ergibt. Dieser wird, wie z. B. für die Vogelwelt zutreffend, auch für **A** und **R** im Grenzbereich von Wald und offener Landschaft besonders augenfällig. Nachteilig wirkt sich auf die von Natur her meist kleinflächigen Randzonen vor allem die oft starke → anthropogene Einwirkung (spezielles Randzonenmanagement, Herbizideinsatz, agrotechnische Maßnahmen usw.) aus. [1]

Rangordnung: über Rangordnungskämpfe herausgebildete Hierarchie einer Tiergesellschaft (Sozietät). Jedes Individuum kennt dabei seine durch die Dominanzverhältnisse festgelegten Möglichkeiten, wie den Raum-, Futteranspruch usw. Wichtig für eine stabile R. in Sozietäten höherer Tiere ist ein individuelles Wiedererkennen. Im Hinblick auf die Geschlechter kann eine gemeinsame, auch getrennte R. vorliegen, oft existiert eine Rang-Hierarchie nur zwischen ♂♂, mitunter ausschließlich zwischen ♀♀. Eine R. wurde z. B. bei **A** für viele → Dendrobatiden, bei **R** für zahlreiche Echsen (→ Gekkonidae, → Iguanidae, → Lacertidae u. a.) sowie einige Landschildkröten beschrieben. Zur Bezeichnung der jeweiligen Rangstellung eines Tieres dienen die Buchstaben des griechischen Alphabets (z. B. α-Tier = ranghöchstes Individuum). [1]

Ranidae, Echte Frösche: weltweit (außer Australien, Neuseeland) verbreitete Fam der → Anura. Etwa 670 Arten. Hauptentfaltung in Afrika. In Europa 12 Arten und Hybridform → *Rana „esculenta"*. Gatt *Rana* enthält über 250 Arten. Große habituelle und ökologische Vielfalt. Lebensweise vor allem → amphibisch od. → terrestrisch, außerdem auch → subterrestrisch, → arboricol *(Platymantis)*, sogar völlig → aquatisch *(Rana beccarii)*. Höhenverbreitung bis 3000 m. KRL 5 mm *(Arthroleptis parvulus)* bis 40 cm (→ *Conraua goliath*). Pupille meist horizontal. → Maxillare und → Praemaxillare bei der Mehrzahl der Formen bezahnt. Gaumen ohne Falten. → Schultergürtel gewöhnlich firmistern. 8 → praesacrale Wirbel, 1.–7. → procöl, 8. meist bikonkav. → Sacralwirbel hat i. d. R. zylindrische → Diapophysen, über 2 Condylen mit → Urostyl verbunden. Rippen fehlen. → Astragalus und → Calcaneus nur proximal und distal verschmolzen. ♂♂ oft mit paarigen → Schallblasen. Oft gutes Sprung- und Schwimmvermögen. Viele standorttreu und → Traditionslaicher. → Amplexus erfolgt gewöhnlich axillar. Bei Mantellinae innere → Befruchtung. Eiablage ins Wasser (frei od. angeheftet, häufig in großen Klumpen), an Land, Entwicklung auch direkt (kein freischwimmendes Larvenstadium). Gliederung uneinheitlich, hier in 6 UFam: Arthroleptinae, Astylosterninae, Hemisinae, Mantellinae, Petropedetinae, Raninae. [1]

Rassel: → Klapper.

Raupenkriechen, Raupenbewegung, Integumentbewegung: Lokomotionsform der Schlangen, vor allem bei vielen Arten der → Viperidae und → Crotalidae zu beobachten. Geradlinige Fortbewegung ohne Schlängelung. Durch Muskeltätigkeit werden Bauchschienen (→ Ventralia) und Seitenschuppen eines bestimmten Körperabschnittes nach vorn gezogen und anschließend im Substrat verankert. Darauf wird der Körper mit Hilfe der Hautmuskulatur nachgezogen und abgesetzt. Kennzeichnend für das allerdings recht langsame R. sind die markanten, schwanzwärts laufenden Kontraktionswellen der Bauchmuskeln. [1]

Receptacula seminis, Samentaschen: i. d. R. spezielle anatomische Bildungen (Behälter) im Genitaltrakt von ♀♀ od. auch Zwittern zur Speicherung von Spermien. Bei vielen Schwanzlurchen als Schläuche in der dorsalen Kloakenwand ausgebildet. Innerhalb der **R** vielfach im Rahmen der Untersuchungen zur → Amphigonia retardata nachgewiesen. Der Erstbeleg für Schildkröten erfolgte bei *Terrapene carolina*. Als Receptacula dienen hier unspezialisierte Schläuche von Eiweißdrüsen im distalen Oviductbereich. Wiederholt wurden R. s. für Vertreter der → Squamaten beschrieben. Die untersuchten Schlangen weisen Receptacula am bzw. nahe dem Infundibulum auf (vgl. → Oviduct). Bei Geckos liegen diese zwischen Infundibulum und Uterus, bei Chamäleon-Arten (→ *Chamaeleo chamaeleon* u. a.) und *Anolis carolinensis* wurden sie im distalen Teil („Vaginal-Abschnitt") des Oviductes festgestellt. [1]

Red Data Book, Rotbuch: von der → IUCN herausgegebene Buchreihe, die listenmäßig im Weltmaßstab gefährdete Tier- und Pflanzenarten sowie Unterarten erfaßt. Band III (Amphibia et Reptilia, 1. Auflage 1968) enthält die bedrohten **A** und **R**. In der 1986er Ausgabe der „Roten Listen gefährdeter Tiere" unterscheidet man allgemein 8 Gefährdungskategorien: 1. „ausgestorben" (beinhaltet keine **A** und **R**), 2. „gefährdet", 3. „anfällig", 4. „selten", 5. „unbestimmt", 6. „unsicher", 7. „bedroht", 8. „kommerziell bedroht" (bislang nur für Meerestiere benutzt). Neben Gefährdungsstatus werden für jede Art bzw. Unterart z. B. Angaben über Verbreitung, Populationsgröße und -entwicklung, → Habitat, bis hin zu Erhaltungsmaßnahmen und Literaturhinweisen angeführt. Diese „Weltliste" unterliegt entsprechend dem fortschreitenden Entwicklungs- und Erkenntnisstand einer ständigen Aktualisierung und Präzisierung. So hat sich z. B. im Vergleich zu 1975 die Gesamtzahl der hier erfaßten **A** und **R** (Arten und Unterarten) von 125 auf 189 erhöht. Unter den **R** sind in erster Linie Schildkröten am stärksten gefährdet. [1]

„Red leg": Infektion von Fröschen, Kröten, seltener Schwanzlurchen (z. B. →

Axolotl) mit *Aeromonas hydrophila*. Hauptsymptom: Rötung der Haut, vor allem am Bauch und an der Ventralseite der Hinterextremitäten. Es kommt häufig zu Ulzerationen, Blutungen, offenen Hautwunden, → Phalangen können abfaulen. In den → Lymphsäcken sammelt sich seröse Flüssigkeit (Tiere wirken aufgedunsen). Leber und Milz weisen nekrotische Herde auf. Die Senkungsgeschwindigkeit der → Erythrocyten ist erhöht. Die Tiere sind matt, fressen nicht mehr, zeigen Gewichtsverlust sowie eine stark eingeschränkte Bewegungskoordination und Reaktionsfähigkeit. Krankheitsverlauf typisch septikämisch. Bei Massenhaltung von Versuchstieren (aber auch bei Freilandpopulationen) entstehen rasch hohe Mortalitätsraten. Infektion über → Ektoparasiten *(Ophionyssus)* und verschmutztes Wasser. Kranke Tiere sofort isolieren, Behälter desinfizieren. Therapie: empfohlen werden Bäder (wochenlang) z. B. mit Sulmet® (30 ml/20 l Wasser) od. Acriflavin (1:1 Mio) und Antibiotika-Gaben (Tetracycline, Chloramphenicol). [1]

Regenbogenschlangen: → Xenopeltidae.

Regeneration: Ersatz verletzter od. amputierter (durch Unfall, Experiment) Organe und Körperteile. Die höchsten noch zur R. fähigen Wirbeltiere sind **R**. Am bekanntesten ist die nach → Autotomie des Schwanzes erfolgende → Schwanzregeneration. In einigen Fällen wurde sogar Beinr. (stets Hinterextremitäten) bei → Lacertiden (→ *Lacerta oxycephala*, → *Podarcis sicula* u. a.) nachgewiesen. Größere Regenerationsfähigkeit besitzen **A**, deren Larven zu den Standardversuchsobjekten bei R.-Experimenten zählen. Erwachsene Froschlurche sind normalerweise regenerationsunfähig. Experimentell kann jedoch Extremitätenr. bei Fröschen durch provozierte Entdifferenzierung und Verzögerung der Wundheilung (starke Traumatisierung) ausgelöst werden. Eine Hemmung der R. bewirken bei **A** unter anderem Röntgenstrahlen. Auch Zellteilungsgifte (Zytostatika) können kurzzeitig od. irreversibel die R. verhindern. [1]

Regenwürmer: → Lumbricidae.

Reiseterrarium: handlicher, leicht transportierbarer Behälter für Fangreisen, der im Standquartier zur Aufbewahrung der Ausbeute dient und auch ein Füttern ermöglicht. Die verschiedenen Konstruktionen lassen sich im wesentlichen auf 2 Grundtypen zurückführen. 1. Zusammenlegbarer, auf Schreiber zurückgehender Gazebeutel. Ursprünglich ein zylindrischer, 35 cm langer Tüllbeutel, oben und unten durch eine runde Holzscheibe (Durchmesser 20 cm) verschlossen. Eine Scheibe besitzt eine zentrale, 3 cm weite, durch Korkstopfen verschließbare Öffnung und kann über 3 an ihren freien Enden zusammengeknüpfte Schnüre aufgehangen werden. Schreitmüller ersetzte die obere Scheibe durch einen Drahtreif, über dem die Gaze per Schnurzug verschließbar ist. Moderne Konstruktionen spannen die Gaze durch 2 zusammenlegbare Aluminiumrahmen, sind beiderseits zuschnürbar und z. T. seitlich mit einer Schlupfmanschette zum Füttern und Herausfangen versehen. 2. Feste Behälter. Früher aus Holz, heute aus Plaste od. Plexiglas, mit Lüftungsgitter und Futteröffnung im Dekkel (evtl. Ablaßstutzen für den Wasserteil im Boden). [1]

Reizleitungssystem des Herzens: Grundlage für die koordinierten und rhythmischen Kontraktionen der einzelnen Herzabschnitte. Die Erregungen werden von primitiv gebliebenen Muskelfasern im Herzen selbst gebildet. Es kommen 3 Erregungsbildungszentren vor: 1. der Sinusknoten (in der Wand des → Sinus venosus od. im sinuatrialen Muskelring), primäres Erregungszentrum; 2. der Atrioventrikularknoten (am Boden der rechten Vorkammer), sekundäres Erregungszentrum; 3. das atrioventrikuläre Bündel (erregungsleitende Muskelfasern, die zur Kammerwand und zum → Septum interventriculare cordis ziehen), tertiäres Erregungszentrum. Die beiden letztgenannten sind bei **A** morphologisch nicht abgrenzbar. Der Erregung folgt jeweils die Vorkammer und mit Zeitabstand die Kammer. Die Eigenfrequenz fällt vom 1. zum 3. Erregungszentrum ab. Herzschrittmacher ist immer das Zentrum mit der höchsten Eigenfrequenz. Die Schlagfrequenz des Herzens wird außerdem durch den → Nervus vagus herabgesetzt, den Sympathicus dagegen erhöht. [2]

Rekreationsdruck, Erholungsdruck: im Rahmen der Landschaftsplanung und -pflege, oft speziell hinsichtlich der Anlage und Erhaltung von Erholungsgebieten verwendeter Begriff. Durch den Zustrom von Erholungssuchenden und die damit verbundenen Erschließungsmaßnahmen bedingter Druck auf bestimmte Landschaftsgebiete. Die daraus für Fauna und Flora entstehenden Probleme, z. B. Beeinträchtigung durch Geländesport, Störung, Entnahme od. Töten bestandsgefährdeter Arten, Schädigung von Uferzonen durch Bade-, Surf-, und Bootsbetrieb, wirken sich auch auf die → Herpetofauna aus. [1]

Relikt: früher weit verbreitete Form, die heute nur noch in bestimmten Refugien (Rückzugs- od. Zufluchtsgebiete) vorkommt. Zu den bekanntesten Beispielen für **R** zählt → *Sphenodon punctatus*. Darüber hinaus gegenwärtig auch auf alle Arten bezogen, die, bedingt durch verschiedenste Umwelteinwirkungen, Konkurrenten usw., zurückgezogen in stark beschränkten → Arealen („Restarealen") leben. [1]

Reptilia, Kriechtiere: Kl der Wirbeltiere (Vertebrata). Stammesgeschichtlich betrachtet eine ebenso wie die → Amphibia paraphyletische Gruppe. Erstmals im Oberen Karbon (O Cotylosauria) nachgewiesen. Die Stammreptilien leiten sich von den Labyrinthodontia (Uramphibien) ab. Blütezeit der **R** war das demgemäß als Reptilien-Zeitalter benannte Mesozoikum (vor etwa 200 Mio Jahren). Rezent sind etwa 6000 Arten, die in 4 Ordnungen gegliedert werden: → Testudines, → Rhynchocephalia, → Squamata, → Crocodylia. Weltweit verbreitet (außer Polargebiete), besiedeln fast alle Lebensräume (zahlreiche Arten wurden sekundär Wasserbewohner). Kleine bis große Formen. GL wenige Zentimeter bis 11,4 m. Echte Landwirbeltiere. Eiablage stets an Land. Eier groß, dotterreich (polylecithal), hart- od. pergamentschalig. Embryonen von → Chorion und → Amnion umhüllt, schwimmen in der sie schützenden Amnionflüssigkeit und sind so vom „freien Wasser" unabhängig. Die → Allantois speichert N-haltige Stoffwechselendprodukte und fungiert als Atmungsorgan. Den Körper schützen die typischen → Reptilienschuppen, Hornplatten od. -panzer, z. T. noch von → Osteodermen unterlegt. Haut drüsenarm. Regelmäßig → Häutungen. Mit 2 Paar meist gut ausgebildeten, primär 5 strahligen Extremitäten od. extremitätenlos. Endphalangen i. d. R. bekrallt. Schädel besitzt nur einen → Condylus occipitalis. Stets 2 → Sacralwirbel vorhanden. Gehirn im Vergleich zu den **A** höher entwickelt (vgl. → Telencephalon). **R** sind → poikilotherm, lungenatmend. Das → Herz besteht aus 2 Vorkammern und einer (von Krokodilen abgesehen) unvollständig geteilten Kammer. Meist dominiert der optische Sinn. → Jacobsonsches Organ bei Schlangen und vielen Echsen hochdifferenziert. Bleibende Niere ist der → Metanephros. Ausschließlich innere → Befruchtung. Samenübertragung (außer bei Rhynchocephalia; hier durch Kloakenkontakt) durch → Kopulationsorgane. Verschiedene Arten sind → ovovivipar, einige → vivipar. Verbreitet → Brutfürsorge, verschiedentlich → Brutpflege. [1]

Reptilieneier, Präparation: weichschalige R. werden meist in 80%igem Ethanol konserviert (selten in 3–4%iger Formaldehydlösung). Damit keine Deformationen und Schrumpfungen entstehen, durchlaufen sie die aufsteigende Ethanolreihe. Die Eier kommen zuerst in eine 30%ige Konzentration und nach mindestens 3–4 h in die jeweils 10 % höhere Ethanolkonzentration. Hartschalige R. (von Schildkröten, Krokodilen) lassen sich anbohren und mittels einer feinen gebogenen Pinzette (evtl. mit aufgesetzter, stumpfer Kanüle) ausblasen. Als Bohrer kann ein zahnärztlicher kugel- od. flammenförmiger Zahnfräser dienen. Ist schon ein Embryo entwickelt, muß dieser durch → Mazeration (z. B. Injektion von 10%iger Kalilauge, bei 40 °C 1–2 Tage Einwirkungszeit) zersetzt od. mittels eines feinen Drahthäkchens in Stückchen aus der Schale befördert werden. Nachfolgend das Ei mit Wasser ausspülen und auf Fließpapier austrocknen lassen. [1]

Reptilienfette: durch Auskochen von **R** bzw. **R**-Eiern gewonnenes Fett od. Öl. Herstellung und Anwendung früher oft regional verbreitet, heute gegenstandslos. Schildkrötenfett ist schon seit dem Altertum bekannt, wurde besonders von *Podocnemis expansa* und → *Chelonia mydas* gewonnen und vor allem zur Speisenzubereitung, als Brennöl, Heilmittel sowie zur Seifenfabrikation genutzt. Krokodilfett, vorwiegend von → *Alligator mississippiensis* und → *Caiman crocodilus*, diente z. B. als Mittel gegen Rheumatismus, zur Lederbearbeitung und Schmiermittelherstellung. Sehr geschätzte Heilmittel gegen Gicht und Rheumatismus waren auch Schlangen- und Eidechsenfette. Als Rohstofflieferanten kamen in Nordamerika vor allem Klapperschlangen *(Crotalus)*, in Europa → *Vipera berus* und → *Natrix natrix* in Betracht. Eidechsenöl wurde in Brasilien hauptsächlich aus *Tupinambis teguixin*, in Indien von Waranen *(Varanus)* gewonnen. [1]

Reptilienkralle: sichelförmige Verhornung an der Endphalange bei **R** (→ Hautderivat). Besteht im Gegensatz zur → Amphibienkralle aus der die Oberseite repräsentierenden, gewöhnlich stärker verhornten Krallenplatte und der Krallensohle (Unterseite). Die Krallenplatte ist basal in den sog. Krallenfalz eingesenkt, der vom Krallenwall eingefaßt wird. Sie geht bei → Rhynchocephalia und → Squamata nur aus einem basalen Bereich des Epithels, bei → Crocodylia, → Testudines dagegen dem gesamten unter ihr liegenden Epithel hervor. (Abb. 92). [1]

Reptilienleder: abgezogene und gegerbte Häute verschiedener **R**-Arten, vor allem von Krokodilen, Rie-

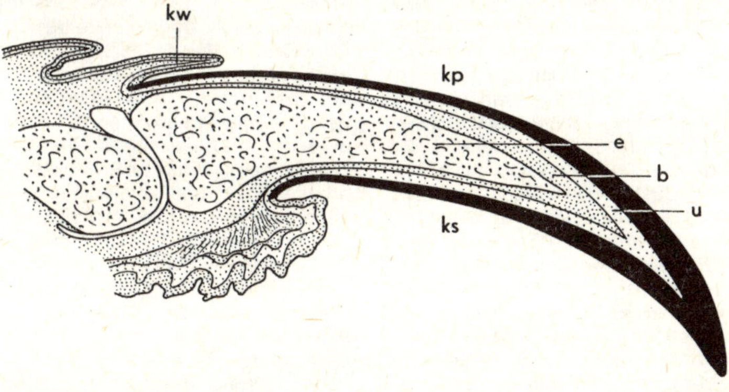

Abb. 92. Zehenspitze von *Alligator* (Längsschnitt). *b* Bindegewebe, *e* Endphalange, *kp* Krallenplatte, *ks* Krallensohle, *kw* Krallenwall, *u* unterlagerndes Epithel.

senschlangen- und einigen großen Echsenarten. Neben seiner schönen Färbung und Zeichnung bekannt für große Haltbarkeit sowie Wasserunempfindlichkeit. Verwendung z. B. für Kofferbezüge, Damenhandtaschen, Geldbörsen, Damenschuhe. Mit Entwicklung der sachgerechten, haltbaren Gerbung von Reptilienhäuten begann sprunghaft und in großem Maße der florierende Häutehandel. Für Krokodilleder verwendet man in erster Linie den → *Alligator mississippiensis* und → Kaimane. Eine Alligatorhaut wurde früher angesichts der riesigen Populationen mit nur 90 Cent bezahlt. Berühmt ist die Ausbeute der Gebrüder Roberts, die 1898 nahe Chokoloskee 3 Seen (Niedrigwasserstand) voller Alligatoren fanden und in lediglich einem Monat 10 000 Exemplare töteten. Allein in Louisiana fielen von 1940–1957 über 50 000 Alligatoren der Häutejagd zum Opfer. 1957 schätzte man den Gesamtbestand in diesem Staat auf nur noch rund 26 000 Exemplare. Ungeachtet der zwischenzeitlich geltenden nationalen Schutzbestimmungen und des → Washingtoner Artenschutzübereinkommens werden jährlich weiterhin Panzerechsen in großer Zahl von Wilderern getötet (in Georgia z. B. etwa 50 000 Alligatoren, im südamerikanischen Pantanal rund 2 Mio Brillenkaimane pro Jahr). Ähnlich ist die Situation beim Handel mit Häuten von Schlangen (Bild 54; besonders auf → *Python molurus*, → *P. reticulatus*, → *P. sebae* zurückgehend) und Echsen (große Leguane, Tejus, Warane). So wurden z. B. 1985 im Hamburger Freihafen vom Zoll 24 804 m Schlangen- und 114 153 Echsenhäute (hauptsächlich von Tejus) entdeckt. [1]

Reptilienschuppe: ihre Bildung geht von einer die → Epidermis vorwölbenden und zur verstärkten Zellteilung stimulierenden Coriumpapille aus. Durch starke Verhornung auf dieser nach hinten gerichteten Vorwölbung des → Integuments entsteht die charakteristische, oft verschiedene Fortsätze tragende Hornschuppe. Nach Form, Größe und Ausbildung unterscheidet man → Schilder (bzw. Schilde) und mehrere Schuppentypen (vgl. → Pholidosis). Rasterelektronenmikroskopische Untersuchungen zeigen, daß die Schuppenoberfläche bei Echsen und Schlangen eine spezielle, morphologisch sehr vielfältige und ökologisch bedeutsame Mikroarchitektur aufweist, die oft taxonomisch verwendbar ist. [1]

Resistenz: unspezifische, angeborene Abwehrmechanismen, die durch Faktoren (Hautschleim, Sekrete u. a.) und Mechanismen (Phagozytose u. a.) realisiert sind. [1]

Resistogramm, Antibiogramm: Testung der Resistenz von Mikroorganismen gegen eine Palette ausgewählter Chemotherapeutika. Nur von speziellen Instituten durchführbar. Methodisch mittels Agardiffusions- od. Verdünnungsmethoden vorgenommen. Von entscheidender Bedeutung für den gezielten Einsatz von Antibiotika und Sulfonamiden bei der Therapie. [1]

Restgewässer: Gewässer unterschiedlicher Größe, Tiefe und mit verschiedenem Wasserchemismus in Restlöchern z. B. von Braunkohletagebauen, Ton-, Kiesgruben. Durch Ansammlung von Niederschlags- und/od. Grundwasser entstanden. Ideale Objekte zum Studium der Entwicklung → aquatischer → Ökosysteme, der natürlichen pflanzlichen und tierischen Besiedelung. Einer der typischen → Erstbesiedler der R. des Leipziger Braunkohlen-Reviers ist unter den **A** → *Bufo calamita*. Die Mehrzahl der gegenwärtig im Bezirk Leipzig erfaßten → Laichplätze dieser Art geht auf derartige R. zurück. [1]

Retina, Netzhaut: Teil der Tunica interna des Wirbeltierauges (vgl. → Lateralauge). Nimmt Lichtreize durch die Sehzellen (Stäbchen, Zapfen) auf und leitet diese Reize über 2 hintereinander geschaltete, durch Synapsen verbundene Neurone, das Ganglion retinae (mit bipolaren Neuronen) und Ganglion nervi optici (Sehnervenneurone), weiter. Die Neuriten des Ganglion nervi optici ziehen über die Papilla (blinder Fleck, Sehnerveneintrittsstelle) als → Nervus opticus zum Gehirn. In der Hauptachse des Bulbus befindet sich i. d. R. auf der R. eine Stelle des schärfsten Sehens. Die Sehzellen (besonders die Zapfen) liegen hier sehr dicht, z. T. kommt es zur Ausbildung einer Fovea (Grube), über die Lichtstrahlen ungehindert zu den Sehzellen gelangen können, da die darüberliegenden Teile der R. zur Seite ausweichen. Nur der proximale Teil der R. (etwa 2/3) enthält Photorezeptoren (Pars optica genannt), sie fehlen auf der Rückseite der → Iris und des → Ciliarkörpers (daher blinder Teil der R., die Pars caeca), in die nur das → Pigmentepithel kontinuierlich eingeht. Alle anderen Schichten schrumpfen zu einem einfachen prismatischen Epithel zusammen. Die Zapfen sind flaschenförmig, mit dicken Innen- und kurzen dünneren Außengliedern, Stäbchen langgestreckter, schmaler (ebenfalls Innen- und Außenglied unterscheidbar). Stäbchen sind besonders lichtempfindlich, dementsprechend speziell bei nachtaktiven od. → subterrestrischen Formen (z. B. Geckos, → Gymnophionen) ausgebildet. Die für das Sehen bei höheren Lichtintensitäten sowie das Farbsehen zuständigen Zapfen stellen z. B. bei vielen Echsen und verschiedenen Schlangen die alleinigen Sehzellen dar. Beide Sehzelltypen kommen nebeneinander bei Schwanz-, Froschlurchen und vielen **R** vor. Der Sehfarbstoff ist in die Außenglieder der Sehzellen eingelagert. In den Innengliedern kommen Ölkugeln vor (in Zapfen meist gelb, Stäbchen farblos), so bei manchen **A**, typisch (Schlangen ausgenommen) für **R**. Ihre größte Vielfalt erreichen die Ölkügelchen (rot, orange, gelb) bei Schildkröten. Die Innenglieder der Sehzellen sind bei **A** außerdem zu Kontraktionen und Streckungen fähig und werden deshalb hier als Myoide bezeichnet. Bei höheren Wirbeltieren lassen sich solche Bewegungen nicht od. nur geringfügig registrieren. [2]

retraktile Krallen: zurückziehbare Krallen. Typisch für die meisten Katzen (Felidae). Unter den **R** bei verschiedenen Vertretern der → Gekkonidae ausgebildet, z. B. den Gatt *Phyllodactylus, Ptyodactylus.* Bei → *Tarentola mauritanica* verfügen lediglich die ♀♀ über winzige r. K. (→ Geschlechtsdimorphismus). [1]

Revier: → Territorium.

Reviermarkierung: Kennzeichnung des Reviers (→ Territorium) gegenüber Artgenossen. Unterteilung in optische, akustische, olfaktorische (chemische) Markierung. Eine R. durch optische Signale (häufig Kombination von Farbe und Bewegung) zeigen vor allem viele Vertreter der → Agamidae und → Iguanidae (Abspreizen beweglicher Hautfortsätze, Vorzeigen leuchtender Körperstellen, → Farbwechsel usw.), aber auch zahlreiche Froschlurche (*Colostethus trinitatis* u. a.). Besondere → Revierrufe geben viele Froschlurche sowie Gekkos von sich. Möglicherweise dienen die → Femoralporen der Eidechsen ♂♂ zur olfaktorischen R. während der Fortpflanzungszeit. [1]

Revierruf, Territorialruf: arttypischer Ruf zur → Reviermarkierung, der außerdem häufig dem Geschlechtspartner Paarungsbereitschaft anzeigt. Oft von einem bestimmten Rufplatz aus (z. B. eine erhöhte Position, Mindestabstand zu Rufplätzen der Reviernachbarn) vorgebracht. [1]

Revierverhalten, Territorialverhalten: der → Reviermarkierung, -bindung und -verteidigung dienende Verhaltensweisen. Bei vielen **A** und **R** (vgl. → Territorium) ausgeprägt. [1]

rezente Art: heute lebende Art. Gegensatz → fossile Art. [1]

Rhacophoridae, Ruderfrösche: Fam der → Anura. Etwa 190 Arten. Verbreitung: tropisches Afrika, Madagaskar, S-und SO-Asien bis Japan, Philippinen, Große Sunda-Inseln. Besiedeln verschiedenste ökologische Nischen. In Urwäldern, Savannen, als → Kulturfolger in Reisfeldern, Plantagen, an Häusern, Tempeln, sogar in Städten. Vorwiegend → arboricol, einige bodenbewohnend. Höhenverbreitung bis etwa 3700 m. KRL 1,5–12 cm. Pupille horizontal. → Maxillare und → Praemaxillare bezahnt. → Schultergürtel firmistern. → Procöle Wirbel, 8. Wirbel bikonkav. → Sacralwirbel mit stabförmigen → Diapophysen, ist über 2 Condylen mit dem → Urostyl verbunden. Zwischen vorletzter und letzter → Phalange ein Zwischenknorpel ausgebildet. Meist → Haftscheibe an den Endphalangen. Einige *Rhacophorus*-Formen mit großflächigen → Spannhäuten, die → Gleitflug ermöglichen. Überwiegend dämmerungs- und nachtaktiv. Eiablage hauptsächlich in → Schaumnestern an Blättern od. Zweigen über Gewässern, auch in Baumhöhlen, frei ins Wasser und am Erdboden. Bei einigen Formen Entwicklung ohne freilebendes Larvenstadium. Verschiedentlich → Brutpflege (→ Nestbewachen, Befeuchten des Schaumnestes). [1]

Rhinatrematidae: Fam der → Gymnophiona. Nur 2 Gatt *(Epicrionops, Rhinatrema)*, 9 Arten. Verbreitung: S-Amerika. Kleine Formen. GL bis 33 cm. → Tentakel liegt direkt vor dem Auge. Primär-, Sekundärfurchen sowie Kalkschuppen vorhanden. → Praemaxillaria nicht mit → Nasalia verschmolzen. → Septomaxillare deutlich ausgebildet. Kurzer Schwanz vorhanden. Fortpflanzungsmodus z. T. unbekannt. Von einigen Arten wurden Larven gefunden. [1]

Rhinoderma darwinii Duméril und Bibron 1841, Darwin-Nasenfrosch: Vertreter der → Rhinodermatidae. Verbreitung: S-Chile, S-Argentinien. Besiedelt feuchte Wälder nahe an → Fließgewässern. KRL bis etwa 3 cm. Von Charles Darwin entdeckt. Berühmt durch die → Brutpflege („Maulbrutpflege") der ♂♂. Die in Klumpen abgelegten Eier (20–40) werden von mehreren ♂♂ etwa 3 Wochen hindurch bewacht. Beim Auftreten von Keimlingsbewegungen befördert jedes ♂ einige Eier mittels der Zunge in die stark vergrößerte → Schallblase. Hier erfolgen Schlupf und Larvenentwicklung (Larven mit Hornkiefern, → Lippenzähnen usw.). Nach der → Metamorphose verlassen die etwa 1 cm langen Jungfrösche (10–15) den ungewöhnlichen Brutraum. Die Schallblase erreicht wieder Normalgröße. Bei der Vivarien-Haltung wurde die Entwicklung einiger Larven auch ohne derartige Brutpflege, d. h. im Freien, beobachtet. [1]

Rhinodermatidae, Nasenfrösche: Fam der → Anura. Nur 1 Gatt, 2 Arten (→ *Rhinoderma darwinii, R. rufus*). Verbreitung: S-Chile, S-Argentinien. Leben in feuchten Wäldern, gewöhnlich in Wassernähe. Im Flach- und Bergland anzutreffen. KRL bis etwa 3 cm. Schnauze nasenartig zu einem spitzdreieckigen Hautzipfel ausgezogen. Pupille horizontal. → Trommelfell sichtbar. → Maxillare und → Praemaxillare unbezahnt. → Schultergürtel pseudofirmistern. → Procöle Wirbel. → Sacralwirbel mit verbreiterten → Diapophysen, über 2 Condylen mit dem → Urostyl verbunden. → Amplexus erfolgt axillar. Eiablage an Land. ♂♂ betreiben einmalige Form der → Brutpflege in ihrer Schallblase (vgl. *Rhinoderma darwinii*). Bei *Rhinoderma rufus* endet diese mit dem Absetzen der aus dem Maul entlassenen Larven an einem Gewässer. *R. darwinii* dehnt die Brutpflege bis zum Abschluß der → Metamorphose aus. [1]

Rhinophrynidae, Nasenkröten: Fam der → Anura. Nur 1 Art, *Rhinophrynus dorsalis* Duméril und Bibron 1841. Verbreitung: S-Texas, Mexiko bis Kostarika. Bewohner des Flachlandes. Besiedelt halbwüstenartiges, auch grasiges Gelände. KRL bis fast 9, meist 5–7 cm. Körper etwa eiförmig, robust. Kopf kurz, vorn nasenartig. Schnauze und Augen klein, Pupille vertikal. → Trommelfell verborgen. → Maxillare und → Praemaxillare unbezahnt. Zunge vorn frei, sehr weit vorschnellbar. → Schultergürtel arcifer. Freie Rippen und → Sternum fehlen. Modifizierte → opisthocöle Wirbel. → Sacralwirbel mit kaum verbreiterten → Diapophysen, über 2 Condylen mit dem → Urostyl verbunden. Kurze Extremitäten. 1. Zehe mit markanter → Grabschaufel. ♂ besitzt paarige innere → Schallblasen. Nachtaktiv. Weitgehend → subterrestrisch, ausgezeichnetes Grabvermögen. Nahrung hauptsächlich Termiten. → Amplexus erfolgt inguinal. Laichabgabe in Klumpen, die anfangs auf der Wasseroberfläche treiben (weitgehend in → Standgewässern). [1]

Rhynchocephalia, Schnabelköpfe: O der → Reptilia. Im Trias und Jura weit verbreitet. Rezent nur 1 Art. Verbreitung: Neuseeland. Habitus eidechsenartig. Schädel → diapsid, mit → Foramen parietale, darunter liegt das sehr gut ausgebildete → Parietalorgan. Beide → Jochbögen vorhanden. → Praemaxillare schnabelartig nach vorn gekrümmt. Ohne → sekundären Gaumen. → Quadratum unbeweglich (starre Verbindung mit → Pterygoid). → Amphicöle Wirbel (→ Chorda dorsalis persistierend), → praesacrale Wirbel mit verknöcherten → Intercentra. → Gastralia vorhanden. Haut beschuppt. Kloakenspalte quergestellt. ♂ besitzt kein → Kopulationsorgan. → Ovipar. 1 Fam: → Sphenodontidae. [1]

Riechorgan: → Geruchsorgan.

Riechschleimhaut: Schleimhaut der Pars olfactoria der Nasenhöhle. Besteht aus dem einschichtigen Epithel der Riech- und Stützzellen. Riechepithelzellen sind primäre Sinneszellen, d. h. Rezeptorzellen, die selbst einen Nervenfortsatz besitzen. Ihre Neuriten treten zu Fila olfactoria (Riechfäden) und diese zum → Nervus olfactorius (Riechnerv) zusammen. Das freie Ende der Riechepithelzellen trägt einen sehr langen Cilienbesatz, um den runden Kern sind die schlanken Sinneszellen etwas verdickt. Die R. wird von zahlreichen Glandulae olfactoriae (Bowmansche Drüsen) durchsetzt. Dies sind einfache od. auch verästelte mehrzellige tubulöse Drüsen, deren Sekret über der R. einen Oberflächenfilm bildet, in den die langen Cilien der Sinneszellen hineinragen. Nur Riechstoffe, die in diesem Oberflächenfilm gelöst sind, können perzipiert werden. Das nichtolfaktorische Epithel der Pars respiratoria ist ebenfalls einschichtig, bewimpert und mit einzelligen schleimbildenden Becherzellen ausgestattet. Zusätzlich münden auch hier Bowmansche Drüsen. [2]

Riedfrösche: → Hyperoliidae.

Rieselfelder: zur Berieselung mit Abwässern, d. h. zu deren Beseitigung und biologischer Reinigung dienende Bodenflächen. Hauptsächlich Ende des 19./Anfang des 20. Jahrhunderts am Rand von Großstädten (Berlin, Münster u. a.) großräumig, meist auf durchlässigem Sandboden und landwirtschaftlich genutzten Flächen angelegt. Über ein weit verzweigtes Verteilernetz werden die eingedämmten Felder und Wiesen überstaut. Durch ihren Nahrungsreichtum und die verschiedenartigen Biotopelemente erhielten die R. vor allem Bedeutung als Brut-und Rastgebiete für Wat- und Wasservögel. Heute meist durch den Bau moderner Kläranlagen nicht mehr benötigt. Nutzung der inzwischen stark verkleinerten Gesamtfläche z. T. über Beschikkung mit geklärtem Wasser als bedeutsames → Feuchtgebiet (Münster: von ehemals 550 ha noch etwa 220 ha vorhanden) und als Naherholungsraum. Bei einer solchen Umgestaltung der R. sollten bestehende **A**-Laichgewässer erhalten und möglichst neue angelegt werden. [1]

Riesenbeutelfrosch: → *Gastrotheca ovifera.*

Riesengürtelschweif: → *Cordylus giganteus.*

Riesensalamander: → Cryptobranchidae.

Riesenschlangen: → Boidae.

Riesensmaragdeidechse: → *Lacerta trilineata.*

Riesenwuchs: → Gigantismus.

Rima glottidis, Stimmritze: Spalte im Inneren des → Larynx zwischen den → Labia vocalia. Über die Stimmritze stehen obere und untere Etage des Kehlkopfes miteinander in Verbindung (→ Laryngotrachealsack). [2]

Ringelnatter: → *Natrix natrix.*

Ringelwürmer: → Annelida.

Riparium, Uferbecken, Uferaquarium: Synthese von → Aquarium und → Terrarium, wobei der Landteil nach der Art eines Uferausschnittes gestaltet ist. Mindestens ⅓ der Behälterhöhe sollte mit Wasser gefüllt sein. Ermöglicht eine vielseitige, üppige Bepflanzung des Wasser- und Landteiles und z. B. kombinierte Haltung von Zierfischen und Froschlurchen. [1]

Rippen: → Costae.

Rippenfurchen, Costalfurchen: an den Rumpfseiten zwischen den Rippen verlaufende, mehr od. weniger stark hervortretende Querfurchen bei verschiedenen Schwanzlurchen und deren Larven. Die Zahl der R. kann als Bestimmungsmerkmal dienen. So weisen z. B. die Larven von → *Triturus cristatus* 15–16, von → *T. marmoratus* 12–13 R. auf. [1]

Ritualisierung: Umbildung von Gebrauchshandlungen, auch → Intentionsbewegungen und → Übersprunghandlungen, z. B. durch Überbetonen od. Vereinfachen bestimmter Komponenten, in Verhaltensweisen mit Signalcharakter. So wird die Herausbildung des → Tretelns durch R. eines Teiles der Fluchtbewegung (bei Eliminierung des tatsächlichen Flüchtens) gedeutet. [1]

road side hunting, nocturnal road cruising: Methode des Fanges von **A** und **R** in den USA. So werden z. B. auf durch schlangenreiche Wüstengebiete führenden Straßen nachtaktive Schlangen (vor allem in lauen Nächten; Klapperschlangen, Kupferköpfe u. a.) beim Überqueren der Fahrbahn vom Scheinwerferlicht des Autos erfaßt und dann nachfolgend leicht gefangen. Auf gleiche Weise lassen sich nachts auch verschiedenste **A** (*Bufo-*, *Hyla-*, *Rana-*Arten u. a.) erbeuten. [1]

Rohskelet: grob entfleischtes Skelet, das beim → Bänder(roh)skelet noch alle knorpeligen Gelenkverbindungen aufweist. Kann bis zur Weiterverarbeitung (z. B. bei Präparation unter Feldbedingungen) vorzugsweise in 50%igem Ethanol, gegebenenfalls auch trocken aufbewahrt werden (leicht zerbrechlich, gegen Schadinsektenfraß vergiften). Herstellung: enthäuten, zum Entfleischen am besten Schädel, Extremitäten, bei langschwänzigen Formen evtl. auch Schwanz vom Rumpfskelet trennen. Leibeshöhle ausweiden. Am Schädel vorsichtig Gehirn, Augen, größere Muskeln entfernen, Unterkiefer nicht ablösen. Darauf achten, daß z. B. Zähne, Zungenbein, → Rudimente, → Gastralia nicht verlorengehen. Dauerhaft → etikettierten, dann gründlich wässern. Zur sicheren Lagerung bzw. zum Transportieren alle Einzelteile zu einem festen Knochenpaket zusammenbinden. [1]

Rollschlangen: → Aniliidae.

Rostrale: Schnauzenschild. [1]

Rotbauchunke: → *Bombina bombina.*

Rotbuch: → Red Data Book.

Rote Listen: angeregt durch das → Red Data Book und in recht unterschiedlicher Qualität erstellte Verzeichnisse gefährdeter Arten und Unterarten, mit Ausweisung des Gefährdungsgrades, meist auch Angaben zu den Gefährdungsursachen und Schutzvorschlägen. Solche Listen wurden auf zahlreichen Ebenen erarbeitet und veröffentlicht. Sie erschienen z. B. als lokale, regionale, nationale (R. L. gefährdeter Tiere Österreichs, 1. Auflage Juni 1983, usw.) Listen, bei einigen Gruppen auch für bestimmte Erdteile, wie 1976 die R. L. der Gefäßpflanzen Europas od. die 1978 in Straßburg herausgegebene Dokumentation „Threatened Amphibians and Reptiles in Europe". Sie alle dienen als Entscheidungshilfe für den Gesetzgeber und andere Institutionen, als Grundlage praktischer Naturschutzarbeit, Material zur Öffentlichkeitsarbeit und fordern zugleich zu einem stärkeren → Arten- und → Biotopschutz auf. [1]

Rötliche Zornnatter: → *Coluber rubriceps.*

Rückenbrutpflege: Spezialfall der → Brutpflege auf dem elterlichen Körper (→ Körperbrutpflege). In unterschiedlichem Ausbildungsgrad und als ausschließlich mütterliche Brutpflege für einige Vertreter der → Pipidae und → Hylidae bekannt. So trägt z. B. der Schüsselrückenlaubfrosch *(Fritziana goeldii)* seine 20–26 Eier, von einem dünnen Hautsaum schüsselartig eingefaßt, offen bis zum Ausschlüpfen der Larven auf dem Rücken. Brandes und Schoenichen vermuten, daß die Vergrößerung und weitere Ausdehnung solcher Hautfalten zur Rückenmitte hin zur Entstehung der für Beutelfrösche (→ *Gastrotheca marsupiata*, → *G. ovifera* u. a.) typischen dorsalen Haut- od. → Bruttasche geführt hat. Ein völlig anderer Modus der R. (erstmals 1765 durch Fermin beschrieben) findet sich bei → *Pipa pipa*. Hier verläuft die Entwicklung bis zum metamorphosierten Frosch in kleinen, von der schwammig aufgequollenen Rückenhaut gebildeten Waben od. Brutkammern. Die Versorgung mit Sauerstoff und Nährstoffen erfolgt über den mütterlichen Organismus. Eine ähnliche R. bis zum Abschluß der → Metamorphose liegt offenbar bei *Pipa aspera, P. arrabali, P. snethlageae* vor. Bei den restlichen 3 *Pipa*-Arten werden die Brutkammern schon im Larvenstadium verlassen. [1]

Rückendrüsenleiste, Subdorsalleiste: markante Längsleiste von → Hautdrüsen an der Rückenseite bei vielen Froschlurchen. Häufig noch durch besondere Färbung bzw. Zeichnung hervorgehoben. [1]

Rückenmark: → Medulla spinalis.

Rückenmarkfrosch, spinaler Frosch: Frosch, dem zur Darstellung der reflexphysiologischen Bedeutung des Rückenmarks das Gehirn (meist durch Dekapitierung) entfernt ist. Nach Betäuben durch Kopfschlag wird dazu mit einem schnellen, kräftigen Scherenschlag die ganze obere Kopfhälfte abgeschnitten. Die spinalen Reflexe fallen unmittelbar danach für einige Sekunden aus, verlaufen aber einige Minuten später wieder normal. Zu den bekanntesten Reflexen des R. zählen z. B. → Beinanziehreflex und Wischreflex. Das Brondgeestsche Phänomen, d. h. die leichte Biegung der Hinterextremitäten des mit dem Unterkiefer am Stativ montierten, dekapitierten Tieres, repräsentiert einen markanten Eigenreflex. [1]

Rückwandbepflanzung: die Begrünung der → Terrarienrückwand richtet sich nach dem → Terrarientyp und Tierbesatz. Gestaltungsmöglichkeiten durch angeheftete od. in ausgesparte Pflanzmulden eingebrachte Töpfe, → Kletterpflanzen, auch als ganze Pflanzenwand aus → Epiphyten od. Kletterpflanzen (in Netzbespannung). Breit einsetzbar ist der eine dichte Pflanzendecke bildende *Ficus pumila*. Kultur halbschattig bei 5–25 °C, Humusboden, Vermehrung durch Stecklinge. Klettert wie *Hedera* mit Haftwurzeln. Dekorative Blattpflanzen für das tropische Regenwaldterrarium sind z. B. kleinwüchsige *Philodendron*-Arten (meist als Jungpflanzen, nicht unter 15 °C, halbschattig kultivieren), weiterhin auch Vertreter der Gatt *Passiflora, Piper (P. nigrum, P. ornatum), Peperomia, Scindapsus*. [1]

Ruderfrösche: → Rhacophoridae.

Rudiment: Bezeichnung für Organe und Verhaltensweisen, deren ursprüngliche Funktion sich im Verlauf der Evolution rückgebildet hat und von denen nur noch Reste vorhanden sind. So finden sich z. B. unter den Schlangen R. des → Beckengürtels und der Hinterextremitäten (vgl. → Afterklauen) bei den → Typhlopidae, → Leptotyphlopidae, → Aniliidae und → Boidae. Oft treten R. lediglich in der Embryonalperiode auf (Anlage von Kiemenspalten auch bei → terrestrischen Wirbeltieren). Im Gegensatz zu den lautstarken Rufen der meisten *Bufo*-Arten haben die ♂♂ von → *Bufo bufo* eine rudimentäre Stimme (Lockruf leise, selten). [1]

Ruineneidechse: → *Podarcis sicula*.

Rundwürmer: → Nemathelminthes.

Rusconische Häkchen: → Balancer.

Sacci lymphatici, Lymphsäcke: direkt unter der Haut (subcutan) od. auch tiefer gelegene Hohlräume, die durch Erweiterung von Lymphgefäßen entstanden sind. Die großen subcutanen S. l. der Froschlurche werden durch bindegewebige Septen voneinander getrennt. Sie stehen aber seitlich untereinander sowie mit tiefer gelegenen Lymphsäcken durch Ostien (Öffnungen) in Verbindung. Über → Lymphherzen wird die → Lymphe an bestimmte Venen abgeleitet. Die Froschlurche sind von den S. l., die sowohl Verdunstungsschutz bieten als auch der Aufnahme von Wasser dienen, wie von einem Wasserkissen umgeben. (Abb. 93). [2]

Sacculus, Gehörsäckchen: ventrales häutiges Säckchen des → Labyrinthorgans. Primär Organ des statischen Sinnes. Das Sinnesfeld des S., die Macula sacculi, spricht auf Linearbeschleunigungen an und orientiert außerdem über die Lage des Kopfes im Raum. Der S. der **A** ist über eine weite Öffnung mit dem → Utriculus verbunden. Bei **R** engt sich diese auf einen Gang, den → Ductus utriculosaccularis, ein. Eine caudodorsale Aussackung des S. stellt die → Lagena dar, an deren Basis die → Papilla basilaris liegt. **A** besitzen mit der → Papilla amphibiorum noch eine weitere Hörpapille. [2]

Sacralrippen: verbinden → Os ilei und → Sacralwirbel: Schwanzlurche zeichnen sich durch eine bewegliche Verbindung über eine S. aus. Bei Froschlurchen entfällt diese Beweglichkeit, auch die 2 S. der **R** sind gewöhnlich fest mit den Sacralwirbeln verschmolzen (→ Pleurapophysen). Die S. der → Cryptodira bleiben mit → Kreuz- und → Darmbein über Knorpel beweglich verbunden. [2]

Sacralwirbel, Kreuzbeinwirbel: die das Becken tragenden Wirbel. Über → Sacralrippen (Schwanzlurche, → Cryptodira) od. → Pleurapophysen (Froschlurche, **R**) mehr od. weniger fest mit den → Ossa coxae des → Beckengürtels verbunden. **A** besitzen nur einen (Ausnahme *Pipa* mit zwei), **R** immer zwei S, die selten zu einem → Sacrum verschmelzen. [1]

Sacrum, Os sacrum, Kreuzbein: bildet mit den → Ossa coxae den → Beckengürtel. Da **A** nur einen → Sacralwirbel besitzen (Ausnahme *Pipa* mit 2), kann man bei ihnen noch nicht von einem S. sprechen. Das S. der **R** besteht aus 2 Sacralwirbeln, die i. d. R. jedoch nicht miteinander verschmelzen. [2]

Saitenwürmer: → Nematomorpha.

Salamander: populäre Bezeichnung für heimische Schwanzlurche, d. h. Formen aus der Fam → Salamandridae, die sich durch rein → terrestrische Lebensweise und einen im Querschnitt runden bis leicht ovalen Schwanz auszeichnen. [1]

Salamandertreppe: Köppen hielt → *Salamandra salamandra* in einem Bekken, dessen Boden eine dünne Kiesschicht und darüber nur 1 cm Wasserstand aufwies. Auf diesem → Bodengrund steht die S. Sie wird aus 3 verschieden großen, mit jeweils 4 Holzfüßen (etwa 5 cm lang) versehenen Schieferplatten gebaut, die übereinander stehen und mit Moos bedeckt sind. Vorzüge: Übersichtlichkeit, leicht zu säubern, Tiere können hinsichtlich des Feuchtigkeitsgrades den Vorzugbereich aufsuchen. [1]

Salamandra atra Laurenti 1768, Alpensalamander: Vertreter der → Salamandridae. Verbreitung: Alpenraum (außer Seealpen), Gebirgsregionen des W-Balkans (W-Jugoslawien, N-Albanien). Typisch montane Form. Breites Biotopspektrum. Bevorzugt feuchte, schattige, nicht zu dichte Biotope, hauptsächlich Buchen-, Laubmisch- und Mischwälder, aber auch in der Krummholzzone, bis in die Mattenregion und Felsfluren anzutreffen. Höhenverbreitung zwischen 433–2800 m NN. GL bis 15 cm (♀ meist größer als ♂). Im Vergleich zu → *Salamandra salamandra* schlanker wirkend. Ebenfalls glatthäutig (nur Kehle und Seiten runzlig), glänzend, mit deutlichen → Parotoiddrüsen. Schwanz erreicht

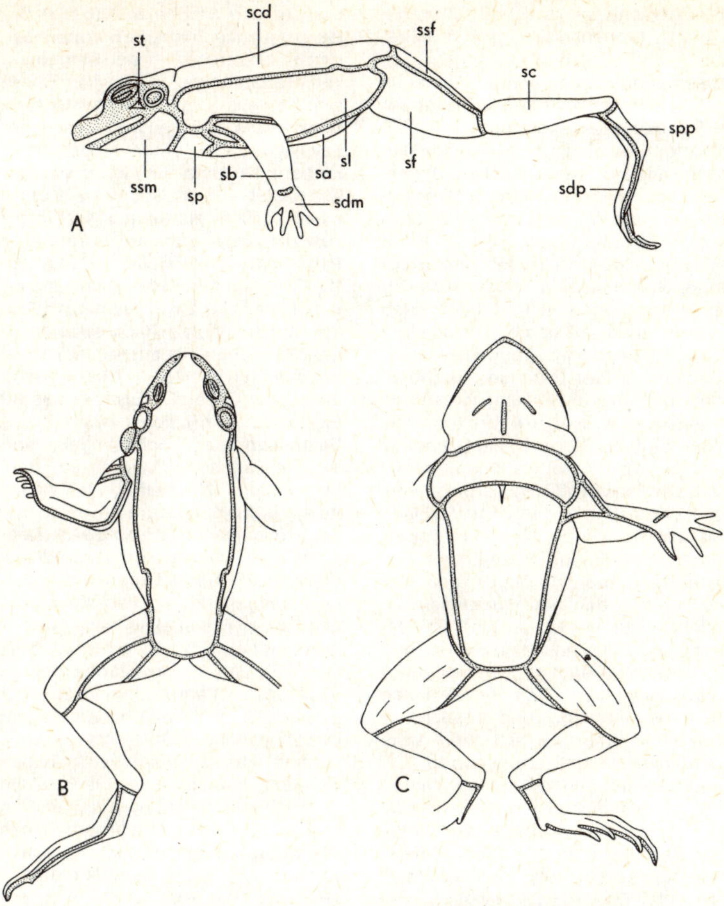

Abb. 93. Subcutane Lymphsäcke von *Rana „esculenta"*. A. Lateralansicht, B: Dorsalansicht, C. Ventralansicht. *sa* Saccus abdominalis, *sb* S. brachialis lateralis, *sc* S. cruralis, *scd* S. craniodorsalis, *sdm* S. dorsalis manus, *sdp* S. dorsalis pedis, *sf* S. femoralis, *sl* S. lateralis, *sp* S. pectoralis, *spp* S. plantaris pedis, *ssf* S. suprafemoralis, *ssm* S. submaxillaris, *st* S. temporalis.

nicht KRL. Überwiegend nachtaktiv. Nach starken Regenfällen oft in großer Zahl im Freien (Verstecke z. B. unter Steinen, Moos, morschem Holz, Holzstapeln, in Felsspalten). Rein → terrestrisch. Paarungen können während der ganzen Jahresaktivitätsperiode erfolgen. Meist werden 2 (ganz selten bis 4) voll entwickelte Junge geboren → Tragzeit (höhenabhängig) 2–3 Jahre. [1]

Salamandra salamandra (Linnaeus 1758), Feuersalamander: Vertreter der → Salamandridae. Verbreitung: W-, M-, S-Europa, W-Ukraine, W-, S-, Isolate in O-Kleinasien, Iran (Isolate), Syrien, N-Israel, NW-Afrika. Bevorzugt schattige, feuchte Wälder (besonders Laubwälder, in M-Europa Präferenz für Buchenwälder) im Hügel- und Bergland. Gewöhnlich in Wassernähe, oft im Waldrandbereich. Findet sich jedoch auch außerhalb von Waldungen im Karst, auf grasigem, felsreichem Gelände, in der Garrigue, Fruchthainen, mitunter in Siedlungsbereichen (Parks usw.). Höhenverbreitung bis über 2000 m. GL bis 31 cm (Tiere aus israelischen → Populationen), meist jedoch nicht über 20 cm. Körper plump, seitlich mit runzliger, sonst glatter Haut, glänzend. Kopf dick, etwas länger als breit, → Parotoiddrüsen markant, nierenförmig (Abb. 85). Augen groß, hervortretend. Schwanz rund-oval, erreicht maximal KRL. Je eine Drüsenreihe an den Flanken, 2 Reihen entlang der Rückenmitte. Hauptsächlich nachtaktiv (bei starkem Regen außerdem dämmerungs- und tagaktiv). → Terrestrisch (nur *S. s. almanzoris* weitgehend → aquatisch), ortstreu. Oft Massenwanderungen zum → Winterquartier. Hautsekret giftig (→ Samandarin). Umstritten sind die von Kästle (1986) beschriebenen → Kommentkämpfe (auch als Fehlpaarungen gedeutet; Bild 19). → Ovovivipar. Larven (in Europa bis 75, meist 30; in Israel 30–200 je Wurf) werden im Flachwasser von Bächen, in Quellgewässern, → Brunnen usw. abgesetzt. *S. s. fastuosa* und *S. s. gallaica* können voll entwickelte Jungtiere ausstoßen. → Höchstalter in Gefangenschaft etwas über 50 Jahre. [1]

Salamandrella keyserlingii Dybowski 1870, Sibirischer Winkelzahnmolch: Vertreter der → Hynobiidae. Verbreitung: Hauptareal vom Ural bis zur Pazifikküste, von Werchojansk (67 ° n. Br.) bis zur Mandschurei. In Europa inselartige Vorkommen in der Umgebung von Gorki und bei Syktywkar. Findet sich vor allem auf Feuchtwiesen, in Sumpf- und Moorgelände. Nach der Laichzeit meist unter Moos, Laub, moderndem Holz, Steinen, in Wassernähe. GL bis 13, meist 8–9 cm. Körper mäßig schlank, glatthäutig. Kopf leicht gewölbt, Augen stark hervortretend, → Parotoiddrüsen groß, flach. Rumpf mit 12–15 → Rippenfurchen. Schwanz erreicht höchstens KRL, anfangs rundlich, nachfolgend seitlich zusammengedrückt, oberseits mit Kante. Hinterextremitäten vierzehig. Überwiegend nachtaktiv. ♀ setzt 2 Eisäcke (bis 80 Eier pro Sack) im Laichgewässer ab. [1]

Salamandridae, Salamander und Molche: Fam der → Caudata. 53 Arten. Verbreitung: N-Amerika, NW-Afrika, Asien, in Europa vertreten durch die Gatt *Salamandra, Mertensiella, Salamandrina, Chioglossa, Pleurodeles, Euproctus, Triturus*. Lebensweise rein od. weitgehend → terrestrisch, → amphibisch *(Triturus)* bis völlig → aquatisch. Höhenverbreitung bis 3000 m. GL 5–31 cm. Gaumenzähne beiderseits des → Parasphenoids in einer S-förmigen, weit nach hinten ziehenden Längsreihe. → Opisthocöle Wirbel. Lungen und Augenlider ausgebildet. Schwanz erreicht etwa bis KRL, im Querschnitt bei Landsalamandern rundlich bis oval, bei Wassermolchen lateral zusammengedrückt. → Rippenfurchen wenig markant. Mitunter → Neotenie. Hautsekret giftig (→ Samandarin, → Tarichatoxin usw.). Tag-, z. T. dämmerungs- und nachtaktiv. Gewöhnlich → ovipar; → ovovivipar → *Salamandra atra*, → *S. salamandra* → *Mertensiella luschani*. [1]

Salamandrina terdigitata (Lacépède 1788), Brillensalamander: Vertreter der → Salamandridae. Verbreitung: W-Italien (W-Apennin: Ligurien bis Kampanien, Kalabrien). Bewohnt feuchte, unterwuchsreiche Wälder des Berglandes meist nahe kühler Quellgewässer,

Bergbäche. GL bis 11 cm. Körper relativ schlank, Schwanz etwas seitlich abgeflacht, übertrifft die KRL. Kopf flach, Schnauze kurz, abgerundet. Augen hervortretend, → Parotoiddrüsen vorhanden. Rippen und Dornfortsätze der Wirbel zeichnen sich markant unter der matten, fein gekörnelten Haut ab. Extremitäten mit 4 Fingern bzw. Zehen. Lungen rudimentär (Hautatmung!). Überwiegend nachtaktiv. Tagsüber z. B. versteckt unter Laub, Steinen. Stellt sich beim Fang oft tot (→ Unkenreflex; Abb. 114 A). → Sommerruhe möglich. Paarung an Land (in Wassernähe) innerhalb eines vom ♂ durch Duftmarkierung abgegrenzten → Territoriums. Eiablage einzeln od. zusammengeklebt als Gelege (bis 12 Eier) in langsam fließenden Bächen meist unterseits von Steinen, Pflanzen und anderen Substraten. [1]

Salamandroidea: UO der → Caudata. Verbreitung: gesamte gemäßigte Holarktis sowie Neotropis (ein Teil der → Plethodontidae). Nasalia durch Praemaxillarfortsätze getrennt. → Angulare mit → Praearticulare verschmolzen. Gaumenzähne stehen meist in 2 nach hinten divergierenden Längsreihen. → Amphicöle bis → opisthocöle Wirbel. Rippen zweiköpfig. ♂♂ mit verschiedenen Typen von → Kloakaldrüsen. Innere → Befruchtung. Einige Arten sind → neoten. 6 Fam: → Proteidae, → Dicamptodontidae, → Amphiumidae, → Salamandridae, → Ambystomatidae, → Plethodontidae. [1]

Salientia: ÜO der → Lissamphibia. Enthält die O → Anura und O Proanura mit der in der unteren Trias von N-Madagaskar gefundenen Form *Triadobatrachus massinoti*. Diese gilt allgemein als Zwischenform zwischen primitiven **A** (z. B. Vorder- und Hinterextremitäten etwa gleich lang, → Ulna und Radius, ebenso → Tibia und → Fibula nicht verwachsen, meist → amphicöle Wirbel, 14 → praecacrale Wirbel, Schwanzwirbel nicht verschmolzen, jedoch in Größe und Zahl reduziert, → Foramen parietale vorhanden) und Fröschen. Zahlreiche Autoren verwenden andererseits den Begriff S. syn. zu Anura. [1]

Salmonellen-Infektion: häufige → bakterielle Infektionskrankheit bei **A** und **R** (Bestandsbefall oft um 40 %). Die Vielfalt der isolierten Serotypen (aus **R** rund 200) läßt vermuten, daß die Mehrheit von ihnen aus den Heimatländern der Terrarientiere stammt. Viele Tiere (besonders Landschildkröten) sind Dauerausscheider. Eine Infektion des Menschen ist möglich. In Europa wurden bislang nur wenige exakt belegte Fälle bekannt (in USA angeblich hohe Befallszahlen ausgehend von Schildkrötenhaltung). Konditionsschwäche, z. B. durch → Haltungsfehler, Krankheit, Transportstreß, mangelnde Hygiene bedingt, ist ein wichtiger Auslösefaktor für eine Salmonellose. Übertragung z. B. durch Futtertiere (*Salmonella typhimurium*-Nachweis beim Verfüttern von Mäusen), Insekten (→ Schaben, Fliegen u. a.), Geräte. Erregernachweis über Kotuntersuchung bzw. Kloakalabstrich. Symptome: blutiger Durchfall, Schleimabgabe, bei schweren → Gastro-Enteritiden meist Übergreifen auf andere Organe (Hepatitiden, → Pneumonien usw.). Therapie: wirksam soll besonders Oxytetracyclin und Chloramphenicol (50 mg/kg KM am 1. Tag, dann 6 Tage 30 mg/kg, oral) sein. [1]

Saltatoria, Springschrecken: heute gewöhnlich in die O Ensifera (Langfühlerschrecken; dazu zählen Laubheuschrecken, Grillen) und Caelifera (Kurzfühlerschrecken; Feldheuschrekken) aufgegliederte Insektengruppe. Etwa 20 000 Arten. Größe 5–100 mm. Hinterbeine meist als Sprungbeine ausgebildet. Mit unvollständiger Entwicklung. Nahrung überwiegend pflanzlich, auch tierisch. Eiablage meist im Erdboden. Ausgezeichnetes Futter für viele Terrarientiere (besonders Echsen). Von Juni bis zu den ersten Nachtfrösten können auf trokkenen und feuchten Wiesen, Rasenflächen, Weiden, → Ödland z. B. Vertreter der Gatt *Stenobothrus* und *Chorthip-*

pus mit der Hand od. dem ‣ Kescher gefangen werden. Zur Zucht eignen sich besonders gut ‣ *Acheta domesticus*, ‣ *Locusta migratoria*, ‣ *Schistocerca gregaria*, *Sch. paranensis*, dazu weitere tropische bzw. subtropische Formen. [1]

Salzdrüsen: Drüsen mit osmoregulatorischer Funktion im Kopfbereich verschiedener Seevögel und vor allem ‣ mariner **R**. So scheidet z. B. ‣ *Amblyrhynchus cristatus* in gleicher Weise wie einige Enten- und Möwenarten überschüssiges Salz (auch experimentell durch NaCl-Injektion nachweisbar) durch die seitliche Nasendrüse (Glandula nasalis lateralis) aus. Die vor dem Auge befindliche Drüse ist durch zwei Gänge mit dem Nasenvorhof verbunden, so daß feine Salztropfen aus den Nasenöffnungen gestoßen werden können. Auch einige ‣ terrestrische Vertreter der Iguanidae (aus den Gatt *Iguana*, *Ctenosaura*, *Sauromalus* u. a.) verfügen über S. Bei ‣ Cheloniidae und ‣ Dermochelydidae erfolgt die Ausscheidung über die dafür spezialisierte ‣ Hardersche Drüse. Marine Schlangen (‣ Hydrophiidae, ‣ Acrochordidae) besitzen eine entsprechende Drüse im Gaumen. [1]

Salzkrebschen: ‣ *Artemia salina*.

Samandarin: Hauptalkaloid des Hautsekretes von ‣ *Salamandra salamandra*. 1866 von Zalesky erstmals isoliert (aus über 1000 Tieren) und benannt. Die Strukturaufklärung erfolgte später röntgenographisch. Gleichermaßen wurde auch die Struktur des 1898 von Faust isolierten Samandaridins bestimmt. Biogenetisch entstehen die Alkaloide von *Salamandra* aus Cholesterin. Die pharmakologische Wirkung untersuchte vor allem Geßner. Er gewann das milchig-weiße Hautsekret durch Ausdrücken (auch Absaugen mittels Wasserstrahlpumpe möglich) der ‣ Parotoid- und anderen Hautdrüsen. Auf diese Weise lieferten 946 Salamander 295 g Rohgift. S. ist ein starkes, das Zentralnervensystem angreifendes Gift. Es bewirkt Tod durch Atemlähmung, hat außerdem blutdrucksteigernde, auch lokalanästhetische Wirkung. (Abb. 94). [1]

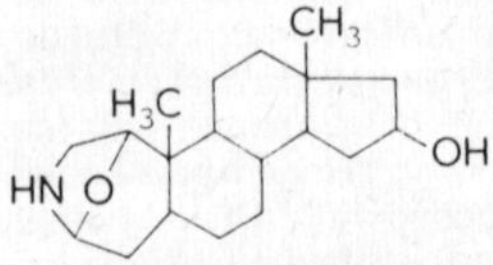

Abb. 94. Samandarin.

Samenleiter: ‣ Ductus deferens.

Sammlungsschädlinge: die wesentlichen tierischen Schädlinge an zoologischen Präparaten sind Vertreter der Speckkäfer (Dermestidae), z. B. *Anthrenus verbasci* (Wollkraut-Blütenkäfer), *A. museorum* (Museumskäfer), *Attagenus pellio* (gefleckter Pelzkäfer), *Dermestes lardarius* (Gemeiner Speckkäfer). Gegen S. richten sich bekämpfende und prophylaktische Maßnahmen. Zur Bekämpfung dienen neben physikalischen (Röntgenstrahlen, Mikrowellen, zweistündige Kälteexposition bei −30 °C) besonders chemische Methoden in Form von Begasungen (in Spezialbehältern od. als Raumvergasung) z. B. mit Blausäure (HCN), Phosphorwasserstoff (PH_3), Methylbromid (CH_3Br), Ethylenoxid (C_2H_4O) sowie unter hohem Dampfdruck einwirkende Insektizide (Diazinin u. a.). Eine Anwendung von Paradichlorbenzen ($C_6H_4Cl_2$) bei bestehendem Befall ist ungeeignet. Beim vorbeugenden insektiziden Schutz (Langzeitwirkung, Applikation bei niedrigem Dampfdruck) wird anstelle der traditionellen Arsenverbindungen immer mehr die ‣ Eulanisierung angewandt. Unbedingt die gesetzlichen Bestimmungen beim Umgang mit Giften einhalten. [1]

Sammlungsschutz: Schutz musealer Objekte vor Beeinträchtigung und Vernichtung durch abiotische sowie biotische Faktoren. Im Hinblick auf zoologische Sammlungen bedeutet dies vor allem Lichtschutz gegen Ausbleichen, sachgerechte Klimatisierung (zu trokkene Luft bewirkt Platzen von Präparaten, zu hohe Luftfeuchtigkeit Schimmelbildung usw.), Staubschutz, vorbeugenden Brandschutz (besondere Vorsicht bei und nach routinemäßigen Begasungen) und Ergreifen von Maßnahmen zur Verhinderung und Bekämpfung von Schadinsektenbefall (‣ Sammlungsschädlinge). [1]

Sandotter: ‣ *Vipera ammodytes.*

Sandrasselotter: ‣ *Echis carinatus.*

Sanguis: ‣ Blut.

Sarcomastigophora: St der Protozoa (Einzeller). Fortbewegungsorganelle sind Geißeln (in Ein- bzw. Mehrzahl ausgebildet) und/od. Pseudopodien (durch Fließbewegungen des Cytoplasmas entstehende „Scheinfüßchen"). Die Vermehrung erfolgt nur ungeschlechtlich. Gliederung in ÜKl ‣ Mastigophora (Flagellata), ‣ Opalinata und Sarcodina (Wurzelfüßer; hierzu gehört z. B. *Entamoeba invadens*, der Erreger der ‣ Amöbendysenterie). [1]

Sardinischer Gebirgsmolch: ‣ *Euproctus platycephalus.*

Sardinischer Schleuderzungensalamander: ‣ *Hydromantes genei.*

Sattelkröten: ‣ Brachycephalidae.

Saugschnappen: Methode des Beuteerwerbs bzw. der Nahrungsaufnahme bei vielen Fischen und im Wasser lebenden **A**, auch typisch für ‣ *Chelus fimbriatus.* Durch plötzliches Öffnen des Maules wird ein kräftiger Sog erzeugt, der die Beute in dieses hineinreißt. Unter den **A** praktizieren S. zeitweilig od. dauernd ‣ aquatische Schwanzlurcharten und deren Larven (ihre ‣ Lippensäume verstärken den Sogeffekt), bei Froschlurchen die ‣ Pipidae. Oft sind in dieses Freßverhalten kurze „Schnappsprünge", wie bei Molchlarven (2–3, maximal 10 mm weit), bzw. kräftige und einige Zentimeter weite „Freßstöße", wie bei den Pipiden (Stoßweite kann der KRL entsprechen), integriert. [1]

Saugwürmer: ‣ Trematoda.

saurer Regen: Niederschläge mit ‣ pH-Werten unter 5,6. Auf Grund der Sättigung mit atmosphärischem CO_2 hat Regenwasser aus einer von ‣ anthropogenen Einträgen freien Atmosphäre einen pH-Wert von etwa 5,6. Die weltweit registrierte Versauerung (Acidität) des Niederschlagswassers geht hauptsächlich auf das durch Nutzung fossiler Brennstoffe emittierte SO_2 sowie die von Kraftfahrzeugen ausgestoßenen Stickoxide (NO_x) zurück. In der Atmosphäre kommt es durch Umsetzung des SO_2 (im wesentlichen zu H_2SO_3, SO_3, H_2SO_4) zur Säurebildung. Die Niederschläge weisen daher deutlich abgesunkene pH-Werte auf. Zu wenig Beachtung findet in diesem Zusammenhang meist die Tatsache, daß die bei der Kohleverbrennung emittierte alkalihaltige Flugasche bereits in der Luft eine teilweise od. völlige Neutralisation des Säuregrades des Schwefels bewirkt. In Räumen mit permanenter, starker Flugascheexposition (in Kraftwerksnähe, vielen Industriegebieten usw.) wird s. R. somit nicht verzeichnet. Jede Senkung der Flugascheemission (Rauchgasentstaubung durch Elektrofilter) führt andererseits (bei unvermindertem SO_2-Ausstoß) zu einem Anstieg des Säuregrades der Niederschläge. [1]

Sauria, Echsen: UO der ‣ Squamata. Etwa 3000 Arten. Erdgeschichtlich älteste Squamatengruppe. Fast weltweit verbreitet. Hauptformenfülle in Tropen, Subtropen. Besiedeln unterschiedlichste Lebensräume, eine Vielzahl ökologischer Nischen. Neben nur wenige Zentimeter langen Formen zahlreiche große Arten, Gl bis über 4 m *(Varanus salvadorii).* Schädelknochen im Gegensatz zu Schlangen gewöhnlich noch starr miteinander verbunden. Unterer ‣ Jochbogen fehlt immer, oberer meist erhalten. Ursprünglich mit 24 ‣ praesacralen Wirbeln. Schwanzwirbel häufig mit Autotomiesepten (‣ Autotomie). Verschiedentlich Neigung zur Extremitätenreduktion bis hin zu ‣ apoden Formen. Oft ‣ Osteodermata ausgebildet. ‣ Trommelfell im Regelfall gut sichtbar. Meist bewegliche ‣ Augenlider und → Nickhaut vorhanden. Verschiedene Arten mit → gefenstertem Unterlid, seltener → Brille. → Skleralknochen (→ Skleralring) ausgebildet. Meist tagaktiv. In der Mehrzahl bodenbewohnend, doch auch → subterrestrisch (z. T. hochspezialisierte Wühler), → arboricol, semiarboricol, sogar → amphibisch (→ *Amblyrhynchus cristatus* u. a.) lebend. Daher auch verschiedene Lokomotionsformen ausgebildet, z. B. → Wühlen, → Laufen, → bipede Fortbewegung, → Klettern bis zum → Fallschirmschweben, → Gleitflug. Einige Arten mit → Kommentkampf. → Ovipar, zahlreiche Formen → ovovivipar, wenige → vivipar. Bei mehreren Arten → Parthenogenese. In einigen Fällen wird → Brutfürsorge und → Brutpflege betrieben. Systematik z. T. unterschiedlich. 5 rezente IO: → Gekkota, → Iguania, → Anguimorpha, → Dibamia, → Scincomorpha. (Abb. 95). [1]

Saurochorie: passive Verbreitung von Pflanzensamen durch **R**. Vorwiegend endozoochor (bei Echsen, Schildkröten) durch Verzehren von Früchten, deren Samen nach der Darmpassage noch keimfähig sind. [1]

Sauropsida: auf Huxley zurückgehender Begriff. Verwandtschaftsgruppe, die auf Grund vieler embryologischer, morphologischer sowie physiologischer Gemeinsamkeiten (→ Embryonalhüllen, Bau des Gehirns, Herzens, der großen Gefäßstämme, Fähigkeit zur Bildung von → Gewölle u. a.) alle rezenten **R** und die phylogenetisch aus diesen hervorgegangenen Vögel umfaßt. [1]

savanicol: Savannen bewohnend. Bekannte Vertreter afrikanischer s. Schlangen sind z. B. → *Dendroaspis polylepis*, → *Naja haje*, *Crotaphopeltis hotamboeia*. [1]

Scala tympani: spezieller Abschnitt des → Perilymphraumes des → Labyrinthorgans. Die S. t. umgibt den → Ductus cochlearis von ventral und wird von diesem durch die → Lamina basilaris getrennt. [2]

Scala vestibuli: spezieller Abschnitt des akustischen Leitungssystems des → Labyrinthorganes. Oberer Perilymphraum innerhalb des knöchernen Schneckenganges, durch die Membrana vestibuli vom → Ductus cochlearis getrennt. [2]

Scapula, Schulterblatt: dorsaler Bestandteil des → Schultergürtels. Bei Schwanzlurchen als dünne Knorpelplatte ausgebildet. Die S. der Froschlurche und **R** ist dagegen weitgehend verknöchert. Der distale Teil bleibt jedoch häufig knorplig und wird dann als → Suprascapula bezeichnet. [2]

Scatopsidae, Dungmücken: Fam der UO → Nematocera. 1,5–4 mm große Mücken. Körper unbehaart, Fühler und Beine kurz. Oft in großer Zahl in Exkrementen, Dunghaufen, Müllgruben, faulenden Kartoffeln (besonders *Rhexoza zacheri*) und anderem in Fäulnis übergegangenem Material. Häufigste Art ist *Scatopse notata*. Aufzuchtfutter für viele Froschlurche und kleine Echsen.

Abb. 95. Kopfbeschilderung einer Eidechse. A. Lateralansicht; B. Dorsalansicht; C. Ventralansicht. *c* Collare (Halsband), *f* Frontale (Stirnschild), *fp* Frontoparietale (Stirn-Scheitel-Zwischenschild), *in* Internasale (Zwischennasenschild), *ip* Interparietale (Zwischenscheitelschild), *l* Lorealia (Zügelschilder), *ma* Massetericum (Schläfenplatte), *me* Mentale (Kinnschild), *mt* Membrana tympani (Trommelfell), *o* Occipitale (Hinterhauptschild), *p* Parietale (Scheitelschild), *pf* Praefrontale (Vorderstirnschild), *pn* Postnasale (Hinternasenschild), *po* Praeoculare (Vorderaugenschild), *r* Rostrale (Schnauzenschild), *sc* Supraciliaria (Augenbrauenschilder), *sg* Sulcus gularis (Kehlfurche), *sl* Sublabialia (Unterlippenschilder), *sm* Submaxillaria (Unterkieferschilder), *sn* Supranasale (Obernasenschild), *so* Supraocularia (Oberaugenschilder), *st* Supratemporale (Oberschläfenschild), *su* Suboculare (Unteraugenschild), *sul* Supralabialia (Oberlippenschilder), *t* Temporalia (Schläfenschilder), *ty* Tympanale (Ohrschild).

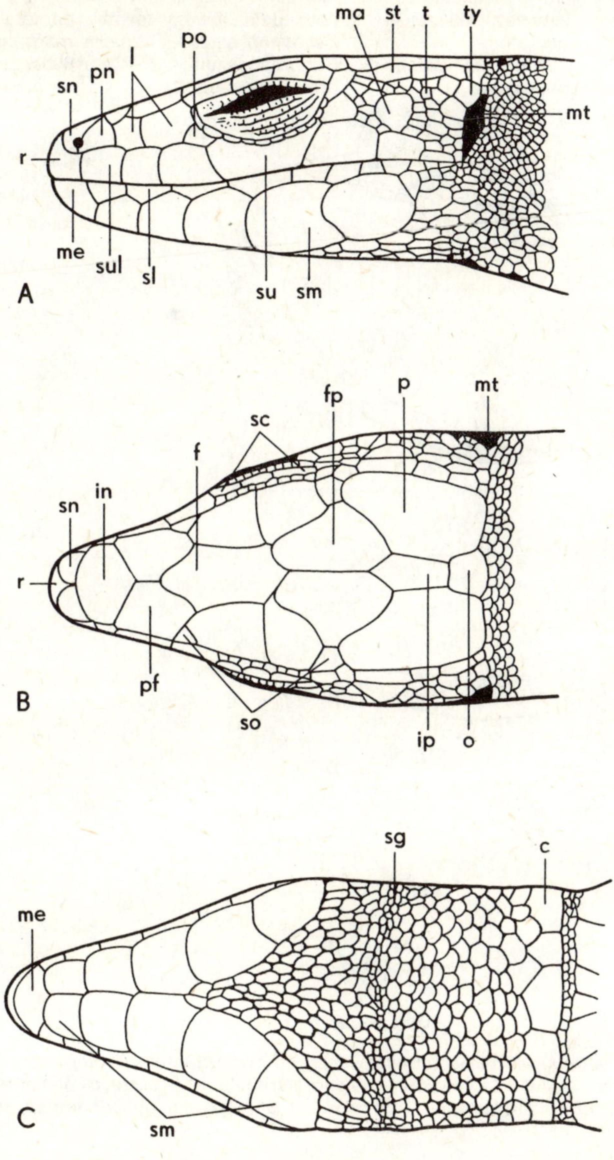
ma
st
t
ty
po
l
pn
sn
mt
r
me
sul
sl
su
sm
A
fp
p
mt
sc
f
in
sn
r
pf
B
so
ip
o
sg
c
me
C
sm

Zucht: in größeren Erlenmeyerkolben, als Verschluß dient ein Zellstoff- od. Wattestopfen. Substrat: beliebiges feuchtes Kunststoffmaterial bzw. mehrere Lagen Fließpapier. Futter: Bienenhonig-Trockenhefe-Gemisch (1:1). Umsetzen od. Entnahme der Imagines mittels eines → Exhaustors. Konzentrierung der Mücken (positiv phototaxisch) mit einer Lichtquelle möglich. Generationszeit bei 25 °C und 80 % RLF etwa 2 Wochen. [1]

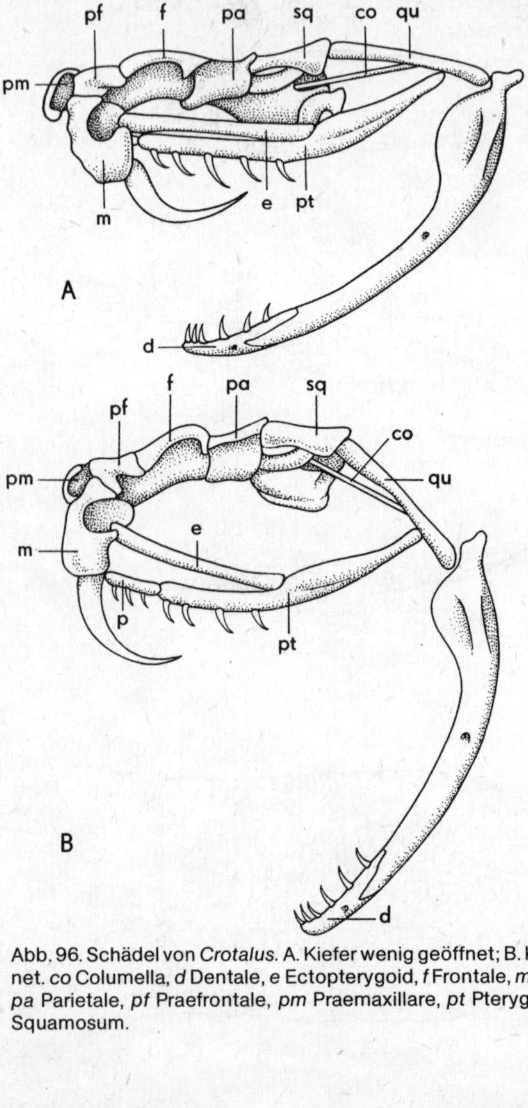

Abb. 96. Schädel von *Crotalus*. A. Kiefer wenig geöffnet; B. Kiefer vollständig geöffnet. *co* Columella, *d* Dentale, *e* Ectopterygoid, *f* Frontale, *m* Maxillare, *p* Palatinum, *pa* Parietale, *pf* Praefrontale, *pm* Praemaxillare, *pt* Pterygoid, *qu* Quadratum, *sq* Squamosum.

Schaben: → Blattariae.

Schädel: → Cranium.

Schädelbewegungen bei Schlangen: starke Verschiebbarkeit einzelner Knochenstücke des Schlangenschädels, die durch elastische Bänder miteinander verbunden sind. Das Quadratum-Articulare-Gelenk (→ primäres Kiefergelenk) ist weit nach caudal durch das lange und stabförmige → Quadratum verlagert, das mit dem → Supratemporale und dieses seinerseits mit dem → Parietale gelenkt. → Palatina und → Pterygoide bleiben getrennt und sind seitlich verschiebbar. Da auch die → Maxillaria nur lose mit den → Praefrontalia verbunden sind, können sich die Kiefer-Gaumenknochen beider Seiten unabhängig voneinander über große Beutetiere schieben. Dies wird außerdem noch durch die Beweglichkeit der Unterkieferhälften (Bandverbindung) gegeneinander gefördert. (Abb. 96). [2]

Schädelkinetik: intercraniale Verschiebbarkeit von Schädelelementen gegeneinander. Bei vielen → Squamaten mehr od. weniger weit realisiert. Oft geht die Kinetisierung mit fortschreitendem Alter (z. B. bei → *Sphenodon punctatus,* → Agamidae u. a.) der Tiere verloren. Am besten ist die S. bei den höherentwickelten Schlangen (vgl. → Schädelbewegungen bei Schlangen) ausgebildet. Unter den Echsen spielt sie besonders bei Waranen eine Rolle. Otical- und Occipitalregion bilden bei ihnen eine funktionelle Einheit, die gegen den übrigen Schädel bewegt werden kann. Dies ist durch mehrere Gelenke möglich: Basipterygoidgelenk zwischen → Processus basipterygoideus und → Pterygoid, Gelenk zwischen → Processus paroticus und → Quadratum sowie ein Gelenk zwischen Pterygoid und → Epipterygoid. Am → Neurocranium sind die Quadrata be-

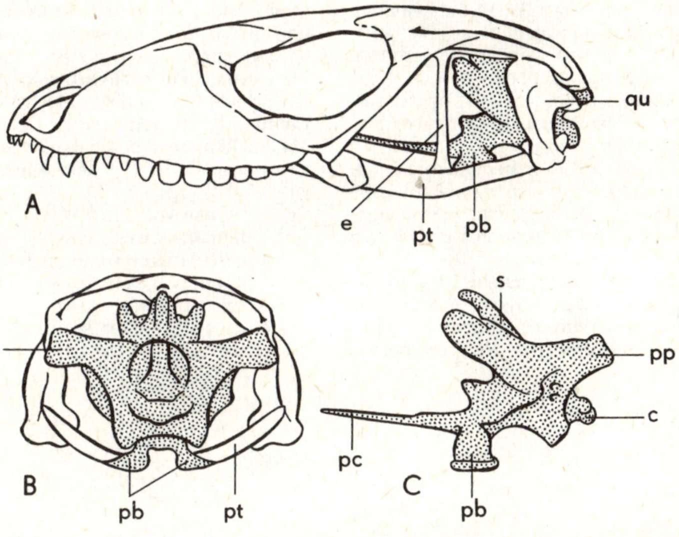

Abb 97. Eidechsenschädel mit Maxillar- und Occipitalsegment. A. Lateralansicht; B. Ansicht von occipital; C. Occipitalsegment isoliert (Lateralansicht). *c* Condylus occipitalis, *e* Epipterygoid, *pb* Processus basipterygoideus, *pc* Processus cultriformis, *pp* Processus paroticus, *pt* Pterygoid, *qu* Quadratum, *s* Supraoccipitale.

weglich aufgehangen. Die Anhebung des Oberkiefers erfolgt beim Öffnen des Maules durch Druck des Quadratums auf die Pterygopalatinalspange, der sich weiter über die → Vomeres auf die → Maxillaria überträgt. Die Vorwärtsbewegung der Spange wird durch Kontraktion der Musculi protractores pterygoidei gefördert, die rostrad zwischen → Neurocranium und den Pterygoiden verlaufen. Da das → Dermatocranium zwischen den → Parietalia und → Frontalia zu einer Beugungslinie verdünnt ist, wird die Anhebung des Oberkiefers möglich. Verschiedene Autoren weisen auf den Zusammenhang zwischen S. und der Aufsplitterung der Schilde des → Pileus der Squamaten hin. (Abb. 97). [2]

Schallblasen: bei ♂♂ vieler Froschlurche ausgebildet. Unterschiedlich voluminöse, unpaare od. paarige, sackartige Ausstülpungen des Mundhöhlenbodens. Ihre elastische Wand besteht innen aus einer Schleimhautschicht, außen der dünnen (in Ruheposition mehr od. weniger faltigen) Körperhaut, dazwischen befindet sich der Musculus subhyoideus (eine Aussakkung des Musculus submaxillaris). Beim Rufen sind sie mit Luft gefüllt und wirken als Resonatoren. Äußere S. treten aufgeblasen sehr markant kehlständig (→ *Bufo calamita*, → *Hyla arborea* u. a.) od. hinter den Mundwinkeln (z. B. bei → Grünfröschen) hervor. Duellman (1970) unterscheidet bei mittelamerikanischen Hyliden 4 Schallblasentypen (Abb 98). Innere S. (bei → *Bombina bombina*, → *Rana temporaria* u. a.) blähen die Kehlhaut nur wenig auf und sind in Ruhelage äußerlich nicht durch Hautfalten markiert. Bei den → Rhinodermatidae dienen die S. als Brutraum. (Abb. 98). [1]

Schambein: → Os pubis.

Scharnier: elastisches, knorplig-bindegewebiges Quergelenk im → Plastron zahlreicher Wasserschildkröten und der Spinnenschildkröte *(Pyxis arachnoides)* sowie im → Carapax von Gelenkschildkröten *(Kinixys)*. Durch die Gelenkbeweglichkeit des Plastron od. Carapax wird der Verschluß einer bzw. beider Panzeröffnungen möglich. Ausbildungsformen: das Plastron kann durch 1 S. in 2 bewegliche Hälften (ihrerseits mit Knorpelverbindung zum Carapax) gegliedert sein (z. B. *Terrapene, Cuora, Emys*). Klappbrust-Pelomedusen *(Pelusios)* und *Pyxis arachnoides* verfügen nur über 1 beweglichen Plastrallappen. Klappschildkröten *(Kinosternon)* besitzen 2 S. Ihr Plastron besteht aus dem starren Mittelteil und einem beweglichen Hinter- und Vorderlappen, durch die ein völliger Panzerverschluß realisiert wird. Gelenkschildkröten weisen das S. im Carapax hinter den zweiten Costalia auf und können dadurch den hinteren Carapaxteil visierartig herabklappen. [1]

Schaumdrüse: von Coe (1974) für die → Rhacophoridae (bei *Chiromantis rufescens*) beschrieben. Im unteren Bereich des → Oviduct gelegene, kompakte Drüse mit apokriner Sekretion. Sie besteht aus drei großen, verbreiterten, bindegewebig miteinander verbunde-

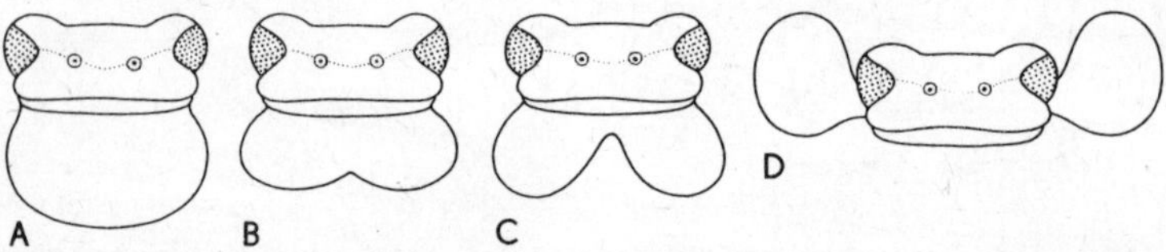

Abb. 98. Schallblasentypen mittelamerikanischer Hyliden (nach Duellman). A. Einzeln, median, subgular (häufigster Typ); B. bilobat, subgular; C. paarig, subgular; D. paarig, lateral.

nen Oviductfalten und mündet mit einem kurzen, dünnwandigen Gang in die → Kloake ein. Das Sekret wird zum Bau des → Schaumnestes verwendet.

Schaumnest: zahlreiche Froschlurch-Arten sind Schaumnestlaicher (vgl. → Laichergruppen). Sie betten ihre Eier (4–500) zum Schutz vor Austrocknung und → Laich-Räubern in Schaum ein. Das Schaumschlagen der vom ♀ (selten ♂) abgesonderten eiweißreichen Flüssigkeit kann vom ♀ selbst, dem ♂, od. beiden gemeinsam vorgenommen werden. S. werden im Flachwasser *(Limnodynastes)* zwischen Gras, ufernah am Erdboden, in Erdhöhlen *(Heleioporus)* und auch wenige Zentimeter bis etwa 16 m hoch über dem Gewässer an Ästen, Stämmen und Blättern (*Chiromantis* u. a.) angelegt. In einigen Fällen (z. B. bei *Rhacophorus microtympanum*) läuft die gesamte Entwicklung im S. ab. Vielfach wird das an Blättern deponierte S. durch Umbiegen der Blattränder bzw. Zusammenkleben benachbarter Blätter mehr od. weniger vollständig abgedeckt und so das Gelege zusätzlich geschützt (bei *Chiromantis*-Arten u. a.; vgl. auch → Nestbau). [1]

Scheibenzüngler: → Discoglossidae.

Scheinnest: Nest, das nicht zur Eiablage benutzt wird und offenbar potentielle Eiräuber irreführen soll. Mehrfach unter anderem für *Varanus bengalensis* beschrieben. So beobachtete Deraniyagala ein Waran ♀, das nach der Eiablage und dem Wiederauffüllen der → Nestgrube über dieser 5 nahezu horizontal verlaufende, 8–10 cm tiefe Gruben anlegte. [1]

Scheinpaarung, Pseudokopulation: häufig für Schildkröten beschrieben. Hierzu zählen „Paarungsversuche" noch nicht geschlechtsreifer Jungtiere. Sie wurden unter anderem schon bei knapp 4 Wochen alten Tieren von → *Emys orbicularis* (sowie anderen Vertretern der → Emydidae) und 8 Wochen alten Jungen von → *Testudo hermanni* beobachtet. Bei älteren → immaturen Jungtieren können S. den Pfleger zu Fehleinschätzungen der Maturität veranlassen. Weiterhin kommen S. zwischen zwei ♀♀ (bei partnerlosen Schildkröten ♀♀ nicht selten) od. zwei ♂♂ vor. Zwischen ♂ und ♀ treten sie gelegentlich in Konfliktsituationen bzw. bei mangelnder Synchronisation beider Partner auf. Ein interessantes Phänomen ist das Auslösen von allerdings sekundenlangen S. durch Nahrungsaufnahme bei *Clemmys muhlenbergi* (Aufreiten des ♂, Bisse nach dem Kopf des ♀). Ebenfalls unter Gefangenschaftsbedingungen wurde echte → Kopulation induziert durch Futterbewältigung bereits bei verschiedenen *Kinosternon*-Arten nachgewiesen. [1]

Scheinzähne: stumpfe, meist rundliche Auswüchse des Unterkiefers. Strukturen eines echten Zahnes und ein Zahnwechsel fehlen daher. Ihre Ausbildung ist je nach der Ernährungsart verschieden. Bei dem in SO-Queensland und Neu-Süd-Wales verbreiteten Australischen Unkenfrosch *(Adelotus brevis)* treten sie als geschlechtsspezifisches Merkmal bei den ♂♂ in Form regelrechter Hauer auf. Zahnartige Protuberanzen finden sich auch auf dem → Dentale des auf den Salomonen lebenden *Ceratobatrachus guentheri.* [1]

Scheitelauge: → Parietalorgan.

Scheltopusik: → *Ophisaurus apodus.*

Schenkelporen: → Femoralporen.

Schieneneidechsen: → Teiidae.

Schilddrüse: → Glandula thyreoidea.

Schilder, Schilde: auf der Kopfoberseite (vgl. → Pileus) und Bauchseite (→ Ventralia) von **R** durch ihre Größe von der übrigen Körperbeschuppung deutlich abgesetzte Schuppen. Zahl, Ausbildung und Anordnung der S. sind als Bestimmungsmerkmal bedeutsam. [1]

Schildkröten: → Testudines.

Schildkrötenpanzer: mechanische Schutzeinrichtung und markantes Kennzeichen der → Testudines. Der Panzer umschließt den Rumpf allseitig. Unter ihm können auch Kopf und Hals (senkrecht s-förmig bei → Cryptodira, seitwärts bei → Pleurodira), Extremitäten sowie Schwanz in unterschiedlicher Perfektion verborgen werden. Er besteht aus → Carapax und → Plastron, die seitlich durch die Brücke miteinander verbunden sind. Der S. baut sich aus einer durch Hautverknöcherungen unter Einbeziehung von Skeletelementen entstandenen knöchernen Kapsel (Knochenpanzer) auf, die von großen Hornschildern, verschiedentlich von einer lederartigen Haut (→ Dermochelydidae, → Carettochelydidae, → Trionychidae) überzogen ist. I. d. R. decken sich die Schilderumrisse nicht mit den Verzahnungsstellen der Knochenplatten. Die Hornschilder sind epidermaler Herkunft (zwischen ihnen und dem Knochenpanzer liegt eine dünne Hautschicht) und weisen → Wachstumsringe auf. Anordnung und Bezeichnung der Hornschilder sowie Knochenplatten vgl. → Carapax und → Plastron. Vom Grundaufbau des S. gibt es zahlreiche Abwandlungen. Die weitgehendsten Rückbildungen zeigt → *Dermochelys coriacea*. [1]

Schildkrötenpanzer, Trockenpräparat: Haut entlang des Panzers lösen. Extremitäten, Hals und Schwanz abtrennen. Panzerinneres gründlich ausweiden. Feine Fleischreste durch → Mazeration (Fäulnismazeration in erwärmtem Wasser) entfernen. Gründlich wässern. Danach S. mehrere Tage in eine Lösung von Kaliumaluminiumsulfat („Alaun") und Natriumchlorid (30 g $KAl[SO_4]_2 \cdot 12\,H_2O$ und 50 g NaCl auf 1 l Wasser) bzw. in 80%iges Ethanol legen. Nach dem Trocknen evtl. gelöste Hornplatten wieder sorgfältig aufkleben, Panzer → etikettieren und staubsicher (im Perfolbeutel) aufbewahren. [1]

Schildpatt: auch heute noch unter Mißachtung der Bestimmungen des → Washingtoner Artenschutzübereinkommens zur Verarbeitung genutzte Hornschilder vor allem des → Carapax, dazu des → Plastrons und der Klauen von → Meeresschildkröten. Handelsbezeichnung: Rücken-, Bauch-, Klauenschildpatt. Wegen ihres schönen Flammenmusters sind Carapaxschilder von → *Eretmochelys imbricata* (ein Tier liefert durchschnittlich 895 g S.) besonders begehrt. S. wurde schon in vorgeschichtlicher Zeit verwendet. In einigen Gebieten Chinas diente es früher auf Schnüre gereiht als Zahlungsmittel. Charakteristisch ist die Verarbeitung zu Schmuck, Gebrauchsgegenständen und zur Fournierung. Hauptexporteure sind gegenwärtig Indonesien, Thailand, Singapore. 1978 exportierte Thailand 58 618 kg, Indonesien 219 585 kg S. Hauptimporteure sind Japan und westeuropäische Länder. Im November 1982 lagerten allein in Bremen 2,3 t dieses Rohstoffes. Eine Luxusbrille aus S. kostet derzeit 1500–2000 DM. [1]

Schildschwänze: → Uropeltidae.

Schistocerca gregaria (Forskal 1775), Wüstenheuschrecke: Vertreter der Feldheuschrecken (Caelifera). Haltung und Zucht wie bei → *Locusta migratoria*. Die jungen Schrecken werden gern von vielen Froschlurchen und Echsen gefressen. Generationszeit bei 28–30 °C und 60–70 % RLF etwa 8–10 Wochen. [1]

Schläfenfenster: durch Rückbildung des Schädeldaches im Bereich der Temporalhöhlen der meisten **R** entstandene Öffnungen. Als Durchtrittsstellen für die Kiefermuskulatur entwikkelt. Von großer stammesgeschichtlicher und daher auch taxonomischer Bedeutung. Die verbleibenden Knochenspangen werden als Jochbögen bezeichnet. Der obere Jochbogen besteht i. d. R. aus dem → Postorbitale und → Squamosum, der untere aus → Jugale sowie → Quadratojugale. Das Fehlen od. Vorhandensein von S. bezogen auf diese Bögen charakterisiert verschiedene Typen des **R**-Schädels: → anapsid, → diapsid, → euryapsid, → parapsid und → synapsid. (Abb. 99). [2]

Schlafverhalten und Schlafkriterien: für **A** und **R** kaum untersucht, z. T. umstritten. Nach Terrarienbeobachtungen wird zum Schlafen oft ein geeigneter Platz (bei Kröten ein zusagendes Versteck, Laubfrösche steigen wie in

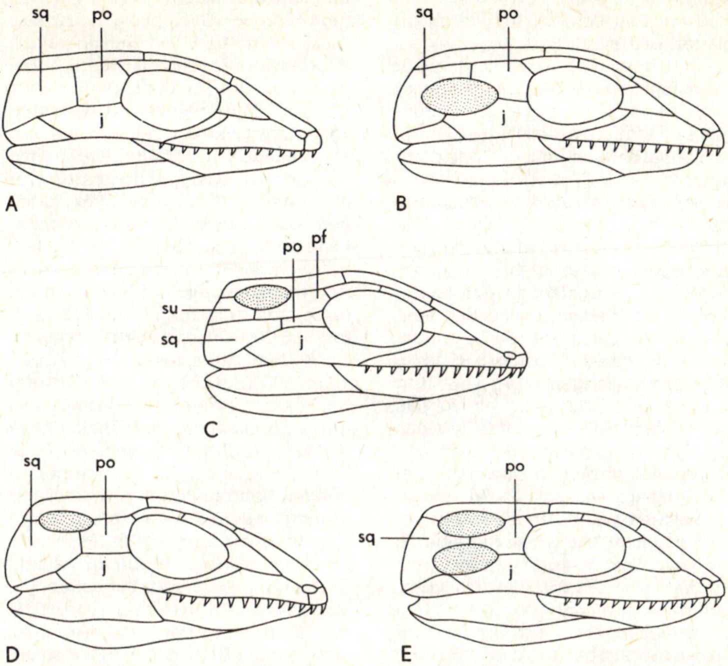

Abb. 99. Schläfenfenster-Typen bei Reptilien. A. anapsid; B. synapsid; C. parapsid; D. euryapsid; E. diapsid. *j* Jugale, *pf* Postfrontale, *po* Postorbitale, *sq* Squamosum, *su* Supratemporale.

der Natur meist in die Höhe usw.) aufgesucht. Charakteristisch sind schlaftypische Haltungen (Schlafposituren), wie das enge Heranziehen der Extremitäten an den Körper (*Phyllomedusa*-Arten u. a.) und das Auflegen des Kopfes auf die Vorderextremitäten (→ *Hyla arborea*, → *Bufo bufo*, → *B. calamita* u. a.), auch das Einziehen der Extremitäten und des Kopfes bei Schildkröten od. besondere Einrollpositionen bei Schlangen. Neben einer spezifischen Schlafpositur können Chamäleons eine Schlaffärbung zeigen. Bei Arten, die keine schließbaren Augenlider besitzen, wird verschiedentlich über schlaftypische Pupillenveränderungen (*Python*, *Crotalus* u. a.) berichtet. [1]

Schlammnest, Kraternest: von den ♂♂ einiger mittel- und südamerikanischer → Hyliden (*Hyla boans*, *H. rosenbergi*, *H. crepitans* u. a.) im schlammigen Randbereich flacher Gewässer angelegte, von einem runden bis ovalen Wall umgebene → Nestgrube, in die das ♀ den → Laich absetzt. Der Durchmesser beträgt bis etwa 30, die Wallhöhe 5–10 cm. Angaben zum Nestbau liegen besonders für den Schmied *(Hyla faber)* vor. Das ♂ benutzt zum Bauen Vorderextremitäten und Kopfspitze (Schaufelfunktion) und dreht sich dabei im Kreis. Der Schlammwall wird mit den Vorderextremitäten geglättet. Das durch Rufe angelockte ♀ laicht dann in diesem wassergefüllten Kleinstbecken ab. Die großkiemigen Larven kommen erst bei Überflutung des S. ins freie Wasser. [1]

Schlammröhrenwurm: → *Tubifex tubifex.*

Schlammschildkröten: → Kinosternidae.

Schlammtaucher: → Pelodytidae.

schlängeln: bekannteste Lokomotionsform der Schlangen. Am häufigsten und perfektesten von den langgestreckten, schlanken → Colubriden und → Elapiden praktiziert. Beim S. läuft am Schlangenkörper vom Kopf an schwanzwärts eine horizontale, auf glattem Boden regelmäßig sinusförmige Wellenbewegung. Geringste Unebenheiten des Substrates dienen der Schlange als seitliche Widerlager. An solchen Widerstandspunkten vergrößert sich die vorwärtstreibende Kraft mit zunehmender Krümmung des Körpers. Über die Wirbelsäule wird die derart durch mehrere synchron tätige Körperabschnitte erzeugte Kraft nahezu verlustfrei auf den gesamten Körper weitergegeben. Als ein S. mit dorsoventraler Abplattung bezeichnet man das Schwimmen der → Hydrophiidae, die Schwimmbewegungen von → *Natrix natrix* entsprechen einem S. mit lateraler Abflachung. [1]

Schlangenauge: → *Ophisops elegans.*

Schlangenfarm: Einrichtung zur Haltung von → Giftschlangen zwecks Gewinnung von → Schlangengift. Gewöhnlich an Seruminstitute angeschlossen. Die → Giftextraktion wird auf traditionelle Art manuell od. elektrisch vorgenommen. Von Einfluß auf die Toxinmenge sind z. B. Alter, Größe, physiologischer Zustand, Jahreszeit, vor allem aber der Turnus der Giftextraktionen. Dieser bestimmt auch in erster Linie die Lebensdauer der Farmschlangen. Im Instituto Butantan (vgl. → Schlangenseruminstitut) wurden in den ersten 35 Jahren seines Bestehens fast 555 000 Giftschlangen verbraucht. Nach dem Jahresrekord von 22 000 Tieren 1935 reduzierte sich die Einlieferung bedingt durch die Dezimierung der → Populationen auf jährlich etwa 8000–9000 Tiere. Verschiedene S. bemühen sich zur Zeit, dem artbedrohenden Verbrauch durch verbesserte Haltungsmethoden, Aussetzen der in S. geborenen Jungtiere in Ursprungsbiotopen sowie z. T. durch systematische Nachzuchten zu begegnen. [1]

Schlangengifte: Sekrete spezieller, aus dem Oberlippendrüsenkomplex stammender Drüsen von → Giftschlangen. → Giftgewinnung in → Schlangenfarmen. Als Rohgift eine wäßrige, fast farblose bis gelbliche, mitunter grünliche (Klapperschlangen), meist viskose Flüssigkeit. Nach Trocknung (ca. 50–70 % Wassergehalt) eine gewöhnlich gelbliche amorphe Substanz, die

Tabelle 13. Toxizität nordamerikanischer Giftschlangen. Nach Habermehl 1977

Art	LD_{50} (mg/kg Maus)	
	intraperitoneal	intravenös
Agkistrodon contortrix contortrix	10,50	10,92
Agkistrodon piscivorus	5,11	4,00
Crotalus adamanteus	1,89	1,68
Crotalus atrox	3,71	4,20
Crotalus horridus horridus	2,91	2,63
Crotalus ruber ruber	6,69	3,70
Crotalus viridis viridis	2,25	1,61
Crotalus viridis helleri	1,60	1,29
Sistrurus catenatus catenatus	4,00	3,70
Sistrurus miliarius miliarius	6,70	4,01

dunkel und bei 4 °C aufbewahrt jahrelang stabil bleibt. Den Hauptteil (etwa 90 %) des Giftes stellen → Schlangengiftenzyme (Proteine) und Toxine. An weiteren Bestandteilen finden sich z. B. in verschiedenen Giften niedermolekulare Peptide, freie Aminosäuren, vielfach Zucker (bei → Crotalidae und → Viperidae; vor allem Glucose, Mannose, Galactose), Lipide, Nucleoside, Riboflavin, Lecithine, anorganische Spurenelemente wie Zink (maximal bis 0,5 %), Magnesium, Calcium, Silicium, Kupfer u. a. Die Giftwirkung geht hauptsächlich auf spezifische Toxine zurück, von denen in jüngster Vergangenheit zahlreiche in ihrer Primärstruktur und biologischen Aktivität aufgeklärt wurden. Die isolierten Toxine sind stark basische Polypeptide, die aus 60–74 Aminosäureresten bestehen. Nach Giftwirkung und Angriffspunkt differenziert man sie in Neurotoxine (Nervengifte) und Cardiotoxine (Herzgifte). Erstere blockieren die neuromuskuläre (cholinerge) Reizübertragung, indem sie irreversibel an den → Synapsen (je nach Toxin-Typ an der prä- od. postsynaptischen Membran) angreifen. Cardiotoxine bewirken eine schnelle, dauerhafte Depolarisation der Muskelmembran und somit den Verlust der Reizbarkeit (Name leitet sich vom systolischen Stillstand des isolierten Herzmuskels ab). Eine allerdings sehr grobe Richtschnur besagt, daß → Hydrophiidae und → Elapidae meist kleinmolekulare, rasch diffundierende, relativ fermentarme Toxine mit vorwiegend neurotoxischer Wirkung besitzen. Die hochmolekularen Viperiden- und Crotaliden-Gifte wirken bevorzugt als Blutgifte, d. h., sie nehmen Einfluß auf die Blutgerinnung (blutgerinnungsfördernd od. -hemmend) und führen außerdem oft zu Hämorrhagien und Nekrosen. Zahlreiche Crotaliden-Gifte haben neurotoxische Wirkung. Schlangengift zeigt niemals nur eine Wirkungskomponente. Die Giftwirkung kann nicht nur zwischenartlich, sondern auch von UArt zu UArt verschieden sein. (Abb. 100). [1]

Schlangengiftenzyme: wesentlicher, meist hochkonzentriert vorkommender Bestandteil des → Schlangengiftes. Ihre Funktion besteht offenbar hauptsächlich in einer die Resorption der

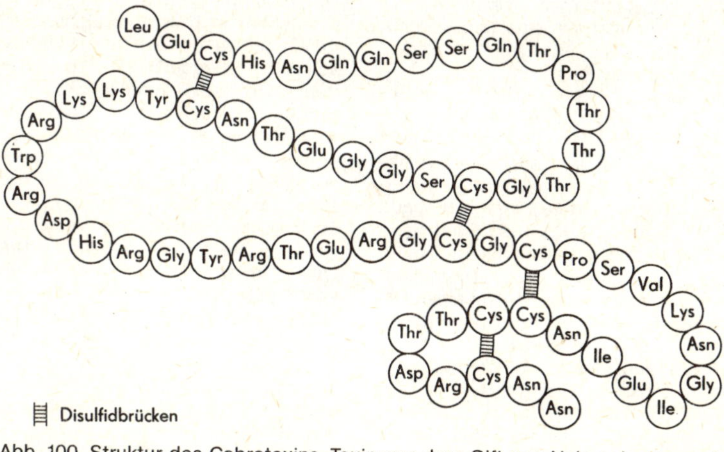

Abb. 100. Struktur des Cobrotoxins. Toxin aus dem Gift von *Naja naja atra*, aufgebaut aus 62 Aminosäuren.

Beute fördernden Wirkung. Viele S. sind aber auch in einem komplizierten Ineinandergreifen verschiedener Faktoren als „starter toxins" an der Auslösung od. Verstärkung des toxischen Mechanismus beteiligt. S. gehören fast ausschließlich (Ausnahme z. B. L-Aminosäureoxidase) zur Hauptklasse der Hydrolasen (Substratspaltung hydrolytisch), die im wesentlichen durch 3 Fermentklassen repräsentiert wird: Esterasen (als erstes Enzym im Schlangengift wurde Phospholipase A nachgewiesen), Proteasen (besonders stark bei → Viperidae, → Crotalidae vertreten) und Glykosidasen (Hyaluronidase). [1]

Schlangenhaken: → Drahthaken.

Schlangenhalsschildkröten: → Chelidae.

Schlangenschleichen: → Dibamidae.

Schlangenseruminstitut: volkstümliche Bezeichnung für Seruminstitute, in denen unter anderem auch Antiseren zur Serumtherapie von → Giftschlangenbissen hergestellt werden. Handelsüblich sind gewöhnlich Seren in 10-ml-Ampullen, seltener Trockenseren (mit beigefügtem Lösungsmittel). Nach Entwicklung des ersten Schlangengift-Antiserums 1895 durch Albert Calmette im Pasteur Institut Saigon entstanden eine ganze Reihe derartiger Einrichtungen zur Erzeugung von Schlangengiftseren (i. d. R. mit eigener → Schlangenfarm) in Serum- und Impfstoff-Instituten. Zu den berühmtesten zählt das am 23. 3. 1901 von Vital Brazil auf dem Gelände einer alten Fazenda gegründete Instituto Butantan, São Paulo. Hier wurde schon im August 1901 das erste Schlangengiftserum erprobt. Das Institut besitzt zwei → Serpentarien und mit dem Krankenhaus „Vital Brazil" eine hochspezialisierte staatliche Klinik zur Behandlung von Giftschlangenbissen. [1]

Schlangenskink: → *Ophiomorus punctatissimus.*

Schlangenzunge: lange, schmale, muskulöse, vorn tief gespaltene (zweizipfelige) Zunge. In eine Zungenscheide zurückziehbar, die unter der bei Schlangen weit vorn im Unterkiefer befindlichen Kehlritze (→ Aditus laryngis) und dem Vorderteil der → Trachea liegt. Durch einen Spalt im → Rostrale („Rostrallücke") ist das → Züngeln selbst bei geschlossenem Maul möglich. Bedeutsam als Tastorgan sowie für die Geruchswahrnehmung, indem die Zungenspitzen die beim Züngeln aufgenommenen Duftpartikel zum → Jacobsonschen Organ befördern. Auch vor dem → Trinken können die Schlangen mit ihrer Zunge (oft z. B. beim Tautrinken) die Wassertropfen erst abtasten. Eine ähnlich tief gespaltene Zunge besitzen die → Varanidae und einige Vertreter der → Teiidae. [1]

Schlankblindschlangen: → Leptotyphlopidae.

Schlanknatter: → *Coluber najadum.*

Schleichen: → Anguidae.

Schleuderzunge: spezielle Anpassung zahlreicher Schwanzlurche an den Beutefang. In graduell unterschiedlicher Weise und Perfektion realisiert. Entwicklung über kurzstielige, wenig weit vorschnellbare Zungen. Hochspezialisierte S. (bei zahlreichen Vertretern der → Plethodontidae) sind mit einem dünnen, langen, beweglichen Stiel versehen, der in eine Zungenscheide zurückziehbar ist. Durch plötzliches Vorstoßen des Zungenbeines kann die S. weit vorgeschleudert werden, bei manchen *Hydromantes*-Arten z. B. bis zu 1/3 der Rumpflänge. Am freien Ende der S. befindet sich ein Drüsenpolster, das klebriges Sekret sezerniert. Einen besonderen Typ der S. bildet die → Chamäleonzunge. [2]

Schlingakt: Vorgang des Verschlingens der Beute bei Schlangen. Die große Beweglichkeit des Kieferskelets (vgl. → Schädelbewegungen bei Schlangen) ermöglicht es, daß die Beute im ganzen hinuntergeschlungen wird. Dabei dienen die Zähne (abgesehen von den Giftzähnen) entsprechend ihrem Bau nur zum Festhalten der Nahrung. Der S. schließt sich im einfachsten Fall direkt an das Packen der Beute an. Seine Dauer hängt von der Schlangen- und Beutegröße ab. Herfs stellte für → Boiden, berechnet nach Schlangengewicht *(S)*, Beutetiergewicht *(B)* und Schlingdauer *(t)*, folgende Schlingleistungs-Formel auf:

Schlingleistung $L = \frac{B \cdot 100}{S \cdot t}$.

Bei langanhaltendem S. werden meist Pausen eingelegt. Während des S. kann zur uneingeschränkten Aufrechterhaltung der Atmung der Kehlkopf zwischen die Unterkieferäste vorgestreckt werden. [1]

Schluckatmung: besonderer Typ der Atmung bei **A**, bedingt durch das Fehlen der Rippen und eines Zwerchfells. Die Luft wird nach dem Druckpumpenprinzip in die Lunge gepreßt. Bei geschlossenem Mund, geöffneten Nasenlöchern, geschlossener → Kehlritze wird durch Senken des Mundhöhlenbodens die Luft in die Mundhöhle aspiriert. Die Inspiration (Einatmung) erfolgt durch Öffnen der Kehlritze (Mund und Nasenlöcher bleiben geschlossen) und Anheben des Mundhöhlenbodens. Die Atemluft kann zwischen Mundhöhle und Lunge mehrfach hin- und herströmen (Mund und Nasenlöcher geschlossen), wenn die Kehlritze offenbleibt und der Mundhöhlenboden sich wiederholt hebt und senkt. Expiration (Ausatmung) durch Schluß der Kehlritze (Mund bleibt zu), Öffnen der Nasenlöcher und Heben des Mundhöhlenbodens. [2]

Schlund: → Pharynx.

Schlundsonde: an einer Injektionsspritze befestigter, kurzer, dünner und weicher Gummi- bzw. Plastschlauch, der nach vorsichtigem Öffnen des Maules (notfalls mit Hilfe eines Holzstäbchens, z. B. bei Schildkröten) zur Verabreichung von Medikamenten, Nahrungsbrei (→ Zwangsfütterung), in seltenen Fällen auch zur Entfernung von Fremdkörpern in die Speiseröhre eingeführt wird. Bei → Futterverweigerung läßt sich im Vergleich zur Stopftechnik über die S. die Nahrung sehr gut dosieren. [1]

Schlupf: → Schlüpfakt.

Schlüpfakt, Schlupf: Durchbrechen der Eihülle und Verlassen des Eies. Zum Sprengen der Eischale dient bei **R** der → Eizahn od. die → Eischwiele. Oft verläßt das Jungtier („Schlüpfling") die geöffnete Schale nicht sofort und verbleibt darin noch einige Zeit, mitunter sogar 1–2 Tage. So können z. B. Nattern (→ *Natrix natrix*, → *Elaphe longissima* u. a.) zunächst nur hin und wieder den Kopf unter ständigem → Züngeln aus der Schlüpfspalte herausstecken. Berühmt ist das Unterstützen des S. durch das ♀ bei Krokodilen (→ Eiöffnen). Südfrösche der Gatt *Eleutherodactylus* verwenden zum Öffnen ihrer Eihülle einen zahnartigen Knochenfortsatz des → Maxillare. [1]

Schlüpfdrüse, Stirndrüse, Frontaldrüse, Dorsaldrüse: den Schlüpfvorgang bei Fischen und **A** durch Sekretabgabe (Schlüpfenzyme; „zersetzen" die Eihülle im Bereich der S.) unterstützende, epidermale Drüse. Am besten bei Froschlurchen untersucht. Die einfache, exokrine Drüse liegt hier überwiegend als ein über Kopf und Rumpf verlaufender dorsomedianer Längsstreifen (→ Discoglossidae, → Pelobatidae) vor. Meist tendiert sie vorn (Gesichtsregion) zur Verbreiterung. Dies führt oft zu einer Aufgabelung, so daß die Drüsenform ankerähnlich (heimische → Braun- und → Grünfrösche, *Hyla*-Arten u. a.) bzw. Y- od. T-förmig erscheint. Einen Sonderfall stellt z. B. die nur auf den Kopf beschränkte, besonders große S. von → *Alytes obstetricans* dar. Auch hinsichtlich der Drüsenzellzahl ergeben sich (bei mitteleuropäischen Arten) offensichtlich taxonomisch brauchbare Kriterien. (Abb. 101). [1]

Schlüpflingsphase: → neonatus-Phase.

Schlupfrate: Anteil der geschlüpften Tiere eines → Geleges bezogen auf die Gesamteizahl (in %). [1]

Schlüsselreiz, Kennreiz: Reiz bzw. Reizkombination, durch die ein spezifisches, genetisch fixiertes Verhalten ausgelöst wird. Von Lorenz mit einem

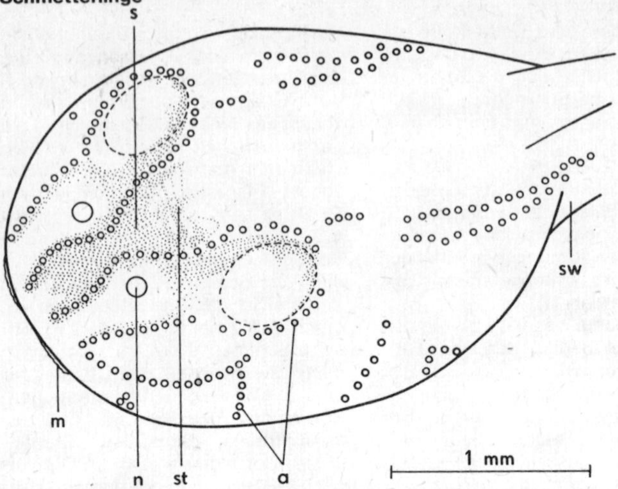

Abb. 101. Schlüpfdrüse von *Alytes obstetricans* im Stadium ihrer vollen Ausbildung. *a* Anteile des Seitenliniensystems (oooo), *m* Mundfeldsaum, *n* äußere Nasenöffnung, *s* Schlüpfdrüse (punktierte Region), *st* Stirnfleck (Region der Epiphysenendblase), *sw* Schwanzwurzel.

„Schlüssel" verglichen, der bestimmte wirksame Mechanismen („Schloß") aufschließt. [1]

Schmetterlinge: → Lepidoptera.

Schmuckhornfrosch: → *Ceratophrys ornata.*

Schnabeldeformation, Papageienschnabel: durch fehlende natürliche Abnutzung (zu weiches Futter) bedingte Deformierung der Hornschneiden bei Schildkröten, besonders → terrestrischer Arten. Meist in Form einer mehr od. weniger stark verlängerten, nach unten gekrümmten Oberkieferhornschneide (papageienartig) vorliegend. Therapie: überstehende Hornsubstanz vorsichtig abfeilen, sachgerechte Ernährung. [1]

Schnabelköpfe: → Rhynchocephalia.

Schnappatmung: regel- od. unregelmäßig auftretende, kurze, krampfartige Atembewegungen. Verschiedentlich für **R** bei schweren → Pneumonien (besonders bei Schlangen) und ertrinkenden Landschildkröten (z. B. → *Testudo hermanni*) beschrieben. [1]

Schnauzenhörner: bei vielen Chamäleons auf der Schnauzenspitze und vor den Augen stehende, innen knöcherne, unterschiedlich lange, spitze Hörner (Abb. 45 F). Oft nur bei ♂♂ vorhanden bzw. hier stärker ausgebildet. So besitzt das ♀ von *Chamaeleo montinum* nur zwei kleine Höcker, während das ♂ zwei lange, geringelte S. trägt. Bei *Chamaeleo quadricornis gracilior* können die ♂♂ sogar bis 6 S. aufweisen. Offenbar haben die S. primär Bedeutung zum Erkennen der ♂♂ durch die ♀♀. Hillenius (1959) mißt ihnen Selektionswert als Kampfwaffe zu. Als Schnauzenhorn wird auch der auf der Schnauzenspitze einiger → Viperiden horn- bzw. zapfenartig senkrecht nach oben gerichtete (seltener schräg nach vorn, mitunter leicht nach hinten gebogene) schuppige Schnauzenfortsatz bezeichnet. Bei → *Vipera ammodytes* besitzt das vom verlängerten → Rostrale und einigen kleinen Schuppen gebildete „Horn“ (max. 6–7 mm lang) außerdem taxonomischen Wert (Hornbau; z. B. mediane Hornschuppenzahl) für die UArt-Gliederung. [1]

Schnecken: → Gastropoda.

Schneckengang: → Ductus cochlearis.

Schneller Wüstenrenner: → *Eremias velox*.

Schnupfen: mehr od. weniger starke Flüssigkeitsabsonderung aus der Nase, bedingt durch katarrhalische Affektionen der oberen Luftwege. Oft vor allem bei Schlangen, auch Schildkröten und Krokodilen auftretend. Sekret gewöhnlich wäßrig (häufig Bläschenbildung an den Nasenlöchern), mitunter eitrig-schleimig. Erschwerte Atmung (Kurzatmigkeit, Flankenatmung, geöffnetes Maul usw.), pfeifende Atemgeräusche weisen im fortgeschrittenem Stadium auf eine → Pneumonie hin. Ursachen: meist starke Unterkühlung (im Freiland plötzlicher Witterungsumschwung, im → Terrarium Heizungsausfall, zu feuchte Haltung usw.), Zugluft od. → bakterielle Infektion. Therapie: Tiere sofort isolieren, Behälter gut temperieren. Breitband-Antibiotika (z. B. Terramycin 50 mg/kg KM oral, 1 Woche lang) od. Sulfonamid-Applikation. [1]

Schrecklicher Giftfrosch: → *Phyllobates terribilis*.

Schreckstoffe, Alarmstoffe: aktiv od. nach Verletzung bei Alarmsituationen abgeschiedene Stoffe, die Artgenossen davon auf chemischem Wege informieren. So geben verletzte → Kaulquappen von → *Bufo bufo* S. ab, in deren Wirkungsbereich alle Schwarmgenossen mit Flucht reagieren. Diese Reaktion zeigen die Kaulquappen bereits von frühen Stadien an, bis hin zu Beginn der → Metamorphose. [1]

Schröpfkopfmethode: in den USA praktizierte Methode zur Behandlung von → Giftschlangenbissen. Man setzt den mit einem Gummiball versehenen Schröpfkopf auf die durch Einschnitt erweiterte Bißwunde. Geschieht dies unmittelbar bzw. nur einige Minuten nach dem Biß, dann soll bei intensivem Einsatz nahezu die Hälfte des injizierten Giftes mit dem ausfließenden Blut abgesaugt werden können. [1]

Schultergürtel: Stütze der Vorderextremität und Ursprungsstelle von Extremitätenmuskeln. Ohne Verbindung zur Wirbelsäule (Gegensatz zum → Beckengürtel), sondern Muskelführung. Grundelemente sind → Scapula und → Coracoid bzw. → Procoracoid, hinzu kommen Hautverknöcherungen wie → Clavicula und → Cleithrum. Schwanzlurchen fehlt die Clavicula, ihr S. ist überwiegend knorplig, neben dem Coracoid gibt es ein selbständiges Procoracoid. Froschlurche besitzen ventral 2 Knochenstücke, Clavicula und Procoracoid, die median durch einen bogenförmigen Knorpelstab, das Epicoracoid, verbunden sind. An ihre knöcherne Scapula schließt sich eine knorplige → Suprascapula an, die cranial von einem schmalen Cleithrum umscheidet sein kann. Man bezeichnet den S. als arcifer (Abb. 5 B), wenn die Epicoracoidknorpel gegeneinander beweglich (verschiebbar; Schiebebrusttyp) sind. Im umgekehrten Fall, bei starrer Verbindung, ist der S. firmistern (Starrbrusttyp; Abb 5 C). Mischtypen sind möglich (*Sooglossus, Rhinoderma* u. a.). Die Gelenkpfanne für den Humeruskopf (→ Fossa glenoidalis) zeigt bei **A** lateroventrad. Der S. der Echsen ist durch Fensterbildung stark aufgelockert, Claviculae (fehlen bei Chamäleons) und → Sternum sind durch T-förmige → Interclavicula verbunden. Scapula und Procoracoid bleiben weitgehend knorplig. Ihre Fossa glenoidalis weist mehr caudoventral. Bei Extremitätenlosigkeit wird immer zuerst die Clavicula reduziert. Krokodilen fehlt die Clavicula, die bereits bei ihren bipeden Vorfahren verloren ging. Große Abweichungen ergeben sich bei Schildkröten. Hier sind Claviculae und Episternum am Aufbau des → Plastrons beteiligt, Scapula und Coracoid stabförmig gestaltet. Schlangen fehlt der S. ebenso wie den → Gymnophiona völlig. (Abb. 102). [2]

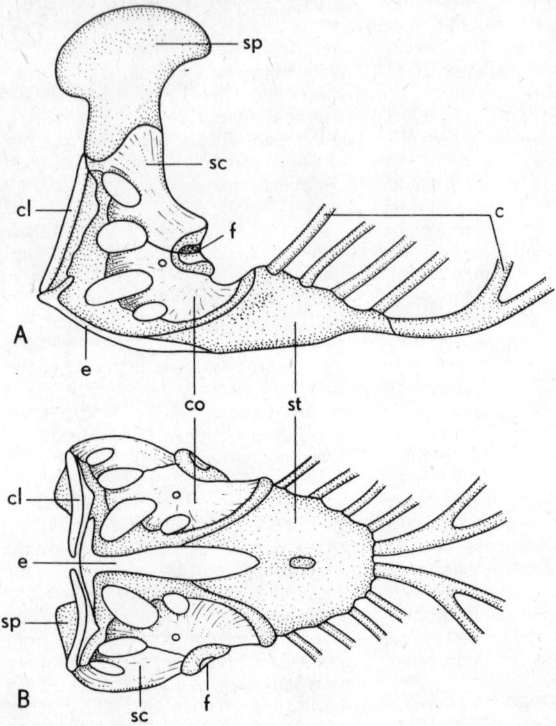

Abb. 102. Schultergürtel von *Iguana tuberculata*. A. Lateralansicht; B. Ventralansicht. *c* Costae, *cl* Clavicula, *co* Coracoid, *e* Episternum, *f* Fossa glenoidalis, *sc* Scapula, *sp* Suprascapula, *st* Sternum.

Schuppenkriechtiere: → Squamata.

Schuppenrasseln: Lauterzeugung durch Gegeneinanderreiben sägeartig gekielter Körperschuppen. Typisch für → Viperiden der Gatt *Cerastes* und *Echis*. Hier sind derartige Schuppen in 5–10 schrägen Reihen seitlich am Rumpf angeordnet und werden durch drehende Bewegungen des in mehreren Schlingen liegenden Körpers kräftig gegeneinander gerieben. Dabei erfolgt keine Ortsveränderung, auch der Kopf bleibt bewegungslos. Das oft bis 2 min dauernde, zischende Geräusch dient offensichtlich zum Warnen und Abschrecken der Feinde. S. als Verhaltensmimikry ist für die in Afrika stellenweise → sympatrisch mit → *Echis carinatus* lebende → *Dasypeltis scabra* bekannt. [1]

Schüsselrückenstellung: auf Jungfer (1985) zurückgehender Begriff. Von Vertretern der → Dendrobatidae (*Dendrobates speciosus*, → *D. pumilio* u. a.) zum Transport der frisch geschlüpften Larven (→ Larventransport) eingenommene Position. Das unbeweglich zwischen den Larven sitzende Elterntier drückt den Rücken median leicht konkav durch und wartet ab, bis sich die hinaufschlängelnde Larve in dieser schüsselartigen Einstellung „plaziert" hat (der Ruderschwanz zeigt zur Kloakenregion des Frosches). Danach erfolgt sofort der Transport zu einer wassergefüllten Bromelienblattachsel, wobei die S. in stark abgeschwächter Form beibehalten wird. [1]

Schwanzautotomie: → Autotomie.

Schwanzfaden, Schwanzendfaden, Endfaden: während des Wasseraufenthaltes (in → Wassertracht) bei ♂♂ einiger *Triturus*-Arten vorhandener, fadenförmiger, mehr oder weniger scharf abgesetzter Fortsatz am Schwanzende. Besonders markant (bis 8 mm lang, deutlich abgegrenzt) bei → *Triturus helveticus* (Abb. 46 A) ausgebildet. Funktionell wird dem S. Bedeutung im Rahmen des Schwanzwedelns zugemessen. Neben einer Steuerung des Wasserstroms ist vor allem sein Einsatz während des Fortpflanzungsverhaltens im Sinne einer Lockwerbung (Ausführen von wurmähnlichen Bewegungen) in der Diskussion. Diese wurmartigen Bewegungen („distal lure") wurden z. B. bei Untersuchungen des Sexualverhaltens von → *Triturus italicus* auch mittels Videokamera aufgezeichnet. [1]

Schwanzfrosch: → *Ascaphus truei.*

Schwanzködern: → Köderverhalten.

Schwanznagel: → Endnagel.

Schwanzrasseln: Erzeugung aposematischer Laute durch Schütteln od. rasches seitliches Schwingen des dafür mit besonderen Bildungen des → Integuments versehenen Schwanzes. Beim Nordafrikanischen Stachelschwein *(Hystrix cristata)* dienen z. B. modifizierte Stacheln (dünnwandige, oben offene Stachelkiele) zur Geräuschproduktion. Klapperschlangen (*Crotalus*, außer der auf Santa Catalina lebenden *C. catalinensis*, und *Sistrurus*) setzen hierzu ihre → Klapper ein. [1]

Schwanzregeneration: → Regeneration des durch Amputation od. → Autotomie verlorengegangenen Schwanzes bzw. Schwanzendes. Das klassische Beispiel für Autotomie und S. bilden die Echsen, unter denen bisher nur bei wenigen Fam keine Autotomiespalten entdeckt wurden. Schwanzregenerate unterscheiden sich meist in verschiedener Hinsicht vom Ursprungszustand (nur mit unsegmentiertem Knorpelstab, andersartige Beschuppungs- und Innervierungsverhältnisse usw.). Die Wachstumsgeschwindigkeit des Regenerates (bei *Lacerta* z. B. anfangs täglich 1–2 mm) beeinflussen exo- wie endogene Faktoren. Bifide (doppelte) und trifide (dreifache) Schwänze entstehen durch unvollständigen Bruch. Letztere sind selten und bilden sich, indem das primäre Ende zweimal hintereinander verletzt wird und jedesmal ein seitliches Regenerat auswächst. [1]

Schwanzrollen: spiraliges Einrollen und Ausrollen des Schwanzes über dem Rücken. Bei einigen Agamen, Leguanen und anderen Echsen Bestandteil des aposematischen und epigamen Verhaltensrepertoires. Besonders markant ausgeprägt beim Rollschwanzleguan *(Leiocephalus carinatus)* und bei *Phrynocephalus*- Arten (→ *P. mystaceus*, → *P. helioscopus* u. a.). Dazu tritt die bei diesen Formen auffällige Färbung der Schwanzunterseite zutage (Signalfunktion!). *Phrynocephalus interscapularis* kann außerdem mehr od. weniger synchron zum Ausrollen seines Schwanzes mit einer der Hinterextremitäten Sand aufscharren und hinter sich schleudern. [1]

Schwanzschlagen: das S. erfolgt meist im defensiven Sinn, kann aber auch dem Angriff dienen. Hauptsächlich von Formen mit stark muskulösem Schwanz angewandt. Am bekanntesten für Krokodile (kräftiger Schwanz mit hartem Schuppenkamm), auch unter den Echsen relativ verbreitet (verschiedene *Agama*-Arten usw.) und hier besonders von Dornschwänzen *(Uromastyx)*, Gürtelschweifen *(Cordylus)* sowie Waranen praktiziert. Letztere können sogar recht gezielt zuschlagen. Vogel (1979) unterscheidet im Rahmen des Droh- und Kampfverhaltens von *Varanus salvator* hinsichtlich des S. zwischen der statischen Drohung (Bereitschaftsstellung des Schwanzes), dynamischen Drohung (leeres S.) und der Applikation. Einige Schlangen wie *Eryx*-Arten, → *Coluber hippocrepis, Chironius carinatus* u. a. können zur Verteidigung ebenfalls kräftig mit dem Schwanz schlagen. [1]

„Schwanzstiche": Abwehrreaktion bei mehreren **R**-Arten, deren Schwanz in einer kurzen, festen Spitze endet (Vertreter der → Amphisbaenia) od. dessen Endschuppe in einem Dorn ausläuft (→ Typhlopidae, → Leptotyphlopidae, einige → Colubridae). Die Doppelschleiche *Trogonophis wiegmanni* kann sich z. B. beim Fang blitzschnell um einen Finger winden und ihre Schwanzspitze gegen die Haut drükken. Dieses harmlose „Stechen" praktiziert unter anderem ebenfalls *Blanus strauchi*. Da *Blanus* zur Schwanzautotomie (ab 4. Schwanzwirbel) fähig ist, dürften bei Angriffen eines nun auf die Schwanzspitze orientierten → Prädators die Chancen des Tieres zum Entkommen besonders günstig sein. Nicht wesentlich anders ist gewöhnlich die Wirkung entsprechender „Stiche" von Schlangen. Erzählungen über giftige und gefährliche Schwanzstachel bei Schlangen (*Farancia abacura* u. a.) sind auch heute noch aus verschiedenen Ländern bekannt. [1]

Schwanzwurzel: der unmittelbar an den Rumpf anschließende, überwiegend leicht verdickte Schwanzansatz. Bei den ♂♂ der → Squamata bedingt durch die in die S. zurückgezogenen → Hemipenes meist dicker als bei ♀♀. [1]

Schwanzwurzelhöcker: markantes sekundäres Geschlechtsmerkmal des ad. ♂ der Gatt. *Mertensiella* (Fam → Salamandridae). Auf der → Schwanzwurzel (oberseits, über dem Kloakenspalt) ausgebildeter, leicht nach cranial gerichteter, 3–5 mm hoher Höcker (Abb. 41 C) mit schwach gerundeter Spitze. Bei → *Mertensiella luschani* basal kräftiger und außerdem spitzer auslaufend als bei *M. caucasica*. Nach Untersuchungen bei *M. caucasica* enthält der S. viele von glatten Muskelzellen umgebene Schleimdrüsen, die einen speziellen (nach Art der Sekretgranula usw.), nur im Höcker vorkommenden Drüsentyp repräsentieren. Im Vergleich zur angrenzenden Rückenhaut liegt auch eine bessere Innervierung vor. Die Bedeutung des S. als Stimulationsorgan der → Kloake des ♀ beim Paarungsakt wurde schon Anfang 1900 erkannt. Man diskutiert heute eine mechanische (auch Weitung der Kloake) und dazu chemische Stimulation. Vor dem Einführen in die Kloake kommt es meist zu Reibebewegungen im Kloakenbereich. Die Entwicklung des S. geht etwa parallel mit dem Beginn der Geschlechtsreife. [1]

Schwarze Mamba: → *Dendroaspis polylepis*.

Schwarzhalskobra: → *Naja nigricollis*.

Schwebegarnelen: → Mysidacea.

Schwellkörper: → Corpora cavernosa.

schwimmen: → aquatische Lokomotionsweise. Von → terrestrischen → Anuren gewöhnlich wenigstens zur Laichzeit praktiziert. Der anurentypische Schwimmstil ist das → Stoßschwimmen. Offenbar sind auch rein terrestrische **R**, wenn dazu gezwungen, zum S. fähig. Mitunter liegt, wie Versuche Tercafs belegen, dann sogar ein recht gutes Schwimmvermögen vor (→ *Tarentola mauritanica*, → *Anguis fragilis*, → *Coronella austriaca* u. a.). Ausgezeichnet an das Wasserleben angepaßt sind unter den **R** vor allem die → Cheloniidae, → Dermochelydidae, → Hydrophiidae. Erstere zeichnen sich durch einen flachen, stromlinienförmigen Körper und zu Paddeln umgebildete Extremitäten aus. Die besonders durch Streckung der → Metacarpalia und → Phalangen längeren Vorderextremitäten (Abb. 86 E) dienen als Antriebsorgane, die Hinterextremitäten als Steuerruder. [1]

Schwimmhäute: → Spannhäute.

Schwimmwühlen: → Typhlonectidae.

Scincidae, Skinke, Glattechsen: weltweit verbreitete, arten- und individuenreichste Fam der → Scincomorpha. Über 600 Arten. Größte Formenfülle in SO-Asien, Australien, Afrika. In Europa Gatt *Ablepharus, Chalcides, Eumeces, Ophiomorus*. Ökologisch und morphologisch ziemlich einförmig. Hauptsächlich Bewohner von Trockengebieten. GL 10–60 cm. Rumpf meist gestreckt, walzenförmig, gewöhnlich gleichartig beschuppt. Schuppen glatt (höchstens leicht gekielt), glänzend, mit → Osteodermen unterlegt. Kopf gewöhnlich spitzschnauzig. Oft mit → gefenstertem Unterlid od. → „Brille". Ohröffnung häufig mit Schuppen bedeckt. → Sekundärer Gaumen. Zähne → pleurodont. Schwanz konisch zugespitzt, bei einigen Formen als → Greifschwanz ausgebildet. Extremitäten verhältnismäßig kurz, kräftig, vielfach reduziert, dabei alle Übergangsformen bis zur Beinlosigkeit (*Chalcides* u. a.). Solche Formen sind mehr od. weniger stark spezialisierte Wühler. In der Mehrzahl tagaktiv, bodenbewohnend bzw. wühlend, grabend. Einige leben → arboricol, wenige aquatisch (*Cophoscincopus durus* u. a.). → Ovipar, etwa ein Drittel → ovovivipar, echt → vivipar *Chalcides, Tiliqua*. → Brutpflege bei einigen *Eumeces*-Arten. Intrafamiliäre Gliederung strittig; 4 UFam: Acontiinae, Feyliniinae, Scincinae, Lygosominae. [1]

Scincomorpha: IO der → Sauria. Etwa 1130 Arten. S. und → Iguania stellen zusammen über ⅔ der Echsenarten. Weltweit verbreitet. Hauptsächlich kleine bis mittelgroße Formen. → Parietale unpaar. → Jochbögen oft vorhanden. Bezahnung → pleurodont. Zunge wenig bis stark gespalten. → Procöle Wirbel, 6 Halswirbel ausgebildet. Tendenz zur Extremitätenreduktion, somit Herausbildung schlangenartiger, → wühlender Formen. → Osteodermata vorhanden. 4 Fam: → Cordylidae, → Lacertidae, → Scincidae, → Teiidae. [1]

Scincus scincus (Linnaeus 1758), Apothekerskink: Vertreter der → Scincidae. Verbreitung: von Senegal, Mauretanien, Marokko bis Ägypten, Israel, Syrien. Typischer Bewohner von Sandwüsten. GL bis 20 cm. Kopf nicht abgesetzt, Schnauze keilförmig. Ohröffnungen weitgehend durch Schuppen geschützt. Unterlid beweglich. Rumpf walzenförmig. Schwanz kurz, dick (Fettspeicher). Glattschuppig. Flache Schuppen an den Zehen verbessern die Auflagefläche und somit die → Lokomotion im Wüstensand. Extremitäten kurz, kräftig. Tagaktiv. Einwühlen in den Sand allein mittels wellenförmiger Körperbewegungen. Die Skinke „schwimmen" gleichsam im Sand („Sandfische"). Früher beliebtes Nahrungs- und „Heilmittel" (z. B. pulverisiert als Aphrodisiakum). Gelegegröße: bis 6 Eier. [1]

Sclera, harte Augenhaut, Lederhaut: vom Mesoderm gebildete, feste, äußere Hülle des Augapfels. Sie schützt das Auge, bietet den extrabulbären Augenmuskeln Ansatzfläche, erhält die Augenform. Besteht hauptsächlich aus einem Netzwerk kollagener Bindegewebsfasern, in das oft ein → Scleralring eingelagert sein kann. Im Bereich der Linse (→ Lens) bildet sie die durchsichtige, vom epidermalen Epithel überzogene Hornhaut (→ Cornea). Eine ausschließlich bindegewebige S. besitzen z. B. zahlreiche Schwanzlurche und die Schlangen. [1]

Scleralring, Scleroticalring: bei zahlreichen rezenten Knochenfischen, verschiedenen **A** (*Hynobius, Onychodactylus* u. a.) und vielen → Sauropsida in die → Sclera (im Ciliarbereich des Augapfels) eingelagerte knöcherne, selten knorplige Plättchen, die sich zu einem geschlossenen Ring vereinigen. Der S. dient dem Schutz des Bulbus und ist bei Vögeln für deren speziellen Akkomodationsmodus bedeutsam (bildet ein Widerlager gegen den Muskelzug des Ciliarkörpers). Die Plättchen der rezenten **R** sind Deckknochen, meist höher als breit, gelegentlich (wie bei Vögeln) miteinander verzahnt. Ihre Zahl schwankt von 8–16 (16 sind für → *Sphenodon punctatus* typisch), bei

Schildkröten liegen meist nicht mehr als 13 vor. Krokodilen, Schlangen und einigen → wühlenden **R**-Arten (→ Amphisbaenen u. a.) fehlt ein S. [1]

Scolecomorphidae: Fam der → Gymnophiona. Nur Gatt *Scolecomorphus* mit 7 Arten. Verbreitung: tropisches Afrika (Kamerun, Tansania, Malawi). GL bis 44 cm. Maul unterständig. → Praemaxillaria nicht mit → Nasalia verschmolzen. → Septomaxillare markant vorhanden. Unterkiefer mit nur einer Zahnreihe. Augen liegen unter Schädelknochen. → Tentakel groß. Sekundärfurchen und Kalkschuppen fehlen. Schwanzlos. [1]

Scolecophidia, Blindschlangenartige: IO der → Serpentes. Hauptsächlich in Tropen und Subtropen verbreitet. Kleine, → subterrestrisch lebende Arten. Mit ursprünglichen Merkmalen und hoher Anpassung an die → wühlende Lebensweise. Kopf nicht abgesetzt, abgestumpft, Maul unterständig. → Pileus mit stark reduzierter Schilderzahl. → Rostrale am mächtigsten entwickelt. Augen rückgebildet, unter Ocularschildern verborgen. Rumpf drehrund, glattschuppig, ventral ebenfalls kleine Schuppen vorhanden. Schwanz kurz, Endschuppe oft mit Dorn. Schädelknochen fest verwachsen. → Maxillare kurz. → Coronoid ausgebildet. Bezahnung sehr unterschiedlich. → Foramen opticum nur vom → Frontale begrenzt. Wirbel hat keinen → Processus spinosus. Reste des → Bekkengürtels, meist (wenn auch in unterschiedlichem Grad) dazu Hinterextremitätenrudimente vorhanden. 3 Fam: → Typhlopidae, → Anomalepidae, → Leptotyphlopidae. Obwohl in Habitus und Lebensweise gleich, sind Leptotyphlopidae und Typhlopidae nicht näher miteinander verwandt. [1]

See: natürliches, in einer allseitig geschlossenen Wanne (Seebecken) der Landoberfläche befindliches größeres → Standgewässer, bei dem im Gegensatz zum → Weiher das Licht nur im flachen Bereich des Ufergürtels bis zum Boden gelangen kann. Gegliedert in die Lebensräume Benthal (Bodenzone), unterteilt in Litoral (Uferzone) und Profundal (Tiefenzone), und Pelagial (Freiwasserzone). Durch → Eutrophierung wird die Verlandung des Seebeckens stark beschleunigt. Das Litoral mit seinen Gelegepflanzen (Schilf, Binsen u. a.) und krautigen Wasserpflanzen (Tausend-, Hornblatt u. a.) ist Lebensraum vieler **A**- sowie auch → aquatischer **R**-Arten. Die Talsperre (Stausee) bildet das künstliche Gegenstück zum S. [1]

Seefrosch: → *Rana ridibunda.*

Seeschlangen: → Hydrophiidae.

Seitenkiel: → Lateralkiel.

Seitenlinienorgane, Lateralisorgane: bei allen **A**-Larven, Schwanzlurchen während des Wasseraufenthaltes (z. B. *Triturus*), ständig → aquatischen **A** (→ neotonen Formen, *Xenopus, Pipa* u. a.) sowie Rundmäulern und Fischen ausgebildete Sinnesorgane, die feinste Wasserbewegungen registrieren und meist als Organ des Ferntastsinnes aufgefaßt werden. Sie bestehen gewöhnlich aus in typischen Linien angeordneten Sinneshügeln (Neuromasten). Ihre Innervierung erfolgt von einem Lateralisast des → Nervus vagus. Die Neuromasten bauen sich aus mit Sinneshaaren besetzten Sinneszellen auf, eingefaßt von Stützzellen, die einen Gallertkegel (Cupula) ausscheiden, in den die Sinneshaare hineinragen. S. verlaufen am Rumpf (primär 3) und Kopf (kurze, z. T. schwach ausgeprägte Linien). So unterscheidet man z. B. am Kopf der Larve von → *Salamandra atra* die Linea supraorbitalis, infraorbitalis, angularis, jugularis, occipitalis, mandibularis. Während der → Metamorphose werden die S. gewöhnlich rückgebildet (Ausnahmen: *Xenopus, Bombina* u. a.). Bei *Xenopus* sinken die Neuromasten in Hautgruben, die Cupulae ragen aber weiter frei hervor. Die S. von Larven der Blindwühlen-Gatt *Ichthyophis* weisen neben freien Neuromasten Ampullen-Organe (Elektrorezeptoren?) auf, ähnlich denen von Süßwasserfischen. [2]

Seitenwinden: Lokomotionsform einiger relativ kleiner, in Sandwüsten N-Amerikas und Afrikas lebender Giftschlangen. Typische Vertreter sind z. B. die 40–75 cm lange Seitenwinder-Klapperschlange *(Crotalus cerastes)* und die Zwergpuffotter (*Bitis peringueyi*; GL bis maximal 30 cm). Beim S. gleitet die Schlange in einer Seitwärtsbewegung (nahezu rechtwinklig zur Körperachse) über den Sand, wobei dieser wechselweise meist nur mit 2 Stellen des Körpers (ein Abschnitt hinter dem Kopf und vor dem Schwanz) berührt wird. Die Kriechspur (Abb. 74 D) besteht daher i. d. R. aus 2 parallel zueinander verlaufenden Linien und weicht völlig von der zusammenhängenden Spur anderer Schlangen ab. Jedoch sind auch viele andere Schlangen (vor allem auf glattem Untergrund) zu einem mehr od. weniger gut koordiniertem S. fähig. [1]

Sekundärbiotop: vom Menschen geschaffener Biotop. Hierzu zählen z. B. Kies- und Sandgruben mit ihren meist zahlreichen Kleinlebensräumen. [1]

sekundärer Gaumen: durch plattenartige Auswüchse der → Praemaxillaria, → Maxillaria, → Palatina und → Pterygoidea bei manchen **R** gebildetes knöchernes Munddach. Dadurch wird die → Mundhöhle verkleinert, die Nasenhöhle sekundär vergrößert. Weiterhin entsteht ein langer Nasengang, die ursprünglich weit vorn gelegenen primären → Choanen werden bei den Krokodilen weit caudad verlagert und zu sekundären Choanen, die in der Nähe des → Foramen occipitale magnum in die Mundhöhle münden. Bei Schildkröten ist der s. G. geringer entwickelt. Ihre sekundären Choanen liegen im vorderen Drittel des Munddaches. [2]

sekundärer Harnleiter: → Ureter.

semiterrestrisch: → amphibisch.

Septomaxillare, Os nariale: kleiner → Deckknochen im Bereich der Nasenhöhle. Schon bei den fossilen Stegocephalia vorhanden, rezent bei manchen Schwanzlurchen und Echsen nachgewiesen. [2]

Septum interatriale cordis, Septum atriorum cordis, Herzvorhofscheidewand: Trennwand zwischen den beiden Herzvorhöfen (→ Atrium cordis). Bei **A** erstmals vorhanden. Die Scheidewand der Schwanzlurche und → Gymnophiona ist allerdings noch perforiert und durchlässig. Erst bei Froschlurchen kommt es zum hermetischen Verschluß zwischen beiden Vorhöfen, der allen höheren Wirbeltieren zukommt. [2]

Septum interorbitale, Interorbitalseptum: hauptsächlich membranöse Scheidewand zwischen den beiden Augengruben. Typisch für den **R**- und Vogelschädel. [2]

Septum interventriculare cordis, Septum ventriculorum cordis, Herzkammerscheidewand: Trennwand zwischen den Herzkammern (→ Ventriculi cordis). **A** fehlt noch ein S. i. c., ihr Ventrikel bleibt ungeteilt. Unter den **R** besitzen nur die Krokodile ein vollständig entwickeltes Septum. Bei allen anderen **R** ist dieses unvollständig ausgebildet und nicht mit dem → Septum interatriale cordis verwachsen. Über den freien Rand des S. i. c. stehen beide Kammerhälften miteinander in Verbindung, so daß bei der → Systole eine Mischung von arteriellem und venösem Blut möglich ist. Bei Krokodilen kann eine Blutmischung lediglich über das → Foramen Panizzae zwischen linkem und rechtem Aortenbogen erfolgen (Bedeutung für die Sauerstoffversorgung des Darmes und beim Tauchen). [2]

Serpentarium: Sammelbezeichnung für Schlangen-Terrarien (abgeleitet von → Serpentes), ohne Aussage über Größe, Konstruktion, Einrichtung, Tierbesatz. Hauptsächlich in der älteren terraristischen Literatur verwendeter Begriff. [1]

Serpentes, Ophidia, Schlangen: UO der → Squamata. Etwa 2700 Arten. Weltweit verbreitet. Hauptformenfülle in den Tropen. Besiedeln unterschiedlichste Lebensräume. Überwiegend bodenbewohnend, dabei auch → subterrestrisch (z. T. hochspezialisierte Wühlschlangen), viele → arboricol, semiarboricol, → amphibisch, → aquatisch, einige → marin. Körpergrundbauplan recht einheitlich. Langgestreckt, → apod, Rudimente des Beckens und der Hinterextremitäten (→ Afterklauen) noch bei primitiven Formen vorhanden. Extrem hohe → Schädelkinetik (→ Schädelbewegungen bei S.) ermöglicht das Verschlingen der unzerkleinerten Beute. Gebiß ursprünglich → homodont. Zähne → acrodont, oft sind auch → Pterygoid und → Palatinum (gelegentlich → Praemaxillare) bezahnt. Vielfach ist ein → Giftapparat ausgebildet. Hohe Zahl an Wirbeln (maximal 435; → procöle Wirbel) und Rippen, die alle frei enden (→ Sternum fehlt). Schuppen nicht von → Osteodermata unterlegt, bauchseits meist als breite → Ventralia ausgebildet. Innere Organe zeigen gute Anpassung an die Längsstreckung des Körpers, z. B. durch mehr od. weniger starke Verlängerung und asymmetrische Lage paariger Organe (→ Nieren, → Ovarien, → Testes). Linke Lunge nur noch bei urtümlichen Gruppen vorhanden, rechte endet in einem glattwandigen → Luftsack, manche Arten besitzen eine → Tracheallunge. Auge mit → Brille, Zunge tief gespalten, überträgt Duftstoffe zum → Jacobsonschen Organ. Nur inneres Ohr erhalten. → Labial- und → Lorealgruben dienen als Wärmedetektoren. → Lokomotion verschiedenartig, z. B. als → Schlängeln, → Seitenwinden, → Raupenkriechen, → Ziehharmonika-Kriechen, → Schwimmen, → Klettern, → Gleitflug. Mehrere Arten tragen → Kommentkämpfe aus. Verschiedentlich wurde → Amphigonia retardata nachgewiesen. Meist → ovipar, auch → ovovivipar, einige → vivipar. In wenigen Fällen → Brutfürsorge, → Brutpflege (sogar echtes → Brüten). Systematik z. T. unterschiedlich. 3 rezente IO: → Scolecophidia, → Henophidia, → Caenophidia. (Abb. 103, 104). [1]

Serumproteine: nach Blutgerinnung im Blutserum verbleibende Proteine. Sie können wegen ihrer Artspezifität zur Gewinnung von Antiseren dienen, die sich ihrerseits zur Untersuchung natürlicher Verwandtschaftsbeziehungen auf immunologischer Grundlage heranziehen lassen. Die Auftrennung und Darstellung der S. mittels → Elektrophorese ergibt artspezifische Serumproteinmuster. Auch diese können in Ergänzung zu morphologischen und anderen Kriterien einen wichtigen Baustein bei der Bearbeitung offener taxonomischer Fragen (vgl. Untersuchungen zum Bastardcharakter von → *Rana „esculenta"*) liefern. [1]

Sexualindex: → Geschlechterverhältnis.

Seychellenfrösche: → Sooglossidae.

Siamesische Zwillinge: eineiige Zwillinge, die durch unvollständige Trennung des Keimes an einer od. verschiedenen Körperstellen miteinander verwachsen sind. Bei **A** relativ selten (z. B. → *Salamandra salamandra* mit gemeinsamen Hinterkörper, *Triturus*-Doppellarve bauchseits verbunden, *Ambystoma maculatum* mit Verwachsung im Beckenbereich), **R** in mehreren Fällen bekannt. So wurde eine solche → Anomalie verschiedentlich für Schildkröten nachgewiesen, z. B. bei einer *Chrysemys floridana* (Verwachsung im hinteren Teil des → Plastron), *C. rubiventris nelsoni*, mehrfach bei *C. scripta elegans*, einer *Malaclemys terrapin, Trionyx ferox*, → *Agrionemys horsfieldii*. Weitere Belege existieren für Schlangen (*Sanzinia madagascariensis, Natrix sipedon, Coluber constrictor*, → *Vipera berus* u. a.) sowie Echsen (*Crossobamon eversmanni*/Bild 34, *Phelsuma madagascariensis*, → *Anguis fragilis* u. a.). [1]

Sibirischer Winkelzahnmolch: → *Salamandrella keyserlingii*.

Sichern: Schutzverhalten. Plötzliches Verharren, Anheben des Kopfes und aufmerksames Prüfen der Umgebung mit Hilfe der Sinnesorgane. Unter **R** vor allem bei Waranen zu beobachten. So richtet z. B. *Varanus salvator* im typi-

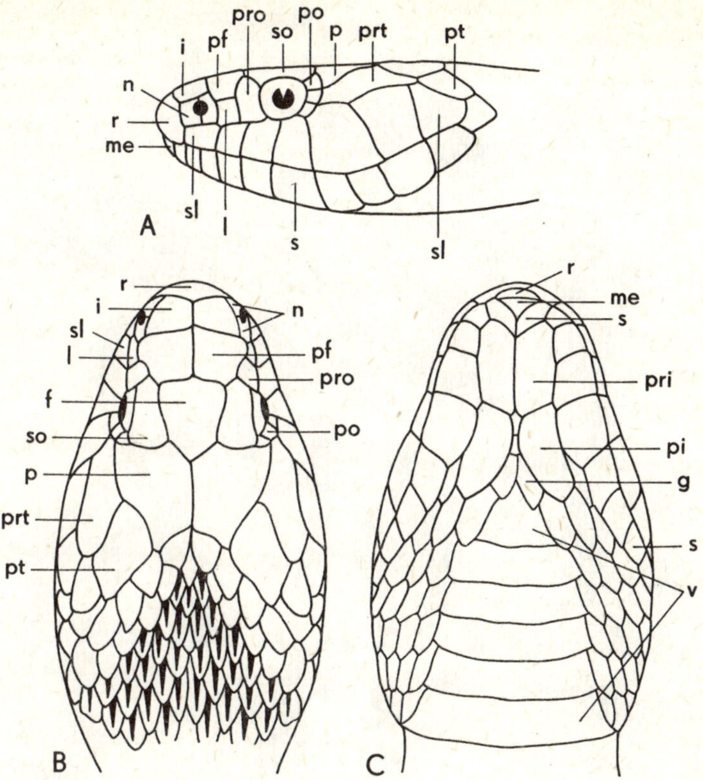

Abb. 103. Kopfbeschilderung einer Barren-Ringelnatter *(Natrix natrix helvetica)*. A. Lateralansicht; B. Dorsalansicht; C. Ventralansicht. *f* Frontale (Stirnschild), *g* Gulare (Kehlschild), *i* Internasale (Zwischennasenschild), *l* Loreale (Zügelschild), *me* Mentale (Kinnschild), *n* Nasalia (Nasenschilder), *p* Parietale (Scheitelschild), *pf* Praefrontale (Vorderstirnschild), *pi* Post-Inframaxillare (Hinteres Rinnenschild), *po* Postoculare (Hinteraugenschild), *pri* Prae-Inframaxillare (Vorderes Rinnenschild), *pro* Praeoculare (Vorderaugenschild), *prt* Praetemporale (Vorderschläfenschild), *pt* Posttemporale (Hinterschläfenschild), *r* Rostrale (Schnauzenschild), *s* Sublabialia (Unterlippenschilder), *sl* Supralabialia (Oberlippenschilder), *so* Supraoculare (Oberaugenschild), *v* Ventralia (Bauchschilder).

schen Fall den Vorderkörper und Hals empor. Der waagerecht stehende Kopf kann bei längerem Beibehalten dieser Position zur Änderung des Sehwinkels hin und wieder ruckartig seitwärts gedreht werden. Diese für das Tier günstige Beobachtungshaltung läßt es für Feinde außerdem durch seine Bewegungslosigkeit weniger auffällig erscheinen. [1]

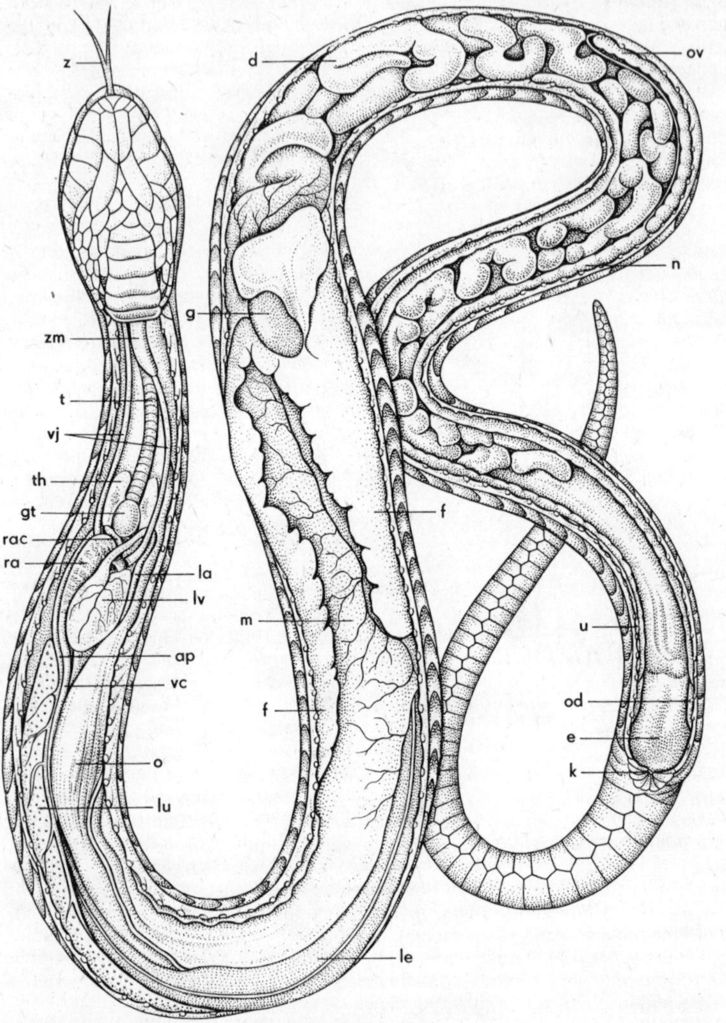

Abb. 104. Anatomie eines Barren-Ringelnatter ♀ *(Natrix natrix helvetica)*. *a* Arteria pulmonalis, *d* Dünndarm, *e* Enddarm, *f* Fettkörper, *g* Gallenblase, *gt* Glandula thyreoidea, *k* Kloake, *la* linker Aortenbogen, *le* Leber, *lu* Lunge, *lv* linker Ventrikel, *m* Magen, *n* Niere, *o* Oesophagus, *od* Oviduct, *ov* Ovar, *ra* rechtes Atrium, *rac* rechte Arteria carotis, *t* Trachea, *th* Thymus, *u* Ureter, *vc* Vena cava inferior, *vj* Venae jugulares, *z* Zunge, *zm* Zungenmuskulatur.

Sichtotstellen, Totstellen, Letisimulation, Akinese: durch plötzliche od. fortdauernde Störreize verursachte Bewegungslosigkeit. Unter **A** bei vielen Formen der → Ambystomatidae, → Plethodontidae, → *Pipa pipa, Leptodactylus pentadactylus* u. a. zu beobachten. Bekanntestes Beispiel ist bei **R** die Hakennasennatter *Heterodon contortrix*, die sich oft am Ende einer proaposematischen Reaktionskette in Rükkenlage und mit geöffneten Kiefern totstellt. Gelegentlich zeigt auch → *Natrix natrix* dieses Verhalten (Bild 41), ebenfalls als Endphase (nach dem → Zischen, → Drohbeißen, Zusammenrollen) od. Sofortreaktion. Aus dem offenem Maul hängt meist die Zunge heraus, die Pupillen sind abwärts gedreht, ganz selten können wenige Bluttropfen aus dem Maul treten. Das S. hält hier kurzzeitig, ausnahmsweise auch bis etwa 40 min an. Offensichtlich tritt es sehr populationsspezifisch auf. Durch S. wird verblüffend realistisch der Eindruck eines toten Tieres erzeugt. Vielfach ist damit das plötzliche Sichtbarwerden einer markanten Warnfärbung der Bauchseite (bei → *Salamandrina terdigitata, Natrix natrix* u. a.) verbunden. [1]

Signalhandlungen: Verhaltensweisen zur Erzeugung und Übermittlung von Signalen. Aus Gebrauchshandlungen entstanden. Sie umfassen z. B. optische (Signalbewegungen, oft sind spezielle Signalorgane wie Kehlanhänge, Kopfhelme u. a. ausgebildet), akustische, taktile, chemische Signale. Häufig kommt es zu Signalkombinationen. S. sind vor allem im Rahmen des → Funktionskreises der Fortpflanzung (Geschlechtserkennung, → Revier-, Balzverhalten usw.) und bei der Abwehr von → Prädatoren von großer Bedeutung. [1]

silvicol: im Wald lebend. [1]

Sincipitalschilder: → Frontale und → Parietale. Bei Beschreibung der Beschilderung des → Pileus von Schlangen verwendeter Begriff. [1]

Sinus venosus, Venensinus: Blutsammelraum für die großen Körpervenen vor dem Herzen. Bei **A** mündet der S. v. in den rechten Vorhof. **R** legen ihn zwar noch embryonal an, er stellt jedoch nur noch bei Schildkröten und → *Sphenodon punctatus* einen selbständigen Herzabschnitt dar. Der S. v. der anderen **R** wird gewöhnlich in die Wandung des rechten Vorhofes einbezogen. [2]

Sirenidae, Armmolche: Fam der → Caudata. 3 Arten, 2 Gatt. Verbreitung: SO-USA, NO-Mexiko. Überwiegend → aquatisch, bevorzugt in seichten Gewässern. Typische Tieflandbewohner. GL 15–98 cm. Aalartige, glatthäutige Dauerlarven. Hinterextremitäten einschließlich Becken fehlen. Vorderextremitäten nur sehr klein. Kurzschwänzig. Augen klein, lidlos. → Maxillare nicht od. frei *(Siren)* ausgebildet. Zähne fehlen, dafür Kieferränder mit Hornschneiden versehen. → Pterygoid reduziert. Adulte mit Kiemenöffnungen, äußeren Kiemen und Lungen. ♂♂ besitzen keine → Kloakaldrüsen. Gatt *Siren (S. intermedia,* → *S. lacertina)* mit 3 Paar Kiemenöffnungen, 4fingrig. *Pseudobranchus striatus* besitzt 1 Paar Kiemenöffnungen, 3fingrig. Überdauern Trockenperioden im Gewässerschlamm. Eiablage einzeln od. in kleinen Klumpen, an Wasserpflanzen angeheftet bzw. verankert. [1]

Siren lacertina Linnaeus 1766, Großer Armmolch: Vertreter der → Sirenidae. Verbreitung: Maryland bis S-Florida, S-Alabama. Lebt in verschiedenartigsten flachen, vegetationsreichen Gewässern des Tieflandes, z. B. → Teichen, Gräben, Reisfeldern, in Seichtwasserzonen von → Fließgewässern. GL bis 98, meist 50–70 cm. Langgestreckt, glatthäutig. Schnauze breit, abgerundet. Am Hinterkopf 3 Paar äußere Kiemen. Vorderextremitäten mit 4 Fingern. Am Rumpf 36–39 → Rippenfurchen. Jungtiere mit Hautsaum, der dorsal über den Rumpf bis zur Schwanzspitze, ventral bis zur → Kloake zieht. Fortpflanzungsbiologie weitgehend unbekannt. ♂ bildet keine → Spermatophore (→ Kloakaldrüsen fehlen). [1]

Sirenoidea: UO der → Caudata. Verbreitung: N-Amerika. Dauerlarven. Zeitlebens äußere Kiemen (3 Paar) vorhanden. Hinterextremitäten sowie Becken vollständig reduziert. Vorderextremitäten kurz, schwächlich. → Angulare und → Praearticulare verschmolzen, → Pterygoid rückgebildet. → Amphicöle Wirbel. Rippen zweiköpfig. Ventrikel mit → Septum interventriculare. ♂♂ ohne → Kloakaldrüsen und Spermatophorenbildung. Vermutlich äußere → Befruchtung. 1 Fam: → Sirenidae. [1]

Sitotroga cerealella (Olivier 1789), Getreide- od. Kornmotte: Vertreter der Palpenmotten (Gelechiidae). Vfl-Spannweite 13–19 mm. In Mühlen und Speichern Flugzeit fast ganzjährig. Eiablage an Getreidekörnern (besonders Weizen, Mais, Gerste, Reis), auch an Hülsenfrüchten, Sämereien, die sämtlich von den Larven ausgefressen werden. Zuchtbehälter: 1-l-Einweckglas od. Plastdose mit Gazedeckel. Nahrung: am besten Winterweizen, auch Kunstfutter (Haydak-Medium, vgl. → *Galleria mellonella*) verwendbar. RLF niedrig halten. Generationszeit bei 25 °C etwa 5–6 Wochen. Geeignetes Futter (Larven, Falter) für verschiedenste **A** und Echsen. [1]

Situspräparat: Präparat zur Demonstration der Lage der Organe in den Körperhöhlen. Es dient für Unterrichts- bzw. Lehrzwecke. Als Material eignen sich nur frischtote, unversehrte Tiere. Sektion unter Wasser im Sezierbecken (1 cm hoch mit Wachs od. Weichparaffin ausgegossene, flache Kunststoffschale). **A** und **R** werden gewöhnlich in Rückenlage festgesteckt und bauchseits durch einen Längsschnitt von der Unterkieferspitze bis zum Analbereich eröffnet. Brustraum durch Abtragen der Rippen öffnen, → Claviculae durchtrennen. Sobald alle inneren Organe übersichtlich freipräpariert sind, Wasser abgießen und durch 10%ige Formaldehydlösung ersetzen (Schale sorgfältig abdecken!). Nach Abschluß der Fixierung (2–3 Tage) wird das S. abgenadelt und im Präparateglas untergebracht od. aber (für Demonstrationszwecke günstiger) in Kunstharz eingebettet. [1]

Sitzbein: → Os ischii.

Sizilianische Mauereidechse: → *Podarcis wagleriana.*

Skeletierung durch Tiere: einfache, natürliche Methode zum sauberen Entfleischen von Skeleten. Obwohl sich hierzu mehrere Arten, darunter auch → aquatische Formen (z. B. → Asseln: *Asellus aquaticus, Cirolana harfordi* u. a.), eignen, liefern die besten Fraßleistungen Speckkäfer. Sie wurden erstmals von Hall und Russel (1933) zum Skeletieren eingesetzt. Die Rohskelete sind trocken in die gut abzusichernden *Dermestes*-Zuchten *(D. lardarius, D. vulpinus)* einzubringen. Optimale Temperatur 28 °C, RLF 80–85 %, regelmäßige Kontrollen vornehmen. Je nach Skeletgröße dauert die S. wenige Stunden bis mehrere Tage. Selbst feinste Skeletelemente werden schadlos entfleischt. Empfehlenswert ist auch die Verwendung von Mehlkäferlarven (→ *Tenebrio molitor*). Sie sollten zur Verbesserung der Fraßleistung vor ihrem Einsatz kurzzeitig hungern. [1]

Skinke: → Scincidae.

Skoliose: seitliche → Wirbelsäulenverkrümmung. Meist mit einer Verdrehung (Torsion) verbunden. [1]

Skyros-Mauereidechse: → *Podarcis gaigeae.*

Smaragdeidechse: → *Lacerta viridis.*

solenoglyph: → Giftapparat.

Somatolyse: Auflösung der Körperkonturen eines Tieres durch kontrastreiche Zeichnung od. bestimmte morphologische Strukturen. Form der → Tarntracht. Somatolytisch wirken z. B.

Abb. 105. Somatolyse. *Ceratophrys cornuta*, Dorsalansicht (A) und Frontalansicht (B); C. *Psammobates tentoria;* D. *Chelus fimbriatus;* E. *Chamaeleo laterispinis brookesiaeformis* (Konturauflösung in der Aufsicht durch den gesägten Rücken- und Schwanzfirst); F. *Vipera russellii.*

401

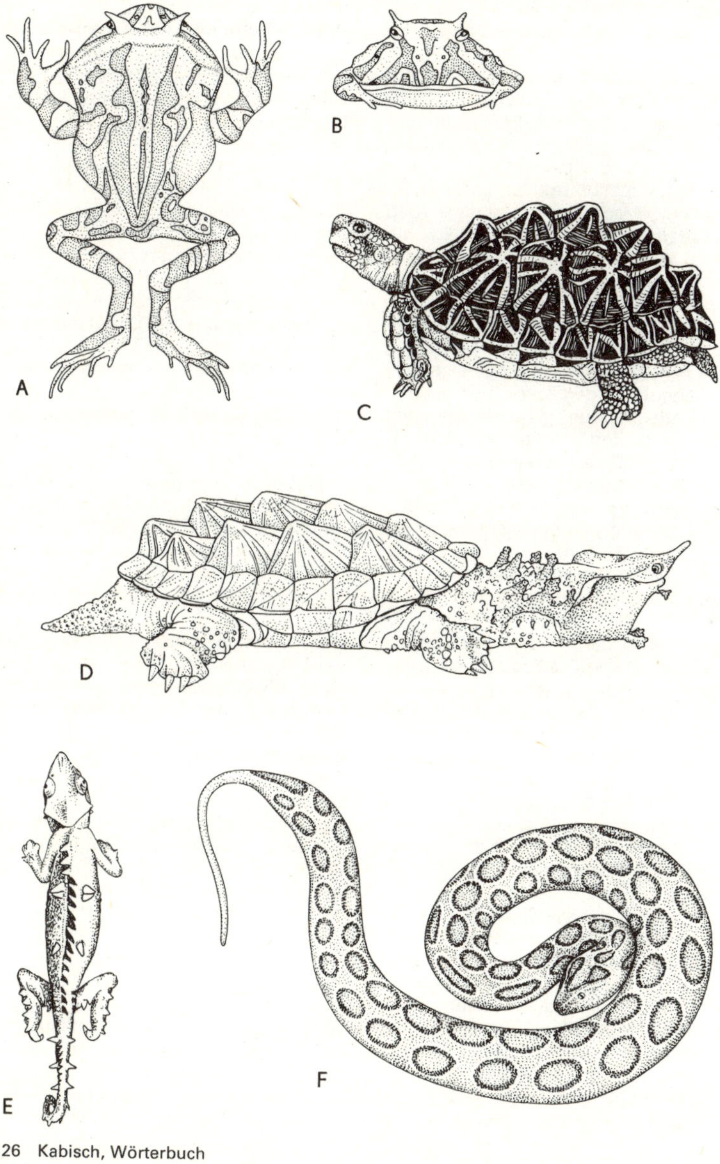

die geometrische, kontrastreiche Dorsalfärbung der Hornfrösche *(Ceratophrys)*, strahlenförmigen Zeichnungen auf dem → Carapax einiger Landschildkröten (*Geochelone elegans, Asterochelys radiata* u. a.) od. die Rückenzeichnungen vieler Schlangenarten (→ *Boa constrictor*, → *Python sebae*, → *P. reticulatus*, → *P. regius*, → *Bitis arietans*, → *B. gabonica*, *Vipera*-Arten u. a.). Die gleiche Funktion erfüllen unter anderem bei → *Macroclemys temminckii* und → *Chelus fimbriatus* Hautfortsätze an Kopf, Hals sowie die höckrige Gestaltung der Kiele und des Panzerrandes. Auch die unter verschiedenen am Boden lebenden Chamäleons (*Brookesia*-Arten) ausgebildeten stachligen Rücken- und Schwanzkämme („Rükkensäge") werden zusammen mit den Lanzettschuppen der Rumpf- und Schwanzseiten von Böhme (1982) als in der Aufsicht somatolytisch wirkende Strukturen gedeutet. (Abb. 105). [1]

Sommerruhe, Ästivation: Einschränkung der Aktivität und Rückzug in geeignete natürliche od. selbstgegrabene Verstecke zum Überstehen der sommerlichen Hitze- und Trockenperiode. Die Nahrungsaufnahme ist eingestellt, der Stoffwechsel herabgesetzt. In eine S. fallen z. B. verschiedene in Steppen, Wüsten und Halbwüsten lebende Landschildkröten (→ *Agrionemys horsfieldii, Gopherus-, Geochelone*-Arten u. a.). Schon Humboldt berichtete über den „Trockenschlaf" von → *Crocodylus intermedius* im Schlamm des Capanaparo-Sees. Auf dem Höhepunkt der Hitzeperiode ist auch in S-Europa bei manchen Formen (→ *Euproctus asper*, → *Chalcides chalcides* u. a.) eine S. möglich. [1]

Sonagramm: die graphische Aufzeichnung akustischer Signale eines Tieres. Nach Tonbandaufnahmen erfolgt die Analyse der Frequenzstruktur meist mittels eines Kathodenstrahl-Oszillographen. Bioakustische Untersuchungen ergaben, daß die Paarungsrufe der Froschlurche als zuverlässiges Artmerkmal zu werten sind. Derartige Analysen spielten z. B. bei der Erhebung von → *Hyla meridionalis* zur eigenen Art eine wesentliche Rolle. [1]

Sondenmethode zur Geschlechtsbestimmung: sichere, einfache und bei korrekter Handhabung unschädliche Methode zur → Geschlechtsbestimmung an → Squamaten, bei denen anhand äußerer Merkmale das Geschlecht nur sehr schwer od. gar nicht feststellbar ist. Bedeutsam für die Zusammenstellung von Zuchtpaaren bzw. -gruppen. Man führt eine desinfizierte, mit etwas Gleitmittel (z. B. Paraffinum subliquidum) versehene Knopfsonde in Richtung Schwanzspitze in die Kloakenspalte ein. Dringt diese bis in den Bereich des 9.–15. → Subcaudale vor, ist die Existenz eines der beiden Hemipenis-Innenräume und damit das männliche Geschlecht nachgewiesen. Beim ♀ wird maximal nur die Höhe des 3. Subcaudale erreicht. Umfangreichere Sondierungsbefunde zeigen, daß die Meßwerte bei vielen Individuen beidseitig nicht völlig identisch sind. Die S. wurde erfolgreich bei einer großen Tierzahl und Vertretern aus nahezu allen Squamaten-Fam angewandt. (Abb. 106). [1]

Sonnenbaden: verbreitete Methode zur Regulation der Körpertemperatur. Arten, die durch S. Wärme aufnehmen und dadurch die Körpertemperatur im bevorzugten Wärmebereich (→ Vorzugstemperatur) halten, bezeichnet man als heliophil. Meist werden zum S. bestimmte → Sonnenplätze aufgesucht. Andererseits sonnen sich Meeres- und oft auch Süßwasserschildkröten (z. B. *Chrysemys*) im Wasser driftend. Besondere Verhaltensweisen können eine bessere Wärmeaufnahme gewährleisten. So flachen zahlreiche Echsen (sehr markant *Phrynosoma*) und Schlangen (*Vipera*-Arten u. a.) den Rumpf stark ab und vergrößern dadurch die der Sonne ausgesetzte Körperfläche. Andere Arten stellen ihren Körper senkrecht zum Einfall der Sonnenstrahlen. Dies praktizieren unter anderem Schildkröten, die außer-

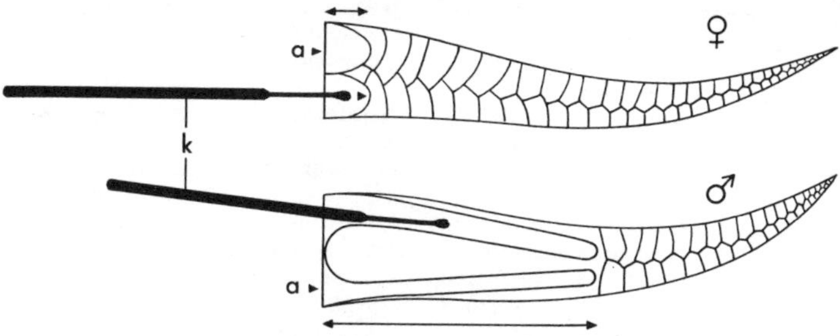

Abb. 106. Sondenmethode praktiziert bei ad. Squamaten. Die Eindringtiefe der Sonde in die Hemipenistasche reicht etwa bis zum 9.–15. Subcaudale. *a* Analöffnung, *k* Knopfsonde.

dem Kopf und Extremitäten (oft mit gespreizten → Spannhäuten) weit ausstrecken. Meist wird gleichzeitig die Wärme des → Substrates (schnell aufheizbarer, vegetationsfreier Boden, Gestein, Mauerwerk usw.) genutzt. Viele Echsen und Schlangen klettern zum Sonnen auf erhöhte Standorte (Mauern, Gebüsch u. a.). [1]

Sonnengucker: → *Phrynocephalus helioscopus.*

Sonnenkompaßorientierung: unabhängig voneinander durch G. Kramer und K. v. Frisch entdeckt. Orientierung im Raum mittels der Sonne als Bezugspunkt. Voraussetzung dazu ist die Verrechnung der tageszeitlichen Azimutänderungen der Sonne durch eine → innere Uhr. Diese im Tierreich sehr verbreitete Orientierungsform wurde unter anderem für zahlreiche Schwanz- und Froschlurche, Eidechsen (im Versuch z. B. Zurückfinden zu → Sonnenplätzen belegt), vor allem aber Meeresschildkröten (besonders → *Chelonia mydas*) nachgewiesen, über deren Orientierung im Ozean (vgl. → Migration) mehrere, heute als falsch erkannte Hypothesen aufgestellt wurden. [1]

Sonnenplätze: zum → Sonnenbaden von **A** und **R** selektiv aufgesuchte Orte. Bei → amphibische Arten befinden sich diese gewöhnlich direkt am Gewässer, bei → terrestrischen Formen meist in der Nähe eines geeigneten → Versteckplatzes. Sie können an exponierter Stelle (auf Sandbänken, Gebüsch, Stein-, Reisighaufen u. a.) liegen, aber auch durch Vegetation gut geschützt sein. Häufig sonnen sich an solchen Orten mehrere bzw. viele Individuen einer → Population (bei Krokodilen, Wasserschildkröten usw.). Als S. dienen z. B. für die europäischen Vertreter der → Emydidae Binsenhorste, Schilfballen, Vorsprünge im Ufergestein, treppenartige Erdufer, Sandbänke, ins Wasser gestürzte Bäume od. Treibholz. Große Bedeutung kommt bei der Auswahl der S. meist der Substratwahl zu. [1]

Sooglossidae, Seychellen-Frösche: Fam der → Anura. Oft als UFam der → Ranidae betrachtet. 3 Arten, Gatt *Nesomantis, Sooglossus.* Verbreitung: Seychellen (Inseln Mahé, Silhouette). Kommen ausschließlich in der Gebirgswaldregion vor. KRL 1,5–4,5 cm. *Nesomantis thomasseti* mit gedrungenem Körperbau, *Sooglossus seychellensis* und *S. gardineri* schlanker. Pupille horizontal. → Maxillare und → Praemaxillare bezahnt. → Schultergürtel arcifer. Subad. mit freien → Intervertebralscheiben. → Sacralwirbel mit verbreiterten → Diapophysen, über einen Condylus mit dem → Urostyl verbunden. → Astragalus und → Calcaneus proximal und distal verschmolzen. Bodenbewohner mit rein → terrestrischer Lebensweise. → Amplexus erfolgt inguinal. Eiablage in kleinen Gallerthäufchen (bis 15 Eier). ♂ hält bis zum Schlupf → Laichwacht. Larven nach dem Schlupf mit Hinterextremitätenanlagen, langem Schwanz, jedoch fehlen Hornkiefer, → Ectobranchiae, → Spiraculum. Bei *S. seychellensis* kriechen sie auf den Rücken des ♂ und bleiben dort bis zur → Metamorphose. Gesamtentwicklung verläuft demnach unabhängig vom Wasser. [1]

Sozialverhalten: Bezeichnung für sämtliche zwischen Artgenossen auftretenden Verhaltensweisen. Es integriert daher z. B. auch das → Fortpflanzungs- und → Revierverhalten. [1]

Spanische Kieleidechse: → *Algyroides marchi.*

Spanische Wasserschildkröte: → *Mauremys leprosa.*

Spanischer Frosch: → *Rana iberica.*

Spanischer Rippenmolch: → *Pleurodeles waltl.*

Spanischer Wassermolch: → *Triturus boscai.*

Spannhäute: zwischen Fingern und Zehen bzw. nur den letzteren mehr od. weniger deutlich ausgebildete, d. h. die → Phalangen miteinander verbindende Häute (Abb. 46 F). Je nach Ausbildungsgrad (Bestimmungsmerkmal) werden vollständige (bis zur Endphalange reichend) und unvollständige S. unterschieden. Bei vielen **A-** und **R-**Arten (Wasserschildkröten, Krokodile) auftretend. Begriffsanwendung jedoch sehr uneinheitlich, oft syn. als Schwimmhäute bezeichnet (z. B. bei starker Ausbildung und gut schwimmenden Formen). Einige Autoren beziehen in den Schwimmhautbegriff außerdem die → Zehenlappen der Wassermolche ein. Da auch wenig an Wasser gebundene und sogar terrestrische bzw. → arboricole Formen über z. T. gut ausgebildete S. verfügen können (z. B. *Bolitoglossa-*, *Rhacophorus*-Arten), sollte sachgerechter nur der Terminus S. Verwendung finden. [1]

Speiballen: → Gewölle.

Speisebohnenkäfer: → *Acanthoscelides obtectus.*

Spermatophore, Samenträger: vom verfestigten Sekret bestimmter Drüsen der Geschlechtswege (bei → Caudata der → Kloakendrüsen) umschlossenes Spermapaket. In verschiedenen Tiergruppen mit innerer → Befruchtung gebildet. Die S. wird vom ♂ direkt in Geschlechtswege des ♀ übertragen (bei *Salamandra, Euproctus, Amphiuma* u. a.) od. auf ein Substrat abgesetzt und darauf vom ♀ mit den Kloakenlippen aufgenommen. Außer den → Sirenidae, → Hynobiidae (*Ranodon* ausgenommen) und → Cryptobranchidae bilden alle Schwanzlurche eine S. Diese besteht aus einem scheiben-, glocken- od. becherförmigen Gallertsockel, dem die von einer Gallerthaut überzogenen Spermien wie eine Kappe aufsitzen. Ein → *Triturus alpestris* ♂ kann z. B. bis 48 Spermatophoren pro Laichperiode produzieren. [1]

Sphenethmoid: → Ersatzknochen am Vorderende des → Neurocraniums. Bei Froschlurchen als → Os en ceinture ausgebildet. [2]

Sphenodon punctatus: → Sphenodontidae.

Sphenodontidae, Brückenechsen: Fam der → Rhynchocephalia. Rezent nur *Sphenodon punctatus* (Gray 1842), Brückenechse, Tuatara od. Tuatera. Verbreitung: auf rund 20 kleinen Inseln vor der N-Insel Neuseelands und in der Cook-Straße. GL bis 65 cm (♂ größer als ♀). Kopf und Rumpf massig. Schwanz robust, seitlich abgeplattet, autotomierbar. Extremitäten kräftig. Kamm aus spitzen, beweglichen Schuppen auf Nacken, Rumpf, Großteil des Schwanzes. Zähne → acrodont, zu Längsleisten verbunden. Zahntragend: → Praemaxillare, → Maxillare, → Palatinum, → Dentale, gelegentlich → Vomer (1 od. 2 Zähne). Die Unterkieferzähne greifen zwischen die parallel zueinander stehende Palatin- und

Maxillarzahnreihe. Kein Zahnwechsel! Augen groß, Pupille senkrecht. Äußere Ohröffnung fehlt. Körpertemperatur bedingt durch niedrige Umgebungstemperatur im Mittel bei 10 °C. Daher Wachstum langsam. → Maturitätsalter bei 20 Jahren. Hohes Lebensalter (→ Höchstalter in Gefangenschaft 77 Jahre). Dämmerungs- und nachtaktiv. Tagsüber in Höhlen (selbstgegrabenen od. von Sturmvögeln). Echte Lautäußerungen (Zischen, grunzende bis quäkende Laute), Farbwechselvermögen. Gelegegröße: bis 17 Eier (in Erdlöchern bzw. Höhlen von Sturmtauchern). Mit längster → Inkubationszeit für **R** (12–15 Monate). [1]

Sphenoidea: Knochen der Augengrubenregion (Regio sphenoidalis, syn. R. orbitalis). Auf der Ventralseite des → Neurocranismus verknöchert vor dem → Basioccipitale das → Basisphenoid. An das → Prooticum schließen sich bei vielen **R** als → Ersatzknochen das Laterosphenoid und Orbitosphenoid an. Beide Knochen haben Anteil an der caudalen Begrenzung der Augenhöhle. Das Orbitosphenoid ist der einzige Ersatzknochen in der Orbitalregion bei Schwanzlurchen. [2]

Spinalanästhesie: Applikationsform der → Injektionsnarkose, unter anderem auch erfolgreich bei Fröschen angewandt. Das → Lokalanästhetikum (z. B. eine 0,1–5%ige Kokain-, Pantocain-, Procainlösung) wird mittels einer feinen Kanüle in das caudale Wirbelkanalende (durch den letzten Zwischenwirbelspalt; dorsal der Cauda equina) injiziert. [1]

spinaler Frosch: → Rückenmarksfrosch.

Spinalganglien: → Spinalnerven.

Spinalnerven, Rückenmarksnerven: versorgen zugeordnete Segmente der Seitenrumpfmuskulatur sowie die Haut. In jedem Körpersegment ist deshalb i. d. R. 1 Paar S. vorhanden. Dieses steht mit dem → Rückenmark über je eine rechte und linke dorsale und ventrale Wurzel in Verbindung. Sie vereinigen sich auf jeder Seite zu einem Nervus spinalis, der sich kurz darauf in einen dorsalen und ventralen Ast aufgabelt. Der dorsale Ast innerviert die → epaxonische, der ventrale die → hypaxonische Muskulatur. Ein 3. Ast, der Ramus visceralis (Ramus communicans) wendet sich den Eingeweiden zu. Er stellt die Verbindung zu einem Vertebralganglion her. Alle Vertebralganglien bilden einschließlich ihrer interganglionären Äste den Truncus sympathicus, d. h. den Grenzstrang des Sympathicus. Die Nervenzellen der Dorsalwurzeln konzentrieren sich mit ihren Perikaryen (vgl. → Neuron) zum Spinalganglion. Die Zahl der S. entspricht etwa der Zahl der Körpersegmente. Froschlurche haben lediglich 10 Paar S. [2]

Spinalnervenplexus: Geflecht von → Spinalnerven, die im Bereich der Vorderextremitäten als Plexus cervicobrachialis, der Hinterextremitäten als Plexus lumbosacralis bezeichnet werden. Die Extremitätenmuskulatur macht eine stärkere Innervierung erforderlich und erhält so Fasern aus mehreren Spinalnerven. Der Plexus cervicobrachialis umfaßt bei Schwanzlurchen 5–6, Froschlurchen i. d. R. 3 und **R** 2–5 Spinalnerven. Selbst Schlangen und schlangenähnliche Echsen verfügen noch über einen aus 2 Spinalnerven bestehenden Plexus. Als stärkste Nerven gehen der Nervus medianus, ulnaris und radialis hervor. Der Plexus lumbosacralis besteht bei Schwanzlurchen aus 2–5, Froschlurchen aus 3–4 und bei **R** aus 5–7 Spinalnerven. Stärkste Nerven sind hier der Nervus femoralis und Nervus ischiadicus. [2]

Spinndrüsen, Spinnwarzen: Haftorgane bei → Kaulquappen. Zwei warzenförmige Hauterhebungen am Kinn, im Zentrum mit langen Drüsenzellen. Mit Hilfe des von ihnen produzierten klebrigen Sekretes erfolgt die Verankerung am Substrat (Gallerte des → Laichs, Wasserpflanzen usw.). Zur Rückbildung der S. kommt es im Zeitraum des Überwachsens der äußeren Kiemen, d. h. weit vor der → Metamorphose. [1]

Spinnentiere: → Arachnida.

Spiraculum, Atemloch: unpaare od. paarige röhrenförmige Öffnung des Kiemenraumes der → Kaulquappen (vgl. → Ectobranchiae). Durch das S. erfolgt der Ausstoß des Atemwassers. Paarig (ventrolateral) bei den Larven der → Pipidae, → Rhinophrynidae und *Lepidobatrachus* ausgebildet. Als unpaare Öffnung in der Bauchmitte (→ *Ascaphus truei,* → Discoglossidae, → Microhylidae außer *Otophryne*) od. auf der linken Rumpfseite liegend (→ Ranidae, → Hylidae, → Bufonidae u. a.). [1]

Spitzeneffekt: Begriff aus dem → Funktionskreis des Beuteerwerbs bei **R**. Orientierung nach dem Kopf der Beute, die dann mit diesem voran verschlungen wird. Am bekanntesten bei → ophiophagen, → piscivoren und nagerfressenden Schlangen. Als spezifischer → Schlüsselreiz zum Finden des Kopfes wird das Wahrnehmen (durch → Züngeln) des Haarstriches bzw. der Schuppenposition angenommen. Eindrucksvoll sind diesbezügliche Versuche von Greene. Er fütterte Kobras mit Schlangen, denen die Haut abgezogen und in Gegenrichtung gewendet wieder übergestülpt wurde. Die Kobras verschlangen das Futtertier jetzt stets mit dem Schwanzende voran. [1]

Spitzkopfeidechse: → *Lacerta oxycephala*.

Spitzkopfkrokodil: → *Crocodylus acutus*.

Spitzschwanz-Doppelschleichen: → Trogonophidae.

Spleniale: am → Unterkiefer von Schwanzlurchen, Echsen und Krokodilen medial vorhandener → Deckknochen. [2]

Sporozoa (Apicomplexa), Sporentiere: durchweg aus parasitischen Formen bestehender St der Einzeller. Systematische Gliederung wird unterschiedlich gehandhabt. Die oft vorgenommene Zusammenfassung zu Apicomplexa basiert auf der Ausbildung typischer apicaler Strukturen (nur elektronenmikroskopisch darstellbar!). Unter diesem Aspekt werden dann hier auch in der Zuordnung umstrittene Formen (z. B. Piroplasmen) eingeordnet. Entwicklung als Generationswechsel, d. h. Wechsel von geschlechtlicher (Gametogonie) und ungeschlechtlicher Fortpflanzung (Sporogonie), häufig kommt noch eine weitere Vielfachteilung (Schizogonie od. Merogonie) hinzu. Oft liegt außerdem ein Wirtswechsel vor. Infektionsstadien sind die innerhalb der Sporogonie entstehenden Sporozoiten. Bei **A**, besonders aber **R** weltweit verbreitet. Von den zahlreichen Arten seien hier nur die Blutparasiten aus den Fam → Haemogregarinidae und Plasmodiidae *(Plasmodium)*, dazu die zahlreichen vor allem im Darmtrakt lebenden Vertreter der → Eimeriidae erwähnt. [1]

springen: → terrestrische, für die Mehrzahl der Froschlurche typische Lokomotionsweise. Formen mit gutem Sprungvermögen zeichnen sich durch einen mehr od. weniger schlanken Habitus, meist schmalen, spitzschnäuzigen Kopf, hauptsächlich aber lange, kräftige Hinterextremitäten aus. Die größte Sprungweite und -höhe unter den europäischen **A** erreicht → *Rana dalmatina*. Ähnliche Leistungen werden z. B. für Vertreter der afrikanischen Gatt *Ptychadena* beschrieben. Kurzbeinige Formen (*Bombina, Pelobates, Bufo* u. a.) sind nur zu kleinen Sprüngen fähig. Außer der „normalen" Fortbewegung kann das S. zum Beutefang (Ziels.), Überwinden von Hindernissen, Flüchten (in mehreren Sprüngen, als Einzelsprung beim Habitatwechsel Land – Wasser usw.) dienen od. auch im Drohverhalten integriert sein (z. B. bei → *Pelobates fuscus, Amphibolurus barbatus*, selbst einigen Schlangen wie *Ficimia cana, Helicops angulatus*). Unter den **R** ist sprungartiges Fortschnellen (S. mittels Körperbewegungen) unter anderem für verschiedene → Amphisbaenen und *Bothrops nummifer* bekannt. Für die Gekielte Rattennatter *(Zaocys nigromarginatus)* werden sogar bis 5 m weite Sätze beschrieben. [1]

Springfrosch: → *Rana dalmatina.*
Springschrecken: → Saltatoria.
Springschwänze: → Collembola.
Spulwürmer: → Ascaroidea.
Squamata, Schuppenkriechtiere: mit etwa 5700 Arten stärkste O der → Reptilia. Umfaßt die UO → Sauria, → Amphisbaenia (mitunter als eigene O angesehen), → Serpentes. Mit ausgeprägter Beschuppung der Haut, dadurch bedingten periodischen Häutungen (→ Ecdysis). Beschuppungsverhältnisse für Diagnose bedeutsam. Schuppen bei manchen Gruppen von → Osteodermata unterlagert. Die Mehrzahl der Arten besitzt, wenn auch in unterschiedlichem Ausbildungsgrad, einen → Pileus. Schädel abgeleitet, → diapsid. Kinetischer Schädeltyp. → Quadratum beweglich (→ Streptostylie), bildet Verbindung zum Unterkiefer. → Jochbögen fehlen völlig od. nur oberer (viele Echsen) erhalten. Stirn- und Scheitelknochen unpaar. Ohne → sekundären Gaumen. Zähne → acro- od. → pleurodont. Oft Knochen des Munddaches bezahnt. → Eizahn vorhanden. Wirbel meist → procöl (mitunter → amphicöl). → Gastralia liegen nicht vor. Oft → Jacobsonsches Organ und auch → Zunge hochspezialisiert. ♂♂ besitzen → Hemipenes. → Kloake plagiotrem. Viele Arten sind → ovipar, zahlreiche → ovovivipar, einige → vivipar. Eier, außer denen der → Gekkonidae, stets weichschalig (pergamentartig). [1]
Squamosum, Paraquadratum: → Deckknochen des Schädeldaches, oberhalb vom → Quadratum gelegen. Stellt die Verbindung zwischen Quadratum und Oticalknochen (Knochen der Ohrregion) her. Bei Schwanzlurchen einziger Knochen des → Dermatocraniums in der Schläfenregion. Das S. ist dem der Säugetiere nicht homolog. S. und → Postorbitale bilden den oberen Jochbogen beim → diapsiden Schädeltyp der **R** und sind ebenso beim → synapsiden und → euryapsiden Typ an der Umrandung des → Schläfenfensters beteiligt. Das S. der Schlangen, auch als → Supratemporale angesehen, ist beweglich mit dem Schädel und dem ebenfalls frei beweglichen Quadratum verbunden. [2]
Stabschlinge: Stab mit breiter, verstellbarer Lederschlinge zum Festhalten von → Giftschlangen. [1]
Stachelepithel am Hemipenis der Lacertidae: mikroskopisch kleine, jeweils nur von einer Epidermiszelle gebildete, schwach verhornte und mit besonderen Strukturen versehene Stacheln am distalen Zipfel des → Hemipenis geschlechtsreifer → Lacertidae. Böhme (1971) unterscheidet hinsichtlich der Form der Stachelzellen drei Haupttypen, das ein-, zwei- und mehrspitzige S., auch als Haken-, Gabel- und Kronenepithel bezeichnet. Das S. unterliegt der → Häutung und wird lediglich zur Paarungszeit ausgebildet. Es erweist sich als ein innerartlich konstantes Merkmal, dem aber funktionell bestenfalls eine sehr untergeordnete Bedeutung als Reiz- und Klammerorgan zukommen dürfte. [1]
Standgewässer, stehende Gewässer: Oberflächengewässer, denen eine deutlich sichtbare, gerichtete Fließbewegung im Sinne der → Fließgewässer fehlt. Die meisten verfügen zwar über einen Zu- und Abfluß, diese Bewegung ist jedoch gewöhnlich nur durch genauere hydrologische Untersuchungen registrierbar. Typisch für S. ist daher ihre geringfügige Wassererneuerung. Zu den natürlichen S. gehören → Seen, → Weiher, → Tümpel, als Übergangsbiotope Sümpfe und Moore. Künstliche Formen sind vor allem Talsperren, Speicherbecken, → Restgewässer verschiedener Art und → Teiche. [1]
Stapes, Steigbügel: proximaler und knöcherner Anteil der → Columella auris der **A** und **R**, der mit seiner Fußplatte die → Fenestra ovalis verschließt. Die Steigbügelform entsteht dadurch, daß bei → Gymnophiona und manchen Echsen eine Arterie den S. kurz vor seiner Verbreiterung zur Fußplatte durchbricht. Der distale knorpelige Anteil der Columella auris, die → Extracolumella,

ist mit der → Membrana tympani verbunden. [2]

Statokonienmembran: Deckbildung der → Maculae des → Labyrinthorgans. Sie besteht aus einer gallertigen Platte, in die Kalkkristalle eingelagert sind. [2]

Staubfutter: wichtiges Futter zur Aufzucht der jüngsten Fischbrut. Ebenso für die Ernährung von Molchlarven in den ersten Lebenstagen geeignet. Den Hauptanteil des S. stellen die winzigen (0,06–0,1 mm großen) Larvenstadien (Nauplien) von *Cyclops*, dazu kommen Rädertiere (Rotatoria) und Wimpertierchen (→ Ciliata). Fang des S. besonders an windgeschützten Stellen z. B. in → Teichen, → Weihern, mit einem Netz aus feinem Seidengewebe. [1]

Staurotypidae: Fam der → Cryptodira. 3 Arten, 2 Gatt (oft den → Kinosternidae zugeordnet). Verbreitung: O-, S-Mexiko, Belize, Guatemala, El Salvador. Stark → aquatische Lebensweise, leben in der Uferregion. Aufenthalt oft in ufernahen Unterwasserhöhlen. Carapax-Länge 10–40 cm. → Carapax mit 3 schwach od. stark ausgebildeten *(Staurotypus)* Längskielen. → Plastron klein, starr, kreuz- od. rautenartig. Bei *Claudius* durch elastisches Bindegewebe beweglich mit dem Carapax verbunden. Dämmerungsaktiv. Nahrung animalisch. Sehr bissig. Gelegegröße: bis 6 Eier. [1]

Stechmücken: → Culicidae.

stehende Gewässer: → Standgewässer.

Steigbügel: → Stapes.

Stelzenstellung: bei Bedrohung von verschiedenen Vertretern der → Bufonidae (hauptsächlich → *Bufo bufo*), → *Pelobates fuscus,* schwächer ausgeprägt manchen Formen der → Ranidae eingenommene Körperhaltung. Die stark aufgeblähte Kröte richtet sich auf allen Extremitäten steif empor (tonische Kontraktion der Streckermuskeln) und wirkt so wie auf Stelzen stehend. Der Kopf wird dabei nach ventral abgebogen. Aus der Position heraus können bei hoher Erregung auf den Feind gerichtet kräftige Kopfstöße erfolgen. Läuft dieses Verhalten nicht aus dem Stand, sondern in einer Vorwärtsbewegung ab, so weicht das Tier danach meist wieder zurück. Die S. hält vor allem Schlangen oft vom Verschlingen der für sie dadurch zu sperrigen Beute (Konturvergrößerung) ab. [1]

stenophage Arten: → Nahrungsspezialisten.

Steppenrenner: → *Eremias arguta.*

Sterblichkeit: → Mortalität.

stereospondyler Wirbel: bei fossilen Labyrinthodontia auftretender Wirbeltypus, der durch Reduktion des → Pleurocentrums nur noch aus dem → Hypocentrum besteht. [2]

Sternocostale, Costa ventralis, Ventralrippe: Abschnitt der **R**-Rippe, der die Verbindung zum → Sternum herstellt. Er bleibt knorpelig und kann verkalken. [1]

Sternum, Brustbein: ventral gelegene, knorplige od. knöcherne Skeletplatte bzw. -spange, die cranial mit dem → Schultergürtel und laterocaudal den Enden der → Brustrippen (soweit vorhanden) in Verbindung steht. **A** verfügen über ein S. (außer → Gymnophiona), Brustrippen fehlen stets. Mit dem S. der Froschlurche ist cranial ein → Episternum (Omosternum), caudal ein → Xiphisternum verbunden. Alle 3 Anteile können verknöchern. Das S. der **R** bleibt meist knorplig, Schildkröten, → Amphisbaenia und Schlangen besitzen kein S. Krokodile weisen ein verknöchertes, dreiteiliges S. auf, ein breites Praesternum, schmales Mesosternum (beide sind nicht den gleichnamigen Sternalknochen der Säuger homolog) und gegabeltes Xiphisternum. [2]

Stimmfalten: → Plicae vocales.

Stimmlippe: → Labium vocale.

Stimmritze: → Rima glottis.

Stomatitis ulcerosa, Mundfäule: hauptsächlich bei Schlangen und Echsen auftretend. Leicht diagnostizierbar. → Futterverweigerung, Maul wird nicht mehr ganz geschlossen. Mundschleimhaut (auch Zahnleiste) ist geschwollen, blaurot verfärbt, später mit grauweißen, eitrigen Belägen versehen. Entzündliche Prozesse greifen häufig fortschreitend auf Kopfknochen (Osteomyelitis), Atem- und Darmtrakt über. Unbehandelt kommt es zum letalen Ausgang. Erkrankungsursache ist primär eine Resistenzschwäche, bedingt z. B. durch → Haltungs-, Transportfehler, → Parasitosen, anderweitige Erkrankungen od. Verletzungen im Mundhöhlenbereich. Kein spezifischer Erreger, nachgewiesen wurden z. B.: *Pseudomonas fluorescens, P. aeruginosa, Aeromonas* Stamm SA 5. Therapie: nach Entfernung der Beläge Pinselungen bzw. Spülungen mit Desinfektions- und Sulfonamidlösungen (0,3%ige H_2O_2-Lösung, Supronal-Emulsionen u. a.), Injektion von Antibiotika (z. B. Oxytetracyclin 25–50 mg/kg KM, 3 × im Abstand von einem Tag) bei gleichzeitiger parenteraler Vitaminsubstitution (A, C). Gegebenenfalls (bei starker → Kachexie) parenterale Elektrolytzufuhr. [1]

Störungsbehandlung: bei → Futterverweigerung angewandte Methode, die durch drastisch wechselnde Haltungsbedingungen zur Nahrungsaufnahme anregen soll. In der → Terraristik seit langem und oft erfolgreich praktiziert. Dies gilt vor allem für Schlangen, unter denen Futterverweigerer keine Seltenheit sind. Zu den auf eine Erhöhung der Stoffwechseltätigkeit und Aktivität des Tieres gerichteten Maßnahmen gehören z. B. wechselnde Temperatur, Trokkenheit, Feuchtigkeit, unterschiedliches Futterangebot, Vergesellschaftung mit anderen Tieren, häufiges → Umsetzen, letztlich → Zwangsfütterung (gegebenenfalls auch mit „unüblicher" Nahrung). [1]

Stoßschwimmen: für Froschlurche typischer Schwimmstil. Charakterisiert durch synchrones Anziehen und Ausstoßen der Hinterextremitäten (Abb. 73 C). Die Vorderextremitäten liegen dabei überwiegend dem Rumpf seitlich an, können aber auch nach vorn an den Kopf herangezogen werden. Oft kommt es im Laufe des S. zum Haltungswechsel zwischen diesen beiden, die Vorderextremitäten betreffenden Haltungsmustern (unter anderem bei → *Bufo calamita,* → *B. viridis*). [1]

Straßentod: durch den fortschreitenden Ausbau des Straßennetzes (Zergliederung der Landschaft) und die steigende Verkehrsdichte gewinnt der S. für die Bestandsabnahme von **A** und **R** zunehmend Bedeutung. Betroffen sind vor allem während ihrer jährlichen Wanderungen zum → Laichgewässer (Hin-, Rückwanderung einschließlich Abwanderung der metamorphosierten Jungtiere) laichgewässertreue **A**-Arten, hauptsächlich → *Bufo bufo*, auch → *Rana temporaria*. Durchschneiden Straßen solche traditionellen Lurch-Wanderrouten, kommt es gewöhnlich zum S. Tausender von **A**, mitunter in wenigen Jahren zur Vernichtung ganzer → Populationen (für Erdkröten in England, der Schweiz belegt). Örtliche Maßnahmen gegen den S: Absammeln vor bzw. an der Straße (uneffektiv), Anbringen von Hinweisschildern, gekoppelt mit Geschwindigkeitsbeschränkungen (→ Amphibienwarnzeichen; wirkungslos), zeitweilige Straßensperrung (z. T. schwer praktikabel, außerdem nur auf Hauptanwanderungsnächte anwendbar), am sinnvollsten sind möglichst wartungsfreie Dauerabschrankungen (→ Amphibienschutzzaun), die trichterförmig (bei breiterem → Amphibienübergang in Zickzack-Form installiert) anwandernde **A** zu → Straßenunterführungen leiten sowie die Schaffung von → Ersatzlaichteichen. Weitere Präventivmaßnahmen: Erfassen aller bedeutsamen **A**- Wanderrouten und rechtzeitiges Einbringen derartiger Daten in die Bauleitplanung. Das Sammeln und Auszählen von Tierkadavern auf Autostraßen („DOR-Tiere" = dead on road) wurde bereits in der Ökologie zur Standardmethode für Bestandsaufnahmen. [1]

Straßenunterführung, Amphibientunnel, Untertunnelung: auf den Schweizer Lehrer Fischer zurückgehende Maßnahme zum Schutz wandernder **A** vor dem → Straßentod. Ein trichterförmig angelegter → Amphibienschutzzaun leitet die Lurche zu Unterführungen od. Röhren (Durchmesser mindestens 40 cm) um. Ihre Anlage erfolgt unterschiedlich. Meist baut man entlang des Zaunes entsprechend der Breite des Amphibienwanderweges mehrere solcher Durchlässe im Abstand von etwa 30–50 m. Bei den sog. Doppel-Einwegunterführungen dient je eine Röhre für den Hin- und Rückweg. Das eine Röhrenende beginnt mit einem Einfallschacht, das andere mit einer Auswurföffnung. [1]

Stratum corneum: → Epidermis.

„Streichholzbeine", „Streichholzvorderbeine": von Schulte geprägter Begriff. Vor allem bei Gefangenschaftsaufzucht von → Dendrobatiden auftretende Mißbildung meist beider Vorderextremitäten, die nach der → Metamorphose unterentwickelt und funktionsuntüchtig sind („streichholzdünn", kaum Muskulatur vorhanden, steif; Arthrogrypose). Oft durchbrechen sie nicht einmal die Haut od. wachsen verdreht aus den Hauttaschen heraus. Dabei sind die betreffenden Larven meist kräftig und besitzen normal entwickelte Hinterextremitäten. Die Jungfrösche sterben relativ rasch. Neuerdings liegen Angaben über S. auch für metamorphosierende Jungtiere von → *Bombina variegata,* → *Discoglossus pictus, Osteocephalus verruciger* u. a. Arten vor. Als Ursache werden falsche Aufzuchtbedingungen (Wasserqualität, Futterangebot, → Vitamin-, Calciummangel), Schilddrüsenstörungen, besonders aber genetische Defekte diskutiert. Therapie unbekannt. [1]

Streptognathie: Bewegung zwischen Unterkieferknochen durch lose Verbindung des → Dentale mit den anderen → Deckknochen des → Unterkiefers. Bei manchen Vertretern der → Varanidae ausgebildet. Die S. ermöglicht beim Verschlingen größerer Beute eine vorübergehende Erweiterung der → Mundhöhle. [2]

Streptostylie: auf Stannius (1846) zurückgehender Begriff. Bewegliche Aufhängung des → Quadratums am → Neurocranium (vgl. → Schädelkinetik). Gegensatz: Monostylie (starre Verbindung), z. B. bei Krokodilen, Schildkröten. [1]

Struma: → Kropfbildung.

Stülpnasenotter: → *Vipera latastii.*

Stummelfüßigkeit: Knochenerkrankung der Extremitäten. Gelegentlich bei Schwanzlurchen (→ *Pleurodeles waltl,* → *Triturus alpestris*) festgestellt. Die Extremitäten sind zu kurz, zur Fortbewegung untauglich. Gelenke meist steif od. gar nicht entwickelt. Gelegentlich kommt es zur Reduktion von Zehen bzw. Fingern. Als mögliche Ursachen werden hautpsächlich → Vitamin- und Mineralstoffmangel (vgl. → Rachitis) angegeben. [1]

Stylopodium: proximaler Abschnitt der Vorder- und Hinterextremität. Besteht jeweils aus einem Knochen, → Humerus bzw. → Femur. [2]

Subartikulartuberkel, Subartikularhöckerchen, Gelenkhöcker: bei zahlreichen Froschlurchen auf der Unterseite der Phalangengelenke mehr od. weniger markant ausgebildete knopf- od. höckerartige Anschwellungen. [1]

Subcaudalia: Unterschwanzschuppen bzw. -schilder. [1]

Subcutis, Unterhautbindegewebe: liegt ohne scharfe Abgrenzung unter dem → Corium. Besteht aus lockerem Bindegewebe und kann außer Nerven, Blutgefäßen, auch Lymphräume und Fetteinlagerungen, oft quergestreifte Muskulatur aufweisen. Bei **A** und **R** meist nur als dünne Schicht ausgebildet. Erwachsene Froschlurche besitzen große subcutane → Lymphsäcke, die durch bindegewebige Septen voneinander getrennt sind. [1]

Sublabiale: Unterlippenschild. [1]

Submaxillare: Unterkieferschild. [1]

Suboculare: Unteraugenschild. [1]

Substrat: Untergrund bzw. Material verschiedenster Art (auch Nährböden), auf od. in dem Organismen leben. Die Bevorzugung eines bestimmten S. (Substratpräferenz) spielt bei vielen Arten im Hinblick auf die Auswahl des →

Biotopes eine wichtige Rolle. So bevorzugt z. B. → *Phrynocephalus helioscopus* trockene Steppen mit harten Böden, → *P. mystaceus* ist dagegen an lockersandige Biotope gebunden. Eine → Präferenz für bestimmte S. läßt sich meist bei der Wahl der → Sonnenplätze, oft auch der Eiablageorte nachweisen. Material, das zur Anheftung, Verankerung od. Aufnahme des → Laiches dient, wird als Laichs. bezeichnet. [1]

subterrestrisch: in der Erde, unterirdisch lebend. Bei **A** und **R** in erster Linie für → grabende und → wühlende Arten zutreffend. Die Mehrzahl von ihnen zieht sich nur zeitweilig (regel- od. unregelmäßig) in den Boden zurück, wie z. B. zahlreiche dämmerungs- und nachtaktiven Formen tagsüber, viele Arten zur → Sommerruhe, → Winterruhe od. für den Zeitraum der Eiablage. Eine weitgehend unterirdische Lebensweise führen dagegen → Gymnophiona (außer den → Typhlonectidae), → Amphisbaenia, → Typhlopidae u. a. [1]

Südfrösche: → Leptodactylidae.

Sulcus coronarius: Kranzfurche des Herzens. Grenzt Vorkammern und Kammern äußerlich gegeneinander ab. In ihr verlaufen bei **R** die Herzkranzgefäße. [2]

Sulcus gularis: Kehlfurche (vgl. Abb. 95 C). [1]

Sumpfschildkröten: → Emydidae.

Superregeneration: → Regeneration, die zur Bildung überzähliger Organteile od. Organe führt. In diesem Sinn ist z. B. die Entstehung mehrerer Beine am regenerierenden Fußstumpf einer **A**-Larve einzuordnen. [1]

Supination: die distale Überkreuzung der → Ulna durch den → Radius ist aufgehoben. Beide liegen in diesem Fall nahezu parallel zueinander, die Handfläche weist nach oben. S. und → Pronation sind in geringem Maße bei Schwanzlurchen und vielen Echsen möglich. [2]

Suppenschildkröte: → *Chelonia mydas.*

Supraangulare, Surangulare: → Deckknochen im caudodorsalen Bereich des → Unterkiefers der meisten **R**. [2]

Supracaudalia: Überschwanzschuppen bzw. -schilder. [1]

Supraciliare: Augenbrauenschild. [1]

Supralabiale: Oberlippenschild. [1]

Supramarginalia, obere Zwischenschilder: zwischen den medianen Rippen- (Lateralia od. Costalia) und den Randschildern (Marginalia) des → Carapax liegende, zusätzliche Schilder (vgl. Abb. 20 A). Sie finden sich z. B. bei → Macroclemys temminckii. [1]

Supranasale: Obernasenschild. [1]

Supraoccipitale: unpaarer Hinterhauptsknochen am Schädel der **R**. Fehlt den **A**. Wie bei allen Occipitalia handelt es sich um einen → Ersatzknochen. [2]

Supraoculare: Oberaugenschild, Überaugenschild, Augendeckschild. [1]

Suprascapula: knorplig bleibender, distaler Teil der → Scapula von Froschlurchen und Echsen. [2]

Supratemporale: Oberschläfenschild; → Deckknochen des Schädeldaches fossiler Stegocephalia. Er geht in der Stammesgeschichte frühzeitig verloren. [1]

Surangulare: → Supraangulare.

Süßwasserschildkröten: kein systematischer Begriff. Sammelbezeichnung für alle mehr od. weniger stark an Süßwasser gebundenen Schildkröten. Zu ihnen zählen außer den → Cheloniidae, → Dermochelydidae, → Testudinidae und einigen Brackwasserformen (*Malaclemys terrapin* u. a.) im wesentlichen alle übrigen Schildkröten. Sie besitzen gegenüber Landschildkröten vor allem einen abgeflachten → Carapax und meist seitlich gering abgeflachte Ruderfüße (→ Spannhäute zwischen den Zehen). Neben einer Fülle → amphibisch lebender Arten (z. B. die meisten → Emydidae) gibt es zahlreiche → aquatische S. Besonders gut an das Leben im Süßwasser angepaßt sind die stark aquatischen → Trionychidae. Mit fast 1 m Carapax-Länge gehört die Arrau-Schienenschildkröte *(Podocnemis expansa)* zu den größten S. Von S. werden alle Typen der → Stand- und → Fließgewässer besiedelt. [1]

sympatrische Arten: in einem gemeinsamen Verbreitungsgebiet lebende Arten bzw. Arten, deren → Areale sich überlappen. Gegensatz → allopatrische Arten. [1]

Symphorismus: Ansiedlung einer Tierart auf dem Körper einer anderen, als ständiger Transporteur dienenden Art, ohne daß → Parasitismus vorliegt. Man unterscheidet fakultativen und obligaten S., bei den Symphorionten freibewegliche (vagile) und festgeheftete (sessile) Formen. Oft werden peritriche → Ciliaten (*Vorticella, Epistylis, Scyphidia, Carchesium, Apiosoma* u. a.) bei → Kaulquappen (besonders im Schwanzbereich) festgestellt. Im Raum Wittenberg (DDR) wies z. B. Sacher (1987) auf Larven von → *Pelobates fuscus,* → *Bufo calamita* und → *Rana temporaria* wiederholt und z. T. in Form dichter Rasen die koloniale Form *Opercularia* nach. Bekanntester vagiler Symphoriont ist *Trichodina pediculus.* Für mitteleuropäische Wassermolche liegen unter anderem Nachweise einer Massenbesiedelung mit Suctorien *(Acineta, Tocophrya)* vor. Der S. wirkt sich günstig auf Nahrungserwerb und Sauerstoffverbrauch der Ciliaten aus. [1]

Synanthrope: → hemerophile Arten.

Synapophyse: durch Verschmelzung von → Di- und → Parapophyse entstandener Gelenkfortsatz der → Rhynchocephalia. Die Tendenz zur Bildung einer S. zeichnet sich bei Krokodilen vom 12. Wirbel an ab, wird bis zum 17. od. 18. Wirbel vollzogen, die Rippen artikulieren dann nur noch mit dem → Tuberculum costae mit der S. [2]

Synapse: auf Sherrington (1897) zurückgehender Begriff. Kontaktstelle zur Erregungsübertragung zwischen → Neuronen (interneuronale S.), Nervenfaser und Muskelzelle (neuro-muskuläre S.) od. einer Drüsenzelle (neuroglanduläre S.). Der synaptische Komplex umfaßt die Prä-, Postsynapse und den beide trennenden synaptischen Spalt. Allgemein unterscheidet man 2 Haupttypen, elektrische und chemische Synapsen. Die elektrische Transmission kommt unter Wirbeltieren hauptsächlich bei Fischen vor. Bei den chemischen Synapsen erfolgt die Erregungsübertragung durch Überträger- od. Transmittersubstanzen. Typische Trägerstrukturen dieser Transmitter sind die in der Präsynapse enthaltenen sog. synaptischen Bläschen (Vesikel). Eine weitere Untergliederung kann z. B. nach der chemischen Natur der Transmittersubstanzen vorgenommen werden. So lassen sich cholinerge, dopaminerge, serotonerge u. a. Synapsen unterscheiden. Zahlreiche → Schlangengifte hemmen sehr spezifisch die Erregung und Übertragung der Impulse. [1]

synapsid: Typus des **R**-Schädel nur mit einem unteren → Schläfenfenster, das vom → Postorbitale, → Squamosum und → Jugale umgeben ist. Der s. Zustand zeichnet viele fossile säugerähnliche **R** aus. [2]

Synchondrose: Verbindung einzelner Knochen durch Knorpel, z. B. von Wirbelkörpern durch → Zwischenwirbelscheiben. [2]

Syndactylie: feste knöcherne bzw. häutige Verbindung von Fingern od. Zehen. Oft bei Froschlurchen (→ *Rana temporaria* u. a.) beobachtet. Kann an Vorder- und Hinterextremitäten einsowie beidseitig auftreten. [1]

Syndesmose: Verbindung von Knochen- od. Knorpelstücken durch Bindegewebe. Die Bewegungsmöglichkeit der einzelnen Elemente gegeneinander ist nur gering (Bandverbindungen zwischen den Knochen). [2]

Synostose: vollständige Verschmelzung von zwei od. mehreren in der Entwicklung eines Tieres zunächst selbständigen Knochen. Das ursprünglich zwischen ihnen vorhandene Füllgewebe (Binde- od. Knorpelgewebe) ist dann durch Knochen ersetzt (Entstehung von Großknochen). [2]

Syrische Schaufelkröte: → *Pelobates syriacus.*

Systemmykosen: → Mykosen der inneren Organe. Befallen werden bei **A** und **R** vor allem der Atmungs- und Verdauungstrakt einschließlich der Anhangsorgane. Weiterhin können mykotische Veränderungen z. B. in Nieren, Harnleitern auftreten, verschiedentlich wurden generalisierte Mykosen nachgewiesen. Pilz-Pneumonien sind bei Schildkröten (besonders Landschildkröten) häufiger. Vorrangig im Darm von **A**, jedoch auch von Schlangen, Echsen findet sich die Algenpilzart *Basidiobolus ranarum.* Nach Sektionsbefunden kann es unabhängig von der Erregerart im Darmsystem oft zur Bildung von Ulzerationen kommen. Eine Diagnose erfolgt wegen der untypischen Symptome gewöhnlich erst nach dem Tod. Nachweis des Pilzbefalls im Kot. Therapie: sehr schwierig, ganz selten beschrieben. Bei Schildkröten (*Candida*-Infektion) wurde erfolgreich Panalog®, täglich 0,2–0,3 ml oral, verabreicht. Prophylaxe verstärken. [1]

Systole: Arbeitsphase des als Saug- und Druckpumpe arbeitenden Herzens. Durch Kontraktion der Herzmuskulatur wird das Blut in die ableitenden Arterien getrieben (z. B. die Aortenstämme, Lungenarterie). Es besteht ein rhythmischer Wechsel zwischen S. und → Diastole. [2]

Tabasco-Schildkröte: → Dermatemydidae.

Tabulare: → Deckknochen des Schädeldaches fossiler Stegocephalia. Am Schädelhinterrand lateral vom → Postparietale gelegen. Wird frühzeitig in der Stammesgeschichte zurückgebildet. [2]

Tagesrhythmik, Tagesperiodik, circadiane Rhythmik: 24-Stunden-Rhythmus biologischer Abläufe und im Verhalten. Auf einer endogenen Rhythmik (→ innere Uhr) basierend, die über Zeitgeber aus der Umwelt (Licht, Temperatur, Luftfeuchtigkeit u. a.) in Übereinstimmung gebracht wird. Wichtigster Zeitgeber ist für die Mehrheit der Organismen das Licht. Gemäß den tageszeitlichen Aktivitätsgipfeln werden tag- und nachtaktive Tiere unterschieden. Aschoff (1954) gibt als wesentliche Meßgrößen circadianer Aktivitätsrhythmik an: Periodendauer, Verhältnis Aktivität:Ruhezeit, Aktivitätsmenge. [1]

Taipan: → *Oxyuranus scutellatus.*

Tannenzapfenechse: → *Trachydosaurus rugosus.*

Tarentola mauritanica (Linnaeus 1758), Mauergecko: Vertreter der → Gekkonidae. Verbreitung: W- und SW-Portugal (Atlantikküste), hauptsächlich aber in der Küstenzone (Italien auch im Binnenland) sowie auf vielen Inseln des Mittelmeeres, nach Osten über die Ionischen Inseln (nicht auf dem griechischen Festland) bis Kreta, Kanarische Inseln, N-Afrika. → Präferenz für → anthropogene Biotope und Wassernähe. Besiedelt z. B. altes Mauerwerk, bewohnte Gebäude (Ziegeldächer, Innenräume, oft nahe Lichtquellen wegen Insektenfang), Gärten, → Lesesteinhaufen, auch nischenreiche Felsen, Südhänge, spaltige Klippen (bis zur Spritzwasserzone). Höhenverbreitung bis 2500 m. GL bis 16 cm. Körper dorsoventral abgeflacht, auf dem Rücken Tuberkelschuppen in Längsreihen. Schwanz wirtelig, erreicht nahezu bis KRL. Unterseits der verbreiterten Finger und Zehen Haftlamellen. Tag-, überwiegend nachtaktiv. Gutes Farbwechselvermögen. Gelegegröße: 2 Eier; 2 Jahresgelege möglich. [1]

Taricha torosa (Rathke 1833), Kalifornischer Gelbbauchmolch: Vertreter der → Salamandridae. Verbreitung: Küstengebiete Kaliforniens (nordwärts bis Mendocino), Sierra Nevada. Besiedelt gern hügeliges, bebuschtes od. bewaldetes Gelände. Zur Fortpflanzungszeit in → Standgewässern und Bächen. Höhenverbreitung bis etwa 1200 m. GL bis 20 cm. Körper ziemlich gedrungen, langschwänzig. Kopf breit, flach, Augen hervortretend. ♂ zur Brunstzeit ohne Kamm, Schwanzschneiden etwas verbreitert, → Kloakenwulst markant. Zur Brunstzeit tag-, sonst überwiegend dämmerungsaktiv. Umklammerung des ♀ bei der Paarung von oben her. Laichablage meist in Klumpen (bis 30 Eier), selten einzeln, an Wasserpflanzen. Laich und Haut ad. Tiere enthalten → Tarichatoxin. [1]

Tarichatoxin: Alkaloid, 1934 von Twitty in Embryonen und → Laich (z. T. Blut einiger ♀♀) von → *Taricha torosa* entdeckt. Von Mosher 1962 aus Laich dieser Art (100 kg Laich, d. h. etwa 13 000 Laichballen, erbrachten 330 mg T.) kristallin gewonnen. Bald danach wurde die Identität mit Tetrodotoxin festgestellt, das hauptsächlich bei Kugelfischartigen (O Tetraodontiformes) in Ovarien und Leber (auch Haut, Darm, mitunter Hoden, Muskulatur, Blut) vorhanden ist. Zur Laichzeit liegt in beiden Organen der stärkste Tetrodotoxin-Gehalt vor. 1950 gelang die Gewinnung von Tetrodotoxin in Kristallform aus Ovarienextrakt von *Spoeroides rubripes*. Formel: $C_{11}H_{17}O_8N_3$. Vergiftungen (60 % verlaufen tödlich) durch Genuß der als Delikatesse bekannten Kugelfische wurden in O-Asien schon vor 2000 Jahren beschrieben. Mit einem → LD_{50}-Wert von 5–8 µg/kg KM (bei Mäusen) eines der stärksten nichtpeptidischen Gifte. Wirkt neurotoxisch. Erzeugt Blutdruckabfall, Herzrhythmusstörungen, der Tod tritt durch Lähmung des Atemzentrums und der Atemmuskeln ein. Bei **A** außerdem nachgewiesen für *Taricha rivularis, T. granulosa*, in nur geringer → Toxizität bei *Notophthalmus viridescens, Cynops pyrrhogaster, C. ensicauda,* → *Triturus marmoratus* (alle Vertreter der → Salamandridae) sowie aus dem Hautsekret einiger Formen der Gatt *Atelopus* isoliert. (Abb. 107). [1]

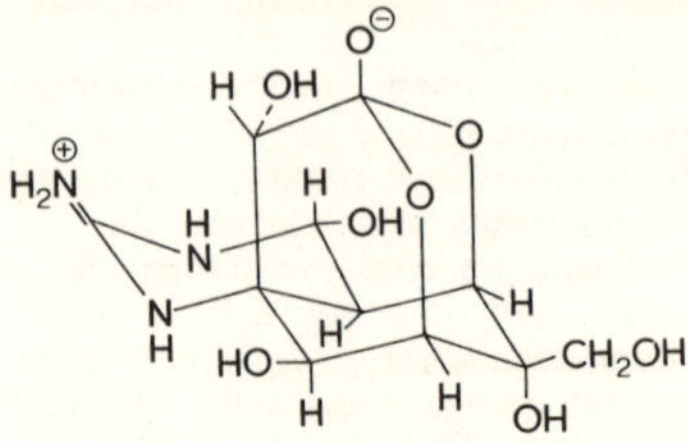

Abb. 107. Tetrodotoxin.

Tarntracht, kryptophylaktische Tracht: in Farbe, Zeichnung od. Form der natürlichen Umwelt angepaßte → Tracht, die ein Tier mehr od. weniger unauffällig erscheinen läßt. Man unterscheidet zwischen Umgebungs- und Nachahmungstracht. Umgebungstracht: steht im Einklang mit der Umgebung, im einfachsten Fall z. B. durch Dominieren eines an die Vegetation od. das Substrat angeglichenen Farbtones. Besonders wirkungsvoll sind → Farbwechsel und → Somatolyse. Wie die meisten Fische und viele Wasserinsekten können auch einige → aquatische **R** (manche Wasserschlangen) eine dunkle Ober- und helle Unterseite besitzen. Dadurch sind sie von oben betrachtet gegen den dunklen Gewässerboden kaum zu sehen, umgekehrt trifft dies auch gegen die reflektierende Wasseroberfläche hin zu. Nachahmungstracht: → Mimese. [1]

Tarsalia, Fußwurzelknochen: ursprünglich analog zu den → Carpalia aus 3 proximalen T. (Tibiale, Intermedium, Fibulare), 4 → Centralia sowie 5 distalen T. bestehend. Durch Reduktion od. → Synostose mit benachbarten T. wird ihre Zahl meist herabgesetzt. Schwanzlurche verfügen über alle proximalen T.; Froschlurchen fehlt das Intermedium, in die stark verlängerten Tibiale und Fibulare gehen das Centrale 4 und die distalen T. 4 sowie 5 ein, die restlichen Centralia verschmelzen mit anderen T. Sie besitzen ein → Intertarsalgelenk. **R** weisen immer nur 3 proximale T. auf, die als → Astragalus und → Calcaneus bezeichnet werden und obendrein bei einigen Schildkröten, den Brückenechsen und Echsen zu einem Os tarsale commune verschmelzen. Ihre distalen T. sind auf 3 od. 2 reduziert (Schildkröten mit 4 od. 5), zwischen dem Os tarsale commune und den distalen T. bildet sich ein Intertarsalgelenk aus. Bei Krokodilen bleiben Astragalus und Calcaneus selbständig und artikulieren miteinander. Außerdem besteht hier ein Gelenk zwischen Astragalus und Unterschenkel. [2]

Tarsus, Fußwurzel: proximaler Teil des → Autopodiums der Hinterextremität. Enthält eine Reihe proximaler und distaler → Tarsalia, außerdem ursprünglich 4 → Centralia. [2]

Tastfleck: zu einer Gruppe vereinigte Merkelsche Tastzellen. Dies sind flache, meist linsenförmige Zellen epidermaler Herkunft, die auf der schalenartigen Endigung einer markhaltigen Nervenfaser liegen. Primär in der → Epidermis vorkommend, sekundär ins → Corium verlagert. Bei **A** und **R** sehr verbreitet. T. finden sich unter anderem zahlreich auf Rücken und Hinterextremitäten von *Rana*, bei Schlangen (besonders im Kopfbereich) und Krokodilen oft unter der Schuppen- bzw. Schilderepidermis. Häufig liegen die T. unter Schuppen, die feine Tastborsten tragen (→ Gekkonidae, → Iguanidae, → Agamidae). [1]

Taubwarane: → Lanthanotidae.

Tauchbadnarkose: → Narkosebad.

Tauchsprung: für zahlreiche ins Wasser flüchtende Froschlurch-Arten (vor allem die Vertreter der Wasserfrosch-Gruppe) typische Lokomotionsart. Der Habitatwechsel Land – Wasser erfolgt in der Kombination Sprung – Tauchen. Das Tier taucht im Regelfall bis zum Gewässerboden und versucht sich dort durch Einwühlen in den Bodenschlamm (sichtbarer Hinweis: Schlammwolkenbildung) od. Verstecken unter Steinen, zwischen Wasserpflanzen usw. zu verbergen. Bei den Wühlbewegungen wird der Körper meist stark abgeflacht und dem Substrat angeschmiegt. Durch Bewegungen des Körpers und der leicht winklig abgespreizten Vorder- wie Hinterextremitäten sinkt das Tier in den Schlamm ein. [1]

Taurische Eidechse: → *Podarcis taurica*.

Tausendfüßer: → Myriapoda.

Taxidermie: gegen Anfang des 19. Jahrhunderts entstandener Begriff zur Bezeichnung aller in der Tierpräparation üblichen Methoden, darunter vor allem des Ausstopfens von → Bälgen. Bald besonders im angloamerikanischen und französischen Schrifttum verbreitet. Naumann (1815) widmete in seinem Buch „Taxidermie oder die Lehre Thiere aller Klassen am einfachsten und zweckmäßigsten für Kabinette aufzubewahren" auch den **A** ein Kapitel. Dies ist nach vierfüßigen **A** (Frösche, Eidechsen, Salamander, Schildkröten) und Schlangen unterteilt. Ausgebalgt wurde meist über die Mundhöhle. Schlangen präparierte man z. B. folgendermaßen: abhäuten über den Rachenraum, Hautsäuberung, aufblasen, füllen mit feinem Zinnsand, trocknen (im Darre-Ofen), Sandfüllung entfernen, bemalen, lackieren. Durch das Bestreben zur naturgetreuen Nachbildung und den Einsatz „bildsamer Stoffe" zur Formung eines künstlichen Tierkörpers wich die auf rein präparationstechnische Belange angelegte T. der → Dermoplastik. [1]

Teich: künstliches Gegenstück zum → Weiher. Sein Wasserstand ist i. d. R. durch Zu- und Abfluß regulierbar. Ein T. kann somit zeitweilig trocken liegen. Die Größe ist wie beim Weiher kein Kriterium. Bekannte Teichtypen sind z. B. Fisch-, Dorf-, Park- und → Gartenteich. Durch verschiedenste teichwirtschaftliche Maßnahmen wird in Fischteichen die Flora und Fauna wesentlich beeinflußt. [1]

Teichfrosch: → *Rana „esculenta"*.

Teiidae, Schienenechsen: rein neuweltliche Fam der → Scincomorpha. Etwa 200 Arten. Gelten als Gegenstück zu den altweltlichen → Lacertidae. Große habituelle und ökologische Vielfalt. Besiedeln z. B. tropische Regenwälder, Steppen, Wüsten, Gebirge, Kulturlandschaft. Höhenverbreitung bis etwa 4000 m. GL 7 cm bis über 1 m

(Krokodilteju, Großtejus). Kopfschilder nicht mit dem Schädel verwachsen. → Foramen parietale fehlt. Zähne solid, vielgestaltig, → pleurodont. Zunge lang, leicht gekerbt bis stark eingeschnitten. Bauch häufig mit gleichmäßigem Besatz von Schienen od. Schildern. Einige Formen mit Extremitätenreduktion (Wurm-, Wühltejus u. a.). Meist → Femoralporen ausgebildet. Tagaktiv. Überwiegend bodenbewohnend. Manche Arten mit → Termitophilie. Artenreichste Gatt: *Ameiva* (Ameiven), *Cnemidophorus* (Rennechsen). Letztere oft mit → bipeder Fortbewegung. Lebensweise vieler T. noch weitgehend unbekannt. → Ovipar. Einige Arten mit → Parthenogenese. [1]

Telencephalon, Endhirn: ursprünglich Zentrum des Geruchssinnes, bei niederen Wirbeltieren daher häufig einfach als Riechhirn bezeichnet. Es besteht aus den beiden Endhirnhemisphaeren, die oberflächlich durch eine Furche voneinander getrennt sind. Sie arbeiten bei **A** bereits als Koordinations- und Integrationszentren, obwohl die engen Beziehungen zum Geruchsorgan erhalten bleiben. Man kann an der verdickten Wandung der Hemisphaeren, dem Pallium (Mantel), ein dorsolaterales Palaeopallium (bleibt Riechhirn) von einem dorsomedianen Archipallium unterscheiden, das zwar als zweites Riechzentrum fungiert, aber schon gewisse Korrelationen ermöglicht. Ventral befinden sich die noch gering entwickelten Basalganglien, eine Anhäufung von Ganglienzellen. Sie stellen für die **A** ein drittes Riechzentrum dar, aber mit motorischem Anteil. **R** weisen einen weiter entwickelten und kräftigeren Mantel als die **A** auf. Ein Teil der Kernbereiche der Nervenzellen ist vom sog. zentralen Höhlengrau an die Peripherie verlagert und bildet den Anfang einer grauen Hirnrinde (Cortex cerebri). Dieser Cortex ist jedoch nur einschichtig. Die ventralen und lateralen Abschnitte werden von den mächtig entwickelten Basalganglien eingenommen. Durch sie werden die Ventrikel der Hemisphaeren (I. und II. Ventrikel) zu einem schmalen Spalt reduziert. Zwischen den Kerngebieten der rechten und linken Hemisphaere vermitteln Kommissuren, die Commissura anterior und Commissura pallii. Die Hemisphaeren der **A** sind röhrenförmig gestaltet und zeigen eine Vorwölbung nach caudal, die soweit gehen kann, daß das → Zwischenhirn von dorsal verdeckt ist. Dagegen wirken die Hemisphaeren der **R** von dorsal etwa birnenförmig bis dreieckig mit einem sehr spitzen rostralen Pol (bedingt durch den meist langen Tractus olfactorius). Bei Schildkröten liegt der zwiebelartige Bulbus olfactorius den Hemisphaeren direkt an und ist über lange Riechfäden mit dem Riechepithel verbunden. Der Tractus erreicht dagegen bei → *Sphenodon punctatus*, den meisten Echsen und den Krokodilen ziemliche Länge. Im Bulbus olfactorius enden die primären Riechneurone, die ihre Erregungen auf sekundäre Neurone übertragen, deren Neuriten zu basalen Bereichen der Hemisphaeren ziehen. Bei den **A** liegt der Bulbus dem rostralen Hemisphaerenpol direkt auf. Die Bulbi beider Seiten sind (im Gegensatz zu den **R**) miteinander verschmolzen, an den gemeinsamen Bulbus schließen sich aber 2 kurze olfaktorische Äste (Rami) an, die mit Riechfäden (Fila olfactoria) besetzt sind. [2]

Telescopus fallax (Fleischmann 1831), Europäische Katzennatter: Vertreter der → Colubridae. Verbreitung: Balkanhalbinsel (we. bis Istrien, öst. bis SO-Bulgarien), viele Inseln der Adria, Ägäis, Malta, Kaukasusgebiet, Transkaukasien, N-Iran, W- und S-Kleinasien, Syrien, Israel. Bevorzugt trockene, steinige, oft gebüschreiche Biotope, z. B. Südhänge, felsiges Gelände, Ruinen, Straßenränder. Höhenverbreitung bis etwa 2000 m. GL bis 1 m, meist nicht über 70 cm. Kopf flach, deutlich abgesetzt. Pupille senkrecht. Rumpf schlank, glattschuppig. Vorwiegend dämmerungs- und nachtaktiv. Giftig (Trugnatter). Bodenbewohner, klettert aber gut. Gelegegröße: bis 8 Eier. [1]

Temperaturorgel: Apparat (nach Herter) zur Bestimmung der → Vorzugstemperatur bzw. des Temperaturoptimums einer Tierart. Zur Erzeugung des Temperaturgefälles dient ein Glaskasten mit einem Boden aus Metall (z. B. Aluminium, mit Skala und Thermometern versehen), das an einem Ende erwärmt, am anderen gekühlt wird. [1]

Temporale: Schläfenschild; Os temporale Schläfenbein. [1]

Tenebrio molitor Linnaeus 1758, Mehlkäfer: Vertreter der Schwarzkäfer (Tenebrionidae). Käfer 15–18 mm lang, dunkelbraun bis schwarz. Die als „Mehlwürmer" bezeichneten Larven (bis 34 mm lang) dienen auch als Futter für Terrarientiere. Nicht als Dauerfutter einsetzen, sehr fetthaltig (bis 35 % Fettgehalt analysiert). Zucht möglichst im Dunkeln. Zuchtbehälter: früher meist mit Gazedeckel verschließbare Holzkisten, heute vor allem Kunststoffbehälter, auch glasierte Tontöpfe. Füllung zu 2/3 mit Weizenkleie od. einer Mischung von Kleie und Haferflocken (2:1). Zweimal wöchentlich geriebene Möhre, Obststückchen, Brot, etwas Preßhefe füttern. Kleie mit Wollappen abdecken. Unter bzw. zwischen diesen dann die Larven absammeln. Optimale Zuchttemperatur 25–27 °C. Bei 26 °C und 65 % RLF Larvalentwicklung etwa 4–6 Monate (9–12 Häutungen), Puppenruhe 6–8 Tage. Füllung von Zeit zu Zeit erneuern. Keine Milben einschleppen! [1]

Tenside: Oberbegriff für alle grenzflächenaktiven Verbindungen. Diese bestehen aus einem hydrophilen (bewirkt die Wasserlöslichkeit) und hydrophoben (bedingt die kapillaraktive Wirkung) Molekularteil. Nach der hydrophilen Gruppe untergliedert man z. B. in Anionentenside (Alkansulfonate u. a.), Ethersulfate, Kationentenside u. a. Durch T. werden Oberflächen- od. Grenzspannung von Flüssigkeiten (vor allem von Wasser) verringert. Ihr Einsatz erfolgt hauptsächlich in der Haushaltschemie, außerdem in einer Reihe industrieller Prozesse (Tensidfluten bei sekundärer Erdölgewinnung usw.). In den Gewässern beeinflussen sie verschiedenartig das ökologische Gleichgewicht. So wird z. B. bei Konzentrationen von 0,2–0,5 mg/l^{-1} die Sauerstoffdiffusion ins Wasser abgeschwächt, zur Schaumbildung kommt es bei etwa 1 mg/l^{-1}. Toxische Wirkungen (Alkansulfonate) auf Wasserorganismen betreffen nicht nur Fischnährtiere und Fische (schon 1–5 mg/l letal für Fischsperma usw.), sondern auch → Laich und Larven von **A**. Für *Rana „esculenta"* werden diesbezüglich Fit-Konzentrationen (Laborversuche) von nur 0,001 % angegeben. Besonders gefährdet sind durch Einleitung solcher Abwässer → Standgewässer aller Art (Dorfteiche u. a.) und die in diesen lebenden → Populationen. (Tab. 14). [1]

Tentakel: kugelige, klappen- od. kegelförmige, ausstülpbare Bildung zwischen Auge und Nasenöffnung bei → Gymnophionen. Der T. liegt in einer Ringfurche des → Maxillare und wird vom → Nervus abducens innerviert. Durch die Rückbildung der Augen kommt es zum Funktionswandel der → Harderschen Drüse, die mit dem Tentakelsack in Verbindung tritt, ebenso auch des → Musculus retractor bulbi, der zum Musculus retractor tentaculi wurde. Über die Funktion des T. herrscht keine völlige Klarheit. Er wird meist als Organ zur olfaktorischen, z. T. auch taktilen Orientierung angesehen. Die T. der Gymnophiona sind den beiden, bis etwa 18 mm langen, seitlich der Mundöffnung stehenden T. („Antennen"; Abb. 57 I) der Larven von *Xenopus* nicht homolog. Sehr kleine T. in Augennähe („Augenfühler") weisen oft ad. Tiere von *Xenopus* auf (den Larven-T. nicht homolog). [1]

Termitophilie: zeitweilige od. permanente Vergesellschaftung von Termiten mit anderen Tierarten. Diese ernähren sich in den Termitenbauten meist von der Brut, auch den Vorräten, seltener den Baustoffen der Termiten. Einen

Tabelle 14. Durchschnittliche Mortalitätsrate von Kaulquappen unterschiedlicher Größe bei verschiedenen Konzentrationen einiger Haushalt-Tenside. Nach Günther und Plötner 1986.

Testtiere	Länge ($\bar{x}$)	Substanz	Konz. (%)	Larven-zahl	Morta-lität (%)
Rana temporaria	18 mm	LEUNA-REX	0	1 x 40	0
			0,001	2 x 40	0
			0,003	2 x 40	100
			0,006	2 x 40	100
Rana „esculenta“	24 mm	LEUNA-REX	0,01	1 x 4	100
			0,1	1 x 4	100
Rana „esculenta“	31 mm	LEUNA-REX	0	1 x 4	0
			0,001	1 x 4	0
			0,01	1 x 4	100
Rana „esculenta“	21 mm	RUPON	0,001	3 x 5	0
			0,002	3 x 5	0
			0,003	3 x 5	0
			0,006	3 x 5	66,7
			0,008	3 x 5	100
			0,01	3 x 5	100
Rana „esculenta“	32 mm	RUPON	0,001	1 x 3	100
			0,01	1 x 3	100
Rana „esculenta“	29 mm	DOMAL	0,001	1 x 4	0
			0,01	1 x 4	100
			0,1	1 x 4	100
Rana „esculenta“	44 mm	CEKAPUR	0,001	1 x 10	0
			0,01	1 x 10	100
Rana „esculenta“	43 mm	OTROC	0,001	1 x 10	0
			0,01	1 x 10	100

Sonderfall der T. bildet die → Oviposition von **R** in solchen Bauten (Brutfürsorgehandlung), die durch ihre ziemlich gleichmäßigen Temperatur- und Feuchtigkeitsverhältnisse (in einem für die betreffende Art günstigem Bereich) als natürliche Brutapparate dienen. Außerdem leben die Jungtiere nach ihrem Schlupf meist anfänglich von den Termiten. Ein derartiges Eiablageverhalten zeigen z. B. einige Echsen (*Tupinambis nigropunctatus, Varanus niloticus, V. flavescens* u. a.), viele Vertreter der → Amphisbaenia, manche → Typhlopidae und Nachtbaumnattern *(Boiga jaspidea, B. drapiezii)*. [1]

Terrarienbepflanzung: richtet sich nach Tierart und → Terrarientyp. Ansprüche von Terrarientier und -pflanze sollen übereinstimmen. Am besten ist dies bei Arten aus dem gleichen → Biotop gewährleistet. Bepflanzung im → Freilandterrarium gewöhnlich unproblematisch, im Zimmerterrarium dagegen schon bei heimischen Pflanzen (Wachstum, Haltbarkeit) nicht einfach. Beschränkung auf wenige, dafür dekorative, gegebenfalls schönblühende Arten günstig. Pflanzen sollten möglichst gut beschaffbar, nicht zu anspruchsvoll, ausdauernd, kulturerprobt, nicht stark bedornt od. giftig, gegenüber den Pfleglingen stabil, auch in den späteren Ausmaßen der Behältergröße angemessen sein. Beachtung gilt dem Verhältnis Tier:Pflanze (z. B. bezüglich Unterwühlen, Herbivorie, bestimmter enger Bindungen wie bei einigen → Dendrobatiden an Bromelientrichter), den Ansprüchen an Licht (richtige Dauer, Intensität, Farbe), Temperatur (Ruhezeit berücksichtigen), RLF, Wasserversorgung (Sprüh-, Gießwasserqualität, keine Kalk-, Salzbelastung usw.), → Substrat (Zusammensetzung, Struktur, → pH-Wert, keine Staunässe), Nährstoffbedarf, Lüftung (kein Luftstau) und natürlich der Dynamik (selbst im tropischen Regenwaldterrarium; Temperatur tagsüber 22–25 °C, nachts bei 18 °C usw.) Die Pflanzen bieten Versteckmöglichkeit, verbessern bei dichter Vegetation das Mikroklima. Zur T. können Wasser-, Sumpf-, Boden-, → Kletterpflanzen und → Epiphyten gehören. [1]

Terrarieneinrichtung: die Einrichtung des → Terrariums erfolgt stets im Sinne des Haltungszieles und sollte zusammen mit der dazu erforderlichen → Terrarientechnik möglichst optimale Lebensbedingungen für die Terrarientiere schaffen. Neben → Bodengrund und Wasserbecken (dient meist als Trink- und Badegefäß, mit Möglichkeit zum Ausstieg, bei entsprechender Größe auch zum Ablassen; kann mittels Steinen, Pflanzen kaschiert werden) können zur T. gehören: → Terrarienrückwand, → Kletterbaum od. Epiphytenstamm, Tränke, Futtergefäß, → Versteckplätze sowie die → Terrarienbepflanzung. [1]

Terrarienrückwand: häufig verwendetes Element der → Terrarieneinrichtung. Dient nicht nur der wirkungsvollen Dekoration, sondern auch zur Optimierung der Lebensbedingungen für viele kletternde Tierarten. Oft werden die Seitenwände gleichartig gestaltet. Die T. soll gut befestigt, dennoch leicht herausnehmbar, gift- und fäulnisfrei, vor dem Anbringen desinfiziert sein, außerdem Vertiefungen für Pflanztöpfe, Liegeplätze sowie gegebenenfalls Schlupfwinkel aufweisen. Ihre Gestaltung richtet sich nach dem Tierbesatz und → Terrarientyp. Neben Rückwänden aus Kalksteinplatten, Sand-, Bimsstein, Ziegeldrahtgewebe mit Zementbewurf, Lehm-Stroh-Sand-Gemisch, Gips-Sägespäne-Brei, großflächigen Rindenstücken, Zierkorkrinde usw. haben sich solche aus Kunststoff (leicht, hygienisch, gut form-, halt-, färbbar) bewährt. Gebräuchlich sind auch Pflanzenrückwände (in Netzbespannung wachsen → Epiphyten und → Kletterpflanzen), gelegentlich Schilfmatten und hinter der Glaswand montierte Biotopgroßfotos. [1]

Terrarientechnik: für das Wohlbefinden, eine gesunde Haltung und erfolgreiche Zucht der Terrarientiere sind sachgerechte Umweltbedingungen, d. h. wechselnde Licht-, Temperatur-, Feuchtigkeitsverhältnisse sowie ausreichende Belüftung, unerläßlich. Zur Schaffung dieser Voraussetzungen dienen moderne elektrotechnische Einrichtungen. 1. Licht: Beleuchtungsstärke beachten (volles Sonnenlicht hat z. B. 100 000 Lux). Am besten Einsatz von Leuchtstoffröhren (mit geeignetem Spektralbereich für Pflanzenwuchs, evtl. auch Reflektor), Quecksilberdampf- od. Fluoreszenzlampen. 2. Wärme: durch Heizstrahler (Infrarotstrahler u. a.), Heizkabel, -kissen, -platten, -stäbe für bestimmte Bodengrundfläche, Aquarienglasheizer für Wasserteil usw. 3. Feuchtigkeit: mittels Wassergefäß, Tropfeinrichtung am Terrariendach, hohe Luftfeuchtigkeit (tropisches Regenwaldterrarium usw.) durch Elektro-Luftbefeuchter, Befeuchtungsventilator. Entmineralisiertes Wasser verwenden. Bei größerem Wasserbecken ist eine Wasserumwälzanlage bzw. ein Motorfilter (auch für künstlichen Bach) empfehlenswert. 4. Belüftung: Ventilator ist vorteilhaft. Nur unverbrauchte Luft zuführen. Durch Kombination dieser T. mit Temperaturreglern, Hygrostat und Schaltuhr kann das Klima im Zimmerterrarium weitgehend optimal gestaltet werden. [1]

Terrarientypen: Vielfalt, Verschiedenartigkeit der **A** und **R**, unterschiedliche Lebensgewohnheiten und Ansprüche an den Lebensraum, dazu Haltungszweck, ästhetische Aspekte der Terrariengestaltung und anderes mehr erfordern naturgemäß unterschiedliche T. Von Beginn der → Terraristik an existiert die Dreiteilung in Zimmer-, → Freiland- und → Freiluftterrarium. Die weitere Klassifizierung der Zimmerterrarien ist uneinheitlich, unbefriedigend und kann nur zur Groborientierung dienen. Entscheidend sollte allein die artgerechte, d. h. biologisch und ökologisch richtige Haltung sein. Man kann unterteilen nach: 1. Herstellungsart: das Glas-, Kunststoff-, Eternit- (Asbestzement-Terrarium), Holz-, Gestell-Terrarium sowie kombinierte Typen (z. B. Glas-Hart-PVC-Terrarium, Eternit-Glas-Terrarium). 2. Temperatur und Feuchtigkeitsanspruch: das trockene und feuchte ungeheizte und das trockene und feuchte geheizte Terrarium, das → Aqua-Terrarium. 3. Standort und Konstruktionsweise: das Tisch-, Wand-, Fenster-, Dachfenster-, Servierboy-, Raumteiler-Terrarium u. a. 4. Tiergruppe: das Frosch-, Krokodil-, → Giftschlangen-Terrarium usw. 5. Gestaltungsform: → Biotop-, → Landschafts-Terrarium. Neben zahlreichen Spezial-Terrarien wie Zucht-, Quarantäne-, → Reise-, Hydro-Terrarium gibt es z. B. als Sonderform das Gewächshaus-Terrarium, außerdem Übergangsformen zwischen den Typen. [1]

Terraristik, Terrarienkunde: Haltung, Beobachtung, Zucht von **A** und **R** in → Terrarien. Als Liebhaberei entstanden. Nach Jacobs (1964) muß als Geburtsjahr der Aquarien- und Terrarienkunde in Deutschland, wahrscheinlich auch für den europäischen Raum zutreffend, das Jahr 1797 angesehen werden. „Vater der Aquarien- und Terrarienkunde" ist demzufolge J. M. Bechstein (vgl. Bechstein 1797). Im deutschsprachigen Schrifttum primär unter dem Begriff Terrarienkunde verbreitet, in jüngster Vergangenheit Begriffsumwandlung in Terraristik (aus dem Englischen abgeleitet). Gelegentlich wird zwischen Terraristik im Sinne eines weitgehend auf tierpflegerische Belange bezogenen Hobbys und Terrarienkunde als wissenschaftlich fundierter Lehre zur Pflege, Beobachtung und Zucht von Terrarientieren unterschieden. Starker Erkenntniszuwachs und große Fortschritte in der → Terrarientechnik führten in den letzten Jahrzehnten zu einem beachtlichen Aufschwung der T. Weltweite Verbreitung, ein enormer Literaturanstieg, wesentlicher Aufschwung vor allem im Bereich der Ethologie, Fortpflanzungsbiologie, wichtige Beiträge zur Taxonomie und zu Krankheitserscheinungen kennzeichnen die Entwicklung dieser immer breitere Bevölkerungsschichten erfassenden Freizeitbeschäftigung. [1]

Terrarium: Behälter zur Haltung, Pflege und Zucht von Landorganismen, aber auch → amphibisch lebenden Formen (vgl. → Terrarientypen). Vorwiegend Besatz mit **A** und **R**, daneben zur Pflege von Kleinsäugern, früher sogar von kleinen Ziervögeln (in → Aqua-Terrarien!), weiterhin von Schnecken, Spinnen, Skorpionen, zahlreichen Insekten (Ameisen, Libellen, Schmetterlingen u. a.) und Pflanzen genutzt. Der Schaffung möglichst optimaler Haltungsbedingungen dienen → Terrarieneinrichtung sowie → Terrarientechnik. (Abb. 108). [1]

terrestrisch: auf dem Land lebend. Gegensatz → aquatisch. [1]

Territorialruf: → Revierruf.

Territorium, Revier: von Howard (1920) geprägter Begriff. Gebiet, das von einem Individuum (Paar od. einer Gruppe) gegen Artgenossen (meist nur gleichgeschlechtliche) od. andere Rivalen verteidigt wird. Seine Grenzen sind weitgehend durch → Reviermarkierung festgelegt. Das T. kann lediglich zur Fortpflanzungszeit od. aber ganzjährig bestehen. Durch die Territorialität der Individuen kommt es zur Aufteilung des von der → Population beanspruchten Lebensraumes und so gleichzeitig zur Vermeidung einer Unter- und Überbevölkerung. Der Selektionsdruck führt zur Abwanderung schwächerer Individuen und fördert die Ausbreitung der Art. Meist errichten und verteidigen die ♂♂ Terri-

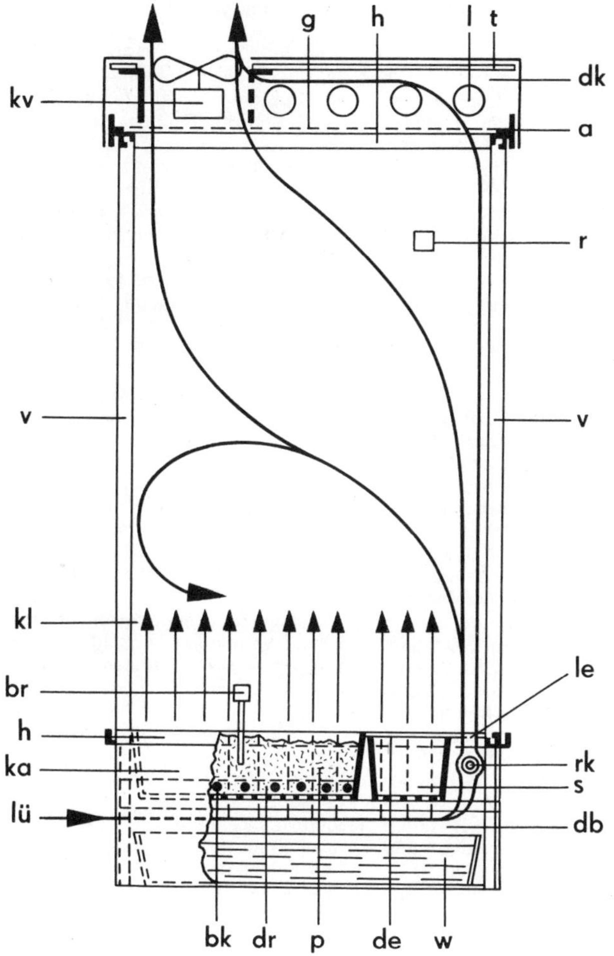

Abb. 108. Normal-Terrarium nach Roth/Stettler. *a* Auflagewinkel, *bk* Bodenheizungskabel, *br* Bodentemperatur-Regler, *db* Doppelboden, *de* Deckel, *dk* Dachkonstruktion, *dr* Drainage, *g* Gaze, *h* horizontale Streben, *ka* Kunststoffabdeckung, *kl* kleiner Luftkreislauf, *kv* Klein-Ventilator, *l* Leuchten, *le* Lufteintrittsöffnung, *lü* Lüftung, *p* Pflanzeinsätze, *r* Raumtemperatur-Regler, *rk* Raumheizungskabel, *s* Schlupfkasten, *t* Träger der elektrischen Anlagen, *v* vertikale Streben, *w* Wasserwanne.

torien. Es kann jedoch auch zwischen den ♀♀ Territorialität bestehen (z. B. bei *Colostethus trinitatis*). Territorialverhalten liegt verschiedentlich bei Schwanz- und vielen Froschlurchen vor. Bei letzteren wurde es zum ersten Mal 1953 an *Rana clamitans*, nachfolgend für weitere → Ranidae, Vertreter der → Hylidae, → Dendrobatidae u. a. nachgewiesen. Unter **R** ist die Territorialität für zahlreiche Schildkröten, Krokodile sowie viele Echsen (→ Iguanidae, → Agamidae, → Lacertidae u. a.) bekannt. [1]

Testes, Hoden: → Gonaden, in denen die Spermien sowie das ♂ Geschlechtshormon (Testosteron) gebildet werden. Immer paarig, in ihrer äußeren Form sehr unterschiedlich, z. B. lang bandartig, oft gelappt (→ Gymnophiona, Schwanzlurche), eiförmig bis rundlich (Froschlurche, **R**). Bei den Blindwühlen ist die Lappung extrem. Es liegen bis zu 10 „Miniaturhoden" hintereinander. Sie bestehen aus samenbildenden Ampullen, die in einen Zentralkanal münden, der zugleich alle Loben miteinander verbindet. Die Spermienableitung erfolgt über in einen Nierenrandkanal mündende Querkanäle. Von dort gelangen sie wiederum über → Nephrone in den → primären Harnleiter. Die T. der Schwanzlurche können 3–4fach gelappt sein. In den T. der **R** findet die Produktion der Spermien in stark gewundenen samenbildenden Kanälchen statt. Mit dem Fortpflanzungszyklus zusammenhängende Volumenänderungen treten bei **A** wie auch **R** auf. Die Spermien der **R** werden in der → Epididymis gespeichert und erreichen hier ihre endgültige Reife. Den **A** dient dazu eine → Ampulla ductus deferentis od. mitunter eine → Vesicula seminalis. [2]

Testudinarium: Sammelbezeichnung für Schildkröten-Terrarien (abgeleitet von Testudo). Gleichermaßen für → Freiland- und → Zimmerterrarien verwendet, ohne Aussage über Konstruktion, Besatz usw. Meist ist damit die Vorstellung von einer möglichst naturgemäßen, größeren Anlage verbunden, die vor allem Zuchterfolge und eine Beobachtung der natürlichen Verhaltensweisen ermöglicht. [1]

Testudines (Chelonia), Schildkröten: O der → Reptilia. Etwa 220 Arten. Verbreitung: weltweit, Hauptentfaltung in Tropen, Subtropen. Existierten bereits im Perm. Rezente Formen im Bauplan kaum verändert, an verschiedenste Lebensräume angepaßt: Süßwasser (Mehrzahl der Arten), Brack-, Meerwasser, Wälder, Steppen, Halbwüsten, Wüsten. Schädel → anapsid, kompakt. → Nasale fehlt meist, → Ectopterygoid stets. → Quadratum groß, fest verwachsen. Kleiner → sekundärer Gaumen. Knochenelemente des Ober- wie Unterkiefers gewöhnlich verwachsen. Kiefer zahnlos, mit kräftigen Hornschneiden. Typisch ist der in → Carapax und → Plastron gegliederte → Schildkrötenpanzer, dessen Knochenplatten von Hornschildern, seltener von einer dicken, lederartigen Haut bedeckt werden. Mitunter → Scharniere ausgebildet. Wirbel primär → amphicöl (Halswirbel sehr vielgestaltig). Hals- (8) und Schwanzwirbel (18–32) frei beweglich. Rumpfwirbel (10), Rippen, bei → Pleurodira auch → Beckengürtel fest mit dem Panzer verbunden. → Schultergürtel liegt unter den Rippen, stark abgewandelt, Teile sind im Knochenpanzer integriert. → Sternum fehlt. Extremitäten (säulen- bis flossenförmig) und Schwanz beschuppt. → Harnblase vorhanden. Vielfach → Analblasen ausgebildet. Penis unpaar. Mitunter → Amphigonia retardata. → Ovipar. Eier mit Kalkschale, werden stets vergraben. Öffnen des Eies mit Hilfe einer → Eischwiele. Einige Formen unternehmen ausgedehnte → Migrationen. Tagaktiv (die meisten → Testudinidae), dämmerungs-, nachtaktiv (viele Wasserschildkröten). Pflanzen-, Fleisch-, auch Allesfresser. Ausgeprägte jahreszeitliche Rhythmik. Alter hoch (50 bis über 150 Jahre möglich). Systematische Gliederung in 2 UO: → Cryptodira, → Pleurodira. [1]

Testudinidae, Landschildkröten: Fam

der → Cryptodira. Etwa 36 Arten. Außer Australien, Ozeanien in fast allen gemäßigten und wärmeren Gebieten der Erde verbreitet. Stärkste Entfaltung in Afrika. In Europa nur → *Testudo graeca*, → *T. hermanni*, → *T. marginata*, möglicherweise nordwestlich des Kaspischen Meeres → *Agrionemys horsfieldii*. Besiedeln Wüsten, Halbwüsten, Steppen, Savannen, steiniges und bebuschtes, auch felsiges Gelände, sogar tropische Wälder (Regen-, Trockenw.). Carapax-Länge 10 cm *(Pyxis arachnoides)* bis 1,8 m (→ *Megalochelys gigantea*). Panzer gewöhnlich kräftig gewölbt, stark verknöchert, nur selten mit → Scharnier ausgestattet. Extremitäten plump, vordere mäßig abgeflacht, hintere säulenförmig. Zehen und Finger bis auf die oft nur kurzen Krallen verwachsen. Überwiegend tagaktiv (dämmerungs-, nachtaktiv, z. B. *Gopherus*), wärmeliebend. Hauptnahrung Pflanzen, tierische Zukost, oft → Aasfressen, → Koprophagie, → Lithophagie. Erdgänge mit Wohnkammer graben *Agrionemys horsfieldii* und *Gopherus*-Arten (Gänge bis 14 m lang). Viele halten → Sommer- und/od. → Winterruhe. Bei der → Balz werden die ♀♀ mit Rammstößen und Bissen nach den Extremitäten attakkiert. Meist ortstreu. → Ovipar (bis 20 Eier). [1]

Testudo graeca Linnaeus 1758, Maurische Landschildkröte: Vertreter der → Testudinidae. Verbreitung: S-Spanien, Balearen, Sizilien, Kalabrien, O-Balkanländer (sü. und öst. der Donau), Europäische Türkei, Kleinasien, Kaukasusgebiet, Armenien, Aserbaidshan, Iran, Syrien bis Israel, N-Afrika (Marokko bis Libyen). Breites Biotopspektrum, lebt z. B. in lichten Wäldern, auf grasigen und gebüschreichen Hängen, Schuttplätzen, in Halbwüsten, Feldern, Weinbergen, Obstplantagen, Gärten. Höhenverbreitung bis 1800 m. Carapax-Länge bis 30 cm. Schwanz ohne → Endnagel. Oberschenkelinnenseite mit markantem Sporn. Meist nur 1 Supracaudalschild vorhanden. Gelegegröße: bis 12 Eier. → Höchstalter in Gefangenschaft 102 Jahre. [1]

Testudo hermanni Gmelin 1789, Griechische Landschildkröte: Vertreter der → Testudinidae. Verbreitung: isolierte Vorkommen in O-Spanien und S-Frankreich, Balearen, Korsika, Sardinien, Elba, Pianosa, W- und S-Italien (bis Sizilien), Balkanhalbinsel (sü. der Donau bis zum Peloponnes), SW-Rumänien, einige Ionische und Ägäische Inseln. Biotop gleicht dem von → Testudo graeca. Höhenverbreitung bis 1500 m. Carapax-Länge bis 28 cm. Meist 2 Supracaudalia vorhanden. Schwanz mit → Endnagel. Keine Sporne an den Oberschenkeln. → Plastron ohne → Scharnier. Gelegegröße: bis 12 Eier. [1]

Testudo marginata Schoepff 1792, Breitrandschildkröte: Vertreter der → Testudinidae. Verbreitung: S- und M-Griechenland (nach Norden bis zum Kybounia-Gebirge), einige Ägäische Inseln, Sardinien (eingeschleppt). Lebt an windgeschützten, sonnigen, buschreichen Berghängen, in buschreichen Canyons, steiniger, dichter Macchia, auf grasigen Flächen mit Weißdorn- und Stecheichengebüsch, Weideland bis ins Gebirge hinauf. Höhenverbreitung bis etwa 1200 m. Mit Carapax-Länge bis 35 cm (meist unter 25 cm) größte Landschildkröte Europas. Hinterrand des → Carapax breit, nach außen gebogen. → Endnagel fehlt. Oberschenkelsporne gewöhnlich nicht vorhanden, höchstens schwach angedeutet. Panzer markant gestreckt, daher seitlich schmal erscheinend. Oft finden sich zwischen den Büschen ausgetretene Schildkrötenpfade. Gelegegröße: bis 12 Eier. [1]

Tetrapoda: Vierfüßer. Landwirbeltiere mit zwei Paar primär → pentadactylen Extremitäten. Älteste Nachweise im Devon/Karbon. Offenbar monophyletischer Herkunft (Ableitung von den Crossopterygii). Zu den T. gehören **A, R,** Vögel und Säuger. Mit zunehmender Bewegungsfreiheit der paarigen Extremitäten übernimmt die Wirbelsäule die Funktion eines Tragebalkens für den Körper. Sekundär können die Extremitäten teilweise od. völlig reduziert, in Anpassung an das Wasserleben auch zu Flossen differenziert sein. [1]

Tetrodotoxin: → Tarichatoxin.

Texas-Klapperschlange: → *Crotalus atrox.*

thecodont: → Zahnbefestigung.

Thermografie: Verfahren, das eine Abbildung von Objekten anhand der von diesen oberhalb −273 °C (0 Grad Kelvin) abgegebenen Strahlung ermöglicht. Bei Temperaturanstieg erhöht sich die emittierte Energie, es kommt zur Verschiebung in den kürzeren Wellenbereich. Die T. liefert Informationen zur Temperaturverteilung und arbeitet bei Berücksichtigung des Spektralemissionsfaktors sowie der Oberflächenstruktur des Objektes mit einer Meßgenauigkeit von 0,1 °C. Über eine Spezialkamera läßt sich die Temperaturverteilung im farbigen Monitorbild (Wärmebild, Thermogramm) ablesen. Anfänge der Anwendung dieses aus dem technischen und medizinischen Bereich bekannten Verfahrens liegen bereits für **R** vor. Sie versprechen z. B. im Zusammenhang mit Untersuchungen über Pigmentierung (des → Peritoneums usw.) und Beschuppungsverhältnisse eine Belebung der Diskussion zu Fragen der → Thermoregulation. [1]

Thermoregulation, Temperaturregulation: Froschlurche und **R**, aber auch schon viele Schwanzlurche können ihre Körpertemperatur in bestimmten Grenzen regulieren od. im artspezifischen Thermopräferendum (vgl. → Vorzugstemperatur) halten. Die angewandte Meßtechnik reicht von der → Temperaturorgel bis zum elektronischen Fernthermometer. Untersuchungen liegen zu sämtlichen **R**- und fast allen **A**-Gruppen vor. Allein auf Brattstrom gehen etwa 15 000 Messungen der Körper- und Umgebungstemperatur an amerikanischen **A** und **R** zurück. Die T. erfolgt vorwiegend durch spezielle Verhaltensweisen: z. B. Wechsel zwischen → Sonnenbaden und Rückkehr zum Schattenplatz, Wechsel von Wasser- und Landaufenthalt (→ amphibische Formen), Aufheizen durch Einnahme bestimmter Positionen des Körpers bzw. verschiedener Körperabschnitte zur Wärmequelle hin, Änderungen der Aktivitätsperioden, durch zusätzliche Abkühlung des Kloakenbereiches mit Urin *(Phrynosoma).* Als physiologische Methoden zur T. dienen: → Hecheln, → Kieferaufsperren, → Farbwechsel (dunkle Färbung bei niederen, hellere bei höheren Temperaturen), Herzfrequenzänderungen (z. B. bei → *Amblyrhynchus cristatus, Amphibolurus barbatus*) u. a. Zur endogenen Wärmeproduktion sind in geringem Maße Warane und fakultativ einige Formen der Pythoninae beim echten → Brüten fähig. [1]

Third-day-effect: von Hennig und Dunlap (1978) geprägter Begriff im Hinblick auf die Bereitschaft zur → Akinese unter Gefangenschaftsbedingungen bei *Anolis (A. carolinensis).* Nach Absinken der Akinesedauer im Wiederholungsfall erhöht sich diese signifikant am 3. Tag. Daraufhin entstand die Hypothese, daß unnatürliche Umwelt- und Lebensbedingungen nach Ablauf einer bestimmten Initialperiode, hier von 3 Tagen, „kumulativen Streß mit Schwellenwerterniedrigung“ der tonischen Immobilität bewirken. [1]

Thrombocyten: im Gegensatz zu den Blutplättchen der Säuger stellen die T. der **A** und **R** kernhaltige Spindelzellen dar. Bei Berührung mit Fremdkörpern zerfallen sie. Das dabei freiwerdende Ferment, die Thrombokinase, bewirkt mit dem im Blutplasma gelösten Fibrinogen die Blutgerinnung. [2]

Thymus, Bries: ein Derivat des embryonalen Kiemendarmes. Der T. ist Entstehungsort von → Lymphocyten und bildet sich mit zunehmendem Alter zurück. Eine innersekretorische Funktion wurde bislang für **A** und **R** nicht nachgewiesen. Bei → Gymnophionen bestehen jederseits 4 voneinander getrennte Einzelorgane. Der T. der

Schwanzlurche geht aus 3 Anteilen hervor, diese verwachsen jedoch dann miteinander. Bei Froschlurchen entsteht er nur aus der 2. Kiementasche (Schlundtasche) und liegt beim ad. Tier links und rechts im Bereich des → Annulus tympanicus. Unter den **R** hat er eine recht unterschiedliche Lage, z. B. bei Echsen ventral des caudalen Teils der Labyrinthkapsel, bei anderen **R** im Halsbereich od. vor dem Herzen. [2]

Thyreoidea: → Schilddrüse.

Tibia, Schienbein: Unterschenkelknochen, Teil des → Zeugopodiums der Hinterextremität. T. und → Fibula sind bei Schwanzlurchen getrennt, bei Froschlurchen dagegen zum → Os cruris vereinigt. **R** besitzen immer eine kräftige T., während die Fibula einen relativ schwachen Röhrenknochen darstellt. [2]

Tibiale: in der proximalen Reihe der → Tarsalia gelegenes Knochenstück, das mit der → Tibia gelenkt. [2]

Tibiotarsalgelenk, Fersengelenk: zwischen → Tibia und → Tarsus liegendes Gelenk. Bei der Bestimmung von Froschlurchen (→ Fersenprobe) häufig verwendeter Begriff. [1]

Tigerpython: → *Python molurus.*

Tiger-Querzahnmolch: → *Ambystoma tigrinum.*

Titillationsverhalten: typische Verhaltensweise für Schmuckschildkröten ♂♂ bei der → Balz. Das ♂ führt mit den stark verlängerten Krallen der nach vorn gestreckten Vorderextremitäten vibrierende Bewegungen (Titillation) aus und versucht mit seinen Krallen den Kopf des ♀ gleichsam „streichelnd" zu betasten. Bei den UGatt *Chrysemys* und *Trachemys* titilliert das ♂ vor, bei der UGatt *Pseudemys* dagegen über dem ♀ schwimmend. [1]

Tofohr-Ofen: auf Tofohr zurückgehendes, ältestes und einfachstes Gerät zur Lufterwärmung im → Terrarium. Bei der ursprünglichen Konstruktion ragt eine unten offene, zur Befestigung mit einem Falzrand versehene Konservendose durch ein Loch im Terrarienboden ins Terrarium hinein. Über der mittels einer Petroleumlampe beheizten Dose befindet sich eine Schutzhülle aus Gaze und Blech, die durch Gipsverkleidung als Fels od. Baumstamm getarnt ist. Später dienten Glüh- bzw. Kohlefadenbirnen als Heizquelle. (Abb. 109). [1]

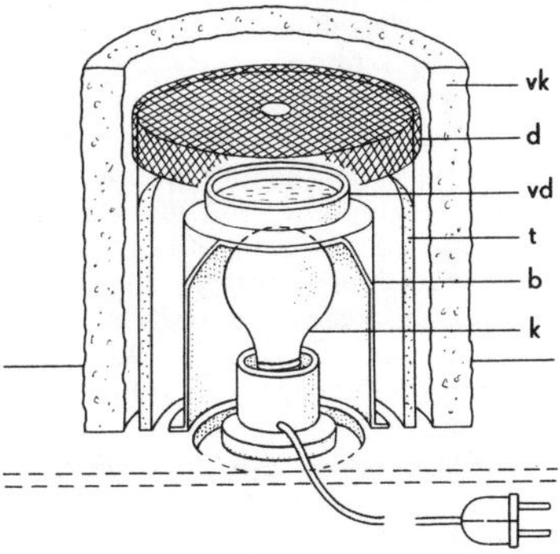

Abb. 109. Tofohr-Ofen. *b* Blechbüchse, am Randfalz befestigt, *d* Drahtgitterdeckel mit zentraler Öffnung, *k* Kohlenfadenlampe od. normale Glühbirne, *t* Tonröhre, *vd* Verdunstungsschale, *vk* Verkleidung.

Tokeh: → *Gekko gecko.*

Tornier's Baumkröte: → *Nectophrynoides tornieri.*

Tortometer: Meßstab zum exakten Feststellen der Länge, Höhe und Breite des → Carapax der Schildkröten. Er besitzt eine Millimeterskala und an der Null-Marke einen festen Anschlagblock. Hier legt man das Vorderende des Carapax an. Dann wird ein beiderseits des Meßstabes in einem Falz laufender, senkrechter Anschlagblock an das letzte Randschilderpaar herangeführt, so daß auf der Skala die genaue Carapax-Länge ablesbar ist. [1]

Totallänge: → Gesamtlänge.

Totschütteln, Beuteschütteln: besonders von Raubtieren (hauptsächlich Hunden) bekannte Verhaltensweise zur Beutebewältigung, außerdem oft

Element des Spielverhaltens von Jungtieren. Dauth schlägt für **R** den Terminus Beuteschütteln vor und definiert es als „kontinuierliches seitliches Ausschwingen und wieder Zurückschwenken des Kopfes". Dieser kann mehrfach hin- und hergeschüttelt und dabei gedreht werden. Oft nimmt der ganze Körper an diesen Bewegungen teil. Im Laufe des Schüttelns kann die Beute gegen festes Substrat geschlagen werden. Auslösefaktoren für das B. sind Berührungsreize an der Schnauzenspitze, Beutegröße, -bewegung und -anhänge (lange Flügel od. Extremitäten). Schüttelintensität (Schüttelstärke × Schütteldauer) und Schüttelrate (Prozentsatz der Schüttelbewegungen) erhöhen sich mit zunehmender relativer Größe, auch Mobilität der Beute. Dauth unterscheidet bei **R** varano-, dracaeno-, lacertido- und gekkomorphes B. [1]

Toxizität: Giftigkeit. Der Begriff umfaßt ohne Spezifizierung die verschiedensten, durch giftige Stoffe an einem Organismus verursachten Schadwirkungen, einschließlich der Spätschäden (Embryo-T. u. a.). Bei Ermittlung der T. wird zwischen akuter und chronischer T. (Schädigung bzw. Tod erst nach wochen- od. monatelanger Applikation) unterschieden. Der T.-Nachweis kann unter standardisierten Bedingungen in einer Zellkultur, an isolierten Organen, im Tierversuch usw. vorgenommen werden. Zur Prüfung der akuten T. von Wasserinhaltsstoffen dienen z. B. der Guppy- und Daphnientest mit den Testobjekten *Poecilia reticulata* und *Daphnia magna*. Die Klassifizierung der T. erfolgt nach T.-Werten: Grenzkonzentration (GE), Schwellenkonzentration (SG), → LD_{50}, letale Konzentration (LC). [1]

Trachea, Luftröhre: sichert den Atemweg und verbindet → Pharynx und → Pulmo miteinander. Durch Knorpelstücke od. -ringe gestützt, in Abhängigkeit von der Länge des Halses unterschiedlich lang. Fehlt den Froschlurchen, da kein Hals entwickelt ist, hier verbindet der → Laryngotrachealsack Rachen und Lungen. Die T. enthält in der Schleimhaut Flimmerepithel. Dieses hat neben dem → Larynx die Aufgabe, eingedrungene Fremdkörper zum Schlund hin zu befördern. Schwanzlurche und → Gymnophiona besitzen eine recht lange T., die der **R** ist ganz unterschiedlich gebaut. Einige Schildkröten verfügen über eine verlängerte, in Schlingen verlaufende T. Schlangen sind in der Lage, beim → Schlingakt das rostrale Ende der T. mitsamt dem Kehlkopf aus dem Schlund vorzustülpen, so daß die Atmung garantiert bleibt. [2]

Trachealiunge, Luftröhrenlunge: in unterschiedlicher Länge und Ausbildung entlang der Rückseite der → Trachea entstandene Verwachsung (zwischen den hier offenen Trachealringen) mit dem → Apicallappen der Lunge bei vielen Schlangen. Oft alveolär ausgebildet. Bei amerikanischen Schneckennattern der Gatt *Sibon* ist die T. sogar allein für den respiratorischen Gasaustausch zuständig, da die Lunge (Blutzufuhr fehlt) lediglich noch als → Luftsack fungiert. Eine T. besitzen die → Typhlopidae, verschiedene Arten der → Boidae, zahlreiche Vertreter der → Colubridae und → Viperidae. [1]

Tracht: Gesamtkomplex der äußeren Erscheinungsform eines Tieres. [1]

Trächtigkeit: in der → Herpetologie und → Terraristik weit gefaßter Begriff. Als Zustand des ♀ vom Zeitpunkt der → Befruchtung bis zur Geburt der Jungtiere bzw. Eiablage verstanden. Trächtigkeitsdauer und → Tragzeit sind synonym. Anzeichen der T.: mitunter gesteigerte Freßlust, andererseits kann es auch (besonders bei → Boidae) zum → Trächtigkeitsfasten kommen. Nicht selten wird das ♂ vom trächtigen ♀ fortgebissen. Häufig ist die T. durch Vorwölbung der Bauchseite (Echsen, Schlangen), bei Schildkröten oft durch Hervortreten der neben den Hinterextremitäten sichtbaren abdominalen Weichteile eindeutig erkennbar. Gelegentlich zeichnen sich die Eier sogar durch die Bauchdecke hindurch (z. B. bei *Phelsuma*-Arten) markant ab. T.-Diagnostik: hauptsächlich durch digitale Palpation. Selbst bei Schildkröten anwendbar. Kleine Exemplare werden mittels beider Zeigefinger abdominal zwischen Rücken- und Bauchpanzer abgetastet, größere Tiere rectal palpiert. Falls erforderlich (bei → Legenot usw.), kann eine röntgenologische Absicherung der Diagnose erfolgen. [1]

Trächtigkeitsfasten: vorübergehendes Einstellen der Nahrungsaufnahme der ♀♀ am Ende der → Trächtigkeit. [1]

Trachydosaurus rugosus (Gray 1827), Tannenzapfenechse, Stutzechse: Vertreter der → Scincidae. Verbreitung: W-und S-Australien, Neusüdwales. Bevorzugt in Trockengebieten mit Dornbüschen (im Scrub), auch in Eukalyptus-Vorwäldern, dichteren Waldungen, Sanddünen im Küstenbereich, mitunter in Gärten. GL bis 36 cm. Kopf groß, dreieckig, deutlich abgesetzt. Rumpf gedrungen, lang, mit kurzen Extremitäten. Zehen bekrallt. Schwanz kopfähnlich geformt, kurz, breit und abgestumpft. Rückenschuppen groß, stark gekielt. Bauchschuppen glatt, kleiner. Tagaktiv. Sehr sonnenliebend. Relativ träge. Droht bogenartig zusammengerollt mit aufgerissenem Rachen. Dabei werden die leuchtend rote Mundschleimhaut und die blaue Zunge sichtbar. → Vivipar, bis 3 Junge. [1]

Tradescantia Linnaeus 1753, Tradeskantie, Dreimasterblume: Gatt der Commelinengewächse (Commelinaceae). Etwa 50 Arten. Natürliches Vorkommen nur im tropischen und subtropischen Amerika. Anspruchslose, schnellwüchsige, aufrecht wachsende od. kriechende Stauden. Zucht durch Triebstecklinge. Zur Bodenbedeckung in feuchten → Terrarien (→ Aqua-Terrarium, Urwald-Terrarium u. a.) ist z. B. *T. albiflora*, auch *T. fluminensis* gut geeignet, ebenso für das → Tradescantia-Glas. [1]

Tradescantia-Glas, Tradescantia-Bekken: auf Wolterstorff zurückgehende Methode der Haltung von Wassermolchen in → Landtracht. Das Becken besitzt einen 7–8 cm hohen Bodengrund aus Lehmerde, der mit → *Tradescantia*-Stecklingen bepflanzt wird. Unterschlupf bietet eine Kalksteinplatte od. Baumrinde. Eine flache Wasserschale mit wenigen Kieselsteinen bzw. etwas Zierkork (verhindert Ertrinken von Jungtieren) komplettiert die Einrichtung. Behälter gut abdecken, die Molche entweichen leicht. Luftzirkulation gewährleisten, auf größte Sauberkeit achten. Wolterstorff verwendete ursprünglich als Behälter vor allem Einweckgläser, in denen er verschiedene Tiere 8–10 Jahre lang pflegte. [1]

Tragzeit: Entwicklungsdauer des Embryos im Mutterleib. Die T. entspricht bei lebendgebärenden Arten der Dauer der gesamten → Embryonalentwicklung. Bei eierlegenden Arten folgt auf diese oft als Vorreifezeit bezeichnete intrauterine Periode die → Inkubationszeit od. extrauterine Phase der Embryonalentwicklung. Schwierigkeiten bei der exakten Feststellung der T. entstehen z. B. durch eine mögliche → Amphigonia retardata und Keimruhe (unter anderem für → *Emys orbicularis* nachgewiesen). [1]

Tränenkanälchen: → Canaliculi lacrimales.

Transkaspischer Bogenfingergecko: → *Cyrtodactylus (M.) russowii.*

Transkaukasische Kletternatter: → *Elaphe hohenackeri.*

Transport: in → Leinensäckchen unterschiedlicher Größe, bei **A** feucht halten. Kurzzeitig lassen sich **A** auch in Plastbeuteln transportieren, vor allem aber (auch kleinere Echsen) in mit Luftlöchern versehenen Plastikbehältern. Als feuchtes Substrat für den T.-Behälter können z. B. Gras, Moos, Schaumstoff dienen. Blechdosen führen leicht zu Hautdefekten (Löcher von innen nach außen bohren). Für längere Fangreisen ist ein → Reiseterrarium empfehlenswert. Größere Schildkröten am besten in festen Kisten transportieren. Spezielle und sichere Behälter sind auch für den T. von Großechsen und Krokodilen notwendig. Allgemein gilt: stets Überfüllung vermeiden, junge Exemplare von großen, kräftigen Tieren trennen, giftige Arten einzeln transportieren, Hautsekretabsonderungen bei **A** beachten (Gefahr gegenseitiger Vergiftung), T.-Behälter vor Überhitzung (Besonnung usw.) schützen. Gleiches ist ebenso beim → Versand zu beachten. [1]

Transportbeutel: → Leinensäckchen.

Transversum, Ectopterygoid: → Deckknochen des Munddaches. Fehlt den **A**. Bei Schlangen lang und stabförmig, mit dem sehr beweglichen → Pterygoid, dessen Bewegung über das T. auf das Maxillare übertragen wird, verbunden. Typischer Knochen des → sekundären Gaumens der Krokodile. [2]

Trematoda (Trematodes), Saugwürmer: rein parasitische Kl der → Plathelminthes. Etwa 6300 Arten. Meist dorsoventral abgeplattet, mit Haftapparaten (Saugnäpfe, Haken). 3 UKl: Monogenea (Entwicklung direkt), Aspidocotylea (z. T. Wirtswechsel), Digenea (Wirts- und Generationswechsel). Bei **A** und **R** sehr verbreitet. Vertreter der Monogenea besiedeln vor allem die Harnblase. Bekannteste Art ist *Polystoma integerrinum* in Fröschen, Kröten. Verschiedene Arten der Aspidocotylea schmarotzen im Darm von Schildkröten. Die geschlechtsreifen digenen T. treten überwiegend im Darmtrakt nebst Anhangsorganen, weiterhin unter anderem in Lungen, Nieren, Blutgefäßen, Nasen-, Rachen-, Leibeshöhle auf. Larven finden sich bei **A** besonders in der Haut und Muskulatur. Gravierende Schäden entstehen meist nur bei Massenbefall bzw. Blockade von Gefäßen, Gallengängen, Harnwegen (oft bei → Boiden). T.-Nachweis koprologisch (Eier gedeckelt). Therapie: blasenartige Hautcysten können operativ entfernt werden. Gegen darmbewohnende T. Praziquantel (Droncit®) 20 mg/kg KM oral (1–2 x) od. 30–50 mg/kg KM Chloroquinum (2–3 x). (Abb. 110). [1]

Treppennatter: → *Elaphe scalaris.*

Treteln: auf Kramer (1937) zurückgehender Begriff. Vor allem von → Lacertiden, aber auch anderen Echsen gezeigte, angeborene Demutgebärde (vgl. → Demutverhalten). Das subdominante Tier (z. B. ein schwächeres Exemplar od. nicht paarungswilliges ♀) trippelt in schneller bzw. langsamer Folge mit den Vorderextremitäten auf der Stelle (als → Intentionsbewegung zur Flucht gedeutet). Die Bewegung der Extremitäten erfolgt vorwiegend im Wechsel, kann jedoch außerdem synchron, oft sogar nur einseitig ablaufen. Umstritten ist die auf Kitzler (1941) zurückgehende These, die ♀♀ wollten mit dem T. auch unzureichend aktive ♂♂ zu weiteren Paarungshandlungen stimulieren. [1]

Trichobatrachus robustus Boulenger 1900, Haarfrosch: Vertreter der → Ranidae. Verbreitung: Kamerun, Gabun, Kongo, Zaire, Guinea. Lebt in kühlen, sauerstoffreichen, sauberen → Fließgewässern, hauptsächlich Bergbächen der Regenwälder, auch im Bereich von Wasserfällen. KRL bis 22 cm (♂ größer als ♀). Kräftiger Körperbau. Pupille senkrecht. ♂ zur Paarungszeit mit dünnen, bis 15 mm langen, gefäßreichen, haarähnlichen Auswüchsen (Abb. 45 A) an Flanken, Schenkeln (danach bis auf Rest von 0,5–2 mm rückgebildet). Sie dienen offenbar zum Gasaustausch (Bedeutung jedoch umstritten). Außerdem zur Brunstzeit mit markanten → Brunstschwielen (dreiteilig, gezähnt) am Daumen. Endglieder der Finger und Zehen abwärtsgebogen. Spitze Krallen an der 2., 3. und 4. Zehe zur Verteidigung und Verankerung am Substrat. Dämmerungs- und nachtaktiv (an Land). Nahrung: kleine Krebse, Spinnen, Insekten. Laichablage in Stillwasserzonen (bis 200 Eier). Larven bis 10 cm lang, stromlinienförmig, mit mehreren Reihen von Hornzähnchen. [1]

Trichomonadidae, Trichomonaden: artenreiche Fam der → Flagellata. Mit 4–6 Geißeln, davon eine stets zum Hin-

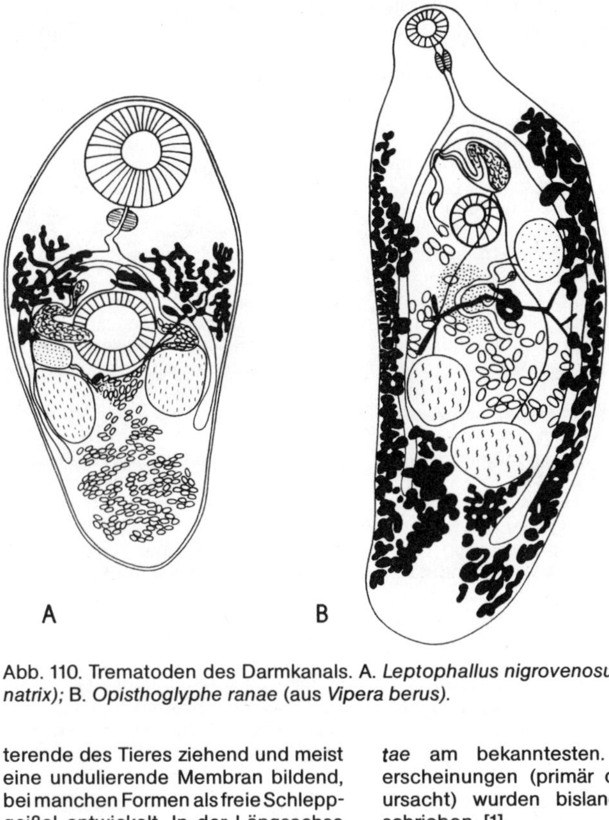

Abb. 110. Trematoden des Darmkanals. A. *Leptophallus nigrovenosus* (aus *Natrix natrix*); B. *Opisthoglyphe ranae* (aus *Vipera berus*).

terende des Tieres ziehend und meist eine undulierende Membran bildend, bei manchen Formen als freie Schleppgeißel entwickelt. In der Längsachse des Zellkörpers verläuft gewöhnlich ein gut ausgebildeter, elastischer Achsenstab (Axostyl). Die Mehrzahl der T. lebt parasitisch. Bei **A** und **R** kommen hauptsächlich als Darmparasiten Arten der Gatt *Tritrichomonas* (mit 3 freien vorderen Geißeln) und *Trichomonas* (mit 4 freien vorderen Geißeln) vor. Sehr häufig wird bei Schwanz- und Froschlurchen im Rectum und in der → Kloake *Tritrichomonas batrachorum*, auch *T. augusta* und *Trichomonas prowazeki* nachgewiesen. Für **R** ist die in der Kloake zahlreicher → Lacertiden auftretende Art *Tritrichomonas lacertae* am bekanntesten. Krankheitserscheinungen (primär durch T. verursacht) wurden bislang nicht beschrieben. [1]

Trichoptera, Köcherfliegen: O der Insekten (Insecta). Etwa 6000 Arten. Imagines unscheinbar gefärbt, schmetterlingsähnlich, dämmerungsaktiv. Larven (von wenigen Ausnahmen abgesehen) in → stehenden und → fließenden Gewässern. Viele Larven mit transportablem Köcher (*Limnophilus, Phryganea, Leptocerus* u. a.), zusammengesponnen aus Pflanzenteilen, Sand, Steinchen, Schneckenschalen und anderem Material. Geeignetes Futter für Wasserschildkröten und Molche. Mit Pinzette aus dem Köcher herausziehen. Transport im Wasser, auch nur in feuchtem Gras bzw. Laub möglich (hoher O_2-Bedarf). [1]

Trichtermundlarven: Sammelbezeichnung für → Kaulquappen, die sich durch ein mehr od. weniger großes, trichterförmiges → Mundfeld auszeichnen. Derartige Trichter entstehen meist unter Beteiligung von Ober- und Unterlippe, seltener allein durch Hypertrophie der Unterlippe. Ihr Rand kann rund, oval, herzförmig sein, mitunter läuft er in zwei spitze Zipfel (*Megophrys montana;* Abb. 57 F–H) aus. Die → Lippenzähne sind i. d. R. völlig od. weitgehend reduziert. Mit dem Trichtermund heften sich viele Kaulquappen am Oberflächenhäutchen des Wassers fest und weiden die hier lebenden Kleinorganismen ab, fließwasserbewohnende Larven nutzen ihn zum Festsaugen an Steinen. T. gehören verschiedensten Gatt und Fam (z. B. → Pelobatidae, → Brachycephalidae, → Hylidae, → Microhylidae) an. [1]

tridactyl: dreifingrig bzw. -zehig. [1]

Trinken: A decken ihren Wasserbedarf hauptsächlich durch Wasseraufnahme über die Haut (parenteral), dazu über das in der Nahrung enthaltene Wasser. Auf das T. bei Schwanzlurchen (z. B. → *Pleurodeles waltl,* → *Salamandra salamandra*) wurde unter anderem schon von Wolterstorff hingewiesen. Ähnliche Angaben liegen besonders für in Gebieten mit langen Trockenperioden lebende Frösche (z. B. *Cyclorana platycephalus*) vor. Unter den **R** nehmen die meisten Arten Wasser durch T. auf. Oft ist der morgendliche Tau (in Wüsten, Steppen usw.) die sicherste Wasserquelle. Man untergliedert das Trinkverhalten gewöhnlich in T. mit den Lippen od. Kieferrändern (Saugt.), T. mittels der Zunge und schöpfend-kauendes T. Das Saugt. wenden Schlangen (bei geschlossenem Maul durch die Öffnung des Rostralschildes) und Schildkröten (Pumprhythmus am Hals sichtbar) an. Mit Hilfe der Zunge (z. B. lekkend, durch „Abrollen") trinken z. B. → Gekkonidae, → Chamaeleonidae, → Scincidae, → Lacertidae. Beim schöpfend-kauenden T. (→ Iguanidae, → Cordylidae, → Helodermatidae, → Varanidae u. a.) erfolgt die Wasseraufnahme durch entsprechende Kieferbewegungen. In begrenztem Maße können in Trockengebieten lebende Arten bei Nahrungs- und Wassermangel den Flüssigkeitsbedarf durch synthetische Wasserbildung (Verbrennung von Fett, Stärke, Eiweiß) decken. (Abb. 111). [1]

Trionychidae, Weichschildkröten: Fam der → Cryptodira. Etwa 23 Arten. Verbreitung: N-Amerika, Afrika, S- und O-Asien (hier stärkste Entfaltung). Sehr stark → aquatische Lebensweise. Hauptsächlich im Süß-, gelegentlich Brack- und Meerwasser. Vorwiegend mittelgroße Arten. Carapax-Länge bis 1 m *(Pelochelys bibroni).* Kopf länglich, rüsselartige Schnorchelnase, fleischige Lippen. Augen klein, oberständig. → Carapax flach, breit, ohne Hornplatten, mit dicker, weichledriger Haut bedeckt. Diese ragt weit über den knöchernen Carapax hinaus. Knochenpanzer gewöhnlich stark reduziert

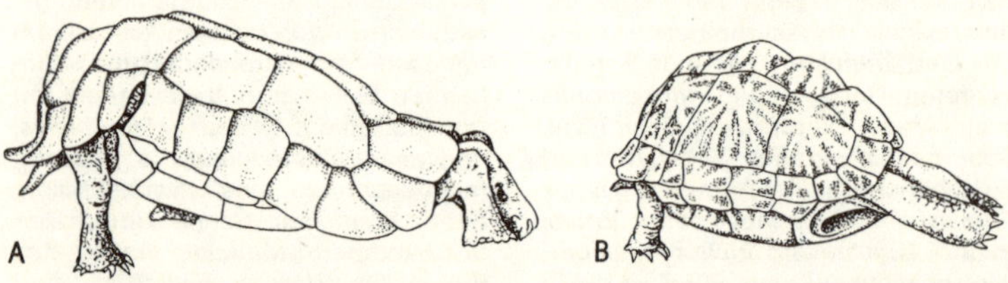

Abb. 111. Trinkstellung (Auffangen von Regenwasser) bei Schildkröten. A. *Kinixys homeana;* B. *Psammobates tentorius trimeni.*

(meist fehlen Marginalia, Bauchpanzer nur ein Spangensystem usw.). Extremitäten ruderartig abgeflacht (hintere kürzer), mit starken → Spannhäuten und je 3 freien Krallen. Gasaustausch unter Wasser durch erhöhte → Hautatmung (vergrößerte Hautfläche) und → Rachenkiemen gefördert. Dämmerungs- und nachtaktiv. Lebhaft, bissig. 2 UFam: Cyclanorbinae (Klappen-Weichschildkröten), Trionychinae (Eigentliche Weichschildkröten). [1]

Trittsteine: inselartige, naturnahe → Biotope (Feuchtbiotope, Hecken, Waldinseln u. a.) in der intensiv produktionsorientierten Zivilisationslandschaft od. Inseln, die zur Überbrückung von Isolationsbarrieren bei der Ausbreitung von Tierarten dienen. Oft auch als Refugium für durch Biotopverlust bzw. -beeinträchtigung bedrohte Arten geeignet. Ihre Bedeutung als Vernetzungselemente zwischen großflächigen naturnahen Lebensräumen sollte bei Natur- und Landschaftsschutzprogrammen sowie -planungen Berücksichtigung finden. [1]

Triturus alpestris (Laurenti 1768), Bergmolch: Vertreter der → Salamandridae. Verbreitung: NW-Spanien (isolierte Populationen), von N- und O-Frankreich nach Osten bis in die Karpaten und zur W-Ukraine, nö. bis S-Dänemark, sü. bis N-Italien, M-Griechenland. Fortpflanzung hauptsächlich in kalten, oft vegetationsarmen → Standgewässern unterschiedlichster Art (selbst → wassergefüllten Wagenspuren), mitunter in langsam fließenden Bächen. Wasseraufenthalt oft langzeitig. In einigen Gebirgsseen existieren dauernd → aquatische Populationen. Im Flach-, Hügel- und Bergland anzutreffen. Höhenverbreitung bis 3000 m. GL bis 12 cm (♀ größer ♂). Kopf breit, Körper ziemlich gedrungen. ♂ zur Brunstzeit mit bis 2 mm hoher, ungezackter Rückenleiste, ohne → Zehenlappen. Häufig → Neotenie (z. B. Subspec. *T. a. montenegrinus, T. a. serdarius* neotenisch). Nicht selten → Albinismus auftretend. Eiablage einzeln an Wasserpflanzen. [1]

Triturus boscai (Lataste 1879), Spanischer Wassermolch: Vertreter der → Salamandridae. Verbreitung: Portugal, W- und M-Spanien. Bevorzugt klare, kühle, stehende Kleingewässer (Brunnenbecken, Ziehbrunnen, → Tümpel u. a.) und Bäche im Flach- und Bergland, kommt aber auch in kleinen Flüssen vor. Gelegentlich ganzjährig im Wasser (z. B. in → Brunnen). Höhenverbreitung bis 1800 m. GL bis 10 cm (♀ größer als ♂). Kopf weitgehend viereckig, → Parotoiddrüsen markant. Schlanke Körperform. Im Habitus an → *Triturus helveticus* erinnernd. Zur Fortpflanzungszeit ♂ ohne Rückenkamm und → Zehenlappen; beide Geschlechter mit niedrigen Schwanzsäumen. Schwanz des ♂ meist mit sehr kurzem → Endfaden, der beim ♀ oft fehlt. → Kloakenwulst des ♀ kegelförmig. Eiablage einzeln an Wasserpflanzen. [1]

Triturus carnifex (Laurenti 1768), Alpenkammolch: Vertreter der → Salamandridae. Verbreitung: Österreich (Alpenregion), N-Jugoslawien, Istrien, M-Schweiz, SO-Bayern, Italien. Im Berg- und Flachland vorkommend. Höhenverbreitung bis fast 2000 m. GL bis etwa 17 cm. Gedrungen gebaut, relativ breitköpfig. ♂ zur Brunstzeit gewöhnlich mit niedrigerem → Kamm als → *Triturus cristatus*. Lebensweise wie *Triturus cristatus*. [1]

Triturus cristatus (Laurenti 1768), Kammolch: Vertreter der → Salamandridae. Verbreitung: England, Skandinavien bis 65° n. Br. (Schweden), südwärts bis zu den Alpen, von M-, O-Frankreich nach Osten bis zum M-Ural (Raum Swerdlowsk). Zur Fortpflanzungszeit bevorzugt in vegetationsreichen, sonnenexponierten → Standgewässern aller Art (auch Steinbruch-, Ton-, Sand-, Kiesgrubengewässern, → Restgewässern der Bergbaufolgelandschaft, Gräben usw.) sowie langsam strömenden → Fließgewässern. Im Flach-, Hügel- und Bergland anzutreffen. Höhenverbreitung bis über

2000 m. GL bis 18 cm (♀ oft größer als ♂). Körper kräftig, Haut grobkörnig. ♂ zur Brunstzeit mit sehr hohem, gezacktem → Kamm (über der Schwanzwurzel unterbrochen). → Kloakenwulst markant. Gelegentlich ganzjährig im Wasser. Eiablage an Wasserpflanzen. [1]

Triturus dobrogicus (Kiritzescu 1903), Donaukammolch: Vertreter der → Salamandridae. Verbreitung: Donauebene, von Krems (Österreich) bis zum Donaudelta. GL 12–14 cm. Damit kleinster Kammolch. Relativ schlank. Kopf klein, schmal. ♂ zur Brunstzeit mit hohem, tief gezacktem → Kamm. Dieser ist über der → Schwanzwurzel tief gebuchtet, jedoch nicht wie bei → *Triturus cristatus* unterbrochen. Lebensweise und Biologie wie bei *Triturus cristatus*. [1]

Triturus helveticus (Razoumowsky 1789), Fadenmolch: Vertreter der → Salamandridae. Verbreitung: N-Portugal, N- und NW-Spanien, Frankreich, Großbritannien, Belgien, Niederlande, Luxemburg, nach Osten bis BRD, W-DDR (Harz, Thüringen), W-Schweiz. Fortpflanzung in → Standgewässern aller Art (selbst → wassergefüllten Wagenspuren), gelegentlich langsam fließenden Gewässern, auch Brackwasser. Höhenverbreitung bis 2400 m. Im Hügelland häufig. GL bis 10 cm (♀ größer als ♂). Mit deutlicher Kehlfalte. Schlanke Körperform. ♂ zur Brunstzeit mit durchgehender, niedriger, glattrandiger Rückenleiste, 5–8 mm langem, deutlich abgesetztem → Schwanzfaden und mehr od. weniger gut ausgebildeten → Spannhäuten an den Hinterextremitäten. Eiablage einzeln an Wasserpflanzen. [1]

Triturus italicus (Peracca 1898), Italienischer Wassermolch: Vertreter der → Salamandridae. Verbreitung: M-, S-Italien (außer Sizilien). Lebt zur Fortpflanzungszeit in → Tümpeln, Bewässerungsgräben, Zisternen und anderen → Standgewässern. Höhenverbreitung bis etwa 1500 m. Kleinste Molchart Europas. GL bis 8 cm (♀ größer als ♂). Kopf breit, Rückenmitte mit Längsfurche. Zur Brunstzeit ♂ ohne Rückenkamm und → Hautsäume an den Zehen, beide Geschlechter mit Hautsaum am Schwanz. Letzterer kann einen kurzen → Endfaden tragen. → Kloakenwulst des ♀ kegelförmig. Gelegentlich → Neotenie. Eiablage an Wasserpflanzen. [1]

Triturus karelinii (Strauch 1870), Balkankammolch: Vertreter der → Salamandridae. Verbreitung: Balkanhalbinsel, Krim, Kaukasus, Kleinasien, N-Iran. Im Flach-, Hügel- und Bergland anzutreffen. Höhenverbreitung bis etwa 1400 m. GL bis 16 (ausnahmsweise 19) cm. Gedrungen gebaut, flach- und breitköpfig. ♂ zur Brunstzeit mit hohem, gezacktem (mitunter fein gesägtem) → Kamm. Dieser ist über der Schwanzwurzel nur schwach eingekerbt. Lebensweise wie bei → *Triturus cristatus*. [1]

Triturus marmoratus (Latreille 1800), Marmormolch: Vertreter der → Salamandridae. Verbreitung: Iberische Halbinsel, W-, S- und M-Frankreich. Lebt zur Fortpflanzungszeit in → Standgewässern (sogar in kleinsten → Tümpeln, → Brunnen), auch in langsam fließenden Bächen. Präferenz für pflanzenreiche Gewässer. Höhenverbreitung bis 1800 m. GL bis 16 cm. ♂ zur Brunstzeit mit hohem, glattrandigem, mitunter gewelltem → Kamm (über der Schwanzwurzel eingekerbt), → Kloakenwulst sehr markant. Gilt als einer der schönsten Molche. Eiablage einzeln od. gruppenweise an Wasserpflanzen. → Höchstalter in Gefangenschaft 25 Jahre. [1]

Triturus montandoni (Boulenger 1880), Karpatenmolch: Vertreter der → Salamandridae. Verbreitung: Karpaten, Odergebirge, lokal in Bayern (1901 eingebürgert). Zur Fortpflanzungszeit in verschiedensten → Standgewässern (selbst → wassergefüllten Wagenspuren, → Brunnen), gelegentlich auch langsam fließenden Bächen. Lebt in niedrigen Lagen ab 200–300 m, häufig in 600–1000 m, bis 2000 m NN. GL bis 10 cm (♀ größer als ♂). Breiter Kopf, gedrungene Körperform. ♂ zur Brunstzeit mit niedrigem Hautsaum (Rückenleiste) und oft nicht scharf abgesetztem → Endfaden, → Zehenlappen fehlen. Eiablage an Wasserpflanzen. [1]

Triturus vittatus (Gray 1835), Bandmolch: Vertreter der → Salamandridae. Verbreitung: isolierte, oft weit voneinander entfernte Vorkommen. Vom W-Kaukasus (hier Europa erreichend) über N-, NW- und SW-Kleinasien, Syrien bis Israel. Zur Fortpflanzungszeit in unterschiedlichsten → Standgewässern (kalten Bergseen, Brackwässern, Abwassergräben u. a.) und langsam fließenden Bächen. Höhenverbreitung bis etwa 1500 m. GL bis 16 cm. Prächtigste Art (besonders Subspec. *T. v. ophryticus*) der Gatt *Triturus*. ♂ zur Brunstzeit mit hohem, sehr stark gezacktem → Kamm (über der Schwanzwurzel eingekerbt), ohne → Zehenlappen. Schwanz stark lateral abgeflacht. Zur Paarungsperiode ♂ mit Territorialverhalten. Eiablage an Wasserpflanzen. [1]

Triturus vulgaris (Linnaeus 1758), Teichmolch: Vertreter der → Salamandridae. Verbreitung: nahezu ganz Europa (außer Iberischer Halbinsel, S-Frankreich, S-Italien, vielen Mittelmeerinseln), nach Norden bis 65° n. Br. (Schweden), nach Osten über W-Sibirien bis zum N-Altai-Gebirge, isolierte Vorkommen am Aral- und Balraschsee, außerdem W-Kaukasus-Gebiet, W- und N-Kleinasien. Zur Fortpflanzungszeit bevorzugt in sonnenexponierten, jedoch unterschiedlichsten → Standgewässern, selbst schlechter Wasserqualität. Typischer Kulturfolger (Park-, → Gartenteiche, Deponie-Tümpel, Entwässerungsgräben usw.). Höhenverbreitung bis 2200 m. GL 7–11 cm (♂ meist größer als ♀). Kopf schmal mit 3 Längsfurchen, Körper schlank. ♂ zur Brunstzeit mit durchgehendem, unterschiedlich hohem, glattrandigem od. gezacktem, oft gewelltem → Kamm, → Zehenlappen, markantem → Kloakenwulst. Schwanz oft zu einem → Endfaden ausgezogen (z. B. bei *T. v. graecus*). Eiablage (200–300 Eier) einzeln an Wasserpflanzen. (Abb. 112). [1]

Trivialname, nomen triviale: „gewöhnlicher", d. h. volkstümlicher od. landessprachlicher (einheimischer) Name. Im Gegensatz zum wissenschaftlichen Namen (lateinischer od. latinisierter Name), der international gültig und verständlich ist, besitzt der T. keine internationale Verbindlichkeit. Oft existieren mehrere T. für ein Taxon (Systemeinheit unterschiedlicher Rangstufe), z. B. für → *Lacerta vivipara* Wald-, Moor-, Bergeidechse od. für → *Python sebae* Felsenpython, Hieroglyphenschlange, Assala. [1]

Trockenfutter: auch in der modernen → Terraristik für Terrarientiere und → Futtertierzuchten verwendet. Vorzug gebührt aber stets dem Lebendfutter. Vor allem in Form von → Pellets bei der Fütterung verschiedenster **R** eingesetzt. Für → Kaulquappen hat sich T. hauptsächlich als handelsübliches Fischfutter in Tablettenform (Tetra Tips u. a.) und Flockenfutter zum Aufstreuen (Tetra Mikro Min, Tetra Ovin u. a.), weiterhin z. B. als Trockenhefe-Präparat (Aufbaufutter, nur sehr sparsam verabreichen) od. → Brennessel-Pudding bewährt. Zu reichliche Gaben können leicht zur Wasserverschmutzung und damit zum Tod der Kaulquappen führen. Wie beim Lebend- bzw. Frischfutter kann auch hier entsprechend dem breiten und in der Zusammensetzung meist mehr od. weniger unterschiedlichen Angebot ein variabler Einsatz erfolgen. [1]

Trockenpräparat: trocken konserviertes, handliches, besonders für Schau- und Lehrsammlungen geeignetes Objekt. Für die Herstellung eines T. stehen im Vergleich zum → Flüssigkeitspräparat mehrere Methoden zur Verfügung. Naturgetreue T., die den für Lehrzwecke geforderten wissenschaftlichen, ästhetischen und didaktischen Ansprüchen voll genügen, lassen sich z. B. mit der → Paraffinierung, → Polyethylenglykol-Methode od. Kunstharzeinbettung anfertigen. In Poly-

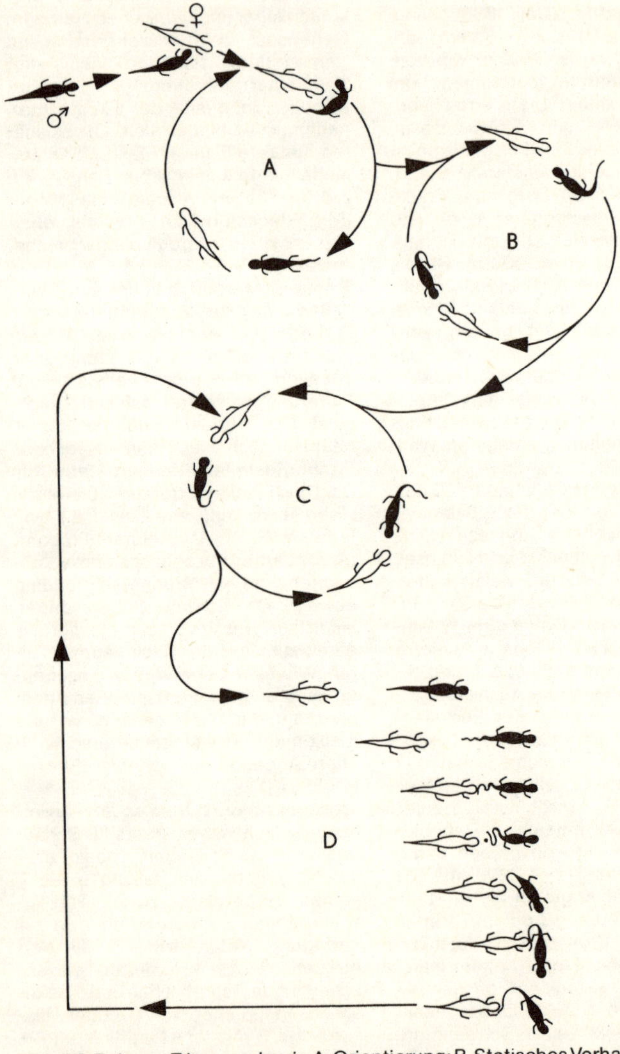

Abb. 112. Balz von *Triturus vulgaris*. A. Orientierung; B. Statisches Verhalten; C. Rückzugsphase; D. Übergabe der Spermatophore.

ester-Gießharz eingebettete Objekte besitzen dazu praktisch unbeschränkte Haltbarkeit. Über die Paraffinierung besteht außerdem die Möglichkeit, in Form und Struktur gut erhaltene Flüssigkeitspräparate in T. umzuwandeln. [1]

Trogonophidae, Spitzschwanz-Doppelschleichen: Fam der → Amphisbaenia. 6 Arten. Verbreitung: NW-Afrika, Somalia, Äthiopien, Insel Sokrata, Arabien bis S-Iran. Besiedeln unterschiedlichste Trockenbiotope, z. B. Felshänge, vegetationsarme, steinige Steppen, Berberthuya-Wald, auch Kulturbiotope wie Olivenhaine, Obstbaumplantagen, Ruinenkomplexe. → Wühlende Lebensweise. GL bis 20 cm. Kopf kurz. → Pileus zeigt die stärkste Reduktion der Schildzahl unter den Amphisbaenen. Im Extremfall *(Agamodon)* ist im Anschluß an das → Rostrale nur noch ein riesiges Schild vorhanden. Körperquerschnitt oval bis nahezu dreieckig. Schwanz spitz und nach ventral gekrümmt. Bezahnung → acrodont. Bekanntester Vertreter ist *Trogonophis wiegmanni*. → Ovipar, z. T. → ovovivipar. [1]

Trombiculidae, Laufmilben: Fam der → Acari. Die Larven leben ekto- od. endoparasitisch an bzw. in vielen Wirbeltieren, darunter zahlreichen **R**. Meist ist die Wirtsspezifität gering. Zu den bekanntesten Gatt gehören *Trombicula* und *Eutrombicula*. Larven von T. finden sich z. B. unter den Schuppen vieler Echsen-Arten, aber auch in den Nasengängen von → *Amblyrhynchus cristatus* und sogar in der → Trachea und Lunge der Plattschwanz-Seeschlangen (Laticaudinae; befallen von Larven der Gatt *Vatacarus*). Therapie: bei äußerem Befall z. B. manuelles Entfernen, Bepinseln mit 70%igem Ethanol, Bad- od. Sprühbehandlung mit einer Neguvonlösung (vgl. → *Ophionyssus natricis*). [1]

Trommelfell: → Membrana tympani.

Truncus arteriosus, Aortenstamm: Anfangsteil der Aortenbögen. Bei **A**, z. B. → *Rana „esculenta"*, zunächst unpaarig und durch ein dorsales Septum medianum unvollständig geteilt. Jeder abgehende T. a. wird in Fortsetzung der Trennung im → Bulbus cordis mittels 2 horizontaler Scheidewände in einen Canalis pulmocutaneus, Canalis aorticus und einen ventralen Canalis carotideus gegliedert. Aus dem Canalis pulmocutaneus gehen die → Arteria pulmonalis sowie die → Arteria cutanea magna, dem Canalis aorticus die → Aorta hervor (jeweils links und rechts). Der Canalis carotideus wird zum Truncus caroticus, der sich in die Arteria carotis interna und externa gabelt. Diese komplizierten anatomischen Details im T. a. sprechen dafür, daß sich das Blut in der ungeteilten → Herzkammer doch nicht ganz vollständig mischt. Der T. a. der **R** wird in 3 Arterienstämme geteilt: linke und rechte Aorta sowie Truncus pulmonalis, der wie die linke Aorta aus dem rechten Ventrikel hervorgeht. Der rechte Aortenbogen entspringt aus dem linken Ventrikel. Die → Carotiden entstehen aus einem Truncus caroticus, der von der rechten Aorta abzweigt. [2]

Truncus carotideus, Truncus caroticus: gemeinsamer Stamm der → Carotiden der **A**, der sich in die → Arteria carotis interna und externa aufspaltet. Auch bei zahlreichen **R** (z. B. Waranen, Schlangen) entwickeln sich die Carotiden aus einem gemeinsamen Stamm, der Arteria carotis primaria. [2]

Truncus coeliacomesentericus, Arteria intestinalis communis: Stamm der unpaaren ventralen Eingeweidearterien. Entspringt bei Froschlurchen direkt im Bereich der Vereinigung beider Aortenbögen, schließt sich dabei aber sehr eng an den linken Aortenbogen an. Aus dem T. c. der Froschlurche geht die → Arteria coeliaca hervor, ebenso die → Arteria mesenterica cranialis, die den Mitteldarm, die Milz und den größten Teil des Enddarmes versorgt. Daneben besteht eine selbständige Arteria mesenterica caudalis (fehlt *Bufo*). Bei langgestreckten, → neotenen **A** (*Amphiuma, Necturus* u. a.)

entspringen Arteria coeliaca und Arteriae mesentericae hintereinander aus der → Aorta descendens. Unter den **R** besitzen viele Echsen ebenfalls einen aus der Aorta hervorgehenden T. c. Meist haben die entsprechenden Arterien bei den **R** jedoch getrennte Ursprünge. Der T. c. der Krokodile geht vom linken Aortenbogen kurz vor der Vereinigung zur Aorta descendens ab. Auch bei Schildkröten und manchen Echsen entspringen einige Eingeweidearterien aus dem linken Aortenbogen. [2]

Truncus occipito-vertebralis: vom linken und rechten Aortenbogen bei *Rana* entspringender Gefäßstamm, der sich in die → Arteria vertebralis dorsi und → Arteria occipitalis aufzweigt. [2]

Truncus pulmonalis: gemeinsamer Stamm der linken und rechten → Arteria pulmonalis der **R**. Er entspringt aus der rechten Herzkammer. [2]

Truppen- und Standortübungsplätze: angesichts der starken Landschaftsbesiedelung und -zergliederung kommt dem in der Größenordnung beträchtlichen Areal militärischer Übungsplätze als Lebensraum und Refugium für Pflanzen und Tiere ein hoher Stellenwert zu. Die dafür genutzte Gesamtfläche umfaßte z. B. in der BRD 1984 etwa 111 000 ha. Im mitteleuropäischen Raum weisen solche Gebiete oft eine bemerkenswerte Biotop- und Artenvielfalt auf (besonders auch an **A**; Laichplätze sind → Tümpel, wassergefüllte Fahrzeugspuren usw.). Positiv auf den Artenbestand wirken sich z. B. der Öffentlichkeitsausschluß und der im Vergleich zur übrigen Kulturlandschaft geringere Einsatz von → Bioziden aus. Meist wird ein Großteil der Flächen nur wenig od. überhaupt nicht für den Übungsbetrieb genutzt. Derartige Areale (z. T. Moore, Sümpfe u. a.) bieten Rückzugsmöglichkeiten und gewährleisten zugleich eine Wiederausbreitung. Die gegenwärtige Diskussion über eine bewußtere Integration ökologischer und Naturschutzaufgaben bei der Nutzung militärischer Übungsflächen kommt der Strategie ihrer langzeitigen Erhaltung und Verwendbarkeit nur entgegen. [1]

Trypanosoma Gruby 1843: endoparasitische, eingeißelige Gatt der → Flagellata. Bei Wirbeltieren hauptsächlich im Blut (dort mit langer undulierender Membran versehen) schmarotzend. Bei **A** und **R** wurden zahlreiche Arten festgestellt. Überträger für **A** und → aquatische **R** sind im wesentlichen → Egel, für landbewohnende **R** blutsaugende → Dipteren (Glossinen, Phlebotomen) und wahrscheinlich Zecken. In Fröschen häufig ist *Trypanosoma rotatorium*. Die Art wird durch den Rüsselegel *Hemiclepsis marginata* bereits auf die → Kaulquappen übertragen. Angaben zur Pathogenität bei **A** fehlen, für **R** liegen Hinweise nur in Einzelfällen (nach experimenteller Übertragung auf Schlangen) vor. Für natürliche Wirte sind Trypanosomen offenbar infolge der engen Anpassung während der Evolution gewöhnlich nicht pathogen. Nachweis nur mikroskopisch möglich. Die am besten untersuchte Art der im Blut von **R** lebenden Trypanosomen ist → *Trypanosoma grayi*. [1]

Trypanosoma grayi Novy 1906: Blutparasit (Flagellat) bei → *Crocodylus niloticus*. Bis 90 µm lang, mit deutlicher Längsstreifung. Überträger ist hauptsächlich die Stechfliege *Glossina fuscipes*. In ihrem Mitteldarm erfolgen Vermehrung und Umwandlung zum epimastigoten Stadium (= Crithidia-Form; Ursprung der Geißel in der Zellmitte, undulierende Membran kurz). Im Enddarm bilden sich die Parasiten wieder in das trypomastigote Stadium (=Trypanosoma-Form; Geißel entspringt am Hinterende, lange undulierende Membran) um. Es liegt etwa eine Woche nach der Infektion im nun infektiösen Kot vor. Die Infektion der Krokodile, bei denen Glossinen Blut aus den Rachenschleimhäuten saugen, findet vermutlich durch Kotabgabe od. über im Rachen zerquetschte Fliegen statt. Anhaltspunkte über eine Vermehrung im Krokodilblut fehlen bislang. (Abb. 113). [1]

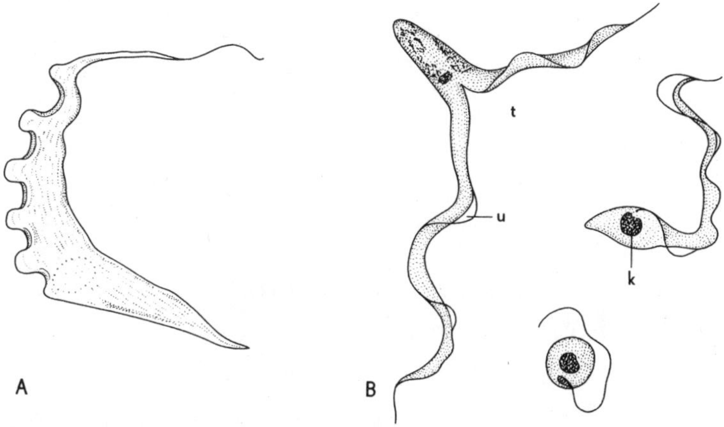

Abb. 113. *Trypanosoma grayi*. A. Aus dem Krokodilblut; B. Formen aus dem Mitteldarm von *Glossina palpalis*. *k* Kern, *t* Teilungsstadium, *u* undulierende Membran.

Tuba auditiva, Eustachische Röhre, Ohrtrompete: offene Verbindung zwischen → Cavum tympani und → Mundhöhle bzw. → Pharynx, hat eine wichtige Aufgabe beim Ausgleich des Schalldruckes. Die Eustachischen Röhren vieler **A** (z. B. von *Rana, Hyla, Bufo*), von Brückenechsen und vielen Echsen münden mit weiter Öffnung in die Mundhöhle. Beim Chamäleon und einigen anderen Echsen wird die Paukenhöhle gegen die Mundhöhle durch Schleimhautfalten abgegrenzt. Schildkröten besitzen kurze Tuben, die von Krokodilen sind dagegen sehr lang, vereinigen sich und münden mit einer gemeinsamen Öffnung in den Schlund. Bei Schlangen sind Trommelfell, Mittelohr und Eustachische Röhren nicht vorhanden. [2]

Tuberculum costae, Rippenhöcker: hinter dem → Capitulum costae befindlicher Fortsatz, der mit der → Parapophyse des Wirbels artikuliert. [2]

Tuberkulose: durch *Mycobacterium*-Arten verursachte Infektionskrankheit. Insgesamt gesehen bei **A** und **R** offenbar nicht sehr bedeutsam. Das betroffene Tier läßt jedoch gewöhnlich schwere pathologische Prozesse erkennen. In den meisten Fällen liegt eine generalisierte T. vor (tuberkulöse Veränderungen in vielen Organen, vor allem in der Leber, auch Milz, Niere; typisch sind miliare Herdbildungen). Bei → aquatischen Formen treten wahrscheinlich häufiger granulomatöse Hautveränderungen auf. Zu Verkalkungsprozessen (wie bei Säugern, Vögeln) kommt es bei Kaltblüter-Tuberkulosen nicht. Infektion vermutlich hauptsächlich über die Nahrungsaufnahme (alimentär). In Einzelfällen kam es zur Übertragung von Kaltblüter-Tuberkulose auf den Menschen (Hautveränderungen, sogar pulmonarer Verlauf). Gesicherte Diagnose durch Nachweis der stäbchenförmigen, säurefesten, grampositiven Erreger aus Kot, Gewebe, Punktionsflüssigkeit sowie durch Kulturversuch. Isoliert werden z. B. häufig *Mycobacterium fortuitum, M. thamnopheos, M. chelonei,*

M. ulcerans, M. xenopi. Erfolgreiche Therapie unbekannt. [1]

Tubifex tubifex (O. F. Müller 1774), Schlammröhrenwurm: Vertreter der Tubificidae (→ Annelida). 30–85 mm lang, dünn, mit Haarborsten versehen, durch Besitz von Hämoglobin rot gefärbt. Typischer Sedimentfresser. Bildet häufig großflächige Kolonien im Bodenschlamm (Freßschicht in 1–3 cm Tiefe) verunreinigter → Fließ- und → Standgewässer. Leitorganismus für Zone der stärksten Wasserverschmutzung, die sog. polysaprobe Zone (Wassergüteklasse IV). Baut aus Schleim und Schlamm bestehende Röhren, aus denen das Hinterende des Wurmes herausragt, das durch schlängelnde Bewegungen für Frischwasserzufuhr sorgt. Entnahme mit → Kratzkescher od. flacher Schaufel. Im Eimer Schlamm mit Sandschicht bedecken, dann Wasser auffüllen. Die Tiere sammeln sich klumpenartig auf dem Sand an. Transport ohne Wasser, kühl, in großflächigen Behältern. Haltung in flachen Schalen, täglich durchspülen, Schlamm und tote Tiere entfernen. Der Wurmklumpen kann auch in einem siebartigen Behälter od. Gazebeutel in das Toilettenspülbecken eingehangen werden. Geeignetes Futter für viele **A** und verschiedene → aquatische **R**. [1]

Tumoren: → Geschwülste.

Tümpel: Terminologie sehr uneinheitlich. Meist aber als periodisches (temporäres), stehendes Kleingewässer definiert. Häufig nur wenige Handbreit tief. Entstehung z. B. durch Schneeschmelze, heftige Regengüsse, Überschwemmungen größerer → Fließgewässer. Hier sind i. d. R. auch die als Amphibienlaichplätze bedeutsamen → wassergefüllten Wagenspuren einzuordnen. [1]

Tympanale: Ohrschild. [1]

Typhlonectidae, Schwimmwühlen: Fam der → Gymnophiona. Etwa 20 Arten. Verbreitung: diskontinuierlich in S-Amerika. Leben weitgehend bis rein → aquatisch in verschiedensten → Stand- und → Fließgewässern. GL bis etwa 72 cm. Vorderkörper seitlich komprimiert, Schwanz nicht ausgebildet. Haut ohne Kalkschuppen. Primärfurchen oft wenig markant, Sekundärfurchen fehlen. → Tentakel nur klein. → Praemaxillaria mit → Nasalia verschmolzen. ♂♂ mit saugscheibenartiger Analregion (zum Festhaften während der → Kopulation). Nachtaktiv. → Vivipar. Die großen, lappenförmigen äußeren Kiemen der Keimlinge werden vor der Geburt rückgebildet. Junge (Larvenstadien) ernähren sich im → Oviduct von → Uterusmilch. [1]

Typhlopidae, Blindschlangen: Fam der → Scolecophidia. Fast 200 Arten. Verbreitung: Amerika, Afrika, Madagaskar, Asien (bis Japan), Indoaustralischer Archipel, in Europa nur → *Typhlops vermicularis.* Hochspezialisierte Wühler, vorwiegend in den oberen Schichten lockerer, feuchter Böden. GL bis 80, meist unter 30 cm. Körper schlank, drehrund. Glatt- und kleinschuppig (auch ventral). Kopf nicht abgesetzt. Von den Kopfschildern meist das → Rostrale am größten. Schädelkapsel kompakt. → Maxillare nur gering bezahnt, nahezu quer zur Schädelachse angeordnet. → Dentale stets zahnlos. Mund klein. Augen reduziert, als kleine, dunkle Punkte unter dem Ocularschild erkennbar. Extrem kurzschwänzig, Endschuppe oft mit Dorn. Beckenrudiment noch vorhanden. Gelegentlich nachts an der Erdoberfläche. Häutung in ringartigen Fetzen. Manche mit → Termitophilie. Überwiegend → ovipar, einige → ovovivipar. [1]

Typhlops vermicularis Merrem 1820, Blödauge, Wurmschlange: Vertreter der → Typhlopidae. Verbreitung: S-Balkanhalbinsel, mehrere Ägäische Inseln, Kaukasusgebiet, Transkaukasien, Kleinasien, Syrien, Israel, NO-Ägypten, nach Osten NW-Iran, S-Turkmenien, S-Usbekistan, bis S- und W-Tadshikistan, NW-Afghanistan. Findet sich meist in trockenen, oft spärlich bewachsenen Biotopen, z. B. auf grasigen, mit Steinen durchsetzten Trokkenhängen, → Ödland, gelegentlich in zum Meer abfallenden Schluchten bis in den Küstenbereich hinab. Höhenverbreitung bis 1600 m. GL bis 38 cm. Wurmähnlicher Habitus. Kopf nicht abgesetzt, oberseits mit großen Schildern, Schnauze gerundet, Mundspalte klein, unterständig. Augen winzig, unter dem Okularschild liegend. Schwanz extrem kurz, stumpf kegelförmig mit spitzem Enddorn. Schuppen glatt, glänzend, → Bauchschienen nicht vorhanden. Hauptsächlich → subterrestrische Lebensweise. Gelegegröße: 4–8 Eier (in Erdgängen). [1]

Tyrrhenische Gebirgseidechse: → *Lacerta bedriagae.*

Tyrrhenische Mauereidechse: → *Podarcis tiliguerta.*

Übersprunghandlung: in einen bestimmten Handlungsablauf eingeschobenes, fremdes, d. h. deplaziertes Verhaltenselement. Es kann z. B. bei Fehlen eines notwendigen äußeren Reizes, oft auch in Konfliktsituationen (Angriff – Flucht usw.) auftreten. Zu den typischen Ü. zählen neben unterschiedlichsten Schwanzbewegungen, → Gähnen (z. B. bei beuteerregten → Kreuzkröten) und ähnlich häufige Elemente aus dem → Komfortverhalten. So sind z. B. bei Geckos als Ü. Lippen- und Augenlecken weit verbreitet. Bei → *Bufo bufo* lassen sich Wischbewegungen als Ü. in verschiedenen → Funktionskreisen nachweisen.

Überwinterung: Überdauern der kalten Jahreszeit. Bei den → poikilothermen **A** und **R** geschieht dies in geeigneten → Winterquartieren im Zustand der → Winterruhe. Die Dauer der Ü. variiert stark in Abhängigkeit von Temperatur, geographischer Lage und den lokalen Gegebenheiten. Sie ist z. B. im Gebirge od. Hochgebirge wesentlich länger als im Flachland, kann in N-Europa bis über 8 Monate anhalten, andererseits entfällt an klimatisch sehr günstig gelegenen Orten S-Europas eine Ü. mitunter völlig. Ein vorübergehender Temperaturanstieg stimuliert nicht selten manche Lurcharten zum vorzeitigen Verlassen ihrer Verstecke. Jungtiere überwintern oft etwas später als die Alttiere, vielfach kommen sie auch einige Tage eher aus dem Winterquartier hervor. In vielen Fällen erscheinen die ♂♂ (bei → *Triturus vulgaris,* → *Lacerta agilis,* → *L. vivipara* u. a.) eher als die ♀♀. Die

Tabelle 15. Gewichtsverlust bei Prärieklapperschlangen *(Crotalus viridis lutosus)* während der Überwinterung. Nach Hirth 1966.

GL (cm)	Geschlecht	Überwinterungstage	Gewicht (g) zu Überwinterungsbeginn	Gewichtsverlust in g	in %
25,4	–	205	15	2	13,3
25,4	–	189	10	5	50,0
26,0	–	188	15	1	6,7
26,6	–	196	15	5	33,3
27,0	–	177	17	5	29,4
27,9	–	205	20	5	20,0
61,0	♀	220	155	15	9,7
62,9	♀	220	200	15	7,5
64,0	♀	203	115	5	4,3
69,7	♂	217	195	15	7,7
73,6	♂	234	275	15	5,5
76,2	♀	217	240	25	10,4
76,2	♂	206	305	25	8,2
78,7	♂	229	270	10	3,7
90,0	♀	222	410	50	12,2

unterschiedliche Kälteempfindlichkeit belegen schon Anfang dieses Jahrhunderts durchgeführte physiologische Versuche (kurzzeitige Toleranz bis zu Temperaturen um 0 °C; bei → *Rana temporaria*). Ausnahmefall ist der bis zum Kältepol verbreitete → Sibirische Winkelzahnmolch, der nach neueren Laborstudien eine Unterkühlung bis auf −16 °C überstand. Zum Überwinterungsverhalten von **A** und **R** fehlen weitgehend Hinweise, einige gehen z. B. auf Beobachtungen durch die Eisdecke od. auf radioaktive → Markierungen zurück. Bei Gefangenschaftshaltung sollten Formen der gemäßigten Zonen stets Möglichkeit zur Ü. (→ Überwinterungskiste usw.) erhalten, um so ihre Fortpflanzungsfähigkeit (Winterruhe ist für Gonadenreife erforderlich) und ein möglichst hohes Lebensalter zu gewährleisten. [1]

Überwinterungskiste: zur Überwinterung von **A** und **R** der gemäßigten Breiten dienende feste Holzkiste, die innen eine Styropor-Auskleidung besitzen kann, auf 4 Holzklötzen steht und seitlich mit Gaze verschlossene Lüftungslöcher (ursprüngliche Konstruktion nach Tofohr auch mit Gazeteil im Deckel) aufweist. Füllung: Grundschicht aus Blumentopfscherben od. Blähton, darüber eine etwa 20 cm hohe Lauberde- und gleichhohe feuchte *Sphagnum*-Schicht. Überwintert werden nur gesunde, kräftige Tiere mit entleertem Darmsystem (vorherige Fastenperiode). Sie kommen direkt, od. verpackt in mit *Sphagnum* und Luftlöchern versehene Kühlschrankplasteinsätze, in die Ü. Standort: ungeheizter Raum bzw. luftiger, etwa 4 °C aufweisender Keller. Wöchentlich Ü. kontrollieren, tote Tiere und faulendes Moos entfernen, Feuchtigkeit gewährleisten. [1]

Uferaquarium: → Riparium.

Ufereffekt: Effekt, der bei Ermittlung des → Geschlechtsverhältnisses in → Populationen von Wassermolchen *(Triturus)* während der Laichzeit (besonders in der Hauptperiode) zu beachten ist. In diesem Zeitraum halten sich die ♀♀ in → Laichgewässern mit dichter Ufervegetation meist im Uferbereich (Eiablage) auf. Fänge mit hohen ♀♀-Anteilen entsprechen daher oft nicht den realen Verhältnissen. Dem U. kann durch sehr gründliches Abfangen des Laichgewässers Rechnung getragen werden. [1]

Ulna, Elle: Bestandteil des → Zeugopodiums der Vorderextremität. Bildet im allgemeinen mit dem → Humerus ein Scharniergelenk. Eine Überstreckung wird durch Ausbildung des → Olecranon verhindert. [2]

Ulnare: in der proximalen Reihe der → Carpalia randständig gelegenes Knochenstück, das mit der → Ulna gelenkt. [2]

Ultimobranchialkörper: paariges od. auch unpaares Organ, Derivat der letzten Kiementasche (Schlundtasche). Bei ad. **A** und **R** in der Nähe des Kehlkopfes gelegen. Der U. hat wahrscheinlich Einfluß auf den Calciumstoffwechsel. Seine Ausbildung erfolgt z. B. bei → *Salamandrella keyserlingii* vor dem Schlupf (Embryolänge etwa 10 mm), mit Abschluß des 1. Lebensjahres stabilisiert sich die Größe des Organs. [2]

Umkehrreflex, Umdrehreflex: sofortige Rückkehr des Versuchstieres aus der Rücken- in die Bauchlage (Normallage). Klassischer, gewöhnlich am Frosch demonstrierter Versuch zur Reflexprüfung im physiologischen Praktikum. Im Rahmen der → Narkoseüberwachung routinemäßig zur Beurteilung der Narkosetiefe bei **A** und **R** praktiziert. [1]

Umsetzen: Überführen von Terrarientieren und -pflanzen in einen anderen Behälter. Bei Terrarientieren vor allem anläßlich einer intensiven Säuberung, → Desinfektion, Neueinrichtung des → Terrariums, darüber hinaus auch z. B. bei → Futterverweigerung (→ Zwangsfütterung), Ektoparasitenbekämpfung, Krankheit, Absonderung wegen → Trächtigkeit od. Entnahme zu Versuchs- bzw. Demonstrationszwecken notwendig. Vor dem U. sorgfältig alle erforderlichen Vorbereitungen treffen. Dies gilt besonders für das U. von großen, kräftigen Riesenschlangen, Krokodilen und → Giftschlangen (Bereitstellen von → Drahthaken, Greifzange, Schlupfkiste, Antiserum usw.). Stets ruhig hantieren! Das U. von Terrarienpflanzen ist hauptsächlich routinemäßig zur Substraterneuerung, ebenso bei Arten, die eine Ruhezeit benötigen (zur leichteren Entnahme nicht austopfen), erforderlich. [1]

Umwelt: etwa um 1800 vom Dänen Baggesen geprägter Begriff. Gesamtheit der auf ein Lebewesen einwirkenden äußeren Faktoren, die ihrerseits auch von diesem beeinflußt wird. Man unterscheidet gewöhnlich die natürliche, gebaute und soziale U. Zu den die **A**- und **R**-Bestände gefährdenden, → anthropogen bedingten Umweltbelastungen gehören z. B. die durch rezenten Protoneneintrag (→ saurer Regen) verursachte Gewässerversauerung, die → Eutrophierung der Gewässer sowie die indirekte (→ Nahrungskette) und direkte Einwirkung von → Umweltchemikalien. [1]

Umweltchemikalien: sämtliche, bewußt od. unbewußt durch menschliche Tätigkeit in die → Umwelt eingebrachten Stoffe (organische, anorganische Verbindungen, chemische Elemente), einschließlich der sich dort durch → anthropogene Einwirkung bildenden chemischen Verbindungen. Von U. können unter verschiedensten Bedingungen Schadwirkungen auf Lebewesen und Sachwerte („Steinfraß“, erhöhte Korrosionswirkung u. a.) ausgehen. Diese Beeinflussung wird zunehmend bedeutsamer. Solche Stoffe, zu denen z. B. Chlorkohlenwasserstoffe (→ DDT, Lindan, polychlorierte Biphenyle u. a.) und toxische Schwermetalle (besonders Blei, Cadmium, Quecksilber) zählen, werden als Umweltgifte bezeichnet. Sie können in unterschiedlicher Weise und Stärke auch auf **A** und **R** (→ Biozide, Versauerung der → Laichgewässer usw.) einwirken. [1]

Umweltgifte: → Umweltchemikalien.

Umweltschutz: umfaßt sämtliche Maßnahmen, die den Schutz od. die Verbesserung der → Umwelt zum Gegenstand haben, d. h. die letzten Endes der Erhaltung des Lebens (bzw. der Lebewesen) auf der Erde dienen. [1]

Unechte Karettschildkröte: → *Caretta caretta.*

Unkenreflex, Kahnstellung: Schreck- bzw. Abwehrreaktion, die vor allem bei → *Bombina variegata* und → *B. bombina*, aber auch einigen anderen **A** auftritt. Die Unke flacht den Körper ab, krümmt ihren Rücken konkav durch (opisthotonisch-lordotische Haltung), Kopf und Extremitäten werden weit nach oben gehoben, so daß die grelle Färbung der Hand- und Fußunterseite sowie Bauchseite aufleuchtet. In diesem akinetischen Zustand verharrt das Tier kurzzeitig mit geschlossenen Augen, gedrosselter od. fehlender → Kehloszillation, unter Hautsekretabsonderung. Der Reflex ist auch nach Gehirnextirpation auslösbar. In den Grundzügen ähnlich (Tonusgrad und Nebenerscheinungen können abweichen) reagiert z. B. mitunter → *Alytes obstetricans* sowie → *Salamandrina terdigitata*, der gleichfalls das Rückgrat durchdrückt, dazu den Schwanz radartig über seinem Rücken emporschlägt und so dessen leuchtend rote Unterseite vorzeigt. (Abb. 114). [1]

untere Zwischenschilder: → Inframarginalia.

Unterkiefer: ventraler Teil des → Viscerocraniums. Grundlage ist die → Cartilago Meckeli, die von einer Reihe von → Deckknochen umhüllt wird. Ein kleiner rostraler Bereich des Meckelschen Knorpels verknöchert bei den Froschlurchen als → Mentomandibulare. Mit dem → Neurocranium ist der U. durch das → Articulare gelenkig verbunden (vgl. → primäres Kiefergelenk). Der U. der **R** besteht maximal aus 6 Deckknochen: caudolateral → Angulare und → Supraangulare, davor lateral → Dentale, medial caudal beginnend → Praearticulare, → Spleniale sowie →

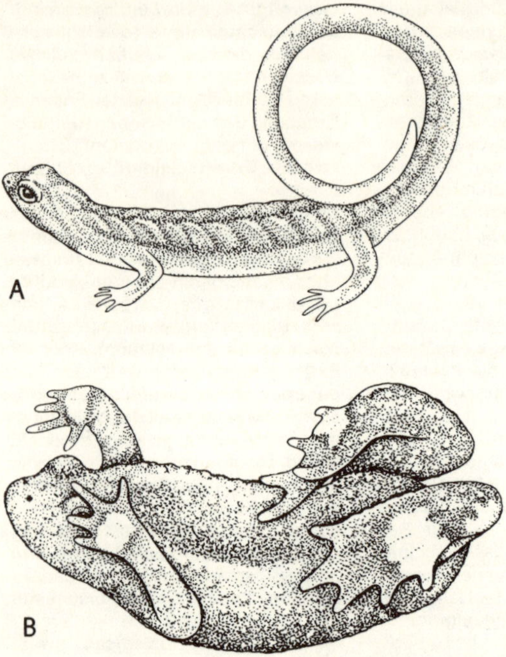

Abb. 114. Unkenreflex. A. *Salamandrina terdigitata;* B. *Bombina variegata.*

Coronoid. Beide Unterkieferhälften der Schlangen bleiben durch ein elastisches Band gegeneinander beweglich. Krokodile weisen im caudalen Bereich des U. Fensterbildungen auf. Die Zahl der U.-Deckknochen der **A** ist geringer. Meist sind nur Dentale und Praearticulare vorhanden, Schwanzlurche besitzen z. T. ein Spleniale. Zahntragend sind Dentale und teilweise Spleniale. Der U. der Froschlurche ist, von 2 Arten abgesehen (vgl. → Dentale), zahnlos. [2]

Uraeotyphlidae: Fam der → Gymnophiona. Nur Gatt *Uraeotyphlus* mit 4 Arten. Verbreitung: S-Indien. GL bis 30 cm. Maul unterständig. → Tentakel liegt unterhalb der Nasenöffnung. → Praemaxillaria nicht mit → Nasalia verschmolzen. In der Haut Kalkschuppen vorliegend. Mit kurzem Schwanz versehen. Primär- und Sekundärfurchen vorhanden. → Ovipar (offenbar direkte Entwicklung). [1]

Uräusschlange: → *Naja haje.*

urban: städtisch. [1]

Ureter, sekundärer Harnleiter: entsteht als Knospe des → primären Harnleiters kurz vor dessen Einmündung in die → Kloake und wächst craniad dem metanephrogenen Gewebe (Bildungsgewebe der → Nachniere) entgegen. Vom Ende der Ureterknospe gehen Sammelrohre aus, die sich mit den im Bildungsgewebe entstandenen Nierenkanälchen verbinden, so daß ein durchgängiges Kanalsystem entsteht. Im Gegensatz zum primären Harnleiter wird über den U. ausschließlich Harn abgegeben. Der U. ist der Harnleiter der **R** und höheren Wirbeltiere, kommt jedoch auch schon bei einigen **A** (vgl. → Urogenitalverbindung) vor. [2]

Urfrösche: → Leiopelmatidae.

Uricotelie: → Gelegebewässern.

Urniere: → Mesonephros.

Urnierengang: → Wolffscher Gang.

Urodaeum: → Kloake.

Urogenitalverbindung: besteht bei **A** und **R** wie auch bei allen höheren Wirbeltieren nur im ♂ Geschlecht. Es kommt bei **A** zu einer Verbindung der ableitenden Gefäße (Vasa efferentia) der Hoden mit Nierenkanälchen des cranialen Abschnittes (Pars sexualis) des → Mesonephros. Dadurch wird der Urnierengang sowohl Harn- als auch Samenleiter. Schon bei Schwanzlurchen besteht die Tendenz, für Harn und Spermien getrennte Kanäle zu verwenden (→ Genitalniere). Diese setzt sich bei Froschlurchen fort. Werden bei *Rana* noch viele craniale Nierenkanälchen passiert, so hat *Bombina* daneben bereits einen zusätzlichen Gang (→ Ductus deferens), der getrennt in den Urnierengang mündet. Bei *Discoglossus* werden die → Nephrone völlig umgangen, einige craniale Nierenkanälchen münden noch getrennt in den Urnierengang. Im caudalen Nierenbereich gehen mehrere Sammelrohre ab, die sich zu einem → sekundären Harnleiter vereinigen. Bei *Alytes* ist der Urnierengang nur noch Ductus deferens, die Niere steht mit der → Kloake durch einen → Ureter in Verbindung. Das entspricht den Verhältnissen bei **R**. (Abb. 115). [2]

Uropeltidae, Schildschwänze: Fam der → Henophidia. Etwa 45 Arten. Verbreitung: S-Indien, Sri Lanka, Burma. In Feuchtwäldern lebende, hochgradig spezialisierte Wühler. Höhenverbreitung bis etwa 2000 m. Kleine Formen. GL bis 60 *(Rhinophis oxyrhynchus)*, meist unter 30 cm. Rumpf drehrund. Kopf nicht abgesetzt, zugespitzt. → Rostrale groß, z. T. weit bis nach hinten ziehend. Maul unterständig. Schädel kompakt, kräftig. Augen sehr klein, jedoch funktionstüchtig, unter dem

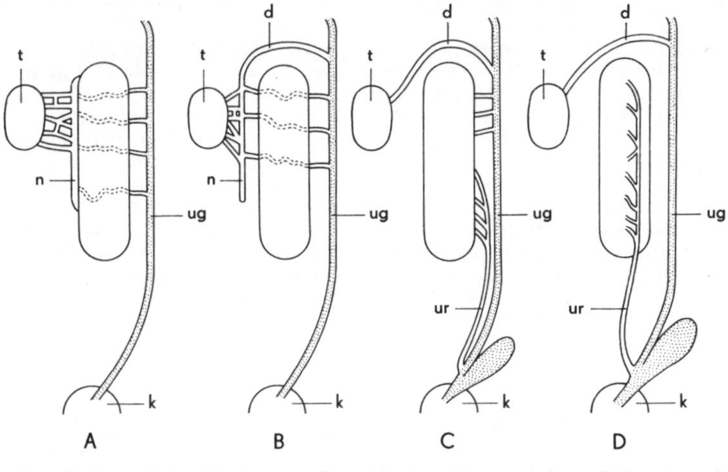

Abb. 115. Urogenitalverbindung von Froschlurchen (Anura). A. *Rana;* B. *Bombina;* C. *Discoglossus;* D. *Alytes.* *d* Ductus efferens, *k* Kloake, *n* Nierenrandkanal, *t* Testis, *ug* Urnierengang, *ur* Ureter.

Ocularschild liegend (außer bei *Platyplectrurus*). Schwanz kurz, stumpf auslaufend od. wie schräg abgeschnitten endend. Schwanzende mit großer flacher und glatter, mitunter dorniger Endschuppe od. einigen dornigen bzw. gekielten Schuppen auf der schrägen Endfläche. Schwanzschild dient zur Verankerung während des Wühlens. Beckenrudimente vorhanden. → Ovovipar (2–14 Junge). [1]

Urostyl, Os coccygis, Steißbein: bei Froschlurchen durch Verschmelzung von 12 od. mehr → postsacralen Wirbel entstandener längerer, knöcherner Stab, der mit dem → Sacralwirbel verwachsen od. gelenkig (über 1–2 Condylen) verbunden ist. Das U. verläuft parallel zu den → Darmbeinen (Ossa ilia) und reicht nicht über den Rumpf hinaus. [1]

Uterus, Gebärmutter: vergleichend anatomisch begründeter Name für den erweiterten Endabschnitt des → Oviductes von **A** und **R**. Die zwischen Muttertier und Larven od. Jungtieren bestehenden Beziehungen sind dabei unterschiedlicher Art. Z. T. erfolgt die Ernährung der Larven über Zellen, die vom U. des Muttertieres abgestoßen werden. Nach Verbrauch der → Embryothropheier überstehen so die Larven von → *Salamandra atra* ihre intrauterine Periode (Zellabstoßung im cranialen Uterusteil; Zona trophica). Ein Uterussekret wird bis zur → Metamorphose bei Kröten der Gatt *Nectophrynoides* produziert und verzehrt, auch bei lebendgebärenden → Gymnophionen leben die Larven von → Uterusmilch. Zahlreiche **R** sind wirklich → vivipar, d. h., sie entwickeln eine feste Bindung zwischen Mutter und Embryo durch Ausbildung einer Chorio-Allantois-Placenta. Hier erhält die Bezeichnung U. ihre volle Berechtigung. [2]

Uterus masculinus: scheinbar paradoxe Bezeichnung, die aber die bisexuelle Potenz der Wirbeltiere treffend belegt. Rest des Müllerschen Ganges (vgl. → Oviduct) bei den ♂♂ der **R**, befindet sich meist lateral vom Hoden und kann mitunter auch in die → Kloake ausmünden, wie bei den Brückenechsen. [2]

„Uterusmilch": vom Epithel der gut durchbluteten Eileiterwandung abgesonderte, dicke, weiße, aus Öltröpfchen und zerfallenem Zellmaterial bestehende Flüssigkeit, die den Larven der lebendgebärenden Formen der → Gymnophiona im Mutterleib als Nahrung dient. Einige Autoren vermuten auch bei → *Salamandra atra* die Sekretion einer „U." [1]

Utriculus, Gehörschlauch: dorsales häutiges Säckchen des → Labyrinthorgans, mitsamt den → Canales semicirculares. Organ des Gleichgewichtsinnes. Der U. besitzt ein großes Sinnesfeld, die Macula utriculi, die wie die Maculae des → Sacculus und der → Lagena aus Sinneszellen besteht, deren Sinneshaare in eine aufliegende Gallertplatte (→ Statokonienmembran) hineinragen. Drehbewegungen werden lediglich von den Sinnesendstellen der Ampullen, den → Cristae ampullares, angezeigt. [2]

Valvulae seminulares, Taschenklappen: an der Basis der Aortenstämme und des → Truncus pulmonalis der **R** befindliche halbmondförmige Klappen. Durch sie wird verhindert, daß das bei der → Systole in die großen Arterienstämme getriebene Blut in der → Diastole wieder in die Herzkammern zurückströmt. V. s. befinden sich bei den **A** im → Conus arteriosus. Da dieser bei **R** keinen selbständigen Herzabschnitt mehr darstellt, liegen die V. s. hier direkt am Abgang der Arterienstämme vom Herzen. [2]

Varanidae, Warane: Fam der → Anguinomorpha. Etwa 35 Arten, nur Gatt *Varanus*. Verbreitung: Afrika (nicht auf Madagaskar), S-, SO-Asien, Indoaustralische Inselwelt, Australien. Besiedeln verschiedenste Biotope, z. B. Wüsten, Steppen, Savannen, lichte Trockenwälder, Mangrove, Gewässerufer. Hinsichtlich der Größe unterscheidet man sog. Groß- und Zwergwarane. Große Arten überwiegen. *Varanus sal-*

vadorii kann bis über 4 m, → *V. komodoensis* bis fast 4 m, *V. brevicauda* dagegen nur bis 20 cm GL erreichen. Morphologisch relativ einheitlich. Kopf ziemlich lang, schmal, zugespitzt. Pupille rund. Zähne kräftig (Zerkleinern der Beute durch Zerreißen). Zunge weit vorstreckbar, tief gespalten. Hals lang, schlank. Rumpf und Extremitäten kräftig. Schwanz dick, gewöhnlich sehr lang, kann über doppelte KRL erreichen. → Arboricole Formen mit → Greifschwanz. Mehrere anatomische Gemeinsamkeiten mit den Schlangen wie Verknöcherung des → Neurocraniums, Wirbelform, Bau der Zunge, Dehnungsfähigkeit des Schlundes usw. → Lokomotion vielseitig. Sie können gut laufen, gehen, klettern, aus der Höhe abspringen, viele auch schwimmen, tauchen. Tagaktiv. ♂♂ tragen oft → Kommentkämpfe aus. Verteidigung durch → Schwanzschlagen. Nahrung nur tierisch (fressen auch Eier, Aas). Bildung von → Gewölle. → Ovipar, bis über 30 Eier (bei *V. niloticus* → Termitophilie). [1]

Varanus komodoensis Ouwens 1912, Komodo-Waran: Vertreter der → Varanidae. Verbreitung: indonesische Inseln Komodo, Rintja, Padar, Flores (W-Teil). Gesamtbestand z. Z. etwa 5000 Exemplare. Bevorzugt grasreiches, locker mit Buschwerk, Palmengruppen od. Wäldchen durchsetztes Gelände. Zweitgrößte rezente Echse. Exemplar im Senckenberg-Museum besitzt eine GL von 300,4 cm. Angegeben wird neuerdings eine GL bis fast 4 m. Gedrungener Körperbau. Kopf breit, hoch. Maul breit. Zähne (1 cm lang) nach rückwärts gebogen, mit leicht gesägtem Hinterrand. Tagaktiv. Gräbt und läuft gut, Laufgeschwindigkeit kurzzeitig bis 30 km/h. Kurze Strecken können nur auf den Hinterextremitäten (Körper schräg aufgerichtet) zurückgelegt werden. Reißt große Stücke aus der Beute (bevorzugt Schweinshirsche, Wildschweine, Ziegen), die im ganzen hinabgewürgt werden. Greift auch Menschen an. Oft → Kannibalismus. Sehr gutes Witterungsvermögen. Kann → Gewölle bilden. Gelegegröße: bis 30 Eier und mehr in selbstgegrabener Grube. [1]

Variation, Variabilität: Verschiedenartigkeit unter Individuen einer Art bzw. innerhalb einer → Population. Ursache der V. können genetisch und nicht genetisch bedingte Faktoren sein. Die durch spezielle ökologische Bedingungen (z. B. Feuchtigkeit, Klima) bewirkte Modifikation des Phänotypus wird als ökophänotypische V. und die V. von zählbaren Merkmalen (z. B. Zahlen der Schuppen, Schild, Wirbel) als meristische V. bezeichnet. [1]

Vas deferens: → Ductus deferens.

Vasa efferentia: → Ductuli efferentes.

vegetatives Nervensystem: → Nervensystem.

Velum transversum: → Paraphysis cerebri.

Vena abdominalis: meist unpaare Bauchvene (Krokodile ausgenommen), deren caudaler Abschnitt jedoch paarig ist. Bei Froschlurchen erhält sie Blut aus den Hinterextremitäten, der Harnblase, ventralen Bauchwand, Gallenblase und vom → Conus arteriosus. Sie entsteht durch Vereinigung der Abdominaläste der linken und rechten → Vena femoralis und gabelt sich in 3 Äste auf. Zwei davon ziehen direkt zur Leber, der dritte vereinigt sich mit der → Vena portae hepaticis. Ein vierter Ast führt Blut vom Conus arteriosus zu. Die V. a. der Schwanzlurche entsteht durch Vereinigung der linken und rechten Vena iliaca und mündet in die Vena portae. Bei **R** gehen die paarigen caudalen Anteile aus einem Ast der Nierenpfortader sowie der Vena iliaca hervor. [2]

Vena axillaris: Fortsetzung der Oberarmvene, der Vena brachialis der **A** od. der Venae brachiales der **R**. [2]

Vena caudalis: unpaare Schwanzvene. Gabelt sich bei Schwanzlurchen und **R** in die linke und rechte → Vena portae renis. Diese nehmen außerdem einen Zweig der → Vena ischiadica auf, so daß das venöse Blut der Schwanzregion und Hinterextremitäten z. T. über das → Pfortadersystem der Niere dem Herzen zugeführt wird. Bei Froschlurchen wird das Nierenpfortadersystem allein von der linken und rechten → Vena iliaca communis gespeist. [2]

Vena cava anterior, Vena cava cranialis: vordere Hohlvene. Geht auf den → Ductus Cuvieri zurück. Dieser wird bei Froschlurchen erstmalig als V. c. a. bezeichnet, die diesen Namen nach der Vereinigung der → Vena jugularis interna mit der → Vena subclavia trägt. [2]

Vena cava posterior, Vena cava caudalis: hintere Hohlvene. Neben den hinteren Cardinalvenen bereits bei Schwanzlurchen entwickelt. Sie sammelt das aus den Nieren kommende (vgl. → Nierenpfortadersystem) sowie das aus der Leber über die Vena hepaticae aufgenommene Blut und führt es dem → Sinus venosus bzw. der rechten Herzvorkammer zu. [2]

Vena cutanea magna: große Hautvene der **A**. Dient der → Hautatmung. Sammelt das sauerstoffreiche Blut aus den oberflächlichen Hautvenen und Venen der → Mundhöhle. Sie mündet in die → Vena subclavia ein, die nach Aufnahme der → Vena jugularis interna und externa als → Vena cava anterior bezeichnet wird. Beide vorderen Hohlvenen führen in den → Sinus venosus. Durch das von der V. c. m. zugeleitete arterielle Blut ist das Blut in den Venae cavae anteriores gemischt. Auch von den Venae jugulares externae wird arterialisiertes Blut zugeführt. [2]

Vena femoralis: Oberschenkelvene. Sie wird von den Venen des Fußes und Unterschenkels gespeist, nimmt nur wenig Blut aus dem Oberschenkel auf. Gibt beim Eintritt in das Becken einen Ramus abdominalis ab, die Abdominaläste beider Seiten vereinigen sich zur → Vena abdominalis. Bei *Rana* geht von ihr die → Vena iliaca transversa ab, durch die sie mit der → Vena ischiadica verbunden ist. Die V. f. setzt sich in die Vena iliaca externa fort, die die Vena ischiadica aufnimmt und als → Vena iliaca communis zur Niere zieht. [2]

Vena iliaca communis: durch Vereinigung der → Vena ischiadica und → Vena iliaca externa entstandene Vene der **A** und **R**. [2]

Vena iliaca externa: Fortsetzung der → Vena femoralis, die im Vergleich mit der → Vena ischiadica die schwächere der Oberschenkelvenen der **A** und **R** ist. [2]

Vena iliaca transversa: bei Froschlurchen Verbindung zwischen → Vena femoralis und → Vena ischiadica. Die linke und rechte V. i. t. erhält über je einen kurzen Gang → Lymphe aus den caudalen → Lymphherzen (Cordia lymphatica posterioria). [2]

Vena ischiadica: entsteht durch Zufluß mehrerer kräftiger Venen der Oberschenkelmuskulatur und bildet bei **A** und **R** (Brückenechsen ausgenommen) den Hauptvenenstamm der Hinterextremität. [2]

Vena jugularis: **A** und **R** besitzen eine V. j. interna und V. j. externa, die über verschiedene zuführende Venen Blut aus dem Gehirn, Rückenmark, von den Kieferbereichen, Sinnesorganen, der Mundhöhlen-, Rachenschleimhaut sowie aus der Halsregion erhalten. Die Jugularvenen münden bei Schwanzlurchen in die → Ductus Cuvieri, bei den übrigen **A** und **R** in die linke und rechte → Vena cava anterior. [2]

Vena portae hepatis, Leberpfortader: Fortsetzung der Vena mesenterica (Gekrösevene), die viele kleine Venen vom Darm aufnimmt und bei **R** auch Verbindung zur → Vena portae renis hat. Kurz vor der Aufzweigung der V. p. h. in der Leber erhält sie noch Blut aus der → Vena abdominalis. [2]

Vena portae renis, Nierenpfortader: führt das venöse Blut dem → Nierenpfortadersystem zu. Bei Schwanzlurchen und **R** entstehen die Nierenpfortadern aus der sich gabelnden → Vena caudalis. Sie nehmen außerdem jeweils einen Zweig der → Vena iliaca auf. Die V. p. r. der Froschlurche wird allein von der Vena iliaca gespeist. [2]

Vena subclavia: Hauptvene der Vorderextremität. Sie mündet in die → Vena cava anterior, bei Schwanzlurchen in den → Ductus Cuvieri. Die V. s.

der **A** entsteht durch Vereinigung der → Vena axillaris mit der → Vena cutanea magna. [2]

Vena vertebralis: kurzes Gefäß, das besonders von den Streckmuskeln des Rückens und von dorsalen Schulterblattmuskeln bei Schwanzlurchen Zufluß erhält. Sie mündet in die → Vena jugularis interna und ist bei **A** deshalb bemerkenswert, weil sie mit dem vorderen Lymphherzen (Cor lymphaticum anterius) in Verbindung steht. [2]

Venae cardinales posteriores: hintere Cardinalvenen. Für niedere Wirbeltiere typische, auch noch bei Schwanzlurchen und einigen ursprünglichen Froschlurchen auftretende, dorsal im Rumpf verlaufende Venenstämme. Sie münden in die → Ductus Cuvieri ein. Bei den meisten Froschlurchen bildet die → Vena cava posterior dann den neuen Hauptvenenstamm. Diese ist auch schon bei Schwanzlurchen vorhanden und spielt bereits hier eine größere Rolle als die V. c. p. [2]

Venae hepaticae, Lebervenen: Blutgefäße, die das Blut aus der Leber sammeln und der → Vena cava posterior zuführen. [2]

Venae renales advehentes, Venae renales afferentes: zuführende Venen des → Nierenpfortadersystems der **A** und **R**. Sie zweigen von der → Vena portae renis ab und spalten sich in Kapillaren auf. [2]

Venae renales revehentes, Venae renales efferentes: an die Kapillarbereiche des → Nierenpfortadersystems anschließende postkapillare Venen bei **A** und **R**. [2]

Venen: → Blutgefäßsystem.

Ventralia, Ventralschilder, Bauchschilder, Gastrosteges: die Bauchseite bedeckende Schilder. Durch ihre Größe deutlich von den → Dorsalia unterschieden. Bei → Lacertidae in mehreren, meist längs- und querverlaufenden Reihen angeordnet. Die meisten Schlangen weisen dagegen ventral eine bis zur Kloakenregion verlaufende unpaare Längsreihe von Schildern (Schienen) auf. Sie sind fast immer breiter als lang, halbringförmig gestaltet und stehen über spezielle Hautmuskeln mit den Rippenenden in Verbindung. Abgesehen von ursprünglichen Formen, findet sich pro Körpersegment eine Bauchschiene. Embryonal werden die V. noch als paarige Längsreihe angelegt. Bedeutsam für die Fortbewegung der Schlange, sie greifen in Unebenheiten des Substrates ein, → arboricole Formen besitzen oft seitlich mit scharfen Kielen versehene Schienen. Die V. der → Boidae sind sekundär verkleinert, bei vielen → wühlenden Schlangen (z. B. → Typhlopidae, → Leptotyphlopidae, → Aniliidae), der Mehrzahl der → Hydrophiidae u. a. Arten klein und kaum größer als die übrigen Körperschuppen. [1]

Ventralrippe: → Sternocostale.

Ventriculus: → Magen.

Ventriculus cordis, Herzkammer: mit kräftiger Muskulatur versehener Antriebsmotor des Blutes. Der V. c. der **A** ist noch ungeteilt. Sein Innenrelief erscheint bei Schwanzlurchen durch netzartig verflochtene Septen spongiös (schwammartig), das der Froschlurche ist dagegen relativ regelmäßig in Septen und Krypten gegliedert. Aus dem V. c. der **A** entspringt rechts der → Bulbus cordis, an den sich der anfänglich noch ungeteilte → Truncus arteriosus anschließt. Der V. c. der **R** wird durch ein → Septum interventriculare cordis unvollständig (bei Krokodilen jedoch vollständig; → *Sphenodon punctatus* mit nur schwach entwickeltem Septum) in 2 Kammern geteilt. Aus dem rechten V. c. entspringt die linke, dem linken V. c. die rechte Aorta (beide liegen nebeneinander). Der → Truncus pulmonalis, aus dem die beiden Lungenarterien hervorgehen, entspringt rechts. Durch die unvollständige Teilung der Kammer erhalten beide Aorten sauerstoffreiches Blut beigemischt, die rechte aber mehr als die linke. Bei Krokodilen wird jedoch der rechten Aorta rein arterielles Blut zugeführt (Versorgung des Gehirns über die → Carotiden). Die linke Aorta und der

Truncus pulmonalis würden dagegen nur venöses Blut empfangen, wenn nicht durch das → Foramen Panizzae ein gewisser Ausgleich zwischen beiden Aortenstämmen möglich wäre. [2]

Verbrennungen: in der Natur bei **R** vor allem durch ausgedehnte Steppen- und Buschbrände verursacht. Schwere V. wurden besonders für Schildkröten beschrieben. Der in M-Europa regional z. T. verbreiteten Unsitte des Abbrennens von trockenen Grasflächen (Böschungen, Bahndämmen usw.) fallen oft ebenfalls zahlreiche **R** zum Opfer. So fand man u. a. an Südhängen Dutzende verbrannter und halbtoter → Blindschleichen in der schwelenden Grasasche. Im → Terrarium kann es durch unsachgemäß installierte Heizungen zu unterschiedlich schweren Fällen von V. kommen. Nicht ausreichend befestigte Heizkabel führten z. B. bei Krokodilen durch „Ausheben" zu Rückenverletzungen. Geeignete Plazierung, Sicherung durch Drahtgittermantel bei Heizstrahlern od. Rippenheizern, Anbringen der Bodenheizkabel zwischen 2 Eternitplatten bzw. im Zwischenboden, am besten außerhalb des Terrariums, od. Heizung durch Warmluftzufuhr schalten V. von vornherein aus. [1]

Verfrachtung: → Versetzung.

Vergiftungen: V. durch → Umweltchemikalien können direkt sowie über die → Nahrungskette erfolgen. Entsprechende Untersuchungen sind für **A** und **R** noch relativ selten und gehen hauptsächlich auf Arbeiten über Auswirkungen von chlorierten Kohlenwasserstoffen (besonders → DDT) zurück. Vereinzelte liegen unter anderem auch über V. durch Wasserschadstoffe (Phenole, Öl, Ölderivate, → Tenside), Schwermetalle (Bleiakkumulation im Skelet von *Xenopus*, Selengehalte bei *Rana clamitans* usw.) und Kupfersulfat (2 mg/l für Larven von → *Triturus vulgaris* tödlich) vor. Die Reaktionen auf die einzelnen Stoffe können artlich, außerdem individuell und innerhalb der Entwicklungsstadien differieren. Bei Terrarientieren kam es z. B. zu V. durch Verfüttern giftiger Pflanzen bzw. Pflanzenteile (Blütenblätter von Rhododendron u. a.), verschluckte Kupfermünzen, Hautsekrete (→ Amphibiengifte), Einwirkung von Desinfektionsmitteln, Insektiziden (bei Milbenbekämpfung) und Terrarienklebemitteln (Epoxidharze u. a.). [1]

Versand: per Eilpost, Expreßgut od. Luftfracht. Tiere sicher verpacken. Lebendmaterial durch Aufschrift deutlich kennzeichnen, Artangabe empfehlenswert, → Giftschlangen gesondert ausweisen. Beim Auslandsversand Ausfuhrbestimmungen, → Washingtoner Artenschutzübereinkommen beachten. 1. V. lebender Terrarientiere: nur kräftige, gesunde, unverletzte Tiere verschicken. Behälter bei **A** und vielen **R** mit etwas feuchtem Substrat (vgl. → Transport) versehen. Bei länger dauerndem V. Formen mit reichlicher Wasseraufnahme gegebenenfalls vorher physiologische Kochsalzlösung verabreichen. Tierbehälter (→ Leinensäckchen, Plastikdose u. a.) möglichst in Polysterol(Styropor)-Verpackung verschicken. Luftzirkulation sichern. Kiementragende **A** können im Plastbeutel (1/4 Frischwasser, 3/4 reiner Sauerstoff od. Luft/O_2-Gemisch), verpackt im Schaumstoffkarton, zum V. kommen. 2. V. toter Terrarientiere: Kadaver vorher kühl lagern, am besten im Plastbeutel und Schaumstoffbehälter (evtl. Eiswürfel zugeben) verschikken. V. bei nicht zu hohen Temperaturen durchführen. Tiermaterial notfalls tiefgefroren aufbewahren und in kühler Jahreszeit absenden. [1]

Verschleppung: → Versetzung.

Versetzung: passiver Ortswechsel. Unterschieden wird die V. durch unbelebte Substanzen, z. B. Wind, Wasser, Erde (Verfrachtung), von der V. durch Tier und Mensch (Verschleppung). Versetzungsaktionen (oft auch als Verfrachtungsversuche bezeichnet) sollen hauptsächlich Erkenntnisse zum Heimfinde-, Wandervermögen, zur Orientierungsweise von Tieren liefern. Bei Lurchen sind die (nach vorheriger →

Markierung) zur Untersuchung der Ortstreue und Laichplatzgebundenheit durchgeführten Verfrachtungsversuche an → *Bufo bufo* besonders bekannt. [1]

Verspritzen von Lymphe: → aposematische Verhaltensweise bei Geckos der Gatt *Diplodactylus*. Die aus subepidermalen Lymphgefäßen stammende → Lymphe wird auf der Dorsalseite des Schwanzes aus weichen Stacheln od. auch der Haut selbst (z. B. bei einer stachellosen Art) unter Druck (wie beim → Blutspritzen) durch plötzlich entstehende Risse in der Epidermis verspritzt. Durch Hinwenden des Schwanzes zum Angreifer kann die Flüssigkeit relativ gezielt (bis 30 cm weit) herausgeschleudert werden. Die betreffenden Tiere sollen weniger zur → Autotomie neigen als zu einem solchen Verhalten nicht fähige Geckos. [1]

Versteckplätze: je nach der Lebensweise von Art zu Art oft völlig verschieden. Als V. können z. B. bei → arboricolen Formen Astlöcher, -gabeln, lockere Rinde, Blattscheiden, bei Wasserbewohnern Bodenschlamm od. Mulm, Uferhöhlen, trübe Gewässer, bei Bodenbewohnern lockerer Sand, selbstgegrabene Gänge bzw. Höhlen, verlassene Nagerbaue, Wurzeln, Falllaub, Steine und anderes mehr dienen. Vielfach werden in der Natur bestimmte V. innerhalb des → Lebensraumes aufgesucht. Häufig flüchten sich die Tiere auch in ein beliebiges Versteck. Diesem Zweck genügen z. B. beim Bindenwaran dichtes Gebüsch, hohle Bäume, Felsspalten od. sogar die Bauchhöhle von Aas. Im → Terrarium sind V., die das Tier schützen, außerdem eine Jagd „vom Anstand" aus ermöglichen, günstiges Mikroklima aufweisen und scheuen Arten besonders entgegenkommen, gleichfalls unerläßlich. Als solche eignen sich z. B. Steinhaufen, Rinde, Höhlen in der → Terrarienrückwand sowie die → Terrarienbepflanzung. [1]

Verstopfung: → Obstipation.

Vertebrae, Wirbel: setzen sich aus dem ventralen → Centrum und den jederseits davon dorsal abgehenden → Neuralbögen zusammen, die sich endständig zum → Processus spinosus vereinigen. Die V. der **A** und **R** sind autozentral, d. h. selbständige Bildungen, die aus skeletogenem Gewebe hervorgehen, das sich um die → Chorda dorsalis differenziert. Benachbarte V. artikulieren miteinander über unterschiedlich gestaltete Gelenkflächen, die → amphicöl, → opisthocöl und → procöl sein können, od. mit Hilfe von → Zygapophysen. An den V. kommen außerdem Fortsätze wie → Hypapophysen und → Processus transversi vor. (Abb. 116). [2]

Vertebrocostale, Costa vertebralis, Vertebralrippe: langer proximaler Abschnitt der → Brustrippen der **R**. Verknöchert und inseriert meist zweiköpfig am Wirbel. Einziger Rippenbestandteil der Schlangen, bei denen eine regionale Gliederung der Wirbelsäule nicht möglich ist. Bei → *Sphenodon punctatus* und → Crocodylia mit einem → Processus uncinatus versehen. [2]

vertikale Verbreitung: → Höhenverbreitung.

Vesica urinaria, Harnblase: Harnspeicherorgan, dem Harn wird häufig auch Wasser entzogen (**A**, Schildkröten). Kann **A** und vielen Schildkröten als Wasserreservoir dienen. Besonders bekannt ist z. B. das Speichervermögen bei *Cyclorana platycephalus* od. die Wasserabgabe aus der Blase zum → Gelegebewässern bei Vertretern der → Dendrobatidae. Die V. u. wird vom ventralen Teil der → Kloake abgeleitet, bei **R** ist ein geringer Teil des embryonalen Harnsackes (→ Allantois) mit einbezogen. Der Harn gelangt von den dorsalen Mündungen der → primären **(A)** od. sekundären Harnleiter (→ Ureteren) in die Kloake und nach deren Passage in die V. u. Unter den **R** fehlt eine V. u. manchen Schildkröten, den Krokodilen, verschiedenen Echsen (Waranen, einigen Geckos und Leguanen), den Doppelschleichen und Schlangen. [2]

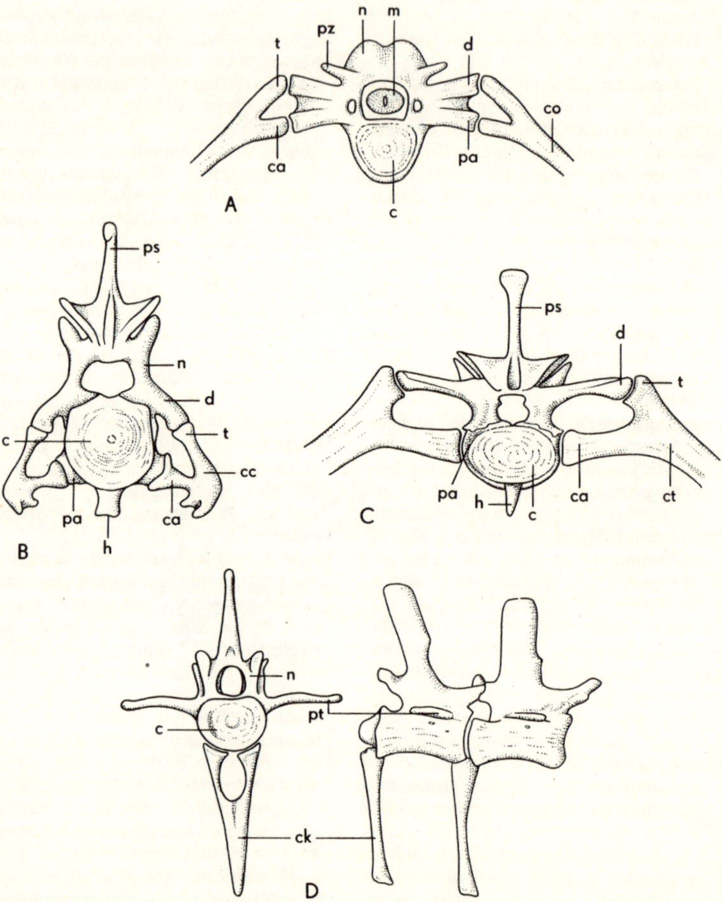

Abb. 116. Wirbeltypen. A. Rumpfwirbel eines Schwanzlurches; B, C, D. Hals-, Brust- und Schwanzwirbel eines Krokodils. *c* Centrum, *ca* Capitulum costae, *cc* Costa cervicalis, *ck* Chevronknochen, *co* Costa, *ct* Costa thoracalis, *d* Diapophyse, *h* Hypapophyse, *m* Medulla spinalis, *n* Neuralbogen, *pa* Parapophyse, *pt* Processus transversus, *ps* Processus spinalis, *pz* Praezygapophyse, *t* Tuberculum costae.

Vesicula seminalis, Samenblase: Speicherorgan für Spermien bei den ♂♂ verschiedener **A** (z. B. *Alytes*). Ausstülpung des Samenleiters kurz vor Erreichen der → Kloake (vgl. → Ductus deferens). [2]
vesikuläre Dermatitis: → „Pocken" der Schlangen.
Vierstreifennatter: → *Elaphe quatuorlineata.*
Vierzehen-Landschildkröte: → *Agrionemys horsfieldii.*
Vipera ammodytes (Linnaeus 1758), Sandotter: Vertreter der → Viperidae. Verbreitung: NO-Italien, S-Österreich, S-Ungarn, Balkanhalbinsel (sü. bis zu den Kykladen), SW-, SO-Rumänien, W-Transkaukasien, Kleinasien, Syrien. Bevorzugt trockene, sonnige Biotope mit spärlichem Buschwerk. Besiedelt z. B. Weinberge, → Lesesteinhaufen, bebuschte Kalk- und Felshänge in lichten Wäldern, Gärten, vegetationsarme Karstgebiete, Schutthalden, Bahndämme. Höhenverbreitung bis 2500 m. GL bis 1,1 m, meist unter 70 cm. Körper mäßig gedrungen. Kopf dreieckig, gut abgesetzt, mit weichem, beschupptem → Schnauzenhorn. Rückenschuppen stark gekielt. Schwanz kurz. Tag-, auch nachtaktiv. Ziemlich träge, wenig bissig. Zischt laut bei Bedrohung. ♂♂ tragen → Kommentkämpfe aus. → Ovovivipar (4–20 Junge). [1]
Vipera aspis (Linnaeus 1758), Aspisviper: Vertreter der → Viperidae. Verbreitung: NO-Spanien, Frankreich (außer N-Teil), SW-BRD (S-Schwarzwald), Schweiz, Italien, Elba, Montecristo. Die Balkan-Nachweise („*V. a. balcanica*", Harmanli/S-Bulgarien) gehen vermutlich auf Bastarde zwischen → *Vipera berus* und → *Vipera ammodytes* zurück (z. T. auch als abnormale Exemplare von *V. ammodytes* angesehen). Bevorzugt warme, trockene, steinige Biotope, wie Geröllflächen, Steinbrüche, vegetationsfreie Schotterflächen an Südhängen von Bergwäldern, mitunter auf Geröllbänken entlang von Flußufern, auch auf Bergwiesen (nahe bzw. unter Heureitern), auf → Lesesteinhaufen zu finden. Höhenverbreitung bis 3000 m. GL bis 94, meist etwa 60–70 cm (♂ größer als ♀). Relativ schlank gebaut. Kopf dreieckig, gut abgesetzt. Schnauzenspitze mehr od. weniger deutlich aufgestülpt (aber kein → Schnauzenhorn). Pupille senkrecht. Vorwiegend tag-, auch nachtaktiv. Standorttreu. Die ♂♂ können → Kommentkämpfe austragen. → Ovovivipar (4–20 Junge). [1]
Vipera berus (Linnaeus 1758), Kreuzotter: Vertreter der → Viperidae. Verbreitung: weite Teile Europas, nach Norden bis 69 ° n. Br. (Finnland), im Westen bis NW-, M-Frankreich, Großbritannien (fehlt in Irland), im Süden bis N-Italien und zur nördlichen Balkanhalbinsel, nach Osten über S-Sibirien (nö. bis 61–63 ° n. Br.), das gemäßigte M-Asien bis einschließlich Sachalin. Breites Biotopspektrum, besiedelt z. B. Waldränder, -lichtungen, Heidegebiete, sonnige und gebüschreiche Hänge, Moore, Feuchtwiesen, gestrüppreiche Teich-, Kanal-, Bahndämme, Steinbrüche, Kies-, Tongruben, → Lesesteinhaufen, sogar die Latschenregion. Höhenverbreitung bis 3000 m. GL bis fast 90, meist 50–60 cm (♀ größer als ♂). Körper mäßig gedrungen, kurzschwänzig. Kopf gut abgesetzt. Vorwiegend tag-, auch dämmerungs- und nachtaktiv. ♂♂ tragen → Kommentkämpfe aus. → Ovovivipar (5–25 Junge). [1]
Vipera kaznakovi Nikolskij 1909, Kaukasus-Otter: Vertreter der → Viperidae. Verbreitung: W-Kaukasus bis in seine Ausläufer an der O-Küste des Schwarzen Meeres, NO-Anatolien. Bevorzugt Biotope mit hoher Luftfeuchtigkeit und dichter Vegetation. Häufig in unterwuchsreichen Laubwaldbeständen (Kastanien, Eichen, Buchen u. a.), an Waldrändern, -lichtungen, entlang von Bachschluchten, gelegentlich in Teeplantagen, auf feuchten Bergwiesen. Höhenverbreitung bis 2500 m. GL bis etwa 62, meist 40–50 cm. Habitus und Lebensweise weitgehend wie → *Vipera berus.* Gedrungen gebaut, Kopf deut-

lich abgesetzt. Flüchtet rasch (in Mäuselöcher, Reisighaufen, dichten Unterwuchs). Leicht erregbar (Abplatten des Körpers, Zustoßen nach kräftigem, kurzem Zischen). → Ovovivipar (bis 12 Junge). [1]

Vipera latastii Boscá 1878, Stülpnasenotter: Vertreter der → Viperidae. Verbreitung: Iberische Halbinsel (N-Teil ausgenommen), NW-Afrika (Marokko bis Tunesien). Kommt hauptsächlich im Hügel- und Bergland vor. Besiedelt sonnige, felsige Hänge in Aufforstungsgebieten, unterwuchsreiche Bergwälder, steile, mit Felsblöcken übersäte und Polsterpflanzen bewachsene Talhänge, Geröllfelder, Macchie, trockene und lichte Waldungen, → Legesteinmauern, mitunter Sanddünen. Höhenverbreitung bis 2500 m. GL bis 72 cm, meist nicht über 60 cm. Gedrungen gebaut. Schnauzenspitze meist deutlich zapfenartig aufgeworfen. Tag-, auch dämmerungs- und nachtaktiv. ♂♂ tragen Kommentkämpfe aus. → Ovovivipar (2–12 Junge). [1]

Vipera lebetina (Linnaeus 1758), Levanteotter: Vertreter der → Viperidae. Verbreitung: W-Kykladen, evtl. noch Antimilos und Kythnos, weiterhin Zypern, Kaukasusgebiet, Transkaukasien, W-, M-Asien bis W-Pakistan und O-Kaschmir. Breites Biotopspektrum. Besiedelt z. B. sonnige, steinige, spärlich bewachsene Berghänge, altes Mauerwerk, Steinhaufen, auch Agrarland, Feuchtwiesen, Geröllstrecken entlang von Bach- und Flußbetten, steppenartiges Gelände. Höhenverbreitung bis über 2000 m. GL bis 1,7, in Europa selten über 1 m. Kopf deutlich abgesetzt, breit. Rumpf gedrungen. Rückenschuppen gekielt. Tag-, auch dämmerungs- und nachtaktiv (hauptsächlich in Teilen Asiens). Mitunter im Gebüsch kletternd. Beißt bei Bedrohung plötzlich zu. Gift stark wirksam. Meist → ovipar (bis 23 Eier), → ovovivipar *V. l. lebetina* und angeblich manche → Populationen von *V. l. obtusa*. [1]

Vipera seoanei Lataste 1879, Pyrenäen-Otter: Vertreter der → Viperidae. Verbreitung: N-, NW-Spanien, NW-Portugal (z. Z. fehlen neuere Belege), äußerstes SW-Frankreich. Bevorzugt Heideflächen im Küstenbereich, auch an Waldrändern, auf buschreichen Geröllflächen und in anderen warmen, durch hohe Luftfeuchte im Sommer gekennzeichneten Biotopen anzutreffen. Höhenverbreitung bis 800 m. GL etwa bis 60 cm. Kopf gut abgesetzt, Schnauzenspitze mitunter leicht aufgestülpt. Körperbau im Vergleich zu → *Vipera berus*, → *Vipera aspis* mäßig schlanker. Von beiden auch durch den Auflösungsgrad der Kopfschilder (ähnlich wie bei *Vipera barani*) zu unterscheiden. Rückenschuppen stark gekielt. Tag-, dämmerungs-, nachtaktiv. → Ovovivipar (3–8 Junge). [1]

Vipera ursinii (Bonaparte 1835), Wiesenotter: Vertreter der → Viperidae. Verbreitung: in Europa nur Isolate (SO-Frankreich, M-Italien, O-Österreich, NW-, M-Ungarn, Rumänien, W-Jugoslawien, Albanien, NW-Griechenland, Bulgarien, Ukraine), nach Osten bis O-Kasachstan und zum Altai, weiterhin Kaukasusgebiet, Transkaukasien, NW-Iran, NO- und SW-Kleinasien. Lebt auf trockenen, z. T. auch feuchten Wiesen im Flachland, mitunter spärlich genutztem Weideland, grasigem Brachland, in heideartigen Gebieten, Steppen, im Gebirge meist an grasigen Trockenhängen. Höhenverbreitung bis 3000 m. Kleinste Viper Europas. GL bis etwa 62, selten über 45 cm (♀ meist größer als ♂). Kopf klein, wenig abgesetzt, Schnauze stumpf zugespitzt. Rückenschuppen stark gekielt. Überwiegend tagaktiv. Scheu, beißt selten zu. → Ovovivipar (bis 18 Junge, meist 2–8). [1]

Vipera xanthina (Gray 1849), Bergotter: Vertreter der → Viperidae. Verbreitung: NO-Griechenland, mehrere Inseln der O-Ägäis (Lesbos, Chios, Samos, Patmos, Lipsi, Leros, Kalymnos, Simi), Umgebung von Istanbul, NW-, W-, SW-Kleinasien. Breiteres Biotopspektrum, lebt z. B. auf trockenen und auch feuchten Wiesen, Weideland, sonnigen, felsigen und bebuschten Steilhängen, in der Macchia, Olivenhainen, lichten Bergwäldern. Höhenverbreitung bis 2500 m. GL bis 1,2 m, gewöhnlich kaum über 1 m. Gedrungen gebaut. Kopf breit, gut abgesetzt, Schnauze gerundet, Pupille senkrecht. Rückenschuppen stark gekielt. Vorwiegend tag-, auch dämmerungs- und nachtaktiv. Beißt rasch zu, stark giftig. → Ovovivipar (bis 22 Junge). [1]

Viperidae, Vipern, Ottern: Fam der → Caenophidia. Etwa 60 Arten. Verbreitung: altweltlich, fehlen auf Madagaskar, in Australien, Ozeanien. In Europa durch 9 *Vipera*-Arten vertreten. (→ *V. berus* mit größtem → Areal). Besiedeln unterschiedlichste Lebensräume, z. B. extreme Trockenbiotope (Sand-, Geröllwüsten u. a.), Steppen, Savannen, Waldränder, tropische Wälder, Waldungen der gemäßigten Zone, Moore, Tundren, subalpine Matten. Meist kleine bis mittelgroße Arten. GL bis 1,8 m (→ *Bitis gabonica*). Kopf flach, dreieckig, gut abgesetzt. Pupille gewöhnlich senkrecht. Rumpf meist gedrungen. Schwanz kurz (bei ♂♂ länger). → Hemipenis gegabelt. Hoch entwickelter → Giftapparat. Giftzähne (solenoglyph) stehen vorn im stark verkürzten, drehbaren → Maxillare. In Ruhelage in Schleimhautfalte verborgen. Gift vorwiegend hämotoxisch wirksam. Urtümliche Formen (*Causus, Atractaspis* u. a.) mit großen, symmetrischen Kopfschildern, runder Pupille, relativ langschwänzig und → ovipar. Hauptsächlich dämmerungs-, nachtaktiv. Verschiedentlich werden → Kommentkämpfe ausgetragen. Meist → ovovivipar. Intrafam. Gliederung uneinheitlich. 3 UFam: Atractaspinae (Erdvipern), Afrika, Arabien; Azemiopinae (Fea-Vipern), Tibet, S-China, Burma; Viperinae (Echte Ottern), Europa, Asien, sehr zahlreich in Afrika; bekannteste Gatt *Vipera, Echis, Cerastes, Bitis.* [1]

Vipern: → Viperidae.

Vipernatter: → *Natrix maura.*

virusbedingte Infektionen: bei **A** und **R** offenbar kaum bedeutsam. Allerdings liegen bisher, z. T. auch durch den unzureichenden Zustand des eingesandten Materials bedingt, nur wenig Untersuchungen vor. Der Virus-Nachweis erfolgt durch Isolierung und elektronenoptische Darstellung des Virus selbst od. indirekt über virusneutralisierende Antikörper im Blutserum. Hinweise für **A** betreffen vor allem das Polyedrische Cytoplasma Amphibien-Virus (PCAV), Kaulquappen-Ödem-Virus (TEV) und dem Lucké-Tumor zugeordnete Herpesvirus, bei **R** besonders Infektionen mit Herpesviren (→ Graufleckenkrankheit, Schlangen-Herpesvirus, *Iguana*-Herpesvirus), Paramyxo-, Oncorna- und Arboviren. Für letztere (Überträger sind Arthropoden) gelten **R** als natürliches Reservoir. Therapie: betrifft lediglich bakterielle Sekundärinfektionen. Symptomatische Behandlung. [1]

Viscerocranium, Splanchnocranium, Gesichtsschädel, Eingeweideschädel: besteht ursprünglich aus mehreren segmental angelegten Spangen, dem Mandibular- (Kieferbogen), Hyoidbogen (Zungenbeinb.) sowie den Branchialbögen (Kiemenb.). Der Kieferbogen setzt sich aus dem dorsalen → Palatoquadratum (fest mit dem → Neurocranium verbunden) und dem ventralen → Unterkiefer zusammen. Das → Palatoquadratum verknöchert im caudalen Teil zum → Quadratum. Dieses bildet mit dem → Articulare des Unterkiefers das → primäre Kiefergelenk. Der dorsale Abschnitt des Hyoidbogens wird zur → Columella auris, sein ventraler Anteil bildet die Vorderhörner des → Os hyoides. Der bzw. die beiden folgenden Kiemenbögen gehen in die Hinterhörner des Zungenbeins ein. Aus dem letzten Kiemenbogen leiten sich Elemente des → Larynx ab. [2]

Vitaminmangel, Hypovitaminosis: hauptsächlich verursacht durch unzureichende Ernährung, auch Resorptions- und Stoffwechselstörungen (Einbau in bestimmte Fermente gestört usw.), Mangel an UV-Licht (ungenügende Vitamin-D-Synthese). Symptome oft sehr unspezifisch. Die zuverlässige Diagnose eines bestimmten V. ist daher gewöhnlich nur bei speziellen Erkrankungen (vgl. → Vitamin-A-Mangel, → Rachitis) möglich. Verschiedene Allgemeinerkrankungen gehen meist auf einen Mangel an mehreren Vitaminen zurück und werden durch Applikation eines Multivitaminpräparates (per Injektion, über Futter od. Trinkwasser) behandelt. Hypervitaminosen, d. h. Schäden durch zu hohe Vitamingaben, können auch bei **A** und **R** durch Überdosierung von Vitamin D (→ Vitamin-D-Hypervitaminose) und Vitamin A (z. B. nässende Hautaffektionen bei Schildkröten) auftreten. [1]

Vitamin-A-Mangel: meist von Mangelerscheinungen anderer Vitamine bzw. Vitamingruppen nicht abgrenzbar. So kann z. B. eine A-Hypovitaminose bei → Häutungsschwierigkeiten beteiligt sein. Im Zusammenhang mit einem solchen Mangel sind unter anderem oft Störungen des Fettstoffwechsels, Veränderungen in Nieren und der Schilddrüse zu beobachten. Auf einen spezifischen V-A-M. geht dagegen gewöhnlich die Schwellung und Metaplasie der Augendrüsen zurück. Dies führt zu ödematös geschwollenen, später oft verklebten Augenlidern (Lidödeme). Helle Pfropfen abgestoßenen Epithels treten durch den Tränenfluß aus dem Bindehautsack heraus. Die Tiere (vor allem Wasserschildkröten) werden apathisch, verweigern das Futter, magern ab, sterben. I. d. R. als Folge einer Fehlernährung (z. B. überwiegendes Füttern mit Herz) auftretend. Als weitere typische V-A-M-Erkrankung gilt die → Weißfleckenkrankheit. Therapie: 100 000 IE Vitamin A/kg KM, evtl. nach 3–4 Wochen wiederholen. Operative Entfernung des Eiters, Wundversorgung. [1]

Vitamin-D-Hypervitaminose: fortgesetzt zu hohe Vitamin-D-Gabe (im Futter bzw. als Futterzusatz) od. zu reichliche → UV-Bestrahlung führen zur Calcinose. Bei **R** (Echsen, Schlangen) mehrfach beschrieben. So wurden z. B. nach langzeitiger (bis 18 Monate) täglicher bzw. mehrwöchentlicher Vigantolapplikation eine Kalzifizierung der Gefäße (Mediaverkalkungen), des Skelets, auch Verkalkungen in Herz, Nieren, im Magen nachgewiesen. Ähnliche Veränderungen traten bei kontinuierlichem, mehrjährigem Futterzusatz eines Vitamin-Mineralstoff-Gemisches (500 000 IE Vitamin D_2/kg, 200 000 IE Vitamin D_3/kg KM) sowie bei Überdosierung anderer Vitamin-D-Präparate auf. [1]

Vitamin-E-Mangel: verursacht durch Verfüttern an Vitamin E armer und ungesättigten Fettsäuren reicher Nahrung. Als Folgeerscheinung kommt es zur Steatitis (Gelbfettkrankheit). Bei **R** vor allem für Krokodile nachgewiesen, bedingt durch zu reichliche Fischfütterung (z. B. Makrele) od. Ernährung mit fetten Laborratten (vgl. → Muridae). Die Tiere werden apathisch und freßunlustig. Typisch sind im Depotfett und in der Leber (mitunter auch Milz) auftretende gelblich-bräunlich gefärbte Bereiche, die auf Ceroid-Ablagerungen zurückgehen. Therapie: sachgerechtes Nahrungsangebot, Gaben von Vitamin-E-Präparaten. [1]

vivipar: lebendgebärend. Die gesamte → Embryonalentwicklung verläuft im mütterlichen Organismus. Der Embryo steht durch eine Placenta mit der Mutter im Stoffaustausch (placentare Viviparie), kann aber auch ohne Placentabildung eine Ernährung erfahren (aplacentare Viviparie; z. B. einige **A**). Zahlreiche Vertreter der → Squamata besitzen placentaähnliche Bildungen, so daß eine mehr od. weniger enge Verbindung zwischen mütterlichem Gewebe und → Embryonalhüllen (vgl. → Chorion, → Allantoisplacenta) besteht. Besonders hoch entwickelt ist die Allantoisplacenta z. B. bei → *Chalcides chalcides*, auch anderen Skinken (*Lygosoma, Trachysaurus* u. a.), den → Xanthusiidae od. → Elaphiden der Gatt *Denisonia*. [1]

Vollglasbecken: völlig aus Glas und aus einem Stück hergestellte Becken unterschiedlicher Größe. In der terraristischen Praxis heute bedeutungslos. Gelegentlich werden V. noch als Behälter für → Futterzuchten, Aufzucht-, Reservebecken usw. verwandt. Dem Vorteil der Dichtheit stehen als hauptsächliche Nachteile das häufige Zerspringen durch Eigenspannung (herstellungsbedingt) sowie die durch die nicht planen Glasflächen verursachten Verzerrungen der Beckeneinrichtungen und Tiere gegenüber. [1]

Vomer: meist paariger → Deckknochen des → Munddaches der **A** und **R** (bei Schildkröten unpaar). Schließt sich bei **A** an das unpaare → Parasphenoid an. Bei Schwanzlurchen und der Mehrzahl der Froschlurche (Ausnahme z. B. → Bufonidae) bezahnt. [2]

Vorlaichzeit: Zeitraum zwischen der Ankunft am Laichplatz und dem Ablaichen. Die Dauer, bei → Explosivlaichern einfach bestimmbar, variiert von Art zu Art. Bei → *Bufo bufo* beträgt sie nach Heusser gewöhnlich 1–2 Wochen (keinesfalls jedoch weniger als 3 Tage). Extrem kurz mit etwa einem Tag ist die V. bei *Bufo americanus*. [1]

Vorniere: → Pronephros.

Vorzugstemperatur: Bereich in einem Temperaturgefälle, der die optimalen Temperaturanforderungen einer Art erfüllt. Mit einer → Temperaturorgel bestimmbar. Die V. kann jedoch z. B. bei Jungtieren od. unter Hungerstreß in einem anderen Bereich liegen. So haben junge Eidechsen eine tiefere V. als erwachsene Tiere. Daraus resultiert das spätere Aufsuchen und frühere Verlassen der → Winterquartiere bei den Jungtieren (→ *Lacerta agilis*, → *L. vivipara* u. a.). Die V. von → *Coronella austriaca* liegt z. B. bei 35 °, von → *Natrix natrix* bei 34,3 ° und → *Vipera berus* bei 33 °C. [1]

Wachstumsringe, Wachstumsstreifen, Annuli: konzentrische, durch Unterbrechung des Wachstums entstandene Ringe, die um die → Areole der Hornschilder des → Schildkrötenpanzers verlaufen. Bedingt durch die → Winterruhe bildet sich bei Arten der gemäßigten Breiten jährlich ein Ring (in Form einer Furche od. Schrumpfung). Darüber hinaus können auch z. B. durch Nahrungsmangel, ungünstige klimatische Bedingungen od. Krankheiten verursachte Wachstumsstagnationen zum Entstehen zusätzlicher, allerdings meist schwach ausgebildeter Furchen führen. Eine Altersdatierung anhand der W. ist daher oft schwierig und mit zunehmendem Alter (W. gehen häufig völlig verloren) immer problematischer. Zur Altersbestimmung bei **A** (*Triturus-*, *Rana-*, *Bufo*-Arten u. a.) und **R** (vor allem Schildkröten-, Krokodil-, Echsenarten) werden gegenwärtig öfters die nach entsprechender histologischer Aufarbeitung auf Querschnitten von Extremitätenknochen sichtbaren Zuwachsstreifen (Jahresringe, „cement lines") herangezogen. Als besonders geeignet erwiesen sich dafür die langen Röhrenknochen (vor allem → Humerus, → Femur), ferner aber auch die → Phalanges. Gleiche Aussagen sind an bestimmten Schädelknochen, z. B. → Transversum (Schlangen) od. → Parasphenoid (→ *Necturus maculosus*), möglich. In Erprobung ist ein Altersdatierverfahren an lebenden Krokodilen, das Dünnschnitte (nach der Annuli-Zahl) von aus der Nackenregion entnommenen → Osteodermen auswertet. [1]

Waldeidechse: → *Lacerta vivipara*.

Wanderung: → Migration.

Warane: → Varanidae.

Wärmetod, Hitzetod: Tod durch Überschreiten des „kritischen Temperaturmaximums". Der Terminus „critical thermal maximum" geht auf Cowles und Bogert (1944) zurück und wurde von ihnen definiert als „der Wärmepunkt, bei dem der Bewegungsablauf unkoordiniert wird und das Tier die Fähigkeit verliert, den Bedingungen zu entkommen, die unweigerlich zu seinem Tod führen". Neben speziellen Versuchen zum W. wüstenbewohnender **R** liegt eine Fülle von Angaben zum kritischen Temperaturmaximum bei **A** und **R** (meist rectale Messungen) vor. Dies ist z. B. bei → aquatischen Schildkröten (→ Chelydridae u. a.) signifikant niedriger als bei → terrestrischen Formen (→ Testudinidae), semiaquatische Arten (→ Emydidae u. a.) rangieren zwischen beiden Gruppen. [1]

Warzenschlangen: → Acrochordidae.

Washingtoner Artenschutzübereinkommen (WA): vollständige Bezeichnung „Übereinkommen über den internationalen Handel mit gefährdeten Arten freilebender Tiere und Pflanzen", englisch „Convention on International Trade in Endangered Species of Wild Fauna und Flora" (CITES). Am 3. 3. 1973 in Washington, D. C., geschlossen. Verwaltung des Sekretariats (Sitz in Gland/ Schweiz) durch die → IUCN. Beim Inkrafttreten (1. 7. 1975) von 10, bis Anfang 1986 von über 90 Staaten ratifiziert. Durch das WA soll der internationale Handel mit gefährdeten freilebenden Tier- und Pflanzenarten kontrolliert, eine existenzbedrohende Dezimierung od. völlige Ausrottung verhindert werden. Die Ein- und Ausfuhrkontrollen gelten auch für Teile od. Produkte von den in 3 Anhängen (Listen) zum WA angeführten, derzeit rund 2000 Tier- und 30 000 Pflanzenarten. Anhang I weist alle von der Ausrottung bedrohten Arten (Handelsverbote) auf. Anhang II enthält Arten, denen diese potentiell drohen kann, wenn keine strengen Handelskontrollen erfolgen. Anhang III erfaßt alle von den Vertragspartnern in ihrem Staatsgebiet als gefährdet angegebenen Arten (Schutz wie im Anhang II). Die Anhänge werden alle 2 Jahre aktualisiert. Bei der Arteneinordnung orientiert man sich weitgehend am → Rotbuch der IUCN. [1]

Wasserflöhe: → Cladocera.

wassergefüllte Wagenspuren: durch schwere Fahrzeuge (Langholztransport, Ketten- und landwirtschaftliche Fahrzeuge) auf unbefestigten Wegen und im offenen Gelände entstandene parallel zueinander verlaufende Hohlformen (Rinnen) im Boden, die sich mit Niederschlagswasser füllen. Wasserführung je nach Untergrund, Standort, Jahreszeit unterschiedlich, häufig temporär (→ Tümpel). Oft mit typischer Vegetation, z. B. Borstensimsen-Sumpfmieren-Waldweg-Gesellschaft (Isolepo-Stellarietum uliginosae). Vielfach bedeutsame → Laichgewässer, besonders im Forst und auf Standortübungsplätzen, für Schwanz-, aber auch Froschlurche (*Triturus*-Arten, → *Bombina variegata* u. a.). Nach Angaben von Feldmann waren z. B. unter 436 Laichplätzen im südwestfälischen Bergland 153 „Wegerinnensysteme". Häufiges Durchfahren wirkt dem relativ raschen Alterungsprozeß (Laubeintrag, Zuwachsen) dieser sehr instabilen Kleingewässer entgegen, sollte aber während der Laichzeit und Larvenentwicklung möglichst vermieden werden. [1]

Wasserkauen: → Klappern.

Wasserpest: → *Elodea.*

Wassersucht: → Ascites.

Wassertracht: bei Wassermolchen *(Triturus)* während der → aquatischen Phase ausgebildete → Tracht. Die Haut ist glatt, schleimig und zeigt eine kräftige Färbung. Typisch sind die mehr od. weniger stark ausgebildeten → Hautsäume, ebenfalls der lateral abgeflachte Schwanz. Gegenüber der → Landtracht weist der Rumpf eine größere Breite und Höhe auf. Der Gesamtwassergehalt des Molches ist signifikant höher. Untersuchungen an → *Triturus vulgaris* ♂♂ ergaben im Vergleich zur → terrestrischen Phase einen 4–8 % größeren Wassergehalt. Färbung und Hautsäume erreichen ihren optimalen Ausbildungsgrad während der Fortpflanzungsperiode im → Hochzeitskleid. In der → Nachlaichzeit bilden sich die Hautsäume zurück, der Schwanz wird etwas dicklicher. [1]

Wechselkröte: → *Bufo viridis.*

„Wegerinnensystem": → wassergefüllte Wagenspuren.

Weichschildkröten: → Trionychidae.

Weiher: stehendes, ständig wasserführendes Gewässer von unterschiedlicher Größe, das vom Licht bis zum Grund durchdrungen wird. Der ganze

Weiherboden kann somit von festsitzenden Wasserpflanzen besiedelt werden. Wassertiefe selten über 2 m. Im Vergleich zum → See demnach ohne die lichtlose Tiefenregion. Der naturnahe W. ist unser artenreichstes Gewässer. [1]

Weißfleckenkrankheit der Wasserschildkröten: gelegentlich bei jungen Schmuckschildkröten zu beobachten. Auftreten kleiner weißer Flecken auf der Haut, besonders am → Plastron. Rasche Ausbreitung der Hauterkrankung. Im fortgeschrittenem Stadium fallen die Krallen ab, → Futterverweigerung. Vermutlich durch → Vitamin-A-Mangel verursacht. Therapie: Bepinseln der befallenen Stellen mit 70–80%igem Ethanol, auch Kochsalzbäder (1:100). Vitamingaben (bis 100 000 IE/kg KM). [1]

Westliche Sandboa: → *Eryx jaculus.*

Westlicher Schlammtaucher: → *Pelodytes punctatus.*

Wieseneidechse: → *Lacerta praticola.*

Wiesenotter: → *Vipera ursinii.*

„Wiesenplankton“: vielseitiges, nahrhaftes Futter für → terrestrische **A** und Echsen. Läßt sich durch Abstreifen von Wiesen, Rasenflächen od. niedrigem Gebüsch mit einem → Kescher (Insektenkescher) von Frühjahr bis Herbst gewinnen. Es besteht in Abhängigkeit von → Biotop, Jahres-, Tageszeit (günstig früh und vor Dämmerungsbeginn) sowie Witterung aus einer Vielzahl verschiedenster Insekten und Spinnen. Ausbeute am besten in einen mit Gazedeckel versehenen Kunststoffbehälter entleeren, der einige Blätter od. etwas Gras enthalten sollte. Ungeeignete Arten (Raubwanzen, Marienkäfer u. a.) möglichst gleich aussondern. Empfehlenswert sind auswechselbare Netzbeutel (volle Netze gut abbinden). [1]

„Windschaukeln“: → Mimese.

Winkelzahnmolche: → Hynobiidae.

Winterquartier, Hibernaculum: zur → Überwinterung selbst angelegtes (bei vielen → grabenden und → wühlenden Formen) od. natürliches, mikroklimatisch günstiges, gewöhnlich frostfreies Quartier. Für **A** können dies nicht durchfrierende, sauerstoffreiche Gewässer und verschiedenartigste Verstecke an Land sein. Oft wird ein beliebiges Versteck genutzt, andererseits ist vielfach eine spezielle Winterquartiersuche und sogar die Bindung an ein bestimmtes W. bekannt. Eine Ortstreue belegen z. B. → Markierungen an in Bergwerkstollen hibernierenden → Feuersalamandern. In solchen und ähnlich günstigen W. finden sich z. B. größere Gruppen, mitunter Hunderte Exemplare einer Art ein (für → *Triturus vulgaris*, → *Rana temporaria*, → *R. „esculenta“, Thamnophis sirtalis* u. a. nachgewiesen). Nicht selten überwintern Tiere verschiedener Arten zusammen. Vielfach zeigen die z. B. in Erdhöhlen, Felsspalten entdeckten **A** und **R** eine typische Körperhaltung (bei → *Pelobates fuscus*: Kopf nach ventral abgeknickt, Extremitäten angezogen), mitunter sind sie zu einem Klumpen zusammengerollt (→ *Triturus cristatus* u. a.) od. knäuelartig verschlungen (besonders Schlangen). Meist ist das W. nicht weit vom Sommerquartier entfernt. Bei → *Natrix natrix* dienen oft die Eiablageorte als W. Längere Wanderungen zum W. sind vor allem für → *Salamandra salamandra* bekannt. [1]

Winterruhe: in kühlen und gemäßigten Klimazonen regelmäßig im Jahresablauf integrierter, auf eine endogene Disposition und die saisonal bedingte Temperaturabsenkung zurückgehender Ruhezustand. Vor Beginn der W. werden die → Winterquartiere aufgesucht. Die Körpertemperatur der → poikilothermen Tiere sinkt entsprechend der Umgebungstemperatur ab. Es kommt daher zur drastischen Reduktion der Stoffwechselprozesse, starken Verminderung der Atem-, Herzfrequenz, Nervenfunktionen, Verlangsamung des Blutumlaufes usw. Im Gegensatz zum Winterschlaf der Säuger erfolgt bei zu starker Unterkühlung keine Stoffwechselaktivierung und Körpertemperaturerhöhung. Die in ungünstigen, nicht frostfreien Quartie-

ren überwinternden **A** und **R** erfrieren somit beim Erreichen des für sie kritischen Punktes (je nach Art, Dauer usw. verschieden) der Unterkühlbarkeit. [1]
Wirbel: → Vertebrae.
Wirbelkörper: → Centrum vertebrae.
Wirbelsäule: → Columna vertebralis.

Wirbelsäulenregionen: in Längsrichtung der Wirbelsäule lassen sich verschiedene, funktionell bedingte W. unterscheiden. Sie bildeten sich durch die zunehmende Leistungsfähigkeit des Bewegungsapparates heraus. Anfänge in dieser Richtung liegen bereits

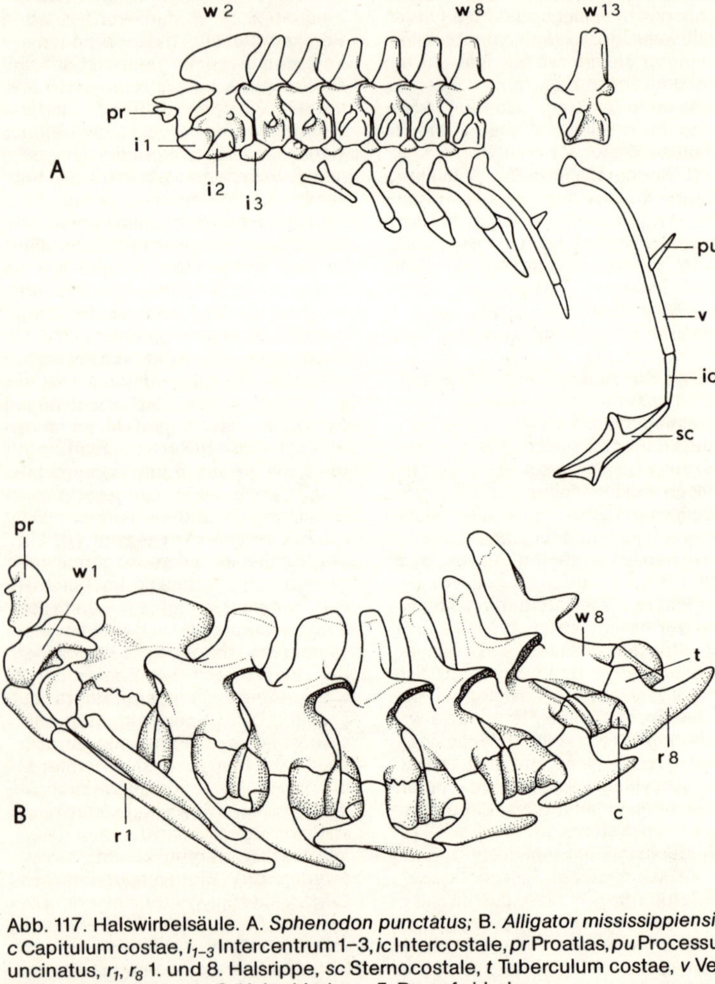

Abb. 117. Halswirbelsäule. A. *Sphenodon punctatus;* B. *Alligator mississippiensis.* *c* Capitulum costae, i_{1-3} Intercentrum 1–3, *ic* Intercostale, *pr* Proatlas, *pu* Processus uncinatus, r_1, r_8 1. und 8. Halsrippe, *sc* Sternocostale, *t* Tuberculum costae, *v* Vertebrocostale, w_1–w_8 1.–8. Halswirbel, w_{13} 5. Rumpfwirbel.

bei **A** vor. Durch das Auftreten eines → Sacralwirbels kann ihre Wirbelsäule in Rumpf-, Sacral- und Schwanzregion gegliedert werden. Der erste Rumpfwirbel ist schon als → Atlas differenziert. Wie alle → Amniota sind die **R** durch 5 W. charakterisiert: Cervical-(Halsregion), Thoracal- (Brustr.), Lumbal- (Lendenr.), Sacral- (Kreuzbeinr.) und Caudal- bzw. Coccygealregion (Schwanzr.). Bei Schlangen tragen alle Rumpfwirbel hinter dem 2. Wirbel Rippen, so daß die vorgenannte Einteilung nicht möglich ist. (Abb. 117). [2]

Wirbelsäulenverkrümmungen: für **A** und **R** wiederholt beschrieben. Nachweise gehen auf Naturfunde, Terrarientiere, → ovipare und → ovovivipare Formen zurück. In den meisten Fällen wurden W. bei Larven (Schwanzlurche) und Jungtieren festgestellt. Die Deformierungen variieren im Ausbildungsgrad und können sich über die ganze Wirbelsäule hinweg (Bild 22) erstrecken. Sie stellen sich als → Kyphosen, → Lordosen, → Skoliosen od. entsprechende Kombinationen (Kyphoskoliosen, Kypholordosen) dar, mitunter zeigen die W. regelrecht wellenförmigen Verlauf. Larven von → *Cynops pyrrhogaster* waren z. B. infolge sehr starker W. nicht mehr imstande, geradeaus zu schwimmen. Gewöhnlich sterben solche Tiere bald. Unter **R** finden sich derartige Verkrümmungen vor allem bei Schlangen (→ *Python molurus*, → *Boa constrictor, Sanzinia madagascariensis*, → *Natrix natrix*, → *N. maura* u. a.). Die W. können genetisch bedingt sein und durch äußere Faktoren, i. d. R. auf früher Stufe der Embryonalentwicklung (z. B. → Vitaminmangel, durch abnorme Temperaturen; experimentell bei Schlangen belegt), verursacht werden. [1]

Wirbelzahlen: variieren außerordentlich. Schwanzlurche besitzen meist 15–30 Rumpfwirbel, 25–30 Schwanzwirbel bei einem → Sacralwirbel. Arten mit schlangenartigem Körper können allerdings bis über 100 Wirbel (z. B. *Siren, Amphiuma*) verfügen. → Gymnophiona weisen bis zu 275 Wirbel auf. Bei Froschlurchen kommen meist 8 (5–9) Rumpfwirbel (durch → Synostose kann die Zahl geringer sein), 1 Sacralwirbel und 1 stabförmiges → Urostyl vor, das aus 12 od. mehr verschmolzenen Schwanzwirbeln besteht. Relativ konstant ist die Zahl der → praesacralen Wirbel der **R**: 23–25, darunter 8–9 Halswirbel; die fossilen Plesiosauria besaßen dagegen bis zu 70 Halswirbel. Alle rezenten **R** zeichnen sich durch 2 freie Sacralwirbel aus. Einige fossile **R** lagerten sekundär Lumbal- od. Caudalwirbel an (sog. Pseudosacralwirbel) zur Bildung eines soliden → Sacrums, das bei Saurischia 5, den Ornithischia und Pterosauria 10–11 Wirbel umfassen kann. Extrem hohe W. treten bei Schlangen auf. Für → *Python sebae* werden 370, → *P. molurus* 435 Wirbel angegeben. Manche fossilen Schlangen besaßen bis zu 560 Wirbel *(Archaeophis)*. [2]

Witterstellung: auf Matthes (1924) zurückgehender Begriff. Im Rahmen des → Beutefangverhaltens von Wassermolchen *(Triturus)* bei der olfaktorischen Prüfung („Geruchsprobe") langsam beweglicher Beute eingenommene Haltung. Diese läßt sich schon bei Larven beobachten, jedoch nicht immer und so markant ausgeprägt wie bei ad. Tieren. Der Molch (bzw. die Larve) senkt den Kopf abwärts (fast lotrecht) auf die Beute zu, die häufig mit der Schnauzenspitze berührt wird. Sein Rücken ist dabei mehr od. weniger stark gekrümmt, die Vorderextremitäten berühren das Substrat nicht bzw. nur mit den Fingerspitzen. Während dieser Phase verstärkt sich, durch kräftige Mundbewegungen unterstützt, der Strom des Inspirationswassers durch die Nasenöffnungen. Bei Ausschaltung des Geruchssinnes (Verschluß der Nasenöffnungen od. Durchtrennung der Nervi olfactorii) entfallen Geruchsprobe und W., d. h., die lebende Beute wird sofort ergriffen und verschlungen. (Abb. 118). [1]

Wolffscher Gang, Urnierengang: entspricht dem → primären Harnleiter, an

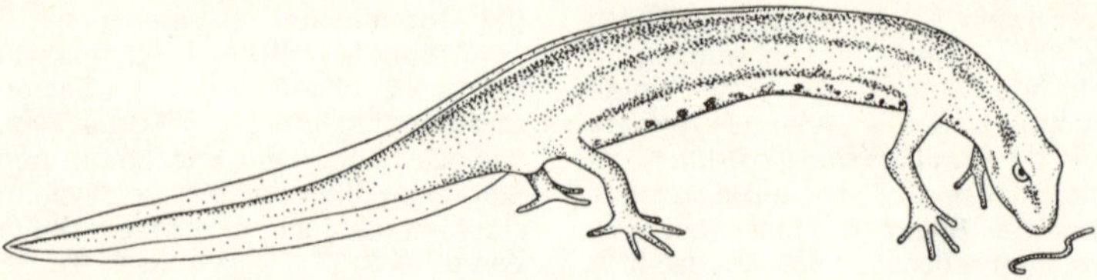

Abb. 118. Witterstellung eines *Triturus vulgaris* ♀ in Wassertracht.

den die → Nephrone des → Mesonephros sekundär Anschluß gewinnen. Im W. G. werden bei den **A** neben Harn auch die Genitalprodukte der ♂♂ abgeleitet. Bei den **R** dient er ausschließlich als Samenleiter. [2]

wühlen: zu den wühlenden Formen zählen die → Gymnophiona (außer den → Typhlonectidae), → apode Echsen- und zahlreiche Schlangenarten (alle → Scolecophidia, Vertreter der → Henophidia u. a.). Viele haben sich gut an die unterirdische Lebensweise durch morphologische und anatomische Umgestaltungen angepaßt. So liegt z. B. ein kompakter Schädelbau, mitunter eine unbeweglichere Halswirbelsäule (bestimmte „Wühlschlangen") vor. Der oft schaufel-, keil- od. spatelförmige Kopf ist nicht vom Hals abgesetzt, der → Pileus meist durch Reduktion der Schildzahl sowie sehr große Schilde charakterisiert. Das Trommelfell kann durch Schuppen geschützt bzw. verborgen sein, die Augen sind graduell unterschiedlich rückgebildet, die Schwänze stark verkürzt (dienen zum Gegenstemmen beim W.; z. T. mit einem od. mehreren Dornen versehen), alle Schuppen klein, glatt und eng aneinandergereiht. → Amphisbaenidae, → Trogonophidae, → Typhlopidae, → Anomalopidae und → Leptotyphlopidae repräsentieren die am stärksten spezialisierten Wühler. Amphisbaenen legen ihre Gänge mittels windender (rund- und kielköpfige Arten) od. grabähnlicher Kopfbewegungen (schaufelköpfige Formen) an. [1]

Würfelnatter: → *Natrix tessellata.*

Wüstenheuschrecke: → *Schistocerca gregaria.*

WWF: World Wildlife Fund. September 1986 Umbenennung in World Wide Fund For Nature. Mit über 1 Mio. Mitglieder die weltweit größte private Naturschutzorganisation. Am 11. 9. 1961 in Zürich gegründet. Sitz in Gland (Schweiz), Emblem ist der Pandabär. Tritt für Erhaltung und Schutz von Natur und → Umwelt ein. Zusammen mit nationalen WWF-Organisationen wurden bis zum 25jährigen Jubiläum über 4000 Naturschutzprojekte in etwa 130 Ländern entwickelt bzw. unterstützt. Zu den gemeinsam von → IUCN und WWF betriebenen internationalen Projekten gehören z. B. der Galápagos-Nationalpark, das Artenschutzprogramm „Meeresschildkröten", die weltweite Kampagne „Feuchtgebiete". Wesentliche Hilfe leistet der WWF in diesem Rahmen zur Erhaltung des mit etwa 200 000 km^2 größten Feuchtgebietes der Erde, des Pantanal, in S-Amerika. Nach Schätzungen brasilianischer Umweltschutz-Behörden werden dort jährlich rund 2 Mio. Brillenkaimane für die Lederindustrie gewildert. Umfangreiche Aktivitäten gelten weiterhin z. B. der Durchsetzung internationaler Naturschutzabkommen, der Mitarbeit an der „Weltstrategie für die Erhaltung der Natur" und der Öffentlichkeitsarbeit. [1]

Xanthusiidae, Nachtechsen: Fam der → Gekkota. Etwa 16 Arten. Verbreitung: SW-USA (sowie auf den der kalifornıschen Küste vorgelagerten Channel Islands), M-Amerika, Kuba (Prov. Oriente; *Cricosaura typica*). Vor allem in Trockengebieten, aber auch tropischen Wäldern, Nadelwäldern. Höhenverbreitung bis etwa 3000 m. Durchweg kleine Arten. GL bis 15 cm. Eidechsenartig, Extremitäten normal ausgebildet. → Gefenstertes Unterlid mit Oberlid zur Brille verwachsen. Pupille senkrecht. Zunge nur wenig gespalten. Zähne → pleurodont. → Procöle Wirbel. Gewöhnlich nachtaktiv. Tagsüber versteckt z. B. in Felsspalten, unter Geröll, Laub. Fortpflanzung nicht bei allen Arten sicher bekannt. Einige → vivipar. Ernährung über eine Placenta zuerst 1950 bei *Xantusia vigilis* entdeckt. 2 UFam: Xantusiinae, Cricosaurinae. [1]

Xenopeltidae, Regenbogenschlangen, Erdschlangen: Fam der Henophidia. Nur 1 Art, *Xenopeltis unicolor* Reinwardt 1827. Verbreitung: SO-Asien (von Burma, S-China bis Sulawesi). Lebt ober-, aber auch unterirdisch (im oberen, lockeren Bodenbereich) in Feuchtwäldern. GL bis 1 m. Körper kräftig, glattschuppig, kurzschwänzig. Kopf abgeflacht, nur leicht abgesetzt. Schädelkapsel kompakt, → Dentale sehr beweglich. → Pileus normal ausgebildet, → Ventralia gut differenziert, → Subcaudalia zweireihig. Urtümliche Merkmale sind z. B. die Bezahnung des → Praemaxillare, Ausbildung von 2 funktionsfähigen Lungen (verschieden groß). Nachtaktiv. Ziemlich flink. Bei Erregung Vibration des Schwanzes. → Ovovivipar. [1]

Xenopus laevis (Daudin 1803), Glatter Krallenfrosch, Plantana: Vertreter der → Pipidae. Verbreitung: O-, S- und W-Afrika (bis Kamerun). → Aquatische Art. Bevorzugt in → Standgewässern aller Art (selbst → Brunnen, Kläranlagen), auch in Stillwasserzonen von → Fließgewässern. Im Flach- und Bergland anzutreffen. KRL bis 13 cm. Körper flach, ziemlich stromlinienförmig, glatthäutig. Kopf schmal, Maul spitz. Augen kopfoberseits, klein, mit rudimentärem Oberlid. Unter ihnen jeweils ein kurzer Fühlfaden. Hinterextremitäten mit → Spannhäuten, an den 3 inneren Zehen spitze, schwarze Krallen (Abb. 45 B). ♂ zur Brunstzeit mit „Begattungsbürsten" an den Fingerinnenseiten. ♀ trägt 3 Papillen an der Kloakenöffnung. Vorwiegend dämmerungsaktiv. Laichablage mehrfach im Jahr (pro ♀ insgesamt bis 15 000 Eier), meist einzeln an Wasserpflanzen. Larven im Kopfbereich relativ durchsichtig, an jedem Mundwinkel 1 → Tentakel. Filtrierer. Typische Larvenhaltung: kopfabwärts nahezu bewegungslos im Wasser stehend. [1]

Xenosauridae, Höckerechsen: Fam der → Anguinomorpha. 4 Arten, 2 Gatt. Verbreitung: Mexiko, Guatemala *(Xenosaurus)*, S-China (*Shinisaurus*; Prov. Guanxi, z. Z. 4 Vorkommen mit insgesamt etwa 500 Tieren bekannt). Bodenbewohner in Feuchtwäldern; *Xenosaurus* lebt gern in Wassernähe, *Shinisaurus* zeigt enge Bindung zum Gewässer (Bäche und → Standgewässer mit dichter Ufervegetation, 500–700 m NN). Mittelgroße Echsen. GL bis 40 cm. Kräftiger, gedrungener Körper. Kopf breit, Kiefer mit kräftigen, z. T. hauerartigen Zähnen. Zunge gering gespalten, kurz. Zwischen Körnerschuppen stehen größere, längsgekielte, regelmäßig angeordnete Höckerschuppen. → Trommelfell ebenfalls von beschuppter Haut bedeckt. → Osteodermata ausgebildet. Bei *Shinisaurus* trägt der seitlich abgeflachte Schwanz 2 kleine Längskämme (krokodilähnlich). Ventralseite mit flachen Schuppen und Schildern. *Shinisaurus* besitzt ein ausgezeichnetes Schwimm- und Tauchvermögen. Sonnt sich oft am Ufer (auf Steinen, auch Bäumen). Flieht blitzschnell ins Wasser. Dämmerungs- und nachtaktiv, *Shinisaurus* auch frühmorgens aktiv. → Ovovivipar (*Xenosaurus*; 2–4 Junge) und → vivipar (*Shinisaurus;* 2–7 Junge, werden im Wasser geboren). [1]

Xiphisternum: caudaler Abschnitt des → Sternums von **A** und **R**. Bei Froschlurchen als zweizipflige Knorpelscheibe ausgebildet. Das X. der Echsen und Krokodile (z. T. auch als Metasternum bezeichnet) besteht aus 2 lang ausgezogenen Knorpelenden. [2]

Zahnbefestigung: erfolgt bei **A** und **R** wie auch bei anderen → Tetrapoda auf → Deckknochen. Die Art und Weise der Z. ist unterschiedlich. Bei acrodonter Z. sind die Zähne mit dem Knochen verwachsen od. durch straffes Bindegewebe verankert (viele **A**, → Sphenodontidae, → Agamidae, → Chamaeleonidae, z. T. → Amphisbaenidae). Sie stehen auf der Oberkante des Kieferknochens. Pleurodonte Z. liegt vor, wenn die Zähne seitlich im Kieferinnenrand auf einer Längsleiste angelagert und durch ein Ringband fixiert sind (manche **A**, die Mehrzahl der Echsen, z. T. Amphisbaenidae, Schlangen). Sitzen die Zähne in Alveolen (Krokodile, auch → *Archaeopteryx*), so spricht man von thecodonter Z. (Abb. 119). [2]

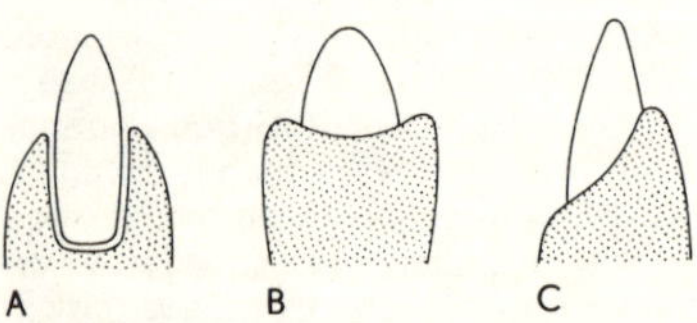

Abb. 119. Zahnbefestigung bei Reptilien. A. Thecodont; B. Acrodont; C. Pleurodont.

zahntragende Knochen: abgesehen von den Kieferrändern sind auch weitere Knochen bezahnt. Bei rezenten **A** können Zähne tragen: → Praemaxillare, → Maxillare, → Vomer, → Palatinum (vor allem → Caudata, → Gymnophiona), selten → Dentale, → Spleniale, → Parasphenoid (manche → Plethodontiden). → Anuren weisen eine Bezahnung gewöhnlich nur auf Praemaxillare, Maxillare und Vomer auf, abgesehen von *Amphignathodon* ist ihr Dentale zahnlos. In 2 Fällen trägt der Unterkiefer → Scheinzähne. Viele Froschlurche besitzen keinerlei Zähne, z. B. → Bufonidae, → Rhinodermatidae, zahlreiche Myobatrachidae, viele → Dendrobatidae und → Microhylidae. Die z. K. der **R** sind meist auf Praemaxillare, Maxillare und Dentale beschränkt (z. B. → Crocodylia). Einige Echsen verfügen außerdem über Gaumenzähne (auf Palatinum, → Pterygoid), → *Sphenodon punctatus* weist Zähne auf Vomer und Palatinum auf. Unter den Schlangen ist das Praemaxillare meist unbezahnt (Ausnahme *Python, Anilius, Xenopeltis*), oft tragen auch Palatinum und Pterygoid Zähne. [2]

Zangenklettern: auf Abel zurückgehender Begriff. Für → Chamaeleonidae typische Spezial- bzw. Extremform des Klammerkletterns. Die → Metacarpalia 1–3 sowie → Phalangen sind büschelartig verwachsen und stehen dem Bündel der Metacarpalia 4–5 (nebst → Phalangen) gegenüber. Bei der Hinterextremität opponieren die → Metatarsalia, einschließlich Phalangen 1,2 und 3–5. Die jeweils bis zu den Krallen auch muskulär und häutig verbundenen, zangenähnlich arbeitenden Finger- und Zehenbündel gewährleisten mit Unterstützung des Haftborstenbesatzes der Zeheninnenseite und → ihres Greifschwanzes eine hohe Klettersicherheit. [1]

Zapfengelenkfortsätze: mediodorsal von den → Zygapophysen am → Neuralbogen der Wirbel gelegene unpaare Fortsätze bei manchen Echsen, besonders aber Schlangen. Sie bilden mit Gruben des vorhergehenden Neuralbogens Zapfengelenke, die zur Stabilisierung der Wirbelsäule beitragen. Man unterscheidet zwischen dem craniad gerichteten Zygosphen und der caudad orientierten Grube, dem Zygantrum. [2]

Zauneidechse: → *Lacerta agilis.*

Zehenangeln: Form des → Köderverhaltens. Von Murphy beim südamerikanischen Hornfrosch *Ceratophrys calcarata* entdeckt. Der vor allem auf kleine → Anuren (*Hyla*-Arten u. a.) lauernde Frosch hebt langsam eine Hinterextremität an, zieht sie an den Körper und dreht diese so, daß die Fußunterseite deutlich in Erscheinung tritt. Gleichzeitig wird die mit ihren hellen Seitenflächen gegen die dunkle Fußunterseite gut abstechende 4. und 5. Zehe ständig vibrierend und wellenförmig bewegt. In der Endphase des Köderverhaltens liegt die inzwischen weiter emporgestreckte Extremität in der Rückenmitte über der Interorbitalregion. Der Frosch führt nun gezielte Freßstöße gegen die durch seine Zehenbewegungen (über den Augen) angelockte und darauf konzentrierte potentielle Beute aus. (Abb. 120). [1]

Zehenlappen, Zehensäume: mehr od. weniger breit entwickelte, gelappte → Hautsäume an den Zehen der Hinterextremitäten bei Wassermolch ♂♂ (Abb. 46 A; → *Triturus vulgaris,* → *T. helveticus*) im → Hochzeitskleid. Sie werden nach der Brunft wieder zurückgebildet. [1]

Zeitigungsdauer: → Inkubationszeit.

Zentralkanal: → Canalis centralis.

Zentralnervensystem: → Nervensystem.

Zeugopodium: mittlerer Abschnitt der Vorder- und Hinterextremität, zwischen → Stylopodium und → Autopodium gelegen. Besteht aus jeweils 2 Knochen: → Radius und → Ulna bzw. → Tibia und → Fibula. [2]

Ziehharmonika-Kriechen, Harmonika-Bewegung: Lokomotionsform der Schlangen. Von Mosauer treffend als „Bewegung durch abwechselndes Biegen und Strecken" definiert, wobei der Körper stets eine od. wenige seitliche Windungen (stationäre Bereiche) bildet. Vom → Schlängeln deutlich zu trennen. Effektivste Fortbewegungsart auch auf schwierigem Terrain und beim Überwinden enger Hohlräume. [1]

„Zimmer-Freiland-Terrarium": paradoxer Begriff für käfiglose Haltung ausgewählter Terrarientiere in einer sehr dekorativen und z. B. durch Natursteinmauer od. Miniaturwassergraben begrenzten größeren Pflanzenecke im Wohnraum. Artenauswahl hinsichtlich Ortstreue, Fütterung (Entweichen von

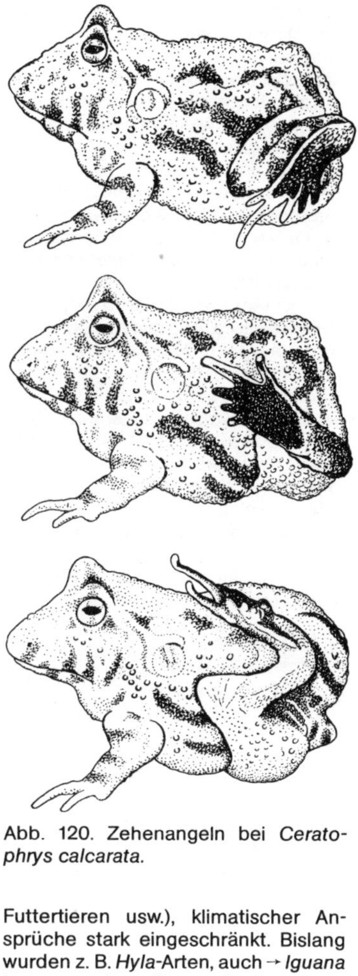

Abb. 120. Zehenangeln bei *Ceratophrys calcarata.*

Futtertieren usw.), klimatischer Ansprüche stark eingeschränkt. Bislang wurden z. B. *Hyla*-Arten, auch → *Iguana iguana* unter diesen Bedingungen gehalten. [1]

Zischen: mit Hilfe des Atemapparates erzeugte → Lautäußerung. Markantes, von vielen **R** praktiziertes → aposematisches Verhalten. Es steht oft am Anfang einer ganzen Reaktionskette (z. B. bei → *Natrix natrix*). Zischlaute entstehen meist beim Herausstoßen von Luft durch die → Glottis. Sie können aber auch beim Einatmen hervorgerufen werden (Chamäleons u. a.). Die Tonhöhe hängt von der Weite der Glottis ab. Einen hohen, durchdringenden Zischton produziert unter anderem → *Ophiophagus hannah*. Sehr tiefes Z. wird als Fauchen bezeichnet. Am lautesten können Krokodile fauchen. Ein Sonderfall ergibt sich hinsichtlich der Lauterzeugung bei Bullennattern *(Pituophis)*. Sie besitzen eine → Epiglottis, die zudem noch längs- und nicht wie üblich quergerichtet ist. Ihre lauten, heiseren Zischlaute entstehen, wenn Luft aus der → Trachea gegen diese geblasen wird. [1]

Zophobas atractus (Fabricius 1775), Großer Schwarzkäfer: Vertreter der Schwarzkäfer (Tenebrionidae). Käfer 30–34 mm lang, schwarz. ♂ mit breiterem Kopf (4,5–5 mm) als ♀ (3,5–4 mm). Larven bis 60 mm lang, 5–7 mm im Durchmesser, gelblich, Kopf und die letzten 3 Segmente dunkelbraun. Hinterrand der anderen Segmente mit markanter brauner Querbinde versehen, mittlere Segmente dazu fein gepunktet. Als Futter für größere Froschlurche und Echsen gut geeignet. Leicht züchtbar. Generationszeit bei 27–29 °C und 60–90 % RLF bis 4 Monate. Käfer leben etwa 1 Jahr. Zuchtbehälter: mit Gazedeckel verschließbare Kunststoffbehälter od. Aquarien, halbdunkel stellen. Bodengrund: Torf-Sägemehl-Gemisch (1:1, etwa 10 cm hoch). Auf Kletterästen verankert Möglichkeit zur Eiablage anbringen (feuchte Borke, spezielle Eiablageplatte usw.). Zuchtansatz: 50–80 Käfer und Larven. Futter: z. B. Obststückchen, geriebene Möhre, Salat, feuchte → Pellets, empfohlen werden unter anderem feuchte Futterkügelchen aus einer Mischung von Haferflocken, Sojamehl und Milchpulver (6:4:1) mit Zusatz von etwas Preßhefe. Junglarven absieben, in separaten Behältern aufziehen. Zuchtbehälter regelmäßig säubern (Kot, → Futterreste entfernen usw.). Vorsicht vor Milbenbefall. [1]

Zug: → Migration.

Zunge: → Lingua.

Züngeln: Vorstrecken der Zunge bei Schlangen und vielen Echsen zur Aufnahme von Duftstoffen, die über das → Jacobsonsche Organ eine chemische Orientierung ermöglichen. Bei vielen → Squamaten tritt außerdem aposematisches Z. (Drohz.) auf. Schlangen z. in beiden Fällen meist bei geschlossenen Kiefern durch eine kleine Ausbuchtung des Rostralschildes. Im Vergleich zu den Echsen ist das „gewöhnliche" Z. bei ihnen lebhafter ausgeprägt. Seine Intensität steigt mit zunehmender Erregung. Beim aposematischen Z. können die Spitzen der weit herausgestreckten Zunge langsam aufwärts nach hinten, im Extrem (z. B. bei *Dispholidus typus, Thelotornis kirtlandi*) bis zum → Frontale umgebogen und dabei zugleich weit (nahezu im Winkel von 180 °) auseinandergespreizt werden. Nachfolgend senkt sich die Zunge wieder, die Spitzen nehmen die Normallage ein. Diese Reaktion läuft mehrmals nacheinander ab. Manche Schlangen lassen die Zungenspitzen heftig vibrieren. [1]

Zungenbein: → Os hyoides.

Zungenködern: → Köderverhalten.

Zungenlose: → Pipidae.

Zungenwürmer: → Pentastomida.

Zwangsfütterung: künstliche Ernährung nach längerer → Futterverweigerung und beginnender → Kachexie. Mit Erfolg besonders bei Echsen und Schlangen praktizierbar. Bei Z. ruhig und sicher hantieren. Anfangs nur kleine, leicht verdauliche Portionen applizieren. Kopf des Tieres zwischen Daumen und Zeigefinger der linken Hand halten. Maul vorsichtig mittels Spatel od. stumpfer Pinzette öffnen. Das Futter wird dann per → Schlundsonde bzw. durch Stopfen verabreicht. Der Vorteil der Sondenmethode ist die Dosierbarkeit der Nahrung (spezielle Futtermischung, gequirltes rohes Ei usw.). Gestopft werden frisch getötete

Tiere od. durch Anfeuchten mit warmem Wasser bzw. Eiweiß gleitfähiger gestaltete Futterbrocken. Futter möglichst tief mit Hilfe der Pinzette in den Schlund stopfen, wenn erforderlich (z. B. oft bei Schlangen) durch Massieren bis zum Magen befördern. Nach der Z. jegliche Störung vermeiden (Gefahr des Auswürgens). [1]

Zweiflügler: → Diptera.

Zweifuß-Doppelschleichen: → Bipedidae.

Zweizehen-Aalmolch: → *Amphiuma means.*

Zwerg-Kieleidechse: → *Algyroides fitzingeri.*

Zwerg-Sandboa: → *Eryx miliaris.*

Zwergwuchs: → Nanismus.

Zwillinge: Nachweise vollständiger Doppelbildungen sind im Vergleich zu solchen für unvollständige od. partielle (→ Siamesische Zwillinge, → Duplicitas incompleta anterior, → Duplicitas incompleta posterior u. a.) bei **A** (z. B. 2 völlig getrennte Embryonen mit gemeinsamen Dotter bei → *Salamandra salamandra*) und **R** sehr selten. Sie gehen vor allem auf Belege an Terrarientieren, aber auch Funde bei Sektionen und embryologischen Untersuchungen zurück. So wurden z. B. unter 900 Embryonen von 3 Schlangen- und 2 Echsenarten nur 2 Zwillingsbildungen entdeckt. Beide im frühen Embryonalstadium befindlichen Paare (Embryonenlänge etwa 15 mm) stammen aus dem gleichen → *Natrix natrix* ♀. Doppelbildungen auf noch jüngerem Stadium sind unter anderem für → *Chelonia mydas,* → *Testudo graeca,* → *Alligator mississippiensis,* → *Lacerta agilis* bekannt. Meist sterben die Z. bei **R**, selbst bei einer Entwicklung bis zur Schlupfreife, im Ei ab. Außerdem ist vielfach ein Tier wesentlich kleiner und schwächer als das andere. Rechtzeitiges Entdecken und Öffnen der Eischale kann bei entsprechender Entwicklung zum Überleben des größeren Zwillingspartners, bei gleichgroßen Z. sogar beider Tiere (belegt für *Sternotherus odoratus, S. minor*) führen. Ein selbständiger → Schlupf eineiiger Z. wurde z. B. für *Natrix natrix* nachgewiesen. [1]

Zwischenhirn: → Diencephalon.

Zwischenkiefer: → Praemaxillare.

Zwischenrippenmuskeln: → hypaxonische Rumpfmuskulatur.

Zwischenwirbelscheibe: → Intervertebralscheibe.

Zwittrigkeit: → Hermaphroditismus.

Zygapophysen: an der Basis der → Neuralbögen der Wirbel ansetzende Fortsätze. Cranial befinden sich die Praezygapophysen mit ein- und aufwärts gerichteten Gelenkflächen, caudal die Postzygapophysen, deren Gelenkflächen ab- und auswärts weisen. Die Z. ermöglichen eine gerichtete Bewegung der Wirbelkörper gegeneinander und dienen außerdem der Stabilisierung der Wirbelsäule. Bei Schlangen kommen zusätzliche Z. vor, die sog. → Zapfengelenkfortsätze. [2]

Zitierte Literatur

Aschoff, J.: Zeitgeber der tierischen Tagesperiodik. Naturwissenschaften **41** (1954): 49–56.

Barber, H.: Traps for cave-inhabiting insects. J. Elisha Mitchell Sci. Soc. **46** (1931): 259–266.

Bartholdi, P.: Stubenfliegenzucht – ohne Geruchsbildung. Aquaterra **3** (1966): 22–24.

Bechstein, J. M.: Naturgeschichte der Stubenthiere, Saeugethiere, Amphibien, Fische, Insecten, Würmer. Ettingersche Buchhandlung, Gotha 1797.

Bechter, R.: „Das Ei des Columbus". Zur Aufzucht von *Dendrobates pumilio* und *lehmanni*. Aquarienmag. **12** (1978): 272–276.

Bellairs, A.: Die Reptilien. Rencontre, Lausanne 1971.

Berger, L.: Embrional and larval development of F_1 generation of green frogs different combinations. Acta Zool. Cracov. **12** (1967): 123–160.

Bernirschke, K., und T. C. Hsu: Chromosome Atlas: Fish, Amphibians, Reptiles and Birds. Bd. 1–3. Springer, Berlin – Heidelberg – New York 1971–1975.

Blum, F.: Ueber Wesen und Wert der Formolhärtung. Anat. Anz. **11** (1896): 718–727.

Böhme, W.: Über das Stachelepithel am Hemipenis lacertider Eidechsen und seine systematische Bedeutung. Z. Zool. Syst. Evolutionsf. **9** (1971): 187–223.

Böhme, W.: Zur Entdeckerpriorität des Maultransportes bei Krokodilen. Salamandra **13** (1977): 185–186.

Böhme, W.: Ein neues Chamäleon aus Tanzania, mit Bemerkungen über Mimese bei Echsen (Reptilia: Sauria). Bonn. zool. Beitr. **33** (1982): 349–361.

Böhme, W.: Zur Genitalmorphologie der Sauria: funktionelle und stammesgeschichtliche Aspekte. Bonn. zool. Monographien, Nr. 27. Forschungsinst. u. Mus. Alexander Koenig, Bonn 1988.

Böhme, W., und W. Bischoff: Das Paarungsverhalten der kanarischen Eidechsen (Sauria, Lacertidae) als systematisches Merkmal. Salamandra **12** (1976): 109–119.

Bonath, K., und C. Zschege: Experimentelle Untersuchungen zur klinischen Anwendung und Überwachung der Inhalationsnarkose bei Reptilien. Zbl. Vet. Med. A **26** (1979): 341–372.

Brander, D.: Stones in crocodile's stomach. Field **146** (1925): 537.

Brandes, G., und W. Schoenichen: Die Brutpflege der schwanzlosen Batrachier. Abh. naturforsch. Ges. Halle **22** (1901): 394–461.

Brattstrom, B. H.: A preliminary review of the thermal requirements of amphibians. Ecology **44** (1963): 238–255.

Brattstrom, B. H.: Body temperatures of reptiles. Amer. Midland Natural. **73** (1965): 376–422.

Brazaitis, P.: The Chinese alligator. Anim. Kingdom, Oct. (1968): 24–27.

Brodie, E. D.: Defensive mechanisms of plethodontid salamanders. HISS, New-J., **1** (1973): 55.

Carpenter, C. C.: Patterns of behavior in three forms of the fringe-toed lizards (*Uma*-Iguanidae). Copeia **2** (1963): 406–412.

Carr, A.: Die Reptilien. TIME-LIFE-International, Amsterdam 1967.

Carr, A., P. Ross, und S. Carr: Internesting behavior of the green turtle, *Chelonia mydas,* at a mid-ocean island breeding ground. Copeia **3** (1974): 703–706.

Chondropoulos, B., P. und J. J. Lykakis: Ecology of the Balkan wall lizard, *Podarcis taurica ionica* (Sauria: Lacertidae) from Greece. Copeia **4** (1983): 991–1001.

Clausnitzer, H.-J.: Durch Umwelteinflüsse gestörte Entwicklung beim Laich des Moorfrosches (*Rana arvalis* L.). Beitr. Naturk. Niedersachsens **32** (1979): 68–78.

Coe, M.: Observations on the ecology and breeding biology of the genus *Chiromantis* (Amphibia: Rhacophoridae). J. Zool. London **172** (1974): 13–34.

Corben, C. J., G. J. Ingram, und M. J. Tyler: Gastric brooding: unique form of parental care in an Australian frog. Science **186** (1974): 946–947.

Cott, H. B.: Scientific result of an inquiry into the ecology and economic status of the Nile crocodile *(Crocodylus niloticus)* in Uganda and Northern Rhodesia. Trans. Zool. Soc. London **21** (1961): 211–356.

Cowles, R. B., und C. M. Bogert: A preliminary study of the thermal requirements of desert reptiles. Bull. Amer. Mus. Nat. Hist. **83** (1944): 261–296.

Crew, F. A. E.: Biological pregnancy diagnosis tests. A comparison of the rabbit, the mouse, and the „clawed toad" *(Xenopus laevis)* as the experimental animal. Brit. med. J. **1** (1939): 766–770.

Czermak, J. J.: Beiträge zur Anatomie und Physiologie des schwarzen Salamanders. Medic. Jb. österr. Staates **45** (N. F. 36) (1843): 1–13.

Dauth, J.: *Podarcis melisellensis* (Lacertidae) – Beuteschütteln („Totschüttelbewegung"). Begleitveröffentlichung zum wiss. Film E 2627 der BHWK Wiss. Film **27** (1981): 26–33.

Dauth, J.: Zum Problem des „Totschüttelns" bei Reptilien unter besonderer Berücksichtigung der Lacertidae. Dissertation, Wien 1983.

Dauth, J.: On preyshaking („death-shaking") in Lacertidae. In: Studies in Herpetology, Roček, Z. (Hrsg.), 593–596. Charles Univ., Prag 1986.

Deraniyagala, P. E. P.: Reproduction in the monitor lizard *Varanus bengalensis* (Daudin). Spol. Zeylan. **28** (1958): 161–166.

Duellman, W. E.: The hylid frogs of Middle America. Vol. 1–2. Mus. Nat. Hist. Univ. Kansas 1970.

Duellman, W. E.: On the classification of frogs. Occas. Papers Mus. Nat. Hist. Univ. Kansas **42** (1975): 1–14.

Duellman, W. E., und L. Trueb: Biology of Amphibians. McGraw-Hill, New York – St. Louis – San Francisco 1985.

Faust, E. S.: Beiträge zur Kenntnis des Samandarins. Arch. exp. Path. u. Pharmakol. **41** (1898): 229–245.

Faust, E. S.: Ueber Bufonin und Bufotalin, die wirksamen Bestandteile des Krötenhautdrüsensecretes. Arch. exp. Path. u. Pharmakol. **47** (1902): 278–310.

Feldmann, R.: Wassergefüllte Wagenspuren auf Forstwegen als Amphibien-Laichplätze. Salamandra **10** (1974): 15–21.

Fioroni, P.: Der Eizahn und die Eischwiele der Reptilien. Acta anat. **49** (1962): 328–366.

Fischer, J.: Das Terrarium, seine Bepflanzung und Bevölkerung. Mahlau und Waldschmidt, Frankfurt a. M. 1884.

Friederich, U.: Der Pileus der Squamata. Stuttgarter Beitr. Naturk., Ser. A, **307** (1978): 1–64.

Geßner, O.: Über das Salamandergift. Nova Acta Leopoldina (N. F.) **12** (1943): 405–422.

Glandt, D.: Naßkopierverfahren: eine preiswerte Schnellmethode zur Registrierung des ventralen Fleckenmusters bei *Triturus cristatus*. Salamandra **16** (1980): 181–183.

Golder, F.: Beitrag zur Fortpflanzungsbiologie einiger Nattern (Colubridae). Salamandra **8** (1972): 1–20.

Gosse, P. H.: The aquarium, or, unveiling of the wonders of the deep. Bath, London 1854.

Graeff, D., und R. Schulte: Neue Erkenntnisse zur Brutbiologie von *Dendrobates pumilio*. Herpetofauna, **2** (1980): 17–22.

Greene, H. W.: Scale overlap, a directional sign stimulus for prey ingestion by ophiophagous snakes. Z. Tierpsychol. **41** (1976): 113–120.

Greer, A. E.: Clutch size in crocodilians. J. Herpetol. **9** (1975): 319–322.

Günther, R., und J. Plötner: On the noxious effects of household detergents on anuran eggs and tadpoles. In: Studies in Herpetology, Roček, Z. (Hrsg.), 717–722, Charles Univ., Prag 1986.

Habermehl, G.: Gift-Tiere und ihre Waffen. Springer, Berlin – Heidelberg – New York 1977.

Hall, E. R., und W. C. Russel: Dermestid beetles as an aid in cleaning bones. J. Mammal. **14** (1933): 372–374.

Harris, R. H.: Small vertebrate skeletons. Mus. J. London, **58** (1959): 223–224.

Hausmann, K., und W. Foissner: Das Pantoffeltierchen aus dem Heuaufguß gibt es nicht! Mikrokosmos **75** (1986): 193–197.

Hediger, H.: Beitrag zur Herpetologie und Zoogeographie Neu Britanniens und einiger umliegender Gebiete. Zool. Jb., Syst. **65** (1934): 441–582.

Hediger, H.: Tiere im Schlaf: Vom Gähnen. Doc. Geigy, Basel 1955.

Hediger, H.: Beobachtungen zur Tierpsychologie im Zoo und Zirkus. Henschel, Berlin 1979.

Heidermanns, C.: Grundzüge der Tierphysiologie. Fischer, Stuttgart 1957.

Heinroth, O.: Beiträge zur Biologie, namentlich Ethologie und Psychologie der Anatiden. Verh. 5. Int. Ornith, Kongr. 1910 Berlin, 589–702, 1911.

Hennig, C. W., und W. P. Dunlap: Tonic immobility in *Anolis carolinensis:* Effects of time and conditions of captivity. Behav. Biol. **23** (1978): 75–86.

Hennig, W.: Grundzüge einer Theorie der phylogenetischen Systematik. Deutscher Zentralverlag, Berlin 1950.

Herfs, A.: Beutefang, Nahrungsaufnahme und Wachstum bei *Boa constrictor* (L.). Acta Tropica **16** (1959): 1–37.

Heselhaus, R.: Pfeilgiftfrösche. Kernen, Stuttgart 1984.

Heusser, H.: Zum Häutungsverhalten von Amphibien. Rev. Suisse Zool. **65** (1958): 793–823.

Heusser, H.: Über die Beziehungen der Erdkröte *Bufo bufo* (L.) zu ihrem Laichplatz II. Behaviour **16** (1960): 93–109.

Heusser, H.: Die Lebensweise der Erdkröte, *Bufo bufo* (L.); Laichzeit: Umstimmung, Ovulation, Verhalten. Vierteljahresschr. Nat.forsch. Ges. Zürich **113** (1968): 257–289.

Heusser, H.: Die Lebensweise der Erdkröte, *Bufo bufo* (L.). Der Magenfüllungsgrad in Abhängigkeit von Jagdstimmung und Wetter. Sber. Ges. naturf. Freunde (N. F.) **8** (1968): 148–156.

Heusser, H.: Laich-Räubern und -Kannibalismus bei sympatrischen Anuren-Kaulquappen. Experientia **27** (1971): 474–475.

Hillenius, D.: The differentiation within the genus *Chamaeleo* Laurenti, 1768. Beaufortia, Amsterdam, **8** (1959): 1–92.

Himstedt, W.: Experimentelle Analyse der optischen Sinnesleistungen im Beutefangverhalten der einheimischen Urodelen. Zool. Jb. Physiol. **73** (1967): 281–320.

Hingston, R. W. G.: The meaning of animal colour and adornment. Arnold, London 1933.

Hinsche, G.: Über Bewegungs- und Haltungsreaktionen bei Kröten. Biol. Zbl. **43** (1923): 16–26.

Hirth, H. F.: Weight changes and mortality of three species of snakes during hibernation. Herpetologica **22** (1966): 8–12.

Hodler, F.: Untersuchungen über den Crowd-Effekt an Kaulquappen von *Rana temporaria*. Rev. Suisse Zool. **65** (1958): 350–359.

Hogben, L. T.: Some remarks on the relation of the pituitary gland to ovulation and skin secretion in *Xenopus laevis*. Proc. roy. Soc. S.Afr. **5** (1930): 19.

Hogben, L., und D. Slome: The pigmentary effector system. VI. The dual character of endocrine coordination in amphibian color. Proc. roy. Soc., B **108** (1931): 10–53.

Howard, H.: Territory in bird life. Dutton, New York 1920.

Hutchison, V. H., H. G. Dowling, und A. Vinegar: Thermoregulation in a brooding female Indian python, *Python molurus bivittatus*. Science **151** (1966): 694–696.

Huxley, J. S.: Droh- und Warnfärbung bei Vögeln nebst einer allgemeinen Funktion der Farbe. J. Ornith. **87** (1939): 240–271.

Jacobs, K.: Im Jahre 1797 begann die Aquarien- und Terrarienkunde. Privatdruck, München 1964.

Jennings, H. S.: Behaviour of lower organisms. Columbia Univ., New York 1906.

Jorgenson, A.: Biologists express concern for huge trade in bullfrogs. TRAFFIC (USA) **6** (1985): 25–26.

Jungfer, K.-H.: Beitrag zur Kenntnis von *Dendrobates speciosus* O. Schmidt, 1857 (Salientia: Dendrobatidae). Salamandra **21** (1985): 263–280.

Juszczyk, W.: The preservation of natural colors in skin preparations of certain amphibia. Copeia **1** (1952): 33–38.

Kaufmann, R.: Studies on the loggerhead sea turtle, *Caretta caretta caretta* (Linné) in Colombia, South America. Herpetologica **31** (1975): 323–326.

Kästle, W.: Verhaltensstudien an Taggeckonen der Gattungen *Lygodactylus* und *Phelsuma*. Z. Tierpsychol. **21** (1964): 486–507.

Kästle, W.: Rival combats in *Salamandra salamandra*. In: Studies in Herpetology, Roček, Z. (Hrsg.) 525–528. Charles Univ., Prag 1986.

Kitzler, G.: Die Paarungsbiologie einiger Eidechsen. Z. Tierpsychol. **4** (1941): 353–402.

Klewen, R.: Die Schwanzlurche des nördlichen Rheinlandes. Rheinische Heimatpflege (N. F.) **21** (1984): 272–279.

Kollmann, J.: Das Überwintern von europäischen Frosch- und Tritonlarven und die Umwandlung des mexikanischen Axolotl. Verh. Naturf. Ges. Basel **7** (1884): 387–398.

Kopstein, F.: Ein Beitrag zur Eierkunde und zur Fortpflanzung der Malaiischen Reptilien. Bull. Raffl. Mus. Singapore **14** (1938): 81–167.

Korschelt, E.: Über Frakturen und Skelettanomalien der Wirbeltiere. II. Vögel, Reptilien, Amphibien, Fische. Beitr. path. Anat. **89** (1932): 668–717.

Kramer, G.: Beobachtungen über Paarungsbiologie und soziales Verhalten von Mauereidechsen. Z. Morph. Ökol. Tiere, Berlin **32** (1937): 752–783.

Lamarre-Piquot, P.: L'Institut **3** (1835): 70 (zitiert von Vinegar, A., V. H. Hutchison und H. G. Dowling 1970).

Lanza, B., G. Nascetti, und L. Bullini: An new species of *Hydromantes* from eastern Sardinia and its genetic relationships with the other Sardinian plethodontids (Amphibia: Urodela). Boll. Mus. reg. Sci. nat. Torino **4** (1986): 261–289.

Ledermüller, M. F.: Mikroskopische Gemüths- und Augen-Ergötzung: Bestehend in Ein Hundert nach der Natur gezeichneten und mit Farben erleuchteten Kupfertafeln, sammt deren Erklärung. Winterschmidt, Nürnberg 1760–1763.

Lehmann, D.: Mottenschutzbehandlung textiler und zoologischer Museumsobjekte. Teil I und II. Der Präparator **11** (1965): 187–194, 221–230.

Lenz, H. O.: Schlangenkunde. Thienemann's Hofbuchhandlung, Gotha 1832.

Lescure, J., S. Renous, und J.-P. Gasc: Proposition d'une nouvelle classification des Amphibiens Gymnophiones. Mém. Soc. Zool. Fr. **43** (1986): 145–177.

Lorenz, K.: Der Kumpan in der Umwelt des Vogels. J. Ornith. **83** (1935): 137–413.

Luttenberger, F.: Zum Problem des Gähnens bei Reptilien. Z. Tierpsychol. **37** (1975): 113–137.

.Main, A. R.: Studies in Australian amphibia. I. The genus *Crinia* Tschudi in Southwestern Australia and some species from South-eastern Australia. Austr. J. of Zool., Melbourne **5** (1957): 30–55.

Mainini, C. G.: Pregnancy test using the male toad. J. Clin. Endocrinol. **7** (1947): 653–658.

Malkmus, R.: Die Bedeutung der Brunnen für den Amphibien-Bestand Portugals. Salamandra **18** (1982): 205–217.

Matthes, E.: Das Geruchsvermögen von Tritonen. Z. vergl. Physiol. **1** (1924): 57–83.

Matthes, E.: Bau und Funktion der Lippensäume wasserlebender Urodelen. Z. Morph. Ökol. Tiere, Berlin **28** (1934): 155–169.

Mayr, E.: Grundlagen der Zoologischen Systematik. Parey, Hamburg – Berlin, 1975.

Mertens, R.: Die Warn- und Drohreaktionen der Reptilien. Abh. Senck. Naturforsch. Ges., Frankfurt a. M. **471** (1946): 1–108.

Meyer, K.: Über herzaktive Krötengifte (Bufogenine). Pharm. Acta Helv. **24** (1949): 222–246.

Möbius, K.: Die Auster und die Austernwirtschaft. Wiegundt/Hempel/Parey, Berlin 1877.

Mortensen, C. C.: Die Begattung der *Lacerta vivipara* Jacq. und *Lacerta agilis* Wolf. Zool. Anz. **10** (1887): 461–464.

Mosauer, W.: Über die Ortsbewegung der Schlangen. Zool. Jb. Physiol. **52** (1932): 191–215.

Mosher, H. S., F. A. Fuhrman, H. D. Buchwald und H. G. Fischer: Tarichatoxin-Tetrodotoxin: A potent neurotoxin. Science **144** (1964): 1100–1110.

Müller, P.: Riesensalamander im Leipziger Zoo. Panthera (1971): 27–30.

Murphy, J. B.: Pedal luring in the leptodactylid frog, *Ceratophrys calcarata* Boulenger. Herpetologica **32** (1976): 339–341.

Myers, C. W., J. W. Daly, und V. Martinez: An arboreal poison frog (*Dendrobates*) from Western Panama. Amer. Mus. Novitates, no. **2783** (1984): 1–20.

Nakamura, K.: On a new integumental poison gland in the nuchal region of a snake, *Natrix tigrina*. Mem. Coll. Sci. Kyoto Imp. Univ. **10** (1935): 229–240.

Naumann, J. F.: Taxidermie oder die Lehre Thiere aller Klassen am einfachsten und zweckmäßigsten für Kabinette aufzubewahren. Hemmerde und Schwetschke, Halle 1815.

Niekisch, M.: The international trade in frogs legs. Traffic Bulletin, **8,** Nr. 1 (1986): 7–10.

Oeser, R.: Die Fenstermücke, eine Futterzucht. DATZ **6** (1953): 160–161.

Oliver, J. A.: „Gliding" in amphibians and reptiles, with a remark on an arboreal adaptation in the lizard, *Anolis carolinensis carolinensis* Voigt. Amer. Naturalist **85** (1951): 171–176.

Opatrný, E.: Food sampling in live amphibians. Věst. čs. Společ. zool. **44** (1980): 268–271.

Orton, G. L.: The systematics of vertebrate larvae. Syst. Zool. **2** (1953): 63–75.

Papparitz: Notiz unter „Isis" München in: Bl. Aquar. u. Terrark. **34** (1933): 417.

Petzold, H.-G.: Zur Fortpflanzungsbiologie asiatischer Kobras (*Naja naja*). D. Zool. Garten (N. F.) **36** (1968): 133–146.
Petzold, H.-G.: Aufgaben und Probleme der Tiergärtnerei bei der Erforschung der Lebensäußerungen der Niederen Amnioten (Reptilien). Milu, Berlin, **5** (1982): 485–786.
Pooley, A. C.: Parental care in the Nile crocodile: A preliminary report on behaviour of a captive female. Lammergeyer (Pietermaritzburg), no. **21,** (1974): 43–45.
Pooley, A. C.: How does a baby crocodile get to water? Afr. Wildlife **28** (1974): 8–11.
Pooley, A. C.: Nest opening responses of the Nile crocodile *Crocodylus niloticus*. J. Zool., London, **182** (1977): 17–26.
Pope, C. H.: The Reptile World. Routledge and Kegan Paul, London 1956.
Portmann, A.: Über den Wasserhaushalt und die Schalenstruktur des Ringelnattereies. Rev. Suisse Zool. **42** (1935): 395–399.
Redi, F.: Osservazioni intorno alle vipere. Firenze 1664.
Reig, O. A.: Proposiciones para una nueva macrosistematica de los anuros. Physis. **21** (1958): 109–118.
Rodhain, J.: *Entamoeba invadens* n. sp. – Parasite de serpents. C. R. Soc. Biol. **117** (1934): 1195–1199.
Ruibal, R., und V. Shoemaker: Osteoderms in anurans. J. Herpetol. **18** (1984): 313–328.
Sacher, P.: Wimpertiere (Ciliata) als Aufsiedler bei Anurenlarven. Jb. Feldherpetol. **1** (1987): 95–98.
Saint Hilaire, I. G.: Histoire générale et particulière des anomalies de l'organisation chez l'homme et les animaux, ouvrage comprenant des recherches sur les caractères, la classification, l'influence physiologique et pathologique, les rapports généraux, les lois et les causes des monstruosités, des variétés et vices de conformation, ou traité de tératologie. Paris 1832.
Schätti, B., und B. Lanza: The scientific name of the balkan whip snake. Amphibia-Reptilia **9** (1988): 199–200.
Schleich, H.-H.: Jungtertiäre Schildkröten Süddeutschlands unter besonderer Berücksichtigung der Fundstelle Sandelzhausen. Cour. Forsch.-Inst. Senckenberg **48** (1981): 1–372.
Schnabel, R., und K. Herschel: Über die Entwicklung des Eizahnes von *Natrix natrix*. Z. mikrosk.-anat. Forsch. **61** (1955): 246–280.
Schreiber, E.: Herpetologia europaea. Fischer, Jena 1912.
Schulte, R.: Frösche und Kröten. Ulmer, Stuttgart 1980.
Schulte, R.: Bemerkungen zu Froschkrankheiten, speziell bei Dendrobatiden. Herpetofauna **2** (1980): 15–17.
Schuster, G.: Acad. Caes. L. C. nat. curios. ephemeroides s. miscellanea medico-physico Dec. II. an. 6. Nürnberg 1688, 320 (zitiert von Jacob, E.: Zur Geschichte der Laubfroschpflege. Bl. Aquar. u. Terrark. **20** [1909]: 7–10).
Schweizer, H.: Über *Vipera lebetina lebetina* und *Natrix natrix schweizeri* der Zykladeninsel Milos. Bl. Aquar.- u. Terrark. **43** (1932): 358–364.
Schweizer, H.: Weiteres über die Ringelnatter und Levante-Otter der West-Cycladen. DATZ **10** (1957): 161–164.
Sherrington, C. S.: The central nervous system. In: Forster, A.: A text-book of physiology, Bd. 3. Mc. Millan, London 1897.
Siepe, A.: Lebendes Standardfutter: Salinenkrebschen. (Die rationelle Zucht von *Artemia salina*). Aqua.-Mag. **11** (1977): 154–159.
Smith, M. A.: The nuchal-dorsal glands of snakes. Proc. Zool. Soc. London, Ser. B. **108** (1938): 575–583.

Stannius, F. H.: Lehrbuch der vergleichenden Anatomie der Wirbeltiere. Veit, Berlin 1846.

Starck, D.: Vergleichende Anatomie der Wirbeltiere. Bd. 2. Das Skeletsystem. Springer, Berlin – Heidelberg – New York 1979.

Stettler, P. H.: Handbuch der Terrarienkunde. Franckh'sche Verlagshandlung, Stuttgart 1978.

Stolzenhain, F.: Fang von roten Mückenlarven. Wschr. Aquar. u. Terrark. **38** (1941): 130–131.

Strijbosch, H.: Mortality in a population of *Bufo bufo* resulting from the fly *Lucilia bufonivora*. Oecologia (Berlin) **45** (1980): 285–286.

Szarski, H., und G. Czopek: Erythrocyte diameter in some amphibians and reptiles. Bull. Acad. Polonaise Sci. **14** (1966): 433–437.

Tercafs, R. R.: Observations sur la natation chez les reptiles. Bull. Soc. Roy. de Zool. Anvers **20** (1961): 3–16.

Twitty, V. C., und H. H. Johnson: Motor inhibition in *Ambystoma* produced by *Triturus* transplants. Science **80** (1934): 78–79.

Vinegar, A., V. H. Hutchison und H. G. Dowling: Metabolism, energetics, and thermoregulation during brooding of snakes of the genus *Python* (Reptilia, Boidae). Zoologica **55** (1970): 19–48.

Vogel, P.: Zur Biologie des Bindenwarans (*Varanus salvator*) im westjavanischen Naturschutzgebiet Ujung Kulon. Dissertation, Basel 1979.

Weinland, D. F.: Über den Eizahn der Ringelnatter. Württemb. naturw. Jb. **12** (1856): 90–95.

Werner, F.: Über die Lebensweise von Riesenschlangen im Terrarium. D. Zool. Garten (N. F.) **11** (1939/40): 165–182.

Weygoldt, P.: Complex brood care and reproductive behavior in captive poison-arrow frogs, *Dendrobates pumilio* O. Schmidt. Behav. Ecol. Sociobiol. **7** (1980): 329–332.

Weygoldt, P.: Zur Fortpflanzung des Erdbeerfrosches *Dendrobates pumilio*. Aqua.-Mag. **14** (1980): 460–462.

Wieland, H., G. Hesse und H. Mitasch: Über basische Inhaltsstoffe des Hautsekrets der Kröte. Ber. chem. Ges. **64** (1931): 2099–2103.

Witkop, B.: New directions in the chemistry of natural products: The organic chemist as a pathfinder for biochemistry and medicine. Experientia **27** (1971): 1121–1248.

Woitkewisch, A. A.: Natürliche Mehrfachbildungen an Froschextremitäten. Fischer, Jena 1959.

Wolterstorff, W.: Die Molche Deutschlands und ihre Pflege. Biol. Arbeit, H. 13. Fisher, Freiburg i. Br. 1921.

Worm, O.: Museum Wormianum. Elzevirios, Amsterdam 1655.

Wyniger, R.: Insektenzucht. Ulmer, Stuttgart 1974.

Zimmermann, H., und E. Zimmermann: Etho-Taxonomie und zoogeographische Artengruppenbildung bei Pfeilgiftfröschen. Salamandra **24** (1988): 125–160.

Zinkernagel, R.: Der Purinquotient von Ringelnatterembryonen. Dissertation, Basel 1939.

Quellenverzeichnis der Abbildungen

Ambrosius, H., und R. Lehmann: Beiträge zur Immunbiologie poikilothermer Wirbeltiere. II. Immunologische Untersuchungen an Schildkröten (*Testudo hermanni* Gmelin). Z. f. Immunitäts- u. Allergieforschung **128** (1965): 81–104. (Abb. 13 C)

Behringwerk-Mitteilungen. Die Giftschlangen der Erde. Elwert, Marburg/Lahn 1963. (Abb. 109).

Bellairs, A.: Die Reptilien. Ed. Recontre, Lausanne 1971. (Abb. 20 B; 58; 75; 81; 87 B)

Bellairs, A., und H. W. Parker: Die Amphibien und Reptilien. Ed. Recontre, Lausanne 1972. (Abb. 15 C; 41 E)

Beuchelt, H.: Bau, Funktion und Entwicklung der Begattungsorgane der männlichen Ringelnatter (*Natrix natrix* L.) und Kreuzotter (*Vipera berus* L.). Morphol. Jb. **78** (1936): 445–516. (Abb. 47 A)

Bischoff, W.: Freiland- und Terrarienbeobachtungen an der Omaneidechse, *Lacerta jayakari* Boulenger, 1887 (Reptilia: Sauria: Lacertidae). Z. Kölner Zoo **24** (1981): 135–143. (Abb. 64 B)

Böhme, W.: Über das Stachelepithel am Hemipenis lacertider Eidechsen und seine systematische Bedeutung. Z. Zool. Syst. Evolutionsf., Hamburg, **9** (1971): 187–223. (Abb. 47 C)

Böhme, W.: Handbuch der Reptilien und Amphibien Europas. Bd. 1. Echsen (Sauria) I. und Bd. 2/II. Echsen (Sauria) III. Akad. Verlagsgesellschaft, Wiesbaden 1981 und AULA, Wiesbaden 1986. (Abb. 40 A, B; 51 A)

Böhme, W.: Ein neues Chamäleon aus Tanzania, mit Bemerkungen über Mimese bei Echsen (Reptilia: Sauria). Bonn. zool. Beitr. **33** (1982): 349–361. (Abb. 105 E)

Böhme, W., und C. J. J. Klaver: The systematic status of *Chamaeleo kinetensis* Schmidt, 1943, (Sauria: Chamaeleonidae) from the Imantong Mountains, Sudan, with comments on lung and hemipenial morphology within the *C. bitaeniatus*-group. Amphibia-Reptilia **1** (1980): 3–17. (Abb. 47 B)

Böker, H.: Einführung in die vergleichende biologische Anatomie der Wirbeltiere. Bd. 1 und 2. Fischer, Jena 1935 und 1937. (Abb. 31 G; 46 E; 72 A; 74 C, G, H)

Bolk, L., E. Göppert, E. Kallius, und W. Lubosch: Handbuch der vergleichenden Anatomie der Wirbeltiere. Bd. 1. Urban und Schwarzenberg, Berlin und Wien 1931. (Abb. 92)

Brauer, A.: Die Süßwasserfauna Deutschlands. H. 16: Acanthocephalen. Fischer, Jena 1911. (Abb. 1)

Budde, H.: Verbesserter Brutbehälter zur Zeitigung von Schildkröten-Gelegen. Salamandra **16** (1980): 177–180. (Abb. 54)

Carpenter, C. C.: Communication and displays of snakes. Amer. Zool. **17** (1977): 217–223. (Abb. 63 C, D, E)

Cei, J. M.: Amphibians of Argentina. Monitore zoologico italiano (N. S.) Monogr. 2, 1980. (Abb. 6 B)

Cochran, D. M., und H. Wermuth: Amphibien: Knaurs Tierreich in Farben. Droemer, München – Zürich 1961. (Abb. 6 A)

Doflein, F.: Lehrbuch der Protozoenkunde. II. Teil. Spezielle Naturgeschichte der Protozoen. 1. Hälfte. Mastigophoren und Rhizopoden. Fischer, Jena 1928. (Abb. 113 B)

Duellman, W. E.: The hylid frogs of Middle America. Bd. 1 und 2. Mus. Nat. Hist. Univ. Kansas 1970. (Abb. 98)

Duellman, W. E., und L. Trueb: Biology of amphibians. McGraw-Hill, New York – St. Louis – San Francisco 1985. (Abb. 41 D)

Eaton, T. H.: Comparative anatomy of the vertebrates. Harper and Brothers, New York 1951. (Abb. 5 B, C; 116 B, C, D)

Eibl-Eibesfeldt, I.: Der Kommentkampf der Meerechse (*Amblyrhynchus cristatus* Bell.) nebst einigen Notizen zur Biologie dieser Art. Z. Tierpsychol. **12** (1955): 49–62. (Abb. 63 I)

Eibl-Eibesfeldt, I.: Vergleichende Verhaltensstudien an Anuren; 2. Zur Paarungsbiologie der Gattungen *Bufo, Hyla, Rana* und *Pelobates*. Verh. Dtsch. Zool. Ges. **21** (1955): 315–323. (Abb. 67)

Eibl-Eibesfeldt, I.: Das Verteidigen der Eiablageplätze bei der Hood-Meerechse (*Amblyrhynchus cristatus venustissimus*). Z. Tierpsychol. **23** (1966): 627–631. (Abb. 6 E)

Frommhold, E.: Wir bestimmen Lurche und Kriechtiere Mitteleuropas. Neumann, Radebeul 1959. (Abb. 46 D, Fa–d; 57 C; 66 D; 74 B; 90 A)

Frommhold, E.: Freilandterrarien. Aquarien Terrarien **16** (1969): 128–132. (Abb. 37)

Gall, J. G.: On the submicroscopic structure of chromosomes. Brookhaven Symp. Biol. **8** (1956): 17–32. (Abb. 68)

Gans, C.: Biology of the Reptilia. Bd. 1. Morphology A. Academic Press, London – New York 1969. (Abb. 117 A, B)

Gerber, R.: Goldfliegen (*Lucilia*) als Schmarotzer der Erdkröte. D. Zool. Garten (N. F.) **17** (1950): 47–52. (Abb. 76)

Giersberg, H., und P. Rietschel: Vergleichende Anatomie der Wirbeltiere. Bd. I. und II. Fischer, Jena 1979 und 1986. (Abb. 15 B; 32 A; 33; 59 A; 77)

Grassé, P. P., und C. Devillers: Précis de Zoologie II. Vertébrés. Masson, Paris 1965. (Abb. 2; 12 A; 16; 24 A; 39; 72 A, B; 99)

Grzimek, B.: Grzimeks Tierleben. Enzyklopädie des Tierreiches. Bd. 5, Fische 2/ Lurche. Deutscher Taschenbuch Verlag, München 1980. (Abb. 63 H)

Günther, R.: Zur Larvenmorphologie von *Rana ridibunda* Pall., *R. lessonae* Cam. und deren Bastard *R. „esculenta“*, L. (Anura, Ranidae). Mitt. Zool. Mus. Berlin **54** (1978): 161–179. (Abb. 57 A)

Habermehl, G.: Gift-Tiere und ihre Waffen. Springer, Berlin – Heidelberg – New York 1977. (Abb. 17; 18; 19; 53; 71; 89; 107)

Halliday, T. R.: An observational and experimental study of sexual behaviour in the smooth newt, *Triturus vulgaris* (Amphibia: Salamandridae). Anim. Behav. **23** (1975): 291–322. (Abb. 112)

Hempelmann, F.: Der Frosch. Klinkhardt, Leipzig 1908. (Abb. 22; 93 B, C)

Herter, K.: Der medizinische Blutegel und seine Verwandten. Ziemsen, Wittenberg 1968. (Abb. 52)

Heusser, H.: Zum Häutungsverhalten von Amphibien. Rev. Suisse Zool. **65** (1958): 793–823. (Abb. 38 B)

Heusser, H.: Das Köderverhalten der Alligator-Schnappschildkröte. D. Zool. Garten (N. F.) **36** (1968): 147–152. (Abb. 61)

Himstedt, W.: Experimentelle Analyse der optischen Sinnesleistungen im Beutefangverhalten der einheimischen Urodelen. Zool. Jb. Physiol. **73** (1967): 281–320. (Abb. 118)

Hinsche, G.: Vergleichende Untersuchungen zum sogenannten Unkenreflex. Biol. Zbl. **46** (1926): 296–305. (Abb. 114 B)

Hofer, H.: Vergleichende Untersuchungen am Schädel von *Tupinambis* und *Varanus* mit besonderer Berücksichtigung ihrer Kinetik. Morph. Jb. **100** (1960): 706–746. (Abb. 51 B)

Hoffmann, H.: Leitfaden für Histologische Untersuchungen an Wirbellosen und Wirbeltieren. Fischer, Jena 1931. (Abb. 55 A)

Honegger, R. E.: Beitrag zur Kenntnis des Wickelskinkes *Corucia zebrata*. Salamandra **11** (1975): 27–32. (Abb. 43 B)

Honegger, R. E.: Geschlechtsbestimmung bei Reptilien. Salamandra **14** (1978): 69–79. (Abb. 106)

Horn, H.-G.: Beiträge zum Verhalten von Waranen: Die Ritualkämpfe von *Varanus komodoensis* Ouwens, 1912 und *V. semiremex* Peters, 1869 sowie die Imponierphasen der Ritualkämpfe von *V. timorensis timorensis* (Gray, 1831) und *V. t. similis* Mertens, 1958 (Sauria: Varanidae). Salamandra **21** (1985): 169–179. (Abb. 63 F, G)

Ihle, J. E. W., P. N. van Kampen, H. F. Nierstrasz, und J. Versluys: Vergleichende Anatomie der Wirbeltiere. Springer, Berlin 1927. (Abb. 12; 65; 84)

Juszczyk, W.: Plazy i gady krajowe. Panstwowe Wydawnictwo Naukowe, Warschau 1974. (Abb. 95)

Kabisch, K.: Die Ringelnatter. Ziemsen, Wittenberg 1978. (Abb. 27; 103; 104)

Kabisch, K., und J. Hemmerling: Ponds and pools – Oases in the landscape. EDITION, Leipzig 1982. (Abb. 78)

Kämpfe, L., R. Kittel, und J. Klapperstück: Leitfaden der Anatomie der Wirbeltiere. Fischer, Jena 1980. (Abb. 5 A; 9; 14; 21; 23; 24 C, D; 26 A; 49; 50; 69; 86; 88 A, C, D, E; 91; 93 A; 102; 115; 119)

Kändler, R.: Die sexuelle Ausgestaltung der Vorderextremität der anuren Amphibien. Jena. Z. f. Naturwiss. **60** (1924): 175–240. (Abb. 15 A, D, E)

Kaestner, A.: Lehrbuch der Speziellen Zoologie. Bd. I: Wirbellose. 2. Teil Crustacea. Fischer, Jena 1931. (Abb. 8)

Klewen, R.: Die Landsalamander Europas, Teil 1. Ziemsen, Wittenberg 1988 (Abb. 41 C)

Klinge, W.: Neues von der Geburtshelferkröte. Wschr. Aquar. u. Terrark. **12** (1915): 316–319. (Abb. 64 E)

Klingelhöffer, W.: Terrarienkunde. Wegner, Stuttgart 1931. (Abb. 57 D, I)

König, R.: Schlangen. Zool. Mus. der Univ., Kiel 1983. (Abb. 41 F; 56)

Korschelt, E.: Über Frakturen und Skelettanomalien der Wirbeltiere. II. Vögel, Reptilien, Amphibien, Fische. Beitr. path. Anat. **89** (1932): 668–717. (Abb. 36)

Kraus, R., und F. Werner: Giftschlangen und die Serumbehandlung der Schlangenbisse. Fischer, Jena 1931. (Abb. 42)

Krause, R.: Mikroskopische Anatomie der Wirbeltiere. II. Vögel und Reptilien. De Gruyter, Berlin und Leipzig 1922. (Abb. 55 B)

Krefft, P.: Das Terrarium. Pfennigstorff, Berlin 1908. (Abb. 34; 46 A b, c)

Kükenthal, W.: Handbuch der Zoologie. Bd. 6, Acrania(Cephalochorda)-Cyclostoma-Ichthya-Amphibia, 2. Hälfte, 1. u. 4. Lief. De Gruyter, Berlin und Leipzig 1930, 1941. (Abb. 4; 46 A d, C; 73 B, C)

Lanza, B.: Reazione di tipo Unkenreflex in un Urodela (*Salamandrina terdigitata*). Z. Tierpsychol. **23** (1967): 855–857. (Abb. 114 A)

León, J. R.: The systematics of the frogs of the *Hyla rubra* group in Middle America. Univ. Kansas Publ., Mus. Nat. Hist. **18** (1969): 505–545. (Abb. 44)

Luttenberger, F.: Zum Problem des Gähnens bei Reptilien. Z. Tierpsychol. **37** (1975): 113–137. (Abb. 38 A)

Luttenberger, F.: Haltung und Zucht von Helmbasilisken *Basiliscus b. basiliscus* (Linnaeus 1768) und einige ökologische Daten ihrer Lebensräume aus Panama. Z. d. Kölner Zoo **24** (1981): 115–125. (Abb. 26 B)

MacLean, G. S., A. K. Lee, und K. J. Wilson: A simple method of obtaining blood from lizards. Copeia **2** (1973): 338–339. (Abb. 13 B)

Martinetz, D.: Arsenik, Curare, Coffein. Gifte in unserer Welt. Urania, Leipzig – Jena – Berlin 1982. (Abb. 11; 94)
Matthes, E.: Bau und Funktion der Lippensäume wasserlebender Urodelen. Z. f. Morphol. u. Oekol. d. Tiere **28** (1934): 155–169. (Abb. 46 B)
Matz, G., und J. Darquenne: Les tritons de France. Aquamara **5** (1971): 34–37. (Abb. 46 Aa)
Mebs, D.: Chemie und Wirkungsweise von Schlangengiften. Umschau **2** (1974): 42–47. (Abb. 100)
Meisenheimer, J.: Geschlecht und Geschlechter im Tierreich. Bd. II. Die allgemeinen Probleme. Fischer, Jena 1930. (Abb. 48)
Mertens, R.: Die Larven der Amphibien und ihre evolutive Bedeutung. Zool. Anz. **164** (1960): 337–358. (Abb. 57 F, G, H)
Mertens, R.: Fallschirmspringer und Gleitflieger unter den Amphibien und Reptilien. In: Schmidt, H. (Hrsg.): Der Flug der Tiere. Kramer, Frankfurt a. M. 1966. (Abb. 31 B–F)
Mertens, R.: Skinke mit Greifschwänzen. Salamandra **11** (1975): 33–38. (Abb. 43 C)
Meyer, M., H. Aurin, und H. Rummelfänger: Die Schlüpfdrüse der Geburtshelferkröte (*Alytes o. obstetricans* Laurenti) und anderer Froschlurche. Ergebn. Anat. Entwickl.-Gesch., **41,** H. 6. Springer, Berlin – Heidelberg – New York 1969. (Abb. 101)
Meyer, O. E.: Slanger i Danmark. Naturens Verden/Rhodos, Kopenhagen 1978. (Abb. 63 A)
Mosauer, W.: Über die Ortsbewegung der Schlangen. Zool. Jb. Physiol. **52** (1932): 191–215. (Abb. 74 D)
Murphy, J. B.: Pedal luring in the Leptodactylid frog *Ceratophrys calcarata* Boulenger. Herpetologica **32** (1976): 339–341. (Abb. 120)
Nöller, H. G.: Eine einfache Technik der Blutentnahme beim Frosch. Pflügers Archiv ges. Physiol. **269** (1959): 98–100. (Abb. 13 A)
Nöllert, A.: Die Knoblauchkröte. Ziemsen, Wittenberg 1984. (Abb. 73 E)
Obst, F. J.: Schmuckschildkröten. Ziemsen, Wittenberg 1983. (Abb. 10 C)
Odening, K.: Zur Kenntnis einiger Trematoden aus Schlangen. Zool. Anz. **165** (1960): 337–348. (Abb. 110)
Organ, J. A.: Courtship and spermatophore of *Plethodon jordani metcalfi*. Copeia **4** (1958): 251–259. (Abb. 10 A)
Petzold, H.-G.: Blindschleiche und Scheltopusik. Ziemsen, Wittenberg 1971. (Abb. 83 A)
Petzold, H.-G., H.-A. Pederzani, und H. Szidat: Einige Beobachtungen zur Biologie des kubanischen Rollschwanzleguans, *Leiocephalus carinatus* (Gray). D. Zool. Garten (N. F.) **39** (1970): 304–322. (Abb. 10 B)
Piechocki, R.: Makroskopische Präparationstechnik. Teil I. Wirbeltiere. Fischer, Jena 1986. (Abb. 29)
Portmann, A.: Einführung in die vergleichende Morphologie der Wirbeltiere. Schwabe und Co., Basel 1976. (Abb. 60; 97; 116 A)
Radovanović, M.: Osteologie des Schlangenkopfes. Jena. Z. f. Naturwiss. **71** (1937): 179–311. (Abb. 42 A–D; 51 D, E)
Rand, H. W.: The Chordates. Lewis und Co., London 1950. (Abb. 59 B)
Reichenbach-Klinke, H. H.: Krankheiten der Reptilien. Fischer, Stuttgart 1977. (Abb. 82; 113 A)
Schlüter, A.: Ökologische Untersuchungen an einem Stillgewässer im tropischen Regenwald von Peru unter besonderer Berücksichtigung der Amphibien. Dissertation, Hamburg 1984. (Abb. 105 A, B)
Schreiber, E.: Herpetologia europaea. Fischer, Jena 1912. (Abb. 95)

Smith, M. A.: The nucho-dorsal glands of snakes. Proc. Zool. Soc., Ser. B., **108** (1938): 575–583. (Abb. 80)
Steiner, H., und E. Stoll: Die Krallen und Hornpapillen des Pyrenäenmolches, *Euproctus asper* (Dugès). Ein Beitrag zur Frage des Homologiebegriffes (Beziehungen zwischen Anlagepotenzen und Enddifferenzierungen). Rev. Suisse Zool. **60** (1953): 472–482. (Abb. 45 C)
Stettler, P. H.: Handbuch der Terrarienkunde. Franckh'sche Verlagshandlung, Stuttgart 1978. (Abb. 7; 35; 108)
Tembrock, G.: Spezielle Verhaltensbiologie der Tiere. Bd. II. Wirbeltiere. Fischer, Jena 1983. (Abb. 62 C; 64 A, C; 111)
Thomas, E.: Kommentkämpfe bei Vipern. Verh. d. Dtsch. Zool. Ges., Zool. Anz. Suppl. **23** (1960): 111–116. (Abb. 63 B)
Vogel, P.: Zur Biologie des Bindenwarans (*Varanus salvator*) im westjavanischen Naturschutzgebiet Ujung Kulon. Dissertation, Basel 1979. (Abb. 62 A, B)
Weinland, D. F.: Über den Eizahn der Ringelnatter. Württemb. naturw. Jb. **12** (1856): 90–95. (Abb. 27 B)
Wermuth, H.: Systematik der rezenten Krokodile. Mitt. Zool. Mus. Berlin **29** (1953): 375–514. (Abb. 83 B)
Wermuth, H., und R. Mertens: Schildkröten – Krokodile – Brückenechsen. Fischer, Jena 1961. (Abb. 20 A; 25; 51 F; 74 E, G; 87 A; 105 C, D)
Weygoldt, P.: Beobachtungen zur Biologie und Ethologie von *Pipa* (*Hemipipa*) *carlvalhoi* Mir. Rib. 1937 (Anura: Pipidae). Z. Tierpsychol. **40** (1976): 80–99. (Abb. 64 D)
Wunderlich, K., und W. Gloede: Natur als Konstrukteur. EDITION, Leipzig 1977. (Abb. 31 A)
Wurmbach, H.: Lehrbuch der Zoologie. Bd. II. Spezielle Zoologie. Fischer, Stuttgart 1962. (Abb. 57 E)
Wyniger, R.: Insektenzucht. Ulmer, Stuttgart 1974. (Abb. 30)
Young, H. Z.: The life of vertebrates. Oxford University Press, London – New York 1952. (Abb. 3; 24 B; 70; 96)
Ziswiler, V.: Spezielle Zoologie: Wirbeltiere. Bd. II: Amniota. Thieme, Stuttgart 1976. (Abb. 6 D; 28; 45 F; 72 C a–e; 88 B)

Bildquellen

Bauch, S., Wurzen 4
Bischoff, W., Bonn 35, 36
Carr, A., Gainesville 39
Florian, D., Lützschena 2, 3, 9, 10
Franzen, M., Bonn 29, 30
Gewalt, W., Duisburg 1
Göbels, M., Düsseldorf 16
Göbels, M. und H. Sigg, Düsseldorf/ Münster 15
Grossenbacher, K., Bern 5
Hallmann, P., Zepernick 17, 18, 23
Herrmann, H.-J., Schleusingen 43, 52, 53
Heselhaus, R., Münster 6
Kabisch, K., Leipzig 31, 32, 33, 37, 38, 40, 41, 42, 46
Kaden, U., Halle 22
Kästle, W., München 19
Klewen, R., Köln 26
Knapp, E., Neuhausen 25
König, R., Kiel 21
Krebs, A., Winterthur 11
Lanka, V., Rakovnik 47, 48
Lehmann, W., Leipzig 45
Mudrack, W., Berlin-West 8
Rogner, M., Stolberg-Zweifall 24
Rößler, H., Thale 34
Ruibal, R., Riverside 49
Schütte, F., und A. Ehrl, Bonn/Stuttgart 12
Schütte, F., A. Ehrl und A. Herbig, Bonn/Stuttgart 50, 51
Staatliches Museum für Tierkunde Dresden 44
Stein, J., Leipzig 20
Switak, K. H., Santa Rosa 14
Winter, H.-G., Remscheid 27, 28
Woodward, A., Gainesville 13
WWF/Möltgen, R., 55
WWF/Wright, A., 54
Zimmermann, H., Stuttgart 7

Einband: Vorderseite; Herrmann, H.-J., Schleusingen
Rückseite; Richter, H.-J., Biesen

NOTIZEN

NOTIZEN